FELIX HAUSDORFF
Gesammelte Werke

Springer

Berlin
Heidelberg
New York
Hongkong
London
Mailand
Paris
Tokio

Felix Hausdorff um 1894

Photograph: N. Perscheid (Leipzig)

FELIX HAUSDORFF

Gesammelte Werke

einschließlich der unter dem Pseudonym Paul Mongré
erschienenen philosophischen und literarischen Schriften
und ausgewählter Texte aus dem Nachlaß

Verantwortlich für die gesamte Edition:

Egbert Brieskorn, Friedrich Hirzebruch, Walter Purkert,
Reinhold Remmert und Erhard Scholz

FELIX HAUSDORFF
Gesammelte Werke

FELIX HAUSDORFF

Gesammelte Werke

BAND VII

Philosophisches Werk

„Sant´ Ilario. Gedanken aus der Landschaft Zarathustras"
„Das Chaos in kosmischer Auslese"
Essays zu Nietzsche

Herausgegeben von
Werner Stegmaier

Springer

Herausgeber

Werner Stegmaier
Philosphisches Institut der Universität Greifswald
Baderstraße 6, 17487 Greifswald
Deutschland

Bibliografische Information der Deutschen Bibliothek

Die Deutsche Bibliothek verzeichnet diese Publikation
in der Deutschen Nationalbibliografie; detaillierte bibliografische
Daten sind im Internet über <http://dnb.ddb.de> abrufbar.

ISBN 3-540-20836-4 Springer-Verlag Berlin Heidelberg New York

Springer-Verlag Berlin ist Teil von Springer Science+Business Media
springeronline.com

© Springer-Verlag Berlin Heidelberg 2004
Printed in Germany

Umschlaggestaltung: E. Kirchner, Heidelberg
Druck: Strauss Offsetdruck, Mörlenbach
Bindearbeiten: Schäffer, Grünstadt
Gedruckt auf säurefreiem Papier   44/3142XT   5 4 3 2 1 0

Vorwort

Während einer Konferenz zum "Jüdischen Nietzscheanismus" 1995 in Greifswald hatte mich EGBERT BRIESKORN eingeladen, in der Edition der *Gesammelten Werke* FELIX HAUSDORFFs dessen philosophische Schriften mit einer Einleitung herauszugeben. FELIX HAUSDORFF hatte darin eng an NIETZSCHE angeschlossen, und er hatte in Greifswald sein erstes Ordinariat für Mathematik erhalten – ich sagte spontan und, wie sich bald herausstellen sollte, leichtsinnig ja. Statt nur mit einer kurzen Einleitung hatte ich es bald auch mit langwierigen Erschließungen des Werks und seiner Kommentierung zu tun. Doch je mehr ich mich in FELIX HAUSDORFFs Schriften einarbeitete, desto mehr nötigten sie mir Respekt ab: in ihrer Klarheit, ihrer Redlichkeit, ihrer vornehmen Bescheidenheit, ihrer gedanklichen Selbständigkeit und vor allem in ihrer erstaunlichen Aktualität. Vielleicht ist nach über hundert Jahren nun die Zeit gekommen, in der sie für die philosophische Orientierung so fruchtbar werden können, wie sie es verdienen.

Bei der Kommentierung haben viele helfende Hände mitgewirkt. Mein Dank gilt zuerst den studentischen und wissenschaftlichen Hilfskräften: MIRKO GRÜNDER und KATRIN STELTER haben die Hauptarbeit in der Recherchierung der Belege übernommen, JUDITH KARLA und TANJA SCHMIDT eine Vielzahl von Nachweisen beigesteuert, WOLFGANG SCHNEIDER und RALF WITZLER an den Vorarbeiten mitgewirkt. Doz. Dr. REINHARD PESTER (früher Greifswald, jetzt Berlin) hat uns bei den Nachweisen zu LOTZE, Prof. Dr. MARTIN HOSE (früher Greifswald, jetzt München) bei Zitaten aus der griechischen Literatur, Prof. Dr. GISELA FEBEL (früher Stuttgart, jetzt Bremen) bei Zitaten aus der französischen Literatur, Prof. Dr. WALTER ERHART, Prof. Dr. HERBERT JAUMANN und Prof. Dr. GUNNAR MÜLLER-WALDECK (alle Greifswald) bei deutschen Quellen geholfen. Dr. ANDREAS SOMMER hat Nachweise zu FRANZ OVERBECK und zum "Großen Weltenjahr" (S. 882 – 883) bereitgestellt. Prof. Dr. EGBERT BRIESKORN (Bonn), und Prof. Dr. MORITZ EPPLE (früher Bonn, jetzt Frankfurt a. M.) haben Vorlagen für die mathematischen Kommentare vor allem zu CK geliefert, Dr. UDO ROTH (Gießen) literaturgeschichtliche Ergänzungen zur Kommentierung von SI beigesteuert. Bei der gesamten Arbeit an der Herausgabe dieses VII. Bandes der *Gesammelten Werke* FELIX HAUSDORFFs haben mich in jeder denkbaren Weise Prof. Dr. EGBERT BRIESKORN und besonders Prof. Dr. WALTER PURKERT (Bonn) unterstützt. Eine Vielzahl von Schreib-, Redaktions- und Konvertierungsarbeiten hat mit gewohnter Zuverlässigkeit meine Sekretärin INES MIELKE übernommen. Ihnen allen danke ich sehr herzlich.

Im Gang unserer Editionsarbeit haben wir im Herausgeberkreis auf eigens anberaumten Konferenzen, besonders aber im kleineren Kreis immer intensivere mathematisch-philosophische Debatten geführt, über die sich, so unzulänglich sie am Ende verlaufen sein mochten, FELIX HAUSDORFF vielleicht gefreut hätte. Er hat sie immer neu angestoßen.

Greifswald, im August 2003 Werner Stegmaier

Hinweise für den Leser

Auf den Seiten XI–XVI findet sich ein vollständiges Schriftenverzeichnis HAUS-DORFFs. Die im vorliegenden Band abgedruckten Titel sind darin mit einem Stern versehen, um so die zeitliche Einordnung in HAUSDORFFs Gesamtschaffen deutlich zu machen. Alle Literaturangaben in der Einleitung des Herausgebers und in den Kommentaren mit der Abkürzung H, wie z. B. [H 1903a], beziehen sich auf dieses Schriftenverzeichnis. Im Anschluß an das Schriftenverzeichnis folgt das Verzeichnis der Siglen, welche in der Einleitung und in den Kommentaren durchgehend benutzt werden.

Zur Kommentierung der Bücher *Sant' Ilario. Gedanken aus der Landschaft Zarathustras* (SI) und *Das Chaos in kosmischer Auslese* (CK) sei folgendes bemerkt: Die Zeilenkommentare zu SI und CK enthalten die Übersetzung fremdsprachlicher, insbesondere griechischer, lateinischer, französischer und italienischer Begriffe und Wendungen, den Nachweis von Zitaten, die Auflösung mythologischer, historischer und literarischer Anspielungen, die Erläuterung philosophischer Begriffe und Zusammenhänge, die Erläuterung mathematischer Begriffe und Zusammenhänge (nach Vorlagen von EGBERT BRIESKORN und MORITZ EPPLE) und Hinweise auf Parallelen im Werk HAUSDORFFs.

FELIX HAUSDORFF verfügte mit großer Selbstverständlichkeit über eine umfassende literarische und historische Bildung, deren Topoi inzwischen nicht mehr selbstverständlich sind. Sie werden, soweit angezeigt, erläutert, Zitate, wenn möglich, nachgewiesen. Soweit greifbar, werden Ausgaben herangezogen, die HAUSDORFF selbst hätten zur Verfügung stehen können, im übrigen spätere Ausgaben. Nicht erläutert werden philosophische und mathematische Begriffe und Zusammenhänge, wo dies im Text durch HAUSDORFF selbst geschieht, der darin, besonders was die allgemeinverständliche Erläuterung mathematischer Sachverhalte betrifft, eine ausgezeichnete Begabung hatte.

SCHOPENHAUER und NIETZSCHE sind vor allem in SI allgegenwärtig. Anspielungen auf und Anknüpfungen an deren Werke können nur in begrenztem Umfang dargestellt werden. Die Kommentierung von FELIX HAUSDORFFs philosophischen Schriften steht andererseits vor dem Problem, daß er im Blick auf CK einerseits erklärte, die Mathematik sei ihm für die Klärung der von ihm

VIII

gestellten philosophischen Fragen unentbehrlich gewesen, daß er andererseits aber in CK um der Lesbarkeit der Darstellung willen diese Mathematik (mit Ausnahme des Kapitels zum Raum) auf der Oberfläche des Textes fast unsichtbar gemacht hat. Die Zeilenkommentare suchen sie an den bedeutsamsten Punkten wieder sichtbar zu machen. Dies erfordert mitunter längere Ausführungen.

Danksagung

Das Erscheinen des Bandes VII der *Gesammelten Werke* FELIX HAUSDORFFs ist uns Anlaß, denen zu danken, die dieses Werk gefördert haben und weiter fördern. Der Deutschen Forschungsgemeinschaft danken wir dafür, daß sie durch ihre Unterstützung diese Edition ermöglicht hat. Der Nordrhein-Westfälischen Akademie der Wissenschaften gebührt unser besonderer Dank für die weitere finanzielle Förderung der Edition ab Beginn des Jahres 2002 und für den großzügig gewährten Druckkostenzuschuß. Schließlich danken wir dem Herausgeber des vorliegenden Bandes, Herrn WERNER STEGMAIER, sowie allen Kolleginnen und Kollegen, die ihn unterstützt haben, für die selbstlose Arbeit. Dem Springer-Verlag gilt unser Dank für die angenehme Zusammenarbeit und für die gute Ausstattung des Werkes.

Egbert Brieskorn
Friedrich Hirzebruch
Reinhold Remmert
Walter Purkert
Erhard Scholz

Schriftenverzeichnis Felix Hausdorffs

einschließlich der unter dem Pseudonym
Paul Mongré veröffentlichten Schriften

[H 1891] *Zur Theorie der astronomischen Strahlenbrechung* (Dissertation). Ber. über die Verhandlungen der Königl. Sächs. Ges. der Wiss. zu Leipzig. Math.-phys. Classe 43 (1891), 481–566.

[H 1893] *Zur Theorie der astronomischen Strahlenbrechung II, III.* Ber. über die Verhandlungen der Königl. Sächs. Ges. der Wiss. zu Leipzig. Math.-phys. Classe 45 (1893), 120–162, 758–804.

[H 1895] *Über die Absorption des Lichtes in der Atmosphäre* (Habilitationsschrift). Ber. über die Verhandlungen der Königl. Sächs. Ges. der Wiss. zu Leipzig. Math.- phys. Classe 47 (1895), 401–482.

[H 1896] *Infinitesimale Abbildungen der Optik.* Ber. über die Verhandlungen der Königl. Sächs. Ges. der Wiss. zu Leipzig. Math.- phys. Classe 48 (1896), 79 130.

[H 1897a] *Das Risico bei Zufallsspielen.* Ber. über die Verhandlungen der Königl. Sächs. Ges. der Wiss. zu Leipzig. Math.- phys. Classe 49 (1897), 497–548.

[H 1897b] (Paul Mongré) *Sant' Ilario – Gedanken aus der Landschaft Zarathustras.* Verlag C.G.Naumann, Leipzig. VIII + 379 S. Wiederabdruck des Gedichts „Der Dichter" und der Aphorismen 293, 309, 313, 324, 325, 337, 340, 346, 349 in *Der Zwiebelfisch* 3 (1911), S. 80 u. 88–90.

* [H 1897c] (Paul Mongré) *Sant' Ilario – Gedanken aus der Landschaft Zarathustras.* Selbstanzeige. Die Zukunft, 20.11.1897, 361.

* [H 1898a] (Paul Mongré) *Das Chaos in kosmischer Auslese – Ein erkenntniskritischer Versuch.* Verlag C. G. Naumann, Leipzig. VI und 213 S.

[H 1898b] (Paul Mongré) *Massenglück und Einzelglück.* Neue Deutsche Rundschau (Freie Bühne) 9 (1), (1898), 64–75.

[H 1898c] (Paul Mongré) *Das unreinliche Jahrhundert.* Neue Deutsche Rundschau (Freie Bühne) 9 (5), (1898), 443–452.

[H 1898d] (Paul Mongré) *Stirner.* Die Zeit 213, 29.10.1898, 69–72.

[**H 1899a**] *Analytische Beiträge zur nichteuklidischen Geometrie.* Ber. über die Verhandlungen der Königl. Sächs. Ges. der Wiss. zu Leipzig. Math.-phys. Classe 51 (1899), 161–214.

[**H 1899b**] (Paul Mongré) *Tod und Wiederkunft.* Neue Deutsche Rundschau (Freie Bühne) 10 (12), (1899), 1277–1289.

* [**H 1899c**] (Paul Mongré) *Das Chaos in kosmischer Auslese.* Selbstanzeige. Die Zukunft 8 (5), (1899), 222–223.

[**H 1900a**] (Paul Mongré) *Ekstasen.* Gedichtband. Verlag H.Seemann Nachf., Leipzig. 216 S.

[**H 1900b**] *Zur Theorie der Systeme complexer Zahlen.* Ber. über die Verhandlungen der Königl. Sächs. Ges. der Wiss. zu Leipzig. Math.-phys. Classe 52 (1900), 43–61.

* [**H 1900c**] (Paul Mongré) *Nietzsches Wiederkunft des Gleichen.* Die Zeit 292, 5.5. 1900, 72–73.

* [**H 1900d**] (Paul Mongré) *Nietzsches Lehre von der Wiederkunft des Gleichen.* Die Zeit 297, 9.6.1900, 150–152.

[**H 1901a**] *Beiträge zur Wahrscheinlichkeitsrechnung.* Ber. über die Verhandlungen der Königl. Sächs. Ges. der Wiss. zu Leipzig. Math.-phys. Classe 53 (1901), 152–178.

[**H 1901b**] *Über eine gewisse Art geordneter Mengen.* Ber. über die Verhandlungen der Königl. Sächs. Ges. der Wiss. zu Leipzig. Math.-phys. Classe 53 (1901), 460–475.

[**H 1902a**] (Paul Mongré) *Der Schleier der Maja.* Neue Deutsche Rundschau (Freie Bühne) 13 (9), (1902), 985–996.

* [**H 1902b**] (Paul Mongré) *Der Wille zur Macht.* Neue Deutsche Rundschau (Freie Bühne) 13 (12) (1902), 1334–1338.

[**H 1902c**] (Paul Mongré) *Max Klingers Beethoven.* Zeitschrift für bildende Kunst, Neue Folge 13 (1902), 183–189.

[**H 1902d**] (Paul Mongré) *Offener Brief gegen G.Landauers Artikel 'Die Welt als Zeit'.* Die Zukunft 10 (37), 14.6.1902, 441–445.

[**H 1902e**] *W. Ostwald: Vorlesungen über Naturphilosophie* (Besprechung). Zeitschrift für mathematischen und naturwissenschaftlichen Unterricht 33 (1902), 190–193.

[**H 1903a**] *Das Raumproblem* (Antrittsvorlesung an der Universität Leipzig, gehalten am 4.7.1903). Ostwalds Annalen der Naturphilosophie 3 (1903), 1–23.

[**H 1903b**] (Paul Mongré) *Sprachkritik.* Neue Deutsche Rundschau (Freie Bühne) 14 (12), (1903), 1233–1258.

[**H 1903c**] *Christian Huygens' nachgelassene Abhandlungen: Über die Bewegung der Körper durch den Stoss. Über die Centrifugalkraft.* Herausgegeben von Felix Hausdorff. 79 Seiten, mit Anmerkungen Hausdorffs auf den
Seiten 63–79. Verlag W.Engelmann, Leipzig 1903.

[**H 1903d**] *J. B. Stallo: Die Begriffe und Theorien der modernen Physik* (Besprechung). Zeitschrift für mathematischen und naturwissenschaftlichen
Unterricht 34 (1903), 138–142.

[**H 1903e**] *W. Grossmann: Versicherungsmathematik* (Besprechung). Zeitschr.
für mathematischen und naturwissenschaftlichen Unterricht 34 (1903),
361.

[**H 1903f**] *M. Kitt: Grundlinien der politischen Arithmetik* (Besprechung).
Zeitschrift für mathematischen und naturwissenschaftlichen Unterricht
34 (1903), 361.

[**H 1904a**] *Der Potenzbegriff in der Mengenlehre.* Jahresbericht der DMV 13
(1904), 569–571.

[**H 1904b**] *Eine neue Strahlengeometrie* (Besprechung von E.Study: *Geometrie der Dynamen*). Zeitschrift für mathematischen und naturwissenschaftlichen Unterricht 35 (1904), 470–483.

[**H 1904c**] (Paul Mongré) *Gottes Schatten.* Die neue Rundschau (Freie Bühne)
15 (1), (1904), 122–124.

[**H 1904d**] (Paul Mongré) *Der Arzt seiner Ehre, Groteske.* Die neue Rundschau (Freie Bühne) 15 (8), (1904), 989–1013. Neuherausgabe als: *Der
Arzt seiner Ehre. Komödie in einem Akt mit einem Epilog.* Mit 7 Bild-
nissen, Holzschnitte von Hans Alexander Müller nach Zeichnungen von
Walter Tiemann, 10 Bl., 71 S. Fünfte ordentliche Veröffentlichung des
Leipziger Bibliophilen-Abends, Leipzig 1910. Neudruck: S.Fischer, Berlin
1912, 88 S.

[**H 1904e**] (Paul Mongré) *Max Klinger, Beethoven.* Begleittext zur Abbildung
der Klingerschen Skulptur in: *Meister der Farbe. Beispiele der gegenwärtigen Kunst in Europa. Mit begleitenden Texten.* E. A.Seemann, Leipzig
1904, Abb. Nr. 4.

[**H 1905**] *B.Russell, The principles of mathematics* (Besprechung). Vierteljahresschrift für wissenschaftliche Philosophie und Sociologie 29 (1905),
119–124.

[**H 1906a**] *Die symbolische Exponentialformel in der Gruppentheorie.* Ber.über
die Verhandlungen der Königl. Sächs. Ges. der Wiss. zu Leipzig. Math.-
phys. Klasse 58 (1906), 19–48.

[**H 1906b**] *Untersuchungen über Ordnungstypen I, II, III.* Ber. über die Verhandlungen der Königl. Sächs. Ges. der Wiss. zu Leipzig. Math.-phys. Klasse 58 (1906), 106–169.

[**H 1907a**] *Untersuchungen über Ordnungstypen IV, V.* Ber. über die Verhandlungen der Königl. Sächs. Ges. der Wiss. zu Leipzig. Math.-phys. Klasse 59 (1907), 84–159.

[**H 1907b**] *Über dichte Ordnungstypen.* Jahresbericht der DMV 16 (1907), 541–546.

[**H 1908**] *Grundzüge einer Theorie der geordneten Mengen.* Math. Annalen 65 (1908), 435–505.

[**H 1909a**] *Die Graduierung nach dem Endverlauf.* Abhandlungen der Königl. Sächs. Ges. der Wiss. zu Leipzig. Math.-phys. Klasse 31 (1909), 295–334.

[**H 1909b**] *Zur Hilbertschen Lösung des Waringschen Problems.* Math. Annalen 67 (1909), 301–305.

[**H 1909c**] (Paul Mongré) *Strindbergs Blaubuch.* Die neue Rundschau (Freie Bühne) 20 (6), (1909), 891–896.

[**H 1910a**] (Paul Mongré) *Der Komet.* Die neue Rundschau (Freie Bühne) 21 (5), (1910), 708–712.

[**H 1910b**] (Paul Mongré) *Andacht zum Leben.* Die neue Rundschau (Freie Bühne) 21 (12), (1910), 1737–1741.

[**H 1911**] *E.Landau, Handbuch der Lehre von der Verteilung der Primzahlen* (Besprechung). Jahresbericht der DMV 20 (1911), 2.Abteilung, IV Literarisches, 1. b. Besprechungen, 92–97.

[**H 1912**] (Paul Mongré) *Biologisches.* Licht und Schatten 3 (1912/13), H. 35 (unpaginiert).

[**H 1914a**] *Grundzüge der Mengenlehre.* Verlag Veit & Co, Leipzig. 476 S. mit 53 Figuren. Nachdrucke: Chelsea Pub. Co. 1949, 1965, 1978.

[**H 1914b**] *Bemerkung über den Inhalt von Punktmengen.* Math. Annalen 75 (1914), 428–433.

[**H 1916**] *Die Mächtigkeit der Borelschen Mengen.* Math. Annalen 77 (1916), 430–437.

[**H 1917**] Selbstanzeige von *Grundzüge der Mengenlehre.* Jahresber. der DMV 25 (1917), Abt. Literarisches, 55–56.

[**H 1919a**] *Dimension und äußeres Maß.* Math. Annalen 79 (1919), 157–179.

[**H 1919b**] *Der Wertvorrat einer Bilinearform.* Math. Zeitschrift 3 (1919), 314–316.

[**H 1919c**] *Zur Verteilung der fortsetzbaren Potenzreihen.* Math. Zeitschrift 4 (1919), 98–103.

[**H 1919d**] *Über halbstetige Funktionen und deren Verallgemeinerung.* Math. Zeitschrift 5 (1919), 292–309.

[**H 1921**] *Summationsmethoden und Momentfolgen I, II.* Math. Zeitschrift 9 (1921), I: 74–109, II: 280–299.

[**H 1923a**] *Eine Ausdehnung des Parsevalschen Satzes über Fourierreihen.* Math. Zeitschrift 16 (1923), 163–169.

[**H 1923b**] *Momentprobleme für ein endliches Intervall.* Math. Zeitschrift 16 (1923), 220–248.

[**H 1924**] *Die Mengen G_δ in vollständigen Räumen.* Fundamenta Mathematicae 6 (1924), 146–148.

[**H 1925**] *Zum Hölderschen Satz über $\Gamma(x)$.* Math. Annalen 94 (1925), 244–247.

[**H 1927a**] *Mengenlehre,* zweite, neubearbeitete Auflage. Verlag Walter de Gruyter & Co., Berlin. 285 S. mit 12 Figuren. 1937 erschien in Moskau: F. Hausdorff: *Teoria mnoshestvch* (Mengentheorie). Kapitel 1–5 dieses Buches sind eine Übersetzung der entsprechenden Kapitel von [H 1927a], die restlichen Kapitel haben Alexandroff und Kolmogoroff neu verfaßt.

[**H 1927b**] *Beweis eines Satzes von Arzelà.* Math. Zeitschrift 26 (1927), 135–137.

[**H 1927c**] *Lipschitzsche Zahlensysteme und Studysche Nablafunktionen.* Journal für reine und angewandte Mathematik 158 (1927), 113–127.

[**H 1930a**] *Die Äquivalenz der Hölderschen und Cesàroschen Grenzwerte negativer Ordnung.* Math. Zeitschrift 31 (1930), 186–196.

[**H 1930b**] *Erweiterung einer Homöomorphie.* Fundamenta Mathematicae 16 (1930), 353–360.

[**H 1930c**] *Akrostichon zum 24.Februar 1930.* In: Walter Tiemann (Hrsg.) *Der Verleger von morgen, wie wir ihn wünschen.* Verlag der Freunde Kirsteins, Leipzig, 1930, S.9.

[**H 1931**] *Zur Theorie der linearen metrischen Räume.* Journal für reine und angewandte Mathematik 167 (1931/32), 294–311.

[**H 1932**] *Eduard Study.* Worte am Sarge Eduard Studys, 9.Januar 1930. Chronik der Rheinischen Friedrich Wilhelms-Universität zu Bonn für das akademische Jahr 1929/30. Bonner Universitäts-Buchdruckerei Gebr. Scheur, Bonn 1932.

[**H 1933a**] *Zur Projektivität der δs-Funktionen.* Fundamenta Mathematicae 20 (1933), 100–104.

[**H 1933b**] *Problem 58.* Fundamenta Mathematicae 20 (1933), 286.

[**H 1934**] *Über innere Abbildungen.* Fundamenta Mathematicae 23 (1934), 279–291.

[**H 1935a**] *Mengenlehre,* dritte Auflage. Mit einem zusätzlichen Kapitel und einigen Nachträgen. Verlag Walter de Gruyter & Co., Berlin. 307 S. mit 12 Figuren. Nachdruck: Dover Pub. New York, 1944. Englische Ausgabe: Set theory. Übersetzung aus dem Deutschen von J.R.Aumann et al. Chelsea Pub. Co., New York 1957, 1962, 1967.

[**H 1935b**] *Gestufte Räume.* Fundamenta Mathematicae 25 (1935), 486–502.

[**H 1935c**] *Problem 62.* Fundamenta Mathematicae 25 (1935), 578.

[**H 1936a**] *Über zwei Sätze von G.Fichtenholz und L.Kantorovitch.* Studia Mathematica 6 (1936), 18–19.

[**H 1936b**] *Summen von $\aleph_1$ Mengen.* Fundamenta Mathematicae 26 (1936), 241–255.

[**H 1937**] *Die schlichten stetigen Bilder des Nullraums.* Fundamenta Mathematicae 29 (1937), 151–158.

[**H 1938**] *Erweiterung einer stetigen Abbildung.* Fundamenta Mathematicae 30 (1938), 40–47.

[**H 1969**] *Nachgelassene Schriften.* 2 Bände. Ed.: G. BERGMANN, Teubner, Stuttgart 1969. Band I enthält aus dem Nachlaß die Faszikel 510–543, 545–559, 561–577, Band II die Faszikel 578–584, 598–658 (alle Faszikel sind im Faksimiledruck wiedergegeben).

Ausgaben-Verzeichnis und Siglen-Verzeichnis

Immanuel Kants Schriften werden nach der Ausgabe *Kants gesammelte Schriften, hg. von der Königlich Preußischen Akademie der Wissenschaften,* Berlin 1902 ff. (Akademie-Ausgabe = AA), zitiert (unveränderter photomechanischer Nachdruck als *Kants Werke. Akademie-Textausgabe,* 11 Bde., Berlin 1968–1977), *die Kritik der reinen Vernunft* jedoch nach der Originalpaginierung der ersten (A) bzw. zweiten (B) Auflage in modernisierter Schreibweise (1781/1787).

Friedrich Nietzsches Schriften werden nach der Ausgabe *Friedrich Nietzsche, Sämtliche Werke. Kritische Studienausgabe in 15 Bänden,* hg. von GIORGIO COLLI und MAZZINO MONTINARI, München/Berlin/New York 1980 (= KSA), zitiert. Diese Ausgabe ist text-, aber nicht seitenidentisch mit der Ausgabe *Nietzsche, Werke. Kritische Gesamtausgabe,* hg. von GIORGIO COLLI und MAZZINO MONTINARI, Berlin/New York 1967 ff. (= KGW). Die Seitenabweichungen können anhand der Konkordanz im Band 15 der KSA nachvollzogen werden. Bei NIETZSCHEs nachgelassenen Fragmenten (= NF) wird die Abteilung der KGW, die Manuskriptmappe und die Fragment-Nummer und außerdem Band und Seite der KSA angegeben. Die Stellen sind so in beiden Ausgaben leicht zu identifizieren. NIETZSCHEs Briefe werden nach der Ausgabe *Friedrich Nietzsche, Sämtliche Briefe. Kritische Studienausgabe in 8 Bänden,* hg. von GIORGIO COLLI und MAZZINO MONTINARI, München/Berlin/New York 1986 (= KSB), zitiert. Diese Ausgabe enthält sämtliche Briefe NIETZSCHEs (jedoch nicht an NIETZSCHE) auf der Grundlage der Ausgabe *Nietzsche, Briefwechsel. Kritische Gesamtausgabe,* hg. von GIORGIO COLLI und MAZZINO MONTINARI, weitergeführt von NORBERT MILLER und ANNEMARIE PIEPER, Berlin/New York 1975 ff. (= KGB).

Arthur Schopenhauers Schriften werden nach der Ausgabe *Arthur Schopenhauer, Sämtliche Werke,* hg. von WOLFGANG VON LÖHNEYSEN, Frankfurt am Main 1986 (= SW), zitiert.

Sperrungen HAUSDORFFs und NIETZSCHEs werden als Kursivierungen wiedergegeben. Eine Ausnahme sind die fettgedruckten Kopfzeilen in den Kommentaren zu SI und CK; dort werden aus drucktechnischen Gründen Sperrungen HAUSDORFFs auch gesperrt wiedergegeben.

Siglen

AA Akademie-Ausgabe der Werke KANTS (s. o.)

AC FRIEDRICH NIETZSCHE, *Der Antichrist. Fluch auf das Christenthum*

AE PAUL LAUTERBACH, *Aegineten*, Leipzig 1891

Apg *Apostelgeschichte* (Neues Testament)

AW OTTO LIEBMANN, *Zur Analysis der Wirklichkeit. Philosophische Untersuchungen*, Straßburg 1876

BA FRIEDRICH NIETZSCHE, *Über die Zukunft unserer Bildungsanstalten*

CK PAUL MONGRÉ, *Das Chaos in kosmischer Auslese. Ein erkenntniskritischer Versuch*, Leipzig 1898

CV FRIEDRICH NIETZSCHE, *Fünf Vorreden zu fünf ungeschriebenen Büchern*

DHA HEINRICH HEINE, *Historisch-kritische Gesamtausgabe der Werke*, [Düsseldorfer Ausgabe], hg. von MANFRED WINDFUHR, 16 Bde. in 23 Tlbden., Hamburg 1975–1997.

DK *Die Fragmente der Vorsokratiker*, griechisch und deutsch von H. DIELS, hg. von W. KRANZ, 2 Bde., 6. Aufl., Berlin 1951 f. (seitdem mehrere unveränderte Neuauflagen)

DS FRIEDRICH NIETZSCHE, *Unzeitgemäße Betrachtungen. Erstes Stück: David Strauss der Bekenner und der Schriftsteller*

DW FRIEDRICH NIETZSCHE, *Die dionysische Weltanschauung*

DWB JAKOB und WILHELM GRIMM, *Deutsches Wörterbuch*, 16 Bde. in 32 Tlbden. u. Quellenverzeichnis, Leipzig 1854–1971.

EH FRIEDRICH NIETZSCHE, *Ecce homo. Wie man wird, was man ist*

Ex *Exodus* (2. Buch Mose. Altes Testament)

FaW FRIEDRICH NIETZSCHE, *Der Fall Wagner*

FW FRIEDRICH NIETZSCHE, *Die fröhliche Wissenschaft*

GA HERMANN VON HELMHOLTZ, *Über den Ursprung und die Bedeutung der geometrischen Axiome*, in: HERMANN VON HELMHOLTZ, *Vorträge und Reden*, 4. Aufl., Bd. 2, Braunschweig 1896, 1–31

GD FRIEDRICH NIETZSCHE, *Götzen-Dämmerung, oder: Wie man mit dem Hammer philosophirt*

Gen *Genesis* (2. Buch Mose. Altes Testament)

GM FRIEDRICH NIETZSCHE, *Zur Genealogie der Moral. Eine Streitschrift*

GMS IMMANUEL KANT, *Grundlegung zur Metaphysik der Sitten*

GT FRIEDRICH NIETZSCHE, *Die Geburt der Tragödie aus dem Geiste der Musik*

Hi *Hiob* (Altes Testament)

HL FRIEDRICH NIETZSCHE, *Unzeitgemäße Betrachtungen. Zweites Stück: Vom Nutzen und Nachtheil der Historie für das Leben*

Jes *Jesaia* (Altes Testament)

JGB FRIEDRICH NIETZSCHE, *Jenseits von Gut und Böse. Vorspiel einer Philosophie der Zukunft*

Joh *Evangelium nach Johannes* (Neues Testament)

Jos *Josua* (Altes Testament)

Kön *Könige* (Altes Testament)

KpV IMMANUEL KANT, *Kritik der praktischen Vernunft*

KrV IMMANUEL KANT, *Kritik der reinen Vernunft*

KU IMMANUEL KANT, *Kritik der Urteilskraft*

KSA Kritische Studienausgabe der Werke FRIEDRICH NIETZSCHEs (s. o.)

KSB Kritische Studienausgabe der Briefe FRIEDRICH NIETZSCHEs (s. o.)

Lk *Evangelium nach Lukas* (Neues Testament)

M FRIEDRICH NIETZSCHE, *Morgenröthe. Gedanken über die moralischen Vorurtheile*

MA FRIEDRICH NIETZSCHE, *Menschliches, Allzumenschliches. Ein Buch für freie Geister*

MGN ISAAC NEWTON, *Mathematische Grundlagen der Naturphilosophie*, ausgewählt, übers., eingel. und hg. von ED DELLIAN, Hamburg 1988

Mk *Evangelium nach Markus* (Neues Testament)

Mph HERMANN LOTZE, *System der Philosophie. Zweiter Teil: Drei Bücher der Metaphysik*, Leipzig 1879.

MS IMMANUEL KANT, *Metaphysik der Sitten*

Mt *Evangelium nach Matthäus* (Neues Testament)

NF Nachgelassene Fragmente FRIEDRICH NIETZSCHES

Num *Numeri* (4. Buch Mose. Altes Testament)

PHG FRIEDRICH NIETZSCHE, *Die Philosophie im tragischen Zeitalter der Griechen*

PP ARTHUR SCHOPENHAUER, *Parerga und Paralipomena*

PU EDUARD VON HARTMANN, *Philosophie des Unbewussten. Versuch einer Weltanschauung*, Berlin 1869

PL IMMANUEL KANT, *Prolegomena zu einer jeden künftigen Metaphysik, die als Wissenschaft wird auftreten können*

SE FRIEDRICH NIETZSCHE, *Unzeitgemäße Betrachtungen. Drittes Stück: Schopenhauer als Erzieher*

SI PAUL MONGRÉ, *Sant' Ilario. Gedanken aus der Landschaft Zarathustras*, Leipzig 1897

SW Sämtliche Werke ARTHUR SCHOPENHAUERS (s. o.)

TW HERMANN VON HELMHOLTZ, *Die Thatsachen der Wahrnehmung*, in: HERMANN VON HELMHOLTZ, *Vorträge und Reden*, 4. Aufl., Bd. 2, Braunschweig 1896, 213–247

UB FRIEDRICH NIETZSCHE, *Unzeitgemässe Betrachtungen I–IV*

VM FRIEDRICH NIETZSCHE, *Menschliches, Allzumenschliches. Ein Buch für freie Geister. Zweiter Band. Erste Abtheilung: Vermischte Meinungen und Sprüche*

WA JOHANN WOLFGANG VON GOETHE, *Werke*, hg. im Auftrage der Großherzogin SOPHIE VON SACHSEN [Weimarer Ausgabe], Abt. I–IV, 133 Bde. in 143 Tlbden., Weimar 1887–1919.

WS FRIEDRICH NIETZSCHE, *Menschliches, Allzumenschliches. Ein Buch für freie Geister. Zweiter Band. Zweite Abtheilung: Der Wanderer und sein Schatten*

WWV ARTHUR SCHOPENHAUER, *Die Welt als Wille und Vorstellung*

Za FRIEDRICH NIETZSCHE, *Also sprach Zarathustra. Ein Buch für Alle und Keinen*

Inhaltsverzeichnis

Einleitung des Herausgebers

Werner Stegmaier

Inhalt:

1. Die philosophischen Schriften Felix Hausdorffs

FELIX HAUSDORFF [FH[1]] hat zwischen den mathematischen Arbeiten, mit denen er sich wissenschaftlich etablierte, und den Arbeiten, mit denen er weltweit berühmt wurde, zwei philosophische Bücher verfaßt, *Sant' Ilario. Gedanken aus der Landschaft Zarathustras* [SI] und *Das Chaos in kosmischer Auslese. Ein erkenntnisskritischer Versuch* [CK]. Sie erschienen kurz nacheinander, 1897 und 1898, unter dem Pseudonym PAUL MONGRÉ im Verlag C. G. Naumann in Leipzig, der auch NIETZSCHEs Werke herausgab, in gleicher Aufmachung wie NIETZSCHEs Werke. Über etwa ein Jahrzehnt hinweg ließ FH eine Anzahl von Aufsätzen zur Philosophie NIETZSCHEs und zu anderen Themen in angesehenen intellektuellen Zeitschriften folgen. Hinzu kam das literarische Werk, ein Gedichtband *Ekstasen* (1900), eine Komödie *Der Arzt seiner Ehre* (1904), die mit großem Erfolg aufgeführt wurde, und eine Reihe von Essays. Das literarische Werk wird im Band VIII dieser Edition abgedruckt und kommentiert.

2. Felix Hausdorffs biographische Situation um 1897/98

FHs biographische Situation[2] in den Jahren 1897/98 war prekär. Er war knapp dreißig Jahre alt, Jude, mit begrenzten Chancen auf eine akademische Karriere.[3] Sein Vater, ein begüterter Kaufmann (Leinen- und Baumwollwaren), war 1896 gestorben.[4] Er hatte, seinerseits Sohn eines gelehrten Talmudisten, sein Geschäft von Breslau, wo FH geboren wurde, nach Leipzig verlagert, wo FH aufwuchs, und hatte sich in der jüdischen Gemeinde stark engagiert.[5] FH

---

[1] Zur Auflösung der Siglen vgl. das Ausgaben- und Siglenverzeichnis in diesem Band, S. XVII f.

[2] Vgl. E. EICHHORN, *In memoriam Felix Hausdorff (1868–1942). Ein biographischer Versuch*, in: E. EICHHORN und E.-J. THIELE (Hg.): *Vorlesungen zum Gedenken an Felix Hausdorff*, Berlin: Heldermann Verlag 1994 (Berliner Studienreihe zur Mathematik, Bd. 5), 1–88 (einschließlich transskribierter Autographen), und EGBERT BRIESKORN, *Felix Hausdorff: Elemente einer Biographie* (Ms.). EGBERT BRIESKORNS umfassenden Recherchen verdankt diese Darstellung eine Vielzahl von Informationen, die im einzelnen nicht nachgewiesen werden können.

[3] Vgl. den Entwurf zu einem Fakultätsgutachten vom 5. November 1901 (abgedruckt in: H. BECKERT und W. PURKERT, *Leipziger mathematische Antrittsvorlesungen. Auswahl aus den Jahren 1869–1922*, Leipzig 1987, 231–233), das FHs Ernennung zum apl. Professor zugrunde gelegt werden sollte. Es bescheinigt ihm "eine über sehr disparate Gebiete ausgedehnte Lehrthätigkeit", die, gemessen an den Hörerzahlen, "durchaus erfolgreich" war. Ausdrücklich wird jedoch vermerkt, daß der Antrag nicht einstimmig, sondern mit 7 Gegenstimmen angenommen worden war, "weil Dr. Hausdorff mosaischen Glaubens ist".

[4] LOUIS HAUSDORFF, 27. Juni 1843 – 15. Mai 1896.

[5] Vgl. *Mittheilungen vom Deutsch-Israelitischen Gemeindebunde*, hrsg. vom Ausschuß des Deutsch-Israelitischen Gemeindebundes, Nr. 5/1878, S. 10. LOUIS HAUSDORFF wurde der "konservativen" Richtung – zwischen dem "orthodoxen" Judentum einerseits und dem "Reformjudentum" andererseits – zugeordnet. Nach seinem Tod wurde er (Nr. 44/1896, S. 36) als "eines seiner ältesten, treuesten und begeistertsten Mitglieder" der Jüdischen Gemeinde gewürdigt. Er sei "von seinem als gelehrten Talmudisten bekannten Vater in jüdischer Wissenschaft erzogen worden, der er sich mit glühendem Eifer widmete, so daß er schon mit 13 Jahren den Morenu-Titel erhielt." LOUIS HAUSDORFF galt als "reger und origineller Geist" mit "selbständige[n], eigenthümliche[n] Anschauungen". Auch er war bereits "selbständig schriftstellerisch" tätig gewesen.

3

dagegen hatte sich, frühes Zeugnis seiner geistigen Unabhängigkeit, vom Judentum gelöst und blieb in deutlicher, zuweilen ironischer Distanz zu ihm.[6] Er hatte am traditionsreichen Nicolai-Gymnasium in Leipzig eine ausgezeichnete humanistische Bildung genossen, von der er in seinem philosophischen Werk ohne Aufhebens vielfältigen Gebrauch macht. Auch musikalisch begabt, war er mit Plänen umgegangen, Komponist zu werden, bevor er sich für das Studium der Mathematik und Astronomie entschied. Während seines Studiums hatte er in großem Umfang auch philosophische, sprach-, literatur- und musikwissenschaftliche Lehrveranstaltungen belegt, darunter im Wintersemester 1888/89 eine Übung bei FRIEDRICH PAULSEN in Berlin über KANTs *Kritik der reinen Vernunft*.[7] 1891 war er mit der Dissertation *Zur Theorie der astronomischen Strahlenbrechung* promoviert worden. Er hatte seinen Militär-Dienst als einjährig Freiwilliger hinter sich und verkehrte in einem Kreis von NIETZSCHE-Verehrern um den Juristen Dr. KURT HEZEL, einem angesehenen Rechtsanwalt in Leipzig, Junggesellen und glühenden Wagnerianer, der ebenfalls als musikalisch begabt, humanistisch und philosophisch hoch gebildet und darüber hinaus als rücksichtsloser Genußmensch und großer Erotiker geschildert wird; von Zeit zu Zeit mußte er sich in eine Nervenheilanstalt zurückzuziehen. FH beschreibt ihn in einem Brief an NIETZSCHEs Freund HEINRICH KÖSELITZ vom 17. Oktober 1893 als "einen fascinirenden Prachtmenschen" und – mit einer Wendung NIETZSCHEs aus *Jenseits von Gut und Böse*, Nr. 295 – als "unser 'Genie des Herzens'". Durch KURT HEZEL vermittelt, hatte FH 1893 auch Kontakt zum Nietzsche-Archiv aufgenommen und es im Sommer 1896 besucht.[8]

In seinen Gedichten und Briefen, aber auch in seinem philosophischen Werk zeichnen sich aufwühlende Auseinandersetzungen um sein Verhältnis zum Erotischen oder, wie man sich damals gern ausdrückte, zum "Weibe" ab. Die Gedichte und SI sind weithin von einer melancholischen Grundstimmung getragen. FH befaßte sich stark mit dem Tod, erlebte sich als "Nachtfalter" in

---

[6] In seinem in vielem sehr persönlichen Buch SI kommt sein Judentum kaum zur Sprache. Im Blick auf JESUS (SI, Nr. 18) spricht er von der "Skepsis eines gläubigen Juden", der einen Ausweg aus dem "geradezu unentwirrbaren Dickicht von Gesetzen" suchte, und fügt hinzu: "Dieser Galiläer, kein Zweifel, machte es sich zu leicht; er hatte die Transcendenz des Genies, das über Schwierigkeiten hinwegkommt, weil es sie nicht sieht." Er ironisiert den Schabbath– "Sechs Tage sollst du arbeiten, der siebente ist ein Ruhetag und Gott geweiht! So ist es recht; otium ist eine Kunst und lässt sich nicht gebieten." (SI, Nr. 352) –, und zitiert ohne Scheu gängige Stereotype, etwa der "Spitzfindigkeiten" des Talmud (SI, Nr. 84) oder des "Ahasver-Bewusstsein[s], das nicht leben und nicht sterben kann, …" (SI, Nr. 381). Man wird FH, wie viele seiner Generation, mit JACOB GOLOMB einen "Grenzjuden" nennen können, der "doppelt marginalisiert" war: als Jude gegenüber Nicht-Juden und als nicht-gläubiger Jude gegenüber gläubigen Juden. Vgl. JACOB GOLOMB, "Nietzsche und die 'Grenzjuden'", in: WERNER STEGMAIER und DANIEL KROCHMALNIK (Hg.), *Jüdischer Nietzscheanismus*, Berlin/New York 1997 (Monographien und Texte zur Nietzsche-Forschung, Bd. 36), 228–246.

[7] FH ist hier schon, wie seine Seminar-Nachschrift belegt (NL HAUSDORFF : Fasz. 1153) auf den Leitgedanken gestoßen, den er in CK ausformulieren sollte. S. u. Abschnitt 5.4 dieser Einleitung, insbes. S. 58.

[8] Ein weiterer Besuch erfolgte 1899. Vgl. dazu Abschn. 6.

"verlarvtem Dunkel, verlarvtem Tod".[9] Wie bei so vielen seiner Zeitgenossen, etwa THOMAS MANN, ist SCHOPENHAUER überall präsent.

Zur Niederschrift und Veröffentlichung literarischer und philosophischer Arbeiten mag FH die Freundschaft mit PAUL LAUTERBACH ermutigt haben, den er oft zitieren wird. Acht Jahre älter als FH, hatte LAUTERBACH seinerseits Naturwissenschaften studiert, sich auf weiten Reisen profunde Kenntnisse vieler Länder und Sprachen erworben, eine Auswahl von NIETZSCHE-Texten ins Französische und Schriften aus dem Griechischen, Lateinischen, Französischen, Italienischen, Englischen, Türkischen und Russischen ins Deutsche übersetzt.[10] Seine *Aegineten* (1891), auf kurze Sprüche verdichtete Aphorismen, die in vielem Anregung und Vorbild für FH wurden, hatte er ebenfalls schon beim Nietzsche-Verleger C. G. NAUMANN in Leipzig veröffentlicht. Beide tauschten Gedichte aus.[11] LAUTERBACH stand wiederum seit 1891 im Austausch mit HEINRICH KÖSELITZ. 1892 gab er MAX STIRNERS *Der Einzige und sein Eigentum* neu heraus und leitete damit die Wiederentdeckung STIRNERS in den neunziger Jahren ein; auch FH wird sich in seinen Schriften mehrfach mit STIRNER auseinandersetzen. In einem Brief vom 2. Februar 1894 vertraut er LAUTERBACH ein "naufragium in eroticis", einen 'Schiffbruch in Liebesdingen' an:

> Dass ich von einem naufragium in eroticis herkomme, hätten Sie wohl endlich von selbst errathen; insofern schäme ich mich wenig, den Mund nicht besser gehalten zu haben. Nach Derartigem hat man keine guten Manieren, man weiss z. B. nicht zu schweigen. Ich rechne darauf, zum Theil von Ihnen vergessen zu werden.[12]

Einige Monate später schreibt er dem Freund:

> Ich mystificire Sie, weil ich Ihnen dankbar bin. Wir müssen irgendwie, irgendworin zusammenbleiben, zur Noth in einem Orte.[13]

Bald darauf heißt es:

> [...] der Ernst, mit dem ich Ehe contemplire, wäre nicht in fund. Leichtsinn eines Abspringenden, der sich nach der ersten 'Bekehrung' die zweite verbietet? Soviel habe ich doch durch Sie verlernt, um nicht mehr das *ganze* erotische Gebiet durchexperimentiren zu wollen. Nein, Bester, von

---

[9] *Ekstasen* [H 1900a], S. 4.

[10] Vgl. DAVID MARC HOFFMANN, *Zur Geschichte des Nietzsche-Archivs. Elisabeth Förster-Nietzsche, Fritz Koegel, Rudolf Steiner, Gustav Naumann, Josef Hofmiller. Chronik, Studien und Dokumente,* (Supplementa Nietzscheana, hg. von W. MÜLLER-LAUTER und K. PESTALOZZI, Bd. 2), Berlin/New York 1991, 244–246, hier 244 f.

[11] Postkarte an PAUL LAUTERBACH vom 3. 6. 1894, abgedruckt in EICHHORN, a. O., S. 59.

[12] Photomech. Abdruck EICHHORN, a. O., S. 53. Das naufragium scheint in SI einen Widerhall zu haben. Vgl. Nr. 101 ("vielleicht als Mann weniger Mann als Andere", "Unmännlichkeit") und Nr. 120 ("Der Mann kann vom Weibe mindestens eine besondere Enttäuschung, eine persönliche Zurückweisung, ein individuell vernichtendes Nein verlangen").

[13] Postkarte an PAUL LAUTERBACH vom 8. 7. 1894 aus Pontresina, abgedruckt in: EICHHORN, a. O., S. 60.

der Ehe hoffe ich Immunität, hoffe freilich auch, dass sie nicht von Dauer sei.[14]

Beide, LAUTERBACH und FH, sind voll von FRIEDRICH NIETZSCHE und seinem *Zarathustra*, beide drängen darauf, seine Gedanken weiterzudenken. FH reist ins Engadin, zum NIETZSCHE-Ort Sils-Maria, wo er freilich "eine rauhe Kehle und unmelodiöse Empfindungen" hat. Von dort schreibt er:

> Träumen Sie einmal wider die Nothwendigkeit: suchen Sie einen Ausdruck für das, was Nietzsche noch werden könnte, wenn er dies gegenwärtige Inferno [sc. seinen Wahnsinn] *überwände*.[15]

Und zu NIETZSCHEs 50. Geburtstag dichtet er:[16]

15. October 1894

Held, dein letzter Wille ist vollstreckt:
  Rissest selber ihn in Fetzen!
  Hat ein Irrlicht dich zu Schätzen
In des Grauens tiefsten Grund geneckt?

Nacht, daraus kein Sonnenaufgang weckt,
  Fing dich ein in schwarzen Netzen.
Held, dein letzter Wille ist vollstreckt:
  Rissest selber ihn in Fetzen!

Jäger einst, dem sie die Hand geleckt,
  Wild nun, das die Hunde hetzen!
  Um dein Ende schwebt Entsetzen,
Die dir folgen, hast du heimgeschreckt.
Held, dein letzter Wille ist vollstreckt.

Am 24. März 1895 verstirbt PAUL LAUTERBACH im Alter von 35 Jahren in Folge eines Rückenmarkleidens. FH habilitiert sich mit einer Schrift *Über die Absorption des Lichtes in der Atmosphäre* als Privatdozent für Mathematik und Astronomie, erleidet damit aber einen Fehlschlag. Die Habilitationsschrift ließ überzeugend FHs mathematischen Scharfsinn erkennen, aber als theoretischer Beitrag zu Problemen der beobachtenden Astronomie wurde sein Ansatz bald

---

[14] Postkarte an PAUL LAUTERBACH vom 22.7.1894 aus Sulden in Tirol, abgedruckt in: EICHHORN, a. O., S. 62.

[15] Postkarte an PAUL LAUTERBACH vom 8.7.1894, abgedruckt in: EICHHORN, a. O., S. 60. – EGBERT BRIESKORN hat die Frage aufgeworfen, ob FH schon früher, als Achtzehnjähriger, im Engadin gewesen sein und NIETZSCHE ihn gemeint haben könnte, als er am 19. September 1886 von Sils-Maria aus seiner Mutter schrieb (KSB 7.249f.): "Der Himmel erbarme sich des europäischen Verstandes, wenn man den jüdischen Verstand davon abziehen wollte! Man erzählte mir von einem jungen Mathematiker in Pontresina, der vor Aufregung und Entzücken über mein letztes Buch ganz die Nachtruhe verloren habe; als ich genauer nachfragte, siehe, da war es auch wieder ein Jude (ein Deutscher läßt sich nicht so leicht im Schlafe stören –) Verzeihung für die *Scherze*, meine gute Mutter! – "

[16] Goethe-Schiller-Archiv Weimar, GSA 102/355. Abgedruckt unter dem Titel "Katastrophe" in [H 1900a], S. 158.

aus Sicht eines Praktikers zu recht scharf kritisiert.[17] FH wandte sich nun von der Astronomie ab und begann in der Mathematik sich zunächst auf verschiedenen Gebieten umzusehen (Wahrscheinlichkeitstheorie, Theorie der Algebren, nichteuklidische Geometrie). So mochte er sich um so mehr auf seine philosophischen Versuche geworfen haben – schon einige Jahre vor 1897 muß er intensiv an SI und CK gearbeitet haben.[18] Er kam aus Not zur Philosophie, und um so ernster nahm er sie.

1896/97 ist er dann gezwungen, seine Vorlesungen als Privatdozent in Leipzig zu unterbrechen, um eine Erkrankung der Atemwege zu kurieren. Er begibt sich an die ligurische Küste, in die Nähe von Genua, und schließt dort SI ab. CK folgt rasch. 1899 heiratet er, 1900 wird eine Tochter geboren. FH wendet sich nun wieder der Mathematik und insbesondere dem neuen Gebiet der Mengenlehre zu, deren Bedeutung für die Zukunft er erkennt und die für seine weitere Forschung lange Zeit im Mittelpunkt steht.[19] Ein Ruf bleibt lange aus; erst 1910 wird er auf ein planmäßiges Extraordinariat in Bonn berufen.[20] 1913 erhält er ein Ordinariat in Greifswald, 1914 erscheint sein mathematisches Hauptwerk, die *Grundzüge der Mengenlehre*. Philosophische Arbeiten publiziert er nun nicht mehr.

3. Felix Hausdorffs philosophischer Horizont: Nietzsche und Kant

Die Jahre 1897/98, als FHs philosophische Werke erscheinen, sind, wie die biographische Skizze zeigt, die Jahre des Übergangs zu seinem späteren Hauptforschungsgebiet, der Mengenlehre und der allgemeinen Topologie. Zuvor ist er ein ausgewiesener Mathematiker im Bereich der angewandten Mathematik, ohne schon als der große Mathematiker aufgefallen zu sein, als der er sich dann erwies. So liegt die Vermutung nahe, daß seine philosophischen Arbeiten zu seinem mathematischen Durchbruch beitrugen, daß die Freiheit und die Weite des philosophischen Denkens ihm den Horizont für seine mathematischen

---

[17] KEMPF, P.: *F. Hausdorff, Ueber die Absorption des Lichtes in der Atmosphäre*, Vierteljahresschrift der Astronomischen Gesellschaft 31 (1896), 2–28.

[18] Die "eigentliche Entstehung" der beiden Bücher, die so rasch nacheinander publiziert wurden, lag, wie FH am 12. Oktober 1898 an HEINRICH KÖSELITZ bei der Übersendung von CK schreibt, "um Jahre zurück". An beiden habe er gründlich gearbeitet, von CK drei Niederschriften verfaßt.

[19] FH hat sich 1897/98 von der Mathematik nicht abgewandt. Die Liste der mathematischen Publikationen weist zwar zwischen 1897 und 1899 eine Lücke auf. Aber FH war in dieser Zeit als Dozent tätig, und außerdem war er in dieser Zeit sehr wahrscheinlich damit beschäftigt, sich in das neue Gebiet der Mengenlehre einzuarbeiten. Dies muß, wie sich aus dem Vergleich seiner differierenden Argumente zur ewigen Wiederkehr in SI und CK (81,29–82,6, s. den Kommentar zur Stelle) und einem Fragment in Fasz. 1076, Blatt 52, ergibt, zwischen der Endredaktion von SI und der schließlichen Konzeption von CK geschehen sein, für die die Mengenlehre von erheblicher Bedeutung war. S. dazu auch Band II dieser Edition, S. 3–5.

[20] In Leipzig hatte er ab 1901 ein außerplanmäßiges Extraordinariat inne, d. h. eine Stelle ohne festes Gehalt. Die gelegentlich vorgetragene Behauptung, FH habe 1902 einen Ruf nach Göttingen abgelehnt, läßt sich nicht belegen.

Entdeckungen öffneten.[21]

In der Einleitung seiner mathematischen Antrittsvorlesung zum *Raumproblem* an der Universität Leipzig 1903, in der er wesentliche seiner philosophischen Gedanken aufnimmt, nennt er drei Spielräume in der "Freiheit der Wahl" zwischen Hypothesen zur Formulierung des mathematischen Raumbegriffs, "den *Spielraum des Denkens*, den *Spielraum der Anschauung*, den *Spielraum der Erfahrung*", und betont unter ihnen den ersten, "die Freiheit des Denkens, die schöpferische Freiheit unserer Gedankenbildung". Denn er ermögliche die "rein gedankliche Umdeutung" auch der Anschauung und der Erfahrung. Die Mathematik, fügt er hinzu, habe sich diese Freiheit "nicht ohne Kampf gegen philosophische Unterdrückungsversuche siegreich erstritten".[22] FH begab sich selbst auf das Feld der Philosophie, um sie sich dort zu erstreiten.

Dabei kam ihm die neue Philosophie seiner Zeit, die Philosophie NIETZSCHEs, weit entgegen. Sie entfaltete in den späteren neunziger Jahren eine rasch wachsende Wirkung und schuf eine Spannung in der Philosophie, wie man sie seit KANTs Kritik der Vernunft nicht mehr erlebt hatte. Sie schuf sie, indem sie diese Kritik der Vernunft einer neuerlichen Kritik unterwarf, sie radikalisierte. Die Wissenschaften hatten im 19. Jahrhundert sich KANTs Kritik weitgehend zu eigen gemacht. Nun stieß sie auf die harte Kritik NIETZSCHEs, und FH schloß sich ihr an.

Er bewies auch hier von Anfang an eine erstaunliche geistige Unabhängigkeit. Er folgte weder dem Neukantianismus seiner Zeit, der, aus heutiger Sicht, nicht so sehr zu KANT zurückkehrte, als ihn in vielem zurücknahm und dogmatisierte, noch dem rasch um sich greifenden Nietzscheanismus, der sich vor allem für den Immoralismus, den Willen zur Macht und den Übermenschen begeisterte und darin neue Lehren fand. Es war der skeptische, kritische NIETZSCHE, dem FH folgte und der seinerseits den kritischen KANT, so sehr er ihm im übrigen theoretische Enge und moralische Befangenheit seines Denkens vorwarf, in seinem Mut zu "resoluten Umkehrungen der gewohnten Perspektiven und Werthungen" zu schätzen wußte.[23] NIETZSCHE *und* KANT eröffneten FH neue Spielräume des Denkens, in dieser Reihenfolge: zuerst NIETZSCHE, dann ein durch NIETZSCHE radikalisierter KANT, der sich seinerseits wiederum methodisch und schließlich mathematisch buchstabieren ließ. Über KANT kehrte FH von NIETZSCHE zur Mathematik zurück.

KANTs Kritik hatte der Metaphysik gegolten, soweit sie geglaubt hatte, die Welt, wie sie an sich ist, aus reiner Vernunft erkennen zu können. Er zog der Erkenntnis aus reiner Vernunft grundsätzliche Grenzen; Erkenntnis der Welt war danach nur unter Bedingungen möglich, die nicht allein in der Vernunft selbst

---

[21] Man kann in dieser Vermutung so weit gehen, daß es FHs Auseinandersetzung mit NIETZSCHES 'naturwissenschaftlichen' Beweisversuchen seines Gedankens der ewigen Wiederkehr des Gleichen war (s. u. Abschn. 5.3 dieser Einleitung), die ihn zu einer gründlichen Beschäftigung mit CANTORS Mengenlehre veranlaßten. Vgl. dazu die Kommentare zu SI 350, 15-17 – Nr. 406, und zu CK, 81,33 – 82,6, in diesem Band, S. 580 und S. 850, ferner Band II dieser Edition, S. 3–5.

[22] [H 1903a], S. 3, 8.

[23] NIETZSCHE, GM III 12.

lagen: sie ist auf sinnliche Wahrnehmung angewiesen und bedarf der räumlichen Orientierung.[24] Er schränkte den theoretischen Gebrauch der Vernunft ein, um zunächst die Bedingungen der Möglichkeit der Mathematik und der "reinen Naturwissenschaft", dann aber und vor allem das moralische Handeln neu denkbar zu machen.[25] Seine Erkenntniskritik war für KANT in theoretischer Hinsicht, in der sie einschränkte, negativ und erst in praktischer Hinsicht, in der sie die Freiheit zu moralischem Handeln begründete, positiv. Im Zuge des 19. Jahrhunderts wurde sie jedoch auch in theoretischer Hinsicht mehr und mehr positiv gewendet, machte man aus der *Kritik* der Erkenntnis eine *Erkenntnis* der Erkenntnis, eine "Erkenntnistheorie": wenn schon nicht die *Dinge*, wie sie an sich sind, so mußte doch, meinte man jetzt, die *Erkenntnis*, wie sie an sich ist, erkannt werden können. Eine solche positive Erkenntnistheorie auszubilden, war das Hauptanliegen des Neukantianismus, der sich seit den 60er Jahren des 19. Jahrhunderts formierte, zunächst für die Naturwissenschaften, dann auch, im ersten Drittel des 20. Jahrhunderts, für die – jetzt so genannten – "Geisteswissenschaften".

Doch, so NIETZSCHE, "ein Werkzeug" kann nicht "seine eigne Trefflichkeit und Tauglichkeit kritisiren",[26] und eine Erkenntnistheorie, in der die Erkenntnis Subjekt und Objekt zugleich ist, kann nur "unbegreiflichen Unsinn"[27] hervorbringen. Eine konsequente Erkenntnis*kritik* mußte negativ bleiben und gerade der Erkenntnis*theorie* Grenzen ziehen. NIETZSCHE zog sie mit Hilfe des Begriffs des Horizonts, den auch KANT schon gebraucht hatte[28]: Wie Horizonte, die man nur von innen sehen und nicht überschreiten kann, kann man auch die Grenzen des Erkennens nur bedingt von diesen Grenzen selbst 'erkennen'.

Während KANT solche Grenzen des menschlichen Erkennens in apriorischen Urteils- und Anschauungsformen sah, die der menschlichen Vernunft als "Naturanlage" mitgegeben sind oder, wie er sich auch ausdrückte, "a priori im Gemüth bereit liegen",[29] räumte NIETZSCHE ein, daß auch die Horizonte des Erkennens und des Denkens unter bestimmten Bedingungen entstanden sind und sich unter anderen Bedingungen ändern können, daß sie nichts für immer Feststehendes, Definitives, nicht a priori sind. Dies schuf Spielräume, sie bis zu einem gewissen Grad zu erweitern, zu verschieben und zu wechseln. Je mehr man aber die Horizonte der Erkenntnis von sich aus erweitern, verschie-

---

[24] Vgl. IMMANUEL KANT, *Von dem ersten Grunde des Unterschiedes der Gegenden im Raume* (1768), *Kritik der reinen Vernunft* (1781/1787), und *Was heißt: Sich im Denken orientieren?* (1786).

[25] Vgl. IMMANUEL KANT, *Prolegomena zu einer jeden künftigen Metaphysik, die als Wissenschaft wird auftreten können* (1783) und *Kritik der reinen Vernunft*, Vorrede zur 2. Aufl. 1787, B XXX: "Ich mußte also das *Wissen* aufheben, um zum *Glauben* Platz zu bekommen". (Mit "Glauben" ist jeder Glaube, auf den hin jemand handelt, nicht nur der religiöse Glaube gemeint.)

[26] M, Vorr. 3.

[27] M, 142.

[28] Vgl. WERNER STEGMAIER, *Philosophie der Fluktuanz. Dilthey und Nietzsche*, Göttingen 1992, 324–326.

[29] KANT, KrV, B 21 f., A 20/B 34. Vgl. FH, CK 6, 8.

ben, wechseln kann, desto beweglicher und freier wird die Erkenntnis selbst.[30] Die Freiheit des Denkens verdankt sich, so gesehen, nicht, wie für KANT, der "Unbedingtheit", sondern der "Beweglichkeit"[31] der Vernunft, und diese Beweglichkeit ist dann wiederum nichts Allgemeines, sondern etwas Individuelles, sie kann in unterschiedlichem Grad erworben werden. Nach NIETZSCHE ist die "*reife* Freiheit des Geistes" das Ergebnis vieler "Loslösungen". Sie besteht darin, "die Verschiebung, Verzerrung und scheinbare Teleologie der Horizonte und was alles zum Perspektivischen gehört" begriffen zu haben und nun imstande zu sein, Perspektiven der Erkenntnis "aus- und wieder einzuhängen".[32] Sie bedeutet, nicht mehr auf ein unerschütterliches Fundament, auf letzte Gewißheiten im Denken zu setzen, wie DESCARTES es zu Beginn der Moderne vorgegeben hatte, sondern im Gegenteil sich überall der Ungewißheit aussetzen zu können: "Das Glück der großen Entdecker im Streben nach Gewißheit", notiert NIETZSCHE im Nachlaß, "könnte sich jetzt in das Glück verwandeln, überall die Ungewißheit und das Wagniß nachzuweisen."[33] Und in der Vorrede zur *Fröhlichen Wissenschaft* schreibt er dann: "Wir kennen ein neues Glück": "die Freude am X".[34]

Die Freude am X war auch FHs Glück. Er begriff die neue Freiheit des Denkens, in der Art, wie sie NIETZSCHE eröffnet hatte, sehr klar und setzte sich ihr entschlossen aus, in der Philosophie und in der Mathematik. Er dachte in den Jahren vor 1900 in der Spannung von Mathematik und NIETZSCHE und machte diese Spannung für die Philosophie *und* die Mathematik fruchtbar: für die Philosophie, indem er die Kritik der Metaphysik mit Mathematik betrieb, für die Mathematik, indem er ein Denken des Raums entwickelte, durch das er, philosophie-historisch betrachtet, KANT mit NIETZSCHE überschritt. Wie weit sein philosophisches Denken schon seine mathematischen Forschungen vorbereitet, muß im einzelnen erst erforscht werden.[35] Die Beziehungen zwischen Mathematik und Philosophie – und zumal einer Philosophie wie der NIETZSCHES – sind schwierig und heikel. Sie setzen grundlegende Überlegungen voraus, wie sich philosophische Gedankengänge überhaupt in mathematische, mathematische in philosophische umsetzen lassen; nachdem die Philosophie seit den alten Griechen sich immer wieder dem mathematischen Erkenntnisideal zu nähern versucht hatte, wurden Philosophie und Mathematik gerade von KANT und NIETZSCHE klar getrennt.[36] Hier ist FH ganz eigene Wege gegangen. Er

---

[30] Vgl. WERNER STEGMAIER, "Geist. Hegel, Nietzsche und die Gegenwart", in: *Nietzsche-Studien* 26 (1997 [ersch. 1998]), 300–318.

[31] Vgl. NIETZSCHE, FW 358, JGB 188 u.ö.

[32] MA, Vorrede 3–6.

[33] NIETZSCHE, NF Sommer – Herbst 1884, KGW VII 26 [280]/ KSA 11.223 f.

[34] FW, Vorrede 3. – Vgl. den Kommentar zu SI 286,7 – Nr. 353 [Etwas = X] und dazu WERNER STEGMAIER, Das Zeichen X in der Philosophie der Moderne, in: WERNER STEGMAIER (Hg.), *Zeichen-Kunst. Zeichen und Interpretation V*, Frankfurt am Main 1999 [2000], 231–256.

[35] Vgl. etwa zum Begriff des topologischen Raumes die historische Einleitung von WALTER PURKERT und den Essay *Zum Begriff des topologischen Raumes* von MORITZ EPPLE et al. in Band II dieser Edition; s. ferner Band VI dieser Edition.

[36] KANT will gerade zeigen, "dass die Befolgung der mathematischen Methode in dieser

hat dazu jedoch keine systematischen philosophisch-methodischen Überlegungen angestellt und auch die KANTs und NIETZSCHEs nicht reflektiert.[37]

4. Felix Hausdorffs philosophische Orientierung

FH hatte keine umfassende philosophische Ausbildung genossen. Er blieb, wie er in seinen Vorreden zu SI und CK offen bekennt, in der Philosophie Autodidakt. Gut und in einiger Breite kennt er außer dem Werk NIETZSCHES das Werk SCHOPENHAUERs, das seit den 50er Jahren des 19. Jahrhunderts die höchsten Gipfel des Ruhms erreicht und dessen Wirkung durch WAGNER und NIETZSCHE, die sich ihm emphatisch anschlossen, weiter gesteigert wurde. Dem sehr belesenen, aber auch sehr idiosynkratischen SCHOPENHAUER entnimmt FH viele seiner Kenntnisse; insbesondere SI ist voll von – teils offenen, teils versteckten – Zitaten aus seinem Werk. Darum aber folgte er ihm nicht auch philosophisch, so wenig wie einer Reihe anderer Autoren, die er dennoch zur Orientierung nutzte.

Dies sind in der Geschichte der Philosophie neben KANT vor allem BARUCH SPINOZA (4.1) und GOTTFRIED WILHELM LEIBNIZ (4.2), die letzten großen Vertreter der Metaphysik, die bis heute ebenso faszinieren wie irritieren und deren Denken noch nicht zu Ende gedacht ist, in seinem eigenen, dem 19. Jahrhundert neben NIETZSCHE und SCHOPENHAUER (4.3) weitere unakademische Philosophen wie MAX STIRNER (4.4) und EDUARD VON HARTMANN (4.5), aber auch 'Universitätsphilosophen' wie RUDOLPH HERMANN LOTZE (4.6), HERMANN VON HELMHOLTZ (4.7) und OTTO LIEBMANN (4.8). Außer Philosophen sind in FHs philosophischen Werken auch philosophierende Dichter gegenwärtig, insbesondere JOHANN WOLFGANG VON GOETHE, der Heros der deutschen Intellektuellen des 19. Jahrhunderts (auch NIETZSCHES), in weit geringerem Maß auch JEAN PAUL und FRIEDRICH HEBBEL.

[philosophischen] Art Erkenntniß nicht den mindesten Vortheil schaffen könne, es müßte denn der sein, die Blößen ihrer selbst desto deutlicher aufzudecken: dass Meßkunst und Philosophie zwei ganz verschiedene Dinge seien, ob sie sich zwar in der Naturwissenschaft einander die Hand bieten, mithin das Verfahren des einen niemals von dem anderen nachgeahmt werden könne." (KrV, A 726/B 754; vgl. Komm. zu SI 308, 13–15 – Nr. 372). In einer "Formal-Wissenschaft" oder "Zeichenlehre" wie der Logik und Mathematik kommt, so NIETZSCHE, "die Wirklichkeit gar nicht vor, nicht einmal als Problem; ebensowenig als die Frage, welchen Werth überhaupt eine solche Zeichen-Convention, wie die Logik ist, hat." (GD, Die 'Vernunft' in der Philosophie 3). Die Anwendung von Logik und Mathematik auf die "Wirklichkeit" setzt voraus, "daß es 'identische Fälle' giebt", die Philosophie nicht: KANT und NIETZSCHE suchen die Voraussetzungen gerade dieser Voraussetzung zu klären.

[37] NIETZSCHE setzte seine Kritik (im Kantischen Sinn der Eingrenzung des Geltungsbereichs) der Logik und Mathematik zuletzt als Moral-Kritik an. Danach ist alles Denken, das im Leben zu bestehen hat, am nachhaltigsten durch "Werthschätzungen" begrenzt, die, wenn sie artikuliert werden, in moralischen Urteilen zum Ausdruck kommen. Zu diesen Wertschätzungen gehört auch die für 'identische Fälle'; unterstellt man 'identische Fälle', so kann vieles gleich behandelt und dadurch beträchtliche Verfügungsmacht gewonnen werden, die das Leben erleichtert. Gegenüber solchen Gedanken NIETZSCHES blieb auch FH deutlich reserviert.

4.1 Baruch Spinoza (1632–1677)

FH zitiert mehrfach SPINOZAS Hauptwerk, die *Ethik nach geometrischer Methode* (*Ethica ordine geometrico demonstrata*), und am häufigsten die Formel "sub specie" (unter dem Gesichtspunkt von), die, in der Gestalt "sub specie aeterni" oder "sub specie aeternitatis" (unter dem Gesichtspunkt des Ewigen oder der Ewigkeit), durch SPINOZA kanonisch wurde. SPINOZA eröffnete mit seiner Metaphysik, die er als Ethik, als Lehre zum Handeln, anlegte, den Perspektivismus in der europäischen Philosophie.

SPINOZA war Jude, der das Judentum in seiner politisch-theologischen Gestalt einer harten Kritik unterwarf und dafür aus der Amsterdamer Jüdischen Gemeinde verbannt wurde, ein Jude, der in Christus ein ethisches Vorbild erkannte, ohne darum Christ zu werden. Sein Denken ließ sich seither sowohl der jüdischen wie der christlichen Tradition und zugleich keiner von beiden zuordnen und blieb in dieser Spannung wirkungsvoll. Er ging, was ebenso für den Deutschen Idealismus wie für FH große Bedeutung gewann, vom Ganzen aus und faßte es zugleich als Gegenstand und als Bedingung des Erkennens: Wir haben es in der Erkenntnis nie nur mit isolierten Gegenständen, sondern zugleich immer mit dem Ganzen der Wirklichkeit zu tun, in das sie eingebunden sind und das wir in seiner Komplexität niemals ganz durchschauen, schon deshalb, weil wir selbst auch Teil dieses Ganzen und ebenfalls von ihm auf komplexe Weise bedingt sind. Wir können das Ganze darum nur perspektivisch erkennen. Sofern wir es als Gegenstand vor uns zu haben glauben, nennen wir es Natur, sofern wir wissen, daß es unbegreifliche Bedingung unseres Erkennens und Seins ist, Gott, aber die Natur *ist* Gott und Gott ist die Natur ("deus sive natura"). Was *wir* als Natur und Gott denken, wäre so immer auch noch anders denkbar, jedoch nicht für uns. SPINOZA begreift dies so, daß er Gott (bzw. die Natur) als "Substanz" faßt, die sich unter unendlich vielen "Attributen" darstellt, von denen uns, wie DESCARTES gelehrt hatte, Körperlichkeit (corpus) und Geistigkeit (mens) oder Ausdehnung (extensio) und Denken (cogitatio) zugänglich sind. Sie sind nur begrenzte Gesichtspunkte, unter denen (sub specie) *wir* sie erkennen. Wir begreifen so immer nur Ausschnitte des Ganzen, die wir uns nach unseren Möglichkeiten zurechtlegen – ein Gedanke, der grundlegend für CK wird. SPINOZA folgert aus ihm die ethische Forderung, sich die Begrenztheit seines Erkennens bewußt zu machen, was wiederum nur *durch* Erkennen möglich sei, sich also durch Erkennen seines Erkennens so weit wie möglich in das Ganze einzufügen und in ihm aufzugehen, ruhig zu werden in dem, was er "denkende Liebe Gottes zu sich selbst" (amor intellectualis dei) nennt.[38] Methode dieser Ethik soll die mathematisch-beweisende ("mos geometricus") sein. Auch sie hat jedoch nicht so sehr begründenden als kritischen Sinn: Denn das mathematische Denken, so SPINOZA (im Anhang zum I. Buch der *Ethik*), ist

---

[38] Mit einem Verweis auf SPINOZA und dessen "dritte[r] Erkenntnißart, aus welcher summa quae dari potest mentis acquiescentia oritur" (aus welcher die höchste Seelenruhe, die es geben kann, entspringt), beginnt FH seinen Aufsatz *Der Wille zur Macht* von 1902 ([H 1902b], s. in diesem Band, S. 903–909).

das einzige, das nicht durch pragmatische Ziele des Lebens geleitet ist und daher auch nicht durch moralische, religiöse und ästhetische Vorurteile zum Wunschdenken verführt werden kann. Es wirkt darum befreiend, befreiend zur "denkenden Liebe Gottes zu sich selbst". Auch FH setzt das mathematische Denken so ein – ohne sich dabei ausdrücklich auf SPINOZA zu berufen und ohne seine theologische Sprache zu teilen. Schon NIETZSCHE hat in SPINOZA einen *"Vorgänger, und was für einen!"* erkannt und sich emphatisch zu ihm bekannt,[39] auch er in Distanz zu allen theologischen Implikationen.

4.2   Gottfried Wilhelm Leibniz (1646–1716)

Von LEIBNIZ, der den Perspektivismus methodisch durchführte, indem er alles Seiende als begrenzte Perspektiven aufeinander dachte und Gott als Ursprung und Wissen all dieser Perspektiven, erwähnt FH vor allem die zentrale These der "prästabilierten Harmonie", in der nach LEIBNIZ die nur scheinbar einander fremden Perspektiven auf diese Weise stehen sollten. LEIBNIZ hat, auf dem Hintergrund der schon im antiken Atomismus und zu Beginn der Neuzeit von GIORDANO BRUNO und BERNARD LE BOVIER DE FONTENELLE vertretenen Konzeption einer Pluralität von Welten, auch den Begriff der möglichen Welten in die theoretische Philosophie eingeführt, von dem FH in SI und CK laufend (mehr oder weniger strengen) Gebrauch macht. LEIBNIZ' Aussagen über die in prästabilierter Harmonie stehenden, je eine Perspektive darstellenden Monaden sollen für alle möglichen Welten gelten, unter denen die wirkliche Welt nur eine, aber, da Gott einen zureichenden Grund gehabt haben muß, sie zu wählen, die bestmögliche ist. Daneben setzt FH sich mit einigen Argumenten aus LEIBNIZ' gegen JOHN LOCKE gerichteten *Nouveaux Essais sur l'Entendement Humain* (*Neue Abhandlungen über den menschlichen Verstand*) auseinander. LEIBNIZ' weitergehendes Projekt, die Ordnung der Dinge, wie sie in jenem Gott begründet ist, in einer universalen mathematischen Zeichenschrift ("characteristica universalis") umfassend darzustellen, läßt er beiseite. Nach KANTs Kritik aller philosophischen Theologie blieben für ihn davon nicht viel mehr als "Leibniz-Wolfische Curiosa" zurück.[40]

4.3   Arthur Schopenhauer (1788–1860)

Mit SCHOPENHAUER begann die Reihe der großen Außenseiter in der Philosophie des 19. Jahrhunderts, die, ohne Chance auf einen Lehrstuhl an der Universität, früh *einen* großen Gedanken faßten, ihn ihr Leben lang verfolgten und

---

[39] Vgl. NIETZSCHES Brief an FRANZ OVERBECK vom 30. Juli 1881 aus Sils-Maria (KSB 6.111). Im August 1881, berichtet er später (EH, Warum ich so gute Bücher schreibe: Za 1), sei ihm der "*Ewige-Wiederkunfts-Gedanke*" gekommen. Die Verknüpfung des Wiederkunfts-Gedankens mit dem Denken SPINOZAS wird aus dem sog. Lenzer Heide-Entwurf vom 10. Juni 1887 deutlich (NF Herbst 1887, KGW VIII 5 [7] / KSA 12.211–217). NIETZSCHE stieß hier auf die möglichen moralisch-theologischen Implikationen auch seines Wiederkunfts-Gedankens. Danach trug er ihn in seinem veröffentlichten Werk bis zu EH, seiner letzten Schrift, nicht mehr vor.

[40] SI 304, 16–17 – Nr. 366.

gegen die besonders von HEGEL geprägte "Universitätsphilosophie" durchzusetzen versuchten. SCHOPENHAUER formulierte seinen Gedanken im Titel seines Hauptwerks als *Die Welt als Wille und Vorstellung*.[41] Er brach mitten im Deutschen Idealismus mit der abendländischen Tradition einer Philosophie der Vernunft und setzte an deren Stelle den Willen. Danach ist die Welt im Sinne KANTS unsere Vorstellung, zu der uns jedoch ein blinder Wille drängt, der unserem Bewußtsein nur bedingt zugänglich ist. Dieser Wille ist das *Ding an sich*, nach dem alle Metaphysik gesucht hat. Er wird von uns im Leib erfahren; die Vernunft ist nur sein Werkzeug. Selbst sinnleer, ist sein Drängen Grund alles Leidens. Befreiung davon schafft seine Erkenntnis, die durch seine Objektivation in Platonischen Ideen möglich wird, Beruhigung des von ihm verursachten Leidens die Kunst, besonders die Musik. Ethisch verlangt der Wille zum Dasein nach Mitleid (das SPINOZA, an den auch SCHOPENHAUERS Denken in manchem erinnert, gering schätzte), religiös nach seinem Erlöschen im Nichts, dem Nirwana des Buddhismus. In ihm, so SCHOPENHAUER, ist "jener Friede, der höher ist als alle Vernunft". SCHOPENHAUER stellte die leiblich-sinnliche Bedingtheit der Vernunft so massiv heraus, daß sich ihr Ansehen nicht mehr davon erholt hat. Dadurch, daß er sie als ein Mittel im Kampf um Selbsterhaltung betrachtete, schuf er Voraussetzungen, die später DARWINS Selektionstheorie philosophisch annehmbar machten.

SCHOPENHAUER erfuhr den Sturz der Vernunft jedoch als tiefe Enttäuschung ("Pessimismus"). Die Vernunft hatte der Welt und dem Leben Sinn gegeben; brach der Glaube an sie ein, verloren Welt und Leben ihren Sinn. Wenn das Dasein, so SCHOPENHAUER, im Höchsten nicht gut ist, muß es im Tiefsten böse sein. Es ist abscheulich, nichts als Schmutz, Elend, Haß, Grausamkeit, eine nie endende Strafe für eine nie aufzuhebende Sünde. SCHOPENHAUER verfocht in einer Zeit, als die Christlichkeit der Systeme noch ein Maß für ihre Wahrheit war, einen, so NIETZSCHE in *Die Fröhliche Wissenschaft*, Nr. 357, "unbedingten redlichen Atheismus": "seine Feindschaft gegen Hegel hatte hier ihren Hintergrund". Mit SCHOPENHAUER begann aber auch die Reihe der großen Religiösen ohne Religion im 19. Jahrhundert. Er bekräftigte und erneuerte das christliche Evangelium als säkulare Religion und verband es mit dem Buddhismus. Seine Philosophie sollte Erlösung bringen, Erlösung vom Leiden am sinnleer gewordenen Leben und an der wertlos gewordenen Welt.

NIETZSCHE, der in seiner frühen *III. Unzeitgemäßen Betrachtung* "Schopenhauer als Erzieher" künftiger Generationen empfohlen hatte, erkannte später in der "Entwerthung der bisherigen Werthe", die er "Nihilismus" nannte,[42] einen Grundzug des europäischen Denkens von Anfang an, verwarf jedoch SCHOPENHAUERS Philosophie im übrigen als "Artisten-Metaphysik".[43] FH ist, dadurch gewarnt, ihrer Verführung schon nicht mehr erlegen. So gegenwärtig SCHOPENHAUER als Moralist in seinen Schriften ist, wo es sich um seine theoretische

---

[41] Leipzig 1819, 2. erw. Aufl. 1844, 3. erw. Aufl. 1859.

[42] Näheres vgl. Kommentar zu CK 179, 8.

[43] NF Herbst 1885 – Herbst 1886, KGW VIII 2 [131] / KSA 12.131; GT, Vorrede (1886) 5, KSA 1.17.

Philosophie handelt, reagiert er auf sie eher gereizt. SCHOPENHAUER, heißt es da, könne es "nicht lassen, die moderne *materialistische* Naturauffassung immer wieder mit dem Hinweis auf unglückliche Vorgänger, wie Demokrit und die Atomistiker, abzufertigen",[44] seine These von der "Allmacht des Willens" sei "ein Abweg vom heutigen Gange des Erkennens",[45] und bei ihm lebe die Interpretation sich aus, die die "Inhaltbestimmungen" der "intelligiblen Welt", die KANT zum praktischen Gebrauch der reinen Vernunft zugelassen hatte, zu "positiven" mache.[46]

4.4 Max Stirner (eig. Johann Caspar Schmidt) 1806–1856

STIRNERS Werk *Der Einzige und sein Eigentum*[47] wurde zunächst als Sensation empfunden, nach kurzer, heftiger Polemik, u. a. von FEUERBACH, MARX und ENGELS, jedoch bald vergessen und erst gegen Ende des 19. Jahrhunderts wiederentdeckt, u. a. von EDUARD VON HARTMANN und PAUL LAUTERBACH,[48] und wurde für den Anarchismus bedeutsam. Anklänge finden sich auch bei NIETZSCHE. EDUARD VON HARTMANN, den NIETZSCHE mit beißendem Spott bedacht hat und dem FH darin folgt, behauptete seinerseits die vollkommene Überlegenheit STIRNERS über NIETZSCHE.[49]

STIRNER verstand sich als Aufklärer. Er kam zu einer Radikalform der Aufklärung, einem "absoluten Egoismus". Darin verband sich ein radikaler Individualismus mit einem militanten Atheismus und mit einer radikalen Kritik des Staates, einschließlich seiner sozialistischen und kommunistischen Gestaltungen. Denn, so STIRNER, alle vermeintlich allgemeinen Begriffe von der Welt, der Gesellschaft, der Moral und des Göttlichen sind "fixe Ideen", die den Einzelnen, der immer ein "Einziger" ist, hindern und hindern sollen, seine eigenen Begriffe als "sein Eigentum" zu bilden und nach ihnen zu leben. Außer ihm selbst verpflichte ihn nichts.

FH hat STIRNER einen eigenen Aufsatz gewidmet [H 1898d] (s. u. Abschn. 5.5, ferner Band VIII dieser Edition).

4.5 Eduard von Hartmann (1842–1906)

VON HARTMANN, heute fast vergessen, war ein berühmter Autor in den 70er und 80er Jahren des 19. Jahrhunderts. In seiner *Philosophie des Unbewussten. Versuch einer Weltanschauung*[50] nahm er SCHELLINGS Begriff des Unbewußten, aber auch Ergebnisse der modernen Naturwissenschaften auf und bezog sie

---

[44] SI 21, 27–30 – Nr. 20.
[45] SI 334, 31–33 – Nr. 395.
[46] CK 48, 26–32.
[47] Leipzig 1845 [ersch. 1844].
[48] S. o., Abschn. 2.
[49] Vgl. ARNO MÜNSTER, "Le moi, l'unique et le néant: Nietzsche et Stirner. Enquête sur les motifs libertaires dans la pensée nietzschéenne", in: *Revue Germanique Internationale* 11/1999: *Nietzsche moraliste*, 137–155.
[50] Berlin 1869.

in eine weitgespannte Synthese der Philosophien HEGELs und SCHOPENHAU-
ERs ein: Der "Weltprozeß" geht um so rascher seinem Ziel, der Erlösung vom
Weltelend, entgegen, je mehr ihn der Einzelne bewußt bejaht, indem er sich
dem Leben hingibt. HARTMANNs Philosophie konnte auf diese Weise zugleich
schopenhauerisch-pessimistisch und hegelisch-optimistisch sein. FH ironisiert
mehrfach seine "Hingabe an den Weltprocess".[51]

Zu den 'Universitätsphilosophen' seiner Zeit hatte FH, wie es ihnen entsprach,
ein leidenschaftsloses Verhältnis. LOTZE, HELMHOLTZ und LIEBMANN waren
Pioniere einer nachkantischen oder 'neukantianischen' Erkenntnistheorie, die
auch Grundlegungsfragen der Mathematik berührten und die er darum für seinen eigenen erkenntniskritischen Versuch zu berücksichtigen hatte. Besonderes
Gewicht kam dabei LOTZE und HELMHOLTZ zu. Sie bereiteten unterschiedliche
Richtungen des Neukantianismus vor.[52]

KANT hatte vorgeschlagen, Räumlichkeit und Zeitlichkeit nicht als Bestimmungen der Dinge selbst, sondern 'unserer' Erkenntnis zu betrachten. Nur so
sei denkbar, daß wir von 'Gesetzen' der Natur sprechen. Denn die Dinge der
Natur seien uns durch unsere Sinne gegeben und das heißt: bis zu einem gewissen Grad jedem anders, 'subjektiv'. 'Gesetze' können darum allein Sache des
'Denkens' sein. Das Denken muß dabei einerseits von den Sinnen unabhängig
sein, die Gesetze also 'vor aller Erfahrung' formulieren, sich andererseits aber
auf die Erfahrung beziehen. Das ist möglich, wenn es als 'Form' verstanden
wird, deren 'Inhalt' sinnlich Gegebenes ist. Unterstellt man, daß das Denken
seinerseits 'allgemein' ist (was für KANT außer Frage steht), würde es danach
das 'subjektiv' Gegebene zu etwas Allgemeinem, zu 'objektiven' Gegenständen
formen. Die Gesetze dieser allgemeinen oder 'objektiven' Erkenntnis (oder nun:
Formung) von Gegenständen müßten dann dem Denken selbst, den 'logischen
Funktionen zu Urteilen', entnommen werden. Als 'Formen' sinnlicher Inhalte
werden sie zu 'Kategorien' der Naturerkenntnis unter den 'Titeln' von Quantität, Qualität, Relation, Modalität. Diese Kategorien lassen sich wiederum als
'Grundsätze' einer 'reinen Naturwissenschaft' formulieren, eine Kategorie der
Relation etwa als 'Gesetz der Kausalität'. Sie sind aber wiederum nur insofern
'unbedingt' allgemein oder 'notwendig', wenn sie ihrerseits nicht einen sinnlichen oder 'empirischen', sondern einen 'reinen' Inhalt haben. Diesen von allem
Empirischen 'reinen' Inhalt 'reiner' Formen des Denkens findet KANT in den
allgemeinen Bedingungen der Gegebenheit des Sinnlichen, seiner Räumlichkeit
und Zeitlichkeit. Sie können ihrerseits als 'Formen', als 'unsere' Formen der
Gegebenheit der Dinge, verstanden werden. Sie wären dann einerseits, zur
Seite des subjektiv Gegebenen hin, 'reine Anschauungsformen' und andererseits, zur Seite des objektiven Erkennens hin, Inhalte der Formen des Denkens.

---

[51] SI 31, 6–7 – Nr. 24 u. ö. – Zu NIETZSCHES Verhältnis zu E. v. HARTMANN vgl. WOLFGANG
MÜLLER-LAUTER, *Über Freiheit und Chaos. Nietzsche-Interpretationen II*, Berlin/New York
1999, 378–390.
[52] Vgl. KÖHNKE, *Entstehung und Aufstieg des Neukantianismus. Die deutsche Universitäts-
philosophie zwischen Idealismus und Positivismus*, Frankfurt am Main 1986, 485.

16

So sind Gesetze der Naturerkenntnis denkbar, die sowohl formal, d. h. 'rein' und 'gänzlich a priori', als auch inhaltlich oder 'synthetisch', insgesamt also 'synthetische Urteile a priori' sind. Der Schlüssel dieses "Experiments der reinen Vernunft", wie KANT es nennt,[53] ist der 'transzendentale Idealismus' von Raum und Zeit, nach dem Räumlichkeit und Zeitlichkeit nicht Bestimmungen der Dinge selbst, sondern 'Formen unserer Anschauung' sind, die ihrerseits 'Inhalte' unserer Formen des Denkens sein können. In der nachkantischen Erkenntnistheorie, mit der es FH zu tun hat, wird der transzendentale Idealismus nicht mehr nur für die allgemeinen Formen sinnlicher Gegebenheit, sondern auch für das sinnlich Gegebene selbst geltend gemacht, wird gezeigt, wie auch schon die sinnliche Wahrnehmung 'geformt', nicht einfach 'gegeben' ist. Dazu werden mehr und mehr wissenschaftliche Methoden angewandt, physiologische und psychologische Experimente angestellt; KANTs philosophisches Gedankenexperiment wird zu einem wissenschaftlichen Forschungsprogramm. Eröffnet wird es vor allem von JOHANNES MÜLLER (1801–1858) mit seiner Lehre von "spezifischen Sinnesenergien", nach der ein Sinnesnerv vermöge seiner "eingeborenen Energie" auf die verschiedensten Reize mit der gleichen Empfindungsart antwortet.[54] Danach sind die "Empfindungen", die KANT noch als "gegeben" hinnahm, "Zeichen" für ihrerseits unbekannte und unerkennbare "subjektive" Vorgänge; MÜLLER sah darin über KANTs transzendentalen Idealismus hinaus SPINOZAs Affektenlehre empirisch bestätigt.

Für FH standen jedoch weiterhin die Probleme von Raum und Zeit selbst im Vordergrund. Nur hier, nicht bei der sinnlichen Wahrnehmung, konnte seine mathematisch-philosophische Argumentation ansetzen. Den Stand der Forschung bezeichnete für ihn dabei zunächst R. H. LOTZE.

4.6   Rudolph Hermann Lotze (1817–1881)

LOTZE war die zentrale Figur der nachhegelschen Philosophie und erzielte eine breite Wirkung bis weit in das 20. Jahrhundert hinein. Er steht für den Umbruch der Philosophie in ihrem Verhältnis zu den Wissenschaften. Hatte die Philosophie nach dem Deutschen Idealismus den Wissenschaften noch ihre Bestimmung vorzugeben, so sollte sie jetzt die Vorgaben der Wissenschaften aufnehmen und auf sie ihre 'Systeme' begründen. LOTZE war dem Deutschen Idealismus durch seinen philosophischen Lehrer CHRISTIAN HERMANN WEISSE noch eng verbunden; promoviert und habilitiert in Medizin und in Philosophie, wollte er jedoch die "Bedürfnisse des Gemütes" mit den "Ergebnissen menschlicher Wissenschaft" versöhnen. Er suchte eine Einheit von Naturwissenschaft, Philosophie und Religion, die sich nicht mehr einem gemeinsamen Prinzip und einer durchgehenden Methode verdanken sollte, sondern drei

---

[53] KANT, *Kritik der reinen Vernunft*, Vorrede B XX. Vgl. zur Verdeutlichung: WERNER STEGMAIER, Immanuel Kant: Kritik der reinen Vernunft, in: W. STEGMAIER, *Interpretationen. Hauptwerke der Philosophie. Von Kant bis Nietzsche*, unter Mitwirkung von HARTWIG FRANK, Stuttgart 1997, 15–60.
[54] Von FH angeführt CK 1, 26–27.

verschiedene "Welten" ansetzte, die einander lediglich ergänzten: die logisch-methodologische Welt der "Wahrheit", die "reale" Welt der kausal verknüpften "Wirklichkeit" und die "teleologische", zweckbestimmte Welt des "Wertes", des Ethischen, Ästhetischen und Religiösen. LOTZE wurde so zum Begründer ebenso der Wissenschafts- wie der Wertphilosophie.[55] Er gestand überall die Endlichkeit, Geschichtlichkeit und Unabschließbarkeit der menschlichen Erkenntnis zu, bestand aber zugleich auf der Unabweisbarkeit von Metaphysik (in vorkritischem, Wolffischem Zuschnitt) und Religion. Er legte die Grundzüge seines Denkens schon als Vierundzwanzigjähriger in einer *Metaphysik* (1841), dann in einer dreibändigen populären Fassung unter dem Titel *Mikrokosmos* (1856–1864) und schließlich als *System der Philosophie* (1874–1879) mit den beiden Teilen *Drei Bücher der Logik* und *Drei Bücher der Metaphysik*[56] dar. Gegenüber der aufkommenden "Erkenntnistheorie" blieb er zurückhaltend.

FH hielt sich in seinen Bezügen auf LOTZE vor allem an die letztgenannte *Metaphysik*, insbesondere an das 2. Buch "Von dem Laufe der Natur", in dem die Begriffe der Natur, des Raumes, der Zeit, der Bewegung usw. erörtert werden. Ihm kam entgegen, daß LOTZE gegenüber KANT die "Spontaneität" des "Logischen" bestärkte und die "Formen der Anschaulichkeit" um Bewegung (mit Materie, Masse, Kraft, Anziehung), Mechanismus und Teleologie (als einer bestimmten Kombination des Mechanischen) vermehrte und dadurch relativierte. Durch die komplementären Welten hindurch sollte nach LOTZE der "Vorstellungsverlauf" von den einfachsten bis zu den umfassendsten Vorstellungen zusammenhängend dargestellt werden können; von diesem Gesamtzusammenhang aber sollte schon jede einzelne "Empfindung" geprägt sein. Von all dem machte FH jedoch kaum Gebrauch. Er zieht LOTZE heran, wo er sich skeptisch äußert, oder mit einer treffenden Bemerkung allgemeiner Art, und grenzt sich von ihm ab, wo er sich metaphysisch oder gar "kabbalistisch" gab.[57]

4.7 Hermann von Helmholtz (1821–1894)

Läßt sich LOTZE der 'neoidealistischen' Richtung des aufkommenden Neukantianismus zurechnen, so philosophierte HELMHOLTZ, als Naturwissenschaftler, 'realistischer'.[58] Er war in weit höherem Maß eine "Autorität" für FH; FH stand, wie er am Ende der Vorrede zu CK schreibt, HELMHOLTZ' Auffassung am nächsten. HELMHOLTZ, Schüler von JOHANNES MÜLLER, Professor für Physiologie und Anatomie, später für Physik, betrieb experimentelle und theo-

---

[55] Vgl. HERBERT SCHNÄDELBACH, *Philosophie in Deutschland 1831–1933*, Frankfurt am Main 1983, 198–218.

[56] Als dritter Teil sollte die Wertlehre folgen (Ethik, Ästhetik, Religion), die LOTZE nicht mehr vollenden konnte. Vgl. die wissenschaftliche Biographie von REINHARD PESTER, *Hermann Lotze. Wege seines Denkens und Forschens. Ein Kapitel deutscher Philosophie- und Wissenschaftsgeschichte im 19. Jahrhundert*, Würzburg 1997.

[57] Vgl. CK 170, 14–17. – NIETZSCHE hatte LOTZE auf eine lange Liste mit der Überschrift "*Anzugreifen*" gesetzt. Vgl. NF Sommer 1872 – Anfang 1873, KGW III 19 [259] / KSA 7.501; vgl. auch a. O. 19 [292] / KSA 7.510.

[58] Vgl. KÖHNKE, *Entstehung und Aufstieg des Neukantianismus*, a. O., 151–157, 485.

retische naturwissenschaftliche Forschung in außerordentlicher Breite und von großer innovativer Kraft; er wurde zu einem der bedeutendsten und einflußreichsten Naturwissenschaftler des 19. Jahrhunderts. Auch er erzielte durch öffentliche Vorträge große Breitenwirkung. Mit ihm war die Umorientierung der Philosophie in ihrem Verhältnis zu den Wissenschaften vollzogen. Er suchte wieder den Anschluß an und die Auseinandersetzung mit KANT und lehnte eine transzendente Metaphysik ab; Philosophie sollte nun vor allem von Naturforschern betrieben werden und "Lehre von den Wissensquellen" sein.[59]

Sinneswahrnehmung war für ihn, gestützt auf eigene physiologische Forschungen zur Signalübertragung durch Nervenfasern, auf ophthalmologische und akustische Arbeiten, selbst ein dem Kausalprinzip folgender Prozeß, der jedoch symbolisch, durch Zeichen, vermittelt ist und so nicht auf eine Natur an sich selbst schließen läßt; die Zeichen, die das Gehirn deutet, sind dabei jedoch ihrerseits nicht willkürlich, sondern "natürlich gegeben". Analog argumentierte HELMHOLTZ in seinen Beiträgen zu einer empirischen Grundlegung der Geometrie *Ueber die Thatsachen, die der Geometrie zum Grunde liegen* (1868) und *Ueber den Ursprung und die Bedeutung der geometrischen Axiome* (1870): Er betrachtete die Axiome der Geometrie als Anschauungsgewohnheiten, die sich in der Erfahrung bewährt haben. Das ließ die Möglichkeit unterschiedlicher Geometrien offen. HELMHOLTZ trug so maßgeblich dazu bei, daß die neuen mathematischen Konzepte von Räumen mit nichtverschwindender Krümmung, die aus der nichteuklidischen und der Riemannschen Geometrie kamen, im Zusammenhang mit der Diskussion über den 'Raum' in den Naturwissenschaften in breiteren Kreisen bekannt wurden.[60] In der Wissenschaftstheorie schließlich ging er vom Gegensatz des unmittelbaren Zeugnisses der Sinneswahrnehmung und der experimentellen Erkenntnis aus: Naturwissenschaft könne nicht auf die (stets subjektive) Sinneswahrnehmung aufbauen, sondern nur auf Experimente, die sie nach ihren eigenen Theorien anstellt; aus ihnen müsse sie durch "logische Induktion" "Gesetze" gewinnen.

FH zieht neben HELMHOLTZ' Beiträgen zur Geometrie vor allem seine Schrift *Die Thatsachen in der Wahrnehmung* (1878) als Beleg für seine Argumentation heran, in deren Zentrum die Zeichentheorie der Wahrnehmung steht.

4.8   Otto Liebmann (1840–1912)

Auch LIEBMANN, der neben Philosophie Mathematik studiert hatte,[61] entnimmt FH einige bestätigende Zitate. Mit LIEBMANN, seiner Schrift *Kant und*

---

[59] Vgl. GREGOR SCHIEMANN, *Wahrheitsgewißheitsverlust. Hermann von Helmholtz' Mechanismus im Anbruch der Moderne. Eine Studie zum Übergang von klassischer zu moderner Naturphilosophie*, Darmstadt 1997.

[60] HELMHOLTZ bezog seinen Aufsatz *Über den Ursprung und die Bedeutung der geometrischen Axiome* selbst auf die innermathematische Entwicklung der Geometrie und des Raumbegriffs (nichteuklidische Geometrie, BOLYAI, LOBATSCHEWSKI, GAUSS, BELTRAMI und vor allem RIEMANN, dessen Habilitationsvortrag *Ueber die Hypothesen, welche der Geometrie zu Grunde liegen*, auf den HELMHOLTZ sich bezieht, erst kurz zuvor, 1867, veröffentlicht worden war). Vgl. dazu den Band VI dieser Edition.

[61] Vgl. HEINZ-LUDWIG OLLIG, *Der Neukantianismus*, Stuttgart 1979, 9–15.

die Epigonen. Eine kritische Abhandlung (1865) und seinem dort zum Beschluß jedes Kapitels wiederholten Aufruf "Also muß auf KANT zurückgegangen werden!", durch den sie im Gedächtnis blieb, läßt die Philosophiegeschichtsschreibung in der Regel den eigentlichen Neukantianismus beginnen.[62] KANTs Philosophie hatte, so LIEBMANN, im Deutschen Idealismus ein "Chaos der Meinungen" zur Folge, und dies hatte seinen Grund in KANTs eigener Unterscheidung eines Dings an sich von den Erscheinungen: an diesem Ding an sich hätte sich alle mögliche Metaphysik angesiedelt, mit der nun ein Ende gemacht werden sollte. Vom Ding an sich zu sprechen, sei widersprüchlich, sofern man nach KANT von ihm keinerlei Kenntnis haben könne. Es sei der "Fremdling" und "Parasit" im Kantischen Denken, der von KANT selbst für "unentbehrlich" erklärt würde,[63] tatsächlich aber der Kritik den Boden entziehe, während es ihr einen Boden zu schaffen scheine. LIEBMANN beschränkte sich (und seinen Kantianismus) nun ganz auf die "transzendentale Ästhetik" und "transzendentale Logik" der *Kritik der reinen Vernunft*; auch daß KANT selbst die praktische Philosophie auf die Unterscheidung von Ding an sich und Erscheinung begründet hatte, wies er zurück. So blieb von KANT nur noch "Erkenntnistheorie", in die LIEBMANN ausdrücklich auch JOHANNES MÜLLERS und HERMANN VON HELMHOLTZ' Lehre von den spezifischen Sinnesenergien einbezog.

FH zieht LIEBMANNs wissenschaftliches Hauptwerk *Zur Analysis der Wirklichkeit. Philosophische Untersuchungen* (1876, 1880[2]) heran, in dem LIEBMANN seine Thesen genauer ausarbeitete.[64] Später, in seinen *Gedanken und Tatsachen* von 1883, ließ er eine "kritische Metaphysik" gelten, die die Aufgabe haben sollte, Hypothesen, die über das Erfahrbare hinausreichen, zu prüfen und miteinander zu vergleichen und sich dadurch einen "transzendenten Grenzbegriff" für die wissenschaftliche Erkenntnis zu verschaffen. Auch dieser Gedanke kam FHs Intention in CK entgegen.

Sehr kritisch rezensiert hat FH BERTRAND RUSSELLs *The Principles of Mathematics*.[65] In HEGEL sieht er, wie die meisten seiner Zeit, nur noch den preußischen Staatsphilosophen und "Rechtfertigungsvirtuosen".[66] Unter den großen philosophischen Ereignissen des Jahrhunderts gilt ihm – gegenüber STIRNER – LUDWIG FEUERBACHs Religionskritik wenig.[67] Nicht explizit berücksichtigt werden in seinen philosophischen Schriften SCHELLING, dessen Naturphilosophie unter Naturwissenschaftlern zum Schreckbild geworden war, KIERKE-

---

[62] Vgl. jedoch KÖHNKE, *Entstehung und Aufstieg des Neukantianismus*, a. O., 214, der ihn "den zu seiner Zeit wohl unwichtigsten neukantianischen Programmatiker überhaupt" nennt.

[63] LIEBMANN, *Kant und die Epigonen*, 26 f.

[64] Auch NIETZSCHE hatte sich den Band (und auch *Kant und die Epigonen*) kommen lassen und daraus Exzerpte angefertigt. Vgl. den Brief an FRANZ OVERBECK vom 20./21. August 1881 aus Sils-Maria (KSB 6.117 f.) und NF Frühjahr – Herbst 1881, KGW V 11 [236] / KSA 9.531.

[65] S. [H 1905] und dazu Band II dieser Edition, S. 27–29. [H 1905] wird im Band I dieser Edition abgedruckt.

[66] SI, Nr. 38 und Nr. 353.

[67] Vgl. SI, Nr. 366.

GAARD, der noch fast unbekannt war, MARX und ENGELS, deren Themenfelder FH kaum berührt, der englische Liberalismus und Utilitarismus, die schon SCHOPENHAUER und NIETZSCHE aus ihrer Nähe verbannten, WILHELM DILTHEY und seine *Einleitung in die Geisteswissenschaften*, die nicht in FHs Interessensbereich lag, bedeutende Neukantianer wie FRIEDRICH ALBERT LANGE, ALOIS RIEHL, HERMANN COHEN und PAUL NATORP[68], der junge amerikanische Pragmatismus, der ihm in manchem durchaus entgegenkam, und die Anfänge der Phänomenologie EDMUND HUSSERLS, der später auch für das Verständnis von Raum und Zeit große Bedeutung zukommen sollte.

5. Formen und Leitgedanken der philosophischen Schriften Felix Hausdorffs

5.1 Das Pseudonym Paul Mongré

FH hatte offenbar das Bedürfnis und die Begabung, noch ganz anders zu denken und zu sprechen, als es ihm in der Mathematik möglich war, und er spricht auch unter einem anderen Namen, er benutzt ein Pseudonym: PAUL MONGRÉ. Das Pseudonym ist Schutz,[69] aber auch Programm. Es ist als solches leicht erkennbar: ein französischer Name für deutsch geschriebene Werke – wobei der Vorname deutsch *und* französisch gelesen werden kann. Ein französisches Pseudonym ließ 'esprit', pointiertes Denken und geistige Freiheit, erwarten, aber auch politisches 'engagement', wie es französische Intellektuelle zumal im Zug der Dreyfus-Affaire bewiesen, die Frankreich seit 1894 heftig erregte und die zeigte, daß man dort nicht bereit war, den grassierenden Antisemitismus widerstandslos hinzunehmen. Der Name "MONGRÉ", den FH wählt, deutet jedoch nur auf das erste. Er bedeutet so viel wie 'mein Geschmack, meine Meinung, mein Wunsch und Wille',[70] Ungebundenheit, Freiheit des Individuums in all seinen Urteilen. FH ging es – nicht untypisch für deutsche Intellektuelle seiner Generation, man denke etwa an THOMAS MANN und seine *Betrachtungen eines Unpolitischen* – nicht um Politik, Gesellschaft, Staat, sondern um die Freiheit des Denkens gerade auch ihnen gegenüber.

---

[68] Mit NATORPS Kritik des Formalismus (in: *Die logischen Grundlagen der exakten Wissenschaften*, Leipzig/Berlin 1910) und seinem Versuch einer Ableitung des dreidimensionalen Raumes hat sich FH, wie EGBERT BRIESKORN ermittelt hat, in nachgelassenen Notizen (NL HAUSDORFF: Fasz. 1076, Bl. 23) befaßt, jedoch erst nach der Veröffentlichung von SI und CK.

[69] In seinem Begleitschreiben an HEINRICH KÖSELITZ vom 8. Oktober 1897 zur Übersendung von SI bittet ihn FH um "Discretion", was seine Autorschaft betrifft – "(die ich als Privatdocent für Mathematik und Astronomie zweifellos hinter einem Pseudonym verbergen muss)". – Aus dem in Fußnote 3 erwähnten Gutachten geht allerdings hervor, daß FHs Kollegen in der Fakultät 1901 wußten, wer PAUL MONGRÉ war.

[70] Frz. à mon gré 'nach meinem Geschmack, nach meiner Meinung', de son gré 'aus freiem Willen', de bon gré 'gern', bon gré, mal gré 'wohl oder übel', au gré des vents 'den Winden anheimgestellt'.

Vor allem ging es darum NIETZSCHE. Das französische Pseudonym weist so weniger auf Frankreich selbst als auf NIETZSCHE, der eine große Vorliebe für Frankreich und alles Französische bewiesen, immer neu Frankreich gegen Deutschland, französischen Geist gegen deutsches Überlegenheitsgehabe, die mediterrane, helle und klare Musik von GEORGES BIZETs *Carmen* gegen das dunkle Welterlösungspathos RICHARD WAGNERs ausgespielt und zuletzt seine Winter stets in Nizza verbracht hatte, das er als "Cosmopolis" rühmte.[71][72] Und 'Geschmack' ist bei NIETZSCHE ein unauffälliger, aber bedeutsamer philosophischer Begriff. Er entstammt wiederum der französischen Literatur- und Kunsttheorie des ausgehenden 17. Jahrhunderts, die ihren Maßstab an der französischen Klassik hatte. Unter dem Namen 'goût' geht er in die französische Moralistik ein und wird besonders von LA ROCHEFOUCAULD, den NIETZSCHE hoch schätzte, mehrfach erörtert. Nach einer vielschichtigen Fortbildung in der französischen, englischen und deutschen Tradition wird er von KANT bestimmt als die Fähigkeit, 'ästhetisch' zu urteilen: das heißt dort, wo keine festen Begriffe vorgegeben sind, selbst zu Begriffen zu kommen und sie andern mitzuteilen.[73] Feste Begriffe aber sind nach KANT nicht nur in der Kunst, sondern auch im ganzen Bereich des individuellen Lebens nicht vorgegeben und darüber hinaus auch nicht in den Wissenschaften, soweit sie empirisch, d. h. auf Erfahrung angewiesen sind. Sofern der Einzelne hier von Fall zu Fall nach eigenem Urteil Begriffe zu 'finden' hat, muß er 'Urteilskraft', 'Geschmack' haben. KANT widmet ihm seine dritte Kritik, die *Kritik der Urteilskraft*, in der er die beiden ersten, die *Kritik der reinen Vernunft* und die *Kritik der praktischen Vernunft*, systematisch zusammenführt. Begründen die ersten beiden Kritiken 'synthetische Urteile a priori', die für das objektive Erkennen bzw. für das moralische Handeln 'konstitutiv' sind, so läßt die dritte Kritik keine solchen konstitutiven Vorgaben mehr zu; denn die Urteilskraft, der Geschmack, ist eine 'Kraft' des Einzelnen, ein individuell ausgeprägtes 'Vermögen':

> Man könnte sogar den Geschmack durch das Beurtheilungsvermögen desjenigen, was unser Gefühl an einer gegebenen Vorstellung ohne Vermitt-

---

[71] Vgl. JACQUES LE RIDER, *Nietzsche in Frankreich*. Aus dem Französischen von HEINZ JATHO. Mit einem Nachwort von ERNST BEHLER, München 1997.

[72] FH mag mit dem Namen PAUL MONGRÉ auch eine Anspielung auf PAUL RÉE verbunden haben. PAUL RÉE, Sohn eines jüdischen Gutsbesitzers in Pommern, fünf Jahre jünger als NIETZSCHE, in Schwerin aufgewachsen, Arzt, hatte 1873 NIETZSCHES Vorlesungen in Basel zu hören begonnen, mit ihm zusammen im Juli und August 1876 die ersten Bayreuther Festspiele erlebt und den Herbst und Winter 1876/77 in ständigem Gedankenaustausch mit ihm in Sorrent verbracht. RÉES *Ursprung der moralischen Empfindungen* und NIETZSCHES *Menschliches, Allzumenschliches* gingen daraus hervor. NIETZSCHE empfahl RÉE erfolgreich seinem Verleger. Nach dem Versuch einer menage à trois mit LOU VON SALOMÉ vom Frühjahr bis zum Ende des Jahres 1882 (s. u.) – man hatte Pläne gemacht, gemeinsam in Paris [!] zu leben – kam es zum Bruch. Im Todesjahr NIETZSCHES zog RÉE in dessen Landschaft, das Oberengadin, betrieb dort eine Arztpraxis für die arme Bergbevölkerung, ging eines Tages ins Eis und kam um. Vgl. CURT PAUL JANZ, *Friedrich Nietzsche. Biographie*, München/Wien 1978/79, Bd. 1, 640–645.

[73] Vgl. H. KLEIN/F. SCHÜMER, Art. Geschmack, in: *Historisches Wörterbuch der Philosophie*, Bd. 3, Darmstadt/Basel 1974, Sp. 444–456.

lung eines Begriffs *allgemein mittheilbar* macht, definieren.[74]

NIETZSCHE rückt den Begriff des individuellen Geschmacks, unter Verzicht auf alle Begriffe a priori, ins Zentrum des kritischen Denkens. Er läßt Zarathustra sagen:

> Auf vielerlei Weg und Weise kam ich zu meiner Wahrheit; nicht auf Einer Leiter stieg ich zur Höhe, wo mein Auge in meine Ferne schweift.
>
> Und ungern nur fragte ich stets nach Wegen, – das gieng mir immer wider den Geschmack! Lieber fragte und versuchte ich die Wege selber.
>
> Ein Versuchen und Fragen war all mein Gehen: – und wahrlich, auch antworten muss man *lernen* auf solches Fragen! Das aber – ist mein Geschmack:
>
> – kein guter, kein schlechter, aber *mein* Geschmack, dessen ich weder Scham noch Hehl mehr habe.
>
> 'Das – ist nun *mein* Weg, – wo ist der eure?' so antwortete ich Denen, welche mich 'nach dem Wege' fragten. *Den* Weg nämlich – den giebt es nicht!
>
> Also sprach Zarathustra.[75]

Übersetzt man die Worte, die NIETZSCHE Zarathustra in den Mund legt, in KANTs Begriffe zurück, so bedeutet 'Weg und Weise' 'Methode' und 'auf Einer Leiter zur Höhe zu steigen', um die 'Ferne' zu überblicken, die Erfahrung zu 'transzendieren'. Die kritische Philosophie ließ dies nur noch für die Zwecke der objektiven wissenschaftlichen Erkenntnis und des moralischen Handelns zu; diesseits dieser Zwecke war auch für sie 'vielerlei Weg und Weise' offen, die man nur 'versuchen' und die immer nur zu einer 'Wahrheit' für den Einzelnen in seiner jeweiligen Situation, zu *seiner* Orientierung führen kann. Die angeführte Rede Zarathustras ist gegen den "Geist der Schwere" gerichtet, der das eigene Denken niederhalte, indem er es durch "zu viele *fremde* schwere Worte und Werthe" belaste, es fremdem Denken unterwerfe. KANT nennt ihn "Dogmatismus" und setzt ihm "Aufklärung" entgegen. Sein Denken nicht "fremder Vernunft" zu unterwerfen oder "Selbstdenken" ist die erste "Maxime" dieser Aufklärung, die zweite, "sich (in der Mitteilung mit Menschen) in die Stelle jedes *anderen* zu denken", und die dritte, "jederzeit mit sich selbst einstimmig zu denken". Alle drei können "für die Klasse der Denker [...] zu unwandelbaren Geboten gemacht werden", wenn sie "zur Weisheit" kommen wollen.[76] "Selbstdenken" ist die "Maxime einer niemals passiven Vernunft" – nach NIETZSCHEs Zarathustra ein unablässiges 'Gehen'. Wenn es Zarathustra 'immer wider den

---

[74] KU, AA V 295.

[75] Za III, Vom Geist der Schwere 2, KSA 4.245.

[76] Vgl., auch zum folgenden, KU, §40 (Vom Geschmacke als einer Art sensus communis, AA V 293–296), *Logik* (AA IX 57) und *Anthropologie in pragmatischer Hinsicht* (AA VII 228 f.). Obige Zitate AA VII 228. – Zu KANTs Begriff der "fremden Vernunft" vgl. JOSEF SIMON und WERNER STEGMAIER (Hg.), *Fremde Vernunft. Zeichen und Interpretation IV*, Frankfurt am Main 1998, Einleitung.

Geschmack' geht, andere nach Wegen zu fragen, so verspricht sich KANT davon, "sein Urtheil" mit den Urteilen anderer zu vergleichen, lediglich einen "Wink", ob das eigene Urteil "Beschränkungen" unterliegt, "die unserer eigenen Beurtheilung zufälliger Weise anhängen," es also nur eigenwillig, nur idiosynkratisch ist. Aber auch nach ihm bleibt es beim eigenen Urteil. Auch wenn es mit den Urteilen anderer unvereinbar ist, braucht man es "nicht sofort zu verwerfen. Denn man kann doch vielleicht recht haben *in der Sache* und nur unrecht *in der Manier*, d. i. dem Vortrage." Maßstab des Urteilens ist so zuletzt, "jederzeit *mit sich selbst einstimmig*' oder "consequent" zu denken: Man hat zuletzt selbst zu entscheiden, wie man die Urteile anderer beurteilen will, und kann dieser Entscheidung nur die "Einstimmung" mit seinen eigenen Urteilen zugrunde legen.

Dieses "consequente" oder "bündige" Denken aber kann nur, so KANT, "nach einer zur Fertigkeit gewordenen öfteren Befolgung derselben, erreicht werden". So auch NIETZSCHES Zarathustra:

> Das ist aber meine Lehre: wer einst fliegen lernen will, der muss erst stehn und gehn und laufen und klettern und tanzen lernen: man erfliegt das Fliegen nicht![77]

Auf eigenen Wegen zu *seiner* 'Wahrheit' zu kommen, ist seinerseits schwer, schwer, sofern, was nur scheinbar paradox ist, der "Geist der Schwere" den meisten das Leben dadurch erleichtert, daß er sie vom eigenen Urteilen *entlastet*. Es ist nach NIETZSCHE, der sich auf keinerlei a priori mehr einläßt, schwer, das eigene Urteil über 'Gutes und Böses' zu entdecken, seinen eigenen 'Willen' zu erkennen, sich ihm zu stellen und zu lernen, "dass man es bei sich selber aushalte".[78] Hat man es gelernt, wird man Vorurteile als Vorbelastungen erkennen und in diesem Sinn allmählich 'leicht' werden und 'tanzen' und 'fliegen' können. Dies geschieht dann jedoch nicht transzendent, im, wie KANT sagt, "unermeßlichen und für uns mit dicker Nacht erfüllten Raume des Übersinnlichen",[79] sondern in zwar erweiterten, aber immer noch begrenzten "Horizonten".[80] In Zarathustras emphatischer Sprache heißt das:

> Wer die Menschen einst fliegen lehrt, der hat alle Grenzsteine verrückt; alle Grenzsteine selber werden ihm in die Luft fliegen, die Erde wird er neu taufen – als 'die Leichte.'[81]

In einem entscheidenden Punkt geht NIETZSCHE im Begriff des Geschmacks über KANT hinaus. Er setzt für den Geschmack auch kein 'Subjekt', kein seiner selbst sicheres 'Ich' mehr voraus. Für KANTs Transzendentalphilosophie ist das Ich schon nichts mehr selbständig Seiendes, schon nicht mehr "Substanz"; zur Begründung der Möglichkeit des objektiven Erkennens und des moralischen

---

[77] Za III, Vom Geist der Schwere 2, KSA 4.244.

[78] A. O., 242.

[79] *Was heißt: Sich im Denken orientiren?*, AA VIII 137.

[80] Vgl. KANT, *Logik*, AA IX 40–44.

[81] Za III, Vom Geist der Schwere 2, KSA 4.242. Vgl. Za III, Die sieben Siegel, KSA 4.288, Za IV, Der Schatten, KSA 4.340, und FW 4, KSA 3.376.

Handelns muß es aber noch als "Vorstellung" einer "ursprünglich-synthetischen Einheit" vorausgesetzt werden. NIETZSCHE, nach dem Verzicht auf transzendentalphilosophische Vorgaben, kann das Ich als etwas betrachten, das sich selbst erst in Urteilen formiert, das sich in den jeweiligen Urteilen zeigt, in denen es sich ausspricht und in denen über es gesprochen wird. So aber *hat* es nicht Geschmack, sondern *ist* Geschmack. 'Geschmack' wird auf diese Weise *vor* dem Ich zu etwas Letztem, das selbst nicht mehr zu fassen ist. Im Ich kann so ein fremdes 'Nebeneinander' entstehen. NIETZSCHE zeigt das an Künstlern, bei denen 'Geschmack' und 'schöpferische Kraft' auseinanderfallen können:

> *Unser Nebeneinander.* – Müssen wir es uns nicht eingestehn, wir Künstler, dass es eine unheimliche Verschiedenheit in uns giebt, dass unser Geschmack und andrerseits unsre schöpferische Kraft auf eine wunderliche Weise für sich stehn, für sich stehn bleiben und ein Wachsthum für sich haben, – ich will sagen ganz verschiedne Grade und tempi von Alt, Jung, Reif, Mürbe, Faul? So dass zum Beispiel ein Musiker zeitlebens Dinge schaffen könnte, die dem, was sein verwöhntes Zuhörer-Ohr, Zuhörer-Herz schätzt, schmeckt, vorzieht, *widersprechen*: – er brauchte noch nicht einmal um diesen Widerspruch zu wissen! Man kann, wie eine fast peinlich-regelmässige Erfahrung zeigt, leicht mit seinem Geschmack über den Geschmack seiner Kraft hinauswachsen, selbst ohne dass letztere dadurch gelähmt und am Hervorbringen gehindert würde; es kann aber auch etwas Umgekehrtes geschehn, – und dies gerade ist es, worauf ich die Aufmerksamkeit der Künstler lenken möchte. Ein Beständig-Schaffender, eine 'Mutter' von Mensch, im grossen Sinne des Wortes, ein Solcher, der von Nichts als von Schwangerschaften und Kindsbetten seines Geistes mehr weiss und hört, der gar keine Zeit hat, sich und sein Werk zu bedenken, zu vergleichen, der auch nicht mehr Willens ist, seinen Geschmack noch zu üben, und ihn einfach vergisst, nämlich stehn, liegen oder fallen lässt, – vielleicht bringt ein Solcher endlich Werke hervor, *denen er mit seinem Urtheile längst nicht mehr gewachsen ist:* so dass er über sie und sich Dummheiten sagt, – sagt und denkt. [...][82]

An diesem Punkt setzt FH in SI an. Zumindest NIETZSCHEs, vielleicht auch KANTs Gebrauch des Begriffs 'Geschmack' wird ihm vertraut gewesen sein, als er sein Pseudonym wählte. Mit ihm ist genau umschrieben, was er in SI zunächst versucht: Schritt für Schritt das eigene Urteil, den eigenen Willen entdecken und ihnen trauen zu lernen und dabei die Gefahr in Kauf zu nehmen, sich selbst fremd zu werden. In CK wird er daraus einen "erkennntniskritischen Versuch" mit wissenschaftlichem Anspruch entwickeln.

5.2 Sant' Ilario. Gedanken aus der Landschaft Zarathustras (1897)

5.2.1   Der Titel: Nähe zu Nietzsche

NIETZSCHES Ruhm, von dem er selbst nur die ersten Vorboten erlebt hatte, war

---

[82] NIETZSCHE, FW 369, KSA 3.618 f.

1897, als SI erschien, bereits gewaltig angeschwollen. Berühmt unter allen, die gegen drückende Ordnungen aufbegehrten, sei es in der Politik, in der Religion oder in Kunst, Literatur und Musik, berüchtigt unter Philosophen vom Fach, die den unerhörten und gefährlichen Außenseiter abwehrten, erzeugte sein Werk rasch in ganz Europa und bald schon darüber hinaus stärkste Spannungen. Noch niemand war sich so recht im klaren, womit man es bei einem Autor zu tun hatte, der mit einer Aggressivität, für die es kein Beispiel gab, und mit einer Sprachkraft, die man so noch nie erfahren hatte, alles, was bisher als unantastbar galt, Religion, Moral, Staat, Wissenschaften, vor allem aber sich selbst zu kompromittieren bereit war. Man setzte sich aus, wenn man sich mit NIETZSCHE auseinandersetzte. Ob man mit ihm oder gegen ihn sprach, man konnte öffentlicher Aufmerksamkeit sicher sein.

Darum mochte es FH nicht einmal gehen. 'Sant' Ilario' ist der 'Heilige Heitere', und Heiterkeit ist etwas ganz Unspektakuläres, selbst dann, wenn sie geheiligt wird. Der Ernst, die 'Schwere' der Heiligkeit wird dann 'leicht'. FH übersetzt den Titel in seiner Vorrede zu SI selbst ironisierend mit "der heilige Heiterling oder frohe Heilige" und erklärt ihn so:

> Bei der Heiligkeit denkt man an die Wüste, an Gliederstarre und Hunger-kuren, an vierzigtägiges oder vierzigjähriges Stillstehen auf einer Säule von Monomanie, oder, wenn man ganz modern sein will, ans Priester-thum der Erkenntniss, an die siegreich wehende Fahne der Wahrheit, unter der der Fahnenträger verwundet zusammenbricht. Die Heiterkeit aber, die kennen wir als überflinke Beweglichkeit, als Feuerwerk oder Schellengeklirr von Narrenkappen, als klapperndes klimperndes klingeln-des Scherzo in der Symphonie des Lebens. Wie, wenn einmal der Versuch gemacht würde, heiter zu sein ohne Gezappel und nachdenklich ohne Stei-figkeit? wenn man eine unwahrscheinliche Mischung von Nüchternheit und Rausch, von Gauklertanz und Fakirschlaf ausfände und festhielte? Aber das klingt wie ein Programm, und dies Buch hat keines; es füllt keine Lücke aus, kommt keinem tiefgefühlten Bedürfnisse entgegen, es ist stolz darauf, überflüssig zu sein [...][83]

Selbst diese Deutung des Heiligen-Namens ironisiert FH noch, indem er ihn, in demselben Abschnitt, an etwas ganz Zufälligem festmacht: Das Buch sei erdacht und verfaßt, fügt er hinzu,

> bei der Kirche Sant' Ilario, die unweit des genuesischen Nervi unter Öl-bäumen und Cypressen glänzt und den blauschimmernden Golf von Ge-nua bis hin zum Vorgebirge von Portofino überschaut.

Die Kirche steht noch, ist noch immer von Ölbäumen und Cypressen umgeben, hatte Vorfahren bis ins 12. Jahrhundert, ist in ihrer heutigen, zuletzt 1886, dann wieder 1950 restaurierten Gestalt im Stil der Renaissance im Übergang zum Barock errichtet (der marmorne Hauptaltar stammt aus dem Jahr 1600) und von einem im Grundriß zunächst quadratischen, zuletzt achteckigen, in

---

[83] SI, Vorrede 3.

26

Kreuz und Wetterfahne gipfelnden Turm flankiert. Dieser gibt noch immer einen wunderbaren Blick auf den Golf von Genua frei.[84] S. Ilario wird dort noch immer verehrt, eine ganze Reihe von Kirchen und Kirchensprengeln trägt in der Gegend seinen Namen. Es gibt sogar mehrere Heilige dieses Namens. Der bedeutendste unter ihnen ist der Kirchenlehrer HILARIUS VON POITIERS (um 315–367/8), der, ein Kind heidnischer Eltern, sich als Erwachsener taufen ließ, heiratete, eine Tochter hatte, mit Zustimmung von Frau und Tochter Priester wurde, zum Bischof geweiht wurde, in den Kampf um den Arianismus geriet, ins Exil gehen mußte, dort einen berühmten Traktat über die Trinität verfaßte, bei seiner Rückkehr in Genua landete und vor seiner Heimkehr nach Poitiers an der ligurischen Küste vielfältige Wunder vollbrachte, für die er seither verehrt wird. Sein Fest wird am 13./14. Januar begangen. FH könnte es miterlebt haben, als er den Winter 1896/97 in Ligurien zur Kur verbrachte. Vielleicht hat er für sie bewußt eine der Landschaften NIETZSCHEs gewählt. S. Ilario wird er dort eher zufällig begegnet sein.

NIETZSCHE erzählt in *Ecce homo* von der Entstehung seines *Zarathustra*:

> Den darauf folgenden Winter [1882/83] lebte ich in jener anmuthig stillen Bucht von Rapallo unweit Genua, die sich zwischen Chiavari und dem Vorgebirge Porto fino einschneidet. Meine Gesundheit war nicht die beste; der Winter kalt und über die Maassen regnerisch; ein kleines Albergo, unmittelbar am Meer gelegen, so dass die hohe See nachts den Schlaf unmöglich machte, bot ungefähr in Allem das Gegentheil vom Wünschenswerthen. Trotzdem und beinahe zum Beweis meines Satzes, dass alles Entscheidende "trotzdem" entsteht, war es dieser Winter und diese Ungunst der Verhältnisse, unter denen mein Zarathustra entstand. – Den Vormittag stieg ich in südlicher Richtung auf der herrlichen Strasse nach Zoagli hin in die Höhe, an Pinien vorbei und weitaus das Meer überschauend; des Nachmittags, so oft es nur die Gesundheit erlaubte, umgieng ich die ganze Bucht von Santa Margherita bis hinter nach Porto fino. Dieser Ort und diese Landschaft ist durch die grosse Liebe, welche der unvergessliche deutsche Kaiser Friedrich der Dritte für sie fühlte, meinem Herzen noch näher gerückt; ich war zufällig im Herbst 1886 wieder an dieser Küste, als er zum letzten Mal diese kleine vergessne Welt von Glück besuchte. – Auf diesen beiden Wegen fiel mir der ganze erste Zarathustra ein, vor Allem Zarathustra selber, als Typus: richtiger, er *überfiel mich*...[85]

---

[84] Die Informationen verdanke ich PD Dr. BYUNG-CHUL HAN.

[85] EH, Warum ich so gute Bücher schreibe, Za 1 (KSA 6.336 f.). – Die "kleine vergessene Welt von Glück" war auch eine Welt des Vergessens – für NIETZSCHE wie für FH. Hatte FH dort von einer schweren Krankheit zu genesen, so NIETZSCHE vom schwersten Sommer seines Lebens. Im Frühjahr hatte er LOU SALOMÉ in Rom kennengelernt, den ersten und letzten Menschen, *mit* dem er philosophieren konnte, der *ihn* anzuregen und seine Gedanken weiterzudenken verstand, im Sommer hatten sie zusammen drei Wochen in der Sommerfrische Tautenburg bei Jena verbracht, während derer sie sich "förmlich todt" sprachen (Tagebuch-Eintrag LOUS vom 18. August 1882, zit. M. MONTINARI, Chronik, KSA 15.125). Mit der Schwester und der Mutter kommt es zu einem heftigen Streit wegen der unziemlichen Verbindung, die daran zerbricht. NIETZSCHE treiben in seinem "Reich" bei Rapallo Selbstmordgedanken um, er flüchtet sich zu Drogen. Immer neue Entwürfe von Briefen an LOU

In dieser "trotzdem" so glücklichen Landschaft, "[a]n diesem seligen Gestade, das vor der eigentlichen Italia diis sacra[86] den milden Winter und die berühmten Palmen voraus hat," ist FH, schreibt er in seiner Selbstanzeige von SI, "dem Schöpfer Zarathustras seine einsamen Wege nachgegangen". Er betont die 'Landschaft' und das 'Gehen', das für ihn zunächst ein 'Nachgehen' ist. NIETZSCHE hatte großen Wert darauf gelegt, im Gehen, im Spaziergehen zu philosophieren. Als einen der Gründe, warum er "so klug" sei, nannte er in *Ecce Homo*:

> So wenig als möglich *sitzen*; keinem Gedanken Glauben schenken, der nicht im Freien geboren ist und bei freier Bewegung, – in dem nicht auch die Muskeln ein Fest feiern. Alle Vorurtheile kommen aus den Eingeweiden. – Das Sitzfleisch – ich sagte es schon einmal[87] – die eigentliche *Sünde* wider den heiligen Geist. –[88]

Die, die 'sitzen', hat NIETZSCHE zuvor Zarathustra sagen lassen,

> sitzen kühl in kühlem Schatten: sie wollen in Allem nur Zuschauer sein und hüten sich dort zu sitzen, wo die Sonne auf die Stufen brennt.
>
> Gleich Solchen, die auf der Strasse stehn und die Leute angaffen, welche vorübergehn: also warten sie auch und gaffen Gedanken an, die Andre gedacht haben.[89]

Das Denken 'im Gehen' ist ein Denken 'in der Landschaft', sofern es Wege von einem Anhaltspunkt zum nächsten zu finden sucht und so immer weitergeht, ohne, wie es seit DESCARTES das Pathos der Philosophie der Moderne war, auf ein vermeintlich festes 'Fundament' zu bauen oder, was KANT noch 'hoffen' ließ, ein 'letztes Ziel' zu erwarten. Statt dessen ist es ein 'Wandern', das sich unablässig neue Horizonte erschließt:

> Wer nur einigermaassen zur Freiheit der Vernunft gekommen ist, kann sich auf Erden nicht anders fühlen, denn als Wanderer, – nicht als Reisender *nach* einem letzten Ziele: denn dieses giebt es nicht.[90]

---

und PAUL RÉE, die er nicht absendet. Zu Weihnachten schreibt er an den treuen Freund OVERBECK: "Dieser letzte *Bissen Leben* war der härteste, den ich bisher kaute und es ist immer noch möglich, daß ich daran ersticke. Ich habe an den beschimpfenden und qualvollen Erinnerungen dieses Sommers gelitten wie an einem Wahnsinn [...]. Es ist ein Zwiespalt entgegengesetzter Affekte darin, dem ich nicht gewachsen bin. Das heißt: Ich spanne alle Fasern von Selbstüberwindung an – aber ich habe zu lange in der Einsamkeit gelebt und an meinem 'eigenen Fette' gezehrt, daß ich nun auch mehr als ein Anderer von dem Rade der eignen Affekte gerädert werde. [...] Wenn ich nicht das Alchemisten-Kunststück erfinde, auch aus diesem – Kothe *Gold* zu machen, so bin ich verloren." (KSB 6.311 f.)

[86] Lat. 'das den Göttern heilige Italien'.

[87] GD, Sprüche und Pfeile, Nr. 34, KSA 6.64: "[...] Das Sitzfleisch ist gerade die *Sünde* wider den heiligen Geist. Nur die *ergangenen* Gedanken haben Werth."

[88] EH, Warum ich so klug bin 1, KSA 6.281.

[89] Za II, Von den Gelehrten, KSA 4.160 f.

[90] MA I 638 (KSA 2.362 f.). Einen Brief an PAUL RÉE von Ende Juli 1879 unterschreibt NIETZSCHE mit "*ehemals* Professor jetzt fugitivus errans" (irrender Flüchtling) (KSB 5.431).

An der ligurischen Küste hatte NIETZSCHE schon die *Morgenröthe* "erdacht"[91] und später das IV. Buch der *Fröhlichen Wissenschaft*, "das südlichste, heiterste, ausgeglichenste, das NIETZSCHE geschrieben hat".[92] Dieses IV. Buch, mit dem er die 1. Auflage der *Fröhlichen Wissenschaft* 1882 beschlossen hatte und dem FHs SI am meisten nahekommt, hatte NIETZSCHE seinerseits "Sanctus Januarius" überschrieben. Dies hatte, zunächst wiederum ganz zufällig, mit dem Monat Januar zu tun, in dem er es glücklich abschloß – von den "wahren 'Wunder[n] des heiligen Januarius'" schrieb er daraufhin an die Freunde HEINRICH KÖSELITZ und FRANZ OVERBECK.[93] Aber auch hier bekam der Zufall Bedeutung. Als Heiliger Januarius (it. Gennaro) wurde der Bischof von Benevent, ein 304 unter DIOKLETIAN gestorbener Märtyrer, verehrt, und das Wunder, das man ihm im Spätmittelalter zuschrieb, war ein "Blutwunder", bei dem sein Blut, das eingetrocknet in einer Glasampulle aufbewahrt wurde, wieder flüssig wurde – und NIETZSCHE wollte vor allem dies: "fest" gewordenen "Sinn" wieder "flüssig" machen.[94] Janus wiederum, nach dem der Monat Januar benannt ist, der altrömische Gott des Torbogens, der mit einem Doppelantlitz zugleich nach außen und nach innen, nach vorn und zurück schaute, konnte als der Gott der vervielfältigten Horizonte gelten. Sein Tor wurde zu Kriegszeiten geöffnet, zu Friedenszeiten geschlossen. NIETZSCHE schloß sein IV. Buch der *Fröhlichen Wissenschaft* seinerseits mit der Ankündigung des "größten Schwergewichts", des Gedankens des Sich-Schließens der Zeit in einer ewigen Wiederkehr des Gleichen, der ein "züchtender" Gedanke sein, den einen Krieg, den andern Frieden bringen sollte, und mit der "Tragödie" von "Zarathustras Untergang", die, wie er zuletzt in *Ecce Homo* schrieb, mit dieser Lehre "die Geschichte der Menschheit in zwei Stücke" brechen sollte.[95]

Auch in diesem Sanctus Januarius wird FHs *Sant' Ilario* ein Vorbild gehabt haben. Er macht ihn nun zum Heiligen der ganzen 'fröhlichen Wissenschaft', zum Heiligen einer Heiterkeit, wie er in einem Aufsatz schreibt, "höherer Dimension".[96] Ihre Fröhlichkeit ist zugleich schwermütig; sie steht im 'Schatten' des 'Todes Gottes'. Das V. Buch der *Fröhlichen Wissenschaft*, das NIETZSCHE Jahre später verfaßte, beginnt er mit der Frage:[97]

> *Was es mit unserer Heiterkeit auf sich hat.* – Das grösste neuere Ereigniss, – dass 'Gott todt ist', dass der Glaube an den christlichen Gott unglaubwürdig geworden ist – beginnt bereits seine ersten Schatten über

---

[91] Vgl. EH, Warum ich so gute Bücher schreibe, M1 (KSA 6.329): "fast jeder Satz des Buchs ist erdacht, *erschlüpft* in jenem Felsen-Wirrwarr nahe bei Genua, wo ich allein war und noch mit dem Meere Heimlichkeiten hatte."

[92] MARTINA BRETZ, "Kunst der Transfiguration. Die Geburt eines neuen Philosophiebegriffs aus dem Geist des Südens", in: GÜNTER OESTERLE, BERND ROECK, CHRISTINE TAUBER (Hg.), *Italien in Widerspruch und Aneignung*, Tübingen 1996, 137–161, hier 159. S. auch MANFRED RIEDEL, *Freilichtgedanken. Nietzsches dichterische Welterfahrung*, Stuttgart 1998.

[93] Beiden am 29. Januar 1882 (KSB 6.161, 163).

[94] Vgl. GM II 12, KSA 5.315: "Die Form ist flüssig, der 'Sinn' ist es aber noch mehr ..."

[95] EH, Warum ich ein Schicksal bin, 8.

[96] *Tod und Wiederkunft* [H 1899b], 1289.

[97] KSA 3.573f.

Europa zu werfen. Für die Wenigen wenigstens, deren Augen, deren *Argwohn* in den Augen stark und fein genug für dies Schauspiel ist, scheint eben irgend eine Sonne untergegangen, irgend ein altes tiefes Vertrauen in Zweifel umgedreht: ihnen muss unsre alte Welt täglich abendlicher, misstrauischer, fremder, 'älter' scheinen. In der Hauptsache aber darf man sagen: das Ereigniss selbst ist viel zu gross, zu fern, zu abseits vom Fassungsvermögen Vieler, als dass auch nur seine Kunde schon *angelangt* heissen dürfte; geschweige denn, dass Viele bereits wüssten, *was* eigentlich sich damit begeben hat – und was Alles, nachdem dieser Glaube untergraben ist, nunmehr einfallen muss, weil es auf ihm gebaut, an ihn gelehnt, in ihn hineingewachsen war: zum Beispiel unsre ganze europäische Moral. Diese lange Fülle und Folge von Abbruch, Zerstörung, Untergang, Umsturz, die nun bevorsteht: wer erriethe heute schon genug davon, um den Lehrer und Vorausverkünder dieser ungeheuren Logik von Schrecken abgeben zu müssen, den Propheten einer Verdüsterung und Sonnenfinsterniss, deren Gleichen es wahrscheinlich noch nicht auf Erden gegeben hat? ... Selbst wir geborenen Räthselrather, die wir gleichsam auf den Bergen warten, zwischen Heute und Morgen hingestellt und in den Widerspruch zwischen Heute und Morgen hineingespannt, wir Erstlinge und Frühgeburten des kommenden Jahrhunderts, denen eigentlich die Schatten, welche Europa alsbald einwickeln müssen, jetzt schon zu Gesicht gekommen sein *sollten*: woran liegt es doch, dass selbst wir ohne rechte Theilnahme für diese Verdüsterung, vor Allem ohne Sorge und Furcht für *uns* ihrem Heraufkommen entgegensehn? Stehen wir vielleicht zu sehr noch unter den *nächsten Folgen* dieses Ereignisses – und diese nächsten Folgen, seine Folgen für *uns* sind, umgekehrt als man vielleicht erwarten könnte, durchaus nicht traurig und verdüsternd, vielmehr wie eine neue schwer zu beschreibende Art von Licht, Glück, Erleichterung, Erheiterung, Ermuthigung, Morgenröthe... In der That, wir Philosophen und 'freien Geister' fühlen uns bei der Nachricht, dass der 'alte Gott todt' ist, wie von einer neuen Morgenröthe angestrahlt; unser Herz strömt dabei über von Dankbarkeit, Erstaunen, Ahnung, Erwartung, – endlich erscheint uns der Horizont wieder frei, gesetzt selbst, dass er nicht hell ist, endlich dürfen unsre Schiffe wieder auslaufen, auf jede Gefahr hin auslaufen, jedes Wagniss des Erkennenden ist wieder erlaubt, das Meer, *unser* Meer liegt wieder offen da, vielleicht gab es noch niemals ein so 'offnes Meer'. –

'Verdüsterung', daß mit dem 'Tod Gottes' die Grundvoraussetzungen des europäischen Denkens aufgelöst sind, *und zugleich* 'Erleichterung, Erheiterung, Ermuthigung', nun von neuen Voraussetzungen aus neu denken zu können, ist die Grundstimmung von SI. NIETZSCHE selbst ermutigte sich durch Lachen. Er widmete dem Lachen den ganzen IV., wiederum nachträglichen Teil von *Also sprach Zarathustra*, dem Lachen, zu dem die 'höheren Menschen' bisher nicht fähig gewesen seien:

> Diese Krone des Lachenden, diese Rosenkranz-Krone: ich selber setzte mir diese Krone auf, ich selber sprach heilig mein Gelächter. Keinen Anderen fand ich heute stark genug dazu. [...] Das Lachen sprach ich

heilig; ihr höheren Menschen, *lernt* mir – lachen![98]

Höhepunkt des IV. Teils ist ein "Eselsfest", bei dem die um Zarathustra versammelten 'höheren Menschen' einen Esel anbeten. Zum Abschluß des Festes läßt NIETZSCHE Zarathustra sagen:

> Vergesst diese Nacht und diess Eselsfest nicht, ihr höheren Menschen! *Das* erfandet ihr bei mir, Das nehme ich als gutes Wahrzeichen, – Solcherlei erfinden nur Genesende!

> Und feiert ihr es abermals, dieses Eselsfest, thut's euch zu Liebe, thut's auch mir zu Liebe! Und zu *meinem* Gedächtniss![99]

FH hat das Eselsfest nicht vergessen. Er beschließt seine Vorrede zu SI:

> Der Namenstag des Heiligen [S. Ilario] wurde durch eine feierlich-närrische Eselsegnung begangen,[100] wobei unser Aller Wunsch, dass das Eselgeschlecht nicht aussterben möge, in verständlicher Symbolik zur Sprache kam. Der Autor versäumte nicht, sich selbst auf die Seite der Eselinnen zu stellen und für sein Eselsfüllen von Buch den Segen des frohgelaunten Heiligen zu erflehen.

> *S. Ilario* bei Genua, am Tage S. Ilario 1897.

5.2.2   Das Werk: Distanz zu Nietzsche

FH folgte NIETZSCHE dennoch nicht als Nietzscheaner. Er wollte neben ihm, nicht hinter ihm gehen. In seiner Selbstanzeige von SI hebt er das besonders hervor.[101] NIETZSCHES Geschmack und Themen zu teilen und dennoch gegen ihn "kühle, säuerliche Skepsis" zu bewahren, war und ist nicht leicht, zumal für einen jungen Menschen in einer ungefestigten Situation. NIETZSCHE wirkte – und wirkt bis heute – doppelt faszinierend, nicht nur als Philosoph mit seiner Kritik der gesamten herkömmlichen Metaphysik und Moral und seinen starken Lehren vom Nihilismus, vom Willen zur Macht, vom Übermenschen und von der ewigen Wiederkehr des Gleichen, sondern auch, wie sonst kein Philosoph seit SOKRATES, als Person durch sein persönliches Schicksal, von dem er so bewegend zu sprechen verstand, sein schweres, lebenslanges Leiden, seine teils von ihm gesuchte, teils ihm aufgezwungene Einsamkeit, sein Auftreten zuletzt als Antichrist einerseits (in *Der Antichrist*) und seine Identifikation mit Christus andererseits (zuerst in *Also sprach Zarathustra*, dann in *Ecce homo*). All dies gab seiner Philosophie einen tiefen, dämonischen, abgründigen Klang, demgegenüber niemand leicht "kühl" blieb. Philosophie als

---

[98] Za IV, Vom höheren Menschen, KSA 4.366 u. 368.

[99] Za IV, Das Eselsfest 3, KSA 4.394.

[100] In Nervi wurde (selbstredend) die Statue des Heiligen durch die Stadt getragen.

[101] S. in diesem Band S. 475. – In seinem Begleitschreiben an HEINRICH KÖSELITZ vom 8. Oktober 1897 zur Übersendung von SI betont FH ebenfalls seine "enge Zugehörigkeit zu Nietzsche", aber auch "eine behutsame Zurückhaltung von Nietzsche": Er habe "Nietzsche'n in erster Linie die souveraine Skepsis, den Ekel vor Moraltrompeten und Gesinnungsschreihälsen und bayreuthisch blinzelnden Parteischaften abgelernt" und lehne allen Nietzsche-Kult ab.

solche schien bei NIETZSCHE etwas anderes geworden, nicht gedacht, sondern gelebt worden zu sein, Leben, Denken und Schreiben schienen hier eine neue Einheit eingegangen zu sein. Und NIETZSCHE hatte denn auch neue Formen philosophischer Schriftstellerei gefunden, die die Grenzen traditioneller Wissenschaft sprengten: den polemischen, halb kulturkritischen, halb politischen Essay mit philosophischer Perspektive (die *Unzeitgemäßen Betrachtungen*), das Aphorismen-Buch, das mit der System-Form brach, auf einzelne Gedanken setzte und sie multi-perspektivisch inszenierte (*Menschliches, Allzumenschliches, Morgenröthe, Die Fröhliche Wissenschaft, Jenseits von Gut und Böse*), die Dichtung, in der er sich eines Religionsstifters als Perspektivfigur bediente (*Also sprach Zarathustra*), und die Streitschrift, die, um zu wirken, gezielt mit "starken Gegen-Begriffen"[102] arbeitete (die letzten Schriften *Zur Genealogie der Moral, Götzen-Dämmerung, Der Antichrist, Ecce Homo*). So wird verständlich, warum FH seine "kühle" Skepsis "säuerlich" nennt: angesichts der Begeisterung einerseits, der Erbitterung andererseits, die sich an NIETZSCHE allenthalben entzündete, mußte skeptische Distanz "säuerlich" wirken. Doch skeptische Distanz wahren zu können, auch und gerade gegenüber seinen eigenen Schriften, gehörte nach NIETZSCHE selbst zu den Tugenden, die er sich am meisten von seinen "Freunden" erhoffte.

Sie blieb die Ausnahme. FH, der eine solche Ausnahme war, könnte dabei, so wäre zu vermuten, die Mathematik geholfen haben. Aber die Mathematik hätte ihm NIETZSCHE auch leicht verschließen können. Eine so starke Affinität die europäische Philosophie zur Mathematik hatte, von PYTHAGORAS und PLATON über DESCARTES und PASCAL bis zu HUSSERL, WHITEHEAD und RUSSELL und den mathematischen Logikern und Analytischen Philosophen im 20. Jahrhundert, NIETZSCHE hatte sie nicht, und nicht nur aus Unvermögen nicht: es gehörte zu seiner (wie zu KANTS) Philosophie, das Denken auch nicht mehr an vorgegebene mathematische und logische Standards zu binden (s.o.). Was die Mathematik betrifft, ist mehr als FHs Distanz zu NIETZSCHE seine Nähe zu ihm erstaunlich.

Umgekehrt verhält es sich bei seinem Judentum. NIETZSCHE stand, auch hier eine Ausnahme in der europäischen Philosophie, dem Judentum nahe: nicht so sehr, weil es ihn angezogen hätte, sondern weil der Antisemitismus seiner Zeit ihn abstieß. Er hatte ihn drastisch in seiner unmittelbaren Umgebung erlebt, bei RICHARD WAGNER und den Wagnerianern, bei seiner eigenen Schwester, die später enge Beziehungen des 'Nietzsche-Archivs' zu ADOLF HITLER anbahnen sollte, und ihrem Gatten BERNHARD FÖRSTER, der in Paraguay eine "neudeutsche" Kolonie gegründet hatte, und war zum erklärten Anti-Antisemiten geworden. Er hatte, so sehr er (vor allem in seiner *Genealogie der Moral*) das Judentum als Nährboden des Christentums angriff, seine große Bedeutung für das europäische Denken und für die europäische Zukunft an vielen Stellen in bewegenden Worten ausdrücklich gewürdigt,[103] und jüdische Intellektuelle ge-

---

102 NF Oktober 1888, KGW VIII 23 [3] 3 / KSA 13.603.
103 Vgl. YIRMIYAHU YOVEL, *Dark Riddle. Hegel, Nietzsche, and the Jews*, Cambridge/ Oxford 1998, 103–184; WERNER STEGMAIER, "Nietzsche, die Juden und Europa", in: ders.

hörten zu den ersten, die, teils ohne Rücksicht auf ihr Judentum, teils bewußt als Juden, in ihm einen großen Philosophen erkannten.[104] Doch wie sein Judentum überhaupt (s.o.) scheinen FH auch NIETZSCHES Auseinandersetzungen mit dem Judentum wenig interessiert zu haben.

Am ungewöhnlichsten ist, daß ihn NIETZSCHES berühmte 'Lehren', die so viele damals elektrisierten, kaum berührten. Die Lehre vom Übermenschen taucht in SI nur in romantischer Brechung auf,[105] die Lehre vom Willen zur Macht gar nicht. In einem Artikel von 1902, überschrieben "Der Wille zur Macht", distanziert sich FH scharf von ihr.[106] Er stellt dort den "gütigen, maßvollen, verstehenden Freigeist Nietzsche und den kühlen, dogmenfreien, systemlosen Skeptiker Nietzsche" dem späten NIETZSCHE entgegen, in dem er einen dogmatischen Fanatiker und Religionsstifter sieht:

> Den alten Moralfanatismus hat ein neuer abgelöst, der nicht minder gewaltsam das Wirkliche systematisirt und dogmatisirt.

Was *ihn* an NIETZSCHE fesselte, war die Einheit von Leben, Denken und Schreiben aus eigenem 'Geschmack' und eigener Verantwortung, von der wir gesprochen haben. Er bewies damit aus heutiger Sicht ein seltenes Gespür. NIETZSCHE faßte jene Einheit als 'Stil' eines Individuums, und seine Kritik der herkömmlichen Metaphysik und Moral, die er mit 'starken Gegen-Begriffen' inszenierte, war darauf ausgerichtet, diesen Stil und in ihm das unhintergehbar Individuelle auch im Denken freizusetzen. Von der NIETZSCHE-Forschung ist der stillere, 'feinere' NIETZSCHE erst nach und nach erschlossen worden.[107]

NIETZSCHE hatte in Zarathustras "stillster Stunde" ein "Flüstern", das "ohne Stimme" war, zu ihm sagen lassen:

> Die stillsten Worte sind es, welche den Sturm bringen. Gedanken, die mit Taubenfüssen kommen, lenken die Welt.[108]

In EH, seiner spätesten Schrift, zitiert er den Satz und fügte hinzu:

> Hier redet kein 'Prophet', keiner jener schauerlichen Zwitter von Krankheit und Willen zur Macht, die man Religionsstifter nennt. Man muss vor Allem den Ton, der aus diesem Munde kommt, diesen halkyonischen Ton richtig hören, um dem Sinn seiner Weisheit nicht erbarmungswürdig Unrecht zu thun.[109]

(Hg.), *Europa-Philosophie*, Berlin/New York 2000, 67–91 (s. dort weitere Literatur).

[104] Vgl. STEGMAIER/KROCHMALNIK (Hg.), *Jüdischer Nietzscheanismus*, a. O.; JACOB GOLOMB (Hg.), *Nietzsche and Jewish Culture*, London 1997, dtsch. Übers. H. DAHMER, Wien 1998.

[105] Vgl. SI, S. 368.

[106] In: *Neue Deutsche Rundschau (Freie Bühne)* 13 (Dez. 1902), 1334–1338 [H 1902b], abgedruckt in diesem Band, S. 903–909. – Anlaß des Artikels war die Publikation der Nachlaß-Kompilation von ELISABETH FÖRSTER-NIETZSCHE und PETER GAST mit dem Titel "Der Wille zur Macht".

[107] Vgl. JOSEF SIMON, "Das neue Nietzsche-Bild", in: *Nietzsche-Studien* 21 (1992), 1–9.

[108] Za II, Die stillste Stunde, KSA 4.189.

[109] EH, Vorwort 4, KSA 6.259.

NIETZSCHE hat, was auch von Fachleuten noch oft verkannt wird, seine berühmten 'Lehren' nicht im eigenen Namen, sondern unter der 'Semiotik' seines Zarathustra, einer poetisch-mythischen Kunstfigur, vorgetragen und sie nur als dessen Lehren gelten lassen. Er vermied, selbst zu lehren.[110] Darin folgte er PLATON, der sich der Figur des SOKRATES "als einer Semiotik"[111] und des Dialogs als literarischer Form bediente, die alle Lehren, auch die ihm zugeschriebene Ideenlehre, in der Schwebe hielt. Für seine Figur Zarathustra erfand er sich eine besondere literarische Form, die den Ton des "Evangeliums"[112] mit der "Sprache des *Dithyrambus*"[113] und die Erzählung von Reden ("Also sprach …") mit einer dramatischen Handlung verbindet, deren Inhalt das *Scheitern* Zarathustras als Lehrer ist. Er wollte nicht mit ihm verwechselt werden. An seine Schwester, von der das zu befürchten war, schrieb er darum eigens:

> Glaube ja nicht, daß mein Sohn Zarathustra *meine* Meinungen ausspricht. Er ist eine meiner Vorbereitungen und Zwischen-Akte.[114]

Auch Zarathustra läßt NIETZSCHE nur eine der genannten Lehren selbst vortragen, die Lehre vom Übermenschen, mit der er von der Menge ausgelacht wird. Die Lehre vom Tod Gottes setzt er als schon bekannt voraus,[115] vom "Geheimniss" des Lebens, dem Willen zur Macht, läßt er eine Allegorie, das "Leben selber", zu Zarathustra sprechen[116] und die Lehre von der ewigen Wiederkehr des Gleichen Zarathustras Tiere ausplaudern, die sogleich ein "Leier-Lied" daraus machen.[117] Es sind auch die Tiere, die "Schalks-Narren und Drehorgeln", die ihm verkünden: "siehe, *du bist der Lehrer der ewigen Wiederkunft* –, das ist nun *dein* Schicksal!"[118] Vor *Also sprach Zarathustra* hatte NIETZSCHE die Lehre vom Tod Gottes einem "tollen Menschen" in den Mund gelegt,[119] nach *Also sprach Zarathustra* trug er die Lehre vom Übermenschen nur noch am Rande und die Lehre vom Willen zur Macht nur noch in "Streitschriften" vor, in denen es ihm erklärtermaßen nicht um Wahrheit, sondern um Wirkung ging. Die Lehre von der ewigen Wiederkehr des Gleichen erwähnt er nur noch im Rückblick von *Ecce Homo* und stellt sie dort erst als "Grundconception" von

---

[110] Vgl. WERNER STEGMAIER, "Philosophieren als Vermeiden einer Lehre. Inter-individuelle Orientierung bei Sokrates und Platon, Nietzsche und Derrida", in: JOSEF SIMON (Hg.), *Distanz im Verstehen. Zeichen und Interpretation II*, Frankfurt am Main 1995, 214–239; ders., "Nietzsches Zeichen", in: *Nietzsche-Studien* 29 (2000), 41–69.
[111] EH, Warum ich so gute Bücher schreibe: UB, 3.
[112] Vgl. NF Sommer 1886 – Frühjahr 1887, KGW VIII 6 [4] / KSA 12.234 ("Zarathustra-Evangelium"), und den Brief an PAUL DEUSSEN in Berlin vom 26. November 1888, KSB 8.492 ("Bibel der Zukunft").
[113] EH, Warum ich so gute Bücher schreibe, Za, 7.
[114] Brief an ELISABETH NIETZSCHE in Naumburg vom 7. Mai 1885 (KSB 7, 48).
[115] Er läßt Zarathustra von dem "alten Heiligen" sagen, den er als ersten getroffen hat, er habe "in seinem Walde noch Nichts davon gehört, dass *Gott todt* ist!" (Za, Vorrede, 2, KSA 4.14).
[116] Za II, Von der Selbst-Ueberwindung, KSA 4.146–149.
[117] Za III, Der Genesende 2, KSA 4.275.
[118] Ebd.
[119] FW 125, KSA 3.480–482.

Also sprach Zarathustra heraus.[120] Nur diese 'Lehre' nimmt FH philosophisch ernst – er regte sogar an, bei dem "mächtigen pyramidal aufgethürmten Block unweit Surlei", bei dem NIETZSCHE, wie er berichtet, der Gedanke kam, eine Gedenksäule aufzustellen[121] – und setzt sich fundiert mit ihr auseinander, mit nachhaltigen Folgen für sein eigenes Denken. SI schließt mit einer Kritik des Gedankens von der ewigen Wiederkehr des Gleichen, und in CK entwickelt FH seine eigene Konzeption eines "Transcendenten Nihilismus" aus dieser Kritik.

In SI nimmt FH auch nicht, wie der Untertitel *Gedanken aus der Landschaft Zarathustras* nahelegt, NIETZSCHES Form der philosophischen Dichtung auf. Als originale Form NIETZSCHES war sie nicht nachzuahmen und in ihrem wuchtigen Pathos FH wohl auch fremd. Statt dessen trägt er seine Gedanken in der Form des Aphorismen-Buchs vor, der Form, die am besten jene individuelle Einheit von Leben, Denken und Schreiben ausdrücken konnte, die NIETZSCHE vorgelebt hatte. Auch hierin scheint vor allem *Die fröhliche Wissenschaft* das Vorbild abgegeben zu haben: NIETZSCHE hatte sie mit "deutschen Reimen" eingeleitet und mit "Liedern des Prinzen Vogelfrei" beschlossen, und FH rundet SI mit "Sonetten und Rondels" ab.[122] Der Aphorismus ist eine schriftstellerische Form mit einer eigenen 'Philosophie'. In ihm ist auf alles Schematische, Systematische, Pedantische, Gelehrte verzichtet. Er lebt ganz von der Prägnanz. Jeder Aphorismus muß für sich selbst stehen, muß knapp, ausdrucksstark, pointenreich, vielsagend sein, ohne daß man ihm abstrakte Aussagen, allgemeine Lehren in irgendeiner Form entnehmen könnte.[123] Aphorismen sind Kunstwerke des Denkens und wollen als Kunstwerke verstanden werden, d. h. immer noch anders, als man es begrifflich formulieren kann. Sie sind, philosophisch ausgedrückt, die Form eines individuellen Denkens, das auch von andern nur individuell verstanden werden kann. NIETZSCHE hat zuletzt von sich gesagt: "ich bin eine nuance"[124] – "nuance" klein geschrieben, als Fremdwort aus dem Französischen. Eine Nuance ist stets eine Nuance von *etwas*, sie ist ähnlich wie dieses Etwas und doch auf eine unbestimmte und unbestimmbare Weise anders. So ist eine Nuance im Denken die Nuance eines geprägten Begriffs, die auf eine Weise von ihm abweicht, die begrifflich nicht zu fassen ist. Sie ist damit nicht lehrbar und will nicht lehrbar sein. Das Lehrbare im griechischen Wortsinn ist das Mathematische. Die Nuance ist danach am weitesten vom Mathematischen entfernt, sie ist, wenn man will, das Nicht-Mathematische par excellence.

'Nüance' (in dieser Schreibung) ist ein Schlüsselbegriff in SI. Fern von allem

---

[120] EH, Warum ich so gute Bücher schreibe, Za 1, KSA 6.335. – Vgl. WERNER STEGMAIER, "Von Nizza nach Sils-Maria. Nietzsches Abweg vom Gedanken der ewigen Wiederkehr", in: ANDREAS SCHIRMER und RÜDIGER SCHMIDT (Hg.), *Entdecken und Verraten. Zu Leben und Werk Friedrich Nietzsches*, Weimar 1999, 295–309.

[121] NIETZSCHE, EH, Warum ich so gute Bücher schreibe, Za 1, KSA 6.335; FH, *Tod und Wiederkunft* [H 1899b], 1283.

[122] S. Kommentar zu SI, S. 363.

[123] Vgl. TILMAN BORSCHE, System und Aphorismus, in: MIHAILO DJURÍ und JOSEF SIMON (Hg.), *Nietzsche und Hegel*, Würzburg 1992, 48–64.

[124] EH, WA 4, KSA 6.362. Vgl. NF Ende 1886 – Frühjahr 1887, KGW VIII 7 [7] / KSA 12.289: "Der Sinn und die Lust an der Nüance (die eigentliche *Modernität*) an dem, was *nicht* generell ist [...]."

Lehrbaren, Definierbaren, Berechenbaren, Festlegbaren überhaupt geht es FH um die "feinen Schiebungen und Gleitungen" im Leben, Denken und Schreiben der Menschen. So heißt es im Aphorismus Nr. 39:

> Menschen sind keine Principien und der verrechnet sich, der sie zu berechnen unternimmt. Für Einen, der mit der Natur und ihrem Gesetzmässigen zu thun hat, ist der Umgang mit Menschen eine Erholung, ein Sprung in's Gegensätzliche [...].

Der Mathematiker und Naturwissenschaftler FH springt hier ins Gegensätzliche, um sich von Mathematik und Naturwissenschaft zunächst einmal zu erholen – durch Philosophie und Psychologie. Hauptthema im Großteil des Buches ist das Ich im delikaten Verhältnis zu andern und im noch delikateren Verhältnis zu sich selbst. In ständig wechselnden Perspektiven geht er der Kunst des "feinen und langsamen Einander-Errathen[s] und Sicheinander-Anpassen[s], [...] der zierlichen Aufrechterhaltung schwebender und leicht zerstörbarer Gleichgewichtslagen" nach,[125] will er die Augen öffnen "für dieses Spiel allerzartester Anzeichen".[126] Das Ich, so schält sich heraus, ist ein "Inbegriff von tausend Geschmacksnüancen", eine "undefinirbare Ich-Nüance",[127] und wo es sich am deutlichsten so erfährt, ist das Verhältnis zum "Weibe": FH betrachtet, auch hier "kühl" und "säuerlich", die Liebe als ein Experimentierfeld zur Erfahrung von Ich-Nüancen.[128]

Er beschreibt sein Denken selbst als "das halbtraumhafte Sinnen" einer "einsam schweifenden Seele" "in der schwermüthigen Stille".[129] Es hat etwas Müdes, Resignatives, Todesverhangenes,[130] die bleichen Farben der *décadence*. In der unendlichen Verfeinerung werden die Bindungen ans Leben zart wie Seidenfäden, und man hätte in 'MONGRÉ' einen vollkommenen Dandy des *fin de siècle* vor sich, wäre er dafür nicht doch zu klug und zu anständig und zu wenig selbstverliebt. Die Tugenden, von denen er spricht und die er in seinem Denken und Schreiben auch beweist, sind wiederum die NIETZSCHEs (und wiederum nicht die seines Zarathustra, sondern die, von denen NIETZSCHE vor allem in den Aphorismen-Büchern spricht und die er dort beweist): kompromißlose Nüchternheit und Redlichkeit gegen sich selbst, Takt, Vornehmheit und Gerechtigkeit gegenüber andern.[131]

Als "höchstes Ethos" stellt FH, ebenfalls mit NIETZSCHE, die "*Ehrfurcht vor sich selbst als einem Schaffenden*" heraus.[132] Er nähert dabei den Begriff des Schöpferischen dem des Individuellen überhaupt an:

> Wer ist schöpferisch? Nicht wer Bücher schreibt oder Bilder malt oder

---

[125] SI, Nr. 25, S. 31.
[126] SI, Nr. 257, S. 160.
[127] SI, Nr. 130, S. 106; Nr. 175, S. 120.
[128] Vgl. SI, Nr. 286, S. 192; Nr. 292, S. 195; Nr. 319, S. 219; Nr. 348, S. 243; Nr. 349, S. 244.
[129] SI, Nr. 266, S. 169.
[130] Vgl. SI, Nr. 191, Nr. 194, Nr. 226.
[131] Was für NIETZSCHE insbesondere Vornehmheit konkret bedeutet, hat er sich in einer Notiz zusammengestellt: Vgl. NF Mai – Juli 1885, KGW VII 35 [76] / KSA 11.543–545.
[132] SI, Nr. 63, S. 60.

Schlachten gewinnt; das ist bestenfalls die Aussenseite der eigentlichen Productivität, das Geschaffen*haben* und aus den Schachten des Schaffens wieder-ans-Tageslicht-Kommen. Fruchtbar ist Jeder, der etwas sein eigen nennt, im Schaffen oder Geniessen, in Sprache oder Gebärde, in Sehnsucht oder Besitz, in Wissenschaft oder Gesittung; fruchtbar ist alles, was weniger als zweimal da ist, jeder Baum, der aus *seiner* Erde in *seinen* Himmel wächst, jedes Lächeln, das nur einem Gesichte steht, jeder Gedanke, der nur einmal Recht hat, jedes Erlebniss, das den herzstärkenden Geruch des Individuums ausathmet![133]

Man kann wohl sagen, daß FHs Denken in SI im vergangenen Jahrhundert an Aktualität gewonnen hat. Die inter-individuellen Verhältnisse sind in der Philosophie und Ethik, aber auch in den Wissenschaften in dem Grad bedeutsamer, in dem das Allgemeine in Gestalt einerseits von 'festen' Begriffen und Methoden, andererseits von 'universalen' Normen und Werten, fragwürdiger geworden ist. Angesichts der unaufhebbaren Ungewißheiten und Uneindeutigkeiten im Menschlichen und Zwischenmenschlichen war für FH alles Allgemeine eine "heilige Lüge":

> [...] wo nur irgend Bestand und Beständigkeit verehrt wird, sollte auch der heiligen Lüge ein Altar geweiht sein. Es ist unmöglich, die Dauer einer Fähigkeit, das Leben einer Überzeugung, die Treue einer Neigung zu verbürgen; aber es ist stets möglich, den Schein dieser Dinge im Zusammenleben mit Anderen zu wahren. Wir können für unsere Oberfläche einstehen, nicht für unser Inneres; wir können Wirkungen versprechen, nicht auch Ursachen.[134]

Ist jedes Individuum eine Nüance, so denkt es auch alles Allgemeine in seiner Nüance, 'à son gré', als Individuum, und es selbst kann seine Nüance nicht eher begreifen als andere.

NIETZSCHE hat dafür den Begriff des "Pathos der Distanz".[135] FH hält auf Distanz auch zu NIETZSCHE. Er bleibt NIETZSCHE dennoch so nah, daß die Gedanken des SI für jemanden, der NIETZSCHE kennt, nicht überraschend sind; viele Rezensenten haben darauf bestanden. Gleichwohl nötigt das Buch Respekt ab, eben dadurch, daß FH, wo NIETZSCHE alles noch so "Menschliche, Allzumenschliche" mit scheinbar leichter Hand in die großen Dimensionen der Philosophie und Geistesgeschichte stellt und stellen kann, sich weise zurückhält und nur von dem spricht, wovon er aus eigener Erfahrung sprechen kann. Auch dies ist eine Weise des Vornehmen.

5.3 Aufnahme und Kritik des Gedankens der ewigen Wiederkehr des Gleichen

Wovon FH aus eigener Erfahrung sprechen kann, ist aber auch die Mathematik. In den letzten Abteilungen von SI ("Von den Märchenerzählern" und "Zur Kritik des Erkennens") meldet sich der Mathematiker und Naturwissenschaftler

---

[133] SI, Nr. 35, S. 37.
[134] SI, Nr. 40, S. 41.
[135] FH zitiert ihn SI, Nr. 240, S. 143.

zurück. Nun heißt es mit einem Mal, NIETZSCHE und der Philosophie überhaupt fehle "der dürre Ernst der wissenschaftlichen Verallgemeinerung", und sie bringe es nur zu "bezaubernden Halbwahrheiten".[136] FH ist zwar bereit, darin auch eine Tugend zu sehen:

> Leider hat sich die Philosophie, namentlich die deutsche, immer zu sehr in der Nähe der Wissenschaft aufgehalten, statt sich unbefangen als das zu geben, was sie ist, als Religion oder Kunst auf Umwegen [...].

"Beweise sind," schickt er voraus,

> bei allen Philosophen, das Verdächtige und überdies Langweilige, eine blosse Stubenhockerei aus missverstandener Gewissenhaftigkeit, ein gelehrt sein sollender Formalismus, den der Autor sich so wenig schenken zu dürfen glaubt, so gern ihn der Leser schenken würde. Geistreich, unterhaltend, bisweilen grandios sind höchstens die philosophischen Gedanken, die aufblitzenden und schon wieder verschwindenden Perspectiven, jene Plötzlichkeiten und Abgrundsblicke, die uns mitten im Nebel etwas vom Hochgebirge verrathen; aber der Nebel – die sogenannten Beweise – taugt nichts.[137]

In diesem Stil hat er bisher selbst philosophiert. Er genügt ihm nun nicht mehr. Nun läßt er sich doch auf Beweise und ihre Kritik ein. Anlaß sind die naturwissenschaftlichen Beweisversuche, mit denen NIETZSCHE die 'Lehre' der ewigen Wiederkunft des Gleichen zu stützen versuchte. Sie können nach seinem Urteil so nicht stehen bleiben. Zudem war um sie inzwischen ein wirrer Streit entstanden. Wir zeichnen seine Fronten nach, soweit sie FHs Stellung verdeutlichen, und versuchen dabei zugleich, den Gedanken der ewigen Wiederkehr des Gleichen zu klären.

Als NIETZSCHE bei jenem "mächtigen pyramidal aufgethürmten Block unweit Surlei"[138] der Gedanke der Wiederkunft gekommen oder eigentlich, wie sich zeigen wird, wiedergekommen war, hatte er mit großem Pathos notiert: "Anfang August 1881 in Sils-Maria, 6000 Fuss über dem Meere und viel höher über allen menschlichen Dingen! –"[139] Aber der Gedanke war kein bloßer Einfall. NIETZSCHE ordnete ihn von Anfang an in einen "Entwurf" ein, der fünf Punkte enthielt, die er im Anschluß auszuarbeiten begann.[140] Leitend in diesem Entwurf war der Begriff der "Einverleibung"; die ersten vier Punkte lauteten:

Die Wiederkunft des Gleichen.
Entwurf.

1. Die Einverleibung der Grundirrthümer.

---

[136] SI, Nr. 378, S. 315.
[137] SI, Nr. 406, S. 349.
[138] EH, Warum ich so gute Bücher schreibe, Za 1, KSA 6.335.
[139] NF Frühjahr – Herbst 1881, KGW V 11 [141] / KSA 9.494.
[140] NF Frühjahr – Herbst 1881, KGW V 11 [141]–[144] / KSA 9.494–497. – Diesen Entwurf legte später FRITZ KOEGEL seiner Ausgabe der Nachlaßnotizen zur ewigen Wiederkunft zugrunde. Vgl. u., Abschn. 6.

2. Die Einverleibung der Leidenschaften.

3. Die Einverleibung des Wissens und des verzichtenden Wissens. (Leidenschaft der Erkenntniss)

4. Der Unschuldige. Der Einzelne als Experiment. Die Erleichterung des Lebens, Erniedrigung, Abschwächung – Übergang.

NIETZSCHE ging davon aus, daß man an einer "Wahrheit" nur festhält, wenn man mit ihr "leben" kann, daß, wie es dann in *Fröhliche Wissenschaft*, Nr. 110 heißt,

> die *Kraft* der Erkenntnisse [...] nicht in ihrem Grade von Wahrheit, sondern in ihrem Alter, ihrer Einverleibtheit, ihrem Charakter als Lebensbedingung [liegt]. Wo Leben und Erkennen in Widerspruch zu kommen schienen, ist nie ernstlich gekämpft worden; da galt Leugnung und Zweifel als Tollheit.

Was wir für "Wahrheiten" halten, können darum "uralt einverleibte Grundirrthümer" sein, ohne daß man ein zureichendes Kriterium hätte, die einen von den andern zu unterscheiden. Was die Philosophie und Wissenschaft in der griechischen Antike als "Wahrheit" einführte, setzte spezifische Lebensbedingungen voraus, unter denen man auf bestimmte "Grundirrthümer" nicht mehr angewiesen, unter denen ein freies "Spiel" der Erkenntnis möglich geworden war. "Wissen", wie es die Vorsokratiker konzipierten, schloß eine Gegnerschaft zu dem ein, was bisher gelebt worden war, ein "Verzichten" auf den Anschluß daran; es erschien entsprechend paradox. Aber auch dieses neue Wissen mußte gelebt, mußte einverleibt werden können, und in Griechenland wurde es in der Tat zu einer neuen Lebensform, zur "Leidenschaft der Erkenntnis", für die man schließlich auch zu sterben bereit war. So wird der Einzelne "unschuldig" zum "Experiment": unter bestimmten Lebensbedingungen wird er mit seinen Wahrheiten oder Grundirrtümern leben und überleben können, unter anderen nicht.

> Der Denker: das ist jetzt das Wesen, in dem der Trieb zur Wahrheit und jene lebenerhaltenden Irrthümer ihren ersten Kampf kämpfen, nachdem auch der Trieb zur Wahrheit sich als eine lebenerhaltende Macht *bewiesen* hat. Im Verhältniss zu der Wichtigkeit dieses Kampfes ist alles Andere gleichgültig: die letzte Frage um die Bedingung des Lebens ist hier gestellt, und der erste Versuch wird hier gemacht, mit dem Experiment auf diese Frage zu antworten. Inwieweit verträgt die Wahrheit die Einverleibung? – das ist die Frage, das ist das Experiment.[141]

Dies, die Entwertung der alten Wahrheit zugunsten ihrer "Kraft", die sie im "Experiment" des Lebens beweist, ist aber nun selbst eine neue Wahrheit (oder ein neuer Grundirrtum), und die Frage wird sein, ob und wie man mit *ihr* wird leben und überleben können, ob man *sie* einverleiben kann. Das wird sich am deutlichsten dann zeigen, wenn man sich rückhaltlos darauf einläßt, daß

---

[141] FW 110 (KSA 3.471).

die Lebensbedingungen sich unablässig wandeln, *ohne Anfang und ohne Ziel*, und daß darin auch alle Wahrheiten sich wandeln, es also im alten Sinn keine (feste) Wahrheit gibt, an der man festhalten, an die man sich halten kann. In Griechenland hatte man nach dem Ursprung gefragt, und als dies zu keinen schlüssigen Antworten führte, ging man in der Moderne dazu über, nach Zielen zu fragen, um in der Idee des Fortschritts Halt zu finden. Auch dies hat nach NIETZSCHE nun seine Zeit gehabt. Versucht man nun zu denken, daß sich die Lebensbedingungen ohne Anfang und Ziel unablässig wandeln, so kann man sie in "ewiger Wiederkunft" denken. Dies ist dann keine "Wahrheit", sondern lediglich eine Orientierung für das Denken oder, wie NIETZSCHE es nennt, ein "neues Schwergewicht", das dem Denken wenn schon keinen Halt, so doch einen Anhaltspunkt gibt. Kann man sich dieses Schwergewicht einverleiben, ist man fähig zu ertragen, daß das Leben keinen Anfang und kein Ziel hat, daß es von sich aus 'zu nichts führt' oder daß es, wie NIETZSCHE später notiert,[142] von sich aus keinen "Sinn" hat, sondern man ihm selber erst Sinn geben muß. Dies wird jedoch nur gelingen, wenn auch dies das Leben "erleichtert" und das heißt: wenn auch damit "ein absoluter Überschuß von Lust" verbunden ist. Dies muß nicht für alle in gleicher Weise gelten: Die einen werden aus dem Gedanken einer ewigen Wiederkehr ohne Anfang und Ziel Lust und damit Kraft zum Denken und Handeln gewinnen können, die andern nicht, oder, wie NIETZSCHE dann sagt, die einen werden durch ihn "stärker" werden und von sich aus Maßstäbe setzen, die andern "schwächer" werden und entweder diesen neuen Maßstäben folgen oder an ihnen zugrundegehen.

Beim Gedanken der ewigen Wiederkunft geht es für NIETZSCHE also nicht um dessen "Wahrheit", sondern um seine "Einverleibung".[143] Dennoch muß er, um einverleibt werden zu können, zunächst "gelehrt" werden. Dies, "die Lehre zu lehren", sieht NIETZSCHE nun, Anfang August 1881, als seine Aufgabe – er wird sie dann an seinen Zarathustra abgeben:

> Das neue *Schwergewicht: die ewige Wiederkunft des Gleichen.* Unendliche Wichtigkeit unseres Wissen's, Irren's, unsrer Gewohnheiten, Lebensweisen für alles Kommende. Was machen wir mit dem *Reste* unseres Lebens – wir, die wir den grössten Theil desselben in der wesentlichsten Unwissenheit verbracht haben? Wir *lehren die Lehre* – es ist das stärkste Mittel, sie uns selber *einzuverleiben.* Unsre Art Seligkeit, als Lehrer der grössten Lehre.[144]

Nach weiteren Überlegungen resümiert er noch einmal:

> Wenn du dir den Gedanken der Gedanken einverleibst, so wird er dich verwandeln. Die Frage bei allem, was du thun willst: 'ist es so, daß ich es unzählige Male thun will?' ist das *größte* Schwergewicht.

---

[142] NF Sommer 1886 – Herbst 1887, KGW VIII 5 [71] / KSA 12.211–217 (sog. Lenzer Heide-Entwurf).

[143] Vgl. WOLFGANG MÜLLER-LAUTER, *Über Freiheit und Chaos. Nietzsche-Interpretationen II*, Berlin/New York 1999, 250–349.

[144] NF Frühjahr – Herbst 1881, KGW V 11 [141] / KSA 9.494.

und fügt hinzu:

> Wenn der Gedanke der ewigen Wiederkunft aller Dinge dich nicht über-
> wältigt, so ist es keine Schuld: und es ist kein Verdienst, wenn er es
> thut.[145]

Niemand kann dafür verantwortlich sein oder gemacht werden, welche Kraft er
hat, um unter seinen Lebensbedingungen zu bestehen. Aber es wird nun auf
diese Kraft und nicht mehr auf allgemein verfügbare "Wahrheiten" ankommen,
ob und wie er bestehen wird.

NIETZSCHE ging darum sehr sorgsam, fast ehrfüchtig mit dem Gedanken
um. Er schrieb zunächst, 14. August 1881, an seinen Vertrauten HEINRICH
KÖSELITZ:

> An meinem Horizonte sind Gedanken aufgestiegen, dergleichen ich noch
> nicht gesehn habe – davon will ich nichts verlauten lassen, und mich
> selber in einer unerschütterlichen Ruhe erhalten. Ich werde wohl *einige*
> Jahre noch leben müssen![146]

und erneut von Genua aus am 25. Januar 1882, als er die *Fröhliche Wissenschaft*
abgeschlossen hatte, unter den "elementaren Gedanken", für die er "noch nicht
reif genug" sei, sei einer,

> der in der That 'Jahrtausende' braucht, um etwas zu *werden*. Woher
> nehme ich den Muth, ihn auszusprechen![147]

Zuweilen flüsterte er ihn auf Spaziergängen Begleitern oder Begleiterinnen zu,
ohne ihn zu erläutern. Noch Jahre später umgab er ihn, selbst gegenüber
FRANZ OVERBECK, mit der Aura eines ungeheuren, buchstäblich weltbewe-
genden Geheimnisses:

> Ich weiß nicht, wie *ich* gerade dazu komme – aber es ist möglich, daß
> mir *zum ersten Male* der Gedanke gekommen ist, der die Geschichte der
> Menschheit in zwei Hälften spaltet. Dieser Zarathustra ist nichts als eine
> Vorrede, Vorhalle – ich habe mir selber Muth machen müssen, da mir
> von überall her nur die Entmuthigung kam: Muth zum *Tragen* jenes
> Gedankens! Denn ich bin noch *weit* davon entfernt, ihn aussprechen
> und darstellen zu können. *Ist er wahr* oder vielmehr: wird er als wahr
> geglaubt – so ändert und dreht sich *Alles*, und *alle* bisherigen Werthe
> sind entwerthet. –
>
> *Von diesem Sachverhalt* hat Köselitz eine Ahnung, einen Vor-Geruch.[148]

Als NIETZSCHE ihn veröffentlichte, am Ende des IV. Buches der *Fröhlichen
Wissenschaft* (Nr. 341) – und in dieser Gestalt wurde er auch FH zuerst bekannt –, schrieb er ihn der Einflüsterung eines "Dämons" zu, der ihn oder den
Leser, das läßt er kunstvoll offen, mit dem Gedanken, den er nur umschreibt,
nicht benennt, 'versucht', wie einst der Teufel Gott 'versucht' hatte:

---

[145] NF Frühjahr – Herbst 1881, KGW V 11 [143] u. [144] / KSA 9.496.
[146] KSB 6.112.
[147] KSB 6.159.
[148] Brief vom 8. März 1884, KSB 6.485.

Das grösste Schwergewicht. – Wie, wenn dir eines Tages oder Nachts, ein Dämon in deine einsamste Einsamkeit nachschliche und dir sagte: 'Dieses Leben, wie du es jetzt lebst und gelebt hast, wirst du noch einmal und noch unzählige Male leben müssen; und es wird nichts Neues daran sein, sondern jeder Schmerz und jede Lust und jeder Gedanke und Seufzer und alles unsäglich Kleine und Grosse deines Lebens muss dir wiederkommen, und Alles in der selben Reihe und Folge – und ebenso diese Spinne und dieses Mondlicht zwischen den Bäumen, und ebenso dieser Augenblick und ich selber. Die ewige Sanduhr des Daseins wird immer wieder umgedreht – und du mit ihr, Stäubchen vom Staube!' – Würdest du dich nicht niederwerfen und mit den Zähnen knirschen und den Dämon verfluchen, der so redete? Oder hast du einmal einen ungeheuren Augenblick erlebt, wo du ihm antworten würdest: 'du bist ein Gott und nie hörte ich Göttlicheres!' Wenn jener Gedanke über dich Gewalt bekäme, er würde dich, wie du bist, verwandeln und vielleicht zermalmen; die Frage bei Allem und Jedem 'willst du diess noch einmal und noch unzählige Male?' würde als das grösste Schwergewicht auf deinem Handeln liegen! Oder wie müsstest du dir selber und dem Leben gut werden, um nach Nichts *mehr zu verlangen*, als nach dieser letzten ewigen Bestätigung und Besiegelung?[149]

In *Also sprach Zarathustra* setzt NIETZSCHE die Mystifikation des Gedankens fort und verstärkt sie noch. Er läßt ihn dort zunächst von Zarathustra selbst als "Gesicht und Räthsel" von einem "Thorweg" einführen, der "Augenblick" heißt. Zu ihm kommt nach der einen Seite alles in gleicher Folge wieder, was nach der andern weggegangen ist. Es handelt sich um einen Traum ("Gesicht"), aber selbst dies läßt Zarathustra in der Schwebe: Er wird unterbrochen vom Heulen eines Hundes, der seine Gedanken "zurücklaufen" läßt und ihm einen Hirten vor Augen führt, in dessen Mund sich eine "schwarze schwere Schlange" festgebissen hat, die er nur loswerden kann, indem er ihr – auf Zarathustras Schreien hin – den Kopf abbeißt. Dann springt der Hirte auf und lacht "ein Lachen, das keines Menschen Lachen war". Auch hier hat der "Teufel" mitgespielt, in Gestalt des "Geistes des Schwere". Zarathustra stürzt in Sehnsucht und Schwermut.[150]

Dabei wird es bleiben. Zarathustra erzählt das Rätsel nur, löst es nicht auf. Er wartet selbst auf "die selige Stunde", zu der es ihm aufgehen wird. Als dann die Zeit kommt, um den "abgründlichen Gedanken" heraufzurufen,[151] der ihn "wie einen Tollen" geschüttelt hat, wird er vom "Ekel" wie ein Toter niedergestreckt, bleibt sieben Tage unfähig zu essen und zu trinken, "krank noch von der eigenen Erlösung". Später deutet er das so, daß das "Räthsel" vom Hirten an ihm wahr geworden ist – die Deutung des Rätsels ist die Erfahrung, die Zarathustra selbst mit ihm gemacht hat.

Als ihn endlich seine Tiere ansprechen, redet Zarathustra zunächst über das Reden, das, *als Reden*, den Schein gemeinsamer "Dinge" hervorbringe: "schöne Narrethei, das Sprechen: damit tanzt der Mensch über alle Dinge". Das aber

---

[149] KSA 3.570.

[150] Za III, Vom Gesicht und Räthsel, KSA 4.197–202.

[151] Za III, Der Genesende, KSA 4.270–277.

tun nun die Tiere: sie versuchen eine Lehre vom Sein zu formulieren, nach der sich "Alles" zu einem "Rad des Seins" verknüpft, das "ewig rollt". Zarathustra nennt das ein "Leier-Lied" und wirft ihnen vor, sie hätten seinem Erleben und Erleiden zugeschaut mit "Mitleiden", in dem "Lust" und "Anklage" sei. Was aber ihn "würgte", ist der "grosse Überdruss am Menschen". Und nun nimmt er die Rede der Tiere von der ewigen Wiederkehr auf, jedoch nur, um die ewige Wiederkehr des "kleinen Menschen" zu beklagen und zu enden mit "Ekel! Ekel! Ekel!"

Die Tiere lassen ihn daraufhin nicht weiterreden, sondern empfehlen ihm, nun eben "neue Leiern" für seine "neuen Lieder" zu schaffen. Sie glauben zu "wissen", wer er ist und werden muß, nämlich "*der Lehrer der ewigen Wiederkunft* –, das ist nun *dein* Schicksal!" Sie, die Tiere, sind es auch, die "wissen" und formulieren, was er lehrt: "dass alle Dinge ewig wiederkehren und wir selber mit, und dass wir schon ewige Male dagewesen sind, und alle Dinge mit uns." Zarathustra aber, so schließt NIETZSCHE die Szene, hört sie gar nicht, er hört ihnen nicht zu, hört noch nicht einmal, "dass sie schwiegen". Er "unterredete sich eben mit seiner Seele": *er* denkt weiter nach. Und dann wird er nur noch "singen", *sein* Lied von der "Ewigkeit", das er mit "sieben Siegeln" versieht.

Zarathustra, so stellt es NIETZSCHE dar, formuliert seinen "Gedanken" nicht selbst, sondern wird von ihm entbunden, in einer "Genesung", und erst für andere wird er zur "Lehre", zu einer allgemeinen Lehre für jedermann. Als Lehre aber, deutet die Szene an, ist der Gedanke nicht zu Ende gedacht, und NIETZSCHE bestätigt das in seinen Notizen. Während der Arbeit am III. Teil notiert er: "NB. *Der Gedanke selber wird im dritten Theil nicht ausgesprochen*: nur vorbereitet."[152] Erzählt wird nur, wie unterschiedlich Zarathustra und die Tiere mit dem Gedanken umgehen. Zarathustra begnügt sich mit der Erzählung, wie ihn der Gedanke überkam, die Tiere versuchen ihn theoretisch zu formulieren und scheinen ihn dabei schon mißzuverstehen. Sie unterscheiden sich im Umgang mit dem Gedanken: die Tiere können nicht anders, als eine Lehre daraus zu machen, Zarathustra dagegen schweigt. Auch NIETZSCHE schweigt, wie erwähnt, in den Werken, die er veröffentlichte, über den Gedankens bis *Ecce Homo*; er deutet ihn nur einmal an, ohne ihn beim Namen zu nennen.[153]

Daß er ihn in *Ecce Homo* zur "Grundconception" von *Also sprach Zarathustra* erklärte,[154] reizte, zumal *Ecce Homo* erst 1908 publiziert wurde, natürlich zur ergänzenden Interpretation. Die erste, sogleich stark verbreitete, kam von LOU ANDREAS-SALOMÉ, die sich auf persönliche Gespräche mit NIETZSCHE aus eben der Zeit berufen konnte, als NIETZSCHE mit der Wiederkunfts-Idee schwanger ging. Sie berichtete,[155] NIETZSCHE habe die Absicht gehabt, deren "Verkündigung davon abhängig zu machen, ob und wie weit sie sich wissen-

---

[152] Nachgelassene Fragmente Herbst 1883, KGW VII 16 [63] (KSA 10.520).
[153] Vgl. JGB 56, KSA 5.74 f.
[154] EH, Warum ich so gute Bücher schreibe, Za 1, KSA 6.335.
[155] LOU ANDREAS-SALOMÉ, *Friedrich Nietzsche in seinen Werken*, Wien 1894, 224–228. Neudruck hg. von ERNST PFEIFFER und mit Anmerkungen von THOMAS PFEIFFER, Frankfurt am Main 1983, 256–259.

schaftlich werde begründen lassen." Er sei der "irrthümlichen Meinung" gewesen,

> als sei es möglich, auf Grund physikalischer Studien und der Atomenlehre, eine wissenschaftlich unverrückbare Basis dafür zu gewinnen. Damals war es, wo er beschloß, an der Wiener oder Pariser Universität zehn Jahre ausschliesslich Naturwissenschaften zu studiren. Erst nach Jahren absoluten Schweigens wollte er dann, im Fall des gefürchteten Erfolges, als Lehrer der ewigen Wiederkunft unter die Menschen treten.

Doch "[s]chon ein oberflächliches Studium" habe ihm bald gezeigt, "daß die wissenschaftliche Fundamentierung der Wiederkunftslehre auf Grund der atomistischen Theorie nicht durchführbar sei", und so habe er sich davon gelöst:

> Was wissenschaftlich erwiesene Wahrheit werden sollte, nimmt den Charakter einer mystischen Offenbarung an, und fürderhin giebt Nietzsche seiner Philosophie überhaupt als endgiltige Grundlage, anstatt der wissenschaftlichen Basis, die innere Eingebung – seine eigene persönliche Eingebung. [...] Daher wird auch der theoretische Umriss des Wiederkunfts-Gedankens eigentlich niemals mit klaren Strichen gezeichnet; er bleibt blass und undeutlich und tritt vollständig zurück hinter den praktischen Folgerungen, den ethischen und religiösen Consequenzen, die Nietzsche scheinbar aus ihnen ableitet, während sie in Wirklichkeit die innere Voraussetzung für ihn bilden.

Diese "Mystik"[156] einer "geoffenbarten" Wiederkunftslehre, zu der sich LOU ANDREAS-SALOMÉ schon 1892 in Zeitschriften-Artikeln geäußert hatte, wollte HEINRICH KÖSELITZ nicht gelten lassen. In Kenntnis von NIETZSCHES Nachlaß bestand er in seiner Vorrede zur Neuausgabe von *Menschliches, Allzumenschliches* auf der naturwissenschaftlichen Deutung der Wiederkunftslehre. NIETZSCHE hatte sie sich in seinen Notizen in immer neuen Anläufen zurechtzulegen versucht, ohne je damit öffentlich hervorzutreten. Im folgenden geben wir einige charakteristische Formulierungen wieder. Zunächst die erste, die NIETZSCHE notierte:

> Die Welt der Kräfte erleidet keine Verminderung: denn sonst wäre sie in der endlichen Zeit schwach geworden und zu Grunde gegangen. Die Welt der Kräfte erleidet keinen Stillstand: denn sonst wäre er erreicht worden, und die Uhr des Daseins stünde still. Die Welt der Kräfte kommt also nie in ein Gleichgewicht, sie hat nie einen Augenblick der Ruhe, ihre Kraft und ihre Bewegung sind gleich groß für jede Zeit. Welchen Zustand diese Welt auch nur erreichen *kann*, sie muß ihn erreicht haben und nicht einmal, sondern unzählige Male. So diesen Augenblick: er war schon einmal da und viele Male und wird ebenso wiederkehren, alle Kräfte genau so vertheilt, wie jetzt: und ebenso steht es mit dem Augenblick, der diesen gebar und mit dem, welcher das Kind des jetzigen ist. Mensch! Dein ganzes Leben wird wie eine Sanduhr immer wieder umgedreht werden und immer wieder auslaufen – eine große Minute Zeit dazwischen, bis

---

[156] Ebd.

alle Bedingungen, aus denen du geworden bist, im Kreislaufe der Welt, wieder zusammenkommen. Und dann findest du jeden Schmerz und jede Lust und jeden Freund und Feind und jede Hoffnung und jeden Irrthum und jeden Grashalm und jeden Sonnenblick wieder, den ganzen Zusammenhang aller Dinge. Dieser Ring, in dem du ein Korn bist, glänzt immer wieder. Und in jedem Ring des Menschen-Daseins überhaupt giebt es immer eine Stunde, wo erst Einem, dann Vielen, dann Allen der mächtigste Gedanke auftaucht, der von der ewigen Wiederkunft aller Dinge – es ist jedesmal für die Menschheit die Stunde des *Mittags*.[157]

Dann, in historischer Perspektive:

Ehemals dachte man, zur endlichen Thätigkeit in der Zeit gehöre eine *unendliche* Kraft, die durch keinen Verbrauch erschöpft werde. Jetzt denkt man die Kraft stets gleich, und sie braucht nicht mehr *unendlich groß* zu werden. Sie ist ewig thätig, aber sie kann nicht mehr unendliche Fälle schaffen, sie muß sich wiederholen: dies ist *mein* Schluß.[158]

Schließlich in Annäherung an einen Beweis:

Unendlich neue Veränderungen und Lagen einer *bestimmten* Kraft ist ein Widerspruch, denke man sich dieselbe noch so groß und noch so sparsam in der Veränderung, vorausgesetzt, daß sie ewig ist. Also wäre zu schließen 1) entweder sie ist erst von einem bestimmten Zeitpunkte an thätig und wird ebenso aufhören – aber Anfang des Thätigseins zu denken ist *absurd*; wäre sie im Gleichgewicht, so wäre sie es ewig! 2) oder es giebt *nicht* unendlich neue Veränderungen, sondern ein Kreislauf von bestimmter Zahl derselben spielt sich wieder und wieder ab: die Thätigkeit ist ewig, die Zahl der Produkte und Kraftlagen endlich.[159]

Und zuletzt, Jahre später, kurz und bündig:

Der Satz vom Bestehen der Energie fordert die ewige Wiederkehr.[160]

FH nun schien ein solcher 'Beweis' der Wiederkunftslehre seinerseits nicht haltbar. Er teilte dies HEINRICH KÖSELITZ in seinem ersten Brief an ihn vom 17. Oktober 1893[161] in aller Offenheit mit. Auch und gerade bei ihrer "Verbündung zu höchsten Zwecken" (nämlich dem Werk NIETZSCHEs zu dienen) wolle er sich "das Widereinander vorbehalten" und "gleich zum ersten Male eine fröhliche Gegnerschaft eröffnen", indem er "für Frau Andreas-Salomé eine Lanze breche". Er tat das, indem er KÖSELITZ eine erste mathematische Widerlegung jenes Beweises skizzierte, den Kern der Widerlegung, die er später in SI vortrug, dann aber in CK revidierte, nachdem er die CANTORsche

---

[157] NF Frühjahr – Herbst 1881, KGW V 11 [148] / KSA 9.498. Vgl. [202] / 523 u. [292] / 553.
[158] NF Frühjahr – Herbst 1881, KGW V 11 [269] / KSA 9.544.
[159] NF Frühjahr – Herbst 1881, KGW V 11 [305] / KSA 9.558 f.
[160] NF Sommer 1886 – Herbst 1887, KGW VIII 5 [54] / KSA 12.205.
[161] Verwahrt im Goethe-Schiller-Archiv Weimar (GSA 102/355).

Mengenlehre kennengelernt und eingesehen hatte, daß in ihrem Lichte die hier vorgetragenen Argumente mathematisch nicht stichhaltig waren:[162]

> Rein mechanistisch betrachtet ist der Gedanke einer Erschöpfbarkeit der Weltzustände sogar falsch und beruht auf einer Amphibolie des Unendlichkeitsbegriffes, die man ganz nach Kantischem Schema kritisiren könnte. Nur soviel: Die Zeit ist eine eindimensionale Mannigfaltigkeit, ein ∞^1, die Gesamtheit aller Weltzustände eine unendlichdimensionale, ein ∞^∞; jene kann also diese nur partiell realisiren, keinesfalls erschöpfen. Bestünde die Weltgeschichte aus der Bewegung eines blossen Punktdreiecks im Raume, so hätten wir ∞^3 mögliche Weltzustände (denn die relative Lage dreier Punkte gegen einander hängt von drei Bestimmungsstücken, z. B. den drei Dreiecksseiten, ab) und zu ihrer Unterbringung nur ∞^1 Zeitaugenblicke; es würden also ∞^2 Weltzustände unrealisirt bleiben, geschweige dass Zeit zu Wiederholungen übrig wäre. So also lässt sich die Periodicität des Weltverlaufs nicht erweisen; sie lässt sich in diesem Sinne überhaupt nicht erweisen, wohl aber lässt sich zeigen, dass Nietzsches metaphysischer Gedanke erkenntnistheoretisch denkbar ist, und zwar ohne Rücksicht auf mechanistische, spiritualistische, solipsistische oder sonstwelche Interpretation des *Weltinhalts*, denkbar also als rein formalistische Beziehung zwischen einer beliebigen Welt und den Bedingungen, unter und in welchen sie sich kundgibt. Dies auszuführen verbietet die Gelegenheit; ich wollte nur die Umdeutung der grössten Zarathustra-Lehre zu einer bloss speculativen, noch dazu bedenklichen und dann ganz anders zu wendenden Gehirnphantasie befehden. Für das aber, was Nietzsche eigentlich dem Übermenschen als Geschenk in dieser Lehre mit auf den Weg gegeben, ist vor allem das Kapitel 'Vom Gesicht und Räthsel' zu Rathe zu ziehen; und dafür finde ich die Mystik der Frau Andreas nicht zu hoch gegriffen.

Scharf gegen LOU ANDREAS-SALOMÉs mystische und *für* die mechanistische Deutung des Wiederkunftsgedankens äußerte sich RUDOLF STEINER, der, auf Grund seiner zeitweiligen Mitarbeit im Nietzsche-Archiv, Einsicht in den Nachlaß hatte. Er nahm an, daß NIETZSCHE selbst die Unbeweisbarkeit des Gedankens erkannt und ihn darum aufgegeben habe.[163] Darüber hinaus machte STEINER darauf aufmerksam, daß der Wiederkunftsgedanke mit der mechanistischen Argumentation schon bei EUGEN DÜHRING in dessen *Cursus der Philosophie als streng wissenschaftlicher Weltanschauung und Lebensgestaltung* (Leipzig 1875) zu finden war, den NIETZSCHE kurz vor seiner emphatischen Entdeckung, im Juli 1881, studiert hatte – DÜHRING hatte den Gedanken jedoch abgelehnt.[164] Tatsächlich war der Gedanke noch viel älter; NIETZSCHE hatte ihn selbst schon früher bei den Pythagoreern gefunden und auch darauf verwiesen;[165] außerdem ließ er sich bei HERAKLIT, bei den Stoikern und später

---

[162] Vgl. die Kommentare zu SI 350, 15–17 – Nr. 406, und zu CK 81,33–82,6, in diesem Band, S. 580 und S. 850; s. auch Band II, S. 3–5.
[163] Vgl. HOFFMANN, *Zur Geschichte des Nietzsche-Archivs*, a. O. (Anm. 10), 463–473.
[164] Ebd.
[165] UB II (HL) 2, KSA 1.261: "Im Grunde ja könnte das, was einmal möglich war, sich nur dann zum zweiten Male als möglich einstellen, wenn die Pythagoreer Recht hätten zu glauben,

bei LEIBNIZ und anderen nachweisen.[166]

Um so gespannter konnte man auf die Herausgabe des Nachlasses sein, die wie die Lüftung des Geheimnisses wirken mußte. 1894 bis 1904 wurde unter der Aufsicht von ELISABETH FÖRSTER-NIETZSCHE von verschiedenen Herausgebern die sog. Großoktavausgabe in 15 Bänden zunächst bei Naumann, dann bei Kröner (beide Leipzig) veranstaltet. Im XII. Band erschienen 1897 die Notizen zur ewigen Wiederkunft, ediert von FRITZ KOEGEL, der unter dem Titel "Die ewige Wiederkunft des Gleichen. Entwurf (Sommer 1881)" (S. 1–130) 235 Aphorismen aus unterschiedlichen Fundorten zu einem "Werk" kompilierte. Dies löste einen heftigen öffentlichen Streit aus, an dem auch FH teilnahm.[167] Auf diesen Band, der schließlich eingestampft und 1901 von ERNST und AUGUST HORNEFFER "völlig neu gestaltet" wurde, stützte FH dann seine Ausführungen in CK.[168]

Auch wenn ihm die "Art Beweis, die hinterher dazu ersonnen und jetzt in seinem Nachlass zum Vorschein gekommen ist," nicht hinreichend erschien, hielt er NIETZSCHES Wiederkunftsgedanken nicht für obsolet. Gerade in seiner Unbeweisbarkeit erschien er ihm als

> eine gewaltige Conception, ein Mysterium, das schon als Möglichkeit aufregt, erschüttert, ungeheure Folgerungen zuläßt. Wir treten diesem 'abgründlichen Gedanken' nicht zu nahe, wenn wir seinen oberflächlichen Beweis verwerfen.[169]

Im Gegenteil, wäre der Gedanke beweisbar und lehrbar und damit für jedermann nachvollziehbar, hätte ihn NIETZSCHE kaum den "schwersten",[170] "lähmendsten",[171] "abgründlichen"[172] und "züchtenden"[173] nennen können und die "höchste Formel der Bejahung, die überhaupt erreicht werden kann".[174] Schwer,

---

dass bei gleicher Constellation der himmlischen Körper auch auf Erden das Gleiche, und zwar bis auf's Einzelne und Kleine sich wiederholen müsse: so dass immer wieder, wenn die Sterne eine gewisse Stellung zu einander haben, ein Stoiker sich mit einem Epikurer verbinden und Cäsar ermorden und immer wieder bei einem anderen Stande Columbus Amerika entdecken wird."

[166] FH hat in seinem Beitrag *Nietzsches Lehre von der Wiederkunft des Gleichen* [H 1900d] die Geschichte des Gedankens im Anschluß an EDUARD ZELLER, *Die Philosophie der Griechen* (1844–1852, mit mehreren erweiterten Auflagen), und HENRI LICHTENBERGER und ELISABETH FÖRSTER-NIETZSCHE, *Die Philosophie Friedrich Nietzsches*, Dresden 1899, kurz zusammengefaßt (s. in diesem Band, S. 895–902).

[167] HOFFMANN, a. O., stellt ihn ausführlich und mustergültig dar. Zur Rolle FHs s. u., Abschnitt 6.

[168] FH verweist ausdrücklich auf ihn (und die Seiten 115–130) in seinem Begleitschreiben zur Übersendung von CK an HEINRICH KÖSELITZ vom 12. Oktober 1898. Er wurde zugleich mit SI besprochen, ebenfalls von ERICH ADICKES, s. u. Abschn. 7.1.

[169] SI, Nr. 406, S. 349 u. 354.

[170] NF Sommer – Herbst 1884, KGW VII 26 [284] / KSA 11.225.

[171] NF Sommer 1886 – Herbst 1887; KGW VIII 5 [71] / KSA 12.213 (Lenzer Heide-Entwurf).

[172] Za III, Vom Gesicht und Räthsel, 2.

[173] NF Frühjahr 1884, KGW VII 25 [211] / KSA 11.69, Sommer – Herbst 1884, KGW VII 26 [376] / KSA 11.250, Sommer 1886 – Herbst 1887, KGW VIII 2 [100] (Schluß) / KSA 12.110, Herbst 1887, KGW VIII 9 [8] / KSA 12.343.

[174] EH, Warum ich so gute Bücher schreibe: Za, 1, KSA 6.335.

lähmend und abgründlich scheint, so wie NIETZSCHE es inszeniert, für Zarathustra gerade zu sein, daß aus dem Gedanken eine Lehre gemacht wird: daß das,
was jeder nur auf seine Weise erleben, erfahren und verstehen kann, dadurch,
daß es mitgeteilt und damit verallgemeinert wird, unvermeidlich vernichtet
wird, und daß diese unablässige Vernichtung alles Individuellen im Namen des
"Guten und Gerechten", der Moral, geschieht.

"Bejahung" in ihrer äußersten Form wäre dann die Bejahung des Individuellen, das unbegreiflich ist, ohne Deutung, ohne Zurechtlegung und Beschöni-
gung. Aber man kann wiederum nur von seinem individuellen Standpunkt aus
bejahen, und so müßte man zuerst die eigene Individualität bejahen können.
Man müßte sie, gegen alle Leiden an sich selbst und gegen alle Verachtungen
seiner selbst, so bejahen können, daß man ihre ewige Wiederkehr wollen könnte.
Dies bejahen zu können aber hieße, darauf verzichten zu können, irgend etwas
anders haben zu wollen, und alles so hinnehmen zu können, wie es ist. Denn
wenn alles auf irgendeine Weise miteinander verknüpft ist, so müßte man, wenn
man irgend etwas anders haben will, zugleich *alles* anders haben wollen.[175]

Auch dies mag als Gedanke nicht schwer sein. Aber es wird schwer sein, ihn
zu leben, ihn zum ethischen Maßstab des eigenen Lebens zu machen. Im Lenzer
Heide-Entwurf vom 10. Juni 1887, in dem er sich über sein Denken im ganzen
Übersicht zu schaffen sucht,[176] führt NIETZSCHE den Gedanken so ein, daß mit
der Entwertung der obersten Werte nicht nur "*eine* Interpretation" des Lebens
zugrunde gegangen sei, sondern, weil sie "als *die* Interpretation galt", der Glaube
an Interpretationen überhaupt. So erscheine es nun, "als ob es gar keinen
Sinn im Dasein gebe, als ob alles *umsonst* sei". Dies aber sei der "*lähmendste*
Gedanke, namentlich noch wenn man begreift, daß man gefoppt wird und doch
ohne Macht [ist], sich nicht foppen zu lassen." In seiner "furchtbarsten Form"
gedacht aber sei dies der Gedanke "'der ewigen Wiederkehr'": "das Dasein,
so wie es ist, ohne Sinn und Ziel, aber unvermeidlich wiederkehrend, ohne ein
Finale ins Nichts": "Das ist die extremste Form des Nihilismus: das Nichts (das
'Sinnlose') ewig!"

Es hänge, fährt NIETZSCHE fort, dann vom "Individuum" ab, wie es den
Gedanken aufnehmen könne:

> *Jeder Grundcharakterzug*, der *jedem* Geschehen zu Grunde liegt, der sich
> an jedem Geschehen ausdrückt, müßte, wenn er von einem Individuum
> als *sein* Grundcharakterzug empfunden würde, dieses Individuum dazu
> treiben, triumphirend jeden Augenblick des allgemeinen Daseins gutzu-
> heißen. Es käme eben darauf an, daß man diesen Grundcharakterzug bei
> sich als gut, werthvoll, mit Lust empfindet.

Für NIETZSCHE selbst blieb es eine offene Frage, wie "die Stärksten" – das sind
für ihn "die Mäßigsten", die "die *erreichte* Kraft des Menschen mit bewußtem
Stolze repräsentiren" –, wie "ein solcher Mensch an die ewige Wiederkunft"

---

[175] Vgl. JGB 56, KSA 5.74 f., und NF Frühjahr – Herbst 1881, KGW V 11 [157]-[160] / KSA
9.502 f.
[176] NF Sommer 1886 – Herbst 1887, KGW VIII 5 [71] / KSA 12.211–217.

dächte. Während der Arbeit an *Also sprach Zarathustra* notiert er: "Vielleicht ist er" – der Gedanke der ewigen Wiederkunft – "nicht wahr: – mögen Andere mit ihm ringen!"[177]

FH kam dabei zu seiner radikalen Lösung des "Transcendenten Nihilismus". Sie wurde möglich durch die "gewaltige Conception" der ewigen Wiederkehr des Gleichen *und* ihre Unbeweisbarkeit. Hier wurde eine Aussage über die Welt im ganzen gemacht, die metaphysisch schien, ohne metaphysisch zu sein,[178] eine Aussage, die wie die traditionelle Metaphysik an das Problem der Zeit anknüpft, den Zeitverlauf jedoch nicht in die Ewigkeit aufhebt, sondern umgekehrt die Ewigkeit in ihn einträgt. So ist der Gedanke der ewigen Wiederkehr zugleich metaphysisch und anti-metaphysisch, er "zersetzt", wie FH es ausdrückt, die Metaphysik durch Metaphysik.[179] So entsteht eine jener berühmten Paradoxien, die man nicht lösen, deren Deutung man sich aber auch nicht entziehen kann. Dadurch erzeugen sie einen Effekt, auf den es NIETZSCHE und FH, je auf ihre Weise, ankam: daß sie jeden, der sich an ihrer Deutung versucht, die Kontingenz seiner Deutung erfahren läßt.

5.4 Das Chaos in kosmischer Auslese. Ein erkenntniskritischer Versuch (1898)

Das Ziel FHs in CK ist dann, die Kontingenz unserer Deutung der Welt überhaupt deutlich zu machen. Die Kontingenz aller Deutung oder – in der Sprache des 19. Jahrhunderts – aller Erkenntnis, die er zunächst im Verhältnis von Individuen eruierte, macht er nun für die wissenschaftliche Erkenntnis der Welt überhaupt geltend. Im Ausgang von KANT und aus der Kritik von NIETZSCHES Wiederkunftsgedanken gewinnt er eine eigene philosophische Konzeption, die wiederum metaphysisch scheint, ohne metaphysisch zu sein. Er kündigt sie am Ende von SI an und trägt sie in CK mit großer Entschiedenheit vor. Dieses Buch ist bedeutend kürzer als das erste, stark von mathematischen Überlegungen bestimmt und ganz als klassische Abhandlung angelegt.

Alles Persönliche, *son gré*, nimmt er nun wieder zurück. Es wird nun eher hinderlich. Seine "Laienschaft" in der Philosophie wird ihm nun zur "Noth". Er will aus ihr nicht, schreibt er in der Vorrede, wie es Autodidakten und Dilettanten gerne tun, ein "Anzeichen höherer Berufung" machen. Aber ohne eine Art von Berufung kommt er doch nicht aus. Er schildert sie nochmals in nietzscheschem Stil:

> Aber setzen wir einmal den umgekehrten Fall: nicht ich trete an das Problem heran, sondern das Problem an mich! Ein Gedanke blitzt auf, der ungeheure Folgerungen zuzulassen scheint, verwandte Gedanken krystallisiren sich an: ein ganzer grosser philosophischer Zusammenhang entschleiert sich vor Demjenigen, der von Berufswegen gar nicht und durch

---

[177] NF Herbst 1883, KGW VII 16 [63] / KSA 10.521.

[178] FH deutet sie als "eine Aussage a posteriori". Vgl. SI, Nr. 405, S. 345.

[179] Vgl. CK 137. "Metaphysik" definiert FH als "Auffassung der Dinge [...], die über die Analysis der gegebenen Erscheinungen hinaus positiv einschränkende Voraussetzungen über das Reale an sich zu machen wagt" (CK 33).

persönliche Liebhaberei nur ungenügend zur Erfassung und Darstellung solcher Zusammenhänge ausgerüstet ist! Welcher Eigensinn von diesem Problem, sich ausserhalb des Faches seinem Löser aufzudrängen![180]

Ermutigt durch seinen Gedanken, beweist er jetzt, bei aller Bescheidenheit, ein beträchtliches philosophisches Selbstvertrauen. Er bekennt sich zu einer "Art System", das durch folgerechte Schlüsse aus einem "Princip" gewonnen werde. Mehr hatten auch die zu seiner Zeit so verrufenen Deutschen Idealisten nicht geltend gemacht. Dem entspricht seine Fragestellung. FH will "das uralte Problem vom transcendenten Weltkern noch einmal in Angriff" nehmen, nun, um es vollkommen zum Verschwinden zu bringen. Sein "Gedanke" lasse sich dabei weitgehend unabhängig von philosophischer Gelehrsamkeit darlegen, zwar nicht ohne ein "gewisses Mass philosophischer Denk- und Ausdrucksweise", aber doch ohne "eine überflüssige und das Verständniss erschwerende Entfaltung gelehrten Apparates" und Einreihung "in den historischen Zusammenhang". Die "eigenthümliche Betrachtungsweise" liege in der Heranziehung der Mathematik für die philosophische Argumentation, und dies rechtfertige "eine Abweichung von der wissenschaftlichen Norm". Die Darstellung ist jedoch auch nicht mathematisch und soll "*von mathematischen Voraussetzungen unabhängig*" sein. FH tritt so weder als Philosoph noch als Mathematiker, sondern im "Grenzgebiet" von Philosophie und Mathematik auf. Er hofft, "die Theilnahme der Mathematiker für das erkenntnisstheoretische Problem und umgekehrt das Interesse der Philosophen für die mathematischen Fundamentalfragen wieder einmal lebhaft anzuregen". Die "Neuheit" seines "Grundgedankens" will er, unter Verzicht einer Einreihung seiner Gedanken "in den historischen Zusammenhang des bisher Gedachten", nicht verbürgen; er könne "in Einzelheiten schon Entdecktes wiederentdeckt haben". Neu aber sei in jedem Fall "die allgemeine Fassung und der innere Zusammenhang" seiner Resultate; für sie und nur für sie beansprucht er "Priorität".[181]

Tatsächlich führt FH Philosophie und Mathematik an ihrer jüngsten Front, aber auf einem begrenzten Feld zusammen. Neben KANTS und NIETZSCHES antimetaphysische Gedankenexperimente[182] tritt jetzt das "*logische Experiment*",[183] das durch die Entwicklung der Mathematik im 19. Jahrhundert vorbereitet und durch die gegen Ende des Jahrhunderts entwickelte Konzeption der Mathematik als einer Wissenschaft der Formen möglich wird. Angesichts des Reichtums neuer Formen, die beispielsweise von der Riemannschen Geometrie für die Fassung von mathematischen Raumbegriffen zur Verfügung gestellt werden, und angesichts der neuen Möglichkeiten, wie solche Formen mit den Begriffen der CANTORschen Mengenlehre beschrieben und mit den Methoden der HILBERTschen Axiomatik analysiert werden können, eröffnet sich ein weiter

---

[180] CK iii–iv.
[181] CK iv-vi.
[182] NIETZSCHE spricht von "Experimental-Philosophie", vgl. NIETZSCHE, NF Frühjahr – Sommer 1888, KGW VIII 16 [32] /KSA 13.492: "Eine solche Experimental-Philosophie, wie ich sie lebe, ..."
[183] Vgl. FH, *Das Raumproblem* [H 1903a], 19.

Spielraum für das logische Experiment. Dies gilt zunächst für die Mathematik selbst, dann auch für ihre naturwissenschaftliche Anwendung. Für FH ergibt sich daraus der Schluß, daß jedweder Versuch, irgendeiner Art von 'Wirklichkeit' eine bestimmte Struktur zuzuschreiben, letztendlich kontingent ist. In dieser Weise führt er KANTs "Experiment" des "transzendentalen Idealismus" von Raum und Zeit auf andere Weise neu durch. In einem "erkenntnistheoretischen Radicalismus" führt er die Möglichkeit von Aussagen über das 'Sein', die 'Dinge', die 'Welt', wie sie 'an sich' sein mögen, auf Null zurück.

Die begrifflichen Vorgaben auf Seiten der Philosophie entnimmt FH dementsprechend KANTs *Kritik der reinen Vernunft*, insbesondere dem Ersten Teil ihrer "Transzendentalen Elementarlehre", der "transzendentalen Ästhetik", und wiederum NIETZSCHE. Das Programm von FHs "erkenntnistheoretischem Radicalismus" ist mit der im Titel von CK genannten Unterscheidung Chaos – Kosmos, von NIETZSCHE vorformuliert, im 109. Aphorismus der *Fröhlichen Wissenschaft*.[184]

> *Hüten wir uns!* – Hüten wir uns, zu denken, dass die Welt ein lebendiges Wesen sei. Wohin sollte sie sich ausdehnen? Wovon sollte sie sich nähren? Wie könnte sie wachsen und sich vermehren? Wir wissen ja ungefähr, was das Organische ist: und wir sollten das unsäglich Abgeleitete, Späte, Seltene, Zufällige, das wir nur auf der Kruste der Erde wahrnehmen, zum Wesentlichen, Allgemeinen, Ewigen umdeuten, wie es Jene thun, die das All einen Organismus nennen? Davor ekelt mir. Hüten wir uns schon davor, zu glauben, dass das All eine Maschine sei; es ist gewiss nicht auf Ein Ziel construirt, wir thun ihm mit dem Wort 'Maschine' eine viel zu hohe Ehre an. Hüten wir uns, etwas so Formvolles, wie die kyklischen Bewegungen unserer Nachbar-Sterne überhaupt und überall vorauszusetzen; schon ein Blick in die Milchstrasse lässt Zweifel auftauchen, ob es dort nicht viel rohere und widersprechendere Bewegungen giebt, ebenfalls Sterne mit ewigen geradlinigen Fallbahnen und dergleichen. Die astrale Ordnung, in der wir leben, ist eine Ausnahme; diese Ordnung und die ziemliche Dauer, welche durch sie bedingt ist, hat wieder die Ausnahme der Ausnahmen ermöglicht: die Bildung des Organischen. Der Gesammt-Charakter der Welt ist dagegen in alle Ewigkeit Chaos, nicht im Sinne der fehlenden Nothwendigkeit, sondern der fehlenden Ordnung, Gliederung, Form, Schönheit, Weisheit, und wie alle unsere ästhetischen Menschlichkeiten heissen. Von unserer Vernunft aus geurtheilt, sind die verunglückten Würfe weitaus die Regel, die Ausnahmen sind nicht das geheime Ziel, und das ganze Spielwerk wiederholt ewig seine Weise, die nie eine Melodie heissen darf, – und zuletzt ist selbst das Wort 'verunglückter Wurf' schon eine Vermenschlichung, die einen Tadel in sich

---

[184] KSA 3.467–469. – Der Aphorismus geht dem oben zitierten Aphorismus zur "Einverleibung" (FW Nr. 110) unmittelbar voraus. Zum Schluß des Aphorismus vgl. den für das III. Buch der FW programmatischen Aph. Nr. 108: "*Neue Kämpfe.* – Nachdem Buddha todt war, zeigte man noch Jahrhunderte lang seinen Schatten in einer Höhle, – einen ungeheuren schauerlichen Schatten. Gott ist todt: aber so wie die Art der Menschen ist, wird es vielleicht noch Jahrtausende lang Höhlen geben, in denen man seinen Schatten zeigt. – Und wir – wir müssen auch noch seinen Schatten besiegen!"

schliesst. Aber wie dürften wir das All tadeln oder loben! Hüten wir
uns, ihm Herzlosigkeit und Unvernunft oder deren Gegensätze nachzu-
sagen: es ist weder vollkommen, noch schön, noch edel, und will Nichts
von alledem werden, es strebt durchaus nicht darnach, den Menschen
nachzuahmen! Es wird durchaus durch keines unserer ästhetischen und
moralischen Urtheile getroffen! Es hat auch keinen Selbsterhaltungstrieb
und überhaupt keine Triebe; es kennt auch keine Gesetze. Hüten wir
uns, zu sagen, dass es Gesetze in der Natur gebe. Es giebt nur Nothwendigkeiten: da ist Keiner, der befiehlt, Keiner, der gehorcht, Keiner, der
übertritt. Wenn ihr wisst, dass es keine Zwecke giebt, so wisst ihr auch,
dass es keinen Zufall giebt: denn nur neben einer Welt von Zwecken hat
das Wort 'Zufall' einen Sinn. Hüten wir uns, zu sagen, dass Tod dem
Leben entgegengesetzt sei. Das Lebende ist nur eine Art des Todten,
und eine sehr seltene Art. – Hüten wir uns, zu denken, die Welt schaffe
ewig Neues. Es giebt keine ewig dauerhaften Substanzen; die Materie ist
ein eben solcher Irrthum, wie der Gott der Eleaten. Aber wann werden
wir am Ende mit unserer Vorsicht und Obhut sein! Wann werden uns
alle diese Schatten Gottes nicht mehr verdunkeln? Wann werden wir
die Natur ganz entgöttlicht haben! Wann werden wir anfangen dürfen,
uns Menschen mit der reinen, neu gefundenen, neu erlösten Natur zu
vernatürlichen!

NIETZSCHE warnt mit seinem refrainartig wiederholten "Hüten wir uns!" vor
allen Versuchungen, die Welt, wie sie ist, erkennen zu wollen, und vor allen
Metaphern aus dem menschlichen Erfahrungskreis, die sich, statt adäquater
Begriffe, dafür anbieten, den Bildern des Organismus, der Maschine, der Kreisbewegung, des Gesetzes, des Lebens und des Schaffens von Neuem. Er setzt
dem das neue evolutionstheoretische Denken entgegen, nach dem das 'Lebendige' aus dem 'Toten' in einer 'Entwicklung' hervorgegangen ist, die dies nicht
zum 'Ziel' hatte, sondern ihrer eigenen Notwendigkeit des 'Spiels' von Variation und Selektion folgt. Die Naturwissenschaften im ganzen erlauben es nun
zu denken, daß, was als ewige Ordnung des Universums erschien, eine seltene,
unwahrscheinliche Möglichkeit, eine Ausnahme unter wahrscheinlicheren anderen, und, was als ewige Ordnung der lebendigen Natur erschien, wiederum eine
Ausnahme der Ausnahmen ist. Der Kosmos, den wir von 'der Kruste der Erde'
aus wahrnehmen und der so lange als wahr, gut und schön galt, ist eine unter
vielen denkbaren Variationen dessen, was uns im ganzen unzugänglich, darum
ohne 'Ordnung' und also 'Chaos' ist; unser Kosmos wurde, nach unseren Begriffen, 'zufällig' aus diesem Chaos ausgewählt. Er ist, wie FH dann sein Buch
überschreibt, Chaos in kosmischer Auslese.
    In einer vorbereitenden Notiz für FW Nr. 109 (die er wiederum nicht veröf-
fentlichte) trägt NIETZSCHE den Begriff des Chaos auch in die 'naturwissenschaftliche' Formulierung des Gedankens der ewigen Wiederkehr des Gleichen
ein:

> Hüten wir uns, diesem Kreislaufe irgend ein *Streben*, ein Ziel beizulegen:
> oder es nach unseren Bedürfnissen abzuschätzen als *langweilig*, dumm
> usw. Gewiß kommt in ihm der höchste Grad von Unvernunft ebenso wohl

vor wie das Gegentheil: aber es ist nicht darnach zu messen, Vernünftigkeit oder Unvernünftigkeit sind *keine* Prädikate für das All. – Hüten wir
uns, das *Gesetz dieses Kreises* als *geworden* zu denken, nach der falschen
Analogie der Kreisbewegung *innerhalb* des Ringes: es gab *nicht* erst ein
Chaos und nachher allmählich eine harmonischere und endlich eine feste
kreisförmige Bewegung aller Kräfte: vielmehr alles ist ewig, ungeworden:
wenn es ein Chaos der Kräfte gab, so war auch das Chaos ewig und kehrte in jedem Ringe wieder. Der *Kreislauf* ist nichts *Gewordenes*, er ist das
Urgesetz, so wie die *Kraftmenge* Urgesetz ist, ohne Ausnahme und Über-
tretung. Alles Werden ist innerhalb des Kreislaufs und der Kraftmenge;
also nicht durch falsche Analogie die werdenden und vergehenden Kreis-
läufe z. B. der Gestirne oder Ebbe und Fluth Tag und Nacht Jahreszeiten
zur Charakteristik des ewigen Kreislaufs zu verwenden.[185]

Im Zug seiner Auseinandersetzung mit SPINOZA notiert er kurz danach: "*Chaos
sive natura: 'von der Entmenschlichung der Natur'*."[186] Nach dem 'Tod Gottes'
oder dessen, was als 'Gott' gegolten hatte, ist in SPINOZAs Formel 'deus sive
natura' (Gott = Natur) nun 'Chaos', Unbegreiflichkeit schlechthin, zu setzen.

Mit dem Gegensatz von Chaos und Kosmos (oder Chaos und Ordnung) war
NIETZSCHE schon früh umgegangen. Vor allem in seiner Vergegenwärtigung
der Vorsokratiker in der (von ihm selbst nicht veröffentlichten) Schrift *Die Philosophie im tragischen Zeitalter der Griechen*[187] und in der *II. Unzeitgemäßen
Betrachtung (Vom Nutzen und Nachtheil der Historie für das Leben)* hatte er
häufig von ihm Gebrauch gemacht. Hier bezieht er ihn vorwiegend, in FW
Nr. 109 ausschließlich auf die 'astrale Ordnung'. *Nach der Fröhlichen Wissenschaft* gebraucht er ihn auch für den Menschen selbst, dies dann aber nicht
mehr nur in kritischem, sondern auch in ermutigendem Sinn. Er läßt Zarathustra sagen:

Ich sage euch: man muss noch Chaos in sich haben, um einen tanzenden
Stern gebären zu können. Ich sage euch: ihr habt noch Chaos in euch.

Wehe! Es kommt die Zeit, wo der Mensch keinen Stern mehr gebären
wird. Wehe! Es kommt die Zeit des verächtlichsten Menschen, der sich
selber nicht mehr verachten kann.[188]

Ist der Mensch selbst Chaos, folgert NIETZSCHE, so wird er auch Sinn für das
Chaos um sich haben und Möglichkeiten, es zu erschließen und zu gestalten.
In *Jenseits von Gut und Böse*, das auch zur Erläuterung von *Also sprach Za-
rathustra* gedacht war, heißt es dann:

---

[185] NF Frühjahr – Herbst 1881, KGW V 11 [157] / KSA 9.502.
[186] NF Frühjahr – Herbst 1881, KGW V 11 [197] / KSA 9.519. Vgl. auch NF Sommer 1882,
KGW V 21 [3] / KSA 9.686.
[187] PHG, bes. Abschn. 17, KSA 1.864 ff., und 19, KSA 1.871 f.
[188] Za, Vorrede 5, KSA 4.19. – Vgl. SI, Nr. 247, S. 152: "Aber ich bin auf das Leben gut zu
sprechen, weil es neben dem Kosmos auch ein Chaos hat, und in diesem Chaos die wunderlichen Zufälle, Augenblicke, Zusammenklänge – ich blicke in einen Hexenkessel, worin immer
wieder einmal eine teufelsmässige Delicatesse gebraut wird."

[...] wir selbst sind eine Art Chaos – : schliesslich ersieht sich 'der Geist', wie gesagt, seinen Vortheil dabei. Durch unsre Halbbarbarei in Leib und Begierde haben wir geheime Zugänge überallhin, wie sie ein vornehmes Zeitalter nie besessen hat, vor Allem die Zugänge zum Labyrinthe der unvollendeten Culturen und zu jeder Halbbarbarei, die nur jemals auf Erden dagewesen ist [...]. – Im Menschen ist *Geschöpf* und *Schöpfer* vereint: im Menschen ist Stoff, Bruchstück, Überfluss, Lehm, Koth, Unsinn, Chaos; aber im Menschen ist auch Schöpfer, Bildner, Hammer-Härte, Zuschauer-Göttlichkeit und siebenter Tag: – versteht ihr diesen Gegensatz?[189]

NIETZSCHE fordert auf, das Chaos anzunehmen, um ihm selbst eine Ordnung, einen Kosmos abzugewinnen. 'Erkenntnis' ist dann nicht mehr so zu verstehen, daß sie etwas wiedergibt, das schon feststeht, sondern so, daß sie aus etwas, das selbst nicht zu fassen ist, etwas gestaltet oder 'schafft':

> Wille zur Macht als *Erkenntnis* – nicht 'erkennen', sondern schematisiren, dem Chaos so viel Regularität und Formen auferlegen, als es unserem praktischen Bedürfniß genug thut.[190]

Das Äußerste leisten nach NIETZSCHE hier Logik und Mathematik. Mathematik ist für NIETZSCHE "angewandte Logik", und beide sind "Formal-Wissenschaft, Zeichenlehre".[191] Mit beiden ist ein "Simplifications-Apparat" geschaffen, durch den wir "das thatsächliche Geschehen beim Denken gleichsam [...] *filtriren*",[192] ein "Formen-Schema und Filtrirapparat", mit dessen Hilfe wir es "verdünnen und vereinfachen".[193] Die "Wirklichkeit" ist demgegenüber "unsäglich anders complicirt",[194] auf eine Weise anders strukturiert, daß wir darüber keinerlei Aussagen machen können. Wir können sie nur in unserem "Schema" denken, und dieses Schema können wir "*nicht abwerfen*": "wir langen gerade noch bei dem Zweifel an, hier eine Grenze als Grenze zu sehn."[195]

Im Aphorismus Nr. 374 der *Fröhlichen Wissenschaft* formuliert NIETZSCHE das so:

> Wir können nicht um unsre Ecke sehn: es ist eine hoffnungslose Neugierde, wissen zu wollen, was es noch für andre Arten Intellekt und Perspektive geben *könnte*: zum Beispiel, ob irgend welche Wesen die Zeit zurück oder abwechselnd vorwärts und rückwärts empfinden können (womit eine andre Richtung des Lebens und ein andrer Begriff von Ursache und Wirkung gegeben wäre). Aber ich denke, wir sind heute zum Mindesten ferne

---

[189] JGB 224, KSA 5.158; JGB 225, KSA 5.161.
[190] NF Frühjahr 1888, KGW VIII 14 [152] / KSA 13.333.
[191] Vgl. GD, Die "Vernunft" in der Philosophie 3, KSA 6.76: "Formal-Wissenschaft, Zeichenlehre: wie die Logik und jene angewandte Logik, die Mathematik. In ihnen kommt die Wirklichkeit gar nicht vor, nicht einmal als Problem; ebensowenig als die Frage, welchen Werth überhaupt eine solche Zeichen-Convention, wie die Logik ist, hat. –"
[192] NF April – Juni 1885, KGW 34 [249] / KSA 11.505.
[193] NF Juni – Juli 1885, KGW 38 [2] / KSA 11.597.
[194] NF April – Juni 1885, KGW 34 [249] / KSA 11.505.
[195] NF Sommer 1886 – Herbst 1887, KGW 5 [22] / KSA 12.193 f.

von der lächerlichen Unbescheidenheit, von unsrer Ecke aus zu dekretieren, dass man nur von dieser Ecke aus Perspektiven haben *dürfe*. Die Welt ist uns vielmehr noch einmal 'unendlich' geworden: insofern wir die Möglichkeit nicht abweisen können, dass sie *unendliche Interpretationen in sich schliesst.*[196]

Damit ist auf philosophische Weise ein Programm formuliert: unser Schema (unsere Ordnung, unseren Kosmos) *als* Schema sichtbar zu machen und dazu eine seiner Bedingungen, 'zum Beispiel' die Zeit, zu variieren. CK, das sich auf der Grenze zwischen Philosophie und Mathematik bewegt, kann man als eine Ausführung dieses Programms sehen, bei der die Erweiterung der Spielräume mathematischen Denkens für die philosophische Diskussion fruchtbar gemacht werden sollte. Was NIETZSCHE als Beispiel nennt, die Zeit, ist FHs Ansatzpunkt für sein logisch-mathematisches Experiment. Von ihr aus führt er es analog auch für den Raum durch. In seiner Antrittsvorlesung an der Universität Leipzig am 4. Juli 1903 macht er nur noch das Raumproblem zum Thema.[197]

KANT hatte, wie oben dargestellt, um die Gesetzlichkeit unserer Erfahrung denkbar zu machen, Zeit und Raum als "transzendentale" Bedingungen ihrer Möglichkeit konzipiert, als nicht-empirische "Formen" gegebener empirischer "Inhalte". Damit wurde für ihn zunächst Mathematik möglich: Sie 'konstruiere' in der reinen Anschauung 'intuitiv' ihre Begriffe, während die Philosophie (und bis zu einem gewissen Grad auch die empirischen Wissenschaften) 'gegebene' Begriffe 'diskursiv' durch jeweils weitere Begriffe 'explizieren', die auf diese Weise "niemals zwischen sicheren Grenzen" stehen.[198] KANTs These zur Mathematik blieb unter Mathematikern immer umstritten, und hier hakt auch FH ein. Mathematik sei keine (in welcher Weise auch immer) anschauende, sondern (wie für NIETZSCHE) rein formale Wissenschaft; gerade als rein formale Wissenschaft könne sie die Anschauung überschreiten. Damit aber fällt für ihn das Transzendentale überhaupt, durch das KANT das Empirische mit dem Transzendenten vermittelt hatte, und es bleibt der bloße Gegensatz von Empirischem, 'uns' Zugänglichem, und Transzendentem, 'uns' Unzugänglichem.

KANT hatte ferner als Gestalt der transzendentalen Anschauungsformen von Zeit und Raum noch die lineare Zeit und den dreidimensionalen euklidischen Raum vor sich.[199] FH, in Kenntnis der Riemannschen Geometrie, geht davon aus, daß die lineare Zeit und der dreidimensionale euklidische Raum nicht die einzig möglichen Gestalten von Zeit und Raum und insofern nicht 'notwen-

---

[196] KSA 3.626f.

[197] S. o., *Das Raumproblem* [H 1903a].

[198] KANT, *Kritik der reinen Vernunft*, A 712 / B 740 – A 738 / B 766.

[199] Dies schließt bei KANT andere Gestalten nicht schon aus. In seiner Formulierung des "obersten Grundsatzes aller synthetischen Urteile" (KrV, A 158 / B 197): "die Bedingungen der *Möglichkeit der Erfahrung* überhaupt sind zugleich Bedingungen der *Möglichkeit* der *Gegenstände der Erfahrung*, und haben darum objektive Gültigkeit in einem synthetischen Urteile a priori" fehlt an der zweiten Stelle der bestimmte Artikel 'die'. Danach könnte es auch nach KANT weitere "Bedingungen der Möglichkeit der Gegenstände der Erfahrung" geben, von denen jedoch zumindest vorläufig nichts gesagt werden kann.

dig', sondern 'zufällig' sind, und nimmt das zum Anlaß zu zeigen, daß *alles* die Erfahrung Überschreitende, sei es transzendental oder transzendent, zufällig, kontingent, empirisch ist. Er zeigt das von dem uns allein Zugänglichen, dem 'Kosmos' aus, den 'wir' erfahren. Sein Argument ist: Sofern wir diesem Kosmos angehören, auch mit unserem Denken, können wir weder über ihn hinausgehen noch über ihn hinaussehen, können wir ihn in keiner Weise transzendieren. Weil das so ist, sind wir versucht, diesen unseren Kosmos für den einzig möglichen und also für die Ordnung der Welt 'an sich' zu halten, und diese Versuchung wurde durch die unserer Anschauung entgegenkommende euklidische Geometrie bestärkt. Die neue Mengenlehre und die neue(n) Geometrie(n) bieten nun die Möglichkeit, sich von dieser Versuchung zu befreien: indem man von dem scheinbar einzig möglichen 'Kosmos' aus gezielt ein 'Chaos' erzeugt, von dem aus dieser Kosmos nur als einer unter vielen möglichen erscheint.

NIETZSCHEs Gedanke der ewigen Wiederkehr des Gleichen bekommt dabei heuristische Funktion. FH denkt ihre Möglichkeit als

> Reservoir des Daseins, dessen Realitätsgehalt durch den Process des zeitlichen Ablaufs nicht vermindert und durch millionenfache Wiederholung dieses Processes nicht erschöpft wird – die Möglichkeit des Daseins, die sich auch durch ewig erneutes Wirklichwerden nicht aufzehrt und ausgiebt, der gegenüber das Wirklichwerden selbst als wesenlos und illusionistisch erscheint.[200]

Wenn die ewige Wiederkehr des Gleichen als Wirklichkeit verstanden wird, setzt sie einen bestimmten Kosmos voraus, der jedoch nur einer unter vielen möglichen ist.[201] Als Gedanke einer Möglichkeit wirkt der Wiederkunftsgedanke dagegen befreiend: er befreit vom Glauben an Wirklichkeit.

Das kann nur, so FH, "apagogisch" geschehen: eine Annahme wird bewiesen, indem ihr Gegenteil als unrichtig erwiesen wird. Dies ist das Verfahren, das KANT eingeschlagen hatte, um alle theoretische Erkenntnis aus bloßer Vernunft (der Welt im ganzen, der Unsterblichkeit der Seele, des Daseins Gottes) als Illusionen zu entlarven. FH gesteht ein, daß "dieses Verfahren einseitig und sein Gültigkeitsgebiet beschränkt" ist: Doch "dafür reichen wir mit wenigen einfachen Betrachtungen von geradezu *syllogistischer Zuverlässigkeit* aus."[202] Die "einfachen Betrachtungen" bestehen im Kern darin, die Formen für die Beschreibung der 'gegebenen empirischen Phänomene' von Zeit und Raum auf eine hypothetische absolute Realität zu übertragen und diese übertragenen Formen mathematischen Transformationen zu unterwerfen. Sie werden gedanklich so variiert, daß ihre scheinbar 'an sich' gegebene, 'kosmische' Bestimmtheit in lauter 'transcendente' Unbestimmtheiten zerfällt. Die Methode ist, "bei festgehaltener empirischer Vorderseite die transcendente Rückseite möglichst stark umzuformen", so daß die empirische Vorderseite, ohne zerstört zu werden, als "recht empirisch-zufällig" erscheint, eine "paradoxe compatibilitas incompatibilium" zu erzeugen, "in der sich schliesslich der ganze transcendente Idealismus

---

[200] CK 32.
[201] Vgl. CK 192 f.
[202] CK 6.

zum A und O verdichtet".[203]   Der für die Entstehung der modernen Struk-
turmathematik wesentliche Zusammenhang zwischen den Ideen der Form und
der Transformation wird so auf die Erkenntniskritik übertragen. Dadurch wird
sichtbar, daß den Formen von Zeit und Raum, die 'wir' für wirklich halten, 'an
sich', 'jenseits' unseres Bewußtseins oder 'transzendent' nichts entspricht.

> Der Mathematiker sagt kurz: zwischen den Zeitpunkten, Raumpunkten
> und Raumzeitpunkten des empirischen Bereichs einerseits, des transcen-
> denten andererseits bestehen vollkommen *willkürliche Transformationen*.

> Hier öffnet sich der Blick auf eine unerschöpfliche Fülle transcendenter
> Möglichkeiten, die alle unbeschränkt zulässig sind, auch wenn nur eine
> einzige unter Millionen das Phänomen unserer empirischen Bewusstseins-
> welt erzeugt.[204]

Die nichteuklidische Geometrie und ihre inzwischen erfolgten Verallgemeinerungen[205] spielen hier, so FH in seiner Antrittsvorlesung über *Das Raumproblem,*

> nur die Rolle des *logischen Experiments*, durch welches wir die Axiome der
> euklidischen Geometrie isolieren und ihre gegenseitige Unabhängigkeit,
> ihre Stelle im Gefüge des Ganzen, ihren Beitragswert zum Aufbau des
> euklidischen Systems erkennen,[206]

auf das die alltägliche Orientierung eingestellt ist. Mit ihr wird ein "prinzipielles
Verständnis der euklidischen [Geometrie] möglich", daß sie nur eine von vielen
möglichen Geometrien und in welcher Weise sie dies ist. Diese "Kritik" ist in
einem zu präzisierenden Sinn "empirisch":

> Als Komplex freigewählter Axiome mit denknotwendigen Konsequenzen,
> als "hypothetisch-deduktives System" ist die Geometrie eine rein logische
> Konstruktion; darin aber, daß ein bestimmtes Axiomensystem gegenüber
> anderen gleichberechtigten zu Folgerungen führt, die sich zur Beschrei-
> bung realer Vorgänge als geeignet erweisen, darin liegt natürlich ein empi-
> risches Element. [...] *Alle* Axiome und Axiomgruppen der euklidischen
> Geometrie bedürfen dergestalt einer empirischen Kritik, wobei wiederum
> das Wort Empirie nur den Gegensatz zur formalen Logik bezeichnen und
> durchaus nicht so eng gefaßt werden soll, daß es Struktureigentümlich-
> keiten des menschlichen Bewußtseins ausschließt.[207]

Der Raum setzt nach FH dem Argument der willkürlichen Variation engere
Grenzen. Die Bestimmung des empirischen Effekts sei

> dadurch erschwert, dass die Gesetze des Raumes nicht gleich den Geset-
> zen der Zeit einfache, umfassende, unwegdenkbare Bedingungen mensch-
> licher Bewusstheit sind.[208]

---

[203] CK 74, 180 f.
[204] CK 143.
[205] Vgl. zur Erläuterung CK 106 f.
[206] *Das Raumproblem* [H 1903a], 19.
[207] Ebd., 19–20.
[208] CK 75.

In Bezug auf die Zeit sind "beliebig viele andere Welten beliebigen Inhalts denkbar, dargestellt durch Zeitlinien, auf denen Gegenwartspunkte ihr Spiel treiben."[209] Aus KANTs 'transzendentalem Idealismus' wird so ein 'transcendenter Idealismus': statt als bestimmte Formen a priori unserer Anschauung werden Zeit und Raum als bloße Formen, als bloße Denkmöglichkeiten gedacht. Beide aber vertragen sich mit dem 'Empirismus' von Zeit und Raum. Es ist FHs "Fundamentalsatz", daß Veränderungen in den Strukturen von Zeit und Raum gar nicht bemerkt würden, weil sich 'unser' Bewußtsein ebenfalls entsprechend verändern würde. Beschleunigte oder verlangsamte sich der Zeitablauf, so beschleunigte oder verlangsamte sich auch unsere Erfahrung des Zeitablaufs, und wir würden die Zeit wieder in gleicher Weise erfahren.[210] So können wir unserer Erfahrung in Zeit und Raum wohl trauen, sollten darum aber nicht glauben, daß wir dabei Zeit und Raum 'an sich' erfahren. Was sie 'an sich' sind, bleibt offen. Bei KANT heißt es:

> Wir behaupten also die *empirische Realität* des Raumes (in Ansehung aller möglichen äußeren Erfahrung), ob zwar zugleich die *transzendentale Idealität* desselben, d. i. daß er nichts sei, sobald wir die Bedingung der Möglichkeit aller Erfahrung weglassen, und ihn als etwas, was den Dingen an sich selbst zum Grunde liegt, annehmen.[211]

Und bei FH:

> *empirische Realität und transcendente Irrealität sind mit einander verträglich.*[212]

Daß man nichts darüber sagen kann, was Zeit und Raum an sich sind, führt FH in letzter Konsequenz zu einem "transcendenten Nihilismus", der die Annahme irgendeines absoluten Seins für überflüssig hält.[213] Er soll bekräftigen, daß unserer Erfahrung jede "*transcendente Garantie*" fehlt, und anzeigen, daß nach dem religiösen nun auch der "philosophische Jenseitigkeitswahn" seine Zeit gehabt hat.[214] FH schildert den Nihilismus ähnlich wie NIETZSCHE: der Glaube an "eine höhere Stufe von Werth und Wahrheit *jenseits* des Bewusstseins" ist das "Grundverfehlte" der Metaphysik,

---

[209] CK 152.

[210] In seiner Nachschrift der Übung über KANTs *Kritik der reinen Vernunft* im Wintersemester 1888/89 bei FRIEDRICH PAULSEN (NL HAUSDORFF: Fasz. 1153) hatte FH notiert: "*Man kann sich* [im Ms. groß und unterstrichen] denken, dass die uns unbek. transcend. Structur der Dinge die synthet. spontane Einheit der Apperception unterbräche; davon würde gar nichts im Bewusstsein bleiben; also bliebe das, was wir unter Welt verstehen, ungeändert. Ebenso Jahrmillionenlange Pausen in der Zeit." PAULSEN war seinerseits der Vermutung aufgeschlossen, daß die Vorstellungen von Raum und Zeit nicht a priori feststehen, sondern allmählich von der Gattung entwickelt wurden. In seinem Gedanken könnten FH, bevor er ihn in CK zum "Fundamentalsatz" machte, später auch Ausführungen OTTO LIEBMANNS, der sich seinerseits auf KARL ERNST VON BAER beruft, und CARL DU PRELS bestärkt haben. Vgl. dazu den Kommentar zu CK 15, 11–12.

[211] KANT, KrV, A 28 / B 44.

[212] CK 180.

[213] CK, 188.

[214] CK 179, 160, 55.

die transcendente Welt erscheint, mit immanentem Masse gemessen, als unsinnigste, unerträglichste, vernunftloseste aller Weltformen, als tiefste Entwerthung menschlicher Werthe, als grausamer Hohn selbst auf die Grundvoraussetzungen des werthschätzenden und wertheschaffenden Lebens![215]

Aber sofern der Nihilismus in FHs Erkenntniskritik nun einen methodischen und damit konstruktiven Charakter bekommt, verliert er das Schreckenerregende. Er wird, wie FH dann in seiner Antrittsvorlesung sagt, zu einem "besonnenen" oder "geläuterten Empirismus" mit "idealistischer Färbung":

> [...] aber ganz so verzweifelt steht die Sache doch nicht.[216]

Man muß über den Verlust des Jenseits und seiner 'transcendenten Garantien' desto weniger verzweifeln, je mehr man Vertrauen in die Evolution gewonnen hat. An die Stelle der Kantischen Konstitution tritt bei FH (schon in SI) mit NIETZSCHE die DARWINsche Selektion, an die Stelle der Kantischen Vernunft als gottgebene "Naturanlage" das Bewußtsein als "selektive Vorrichtung" oder "Eliminationsapparat". Das Bewußtsein ist dann nichts anderes als "ins Erkenntnisstheoretische übersetzte Zuchtwahl":[217]

> Jede Art Bewusstsein schneidet von selbst aus dem Inbegriff aller Fälle den Specialfall heraus, in dem allein die Vorbedingungen dieses Bewusstseins erfüllt sind; es wirkt als Sieb, als Selection, als Zwangsverbindung für sonst unabhängige Einzeldinge, als Gesetzlichkeit innerhalb eines Zufallsspieles, als Kosmos mitten im Chaos – natürlich nur "subjectiv", nur für den Träger dieses und keines anderen Bewusstseins![218]

Daraus ergibt sich dann jedoch eine Vielzahl, ein "Nebeneinander von Bewusstseinswelten", eine "pluralité des mondes".[219] In ihnen kann a priori nichts Gemeinsames mehr vorausgesetzt werden; sagt man darum 'wir', 'unsere' Welt, 'unser' Bewußtsein, sagt man schon zuviel. Auch die Einheit der empirischen Welt löst sich auf:

> Also eine pluralité des mondes, die anzuerkennen uns obliegt, gerade weil wir uns *nicht* von ihr durch Erfahrung überzeugen können, sondern immer auf unsere Eine Zeitlinie angewiesen bleiben.[220]

Die Spitze der Argumentation richtet sich am Ende von CK darum nicht mehr so sehr gegen die Philosophie – hier waren die Türen ja schon offen – als gegen "die Naturwissenschaft". Im Unterschied zur "eingeständlichen" Metaphysik der Philosophen hänge sie einer "verlarvten" Metaphysik an,[221] sofern sie

---

[215] CK 50–51.

[216] *Das Raumproblem* [H 1903a], 18, 20 u. 17.

[217] SI, Nr. 411, S. 360 f.

[218] CK 202 f. – Vgl. CK 133 und auch schon SI, Nr. 388, S. 329: "das Chaos wird durchgesiebt zum Kosmos", das "Sieb" ist "das logische Netz", durch das ein Kosmos aus dem Chaos herausfällt. S. auch SI, Nr. 410.

[219] CK 29.

[220] CK 152. Vgl. schon SI, Nr. 407, S. 354: "Jedem gefällt seine eigene Nase, Jeder nennt sein Chaos Kosmos."

[221] CK 209.

nämlich noch immer an Naturgesetze als Gesetze der Natur selbst glaube, der "mystischen Hypostase einer Natur" anhänge, "die freiwillig sich unter Gesetze stellt":[222]

> Wir haben mitten im Herzen der exactesten Wissenschaft einen Rest metaphysischen Aberglaubens entdeckt; gerade sie, die sich in allen Einzelheiten von jeder mythologischen Weltauffassung fern weiss, scheint in der Hauptsache entschlossen, Mythologie à outrance zu treiben.[223]

Zuletzt formuliert FH seinen "besonnenen Empirismus" als Philosophie der Orientierung, einer "Orientirung im Weltwirrsal".[224] Auch wenn die Rede von der Erkenntnis der Natur oder der Welt, wie sie an sich sind, leer wird, bleibt die Orientierung in ihr erhalten. Der Begriff der Orientierung wurde ebenfalls von KANT in die Philosophie eingeführt.[225] FH nutzt auch einige seiner Argumente in CK, allerdings ohne KANTs einschlägige Orientierungsschrift zu beachten.[226] In der Antrittsvorlesung rücken die Begriffe "Orientierungszweck" und "Orientierungswert" ins Zentrum.[227] FH erläutert dies durch den Vergleich mit der "Zuordnung zwischen Karte und Original". Die Zuordnung ist, im Blick auf das Verhältnis von empirischer und transzendenter Welt, "*beliebig*", sofern wir "das Projektionsverfahren" und "folglich auch das Urbild" nicht kennen:

> Aber der Orientierungswert des empirischen Raumes leidet darunter nicht; wir finden uns auf unserer Karte zurecht und verständigen uns mit anderen Kartenbesitzern; die Verzerrung fällt nicht in unser Bewußtsein, weil nicht nur die Objekte, sondern auch wir selbst und unsere Meßinstrumente davon gleichmäßig betroffen werden. Die deformierte Karte wird auf ein deformiertes Gradnetz bezogen.[228]

---

[222] CK 135.

[223] CK 131.

[224] CK 160. – Zur Konzeption des "besonnenen Empirismus" vgl. auch die Einleitung zu Band VI dieser Ausgabe.

[225] Vgl. o., Abschn. 3. und WERNER STEGMAIER, 'Was heißt: Sich im Denken orientieren?' Zur Möglichkeit philosophischer Weltorientierung nach Kant, in: *Allgemeine Zeitschrift für Philosophie* 17.1 (1992), 1–16.

[226] CK 90.

[227] *Das Raumproblem* [H 1903a], 14 f. (hier auch die folgenden Stellen).

[228] In der Mathematik entspricht der beschriebenen Situation das Folgende. Dem "Original" entspricht ein mathematischer Raum sehr allgemeiner Art, eine "Mannigfaltigkeit". Einer "Karte" entspricht eine Abbildung eines Teilgebiets dieser Mannigfaltigkeit auf den euklidischen Raum, die auch in der Mathematik "Karte" genannt wird. Durch cartesische Koordinaten des euklidischen Raumes sind dann auch im abgebildeten Gebiet Koordinaten gegeben. Sie ermöglichen es, sich in dem Sinne zu orientieren, daß mit Hilfe der Koordinaten Ort und Lage im Raume, d. h. in der Mannigfaltigkeit, bestimmt werden können. Für zwei Karten in einer Mannigfaltigkeit geschieht die Umrechnung der beiden zugehörigen Koordinatensysteme ineinander durch eine Koordinatentransformation. Das System der Karten und der Koordinatentransformationen konstituiert die Struktur des Raumes als Mannigfaltigkeit. Die Entwicklung des Mannigfaltigkeitsbegriffs ist eine der grundlegenden Leistungen der Mathematik des 19. und 20. Jahrhunderts. Der umfassende Sinn, in dem FH hier von Orientierung spricht, ist nicht zu verwechseln mit dem mathematischen Begriff der Orientierung einer Mannigfaltigkeit oder der orientierungserhaltenden Transformation (vgl. dazu den Kommentar zu CK 89, 22–29). Diese sind vielmehr wichtige spezielle Aspekte jenes grundlegenden und umfassenden Begriffs von Orientierung.

Bei aller mathematisch-philosophisch strengen Gedankenführung wollte sich der Dichter in FH doch auch hier nicht ganz verabschieden. Er meldete sich in seiner Selbstanzeige von CK zurück, die er als dialogisches Poem zwischen dem "Ding an sich" und "dem Philosophen" präsentierte.[229]

5.5 Kleinere philosophische und philosophisch-literarische Schriften im Anschluß an die Hauptwerke (1898–1912)

Nach der Veröffentlichung von CK wendet sich FH wieder entschieden der Mathematik zu, leistet bedeutende Beiträge zur Mengenlehre, insbesondere zur Theorie der geordneten Mengen, und entwickelt schließlich die allgemeine Topologie, die ihn als Mathematiker weltberühmt macht. Daneben befaßt er sich noch über ein Jahrzehnt hinweg mit den Themen PAUL MONGRÉS, einerseits um die philosophischen Einsichten, zu denen er gefunden hat, plausibel zu machen und zu verbreiten, andererseits, um sie auf weiteren Feldern, u. a. der Ethik, und in neuen schriftstellerischen Formen zu erproben. Er wagt nun phantastische Abstraktionen, um im Sinne von CK die gewohnten Abstraktionen zu erschüttern. Wir geben im folgenden kurze Inhaltsübersichten.

1. *Massenglück und Einzelglück* [H 1898b]
FH führt Leitgedanken von SI und CK zusammen und wendet sie auf die Ethik an. Er nimmt im Sinn von SI entschieden Partei für das Individuum und bestreitet im Sinn von CK die Glaubwürdigkeit jeglicher die Individuen transzendierender Allgemeinheiten (Kollektivismus, Altruismus). Das Individuum ist einzige empirische Realität und darum auch einzige moralische Instanz. Es muß sich selbstverantwortlich Normen geben: "Wir selbst bauen auf den Egoismus, auf das Individuum, das einzig beweisbare und contollirbare Ich." (Abdruck in Band VIII.)

2. *Das unreinliche Jahrhundert* [H 1898c]
In einem Essay, der sich nicht in allem ernstnimmt, übt FH Kritik am "*unreinlichen*" Begriffsgebrauch des ausgehenden Jahrhunderts in Philosophie und Alltag, besteht auf klaren Scheidungen, der Vermeidung von Widersprüchen und Paradoxien, die er auch bei KANT, SCHOPENHAUER und NIETZSCHE findet. Erst reinliche Scheidungen ermöglichten klare Entscheidungen in der Lebens- und Weltorientierung. (Abdruck in Band VIII.)

3. *Stirner* [H 1898d]
Anläßlich eines neu erschienenen Buchs zu MAX STIRNER[230] (s. o. Abschn. 4.4) grenzt FH NIETZSCHEs Individualismus und seinen eigenen "ethischen Egoismus" scharf gegen den STIRNERschen "eudämonistischen Egoismus" ab. Gehe es NIETZSCHE um die *Um*wertung der Werte, so STIRNER nur um ihre *Ent*wertung. (Abdruck in Band VIII.)

---

[229] [H 1899c]. In: *Die Zukunft*, hg. von MAXIMILIAN HARDEN, Jg. 8, Nr. 5 (1899), S. 222–223. Die Selbstanzeige ist abgedruckt in diesem Band, S. 809–813.
[230] JOHN H. MACKAY, *Max Stirner. Sein Leben und seine Werke*, Berlin 1898.

4. *Tod und Wiederkunft* [H 1899b]
In einem Brief an eine fiktive Adressatin, die von ihm Auskunft über Tod und
Selbsttötung bei SCHOPENHAUER wünscht, spielt FH am Problem des Selbstmords den Hauptgedanken von CK "ohne die philosophische Begriffsmühle"
durch: Wiedergeburt und Wiederkehr blieben transzendent, man solle sie nicht
wie SCHOPENHAUER "mit metaphysischem Rankenwerk übermalen". Kehrte
wirklich alles wieder, so könnte man nichts davon wissen; denn wüßte man es,
hätte sich damit schon etwas geändert. Transzendent, eine "fremde Sphäre",
bleibe aber auch das andere Bewußtsein. (Abdruck in Band VIII.)

5. *Nietzsches Wiederkunft des Gleichen* [H 1900c]
Für die NIETZSCHE-Forschung bedeutsames, über Jahrzehnte jedoch unbeachtetes Votum, NIETZSCHEs Nachlaß vollständig und in chronologischer Folge
abzudrucken und dafür eine sachverständige Herausgeber-Kommission statt
einzelner, persönlich an das Nietzsche-Archiv und dessen Leiterin ELISABETH
FÖRSTER-NIETZSCHE gebundener Herausgeber zu bestellen (vgl. Abschn. 6). –
In demselben Jahr erscheint FHs Gedichtband *Ekstasen* [H 1900a]. ([H 1900c]
ist abgedruckt in diesem Band, S. 887-893.)

6. *Nietzsches Lehre von der Wiederkunft des Gleichen* [H 1900d]
Die kompakteste Darstellung und Kritik des für FH so bedeutsamen nietzscheschen Gedankens der ewigen Wiederkehr des Gleichen und seiner Geschichte
(s. o. Abschn. 5.3). (Abdruck in diesem Band, S. 895–902.)

7. *Der Schleier der Maja* [H 1902a]
FH spielt seine Themen Wiederkehr, Chaos – Kosmos, Wortfetischismen u.a.
in einer Sammlung von Geschichten, Gleichnissen und Allegorien durch, in
denen Ältestes und Neuestes, Mythisches und Mathematisch-Physikalisches,
östliches und westliches Denken einander begegnen. Gedanken-Poesie, die FHs
literarische Möglichkeiten zeigt. (Abdruck in Band VIII.)

8. *Der Wille zur Macht* [H 1902b]
Aus Anlaß der ersten Ausgabe der lange einflußreichen, inzwischen berüchtigten Kompilation von NIETZSCHEs spätem Nachlaß unter dem Titel *Der Wille
zur Macht* (1901) bezieht FH vom selbst gewonnenen philosophischen Standpunkt aus gegen den späten NIETZSCHE Stellung. Er verurteilt das polemische
Spätwerk scharf als Ausdruck von Dogmatismus und Moralfanatismus; "gerade
mit seinen schwachen Punkten" sei NIETZSCHE populär geworden. Maßstab einer Kritik an NIETZSCHE könne dennoch nur NIETZSCHE sein, dieser Maßstab
sei herzunehmen

> von dem gütigen, maßvollen, verstehenden Freigeist Nietzsche und von
> dem kühlen, dogmenfreien, systemlosen Skeptiker Nietzsche und von dem

Triumphator des Ja- und Amenliedes, dem weltsegnenden, allbejahenden Ekstatiker Zarathustra,

kurz, dem NIETZSCHE, dessen Wege FH in SI beschritt. (Abdruck in diesem Band, S. 903–909.)

9. *Max Klingers Beethoven* [H 1902c]

FH interpretiert MAX KLINGERs Beethoven-Plastik aus Anlaß ihrer Präsentation im Leipziger Atelier des Künstlers. Er "jubelt" KLINGER "einfach zu", stimmt in das hohe Pathos der Plastik, Ausdruck der Beethoven-Vergötterung seiner Zeit, ein, sucht es in Worten nachzubilden. Kunst sei auch dort zur Synthese von Gegensätzen fähig, wo das Denken versage – KLINGER gebe ein Beispiel für "Kosmifizierung" und "Chaosreduktion" in der Kunst. (Abdruck in Band VIII.)

10. *Offener Brief gegen Gustav Landauers Artikel 'Die Welt als Zeit'* [H 1902d]

Der FH in vielem nahestehende Jude, Nietzscheaner, Kulturphilosoph und Anarchist GUSTAV LANDAUER hatte in der *Zukunft* vom 17. 5. 1902 einen Artikel *Die Welt als Zeit* veröffentlicht[231] mit der Leitthese "Der Raum muß in Zeit verwandelt werden", die auch in der Konsequenz von FHs Denken lag. FH gebietet hier jedoch nachdrücklich Einhalt. In seinem offenen Brief gegen GUSTAV LANDAUER in der *Zukunft* vom 14. 6. 1902 weist er dessen Kritik am Rationalismus zurück und wirft ihm seinerseits eine Neigung zur Verinnerlichung und zu introspektiver Mystik ("Intimolatrie") und Verzicht auf eine Wertsetzung und "Chaosreduktion" vor. Statt dessen verteidigt er die Verräumlichung der Zeit als ihre lebensnotwendige Beständigung. Sie vollziehe sich in Gestalt von "Ablagerungen" der Zeit im Bewußtsein, als Glaube an Dinge, als Vergessen der Skepsis. (Abdruck in Band VIII.)

Worauf es ihm dabei ankam, teilte er GUSTAV LANDAUER in einem persönlichen Brief vom 2. 8. 1902 mit, nämlich auf

> die Entlastung und Automatisirung des Bewusstseins. Ich kann es mir nur als einen entsetzlichen Ballast und hoffnungslose Erschwerung alles Denkens, Redens, Bildens, Empfindens ausmalen, wenn Sie das ganze menschliche Bewusstsein wieder unter Zeit setzen und damit das wenige Festland überfluten wollen, das sich – als Welt des Raumes, der Materie, der Dinge – im Laufe millionenjähriger Geistesentwicklung aufgeschichtet hat. [...] Wir müssen im Raum säen, um in der Zeit zu ärnten. [...] Die Verdinglichung, Objectivierung, Materialisation ist eine Rettung aus dem Chaos des zeitlichen Wellenspiels von Erregungen und Seelenzuständen, ein Schritt zur Gliederung, Differenzbildung, zum Weltverständnis und doch keine blosse Willkür unsererseits, sondern von einem merklichen Entgegenkommen seitens der Aussenwelt beantwortet und gerechtfertigt. Wir haben auch Fehlschläge auf diesem Eroberungszuge zu verzeichnen gehabt, auch Symbole ersonnen, in die sich kein lebendiges Ding gutwillig

---

[231] Er fügte ihn in seine Sammlung *Skepsis und Mystik. Versuche im Anschluss an Mauthners Sprachkritik*, Berlin 1903, ein.

hineinfügte: aber alle diese Schemata wieder preisgeben und nur die letzte leerste blässeste Gemeinsamkeit aller Dinge, Zeit, zurückbehalten wäre doch eine zu traurige Resignation.

Und es wäre nicht einmal erkenntnistheoretisch consequent. Wenn schon, dann zerreissen Sie auch noch den Zeitschleier; diese universelle Illusion wird ja dadurch nicht weniger Illusion, dass sie universell ist. Diesen Schritt habe ich selber gethan in einem Buch, das den Titel trägt *Das Chaos in kosmischer Auslese*; dort bin ich allerdings so weit ins nördliche Eismeer vorgedrungen, dass ich vor Wärmebedürfnis Eskimos lieben und aus Anschauungshunger in Erde beissen könnte. Darum ist mir Ihre Verwandlung von Raum in Zeit praktisch zu radical und theoretisch noch viel zu zahm![232]

In Erinnerung an diesen Austausch schrieb FH Jahre später, am 17.6.1904, an FRITZ MAUTHNER:

Sagen Sie Herrn Gustav Landauer ein Wort freundlichen Gedenkens von mir? Ich hoffe, dass er mich so wenig als rationalistischen Oberflächling preisgibt, wie ich ihn als occulten Schwärmer preisgebe. Von seiner *Skepsis* und *Mystik* trennt mich freilich eine tiefe Kluft. Ich habe meine antilogische Periode hinter mir, meine erste wenigstens; womit ja nicht ausgeschlossen ist, dass ich durch eine Spiralwindung wieder dahin zurückkomme.[233]

11. *Sprachkritik* [H 1903b]

Zuvor hatte FH FRITZ MAUTHNERS *Beiträge zu einer Kritik der Sprache* (1900–1902) rezensiert. In seiner exzellenten Darstellung, der umfangreichsten seiner kleineren Schriften, pflichtet er MAUTHNERS Kritik am Wortrealismus und Wortfetischismus bei, als deren "eigensinnigste Formen" Moral und Religion beschrieben werden, seinem Plädoyer für Redlichkeit, Nüchternheit, Sachlichkeit. Er stellt sich jedoch gegen MAUTHNER, wo er die Wissenschaften, einschließlich der Logik und Mathematik, in den Wortfetischismus einbezieht. Wenn dies aber schon geschehe, dürfe nicht nur die aristotelische Logik, sondern müsse noch mehr die moderne Schullogik mit ihren Spitzfindigkeiten betroffen sein. (Abdruck in Band VIII.)

---

[232] Verwahrt im Leo Baeck Institut, New York, zitiert von EGBERT BRIESKORN in: Gustav Landauer und der Mathematiker Felix Hausdorff, in: HANNA DELF, GERT MATTENKLOTT (Hg.) *Gustav Landauer im Gespräch – Symposium zum 125. Geburtstag.* Tübingen 1997, 105–128, hier 125–126. – Zu LANDAUER und NIETZSCHE vgl. CHRISTINE HOLSTE, "Nietzsche vu par Gustav Landauer: entre nihilisme, politique et *Jugendstil*", in: DOMINIQUE BOUREL et JACQUES LE RIDER (Hg.), *De Sils-Maria à Jérusalem. Nietzsche et le judaïsme. Les intellectuels juifs et Nietzsche*, Paris 1991, 147–177, und HANNA DELF: " 'Nietzsche ist für uns Europäer ...' Zu Gustav Landauers früher Nietzsche-Lektüre", in: STEGMAIER/KROCHMALNIK (Hg.), *Jüdischer Nietzscheanismus*, a. O., 209–227, zum Austausch zwischen LANDAUER und FH s. die o. g. Arbeit von EGBERT BRIESKORN.

[233] Verwahrt im Leo Baeck Institute, New York, zitiert von E. BRIESKORN in: Gustav Landauer und der Mathematiker Felix Hausdorff, a. O., S. 122.

12. *Gottes Schatten* [H 1904c]

Im Zeichen seines Kampfes gegen einen neuen Irrationalismus und in neuerlichem Anschluß an den Aphorismus Nr. 108 aus NIETZSCHEs *Fröhlicher Wissenschaft*, den er am Ende zitiert (s.o. Abschn. 5.4), rechnet FH polemisch mit den neuen Formen von Religiosität und "Idolatrie", den neuen Götzen Rasse, Vererbung, Heimatgefühl, Vitalität ab. In demselben Jahr erscheint FHs "Groteske" *Der Arzt seiner Ehre* [H 1904d]. (Abdruck in Band VIII.)

13. *Strindbergs Blaubuch* [H 1909c]

In seinen Kampf gegen einen neuen Irrationalismus bezieht er Jahre später auch AUGUST STRINDBERG ein, dessen Ausfälle gegen Mathematik und Naturwissenschaft er in SI noch wohlwollend geduldet hatte. Vgl. Komm. zu SI, Nr. 8, S. 8, 27–28, dieser Band, S. 486. (Abdruck in Band VIII.)

14. *Der Komet* [H 1910a]

Fast ein Epilog: In einem halb satirischen, halb resignativen Dialog unterhalten sich der Verleger und der Chefredakteur einer Monatsschrift mit dem Namen "Spleen" über die Frage, was bei der Berichterstattung zur Wiederkehr des Halleyschen Kometen beim Publikum am ehesten "ankommt". Die Antwort ist: "Stimmungs"mäßiges, "Unreinliches". Philosophie spielt jetzt zwischen Naturwissenschaft und Stimmung und neigt mehr zur letzteren. (Abdruck in Band VIII.)

15. *Andacht zum Leben* [H 1910b]

Noch eine Satire im Anschluß an *Gottes Schatten*: Anläßlich einer Besprechung von FELIX AUERBACHs *Ektropismus oder die physikalische Theorie des Lebens*, Leipzig 1910, macht sich FH über das Prinzip der "Ektropie" lustig, die der Autor aus Andacht zum Leben als Gegenprinzip zur Entropie einführen will.[234] (Abdruck in Band VIII.)

---

[234] Zwischen 1902 und 1905 hat FH (unter dem Namen FELIX HAUSDORFF, d.h. als Mathematiker) drei ausführliche Besprechungen verfaßt, deren Gegenstände im Grenzbereich von Philosophie und Mathematik liegen und auch das Feld von CK berühren, Besprechungen von
– W. OSTWALD, *Vorlesungen über Naturphilosophie*, Leipzig 1902, in: *Zeitschrift für mathematischen und naturwissenschaftlichen Unterricht* 33 (1902), 190–193 ([H 1902e], abgedruckt im Band VIII dieser Edition).
– J.B. STALLO, *Die Begriffe und Theorien der modernen Physik*, Leipzig 1901, in: *Zeitschrift für mathematischen und naturwissenschaftlichen Unterricht* 34 (1903), 138–142 ([H 1903d], abgedruckt im Band VIII dieser Edition).
– B. RUSSELL, *The Principles of Mathematics*, Cambridge 1903, in: *Vierteljahresschrift für wissenschaftliche Philosophie und Sociologie* 29 (1905), 119–124 ([H 1905], abgedruckt im Band I dieser Edition).
FH läßt hier die Themen von CK auch dort, wo sie sich für dessen Leser aufdrängen – das Variations- und Selektionsprinzip in der Ostwald-Besprechung, die Metaphysikkritik und die erkenntniskritische Relevanz der nicht-euklidischen Geometrie in der Stallo-Besprechung und das Formalismus-Prinzip in der Russell-Besprechung –, nur sehr zurückhaltend anklingen. Zugleich distanziert er sich hier von der Philosophie mit ihren, so FH, notorischen, auf unzureichender Kenntnis beruhenden Vorurteilen gegen die Mathematik.

16. *Biologisches* [H 1912]

Zum Abschluß eine kleine, anfangs launig-ironische, am Ende tief-ernste Philosophie der Biologie: In ihrer "Idiotie", Leben zu erhalten, um Leben zu erzeugen, dabei ganz zufällig etwas hervorzubringen, das diesen circulus vitiosus konstatieren kann, und obendrein aus Schmerz Kultur zu schaffen, ist Natur doch "Unsinn" – wo sie unsinnigen Schmerz bereitet. (Abdruck in Band VIII.)

6. Felix Hausdorffs Beziehungen zum Nietzsche-Archiv

Sein starkes Interesse an der Philosophie FRIEDRICH NIETZSCHES brachte FH auch in die Nähe des Nietzsche-Archivs, das NIETZSCHES Schwester, ELISABETH FÖRSTER-NIETZSCHE, zunächst in Naumburg, dann in Weimar betrieb. NIETZSCHE war Anfang 1889 wahnsinnig geworden. Seine Mutter, FRANZISKA NIETZSCHE, hatte die Nachlaßverwaltung zunächst in die Hände von NIETZSCHES treuestem Freund, FRANZ OVERBECK, gelegt. Seit 1892, nachdem das Kolonie-Projekt *Nueva Germania* ihres Gatten BERNHARD FÖRSTER gescheitert war, suchte die Schwester hartnäckig die Verwaltung des Nachlasses und die Herausgabe der Werke zu übernehmen, was ihr schließlich 1895 mit dem Erwerb der Rechte von ihrer Mutter gelang. Sie wollte angesichts von NIETZSCHES wachsendem Ruhm möglichst rasch "Bände herausbringen" und stellte dazu Herausgeber an, mit denen sie sich jedoch meist bald überwarf. So wurden mehrere Konzepte für Gesamtausgaben mit Einschluß des Nachlasses entworfen und verworfen, Bände gedruckt und wieder eingestampft und die Streitigkeiten darüber öffentlich ausgetragen. Den Höhepunkt erreichten sie im Jahr 1900, dem Todesjahr NIETZSCHES. Hier griff auch FH in die Auseinandersetzungen ein. Die Vorgänge sind im einzelnen von DAVID MARC HOFFMANN in seinem Band *Zur Geschichte des Nietzsche-Archivs. Elisabeth Förster-Nietzsche, Fritz Koegel, Rudolf Steiner, Gustav Naumann, Josef Hofmiller. Chronik, Studien und Dokumente*, Berlin/New York 1991 (Supplementa Nietzscheana, hg. von WOLFGANG MÜLLER-LAUTER und KARL PESTALOZZI, Bd. 2) und EGBERT BRIESKORN, *Felix Hausdorff: Elemente einer Biographie* (Ms.) dargestellt. Wir geben hier einen kurzen Überblick.

FH hatte aus dem Leipziger Nietzsche-Kreis um Dr. KURT HEZEL[235] heraus die Bekanntschaft mit HEINRICH KÖSELITZ gesucht, dem Freund NIETZSCHES, der in enger Zusammenarbeit mit ihm regelmäßig dessen schwer leserliche Manuskripte zum Druck vorbereitet hatte, und war mit ihm im Spätherbst 1893 zusammengetroffen.[236] Der Kontakt schlief jedoch wieder ein; später sandte FH KÖSELITZ seine beiden philosophischen Bücher zu. Durch KÖSELITZ scheint ELISABETH FÖRSTER-NIETZSCHE auf FH aufmerksam geworden zu sein. 1895 erhielt er eine Einladung ins Nietzsche-Archiv, konnte sie einer Erkältung wegen aber nicht gleich wahrnehmen. NIETZSCHE wurde ihm offenbar gezeigt;

---

[235] Vgl. Abschn. 2. dieser Einleitung.

[236] Vgl. den Brief FHs an HEINRICH KÖSELITZ vom 29. 12. 1893 (Goethe-Schiller-Archiv Weimar; GSA 102/355).

in seinem Dankschreiben rückt er ihn, wohl unter diesem Eindruck, an JESUS heran, nennt sein Schicksal ein "Golgatha" und sein Werk eine "grosse Bergpredigt".[237] Im Herbst 1899 ist er nochmals Gast im Nietzsche-Archiv[238] und nimmt an einer Besprechung mit der Leiterin, dem Verleger und dem aktuellen Herausgeber teil.

Unter den Herausgebern, die ELISABETH FÖRSTER-NIETZSCHE seit 1892 heranzog, war HEINRICH KÖSELITZ der erste. Sie überwarf sich mit ihm 1893/1894; später, 1899, wenige Tage nach FHs zweitem Besuch im Archiv, gewann sie ihn jedoch zurück, um mit ihm 1901 die berühmt-berüchtigte Kompilation *Der Wille zur Macht* als NIETZSCHES "Hauptwerk" herauszugeben. Auch FH scheint sie zeitweilig als Herausgeber im Auge gehabt zu haben, insbesondere im Hinblick auf NIETZSCHES naturwissenschaftliche Deutungen seines Wiederkunftsgedankens. Nach mehreren andern wurde Dr. FRITZ KOEGEL alleiniger Mitherausgeber. 1860 geboren, hatte er Philosophie, Germanistik und Geschichte studiert, dichtete und komponierte, veröffentlichte ebenfalls einen Aphorismenband im Stil NIETZSCHES (ebenfalls bei C. G. Naumann in Leipzig), arbeitete zeitweise auch in einem Unternehmen und verkehrte mit den ersten Köpfen seiner Zeit. Auch FH war mit ihm persönlich befreundet. In dreieinhalb Jahren gab KOEGEL 12 Bände der NIETZSCHE-Gesamtausgabe heraus, darunter vier Bände mit nachgelassenen Notizen, von denen der Band XII Notizen zur ewigen Wiederkehr des Gleichen in einer eigenen "systematischen" Zusammenstellung enthielt.[239] Als er sich verlobte, kam es zum Bruch mit ELISABETH FÖRSTER-NIETZSCHE.[240] Er wurde in Ungnaden entlassen, sein Nachlaß-Band XII wurde zurückgezogen und eingestampft. Er ging in die Industrie zurück und veröffentlichte weiterhin Gedichte und Lieder. Er starb 1904 in Folge eines Unfalls.

Über beides, seine Bände und seine Entlassung, kam es Anfang 1900 zu einem öffentlich breit ausgetragenen Streit, ausgelöst vom neu von ELISABETH FÖRSTER-NIETZSCHE bestellten Herausgeber ERNST HORNEFFER, der zu seinem Eintritt ins Archiv eine vernichtende Kritik der Ausgabe von FRITZ KOEGEL veröffentlichte. ELISABETH FÖRSTER-NIETZSCHE ließ seine Schrift auch FH zugehen.[241] Dr. RUDOLF STEINER, der auf seine Weise ebenfalls schlimme

---

[237] Briefe an ELISABETH FÖRSTER-NIETZSCHE vom 12. 10. 1895, vom 24. 6. 1896 und vom 12. 7. 1896 (Goethe-Schiller-Archiv Weimar; GSA 72/114b).

[238] Brief an ELISABETH FÖRSTER-NIETZSCHE vom 3. 8. 1900 (Goethe-Schiller-Archiv Weimar; GSA 72/119d. Abgedruckt in: EICHHORN, a. O., 65–68).

[239] Vgl. o., Abschn. 5.3.

[240] Vgl. den Brief von KÖSELITZ an OVERBECK vom 7. Oktober 1897 (in: DACID MARC HOFFMANN, NIKLAUS PETER, THEO SALFINGER (Hg.), *Franz Overbeck – Heinrich Köselitz [Peter Gast] Briefwechsel*, Berlin/New York 1998 (Supplementa Nietzscheana, hg. von WOLFGANG MÜLLER-LAUTER und KARL PESTALOZZI, Bd. 3), 440: "Hinsichtlich der Herausgeberschaft weiss ich jedoch Genaueres. *Dr. Kögel ist vom Archiv fort.* Seitdem er sich mit Frl. Gelzer verlobt hatte, begann sein Stern bei Frau Dr. Förster zu sinken. Wie es scheint, duldet Frau Dr. Förster nur Junggesellen um sich, also Leute, um welche die leise Möglichkeit einer liaison mit ihr schwebt. Jetzt hat es ihr der Dr. Steiner angethan."

[241] ERNST HORNEFFER, *Nietzsches Lehre von der Ewigen Wiederkunft und deren bisherige Veröffentlichung*, Leipzig: C. G. Naumann 1900.

Erfahrungen mit ELISABETH FÖRSTER-NIETZSCHE gemacht hatte, antwortete darauf mit einem ebenso kämpferischen, auch gegen die Person ELISABETH
FÖRSTER-NIETZSCHEs gerichteten Artikel *Das Nietzsche-Archiv und seine An-
klagen gegen den bisherigen Herausgeber. Eine Enthüllung*, worauf ERNST HOR-
NEFFER wieder mit einem Artikel *Eine Verteidigung der sogenannten 'Wiederkunft des Gleichen' von Nietzsche* und ELISABETH FÖRSTER-NIETZSCHE selbst
mit einem Artikel *Der Kampf um die Nietzsche-Ausgabe* antworteten, das alles
im Verlauf weniger Wochen. Es folgte weiteres unerfreuliches Hin und Her.
KOEGEL selbst schwieg.

Auch FH alias PAUL MONGRÉ meldete sich mit *Nietzsches Wiederkunft des
Gleichen* zu Wort ([H 1900c], in diesem Band, S. 887–893). Er hatte seinen
Artikel im Januar 1900 verfaßt; doch er erschien erst im Mai und geriet so in
die schon laufenden Streitigkeiten hinein. Einsetzend mit seiner Bewunderung
für NIETZSCHEs Produktivität, die sich nun auch noch in seinem Nachlaß zeige,
rekapituliert er mit Unmut die jüngsten Vorgänge um dessen Herausgabe, ohne jedoch polemisch zu werden. Statt dessen versucht er, "dem unerfreulichen
Herausgeberstreit irgend einen Nutzen, eine Anleitung zum Bessermachen, abzugewinnen". Wie einst bei GOETHE könnte jetzt auch bei NIETZSCHE "jeder
Zettel liebenswert und bedeutend sein". Seine Zettel vollständig und in chronologischer Folge abzudrucken könnte immerhin "von der Willkür selbständig
'denkender' Herausgeber" erlösen. FH nimmt KOEGELs Kompilation nicht in
Schutz, läßt sie aber insofern gelten, als man durch sie nicht "völlig irregeführt"
werde. Ein "urtheilsfähiger Leser" sei trotz "Koegels verunglückter Anordnung"
imstande, "ein klares Bild von Nietzsches Wiederkunftslehre zu gewinnen" , so
wie es FH selbst in SI und CK bereits bewiesen hatte. Von neuen "selbständig
'denkenden'" Herausgebern – und als solcher hatte sich HORNEFFER in seiner
Schrift mit einer eigenen Deutung der Wiederkunftslehre gerade ausgewiesen –
seien statt dessen neue Eingriffe zu gewärtigen. Immerhin habe HORNEFFER
versprochen, er werde

> [...] ,unter gänzlichem Verzicht auf eigene Anordnung und Interpretati-
> on, die Manuscriptbücher so drucken lassen, wie Nietzsche sie geschrie-
> ben hat, vielleicht in chronologischer Folge und Ausscheidung derjenigen
> Aphorismen, die unverändert in die fertigen Werke übergegangen sind.[242]

(d. h. genau so, wie GIORGIO COLLI und MAZZINO MONTINARI später verfahren sind, wie HORNEFFER selbst dann jedoch keineswegs verfuhr). Und
so empfehle er, FH, also, eine unabhängige und nach rein wissenschaftlichen
Gesichtspunkten arbeitende Herausgeberkommission zu bestellen, "Zettelwirtschaft zu treiben und den Nachlaß unverkürzt herauszugeben".

FH erwies damit mehr als alle übrigen Beteiligten Respekt für NIETZSCHEs
Denken und Schreiben, in das in keiner Weise eingegriffen werden sollte; eigene Deutungen sollten eigene Deutungen bleiben und nicht in NIETZSCHE-
Ausgaben eingetragen werden. Den Streit beruhigte das jedoch nicht; er ging
in unverminderter Heftigkeit weiter. FH beteiligte sich nicht mehr daran. Er

---

[242] [H 1900c], 73.

veröffentlichte einen zweiten Artikel mit seiner Deutung der ewigen Wiederkunft [H 1900d]. HORNEFFER warf ihm daraufhin vor, er "könne nicht aufhören [...], naturwissenschaftlich zu denken."

> Ich wage zu behaupten, daß es ihm an wirklichem philosophischem Verständnis fehlt.[243]

Man bot FH an, darauf zu antworten. Er verzichtete darauf.

Damit war er jedoch nicht schon aus dem Streit entlassen. ELISABETH FÖRSTER-NIETZSCHE beschwerte sich über seinen ersten Artikel in einem ausführlichen persönlichen Brief, von dem ein (sehr langer) Entwurf vom 6.7.1900 erhalten ist, verteidigte ihre Arbeit, indem sie erneut ihre bisherigen Mitarbeiter angriff: KOEGEL habe nicht zu wenig "Zettel" gebracht, sondern viel zu viel ... FH antwortete in einem ähnlich langen Brief vom 3.8.1900, sprach ELISABETH FÖRSTER-NIETZSCHE höflich sein Vertrauen aus, sie sei "nach bestem Gewissen um eine klassische Nietzsche-Ausgabe bemüht" und ihr Verfahren habe "durchweg sachliche Gründe". Doch bisher sei das "Schlussresultat Null – sämtliche Nachlassbände sind zurückgezogen". Seine Empfehlung eines Herausgeber-Kollegiums an Stelle eines einzelnen Herausgebers sei zu spät gekommen, weil sein Artikel vom Januar bei der Redaktion liegengeblieben sei:

> Was anderes wünschen wir denn, wir Verehrer Nietzsches, als dass endlich wieder einmal Nietzsche herausgegeben und nicht ewig nur zurück gezogen werde?

Schonungslos erinnert er an seine beiden Besuche im Nietzsche-Archiv:

> Das erste Mal, im Sommer 1896, wurde Herr Köselitz als Philologe und eigenmächtiger Umarbeiter Nietzsches hingerichtet, Herr Dr. Koegel war der Executor; das zweite Mal, im Herbst 1899, spielte mit wahrhaft lächerlicher Genauigkeit die gleiche Scene, nur in anderer Rollenbesetzung – Herr Dr. Horneffer richtete, und Koegel wurde executirt.

Die voreiligen und stark persönlich bestimmten Entscheidungen der Archiv-Leiterin, ihre immer neu scheiternden Experimente mit immer neuen Herausgebern könnten leicht zu noch weiteren Wiederholungen führen. Zum Schluß verbittet er es sich, seiner "Opposition gegen die jetzige *negative* Archivthätigkeit" einen "persönlichen Anlass" zu unterstellen, nämlich den, er hätte sich selbst gern an der Ausgabe beteiligen wollen:

> Sie setzen bei allen Gegnern ohne Weiteres die offene oder heimliche Absicht voraus, Nietzsche-Herausgeber zu werden; ich glaube Ihnen dazu nicht den geringsten Grund gegeben zu haben, nicht einmal Grund zu der Annahme, daß ich Ihren ev. Antrag mit einer Zusage beantwortet haben würde.[244]

---

[243] ERNST HORNEFFER, Die Nietzsche-Ausgabe, in: *Die Zeit* vom 28.7.1900.
[244] Goethe-Schiller-Archiv Weimar (GSA 72/119d).

Wenige Wochen später, am 25. 8. 1900, stirbt NIETZSCHE. ELISABETH FÖR-
STER-NIETZSCHE lädt FH, trotz seiner ungeschönten Stellungnahme, zur Be-
stattung NIETZSCHES in Röcken und zur Trauerfeier in Weimar "im engsten
Kreise der Verehrer" ein. Er erhält die Einladung jedoch im fernen Lohme auf
Rügen, zu spät, um sie noch wahrzunehmen.[245] In einem weiteren (sehr langen)
Briefentwurf ELISABETH FÖRSTER-NIETZSCHES an FH vom 29. 11. 1900 recht-
fertigt sie sich, erholt von den Umtrieben um NIETZSCHES Tod, noch einmal.
Eine Antwort FHs, wenn sie denn geschrieben wurde, ist nicht erhalten.

7. Wahrnehmung und Wirkung der philosophischen Schriften Felix Hausdorffs

Bei ihrem Erscheinen wurden FHs philosophische Schriften durchaus wahrgenommen, SI dabei stärker als CK. Langfristig blieb ihre Wirkung jedoch gering.
SI, mit dem FH auf NIETZSCHES Wegen ging, blieb in NIETZSCHES Schatten;
CK, mit dem er KANTS und NIETZSCHES Metaphysik-Kritik radikalisierte, fiel
in eine Zeit, als die Metaphysik ohnehin nur noch wenig galt. Dennoch hat
man sich an beide Werke, besonders an CK, auch später noch erinnert.

7.1 Rezensionen zu SI

Ein Buch, das es auf individuellen Geschmack anlegte, mußte auf unterschiedliche Geschmäcker stoßen. Die kühle Distanz, die es in der Vorrede einforderte –
dies Buch "füllt keine Lücke aus, kommt keinem tiefgefühlten Bedürfnisse entgegen, es ist stolz darauf, überflüssig zu sein" –, wurde ihm gewährt. Wie der
Untertitel von SI nahelegte, wurde FH alias PAUL MONGRÉ als Nietzscheaner
wahrgenommen, freundlich oder unfreundlich.[246]
1. RICHARD M. MEYER, der 1900 eine fast tausendseitige Geschichte der
deutschen Literatur des 19. Jahrhunderts veröffentlichen und dort auch PAUL
MONGRÉ unter den Schülern NIETZSCHES aufführen sollte,[247] reihte in einer

---

[245] Brief vom 31. 8. 1900 aus Rügen (GSA 72/119f).

[246] Eine wertvolle Quelle für das Folgende ist RICHARD FRANK KRUMMEL, *Nietzsche und der
deutsche Geist, Band I: Ausbreitung und Wirkung des Nietzscheschen Werkes im deutschen
Sprachraum bis zum Todesjahr. Ein Schrifttumsverzeichnis der Jahre 1867–1900*, 2., verbesserte und ergänzte Auflage Berlin/New York 1998 (Monographien und Texte der Nietzsche-
Forschung, Bd. 3) [im folgenden KRUMMEL I], und ders., *Nietzsche und der deutsche Geist,
Band II: Ausbreitung und Wirkung des Nietzscheschen Werkes im deutschen Sprachraum
vom Todesjahr bis zum Ende des Ersten Weltkriegs. Ein Schrifttumsverzeichnis der Jahre
1901–1918*, 2., verbesserte und ergänzte Auflage Berlin/New York 1998 (Monographien und
Texte der Nietzsche-Forschung, Bd. 9) [im folgenden KRUMMEL II]. Außerdem erschien ein
*Band III: Ausbreitung und Wirkung des Nietzscheschen Werkes im deutschen Sprachraum
bis zum Ende des Zweiten Weltkriegs. Ein Schrifttumsverzeichnis der Jahre 1919–1945*, Ber-
lin/New York 1998 (Monographien und Texte der Nietzsche-Forschung, Bd. 40), in dem FH
jedoch nicht mehr vertreten ist.

[247] Vgl. KRUMMEL I, 656.

Sammelbesprechung zu Neuerscheinungen auf dem Gebiet der "Allgemeinen Didaktik des 18./19. Jahrhunderts" in: *Jahresberichte für neuere deutsche Litteraturgeschichte* (Bd. 8, 1897, S. (4)17b–(4)18a) MONGRÉ unter die "geistreicheren Nachahmer Nietzsches" ein; sein Buch sei "für die agitatorische und pädagogische Wirkung Nietzsches [...] ein bedeutsames Zeugnis"; NIETZSCHES Gedanken der ewigen Wiederkunft des Gleichen habe er aber wohl mißverstanden.

2. ERICH ADICKES, der sich 1895 habilitiert hatte und als KANT-Forscher renommiert werden sollte, besprach SI in demselben Organ in einer Sammelrezension zu Neuerscheinungen auf dem Gebiet "Philosophie und Theologie" (ebd., S. (4)23b). Für ihn gehörte MONGRÉ zu den schwer erträglichen unter den Nietzscheanern:

> Auf das Nachbeten folgt hier das Nachtreten, auf das Nachkläffen das Nachäffen. Das Buch enthält Aphorismen mit viel Halb-Wahrem oder Ganz-Falschem; einige gute Gedanken helfen uns nicht über das Gezierte, Gespreizte, Ueberspannte, Gesucht-Paradoxe hinweg, von dem das Werk voll ist. Nietzsches Gedanken nachahmen wollen und seine stilistische Gestaltungskraft nicht besitzen, nicht einmal das Blendende seiner Gedanken: das ist geschmacklos [!] und rücksichtslos.

Gegen "das weichliche Gestöhn und Geklage des Decadenten, der seiner Stimmungen nicht Herr werden kann", ruft ADICKES zur "männlichen Selbstzucht" zurück.[248]

3. In der Neuen Deutschen Rundschau, deren Rezensent anonym blieb und in der FH bald selbst publizieren sollte (Jg. 8, Heft 12, 1897, S. 1311), hieß es dann wieder sehr wohlwollend:

> Vielleicht das geistvollste Buch, das seit den Zarathustra-Büchern erschien. Ein auffallend reifer Kopf, ein Geist auf der höchsten Höhe der Ironie spricht sich über alle Fragen des Lebens in Aphorismen aus. Bald ist es ein kurzes Paradoxon, bald ein längerer Essai. Kein Wort zu viel; um Mongré's Gedanken wiederzugeben, müßte man sie wiederholen. Von einer Nietzsche-Nachahmung ist keine Spur. Nur die Freiheit des Geistes, die heiter-heilige Sant' Ilario-Stimmung ist Nietzsche vergleichbar. Es steckt kein System in dem Buche, außer der Systemlosigkeit. Ein kleines Leben von Erfahrung, wie es in dem Werke enthalten ist, bezwingt sich nicht mit einem Male. Man wälzt es wie die Bibel [!]. Nach Zeiten erst kann man darüber sich ausführlich auslassen.

4. In *Westermanns Illustrierten Deutschen Monatsheften*, Bd. 48, April–September 1898, S. 538 f., wird MONGRÉ, wiederum von einem Anonymus, "eine selbständige und heitere Seele" bescheinigt, der allerdings "der letzte Rest von Naivetät ausgetrieben" wurde. Manches werde dem Leser "Genuß" bereiten, anderes könne man "beiseite lassen".

---

[248] Im nächsten Band (9, 1898) wird MONGRÉ, unter der Rubrik "Didaktik des 18./19. Jahrhunderts: Geschichte der Wissenschaften" (M. KRONENBERG) mit seinem Stirner-Beitrag erwähnt.

5. Auch LOU ANDREAS-SALOMÉ, die einzige, in der NIETZSCHE eine Mit- und Weiterdenkerin seiner Gedanken gefunden hatte, widmete MONGRÉS SI eine Besprechung (in: *Die Zeit. Wiener Wochenschrift für Politik, Volkswirtschaft, Wissenschaft und Kunst*, Nr. 205, 3. September 1898, S. 157) – keine freundliche. "Es gibt Werke," schreibt sie zu Beginn, "die man eigentlich nur erträgt, wenn sie allerersten Ranges sind – dazu gehören Aphorismensammlungen." Das Allzupersönliche, das sich in ihnen ausspreche, habe "etwas Zudringliches". Von NIETZSCHE "koste" man gerne "die merkwürdige Gewalt seiner geistigen Persönlichkeit", bei "einem zweiten Aufguß" verliere man den Geschmack. SI sei zwar "sehr gescheidt", erwecke aber viel mehr

den Eindruck der Plauderhaftigkeit als des Geistes. Inhaltlich wie formell sind seine Gedanken in der That in der Landschaft Zarathustras gewachsen, Früchte von Bäumen, die Nietzsche gepflanzt hat. Hätte der Verfasser seine Früchte ruhig süß und reif an der Sonne werden lassen, um sie dann selbst zu verspeisen, wäre er für sich selbst auf und nieder gegangen in seinem blühenden Garten, um sich Kraft und Glück und Gedeihen aus ihm zu holen – das wäre im Grunde viel schöner gewesen, als alle diese Gedanken zusammenzulesen und, wie gedörrtes Obst an einer langen Schnur, aneinanderzureihen für andere. Denn die anderen haben ja, was er ihnen bieten kann, in Nietzsches Werken aus erster Hand; welchen Zweck hat es, dies mit variirten Wendungen doch im wesentlichen zu wiederzuholen? Vielerlei begabten Menschen kommen von Zeit zu Zeit vielerlei Gedanken über vielerlei Dinge, aber schlimm wäre es, wenn es Mode werden sollte, daraus Aphorismensammlungen zu machen.

6. Die ausführlichste, aber auch unfreundlichste Besprechung verfaßte HANS GALLWITZ aus Sigmaringen für die *Preußischen Jahrbücher* (Bd. 91, Januar bis April 1898, S. 555–562). GALLWITZ war ein Neffe NIETZSCHEs und hatte 1898 *Ein Lebensbild Nietzsches* veröffentlicht, das ganz aus der Lebensbeschreibung der Schwester NIETZSCHEs schöpfte.[249] Er hält sich zunächst bei der Unverbindlichkeit und Vielfalt von SI auf. Dann prüft er "die Uebereinstimmung wie den tiefen Gegensatz" mit dem "Meister" NIETZSCHE. Etwas Eigenes findet er im letzten Prosaabschnitt "Zur Kritik des Erkennens" und in dem Satz "Die Welt ist kein Kosmos sondern ein Chaos ohne Gesetz und Regelmäßigkeit", der es "an dogmatischer Unfehlbarkeit [...] mit jeder Metaphysik aufnehmen" könne. Bei KANT und FICHTE habe dieser "subjektive Idealismus" "die Verantwortlichkeit der Person wachgerufen", NIETZSCHE habe ihn "in den Dienst der Persönlichkeitsbildung gestellt", bei MONGRÉ liefere er das Individuum "dem willkürlichen Wechsel seiner Stimmungen hilflos" aus. NIETZSCHE habe "mit eiserner Energie sich aufgerafft" und seinen "harten Willen als den Wender aller Noth" gepriesen, MONGRÉS "bunte Schüssel seiner Aphorismen [hätte er] mit dem Wort: 'Artistengenüßlichkeit' abgefertigt." Ein "vielseitiges Bildungsstreben" drohe sich "in ungeheuerliche Phantastereien" zu verlieren, gerate "auf der Suche nach immer neuen Anregungen und Aufregungen" in "Schrankenlosigkeit und Regellosigkeit", wo NIETZSCHE "mit brutaler Faust willkürliche Schranken

---

[249] Vgl. KRUMMEL I, 491.

gezogen und harten, grausamen Zwang gepredigt für alle die Vielzuvielen, die in sich selbst kein Gesetz tragen und aus sich nicht zu fruchtbarem Schaffen kommen." Das Ende werde "geistige Feinschmeckerei, Uebersättigung und Lebensüberdruß" sein. MONGRÉ dürfe "nicht ein Schüler Nietzsches" genannt werden.

7. M(ICHAEL) G(EORG) C(ONRAD), der Herausgeber der Zeitschrift *Die Gesellschaft. Realistische Monatsschrift für Literatur, Kunst und öffentliches Leben* zerriß (in H. 3, 1898, S. 208) SI als nachgemachten NIETZSCHE: "Alles ist schief an dem Buch, alles nur halb richtig [...]. Nichts ist echt [...], nicht einmal der Verfassername." Ähnlich wird er unter der Überschrift "Der Kampf um NIETZSCHE" CK (in *Die Wage. Eine Wiener Wochenschrift*, Jg. 2, Nr. 48 vom 26. 11. 1899, S. 811–814) abfertigen.[250]

8. In den *Kantstudien* (3, 1898, Litteraturbericht, S. 201) verwahrte man sich (anonym) schließlich – unter Lüftung von FHs Pseudonym – gegen unsachgemäße KANT-Kritik MONGRÉs "nach Analogie seines Meisters" NIETZSCHE.[251]

7.2 Rezensionen zu CK

1. Im folgenden Band der Kantstudien wird auch CK gewürdigt (4, 1899, Litteraturbericht, S. 339; in den Bibliographischen Notizen, S. 468, auch die Selbstanzeige). Nun wird betont, daß der "erkenntnistheoretische Radikalismus" des "mit mathematischem Scharfsinn abgefassten Buchs" "vielfach auf KANTs Idealismus" zurückgreife, und dem Autor mit seinen Grundgedanken zugleich ein "origineller Weg" bescheinigt. Allerdings führe, was "mit einer zwar starken, aber doch feinen Übertreibung" einsetze, zu einer "gründlich verschrobenen Position", einer "Satire auf die Verwendung analytischer Formeln in der Erkenntnistheorie", zu "geistreichen Absurditäten".

2. Das *Literarische Centralblatt für Deutschland* (Jg. 1899, Nr. 43 vom 28. Oktober 1899, S. 1459) findet in dem "mit der philosophischen Literatur nur nothdürftig vertrauten", aber mathematisch gebildeten Verfasser wieder den "selbständigen Kopf" und weist kommentarlos auf dessen Absicht hin, den "philosophischen Jenseitigkeitswahn" dorthin folgen zu lassen, "wohin der religiöse voranging."

3. Auch in der *Vierteljahrsschrift für wissenschaftliche Philosophie* (Jg. 24, 1900, S. 340 f.), die von RICHARD AVENARIUS in Verbindung mit ERNST MACH und ALOIS RIEHL gegründet wurde, wird von einem MAX NATH darauf hingewiesen, daß "der Verf. nicht Philosoph vom Fach ist". Im übrigen werden die "sehr interessanten und anregenden Untersuchungen" kommentarlos referiert.

4. RUDOLF STEINER empfahl in einer weitschweifigen Besprechung im *Magazin für Litteratur* vom 9. Juni 1900 das Buch als "höchst merkwürdig" und "anregend, ja für den, der sich intensiv für die höchsten Daseinsfragen interes-

---

[250] Angaben und Zitate nach KRUMMEL I, 498 u. 580.

[251] Gleich anschließend wird, mit demselben Tenor, FHs Beitrag *Das unreinliche Jahrhundert* ([H 1898c]) dargestellt.

siert, sogar aufregend", wies seine Argumentation aber zugleich als 'nur' mathematisch stichhaltig zurück. PAUL MONGRÉ denke ganz mathematisch – und Mathematik folge ihren eigenen "Denknotwendigkeiten", die über die "Wirklichkeit" nichts aussagten und in CK nur zu "Extravaganzen des Begriffs" führten.

7.3 Frühe Resonanzen

FHs philosophische Schriften fanden Aufmerksamkeit natürlich bei seinen und bei NIETZSCHES Freunden.

1. GUSTAV NAUMANN stellte in seinem – ganz im Geiste NIETZSCHES zusammengestellten – *Antimoralische[n] Bilderbuch. Ein Beitrag zu einer vergleichenden Moralgeschichte* (Leipzig 1898) seinen Freund PAUL MONGRÉ in eine Reihe mit STIRNER und NIETZSCHE. Er wisse "seinem antichristlichen Heiland [!] NIETZSCHE, wo dieser zur Herrenmoral, als Moral, aufruft, mit bescheiden ablehnender Skepsis zu begegnen" und mit eigenem "Geschmack" (S. 360). Auch in seinem *Zarathustra-Commentar*[252] verwies NAUMANN zur ewigen Wiederkehr des Gleichen auf MONGRÉ. In seinem *Bekenntnisbuch* mit dem Titel *Lotte* – er schreibt es als Sammlung von Berichten einer Reise, die er (aufs neue) der Riviera, "Zarathustras Tanz- und Feststraße", entlang gemacht habe – distanziert er sich von MONGRÉS Darstellung und Deutung von NIETZSCHES Wiederkunftslehre und empfiehlt "für die Gläubigkeit" der NIETZSCHE-Gläubigen doch besser NIETZSCHE selbst zu lesen (168).[253]

2. HEINRICH KÖSELITZ schreibt FRANZ OVERBECK am 7. Oktober 1897:

> Eines der besten Bücher aus dem Kreis der Nietzsche'schen Nährväterschaft bekam ich dieser Tage zugesandt. "Sant' Ilario" heisst es, von Paul Mongré. Der Verfasser ist der Astronom [!] Dr. Hausdorff. Man glaubt wahrhaftig Nietzsche zu hören, so sehr ist es in seinem Tonfall geschrieben. Schade, dass diese Gleichheit der Sprache ein Vorurtheil gegen den Inhalt erwecken wird. Am meisten hat mich darin die Widerlegung der ewigen Wiederkunftslehre vom Infinitesimalrechnungsstandpunkt aus [!] interessirt.[254]

OVERBECK antwortet KÖSELITZ am 8. März 1898:

> Mongré ist längst in meinem Besitz. Da er von Ihnen nicht kam liess ich ihn mir zu Weihnachten bescheeren [...] wer dem Daemon des Individualismus so verfallen ist, wie ich, kann in Tagen der 'Anfechtung' in diesem Geist den Freund am Wenigsten ganz verkennen. So habe ich nicht blos epicuräische Freude an seinem Funkeln gehabt, er hat mich, nach Lage der Umstände zeitweise wahrhaft *erbaut*, und so habe ich neulich nicht ohne Entrüstung, die ich sonst gern spare, eine Anzeige des Buchs gelesen, in letztem Heft der preussischen Jahrbücher. [...] Herzlichen Dank also für den Hinweis auf Mongré, der übrigens, wie ich am Tage bevor

---

[252] 2 Bde., Leipzig 1889/1900, S. 56 u. S. 83.

[253] Quelle und Zitate nach KRUMMEL II, 11.

[254] HOFFMANN/PETER/SALFINGER (Hg.), *Franz Overbeck – Heinrich Köselitz [Peter Gast] Briefwechsel*, a. O., Bd. 3, 439.

es geschah durch einen merkwürdigen Zufall erfuhr, kürzlich hier wieder einmal nach Italien durchflog.[255]

Darauf wieder KÖSELITZ am 14. April 1898:

> Paul Mongré steckt wieder in Italien. Sein Hirn schwingt ganz in der Nietzsche'schen Vibrationsweise: es wäre schön, wenn nun auch die gewaltigen *Antriebe* Nietzsche's durch ihn zu uns sprächen. Aber die fehlen einigermaassen, und so macht er mehr den Eindruck eines Sybariten des Geistes, als den eines Strategen des Geistes, und erschlafft den Leser. So geht es wenigstens mir.[256]

OVERBECK hält dem am 10. Juli 1898 – nach Klagen über "das Frauenzimmer" "Frau Förster" – das "Gelichter um N [...] in den Personen der Herrn Gallwitz, Bonus und Genossen" entgegen und fährt fort:

> Ich wenigstens kann Ihnen den Ekel gar nicht ausdrücken, der mich bei diesen sich religiös gebärdenden Atheisten ergreift, in denen N. selbst jedenfalls nur seine intimsten Feinde erkannt hätte, allem Weihrauch zum Trotz, den sie ihm darbringen. Gerade dazu hatte er den durchdringenden Blick, denn er kannte bei allem Selbstbewusstsein keine Schwäche gegen seine Person. Da lobe ich mir in der 'Landschaft Zarathustra's' Mongré's Sant' Ilario, was er auch an Wünschen <übrig> lassen mag, und auch darüber schrieben Sie mir neulich einen Eindruck, mit dem ich von Herzen einverstanden bin. Inzwischen hörte ich auch noch, nicht zur Erhöhung meines Zutrauens zum Buch, dass der Verfasser ganz jung ist. Also wieder ein frühreifer Jude![257]

Zu CK schreibt er schließlich am 31. Dezember 1898:

> Dank zunächst für die interessante Mittheilung aus Hausdorf's [!] Neuestem. Auf diese frostigen Höhen kann ich <mich> nun vollends nicht mehr hinauswagen, doch soviel ich aus Ihren Andeutungen über H's Zeitspeculationen erfasst, ist da für mich und die einzige Ecke, von der aus mir der Zeitbegriff noch zugänglich und interessant wird erst recht nichts zu holen. Denn diese Ecke ist die Welt der Historie, in der auch von Zeit nur noch in einem sublimirten Sinn die Rede ist.[258]

In seinen Nachlaß-Notizen ordnet OVERBECK MONGRÉ unter die Rubrik "Moderner Unglauben" ein.[259] Am 8. September 1902, als er ein Vorwort zur 2. Auflage seiner Schrift *Über die Christlichkeit unserer heutigen Theologie* (1.

---

[255] Ebd., 447. – OVERBECKS Exemplar von SI enthält Anstreichungen und Notizzettel, auf denen sich OVERBECK Gedanken FHs notierte (Universitätsbibliothek Bochum, Autographen YYB 5712, Mitteilung MARTIN TETZ an EGBERT BRIESKORN). CK besaß OVERBECK (nach den Katalogen seiner Bibliothek, Mitteilung MARTIN TETZ an EGBERT BRIESKORN) offenbar nicht. Von einer Korrespondenz zwischen OVERBECK und FH ist nichts bekannt.

[256] Ebd., 449.

[257] Ebd., 451 f.

[258] Ebd., 460 f.

[259] Universitätsbibliothek Basel, A 267c, P. 9 (Mitteilung EGBERT BRIESKORN).

Aufl. 1873) verfassen will, notiert er, wie "geistreich" das Vorwort zu SI sei.[260] An anderen Stellen lobt er MONGRÉs "geistvolle Bemerkungen über die Begrenztheit und das Problematische alles histor. Wissens",[261] seinen Kommentar zur Shakespeare-Frage in SI und nennt ihn einen "echten Jünger" NIETZSCHES.[262]

3. Erstaunlich ist, daß sich bei ROBERT MUSIL, dem Autor des *Mann ohne Eigenschaften* und bedeutender philosophischer Essays, der FHs Interessen an Mathematik und an NIETZSCHE wie kaum ein anderer Intellektueller seiner Zeit teilte, bisher keine Spuren seiner Schriften nachweisen lassen.[263]

4. Dagegen hat EGBERT BRIESKORN Übereinstimmungen und Lesespuren bei ALFRED DÖBLIN, der Medizin und auch Philosophie studiert hatte, aufgewiesen.[264]

5. Spuren finden sich auch in einer verherrlichenden Darstellung von NIETZSCHES Lyrik: *Friedrich Paul, Der Kampf um den neuen Menschen. Neue Reden an das deutsche Volk (18 Kapitel zu einer Geschichts-Philosophie der Gegenwart)*, Straßburg 1904: Der Dichterphilosoph und übergroße Mensch NIETZSCHE wird gerade durch seine Lyrik allen den neuen Menschen bringen – und PAUL MONGRÉ, unter vielen anderen, darunter STEFAN GEORGE und HUGO VON HOFMANNSTHAL, ist seinen Weg ein Stück weit mitgegangen.[265]

7.4 Lexikographie

1. In FRIEDRICH ÜBERWEGS *Grundriß der Geschichte der Philosophie*, dem

---

[260] *Inedita Overbeckiana*, in: ANDREAS URS SOMMER, *Der Geist der Historie und das Ende des Christentums. Zur "Waffengenossenschaft" von Friedrich Nietzsche und Franz Overbeck*. Mit einem Anhang unpublizierter Texte aus OVERBECKS "Kirchenlexicon", Berlin 1977, S. 148 f.

[261] FRANZ OVERBECK, *Werke und Nachlaß. Kirchenlexicon Texte Ausgewählte Artikel A – I*, hg. von BARBARA VON REIBNITZ, Stuttgart/Weimar 1995, 395.

[262] FRANZ OVERBECK, *Werke und Nachlaß. Kirchenlexicon Texte Ausgewählte Artikel J – Z*, hg. von BARBARA VON REIBNITZ, Stuttgart/Weimar 1995, 562 u. 423 (Hinweise ANDREAS URS SOMMER). CARL ALBRECHT BERNOULLI, der in seinem zweibändigen Werk *Franz Overbeck und Friedrich Nietzsche. Eine Freundschaft* (Jena 1908), den 1905 verstorbenen OVERBECK gegen die Angriffe von NIETZSCHES Schwester zu rechtfertigen suchte, übernahm aus OVERBECKS Exemplar die Notiz "Verf. ist der Astronom Dr. Hausdorf in Leipzig", und so erscheint FH auch im Register als "Prof. der Astronomie in Leipzig". Er nennt MONGRÉ, wiederum getreu OVERBECK übernehmend, zunächst "Nietzsches geistreichsten Nachempfinder" (I, 398), um später zu resümieren: "Nietzsche am nächsten ist aber der Astronom Prof. Dr. Felix Hausdorf getreten, der als Paul Mongré ein Aphorismenbuch herausgab. Dieser 'Sant Ilario' wirkt fast als Doublette, obwohl der Inhalt zum Teil gegen Nietzsche geht, z. B. in der Widerlegung der Wiederkunftslehre vom Standpunkt der Infinitesimalrechnung aus. Overbeck nannte dieses Buch das weitaus beste, was er seit Nietzsche gelesen habe. Mongrés folgendes Buch 'Das Chaos in kosmischer Auslese' rückte von Nietzsche ab und verlor sich ins Abstrakte und Mathematische." (II, 396).

[263] MUSIL hatte NIETZSCHE 1898 entdeckt. Vgl. KRUMMEL I, 489 f.

[264] Vgl. ALFRED DÖBLIN, *Der Wille zur Macht als Erkenntnis bei Friedrich Nietzsche* (1902), in: BRUNO HILLEBRAND (Hg.), *Nietzsche und die deutsche Literatur*, Bd. 1: *Texte zur Nietzsche-Rezeption 1873–1963*, München/Tübingen 1978, 315–330, hier 317, und E. BRIESKORN, *Felix Hausdorff: Elemente einer Biographie* (Ms.), 89–92 und Anm. 306.

[265] Quelle: KRUMMEL I, 182 f.

deutschen Standardwerk der europäischen Philosophiegeschichte, wird NIETZ-
SCHE zum ersten Mal in der 5. Aufl. von 1880 (bearb. u. hg. v. Dr. MAX HEINZE
u. E. S. MITTLER, Berlin 1880, S. 387) genannt und als "Anhänger Schleiermachers, Schopenhauers, Benekes" [!] eingeordnet. In der 6. Aufl. von 1883 (S. 422)
heißt es dann: "ohne sich irgend einem Philosophen bestimmt anzuschließen".
In der 8. Aufl. von 1897 wird NIETZSCHE als "ein vollendeter Künstler des Stiles,
wie es keinen zweiten in der Gegenwart gibt," geführt, doch werde "kein Schriftsteller neuerer Zeit so verschieden beurtheilt wie er". Er habe "großen Einfluß
auf die halb oder ganz belletristische Litteratur und auf die Journalistik ausgeübt". Zum ersten Mal wird auf RUDOLF STEINER, der "einen ähnlichen, nur
modificirten Standpunkt" einnehme, hingewiesen. In der 9. Aufl. 1902 schließlich wird im Anhang neben STEINER auch PAUL MONGRÉ erwähnt, und in der
11. Aufl. von 1916 werden (heute kaum mehr bekannte) Persönlichkeiten wie
ALEX. TILLE, LUDW. KUHLENBECK, AUGUST und ERNST HORNEFFER (die
zeitweise im Nietzsche-Archiv arbeiteten, s. o. Abschn. 6), ERNST BERG, HANS
BLÜHER und RICHARD MÜLLER-FREIENFELS hinzugefügt.[266]

2. FH war als Philosoph jedoch schließlich so bekannt geworden, daß er auch
mehrere Einträge in das damals führende Wörterbuch der philosophischen Begriffe von RUDOLF EISLER (Berlin 1910) erhielt, unter dem Stichwort "Chaos"
neben ANAXAGORAS, PLATO, ARISTOTELES, KANT und LAPLACE, FRAUENSTÄDT, LOTZE, FRITZSCHE und NIETZSCHE mit dem Pseudonym MONGRÉ
(Bd. 1, S. 197), unter dem Stichwort "Raum" unter dem Pseudonym MONGRÉ
(mit Verweis auf CK, Bd. 2, S. 1139) und außerdem unter seinem Namen FELIX
HAUSDORFF (mit Verweis auf seine Antrittsvorlesung in den *Annalen der Naturphilosophie*), schließlich unter dem Stichwort "Welt" unter dem Pseudonym
MONGRÉ mit Zitaten zentraler Thesen aus CK, S. 207 f. (Bd. 3, S. 1757). RUDOLF EISLER verzeichnete ihn auch in seinem *Philosophenlexikon* (Berlin 1912,
S. 478) unter dem Pseudynom PAUL MONGRÉ mit Angabe der Auflösung, der
Schriften SI, CK und der *Ekstasen*. Der Text vermerkt: "Von NIETZSCHE beeinflußt" und führt dann die Hauptthesen von CK auf.[267]

7.5 Spätere Resonanzen

1. Auch MORITZ SCHLICK (1882–1936), der Begründer des "Wiener Kreises",
wurde auf FH aufmerksam. Der Wiener Kreis konstituierte sich in den zwanziger Jahren. Seine Mitglieder kamen vor allem von den Naturwissenschaften,
der Mathematik und der Logik her und machten sich eine "Wissenschaftliche
Weltauffassung" in Gestalt eines "Logischen Empirismus" oder "Logischen Positivismus" zum philosophischen Programm. SCHLICK sandte auf die Anregung
eines Kollegen hin FH seine Schrift *Raum und Zeit in der gegenwärtigen Physik*

---

[266] Zusammengestellt in KRUMMEL I, 85 f.

[267] Das *Philosophenlexikon* war seit 1924 vergriffen. Das Nachfolgewerk von WERNER ZIEGENFUSS, das nach langen Verzögerungen erst nach dem Zweiten Weltkrieg, 1949, erscheinen
konnte, verzeichnete MONGRÉ/HAUSDORFF nicht mehr.

(1. Aufl. Berlin 1917, von der 2. Aufl. 1919 an mit dem Untertitel *Zur Einführung in das Verständnis der Relativitäts- und Gravitationstheorie*) mit einem Begleitbrief zu. FH schrieb ihm daraufhin am 23. Februar 1919 aus Greifswald zunächst von seiner "Entwöhnung vom philosophischen Denken" und von seiner "Erfahrung [. . .], daß philosophische Argumente bei mir wirken, aber sehr langsam", um dann noch einmal seine Sicht des Problems vom "Ding an sich" zu umreißen. Er sandte SCHLICK seinerseits sein CK zu, mit der Bemerkung, er würde es "freilich heute, nach 21 Jahren, anders und vor allem wesentlich kürzer schreiben". In einem zweiten Brief FHs an MORITZ SCHLICK (dessen Antwort ist nicht erhalten) vom 17. Juli 1920 bedauert er, nicht zu einer intensiven Auseinandersetzung mit dessen Schrift gekommen zu sein, und drückt um so mehr seine Freude über die Anerkennung von CK in SCHLICKs persönlicher Widmung (wohl der 2. Aufl. seiner Schrift) aus. Er sei, fügt FH nun hinzu, "in dieser Beziehung durch die Fachphilosophen nicht verwöhnt worden", darum aber nicht gekränkt: "Um so beglückender empfinde ich es, wenn trotzdem ein wissenschaftlicher Philosoph durch das Unzulängliche hindurch zum haltbaren Kern meiner Gedanken vordringt".[268] SCHLICK bedankte sich seinerseits. Er fügte der 4., vermehrten und verbesserten Auflage seiner Schrift von 1922 folgende Fußnote bei:

> Leider habe ich erst nach Erscheinen der zweiten Auflage dieser Schrift das höchst scharfsinnige und faszinierende Buch kennen gelernt: [CK]. Das fünfte Kapitel dieses Werkes gibt eine sehr vollkommene Darstellung der oben im Text folgenden Erörterungen. Nicht nur die Gedanken Poincarés, sondern auch einige der oben hinzugefügten Ergänzungen sind dort bereits vorweggenommen. (28)[269]

2. KURT GÖDEL, der ebenfalls dem Wiener Kreis angehörte, äußerte sich in *A remark about the relationship between relativity theory and idealistic philosophy* von 1949 ebenfalls sehr anerkennend über CK.[270]

3. Noch zu FHs Lebzeiten erschien das einflußreiche Werk von KARL JASPERS, *Nietzsche. Einführung in das Verständnis seines Philosophierens* (1. Aufl. 1936, 2., unveränd. Aufl. Berlin 1947). JASPERS verwies dort (352 f., Anm.) zur "physikalisch-mechanischen Gestalt" der Wiederkunftslehre u. a. auf SI, S. 349 ff.

4. Zuvor hatte ein Reichsgerichtsrat a. D. Dr. PETERSEN in einem Artikel *Die ewige Wiederkunft des Gleichen* (in: Allgemeine Zeitung München, Beilage Nr. 54 f. vom 5. u. 6. 3. 1907, S. 425 ff. und 436 ff.) auch MONGRÉs Ansicht dargestellt.[271]

5. Ein längeres Zitat aus SI findet sich in KARL OTTO ERDMANN, *Die Kunst Recht zu behalten. Methoden und Kunstgriffe des Streitens.* Leipzig 1924,

---

[268] Beide Briefe im Reichsarchiv Noord Holland in Harlem (Hinweis von R. SIEGMUND-SCHULTZE, Christiansand).

[269] Zum Näheren s. Band VI dieser Edition.

[270] KURT GÖDEL, *Collected Works, Volume II: Publications 1928–1974*, ed. SOLOMON FEFERMAN et al., New York/Oxford 1990, 203, Anm. 4.

[271] Quelle· KRUMMEL II, 334 f.

6. Aufl. bei H. Haessel, Berlin 1965. Dort heißt es S. 258–259:

> Ganz anders geartet ist die Abneigung des spielerischen Relativisten gegen alles Systematische. Ihm ist ein System nur der Inbegriff langweiliger Gründlichkeit. Es ist so viel amüsanter und geistreicher, in einem Gedankenchaos herumzuplätschern, sich am Schillern vieldeutiger Halbwahrheiten zu erfreuen, Widersprüche als prickelnde Paradoxien zu empfinden oder als Zeichen geistigen Lebens zu deuten. Ungemein kennzeichnend in dieser Hinsicht ist die Vorrede, die Paul Mongré seinem Buche Sant' Ilario vorausgeschickt hat: [...]

Es wird dann der gesamte Abschnitt 1. von FHs Vorrede zu Sant' Ilario zitiert (S. 259–260).[272]

6. Neu und in neuen Zusammenhängen wahrgenommen wurde FH in den siebziger und achtziger Jahren durch MAX BENSE. MAX BENSE (1910–1990) hatte 1930 sein Studium der Physik, Chemie, Mathematik, Geologie und Philosophie in Bonn begonnen und dort auch FH selbst gehört. Er war, wie ELISABETH WALTHER-BENSE mitteilt (Schreiben vom 9.9.1993 an EGBERT BRIESKORN), von FH sehr beeindruckt und zwei Mal auch Gast in seinem Haus. Er wurde mit einer Dissertation *Quantenmechanik und Daseinsrelativität* promoviert und habilitierte sich mit einem zweibändigen Werk *Konturen einer Geistesgeschichte der Mathematik* in Jena, wo er 1946 zum apl. Prof. ernannt wurde. 1949 nach Stuttgart berufen, trat er mit Arbeiten zur Wissenschaftstheorie, Logik, Kybernetik und Zeichentheorie hervor, schuf eine informationstheoretische Grundlegung der Ästhetik, die eine experimentell-maschinelle Erzeugung von Texten ermöglichen sollte und verfaßte selbst experimentelle Romane, Lyrik, Radio-Essays und Hörspiele. Aus einem Hörer HAUSDORFFs – statt mit NIETZSCHE setzte er sich neben seiner mathematisch-naturwissenschaftlichen Arbeit intensiv mit KIERKEGAARD auseinander – wurde so ein neuer Grenzgänger zwischen Mathematik auf der einen und Philosophie und Dichtung auf der andern Seite, der nun nicht mehr die Philosophie für die Mathematik, sondern die Mathematik für die Philosophie und Dichtung fruchtbar machte, unter dann anderen Voraussetzungen und mit anderen Konsequenzen als in FHs Werk. BENSE veranstaltete 1976 in 'seinem' Verlag, dem Agis-Verlag Baden-Baden, jedenfalls einen Nachdruck von CK unter dem Titel "Felix Hausdorff (Paul Mongré), *Zwischen Chaos und Kosmos oder Vom Ende der Metaphysik*" (unter Beifügung des Originaltitels).[273]

---

[272] Den Hinweis auf ERDMANN verdanke ich Herrn UDO ROTH, Gießen.

[273] Mit dem "Zwischen" war, nicht gleich erkennbar, das Bewußtsein gemeint (S. 17). Vgl. dazu MAX BENSE, *Die Unwahrscheinlichkeit des Ästhetischen und die semiotische Konzeption der Kunst*, Baden-Baden 1979, 59: "Eine absolut vollständige Diversität von 'Welten' und 'Weltstücken', von 'Sein' und 'Seiendem' (wie sie F. Hausdorff – P. Mongré zwischen der empirischen Realität des Bewußtseins und der transzendentalen Realität ontologischer Metaphysik postulierte) ist einem Bewußtsein, das über triadischen Zeichenrelationen fungiert, *prinzipiell* nicht *repräsentierbar*", und wenig später *Das Universum der Zeichen. Essays über die Expansion der Semiotik*, Baden-Baden 1983, 100: "Gemäß dieser Konzeption genügt die semiotische Theorie auch den Hausdorffschen strikten Trennungskriterien 'zwischen der empirischen (unser Bewußtsein erfüllenden) und der transzendenten (von unserem Bewußtsein

In seiner Einleitung würdigte er FH als einen von wenigen Mathematikern,

> die im philosophischen Vorbereich ihrer Mathematik selbstdenkende Wesen und schöpferisch waren und bei denen die Spur dieser philosophischen Schöpfungsfähigkeit immer wieder einmal in der kreativen mathematischen Arbeit sichtbar wird oder die Spur der späteren mathematischen Interessen und Erkenntnisse mindestens in gewisser Hinsicht philosophisch vorweggenommen wird. (9)

Er liest FH als einen Vorgänger seiner eigenen semiotischen Informationsästhetik oder "statistisch selektierenden Ästhetik" (16). Der dafür maßgebliche Gedanke sei das

> Prinzip bzw. [der] Akt der Selektion, der Wahl, der Auslese, der – nach Hausdorffs Einführung – mindestens in der intuitionistischen Begründung der Mathematik ('Wahlfolgen'), in der statistischen Informationstheorie ('Kommunikationsschema'), in der abstrakten Informationsästhetik ('selektive Repertoireabhängigkeit ästhetischer Zustände') und in der Semiotik bzw. allgemeinen Zeichentheorie ('thetische Einführung des Zeichens als solchem', bzw. 'die selektive Repertoireabhängigkeit der Zeichen im Gebrauch') eine fundamentale Rolle spielt. (16)

Er könne Leitgedanke einer "Wissenschaftstheorie, Erkenntnistheorie und exakter Ontologie" sein, die "mehr und mehr jede Art spekulativer, systemgebundener Metaphysik aufsaugt und in Grundlagenprobleme positiver Theorien und Wissenschaften zu verwandeln vermag." (19)

BENSE hat – vor und nach seiner Neuausgabe von CK – in seinen eigenen Arbeiten vielfach auf FH hingewiesen. In *Aesthetica. Einführung in die neue Aesthetik*, Baden-Baden 1965 (S. 284–290), begründet er die Ästhetik als Lehre von der Gestaltung überhaupt, verknüpft sie als "technologische Zeichen- und Informationsästhetik" mit der Informationstheorie und bezieht sie als "Kosmologische Ästhetik" auf den Kosmos im ganzen. FH wird neben seinen Zeitgenossen FELIX AUERBACH,[274] VICTOR GOLDSCHMIDT, CHRISTIAN VON EHRENFELS und CHARLES SANDERS PEIRCE als einer ihrer Gründerväter namhaft gemacht. In seiner nun vor allem an PEIRCE anschließenden Arbeit *Semiotische Prozesse und Systeme in Wissenschaft und Design, Ästhetik und Mathematik*, Baden-Baden 1975, wird FH so zu einem der Vordenker für einen "Begriff des semiotischen Raums" als eines "Systems willkürlich gewählter Voraussetzungen" (S. 70). Für dessen Entwicklung könnten die HAUSDORFFschen Umgebungsaxiome und Entfernungsaxiome in den *Grundzügen der Mengenlehre* Vorbild sein (172 f.).[275] In *Die Unwahrscheinlichkeit des Ästhetischen und die semiotische Konzeption der Kunst*, Baden-Baden 1979, führt BENSE FHs "metaphysisch-semiotisch repräsentiertes Kreationsschema" bis auf LEIBNIZ zurück und findet es, "nach der indirekten Formulierung von Heinrich Scholz"

---

unabhängigen) Realität'."

[274] Den FH rezensiert hatte: Vgl. o. Abschn. 5.5 (Nr. 15) zu [H 1910b].

[275] Vgl. dazu auch MAX BENSE, *Vermittlung der Realitäten. Semiotische Erkenntnistheorie*, Baden-Baden 1976, 74–76.

fortentwickelt "insbesondere im Rahmen linguistisch-logisch-semantischer Entwicklungen jüngeren Datums wie etwa bei Richard Montague (zwischen 1955 und 1974) und Saul A. Kripke (ab 1958)" (83 f.). Er formuliert es von nun an, immer wieder unter Berufung auf FH, als peircesches triadisches semiotisches Schema: Allgemeingültigkeit der Naturgesetze – Continuum des Chaos – Kosmos.[276] In *Repräsentation und Fundierung der Realitäten. Fazit semiotischer Perspektiven*, Baden-Baden 1986, Abschnitt "Abschließende semiotische Untersuchung über 'Kosmos' und 'Chaos'" (30 ff.), würdigt BENSE nochmals ausführlich FHs Priorität, differenziert nun "chaogene" und "kosmogene Zustände" (32 f.) und bringt FHs Konzept mit der "Katastrophen"- oder "Chaostheorie" in Verbindung:

> wo Unwahrscheinlichkeit und Zufälligkeit von Ereignissen die Singularität ausmachen, ist, was seit Hausdorff (bzw. Paul Mongré), von Thom bis Feigenbaum immer wieder einmal Gegenstand kosmologischer und mathematischer Forschung geworden ist, auch 'Fragilität' (O. Becker), 'Katastrophe' (Thom) und nachbarliche Anfälligkeit für Störung und Veränderung zu erwarten. (102)

In seiner letzten Arbeit, die ELISABETH WALTHER aus dem Nachlaß herausgegeben hat, *Die Eigenrealität der Zeichen*, Baden-Baden 1992, gibt BENSE noch einmal einen Überblick über FHs Grundgedanken in CK mit ausführlichen Zitaten insbesondere aus dem letzten Kapitel "Transcendenter Nihilismus" (53 ff.) und schließt das Werk mit einem Zitat aus SI "Der Mensch ist ein semiotisches Thier ..." (Nr. 7).

7. Die informationstheoretische Rezeptionslinie von CK hat zuletzt der als Medienphilosoph bekannt gewordene NORBERT BOLZ in *Chaos und Simulation* (München 1992, 2. Aufl. 1998) weitergezogen. Er führt philosophische, systemtheoretische, informationstheoretische und naturwissenschaftliche Argumentationsstränge zu einem disziplinübergreifenden "fraktalen Denken" zusammen. Zum Thema "Die Wiederkehr des Regellosen", Abschnitt "Das Chaos ohne Gott", rekurriert er auf NIETZSCHEs Aphorismus Nr. 109 aus *Die fröhliche Wissenschaft* (57), interpretiert ihn zunächst mit HEIDEGGER, dann im Licht des "erstaunlichen Buchs" CK, das unter dem "Kontext der naturwissenschaftlichen Kosmologien seiner [sc. Nietzsches] Zeit" eingeordnet wird (60), unter den Stichworten "Desanthropomorphisierung der Welt" und "Entgöttlichung der Natur" (58).[277]

---

[276] Vgl. *Axiomatik und Semiotik [in Mathematik und Naturerkenntnis]*, Baden-Baden 1981, 100, *Das Universum der Zeichen. Essays über die Expansion der Semiotik*, Baden-Baden 1983, 142–155, bes. 149: "Man bemerkt, daß in diesem trichotomisch-triadischen Repräsentationsschema (Hausdorffscher Provenienz) die kosmologische Phase der Entwicklung des chaotischen Zustandes als Bewußtseinsrealität im Sinne eines Super-Interpretanten gegeben wird, wie es einem universellen 'anthropischen Prinzip' entspricht."

[277] MAX BENSE wird unter dem Thema "Ordnung aus dem Rauschen – Artistischer Chaosmos" (77) ebenfalls im Nietzsche-Kontext behandelt. Seine Informationsästhetik könne als Beitrag zu NIETZSCHES "ästhetischer Theodizee" im Ausgang von PEIRCE's Semiotik betrachtet werden. E. BRIESKORN, *Felix Hausdorff: Elemente einer Biographie* (Ms.), 109, weist es zurück, FH "in solche postmoderne Gesellschaft gestellt zu sehen".

8. Felix Hausdorff als Philosoph

Man wird FELIX HAUSDORFF alias PAUL MONGRÉ einen Philosophen nennen können. Er setzte sich nicht nur mit Philosophen wie KANT und NIETZSCHE auf deren Niveau auseinander, sondern entwickelte eigenständig und mit methodischer Originalität ein philosophisches Konzept von hoher Plausibilität: er hatte *seinen* Gedanken. Philosoph war er auch in seiner Grundhaltung, daß er es sich in Fragen der Lebens- und Weltorientierung nicht leicht, nicht "bequem" machen, sich nicht mit gängigen Plausibilitätsstandards zufrieden geben wollte, sondern sie, wo es ihm möglich war, von anderen Denkmöglichkeiten her in Frage zu stellen suchte. Er wollte, so unbequem das sein mochte, statt zu einer "harmonischen Welt- und Lebensanschauung[...]" zu kommen, überall "die Dissonanz vernehmen, in das Unfügsame, Incongruente der Dinge ohne Prokrustes-Gelüste hineinschauen".[278] Dies war auch in der Mathematik eine seiner Maximen. Im Vorwort zu den *Grundzüge[n] der Mengenlehre* etwa sagt er, in diesem Gebiete sei "schlechthin nichts selbstverständlich und das Richtige häufig paradox, das Plausible falsch."[279] In SI ging es ihm dabei zunächst um kulturelle, moralische, religiöse Plausibilitätsstandards, in CK um die Plausibilitätsstandards der theoretischen Erkenntnis. Beide verbindet das Thema der Kontingenz und Zeitlichkeit: der Kontingenz und Zeitlichkeit des Denkens des Einzelnen in SI, wo er keine allgemeinverbindlichen Normen mehr annimmt, der Zeitlichkeit selbst in CK, wo er alle apriorischen Voraussetzungen der Zeit gezielt aufhebt. Er stößt damit zu einem der zentralen Anliegen der Philosophie (und nicht nur der Philosophie) des 20. Jahrhunderts vor: die Welt in ihrer Kontingenz und Zeitlichkeit denken zu lernen. Auch HENRI BERGSON, ALFRED NORTH WHITEHEAD (der ebenfalls von Hause aus Mathematiker war) und MARTIN HEIDEGGER, um nur sie zu nennen, begannen seit der Wende zum 20. Jahrhundert damit, Zeit nicht mehr vom Sein, sondern Sein von der Zeit her zu verstehen. Mit dem frühen LUDWIG WITTGENSTEIN teilt FH die Einsicht, daß die Welt als die "Gesamtheit der Tatsachen" eine "Projektion" unserer Art von Logik ist und daß wir die "Form der Abbildung" selbst *in* der Welt nicht abbilden, dies aber zeigen können und darüber hinaus "schweigen" müssen.[280] Sofern das Ethische jenseits des Sagbaren, nicht in normativen Aussagen liegt, hat FH sich wie HEIDEGGER und WITTGENSTEIN gegenüber einer Ethik zurückgehalten. Der Gedanke, daß unsere Bewußtseinswelten spezifische Selektionen oder Komplexitätsreduktionen eines seinerseits nicht Bestimmbaren sind, ist gegen Ende des 20. Jahrhunderts zum Leitgedanken der Systemtheorie NI-

---

[278] SI 70, Nr. 71.

[279] Das Werk endet mit einem der gewöhnlichen Anschauung scheinbar vollkommen widersprechenden Paradoxon, das FH gerade bewiesen hatte, "der merkwürdigen Tatsache, *daß eine Kugelhälfte und ein Kugeldrittel kongruent sein können.*" Vgl. [H 1914a], Bd. II dieser Edition, 97 und 569.

[280] Vgl. LUDWIG WITTGENSTEIN, *Tractatus logico-philosophicus*, 3.11, 2.17, 7.

KLAS LUHMANNs geworden. Seither werden Kosmos und Chaos als System und Umwelt gedacht.

Gegen das Denken der Genannten gehalten, zeigt sich aber auch die Grenze von FHs philosophischem Denken. Er grenzt von sich aus den denkbar weiten und bis heute noch nicht ausgeschrittenen Horizont von NIETZSCHEs Denken, in dem er ansetzt, so ein, daß, bei aller "Freigeisterei", das logisch-mathematische Denken unberührt bleibt. Damit wird ein starker "erkenntnistheoretischer Radicalismus" möglich, zugleich aber ein weiterer Rückgang zu den Bedingungen des Denkens überhaupt, wie ihn NIETZSCHE und die großen Philosophen des 20. Jahrhunderts gewagt haben, verschlossen. Die methodische Öffnung der Philosophie zur Mathematik hin, die die augenscheinliche raum-zeitliche Ordnung des Kosmos als spezifische Selektion aus unendlich vielen anderen Möglichkeiten erkennen ließ, erzwang Begrenzungen der Philosophie nach anderen Seiten. So schenkte FH, anders als seine Wegweiser KANT und NIETZSCHE, den sprachlichen Ordnungen der Lebenswelten und ihren unendlichen individuellen Variationen wenig Beachtung; der Rückgang zu den Bedingungen des Denkens im 20. Jahrhundert war aber vor allem ein Rückgang zu Sprache, Zeichen und Kommunikation. Von ihnen her stellten sich gegen Ende des 20. Jahrhunderts auch die ethischen Fragen neu, und die ästhetischen rückten weiter in den Mittelpunkt. Daneben traten erkenntnistheoretische, metaphysische und insbesondere kosmologische Fragen weitgehend zurück.

FH wußte selbst von den Grenzen seines philosophischen Denkens und hielt sich, zugleich selbstbewußt und bescheiden, in ihnen. Nach CK hat er seinen Gedanken weiter plausibel gemacht und gegen unzulässige Weiterungen verteidigt, er hat ihn philosophisch aber nicht mehr produktiv weitergetrieben, sei es, weil ihn nun seine mathematische Produktivität ganz in Anspruch nahm, sei es, weil er befürchtete, daß ihm zu weiterer und tieferer philosophischer Arbeit doch die Voraussetzungen fehlten.

Sant' Ilario – Gedanken aus der Landschaft Zarathustras.

Verlag C. G. Naumann, Leipzig 1897.

[H 1897b]

Sant' Ilario

Gedanken aus der Landschaft Zarathustras

Von

Paul Mongré

LEIPZIG

Druck und Verlag von C. G. Naumann

1897.

Vorrede.

I.

„Der Wille zum System ist ein Mangel an Rechtschaffenheit": giebt es eine angenehmere Verführung für moderne
Ohren? wir wollen kein System (unter uns, wir können's nicht);
folglich — sind wir rechtschaffen.

Heute wird noch viel Buch gemacht, aber es ist ein
Unterschied zwischen Buch und Buch. Das Buch, in seiner
klassischen Bedeutung, als Ganzes, als Organismus, stirbt immer
mehr aus; das heutige Buch ist lanx satura, „bunte Schüssel",
eine Kriegserklärung an alles System. Die Aberration des
modernen Menschen ist zu stark: in der Zeit, in der ein Buch
geschrieben wird, hat er sich schon um drei Seelen verändert,
— das erste und das letzte Kapitel sind nicht mehr von Demselben. Ich denke nicht daran, uns daraus ein Compliment zu
machen; es ist eine Schwäche, nichts festhalten zu können, wie
es eine Schwäche ist, von nichts loskommen zu können: es ist
Impotenz, kein Buch zu schreiben, und Impotenz, nur Bücher
zu schreiben. Wir haben uns für die gefährlichere Art Schwäche
und Impotenz entschieden; wir bringen nichts mehr über drei
Seiten fertig, der lange Athem, das legato fehlt uns vollkommen.
Wir brüten unsere Eier nicht aus, wir legen sie nicht einmal
in fremde Nester ... Nein, wir sind keine Buchschreiber mehr;
unser Gebiet ist der Essai, der Aphorismus, die Monographie,
die Skizze, das Gedicht, das Feuilleton — und das Vorwort!
Selbst unsere Musiker schreiben am liebsten Vorreden, Préludes,

Ouverturen, auch sie haben ihre Form gefunden für Versprechen und nicht Wort halten!

Die Vorrede, die moderne Vorrede zum modernen Buch: giebt es etwas Appetitlicheres? Hunderterlei gestreift und nichts ergriffen; angebissene Früchte, angeschnittener Kuchen, angenippte Gläser . . . Glöckchen klingen, Contacte werden hergestellt, Perspectiven blitzen auf und verschwinden; ein Changeant undefinirbarer Farben, die anmuthigste Vieldeutigkeit von Meinungen und Irrthümern, Alles, nur nichts Fassbares. An einem Kieselstein bleibt man stehen und verträumt ein paar Jahrhunderte, über Berge wird mit verachtender Grazie hinweggetanzt; Gross ist Klein und Nichts ist Alles. Die hohen Gefühle verdampfen in feines Gelächter, und ein Minimum von Spannung löst sich in Thränen; ein Geigenpizzicato bedeutet Gott, ein Hörnerchoral den Teufel. Der Boden bröckelt und seltsames Gewürm kriecht halben Leibes an die Sonne; ich wollte Niemandem rathen, die andere Hälfte zu suchen. Einmal, ganz von ferne, schleicht sich was Vermummtes über die Scene: es sah Jemandem ähnlich und doch nicht ähnlich — sollte es die Wahrheit gewesen sein? Vielleicht etwas derangirte Wahrheit, Wahrheit in mystischem Gewande; warum soll nicht auch einmal der Löwe das Fell eines Esels umhängen? — Nein, im Ernst, es ist nur eine Höflichkeit, wenn nach derartiger Anmeldung nichts kommt; es ist eine Tugend und nicht nur eine Noth, dass solche Bücher hinter der Vorrede aufhören. Wer das Buch schriebe, hätte die Vorrede Schritt für Schritt zurückzunehmen, aber sie ist das Beste daran, das Einzige was wir können, wir Modernen . . .

Ich will aus solchen Vorworten zu ungeschriebenen Büchern ein Buch machen, ein modernes Buch. Und ich schrieb eben — das Vorwort dazu.

2.

Dies war gewiss eine Aufrichtigkeit, und aufrichtig sein dürfen, verführt zum Muthwillen. Die ernsthaften, zugeknöpften, feierlichen Menschen sind immer Poseure, die Einiges sehen lassen und Vieles verbergen; Sterne nennt die Gravität eine Erzschelmin. Indessen, hüten wir uns, dass dieser aufrichtige Muthwille der Vorrede nicht für das Buch ein Versprechen, ein Zuviel-Versprechen bedeute. Man kann zwar mit dem blossen ernsthaften Tonfall Stunden lang predigen und Bände von achthundert Seiten schreiben — aber man kann nicht aus lauter Ausgelassenheit und guter Laune und südlichem Himmel ein Buch machen. Ein wenig Sachlichkeit ist schon nöthig, und so erlaubt sich auch dieses Buch, an Orten, wo man es nicht einmal vermuthen würde, irgend eine vernünftige, bisweilen gar wissenschaftliche Frage zu stellen und auf eigene Faust zu beantworten. Auf diese Weise kommt hier eine Meinung, da eine Einsicht, dort wenigstens die Spitze eines Problems zum Vorschein — und dem Leser bleibt das Vergnügen ungeraubt, diese Einzelheiten zum System in Reih und Glied zu stellen, oder sie als das Chaos zu verdammen. Sollte aber wirklich nicht der Schatten eines Systems darin sein, nicht einmal das bedauerliche System der Systemlosigkeit, sollte es gar — schrecklich zu denken! — nicht am Selbstwiderspruch fehlen, den ich freilich als Recht und als Merkmal des Lebendigen verehre, nun, so bleibt nichts übrig, als auf eine andere als die systematische Einheit meines Buches zaghaft hinzudeuten. Moderne Menschen lieben das die Einheit der Stimmung zu nennen, worin freilich liegt, dass man sie mittheilen und empfinden, nicht von ihr sprechen soll. Mein Buch hat im Ganzen einen und denselben Barometerstand; seine Sprüche und Gedanken sind, wenn auch durch Ort und Zeit getrennt, alle in einer mittleren Bergeshöhe ans Licht getreten. Sie entstammen heilig-schattenkühlen Alpensommern und einem sonnenheitren ligurischen Winter, sie erzählen, mehr oder minder unmittelbar, von den wenigen Stätten in Europa, wo es leidliches und bisweilen sogar erfreuliches Wetter giebt. Man wird aus ihnen eine tiefe, fast leidenschaftliche Überzeugung von der Unbewohnbarkeit unserer nordischen Breiten heraushören; die Klimafrage, wichtiger noch als alle Diätfragen, wird ja lange nicht ernst genug behandelt. Was ist die chronische Unvollkommenheit des Nordens und unsere eigentliche Sünde wider den heiligen Geist, wenn nicht das schlechte Wetter! die ewige „kimmerische Halbnacht", der bleierne unentschiedene Dämmerzustand, der kein Ja oder Nein von Licht und Wärme kennt. Was wissen wir armen Blinden von Farben! Man sollte nie zulassen, dass nordisch blöde Augen mit ihren schleimigen dunstigen Begriffen von Grün und Blau an der Wahrscheinlichkeit Böcklinscher Gemälde herumtasten. Ein deutscher Nebelspalter kann an diese Cypressen, dieses Violett der Schatten, dieses Purpurbraun beschäumter Klippen nicht glauben; diese silbernen und tiefgoldenen Stimmen des Lichts grüssen nur den südwärts Geflüchteten, der morgens aus Zarathustras Höhle in Zarathustras Garten tritt! Im deutschen Klima, das keine Nüancen und Einzelheiten zu erkennen erlaubt, wird man auch „systemsichtig", man sieht die Welt farblos, vereinfacht, abstract; bei Nacht sind alle Katzen grau und alle Systeme wahr. Mein systemlos übermüthiges Buch überlässt es den Lesern, seinen Mangel an System darauf zurückzuführen, dass es nicht in Deutschland, dem Lande schlechten Wetters und systematischen Denkens, geschrieben wurde. Es überlässt ihnen auch, seinen Mangel an Idealismus zu beklagen: der Deutsche, den es nach dem Süden zieht, legt dieser Sehnsucht einen Bildungsgrund unter — er sucht nicht bloss gutes Wetter, sondern die grosse Kunst der Antike und Renaissance. Aber dieses „nicht bloss" ist unverzeihlicher Hochmuth; Italiens Kunst ist transformirtes und verewigtes gutes Wetter, wir geniessen in ihr alle heiteren und entwölkten Tage der Vergangenheit!

3.

Nun aber, was deutet der Name? Sant' Ilario, der heilige Heiterling oder frohe Heilige: wer mit dem Namen dieses Patrons ein Buch tauft, sollte er wohl die Hand nach zwei Kronen der Vollkommenheit ausstrecken, die bisher getrennt vergeben wurden? Bei der Heiligkeit denkt man an die Wüste, an Gliederstarre und Hungerkuren, an vierzigtägiges oder vierzigjähriges Stillstehen auf einer Säule von Monomanie, oder, wenn man ganz modern sein will, ans Priesterthum der Erkenntniss, an die siegreich wehende Fahne der Wahrheit, unter der der Fahnenträger verwundet zusammenbricht. Die Heiterkeit aber, die kennen wir als überflinke Beweglichkeit, als Feuerwerk oder Schellengeklirr von Narrenkappen, als klapperndes klimperndes klingelndes Scherzo in der Symphonie des Lebens. Wie, wenn einmal der Versuch gemacht würde, heiter zu sein ohne Gezappel und nachdenklich ohne Steifigkeit? wenn man eine unwahrscheinliche Mischung von Nüchternheit und Rausch, von Gauklertanz und Fakirschlaf ausfände und festhielte? Aber das klingt wie ein Programm, und dies Buch hat keines; es füllt keine Lücke aus, kommt keinem tiefgefühlten Bedürfnisse entgegen, es ist stolz darauf, überflüssig zu sein und zu überflüssigen, müssiggehenden, von Arbeit und Amt noch nicht zerriebenen und verbrauchten Menschen zu reden. Dies Buch will alles vermeiden, was wie Zweck, Formel, Willenskrampf aussieht, jede Art Absichtlichkeit im Liegen, Stehen, Springen, Tanzen; giebt es nicht das beste Portrait, wenn man gar kein bestimmtes Gesicht macht? Die hohen Augenbrauen des Erkennenden, die Pose des Spötters, die berufsmässigen Falten im Priesterantlitz oder Galgengesicht — fort mit alledem! Denke, aber ohne ans Denken zu denken! vergiss, und vergiss auch, dass du vergessen wolltest! sei frei, mit der Freiheit, dich ihrer begeben zu können! so ungefähr wird das Buch zu seinem Autor, oder der Autor zum Buche gesprochen haben, ehe Eins vom Anderen Abschied nahm. Dieser Abschied des Neugeborenen von seiner Mutter trug sich in einer jener Landschaften mittlerer Höhe zu, deren Stil ich mit meinem Buche getroffen haben möchte: ein Stil zwischen Pathos und Idyll, eine Landschaft gleich fern von der Niederung wie von fratzenhaft emporgethürmten Bergspitzen. Es war bei der Kirche Sant' Ilario, die unweit des genuesischen Nervi unter Ölbäumen und Cypressen glänzt und den blauschimmernden Golf von

Genua bis hin zum Vorgebirge von Portofino überschaut. Der Namenstag des Heiligen wurde durch eine feierlich-närrische Eselsegnung begangen, wobei unser Aller Wunsch, dass das Eselgeschlecht nicht aussterben möge, in verständlicher Symbolik zur Sprache kam. Der Autor versäumte nicht, sich selbst auf die Seite der Eselinnen zu stellen und für sein Eselsfüllen von Buch den Segen des frohgelaunten Heiligen zu erflehen.

S. Ilario bei Genua, am Tage S. Ilario 1897.

Spätlings-Weisheit.

Man frage seinen Rücken, ob es
vorwärts geht!

Lauterbach, Aegineten.

Es giebt einige Fragen, zu deren Aufstellung heute, wie die Dinge nun einmal liegen, eine kaum noch rechtmässige Abstraction von jeder Wirklichkeit erfordert wird, eine Fernsicht weit über Heute und Gestern, über Europa und Asien hinaus, ein Zurückdenken und Zurückempfinden hinter die ersten Anfänge und Zufallsentscheidungen der Cultur überhaupt. Gerade die schärferen Geister werden es an Hypothesenspiel auf diesem Felde nicht fehlen lassen; wenn der Normalmensch Alles, bis zu seiner eigenen Berufswahl und Heirath hin, als fait accompli und Vernunft in der Wirklichkeit nimmt, wenn der kritischer gestimmte Historiker sich erlaubt, einen möglichen Weltverlauf ohne Reformation oder Völkerwanderung zu construiren, so muss es Einigen freistehen, noch viel verjährtere Thatsächlichkeiten auf ihre Nothwendigkeit hin anzuzweifeln. Musste unter den Religionen gerade dem Christenthum, musste unter den culturpraktischen Mächten gerade der Religion die Lenkung Europas zufallen, musste die griechische Kunst untergehen — das sind solche Fragezeichen und Kleinigkeiten, auf die hin „romantische" Seelen sich bisweilen versucht fühlen, zur gesamten Weltgeschichte summarisch und kurzerhand Nein zu sagen. Wie wenig selbstverständlich war doch, vor etlichen tausend Jahren, diejenige Entscheidung der Alternativen, die wir heute als die einzige

1 *

kennen; mit welchem Minimum von Seitenstoss konnte damals der Wagen in ein anderes Geleise einfahren, das heute natürlich meilenfern von uns entrückt ist! Alles, was jetzt als Krankheit, Störung, Unnatur in unseren Leibern, Seelen und Culturen sichtbar wird, ist einstmals mechanisch eingefädelt worden; so unmöglich es heute ist, das Gewebe wieder zu entwirren, so spottleicht war es dazumal, anders anzufangen. Hätte nicht eine geringe Umschichtung und Umlagerung der noch flüssigen Erdrinde aus der Weltgeschichte ein heroisches Epos werden lassen, da doch ihre wirkliche, aber eben so zufällige Schichtung und Lagerung ausreichte, daraus eine Posse zu machen? Eine Wasserstoff-Explosion mehr oder weniger innerhalb des glühenden Urnebels, aus dem sich das Sonnensystem bildete; ein Kilogramm kosmischer Materie, das sich zur Erdmasse geschlagen hat, an die Jupitersmasse abgegeben — sind es nicht solche Gewinne und Nieten eines Hazardspiels, die unser Schicksal machen, sind nicht solche Richtersprüche auf Würfel und Karte bis ins tausendste Glied an uns Menschen rechtskräftig und autoritativ geworden? In der Welt ist so empörend viel Unsinn, Sprung, Zerrissenheit, Chaos, „Willensfreiheit"; ich beneide Diejenigen um ihre guten und synthetischen Augen, die in ihr die Entfaltung einer „Idee", einer Idee sehen. O einen Sinn, einen menschlichen Sinn stelle über der Welt auf, einen Menschensinn sende ihr statt eines Menschensohnes, einen Logos in nichtsymbolischer Bedeutung, o Gott, der du die Welt geliebt!

2.

Institutionen haben den Zweck, das persönliche Gewissen zu entlasten. Man fühlt z. B., dass nicht Jeder zu jeder Zeit das Recht hat, Kinder zu zeugen; um sich mit diesem Bedenken ein für alle Male abzufinden, schliesst man die Ehen unter gewissen religiösen und bürgerlichen Sanctionen. Ein geistreicher Ausweg, sein Bischen Verantwortung loszuwerden! Seit es Ehen giebt, nimmt die Qualität der Geburten ab; seit es eine Moral giebt, kommt die Sittlichkeit zu kurz; seit es einen Culturstaat giebt, sieht sich die Cultur genöthigt, ausserhalb des Staats ihre eigenen Wege zu gehen. Die Geschichte belehrt uns unzweideutig genug über die Entartungstendenz aller Institutionen; dazu aber betreiben wir ja Geschichte als Institution, um von der Geschichte nichts lernen zu müssen.

3.

Das zweifellos Liebenswürdige an Menschen und Dingen ist ihre Idealität, oder deutlicher, ihr Antheil an der Zukunft und ihre Loslösung von der Vergangenheit, ihre Duldsamkeit und Liebe zu noch unerprobten Möglichkeiten, ihre Freiheit von jeder Art „Ahnenstolz" und Vergötterung des Gewesenen. „Vertrieben bin ich aus Vater- und Mutterländern; so liebe ich allein noch meiner Kinder Land, das unentdeckte, im fernsten Meere!" Mich berauscht noch nach einem halben Jahrhundert die wundervoll schwärmerische Lenz- und Zukunftsstimmung, in der Richard Wagner in den Dresdener Maiaufstand hineingerieth — unschuldig, unbetheiligt, für seine eigentlichen Ziele ohne Hoffnung, ohne tieferen Zusammenhang mit dem „Volke", nur von dem einen ächten Künstler-Instinct getragen: fort vom Vergangnen! hinaus in die Dämmerung des Kommenden! — Jenem seltsamen Manne, der als Mensch und Denker den schrittbreiten Pfad zwischen dem Erhabnen und dem Lächerlichen wandelt, fehlt es gerade an diesem Einen, das eigentlich das Venerabile im Charakter ausmacht; er ist keiner von den Hoffenden, die irgend ein goldenes Kleinod von Wunsch und Sehnsucht dem Gange der Zeit vorauswerfen. Im Gegentheil hat S c h o p e n h a u e r eine gewisse Meisterschaft darin, der Zukunft ihren Sinn zu rauben und überall die Grundüberzeugung durchscheinen zu lassen, als ob mit seiner Philosophie die Welt enträthselt, ihr weiteres Fortbestehen also im höchsten Sinne überflüssig sei. Als philosophisches Dogma: weil die Menschheit bereits fähig ist, das Weltziel zu erreichen, d. h. den Willen zu verneinen, und natura nihil frustra facit, darum muss die Menschheit die l e t z t e Objectivationsstufe des Willens sein. Welch ein tyrannischer Gedanke! welche Vergewaltigung der noch unerlebten Zukunft, welche eindeutige und ausschliessliche Interpretation des reichen vielgestaltigen Lebens! — Wenn nicht die Wahrheit selbst, so ist doch der Glaube an die gefundene Wahrheit in gefährlichem Masse lebensfeindlich und zukunftsmörderisch. Noch Keiner von denen, die sich mit Wahrheit begnadet wähnten, hat einen Augenblick gezögert, das grosse Finale oder den grossen Mittag oder irgend einen Endpunkt, Wendepunkt, Gipfelpunkt der Menschheit zu verkünden, d. h. jedesmal allem Künftigen sein Bild, seinen Stempel, seine Beschränktheit aufzuprägen.

4.

Jede Zeit, gekostet mit ihrer eigenen Zunge, schmeckt wie Jetzt; es ist empfindsame Verirrung, sich in irgend eine Vergangenheit oder Zukunft hineinzuwünschen. Ein goldenes Zeitalter ist ein perspectivisches Phänomen, bedingt dadurch, dass von einem bleiernen aus nach ihm hingeschaut wird; auch die „Finsterniss" des Mittelalters ist ein solches Phänomen —: die in ihr Lebenden sahen ebensogut die Sonne wie wir taghellen Gegenwartsmenschen. Verschiebe die Zeit, und du verschiebst dich selbst: zum Schluss seid ihr beide wieder homogen.

5.

Geschichte bewahrt auf, was so bescheiden war, sich kundzugeben. Was schweigen kann, was in sich selbst lebt und darum nicht nöthig findet, in Andern weiterzuleben, wird vergessen, — will vergessen werden. Der letzte Stolz einer Zeit kommt nicht auf die Nachwelt.

6.

König sein bedeutete früher eine Gefahr voraushaben, heute — eine Bequemlichkeit! Auf „niederen" Culturstufen versteht es sich von selbst, dass, wo die Anderen einfach aufgeknüpft oder todtgeschlagen werden, der Häuptling braten muss; es giebt eine genaue Rangordnung der Martern, und der Mann von Stand hält darauf, langsamer und complicirter zu sterben als das Gesindel. Heute hat der Häuptling, gegen die gemeinen Krieger gerechnet, das weichere Bett, das geschütztere Zelt, die mildere Gefangenschaft: die „Tragik des Königthums", von der empfindsame Reactionäre träumen, hat sich auf das ungefährdetere Gebiet der Seelenschmerzen begeben.

7.

Der Mensch ist ein semiotisches Thier; seine Menschheit besteht darin, dass er statt des natürlichen Ausdrucks seiner Bedürfnisse und Befriedigungen sich eine conventionelle, symbolische, nur mittelbar verständliche Zeichensprache angeeignet hat. Er zahlt in Nominalwerthen, in Papieren, das Thier in Baar, in Realwerthen; die Schnelligkeit des Verkehrs, der erleichterte Austausch geistiger Beziehungen hat hierin seinen Grund, und das ist es wohl, was den Menschen zum Menschen gemacht hat? Das Thier thut Ja und Nein, der Mensch sagt Ja und Nein und kommt dadurch wohlfeiler und abstracter zu seinem Glück und um sein Unglück. Ratio und oratio sind eine ungeheure Erleichterung des Lebens, und es ist nicht mehr als unparteiisch, wenn im Auftrage der Natur irgend ein Hochmuthsteufelchen den Menschen anspornt, sich durch Schaffung specifisch menschlicher Lust- und Unlustquellen (durch Ideologie) das Leben wieder ein wenig zu erschweren. Oder ist es umgekehrt der erweiterte Horizont und der gesteigerte Widerstand, unter dem der Mensch lebt und leidet, der eine anderweitige Milderung seiner Lebensbedingungen verursacht und rechtfertigt?

8.

Es ist allen verfeinerten Culturen gesund, wenn von Zeit zu Zeit naive Barbaren an sie herantreten, grosse Kinder und Tölpel, die nichts von ihren Voraussetzungen wissen und schlankweg nur die Folgerungen anfeinden. So muss unsere europäische Bildung ihrem Tolstoj, unsere Naturwissenschaft ihrem Strindberg dankbar sein, so muss das „veraberte und verwennte" Recht gelegentlich von Trotzköpfen und hartnäckigen Querulanten aufgerüttelt werden; jedesmal erhält da eine Stupidität, die in ausgefahrenen Geleisen rollt, einen kräftigen Seitenstoss, und der gedanklichen Inzucht vieler Einerleiköpfe wird wieder

einmal frisches Blut zugeführt. Jede von aussen unge-
störte Entwicklung wird mit der Zeit absolutistisch und
vergisst ihren allzumenschlichen Ursprung; Stockwerk
wird auf Stockwerk gesetzt, ohne die Fundamente zu
prüfen. Erst wenn von fremder Seite, die den Complex
des geschichtlich Gewordenen weder begreift noch re-
spectirt, ein grober Widerspruch laut wird, beginnt man
auf die Anfänge zurückzugehen und das Bedingte als
bedingt zu empfinden — jene Ostgothen und Vandalen
sind ein Segen für die Methode der von ihnen heim-
gesuchten Cultur, während sie inhaltlich nur zerstören,
nicht aufbauen können.

9.

Historische Wahrheit. Das gemalte Portrait ist
verdächtig, schon weil es von Zweien erzählt; es ist
Gegenstand und Auffassung, Text plus Interpretation.
Die Photographie beseitigt wenigstens die Zwischenstation
eines Subjects, verlegt aber die Fälschung ins Object
zurück: das Gesicht, das stillehalten und eine Platte bestrahlen soll, wird Maske, nämlich starr und unwahr zugleich. Bleibt die Momentaufnahme, die dem Opfer keine
Zeit lässt zu posiren und einen „Charakter" vorzuhängen,
die nicht verschmäht indiscret zu sein und Menschlein in
ihren fatalsten Augenblicken zu überraschen. Diese
Augenblicke auszuwählen ist eine Kunst, die sich wieder
mit der des Malers berührt, nur dass dieser sämtliche
Momentbilder zu einem einzigen mischt und übereinander-
legt. Aber gerade auf die einzelnen kommt es an, auf
die Theile, nicht aufs geistige Band. Wenn die Chemie
sich fernerhin um die Ausbildung der Momentphoto-
graphie bemüht, kann sie als „Scheidekunst" auch in
psychologicis zu Ehren kommen.

Was wissen wir vom Vergangenen? Grosse Menschen und Ereignisse müssen uns „sitzen" oder wenigstens Minuten lang, Secunden lang stillehalten, bis sie sich abgezeichnet, eine „Wirkung" gehabt haben: sie werden gemalt oder photographirt, in beiden Fällen als Kunst, Phantasie, Fälschung überliefert. Il n'y a que l'esprit qui sente l'esprit ist ein leidlich unwahrscheinlicher Satz: jede Anhängerschaft, jeder Bund zwischen grossen Menschen, jedes Herüber und Hinüber zwischen Mensch und Ereigniss widerlegt ihn. Geist haben privilegirt zum Missverstehen jedes Anderen, das auch Geist hat; Production und Reception schliessen sich aus; grosser Mensch sein heisst grosser Fälscher, grosser „Künstler" sein. Die Geschichte ist in Gefahr, wenn sie grossen Menschen in die Hände fällt. Und was „Wirkungen" anbelangt, so wissen wir, dass die Ursachen kein besseres Versteck finden können. Um zu wirken, muss ein Ereigniss sich in seiner natürlichen Beweglichkeit beschränken, muss eine Reihe gleichartiger Erschütterungen aussenden, die sich zu einer „Wirkung" summiren können, muss, wie gesagt, stillehalten. Und dabei legt es sein Gesicht in fremde Falten und zieht Sonntagskleider an, dabei hat es Wünsche und Absichten und arbeitet der künftigen Retouche vor, dabei lügt es und schämt sich nicht, sich selber zu idealisiren . . .

Aber es könnte Geschichte geben, die weder Poesie noch Pragmatik wäre, Geschichte in Momentaufnahmen: Menschen und Dinge in ihren fatalsten Augenblicken belauscht, da wo sie, vielleicht zu ihrem eigenen Schaden, aufrichtig sind. Wahrnehmungen Danebenstehender, die der grossen „Wirkung" (mit der das Falschnehmen beginnt) vorangehen; unschuldige impressions, die für die Impresarien der grossen Geister nicht immer gelegen kamen; kurze verrätherische Gespräche, keine officiellen Reden, keine Bergpredigten und sonstigen Publicitäten, sondern heimliche Zweifel, Einwände, Ketzereien „unter uns", Dinge, die man in Ecken, wo Zwei miteinander flüstern, auf phonographischem Wege aufgenommen haben würde — wenn es damals Phonographen gegeben hätte. Die gab es nicht, und also fehlt uns diese Gattung Historie: ein Grund mehr, sie nachträglich zu erfinden . . .

10.

Kant's Denken ist so wurzelhaft deterministisch, dass ihm die tiefste sittliche · Ekstase in einem „Du sollst", die klarste Erkenntniss der Erfahrungswelt im starren Dodekalog einer Kategorientafel aufging; wo er das Letzte seiner Seele blosslegt, ist immer Pflicht, Zwang, Formalismus in der Nähe — er versteht sich und die Dinge erst, wenn er ein Müssen und Gehorchen darin aufgespürt hat. Sollte nicht wirklich, wie man oft halb im Scherz zugestand, der Staat Friedrich's des Grossen, der preussische Beamtenstaat diesen Denker und seine Idiosynkrasie auf dem Gewissen haben? Sowie der reactionäre Polizeistaat den Denker Hegel, sowie umgekehrt das neue deutsche Reich mit seiner liberalen Lockerung des gesellschaftlichen Lebens einen modernen Denker auf dem Gewissen haben würde, der indeterministisch bis zum Äussersten empfände und dem, entgegengesetzt zu Kant, Causalität erst verständlich wäre, wenn er die dahinterliegende Freiheit aufgedeckt sähe? Sicherlich sind wir, ohne es zu wissen, von politischen und geschichtlichen Zuständen tief beeinflusst, wenn wir bei der philosophischen Deduction unser Axiom, unsere petitio prin-

cipii, unser πού στῶ formuliren; sicherlich sind es nicht
vorzugsweise intellectuelle Quellen, aus denen die Grundströmungen und Haupttendenzen unserer intellectuellen
Thätigkeit fliessen. Wie sehr wirthschaftliche und politische
Gegebenheiten auf den „Zeitgeist“, auf die Gruppenbe-
strebungen und gemeinsamen Bildungsziele einer Epoche
abfärben, darüber wird seit Langem nachgesonnen; wie
sehr unterschieden aber auch der einzelne Mensch zu den
objectivsten Problemen des Denkens stehen kann, wie
präformirt durch Umgebung, Rasse, Klima, Organisation,
physiologisches Gemeingefühl, wie wenig selbst in Dingen
des „reinen Geistes“ der — reine Geist zu sagen hat,
das ist eine moderne Bedenklichkeit und Erwägung, die
in der Theorie vom milieu nur einen vorläufigen, groben
und doctrinären Ausdruck gefunden hat. So leichten
Kaufes wird man das souveräne Ich nicht los . . .

11.

Mann oder Weib, Individuum oder Masse: das sind
die beiden socialen Hauptfragen, auf die einst der Krieg
Antwort geben muss — vorausgesetzt, dass inzwischen
der Krieg um Neben- und Zwischenfragen (um Kabinette,
Nationen, Landestheile) ausgetobt haben wird. Silentium
für die grossen Probleme!

12.

Die Aufklärer und Humanitarier haben herausge-
bracht, dass der Mensch so glücklich und unangefochten
leben könnte, wenn man ihn nur in Ruhe lassen wollte!
Statt dessen finden sie in der Geschichte überall das
Gegentheil: Erbsünde, Tyrannis, Religionskrieg, umständ-

liche Veranstaltungen zu unverständlichen Zielen, lauter
Dinge, die Tausenden und Abertausenden die gute Laune
verdorben haben: wozu doch?. wofür doch? cui bono?
Wer ist durch alles dieses glücklicher geworden? oder
gebildeter? oder sittlicher? Ist nicht die Wissenschaft dadurch ungemein verzögert worden? hat nicht dadurch
das finstere Mittelalter, in dem ausser Pulver und Presse
nichts erfunden wurde, so lange gedauert? — Nun, diese
Klagen sind vielleicht berechtigt. Aber die Hexe, Weltgeschichte genannt, wird wohl wissen, warum sie ihre
Meerkatzen im Brei „Menschheit" herumquirlen lässt: damit er nicht gerinne!

13.

Es giebt noch andere Arten von Natur als jene
supergescheidte Mechanik, deren Minimumseigenschaften
das Entzücken des achtzehnten Jahrhunderts erregten,
eines sokratischen Jahrhunderts, das auch den Menschen
als Mechanismus verstand und in Fragen der Moral, Bildung, Erziehung ohne die Instincte rechnete. Unter
diesen Instincten ist aber einer, man nenne ihn den Instinct der Gegensätzlichkeit, Zwecklosigkeit, Kraftverschwendung, der vielleicht die uralte missverständliche
Abtrennung des Menschen von der Natur in einem präcisen Sinne erneuern lässt, als eine letzte und grundlegende Anthropodicee: Menschlichkeit als der Ausnahmefall von Natürlichkeit, der nicht nach Minimumsgesetzen
lebt, der nicht mit kleinstem Kraftaufwand und kleinstem
Zwange ein kleinstes Mass von Unlust zu verwirklichen
trachtet, sondern dem es erst im klingenden Spiel der
grossen Gefahren und Contraste wohl wird. Der Mensch,
das animal überhaupt, strebt nicht nach Glück und ent-

scheidet sich nicht in der Linie des „geringsten Widerstandes"; mit solch einem Nützlichkeits-Calcul im Instinct
wird man bourgeois, Thier, Pflanze, Molekül, aber nicht
Mensch. Die aufsteigende biologische Reihe, der wir
angehören, beweist einen Willen zur Differentiirung, der
mit einer Art Heroismus der dumpfen hedonistischen
Schwerkraft widerstrebt; ohne diesen „Zug nach oben"
wäre das ursprüngliche Gleichgewicht des Anorganischen
entweder nie verlassen oder (falls sich zufällig organische
Keime in den tellurischen Brei verirrt hätten) sehr bald
wieder erreicht worden. So wenig wie das Organische
dürfte man die Cultur innerhalb jenes philiströsen Mechanismus suchen, der auf Kraftersparniss und geringste
Reibung hinarbeitet; jede geistige Epoche redet von ant-
eudämonistischen Grundströmungen, von einer gewissen
Gleichgültigkeit gegen Lust oder Unlust, von überschäumen-
der Kampf- und Leidensbereitschaft. Jedes Kunstwerk ist
ein Ringen mit Elementargeistern, ein Überwältigen des
widerspenstigen Stoffs, der gestaltlos bleiben will, ein
Heraufklingen des Kosmos aus dem Chaos; jeder Künstler
stellt, solange er am Werke ist, einen Herakles vor, der
sich für die $\dot{\alpha}\varrho\varepsilon\tau\dot{\eta}$ und nicht für die $\dot{\eta}\delta o\nu\dot{\eta}$ entschieden hat.

14.

Von einer bestimmten Complicationsstufe des menschlichen Trieblebens an ist die Beziehung zwischen Wille
und Handlung, Empfindung und Ausdruck, Charakter
und Bethätigung nicht mehr die der Übereinstimmung,
sondern die des Widerspruchs; ein Affect, der über die
ersten unschuldigen Geh- und Sprechversuche hinaus ist
und zu raffiniren anfängt, scheint in der Darstellung nach
aussen das antimechanische Princip zu befolgen: möglichst

viel Unlust, möglichst starke Widerstände, möglichst grosse Kraftverschwendung! So äussert sich dann Wohlwollen als Härte und Grausamkeit, Empfindlichkeit für Leid und Mitleid als frivole Leugnung des Leidens, Tiefe des Erkennens als Oberflächlichkeit, Machtbegier als Unterwerfung, Gefühlsüberschwang als plötzliche Kälte und Nüchternheit, Sinnlichkeit als Askese, Rachsucht als Grossmuth, Glaubensleidenschaft als gewaltsamer Materialismus — und wie jene seltenen und prachtvollen Affect-Entladungen ins Gegensätzliche alle heissen mögen, bei denen ein ganzer Wolken- und Gewitterhimmel mit Einem Schlage zu taghellem Feuerschein aufflammt. Mit solchen Sturmfluthen, Deichbrüchen, Kraftexplosionen weiss die normale Psychologie nichts anzufangen; diese Heteropathie der Seele tritt auf, wenn die ältere, regelrechte Form von Affectäusserung, die homopathische (wo Gleiches immer Gleiches bedeutet) einmal für eine Zeit lang zu den abgelaufenen Heerstrassen und ausgefahrenen Geleisen gehört. Als dritte Form, die aber schon einer vollkommenen Beherrschung und Verstellung des Trieblebens gleichkommt, wäre eine Relation zwischen Innen und Aussen denkbar, die weder einfach abschreibt noch einfach widerspricht, sondern bald das Eine, bald das Andere thut und in der zufälligen Vertheilung der Fälle jeden Rückschluss von Aussen nach Innen entkräftet.

15.

Die stärkere Erregung gegen die schwächere, der rasche Wechsel von Contraction und Entladung gegen die normale Spannungs- und Entspannungsfolge, der concise dramatische Verlauf gegen den episch breiten, die lebhaft geschwungene Curve gegen die langsam

steigende und sinkende, die active anspruchsvolle kraft-
verbrauchende Bewegung gegen die blosse schläfrige
Reaction — in diesen ersten Parteinahmen des „Willens
zur Macht" liegt mehr, als wir heute je nachfühlen können,
die primitive Urform des menschlichen Werthurtheils
überhaupt. Das Wohlgefallen, das der Wilde an bunten
Glasperlen, an aufregenden Tänzen und bizarren Grau-
samkeiten empfindet, gehört ebenso hierher wie die feinsten
Nüancen der ästhetischen Schätzung, das ekstatische
Buss- und Erlösungstraining des Asketen ebenso wie die
rein rationalistisch verkleideten Formen der moralischen
Hochachtung. Stark instrumentirte Gegensätze, schrille
und schroffe Übergänge von dithyrambischer Wonne zu
tiefster Tannhäuser - Zerknirschung, blendende „Scheinwerfer" von Gebärde, krampfhaft rollende Augen, bei
denen man das Weisse sieht, Augen, die ins unendlich
Hohe oder unendlich Innere zu starren scheinen (der
bestirnte Himmel über mir, und das moralische Gesetz
in mir . . .): wo von solchem Schauspiel der Vorhang gezogen wird, läuft das alte kluge geschmackvolle Europa
zusammen wie die Kinder vorm Hanswursttheater oder
die Indianer um den Marterpfahl, — immer noch lieben
wir, was der Urmensch liebt: Sinnenlärm, Schwung, Getöse, Contrast!

16.

Alle religiösen Genies wissen, was es mit der Nase
auf sich hat; ihre Erfindungen, die religiösen Culte, lassen
es lieber an Vernunft als an Weihrauch, Parfüm, narko-
tischen Dämpfen fehlen. Hat erst die Nase Ja gesagt,
so ist der übrige Mensch überstimmt! Für vieles Andere
ist schlecht gesorgt; aber an der einen Stelle geht es
verschwenderisch, gewaltsam und überzeugend zu.

17.

Die Stimmung, in der man zum Kurpfuscher oder Magnetiseur geht, nachdem man mit den wissenschaftlichen Ärzten „durch" ist: etwas Ähnliches stelle ich mir als Grundton jenes Gefühlsaccordes von Neugier, Hoffnung, Verachtung, Widerwillen vor, mit dem das ausklingende imperium Romanum ins Christenthum hinübermodulirte. Die neurasthenischen und conträr sexualen Römer der Kaiserzeit, die alle physiologischen Voraussetzungen der Weltmüdigkeit allzusehr aus der Nähe kannten — wie mussten sie die skeptischen Ohren spitzen bei der christlichen Deutung jener Zustände, einer Deutung, die nicht ohne erhabene Reclame in die Empfehlung einer Wunderkur auslief! Solche Ungeheuer von dämonischer Wühlkraft und feinspüriger Selbstquälerei wie Nero und Julian (gegen die ein Caligula freilich nur wie ein blutrünstiger Fleischer erscheint), Menschen, die lange vor Schopenhauer das Mitleid mit allem Lebenden und den untilgbaren Leidensfonds der Menschheit kannten — wie musste sie der Anblick jener theoretischen Naiven würgen und kitzeln, die mit seiltänzerischer Unbedenklichkeit über den Abgründen spazieren gingen und von ihren beiden civitates so sicher und unbedingt sprachen wie der Mensch von rechts und links! Das war ein neuer Reiz für abgewirthschaftete Nerven, ein neues Denkproblem für die todtgehetzte Logik unverbesserlicher Staatsfanatiker und „Weltkinder"; hier war jenem Ruhebedürfniss eines späten Zeitalters, dessen melancholischen Ausdruck Horaz gefunden hat, ein letztes erlöstes Aufathmen versprochen, aber um den Preis einer radicalen Umkehr und Selbstvergewaltigung. Jede Praktik und Gebärde der neuen Secte widersprach römischer Tradition — auch die Quack-

2

salber und Naturärzte thun es nie unter einer völligen „Regeneration" und Abtödtung des alten Adam. Dem römischen Recht wurde zugemuthet, ein Processverfahren ernst zu nehmen, wo sich das Leben selbst vor einigen Lebenden zu verantworten hatte, d. h. wo die Richter selbst Partei waren. Der römischen Baupolizei und Architectur zeigte man jene Polizeiwidrigkeit von Bauwerk, von dem aus die Erde, auf der es selbst stand, aus den Angeln gehoben und abgewogen werden sollte: zu dieser physikalischen Absurdität wollte man, ein Viertel Jahrtausend nach Archimedes, ein realistisches und constructives Volk überreden. Man hatte damit den Erfolg, den heute magnetische Curen und Geheimmittel haben; kein Mensch glaubt daran, aber man versucht sie, als das Letzte oder Vorletzte. Nur war man in Rom vorsichtig genug, das Geheimmittel zuerst seinem Erfinder einzugeben, sowie Phalaris den ehernen Stier sogleich an seinem Verfertiger Perilaos erprobte. Die bizarren und schauerlichen Einzelheiten, mit denen sich der römische Geschmack jede Christenverfolgung zurechtwürzte, sind eine possenhafte deductio ad absurdum, eine Art Rechenprobe auf die vorausgeahnte Unmöglichkeit und Unwirksamkeit der christlichen Neuerung; man wollte den neu aufgetauchten Glauben, von dessen Allmacht Wunderdinge gerühmt wurden, auf einer Schneide schweben sehen, wo er sich entscheiden musste! „Schafft euch ab, wenn ihr könnt: hier habt ihr Grund genug dazu! Setzt eure gepredigte Widernatur in Thaten um, wenn ihr könnt: wir selber halten es in unserer Natur nicht mehr aus und wären die Ersten, euch zu folgen! Zeigt, ob euer Narcoticum über Rost und Flamme vorhält, vielleicht verfängt es dann auch bei unseren Nothständen!" Dergleichen muss Nero empfunden haben, als er die lebenden Fackeln entzündete; das ist die heimliche Logik jener grausamen Experimentirsucht, mit der die römische décadence über die ersten christlichen Organisationen herfiel.

18.

Der Skepsis eines vornehmen Römers „was ist Wahrheit?" wäre noch die Skepsis eines gläubigen Juden an die Seite zu setzen, etwa in die Frage gekleidet „was ist Satzung?" Dieser Jesus, der aus der Wahrheit war und die Satzung zu erfüllen kam, musste als ein Wunder intellectueller und ethischer Naivetät angestaunt werden, von den Zöglingen einer leidlich orientirten Philosophie einerseits, die schon von der Bedingtheit alles Erkennens zu reden anfing, von den Hütern einer sehr entwickelten Moralcasuistik andrerseits, die den Menschen mit einem geradezu unentwirrbaren Dickicht von Gesetzen umstellt hatte. Jesus wies einen Ausweg aus allen Conflicten auf einmal, er improvisirte eine Lösung von verdächtigster Einfachheit, er gab ein Universalheilmittel — folglich rieth man auf Dilettantismus. Dieser Galiläer, kein Zweifel, machte es sich zu leicht; er hatte die Transcendenz des Genies, das über Schwierigkeiten hinwegkommt, weil es sie nicht sieht.

19.

Selbstopferung als Ausdruck eines masslosen Willens zur Macht ist eine häufige Erscheinung in solchen festgezimmerten Gemeinwesen wie etwa die römische Republik war, wo jede Gegenwart ihrer Zukunft und zwar einer langen Zukunft sicher ist, wo eine Erinnerung festgehalten, eine Sitte durchgesetzt, einem Imperativ Ge-

2*

horsam erzwungen wird über ganze Geschlechterketten hin, wo das Individuum dann, aber auch nur dann für alle Zeiten gelebt hat, wenn es in und mit dem Ganzen gelebt hat. Der Einzelne, der sich inmitten einer solchen Organisation und für sie opfert, übt mit dieser Opferthat einen ungeheuren moralischen Druck aus auf alles, was nach ihm kommt. Er stirbt nicht einsam und unbeachtet, wie die Raupe, die hinter dem Wanderer zertreten im Staube zurückbleibt, seine That geht nicht spurlos verloren, denn sie geschah im Tageslichte des gemeinschaftlichen Bewusstseins und wird, dessen ist er gewiss, dauern solange dieses Bewusstsein dauert. Der Staat wird sie sich bald genug zu eigen machen, als Sporn und Stachel für die Jugend, als Schrecken für den Feind, als Gelöbniss und bindende Formel für die Zukunft, als Schuldabzahlung und verpflichtendes Unterpfand für die staatserhaltenden Götter: so verzichtet der Staatsunterthan auf sein Leben und Glück, um am Leben und Glück des Staates Antheil zu haben, um nach seinem Tode noch als Gespenst, als blosser Name, höchste Machtfülle zu geniessen. Ist dies alles bei uns noch möglich? in einer nicht mehr politomanen Zeit, die nur noch wirthschaftliche Motoren kennt und für die bereits der Romantiker Hegel, mit seiner feierlichen Apotheose der Staatsidee, zu spät kam?

20.

Der geistige Fortschritt besteht weit seltener in der Auffindung neuer Gedanken und Formeln, als in der sinnvollen Deutung und Beseelung der alten, bisher ohne Bewusstsein ausgesprochenen und überlieferten. Goethes Zweifel „Wer kann was Dummes, wer was Kluges denken,

das nicht die Vorwelt schon gedacht?" ist gewiss begründet: nur bleibt hinzuzufügen, dass die Menschheit
nichts lieber zu thun pflegt, als Dinge zu denken, Fragen
zu stellen, Begriffe zu formuliren, auf die sie nach ihrem
augenblicklichen Zustande durchaus kein Recht hat —
dieses Recht nachträglich hinzuzuerwerben ist Sache der
Nachwelt. Gedacht und geredet wird zu allen Zeiten
dasselbe; aber der reale Hintergrund, vor dem sich diese
dialectische Komödie abspielt, die Vorgeschichte sinnlicher
und leidenschaftlicher Erfahrungen, auf die hin jenes
Denken und Reden zu Recht besteht und ohne die es
nur vorlaute Kinderschulweisheit bleiben würde — diese
rechtfertigende Grundlage und Vorarbeit wird von Jahrhundert zu Jahrhundert eine andere, und wie es scheint,
eine festere, tiefere, umfangreichere, werthvollere. Danach
ist es gründlich verfehlt (abgesehen davon, dass es hoch-
müthige und doch wohlfeile Weisheit ist), wenn überkluge
Historiomanen irgend einer neuen Erscheinung damit begegnen wollen, dass sie aus ihrem Wissensvorrath etwas
Ähnliches hervorsuchen und nun von Wiederaufnahme
eines „überwundenen Standpunktes" reden. Was ad
oculos ähnlich aussieht, ist ad rem noch nicht dasselbe,
und wenn zwei Menschen aus getrennten Culturen das
Gleiche sagen, so meinen sie doch sicher nicht das
Gleiche; man muss sich nicht von Buchstaben und
Augenschein übertölpeln lassen. Nehmen wir ein beliebiges Beispiel. Schopenhauer kann es nicht lassen, die
moderne materialistische Naturauffassung immer wieder mit dem Hinweis auf unglückliche Vorgänger, wie
Demokrit und die Atomistiker, abzufertigen. Nun braucht
man noch lange kein Freund der materialistischen Oberflächlichkeit und Alleswisserei zu sein, aber soviel einzugestehen gebietet doch die Gerechtigkeit, dass unser

moderner Materialismus eine ganz andere Vergangenheit
hinter sich und also ein ganz anderes Existenzrecht für
sich hat als die speculative Systembaukunst der griechischen Philosophen. Demokrits Atome haben mit der
Wissenschaft soviel zu thun wie der Nous des Anaxagoras
oder die Urstoffe der Milesier, nämlich beinahe nichts;
es sind mythopoetische Annahmen, die für die Erklärung
und Beschreibung von Naturvorgängen höchstens eine
grosse Voreiligkeit bedeuten würden. Unser heutiger
Materialismus hingegen kommt immerhin von einigen
Jahrhunderten Arbeit, Empirie, Analysis her, und seine
Darstellung ist für die untersten Arten des Geschehens,
für die rein physicalischen Erscheinungen, im Ganzen
befriedigend. Dass er diese Darstellung auch auf die
höheren Arten, auf physiologische, sociale, psychische Erscheinungen ausgedehnt wissen will, ist wiederum seine
Voreiligkeit, aber keine schlimmere, als deren sich alle
angeblichen „Erklärungen" geistiger Phänomene schuldig
gemacht haben. Für einen billig Denkenden ist der
Materialist, der diese Phänomene zwar unter seinen Pro-
blemkreis rechnet, aber bereitwillig ihre ausserordentlich
hohe Complicationsstufe anerkennt, immer noch ein Muster
an Takt und ehrerbietigem Naturempfinden gegenüber
dem Heros der „Geisteswissenschaften", der mit „frecher
Stirne, kühner Brust" den Menschen in Sinnlichkeit, Verstand und Vernunft eintheilt und ohne Herzklopfen den
Schmetterling „Seele" auf eine Begriffsnadel spiesst. —
Die retrospectiven Analogiensucher mögen sich also vor-
sehen, wenn sie auf Grund von Gesichts- und Namens-
ähnlichkeiten Zwei für blutsverwandt halten, die durch
Raum und Zeit geschieden sind; und dass ein „überwundener Standpunkt" bei erneuertem Auftreten immer
wieder überwindbar sei, dieser Aberglaube sollte zualler-

erst als überwundener Standpunkt gelten. Damit, dass seine ersten Voreiligkeiten und Entwicklungsansätze ein unglückliches Ende nehmen, ist ein Ideal, ein Gedanke noch durchaus nicht beseitigt; im Gegentheil, ein lebensfähiger Culturorganismus gewinnt um so mehr an Kraft und Keimtrieb, je schonungloser alle verfrühten und schwächlichen Schösslinge ausgerottet wurden. Das Dumme, das die Vorwelt gedacht, kann eines Tages noch klug werden, wenn sich das nöthige Erfahrungssubstrat darunter gelegt hat; der Weltgeschichte, die als Weib immer bei boshafter Laune ist, macht es Vergnügen, jedem nothwendigen und dauerhaften Typus eine embryonale Halbheit voranlaufen zu lassen, die zur Unzeit ihr unreifes Dasein durchsetzen will und darüber zu Grunde geht.

21.

Alle Dinge haben begrenzte Lebensdauer, sei es active oder passive; Wahrheiten, Werthschätzungen, Ideale können ebensowenig in infinitum gelebt werden als ein Organismus in infinitum leben kann. Dieser erstaunliche Satz scheint so neu zu sein, so alt er klingt: nichts steht für das Empfinden früherer Culturen fester als die Ewigkeit des Menschen und seiner Lebensformen: seiner Seele, seiner Sittlichkeit, seiner Welt und seines Gottes. Zu dieser unbedingten Gefühlsvoraussetzung stimmt aufs beste die leidenschaftliche Unersättlichkeit, mit der die ältere Menschheit an ihren Werthgebilden und Idealen hängt und sie bis aufs Blut aussaugt: man hält sie eben für unerschöpflich und ahnt nicht, dass, was gegenwärtig davon weggelebt wird, ausgegebenes Kapital und für spätere Generationen verloren ist. Dem christlichen Gott merkt man es heute an, dass sich zwei Jahrtausende im

Guten und Schlimmen an ihm genährt haben: solche
Zeiträume mögen wohl noch kräftigere Ackerkrume erschöpfen. Man wirft uns Modernen Unbescheidenheit
vor: eine Religion, die so viele gesättigt, werde wohl
auch für uns noch gut genug sein. Aber eben weil wir
Frucht- und Fleischesser und keine Koprophagen sind,
verzichten wir auf den Abfall bereits verzehrter Mahlzeiten; eben weil Millionen in diesem Becken gebadet
haben, steigen wir nicht mit hinein. Und wie mit Religion, steht es fast mit allen Lebensformen, in die wir
heute hineingeboren werden; sie alle sind, nicht etwa
durch die fortschreitende Wissenschaft, sondern einfach
durch die fortschreitende Zeit für uns entwerthet; das,
was an ihnen Leben war, haben frühere Zeiten verschwenderisch genug aufgezehrt und abgenagt. Es hilft
nichts, wir müssen uns schon unsere eigene Nahrung
suchen und unseren eigenen Acker bestellen, eigene
Wahrheiten wissen, eigene Götter glauben, eigene Leidenschaften grossziehen; es steht uns gar nicht mehr frei,
in epigonenhafter Unfruchtbarkeit vom ererbten Gute zu
zehren. Wir sind arm, arm wie die Kirchenmäuse, un-
begütert, ungespeist, ungetränkt: wovon leben wir eigentlich? Sind wir selbst nicht unser eigenes Futter? Und
wer will es uns wehren, wenn wir aus der Noth eine
Tugend machen, wenn wir uns selber gut schmecken,
uns selber lieben?

Einer und Nullen.

22.

Der Mensch als Individuum, als Individualist, fängt
heute wieder einmal an langsam heraufzukommen und
sich durchsetzen zu wollen; vielleicht glückt's ihm diesmal besser als früher. Der einzige menschliche Typus,
der bisher geduldet und zugelassen wurde, war gerade
umgekehrt der typische Mensch, der Mitmensch, das
numerirte Mitglied einer Gemeinschaft, das ζῶον πολιτικόν,
der vielseitige, gemeinnützige, gemeinverständliche Sittlich-
keitsapparat mit Gebrauchsanweisung. Alles gute Gewissen
ist zur Zeit in Werthen der Gesellschaft, in socialistischen
Werthen angelegt; die Klasse, die Institution, die Heerde,
der „Gesammtwille" fühlt sich unbedingt obenauf — jedes
Collectivum weiss sich jedem Individuum gegenüber von
vornherein im Recht. In entsprechendem Maasse hat sich
das Einzelwesen immer mehr als böses Princip an sich
betrachten gelernt; was es auch beginnen mag, es giebt
sich zunächst immer Unrecht und lässt sich erst von
höheren Instanzen Recht geben: meist von der bestehenden Gesellschaft, oder von einer künftigen oder rein
theoretischen Gesellschaftsform, auch im Nothfalle vom
„Willen Gottes", oder dem Interesse der Wissenschaft,
oder irgend einer eingebildeten Mission und höheren Bestimmung. Das gesellschaftliche Training hat den Einzelmenschen so übel zugerichtet, sein Wille ist so unsicher

und selbst zweiflerisch und innerlich furchtsam geworden, dass er instinctiv nach einer von aussen oder oben ergehenden Rechtfertigung und Bestätigung verlangt, sei es welche sie wolle. So mussten die antiken Religionsstifter jene für uns so peinliche Atmosphäre von Wunderherkunft, übersinnlichen Erkenntnissquellen und göttlicher Inspiration um sich herumlegen — sie mussten es, um Andere und vor allem sich selbst von sich zu überzeugen. So konnte sich der wissenschaftliche Mensch die längste Zeit hin nur als Fortentwicklung des religiösen mit seinem Gewissen vertragen: nur insofern die Erkenntniss der Naturgesetze angeblich zu einer tieferen Gotteserkenntniss führt, nahm man sich die Freiheit, Naturgesetze zu erkennen. So beruft man sich heutzutage auf das allgemeine Wohl, auf den internationalen Gedankenaustausch oder die Förderung grosser synthetischer Ziele, um nicht in der Nacktheit und Beliebigkeit des autonomen Individuums dazustehen —: schon der Abwechslung wegen ist es also höchste Zeit, dass einmal das absolute Ich, die Persönlichkeit, der Einzelmensch mit seinen Ernährungs- und Bildungsgesetzen zu Ehren und vor allem zur Existenz gebracht werde.

23.

Das „Recht zur Hekatombe", jenes urälteste Philosophenvorrecht, niedrige Arten von Glück und Leben zu Gunsten der höheren zu opfern, setzt zu allererst ein gutes Gewissen voraus, und zwar eines, das man wirklich hat und sich nicht durch theoretischen Radicalismus und allerhand künstlichen Lärm einzureden braucht. In dieser Lage sind z. B. wir Modernen; wenn wir die Probleme einer socialen Rangordnung erwägen, so denken

wir „wider den Strich" und müssen durch wilde Para-
doxenmacherei über den dumpfen Widerstand unserer
Instincte Herr werden: aus unserer allzuberedsamen Vergötterung des souveränen Ich ist deutlich genug das noch
unüberwundene schlechte Gewissen herauszuhören. Wir
fleisch- und blutgewordenen Ideale von 1789, die wir mit
Herz, Nieren und Rückenmark an das gleiche Recht
Aller glauben und damit jeden cerebralen Gegenglauben
niederstimmen, wir bedürfen ungeheurer Selbstverleugnung und Moralität, um uns das Zugeständniss vom
„Vorrecht der Wenigsten" abzuzwingen — als Zugeständniss, noch nicht einmal als selbstgeerntete Erfahrung,
und noch lange nicht als Glauben, als Axiom, als ver-
erbte Gewissheit vor aller Erfahrung. Und doch finge
erst damit jenes Vorrecht in Wirklichkeit an, und wo
solch ein Glaube fehlt, ist es zum aristokratischen Individualismus noch um ein paar Generationen zu früh. Das
ist der Fall Raskolnikow, mit dessen Aufdeckung Dostojewskij die Ohnmacht jeder blossen Theorie, jeder vernünftigen oder wissenschaftlichen Ueberzeugung blosslegt, für die nicht der L e i b Partei ergreift: das Symptom
einer solchen Einverleibung, die Garantie des guten Ein-
vernehmens zwischen Wille und Intellect ist eben der
Gefühlston Lust, das Freiwerden der Bahn des geringsten
Widerstandes, die Association mit dem guten Gewissen.
Die theoretische Gewöhnung an bestimmte Denkweisen
ist nur Vorstufe und Mittelglied dieser Entwicklung, eine
Väter- und Grossväterarbeit zu Gunsten der Enkel: Raskolnikow hätte Sonja heirathen und seinen Sohn in einer
suggestiven Gottesgnaden-Atmosphäre grossziehen müssen
— dieser oder einer seiner Nachkommen wäre dann vielleicht der Napoleon geworden, der ohne mit der Wimper
zu zucken Tausende aufs Schlachtfeld führt. Es ist eine

tiefe Weisheit, dass man ohne Ahnen nicht legitim sein kann; wer die Zukunft vorweglebt, dessen wird leicht die Moral, schlimmer noch, die Justiz der Gegenwart Herr.

24.

Es ist ein Trost, dass Einsamkeit und Unabhängig-keit zu den unerreichbaren Dingen gehören; man soll sie wohl suchen, würde aber erschrecken, wenn man sie ernstlich fände. Die Philosophen wissen Grosses davon zu berichten; sie möchten gern vergessen machen, dass es einen unlösbaren Zusammenhang alles Geistigen giebt, ein feines, aber unzerreissbares Geflecht von Fäden und Beziehungen, das den Menschen umspinnt, solange er Mensch ist. Heraklit und Empedokles, und Alle ihres-gleichen mit halbgöttlichen Ansprüchen und Erhaben-heiten — sie waren Menschen, die sich von Menschen formten und färbten: in ihre weltfernste Einsamkeit trug irgend ein Wind noch einen Nachklang von Markt-geschwätz und Tagesgeräusch. Wieviel Heute und Gestern tönt in den ewigen Sprüchen aller Weisheit mit, wie Silber in broncenen Glocken; wieviel blöde Menschen-meinung, vom Philosophen in seine Höhe mitgenommen, bleibt dort über die nächste Jahrtausendwende liegen! Jeder Mensch verdankt jedem, und oft von seinem Besten; jeder Mensch befruchtet jeden, oft auf wunderlichen Zwischenwegen, durch Dritte und Vierte, die ohne Wissen und Willen den Gedankensamen von Geist zu Geist tragen. Es ist ergreifend und auf Reisen wohl zu be-obachten, wie überall die Menschen von demselben Stoffe zehren, nämlich von einander, wie sich in jede Cultur die späteren theilen, sie aufsaugen und verwandeln, und von Morgen zu Abend hundert Ströme der Mittheilung laufen.

In dieser Vielstimmigkeit aller Bildung und Gesittung eine misstönende Einzelheit bedeuten wollen, ist ebenso unnütz wie, umgekehrt, die Bereitwilligkeit, sich in die Harmonie einzufügen: keines von beiden steht in unserer Macht. Der Sonderling, der abseits bleibt, und der begeisterte Demagog, der sich zur „Hingabe an den Weltprocess" und Vertretung des Gesammtwillens entschliesst — Beide nehmen ihren Platz unter Menschen ein, aber einen andern als sie denken.

25.

Auf Reisen improvisirt man keck sein Stück Beziehung zu den Nebenmenschen; trifft man's oder trifft man's nicht, es liegt an diesen Eintagsdingen nicht viel. Darum ist Reisen wohl eine Schule der Geläufigkeit für den Verkehr mit Leuten, aber keineswegs für den Umgang mit Menschen, dessen höhere Kunst gerade in dem feinen und langsamen Einander-Errathen und Sicheinander-Anpassen, in der zierlichen Aufrechterhaltung schwebender und leicht zerstörbarer Gleichgewichtslagen besteht. Auf Reisen lernt man durchkommen, wenn es sein muss durch Dick und Dünn, aber anmuthig schreiten will anderswo gelernt sein.

26.

Auch der Philosoph nach Nietzsches Traum, der cäsarische Züchter und Gewaltherr mit ökumenischen Zielen, ist im Grunde ein recht unbedenklicher Altruist. Ob man die „Andern" erfreuen, bessern, drücken, lenken, züchten will: das Gemeinsame aller dieser Versuche ist, dass sie ein Problem von der irrationalen Seite anfassen, da wo entweder der Erfolg eines gegebenen Mittels oder das Mittel zu gegebenem Zweck unbekannt ist oder Beides. Der Egoist greift hingegen da zu, wo eine Handhabe ist — der Egoist im weitesten Sinne, also nicht nur Der, der auf seinen Vortheil, sondern ebenso der auf seine Erziehung, seine Erkenntniss, unter Umständen seine Selbstpreisgebung aus ist; ich sehe zwischen „Selbstsucht" und Selbstlosigkeit keinen Unterschied des Zieles, sondern nur der Methode, und finde alle Vernunft und Wissenschaft auf Seite des Egoisten. Wie man sich selbst ein Stück in gegebener Richtung vorbringt, weiss man zur Noth; beim Andern läuft man stets Gefahr, Nichts oder das Gegentheil des Gewollten zu erreichen. Mit der „Erlösung" des Egoismus zur allgemeinen Menschenliebe vergrössert man nicht die Moralität, sondern das Gebiet, in dem man Dummheiten anrichten kann

27.

Selbstliebe: ein stolzes Wort für eine bescheidene Sache! Seinen Vortheil suchen, sich keiner Gefahr aussetzen, sich Scham und Verdruss ersparen wollen — das mag Selbstverpflegung, Selbstbeaufsichtigung, Selbstbehauptung sein, aber doch nimmermehr Selbstliebe? Was wisst ihr davon, ihr ausgedörrten Seelchen von Egoisten und Altruisten, — was wisst ihr von den Gluthen und Entzückungen einer „Seele, die liebt", die sich selbst liebt!

28.

Ich finde es ganz in Ordnung, wenn Jemand, der eine Art Herr der Welt ist und die gefährlichsten Löwen und Klapperschlangen des geistigen Thierreichs mit einem

Blicke bändigt — wenn so Einer sich im praktischen
Leben etwa der Fürsorge eines mittelmässigen Weibchens
anvertraut, zu welchem Zwecke man diese mittelmässigen
Weibchen gewöhnlich zu heirathen pflegt. Man kann
Ernst, Gewissen, Geist, Pflichtgefühl, Lebenskunst, gute
Manieren nicht in zwei getrennten Welten vorräthig
halten; und wenn man als Denker gerade kein Tölpel
ist, warum soll man es gerade als Mensch nicht sein?
Der Einsiedler würde der Gesellschaft gerne mehr als
seinen ausgeweideten, entfleischten wie entseelten Balg
überlassen — aber er hat nicht mehr: das Andere ist
„Gottes". Haec porcis comedenda relinquo, sagt der Einsiedler, wenn er den Gesellschaftsrock anzieht.

29.

Vielleicht ist dies das sicherste Zeichen der vornehmen Seele, dass sie sich nicht auf Handel und Vortheil versteht, im Grossen wie im Kleinen. Nicht als
fehlte ihr dazu das nöthige ingenium; wo es sein muss,
führt der höhere Mensch eine anspruchsvolle Situation
(nur nicht gerade eine Intrigue) mit ebensoviel Feinheit
und Ueberblick durch wie nur irgend ein Practicus; im
Gegentheil scheint es, als ob gerade die inferioren Leute
sich nicht einmal im äusseren Leben zweckmässig ein-
zurichten wüssten, wo sie doch eigentlich zu Hause sind.
Nicht der Geist, das Handwerkszeug, sondern Ernst und
Interesse geht dem vornehmen Menschen in utilitarischen
Angelegenheiten ab und haftet dem Alltagsmenschen an;
hierbei nicht ausgeschlossen, dass die ungern zugreifende,
behandschuhte Hand an der richtigen Stelle zufasst, die
von gelenken Allerweltsfingern verfehlt wird. — Die
vornehme Seele lässt sich übervortheilen, sie findet es

3

nicht unbillig, ihre Erfahrungen theurer einzukaufen als Jedermann. Sie ist fern von der „plumpen Sich-Recht-geberei", die jeden ihr Interesse kreuzenden Willen böse nennt; sie ist weniger fern davon, ihre Feinde zu lieben. Sie betet Fehlgriff und Enttäuschung an; hinter einem Verluste herzuschimpfen würde ihr erst der eigentliche Verlust sein, nämlich der der guten Manieren. Sie will sich nicht bewahren, sie sucht nicht nach Gründen und Rechten, sich zu bewahren, sie frägt nicht, ob an ihrer Stelle Andere sich zu opfern hätten und ob ihr Opfer Frucht tragen werde. Man achte darauf, wenn ein Krieg ausbricht, wer sich für die nicht versäumte Pflicht am theuersten bezahlen lässt, mit einem Sack voll Kupfergeld und moralischer Scheidemünze, man achte darauf, wer am ehesten der Versuchung anheimfällt und erliegt, sich sciner Pflicht zu entziehen: gewiss nicht Diejenigen, an deren Fortbestand etwas gelegen ist, die ein „Recht" hätten sich fernzuhalten, die vornehmen und seltenen Menschen: — diese stehen und fallen in vorderster Linie! Sondern die Ueberflüssigen, die Viel-zu-Vielen, die nur als „Kanonenfutter" dasein sollten, weil sie anders dem Vaterlande ihre Schuld nicht bezahlen können: diese wissen vor der Schlacht oder in der Schlacht davon-zukommen. Es ist gegen den Krieg zu sagen, dass er in der biologischen wie in der Cultur-Auslese einen Schritt rückwärts bedeutet: wie er die tüchtigsten Exemplare opfert, um die Schwachen und Gebrechlichen zu retten, so verhilft er den edlen, leidenschaftlichen Naturen, die sich gerne verschwenden, zum gesuchten Untergange und den engherzigen, selbstsüchtigen Feiglingen zum Ueberleben.

30.

Es gehört zur Grossmuth des Edlen, alle Arten des Widerspruchs ohne Bitterkeit zu ertragen: den zwischen Schein und Wirklichkeit, Innen- und Aussenwelt, Tiefe und Oberfläche, Recht und Macht, Wollen und Können, eigener Bedeutung und fremder Schätzung — um nur einige Hauptfälle zu nennen. Umgekehrt bedarf der gallige rachsüchtige Charakter solcher Widersprüche als Gelegenheitsursachen, um ein aufgespeichertes Quantum von Ironie und Gehässigkeit loszuwerden. Man soll gegen alles Volk misstrauisch sein, das sich in der Nähe der Unlogik, Unästhetik, Unmoral zu schaffen macht; Früchte, die sich selbst so wenig Sonne gönnen, sind vielleicht noch unreif, vielleicht überhaupt missrathen, jedenfalls sauer und ungeniessbar.

31.

Hammer und Ambos wissen nicht, dass es ausser dem Schmiede noch Handwerker giebt: sie dürfen es nicht wissen. Der Glaube an Einen Zweck und Beruf gehört zur Function des Werkzeugs; erst der zwecksetzende Intellect, der sich des Werkzeugs bedient, überblickt eine Mehrheit von Zwecken und Mitteln. — Also, ihr Gläubigen! glaubt unbeirrt an euren Glauben und schmäht und missversteht die Andersgläubigen; ihr seid dazu da, so zu glauben und zu schmähen. Soll eine Illusion wirken, so muss sie in den Köpfen auch fest sitzen; also darf ihr nicht etwa die Selbsterkenntniss, dass sie Illusion sei, beigegeben werden.

32.

Menschen, die für ein Zukünftiges kämpfen, irren sich meistens in der Zeit; jeder warme Tag macht sie

3*

wähnen, der Sommer, ihr Sommer sei gekommen. Aber es war nur eine Sommer-Vorahnung mitten im Winter, und alles Leben, das sich hervorgewagt hat, tödtet der nächste Nachtfrost. Ihr höheren Menschen, lernet warten! und habt euer Misstrauen gegen laue Winde und vorzeitigen Frühling!

33.

Dass an seelischen Erregungen auch unser Körper mitleidet, ist bisweilen unsere Rettung. Alleinsein um jeden Preis, von Pflicht, Beruf, Mitmenschen dispensirt sein und alle Erfindsamkeit gegen den „inneren Feind" verwenden dürfen — dazu hilft uns oft nur physische Erkrankung, die uns mit Einem Schlage die Repräsentationslasten abnimmt und Ruhe und Dunkelheit um uns verbreitet. Krankheit ist die schützende Hülle um eine leidende, heimgesuchte, in Übergängen befindliche Seele, — um eine Seele, die sich verbergen muss.

34.

Ich könnte mir einen Märtyrer denken, der, wo er gar nichts oder berauschendes Glück fühlt, Schmerz und Enttäuschung heuchelte, um die Anderen von der Nachfolge abzuschrecken — aus Missgunst, aus Hochmuth, ohne den kein höherer Mensch zu denken ist. Vielleicht schrie Jesus, dass Gott ihn verlassen, in demselben Augenblicke, als ihn eine Wonne befiel, die er selbst den „Armen im Geiste" vorzuenthalten Grund hatte. Jede Vollkommenheit umgiebt sich mit einem Stachelzaun; Einer, der unbedenklich zur imitatio sui auffordert und den Fremdenführer zu seiner eigenen Moral abgiebt, ist zu bescheiden, um Genie zu sein.

35.

Wer ist schöpferisch? Nicht wer Bücher schreibt oder Bilder malt oder Schlachten gewinnt; das ist bestenfalls die Aussenseite der eigentlichen Productivität, das Geschaffen haben und aus den Schachten des Schaffens wieder - ans - Tageslicht - Kommen. Fruchtbar ist Jeder, der etwas sein eigen nennt, im Schaffen oder Geniessen, in Sprache oder Gebärde, in Sehnsucht oder Besitz, in Wissenschaft oder Gesittung; fruchtbar ist alles, was weniger als zweimal da ist, jeder Baum, der aus seiner Erde in seinen Himmel wächst, jedes Lächeln, das nur einem Gesichte steht, jeder Gedanke, der nur einmal Recht hat, jedes Erlebniss, das den herzstärkenden Geruch des Individuums ausathmet!

36.

Ein Stück Weges zusammengehen können, ehe das Hekatebild „Persönlichkeit" zur Trennung mahnt, ist bereits Freundschaft; man verlange nichts Höheres, keine „Freundschaft fürs Leben".

37.

Man soll aus Liebe zürnen und fluchen, nicht mit Mephistopheles „wie es sich gehört"! Man soll so kämpfen, dass man sich selber in Gefahr begebe, nicht aus einem sicheren Rechtsgrunde heraus. Man soll immer auf eine Zukunft hin, nie von einer Vergangenheit her kämpfen; die Todten mögen als Gespenster ihre Sachen selbst ausfechten.

38.

Staaten sind doch nur „so zu sagen" Organismen, und ein nicht ganz mythologischer Mensch wird die oft durchgeführte Parallele zwischen Thier- und Gesellschaftskörper kaum für mehr halten als für eine geistreiche Allegorie. Aber schon, dass sich überhaupt eine solche Parallele ziehen lässt, stimmt zu wohlwollendem Mitleid gegen den Staat — vorausgesetzt nämlich, dass der Anblick des Menschen zu wohlwollendem Mitleid stimmt. Hegel begriff es anders: ihm war der Staat die vollkommenste aller Abstractionen, ein Absolutum ohne Anfang, Wachsthum und Ende, er spricht mit frommen Schaudern von dieser höchsten Incarnation der Idee und meint, es sei „herb" den Staat zu fassen. Diese Nüance der Ehrfurcht, einer politomanen Zeit und einem politomanen Gehirne entsprungen, dürften wir uns heute gründlich abgewöhnt haben; wir denken über den Staat utilitarisch, wie es der Streit der Interessen und Interessengruppen uns gelehrt hat. Wohlverstanden, ich zweifle nicht, dass es heute noch begeisterte Monarchisten oder Republicaner giebt, aber diese Art Enthusiasmus gilt dem ästhetischen Reiz geschichtlich überlieferter Gebilde; eine Idolatrie vor der Staatsform als solcher, eine Anbetung der reinen Gesetzlichkeit als der höchsten Verwirklichung sittlicher Ideale ist nirgends mehr vorhanden, mag sie noch so oft geheuchelt werden. Uns ist der Staat, mögen wir uns conservativ oder subversiv gebärden, ein Nebeneinander widerstreitender Egoismen, ein Etagenbau von Functionen und Organen, und insofern wirklich ein ungefähres Gleichniss des menschlichen Leibes. Haben wir also Geduld mit dem Staate, wie wir Geduld mit unserem Leibe haben! Wundern wir uns nicht, wenn im

Gebaren dieses Riesenkörpers Sinn und Vernunft manchmal zu fehlen scheinen; auch in unserem Leibesleben ist
ja das Gehirn nicht immer oberste Instanz. Handeln,
denken, fühlen wir nicht lange Lebensstrecken hin unter
dem Druck von Ganglien, Magen, Eingeweiden und Ge-
schlechtstheilen, haben wir nicht unsere Zeiten der Unfruchtbarkeit, ja des Rückschrittes, verschlafen und ver-
schlemmen wir nicht zwei Drittel unseres Schaffenstages,
— wie? und der Staat sollte geistiger, cerebraler, philosophischer leben als wir, die Staatsangehörigen? dem
Riesenkörper sollten die Widerlichkeiten, die schlimmen
Zufälle und Irrationalitäten erspart sein, denen alles
Körperliche ausgesetzt ist?

39.

Menschen sind keine Principien und der verrechnet
sich, der sie zu berechnen unternimmt. Für Einen, der mit
der Natur und ihrem Gesetzmässigen zu thun hat, ist der
Umgang mit Menschen eine Erholung, ein Sprung in's
Gegensätzliche, oft aber auch eine Geduldprobe: wir Verwöhnten, denen eine Musik in reinen Verhältnissen als
geistiges Element genugthäte, finden, dass das wohltempe-
rirte Klavier, genannt Mensch, ewig verstimmt und allzu-
leicht verstimmbar ist. Man gehe in die beste, vertrauteste Gesellschaft: Drei, Vier, die sich kennen, die Grund
haben und ihre Humanität darin suchen, durch Schonung
einander bei Laune zu erhalten — und doch, eines Tages
will die Wärme, die sociale Temperatur sich nicht einstellen, ohne dass ein fremder Störenfried nachweisbar
wäre. Man ist geneigt zu reden und zu hören wie sonst,
man ist auf einander vorbereitet und hat keine Überraschung zu scheuen, jeder Einzelne ist auch im Reinen

mit sich selbst (dies die erste Grundlage der guten Ge-
selligkeit): alle Versuchsbedingungen sind erfüllt wie sonst
und trotzdem entfernt sich der wirkliche Erfolg vom berechneten vielleicht so weit, dass die Freunde beim Auseinandergehen nichts weniger als ein Wiedersehen zu
wünschen haben. Was geschehen ist, weiss Keiner von
ihnen: vielleicht sassen Zwei nebeneinander, die sonst
gegenüber zu sitzen pflegten, vielleicht wurde ein Wort
mit einer zufälligen Betonung ausgesprochen, die eine
lange verklungene Saite erzittern machte — wer will den
feinen Schiebungen und Gleitungen nachspüren, durch
die ein menschliches Verhältniss aus seiner Schwebe ge-
rückt wird? Die zarten Dinge sind auch die flüchtigsten,
und alles, was eine Relation zwischen zwei Seelen ausdrückt, ist auf eines Messers Schneide gestellt: es ist, in
der Mechanik der Gefühle, der Fall des labilen Gleichgewichts, das durch den leisesten Anstoss dauernd gestört wird. Für den Verkehr mit Leuten genügt Vorsicht
und eine gelenke Hand; der Umgang mit Menschen ist
eine blosse Möglichkeit, ein Grenzfall, den keine Berechnung erzwingen, den nur ein gnädiger Augenblick verwirklichen kann.

40.

Damit es sich in der „Wahrheit" leben liesse, damit
wir auch nur das Recht auf diese Bequemlichkeit ansprechen dürften, müsste der Mensch im letzten Inneren
anders beschaffen sein als er beschaffen ist: weniger Laune
und mehr Wille, weniger Nerven und mehr Knochen.
Wo wir uns einstellen, wird uns zuerst Dauer, Gleichgewicht, Berechenbarkeit abverlangt, bis wir sie schliesslich selber von uns verlangen; wir billigen den ästhetischen
Stimmungsmenschen nicht, der sich durch eine zerfahrene

Praxis darzustellen sucht — und doch, was liegt uns im Grunde näher als solche Stimmungsmenschen zu sein und Berufe, Aufenthalte, Ideale leichten Herzens zu wechseln? Hier tritt die Lüge, die pia fraus in ihre Rechte, als einzige Möglichkeit, unter ausgelebten Verhältnissen, in zerrissenem Zusammenhange weiter zu existiren; und wo nur irgend Bestand und Beständigkeit verehrt wird, sollte auch der heiligen Lüge ein Altar geweiht sein. Es ist unmöglich, die Dauer einer Fähigkeit, das Leben einer Überzeugung, die Treue einer Neigung zu verbürgen; aber es ist stets möglich, den Schein dieser Dinge im Zusammenleben mit Anderen zu wahren. Wir können für unsere Oberfläche einstehen, nicht für unser Inneres; wir können Wirkungen versprechen, nicht auch Ursachen. Man sollte eine Rangordnung der Menschen unter dem Gesichtspunkte aufstellen, worin und zu welchen Zwecken sie heucheln; gewiss würde sie die edelsten wie die niedrigsten Typen umfassen. Die „wahrhaftigen" Menschen würden von diesem Wettbewerb auszuschliessen sein, als Schosskinder des Glücks, denen das Leben Schwierigkeiten und Conflicte erspart hat, oder als Trunkenbolde des Ideals, die sich nicht wehethun, wenn sie fallen, aber auch nichts davon merken, dass sie Andere anstossen. Dem Wahrhaftigen fehlen die sympathischen Functionen, wahrscheinlich weil er nicht nöthig hatte, sie auszubilden; wer einmal Arzt, Erzieher, Liebender, Freund gewesen ist, hat auch seine Wirkung auf Andere bemessen, d. h. hat lügen gelernt.

41.

Was wir in uns am wenigsten ausbilden, vielleicht bekämpfen und unterdrücken, ist einst unsere letzte Zuflucht, wenn wir die wohlfeilen, uns bequem liegenden

Idealismen verwunden haben. Man wünscht, plant, disciplinirt, um sich schliesslich von alledem als Gegentheil zu entdecken.

42.

Rechnet man einmal nach, wie man sich gebend und empfangend zu Anderen verhält, so wird man als Überschuss des Ein- oder Ausströmenden fast stets den Werth Null finden, selbst bei Menschen oder zu Zeiten, die oberflächlich betrachtet vorwiegend receptiv oder vorwiegend productiv erscheinen. Man nimmt aus hundert Händen und giebt in hundert andere weiter, und von diesem Kreislauf des geistigen Kapitals lebt man, ohne dass es irgendwo zu einer besonderen Aufspeicherung käme — das intellectuelle Vermögen ist nicht so verhängnissvoll centripetal wie das wirthschaftliche.

43.

Wenn der Mensch aufgiebt, vom Leben etwas erzwingen zu wollen, wird er liebenswürdig; sein Wesen versüsst sich wie der Dank für nie Erbetenes. Aber sich durchsetzen müssen ist herb, und Schaffen ist das Herbste; da will dem Dunklen das Lichte, der ewigen Gegnerschaft des Gestaltens das Gestaltete selber abgerungen sein — und der Ringende sollte noch Musse finden, sich selbst eine Gestalt zu geben? Es ist nicht möglich, Künstler zu sein und Kunstwerk, aus dem Leben zu schöpfen und das Leben in sich zu versteinern, Früchte zu tragen und selbst als Frucht zu reifen.

44.

Was helfen Erfahrungen, wo der Erfahrende fehlt? Am Unzulänglichen wird nichts Ereigniss; nur in edle

Gefässe senkt sich das Edelste. Überall schreiben Geister-
hände, aber nicht überall empfangen Schreibtafeln; Jeder
erlebt, was in ihm Platz findet.

45.

Unser Schaffen von Inspiration abhängig? Gewiss,
aber die Inspiration soll einst von uns abhängig werden.
Wir müssen mit·uns umgehen lernen so gut wie mit
Dampf und Electricität, wir müssen auch die Naturkraft,
die wir selbst sind, in Dienst und Arbeit nehmen.

46.

Menschen gegenüber, die unbegrenzte Aufrichtigkeit
verlangen — nebenbei gesagt, ein Zeichen von Schwäche
— heucheln wir unwillkürlich mehr als vor Solchen, die
uns im natürlichen Beieinander von Ächt und Falsch zu
nehmen wissen.

47.

Der irrt sehr, welcher meint, mit dem Volke müsse
man volksthümlich und mit dem Kinde kindlich reden,
um verstanden zu werden. Das versteht nur Eine Sprache,
die des Befehlenden, sonst keine, — am allerwenigsten
seine eigene.

48.

Mit sich selbst muss man in Frieden leben, durch
Vertrag oder Machtspruch. Selbstachtung erzwingen,
durch ein kräftiges Honny soit qui mal y pense wider
jede Selbstverdächtigung und Selbstverleumdung. Man
nehme gegen sich den Standpunkt der guten Gesellschaft
ein, wo es für unanständig gilt, hinterrücks zu argwöhnen.

49.

Wer sich in einem beliebigen Augenblicke einmal ganz zu Ende sähe, verlöre zum mindesten den Muth, noch andere an dieses Risico, genannt Ich, zu ketten. Erkenne dich selbst! dem hätte zu folgen: mache dich selbst unschädlich!

50.

Der bestzusammengesetzte Mensch erlebt immer wieder den Lärm in sich, dass eine gutgesinnte Majorität einzelne Störenfriede an die Luft setzt: ganz homogen wird man wahrscheinlich nie.

51.

Einem Rufe folgen, und näherkommend sehen, dass sie immer noch rufen und winken, Einem hinter dir; glänzende, verlangende Augen, die nicht auf dich gerichtet sind, in denen sich nicht einmal eine Enttäuschung über dich malt, weil sie durch dich wie durch Glas blicken, nach einem Ferneren als du bist ... Stelle dich zu diesen Winkenden und schaue zurück; dort siehst du ihn kommen, mit dem du dich verwechselt hast! Wie? dir scheint, er sei nicht eben ein viel Anderer als du? Nicht grösser, nicht leuchtender, nur bunter? So wende den Rücken und lass diesen Helden von seinen Anbetern aufhalten.

52.

Wahrheit vergeht, Täuschung besteht. Nur im Selbstbetrug und Betrug Andrer lässt sich auf die Dauer leben; unverhüllte Zustände können in unserem Klima nur Ausnahmezustände sein. Ich frage, ob z. B. ein einziges

Liebes- oder Freundschaftsverhältniss zur Blüthe kommen würde, wenn von Anfang an volle Aufrichtigkeit bestünde. Sobald man zu Zweien oder zu Vielen lebt, ist ein verschliessbarer Schrank und sogar ein geheimes Fach darin unerlässlich. Wir müssen lügen, das heisst soviel als: wir müssen den Schlüssel zu Einigem, das wir sind, in der Hand behalten. Unsere Wahrheitsapostel aus dem Norden, die das Leben auf Offenheit und Vertrauen einrichten wollen: an was für ein unmögliches Leben, an was für unmögliche Menschen denken sie eigentlich dabei? unmöglich, und nicht einmal erstrebenswerth? Denn wie in einem Hause, wo Schlösser und Schlüssel fehlen, Niemand eine Kostbarkeit aufbewahren wird, so ist alles Feine, Seltene, Werthvolle des Lebens darauf angewiesen, dass Lüge und Verheimlichung weiterbesteht. Eine Seele, die dieser Schutzmittel enträth, kann sich keine vornehme Pflege und Bildung angedeihen lassen: auf dem ager publicus baut man keine edelen und gefährdeten Gewächse an.

53.

Wer das Intime grosser Naturen nicht begreift, begreift auch ihre Aussenseite nicht, ihr piquant-Paradoxes, kleinlich-Verrücktes, das Contrastspiel ihrer Reactionen auf Umwelt-Reize, ihren missverständlichen Ernst und forcirten Leichtsinn, ihr Schweben über Abgründen und Sich-Vertiefen in Seichtigkeit, — den ganzen Cynismus, in den, hinter den sich zarte Individualität flüchtet. Die Zeiten sind vorbei, da sich das Bedeutende bedeutend zu drapiren wusste, da die Grösse ihre eigene Rhetorik redete: wir, die wir der Rhetorik abgesagt haben, müssen das Grösste noch aus dem Kleinsten errathen, — uns stellt die Psychologie ihre vornehmste Aufgabe.

54.

Was weiss der Mensch von seines Nebenmenschen
Wohl, wie niedrig denkt er davon, wie rasch und oberflächlich verfügt er über ihn! Nicht dass Jemand seinen
Nächsten nicht ernst nimmt, ist zu bedauern; man kann nicht
gezwungen werden, dahinzusehen, wohin man nicht sehen
will. Aber dass Einer den besten Willen hat, den Nächsten
ernst zu nehmen und, sobald es ans Beweisen geht, eine
Leichtfertigkeit und Blindheit zum Erstaunen an den Tag
legt, — dass Einer sorgfältig über seine Mitmenschen
nachdenkt und jede Art Fehlschluss dabei begeht, —
dass, kurz gesagt, der redlichste Altruist der eitelste
Stümper sein kann, das weckt bösen Argwohn!

55.

Etwas vom Altruismus. Wann empfinden wir
die „Gesellschaft" als liebenswürdig, als „Object möglicher Liebe"? Wann und wie lieben wir überhaupt, wir
Egoisten? Nun, im Allgemeinen sicherlich aus der Ferne,
mit hinlänglichem Spielraum für unser Ego, das „idealisiren", umformen, zurechtmachen, fälschen, aneignen,
assimiliren will; wir lieben nicht die Dinge, wie sie sind,
sondern unsere Vorstellung von ihnen, irgend eine uns
angepasste Bezeichnung und Symbolik der Dinge, an
der sich unsere Willkür, unser Eigenthumstrieb, unsere
„Liebe" ungehindert entladen kann. Sie selbst, die Dinge
an sich, sind viel zu hart, fremd, objectiv, um in dieser
animalischen Weise geliebt zu werden. Und wie lieben
wir die Gesellschaft? Nach meinen Erfahrungen ebenfalls
aus der Ferne, sinnlich und geistig genommen, aus jener
„blauen" Ferne, in der alle hässlichen, schrillen, gezackten

Einzelheiten gedämpft und überhaucht erscheinen und auch das wimmelnde Collectivum zu etwas Rundem, Einheitlichem, physiologisch Ganzem zusammenrinnt. Eine Möglichkeit, die Vorstellung „Gesellschaft" mit Lust- oder Unlustgefühlen zu betonen, tritt für mich genau auf dem Punkte ein, wo diese Gesellschaft als leibliches und abgeschlossenes Object, gewissermassen als colossales Individuum, zu meinen Sinnen redet, wo die rein begriffliche Addition, durch die jedes Collectivum als Summe seiner Einzelnen, und nicht mehr, definirt ist, einmal in den Hintergrund tritt und sich dafür der Begriff eines Organismus einschiebt. Ich bin ausser Stande, mit der Bereitwilligkeit, die ein heutiger Socialethiker fordert, die Gesellschaft durchgängig als organisirtes Wesen zu empfinden; aber ich bin zeitweilig dazu im Stande. Und immer, wenn irgend eine verliebte Zärtlichkeit für „Andere", eine weichherzige altruistische Anwandlung mit kribbeligen Schmetterlingsfüssen über meine Seele hinläuft, ist es sicherlich die physiologische Realität, nicht das „moralische Ideal", in die ich mich einen Augenblick verliebe. Irgend ein Sinn bewirkt eine confocale Vereinigung der Reizstrahlen und dadurch eine regelrechte Gefühlserwärmung: je besser die synthetische Zusammenschmelzung der gesellschaftlichen Vielheitskategorie zur animalen Einheitskategorie gelingt, desto leichter fängt ein wenig Altruismus Feuer. Wenn ich inmitten eines lärmenden Häufleins Menschlichkeit die einzelnen Stimmen höre und die einzelnen Gebärden sehe, so fehlt mir jede Sympathie, jedes Gefühlscorrelat für eine angebliche Resultante aller dieser zersplitterten Componenten; ganz anders, wenn dieses selbe Stimmengewirr, weit fort von mir, als unlösliche akustische Verbindung ins Schweigen der Ferne versinkt, immer leiser, voller, ausgerundeter, liebenswürdiger . . . . Ebenso kann mich der Anblick zahlloser Fussspuren auf weichem Boden oder im Schnee ganz zart altruistisch stimmen, gleichermassen der aus Ballsälen und Theatern bekannte Duft von Parfums, Glacéhandschuhen und menschlicher Ausdünstung — jener Duft, der eine Gesellschaft aus den „höheren Ständen" charakterisirt und gewissermassen zum ausdünstenden animal vereinheitlicht. Auch die dem Religiösen angenäherte Empfindung, die Einen inmitten einer jubelnden oder singenden Volksmenge überkommt, gehört hierher. Ja, auf die Gefahr hin, in eine haarscharfe Spitze des Raffinements auszulaufen, möchte ich behaupten, dass selbst im Lautwerth eine Erleichterung oder Erschwerung zur sympathischen Betonung der Begriffe und Vorstellungen liegen kann; ich würde mich z. B. eher für eine „Gesellschaft" als für einen „Staatsverband" begeistern: die Gesellschaft, mit der doppelten Liquida und den beiden Sibilantes, ist — ja, wie nenne ich es doch? feuchter, sinnlicher, lebendiger, physiologischer, mehr zum Liebkosen . . . . Die „Gemeinde" oder der „Staat", sachlich ebenso abstract und zusammenaddirt wie jene, hat nicht die Geschicklichkeit, phonetisch das Gegentheil zu scheinen!

Diese altruistischen Gefühlsverzweigungen, die ein Anderer durch entsprechende Singularitäten seiner eigenen Erfahrung ersetzen wird, mögen spitz, seltsam, subjectiv und Schlimmeres sein: jedenfalls geben sie uns, den individualistischen Menschen, einen Genuss am Gegentheil unserer Moral! Ich vermuthe, dass dieser Genuss den gewohnheitsmässigen altruistischen Dickhäutern, die ihre Menschenliebe in grossen Alltagsportionen zu sich nehmen, entgehen wird. Die Gewohnheit stumpft gegen Nüancen ab, nur die Ausnahme schmeckt und wird ge-

142

schmeckt; einer Sache fernbleiben ist die einzige Möglichkeit, sich eine feine Zunge dafür zu bewahren, heisse
diese Sache nun Kunst, Religion, Moral, Geliebte, Landschaft oder sonstwie. Sicherlich werden die zartesten
Entzückungen und Wohlgerüche des moralischen Lebens
nicht von den professionellen Tugendbolden, sondern von
den Bösen und Halbmoralischen genossen. Wir als
Individualisten haben längst auf die wundervollen Reize
der Selbstliebe verzichtet; dafür schenkt uns unsere
Feindin, die Socialethik, gelegentlich einen Augenblick
im Paradiese. Diesen berauben die durchgängig altruistischen Menschen seiner Kraft und Süssigkeit, indem
sie ihn zur ganzen Lebenslinie in die Länge ziehen und
die Ausnahme zur Regel (zur „Pflicht"!) verdünnen; vielleicht hält sie der Egoismus, der ihnen eine gefährliche
und ketzerische Sache ist, durch s e i n e paradiesischen
Augenblicke dafür schadlos. Aber trotz dieser gegenseitigen Entfremdung im Verstehen und Geniessen fehlt
es nicht an Gründen, das was wir in jenen altruistischen
Moment-Anwandlungen gelernt haben, mit zur Psychologie des altruistischen Normalzustandes heranzuziehen.
Ohne dies des Näheren auszuführen, können wir uns mit
der These begnügen, dass die Hingebung an ideale
Collectiva, so abstract und moralisch-vernünftig sie sich
auch verkleiden mag, doch zuletzt zu den sinnlichen
Emotionen zu rechnen ist, insofern die begriffliche Construction „Gesellschaft" sich zu einer Art physiologischer
Leiblichkeit erwärmt und belebt haben muss, um sich
des Weiteren gefühlsmässig färben und betonen zu lassen.
Erst wenn man die Vielheit nicht nur als Einheit denken,
sondern (in irgend einer directen oder reflectirten Form)
als Einheit sehen, hören, riechen, schmecken, tasten kann,
erst dann bemächtigt sich ihrer die moralische Theil-

4

nahme, als geistige Ausstrahlung einer im tiefsten Grunde sinnlichen, im allertiefsten geschlechtlichen Energie.

56.

Ich kenne Menschen, die, wenn sie einen Andern stolpern oder springen sehen, am eigenen Leibe den Ruck empfinden, Menschen, denen es in Därmen und Nieren zuckt und zwackt, wenn sie von einer chirurgischen Operation lesen. Das „Mitleid" ist hier zur physiologischen Wirklichkeit geworden, als eine Art gegenseitiger Induction der verschiedenen Nervensysteme unter sinnlicher oder gehirnlicher Vermittlung; und insofern jede Mitleidsmoral diese Inducibilität zu schärfen und zu erweitern trachtet, strebt sie einem unerträglichen Communismus des Leidens zu, wo die Individuation keine Schranke und die Haut kein Schutzfell mehr ist, wo Jedem seines „Bruders" Auge und Zahn mit wehthut und jede Uebelkeit collectiv empfunden wird. Hofft man vielleicht, wie bei einem elektrischen Conductor, durch Vergrösserung der Oberfläche die „Spannung" des Schmerzes zu mindern? Jedenfalls wird aus diesem künftigen Zustand heraus der Egoismus einst als Tugend und fast unerreichbares Ideal geflaggt werden, und jede Art Isolator wird hoch im Preise stehen — heute hat man noch seine unbedachte Freude, wenn von Socialorganismen, Volksseele oder Willensübertragung die Rede ist und dem Individuum die verfängliche Gelegenheit geboten wird, aus der Haut zu fahren.

57.

Ueber die meisten Dinge wird in drei Stockwerken geurtheilt. Zu unterst die triviale Allerweltsmeinung, an der nichts gross ist als die Trivialität. Darüber ein etwas geläutertes, noch lange nicht lauteres Empfinden Weniger, doch immer noch zu Vieler; ein edles, schwärmerisches, oft revolutionäres, jedenfalls geräuschvolles und geschmackloses Empfinden, für das der vielsagende Name Idealismus ersonnen wurde. Endlich, in der höchsten, reinlichsten Zelle, die Meinung Einzelner, ganz Befreiter, eine Frucht langen Erlebens und Betrachtens, gesättigt mit Skepsis und Vorbehalten, schwer in Worte zu kleiden (Worte drücken immer heutige und gestrige Erfahrungen aus), undankbar für moralische Poseure und Gesinnungstüchtige, im reinen Gedankeninhalt von der zweiten Stufe so ziemlich das Gegentheil, sogar mit einer scheinbaren Hinneigung zur ersten, trivialen Stufe.

58.

Es giebt kein Dasein ohne Unrechtthun; schon dass wir Anderen Zeit, Raum und Materie wegnehmen, dass wir das Quantum „Energie", das wir sind, am allgemeinen Transformationsprocess mit theilnehmen lassen, dass wir eine Anzahl von Atomen, Strahlungen, Functionen, Willensakten veranlassen, sich zu einander zu halten und „uns" zu constituiren, — dies alles ist Unrecht. Der vollendete Altruismus setzt sich selbst den Stuhl vor die Thür, indem er den Nullpunkt der Activität sucht, von wo aus keine Beeinträchtigung Anderer mehr stattfindet: seine erlaubte Bethätigung liegt ausserhalb des Seins, wohin aber kein Uebergang führt, da auch Selbstvernichtung immer die Beihilfe Anderer voraussetzt, immer mit ihren Wellenringen in die Sphäre Anderer übergreift. — Nun, der wirklich gelehrte und geglaubte Altruismus denkt nicht so spitz: er will einfach, dass jedes Kraftcentrum mehr heilsame als zerstörerische Wir-

4*

kungen um sich verbreite. Wer dem aber nachsinnt,
wird finden, dass er den grössten Ueberschuss erzielt,
wenn er ganz ohne Rücksicht auf die Anderen das
individuell Bedeutende und Förderliche erstrebt.

59.

Man kann sich, bei jedem vorauszusehenden Uebergang und Erlebnisswechsel, auf verschiedene Grade von
Gegensätzlichkeit einrichten; man kann stufenweise oder
sprungweise, stark oder schwach moduliren, man kann
vom Heute zum Morgen kriechen, schreiten, stürzen.
Das Mehr von Glück und Behagen ist natürlich bei dem
langsameren Verfahren. Wer ein grösseres Stück Leben
absolviren will, muss sich für das Gegentheil, für mög-
lichste Spannung und Contrastschärfe der aufeinander-
folgenden Zustände entscheiden; dabei treten stärkere,
auch dunklere und minder berechenbare Kräfte ins Spiel
und eine Explosion ist nicht von vornherein ausgeschlossen.

60.

Wenn wir einen grossen Mann verehren, sehen wir
eine Lichtgestalt, wo nur zwei oder drei Lichtflecke sind;
unsere constructive Phantasie ergänzt das Nöthige. Wenn
wir ein Weib lieben, stellen wir uns etwas Alabaster-
weisses und Marmorglattes vor, wo bei genauerem Hinschauen Dunst und Poren und behaarte Mäler sind.
Diese Art Blindheit und Idealismus, dieses Wahrnehmen,
das eigentlich ein Falschnehmen ist, fehlt uns im Ver-
kehre mit uns selbst; daher ist der Egoismus leichter
gesagt als gethan. Es ist schwer, sich so gut zu stilisiren,
dass man sich selber wohlgefällt; es ist schwer, sich vor

sich selber so in Scene zu setzen., dass man sich nicht
unter die eigene Maske guckt; es ist schwer, vor Jemandem
seine Hochachtung zu bewahren, mit dem man in der
indiscretesten aller Beziehungen, der Identität, steht.
Liebe deinen Nächsten wie dich selbst — aber man wird
ihn immer mehr lieben; man wird immer die erste Person
gegen die zweite und die zweite gegen die dritte geringschätzen, die blaue Ferne wird jederzeit mehr gelten als
die nächste Nachbarschaft. Mit wachsender Vereinigung
der Liebenden erlischt die Liebe: wie kann man lieben,
was man sein muss?

61.

Die älteren Philosophen wollten den Menschen ab-
gehärtet und als ein geistiges Pachyderma den Be-
rührungen der Umwelt ausgesetzt; in dieser Klugheit
bestand oft genug ihre ganze Weisheit. Was wir Neueren
erstreben, ist in ihrem Sinne gewiss unphilosophisch und
keine geringe Donquixoterie: dem Individuum bei gegebenem Volumen ein Maximum von Oberfläche an-
bilden, seine Verwundbarkeit, die Fülle seiner Beziehungen,
das Bereich seiner Erlebnisse steigern, seine Empfindlichkeit auf alle Töne und Farben und Vierteltöne und
Zwischenfarben stimmen. Dieses Ideal mag jedem eudämonistisch gerichteten Willen widerstehen — und was
war bisher nicht eudämonistisch? Die Moral, die ein be-
ruhigtes Gewissen, und die Wissenschaft, die eine be-
festigte Gewissheit an die Spitze der Güter stellt, waren
es in erster Reihe; überall herrscht die bleiche Furcht,
die Scheu vor dem problematischen Charakter des Daseins,
der Wunsch nach verminderter Unsicherheit, der Stoicismus, der um das Leben herum oder durch das Leben

hindurch will, ohne seinen Stachel zu fühlen. Aber wer erkennen will, muss nackt ins Meer hinaus schwimmen und darf sich durch keine Hülle der vollen abenteuerlichen Willkür im Leben und Leiden entziehen.

62.

Jede Synthese ist Gewinn, jede Analyse Verlust. Eine Zusammensetzung, die nicht mehr als Summe ihrer Theile erkennbar ist, wiegt einer neuen Realität gleich; ein Auseinandernehmen vermehrt die Anzahl der niederen, eigenschaftsloseren Complexe und verringert die der höheren, qualificirteren. Einem Gehirn, das zwei Begriffe hat, gebe ich einen dritten, indem ich zwischen beiden einen nexus suche, der so gesucht und willkürlich wie möglich sein darf; der Zwang, zwei Unverträgliche zusammenzudenken, löthet endlich beide wirklich zusammen. Also Ehen schliessen, der Kindererzeugung wegen. Einen Menschen, der fertig ist, bereichere ich ethisch, indem ich ihn in unmögliche Situationen bringe, die er mit seiner bisherigen Ethik nicht verdaut; der Nothbehelf, den er ersinnt und den ich ihm durch Wiederholung einübe, ist dann ein neues Hülfsmittel, ein Zuwachs an Lebenskenntniss. So hat der Mann von Ehre vor dem gewöhnlichen Menschen den Vorzug, in ein paar schwierige und unmögliche Lagen mehr kommen zu können, als Jener, also verschiedene Male mehr zur Aufbietung aller Kraft und Erfindsamkeit genöthigt zu sein. Der Ehrbegriff selbst ist nichts anderes als der Zwang, alle Dinge von einer Seite mehr zu betrachten als alle Welt; er bereichert also das Aussehen der Dinge, er vervielfacht unsere Interessen und Beziehungen, er vertritt als technische Verlängerung die Stelle eines fehlenden oder noch unent-

wickelten Organs und trägt zugleich zu dessen Züchtung
bei. Jede moralische oder ästhetische Idiosynkrasie, die
wir uns aneignen, verschönt die Welt (ohne uns freilich
immer das Leben bequem zu machen); umgekehrt wirkt
jeder Indifferentismus dahin, sie zu verwischen, die Farben
auszulöschen und uns den Quell förderlicher und bilden-
der Erlebnisse zuzuschütten. Man soll, bei und in sich,
alle Arten von Tyrannei und Vergewaltigung unter-
stützen, alle Arten von laisser aller und gutmüthiger Erleichterung in die Acht erklären. Man lasse sich nicht
gehen, man exercire sich lieber, um gehen zu lernen.
Man glaube dem Augenschein nicht, der diese Disciplin
für unnöthig hält; man mache sich das Leben schwer,
weil alle Welt es sich leicht macht. Man verspreche, um
halten zu müssen; man verlange von sich Alles, um
sicher zu sein, nichts vergeblich zu verlangen; man erfinde fixe Ideen, wenn die überlieferten nicht genügen.
Man begebe sich in zehn Gefahren mehr als der Nachbar, unter zehn Möglichkeiten des Missverständnisses mehr,
in zehn Versuchungen mehr; man beurtheile sich nach
einem härteren Gesetz und mit schärferer Betonung der
erschwerenden Umstände, man vervielfache seine Casuistik,
nicht um öfter davonzukommen, sondern um öfter zu
straucheln. Man verschmälere seine Lebensgrundlage,
um öfter das Gleichgewicht zu verlieren; man entferne
sein Ziel, um leichter den Weg zu verfehlen; man springe
hinüber, wo alle Welt überfährt, und verbinde sich die
Augen, wo die Anderen sie bewaffnen. Man habe einen
Gott mehr, eine Moral mehr, eine Ehre mehr als Jedermann, zu keinem anderen Zwecke, als um mehr zu erleben als Jedermann.

Vom Normalmenschen.

So wir den Krücken nicht das Bein stellen,
thun sie's dem letzten graden!

Lauterbach, Aegineten.

63.

Wenn ich bedenke, wie erfinderisch und tüchtig der Mensch im Ausbau seiner eigenen Lebensführung sein kann, mit welcher neapolitanischen Anmuth er gegenüber Zufall und Mitmenschen sich durchzusetzen weiss, ohne Grossthuerei und moralische Draperie, ohne den schielenden Seitenblick auf Andere und die „Wohlfahrt Anderer" — und wie plump hingegen, wie anmassend und effectlüstern sich der Altruist in fremde Schicksale eindrängt und dazwischenschiebt, immer auf der Jagd nach moralischer Selbstbefriedigung und dem Kitzel des „guten Gewissens"; wenn ich mir diese beiden Typen gegenüberstelle, den Egoisten optima fide, der aus seiner inneren Unschuld noch an Andere abgiebt, indem er ihnen zu einem pharisäischen Distanzbewusstsein von „jenem Zöllner" verhilft, und den selbstlosen Unschuldsaspiranten, der auf Hintertreppen zu seiner Höhe steigt und nur desshalb steigt, um die Untenbleibenden zu beschämen: dann zögere ich nicht einen Augenblick, als Mensch von Geschmack für den Egoisten zu sein, selbst wenn ich als Mensch von Moral für den Andern sein müsste. Auch die Selbstliebe hat ja ihre Grade von Vornehmheit, und vielleicht stehen ihre untersten Grade tiefer als der Altruismus selbst in seinen gemeinsten Äusserungsformen jemals sinken kann, sodass es in Hin-

sicht auf die grosse Masse, die von beiden Gattungen
nur die niedrigsten Arten darzustellen vermag, in der
That geboten sein wird, den moralischen Menschen vor
dem egoistischen a priori zu bevorzugen. Dafür aber
stehen die eigentlich hohen Typen des Individualismus
unvergleichlich viel höher als der moralische Mensch auch
in seiner edelsten Gestalt, und ich für meine Person sehe in
der Ehrfurcht vor sich selbst als einem Schaffenden das höchste Ethos, das auf Erden erreichbar ist:
gegen diesen glaubenssicheren Gnadenstand ist die klein-
lich aufgeregte Werkheiligkeit der moralischen Menschen
beinahe etwas Verächtliches. Der moralische Mensch
schleicht sich durch eine Hinterthür in den Seelenzustand
des naiv-schöpferischen Menschen ein; dieser ist gerechtfertigt, und jener liegt auf der Lauer nach Rechtfertigung,
dieser hat Unschuld als Grundgeheimniss seines Wesens,
jener angelt nach ihr mit Äusserlichkeiten und Gelegenheitsursachen; dieser setzt sie bei sich voraus, jener muss
sie sich von aussen her, durch Handlungen und Hand-
greiflichkeiten, beweisen! — Aber gerathen wir nicht
selbst ins Moralisiren hinein; bleiben wir beim sic volo,
sic jubeo des Geschmacks. Es ist altruistischer Geschmack,
dem „nur das Gute wohlthut, das wir bei offenen Thüren
geniessen können und das allen Menschen nützt" (Emerson); es ist unser Geschmack, der sich die Frage stellt:
kann eine Species von Menschen und Handlungen überhaupt etwas für sich Werthvolles sein, die nur bei offenen
Thüren gedeiht, ja die nur sub specie der Öffentlichkeit
existirt? Der moralische Mensch und die moralische
Handlung sind ja nur relative Realitäten, da sie als
nothwendige ratio essendi ein Forum moralischer Beurtheilung voraussetzen; sie beruhen, Kantisch gesprochen,
auf Heteronomie, nicht auf Autonomie! So schön man

auch von der Selbstgenugsamkeit der Tugend und der immanenten Moralgerichtsbarkeit des Gewissens gefabelt hat: der Historiker der moralischen Empfindungen weiss zu genau, dass diese immanente Sittlichkeit im Grunde nur eine gesellschaftlich geforderte Sitte ist, und dass der moralische Mensch nie sich selbst beurtheilt, sondern stets von wirklichen oder vorgestellten „Anderen" beurtheilen lässt. Ist eben dadurch der moralische Mensch nicht a priori von der höchsten Vornehmheit ausgeschlossen? Wirkt die altruistische Lebensweise, dieses grundsätzliche „Leben für Andere" und Rücksichtnehmen auf Andere, das beständige Offenhalten aller Thüren und Sich-in-Scene-setzen vor Zuschauern und Kritikern — wirkt dieses ewige Coulissenleben nicht jeder ruhigen und einsiedlerischen Seelenbildung entgegen? Muss ein Mensch, der nur das Licht fremder Meinungen und Werthschätzungen reflectirt und sofort zum eigenschaftslosen Massenklumpen verlöschen würde, sobald es der Aussenwelt einmal einfiele, jene Werthschätzungen einzustellen, — muss solch ein hypothetischer Mensch, der sich nur ex concessis beweisen kann, gegen den schöpferisch-kategorischen Menschen nicht eine erbärmliche Figur abgeben? Übrigens, und darin liegt der Humor, ist auch der moralische Mensch E g o i s t, nur dass er seinen Ernst und Idealismus nicht dem ächten, intim bekannten, vor Daseinsrausch productiven Vollblut-Ich zuwendet, sondern einem an der Umwelt reflectirten Denk- und Begriffs-Ich, das den Hin- und Rückweg durch ein absorbirendes Medium genommen und sich von jenem ursprünglichen Ich nicht um eine, sondern gleich um zwei Helligkeitsstufen entfernt hat.

64.

Ich werde wahrscheinlich ein schlechter Erzieher werden, im Sinne unserer heutigen erziehungssüchtigen Civilisation, und wenn ich meine Kinder liebe, so sollte ich sie vor mir warnen, was ich hiermit im Voraus gethan haben will. Soviel oder sowenig glaube ich für mich gutsagen zu können: dass jeder Ausbruch von Eigenwillen, Übermuth, freier wilder Natürlichkeit mich ästhetisch zu sehr erfreuen würde, als dass ich, mit ängstlicher Berechnung der Folgen, mich entschlösse den autoritätslüsternen Exercirmeister und pädagogischen Feldwebel zu spielen. Wo bliebe da der Gleichtritt — ich wollte sagen, die „Pflicht", dieser Grundbegriff aller Erziehung! Ich werde mir versagen müssen, zu den „Verbesserern der Menschheit" zu gehören; aber ich will mir nicht versagen, dieser Species Mensch mit der Laterne des Cynikers ins Gesicht zu leuchten. Dass sie heute, im Zeitalter der Machtzersplitterung, sich nicht mehr als Priester und Gesetzgeber, sondern im bescheideneren Massstabe als Lehrer und Erzieher unnütz zu machen pflegen, sei ihnen nicht sonderlich hoch angerechnet. Das Arbeitsfeld ist ihnen verengt worden, aber von ihrer Methode haben sie sich nichts abdingen lassen; sie haben sie nur ein wenig modernisirt, verfeinert, sie nehmen nicht mehr das glühende Eisen und die Stachelpeitsche, um die Bestie zu zähmen. Aber die Methode heisst heute noch: ausrotten, abdämmen, beschneiden, unterbinden, einschränken, verbieten — es ist eine grundsätzlich negative, privative, prohibitive Methode des Erziehens, Besserns, Strafens, ein Abschaffen an Stelle des Schaffens, ein Amputiren an Stelle des Heilens, kurz ausgedrückt: wenn dich deines Nächsten Auge ärgert, reisse es aus! Das Sonder-

bare ist, dass der Erfolg immer für diese Künstler der
Zerstörung zu sprechen scheint; wenn die Natur sich willig
unterdrücken und vergewaltigen, in ihrer Sprache „verbessern", lässt, oder wenn sie reich und positiv genug ist,
ihren Eingriffen zu trotzen, oder wenn sie sich gar durch
excessive Ausbildung einer Anlage hilft, die jenen Quäl-
geistern entgangen ist —: in allen Fällen glauben sie
unschuldsvoll die Wahrheit selber auf ihrer Seite zu haben,
sollte man's für möglich halten? Und noch mehr, man
glaubt es ihnen! man staunt andächtig, dass bei dieser
Erziehung überhaupt etwas herauskam, wenn auch das
Gegentheil des Beabsichtigten, man geht auf hundert
Schritt der Vermuthung aus dem Wege, dass die unver-
stümmelte, „unverbesserte" Natur doch um einige Grade
reicher und schöner sein müsse als jene formalistisch zu-
gerichtete Halbnatur. Reicher und schöner! was liegt
daran? die Hauptsache ist und bleibt doch die Behaglichkeit! Dass nur der liebe Mitmensch keinen Schaden
nehme! dass in den Mechanismus der allgemeinen Ordnung und Wohlfahrt nur keine von den Elementarge-
walten der Menschlichkeit hineinplatze! Dazu wird ge-
straft, unschädlich gemacht, eingesperrt, hingerichtet, dazu
wird der Pflichtbegriff eingeschärft, Entsagung, Selbst-
verleugnung, Unterdrückung der „bösen Triebe" gepredigt
— dies ganze ausgeklügelte System von Vereinfachung,
Beraubung, Castration, „Verbesserung" des Menschen
und der Natur hat keinen andern Zweck als das Glück
der Völker zu sichern, die unterste Art Glück, die es
giebt, als utilitarische Interessen zu fördern, die unterste
Art Interessen, die es giebt, als einen bequemen behaglichen selbstgefälligen Normalmenschen in Scene zu setzen,
die unterste Art Mensch, die es giebt! Heisst das nicht
absichtlich Sinn und Rang aller Dinge verdrehen und

Kupfer mit Golde aufwägen? heisst das nicht die That des Prometheus ungeschehen machen und dem Menschen das Feuer stehlen, damit sich die Kinder nicht wehthun?

Nun, solange unsere Civilisation diese destructiven Massregeln unter Erziehung versteht, solange sie das Individuum nur auspresst, abschwächt, und das aufständische Individuum einfach opfert, beseitigt, solange sie unbequeme Energieformen vernichtet statt sie zu verwandeln, solange es weder in ihrem Willen noch Vermögen liegt, positive Eigenschaften anzuzüchten und den menschlichen Typus auch nur um eine einzige neue Function zu bereichern, — solange muss der Einzelne sich wehren, wie er kann, und darum, meine Kinder! gelobe ich, euch ein streng unmoralischer Vater zu sein! Wir wollen nicht mit offenen Augen unsere Verarmung anstreben und unserer viertausendjährigen Hochcultur ablernen, wie man auf Deficit wirthschaftet! Wir werden keinen Theil von uns durchstreichen, verneinen, verkümmern lassen; dazu wissen wir viel zu wenig von der inneren Oekonomie des Lebens, um irgend etwas, was wie Realität aussieht, fortzuwerfen. Ferne bleibe uns die Tugend, die da spricht: Führe uns nicht in Versuchung! wie sollten wir als Darsteller dessen, was wir sind, der „experimentellen Methode" entrathen können? Nein, was in uns ist, soll auch heraus, zum mindesten ans Tageslicht der Erkenntniss; wir wollen uns nicht verschweigen und unversucht lassen. Unserem Guten und unserem Schlimmen soll die gleiche Zukunft offenstehen: „auch das Böseste ist zum Würzen würdig und zum letzten Überschäumen". Wir wollen den Sinn des Lebens besser zu errathen suchen als jene zerstörungsgrimmigen Halbwisser, die in allem, was für den Augenblick befremdet und wehethut, eine Umsturzgefahr für das gesamte Dasein wittern und mit ihrem myopischen Verstand gegen alles, was für sie Karthago ist, ein blindwüthiges ceterum censeo donnern. Wir wollen die Dinge nicht „verbessern", wenn dazu so mörderische Eingriffe ins blühende Leben der Dinge nothwendig sind, wie jene catonischen Moraltyrannen sie ausüben und anempfehlen. Auch wir werden uns nicht immer mit der unmittelbaren Natur und Natürlichkeit begnügen; aber wenn wir den Dingen zu Leibe gehen, so halten wir uns an die Technik des Umformens, Vertheilens, Anordnens, Stilisirens, nicht an die Mechanik des Beseitigens, Ausrottens, Verstümmelns. Wir wollen den Reichthum auf Erden mehren, nicht mindern, den Reichthum an Realität, an Wärme, Klang, Farbe, Kraft, Bewegung, an Willen und Leidenschaft, sei sie gut oder böse! Die Welt soll, wenn wir scheiden, weltlicher geworden sein, positiver, gedrängter, kernhafter, zum Leben verlockender als ehedem, wenigstens für uns und Unseresgleichen! Was sonst für uns und Andere bei dieser Weltbejahung, Weltbereicherung, Weltverwirklichung abfällt, kümmert das uns? Vielleicht stossen wir uns die Köpfe ein in unserer moralisch verbalkten und verbretterten Aussenwelt: kümmert das uns? Vielleicht auch gehen wir in anderer Weise zum Teufel: vielleicht werden wir selbst moralisch? Wie, wenn jenes „biogenetische Grundgesetz", das Goethe den Darwinisten vorentdeckt hat, auch an uns Recht behielte, wenn wir im Kleinen die Entwicklung der Menschheit recapituliren und aus Individuen zu Normalmenschen werden müssten, so wie die „blonde Bestie" nicht umhin konnte, zu guterletzt moralischer Staats-Spiessbürger zu werden? Nun, wer wollte bei der „Gebrechlichkeit der Welt" und dem Übergewicht der Gattung über das Individuum diese Möglichkeit schlechthin leugnen? Aber damit, meine Kinder! bin ich

5

als euer künftiger Vater und Erzieher um so mehr im Rechte, wenn ich euch mit allem moralischen Training möglichst verschone. Wird der civilisatorische Zwang, der über die ganze Urmenschheit Herr geworden ist, auch über euch den Sieg davontragen, so habe ich nicht nöthig, eure Niederlage meinerseits zu beschleunigen; wird die Heerde, die Gesellschaft, die Moralität selbst ihr Recht von euch fordern und zu erlangen wissen, so hüte ich mich, euch zu diesem Molochsopfer noch zu schmücken und vorzubereiten — ich, der lieber den Hammer zu fassen bekäme, um das dampfende glühende Götzenbild in Trümmer zu schlagen!

65.

Der Egoist hat schon drei Viertel seines inneren Menschen gegen sich; um so eher darf er seine äusseren Widersacher geringschätzen. Wenn es ursprünglich vielleicht Mühe gekostet hat, ein paar sociale Instincte in das Individuum hineinzuzüchten, so kostet es heute umgekehrt Mühe, nicht social, sondern individualistisch zu empfinden. Es ist natürlich hundertmal leichter, zu entsagen und sich mit dem Augenblicksvortheil des guten Gewissens zufrieden zu geben, als seiner ganzen Mitwelt und seiner eigenen Vergangenheit zum Trotz den Weg zum eigenen Ich, einen ungebahnten Weg zu einem ungewissen Ziele, zu gehen. Niemandem sei es verdacht, wenn er von diesem Weg bei Seite schleicht und seine kostbare Verantwortlichkeit lieber in altruistischen Werthen anlegt; nur mögen diese Abtrünnigen sich nicht einreden, sie seien die Opfernden und der Egoist sei der Schlaue und Bequeme.

66.

Liber scriptus proferetur, in quo totum continetur,
   unde mundus judicetur.
Judex ergo cum sedebit, quidquid latet apparebit,
   nil inultum remanebit!

O über die Bescheidenheit dieser Propheten! Also
die ganze irdische Haupt- und Staatsaction, die sich anmassend genug „Welt"geschichte nennt, der ganze kleine
Spectakel und Kinderstubenlärm soll uns am Ende der
Tage noch einmal in extenso vorgeführt werden, als
Material einer ungeheuren Gerichtsverhandlung? Was
Peter gethan und Paul gelassen hat, Hänschens Augen-
lust und Gretchens Fleischeslust, der böse Esau und der
fromme Jacob und wie all die Struwwelpetergeschichten
heissen mögen — nicht genug, dass dieses Menschliche,
Ueberflüssige, Beiläufige da war, hundert- und tausend-
fach da war: nun soll es auch noch zum Schluss ver-
arbeitet und recapitulirt werden, in Plaidoyers und
Richtersprüchen, in schauderhaft umständlichem Für und
Wider, ohne Abzug, ohne Strich, ohne Kürzung! Und
das soll Unsereiner aushalten? dabei soll er ernsthaft
bleiben? — Um gerecht zu sein, muss daran erinnert werden, dass diese Taktlosigkeit in göttlichen Dingen, die
sich Gott als Aufpasser und Polizisten mit einem fabel-
haft genauen Gedächtniss oder Notizbuch vorstellt, nicht
eigentlich dem Christenthum zur Last fällt; die ganze
Möglichkeit so kleinlicher Anthropomorphismen erbte es
vom Judenthum. Ohne die jüdische Begriffsverschmelzung
zwischen dem Schöpfer Himmels und der Erden und
einem beschränkten Nationalgotte, der nicht verschmäht
den Speisezettel seines auserwählten Volkes zu entwerfen,
ist jenes christliche Zeugma unverständlich, das der ewigen

5 *

Weltordnung ein Sichbefassen mit dem alltäglichen Gerede und Gethue alltäglicher Menschen zumuthet. Jemand, der in der Weltgeschichte den Beziehungen compensativer Art nachzuspüren liebt, könnte hinzufügen, dass es auch ein Jude sein musste, dem die grösste Reinigung Gottes, die vollkommenste Freiheit Gottes von Gut und Böse und menschlichen Einschränkungen Herzenssache war — wobei es sich von selbst versteht, dass nur der grobe enge agitatorische Gottesbegriff Geschichte machen konnte und nicht der verdünnte, verfeinerte, intellectualisirte Gott Spinozas.

67.

Wie sehr in der Wissenschaft ausserwissenschaftliche Neigungen und Abneigungen mitsprechen, sieht man daraus, dass in der typischen wissenschaftlichen Fehde stets einem „Das ist" ein „Das kann nicht sein" gegenübergestellt wird; man streitet nicht um wirklich oder unwirklich, möglich oder unmöglich, sondern sofort um die Extreme wirklich oder unmöglich. Diese Verschärfung der Alternative, wo Jeder durchaus mehr widerlegen will als der Andere behauptet, deutet auf ein Für und Wider ausserhalb der reinen Erkenntniss; solchen Staub wirbelt kein Kampf unschuldiger Meinungen auf, sondern höchstens ein Kampf der Interessen, Personen, „Ueberzeugungen", Glaubensrichtungen. Wir kennen den Ton, der jede Skepsis, jedes vorsichtige Offenhalten und Vertagen der Entscheidung mit Heftigkeit zurückweist; aber es ist nicht der Ton der Wissenschaft.

68.

Man wirft seine Vernunft weg und erwartet vom ganzen Weltlauf billige Rücksicht auf die nunmehrige

Unzurechnungsfähigkeit; man glaubt mit diesem Vertrauen den Weltlauf zu ehren und fühlt sich als den Edelmüthigen, weil man einem Anderen Gelegenheit zum Edelmuth giebt; man ist gekränkt, wenn das auf Grund einer selbstverschuldeten Gefahr geforderte Rettungswunder ausbleibt; man zürnt dem ehrlichen Finder, der Einem endlich die verschleuderte Vernunft zurückbringt. Seltsame Unbescheidenheit, die sich Religion, Gottvertrauen, Eingeständniss der eigenen Schwäche nennt! Seltsame Logik, die Erworbenes verschmäht und damit den Anspruch begründet, beschenkt zu werden!

69.

Es ist Thorheit, sein Taschentuch nicht zu parfümiren; warum soll man sich nicht zehnmal des Tages eine angenehme Empfindung verschaffen statt einer gleichgültigen? Gerade in diesen kleinen und kleinsten Arten der Lust hat man es bisher am meisten versehen, aus Hochmuth oder Unmässigkeit, die nicht nippen, sondern gleich sich betrinken will. Statt das Glück nur als Ausnahme und in grossen Portionen zu geniessen, mische man ein paar Tropfen in den Alltag, und man wird sich gesünder fühlen.

70.

Hang zur Einsamkeit kann zweierlei sein: Jünglingssehnsucht oder Manneswille, „Flucht des Kranken oder Flucht vor Kranken", geistige Pubertät oder geistige Reife. Nur die eine Art hält es in der wirklichen Einsamkeit auf die Dauer aus; die andere sucht nur eine Theater-Einsamkeit, in der man gesehen wird, und taucht daher immer wieder in den grossen Markt- und Verkehrs-

strudeln auf, um sich der nöthigen Zuschauer zu versichern. Diese unechte Art überwiegt, und im Ganzen
ist Einsamkeit das bestmissbrauchte Glücksgeschenk und
Privilegium des Menschenvolkes — allenfalls die Musik
ausgenommen, die nicht minder selten an den rechten
Mann kommt und die auch ihrerseits in zwei Arten
zerfällt, eine für Männer und eine für —; Musik als
virtus und Musik als voluptas.

71.

Systeme bauen: einen Ausdruck für seine eigene
Beschränktheit suchen — und finden! Leider auch finden!
Denn das Gebiet der „idealen" Weltbilder ist unerschöpflich; es gehört Geist dazu (vom Gewissen noch ganz abgesehen), sich nicht in eine synthetische Vereinfachung
und Verschnürung der Dinge hineinzuträumen. Die harmonischen Welt- und Lebensanschauungen, die man
unseren Jubelgreisen gelegentlich nachrühmen hört, liegen
auf der Gasse; es ist keine Kunst, wenn man sich einen
Resonator ins Ohr steckt, von dem polyphonen Welt-
klang immer nur einen Ton zu hören. Aber die Dissonanz vernehmen, in das Unfügsame, Incongruente der
Dinge ohne Prokrustes-Gelüste hineinschauen, sich mit
voreiligen Lösungen nicht die Probleme verdecken —
das ist minder wohlfeil, minder alltäglich, damit wird
man freilich auch nicht Jubelgreis.

72.

Zu den Pubertätskrisen, durch die ein moderner
Mensch hindurch muss, gehört ebensowohl die wissen-
schaftliche als irgend eine religiöse oder poetische
Romantik. Lauter Ungeheuer, deren Breite den ganzen

Hohlweg füllt, haben es auf die jugendliche Persönlichkeit abgesehen; Niemand kommt ungefressen vorbei. Nur die Hartgepanzerten und „Unverdaulichen" verlassen auf anderem Wege den labyrinthischen Bauch, schütteln sich, nehmen ein Bad, und wandern in die Tiefendimension der Dinge hinein, die ihnen jene Vordergrunds - Thiere verdecken wollten. Wer irgendwie weich und assimilirbar und schneckenhaft ist, bleibt im Innern eines Leviathans stecken, zersetzt sich und hilft später Andere seinesgleichen zersetzen; alle diese Entozoen, die nichts als die Magenwände und Darmzotten des Ungethüms um sich sehen, reden von einer gemeinsamen „Welt"anschauung.

73.

Im Gefolge einer Entscheidung, die aus vernünftiger Wahl hervorging, pflegt sich auch die Erkenntniss ihrer Bedingtheit, das Wissen um die Grenzen ihres Gültigkeitsbereiches einzufinden. Umgekehrt ist man den Sprüchen und Würfen des Zufalls gegenüber leicht geneigt, kritiklos zu werden und an ihre Allgemeinverbindlichkeit zu glauben — vielleicht mit der Schlussweise: da keine Vernunft darin ist, muss wohl etwas Höheres darin sein. So nimmt man sich die Freiheit, Berufe zu wechseln, aber beileibe nicht Religionen, warum? weil man zu seiner Religion kommt wie die Magd zum Kinde: zufällig, höchst zufällig! Derselbe Mensch, der im Übrigen sein Verhalten dem Einzelfall anpasst und mit der Relativität aller Interessen und Standpunkte rechnet, wird plötzlich fromm, feierlich, bornirt, wenn es sich um Vaterland oder politische Partei oder Standesvorurtheile handelt: warum? weil er sich von diesen Dingen, von seiner Zugehörigkeit zu ihnen keine Rechenschaft geben kann. Wir sind wahre Mystiker der Dummheit; je blinder, ungefährer, grundloser wir an eine Sache gerathen sind, desto hartnäckiger halten wir sie fest.

74.

Dass die Natur nach menschlichen Begriffen unvernünftig und unmoralisch ist, bleibt noch ihre anständigste Eigenschaft: die einzige, die den Pantheismus halbwegs rechtfertigt. Freilich darf man, um sie zu würdigen, nicht selber zu den Schlechtweggekommenen, zu den in malam partem unvernünftig und unmoralisch Behandelten gehören, — wie ja auch die Bewunderung der sogenannten „sittlichen Weltordnung“ nicht von Solchen getheilt wird, denen es dabei an den Kragen geht. In beiden Fällen muss man uninteressirt sein, um ästhetisch schätzen zu können, sei es, dass man die vorurtheilsfreie, natürliche Natur oder die menschlich gebundene, viereckige, vernünftig und moralisch missverstandene Natur höher schätzt.

75.

Hinter den grossen Verbrechern und Wehethätern der Weltgeschichte wittern wir immer einen psychopathischen Roman, ein dämonisches Wollen oder Müssen, eine unaufgehellte Tiefe von mystischem Satanismus … Aber! aber! die meisten Bösen waren ebensolche „Fabrikwaare der Natur“ wie die meisten Guten und Gerechten; in beiden Gattungen sind die interessanten Exemplare die Ausnahme. Caligula braucht um kein Haar geistreicher gewesen zu sein als der fromme Jubelsenior Antoninus; Iwan der Schreckliche war ein deplacirter Metzger und gehört nirgendwohin weniger als in das

genus sublime wahntrunkener Cäsaren. Es giebt wirklich (unser guter Geschmack möchte diese Thatsache ablehnen) Unmoral der alltäglichsten Sorte, selbst wenn sie
sich zufällig in starken Ausnahmewirkungen kundgab,
Unmoral ohne Hintergrund und Tiefe, ohne Gipfel und
Abgrund, ohne Kainszeichen und Judaskuss, ohne einen
sie darstellenden und tragenden Menschen grosser Gedanken, Antriebe, Erlebnisse — kurzum, es giebt neben
der Philistermoral auch Philisterunmoral, die zwar nur
mit Philistermass gemessen Unmoral, mit einem anderen
gemessen aber gar Nichts und am allerwenigsten etwas
Geniales ist.

76.

Auf schwache oberflächliche verkehrte Seelen wirkt
auch eine schwache oberflächliche verkehrte Erziehung.
Unsere heutige Bildung hat noch Erfolge aufzuweisen,
weil der Mensch, dem sie Unrecht thut, ein Ausnahmefall ist, weil der Normalmensch wirklich auf dem niedrigen
Niveau steht, das sie für ihn voraussetzt. Unsere Straf-
rechtpflege ist gemein, handwerksmässig, aber auch unsere
Verbrecher sind Handwerker und blosse Stümper: ein
Justizmord im ethischen (nicht etwa juristischen) Sinne
ist Ausnahmefall. Unsere Kriegführung nimmt den
Menschen als Material, als Kanonenfutter; wieviele
Menschen sind aber fähig, als „Zweck an sich selbst"
behandelt zu werden? Im Ganzen ist der moderne Zustand des modernen Menschen würdig und umgekehrt;
wo über Dissonanz geklagt wird, sind es gleich z w e i
falsche Töne, die dissoniren.

77.

Ich halte alles Empfinden für unecht, das Propaganda
treibt. Die Religion hat den Menschen gerade hierin ver-

dorben: sie lehrt ihn jene Demuth, die Aergerniss nimmt am Hochmuthe des Nachbarn, jene Mönchs- und Nonnenkeuschheit, die giftigen Blickes nach den Weltkindern hinschielt, jenen Altruismus, der Alle nach seiner Façon selig oder unselig macht. Tragt doch euer Glück, euren Glauben, euren Idealismus zur Schau, das wehrt euch Niemand: aber habet keine Augen für die Zuschauer, verlernt den scheelen Seitenblick nach denen, die euch nicht zuschauen wollen — vielleicht ist auch ihr Blick einer Fahne, einem Heil oder Heiligthum zugewendet. Solche, die innerlich leben, werden einander nie anstossen: weil Jeder in seiner eigenen Sphäre und Realität lebt.

78.

Die Stärke der „abschliessenden Instincte" verräth sich in der Ausdehnung der indifferenten Gebiete. Das moralische Urtheil z. B. ist etwas, wofür die kleinen Leute keine sphincteres haben; sie können es so wenig halten, wie Kinder den Urin. Bei einem deutschen Philosophen, dem grossen Fürsprecher kleiner Leute, fehlt das moralisch Indifferente gänzlich, wie es in der deutschen Militärmoral fehlt: was nicht befohlen ist, ist verboten. Der religiöse Mensch kann seinen Gott nicht halten; er steckt in Allem, was ihm begegnet, sei es ein Schnupfen oder eine Cursbewegung. Ueberall eine Alternative sehen und das tertium nicht sehen, ist eine Kinderkrankheit wie das Bettnässen, ein Beweis von impotentia sui, ein Mangel an Haltung gegenüber zudringlichen Fragestellern und Beichtvätern; man muss sich diese¯ anmassenden Begriffe und Ideale, die einem das Haus einlaufen und beständig die Rede auf sich bringen, zu erwehren wissen. „Bedaure, der Herr ist nicht zu sprechen", sollte es immer

heissen, wenn die Moral dem erwachsenen Menschen
Besuch macht, um ihm „Moral" zu predigen.

79.

Das Volk trivialisirt eine originelle Meinung um
einige Grade und stimmt ihr dann zu; damit glaubt es
ihr Ehre zu erweisen. Aber das ist das sicherste Mittel,
den Urheber origineller Meinungen gründlich zu ent-
muthigen. — Der Philosoph veredelt und vergeistigt eine
triviale Meinung und widerlegt sie dann; damit glaubt
er sie endgültig zu beseitigen. Aber das ist das sicherste
Mittel, triviale Meinungen noch lange auf hohem Curs
zu erhalten. — Der Philosoph soll nicht gegen die Masse
polemisiren, und die Masse soll dem Philosophen nicht
nachbeten; beidemale handelt es sich um ein Missverständniss!

80.

Es giebt eine peinliche Art von „Idealisten", die sich
selber in Versuchung führen, um sich als Unterliegende
zu ironisiren, die beständig beim Sumpfe wohnen, um
sich beständig über schlechte Luft zu beschweren, die
mit Eigensinn das ihnen Widerwärtige aufsuchen, nur
um mit dem Genusse des Schimpfens sich und Anderen
die Ohren vollzugellen. Unsere Gegenwart bringt diese
Pilze und Sumpfblumen in Fülle hervor; mit Vorliebe
halten sie sich in der Nähe Gottes, der Gesellschaft, des
Staates auf. Manche von ihnen waren ursprünglich edel
und sind nur durch Noth und Abhängigkeit verdorben,
andere haben noch etwas Zukunft; die meisten sind ohne
Hoffnung wie Tradition, kleinliche giftige Kritiker ihrer
localen und zeitlichen Nachbarschaft, unmögliche Menschen,
die es schlecht haben müssen, um das Leben zu fristen.

Gegen sie hat Zarathustra sein edelstes Wort gesprochen:
wo man nicht mehr lieben kann, da soll man vorübergehn! Der erste dieser Idealisten ist übrigens Gott selbst,
jener Gott, der die Sünde hasste und dennoch die Sünde
schuf. Warum ist er nicht vorübergegangen?

81.

Solange man Zustände, Personen, Meinungen bekämpft, fühlt man sich im Grunde seiner Seele eines
geheimen Einverständnisses mit ihnen schuldig. Erst
dann steht Einer über seinen Gegnern, wenn er ihre
Wahrheiten und Irrthümer, ihr Gutes und Böses, ihre
Pflichten und Tugenden nicht einmal mehr versteht,
wenn es weder seine Gerechtigkeit nach einem treuen
noch seinen Hass nach einem entstellten Bilde ihres
Wesens verlangt, wenn er es, weiter noch als Spinoza,
zu dem Wahlspruch gebracht hat non ridere, non lugere,
neque detestari, — neque intelligere!

82.

Materialismus ist die zugänglichste Weltanschauung,
wie Socialismus die zugänglichste Sittlichkeit; was Wunder,
dass der Mensch in seinen Entwicklungsjahren, mit der
chronischen Lüsternheit nach Objecten und Idealen, gerade
an jene beiden Arten von Venus vulgivaga geräth? Wer
älter, wählerischer, reinlicher von Begierden ist, wird
diese Dinge meiden, weil sie zu sehr Gemeingut sind;
er wird sein eigenes Stück Land gegen den ager publicus abgrenzen.

83.

Der Philister färbt ab; alle Werthe, die einmal in
der Nähe des Philisters gelegen haben, tragen davon

noch die Spuren. Kein Mensch versteht heute unter Religion etwas Anderes als den Glauben an Philistergötter, unter Wissenschaft etwas Anderes als philiströsen Materialismus, unter Lebensführung etwas anderes als die Einengung in Philisterberufe; ja selbst das Genie erkennt es als seinen göttlichen Beruf, den Philister zu ärgern (épater le bourgeois). Wer heute Ideale wie die eben genannten bekämpft, muss immer erst vorausschicken, ob er das Ideal selbst oder seine philisterhaft angestrichene Aussenseite im Auge hat, ob er den Philosophen oder den Zeitungleser anredet, ob er als freier Geist oder als Liberaler gehört sein will.

84.

Das Einzige, was ich zu Gunsten des Duells zu sagen wüsste, ist, dass für gewisse verzweifelte Fälle auch ein verzweifeltes Mittel noth thut. Es giebt Sackgassen der Verschuldung und Wirrniss, die keinen Ausweg als den Durchbruch zulassen, Knoten und Unmöglichkeiten, die auf die Gefahr des Blutfliessens hin unter allen Umständen zerschnitten werden müssen. Da bedarf man eines mystischen und seiner Zusammensetzung nach nicht weiter discutiblen Geheimmittels, einer historisch geheiligten Unvernunft, einer groben aber verständlichen Übertragung des inneren Dramas in äussere Drastik. An Stelle der Natur, die hier nicht helfen kann, tritt der feierlich gestabte Unsinn, der supranaturalistisch zu wirken verspricht; wo der Arzt versagt, stellt der Beschwörer, der Teufelsbanner, der Curpfuscher zur rechten Zeit sich ein. Namentlich bei dreieckigen Verhältnissen aller Art (wo, nach Lenau, um ein Mädel zwei Buben sich streiten) wird stets ein Punkt erreicht werden, da die Pistolenmündung zum Mundstück Gottes und berufenen Orakel wird. Aber — und hierin sehe ich eine Widerlegung des gegenwärtigen Duells — ein Arcanum darf nicht in den Apotheken verkauft und von jedem Beliebigen verschrieben werden, das Duell darf nicht gesellschaftliche Forderung sein! Ein Codex, der den betrogenen Ehemann zwingen will, mit dem Verführer auf diese Weise abzurechnen, ist eine Barbarei; es muss in jedem Einzelfall dem Betroffenen, unbeschadet seiner Ehre, überlassen bleiben, ob er von dem Geheimmittel Gebrauch machen will oder nicht. Das Duell ist die privateste der Privatsachen, es appellirt an das persönlichste Stück Aberglauben und Rückständigkeit im Menschen: fort mit ihm aus der Öffentlichkeit, fort mit ihm als einem Zubehör der Standesehre, fort mit dem subtilen, steifen, von müssigen Raufbolden erklügelten Talmud von Spitzfindigkeiten, der sich point d'honneur nennt!

85.

„Psychologie", sagte ein Mann von Ehre, „ist das nicht das, woraus die mildernden Umstände gemacht werden? Wir wollen uns aber nach der ganzen Strenge, ja nach dem Buchstaben des Gesetzes verurtheilen lassen: das ist unsere Rache am Gesetz. Psychologie ist Ablass auf Vorrath, für die Feigen, die markten, feilschen, abdingen wollen."

86.

Am hitzigsten im point d'honneur ist der heraufgekommene Plebejer; im geborenen Edelmann fungirt der Ehrbegriff mit der Ruhe und Sicherheit eines Organs, nicht in der Masslosigkeit und Übertreibung einer angelernten Theorie.

87.

Diejenigen, die scheinbar nichts auf das Urtheil Anderer geben, mögen nur bei sich suchen, in welchem Schlupfwinkel sich diese Abhängigkeit von Anderen verkrochen hat; dass sie noch zu finden ist, nehme ich auf mich. Eine sehr häufige Verkleidungsform ist die Consequenz, der „Charakter", der das hundert-und-erste Mal nicht anders entscheiden zu dürfen glaubt, als er hundert Male entschieden hat; das Forum, das für diese Vergleichung des im Grunde Unvergleichbaren herangezogen wird, ist das Urtheil Anderer. Man hat aus sich selbst einen Präcedenzfall gemacht, den man Lügen zu strafen fürchtet, bei wem? bei aller Welt, bei den Anderen, denen man mit einer von Fall zu Fall wechselnden, individuellen Handlungsweise auffallen würde.

88.

Zu welcher tödtlichen Verletzung kann sich ein grobes Wort auswachsen, wenn das Gedächtniss die Phantasie im Stich lässt! Darum ist ein grober Brief die humanste Form des Widerspruches, weil man ihn aufbewahren, also jederzeit auf den Wortlaut zurückgehen und die verzerrende Erinnerung berichtigen kann. Die schwerste Beleidigung ist Kinderspiel gegen das, was nachträgerischer Grübelsinn aus der leichtesten macht.

89.

In alten Gesetzgebungen hiess es, dem Verleumder solle die Zunge ausgeschnitten, dem Diebe die Hand abgehauen werden; jeder Sünder solle mit dem Gliede büssen, mit dem er gesündigt. Das muthet uns heute naiv und oberflächlich-realistisch an; wir wissen, hinter den Extremitäten sitzen Muskeln, hinter diesen wieder Nerven — die Lästerzunge und die Diebeshand ist nur das letzte, in die Sichtbarkeit hinaustretende Glied eines langen Complexes von Ursache und Wirkung. Im Grunde aber, hegen wir nicht noch denselben Aberglauben, indem wir überhaupt den Verbrecher strafen? Sollte nicht auch im socialen Organismus hinter dem Verbrecher ein Agens sitzen, eine uns noch unbekannte Art von Wille, deren Hervortreten ins Augenscheinliche eben Verbrechen heisst? Und unser Strafen wäre demnach Rache an einem Executivorgan niedersten Ranges, statt am eigentlich Schuldigen, — unsere Themis wäre wirklich blind?

90.

Allgemeine Menschenliebe ist eine unentwickelte Ethik, der noch die dritte Dimension fehlt. Das Kind sieht die Welt, wie sie auf der Netzhaut steht, als Nebeneinander gefärbter Flächen — es greift ebenso nach dem Monde wie nach seinem Spielzeug. Das Heranwachsende lernt perspectivisch sehen; die reifende Moral kennt Nah und Fern!

91.

Wenn der Normalmensch mit feierlichen Augen in die Welt glotzt, so käut er wieder — das ist seine Art, den Philosophen zu spielen. Er selbst nennt seine beiden Möglichkeiten erhabener Stimmung „innere Einkehr" und „historische Betrachtungsweise" und hat sogar eigene Tage dafür: die Todestage seiner Angehörigen und den Geburtstag seines Landesherrn!

92.

Es gefällt mir, dass Zarathustra einmal ausnahmsweise dem Hunde Recht giebt, der den Mond anbellt,
nicht dem Monde. Auch Solches — gerade Solches gehört mit zur Umwerthung aller Werthe!

93.

Wir wissen ziemlich sicher, dass das Kind C eine
Function der Eltern A und B ist, aber welche? Summe,
Differenz, Product, Verhältniss? Heisst es $C = A + B$ oder
$C = AB$ oder $C = \dfrac{A}{B}$ oder wie sonst? Die letzte Formel
gäbe zu verstehen, dass ein bedeutender Mensch zwei
Nullen zu Eltern haben könnte: denn $C = \dfrac{0}{0}$ besagt nicht
etwa dasselbe wie $C = 0$.

94.

In der Erziehung sind wir bemüht, dem Kinde das
Leben in einem Bilde darzustellen, das sich später nirgends
bewährt; vor allem in einer künstlichen Einfachheit, die
sich künftighin arg vermissen lässt. Um ein Beispiel zu
geben: wir gewöhnen den Causalitätstrieb des Zöglings,
sich von der Verknüpfung zwischen That und Erfolg,
Ursache und Wirkung, Schuld und Strafe eine ganz
schematische Vorstellung zu bilden, indem wir in diesen
Verknüpfungen eine im Leben nie erreichte Gleichmässigkeit walten lassen. Wir befehlen dem Kinde und stellen
für den Fall des Gehorsams Vortheile, für den des Ungehorsams Nachtheile in Aussicht; indem wir diese imaginären Wirkungen verwirklichen, machen wir das Kind

6

glauben, es bestehe hier ein Connex von der Unverbrüch-
lichkeit eines Naturgesetzes. Um dem Kinde die Zweckmässigkeit einer Handlung zu beweisen, lassen wir den
Zweck eintreten, sobald das Mittel eingetreten ist; im
Leben ist zweckmässig Handeln bisweilen eine minimale
Erhöhung der Chance, den Zweck eintreten zu sehen,
sehr oft auch eine Erniedrigung. Kurz, wir spiegeln dem
Kinde eine Welt vor, in der lauter Paare, lauter untrennbare Verbindungen A-B von Dingen existiren; in Wirklichkeit sind A und B zwei sehr complicirte Gruppen von
Erscheinungen, die in einzelnen Elementen an einander
grenzen. An dieser Complication und Unsicherheit der
Zusammenhänge, an dem Versagen des einfachen Causa-
litätsbegriffes haben wir im Leben oft zu leiden; das
Kind erhalten wir in einer künstlichen Simplification und
würden es als schweren pädagogischen Fehler ansehen,
etwa für die gleiche Handlungsweise einmal zu belohnen
und das andere Mal zu strafen oder die versprochene
Wirkung einer Ursache ausbleiben zu lassen; d. h. das
Kind so zu behandeln wie wir Erwachsenen täglich behandelt werden.

95.

Auf die besten Dinge hat die Jugend kein Recht,
und auf die geringeren macht es ihr Niemand streitig.
Eines unter diesen besten Dingen ist Stil; Jugend hat
kein Recht auf Stil und keine Organe für Stil. Dieses
Feuchte, dieser physiologische Missstand, der sich Jugend
nennt, dieses ewige „Noch nicht" und „Warte nur, balde",
mit dem sie zahlt und schuldig bleibt — unmöglich, in
dieses fliessende Chaos einen Kosmos zu säen. Zum Stil
gehört Reife, Kälte, Trockenheit, eine festgestellte Beziehung nach aussen und innen, eine irgendwie verbürgte

Stabilität des Gleichgewichts; aber Jugend — dieser chronische Mangel an Gleichgewicht, ein Zustand, der sich jeder Formel und Definition entzieht, ein Schaffen ohne Fruchtbarkeit, ein Geniessen bis zum Verderb, ein aufgehaltenes Bergab, ein künstlich umgekehrter Rückgang — wie sollte dieses imaginäre Dasein ein Recht auf Stil haben! — Ein Volk ist stilwidrig, das sich von seiner Jugend den Ton angeben lässt. Im Alterthum war den Jünglingen unter gewissen Umständen gestattet, an den Festen der Erwachsenen theilnehmend zu lernen; wenn bei uns die Erwachsenen Feste feiern, entlehnen sie das Wie, den „Comment", von der Jugend. In der deutschen guten Gesellschaft regirt der esprit der Zwanzig- bis Fünfundzwanzigjährigen, der jungen Officiere und Studenten: Ausländer finden, dass das nicht zuviel esprit sei. Die Deutschen nennen sich ein jugendliches Volk, das Volk der Zukunft; aber Jugend wird erst geniessbar, wenn sie vorbei ist.

96.

Die meisten Menschen verderben sich durch Kritik, das Wort nicht im engen Gebrauchs-Sinne verstanden, sondern überhaupt als historisches und beurtheilendes Sich-abfinden mit Erscheinungen, die man eigentlich durch diese adiabatische Hülle hindurch an sein Innerstes herankommen lassen sollte.

97.

Die Berührung mit einem Gehirn, das von logischer Verfilzung betroffen ist, wirkt schädigend auf unser eigenes; wir fühlen, wie eine verdumpfende Materie, ein trübes Oel von Begriffsunsauberkeit in unseren dialectischen Apparat hinübersickert, wie wir selbst den unreinlichen Denk-

6*

gewohnheiten der niederen Cultur wieder anheimfallen.
Daher das böse Gewissen, wenn man sich einmal in eine
Discussion mit Wirrköpfen eingelassen hat; der beständige
Zwang, sich einer undeutlichen Sehweite zu accommodiren,
durch fehlerhaft geschliffene Gläser zu blicken und von
unmöglichen Standpunkten aus zu visiren, hinterlässt geradezu Kopfschmerzen und Nervenverstimmung. Munditia
des Denkens, Schliessens, Urtheilens ist wirklich ein hohes
Gut, das man πύξ καὶ λάξ gegen die rückschrittlichen anti-
hygienischen Neigungen der künstlerischen und religiösen
Romantiker vertheidigen soll.

98.

Vielleicht giebt es in Fragen höherer Cultur kein
schärferes Werthmass für den Einzelnen als die Art
seiner Polemik, wobei ich nicht zu sagen brauche, nach
welcher Seite die steigenden, nach welcher die fallenden
Werthe zu rechnen sind. Ein durchaus polemischer
Mensch ist eine Schande der Natur, ein heilloser Tartuffe,
etwas hoffnungslos Unproductives ohne Aufgabe, Sinn
und Zweck. Diesen Idealisten ohne Ideal dankt man es,
dass unter tüchtigen und positiven Naturen der „Idealist"
als ein grundverlogenes Wesen gilt, das zwischen sein
Wirken und Wollen einen Widerspruch hineinkeilt, nicht
um vom Einen aus das Andere zu reformiren, sondern
um des Einen wie des Anderen überhoben zu sein.
Leider lässt sich ihm kein vollkommener Gegentypus
gegenüberstellen, da kaum einmal ein höherer Mensch
ganz ohne Polemik hat leben können, selbst wenn er
ohne polemische Anlage geboren war. Um so entschiedener ist daran festzuhalten, dass jede Polemik zunächst
Sünde wider den Geist und nur aus tiefsten Nothwehr-

Instincten des höheren Menschen allenfalls zu rechtfertigen
ist; wo Polemik ohne Noth, ohne Herausforderung geübt
wird, ist es eben nicht der höhere Mensch, der sie übt.
Wer Mühe und Kosten nicht zu scheuen hätte, könnte
hiernach durch den Versuch entscheiden, ob ein gegebenes
Individuum „Idealist" oder höherer Mensch ist: er stelle
ihm nur die Mittel zur Verfügung, sein Ideal wirklich
auszuleben (also in erster Reihe Geld, freie Zeit und Unabhängigkeit, denn auf diese boshaften Trivialitäten kommt
heute. fast jedes geistige Martyrium hinaus). Der hohe,
productive Mensch wird von diesem Tage an seine Polemik einstellen und die Verminderung des äusseren Widerstandes als Glück empfinden; er wird von nun an, nicht
buchstäblich, sondern andeutungsweise verstanden, so
leben wie Nietzsche im Engadin und am Mittelmeer gelebt hat, procul negotiis und fern von allem, was „das
Inn're stört". Für den unproductiven verlogenen Idealisten hingegen ist Widerstand, Störung, profanum vulgus
eine Nothwendigkeit; in ruhigen durchsichtigen Lebensformen müsste sich ja zeigen, mit welchem positiven
Lebensinhalt er selber geladen ist, während er so allenfalls das verhinderte Genie weiterspielen kann. Zu der
einfachen Consequenz, still bei Seite zu treten und sich
ein eigenes Lebens- und Glücksgebiet abzugrenzen, wenn
es die Umstände gestatten — dazu hat sich noch kein
„Idealist" verstanden; lieber bleibt er beim Alten, um
über das Alte gedeihlich und mit gutem Gewissen zu
schimpfen.

Pour Colombine

99.

Gedanken mit Gefühlsfarbe bedeuten, dass das Gehirn als Siebvorrichtung nicht engmaschig genug ist, den Antheil niederer Nervenressorts auszusondern. Die reinste Gedankenrasse entspringt aus cerebraler Inzucht, wo Anschauungen, Bilder, endlich Gedanken selbst sich gegenseitig befruchten. „Gefühl" ist noch ungefilterte Subjectivität, ist die gröbere, auch geschwindere Antwort des Organismus auf Umweltreize: die Süssigkeit der Kirsche ist, subjectiv, eher da als ihre Rundung und Röthe. — Der Mensch hat, selbst nach den Jugendjahren, ganze Epochen, wo er mehr mit den Ganglien denkt als mit dem Gehirn; Gedanken aus solcher Zeit erkennt man daran, dass sie späterhin nicht eigentlich auf eine der beiden Seiten wahr oder unwahr zu bringen sind. In ihnen ist viel Energie beisammen, vielleicht die ganze, die der Mensch aufzubieten hatte, aber solche, die im Sinne der Erkenntniss nicht umsetzbar, nicht verwandlungsfähig ist: Wärme, die nicht arbeiten, und Arbeit, die nicht erwärmen will. Der Autor dieses Buches würde sich nicht verzeihen, gegen die eigenen Ganglien zu nachsichtig gewesen zu sein; man wird etwas von einem eisernen Druck spüren, unter dem er sein Allzupersönliches, jugendlich Ekstatisches gehalten hat. Aber die

Sclaven wollen ihre Saturnalien; Jugend, Gefühl, Liebe, Metaphysik — die vorintellectuelle Affectenwelt will sich an einer Stelle rednerisch entladen, wenn ihr sonst überall der Mund verboten wird. Seien wir also milde, wie Aristoteles gegen die Tragödie; nehmen wir um der gründlichen Katharsis willen ein wenig Übermass, Dumpfheit, Leidenschaft in den Kauf. Wer ein kühles, sachliches, souverain geistiges Klima liebt, sei vor diesem feuchtschwülen Intermezzo, vor dieser „petite Afrique" mit ihren Treibhausgewächsen rechtzeitig gewarnt: der Philosoph mache einen Umweg — und der Autor macht ihn gern mit.

100.

Zwischen zwei Schulen.

Schüler. Ich soll also nicht länger dein Schüler sein?

Meister. Nein, das Leben wartet auf dich.

Schüler. Kann ich nicht leben und zugleich —

Meister. Ich, oder das Leben. Diese beiden Lehrer vertragen sich nicht an Einem Schüler.

Schüler. Lehrst du denn gegen das Leben?

Meister. Wir lehren dasselbe, mit entgegengesetzten Mitteln.

Schüler. So verzichte ich auf das Leben und bleibe bei dir.

Meister. Aber das Leben verzichtet nicht auf dich, und ich behalte dich nicht. Du bist der erste, den ich fortjagen muss; alle anderen liefen mir zu früh aus der Schule.

Schüler. Aber auch ich kann dich noch nicht entbehren.

Meister. Damit du es lernst, schicke ich dich fort.

Auch du wirst mir fehlen, darum eben müssen wir uns trennen. Zögern wir, so begiebt sich die Komödie.

Schüler. Was nennst du die Komödie?

Meister. Dass ein Mensch nicht ohne einen anderen Menschen leben kann.

Schüler. Das ist die Liebe!

Meister. Die Liebe ist Komödie. Du verstehst, die unüberwindliche Liebe, die Liebe als Fatum und Ewigkeit. Darüber lachen wir.

Schüler. Und über welche Liebe darf nicht gelacht werden?

Meister. Darf nicht? Freund, bestehe deine Schlussprüfung besser. Auch über die erlaubte Liebe ist Lachen erlaubt, über die Liebe als Pensum und Zwischenzustand.

Schüler. So erlaube mir, dich noch eine Weile zu lieben.

Meister. Nicht eine Minute länger. Wir sind in Gefahr, uns unentbehrlich zu werden.

Schüler. Aber fern von dir werde ich dich um so mehr lieben.

Meister. So musst du schnell noch über mich lachen lernen.

Schüler. Das lerne ich nie: ich verehre dich.

Meister. Um so schlimmer; so muss ich dir auch noch verächtlich werden. — Dich aber liebe ich nur, ich verehre dich nicht. Also genügt es, dass ich über dich lache.

Schüler. Das verdiene ich redlich.

Meister. Keineswegs. Du musst noch etwas dazu thun. Verheirathe dich!

Schüler. Meister, ist das dein Ernst?

Meister. Nicht mehr noch minder als alle meine Wahrheiten. Glaube, dass du ein Weib nehmen musst, wie du an meine Philosophie glaubst.

Schüler. Das eine fällt schwerer als das andere.

Meister. Wie? fiel dir meine Philosophie zu glauben leicht? So streiche sie durch, sie ist unwahr.

Schüler. Dann gieb mir eine andere.

Meister. Das Gegentheil! Also: im Anfang war das Nichts, und das Nichts hatte Selbsterhaltungstrieb.

Schüler. Folglich wurde es zu Etwas.

Meister. Gut! du nimmst dir schon gewisse Freiheiten von der Logik. Aber du hast noch nicht Freiheit genug, also verheirathe dich!

Schüler. Ich hörte sagen, Ehe sei Selbstbindung.

Meister. Ich glaube gar, du willst die Freiheit im Freien lernen.

Schüler. Hab' ich doch denken von einem Denker gelernt!

Meister. Die schlechteste Schule! Im Leben ist die kürzeste Linie die krumme. Bei mir bekamst du Wahrheiten oder wenigstens Zusammenhänge, nun sollst du dich auf Fragmente und Ironie verstehen lernen. Oh wie wenig bist du auf das Leben vorbereitet!

Schüler. Ich bin dir dafür dankbar!

Meister. Und wenn der erste Fehlgriff kommt, wirst du dann noch dankbar sein? Du, der den Fehlgriff für Dasjenige hält, was man vermeiden soll! Denn du willst ja nicht einmal heirathen!

Schüler. So werde ich es thun, dir zu lieb.

Meister. Nicht mir zu lieb, dir zu leid! damit ich zu lachen habe, wenn du fehlgreifst!

Schüler. Bist du denn schadenfroh?

Meister. Mich freut es, wenn Einer sein Unerlässliches erfährt. Glück in der Ehe wünschen dir schon Allzuviele.

Schüler. Ist Glück verboten?

Meister. Nicht Jedem, aber dir! Ich sehe, du hast dein Abc verlernt! Glück bindet; in ihm bleibt man liegen und geht seinem Ziele verloren. Alle Abtrünnigen sind glücklich.

Schüler. Bin ich ein Gesendeter?

Meister. Das soll sich zeigen. Willst du deine Sendung in der Tasche haben, um auf Glück zu verzichten? Dass ich dich vom Glücke wegrufe, ist deine erste Berufung; schweigend erwarte die zweite!

Schüler. Ich will mich enthalten.

Meister. Nein! du sollst Misslingen und Enttäuschung aufsuchen.

Schüler. Und darin mein Glück finden.

Meister. Du meinst, in den Folgerungen, zu denen Missgeschick und Enttäuschung zu berechtigen scheinen? Sobald du innewirst, dass es dich erleichtert, das Leben zu lästern, ist es Zeit, ein mässiges Glück aufzusuchen, — nur soviel, dir die Bitterkeit aus dem Herzen herauszulächeln.

Schüler. Nicht mehr? nie mehr?

Meister. Eines Tages auch mehr. Sobald du dir bewiesen hast, Abschied nehmen zu können, darfst du auch bleiben. Sobald das Glück dich nicht mehr zu sich hinabzieht, deine Erkenntnisse nicht mehr fälscht, sobald du das Äusserste gegen dich verhängen kannst, ohne mit der Wimper zu zucken — bist du frei und Meister.

Schüler. Muss ich also unpersönlich werden?

Meister. Das Persönliche, das dich hemmt, trübt, zum Parteigänger deiner selbst macht, musst du überwinden. Aber ist es überwunden, so hast du eine neue Persönlichkeit, der das Nothwendige leicht fällt.

Schüler. Aber mit dem Allem hat doch die Ehe nichts zu schaffen?

Meister. Kennst du einen engeren Raum, wo alles beisammen ist: Fehlgriff, Enttäuschung über das ganze Leben, Heilung durch Sonnenblicke des Glücks und Erziehung zur Unabhängigkeit?

Schüler. Wenn ich nun selbst in die Ehe trete, bin ich denn auch darin?

Meister. Du musst ein Weib nehmen, das dich überlebt und bei Lebzeiten nicht loslässt.

Schüler. Und wann soll ich philosophiren?

Meister. In geraubten Augenblicken. Lerne in Blitzen und Hammerschlägen denken. Was bisher Philosophie hiess, ist ein Kirchhof von Gedanken, die schon todt waren, als man sie zu Papier brachte. Gedanken sind eine Secunde lang wahr; in dieser muss man sie fassen. Um Philosoph zu werden, heirathe.

Schüler. Um ein Weib zu nehmen, muss ich es lieben.

Meister. Das sollst du, sonst ist ja kein Fehlgriff wahrscheinlich. Du sollst an der fixen Idee leiden: das ist sie, die Einzige, ohne sie kann ich nicht leben — denn das bedeutet, dass sie die Einzige ist, mit der du nicht leben kannst.

Schüler. Also die Komödie, die sich als Tragödie entpuppt.

Meister. Grosse Worte für kleine Dinge. Tragödie? wenn der Held nur ein Mensch ist?

Schüler. Und der Vernichter nur ein Weib! — Ich bin bereit zu fallen, aber nicht in diesem Kampfe, der eigentlich eine langsame Abnutzung ist, nicht gegen diesen Gegner.

Meister. Bist du wählerisch in den Anlässen, dich zu opfern? Hier bietet sich ein Untergang, und du fragst noch, ob er dir gilt? Du willst dich nicht umsonst geben;

kennst du aber deinen Preis? — Oh Mensch! du kennst
kaum das Leben, und hängst schon daran! — Du suchst
deinen Feind, nicht den ersten besten. Kann er sich
dir deutlicher legitimiren, als dadurch, dass er ein Weib
ist, das du liebst?

Schüler. Du sprichst über die Liebe wie ein
Wissender.

Meister. Du wie ein Liebender. Du liebst ein
Weib, also hast du mich längst verlassen. Gehe nun
von mir zu ihm.

Schüler. Lass mich bei dir bleiben! Du schützest
mich vor diesem Weibe!

Meister. Wer hier dein Schutz sein wollte, an dem
nähme deine „Sendung" Rache! Und ich fürchte diese
eine Art Rache.

Schüler. So wärst du auf diese eine Art — feige?

Meister. Dafür verachtest du mich. Vielleicht nur
einen Augenblick, aber der hilft uns Beiden. Leb' wohl —
und gehorche!

Schüler. Leb' wohl.

101.

Dass der Mann sich um die Liebe des Weibes bewerben soll, ist für die Ausnahme-Männer ein hartes
Gesetz; es beweist, dass das Weib sich nicht viel Kritik
und Spürsinn zutraut (sonst würde es suchen, statt sich
suchen zu lassen), und dass mithin gerade der Ausnahme-
mensch geringe Chancen hat, gewählt zu werden. Aber
schon, dass er überhaupt mit Anderen in Wettbewerb
treten soll, wird den höheren Menschen schwer ankommen; er würde es natürlicher finden, wenn das Weib
ihm von selbst und ohne grossen Zeitverlust zufiele.

Seinem Geschmacke würde etwa folgende Weibslogik zusagen: „Du hast andere Siege zu feiern, als den über mich; bin ich dazu gemacht, mich dir vorzuenthalten? Mein Widerstand würde deinen Willen in einer Richtung anstacheln, wo ihm Enttäuschung gewiss ist; ich bin kein Exempel für einen Rechner wie dich. Was hätte ich auch an dich zu verlieren, was nicht schon mein ganzes Geschlecht an dich verloren hätte! Du bist über uns hinaus; deine Ungeduld, die noch ganz andere Probleme zur Verzweiflung getrieben hat, errieth allzuschnell, wie es mit uns bestellt ist. Wir sind zu kurzathmig für deinen Sturmwind und zu sehr Kork für die Tiefe deiner Freundschaft; unser ewig-Weibliches zieht euch hinan, nämlich vom Grunde zur Oberfläche. Wenn du einer von uns deine Liebe schenkst, so ist das ein faute de mieux, so gut wir es verlangen können. Und dass du gerade zu mir kommst, ist eine feinere Höflichkeit; ich würde wie ein trotziges Kind handeln, wenn ich sie zurückwiese. Freilich bist du vielleicht als Mann weniger Mann als Andere; aber was hilft's? Ich fürchte dich noch in deiner Unmännlichkeit: vielleicht ist auch sie nur Ironie und Höflichkeit? Eine Andeutung, dass du mich nicht bloss zur Concubine haben willst, dass du mich, wie euer Philosoph Kant sagt, nicht nur als Mittel, sondern zugleich als Zweck „an sich selbst" behandeln wirst?" So ungefähr sollte, bei richtiger Selbsteinschätzung, das Weib denken; statt dessen hält es sich, seiner Unentbehrlichkeit wegen, für ein wirkliches Endziel, vielleicht für das begehrenswertheste, des männlichen Willens, und — wie sagt doch Zarathustra? „auch die hohlste Nuss will noch geknackt sein!"

102.

Wenn man einem Weibe huldigt, so ist es ein Fehler, die subalternen Zwischeninstanzen im Weibe selbst zu übergehen, sich an die Königin im Weibe statt an die Zofe im Weibe zu wenden. Man besteche die alltäglichen Launen, Sinne, Interessen, um Zugang zur „Seele" zu erlangen, man lasse sich das Antichambriren nicht lang werden — vorausgesetzt, dass man auf die Audienz Werth legt.

103.

Der Philosoph, der liebt, romantisch liebt, begeht s e i n e Sünde wider den heiligen Geist. *TIMHMA ΘANA-TOΣ*, der philosophische Tod: womit Wiedergeburt in der niederen Kaste der Ehemänner verbunden sein wird.

104.

Das Innere jeder liebenden Seele ist öde, da Alles, Sinne, Denken, Wollen, auf den Aussenwerken nach dem geliebten Gegenstande Umschau hält; die ganze Elektricität begiebt sich, wie beim vollkommenen Leiter, auf die Oberfläche.

105.

Wem anders laufen wir davon als unserem „Geiste", wenn wir zum Weibe flüchten! Und das Weib meint, wir suchten geistig Ebenbürtige, Brüder und Schwestern in der Weltanschauung, empfänglichen Boden für unsere Ideenpflanzung? Nicht doch; das Weib mag uns dumm, fremd, zurückbildend, vereinfachend begegnen, nicht anklingend und wiederholend — der Mann ist sich selbst Buch und Zeitung genug!

7

106.

Die anmuthige Zweideutigkeit der Rede, die alle
Dinge nur wie im Fluge berührt, anblickt, anblitzt, das
„fröhliche Tempo" des Stiles — das erwirbt man am
besten im Verkehr mit einem Weibe, das Einen nicht zu
Worte kommen lässt. Den langweiligsten Stil schreiben
Prediger und Lehrer, Leute, denen man nie in die
Rede fällt.

107.

„Schenke dich mir, denn da ich der Deinige bin,
kann ich dich nicht erwerben" — das ist in kürzester
Formel die närrische, aber erhabene Ethik der Liebe, ihre
sancta simplicitas.

108.

Der geistige Mann hat Liebe als Pensum zu absolviren, um sodann zur nächsthöheren „Klasse" auf-
zurücken; er „bleibt sitzen", wenn er heirathet, das Weib
umgekehrt.

109.

Liebe und Ehe, welche compatibilitas incompatibilium!
das Eine eine Idiosynkrasie, aus Grundquellen fliessend
und in Grundzwecke mündend, das Andere eine Institution, die sich social ableitet und auf sociale Formen hin-
leitet. Beide, zusammengeschmiedet, leiden an einander;
man soll die Perlen nicht vor die Säue werfen, um der
Perlen willen nicht, und schliesslich auch um der Säue
willen nicht!

110.

Ohne einen Mitklang geschmeichelter Eitelkeit kann der Mann nicht lieben. Wer in das Leben eines Weibes tritt, will dort einen Neujahrstag oder wenigstens einen Monats-Ersten oder allerwenigstens einen Wochenbeginn, einen Sonntag bedeuten: um so mehr, wenn das Weib für ihn selber eine vita nuova bedeutet.

111.

Verstanden werden, und von einem Weibe, präsensitiv, auf halbem Wege, sodass man den dialectischen Menschen ausziehen und pianissimo reden darf: dabei wird Einem so wohl, dass das Erotische im Nu anfliegt. Oder umgekehrt, das Erotische macht, dass man an Verständniss glaubt; das Weib scheint immer zu verstehen, es hat einen Augenaufschlag, der den weitesten Horizont und das mitfühlendste Herz ausdrückt.

112.

Isolde als Ärztin ... Das Weib hat eine Kühlsalbe für Nerven-Brandwunden, die erst die Entzündung unheilbar macht; beim Weibe ist immer le remède pire que le mal.

113.

Den Instinct für Putz haben wir mit dem Weibe gemein, aber das Raffinement in der Umformung vor ihm voraus: unsere männlichen Costüme heissen Weltanschauungen, Ideen, Kunstwerke. Die Analogie ist zu Ende gediehen, seitdem auch unsere Moden, unsere sensa-

7*

tions nouvelles aus Paris kommen. Dagegen ist das
Weib im Geistigen, der Mann in der Kleidung wahrhaftig nicht modisch: dunkle Farben, uniformer Schnitt,
der unbedingte Grundsatz nicht aufzufallen.

114.

Das Berufsweib ist ein animal, das grundsätzlich verschmäht, den Daseinskampf mit seinen besten, ihm eigenthümlichen Waffen zu kämpfen. Von der Erwerbs-Frage,
die alles fälscht, muss man natürlich absehen; aber ein
Weib, das freiwillig dem Manne in seine Bureaux, Pro-
fessuren und Bierhäuser nachläuft, ist widerlegt, ein faux
pas der Natur. Freilich soll man Niemanden verhindern,
sich nach seiner Façon lächerlich zu machen.

115.

Das Leben hat den Pessimisten zu danken, weil sie
gute Philosophieen und Kunstwerke, also Lebensreize
schaffen, und die Frauen den Weiberhassern, denn sie
halten das intellectuelle Interesse des Mannes am Weibe
lebendig.

116.

Das Leben ist überall nur Mitte, Compromiss zwischen
zwei entgegengesetzten Unmöglichkeiten; wir können
nicht verlangen, mit der Liebe eine Ausnahme zu machen.
Wir sollen uns langsam abnutzen, weder zerbrechen noch
ganz bleiben; dazu dient der Mensch den Dingen, die
Dinge dem Menschen, und zuguterletzt der Mensch dem
Menschen.

117.

Man entwickelt sich an „Gelegenheitsursachen", an
Menschen und Dingen, die selber am wenigsten begreifen,
welch Verhängniss sie ins Rollen bringen, was sie uns
bedeuten und in uns „auslösen": ist es doch unser Eigenthum, das sie uns schenken, unsere eigene Energie, die
hier einmal scheinbar von aussen kommt! Nichts ist
gleichgültiger, vergessenswerther als ein Erlebniss —
und nichts ist vielleicht furchtbarer und folgenschwerer
als was wir aus dem Erlebniss machen. Unsere Feinde,
unsere Geliebten — kleine Nichtse, die im Scheine unserer
Phantasie ungeheure Schatten werfen, nämlich auf der
unendlich fernen Wand des „Ideals".

118.

Um die Mitte des Lebens hat der Mann Sehnsucht
nach einem Wesen, das ihm aus Liebe gehorcht. Bleibt
die unerfüllt, so entartet sie leicht zu dem Gelüsten, den
Gehorsam Vieler zu erzwingen und mehr als einen
Nacken zu beugen. Gewaltherrn sind oft missglückte
Hausherrn, Ordensstifter verfehlte Ehestifter — solche,
die mit ihrer eigenen Ehe nicht ins Reine kamen.

119.

Wo die Fehltritte der Weiber von Recht und Sitte
hart beurtheilt werden, wie im alten Rom, da ist wahrscheinlich Sitte und Recht in den Händen der Besitzen-
den, der Ehemänner und Familienväter, oder der Besitz-
sicheren, die ein Weib zu erwerben und festzuhalten
wissen; Untreue gilt hier als Vertragsbruch, als Empörung
gegen die herrschende Kaste. Wo umgekehrt dem aus-

schweifenden Weibe milde begegnet wird, da führt der Instinct der „unglücklichen Liebhaber", der erotisch Declassirten das Wort, mit dem Hintergedanken: Wenn es nicht solche Weiber gäbe, wie kämen w i r je zu einem Schäferstündchen? Es ist das Schwächegefühl gegenüber stolzen und ehrbaren Frauen, das keine Strenge gegen die verdorbenen aufkommen lässt.

120.

Der Mann kann vom Weibe mindestens eine besondere Enttäuschung, eine persönliche Zurückweisung, ein individuell vernichtendes Nein verlangen; er will nicht en masse verschmäht und im Tross genarrter Anbeter mitgeschleppt sein.

121.

Liebe ist der „panische Schrecken", das daemonion meridianum, Alpdruck im Mittagstraum, wenn die Sonne vom Zenith magisches Unheil brütet — wer sie erfuhr, braucht sich nicht mehr vor N a c h t gespenstern zu fürchten.

122.

In der Jugend liebt man eine Spur sadistisch (nach einer Ausdrucksweise dieses Jahrzehnts). Man wird brutal, um Gegenliebe, mindestens Beachtung zu ertrotzen, man rafft Geist, Weltverachtung und Edelmuth zusammen, um seine missliche Figur zu drapiren, man möchte sich mit einer That grossen Stiles in das geliebte Wesen einbrennen, einätzen, eingraviren: kurz, man will wehethun. Später ändert sich dies nur insoweit, als man, der pessimistischen Gebärden müde, weniger Hölle und mehr

Himmel in Bewegung setzt: aus dem „fliegenden Holländer", der durch Elend fascinirt, wird ein Lohengrin, der aus weltentlegener Göttlichkeit „verständniss"-bedürftig zum Weibe herabsteigt.

123.

Dieser verzweifelten Mannmännlichkeit im geistigen Verkehr wird man zum Sterben satt. Wie? an dem Organismus feinster nervöser Complexion, an dem einzig echten, eigenartigen, ruhig gewachsenen Typus — (man sehe dagegen den Mann, diesen Mischmasch, diese „historische Übersicht" von Culturcharakteren!) wie? am Weibe sollte es nicht hundertfacher Mühe werth sein, zu experimentiren? Nego ac pernego! Umgekehrt: es lohnt nicht Geist zu haben, es sei denn für das Weib, es lohnt nicht verstanden zu werden, es sei denn vom Weibe. Wozu ward uns sonst das bunte Prachtgefieder, wenn nicht zum erotischen Bewerb? Unser geistiger Homosexualismus ist auch eine Verirrung!

124.

Haben wir kein Weib zu lieben, so lieben wir die Menschheit, oder die Wissenschaft, oder die Ewigkeit... Idealismus ist immer ein faute de mieux, ein Nothbehelf für Erotik.

125.

Im Ganzen ist das Weib einfach deswegen eine vornehmere Rasse als wir, weil es mehr als wir müssig geht, selbst noch in unserem proletarischen Zeitalter, das vor lauter Gottlosigkeit am Ende die Arbeit anbetet. Lieben heisst also ein Wesen um sich bannen, mit dem man Luxusempfindungen und far-niente-Gedanken austauschen kann.

126.

Wenn wir ein Weib besitzen, haben wir nichts Eiligeres vor uns als es zu erziehen (zu uns „hinan“). Ist das gelungen, so merken wir zum Unheil, dass es nicht das neue, sondern das frühere, unerzogene Wesen ist, das wir liebten, und das wir selbst haben ausrotten und begraben helfen. Liebe ist Mord; das ist ihr „tragischer Witz“.

127.

Geliebte haben es schlimm; Der, auf den sie sich stützen sollen, entmuthigt sie am schroffsten, indem er ihnen im Spiegel der Liebe ihr vergrössertes Phantasma zeigt. Die normale Liebesgeschichte handelt von einem unbefangenen Wesen, das verdorben, missbildet und seiner natürlichen Sicherheit beraubt wurde durch den Zwang, in das „Ideal“ eines Andern hineinzuwachsen. Wohl denen, die sich nicht zwingen lassen!

128.

Ich sehe einen hauptsächlichen Rangunterschied der Weiber in der Art, wie sie ihren Körper zu verrathen wissen. Hier ist, zwischen den Grenzen. Exhibition und „Faltenhemd“, Aphrodite und Artemis, fast alles möglich: Blick, Stimmklang, Gebärde, Gang, Kleidung — alle diese Sprachen reden von dem Einen, alle diese Schleier sind ein verhüllendes Sehenlassen des Einen. Übrigens ein Fall, wo die Übersetzung mehr verspricht, als das Original halten kann; die Süssigkeit liegt in der Lockung, nicht in dem, wozu gelockt wird. Die ersten vier Acte spannen, sind geniessbar; der fünfte Act, der eigentliche Act, fällt ab. — Wie lebt eigentlich ein junges Weib? Ein Mann kann sich eher in die Existenz einer Eidechse hineindenken als in die seltsame Unwahrscheinlichkeit des weiblichen Daseins, diese schamhaftschamlose Mischung von Baubo und Urania. So als Räthsel mit allbekannter Lösung herumlaufen müssen, ewig nur sub specie desselben „höheren Zwecks" in Betracht kommen, nur als prächtige Instrumentation einer sehr kurzen, sehr trivialen Melodie gehört werden! Mich wundert, dass dem Weibe dabei nicht eine tiefe Verachtung des Mannes und seiner selbst anfliegt. Und dieses Eine, als dessen Drum und Dran das junge Weib sich selber fühlt, äusserlich und psychisch so erschwert: ein ganzer Berg von Moral und Romantik um diese lächerliche Maus!

129.

Was man mit einem Weibe als Realität und mit demselben Weibe als Phantasma erlebt, ist sehr zweierlei; der geistige Verkehr ist dem thatsächlichen um so weiter voraus, je energischer die Verliebtheit wirkt. Bei jedem Wiedersehen hat man um einige Stationen zurückzugehen, um den äusseren Zusammenhang wieder anzuknüpfen, und es ist unbehaglich, wenn man dabei aus der Rolle fällt.

130.

Werden wir die Vorurtheile des Augenscheins los. Was ist das Individuum, wenn nicht eine Summe von Vorstellungen anderer Individuen? Wir dienen einander zum Verzehren; der Geschmack auf der Zunge dessen, der uns verzehrt, das sind „wir". Und den geistigsten Geschmack, das vollendete Raffinement im Ausdichten

des Anderen hat die Liebe, weil sie auf der unendlich
reichen Instinctwelt beruht und aus unerschöpflicher Tiefe
schöpft. Wir sind am meisten wir selbst, am feinsten
und vielfachsten differentiirt in der Phantasie dessen, der
uns liebt; in ihr füllen wir uns mit tausend Inhalten —
während die Gleichgültigkeit der Anderen uns nur auf
irgend etwas Grobes, Dumpfes, Allgemeines hin prüft.
Für die Menge sind wir einfach salzig, bitter oder süss,
für Jemanden, der uns liebt, werden wir zum polyphonen
Geschmacksaccord, zum Inbegriff von tausend Geschmacksnüancen, zur delicaten Besonderheit eines Ego compositum.

131.

„Können Sie verlangen, dass ich mich compromittire,
wenn Sie nicht wagen, mich zu compromittiren?" so
spricht kein Weib, so denkt es höchstens.

132.

Von Erscheinungen, die nachher gross und schmerzlich in unser Leben treten, haben wir auf der Seele bisweilen ein Vorgefühl, wie man an empfindlichen Hautstellen schon bei der blossen Annäherung einer Nadel-
spitze ein Vorgefühl des Stiches hat. Es ist, als ob die
Nerven Probe hielten, ob sie den rechtzeitigen Fortissimo-
Einsatz nicht verpassen werden.

133.

Es ist tief unklug vom Weibe, den Mann gegen,
nicht durch seinen Stolz beherrschen zu wollen.

134.

Sich nicht mehr ernst nehmen: Sache des guten Geschmacks. Gegen die feierliche Biederkeit unseres Egois-

mus thut uns ein tiefsinniger Carneval des Geistes mehr noth als alle Tugend-Grandezza. Was liegt an uns? Ob wir uns haben, entbehren, begeistern, opfern? Das Leben überlebt uns und nicht nur, indem es unser Gewicht überwiegt: lieber noch siegt es mit Lächeln und Feinheiten. Auf Menschengräbern wachsen bunte Blumen, mit wunderlich verzogenen Gesichtern, die spöttisch und weise lachen: kein Zweifel, dass sie uns auslachen! die Todten wie die Trauernden! und zwischen pathetischen Marmortrümmern flattert in glückseligem Augenblicks-Ernst und -Spiel ein liebetolles Schmetterlings-Pärchen ... Alles aufrichtig, absichtslos, in flüchtiger Schönheit aus dem Weltenfüllhorn ausgeschüttet: nur der Mensch deutet mit Fingerzeigen und Zaunspfählen und lautem Ecce homo auf seine Auch-Anwesenheit, nur er, der ewige Bajazzo, tritt vor die Rampe und trägt sich vor!

135.

Gott gab dem Blutopfer Abels den Vorzug vor der zahmen Feldfruchtspende Kains, als der Gott der Liebe, die das rothe Herzblut liebt; des Blutes geistiger Hauch steigt zum Himmel, der Feldfrüchte schwerer Dunst will sich nicht von der Erde lösen. Das Weib, umgekehrten Geschmackes, begünstigt den Nahrungspender vor dem Blutvergiesser, es will Versorgung, nicht Liebe ... Auch in des Weibes erwägendem Herzen kommt ein Tag, wo der Fruchtopferer Kain den mystischen Blutopferer Abel todtschlägt, wo es heisst primum vivere, deinde amari: fort mit dir, Hans Habenichts, und heran mit dem Rüben- und Kartoffelbauer, namentlich wenn er dazu noch eine Zuckerfabrik hat.

136.

Was verlangen wir vom Weibe! Es nimmt nur Rücksichten, aber wir nehmen sogar auf des Weibes Rücksichten Rücksicht. Unser Geist war ein Flügelthier; aber soll er uns zum Weibe tragen, so genügen vier Beine und zwei lange Ohren.

137.

Zur letzten Aufrichtigkeit fehlt uns der Freund, den uns Alle schuldig bleiben, „Freunde" und Geliebte, wir selbst in erster Reihe. Ich begreife, dass man einen Gott adoptirt, um seine ganze Seele auszuschütten.

138.

Geständnisse und Intimitäten gar zu junger Menschen wirken peinlich; wie kann man ein Buch wie la nouvelle Héloïse aushalten! Dieses ewige Zuviel von Saftfülle, Animalität, Rassen- und Geschlechtsaroma, dieser Geruch nackter, schwitzender, verliebter Seelen! Ohne eine Spur Alterung, Trockenheit, Kälte, Abstraction wird das Erotische völlig ungeniessbar.

139.

Natürlich wird der Mann den Alleinbesitz des Weibes anstreben — aber es fragt sich, wie tief er diesen Begriff fasst. Das Weib einsperren ist die unbeholfenste Art und das oberflächlichste Besitzen; Männer mit feineren Ansprüchen werden es auf Seelenzwang anlegen, womit der vollkommenste Verzicht auf äussere Machtmittel vereinbar ist. Sie werden sich hüten, die Garantieen für das Weib in seiner Clausur, in seiner „guten Erziehung" zu suchen; sie werden, gerade wo sie ein unbeschriebenes Blatt empfangen, um so eher vermuthen, dass etwas mit sympathetischer Tinte darauf steht. Das Weib überwachen ist zuviel Misstrauen, weil dem überwachten trauen zuviel Vertrauen ist.

140.

In unserem ungesunden Moralklima gedeihen zwei erotische Krankheiten: Cynismus und Metaphysik! Führen wir die Liebe aus dem Sumpf und aus dem Himmel auf feste, trockene Erde zurück!

141.

Wenn es wirklich einen Gegensatz zwischen Weib und Wahrheit giebt, so steht es um die Wahrheit bedenklich. Ohne die Wahrheit können wir leben, ohne das Weib nicht einmal geboren werden.

142.

Ehedem hatte man das Kloster für hysterische Weiber und unmögliche Männer; im Alterthum gab es noch kräftigere Mittel. Woran fehlt es uns jetzt?

143.

Weib, Ehe, Liebe: die ewige Junggesellen-Litanei! Man muss heirathen, um seine anderen Probleme wieder in Sicht zu bekommen, um wieder Philosoph zu werden.

144.

Für Unterredungen gewisser Art giebt es nur einen Sprechsaal ohne Ausgangsthüren: die Ehe.

145.

Mancher Wotan wünscht „das Ende! das Ende", weil er (mit Sterne zu reden) das rechte Ende vom Weibe nicht zu finden wusste.

146.

Man heirathet immer für Dritte, entweder für den Hausfreund oder für das Kind. Der Ehemann hat nur die Wahl, nach Lenaus Wortspiel en canaille oder en canal behandelt zu werden.

147.

Der Nomade Mann begreift wohl, dass das Weib naturnothwendig an der Scholle hängt, und doch schmerzt es ihn. Jedem Liebenden schwebt etwas wie Entführung vor, jedem verliebten Weibe etwas wie Ehe und Hausstand; beide Seiten im geistigsten Sinne genommen. Im Weibe kehrt die Natur zur einfachen Art zurück, die im ewigen Spiel der männlichen Abarten verloren] gehen würde; der Mann ist ja qualificirter Naturverderber, da er einseitig intellectuell raffiniren und alljahrhundertlich einen neuen Culturtypus herausbringen soll.

148.

Jeder Erlöser träumt von der Erlösungsbedürftigkeit des Menschen: er hat diesen Irrthum nöthig, um an sich selbst zu glauben. Der Mensch will gestreichelt sein, nicht erlöst! — Man fühlt sich Mensch genug, um Sünder und Elende zu begeistern, also dichtet man die Welt voll von Sündern und Elenden. Oh diese Unmanns-Psychologie, diese Barmherzige-Schwestern-Sentimentalität! „Wehe allen Liebenden, die nicht noch eine Höhe haben, welche über ihrem Mitleiden ist!"

149.

Diese Engländerinnen — eine beklagenswerth träge Rasse. Man staunt über soviel Ansätze und Keime zur Schönheit, man staunt und ärgert sich über soviel vergeudete, vernachlässigte, unentwickelte Schönheit. Kein Wille, sich gut vorzutragen, sich einen Stil und eine Form zu geben, sich hier zu beschränken und dort zu entfesseln, sich dieses zu befehlen und jenes zu verbieten; ein gutwilliges stumpfes laisser aller in jedem Gesichtszuge, eine fast eigensinnige Unanmuth in Figur und Benehmen, polygonale statt runder Bewegungen, beständig Ecken und Kraftverluste. Der leibhafte Aberglaube, dass zur Schönheit nichts gethan zu werden brauche, dass Schönheit in der passiven Substanz, im Rohmaterial liege: man wirft sie in Blöcken und Bruchstücken auf den Bauplatz und überlässt alles Übrige der bauenden, gestaltenden, stilisirenden Phantasie des Mannes. Ich habe viele tadellos schöne Gesichter bei diesem Weibsvolk gesehen, aber selten eines, das einen Accent hatte, einen Gedanken aussprach, eine Stimmung anschlug.

150.

Wenn man ein Weib liebt, ist man meilenweit davon, es zu kennen. Man verlässt sich auf Inspiration, statt den analytischen Geduldsweg zu den Einzelheiten zu gehen; man stellt das Ideal des Weibes auf, im Ganzen und Ungefähren, als nothwendige Hypothese, als Gott, als einzige Rettung aus einzigen Nöthen, man hat nichts als ein vages schwimmendes tumultuarisches Gemeingefühl an Stelle der zahllosen Einzelreactionen, die sonst das Bild einer Person zusammensetzen. Der objectschaffende Trieb, die kühle zeichnerische Sachlichkeit des

Bewusstseins versagen an der Geliebten; es ist kein Raum in der Seele, ihr Bild aufzurichten, keine Fläche, sie darauf abzuschatten, keine Ferne, sie zu betrachten. Ein Weib, das uns als Grundempfindung ausfüllt, verbannt sich ebendamit als Gestalt und Porträt aus unserer Phantasie; späterhin, nach erloschener Liebe, sind wir erstaunt, zum ersten Male dahinter zu kommen, wie die Geliebte eigentlich aussah.

151.

Wer nicht wie ein Bettler an alle Thüren klopft, nimmt es tödtlich übel, das Eine Mal, da er klopfte, wie ein Bettler abgewiesen zu werden.

152.

Wenn wir lieben, so stellen wir das unphysikalische Verlangen, dass die Gelegenheitsursache, die eine unverhältnissmässig grosse Wirkung „ausgelöst" hat, nachträglich selbst zur Grösse anwachse — wir verlangen Unmögliches von der Gelegenheitsursache Weib.

153.

Wenn Alles zu Ende ist, kann der heilige Leichtsinn, die heitere Erhabenheit kommen, die jede Art Abschluss begleiten; aber da wetterleuchtet es immer noch von zuckenden Hoffungen, und der Himmel will nicht bleich und still werden.

154.

Aus jeder Liebe tritt man schlimmer als ohne Erfahrung, nämlich mit Erfahrungen, die man nicht gelten lässt, die man gerade beim nächsten Male widerlegt zu sehen erwartet.

155.

Wer einmal den Nervenanfall, genannt Liebe, in voller Schärfe und Gewaltsamkeit durchgemacht hat, der glaubt nicht mehr, was empfindsame Dichter von Harmonie der Seelen singen. Vielleicht ist Liebe die breiteste Kluft, die zwischen zwei Menschen gelegt werden kann. Alle verstehn einander zur Noth, Käufer und Krämer, Schüler und Lehrer, Freund und Feind — nur Liebende verstehn einander nicht.

156.

Zwei, die einander gefallen wollen, pflegen einander zu schmeicheln, und zwar Jeder einer Specialität des Anderen, worauf der Andere gerade keinen Werth legt. Diese Verwechselung sollte sie zur Ehe ermuthigen, in der es an drolligen Scenen gewiss nicht mangeln würde: ein ewiges Quiproquo, ein Frage- und Antwortspiel mit verstellten Stimmen, ein Komödiengespräch, wo Zwei reden und die Geheimnisse von Vieren zur Sprache kommen.

157.

Wir, denen ein leichter Sieg verächtlich gilt, lieben das Weib, das conservativ ist und sich zu wahren weiss; wir wollen einen Widerstand, der sich nicht dem ersten Angriff ergiebt. Freilich ist uns nicht jede Art Widerstand gleich verlockend; man kann uns ehrlich befehden oder uns ein Bein stellen, man kann unserem Schwerte einen Stahlschild oder ein Filzpolster entgegenhalten. Das Weib kann sich mit alten Traditionen waffnen, die Ehrfurcht einflössen, oder mit kurzsichtigen Bedenken von gestern und heute; es kann den Widerstand der

8

Wurzel aufwenden, die zu fest in der Erde (im „Milieu")
steckt, oder der Frucht, die zu hoch oben am Zweige
sitzt; es kann sich durch Fesselung seiner Instincte
schützen oder durch Instinctschlaffheit geschützt sein.

158.

Um den Weg nicht bloss als Weg zu gehen, lügt
man ein Ziel hinzu; der Zweck ist Reflex der Mittel.
Mittel und Wege nämlich haben kein gutes Gewissen,
sondern erwerben es erst auf dem Umweg über Zwecke
und Ziele; dem Menschen ohne Teleologie wird es zu
Muthe wie einem epikureischen Gotte in seiner Zwischenwelt: selig, aber zweifelhaft, ob er zum Leben berechtigt
sei. Dass das Verschwenden von Mitteln, auch ohne
Zweck, gesund ist, dass man das Recht hat zu brennen,
auch ohne die Öfen der Utilität zu heizen, ist uns noch
neu: als sesshafte Ackerbauer und glebae adscripti glauben
wir nicht daran, dass Unterwegs auch ein Ziel sei. Der
Nomadenzustand, die grosse Freiheit und Freizügigkeit,
soll erst noch kommen, wozu allererst erforderlich ist,
die Weiblein dafür zu gewinnen. Denn das Weib ist
von der Nothwendigkeit, Ziele zu haben, d. h. etwas Nahes,
Bestimmtes, Greifbares zu wollen, axiomatisch überzeugt:
und sein eigenes Ziel ist der Mann, der solchermassen
ziel- und zweckgemäss existirt. Ein tief philisterhafter
Grundinstinct, mit dem es den Mann, der unter Umständen Nichtphilister sein will, immer wieder zurück-
bildet; denn wenn er das Weib gewinnen will, ist er
auch verurtheilt die Waffen zu führen, mit denen der
Kampf um das Weib ausgefochten wird. Das Weib
lässt sich Zukünfte zur Auswahl vorlegen, und es ist
wahrhaftig nicht die fernere, zukünftigere Zukunft, in die
es Lust hätte hineinzuspringen.

159.

Treue ist ein opus supererogativum der Liebe: als
Forderung besteht sie zu Unrecht.

160.

Unter den idealisirenden Mächten ist Liebe die ge-
waltsamste, das eigentliche credo quia absurdum; von
der Erfahrung immer neu zurechtgewiesen und widerlegt,
trägt sie aus der Erfahrung immer neues Material zu
ihrem Götzenbilde zusammen.

161.

Die alten Helden warben mit Siegen und Beuten um
das Weib, wir mit Liedern und schönen Gefühlen; kein
Wunder, dass wir den Gipfel des Glückes bei Weibern
nicht mehr erreichen. Wir sprechen von „Waffen des
Geistes", von „Heroismus der Gesinnung", ja wir nennen
uns mit schrecklicher Naivität „Helden der Feder", —
der Feder, die eine verkleinerte Parodie des Speeres ist.
In jedem rechten Weibe ist ein Letztes, das sich nur
dem starken Manne ergiebt, beileibe nicht dem „geistreichen": etwas von jenem Carmen-Idealismus, der die
Männer in Gefahr und Tod schickt, um sie in ihrer
Schönheit zu sehen. Und warum geht der Mann in Tod
und Gefahr? Um das Weib in seiner Schönheit zu sehen,
das Weib, das einem Sieger dankt. Wofür in aller Welt
hätte es heute zu danken? Für ein Bändchen Lyrik, ein
bestandenes Examen, einen ergriffenen Beruf — für eine
Dummheit mehr an dem ohnehin schon so dummen mas-
culinum.

8*

162.

Die meisten Ehen missrathen, weil sie von Anfang
an auf eine kleinliche Nähe und Intimität gestellt sind:
„Alles mit einander gemein haben" ist ein gefahrvolles
Wagniss, bei dem bald aus der Gemeinschaft eine Gemeinheit wird. Man soll die zarten Farben der Ferne,
den Duft und Schmelz der ersten blöden Verliebtheit,
die Discretion des vorehelichen Verkehrs in die Ehe
hinüberretten, gerade weil es hier eine letzte Vertraulich-
keit giebt, die zur Quelle tiefster wechselseitiger Abneigung werden kann. Müssen sich Eheleute durchaus
täglich, stündlich, allaugenblicklich sehen, muss man einander zu Bewusstsein bringen, dass der Mensch ein ab-
sonderndes, ausdünstendes und zu Zeiten unappetitliches
Thier ist? Wenn Herr und Dame sich in Mann und Weib
verwandeln, so mögen sie zugleich an Stelle der gesellschaftlichen gêne ihre ganze erfinderische Scham auf-
bieten, um vor einander möglich zu bleiben.

163.

Ein gutes Weib schafft Ordnung und Sauberkeit,
wohin es kommt, ausgenommen im Gehirn des Liebhabers.

164.

Allen starken Empfindungen, die bestimmt sind uns
umzubilden, ist Ewigkeitsbewusstsein als Illusion beigegeben.

165.

In der Liebe verlernt man, sich leicht zu nehmen, —
man verlernt seine beste Tugend. Der Liebende behandelt sich mit feierlichem Stumpfsinn, mit der unend-

lichen Wichtigkeit, mit der das Thier die Begattung be-
treibt: er vermag sich nicht zu übersehen, sich unter sich
zu sehen.

166.

Ist es so gewiss, dass der Mann nur solange liebt,
als er in Distanz und Unbefriedigung erhalten wird?
Vielleicht nicht, aber der Weiberinstinct ist zu vorsichtig,
um es auf dieses Vielleicht ankommen zu lassen.

167.

Wir wollen uns nicht in Erwägungen niederen
Ranges verrechnen; mögen wir nur über grosse Fehltritte nachzudenken haben.

168.

Es liegt in uns, ob wir aus der Enttäuschung eine
Arzenei oder ein Gift bereiten. Dass Illusionen schwinden,
bedeutet für die Einen, sich ohne Illusionen zu behelfen,
für die Anderen, eine höhere Illusionsstufe zu erklimmen.

169.

Das Weib ist viel mehr berufen, den Geist des Mannes
zur Blüthe zu bringen als eigenen zu haben, mit dem es
sich die Instincte abstumpft — womit nicht gesagt sei,
dass es über den an weiblichem Verständniss gereiften
männlichen Geist hinaus nicht noch höhere Arten Geist
gebe.

170.

An einer Seele, in der Liebe reifen soll, muss Zweifel
und Unruhe zerren. Der Mann, der auf ein Weib wirken

will, versäumt gewöhnlich seine Eifersucht zu erwecken,
gleich jenem dilettantischen Wettermacher, der den Wind
vergessen hatte.

171.

Die Daseinsform des Ernsthaften ist der Augenblick;
Wiederholung, Dauer, Gewohnheit sind bereits parodistisch.
Auch die Ehe ist eine Parodie — auf die Liebe.

172.

Hat Einer lange geschwiegen, so sagt ihm ein Gefühl in der Kehle, dass die Stimme, des Redens ent-
wöhnt, jetzt nicht gehorchen, nicht sogleich die feineren
Klänge und Halbtöne treffen wird. Er will und muss
aber, wenn er überhaupt redet, von feinen Dingen reden;
also schweigt er weiter. Und Jemand, zu dem er reden
wollte, wendet sich enttäuscht ab: es wird ein Weib gewesen sein.

173.

Der Palast Ehe ist verbaut: ein monströses Schlaf-
zimmer mit Zubehör. Ich wünschte getrennte Flügel für
Mann und Weib, und in der Mitte, zu seltener Feier, das
fanum, das nie profanum werden darf.

174.

Die Liebe hat sich vom Fortpflanzungsgeschäft eben-
soweit entfernt und ist ihren eigenen Subtilitäten nachgegangen, wie der menschliche Intellect vom Geschäft,
Futter zu suchen und Beute zu machen; jedes Organ ist,
über den ursprünglichen Naturzweck hinaus, eines selbständigen Daseins, mit all seinen Leiden und Freuden,
fähig. Der Mensch ist das supranaturalistische Thier, und

in der Liebe ist er es in verhängnissvoller Weise. Er findet am dumpfen, stumpfen Geschlechtsgenuss kein Genügen mehr. Er stellt specielle, endlich gar individuelle Bedingungen. Er wird zart, raffinirt, wählerisch. Ein Zusammenklang von Einzelheiten entzückt ihn; die geringste Störung dieses Ensembles, und er erkaltet, ist dégoûtirt. Es muss ein schwarzes Auge sein, schwarzblau, nicht schwarzbraun. Das Auge muss gross sein, nicht zu gross, und von einer Braue mit bestimmtem Krümmungsradius überwölbt, dem ein gewisser Krümmungsradius der Mundwölbung entsprechen muss. Die Haut von der Farbe des Elfenbeins, aber ohne Anämie zu verrathen. Die Nase — nun beginnen die Hauptschwierigkeiten; und immer feiner, immer haarschärfer werden die Grenzen, die um kein Zuviel, kein Zuwenig verfehlt werden dürfen — nicht die Grenzen der objectiven Schönheit, wie sich von selbst versteht, sondern der individuellen Erotik, das Liniennetz, in dem gerade dieser Mann gefangen wird, der Specialfall von Constitution, für den drüben, beim andern Geschlecht, der correspondirende Specialfall bereitsteht. Ist diese Correspondenz gegenseitig, nun, so zweifle man nicht, dass hier zwei Organismen einander ausgesuchte und unersetzliche Freuden bereiten, und dass Jeder den Andern für das Zugespitzte und Singuläre seiner Ansprüche durch ebenso zugespitzte und singuläre Befriedigung entschädigt; diese Zwei dürfen schon ein Leben lang auf einander warten. Aber meistens ist die Correspondenz einseitig, und die erotischen Genies gerathen mit ihrer Liebe an die erotischen Dutzendmenschen. Ein Weib, das allen Sublimitäten eines erotisch sehr differenzirten Mannes gerecht wird, physiologisch gerecht wird, kann psychisch genommen ein blosses Fortpflanzungsgeschöpf sein und nach einem undifferenzirten Zuchtstier von Mann Verlangen tragen. Dies ist vielleicht die Regel; denn, unter uns gefragt, giebt es erotisch begabte Weiber? Solche, die in der Liebe eine Kunst, einen seltenen Feiertag der Seele empfinden und mit sensitiver Feinheit an ihre Ausgestaltung gehen? Das Weib, das sich noch die Naivität und Dumpfheit der Gattung bewahrt hat, steht dem bewusst erotischen, wählenden, schmeckenden Manne gegenüber biologisch höher, aber ästhetisch tiefer: es wird diesen Mann nie erhören, — aber oft genug fasciniren, und dann ist das Verhängniss da. Das erotische Genie pflanzt sich so wenig fort, wie die anderen Arten der Genialität.

175.

Einzelheiten sind überall zu haben, in Antlitz, Charakter, Bildung, Temperament; gewisse Zusammensetzungen, bis zu den ausgesuchtesten, hält der Welt-Chemiker, der die Individuen zusammenbraut, ebenfalls mehrfach vorräthig. Nun aber das letzte Eigenartige, der specifische Wohlgeschmack jedes Individuums, der nicht aus den Bestandtheilen, nicht aus der Mischung zu erklären ist, die undefinirbare Ich-Nüance, die zwischen leiblich, geistig, seelisch gleichartigste Wesen einen Unterschied von schärfster Bestimmtheit setzt! Das Organ dafür ist die Liebe des Individuums vom anderen Geschlecht. Ich kann mir Weiber denken, die unter weiblicher oder sächlicher Perspective vollkommene Doppelgängerinnen sind, mit dem einen Unterschiede, dass ein bestimmter Mann auf die Eine tumultuarisch, auf die Anderen gar nicht reagirt. Seine erotische Sensibilität wäre eben das Messwerkzeug für diese sonst unmerklichen Differenzen.

176.

An Unsereinem sind Beine ein Luxus, wir gehen ja doch auf Stelzen. Statt mit den Organen tasten wir mit irgend einem angeschraubten Fühlhebel; wir haben die Hände nicht zum Handeln, sondern zum Schreiben. Statt sich ein Weib anzueignen, macht sich der moderne Mensch ein Phantasma, eine fixe Idee vom Weibe; „des Wunsches voll, doch ledig der Kraft" endet er mit romantischer Verzweiflung sub specie phalli. Hat nicht das Weib tausendmal Recht, wenn es, wie in jenem Hebbel'schen Gedicht, den ideologischen Zwitter stehen lässt und einen dreisten Drauflosgänger mit seiner Gunst beglückt?

177.

Das Individuum denkt in seinem Hochmuth: die Gattung kann wählen und warten, mir ist nur einmal, nur diesmal der Tisch gedeckt!

178.

Incorrectheit ist Liebesprobe: ein Weib, das sich ganz in der Gewalt behält, liebt nicht. Als künftiger Besitzer muss man aber wünschen, dass das Besitzthum sich intact erhalte, sich nicht wegwerfe. Folglich darf ein Liebender keine Gegenliebe wünschen — für später; folglich muss er sie wünschen — für jetzt: folglich ist Liebe unter allen Umständen wider die Logik.

179.

Was sind wir Muskelmenschen, denen jede Stimmung, jeder Traum verräth, dass es in uns zugeht, wie „es" will, nicht wie wir wollen! Und mit so bescheidenem Vorrath an Seele gedenken wir zwei Leiber zu verwalten, wagen wir uns auf Liebe einzulassen?

187.

Beim ersten Zuviel des Leidens erfand der Leib die Seele, um nach fernen Tröstungen greifen zu können. Aber nun war Jemand mehr, der litt, und aus einem zweiten Leidens-Übermass müsste die Seele ein Neues erfinden (vielleicht ein dem Traume Ähnliches — oder sollte es die Musik sein?), um mit noch feinerem Geäst an Licht und Luft zu saugen und sich von noch leiseren Winden liebkosen zu lassen. Es ist ihr Zeit gelassen, dieser armen Seele, denn wurzelfest bleibt die Weltesche im Leidensgrunde stehen.

188.

In unserem modernsten Empfinden wird die E h e wieder zum Ideal, und vielleicht zu einem höheren, mystischer angebeteten als sie es je war. Wir haben den erotischen Liberalismus so satt wie den religiösen, Aphrodite Pandemos so satt wie die „freie Forschung". Ehedem war man Freigeist über Gott und menschliches Elend; es gab schöne grüne Zeiten, wo man sich für ausbündig tapfer hielt, wenn man der Kirche Unfläthig-keiten sagte. Als diese Themen ausgebeutet waren, machte man esprit über Weib, Liebe und Ehe, und wieder waren es die lautesten Verunglimpfer, die am wenigsten das Recht hatten mitzureden. Diejenigen, die am Theismus als an einem wirklichen Entwicklungs-hemmniss gelitten haben, sind ebenso schweigsame Atheisten (oder vielleicht Antitheisten), wie Diejenigen, die am Weibe gescheitert sind, sich zwar vom Weibe, aber ebenfalls von den wüthenden Verleumdungen des „Ewig-Weiblichen" fernhalten. Die Unbetheiligten, die nur aus zweiter Hand wissen, haben immer Geist, den Geist hinzuzulügen, Pointen zu spitzen, Bosheiten einzufädeln; der wirklich Betroffene, wenn er überhaupt wieder zu sich kommt, steht dann seinem Erlebniss fern genug, um schlicht und ohne Groll darüber zu sprechen. — Nun, wie gesagt, der Geschmack an den rancuniers und ihren Arten der Polemik ist im Abnehmen; Gott und das Weib werden nicht nur rehabilitirt, sondern auf neue Altäre gestellt. Immer sind es noch Wenige, die ernsthaft, will sagen gleich fern von Compromiss wie von Feindseligkeit, den Versuch machen, es ohne Religion und Liebe auszuhalten.

189.

Nur ein Verhältniss zwischen Männern ist Ruhe, Meeresstille, Sicherheit ohne Verstecke, offenes Gelände ohne die Gefahr peinlicher Überraschungen. Für ein Verhältniss zwischen Mann und Weib gilt der tragische Spruch „Alles klar, aber auch Alles zu Ende"; die Beziehung zum Weibe muss unerbittlich jenen gefährlichen Punkt passiren, der der Kreuzungspunkt schlimmer Möglichkeiten und Wirrnisse und Enttäuschungen ist. Trennung oder Erniedrigung; ein dritter Weg ist wohl noch denkbar, aber wer ist ihn je gegangen? — Männer, deren Freundschaft gar zu tief, zu ruhevoll geworden ist, suchen schliesslich Bewegung um jeden Preis; darum kommen oft vertrauteste Freunde durch ganz subalterne Anlässe auseinander. Zwischen Mann und Weib werden umgekehrt höchst gebieterische Anlässe, ein Ende zu machen, überhört; aus dieser Stumpfheit, die um Katastrophen herumgeht statt hindurch, macht man gar noch ein Ideal, Treue, und eine Institution, die Ehe.

190.

Lernt der Philosoph endlich für sich selbst denken, der Musiker sich selber zuhören, so lerne das Weib für sich selbst schön sein. Kunst für Andere bleibt halbe Kunst; Schönheit für Andere wird nie reif. Freilich erblühte Schönheit um der Anderen willen, als Waffe im Geschlechterkampf; aber diesen Ursprung hat sie zu überwinden, wie die Hand das Greifen, Ohr das Horchen, Auge das Spähen, wie jedes Organ seinen anfänglichen Zweck.

191.

Es giebt Zustände gestörten Gleichgewichts, wo die Gegenwart nicht mehr Indifferenzpunkt zwischen Vergangenheit und Zukunft ist: eine gegenstandslose Unruhe, die Angst etwas zu versäumen oder zu verlieren, treibt vorwärts, die beklemmende Gewissheit schon begangener Fehlgriffe und Verirrungen schreckt zurück, hinter die letzten Erlebnisse, — man möchte zugleich flüchten und sich verkriechen, das Mass füllen und leeren, widerrufen und vollenden. Eine Nervenverstimmung ersten Ranges, eine Hyperästhesis und Lebensscheu, von der einzig eine eiskalte oder glühende Umarmung der Aussenwelt befreien kann: in solch einem Zustande müsste man in den Krieg ziehen oder ein Duell austragen oder heirathen.

192.

Wie wenig geniesst der Mensch von dem, was er Anderen zu geniessen giebt! Irgend ein Stimmklang entzückt mich, ein Gesicht weckt mir feierliche, glückliche, sehnsüchtige Gefühle; eine Gebärde ruft in mir eine flüchtige Bilderfolge hervor, ein erinnerndes Schwelgen in Landschaft, Cultur oder Historie — zwei Augenblicke intensiven Genusses, den die Gegenwart grösster Dinge nicht gewähren kann. Von allen diesen Ausstrahlungen, die ein Mensch entsendet, fällt unmittelbar nichts auf ihn zurück; und man darf ihm nicht einmal verrathen, dass man ihn derart als Genussmittel verzehrt; sonst sucht er sich mit Bewusstsein schmackhaft zu machen und wird unerträglich. — Übrigens leidet der Mensch ebensowenig an den peinlichen und verstimmenden Wirkungen, die von ihm ausgehen, wie er sich an den erfreulichen mit-erfreut; es giebt Leute, die eine ganze Gesellschaft vereisen und dabei selbst sehr zutraulich und aufgeräumt bleiben.

193.

Eine peinliche Erinnerung, die man begrub, steht unversehens wieder auf; nichts ist vergesslicher als das Vergessen.

194.

Bilden wir uns auf die Drähte nichts ein, die wir unsere Nerven nennen: wir sind eine lebensfähige Rasse. Schaukelnd in Ungewissheit, herumgeschleudert zwischen Gegensätzen, leben wir und finden uns immer wieder vor, die zähesten unter den Amphibien. Unsere Zeit, kindisch, wahnsinnig, klirrt tolle Griffe auf unseren Saiten; aber wir zerbrechen nicht, wir Unverwüstlichen!

195.

Die Schaffung eines neuen Organs ist für die Species ein Gewinn, aber das Individuum, an dem die Neuerung probirt wird, kommt dabei gegenüber den Anderen, die

Daseins- und Liebeskampf mit den altbewährten Waffen ausfechten, ins Hintertreffen. Der Fink, der zuerst in der „Noth" des erotischen Bewerbes das Singen erfand, kam bei seiner Finkin gewiss zu spät; während er die Hülfsquellen der Gattung bereicherte, fingen ihm die Concurrenten mit den ererbten Hülfsmitteln seine Beute weg.

196.

Als moderne Menschen, Menschen der schnellen und unverblümten Verständlichkeit, haben wir Lust und Fähigkeit zur Galanterie eingebüsst; die mittelbaren und verschleierten Liebesgeständnisse genügen uns nicht mehr, wir verzichten auf alle erfinderischen Umwege, auf Farben-, Blumen- und Fächersprache für ein deutsches, deutliches „Ich liebe dich". Wir haben keine Zeit und keinen Geist mehr für die Liebe übrig, wir stehen am Telephon und wollen in fünf Minuten fertig sein; wir überhasten in unserer Ungeduld, die Präliminarien abzukürzen, gerade die schönste Jahreszeit der Liebe (die des „allerlei Brimborium").

197.

Ohne die Tafel „Eintritt verboten" würde man die Thüre vielleicht übersehen. Wenn ein Weib gar zu correct ist . . . .

198.

Unsere schlimmsten Leugner- und Lästersätze stellen wir auf, um Unrecht zu behalten; aber siehe da! wir müssen noch drauflegen, um Recht zu haben!

199.

Das Unersetzliche, weil es unsere Wahlfreiheit aufhebt, weckt unseren Groll: der Gott, ausser dem kein
Gott ist, das Glück, ausser dem es für uns kein Glück
giebt, die Geliebte, von der wir nicht lassen können.
Uninteressirt sein heisst über den Dingen stehen, dabei
ist Wohlwollen möglich; interessirt sein, und gar in
Richtung auf ein einziges Object, heisst Sclave der Dinge
sein, und dem folgt nothwendig das Ressentiment.

200.

Man erträgt den Schmerz besser, wenn man sich
ihm mit Musse hingeben kann, als wenn man in ihm
eine lästige, möglichst rasch zu überwindende Störung
erfährt. — Das Weib hat nur die Liebe, c'est son métier,
der Mann daneben und darüber hundert andere Interessen;
folglich leidet an den Bitternissen der Liebe der Mann
schwerer. Ihn fällt acut an, was beim Weibe chronisch
ist; er muss als Episode behandeln, wofür das Weib
Zeit hat.

201.

Feinere Organisation lehrt den Mann besser leiden,
das Weib besser wehethun.

202.

Wo Weib über Mann zu herrschen kommt, siegt
Natur über Widernatur. Daher die tiefe Sicherheit, das
unerschütterliche Rechtsbewusstsein beim Weibe, selbst
wo es im Liebeskampfe zu unlauteren Mitteln greift: es
weiss, dass eine Autorität ersten Ranges hinter ihm steht.

9

Daher die Unbeholfenheit des liebenden Mannes, selbst wo er nur sein Recht fordert: er ahnt, dass er in einem letzten Sinne doch Unrecht hat. Ich glaube, dass man an dieser Befangenheit und Tölpelei den wirklich Lieben-den vom renommirenden primo uomo und „Minneritter" unterscheiden kann — für den Fall, dass diese Unter-scheidung noth thut.

203.

Das Weib, als „Ideal", soll allen Verrenkungen männlicher Hyperphantastik folgen: heisst das nicht zu-viel verlangt?

204.

Wenn Zwei heirathen, freut sich der Dritte. Der ideale Ehemann erkennt gleich den edelsten Beruf ....

205.

Dass du mich lieben solltest, was that ich dir zu Leide?

206.

Vor der Ehe haben die Weiber andere Gesichter als in der Ehe. Ist die grosse Absicht erreicht, so ver-schwinden die kleinen Mittel. Die Gefallsucht Un-verheiratheter, der Zwang auf sich zu achten, sich zu stilisiren, sich gut vorzutragen, lässt sofort nach, sobald der Mann ins Garn gelockt ist; mit einem Schlage ist volle Anarchie entfesselt, die unterdrückten Charakter-züge nehmen ihre alten Plätze in der Physiognomie ein, die schärfer herausgearbeiteten sinken zum Niveau zurück, der herrschende Ausdruck wird Gleichgültigkeit, schlaffe schläfrige gläserne Gleichgültigkeit, die auf einen sehr

sicheren Besitzdünkel schliessen lässt. Täuscht euch nicht,
ihr Weiblein! Lasst es euch nicht nehmen, den Mann
alle Tage neu zu gewinnen, lasst ihn nicht lau und eure
Ehe nicht abgestanden werden! Ich setze voraus, ihr
wollt einen Mann besitzen und von ihm besessen, nicht
bloss mit ihm zusammengeschmiedet sein.

207.

Rechnen wir alles zusammen und den günstigsten
Fall heraus, so finden wir Menschen, mit denen wir so
allein sind, wie mit uns selbst. Behalte Jeder sein Selbst
und leihe nichts an Andere aus; besser kann er es doch
nicht treffen als Ausgeliehenes zurückzuerhalten. Sich in
die Umwelt verstreuen und die disjecta membra wieder
zusammensuchen ist zwar eine philosophische Art, das
Leben todtzuschlagen; aber für Erwachsene ist auch
Philosophie kein Spielzeug mehr. Werdet wie die Kinder,
so bekommt ihr euer Spielzeug wieder.

208.

In der Liebe ist Niemand geistreich über die Liebe.
Vielleicht nachher? Aber Enttäuschung hat wüsten Kopf,
lange Gesichter sind dumm. Die beste Zeit, über Liebe
nachzudenken, ist der Zwischenact, wo Einiges vorbei ist,
aber noch nicht Alles.

209.

Für des Mannes Durst nach Gewissheit ist das Weib
Meerwasser.

210.

Man soll seine Geliebte nicht heirathen; man muss
sie verheirathen — schlimmstenfalls mit sich. Man muss

9*

sein eigener Hausfreund und sein eigener Hahnrei sein können. Man besitzt ein Weib nur ausserhalb der Ehe, muss also, wenn man die Geliebte zur Frau hat, sich selbst die Ehe brechen; man muss das eigene Weib verführen, von sich zu sich, a marito male informato ad maritum melius informandum.

211.

Diese Beiden liebten einander. — Woran siehst du das? — Sie geben sich keine Mühe miteinander mehr: Eins ist ja doch vorm Andern unmöglich geworden. Zwischen Fremden herrscht Sitte, zwischen Liebenden Scham: mit der Liebe zerreissen Beide. Sieh doch diese passive Brutalität: kein Geheimniss mehr, kein Schweigen; lauter Zimmergeräth, das auf der Strasse liegt. Wenn Zwei sich nichts mehr zu sagen haben, sagen sie sich alles. — Dann sollte man doch irgend einen Abzug für die Unsauberkeiten der Liebe erfinden! — Ist schon erfunden: die Ehe.

212.

Monomanie in der Liebe ist, nach Schopenhauer, Wille zum Leben eines singulären Menschen, der nur durch dieses Liebespaar, kein anderes, gezeugt werden kann. Damit ist ein neuer Gesichtspunkt g e g e n die Siedegrade der Erotik gegeben. Nur ein naschhaftes Zeitalter wie das unsere konnte auf den Wunsch systematischer Züchtung des Genies verfallen; es ist ein zu bedenkliches Ding um „einzige" Menschen und „einzige" Leidenschaften.

213.

Die Zusammengehörigkeit zweier Seelen durch Liebe kann dem Dritten wie ärgste Dissonanz klingen: so wie es kaum eine unerträglichere Musik giebt, als wenn zwei Stimmen in der Quinte (dem reinsten Intervall ausser der Octave) neben einander herschreiten.

214.

Eine Krankheit, die in angenehmer Weise an eine andere Krankheit erinnert, nennen wir Genesung. Also die gefährlichere von beiden, da sie die Gefahr unterschätzen lehrt und die Reizbarkeit der Selbstbewachungsinstincte herabstimmt.

215.

Das jedesmalige Leben, die jedesmalige Liebe hält sich für die erste und letzte, für einzig und ewig: Leben und Liebe beweisen Metempsychose, glauben aber selbst nicht daran: Leben und Liebe gründen auf diesen Unglauben, diesen Aberglauben ihre ganze Ethik.

216.

Ohngefähr! vergieb mir meine Zwecke! — Rede demüthiger, Mensch! — Lenkung! vergieb mir meine Selbstleitung! Weg, verzeih mir Schleichwege und Seitensprünge! Wäger der Lasten, verzeih, dass ich es leichter haben wollte! Spender der Zeit, vergieb, dass ich mich versäumte, um scheinbar abzukürzen! — Falsch thatest du, du redest wahr.

217.

Um von sich loszubinden, ist es bisweilen nöthig sich verächtlich zu machen. Ich habe noch Niemanden gefunden, der es zu diesem Heroismus der Selbstverleugnung brachte; Jeder, der den Versuch unternahm, zerstörte seine Wirksamkeit, indem er sich zu frühzeitig die Absicht anmerken liess.

218.

Die Elemente verbinden sich nicht im Alltagszustand,
sondern bedürfen dazu einer gewissen Erotik, sei es er-
höhter Druck, erhöhte Temperatur oder sonst etwas. Also
auch diese Ehen werden aus Liebe geschlossen; Con-
venienzheirath ist ein Frevel sogar gegen die Chemie.

219.

Energie vernichtet man nicht, gesetzt selbst man
könnte es; man wird vorziehen, sie zu verwandeln, aus
einer peinlichen, kostspieligen, nutzlosen Gestalt in eine
nutzbringende, erfreuliche. Es wird einst gelingen, mit
derselben Sicherheit, mit der man Arbeit in Wärme um-
setzt, die geistigen und seelischen Energien in einander
zu transformiren, z. B. geschlechtliche Spannung in intellectuelle Fruchtbarkeit, Jünglingsenthusiasmus in männliche Zähigkeit und Geduld; man wird sich auch hierin
vom Zufall befreien.

220.

Wen man nicht bis zur Vernichtung liebt, liebt man
nicht genug. „Tödte mich" ist die Bitte um einen wirklichen, entscheidenden Liebesbeweis.

221.

Das Raffinement unserer Seele schützt uns leider
nicht davor, bisweilen das Echte dem Falschen (das wir
verdienen!) vorzuziehen.

222.

Von einer unglücklichen Liebe muss man sich gelegentlich in der Einsamkeit erholen, von einer glücklichen muss man es noch viel mehr. „Entziehen wir uns,

um aufzuathmen, für einen Augenblick der engen Welt, zu der jede Frage nach dem Werth von Personen den Geist verurtheilt.“ Liebe ist an sich schon der zudringlichste Affect, den es giebt, eine Gesellschaft, die nie loslässt: ist sie gar noch mit Willigkeit des Objects verbunden, also eine glückliche Liebe, so ist es um Einsamkeit und Selbstbesinnung geschehen — die freie Zeit theilt sich zwischen Liebe und Geliebtem. Diese Beiden können mit einander verschworen sein oder einander entgegenwirken, einander verdrängen; Liebe verstimmt vielleicht gegen den geliebten Gegenstand, und dieser kühlt jene ab durch sein Menschlich-Allzumenschliches. Aber gleichgültig, ob sich die Sache mit dem Bilde, die causa externa mit der idea concomitans verträgt oder nicht: beide zusammen gönnen dem Liebenden keine freie Stunde, er muss sie sich selber stehlen, „um aufzuathmen“.

223.

Dass Zwei mit einander auskommen, dazu ist Liebe nicht gerade eine Erleichterung. Ehe heisst tausend Klugheiten erfinden, um Eine Thorheit zu verewigen.

124.

Lass dem Leben Zeit, und vertraue, dass es auch dir sich erklären wird: dir vielleicht später als Anderen, und über das Unbegreiflichste zuletzt. Solange du reifst, verbirgt sich die Hand, die mit dir spielt; lauter Schicksal verschwiegener Herkunft fällt dir zu, und immer mehr Unausgetragenes steht zwischen dir und dem Leben. Aber von einer Stunde an geht es bergab, zu den letzten Begegnungen; da erfährst du, was hinter deinen Erfahrungen stand, da wird, wie unter Liebenden, das

kaum Verzeihliche hinweggeredet. Alles wird nun erkannt und vergeben, alle Wegstücke legen sich an einander zu Einem Wege, den du gingest, du Seligster!
Weisst du noch, flüstert das Leben, als du am meisten
an mir zweifeltest, als ein Augenblick genügte uns zu
trennen, da gerade liebte ich dich am meisten! das war
die Sternenstunde, da ward unsere Liebe reif!

225.

Mit der Ehe springt man aus der Einsamkeit in die
Dreisamkeit; die Mittelstufe, das Alleinsein zu Zweien,
ist entschieden zu kurz.

226.

Ein Sterbender, der gar keine Maske zu lüften hat
— keinen Mord zu gestehen, kein Kind zu legitimiren,
keinen Gott zu verleugnen — kann unmöglich gelebt
haben.

227.

Indem ich von einem noch Unentschiedenen ver-
lauten lasse, bestärke und zwinge ich mich zur Entscheidung. Worte, die einmal gesprochen und in andere
Gehirne niedergelegt sind, gelten gleich der vorläufigen
Befestigung einer Position, gleich einem Präjudiz, dem
ich gewisser nachfolge als dem blossen Willensentschlusse,
der noch bei mir selbst steht. Andererseits gebietet sich
daraus, worüber nicht gesprochen werden darf; über Beziehungen, deren Weiterentwickelung aus dem Leben ich
wünsche, über Hoffnungen, die ich noch nicht aufgegeben
habe, über Fälle, die noch nicht spruchreif sind. Worte
sind Särge, auch Gespenster, auch Vermächtnisse, jedenfalls Todsymbole: was noch leben soll, hat mit ihnen
nichts gemeinsam.

228.

Jedem habe ich ein Anderes zu vertrauen; die Gesammtheit meiner Freunde (Mich hinzugerechnet) stellt die Gesammtheit der Kundgebungen dar, deren ich fähig und bedürftig bin. — Und die Liebe? Wer liebt, befindet sich in dem Wahne, Einem Alles anvertrauen zu dürfen; eine verhängnissvolle Täuschung, denn entdeckt der Liebende, dass der Spiegel, in dem er sich ganz reflectirt glaubte, nur ein Zerrspiegel war, so nimmt er Rache, — an sich oder dem Spiegel.

229.

Zuletzt ist Liebe ein Anlass mehr, Katastrophen über sich zu verhängen; man sei ihr dankbar, wie jeder Gelegenheitsursache, und vergesse über dem, was sie bedeuten kann, das was sie ist.

230.

Bei einem Weibe, das wir lieben, ist damit fast schon eine unregelmässige Constitution nachgewiesen; man verlasse sich auf dieses Symptom. Wenn die Weiber einmal ein Ehe-Examén werden ablegen müssen, wird man die Liste ihrer Liebhaber verlangen, auch der „platonischen".

231.

Die Anbetung des Ewig-Weiblichen discreditirt uns unrettbar dem wirklichen Weibe gegenüber; entweder hält es uns für beschränkt, oder, ebenso schlimm, traut uns zu, es für beschränkt zu halten.

231

232.

Der Autor, ein Mann, redet vom Weibe, und der Leser, ein Mann, ruft ihm begeistert zu: Ja, du kennst das Weib! Er sollte ihm ehrlicherweise nur sagen: dein Urtheil und Verständniss (oder Vorurtheil und Missverständniss) vom Weibe deckt sich mit dem meinen! Zwei Blinde einigen sich über eine Farbe, zwei Phantasten träumen das Gleiche: was ist damit für die Realität des Traumes, der Farbe bewiesen? — Daraus scheint zu folgen, dass man über das Weib — das Weib hören müsse, und nicht den Mann. Aber, so unwahrscheinlich es klingt, das Weib kann nicht reden! wo es redet, und von sich selbst redet, spricht es nur das Männergeschwätz nach. Bei allem Raffinement im Thun und Lassen gebricht es dem Weibe an jeglichem Raffinement im Darstellen; die männliche Optik hat bis zu dem Grade gesiegt, dass das Weib von sich selbst androcentrisch denkt. Es bleibt nichts übrig, man muss sich mit der männlichen fable convenue hinsichtlich des Weibes begnügen; auch dieser Schiller hat die Schweiz nie gesehen, die er schildert, — aber in diesem Falle kennt sich der Schweizer selbst nur aus dem Wilhelm Tell. Nur in einem einzigen Gebiet, in dem eines specifisch weiblichen Cynismus, weiss es manche Baubo manchem Priapos zuvorzuthun: hier hat das Weib seinen eigenen Stil.

233.

Munditiae etiam ac puritatis ipsius mulieris omnibus vel hoc evidentissimum argumentum est, quod mulier semel munde abluta quoties post aqua pura diluitur, aqua ipsa nullam recipit immunditiae maculam: vir autem quantumcunque ablutus, quoties denuo abluit, turbat aquam et inficit. Diese Stelle des Cornelius Agrippa von Nettesheim — über die kein moderner Weibsromantiker zu lachen hat — drückt in grober, aber deutlicher Form aus, was das Mittelalter (und wir!) von der specifischen „Reinheit" des Weibes hielt: man sieht, hier hat das Ewig-Weibliche sogar seine eigene Experimentalphysik!

234.

Erster Liebhaber eines Weibes sein ist gefahrvoll; man dient als Versuchsobject und Übungsphantom für die späteren und kann unter Anfängerhänden leicht zerbrechen. Daneben ist es langweilig, der Hahn im Bilderbuche zu sein und das Abc der Liebe zu illustriren.

235.

Auch eine Definition: dämonisch ist ein Weib, das unbewusst zu Handlungen und Kundgebungen inspirirt, womit man es nicht gewinnen kann — also ein Problem, dessen verführerische Seite die unzugängliche ist.

236.

Wärme lässt ein Weib kalt, Kälte macht ihm warm: es ist merkwürdig, dass diese älteste und simpelste Psychologie nie trügt.

237.

Im Grunde ist es das fatale Sichaussprechen und Sichausschreiben, das unsere Krankheiten verewigt; die einfachste Vorsicht müsste uns zu gewissen Zeiten Mund und Feder verbieten. Man erleichtert sich für den Augen-

blick und häuft Infectionsstoff an, an dem man später
vielleicht wieder erkrankt: das ist eine gar nicht so unwahrscheinliche Geschichte. Beim Schreiben ist noch eine
besondere Gefahr, die dem gesprochenen Worte weniger
anhaftet. Der Schreibende, gesetzt, dass er Artist sei,
bleibt selten beim einfachen Geständniss, sondern stilisirt,
amplificirt, accentuirt; er hat immer neue, immer stärkere
Wendungen für sein Erlebniss, immer gewaltsamere Gebärden für sein Pathos. Damit treibt er sein Gefühl
selber in die Höhe; seine Ausdrucksweise ist von nun
an das Bestimmende, sie hebt das Empfinden zu sich
hinauf — was heute noch poetischer Schmuck war, ist
morgen schon so gut wie erlebt. Es ist ein unwider-
stehlicher Zauber in Schwarz und Weiss, eine Selbst-
hypnose, auf die noch lange nicht genug geachtet wird.
Schon das bloss negative Idealisiren, das Weglassen der
Nebenzüge und Zufälligkeiten, macht aus den Erlebnissen
meist etwas zu Heroisches, das später einmal seine Verführung haben wird; der spätere Mensch hat sich vor
dem früheren immer zu schämen — aber mit Unrecht,
weil der frühere nur als Pose und Fälschung überliefert ist.

238.

Es wäre eines grossen Dichters würdig, unter den
Vorformen der Geschlechtlichkeit diejenigen zu vereinigen, die an einer und derselben Seele möglich sind,
und so zum ersten Male die Naturgeschichte eines Mannes
oder Weibes von Anfang an zu erzählen. Zum ersten
Male: denn was bisher, sei es selbständig oder einleiten-
der Weise, an Kindespsychologie getrieben wurde, zeigt
sich in diesem Punkte zurückhaltend bis zur Unwissenheit: eine Ausnahme, von der man kaum hoch genug

denken kann, ist Keller's „Grüner Heinrich". So reich
und vielfach alle Jahreszeiten der Liebe behandelt sind,
so karg und selten hat man die Zauber des Vorfrühlings,
das räthselhafte Wesen der ersten Apriltage, die frühesten
Ahnungen und „Schneeglöckchen" einer erwachenden
Menschennatur zu ergründen gewusst. Man traut mir,
will ich voraussetzen, nicht die Meinung zu, als könnten
directe sexuelle Begehungen des unreifen Alters ein
mehr als pädagogisches oder pathologisches Interesse für
sich haben; ich spreche von den Vorformen, nicht von
Vorwegnahme der Hauptform. Es regt sich manches
Paradoxe und Schmerzliche in der sonst so nüchternen,
so philisterhaften Kindesseele, das ein schärferer Blick
gar nicht anders als mit dem Geschlecht in Verbindung
bringen kann. Visionen, irgendwie gefärbte Bilder von
Begriffen, Menschen oder Landschaften, die so tief haften,
dass noch der Erwachsene sich ihrer entsinnt. Unerklär-
liche Weichheit und Hingebung, oder Verschlossenheit
und Härte; solche Züge weist jede Knaben- oder Mädchen-
freundschaft auf (der sensible Däne Jacobsen erräth sehr
wohl, dass die Knabenfreundschaft ein Problem für
Erotiker ist, er sagt es beinahe). Idiosynkrasie für und
wider Gestalten der Weltgeschichte; in diesem Punkte
sind selbst die kleinen Mädchen stärker individuell als
später, wo es sich nicht mehr gerade um Weltgeschichte
handelt. — Dies dichten können, diese oft so blassen, so
fernen und schwebenden Gebilde bannen und den gröberen,
grelleren, so sehr viel zudringlicheren Erscheinungen der
erotischen Hauptperiode voranstellen können: um dieses
Zieles willen lohnt es sich schon, die ganze Angelegenheit Liebe absurd ernst genommen zu haben.

239.

Vollendung des eigenen Wesens in der Geschlechtsliebe heisst unser neuer Aberglaube, seit wir nicht mehr
an das Glück in der Geschlechtsliebe glauben. Wir
modernen Menschen, zu feierlich, zu schwerfällig, um
Hedonisten zu sein, haben die epikureische Illusion gegen
die platonische umgetauscht; es ist kein Wunder, dass
wir mit einem schwereren Fahrzeug von Ideal öfter
Schiffbruch leiden. Zu Goethe's Zeit schämte man sich
nicht, von der Liebe als einer Verschönerung des Lebens
zu sprechen; Napoleon tadelt in der Dichtung, was er
im Leben nie gebilligt hätte, dass einem hochstehenden
Manne der Besitz oder Verlust eines Weibes Lebensfrage
werden könne. Eine Decoration lässt sich entbehren; ein
verweigerter Trunk ist noch kein Gift. Mozart setzte
diese Gauloiserie von Auffassung in Musik; in ihr, der
zartesten Blüthe der Schäferpoesie, bewundern wir sehn-
süchtig eine ferne, uns entschwundene Weisheit. Goethe
selbst war frei genug, sich diesen Ausblick auf die Liebe
durch seinen Werther nicht verdecken zu lassen; unter
den Mächten, die Tasso zerrütten, ist Liebe eine der
letzten. Aber das achtzehnte Jahrhundert ging zu Ende,
und Goethe erlebte seine zweite Jugend, zarter, schwär-
merischer, kränker als die erste. In den Wahlverwandtschaften ist Liebe schon keine Lust mehr, sondern eine
Kraft, eine Ursache mit unabwendbaren Wirkungen; es
ist bezeichnend für das Unerhörte, Zukünftige dieses Gedankens, dass zu seiner Verdeutlichung eine physische
Parallele gezogen werden musste. Zwei, denen Alles
Trennung gebietet und erleichtert, gehen vor unseren
Augen an Entbehrung zu Grunde, und wir sehen diese
Entbehrung als inneres Muss, dem keine äussere Abhülfe

wehren kann. Aber Goethe wurde noch jünger und sein
jugendlichstes ist sein letztes Wort, mit dem er in verhängnissvoller Weise unseren Wahn, unsere Idiosynkrasie
vorweggenommen hat; denn wir glauben an das Ewig-
Weibliche, wir glauben, dass es uns hinanzieht, ergänzt,
vollendet — wir halten Den für keinen Tiefenforscher
des Lebens, der zu der erotischen Erfahrung keine Organe
hat. Wir sehnen uns nach dem Weibe, schlimmer noch,
nach einem Weibe, als nach der grossen Genesung, der
letzten Erfüllung, der ewigen Vervollkommnung — und
ein scheltender Philosoph muss uns belehren, dass aus
der Umarmung der Geschlechter nicht Fülle und Ganz-
heit, sondern neue Halbheit, neue eingeschlechtige Sehnsucht und Bedürftigkeit entspringt — dass wir vor dem
hedonistischen Schäfer keine tiefere Erkenntniss der Liebe,
sondern nur einen schwereren und gefährlicheren Wahn
voraushaben.

240.

Es giebt Minima im „Pathos der Distanz", Stunden,
wo die beständige Spannung nach aussen und unten
nachlässt und die Seele sich nach den überwundenen
Entwickelungsstufen zurücksehnt, wo man Kind, Volk,
Thier, Element zu werden verlangt. Zu diesen Anwandlungen von Seelenmüdigkeit zählt die Liebe, als eine
sublime Begierde nach Heimath, Mutterschooss, Ruhe in
der Gattung; in ihr ist, oft als Wille zum Ende verkleidet,
ein unstillbarer Wille zum Anfang, zu den Ursprüngen
unseres Daseins, der Wunsch unterzutauchen und zurück-
zusinken dorthin, woher wir gekommen. Dem Manne,
der es eines Tages schrecklich empfindet, sich von Natur
und Instincten gelöst zu haben, geht im Weibe eine
Möglichkeit auf, zur Natur zurückzuflüchten und seinen

Frieden mit dem Leben zu machen. Nun, dies hat seine
Zeit, und an einem neuen Morgen wird der neue Krieg
erklärt: schlimm, wenn jener Friede mehr sein wollte als
ein schöner Zwischenfall.

241.

Dem feiner organisirten Manne begegnet es heute
wohl oft genug, verstummen zu müssen. Von den Gleich-
begabten, Ebenbürtigen geht Jeder seinen eigenen Weg;
die rückwärtigen Beziehungen nach den niederen Stufen,
seien es Individuen oder Zustände, sind abgebrochen —
er findet sich allein, in einer Öde ohne Widerhall, jede
seiner Kundgebungen, Wort, Werk, That, kehrt un-
beantwortet zu ihm zurück. Kommt zu dieser Einsamkeit, diesem oft mehr als fünfjährigen Schweigen noch
eine männliche Sensibilität hinzu, die sich in Augenblicks-
verbindungen auszugeben verschmäht, so ist mit Sicherheit vorauszusagen, dass es in nächster Zeit eine Katastrophe geben wird, nämlich bei der nächsten Begegnung
mit einem Weibe. Das Weib ist es, in dem diese Aus-
hungerung des Mittheilungstriebes, das zum Maximum
angestaute Bedürfniss nach Umgang sich sättigt; das
Bild des Weibes ist es, das die verschmachtenden Nerven
mit Gier ergreifen, einsaugen und verwandeln. Kein
Zweifel, diese Lösung des Knotens, diese Entspannung
des gespannten Bogens ist ein Missverständniss, ein Nothbehelf, erfunden von der Ungeduld eines Kranken, eine
verfrühte Krisis, der nicht Heilung, sondern neues Unheil folgt. Aller Aberglaube, zu jedem Individuum
existire ein polar entsprechendes, eine ergänzende Hälfte
im Sinne Platos, findet hier seine Nahrung; aber jedes
andere Weib, das dem Vereinsamten zufällig als Erste
begegnet wäre, hätte dieselbe Suggestion eingeflösst —

man kommt, im Tumult einer solchen „Rettung“, nicht
dazu, der Retterin ins Gesicht zu sehen. Hunger ist
zwar der beste Koch, aber der schlechteste Kritiker und
das gerade Gegentheil eines Feinschmeckers. — Nun,
der Rausch verfliegt, und dem Enttäuschten tagt die
Begrenztheit jedes Verständnisses, die Bedingtheit jedes
persönlichen Verkehrs, die nothwendige Einschränkung
des überquellenden Mittheilungsdranges: er sieht, dass
zwischen Ich und Du ein kältehauchendes Vacuum klafft,
das nur ein dünner Wärme- und Lichtstrahl kreuzt. Die
durchgängige Mischung, das völlige Aufgehen eines
Individuums im anderen ist Wahn und Romantik: Individuen sind incommensurabel und gehen nie in einander
auf, es bleibt immer ein Rest, und nicht der schlechteste.

10

239

Müssiggang und Wetterglück.

Il me sembloit ne pouvoir faire plus grande
faveur à mon esprit, que de le laisser en pleine
oysifveté s'entretenir soy mesme.

Montaigne, Essais.

Aut-aut ist für geistig Primitive; der entwickelte Mensch lebt nach der Formel et-et. Wer beständig Partei nimmt, kommt den Dingen nicht nahe genug, um über sie zu richten; nur wer sich des Urtheilens enthält, wird urtheilsberechtigt. Charakter ist eine Gottesgabe, aber man bezahlt sie zu theuer; denn sie verschüttet die besten Lebensquellen, verdickt das Blut und bringt ihren Inhaber um alle feinere Beweglichkeit, Verwandlungsfähigkeit, Polytropie. Ein Herz und Eine Seele, womit früher Zwei Haus hielten, — welcher Eine will damit heute noch auskommen!

Es giebt keine Thatsache, die ich nicht ignoriren, kein Interesse, zu dem ich mich nicht uninteressirt stellen dürfte — vorausgesetzt, dass ich es kann und will. Dieser neutrale Standpunkt, der allein für sich schon Religion und Moral theoretisch widerlegt, ist bisher mit Erbitterung geleugnet worden; jeder „Erzieher der Menschheit" hat uns gerade das tertium non datur aufs Gewissen nageln und ein Entweder-Oder abfordern wollen, auf Gebieten, wo uns durchaus Nichts zu einer Parteinahme zwingen kann. Weder die Wissenschaft, noch die allgemeine Wohlfahrt, noch das Heil der Seele oder die Idee der Gattung sind fähig, einen solchen Zwang auszuüben; gesetzt, der Mensch müsse „als Mensch" sich für Moral interessiren, so bliebe immer noch die Frage zurück, was ihn nöthige, seine Handlungs- oder Gesinnungsmotive gerade in seiner „Menschlichkeit" zu suchen. Selbst die imperativische Macht des Lebens fällt für das absolute, Stirner'sche Ich dahin; es zwingt uns nichts, leben zu wollen und aus diesem Willen Consequenzen zu ziehen. Oder folgt etwa aus dem Begriff Egoismus mit logischer Nothwendigkeit der Wille, sein Ego zu erhalten? Vielleicht, aber wer zwingt uns zur Logik? — In summa: wenn wir uns innerhalb irgend einer Alternative entscheiden, so thun wir es nie, weil wir müssen, sondern weil es uns so beliebt, weil wir freiwillig auf unser „Drittes", unser tertium und neutrum, verzichten und uns aus Willkür der ebenso willkürlichen Voraussetzung unterordnen, kraft deren die Alternative als solche besteht. Hinsichtlich der religiösen Alternativen hat diese unsere freiwillige Parteinahme nunmehr aufgehört, hinsichtlich anderer dauert sie noch fort: sie von uns erzwingen zu wollen, ist verlorene Mühe!

244.

Die älteren Menschen waren Pedanten als Lehrende oder Lernende. Die Welt verliert etwas, wenn ich nicht von Allem rede; ich verliere etwas, wenn ich nicht Alles weiss, wovon bisher geredet wurde: mit diesem Bewusstsein, dass etwas Unersetzliches auf dem Spiele stehe, betrieb man ehedem geistige Production und Reception. Heute, wo es eine Physiologie des geistigen Lebens

giebt, wo Lehren und Lernen unter die Rubrik Stoff-
wechsel fällt, sind wir nicht mehr an diesen Systematis-
mus gebunden: wir lernen, um uns bei Kräften zu erhalten, und lehren, um uns zu erleichtern, und missgönnen
uns weder hier noch dort das Recht, zu wählen und zu
verwerfen, was uns beliebt.

245.

Sich an das atomistische Glück des Tags, der Stunde,
der Minute verlieren können, setzt voraus, dass man nicht
mit Hoffnungen und Erinnerungen über Jahre hinaus belastet sei: man würde sonst zu schwer, zu unlenkbar, zu
„gerichtet", zu reichlich mit Bewegungsenergie begabt —
man würde durch die Erlebnisse gar zu mikroskopischer
Gestalt ohne Aufenthalt hindurchfliegen wie das Geschoss
durch einen Mückenschwarm. Carpe diem! Wenn das
Sieb auf Lebensglück gestellt ist, fällt Tag- und Stunden-
glück ungenossen heraus. Was liegt daran, ob ich an
blühenden Auen oder staubgebräunten Trümmern vor-
überwandere, wenn ich doch vorüber muss? Desshalb
verbieten sich Weise, ein grosses Ziel und einen langen
Weg zu haben, um eben nirgends vorüber zu müssen,
um wie die Kinder den Augenblick ohne Vor- und
Rückschau zu geniessen und überall das kleine Glück
des Tages zu pflücken.

246.

Grosse Menschen und schöne Weiber machen mich
immer wieder glauben, dass im blossen Sein, So-und-
nicht-anders-sein das eigentliche Schaffen stecke, und
nicht im Thun, im Schreiben, Sprechen, Malen und
Bilden. Und es stimmt zur Verzweiflung, diese wahre

Productivität nicht festhalten, dies Ausstrahlen und Aus-
strömen echter Lebenswärme nicht auffangen zu können,
um es für die Ewigkeit in einem heiligen Gefässe
niederzulegen. Sondern der grosse Mensch zerreibt
sich, um auch bürgerlich aus dem Leben etwas heraus-
zuschlagen, und die Schönheit, das goldne Geheimniss
der Welt, legt sich ins Wochenbett, um irgendwelche
überflüssige Menschlichkeit fortzupflanzen, und nun erst,
in der Selbstverleugnung, dünken sich Beide productiv!

247.

Ich zähle das Glück des Lebens nach Punkten;
Linien, Flächen und Körper kommen für mich nur insoweit in Betracht, als sie sich in Punkten schneiden
können. Ich danke dem Leben nicht für seine langen,
breiten und planmässigen Veranstaltungen, für unan-
gefochtene Jugend, für Dauer von Neigungen und Freund-
schaften, für ruhiges Parallellaufen mit Menschen, Büchern,
Zeitbegebnissen; das Alles ist werthvoll, aber es ist zu
vernünftig, um zu begeistern. Aber ich bin auf das
Leben gut zu sprechen, weil es neben dem Kosmos auch
ein Chaos hat, und in diesem Chaos die wunderlichsten
Zufälle, Augenblicke, Zusammenklänge — ich blicke in
einen Hexenkessel, worin immer wieder einmal eine
teufelsmässige Delicatesse gebraut wird. Es sind nur
Punkte, Begegnungen, auf Messers Schneide tanzende
Wunder, glatte schlüpfrige unwahrscheinliche Dinge, die
Einem leicht wie ein Orangenkern aus den Fingern gleiten —
jedenfalls aber waren sie einmal zu fassen, und diese points
eben zählen im Spiel! Ich danke dem Leben, wofür? für
jene blitzenden Augenblicke zwischen zwei Welttheilen und
zwei Jahrhunderten, für Höhen-, Umkehr- und Wende-

punkte, für Pässe und Bergrücken, für Grenzen, Brücken und Übergänge, für aufleuchtende und verschwindende Regenbögen, für alles Einmal-und-nicht-wieder, — ich danke ihm, mythologisch gesprochen, dafür, dass man auf Secunden und nicht mehr als Secunden die Accorde der prästabilirten Harmonie zu hören bekommt! „Wenig ist die Art des besten Glücks". Suchen wir nach dem Unverlierbaren in unserem Gedächtniss, nach den Erinnerungspuren genossener Lust, so finden wir irgend etwas Kleines, Flüchtiges, Nichtssägliches, die Mücke im Bernstein: vielleicht ein Glas Asti spumante, ein Wölkchen am Himmel, Blüthenduft, Blick, Gebärde, den Tonfall einer Phrase oder einen Tact Gartenmusik, irgend ein Mehr-als-Nichts und Weniger-als-Etwas, das der Seele Lust und Wohlgeschmack am Leben giebt und ihre Begehrlichkeit mehr reizt als sättigt: ein pianissimo von Glück, auf das hin es sich lohnt zu leben und noch nicht lohnt zu sterben . . . Giebt es etwas Haftenderes als diese Wellenspiele und unfassbaren Übergänge, diese zitternden Gleitungen und Schwebungen der Seele? Mir ist alles Dauernde, wie Person, Landschaft, Kunstwerk, nur werthvoll als Möglichkeit und Reservoir solcher Augenblicke. Ich frage mich, wieviel ich etwa an einer Person höchstens gewinnen oder verlieren kann, ja ob ich der Empfindung des Verlustes überhaupt fähig bin: bleiben nicht die Perlen, wenn die Perlenschnur zerreisst? Jemand, der mir auch nur einen jener leuchtenden Augenblicke geschenkt hat, ist dadurch für mich unzerstörbar, unsterblich geworden. Ich kenne keine andere Unsterblichkeit als die des Gewesenseins — meine Schatzkammer birgt nichts Köstlicheres als diese Tropfen, die zu Edelsteinen erstarrt sind.

248.

In geistigen Dingen ist Altruismus, Apostelthum, Parteiwesen höchst verdächtig. Wer nur einmal einen Blick in die Fülle des zu Geniessenden gethan hat, wird immer mehr die Lust verlieren, auf einer Zwischenstufe Halt zu machen, um erst die „Anderen" nachzuholen und Anhänger zu werben. Mag Jeder doch sich selbst forthelfen; wer heute Hunger hat und nichts zu essen findet, ist ein unverbesserlicher Dummkopf. Unser Zeitalter ist ja intellectuell gewiss nicht, was es vielleicht wirthschaftlich sein mag: ein Zeitalter der Nothstände und der ungerechten Gütervertheilung — es giebt keinen Leckerbissen indischer, griechischer oder sonstwelcher Herkunft, den nicht Jeder mit geringem Aufwand erstehen könnte. Es ist wirklich nicht recht zweck- und zeitgemäss, von der Bildung und Erziehung Anderer so viel Wesens zu machen oder gar die eigene darüber zu versäumen.

249.

Wer die Liebe als Ideal kennt, wird selten in den Fall kommen, sich wirklich zu verlieben; der ideale Politiker, der ein Gewissen für die Schicksale seines Volkes hat, wird sich der unmittelbaren Theilnahme an seinem Alltagstreiben möglichst entziehen. Jedes Ideal zieht eine Scheu vor der entsprechenden, leider so wenig entsprechenden Wirklichkeit nach sich; je zarter und kunstreicher wir uns einen Begriff ausgearbeitet haben, desto mehr zaudern wir, ihn durch eine concrete Erfahrung zu erfüllen und — vielleicht! — auseinanderzusprengen.

250.

Was ist Jugend für ein erbärmlicher Zustand! Dieser
„Drangdruck" der sich entwickelnden und einander
hemmenden Organe, dieses Durcheinander ohne Polyphonie, diese Schmerzen des Wachsthums, diese un-
behaglichen Zerrungen und Verrenkungen der Seele,
diese geistige Mutation, bei der man nicht Herr der
eigenen Stimme ist und lauter falsche Töne herausbringt!
Der Anspruch, für voll genommen zu werden, zusammen
mit dem bösen Gewissen, noch lange nicht voll zu sein,
die ausgehängte Überfertigkeit des Urtheils bei in-
wendigem Schwanken und Nicht-aus-noch-ein-wissen, die
grosse Gebärde und Leidenschaft ohne den grossen Stil!
Barbarische Unempfindlichkeit einerseits (was muthet
solch ein junger Idealist, gesetzt dass er deutscher Student
ist, allein seinem Magen zu!) mit reizbarer Hyperästhesis
andererseits: wie quält so Einen der Anblick des Wolken-
himmels oder eines Mädchengesichts — ein wahres Sturm-
läuten in den Nerven, ohne dass die intellectuelle Glocke
zu tönen käme! Geschmacklose Eklexis: alles wird versucht, alles wieder verworfen, der kleine Geist flattert
um die grössten Probleme, jeder Tag bringt einen neuen
—ismus, bis es zu einem Damaskus kommt und der
Apostel seinen Heiland findet. Nun ebenso geschmacklose Verehrung und Dogmatik, mit wüthender Selbst-
blendung gegen alles „Andere" und fatalem Bekehrungs-
eifer an „Anderen"; ein credo quia absurdum, zu deutsch
Verliebtheit, die sich mit besonderer Inbrunst auf die
Schwächen des geliebten Gegenstandes wirft. Es thut
einem kühleren und genussfähigeren Geiste wirklich leid,
solch einen verliebten Wirr- und Brausekopf sich in eine
sterile Monomanie verbeissen zu sehen, wo doch der ge-

niessbaren Dinge so viele sind; aber er wage nicht, ihm den Knochen aus den Zähnen zu reissen und Fleisch dafür zu geben, wenn er die Dogge Enthusiasmus nicht am Halse haben will. — Nein, Jugend mag Tugend haben, soviel sie behauptet, aber Geschmack, Stil, Vernunft hat sie nicht. Jugend ist ein Martyrium, eine Bartholomäusschindung, ein Laurentiusrost, jedenfalls nichts Wohlriechendes.

251.

Sich gewähren lassen: die räthlichste Form von Selbsterziehung — und die seltenste, gemäss einem Grundhange zur Tyrannei und Rechthaberei, den jeder Mensch sein eigen nennt und den er im Nothfalle oft genug an sich selbst austoben lässt. Jean Pauls Bemerkung, dass es manchen Erwachsenen zur zweiten Natur geworden sei, Kindern fortwährend nachzuspüren und zu verbieten, lässt auch auf den Verkehr mit sich selbst eine Anwendung zu. Es giebt herrschsüchtige kleinliche autoritätswüthige Seelen, die den langen Tag an sich herumschnüffeln und spioniren, ganz wie engherzige Hausmütter hinter ihren Kindern her sind, mit dem besten Willen zu schelten und zu strafen, falls sich etwas Verdächtiges begeben sollte. Derart überwachte und beargwöhnte Zöglinge werden meistens lügenhaft und sündigen heimlich; es wird bei der Selbsterziehung nicht anders sein.

252.

Man könnte in vielen ungleichartigen Lebenssphären dem Glücke nachgehen, wenn eins nicht wäre: das Netz von Beziehungsfäden, mit denen diese Sphären einander fassen und berühren. Dadurch ordnen sie sich einer gemeinschaftlichen Gesammtsphäre ein und müssen sich innerhalb dieser den Raum streitig machen. Traum und Wachen, Höhe und Niederung, Ekstase und Alltag, sie thun einander wehe, weil ihre Grenzlinie keine vollkommen scharfe, sondern eine empirisch getrübte, associativ überschreitbare ist, weil sie Einem und demselben Ich angehören, das sich nicht mathematisch theilen, sondern nur mechanisch zerstückeln kann und dabei, wie natürlich, Schmerz empfindet. Diese Krankheit legt sich mit den Jahren; am schlimmsten tritt sie in der Jugend auf, wo man noch gar keine getrennten Conti zu führen versteht und alles Mögliche, Religion, Liebe, Kunst, Wissenschaft, in eine hochgeschwollene Empfindungseinheit zusammendrängen möchte.

253.

Es giebt prachtvolle und ursprüngliche Menschen, die selbst in die turpissima naturalia eine Art Unschuld, beinahe Schönheit zu legen wissen; um sie herum wird nicht nur Kupfer, sondern auch Mist zu echtem Golde. Aber solche Vergöttlicher aller Dinge wollen nicht nachgeäfft sein; diese Hyperalchymie ist keine Allerweltskunst. Cynismus und Naivität ist ein Vorrecht der ganz reinlichen und wohlgestalten Seelen, die geringere Natur würde hier sofort anfangen zu stinken.

254.

Der Mensch ist oder wird das, wofür er sich hält; der Glaube entscheidet, nicht die Werke. Ein paar Jahrhunderte Sündbewusstsein, und der Sünder ist fertig; ein Volk, das sich göttlicher Abkunft fühlt, und Gott selbst ward Mensch. Rein und offenen Auges, ehrerbietig und ohne Misstrauen, mit verzeihendem Lächeln für manches nicht Unbedenkliche: es müsste mit unrechten Dingen zugehen, wenn Einer, der so mit sich selber lebt, nicht unvermerkt dabei zum guten Menschen würde. Wer sich aber von sich des Schlimmsten versieht, wird Recht behalten, und wer sich anklagt, ist schon überführt.

255.

Über sich selbst lachen können, gehört zur Menschlichkeit, mehr noch als über sich selbst Gericht halten können. Lachen: aber nicht, wie der „Idealist" lacht, der mit bösem Auge auf sich hinschielt, um sich bei irgend einer Unvollkommenheit, einer Apostase oder Schauspielerei zu ertappen, sondern unschuldig und wohlwollend, als Einer, der gerade über seine Vollkommenheit und Idealität hinaus ist und aufgehört hat, sich in irgend einem für sich oder Andere einschränkenden Sinne wichtig zu nehmen. „Der Herr von Matthisson muss nicht denken, er wäre es, und ich muss nicht denken, ich wäre es", sagt Goethe in seiner grundgütigen Art zu Eckermann. Wer irgendwie und irgendwann einmal dieser selbstironisirenden Gesellschaft von ϑεῶν ῥεῖα ζωόντων, dieser goethisch-göttlichen Gesellschaft höchster, aber nicht pathetisch gestauter und gespannter Persönlichkeiten zugehört hat (auf die Dauer kann Niemand, auch sie selbst nicht, so leben und empfinden), der hält überhaupt keine andere Art von Ironie und Heiterkeit mehr aus, am wenigsten das sardonische Lachen, die krampfhafte, mit verzerrtem Munde grinsende Verhöhnung der menschlichen Ohnmacht in sich oder Anderen.

256.

Geistige Menschen haben die feinste Haut und den längsten Nachhall für Erlebnisse der äusseren, ungeistigen

Sphäre, während gerade eine intellectuelle Wirkung bei ihnen rasch verklingt und leicht auszulöschen ist. Umgekehrt kann auf praktische Menschen, die ohne grosse Erregung ihren Knäul von Geschäften, Peinlichkeiten, selbst Gefahren zu entwirren wissen, nichts tiefer, einschlagender wirken als eine Musik, eine Philosophie: denn hier sind sie fremd, ungeübt, schwerfällig organisirt, wie Jene im Praktischen. — Ärzte z. B. glauben sich bisweilen verpflichtet, Nervenkranken gewisse Arten von Lectüre zu verbieten; sie überschätzen eben, als Männer der Praxis und Handlichkeit, den Eindruck von Lectüre, weil sie selbst wenig lesen. Andererseits neigen wir contemplativen Menschen sehr zur Bewunderung der activen, indem wir ebenfalls den Nervenverbrauch beim Thun und Handeln überschätzen — wir, die wir selbst wenig, viel zu wenig thätig sind. Ich glaube, der moderne Europäer ist in der intellectuellen Verfeinerung schon heute so weit, dass ihm jedes äussere Erleben an die Nerven greift; er hat Fieber beim Aufenthaltswechsel, Fieber bei jeder neuen Bekanntschaft, Reisefieber, Umzugsfieber, Lampen-, Duell-, Kanonenfieber und wie diese Errungenschaften einer verweichlichenden Cultur alle heissen mögen. Also bei uns ist in der That alles Praktische mit erheblichem Nervenverbrauch verbunden, aber wir irren, wenn wir uns die handelnden Menschen in einem dauernden Zustand solcher fieberhaften Spannung und Kraftausgabe vorstellen.

257.

Wenn wir blind würden für die Gesichter der Menschen, taub für ihre Stimmen, und nur das Spiel ihrer Hände sähen, so würde unsere Welt im ersten

Augenblick wohl gewaltig einbüssen an Mannigfaltigkeit und Ordnung. Aber auch dieses Chaos würde sich bald gliedern, und in kurzer Zeit, glaube ich, wären wir wieder soweit, nicht nur Berufsgattungen und gesellschaftliche Klassen, nicht nur Alter und Geschlecht, sondern geradezu Individuen unterscheiden zu können. Auch die Hand ist eine Physiognomie und hat eine, auch sie erfährt, denkt über das Erfahrene nach, widerspricht oder passt sich an, und nicht nur im Groben und Ungefähren, sodass man Arbeiter und Taschendiebe, Pfarrer und Soldaten, Herren und Bediente, Damen und Hausmütter an den Händen erkennt, sondern bis ins Feinste und Persönlichste — man muss nur Augen für dieses Spiel allerzartester Anzeichen haben. Die haben wir nicht, weil es uns mit den Gesichtern bequemer gemacht ist; in deren Ermanglung wären wir biologisch gezwungen, uns an die Hände zu halten, also auf Länge, Dicke und Bewegung der Finger, besonders des Daumens, auf Steifheit oder Lockerheit der Gelenke, auf die Zeichnung des Handtellers, auf Runzeln und Behaarung des Handrückens zu achten. Wir würden mit Sicherheit sagen können: diese Hand ist das Segnen, diese das Fechten, diese das Zugreifen gewöhnt; diese hat sich oft zur Faust geballt, diese liebt sich hohl zu machen, sei es um einen Trunk oder ein „Trinkgeld" zu schöpfen; diese gehört Einem, der seiner Logik mit Fingerzeigen nachhelfen muss; hier widersprechen sich rechte und linke Hand, so coquett wie sich nur Mund und Augen eines Antlitzes widersprechen können. Von da bis zum Erkennen einer Person ist kein so grosser Schritt: man hat nur Alles, was die Hand einzeln verräth, wieder zum Gesammtbilde zu addiren und dies mit der Geschwindigkeit, mit der wir ein Antlitz als Ganzes sehen; so ist die Chirognomik als Praxis vollendet, wie sie es als Theorie darum noch lange nicht zu sein braucht. In Vorahnung dieses Zustandes trägt die gute Gesellschaft Handschuhe, d. h. man maskirt die persönliche Hand, die Indiscretionen begehen könnte, zu einer nichtssagenden uniformen Allerweltshand; von der ganzen reichen Symptomatik bleibt nur eine einzige Nummer übrig. Und eben darum muss Jedermann schreiben können, damit die Unterschiede in der Morphologie und Anatomie der Hände sich ausgleichen; Taschendieb und Arbeiter, Kriegsmann und Priester, Alle sollen eine mittlere Schreibhand haben.

258.

Auf der Strasse. Ich bin euer und ihr seid mein; was thut's, dass wir einander nicht kennen? Sich kennen heisst sich schon zu nahe getreten sein; es ist die gröbste Form von Beziehung. Wir halten gerade die Mitte zwischen Fremd- und Bekanntsein; wir gehen ohne Gruss auf der Strasse an einander vorüber, und doch ist uns etwas gemeinsam, eben die Strasse, die Atmosphäre, der grosse und kleine Habitus irgend welcher Stadt, die gerade gross und klein genug ist, um etwas „Welt" mit etwas „Heimath" zu vereinigen. Diese vielen Gesichter, denen man gewohnheitsmässig begegnet und die sich durch Wiederholung im Gehirn einzeichnen, haben darum noch keinen Nexus zu meinem Fühlen hinüber; aber eine enge Auswahl darunter spinnt auch diesen Faden an und so bilden wir eine kleine Gesellschaft, wo Keiner des Anderen Namen weiss. Wir würden den Blick vermissen, den wir zu wechseln pflegen, worin Jeder dem Anderen die Geschichte seines letzten Tages erzählt und sich ihm zur stillschweigenden Kritik hingiebt; ich

11

würde den Mädchenkopf vermissen, der sich bei meinem Herankommen regelmässig abwendet, mit einem Ausdruck weihevoller Jungfräulichkeit, der mir regelmässig ein Lächeln abzwingt. Manche dieser Gesichter wollen über die Strassenbekanntschaft hinaus, sie machen Miene zu beichten, zu fragen, sich interessirt und sympathisch zu geben; andere wieder weisen ab und üben ihr deutsches Recht auf herausfordernde Unart — ich hüte mich wohl, das schwebende Verhältniss durch ein Mehr oder Weniger zerstören zu lassen. Ich rathe nicht an Romanen herum, von denen ich nur ein Endglied, den Gesichtsausdruck eines Betroffenen, zur Verfügung habe; ich folge Keinem aus der bewegten Strassenluft, durch die er mit mir communicirt, in die stille dumpfe Atmosphäre seines Eigenen, in der ich sofort zum Fremden würde. Der Gedanke, dass ich mich mit diesen Vielen, Unbekannten in ein Hectoliter Luft, in ein Netzhautbild, in die feinen unspürbaren Schwingungen des Milieus zu theilen habe, vermag mich für sie zu einer zarten Sympathie zu stimmen. Damit wäre es sofort vorbei, wenn die Gemeinsamkeit eine gröbere würde. Es besteht eine Fernwirkung zwischen uns, die bei der Berührung erlischt, wie zwischen elektrischen Ladungen, die sich bei der Berührung sofort neutralisiren. Ich könnte mich dieser seltsamen Genossenschaft, die ich als Ganzes, als körperliche Einheit empfinde, hingeben, mich für sie opfern; frage ich mich aber, wie und zu welchem Zwecke, zerfälle ich jenes Collectivum wieder in seine Individuen, die mich persönlich gar nichts angehen, so lache ich über sie und mich. Ich fühle mich in geheimer Weise mit ihnen mitschuldig, für sie mitverantwortlich; wären sie eine wirkliche Gruppe, zu der mich Interesse oder Gesinnung zöge, so würde ich gegen sie meinen Egoismus kehren und mich kühl verhalten.

Uns Alle zusammen vermag ich mir als einen Bund Verschworener zu denken, die naturgemäss zu einander gehören; aber ich wüsste keinen Gedanken, kein Leiden, kein körperliches oder seelisches Abzeichen zu nennen, an dem wir uns erkennen sollten, keine Fremde und Feindschaft, gegen die wir uns als Landsleute und Gleichgesinnte zu betonen hätten. Ich bin der Eure und ihr seid die Meinen: ich machte euch eben eine Liebeserklärung, die ich sofort zurückziehe, wenn sich von einem Einzelnen unter euch zu mir etwas Persönliches anknüpft. Ich tausche mit euch strahlende Wärme aus; aber kalt wie Eis würde ich werden, wenn sich von euch herüber eine Menschenhand nach meiner streckte . . .

259.

Trans Caucasum. Man macht das Gesicht zu seinen Gedanken, oder — man hat die Gedanken zu seinem Gesicht. Die feineren Beobachter entscheiden sich für die zweite Lesart. Wir Europäer setzen unseren Stolz darein, vielerlei Gesichter von oft nur differentieller Abweichung zu bringen. Demgemäss befähigen wir uns auch, vielerlei Meinungen zu haben und oft sehr feine, nüancirte Meinungen, die nicht in die ersten besten Worte einzufangen sind. Daneben haben wir unsere Standpunkte, die eigentlich keine Meinungen, sondern Mittelwerthe von Meinungen sind; starke Gedankenbündel, mit denen sich besser schlagen lässt als mit den einzelnen Ruthen. Auch zu den Standpunkten werden wir physiognomisch ermächtigt, und der bitterste Kampf der Überzeugungen ist nur eine Oberflächenerscheinung zu dem darunter glimmenden Antagonismus der Gesichter. Eine industrielle Nase und zwei Schwärmeraugen können einander

11*

nicht verstehen; und der Engländer, der sein Conterfei
in die Tiefe denkt, ist in alle Ewigkeit vor deutscher
Philosophie behütet. So ist Europa ein Kampf von Angesicht zu Angesicht, von Meinung zu Meinung — so
scheint es. Und doch, wieviel Gleichartigkeit noch in
diesem Wirrwarr, wieviel Axiom in dieser „freien Forschung", welche Harmonie in diesem sich befehdenden
und missverstehenden Europa! Ein Europäer mag Ger-
mane oder Lateiner sein, Christ oder Jude, Phantast oder
Realist: er mag sich stellen und werfen wie er will —
zum Schluss fällt und steht er doch auf seinem Europa,
auf ein, zwei, drei Grundwahrheiten, die zwischen den
Meridianen von Madrid und Moskau unumstösslich geglaubt werden: ich werde mich hüten, diese Grundwahrheiten noch einmal zu sagen. Woran liegt es, wer
garantirt diese Einheit im Glaubenskern, bei aller Sek-
tirer-Verschiedenheit in der Schale? Zweifellos das europäische Grundgesicht, das unter allem physiognomischen
Raffinement ungeändert bleibt. Wir definiren noch zu
wenig wesentliche Unterschiede, wir sind anatomisch
noch zwischen engen Grenzen eingeschlossen, vor allem:
wir haben noch die gleiche Hautfarbe. Der Europäer ist
ein Blassgesicht, darum kommt er über seine „Grundwahrheiten" nicht hinaus. „Gedanken über kaukasische
Vorurtheile" könnte ein Buch heissen — natürlich wird es
nie in Europa geschrieben werden. Höchstens von Einem,
der sich von der Meer- und Gebirgssonne lange genug
hat bräunen lassen, um uralte, längst verlernte Gefühle
in Wiederannäherung zu empfinden: das Für und Wider
dunkelgebliebener Rassen den späten, gebleichten gegenüber — tiefes Misstrauen und scheue Anbetung, die im
Grunde Schauder vor der Vermischung ist. Ein turanischer
Stamm jagt Blondköpfe über die Grenze und opfert weisse

Tauben den erzürnten Vorfahren: Verfall in lichten, Gesundheit in dunklen Farben. O ihr gefährlichen, gefährdeten
Blassgesichter: ich leide mit euch und mir fehlt kaum
eine aus dem Reigen eurer Krankheiten; ich glaube
auch an eure „Grundwahrheiten" und lüge ihnen bessere
Gründe unter als ihr. Aber im letzten Innern verberge
ich einen guten Willen, zu der früheren, stärkeren Gesundheit anderer Continente und Jahrtausende zurück-
zureifen, ich hätte nichts dagegen, mit meiner Physiologie
wider den Strom zu schwimmen, nämlich ostwärts und
zeitaufwärts. Auch die Gelben, auch die Braunen haben
ihre „Grundwahrheiten" . . .

260.

Wir persönlichen Menschen leiden darunter, dass
man uns im socialen Leben zu sehr als Personen nimmt,
als Träger bestimmter Namen und Berufe, Vertreter bestimmter Stände und Klassen, und was es noch sonst
für Merkmale geben mag, um Menschen zu fixiren und
abzugrenzen. Schrecklich, mit so einem Kometenschweif
von Bestimmungsstücken und Erkennungsmarken durchs
Leben zu wandeln, beachtet, beredet, beschwatzt, mit
Fragen und Antworten und Rechten und Pflichten jeden
Augenblick behelligt! „Es ist als hätte Niemand nichts
zu treiben und nichts zu schaffen, als auf des Nachbarn
Schritt und Tritt zu gaffen": das ist die Seele und Moral
unserer erhabenen Klatschcultur, die trotz ihrer Millionen
civilisirter Menschlein gerade uns noch braucht und gerade auf uns um keinen Preis verzichten kann! — Irgendwo leben, wo man weder Nachbarn hat noch Nachbar ist;
unter Völkern fremder Zunge, unbekannt, ungebunden,
nichts begehrend und nicht begehrt: seinen eigenen

Namen vergessen dürfen, weil Niemand danach fragt.
Und zum Schluss unbemerkt verschwinden, allenfalls
fünfzig Jahre später in einer Gletscherspalte zum Vorschein kommen, wohlerhalten, lächelnden Mundes — aber
ohne Legitimationspapiere!

261.

Jede Art Einsamkeit und Selbstverkehr ist heute
unglaubwürdig geworden, woran liegt das? Einer lacht
still in sich hinein, und siehe da! gleich fühlt sich ein
Mitmensch beleidigt oder verwirrt oder geschmeichelt,
weil er sich einbildet, man lache auf seine Kosten.
Unsere Realisten verbieten den Monolog: arme Seelen!
Wie? soll die dramatische Darstellung wirklich auf den
Menschen beschränkt bleiben, der nur in Gesellschaft
lacht, spricht, denkt und Mensch ist? Der Mensch mit
sich allein — ist das nicht unter Umständen ein Mensch
in sehr guter Gesellschaft? vielleicht in der einzigen, die
ihm die Zunge löst!

262.

Vergessen und verlieren, was anhängt; jeder „Befestigung", jedem Namen und Nagel entschlüpfen; ein
kleines Glück immer bei sich tragen und ein grosses
manchmal vor sich sehen; wissen, dass alles ein Ende
nimmt und diesen Tropfen Wermuth als Wohlgeschmack
geniessen — wie? ist leben wirklich so schwer?

263.

Von den Dingen unabhängig zu werden, ist Entsagung stets der mühsamere, längere und ungewissere
Weg; der kurze und gewisse heisst Genuss. Nichtbe-

sitzen ist immer ein Besessensein, während Besitzen wenigstens mit Nichtbesessensein vereinbar ist. Sich der Dinge enthalten, heisst es mit Schlimmerem zu thun bekommen, nämlich mit den Gespenstern und vergrösserten Lockbildern der Dinge.

264.

Damit eine Landschaft uns zur Fruchtbarkeit stimme, muss sie nicht nur überhaupt stimmende Kraft haben, sondern ausserdem mit dem richtigen Zahn in unsere eigene Stimmung eingreifen — sowie man in gewissen Intervallen ziehen muss, um die Glocke in Schwung zu setzen. Andernfalls können die beiden Schwingungstendenzen, die von aussen erregte und die innerlich vorbereitete, einander zerstören: Interferenz zweier Wellensysteme, die einander vernichten oder verdoppeln, jenachdem Berg mit Thal oder Berg mit Berg zusammentrifft. Goethe sagt: hast in der bösen Stund geruht, ist dir die gute doppelt gut — die gute, wo Berg mit Berg, Thal mit Thal zusammentrifft.

265.

Ich verstehe es vollkommen, wenn der Europäer in unseren Breiten eine neue Krankheit, die Wetter-Neurasthenie, bekommt: er reagirt damit nur auf das immer entschiedener hervortretende Missverhältniss zwischen Klima und Organismus und empfängt als haruspicium (ach, aus seinen eigenen Eingeweiden!) die dringende Mahnung, nach milderen Erdstrichen auszuwandern. Unser Frühling kündigt sich durch eine Sturmfluth von Todesanzeigen in den Zeitungen an; diese Art „Lenz“ versteht es mit ihren Vorsommertagen und Winterrückschlägen, den Leidenden, die sich schon wieder für ein Jahr gefristet wähnen, auf heimtückische Weise den Rest zu geben. Folgt der Sommer, der zwischen dumpfer Hitze und Regen derart abzuwechseln pflegt, dass der arbeitende Theil der Bevölkerung um seine Erholung kommt: Abende, Sonntage und Ferienwochen sind unwiderruflich nass, wüst und unerquicklich. Der Herbst übernimmt die Regenerbschaft des Sommers und reicht damit bis December oder Januar aus; dann ein Spätwinter ohne Charakter, wenig Schnee, aber viel kalter Schlamm, und wieder Frühling. Das Ganze ein System der Systemlosigkeit, ein wohldurchdachter Unsinn, ein Zufallsspiel mit ausschliesslichen Verlustchancen, ein modus vivendi, bei dem Niemand leben kann. Dem Landwirth wächst das Korn aus, dem voraus disponirenden Kaufmann wird seine Disposition zu Schanden, dem Berggastwirth verregnen seine drei Monate Saison — und der Eine wie der Andere trägt sein Maximum an leichten und schweren Erkältungen davon. Das nennt man Anpassung der Organismen an die klimatischen Bedingungen, das Ergebniss etlicher Jahrtausende biologischer Zuchtwahl. Thatsache ist, dass wir gar nicht angepasst sind, dass wir in einem unbewohnbaren Erdtheil Fuss gefasst haben und gedankenloser Weise wohnen bleiben, statt ihn den Grönländern zu überlassen; diesen ungeheuren Missgriff bemänteln wir mit der wissenschaftlichen Illusion, uns nur in einer vorübergehenden Nässeperiode zu befinden und wieder wärmeren, trockneren Jahreszeiten entgegenzugehen. Thorheit! Mitteleuropa ist die Urheimat der Nässe, der ewige Regenstrich und Port Tarascon der nördlichen Erdhalbkugel; das war nie anders und wird nicht anders, und wenn der Mitteleuropäer nicht auswandert, hat er die Wahl, an der Nässe zu Grunde zu gehen oder am Gegenmittel gegen die Nässe, am Alkohol!

266.

Ich blicke von einem schroffen Felsencap hinunter
in die enge Bucht, in der das Hafenstädtchen liegt. Es
ist ein sonnenloser Spätnachmittag und jene Stille, die
nichts Todtes, sondern nur etwas grenzenlos Versunkenes
und Nachdenkliches hat: das halbtraumhafte Sinnen eines
Einsiedlers, dem derweilen der Bart über die Füsse wächst.
Und doch auch etwas Rathloses und Leeres — man sieht
kein Ende des Grübelns und Träumens. Weit hinaus
ins Meer, das leise und sehr langsam Athem holt, hängen
trübe Wolken, die doch nicht regnen wollen; nur ganz
in der Ferne ist freier Himmel und ein sonnenbeschienener
Streifen Wassers. Aber was sehe ich! da draussen am
Horizont schwebt eine Lichtsäule; es muss wohl ein
Segel sein, auf das späte Sonne glüht. Dieser leuchtende
Schmetterling, der schweigsam und braungoldenen Scheines
vorüberzieht, ist das Schwermüthigste in der schwermüthigen Stille. Ich denke dabei an eine einsam schweifende
Seele, die immer fern von bewohnten Küsten hingleiten
muss; dafür fängt sie allein den Schimmer der sinkenden
Sonne auf und glänzt landeinwärts, tief hinein in die
Bucht, unter hängende Wolken und in beschattete Häfen.
Mich dünkt, ich höre die Klage dieser irrenden Seele in
langgezogenen Tönen über das Wasser streichen. „Ach,
dass ich dem verworrenen Schattenspiel Leuchte sein
muss! dass ich hinaus soll in diese brandende Meerbreite,
um trüben dämmernden Menschenherzen einen Sonnen-
abglanz vorzugaukeln! Nun dunkelt der Abend, und im
Hafen wird Ruh; wer noch Licht will, entzündet sein
Öllämpchen — nur ich muss unerbittlich dem Urlicht
nach, ich selig-unseligstes der Segel!"

267.

Die Sonne schien blendend über einen Hügelsaum
herüber; als ich das Auge schloss, sah ich erst, mitten
im nachklingenden Sonnenbild, die Schattengestalt einer
Palme, die mir vorher durch Irradiation unsichtbar geblieben war. So tritt ein Bild, ein Sinn, ein Ereigniss
erst in der Nachwirkung hervor, wenn Glanz und Getöse
der Wirkung nachgelassen; so kann man aus zweiter
Hand von der Umwelt mehr empfangen als unmittelbar
ihr zugewandt; so kann es nöthig sein, wegzusehen,
um mehr zu sehen.

268.

Von wieviel prachtvoller Unmoral weiss die Riviera
zu erzählen, und wie lachenden Mundes! Denn hier
stimmen nicht nur die Wellen ihr „unendliches Gelächter"
an, wie es der äschyleische Prometheus vernahm, auch
Strand und Gebirge sprühen von unbändigem Muthwillen,
mit ihren witzigen Landhäuschen, Piratenthürmen und
Raubnestern, ihrer kecken Farbenmischung von Oliven-,
Pinien- und Cypressengrün, mit den geistreich geformten
Vorgebirgen und fein phrasirten Buchten. Diese Landschaft beichtet mit einer Heiterkeit, die keiner Absolution
bedarf, ihre Geschichte von Verrath, Plünderung und
Gewaltthat: welch köstliche Vergangenheit hängt allein
an dem Winkelchen Monaco, dessen Fürsten nacheinander
Seeräuber, Zolltyrannen, Falschmünzer, Unterthanen-
Blutsauger und zuletzt Spielwirthe waren oder sind —
lauter freie und vorurtheilslose Gewerbe, an die man
anderswo einen scheelen Blick beleidigter Moral verschwenden würde. Aber derlei gehört nun einmal zur
tropischen Buntheit des Südens, und man wundert sich

so wenig über diese Grotesken des Allzumenschlichen
wie über irgend ein phantastisches Ding von Cactus oder
Feigenbaum.

269.

Wille und Welle, Geist und Giessen, Seele und See:
der Deutsche deutet sich den inneren Menschen hydrau-
lisch, nicht pneumatisch. Bei ihm kommen auch die neugeborenen Kinder aus dem Teich und werden durch
einen Wasservogel, den Storch, ins Haus gebracht;
Quellen, Brunnen, Weiher sind des Deutschen geweihte
Stätten und Märchen-Schauplätze. Die Mystik des Windes,
von der das Johannesevangelium spricht, die Spiele und
Zauber von Luft und Licht sagen dem Deutschen
weniger — dazu war sein Klima nie trocken genug.
Auch in der deutschen Ernährung spielt das Flüssige
die Rolle, die es im deutschen Wetter spielt: der Deutsche
ist kein animal animans, sondern bibulum, kein athmendes,
sondern ein trinkendes Thier, das sich selbst die atmo-
sphärische Luft verflüssigt. Lange dursten können, wie
der Löwe in der Wüste, ist keine deutsche Tugend;
lange dursten müssen ist deutsche „Noth“. Bei den
Deutschen und ihren Stammesverwandten blüht auch jede
Art Wassersport und Wasserheilkunde, bis zum offenbaren Unsinn; in England wird selbst das Temperament
zu Wasser. Die romanischen Völker leben dagegen in
einer rathsamen Unsauberkeit und fahren nicht gleich
mit dem Scheuerlappen dazwischen, wenn sich in ge-
sunder Luft eine gesunde Patina ansetzen will.

270.

Wenn es ein quietistisches Wetter giebt, so haben
wir's heute. Gleichmässig grauer Himmel, ohne eine

172172172172

Spur Sonne, aber ebenso ohne Gewitterschwärze. Die Luft weder warm noch kühl, die Beleuchtung weder hell noch dunkel; beides neutral, auf dem Nullpunkt der Empfindung. Völlige Einsamkeit und Stille, die nicht als Stille fühlbar wird; ein fernes Kirchengeläut summt so eintönig dazwischen, dass ich mich erst besinnen muss, ob es noch tönt oder nicht. Dem matten Olivengrün fehlt heute jeder belebende Stich ins Silberne; der Berghang drüben sieht nach nichts aus, weder nach Nah noch Fern, nicht düster und nicht freundlich. Die Umwelt verzichtet, sich mir gegenüberzustellen, Relation zu bekennen, ein eigenes Gesicht zu machen; sie hebt sich gerade nur als Nicht-Ich von meinem Ich ab — nichts weiter. Ich beginne etwas wie das reine eleatische Sein zu fühlen, dem jede sinnliche Färbung und Modification abgeht; es ist noch Leben, aber mit Abstraction von allem Lebendigen — nur eben noch unterschieden von der Unbeweglichkeit des absoluten Verharrens. Ich schlendere in den Bergwiesen umher, in einem Tempo mit dieser schleichenden Schnecke von Tag; jede rasche Action wäre hier eine tiefe Zwecklosigkeit, ein Zerreissen des milieu, ein durch Nichts herausgeforderter Widerspruch. Ich denke an nichts, höchstens an das Nichts; das Denkorgan ist zu schlaff, um sich zum Umspannen einer Begriffssphäre zu krümmen. Ich versinke in Ruhe, aber nicht als den Gegensatz des Bewegten; dieses Nirwana ist noch nie vom Sansara durchbrochen worden. Du Sein, das nur kein Nichtsein ist, du Ichts, vertreten durch ein nicht-Nichts, du Schlaf ohne Traum, du graues rinnendes Unding und Abstractum: wann bist du zu Ende, du — englischer Sonntag?

271.

Auf zwei Arten kann ich an der Zeit selbst — abgesehen vom erfüllenden Zeitinhalt — einen Genuss haben. Die eine Art, ich möchte sie die englisch-amerikanische nennen, erprobe ich in Grossstädten, wo es die Ausnutzung der Zeit bis in ihre kleinsten Theilchen gilt. Jenes aufreibende, nervenanspannende Hin und Her zwischen Post, Bahnhof, Dampfboot, das Aufeinanderbeziehen und Ineinanderdisponiren von Viertelstunden und Minuten, sodass keine müssig verrinnt, das Zusammendrängen eines Maximum von Arbeit in ein Minimum von Zeit — das ist, ehe es zur beständigen Plage wird, immerhin ein vorübergehendes Vergnügen. Die Muskeln spielen in einer ökonomischen Rhythmik, die jauchzen macht, und man hat das vollkommene Freiheitsgefühl der Improvisation — so ungefähr stelle ich mir die voluptas des Seiltänzers oder des Bergsteigers an einer bösen Stelle vor. Fehlloses Ergreifen des Richtigen, ohne Wahl und Überlegung, ein allergeschwindester Kabelverkehr zwischen Gehirn und Organen, Motiv, Entschluss und That in Einem Augenblick: diese Zeitersparniss selbst ist Glück, ganz abgesehen vom Vortheil der ersparten Zeit. — Die andere Art Zeitgenuss, die italienische, lernt man im Süden; es ist die umgekehrte Kunst des Amerikaners, nämlich ein Minimum von Arbeit vertheilt auf ein Maximum von Zeit. Nichtsthun, nicht aus Mangel an Beschäftigung, nicht mit bösem Gewissen, sondern die bewusste Verlängerung des müssigen Augenblicks zur Zeitstrecke; Schlendern, Orangenessen, stundenlanges Liegen im Kahn, eine feierliche Zwecklosigkeit gleich dem Branden und Zurücklaufen der Meereswellen. Das südliche far niente ist durch diese negative Benennung

bleibt nichts, vielleicht ein logischer Fehlschluss oder ein Feuilleton: aber was bedeutet dies gegen die volle Realität des Gedankens in jenem Einen Augenblick, der zugleich Zeugung, Empfängniss und Geburt in sich schloss? — Nun, diese Gesprächs-Ekstase ist von Seiten der Alltagswirklichkeit nicht vorzubereiten, nicht stufenweise zu ersteigen, sondern sie muss von selbst aufleuchten. Ein Verständniss, das mit einer vorangehenden Einigung über theoretische Kapitel „angebahnt" wird, ist kein Verständniss; ein Gespräch, in dem nicht ohne weiteres improvisirt werden kann, ist kein Gespräch, sondern eine monologische Auseinandersetzung mit vertheilten Rollen, ein collegium, kein colloquium. Das „lehrreiche Gespräch" ist, wie die didaktische Poesie, eine Abart der Kunst, zur Erbauung derer, die für Kunst keine Organe haben. Vorausgesetzt wird dabei, dass zwischen den Unterrednern eine gewisse Gleichartigkeit oder Polarität von Bildung, Erfahrungsumfang, geistigem Wuchs und Eigenthum bestehe, damit sie einander mit den Früchten augenblicklicher Eingebung bewirthen können, ohne über Baum, Erdreich und Klima erklärende Anmerkungen unter den Strich zu setzen, ich meine ohne einander ihre Systeme und „Weltanschauungen" vorzutragen. Ein gutes Gespräch — vielleicht fasst dies alles zusammen — zeitigt nur solche Gedanken, die ihrem Urheber ebenso neu sind wie seinen Zuhörern, die überhaupt nicht dem Einzelnen, sondern allen Gesprächstheilnehmern wie einem lebendigen Collectivum als geistiges Eigenthum zuzurechnen sind.

275.

An Menschen, mit denen wir einmal flüchtig verkehrt haben, bewirkt die Erinnerung eine seltsame perspectivische Verzerrung. Einiges von ihnen behalten wir, einen Gesichtszug, eine Gebärde, ihren Tonfall oder Dialect oder eine ihrer Redensarten, während das Übrige durch das Sieb fällt; richten wir nun das Gedächtniss auf das hinterlassene Bild, so erscheint das Eine monströs nah und deutlich, der ganze Mensch aber fern, unglaubwürdig, traumhaft, und die Gesammtwirkung ist ein wenig lächerlich. Dieses Eine, die mnemonische Handhabe, an der wir den ganzen Menschen festhalten, braucht nicht einmal ein Theil von ihm selbst zu sein; oft bewahren wir ihn auf in Association mit einem gleichzeitigen Erlebniss und färben ihn mit dessen Gefühlsfarbe, die Lust oder Unlust bedeuten kann. Manchem Unschuldigen sind wir in der Erinnerung gram, nur weil wir zufällig Zahnweh hatten, als er uns in den Weg trat.

276.

Es wird hohe Zeit, dass ihr ein wenig menschlicher gegen uns Menschen werdet, ihr „Dinge“! Allzulange und allzuoft habt ihr uns zur Verzweiflung getrieben, uns nichts von euren Süssigkeiten gegönnt und noch unsere eigenen spärlichen Mahlzeiten verdorben; hatte sich Einer endlich ein Glas alten Weines ermüht, gewiss fiel ihm eine Fliege hinein. Euch wäre es so leicht, uns wohlzuthun: ihr brauchtet nur zur rechten Zeit zu kommen und zu gehen; was wir inzwischen mit euch anfangen sollen, das wissen wir selbst! Ist das so viel verlangt? An der Zeit sollte euch wilden Zufallsgeschöpfen doch nichts gelegen sein; nur wir Menschen müssen sie als ästhetische Kategorie darstellen und eine „Entwicklung“, einen „stetigen Fortschritt“, eine „Zielstrebigkeit“ zum Besten geben. Nur wir haben's eilig, wir kurzlebenden

12

Menschen; euch aber, ihr unsterblichen Dinge, wird der
Athem nicht ausgehen, wenn ihr auch eine Weile mit
uns mitwirbelt und mithastet.

277.

Was glauben wir nicht alles zum Leben nöthig zu
haben: gute Luft, und bedeutende Landschaft, und Musik,
und Bücher, und Freunde, und Frauen, — Einsamkeit
und uns selbst noch nicht einmal gerechnet! Oh wir fana-
tischen Sybariten! wir Naschkatzen aus Überzeugung!
wir Märtyrer der gourmandise! — Aber im Ernst: es
geht ohne das alles, und auch ohne das alles sind wir
nicht von der Verpflichtung entbunden, thätig, tapfer,
sogar heiter zu leben. Aber bei uns verwöhntem Jahrhundert will jeder Nerv einzeln geschmeichelt und gestreichelt sein!

278.

Ihr Spiele der Selbstigkeit, wohin seid ihr mir ent-
flohen? Es gab lichte, jugendliche Zeiten, da das reine
Ich wie eine saftige Frucht genossen wurde und die Luft
wie Champagner schmeckte; noch gar nichts Wirkliches,
Erfüllendes war mir geschehen, aber schon die leere
Hülse glänzte, als das diamantene Gefäss ungeahnter
Zukünfte. Man konnte nur Ich! Ich! sagen, stammeln,
lechzen, aber mit diesem hohlen Stirner'schen Ich liess
sich Ball spielen; es war eine Seifenblase, aber in paradiesischen Farben. Aus diesem Nichts spann man seine
ganze Welt hervor, diese flachste graueste aller Abstractionen gab Hochgebirge her und purpurne Sonnen-
untergänge: mit ihr erlebte man Dramen, deren jegliche
Person Ich hiess. — Heute ist man älter, realer, von

Inhalt beschwerter geworden, und das reine Ich verliert an seinem Wohlgeschmack; nicht mehr wie sonst sieht man stundenlang dem Geflatter eines Schmetterlings zu, der nichts als sich selber trägt. Immer noch lieben wir Beugungen des Lichts und den Schimmer gefärbter Oberflächen, aber dazu wollen wir den beharrenden Edelstein, nicht die schwebende Seifenblase. Immer noch pflücken wir die Frucht, die goldgelbe schwellende, aber wir verstehen nicht mehr aus gemalten Früchten Saft zu saugen. Noch beglückt uns das Ich, das gesättigte, von Welt überfliessende — aber müde sind wir der hundertfachen Spiegelungen eines Ichbegriffs.

12*

Denken, Reden, Bilden.

Essentia beatitudinis in actu intellectus consistit.

Thomas von Aquino.

279.

Das Werk! Wir kennen das Werk als Erleichterung, als Arbeit, als umgeformtes Quantum von Zeit und Technik: kennen wir es auch als Selbstzerstörung, als Fatum, als das grosse Einmal-und-nicht-wieder, das seinen Urheber verschwendet, ihm erlaubt, nahelegt, gebietet zu verschwinden? Es giebt ein Schaffen, das an Passivität grenzt; man reimt ein Sonett, wie man etwas aus der Tasche verliert — wir geben nichts von uns hin, es gleitet nur etwas von uns ab. Es giebt ein Schaffen, das schon einen wirklichen Kraftverlust darstellt, das uns in Anspruch nimmt, aber nicht erschöpfend, vielleicht nur unser Gehirn, irgend etwas Einzelnes an uns. Endlich das ganze Schaffen, die Erschöpfung des Schaffenden; nicht mehr verwandelte Energie und partielle Hingabe, die sich ersetzen lässt, sondern ernstgenommene Unmöglichkeit, weiterzuleben, der Mensch ins Werk aufgelöst ohne Rückstand und Vorbehalt. Man hüte sich hier an vorhandene Dinge zu denken; bis jetzt hat noch jeder Schaffende seine Schöpfung überlebt, noch kein Werk den Wirkenden zerschmettert. Wir müssen den natürlichen Leichtsinn verehren, der immer wieder „hinanzieht", nämlich aus den Tiefen der eigentlichen Production zur Oberfläche des detaillirten Ausarbeitens — und von dort lässt sich allerlei Land gewinnen. Aber schweben uns nicht bisweilen Werke vor, nach denen es uns natürlich schiene, in der persönlichen Existenz eine Pause eintreten zu lassen, Dinge, die wir mit dem gleichen selbstvernichtenden Ernst betreiben könnten wie manche Insekten die Begattung: Geständnisse, die eine Seele dem Leben gegenüber unrettbar compromittiren müssten, Worte, die nur als Formeln eines letzten Willens verzeihlich wären? Dieser extreme Fall, bis heute unerlebt, wäre der einzige, der es gestattete, das Werk seinem Urheber zuzurechnen, wogegen es uns gleichgültig sein kann, zu einem Stück Arbeit den Verfertiger, zu einer verlorenen Sache den Eigenthümer zu wissen.

280.

Die vielbescholtene Unbescheidenheit des Genies, das sich selbst die Unsterblichkeit decretirt und im Angedenken der Menschheit fortzuleben wünscht, verstanden, bewundert, geliebt — ist sie nicht eigentlich ein Wunder von Bescheidenheit, von mangelndem Selbstbewusstsein, von liebenswürdiger Einordnung in den Verband des „allgemein Menschlichen"? Das hohe Lied der Menschenverachtung, der wirkliche Tyrannenwahnsinn des bevorrechteten Geistes klingt ganz anders; aber ihr seid verwöhnt durch den Demokratismus der Schaffenden, die euch ihr Bestes geben und gönnen. Richard Wagner legt einmal — ihr werdet sagen, in einem Augenblick revolutionärer Unzurechnungsfähigkeit — das leidenschaftliche Bekenntniss ab, er wolle den Nibelungenring sich und seinen Freunden ein einziges Mal vorführen lassen und dann die Partitur verbrennen! Es könnte einen grimmigen Unschöpfer-Gott geben, der sein eigenes Werk immer wieder durch Sintfluth vernichtete, — einen un-

getreuen Verwalter, der alle seine Geistesschätze unge-
nützt vermodern liesse, einen Künstler, der seine letzte
Künstler-Wollust in dem Gedanken genösse, „dass Geschlecht auf Geschlecht geboren werden und sterben
würde und dass die Grössten dieser Geschlechter ihr
Leben einsetzen würden, um das zu erringen, was Er
hätte geben können, wenn er nur die Hand hätte öffnen
wollen!" Erst ein solcher Künstler wäre unbescheiden,
und, nach Kant, sogar unmoralisch; denn „als vernünftiges Wesen will er nothwendig, dass alle Vermögen
in ihm entwickelt werden, weil sie ihm doch zu allerlei
möglichen Absichten dienlich und gegeben sind".

281.

Wie? die Stoffwahl des Künstlers wäre gleichgültig?
Gleichgültig, ob ein Dichter an historische Opernhelden oder
an grossstädtische Mischmaschgewächse oder an Menschen
grosser Leidenschaft, tiefer Erkenntniss, gewaltigen Schick-
sals seine Darstellungskunst wendet — ob es sich um
Pescaras oder einer Näherin Versuchung handelt, ob der
Fall Tristan und Isolde oder der Fall Hans und Grete
vorliegt? Nur auf das Wie, nicht auf das Was käme es
an? — Man muss sich erinnern, dass zwischen Künstler
und Kunstfreund, zwischen Geber und Empfänger eine
seltsame Art Mensch als Vermittler und nicht immer
ehrlicher Makler ihr Wesen treibt; auch die Kunst hat
ihre Börse, die Ästhetik, wo Leute auf dem Papier Ge-
treide kaufen und verkaufen, die nie ein wirkliches
Weizenkorn gesehen haben. Die Ästhetiker, will sagen
Menschen, an deren künstlerische Unfruchtbarkeit und
Unempfänglichkeit man bis zum Beweise des Gegentheils
glauben soll, haben jene sinnlose Trennung zwischen dem

Was und Wie der künstlerischen Darstellung auf den
Markt philosophischer Begriffe gebracht, zum grössten
Erstaunen der eigentlichen Producenten und Consumenten.
Kein Zuschauer bringt es fertig, die Form „Hamlet"
ohne den Inhalt, oder den Inhalt „Hamlet" ohne die
Form für sich zu geniessen, etwa wie man die Schale
von der Frucht trennen und „abstrahiren" kann. Kein
Künstler hat sich von jener Willensfreiheit etwas träumen
lassen, die es ihm anheimgäbe, aus der Urne aller vorhandenen Kunstformen und aus der aller vorhandenen
Stoffe je ein Exemplar herauszuziehen und beide Bestandtheile zu einem Kunstwerke zusammenzukitten. Ihm
wäre mit dieser Freiheit, die gleich ihrer moralischen
Zwillingsschwester die Vorstellung Blinder von der Farbe
ist, nicht einmal gedient; er würde auch unter tausend
historisch überlieferten Stoffen und Formen nicht finden,
was er zu seinem tausend und ersten Kunstwerk braucht,
und darum zieht er es vor, mit Umgehung dieses ganzen
Wahlgeschäfts, das er den Epigonen und ewig zu spät
Kommenden überlässt, schlankweg sein Erlebniss in
seiner Sprache zu verkünden. Damit ist nicht eine
neue Form und ein neuer Inhalt, sondern eine neue untrennbare Einheit von Form und Inhalt, eine neue organische Durchdringung des Was mit dem Wie geschaffen
und den Ästhetikern eine neue Gelegenheit gegeben,
ein Ganzes entzwei zu denken.

282.

Wir treiben Intimolatrie — Verzeihung für diesen
graecolatinischen Wortcentauren, der es mit „Sociologie"
und „Phänomenalismus" aufnehmen kann. Wir haben
das Binnenleben der Seele entdeckt und freuen uns als
echte Künstler, Deutsche und Obscuranten, dass es wieder

einmal eine Qualität giebt, die sich nicht beweisen, sondern nur glauben lässt. Intim! ein neues Evangelium, eine neue Rangordnung und Gnadenwahl: und die Ersten werden die Letzten sein . . . Der Sprachbegabte, der Formvollendete, der Werkschöpfer — das sind arme Oberflächler; wer aber schweigt, oder stammelt, oder delirirt, der ist intim, der führt ein Binnenleben. Worte finden ist gemein; das Unaussprechliche . . . die versagende Stimme . . . das ist . . . das Höchste . . . Gedanken und Anschauung sind antiquirt; wir wollen „Stimmung", die Dinge „betrachtet in ihrer Unlösbarkeit vom Milieu". Denn: ein Gedanke lässt sich wägen, abgrenzen, mittheilen, aber Stimmung ist das Undefinirbare: wir schlagen sie an, in dir klingt sie mit, oder du bist nicht intim, du hast kein Binnenleben. Goethe ist nicht intim, denn er konnte reden, bilden; das Ungeheure schnürte ihm nicht die Kehle zu, wie dem titanischen Nichtskönner Grabbe. Hebbel, ein Gewaltiger; aber seine Dramen und Gedichte sind nichts; die Tagebücher allein sind etwas, denn — sie sind ungeformt, was die Dramen und Gedichte leider nicht sind. Das Bewusstsein — langweilig, philisterhaft; Traum, Hypnose, Ekstase sind die eigentlichen Emanationen des Binnenlebens; Helmholtz weiss nichts, Sar Peladan weiss alles. Bethätigung, Wissenschaft, Erfolg — alles keine Intimität; nur der schlafende Fakir taucht in die Tiefen, des Idioten weisse Seele ist der Sitz eleusinischer Enthüllungen. — — Nun, auch diese Pendelschwingung der modernen Entwicklung ist schon wieder in der Umkehr begriffen. Von den Pferdekräften zur Seelenmagie, von der Mechanik zur Mystik, vom Militarismus zum Occultismus — und wieder zurück; aus dem Hin und Her wird doch schliesslich einmal ein Vorwärts.

283.

Im Leben sind wir schon so klug geworden, nicht mehr „aufs Wort" zu glauben, was man uns sagt; aus Misstrauen gegen das Wort an sich, nicht gerade gegen den Wortmacher selbst. Die Gründe, nach denen Einer gehandelt haben will, sind nicht die, nach denen er gehandelt hat; bei redlichster Bemühung, Thatbestände mit Worten zu decken, ist eine Congruenz eben doch nicht zu erzielen. Das wissen wir im Leben, und in der Kunst wollen wir thun, als wüssten wir es nicht? Was wir unserem Nachbar nicht glauben würden, wollen wir in aller Naivität dem verkleideten Acteur glauben oder Dem, der unsichtbar hinter ihm steht? Wir wollen so primitiv von Ursache und Wirkung denken, ein Geschehniss für motivirt zu halten, wenn es explicirt worden ist? Wo bleibt bei dieser Selbsttäuschung die Psychologie, in deren Namen man sich täuschen lässt? — Man kann viel Kunstgeschwätz sparen, wenn man sich die Analogiefrage stellt: wollen wir von der Kunst die Glaubhaftigkeit der Erscheinung, oder die Glaubhaftigkeit des Experiments? Das complex Natürliche, die kraftvolle Synthese, das Charakteristische mit seiner Verankerung im Unbegreiflichen — oder das angeordnet Willkürliche, die entkräftende Analyse, das Berechenbare und künstlich Vereinfachte? Die Kunst, die redend motivirt, ist von der zweiten Art, eine Schreibtisch- oder Laboratoriumskunst. Ein Versuch lässt sich einzeln durchsprechen; Reihenfolge und Zusammenwirken der Umstände lässt sich genau so vollständig darlegen, wie es der thatsächlichen Complication entspricht — warum? weil diese Complication einen sehr niederen Grad nicht überschreitet. Zweierlei, dreierlei ist vielleicht zu beachten, jedenfalls tritt nur eine discrete

Anzahl von Gesetzlichkeiten ins Spiel. Die wirkliche Naturerscheinung, sei es Pflanze oder Thier, eine Wolkenbildung oder ein socialer Hergang, ist aber keine discrete Summe, sondern eine continuirliche, kein Zwei- oder Dreierlei, sondern ein Unendlich-Vielerlei, dessen einzelne Componenten nichtsdestoweniger vollkommen gesetzmässig verlaufen. Auf diese Gesetzmässigkeit im Einzelnen hat man auch in der Kunst den Ton gelegt und war dabei, wegen der Begrenztheit von Wort und Begriff, ans Discrete, Experimentelle gebunden, an das Bilden einer Summe aus sehr wenigen Factoren, an das Zerlegen eines Ganzen in sehr wenige, sehr grobe Theile. Die Menschen, denen man im Roman und auf der Bühne begegnet, sind Composita aus stark unterschiedlichen Antrieben und Charakteren, die einfach gruppenweise zusammengefasst und als nicht mehr auflösbar behandelt werden. Die Praxis der Chemie: irgend etwas spottet unserer Analyse, folglich ist es ein Element und bekommt einen Namen. So haben wir die bekannten Theatercharaktere und -temperamente, Herrschsucht, Güte, Düsterkeit, Leichtsinn, Geiz, Verschwendung — dass auch diese scheinbaren Elemente sehr complicirte Mischungen sind, dass die einfachste Handlung nur Abbreviatur eines unermesslich feinverzweigten Gegenspiels von Kräften und Widerständen ist, davon weiss der Theaterdichter nichts, und wenn er es weiss und eine höhere Complicationsstufe in Mensch und Ereigniss anstrebt, so bleibt er dennoch bei seiner Laboratoriumsmethode — er redet! Er fügt seiner Zwei und Drei die Vier hinzu, er will durchaus die Unbefangenheit und Natürlichkeit der Dinge, will sie aber auf constructivem Wege, er setzt Motiv auf Motiv, er spart nichts aus dem Notizbuch seiner piquanten Psychologismen — und doch steht am Ende seiner Bemühungen der errechnete Mensch, die combinirte Handlung, das unhistorische, untypische, uncharakteristische Geschehen. — Man ist unter Künstlern nicht dafür, mit der Kunst die Natur zu erklären; man will lieber Natur nachahmen, Natur sein. Macht man mit dieser Auffassung ernst, so verbanne man die scheinwissenschaftliche Kunst, die Paragraphen-Psychologie, die Kunst der redseligen Motivirung, der Schulcharakteristik, der breiten und simplificirenden Didaktik. Man verlange nicht, dass menschliche Bewegungen berechenbar seien wie Geschossbahnen, man bringe die Polyphonie des Geschehens nicht auf die primitive Formel einer Wirkung mit zwei oder drei Ursachen, oder eines Grundes mit zwei oder drei Folgen. Man trage kein Bedenken, die Natur als Natur zu geben, gewaltsam, sprunghaft, launisch, man wage die Kunstformen des Intermezzos, der Episode obenan zu stellen. Man suche nicht das Begreifliche, das Einleuchtende, sondern das tyrannisch Thatsächliche, das Inconciliante, das nicht Deducible. Man lege den Schwerpunkt der Dinge dahin, wo ihn die Natur liegen hat: ins Unbewusste, ins Widersprüchliche, ins Spontane.

284.

Der leidenschaftliche Mensch, wie er uns im Leben und auf der Bühne gewöhnlich vorgeführt wird, ist ein Amphibium: er entlädt seine innere Fülle und Spannung zugleich seelisch und körperlich, — damit mildert er die volle Wucht der Reaction, die, in Ein Strombette gedrängt, schlimmstenfalls einmal das ganze seelische Gebiet überfluthen und verwüsten könnte. So erleichtern wir uns einen heroischen Entschluss durch heftige und laute Gebärden; in Verzweiflungsanfällen wüthen wir gegen den eigenen Körper, und wenn ein „unbegreiflich holdes Sehnen" in uns aufblüht, treibt es uns immer noch, wie Faust, durch Wald und Wiesen hinzugehn. Nur eine Kunst, wie die ältere griechische Tragödie, in der ein ungeheurer Zwang von Rhythmus und Ceremonie aufgeboten wird, um über das Naturalistische und Pathologische Herr zu werden, nur ein φρενοτέκτων ἀνήρ wie Aeschylus, der noch die flugsüchtigste Leidenschaft zum Gang auf fester Erde zu zwingen weiss (mit rossgleich schreitenden Worten, wie Aristophanes sagt), durfte es wagen, einen Menschen, und noch dazu einen Prometheus, in vollster körperlicher Unbeweglichkeit vorzuführen. Ein modernes Kunstwerk, das den gleichen Versuch unternähme, würde zwei Schritt vor der Irrenklinik enden; psychische Energie, die nach aussen gehemmt ins Seelische zurückgestaut wird, führt zur Degeneration. Darum werden Verbrecher im Kerker nicht „besser" —.

285.

Es gilt für unanständig, einen Hunger zu haben, der nicht mit der blossen Speisekarte gestillt ist. Zum Glück ist solch ein Hunger selten; die meisten Menschen werden schon satt, wenn sie davon hören, wie gut es sich frühere Menschen haben schmecken lassen. Wir sind sehr bescheiden und verdienen doch kein Lob; durch unsere chronische Appetitlosigkeit ist Kunst und Leben immer fader und unschmackhafter geworden. Es mussten einmal wieder wirkliche Menschen mit wirklichen Kunst- und Lebensbedürfnissen kommen, um hinter den eingebildeten Befriedigungen des historisirenden Menschen eine wirkliche Kunst, ein substantielles Leben zu entdecken. Aber, wie gesagt, man nahm es ihnen übel, dass sie nicht wie alle Welt von Erinnerungen und Abstractionen und Classicismus leben wollten, dass sie nicht schon satt waren, wenn der Kellner (der Ästhetiker) die Speisekarte gezeigt hatte.

286.

Es ist ein Irrthum, dass der Dichter sich völlig und explicit mittheilen solle oder auch nur dürfe, mit allen Nüancen, Feinheiten und Nebenbeziehungen. Er hat nur für die Klangfarbe zu sorgen, für das Mitschwingen der Obertöne zu seinem Grundton; aber dies Ziel würde er gründlich verfehlen, wenn er alle Obertöne wirklich anschlagen wollte. Er muss sein Instrument kennen und seinen Resonanzboden, dann weiss er, welchen Ton er greifen muss, um welchen anderen zu Gehör zu bringen! Allerdings kann man, was den Resonanzboden „Publicum" anbelangt, wunderliche Dinge erleben; es liegt eine Art Raffinement darin, wie der Leser jede nicht ganz plane Deutlichkeit des Autors missversteht. Wenn sich heutzutage keine Prosa mehr findet, die in anmuthiger Weise (von der unterschwürig-geheimnissthuerischen Drei-Punkte-Poesie rede ich nicht) mit Nebensinn, Anspielung, doppeltem Boden zu wirken weiss, so ist das heutige Publicum dafür verantwortlich, das eilfertige telegraphirende und telephonirende „time is money"-Publicum, dem man auch in der Kunst nur die drastische Eindeutigkeit eines Cursberichts bieten darf. Die Zeit der zierlich gesponnenen Conversation, des Federballspiels zwischen Frage und Antwort ist vorüber; aber sie kommt wieder, sie kündigt sich bereits in einigen kleinen und exquisiten Arbeiten jüngerer Franzosen an, auch in Ibsens letzten Dramen, wo das Zusammenklingen von Sinn und Nebensinn, die „Transparenz" der Sprache, das Mittönen eines unhörbaren Dialogs das Entzücken feiner Ohren ist.

287.

Wie selten erlebt man als Autor, von demselben die Feder wegzulegen, zu dem man sie angesetzt hat! Es ist ein tiefes Missverhältniss zwischen dem Gedachten und Geschriebenen, zwischen Wurf und Ziel, Plan und Gelingen. Der Gedanke färbt sich um, indem man ihn festhält, wie einer jener fabelhaften Thierkörper, die beim Nahen von Freund oder Feind ein Farbenspiel sehen lassen: sträubt er sich, dieser Gedanke, oder freut er sich, gegriffen und geformt zu werden? Hier ist ein Geheimniss, und ein Reiz des Autorseins, — bisweilen auch eine Qual, zum Beispiel, wenn der Gedanke sich eigensinnig gegen die Gestaltung in neuen, noch unversuchten Worten wehrt und durchaus in schon befahrene Geleise einbiegen will. Zwischen Gehirn und Hand, Feder und Papier geht viel verloren, und oft das Eigenthümliche, noch nicht Dagewesene der Conception; immer ist viel Affinität des neuen Weins zum alten Schlauch zu überwinden.

288.

In unserem Rede- und Schreibverkehr herrscht so allgemein der graue, blutlose, stubenfarbige Alltagsjargon, dass es zum guten Ton geworden ist, jeder eigenartigen, bildhaften, gefühlswärmeren Wendung eine Entschuldigung beizufügen: „so zu sagen", „wenn ich mich so ausdrücken darf". Gewiss darfst du! unter uns sollst du sogar nur reden, wenn du mit klingendem Golde und nicht mit abgegriffenen Pfennigen kommst; „vermagst du's nicht, so halte dein Maul!"

289.

Jeder productive Mensch grossen Stiles, dessen Schaffensperiode nach Jahren zählt, wird andererseits in

13

Zuständen von Unproductivität schmachten müssen, die
ebenfalls nach Jahren zählen; so will's das Gesetz seiner
Ebbe und Fluth. Da heisst es seinen Glauben an sich
selbst mit den Zähnen festhalten! und Manchem wurde
dabei ein Zahn mit ausgerissen. Es ist eine höchst
vornehme Art von Selbstbewusstsein, die hier vom
Menschen gefordert wird, ein Höhenüberblick, der eine
lange Reihe von Gipfeln und Thälern als nothwendige
Einheit zusammenfasst, eine Gluth und Ekstase der dramatischen Illusion, die über lange Zwischenacte voll eisiger
Alltags-Ernüchterung vorhält. Dieses tiefe und centrale
Selbstbewusstsein würde genügen, den urschöpferischen
Künstler von uns kleinen Halbkünstlern und Variablen
„kurzer Periode" zu unterscheiden — von uns, die jedes
augenblickliche Misslingen zweifelsüchtig und muthlos
macht, und die spätestens alle sechs Tagewerke einmal
zu sich Bravo sagen müssen.

290.

Goethe hat ein seltenes Glücksgeschenk vor anderen
Menschen voraus, den potentiellen Tiefsinn, die
Fähigkeit, tief zu sein, aber schon an der Oberfläche zu
errathen, wie tief man im gegebenen Falle höchstens
sein dürfe: jenen klaren, nicht grüblerischen, nicht fana-
tischen Götterblick, der sich leidenschaftlich genug in die
Dinge eingräbt, aber nur soweit als das Wohlthuende
und Kräftigende der Dinge reicht.

291.

Der Künstler muss sich von Zeit zu Zeit einen „verlorenen Tag" verordnen, von dem er nichts verlangt und
nichts erwartet, eine Art Minimum, Winterschlaf und

Sonnenstillstand. Um so dankbarer begrüsst er auch das geringste opus supererogativum, das ihm wider alle Voraussetzung in den Schoss fällt; was solch ein verlorener Tag Gutes bringt, ist reiner Gewinn, ohne Abzug und Gegenrechnung.

292.

Das grammaticalische Hervortreten des Subjects steht im umgekehrten Verhältniss zu seiner Fülle und Mächtigkeit im Leben: wer Ich thut, masst sich nicht so leicht an, Ich zu sagen. Die Römer berichten von ihren Thaten im Passivum, und bei uns ausgeblasenen Eierschalen von Persönlichkeiten des neunzehnten Jahrhunderts ist das „Ich" gar ein philosophisches Substantivum geworden! Wir bilden uns zuletzt auf unsere pluralité du moi noch etwas ein, obwohl wir sie billig, nämlich um ein blosses Wort- und Begriffsspiel, erstanden haben. Freilich, der moderne Mensch hat an Polypsychie die faustische Zweizahl längst überschritten und beginnt in allem Flor eines siebenfarbigen Regenbogens zu glänzen; ja wenn er alle spectroskopischen Übergänge und Nüancen mitzählen will, mag er sich gleich der Farbenscala eine u n e n d l i c h e Mannigfaltigkeit dünken — aber wer heisst ihn, jede Spectrallinie als besonderes Ich zu isoliren und zu individualisiren? Wenn die Seele in Rotation geräth und alle ihre Seiten und Winkel von der Umwelt bestrahlen lässt, so steht es verbaliter frei, diese Seiten- und Winkelseelen als selbständige und autonome Gebilde von ihrer Mutterseele abzulösen; aber sachlich ist damit nichts bewiesen als eben die geschwächte Intensität der modernen Persönlichkeit. Wir haben sieben Achtelseelen, das ist immer noch weniger als eine ganze.

13*

293.

Wie spärlich muss eine Schönheit fliessen, die ohne
überzuschäumen unsere bereitgehaltenen Krüge und
Fläschchen und ästhetischen Schemata ausfüllt! Ist nicht
jedes Kunstwerk, jede Natur von vornherein widerlegt,
die nicht den Geniessenden zwingt, seine Begriffe von
Kunst- und Naturschönheit zu ändern?

294.

Jedes künstlerische Urtheil ist ein Cirkel (il n'y a que
l'esprit qui sente l'esprit) und hat dennoch einen bestimmten Sinn, sowie es einen Sinn hat vom Gewicht
der Erde zu sprechen, obwohl man die Erde nicht auf
ihrer eigenen Oberfläche abwägen kann.

295.

Warum soll der Dichter nicht nebenbei noch irgend
etwas Anderes sein, Archivar oder Minister oder Naturforscher? Wohl ihm, wenn er sich Menschlichkeiten,
über- und untergeordnete, offen gelassen hat, in die er
zu unproductiver Zeit schlüpfen kann; schlimm, wenn er
nur Berufsdichter und ausserdem höchstens Berufsempfin-
der, Impressionist, Erlebnissjäger ist.

296.

Jede Sprache, die zu lange und ausschliesslich dialectischen Zwecken gedient hat, wimmelt zuletzt von
Stacheln und Spitzen, die gegen den Widerredner und
seinen stumpfen böswilligen Widerstand ausgedacht sind,
auch von Eselsbrücken, Bequemlichkeiten, Verlockungen
für den übertretenden Feind. Um diese polemischen Zu-
thaten beider Arten hat die Lyrik die Sprache zu kürzen.

297.

Im bürgerlichen Drama fällt der Vorhang, nachdem die Stürme des äusseren Ereignisslebens ausgerast haben. Für uns bedeutet dieser Abschluss umgekehrt ein „Beisammen sind wir, fanget an!" Zwei, drei Menschen haben sich zu einander gefunden, Unruhe und Störung ist gewichen: nun beginnt doch, sollte man meinen, die ächte dramatische Handlung, das Spiel und Gegenspiel psychischer Mächte, das prachtvolle Aufflammen und qualmlose Ausbrennen starker, von aussen nicht mehr gehemmter Individuen. Aber der vulgäre Kunstverstand sieht hier ein Ende; die Lösung der das eigentliche Drama hindernden Präliminarien gilt ihm als das Drama, die Ausfegung des Schauplatzes als das Schauspiel, der Aufmarsch der Heere als Gefechtsentscheidung.

298.

In unserer jetzigen Bildung wird das Auswendiglernen ungebührlich vernachlässigt. Eine Handvoll guter Worte und Wendungen als stets verfügbares Mund-Eigenthum, das bedeutet eine Höherlegung der gesamten Sprech- und Denkweise — womit ich nichts zu Gunsten der schönredenden alten Jungfern und Citatenschätze gesagt haben will. Umgekehrt genügt die dem modernen Menschen geläufige Reihe schlechter Grossstadt-Redensarten und Redensunarten, sein ganzes Denken und Empfinden zu trivialisiren.

299.

Der Begriff des einmaligen unumkehrbaren Geschehens ist in unsere Ästhetik des Tragischen einzuführen: er ist ihr sehr nöthig. Nicht nur unser Wissen muss eine Wahrheit, sondern unser Empfinden soll eine Gerechtigkeit darin sehen, dass eine Flamme brennt und zehrt, dass eine That etwas kostet (den Thäter!), dass jedes Glück seinen Gipfel und sein Ende, jedes Leben den Tod sucht. Diese Thatbestände und Nothwendigkeiten gelten im bürgerlichen Leben für leidvoll; aber daraus zu schliessen, dass sie in der Tragödie dem Mitleiden vorgeführt würden — dieser Irrthum dürfte nur einer Ästhetik begegnen, die sich am Schauspiel eines Feuerwerks ohne Verbrennung, einer Activität ohne Hingabe, eines Lebens ohne Wahn und Opfer, eines Glückes ohne Höhenpunkte und Entwicklung erfreuen kann. Der Normalmensch begreift ein folgerichtiges, wohlgezieltes, rücksichtsloses Geschehen nicht, weil er es im eignen Leben nicht wiederfindet: ihm, der sich zwischen dem Ja des jetzigen und dem Nein des nächsten Augenblicks hundert Mittelwege und Hinterthüren offen lässt, muss die stolze Bereitwilligkeit, mit der in der Tragödie gegeben und genommen, gelebt und gestorben, Ziele erstrebt und Folgen getragen werden, unnöthig hart und grausam erscheinen. Er sieht Leiden und spendet Mitleid, wo für den heroischen Menschen die eigentliche Lebensfreude beginnt oder wo zum mindesten eine Nothwendigkeit waltet: — dieselbe Nothwendigkeit, grob bildlich gesprochen, die für jeden ehrlichen Käufer vorliegt, die Nothwendigkeit zu zahlen, zu opfern, das Eine um des Anderen willen dahinzugeben. Man kann nicht zugleich die Waare und das Geld behalten, nicht zugleich das Ziel treffen und den Pfeil sparen: man kann auch nicht zugleich leben und die Ehre, oder Recht, oder Ruhm behalten, zugleich leben und von der Schuld seines Lebens entsühnt werden, zugleich leben und einer Offen-

barung ansichtig werden, zugleich leben und in seiner
Liebe selig sein. Das sind Schicksale, die man verstehen,
aber nicht bemitleiden oder fürchten soll, erhabene Bilder
und Zeichen am Lebenswege, Nothwendigkeiten, deren
Erkenntniss für den verwandten Menschen schmerzlos
ist: — überdies rein innere Nothwendigkeiten, die keines
äusseren Angriffspunktes bedürfen. Das Tragische kommt
aus der Sphäre des Individuums selbst und würde zu
seinem Untergange führen, wenn es auch gar keine Umwelt gäbe; der Mensch, den ein Ziegelstein, ein Zufall,
der Pöbel, der Geist seiner Zeit oder sonst etwas um-
bringt, ist bedauerlich, — nicht tragisch.

300.

Mitleid und Furcht ist für meine Empfindung gerade
das, was den untragischen Situationen im Gegensatz
zu den tragischen zukommt. Mit ihnen antworte ich
etwa, wenn ich von grausam gemarterten Menschen und
Thieren erfahre, aber durchaus nicht, wenn ich Hamlets
oder Tristans Schicksal miterlebe. Furcht und Mitleid,
selbst in der sublimsten Mischung und Vergeistigung,
sind typisch unterschieden von der tragischen Stimmung;
entweder fühle ich hierin anders als die moderne Welt,
oder wir Modernen anders als die Griechen, oder die
Griechen anders als Aristoteles. Wenn Schopenhauer
der Tragödie den Zweck unterlegt, den Willen vom
Leben abzuwenden, so steht er hier ganz auf aristo-
telischem Grunde und empfindet hedonistisch wie dieser
grösste seiner Antipoden; die Isolation des Betrachters
vom Kunstwerk, die ästhetische Hülle um den Zuschauer,
die für seine persönlichen Alltagsinteressen undurchlässig
sein soll, wäre sofort durchbrochen, wenn das Schicksal

der Bühnengestalten von Jenem als sein eigenes gefürchtet oder das seiner Nächsten bemitleidet oder als
das der menschlichen Gattung verallgemeinert und zum
Einwand gegen das Dasein ausgedeutet würde.

301.

Die Deutschen haben keine gute Komödie, weil sie
nicht über die Moralität hinauskommen. Bei ihnen verwandelt sich das aristophanische Lachen sogleich ins
heisere Bellen der entrüsteten Tugend, und die geschol-
tene Menschlichkeit darf dem aus der Rolle gefallenen
Schimpfbold ihrerseits jenen Zarathustra-Spruch ins Gesicht lachen: „Du ärgerst dich, Feuerhund, also habe ich
über dich Recht!" Was ist das aber für ein Komödiendichter, der sich ärgert! der seinen eigenen Geschöpfen
in die Rede fällt und sie an der unbefangenen Kund-
gebung ihrer Art oder Unart durch Schulmeisterei verhindert!

302.

Neben dem, was das Kunstwerk für Andere ist, ist
es auch noch etwas für seinen Schöpfer: ein Versteck für
lauter Persönlichstes, für Anspielungen und Beziehungen,
die kein Anderer versteht, ein Schlupfwinkel für kleine
menschliche Besonderheiten und Zufälle, die eigentlich
unter der Grenze des Darstellbaren liegen und doch unentbehrlich waren ·zur Entstehung des „Willens zum
Kunstwerk". Der Künstler allein weiss, wieviel wirkliche Erinnerungen an Land und Volk, an ein schönes
Weib oder ein Glas guten Weines er in sein Werk hin-
eingepackt hat, unfindbar für Leser und Zuschauer, rein
als Herzenstrost und zärtliches Geheimniss für sich selbst;
und wenn er den Besucher vor die Staffelei führt, so

lächelt ihn ein Portrait an, wo der Kunstfreund nur eine Landschaft, eine Historie, kurzum reine subjectlose Kunst gewahrt. Dem Künstler flüstert sein Werk etwas ganz Vertrauliches zu, einen Namen, eine Kleinigkeit, irgend etwas Dummes und Erotisches; von dieser Privatbeziehung erfährt der Betrachter nichts — er hat sogar ein ästhetisches Gebot daraus gemacht, nichts davon zu erfahren.

303.

„So ist's! so habe ich's erlebt!" ruft der Leser, wenn eine besonders ausgedachte Feinheit sich gerade an ihn zu wenden, gerade auf seinen Fall zu beziehen scheint. Mit dieser persönlichen Quittung glaubt er dem Autor zu schmeicheln und Psychologie anzurühmen. Aber was Jemand erfährt, ist nur ein Theil und eine Entstellung von dem, was er erfahren könnte; Jeder hat seinen besonderen Modus, Erlebnisse zu versäumen und zu verfälschen. Irgend etwas Schiefes und Krummes ist in allem Erleben; hat man es nun glücklich aus dem Gröbsten herausgearbeitet und Sinn, Ordnung, gerade Linie hineingelegt, d. h. hat man es gedichtet, so ist es ein Rückschritt, die Erinnerung an das rohe Original nicht loswerden zu können und immer wieder das überwundene Persönliche hervorzusuchen. Der Autor hat sein Brutto-Erlebniss stilisirt, gereinigt, durchgefiltert: soll das der Lohn seiner Mühe sein, dass der erste beste Mitmensch von Leser ihm hinter die Coulissen sieht und in dem persönlich missverstandenen Dichter sich getroffen fühlt?

304.

Das ideale Drama zu n Personen muss enthalten: n Persönlichkeiten, $\dfrac{n\,(n-1)}{2}$ dialogische Beziehungen

(Unterdramen zu je Zweien), $\dfrac{n\,(n-1)\,(n-2)}{6}$ „dreieckige"
Verhältnisse (Unterdramen zu je Dreien) und so fort,
oder, wie man in der Arithmetik sagt, Unionen, Bini-
onen, Ternionen in der überhaupt möglichen Anzahl.
Also innere Vollständigkeit und Erschöpfung aller denkbaren Combinationen; keiner der Handelnden soll nur
einseitig wirken oder einseitig empfangen — zwischen
den vorhandenen Punkten sind alle Linien, Ebenen u. s. w.
wirklich zu zeichnen. Daneben muss das Drama ein
Gesamtvorgang zwischen allen n Personen, ja womöglich
Theil eines Vorgangs zwischen mehr als n Personen
sein, d. h. es muss einen Hintergrund (ein Milieu) geschichtlicher oder sonst allgemeiner Art haben. Man
sieht, wie sehr der ernsthafte Dramatiker bemüht sein
wird, sein n zu verkleinern!

305.

In unserem Jahrhundert sehe ich zwei grosse Künstler,
von denen man ohne sittliches Pathos gar nicht reden
kann, Künstler, die schlechthin unbegriffen bleiben, solange man sie als rein artistische oder intellectuelle Be-
gabungen begreifen und nicht auch ihrem Menschlichen
gerecht werden will: Richard Wagner und Friedrich
Hebbel. Ich denke hier nicht an Stoffliches und Tech-
nisches, worin sich beide Männer berühren, nicht dass
Beide für ihre Kunst das Reich der dialectischen Leidenschaft und der erotischen Überbewusstheit entdeckt haben,
dass Jeder von ihnen die Grenzen seiner Sprache erweitert und die Concision des Ausdrucks verdoppelt hat,
noch weniger natürlich daran, dass Beide einen Nibe-
lungencyclus gedichtet, dramaturgische Theorien aufgestellt und sich mit inferioren Zeitgenossen erbärmlich

geplagt haben: sondern ich denke an das Gemeinsame des Wollens, das hier einmal zwei gewaltigen Könnern ersten Ranges anhaftet, während es sonst gern die vom zweiten Range zu einer Genossenschaft verbindet, der die führenden Geister fernbleiben. Hebbel und Wagner sind, so nah oder fern sie sich sonst stehen mögen, Eins in der ethischen Auffassung des künstlerischen Berufes, im feierlichen Ernst ihres Glaubens an sich selbst, an ihre Sendung und Aufgabe, in der unbedingten Abkehr von einem entweihten und verwahrlosten Kunstzeitalter. Diese Art Mensch (unter den Künstlern zweiten Ranges, wie gesagt, weniger selten als unter den ganz Grossen) ist mir immer ehrwürdig erschienen durch die innere Nothwendigkeit im Thun und Schaffen; sie ist am fernsten von der Kunst als Industriezweig, fern von der Kunst als Stubenhockerei und Schwärmerei, fern aber auch von der „Kunst für Künstler", von jeder wenn auch noch so verfeinerten und verklärten hedonistischen Werthung, vom Sybaritismus und von der Gourmandise. Wagner und Hebbel glaubten an die lebendige Kunst als an ein sociales Ideal, einen Mittelpunkt, um den sich von selbst die anderen Culturgewalten schaaren müssten, und Beide sahen die Anknüpfungsstelle für ihre Hoffnungen da, wo der Augenschein sie nicht zu suchen lehrte: im Theater. Beide erkannten dem Drama die höchste Mission zu, an die zu glauben man wider die modernen Verfallszustände empfinden muss; Beide hofften in verwandter Weise vom Volke und vom deutschen Wesen, was angesichts der modernen Zustände kein Anderer zu hoffen wagte. Beide dienten der Kunst und kannten nur Eine unverzeihliche Sünde: Verrath an der Kunst. Es sind die beiden Evangelisten der Kunst im neunzehnten Jahrhundert: wo bleiben die übrigen?

306.

Die Shakespeare-Bacon-Frage: eine Bewegung,
deren Ziel die Abschaffung eines unerklärlichen Natur-
genius und Einsetzung des gelehrten Nebenbei-Dichters,
deren Ursprung das Gehirn einer Amerikanerin ist (bei
jeder Angelsächsin darf man, bis zum Beweise des Gegentheils, tiefstes kirchenfrommes Ressentiment gegen böse
Buben wie Shakespeare und Byron voraussetzen), und
deren „Methode" — in der Entzifferung von Geheimschriften besteht, statt in der Beglaubigung des ungeheuren Quiproquo, das drei Jahrhunderte über die meist-
besprochene Persönlichkeit der Litteratur getäuscht haben
soll. Wenn man von dieser „Methode" der Alignements,
der lädirten Druckbuchstaben und des Honorabilificati-
tudinitatibus einige Proben gekostet hat, so „kann" man
sie schon und ist um eine zerstreuende Spielerei reicher;
nichts unterhaltender als .mit beliebigen Freiheiten der
Interpretation aus einem beliebigen Drucktext einen beliebigen Geheimsinn herauszulesen. Wie würde man
z. B. in einer freien Viertelstunde beweisen, dass Kant,
nicht Goethe der Dichter des Faust ist? Man nimmt
etwa den Schlusschor „Alles Vergängliche" u. s. w. mit
seinen 130 Buchstaben, fügt die Überschrift „Chorus
mysticus" hinzu und hat 144 oder 12 mal 12 Buchstaben.
Will man sich die Mühe machen, in der Originalausgabe
die t mit abgebrochenen Schwänzen oder die e mit
offenen Schleifen herauszusuchen, um so besser: sonst
kann man auch der höheren Magie entrathen und
schreibt einfach jene 144 Buchstaben diagonal von links
unten nach rechts oben in ein Quadrat von 12 mal
12 Fächern:

C	O	S	T	A	E	I	U	C	Z	H	I
H	U	S	S	V	L	N	I	N	E	E	E
R	Y	U	S	G	T	E	U	H	R	B	C
M	C	E	N	S	L	S	C	E	N	I	T
I	L	Ä	I	G	A	I	S	U	L	S	D
L	G	E	N	D	L	D	S	B	I	N	W
R	H	I	S	G	R	A	I	R	A	G	C
C	E	I	N	I	D	E	E	H	I	I	E
R	N	Ä	W	S	R	I	T	W	L	I	N
H	L	R	I	H	H	E	E	B	Z	U	I
U	E	N	C	E	G	S	I	E	T	H	A
I	G	S	H	S	A	E	H	H	S	N	N

Die 24 Buchstaben

(CHRMILRCRHUI IECTDWCENIAN)

der linken und rechten Seitencolumne geben anagram-
matisch angeordnet

CANT R CRE HUI DRM J W NIHIL CEC,

d. h. Cant R(egiomontanus) cre(ator) hui(us) dr(a)m(atis),
J(ohann) W(olfgang) (Goethe) nihil cec(init); Kant aus
Königsberg ist Schöpfer dieses Dramas, Johann Wolfgang
Goethe hat nichts davon gedichtet! — Will ich etwa die
Geheimschriftschlüssel der Baconianer parodiren? Wer
könnte das! Man bleibt viel zu vernünftig, ungezwungen,
nüchtern, wenn man in diesem Fach dilettirt; der un-
freiwillige Humor, die ganze Verschraubtheit und Ver-
stiegenheit dieser Köpfe lässt sich nicht nachahmen.
Wenn man jenen Goethe-Kant-Scherz gegen die berühmte Titelblatt-Chiffre hält, worin sich Bacon als den
„Graveur“ der Shakespeareschen Dramen zu erkennen
giebt, so ist man in Gefahr, den Ernst beim Parodisten
und die Parodie beim Ernstmeinenden zu suchen. Der
Baconianer findet eine Widmung, ein Sonett in auffallend
schlechtem Englisch abgefasst: ein Wink! und ·nun holt

zustrecken, sich mit sämmtlichen Sinnen an die Oberfläche zu begeben, damit ihm von der voll zuströmenden Mittheilung nichts verloren gehe. Derart reden manche berühmte Landschaften zur Seele des Beschauers, als Offenbarungen so polyphonen Stils und so brausender Instrumentation, dass Jeder wenigstens eine Stimme hören muss; ob das Ganze als Ganzes empfunden wird, ist sehr fraglich. In der Kunst ist aus dem Ideal vollständiger und erschöpfender Mittheilung das Princip des Gesammtkunstwerks abgeleitet worden; Orchester, Gesangsstimme, das Wort mit seinen Bild- und Gedankensuggestionen, der Mythos als eine Form des Primitiven, wobei dem reflexionsmüden modernen Menschen wohl wird, die Gebärde, das Costüm und endlich die Landschaft, die sympathische Resonanz des Seelenvorgangs — mit alledem wird der Empfangende zugleich bestürmt und derart in die Mitte genommen, dass er verstehen, miterleben muss. Wagners Kunst ist strategisch; sie bricht Widerstände, sie behandelt den Hörer a priori als Feind. — Es giebt noch eine andere Art Kunst und Natur, und bisweilen ist man besser auf sie als auf die anspruchsvollere, höhere Art gestimmt; ja, ich möchte sagen, so oft man gestimmt ist (und nicht erst gestimmt werden will), neigt man im Grunde einer bescheideneren Art Natur und Kunst zu: einer, die den Geniesser nicht vollständig zur receptiven Oberfläche ausspannt, ihn nicht ganz und gar auf den Empfänger-Posten befehligt, sondern ihm das Recht der Gegenrede einräumt. Ich denke an jene Erlebnisse, die nicht wie strömende Offenbarungen kommen, sondern langsam, fast widerwillig; an Landschaften ohne hervorstechenden Reiz, von einer schwer zu fühlenden Eigenart, die aber, einmal gefühlt, Eigenthum des Beschauers bleibt; an eine Kunst, die lieber zu wenig als zu viel thut, um verstanden zu werden, an deren seltsame, nicht im mindesten künstliche oder alterthümelnde Einfachheit man sich ungern, aber endlich doch gewöhnt und ihr zuletzt dafür dankt. Das Alpenthal, in dem ich dieses Lob der reizlosen, unaufdringlichen Kunst und Landschaft singe, ist selbst eine Landschaft solcher Art; es hat nicht die ewigen „malerischen Veduten" der Berner Alpen, es schlägt den Betrachter nicht mit gigantischen Formen wie die Monte-Rosa-Gruppe: es schmeichelt sich zögernd ein mit schlichten, schlankgeformten Bergen und seinem ernsten Grün, und die Felszacken im Thalschluss, ohne den unvermeidlichen Gletscher, fallen nicht aus dem genus medium in die grosse alpine Rhetorik, sondern geben nur leise den nächsten Contrast, die Dominante zur herrschenden Tonart an. — Wer sich mittheilt, will auch verstanden werden (die Symbolisten und die . . . Lyriker mit dem versagenden Athem ausgenommen), und eigentlich unzugängliche Dinge giebt es nicht im Bereiche der formen-, ton- und sprachbegabten Welt. Aber manches lässt sich mehr Zeit, verstanden zu werden, manches weniger, und wer zuviel giebt, kommt leicht in den Fall, gegen den Empfänger zudringlich zu erscheinen ·— „hat der Geber nicht zu danken, dass der Nehmende nahm?"

311.

Ich komme hinter eine Bedenklichkeit, die allem Schreiben und Schriftstellern anhaftet: gesetzt, man habe gut, suggestiv wirksam geschrieben, sodass man dem Leser ein gewisses Erleben zur Nachempfindung aufzwingt — gesetzt ferner, man sei zu Zeiten selbst dieser Leser: ist man auch sicher, dass dann noch der Leser den Schreiber aushält? gutheisst? willkommen heisst? Und

14

wenn nicht, wie wehrt man sich gegen sich selbst, der
gute Leser gegen den guten Schreiber, — wie schützt
man sich vor Infection durch ein früheres, überwundenes
Ich, das in aufgezeichneten Seelennöthen unheimlich weiter
lebt? Indem man schreibt, wird man sich los, vom
Gegenwärtigen an eine Zukunft; aber wer steht dafür,
dass die Zukunft die Last williger trägt? Man hat sein
psychisches Gift in Tinte umgesetzt; wie aber, wenn die
Tinte sich in Gift zurückverwandelt, in abgelagertes,
böseres, giftigeres Gift? — Man sollte nur über das ganz
Abgeschlossene schreiben, aber — man täusche sich nicht!
das Schreiben selber ist noch kein Abschluss. Niemand
ist etwas Ernstliches durch Dichten losgeworden, höchstens dichtete er aus Freude, es losgeworden zu sein —
und freute sich wahrscheinlich umsonst.

312.

Das kleine Getriebe, das Spiel der feinsten Räder
und Federn ist unter Umständen Zweck der psychologischen Dichtung. Bisweilen aber auch das Gegentheil,
und dann gebietet die künstlerische Öconomie, die Aufmerksamkeit von den grossen Motoren, die ausgestellt
werden, nicht in ihr gar zu minutiöses Detail hinein ab-
zulenken, mit anderen Worten, keine überflüssige Psychologie zu treiben. Die richtige Function der Organe und
Mechanismen niederer Ordnung wird dann vorausgesetzt;
zur Einsicht geöffnet und beleuchtet sind nur die reicheren,
zusammengesetzteren Gebilde. Freilich kennt die Natur
kein Höher oder Niedriger, kein Einfacher und Complicirter; die Kunst bringt also eine fremde, auf den Zuschauer berechnete Rangordnung in die Dinge, eine Exposition wie für den Schauladen, die mit vieler Kunst

vergessen gemacht werden muss. Die Bequemlichkeit des Sehens darf selbst nicht ahnen, wie sehr ihr geschmeichelt wird; man erhält die Natur präsentirt, muss aber wähnen, sie zu überraschen.

313.

Seinem Rausch ist man unmittelbar nachher am fremdesten. Physicalisch: der Erhebung folgt der Absturz, der Ausbiegung nach der einen die nach der anderen Seite, und erst nach dieser Ausgleichung nimmt die Curve wieder den mittleren Verlauf an.

314.

Um eine Vergangenheit abzuschütteln, kanonisirt man seine Gegenwart — und beschimpft damit vielleicht seine eigene Zukunft! Man ahnt nie, wie sehr sich die Entwicklung eines modernen Geistes der Kreisform, mindestens der Spiralform nähern kann; man verlässt eine Cultur durch das Hauptportal, um vielleicht durch ein Hinterpförtchen wieder hineinzuschlüpfen. Es giebt eine Periodik der Zustände, ein Hin und Her der Metamorphosen; der Enkel schlägt mehr dem Grossvater nach als dem Vater, die dritte Weltanschauung, conträr zur zweiten, neigt wieder zur ersten, der Schmetterling, mit Überspringung der Larve, ähnelt der Raupe. Indem man sich selbst vergewaltigt, sich in jedem Augenblick stabilisirt und auf eine Formel, eine gegen das Vergangene polemische Formel bringt, begeht man eine Ungerechtigkeit, gegen die vielleicht schon die nächste Zukunft mit einer neuen Ungerechtigkeit protestiren muss; jede dieser Pendelschwingungen zieht mit Nothwendigkeit die folgenden nach sich. — Nietzsches „Buch

14*

für freie Geister" ist eine grundsätzliche Apotheose auf
das, was man klassischen Stil zu nennen liebt: seine An-
betung vor den Formen, vor Mitte und Mass, vor der
kühlen, schlichten, reizlosen Darstellungsweise einiger
Griechen und Franzosen, seine Abneigung gegen das
„Genie", gegen jeden unüberwundenen Rest von Kraft,
Gefühl und Orgiasmus geht ins Asketische. Man weiss,
warum; der mittlere Nietzsche fällt vom jugendlichen ab.
Aber wenn dieses menschlich-allzumenschliche Buch an
sich Recht hätte, so behielte auch der spätere Nietzsche
Unrecht, und vielleicht gründlicher als der frühere. Die
Merkmale des Barockstiles, die hier der Kunst zweiten
und dritten Ranges vorgerechnet werden, das Gewaltsame, Explosive, leidenschaftlich Bunte, die „Dämme-
rungs- Feuersbrunst- und Verklärungslichter auf starkgebildeten Formen", das Hautrelief in Abstufungen und
Gegensätzen — dies alles lässt sich ebensogut am „Jenseits von Gut und Böse" studiren wie an der „Geburt
der Tragödie" und Wagnerischer Musik; der dithyrambische Sturmhauch der Zarathustra-Dichtung ist nicht so
sehr unterschieden von der ekstatischen Inbrunst in „Tristan und Isolde", wie beide von der positivistischen Kälte
und Sachlichkeit des „freien Geistes" unterschieden sind.
Man bemüht sich umsonst, die immer erneute Parteinahme gegen sich selbst, die schmerzliche Stufenfolge von
Selbstentzweiung und Selbstüberwindung aus Nietzsches
Entwicklung fortzudeuten; der bei modernen Seelen
ohnehin schon so hoch hinauf getriebene „innere Widerstand" ist bei ihm ein Maximum — daher die Widersprüche vor- und rückwärts, die beständige Überschreitung
der Gleichgewichtslage nach der einen oder anderen
Seite, die hin und her oscillirenden Entladungen einer
ungeheuer hochgespannten Polarität.

306

315.

Ist es wirklich ein Fortschritt, die Illusion zu verdünnen und einzuschränken, wenn man doch ganz ohne
Illusion nicht zum Ziele kommt? Eine Frage an die
realistischen Bühnendichter. Was hilft es, sich der Naturwahrheit einen Schritt mehr zu nähern als die Vorgänger,
da doch die volle Naturwahrheit im Theater unmöglich
ist, unmöglich als Zeit, als Raum, als Causalität — denn
alle diese Grundformen des Geschehens müssen sich den
Bühnenbedingungen anpassen. Das Drama fordert Umstellung der Perspectiven, Verkürzung und Verlängerung
aller natürlichen Dimensionen, Anordnung des Chaotischen,
Ausstreichen des Nichtssäglichen, Unterstreichen des Be-
deutungsvollen — kurz eine durchweg antinaturalistische
Praxis, in der sich eine naturalistische Theorie sehr als
verlorener Posten ausnimmt. Es ist bereits Widernatur
a priori, dass der Zuschauer etwas Rundes, Begrenztes,
Stetiges zu sehen verlangt, wo das Leben nur Fragmente
und Fetzen liefert. Die Wirklichkeit kennt keine geschlossenen, vor- und rückwärts beziehungsvollen Er-
eignisscomplexe, keine eingerahmten Bilder; sie bringt
heute die „Schuld", in zehn Jahren oder nie die „Sühne",
sie trennt Grund und Folge, Erwartung und Erfüllung
um ganze Abgründe von Orts- und Zeitdifferenz, sie
lässt den Blüthensamen vom Winde übers Meer tragen
und in Africa statt in Europa Frucht treiben. Dieses
Fehlerspiel mit unbegrenzter Dispersion, diese zerstreuende
zufällige planlose Wirklichkeit nachahmen heisst für den
Dramatiker auf das Drama verzichten; und ein wenig
nachahmen, wo völlige Nachahmung versagt bleibt, heisst
mit dem Unmöglichen coquettiren. Will man das wirkliche Leben, so verbanne man von der Bühne nicht nur

den Monolog, den Reim, die scandirte Rede, sondern die Rede überhaupt, jede Art Gehen und Stehen, die vorbereiteten Begegnungen, die zu Stunden zusammengedrängten Tage und Jahre; man exponire nicht, sondern überlasse dem Zuschauer, aus hingeworfenen Alltäglichkeiten klug zu werden, so wie man auch im Leben das Zusammengehörige sich erst noch zusammensuchen muss. Man lasse die Menschen auf der Bühne essen, trinken, schlafen gehen und alle vierzehn Tage ein gescheidtes Wort reden; man bringe das Durcheinander verfehlter Rendezvous, abgebrochener Pointen, gestörter Aussprachen, die ganze gähnende Breite und Nichtssäglichkeit des „wirklichen" Lebens — man habe, wenn man natürlich sein will, den Muth zur natürlichen Stupidität!

316.

Der Rationalist redet. Es wäre möglich, dass ein entwickelter Geschmack das Drama, im älteren drastischen Sinn, noch einmal gänzlich hinter sich liesse, aus dem einfachen Grunde, dass er die Menschen dieses Dramas nicht mehr ertragen kann. Wenn wir eine Shakespeare'sche Tragödie hören, oder eine griechische, oder eine von Kleist, so sind wir löblich im evangelischen Sinne; unsere Linke weiss nicht, was die Rechte thut — offen geredet: wir üben ein Mass von Nachsicht, fühlen uns aber nicht als Verzeihende, sondern sogar als Verehrende. Welche Art Mensch lassen wir uns in so einem blutrünstigen Bühnenstück bieten! Intellecte, die ihre viereckige Beschränktheit im Triumph dahertragen wie der Ochse sein Kummet; Temperamente ohne Stil, dumpf, chaotisch, blindwüthig; Charaktere, die sich, wie der Hund in den Knochen, in eine einzige Kategorie des moralischen

Lebens verbeissen und davon nicht ablassen; eine Hals-
starrigkeit, die jeden Versuch der Aufklärung erstickt;
ein Brüllen und Toben der Leidenschaften, dass Wort
und Gedanke überhört werden — eine vorsintfluthliche
brutale, riesenhaft-tölpische Art Mensch, der wir in der
Gesellschaft hundert Schritt aus dem Wege gehen würden.
Und warum dulden wir sie auf der Bühne? als Mittel
zum Zweck, einen Theaterabend zu ermöglichen. Diese
Stücke wären in der ersten Scene zu Ende, wenn die
Vernunft einen Augenblick zu Gehör käme, wenn sich
die Betheiligten über das einigen könnten, worüber sie
sich schliesslich im fünften Act, nach einigen Stunden
Verschwörung, Blutfliessen und Todtschlag, einigen müssen.
Diese Stücke illustriren alle den Satz, dass der pathetische
Mensch dumm ist und über Kieselsteine stolpert, dass
dort, wo der vernünftige Mann prae limine zaudert und
ablässt, die Theaterfigur darauf los wüthet und erst durch
das geschehene Unheil klug wird, dass auf der Bühne
der indirecte Beweis, die deductio ad absurdum, selbst
dort nöthig ist, wo im Leben alles sonnenklar wäre.
Aber diese künstliche Vernagelung der Köpfe und Ver-
finsterung der Herzen ist, wie gesagt, Vorbedingung des
Dramas; wenn König Lear einen Augenblick darüber
nachdächte, was Cordelia meint, oder Cordelia dem Alten
zu Gefallen eine Nüance liebenswürdiger antwortete, so
wäre Conflict und Tragödie im Keime erstickt. Freilich
hat der Künstler das Recht zur petitio principii, man
muss einen Knoten machen, ehe man nähen kann —
aber diese Dramatik, um im Bilde zu bleiben, macht
einen falschen Knoten und muss mit sehr lockeren Stichen
nähen, damit er nicht zu früh aufgehe!

317.

Ich habe nie eine philosophischere Gebärde gesehen
als jene Umarmung, mit der Mitterwurzer als Hamlet
von Ophelia Abschied nimmt — wobei es gleichgültig
ist, ob der Darsteller die Geberde oder ihre Deutung
oder keins von beiden beabsichtigte. Es handelt sich um
das Gespräch, nach dem Ophelia die Zerstörung des
edelsten Geistes beklagt; sie hat soeben ein Indicium dafür bekommen, an Hamlets Umarmung, die er ausführt,
ohne das Weib körperlich zu berühren. Er gleitet mit
einer suchenden, saugenden Tastbewegung an ihrem
„Ätherleib" hin, längs einer unsichtbaren, atmosphärischen
Hülle, die ihm, wie es scheint, eine völlige Annäherung
verwehrt. Das ist ein eminent physiologisches Symbol
Hamlets, des seelischen Weichthiers, des Gallertmenschen,
der durch Bewusstsein und Metaphysik seiner Persönlich-
keitshülle entkleidet, hyperästhetisch und berührungsscheu
geworden ist. Für ihn, den Enthäuteten, mit allen Nerven
Blossgelegten, härtet und verdickt sich die Haut der Objecte über die Grenzen ihres realen Umfangs hinaus;
ihre Ausstrahlung schon, die auf ihrer Oberfläche nieder-
geschlagene Gasschicht, leistet ihm körperlichen Widerstand — ich drücke mich physicalisch aus, weil für
solche psychischen Thatbestände noch keine eigene Formelsprache erfunden ist. Wie anders steht der active, in-
stinctive Mensch zu den Dingen! „Mit einem Griff
zergreif' ich den Quark!" Der hat harte Hände und lebt
in einer starken subjectiven Hülle von gewaltsam selbst-
herrlicher Ungerechtigkeit; ihm erweicht und verflüssigt
sich die Umwelt, die sich dem objectiven Bewusstseins-
menschen verkantet und versteinert. Hamlet nimmt un-
gepanzert den Kampf mit dem Leben auf und unterliegt;

Siegfried, der Gehörnte, Gehäutete, ist des Sieges gewiss. Siegfried ringt Brünnhilden nieder, Hamlet lässt Ophelien unberührt los.

318.

Als Nichtmaler möchte ich mir erlauben, in einer modernen Richtung der Malerei, die sich zur Fahne des plein air bekennt, einfach den Sieg der Undulations-theorie über die rein geometrische Optik zu erblicken. Man kann das Licht einerseits als blosses Mittel des Sichtbarwerdens der Körper nach Form und Farbe behandeln; so urtheilt der naive Realist, der die Dinge wirklich so beschaffen glaubt, wie er sie sieht — und ähnlich fasst die geometrische Optik nur dasjenige am Licht ins Auge, was geradlinige Überlieferung der leuchtenden, lichtreflectirenden oder lichtdurchlassenden Gebilde ist. Eine Malerei, die sich daran hält, wird auf correcte Zeichnung den Hauptwerth legen und die Farbe in scharfgetrennten Flächen geben; sie schätzt sozusagen das Licht am höchsten, von dem am wenigsten gesprochen wird, das am wenigsten als selbständige Realität ins Bewusstsein tritt. Dies gerade aber will umgekehrt die plein-air-Kunst; sie fasst den optischen Hergang nicht als reinen Bericht, sondern als freie Umschreibung auf, sie kennt das Licht als eigene Physis mit eigenen Gesetzen, die sich keineswegs zum blossen Objectiviren der geometrischen Umrisse und Linien herablässt, sondern selbstthätig ins Spiel mischt und ihre Phänomene zu Gesicht bringt. Das Licht quillt, schäumt über, trocknet ein, überall treten Beugungen, Farbensäume, Änderungen des Polarisationszustandes auf; unter den Oberflächenfarben hervor dringen Farben aus dem Inneren der Körper und bewirken allerlei Stufen und Feinheiten des Glanzes;

der Himmel ist nicht gleichmässig blau, sondern hat blaueste Stellen inmitten weniger blauer; die Sonnenstrahlen, die durch Laub fallen, zeichnen nicht einfach die Conturen der Blätter, sondern verwischen sie durch Flimmern und erregen an den Blatträndern neues Lichtspiel. Diese Art Malerei will das volle Licht, das von sich selbst und nicht nur von der Lichtquelle erzählt; sie sucht nicht die kürzeste und getreueste Relation zwischen Object und Auge, sondern eher die complicirteste, den an schönen Nebenerscheinungen reichsten Lichtweg — ihr ist das Licht selbst Object, während es jenen Anderen nur Mittel zum Zweck ist.

319.

Sowie der Geschmack der heutigen Malerei von den prachtvollen Sonnenuntergängen, den grandiosen Hochgebirgslandschaften zurückkommt und lieber den zarten Offenbarungen einer Herbstbeleuchtung, der stillen langsamen Sprache weiter Ebenen und spärlicher Hügel lauscht, so wünschen wir auch der Poesie, der Menschen- und Seelenschilderung, eine Vertiefung ins Schlichte, heimlich Bedeutsame, das sie bisher zu Gunsten des „interessanten Falls" vernachlässigt hat. Also keinen Rückfall ins Idiotische, keine Anbetung des Philisters: dieser Gegensatz zum Pathos und zum Prunkstil ist ebensowenig ernst zu nehmen wie in der Malerei das Stillleben oder die andächtige Wiedergabe eines Gemüsebeetes. Aber ich meine, man solle wieder einmal die Menschenseele da aufsuchen, wo sie scheu, halb und zögernd von sich spricht, nachdem wir soviel in Scene gesetzte, immer auskunftbereite und redefertige Menschlichkeit mit angehört haben. Und ferner wollen wir uns

wieder den Katastrophen zuwenden, die sich ohne Krampf
und Theaterschrei und Verrenkung aller äusseren Linien
abspielen, den unterseelischen Erscheinungen, für die es
noch keine Sprache und Rhetorik giebt. Wir wollen
die nichtpittoresken Charaktere wiedersehen, die weder
im Guten noch im Bösen den Horizont mit Schwüngen
und Zacken abschneiden, sondern leise, wie die abend-
liche Haide, ins Ungewisse verdämmern; wir wollen uns
vom decorativen Pomp zur intimen Nüance, von der
Wachtparade zur Kammermusik weiterentwickeln. Die
grossen Verräther, die monströsen Schuld- und Sühne-
Helden, der ganze historische und psychologische Spectakel mit Königen, Priestern, Verschwörern und Volk —
alles viel zu laut, zu gewaltsam, zu effectvoll, zu sehr
Berner Oberland; unser verwöhntes Auge sucht lieber
die Melancholie eines entlegenen Teiches, aus dem
wunderliche Nebel aufsteigen und sich auf blassgrüne
Wiesen legen. Menschen, die wenig reden, weil sie zuviel erfahren, innerliche Naturen, die jedes Hervorkommen
eine schreckliche Selbstüberwindung kostet, sensible Wesen,
an denen Töne und Stimmungen lange nachhallen, Meister,
die heimlich befehlen, und Gesellen, die stumm und unbewusst gehorchen, dazu das Verhältniss von Mann und
Weib, ohne die grellen Pointen der Cultur und doch in
hundert Formen verzweigt, ewig räthselhaft und nie dasselbe: oh, wie viel ist noch einem Dichter des pianissimo
zu entdecken vorbehalten!

320.

Nicht die Beschränkung auf die einfachen Formen,
sondern im Gegentheil die reichste und complicirteste
Ausbildung eines darstellerischen Mediums (z. B. der Musik,

der Sprache, der Coloristik) macht die Darstellung über dem Dargestellten vergessen, wie es die Ästhetik verlangt. Je ärmer und unentwickelter die Form, desto mehr Aufmerksamkeit lenkt sie auf sich zu Ungunsten des Inhalts.

321.

Warum soll der Künstler in seinem Eigen uns nicht auch die Nebenpfade und heimlichen Verstecke zeigen? Der Verliebtheit in eine wundervolle Stoff-Welt ist alles Spielerische und Abschweifende in der Behandlung zu verzeihen. Ich verstehe auch die ästhetisch gerade Linie als Form eines utilitarischen, also unästhetischen Princips; schön ist, was zwecklos ist, was vom Wege abliegt, was nicht zum Gefolge einer „Idee" gehört. Scheu vor der Episode verräth Enge und Nüchternheit.

322.

Dieses Wort, aus der Heimath der Worte, ich erlebte es, und es erlebte mich; wir warteten auf einander, und gewiss hat auch das Wort mir, seinem Zungenlöser und Geburtshelfer, zu danken. Einer sagte es, dem aber war es nur geliehen; ich erstand es, verstand es.

323.

Aus Boden und Klima folgt die Pflanze, ebenso erwächst aus Eindrücken und Erlebnissen das Kunstwerk, ohne ihnen im Äusseren ähnlich zu sein. Eine grossartige Landschaft begeistert vielleicht zu grosser Musik, ein schönes Menschenantlitz zum Ausbau einer Philosophie. Naturalisten und Notizensammler dagegen bestehen auf

einem nexus identitatis zwischen Schauen und Schaffen;
wer nach Italien geht, muss italienische Reiseerinnerungen
schreiben, und wer sich in die Weltgeschichte vertieft,
muss mit einem historischen Drama daraus auftauchen.
Warum doch? bestehlen wir schon einmal die objective
Welt, so wollen wir wenigstens durch Verwandlung
den Raub unkenntlich machen.

324.

Wie? das Genie wäre die Kunst, Mittelglieder in
Schlussketten zu überspringen, die das gemeine Bewusstsein successive durchnimmt? eine Art Schnellpost oder
Telegraphie längs eurer Heerstrassen, ihr bescheidenen
Normalmenschen? Und nicht vielmehr ein Pfad abseits
eurer Pfade, ein Land jenseits eurer Länder, eine Welt
über eurer grossen und kleinen Welt, eine Kraft, die
eure „Schlussketten“ nicht verkürzt, sondern zerreisst!

325.

Ohne eigentlich künstlerisch zu sein, hat unser Zeitalter für die Kunst doch viel Zeit und Ernst übrig; vielleicht rührt das daher, dass das Ideal Wissenschaft nach-
gerade nicht nur land-, sondern beinahe gassenläufig
geworden ist und sich mit jeder Sorte Mensch einlässt.
Ehedem, als noch Religion die Rolle dieser Aphrodite
Pandemos spielte, war umgekehrt die Wissenschaft eine
Zuflucht derer, die einsam und vornehm leben wollten.
Es wäre möglich, dass der Kreis sich schlösse und Über-
sättigung an der Kunst wieder zu einer Art Religion
hinführte; statt Culturgeschichte dürfte man dann genauer
sagen: Flucht des Einzelnen vor der nachdrängenden
Masse.

326.

Kant hielt grosse Stücke auf seine Kategorientafel, Schopenhauer nannte sich einen Oligographen, Nietzsche rühmt sich seiner ergangenen, nicht ersessenen Gedanken. Von Künstlern ist man nichts Anderes als Selbst-Miss-verständniss gewöhnt; aber dass selbst Philosophen durch den Intellect, der ihre Hauptwaffe ist, nicht davor ge-schützt sind, in einem Zufälligen oder auch nur Ein-gebildeten ihr Wesentliches zu sehen — das giebt zu erstaunen. Kants Dodekalog ist etwa zu den Fällen associativen Zwanges zu zählen, die in der Geschichte wissenschaftlicher Darstellung eine so grosse Rolle spielen: der neue Wein will zum alten Schlauch, — der Ent-decker einer Wahrheit vermag nicht, diese Wahrheit ihre eigene Sprache reden zu lassen, weil ihm die For-malia älterer Wahrheiten als „ausgefahrene Geleise" im Gehirn sitzen. Der Erkenntnisskritiker Kant konnte nicht vergessen, dass er eigentlich Professor der Logik war. Schopenhauer mag, mit seinen sechs Bänden, im Ver-hältniss zu zwölf- und achtzehnbändigen „Universitäts-philosophen" eine Art Oligograph sein; in sich selbst vertrüge er eine weitere Zusammenziehung auf ein Sechstel seines Volumens — wohlgemerkt, ich rede von seiner Gedankensubstanz, nicht von der Ausführung, vom Forscher, nicht vom Dichter Schopenhauer. Über Nietzsches Production sind wir durch die begonnene Herausgabe seines Nachlasses unterrichtet genug, die Weite der Distanz, die Energie von Schreibtischarbeit zwischen dem ersten Auftauchen des „ergangenen" Gedankens und seiner letzten druckfertigen Niederschrift verfolgen zu können; ohne das „Sitzefleisch", das Nietzsche die Sünde wider den heiligen Geist nennt, wäre es auch hier nicht abgegangen. Wenn Feder und Papier aber auf den Zwischenstufen der Gedankenschöpfung thätig sind, so ist es blosse Velleität, sie als Geburtshelfer oder Förderer der ersten Conception zu verwerfen. Dass der Eine gehend, der Andere sitzend oder liegend am besten denkt, drückt nur eine Relation zwischen sensiblen und motorischen Nerven aus, keinen Rangunterschied des Denkens selbst; dass Dieser auf eine Vormittagslandschaft, Jener auf Kerzenlicht, ein Dritter auf einen Bogen weissen Papiers blicken muss, um fruchtbar zu sein, besagt nichts über Kraft und Saft der Früchte. Diese Anreger und Auslöser der Gehirnthätigkeit sind ja nur Gelegenheitsursachen; die eigentliche Ursache hat lange vorher, mit ganz anderen Wonnen und Wärmen gewirkt.

327.

Ich möchte gern zur „Gerechtigkeit" gelangen, nicht im frömmelnd-passiven Sinne, sondern als gerechter Richter und Betrachter der Dinge, vor dem das Einzelne mit seiner heftigen Anmassung und leidenschaftlichen Beschränktheit zur Ruhe verwiesen und ein friedliches Nebeneinander der widersprechenden Elemente möglich wird. Keine völlige Objectivität, aber doch ein Freisein von den gröberen Dünsten und Trübheiten des Subjects; weder Einsiedler-Schweigen noch Majoritätenlärm, sondern der consensus einer Minderheit billig denkender und weitblickender Geister. Der bloss nachschwatzende Heerdenmensch wäre von dieser Gesellschaft ebenso ausgeschlossen wie der fanatische Einzelne und Revolutionär, der die „Wahrheit" sagt und wenn die Welt in Stücken ginge. Auf dem Wege zu diesem Hochplateau, das weder Niederung noch isolirte Spitze sein will, ist viel „Individuum" zu überwinden, viel bornirter Enthusiasmus und sancta simplicitas, viel Apostel- und Heilandswahn mit feierlicher Verketzerung der „blinden Heiden" — ja sogar viel gedankenlose Unart im Urtheilen und Sprechen. Die Sprache, das uralte Werkzeug der Ungerechtigkeit, hat um uns moderne Menschen einen Ballast von willkürlichen und anmasslichen façons de parler gehäuft, von wüthender Parteilichkeit und schnöder Ironie, von kategorischem Grossmaul und unverschämtem Superlativismus: es wimmelt in allen Sprachen von entschieden und unbedingt, von absolument und senza dubbio — nichts geht dem modernen Sprachton mehr wider die Gewöhnung als ein wenig Ruhe, Bescheidenheit, Skepsis. Wer sich heute vorsichtig und gerecht ausdrücken will, hat einen förmlichen Kampf mit der barbarischen „Schneidigkeit" und Autoritätswuth unserer Parteihäuptlings-Fanfarensprache zu bestehen; er wird in den gewundenen umschweifenden ausweichenden Leisetreterstil verfallen, der so viele wissenschaftliche Arbeiten Derer, die nach „Gerechtigkeit" trachten, unlesbar macht. Wenn Burckhardt's Cultur der Renaissance für nichts anderes zu bewundern wäre, so allein schon für ihre Goethische Art, zugleich klar, kurz und massvoll im Ausdruck ihrer Überzeugung zu sein; sie trägt antike Sandalen und kommt weder mit Sporen geklirrt noch auf Strümpfen geschlichen. — Wenn es dem Autor anstünde, von seinem eigenen Wollen und Verfehlen zu reden, so wäre hier der Ort, für die vielfache Ungerechtigkeit dieses Buches (die nicht immer dem Autor, sondern bisweilen dem entraînement durch die moderne Sprache zur Last fällt) um Verzeihung zu bitten.

328.

„Was meinen Zarathustra anbetrifft, schreibt Nietzsche,
so lasse ich Niemanden als dessen Kenner gelten, den
nicht jedes seiner Worte irgendwann einmal tief verwundet und irgendwann einmal tief entzückt hat". Ja, das
ist es! tief verwunden und tief entzücken, nur nicht in
der gleichgültigen Mitte der Zu- und Abneigung wandeln,
nur nicht ungeliebt und unbefehdet „klassisch" sein!
Sehen wir uns die wirklich seelenbewegenden Menschen
und Kunstwerke an: alle entfachen den flammendsten
Streit um Für und Wider, nicht nur in des einzelnen
Menschen Empfinden, wenn sie darin auf ein verschiedenes „Irgendwann einmal" treffen, sondern mehr noch
im Empfinden vieler Mit- und Nachlebenden, selbst wenn
man die feinsten und tüchtigsten heraussondert und die
abhängigen bei Seite lässt. Jedesmal geht ein neues
Staunen durch die Welt über so viel Kluft und Zwiespalt im künstlerischen Urtheil, jedesmal verwundert sich
das eine Lager über all die Blindheit und all den bösen
Willen im feindlichen; und doch ist nichts natürlicher,
als dass ein Kunstwerk, das überhaupt die Herzen aus
der Brust heraufholt, bei Jedem Verschiedenes zu Tage
bringt. Es ist nicht, wie die Parteien selbst meinen, die
Sonderung in Vorgeschrittene und Rückständige, in Er-
lauchte und Niedrige, in Adel und Pöbel, die sich hier
vollzieht — davon sehe ich ab, und das Pressgesindel,
das etwa einen Richard Wagner umkläfft hat, wird Niemand zu seinen Gegnern rechnen; es ist einfach die
Sonderung in Individuen, deren jedes, aus anderer Heimath
stammend, an anderer Bildung gereift, nach anderen un-
discutirbaren Gründen wählt und richtet. Die grenzenlos bezaubernde Wirkung auf mich wird durch die

15

grenzenlos abstossende auf dich erkauft, unbewundert und unbestritten bleibt allein das Mittelmässige. Goethe's Wahlverwandtschaften könnten nicht dem Einen die reifste und intimste Liebesdichtung sein, wenn sie nicht dem Anderen ein greisenhaftes Problem in geschraubter Behandlung wären; Tristans und Isoldens schwelgende Ekstase muss dem Einen Pein und Scham verursachen, damit sie den Anderen in alle sieben Himmel entzücken kann. Über Haydn giebt es keine Meinungsverschiedenheit; der ist „klassisch"!

329.

Ob wirklich in der Kunst die Persönlichkeit soviel bedeutet, wie die Künstler selbst glauben, nämlich Alles? Man kann dies leugnen, ohne darum den Massen, dem „öconomischen Process" oder sonstwelchen kunstfremden Mächten einen Antheil an der Kunstentwicklung einzuräumen; diese beschränkte Alternative zwischen ideellen und materiellen Motoren ist genau so wenig vorhanden wie in der Naturwissenschaft die zwischen einem denkenden Schöpfer und brutalem Zufallsspiel. Muss man die Weltgeschichte für prästabilirte Harmonie halten, wenn man sie nicht als sinnlose Configuration ansehen will, wie es Schopenhauer verlangt? Und ist das Kunstwerk seiner mystischen Einzigkeit entkleidet, wenn man die persönliche Urheberschaft für unzureichend hält, es hervorzubringen? Gewiss nicht, antworten die Anbeter des „Genius"; nur ist das Überpersönliche, das den Künstler im gegebenen Falle befruchtet und befähigt hat, eben wieder ein eminent Persönliches, die Inspiration nur dieses Einen, die ihm gnadenweise, aber ausschliesslich gewordene Offenbarung und Berufung, solche zu verkünden

— oder wie man sich, mehr oder minder metaphysisch, ausdrücken will. Und die Zeit? die Tradition? die Stetigkeit in der Stellung und Bewältigung neuer Aufgaben? An diese wirkenden Kräfte wird unter Künstlern selten gedacht; deren Antheil am Kunstwerke herauszusondern überlässt man der Ästhetik, die ihrerseits mit einer gewissen Rancune ausschliesslich an solche historische Bedingungen anknüpft und das Persönliche ganz fort haben möchte. Aber Beides lebt im Kunstwerk, Zeitwille und Einzelwille, und weder die Revolution ohne Beethoven, noch Beethoven ohne die Revolution hätte die Blüthe einer Eroica getrieben; Raffael war kein ausführender Handwerker und Papst Leo kein zahlender Auftraggeber, sondern Beide nahmen und gaben, und hinter Beiden stand der Geist der Renaissance, der ihrer so wenig entrathen konnte wie sie seiner. Der „Geist der Renaissance"? Da hätten wir ja die Mystik wieder, nur in anderem Gewande! Wer es mit diesen Zeitgeistern nicht hält, der erwäge doch, ob wirklich die Kunst nicht einer spontanen Fortpflanzung fähig sein sollte, die von selbst die schöpferischen Individuen, deren sie zum Sichtbarwerden bedarf, ins Leben ruft, ob nicht durch Accumulation gewisser Gedanken- und Gefühlstendenzen eine Energie der Weiterwirkung sich aufhäuft, die bis zu einem gewissen Grade vom Zufall genialer Einzelwesen unabhängig ist. Auf wissenschaftlichem Felde ist dies kaum zu bezweifeln. Die Entwicklung der neueren Astronomie zeigt ein Verhalten von der erstaunlichsten Zweckmässigkeit und Folgerichtigkeit; in ganz kurzem Zeitraum wird hintereinander die principielle Auffassung der himmlischen Bewegungen, ihre ziffermässige Festlegung, ihre geometrische und ihre mechanische Interpretation gewonnen, sodass kein Glied dieser Ent-

15*

deckungenfolge fehlen durfte, ohne die nachfolgenden unmöglich zu machen. Ob diese verblüffende Teleologie wirklich an jenes geweihte Pentagramm, an das Zufallsspiel mit den fünf Glückswürfen Copernicus, Tycho, Kepler, Galilei, Newton geknüpft war? Oder ob wir nicht dieselbe Sache in persönlich anderer Färbung besässen, wenn in einem anderen Kopfe als dem des Frauenburger Canonicus der pythagoräische Funke gezündet hätte? Logische Zusammenhänge von dieser Schoss- und Triebkraft giebt es aber auch in der Kunst (man denke an die deutsche Musik von Bach bis Wagner): selbstthätig sich weiterspinnende Entwickelungsreihen und Gedankenfolgen, in die das schöpferische Einzelwesen mehr hineingezogen wird als activ eingreift. Duft, Farbe und Eigenart des Kunstwerks stammt vom Persönlichen, aber seinen historischen Rang, sein „Argument der Epoche" bringt es von anderswoher mit, damit beschenkt es Den, welchem es seine Gestaltung verdanken will!

330.

Wie weit der Dichter höchstens den Redner mitnehmen kann, wenn ihm nicht endlich die Inspiration versagen soll, kann man an Gottfried Keller beobachten, den seine Rhetorik immer erst im letzten Augenblicke verlässt, ehe sie unmöglich wird. Kein Dichter, Goethe nicht ausgenommen, hat ein ähnliches Genügen am Spiel und Gespinnst der Worte — freilich der kraftvollsten, fruchtbarsten und klingendsten Worte, wie sie wohl dem Meister Jacob Grimm vorschwebten, wenn er von der selbstzeugenden und gebärenden Macht des deutschen Wortes träumte: aber genug, es sind Worte, und immer ist durch Worte eine höhere künstlerische

Wirkung gefährdet. In diesem letzten Moment besinnt sich Keller, dann verstummt die ewig abschweifende, umrankende, motivirende und übermotivirende Redseligkeit und es steht, nackt und leuchtend, ein Bildniss aus edelstem Marmor da, wie ihn wenige Hände zu formen bekamen. In der Kunst höchster verklärter Situationen, wo von den Menschenseelen ein stilles Glänzen ausgeht und der Brunnen der Schönheit wieder einmal klingt wie am Morgen des ersten Tages, in diesem Können des Zartesten und Gewaltigsten ist Keller ganz Meister, wenn er sich nur erst Phantasie und Hände dazu frei gemacht hat. Es giebt viele Dichter, die feinere Sinne und besseren Geschmack haben als er, und man braucht nur an seinen jüngeren Landsmann Conrad Ferdinand Meyer zu denken, um in Keller etwas wie einen Bauern- und Volksdichter zu sehen, einen Nachfahren des vortrefflichen, künstlerisch aber ganz primitiven Jeremias Gotthelf; trotzdem ist, glaube ich, der Dichter des philiströsen Martin Salander und der zahlreichen politischen Gesinnungstüchtigkeiten der Ursprünglichere von Beiden. Aber Meyer ist der Geschliffenere, die bessere Gesellschaft, und so ist es in Ordnung: wenn für Keller immer der Werdende dankbar sein wird, mag es Meyer Dem, der fertig ist, recht machen — er, der selber fertig wurde, der spät seinen Erstling opferte, um früh vom Schreiben, wenn auch nicht vom Leben, Abschied zu nehmen und eine Reihe präciser gedrängter Novellen zu hinterlassen, in denen das Problem des grossen Menschen, in seinen verschiedenen Spectraltypen, auf unvergängliche Weise abgehandelt wird, daneben einen Band Gedichte, deren Ernst, Süssigkeit und Concentration gegen alle andere Lyrik ungerecht stimmen. Ein deutsches Reich für zwei solche Schweizer!

331.

Strenge Dichtformen, wie das Sonett, thun ganz gewiss der sachlichen Feinheit Schaden; Reim und Rhythmus zwingen, in der Mehrzahl der Fälle, einiges mehr,
einiges weniger, vieles anders zu sagen als in der ersten
Conception lag. Die Chancen des Gelingens verringern
sich, in Folge der „Abtrift": es ist unwahrscheinlich, dass
der mitzutheilende Inhalt innerhalb der willkürlich gewählten Form wirklich mittheilbar werde, dass er sie
dulde, ja gar zu fordern scheine — und dies erst wäre
erreichte Vollkommenheit. — Aber eben in dieser Gefahr
der strengen und absoluten Formen liegt ihr disciplina-
rischer Werth. Es muss vor allem verhindert werden,
dass dem Dichter das Versemachen leicht falle, dass er
sich „ohne Noth" dichten lasse; dazu eben dient irgend
ein erschwerender Formalismus, der, sobald er erlernt ist
und nicht mehr straff genug anzieht, mit einem härteren
zu vertauschen ist. Bei dieser Schaffensart wird Vieles
als blosser Versuch unter den Tisch fallen und, wie gesagt, weniger gelingen, als wenn allein der sachlichen
Ausarbeitung Recht widerführe; aber eben diese Auslese
thut Noth. Bisher vollzog sie der Leser, der Herausgeber, bestenfalls der Dichter selbst; nun wird sie bereits
in der dichterischen Methode vollzogen werden, und was
die Werkstatt verlässt, wird ganz andere Bürgschaften
für Ächtheit und Dauer bieten, als zuvor auch nur verlangt wurden.

332.

Jedes Wort läuft auf Schienen, jeder Begriff wirkt
nach ein oder zwei oder wenigen festen Richtungen; mit
Wort und Begriff kann man nie eine Curve beschreiben,

324

sondern nur ein Polygon. Durch Verminderung der Sehnenlänge können wir den Anschluss der gebrochenen an die ideale krumme Linie verfeinern; die moderne Sprache, der man erhöhte Biegsamkeit nachrühmt, erreicht diese, indem sie das Wort, den eindeutigen Wortsinn immer kürzer, enger, ärmer nimmt, sodass wir, gegen frühere Zeiten gerechnet, zur Beschreibung desselben Thatbestandes viel mehr Worte brauchen, dabei aber feiner und genauer beschreiben. Die Sprache älterer Zeiten muthet uns an wie ein Netz aus langen, kräftigen Hauptstrichen, die unsere wie ein Geflecht aus lauter kurzen haarfeinen Spinnfäden; jene ist übersichtlicher und energischer, lässt aber vieles Einzelne unberührt; diese überdeckt auch die Zwischenflächen, wirkt aber einigermassen verwirrend.

333.

So wie die getheilte Strecke länger erscheint als die gleichlange ungetheilte, der geknotete Faden länger als der gleichlange glatte, so rechnen wir auch im geistigen Erfassen unseren inneren Receptionswiderstand dem Object zu: ein Buch in fremder Sprache dünkt uns geistreicher und bedeutender als ein deutsches Buch gleichen Niveaus, den schwerverständlichen Autor nehmen wir für vollwichtiger als den klaren und durchsichtigen. Unsere Art zu lesen ist geradezu — moralisch: die Ansprüche und Anmassungen, die sich der Verfasser gegen uns erlaubt, stellen wir noch in sein Guthaben, statt ins „Soll"! Auf diese unsere Gutmüthigkeit und verkehrte Buchung haben die meisten deutschen Philosophen gerechnet; Kant nicht ausgenommen, der keine kleine Angst hatte, zu leicht verstanden zu werden. Diese Philosophen haben Recht; man muss wirklich ein dummer Teufel von Autor-Ehrlichkeit sein, um dem Publicum, das benebelt und übervortheilt sein will, reinen Wein einzuschänken. Ihr verlangt Mysterien; also — mystificiren wir euch!

334.

Wer viele Farben auf seiner Palette, viele Formen und Situationen im Stifte hat, arbeitet für die träge Beschauerphantasie zu rasch. Zu gewissen Arten des Stiles, die ein Prestissimo im Geniessen voraussetzen, bringen nur Wenige die geeigneten und geschulten Organe mit; der Normalmensch muss in ein Bild oder eine Stimmung hineinpräludirt, lange darin festgehalten, langsam wieder hinausbegleitet werden, wenn man auf ihn wirken will. Das Schauen einer flüchtig sich abspielenden Bilderfolge, von der gleichwohl jedes ein einheitlich empfundenes, rein ausgearbeitetes, mit den Vor- und Rückbeziehungen reichlich durchsetztes Genrestück darstellt, verlangt schnelles, folgsames, und doch im Augenblicke sich ganz vertiefendes Miterleben. Die meisten Klagen über unruhigen, flackernden, bilderwirrigen Stil entspringen daraus, dass das mangelhaft disciplinirte Ohr dem tempo nicht folgen kann, weit seltener daraus, dass der Künstler selbst sich nicht folgen kann, dass er die raschen Fiorituren verwischt, durch überstürzte Modulation die Harmonie verdunkelt, die Bilder und Stimmungen, die er auf einer Perlenschnur anreihen sollte, zu einem Haufen durcheinanderschüttet.

335.

Die Griechen, Staatsphilister und Politomanen wie sie waren, machen aus der Kunst eine Institution, eine Anstalt zu Staatszwecken, — dass wir das nicht nachahmen, scheint mir für unseren besseren Geschmack zu sprechen. Die Künstler selber würden sich freilich für die griechische Kunstpflege erklären. Was redet aus allen zehn Bänden der Wagnerischen Kunstschriften, wenn nicht der Wille zur Institution! Bayreuth sollte eine Schule bedeuten (erst in zweiter Linie ein Theater), eine Stilfestlegung und Tradition für Jahrhunderte, ein aere perennius gegenüber den Tagesmoden — „Tag" ist bei Wagner ein Schimpfwort, wie „Welt" bei den Kirchenvätern. — Uns, den flüggen Wandervögeln und Betrachtern aller „Werke und Tage", uns wird es nicht so leicht einfallen, die einmaligen Glückswürfe und Wunder der Kunst verlängert, verweilend, verlangweilt zu wünschen. Genug, wenn die Aloe wieder einmal geblüht hat! keine Treibhäuser für eine perennirende Staats- und Volkskunst! Es wird immer grosse Augenblicke und Gelegenheiten geben, und kein Abhang ist so steil und dürr, dass dort nicht irgend eine wunderliche Überraschung von Baum Wurzeln schlüge — aber uns will es nicht zu Sinn und Geschmack, ganze Alleen mit den Bäumen constanter Kunstproduction zu bepflanzen. Δìς καì τρìς τò καλóν: die Griechen, wie auch die Renaissance, zeigen am deutlichsten die Schattenseiten der Kunst als Institution: Wiederholung derselben Gegenstände bis zum Typischen, Erstarrung in Schule und Manier, Überschwemmung des Persönlichen durch die Fluth der Reminiscenzen und Vorbilder. Von dieser Gefahr kann sich keine unterstützte und garantirte Kunst fern halten; daneben vergesse man auch nicht, dass die Förderung durch den Staat — und wer käme sonst als dauernder Kunstpfleger in Betracht? — sehr bald in gewisse Forderungen von Seiten des Staates übergeht.

327

336.

Die absolute Fernsicht als ästhetischer Reiz wirkend,
ohne Rücksicht auf künstlerischen Aufbau des Neben-
und Nacheinander: dieser barbarische Geschmack, der
das Quantum über das Quale stellt, heisst räumlich genommen Alpinismus, zeitlich genommen historischer
Sinn. Die Landschaft als Landkarte, das Geschehene
als Geschichte: die Freude am Intérieur, an der Episode
ist jedenfalls vornehmer.

337.

Was der Alltagschwätzer als „gesuchten Stil" ver-
unglimpft, ist sehr oft nur ein „suchender" Stil, der sich
seine Hörer und Leser aussucht und eine Art Etiquette
sein will, mit der die Gleichberechtigten einander erkennen
und sich gegen Tieferstehende abgrenzen. Der gesuchte
Stil wendet sich an gesuchte, ausgesuchte Menschen, die
einen solchen Stil als Regel und tägliches Brod gewohnt
sind, vielleicht, weil sie selber solches Brod backen. Wer
aber selbst Regel und Alltäglichkeit ist, bleibe ihm fern;
für ihn ist jeder vornehme Stil etwas Gesuchtes und
leider nie Gefundenes!

338.

Schliesslich ist doch die Natur, die ganz simple Licht-,
Luft-, Wald- und Feldnatur die einzige Kunstmeisterin
— oder nicht? Unsere vielgepriesene Seelenschilderei
wäre zum Davonlaufen langweilig, wenn sie nicht Linien
und Farben von aussen her entlehnte und alles Innerliche
ins Morphologische, Decorative, Landschaftliche, überhaupt
Bildliche und Malerische übersetzte. Die Psychophysik
bedarf der Körperphysik, um geniessbar zu sein, und die

bisher so arg spiritualisirte „Seele" des Menschen, die
unverkennbar zum unerlaubten Genre gehörte, wird immer
interessanter werden, je enger und hingebender sie sich
an seine Sinnlichkeit anschliesst. Tüchtig darauf los gelebt, geformt, genervt und gemuskelt! und weniger gedacht, begriffelt, gefrömmelt und gesittet! Seien wir
Hylozoisten! keine Zahlen- und Geistesanbeter! Der Geist
ist nur eine Species der Natur, und keine besonders wohl-
gerathene. Wenn ich nach meinem Geschmack die
Menschheit zu verbessern hätte, ich schenkte ihr lieber
eine neue physiologische Farbe, etwas Infrarothes oder
Ultraviolettes, als hundert theoretische Abhandlungen
über das Sehn und die Farben, — lieber eine neue
Synthesis als die analytische Entzifferung von hundert
alten Synthesen. Wieviel ist der objectiven Natur noch
abzuringen, die uns von ihren zahllosen Schwingungen
und Oscillationen den grössten Theil vorenthält! Für
ganze Breiten undulatorischer Vorgänge fehlt uns ja
immer noch die specifische Sinnesqualität! Das reiche
Gebiet zwischen den höchsten akustischen und tiefsten
thermischen Tönen ist noch zu erobern, nicht minder
alles, was über achthundert Billionen Schwingungen in
der Secunde macht. Das offene Meer der „Realität" liegt
vor uns; auf! ihr Entdecker und Corsaren!

339.

Der grosse, schöne, schöpferisch überschäumende
Mensch, der die Kunst für sich nöthig hat und erfindet,
schafft als Begleiterscheinung zur Kunst auch den Inbegriff der Mittel, die ihm für jeden Augenblick, da er
dessen bedarf, die lebendige sinnliche Gegenwart des
Kunstwerks verbürgen; um des Artistischen willen muss

auch ein Apparat für das Technische, Formale, Historische da sein. Dass die Menschen, die hier den Apparat vorstellen, also etwa Musikanten, Ästhetiker, Kritiker, Kunstschulmeister jeder Art, den Gegenwerth für ihre Maschinenarbeit empfangen und von der Kunst leben, ist billig; auch dass sie beim Publicum als die eigentlichen monopolisirten Inhaber von Kunstinteresse und -verständniss gelten, mag hingehen: es ist dies zwar eine Erschleichung und Fiction, wurde aber als solche in den Arbeitsvertrag mit aufgenommen und muss nach aussen hin ebenso vertreten werden, wie etwa von der Monarchie das Gottesgnadenthum, widrigenfalls der ganze Zweck der Institution fraglich wird. Der Künstler ist zu reinlich und verletzlich, um unmittelbar mit dem Publicum zu verkehren; die Einschaltung von „Mittlern" ist nothwendig, auf die Gefahr hin, dass der Priester dem „Gotte" die fettesten Bissen des Opfers vom Munde wegstehle. — Aber dass die Kunstprofessionisten und -professoren jene Fiction schliesslich im Ernst aufrechterhalten und sogar ihrem Arbeitgeber ins Angesicht durchsetzen möchten, dass sie in nomine Domini reden und den ächten Künstler nach ihrem selbstverfassten Exercirreglement drillen wollen — das ist zu komisch und eine so völlige Verkennung der Rangordnung, dass selbst Einer, der den Künstlern nicht jede Anmassung nachsieht, gegen diesen Missbrauch der Licenz Einspruch erheben muss. Der Künstler steht unter Gesetzen, gewiss! nur nicht unter denen seiner eigenen Handlanger; noch ist es nur in der aristophanischen Komödie, nicht in Wirklichkeit dahin gekommen, dass Dionysos sich hinter seinen eignen Priester verkriecht.

340.

Zwei Meister verschiedener Kunstgattungen fühlen sich oft unsäglich klein vor einander; Jeder bewundert in der Meisterschaft des Andern mit schmerzlicher Sehnsucht das gerade ihm Versagte, wogegen ihm sein eigenes Können schwach und reizlos erscheint. Auch in der Liebe der Geschlechter kommt ein ähnliches Missverständniss vor, mit dessen Aufklärung bisweilen die Liebe selber zu Ende ist.

341.

Beginnt man einmal zu zweifeln, so zweifelt man con amore und in vollen Zügen; gestaute Fluth bricht Dämme. Und alles Erlebte gestattet den Zweifel, wie jede Landschaft jede Beleuchtung gestatten muss, gleichviel ob Landschaft und Erlebniss dabei das Gesicht verziehen, das mein guter Wille ihnen aufgesetzt hat. Es steht in meiner Macht, Gesichter oder Fratzen um mich zu sehen, meine Umwelt fahl oder blühend zu färben; und wer eine Zeit lang im Schönfärben und Schönsehen excedirt hat, wird auch einmal nach der entgegengesetzten Seite ausschweifen. Die Hübschmaler und Wahnerreger unter den Instincten erschlaffen, und dann reissen die Verleumder und Illusionenzerstörer die Tyrannis an sich; beide Male wird unser Weltbild gefälscht, das eine Mal nach der Seite des Vertrauens, das andere Mal nach der Seite der Skepsis.

342.

Die beste Verhinderung zum Dichten ist, mittelmässig viel erlebt haben —: nicht genug, um mit der Fülle von Associationen spielen zu können, und doch zu

habe ich einen Einwand zu erheben, der bei Freund und Feind sonst eher als Ruhmestitel gilt: diese Dichtung ist von einer unerlaubten Zartheit und Zärtlichkeit in der Darstellung des modernen Culturmenschen. Es werden uns Individuen vorgeführt von einer Hautempfindlichkeit und inneren Verletzlichkeit, einer Verwöhntheit seelischer Ansprüche, einer messerscharf zugespitzten Singularität der Lebensbedingungen, dass man sich selbst dagegen wie ein vierschrötiger Allesverdauer und Glasscherben-Fresser vorkommt. Ich zweifle nicht, dass es da und dort solche mimosenhaften Seelchen gebe, und wenn das Leben in einer spöttisch-grossmüthigen Laune sie mit Glacéhandschuhen anfasst, mögen sie sich sogar eine Weile erhalten und fortpflanzen können: aber ausschliesslich mit derlei hyperästhetischen Nervenmenschlein die moderne Bühne bevölkern heisst uns doch der Nachwelt gegenüber blossstellen. Man lese einen Dialog solcher Sensitiven beiderlei Geschlechts, etwa zwischen Hilde und dem Baumeister, oder zwischen den Eltern des kleinen Eyolf, und alles Soldatische (im feinsten und gröbsten Sinne) wird sich Einem im Leibe empören bei dieser grenzenlosen Schonung und Verweichlichung, in die sich hier die Seelen einbalsamiren. Ob Zwei einander „verstehen", ob sie halbe oder ganze, vorläufige oder entscheidende Proben dieses Verständnisses gegeben haben oder geben sollen, ob die Wage gegenseitiger Verbindlichkeit auf dieser oder jener Seite um einen Scrupel zuviel belastet sei, ob ihr Zusammenleben eine „wahre" Ehe gewesen sei oder noch werden könne — das sind die Cardinalfragen dieser Dramatik, zu deren Lösung ein Raffinement von Spürsinn, Dialectik und Eiertanz aufgeboten wird, wie es bei wissenschaftlichen oder diplomatischen Fragen delicatester Art nicht ge-

legener käme: eine unanständige Mikroskopie und Be-
schnüffelung der Seele mit allen quarante manières geschulter Lüsternheit. Nun frage ich: welcher Mensch
hat das Recht, für seinen Gallertquark von Seele einen
derartigen Aufwand von Rücksichtnahme und behut-
samster Scheu zu verlangen? Wer hat das Recht, seine
hysterischen Eigenheiten als unübertretbare Existenzbedingungen aufstellen und sie dem einfachen Gange
des Lebens gegenüber à outrance durchsetzen zu wollen?
Wer darf in Ehe, Liebe, Freundschaft seine Ansprüche
so auf Messers Schneide stellen, dass jedes Zuviel oder
Zuwenig eine unheilbare Verwundung, eine endgültige
Störung des Gleichgewichts bedeutet? Antwort: das darf
allenfalls der grosse schöpferische Mensch, dessen capri-
ciöse Neigungen, wie bei schwangern Frauen, weniger
ihm selbst als dem werdenden Neuen zur Last fallen
— aber nimmermehr der Alltagsmann und die Alltags-
frau der modernen Dichtung, Wesen, deren ganze Productivität in der liebevollen Grosszüchtung ihrer Sonder-
lings-Unarten und nervösen Monomanien besteht. — An
dieser Stelle aber schüttelt die „Seelendichtung" unsere
Vorwürfe hohnlächelnd ab, denn ihr ist der Alltag die
Grotte der ungehobenen Schätze; sie hat ihn zu Ehren
und Göttlichkeit gebracht. „Wäre ich Plato, Pascal oder
Michelangelo, und meine Geliebte schwatzte mir von
Ohrringen, — meine Worte wie ihre Worte schwämmen
als der gleiche Schaum auf der Oberfläche des Innen-
meeres. Mein erhabenster Gedanke wiegt nicht mehr in
den Schalen des Lebens und der Liebe als die paar
dummen Worte, worin mir ein verliebtes Mädel von
seinem Silberring oder Halsband erzählt . . . Sei noch
so gross, weise, redebegabt: die Seele des Bettlers, der
im Winkel kauert, beneidet dich nicht, aber deine Seele

16

beneidet vielleicht ihn um sein Schweigen. Der Held bedarf der Anerkennung des Alltagsmenschen, aber dieser verlangt nicht die Anerkennung des Helden; ruhig geht er seinen Gang wie Einer, der seine Schätze sicher geborgen weiss." Diese stupenden Sätze Maeterlincks zeigen, dass auch das neue Seelenevangelium ein évangile des humbles und ein Sclavenaufstand zu werden droht: und die Ersten werden die Letzten sein . . . .

348.

In Zeiten einer künstlerischen Freizügigkeit ohne Gleichen, einer ungebändigten Sucht zu neuern und zu experimentiren, wo jeder Tag neue Moden, Schlagworte, Raffinements bringt und das mühsam Erquälte von gestern heute schon stereotyp und morgen gar veraltet ist: da hat der productive Künstler nichts mehr zu fürchten als eine allzufeine Sensibilität seines Temperaments und Geschmacks. Es ist gefährlich, heute Geist zu haben: damit geräth man unerbittlich ins allgemeine presto hinein und fährt am Ende irgendwelchen Abhang hinunter ins Bodenlose. Um nicht versucht zu werden, muss man sich blind stellen; wer die Augen aufthut, ist schon verloren — es giebt zuviel des Verlockenden, Seltsamen, Aufregenden zu schaun. Eine Fülle starker, nicht allzustarker Individualitäten wird heute einfach ausgelöscht und verwischt; sie wissen nicht sie selbst zu bleiben. Zwei, drei Moden mitgemacht, ein wenig naturalisirt, archaisirt, symbolisirt — und mit dem eigenen Wollen und Können ist's vorbei; fortan reicht die Begabung eben noch zum Schritthalten mit dem jeweilig Neuesten hin, so dass vor lauter Anempfindung und „Con"genialität kein einziges persönliches Wort mehr gehört wird. In

Anbetracht, dass es gerade die geistreichen, anschmieg-
samen und feinorganisirten Künstler sind, die von der
Fluth mit hinweggespült werden, darf man es keinem
schaffenden Geiste verargen, wenn er sich gegen die
moderne Kunst verschanzt und allein bleibt, auf die Gefahr hin ein Thebaner zu werden: wenn es nur hilft!
Denn die Zuckungen der modernen Seele erschüttern
selbst den Fernstehenden, und wie man der Muschel
nachsagt, dass in ihr das ferne Meer mitbrause, so vibrirt
noch im einsamsten Gehäuse des culturfremdesten Einsiedlers etwas von dem, was man den Pulsschlag des
modernen Lebens nennt. Es gehört eine freiwillige Beschränktheit und daneben eine Gottesgabe Phlegma dazu, unmodern zu bleiben: aber es ist nöthig, der Instinct
grosser Männer beweist es. „Ich muss gestehen, froh
zu sein," schreibt Keller 1850 an Freiligrath, „dass ich
mich durch meine Langsamkeit und Faulheit über diese
krankhafte und impotente Periode hinausgerettet habe
und zur Vernunft gekommen bin, ohne dergleichen
Eseleien zu machen, wozu ich auch grosse Anlagen
hatte." Das war Krankhaftigkeit von 1850, noch lange
nicht Krankhaftigkeit von 1895; damals spukte ein
„pikanter Byron'scher Atheismus" und Heine'scher Selbstwiderspruch, aber was spukt nicht alles heute? Der Symbolismus. Der Neo-Idealismus. Der Spiritismus. Der
Japanismus. Der Satanismus. Das Geschlechtliche, nicht
mehr in vierzig, sondern in vierhundert Abarten. Die
Mystik, nicht mehr katholischer Kirchen, sondern der
Riesentempel von Elephante. Die Neurasthenie, die von
gelber chinesischer Seide hallucinirt, während „in rütteln-
den Wogen Krämpfe über ihre Knochen rieselten." Die
Sprache, nicht mehr gallisirend, sondern zugleich kelti-
sirend, zigeunernd, in allen europäischen Nüancen flim-

16*

mernd. Die Farbe: schwindend, unfassbar, übersinnlich
— oder schreiend conträr: grüner Himmel auf violetten
Wiesen. Die Musik: nur noch Chromatik, Stimmungs-
gewühl, lechzend, stammelnd, rasend, Brunst und keuchen-
der Athem. In diesem Wirbel leben und taumeln wir
Modernen. Zwei, drei Grosse stehen abseits: es sind die
Keller-Naturen, Schweizer von Temperament, vielleicht
von Abstammung. Der Rest ruinirt sich . . .

349.

Ich finde eine gewisse Hyperbolik des Ausdrucks
und der Gebärde häufig bei pedantischen und mittelmässigen Naturen, ausserdem — oder wohl gerade deshalb — auch bei jungen Männern und bei den meisten
Weibern. Die kraftvollen und stark bewegten Seelen
sind dagegen nach aussenhin der Übertreibung öfter ab-
hold als geneigt, sie sprechen leise, sachlich und nüancirt,
beinahe druckfertig, sie bewegen sich nicht ohne eine
massvolle Plastik — selten genug, dass man sie rhetorisch
flackern und qualmen sieht. Formvollendung — ein Ideal,
dem selten von Pinsel und Feder, seltener noch von
Hand und Mund nachgetrachtet wird; bei den besten
Dichtern findet sie sich kaum, in der besten Gesellschaft
sucht man sie nicht einmal.

350.

Da das Beste an die Jugend doch verschwendet wäre,
so finde ich es recht und billig, wenn sie jene Mittel-
sorte geistiger Nahrung bevorzugt, die, ohne gerade verdorben zu sein, doch von keiner wählerischen Zunge mehr
angerührt wird: das wohlfeil Pathetische, das unwissen-
schaftlich Empfindsame, das beschränkt Entrüstete. Schon

in jungen Jahren kommt man oft in den Fall, Sachen
nicht mehr lesen zu können, die man als Schüler hätte
lesen sollen; es giebt nämlich, und in der ganz klassischen
Litteratur, Dinge, für die man mit zwanzig Jahren schon
zu alt ist. Um so wünschenswerther ist, dass man später
öconomischer verfahre und das, was man immerhin einmal gelesen haben soll, in einem Alter lese, wo es
Einem noch Vergnügen macht: so muss der Zwanzig-
jährige dem Dreissigjährigen, dieser dem Vierzigjährigen
vorarbeiten und Geschmacksanachronismen ersparen.
Diese Anordnung der Dinge wird von der Jugend übrigens
instinctiv befolgt, während das begleitende Bewusstsein
noch ganz im Schwärmerischen irregeht und die litte-
rarischen liaisons für genau so ewig und unzerstörbar
hält wie der Jüngling seine erste Liebe. Ach! der Bücher
und Kunstwerke, mit denen man sich auf Lebenszeit verheirathen kann, giebt es zum Glück nur wenige — und
keineswegs sind es die leidenschaftlich bezaubernden, die,
in welche man sich prima vista verliebt. Was wissen
wir heute von den Frauen und Büchern, die uns auf der
Mittagshöhe des Lebens begegnen und den langen Abstieg begleiten werden? Aber es lohnt sich, auf sie zu
warten.

351.

Ein Künstler kann und wird in der Regel dem, was
er als Künstler schafft, als Mensch so ahnungslos und
unfähig gegenüberstehen wie der Erstbeste aus dem
Publicum; das ist ein altes und lustiges Paradoxon.
Fremde schmücken und taufen das Kind; die Mutter
liegt im Bette und schläft sich aus. Der Künstler, dessen
Werk unter Umständen eine neue Cultur und Gesittung
heraufführt, ist mit seiner Moral, seiner Bildung ganz

und gar rückständig und in erhabener Weise zum Missverständniss seiner selbst geneigt. Der und der Schauspieler strahlt eine nahezu metaphysische Wirkung aus,
er redet wie aus dem „Abgrunde", wie Einer, der eine
unmögliche Erfahrung hinter sich hat, der in einer entsetzlichen Einsamkeit und Unterwelt einmal zu Gaste gewesen ist — und dieser geborene Prinz Hamlet dachte
mit seinem Oberflächenbewusstsein vielleicht an sein
Honorar oder an die Zeitungskritik, als er dergestalt als
Künstler auf seine Höhe kam. Mozarts Don Juan: nach
des guten alten Meisters Absicht unzweifelhaft ein de-
moralisirtes Ungeheuer, das a priori Unrecht hat und
an dem mit Furcht, Mitleid und tugendhafter Entrüstung
nicht gespart werden soll — für uns etwas unvergleichlich Höheres: ein Märtyrer des Genusses, dem es hinsichtlich des Weibes nicht beschieden ist bei einer einzelnen Enttäuschung stehen zu bleiben, eine skeptische
selbstquälerische verachtende Seele mit einem ungeheuren
Zug ins Tragische und Fatalistische, ein unbegriffener
unbegreiflicher Grandseigneur, stolz und ironisch genug,
um den harmlosen Moralweiblein, die er auf dem Gewissen hat, noch dadurch Recht zu geben, dass er sich
von ihrem Teufel holen lässt. So versteht Francesco
d'Andrade den Don Juan; welcher deutsche Darsteller
wäre vorurtheilsfrei genug, ihn ebenso zu verstehen —
also vor allen Dingen unmozartisch! Denn Mozart wusste
nicht, was er that, und vielleicht kein Künstler weiss es
— diese furchtbaren Unbewussten, die in allerunter-
thänigster Beschränktheit ihre zeitgemässe Cultur nur ein
wenig beleuchten, erleuchten wollen und dabei das ganze
Zeitalter in Brand setzen!

Splitter und Stacheln.

Furcht der Worte ist des Stiles Anfang.
Lauterbach, Aegineten.

In jedem Tropfen schläft ein Weltbild, und das grosse Kunstwerk fällt als Staubbach zu Thal!

Die Seele hat ihre Jahreszeiten; darum muss man sich an seinem Geiste Sommers zu kühlen und Winters zu wärmen wissen.

In jedem Augenblicke treibt nicht das gegenwärtig Reale, sondern das gegenwärtig Imaginäre und Entfernteste zu künstlerischer Production. Dies gilt für Individuen wie für Völker.

Auf jedes Fremdwort verzichten heisst auch auf jeden Fremdbegriff, jede Fremdempfindung verzichten. Das wollen Einige, — Andere nicht.

Sollte nicht Idiosynkrasie von einem wesentlicheren Ich in uns ausgehen, als unsere bewussten Zu- und Abneigungen? Unsere höchsten Interessen haben alle Ursache, sich nicht der normalen Intelligenz anzuvertrauen; auf Bewusstseinsschienen entgleiste mancher Zug.

Wort ist Werk und Wirkendes, Gedanke Ungestalt und ungestaltend.

Wenn Ihr Geringen nach den Rechten Hoher greift, dann vielleicht — halten sie sie fest! Einem, der abdanken will, muss man nicht den Nachfolger zeigen.

Heute Galgenstrick, morgen Glockenstrang.

Gewohnheit ist schon Verwöhnung; auch das harte Lager muss man wechseln.

Wer für die Vergänglichkeit schaffen will, muss zufrieden sein, wenn es ihm gelingt.

Der gute Stil sucht selbst das nothwendig Seltene und Ungewohnte zu mildern, der schlechte selbst mit dem nothwendig Alltäglichen zu verblüffen.

Der nächste Erfolg jedes Grossen ist Ungerechtigkeit gegen anderes Grosse, die wiedergutzumachen fast einer Rache an jenem Ersten gleichkommt: das Einordnen eines Neuen in unseren Kreis geht nie ohne zwei Gewaltsamkeiten vor sich.

Lasse Kind, Weib und Volk nie wissen, wie sehr du sie liebst!

Einen Gedanken weit zu werfen, bindet die Geschichte den Denker daran; lustig genug, wenn dann der Stein ankommt, das Papier aber unterwegs fortflog.

Ein umfänglicher Mensch sieht seine Peripherie nicht mehr, also gerade dasjenige, womit er Anderen zunächst sichtbar und fühlbar wird. Er müsste, um sich für den Verkehr mit Menschen tauglich zu erhalten, gelegentlich seine Grenzen abgehen, wo bei der grossen Entfernung vom Centrum gewiss Manches der Abhülfe bedarf.

Wo die gröbere Betrachtung noch nicht einmal Zusammenhang sieht, hat die genauere schon Identität erkannt, die nicht mehr des Aussprechens werth ist.

Das „Recht zu strafen" ist ein Unsinn oder ein Pleonasmus: man wähle.

Gesetzt, man dürfe sich der Gesammtheit „Pöbel" opfern, so doch nie dem Einzelnen innerhalb des Pöbels; dies wäre ja ein Unrecht gegen den übrigen Pöbel!

Der entwickelte Periodenbau der griechischen und römischen Rede ist in unserem eilfertigen Zeitalter, dem die Tugend des Ausredenlassens abhanden kam, nicht mehr möglich. Kein Mensch wagt sich heute noch mit einer ruhigen Syntax hervor, aus Furcht unterbrochen zu werden.

Jemand behauptete, unser Weltall sei aus den Excrementen einer ungeheuren Schildkröte entstanden. Diejenigen, die widersprachen oder sich nicht daran kehrten, nannte er Achelonisten, „Schildkrötenleugner".

Ein Weib, das geradezu auf die Sinne wirkt, hat den Umweg „Geist" nicht nöthig.

In jeder leidenschaftlichen Liebe suche ein Gran Perversität; ein normales Gattungswesen kann sich nicht bis zur Monomanie in den Einzelfall vernarren.

Eine alte Komödie, dass Einer, der dichten wollte, am Bleistiftspitzen scheiterte.

Freundschaft: eine beständige Störung des inneren Geschäfts, ohne die Möglichkeit, dem Störenfried gram zu werden. Darum bedürfen die Schaffenden der grossen Feindschaft; der Freund macht sie unproductiv und entwaffnet zugleich ihren Widerstand gegen das Unproductivwerden.

An einer Unglücksstätte: nicht das Zerstörte, sondern das Erhaltene zu sehen stimmt disharmonisch.

Mitstrebende findet man selten, Mitfaullenzende immer. Will ein Mann sich und seiner Aufgabe entschlüpfen, gewiss hilft ihm — ein Weib.

Der Energie, die ein unreifes Begehren in uns entzündet, werden wir uns bewusst, um zu ernsterem Kampfe auf sie zählen zu dürfen. Unseren Besitzstand zu beleuchten ist auch eine trübe Lampe gut genug.

Die Wegweiser hören auf. Das kann bedeuten: du bist am Ziel — oder du hast es ganz und gar verfehlt.

Der gourmet des Schmerzes vergiebt sich nie, ein Bitteres, das lebensgefährlich schien, zu schnell verschluckt zu haben.

Dieser suchte auf, was er sich nicht ersparen konnte: das Leben wird ihm einmal gute Manieren nachsagen.

Aufs Titelblatt jeder Theorie: Übersetzung in Praxis wird strafrechtlich verfolgt.

Worte sind Manns und Weibs genug, mit einander Gedanken zu haben.

Etwas von dem tiefen Cynismus, mit dem Baubo die Demeter erheiterte, muss einem Weibe eigen sein, das in grossem Stile fasciniren soll.

Was kostet diese That? — Den Thäter. — Das wäre billig.

Im Parlamente Leib ist Gehirn die Opposition.

An Gesagtes wende nicht deinen ganzen Ernst.

Auch im Bette Unglück ruhte sich wohl, liess' uns nur Hoffnung einschlafen!

Mehr Schnitter her als Wissenschaft, um Welt einzuheimsen!

Lieber befeindet als beweibt; besser, du leidest als deine Sendung.

Das Weibliche am Weibe giebt zu fürchten, sein Männliches zu lachen. Und welch Drittes lieben wir?

Als der Mensch legitim sein wollte, versuchten Natur und Gott nachträglich zu heirathen; Beide waren aber zu alt geworden.

Kürzeste Linie: so compromittirt sich Weltgeschichte nie!

Sich entwickeln heisst das tertium finden, das auf einer früheren Stufe „non datur".

Ewig fehlschiessen stimme endlich heiter.

Das Genie wirbelt den Staub nicht auf, sondern macht ihn, wie starker Sonnenschein, nur mehr sichtbar.

Wie wurdest du mich los? — Ich dichtete dich.

Jeder Lehrer, das Leben eingerichtet, soll eine Prüfung ablegen, ob er sich darauf versteht, den Schüler zur rechten Zeit fortzuschicken.

Nicht die Geissel ruhn lassen, man habe denn Scorpionen bereit. Moral ist Nothbehelf, für Härteres.

Dinge und Menschen halten einander durch Reibung fest.

Nicht Antworten haben wir über den Menschen hinaus, aber über den Menschen hinaus Fragen: wenig genug, und doch genug.

Die reiche, vornehme Natur erträgt es, Anderen verpflichtet zu sein; das Bedürfniss, Schlag auf Schlag „Revanche" zu üben, im Guten wie im Schlimmen, ist gründlich plebejisch.

Ein Schiff, das seinem Verfolger entgehen will, fährt auf die Sonne zu: möchten auch wir uns nie anders verbergen, wir Philosophen, als im Übermass des Lichts!

Das Meer wirft noch Wellen vom gestrigen Südwind, während heute schon Ostwind weht. — Was ist das? ein Gleichniss aus der Leidensgeschichte jedes Genies!

Aus der Befugniss des Mathematikers, reelle Formeln auf imaginärem Wege abzuleiten, macht der Metaphysiker den Unfug, empirische Dinge magisch zu erklären.

Das ist das schlimme Ende des Unrechtthuns, dass man aus allen Näpfen Verzeihung trinken muss.

Eitelkeit: das Diaphragma bei Selbstbeobachtung.

Der Organismus wird vom Centrum zur Peripherie immer weiser, älter, eingespielter. Der Muskel weiss mehr, als der Nerv, der ihn regt.

Theorieen sollen für sich selbst sprechen; ob irgend wer, zum Beispiel der Verfechter dieser Theorieen, auch nach ihnen lebt und handelt, kommt nicht in Frage.

Sieh da! er strauchelt? und doch liegt hier kein Stein des Anstosses! — Nein, er stolperte auch nicht über Etwas, sondern über Nichts. Sein Fuss erwartete die nächste Stufe; konnte er ahnen, dass eure Treppe schon zu Ende sei?

Überhebe dich nicht über deine Mitmenschen, denn der Tod macht alle Menschen gleich! — Dieses Meisterstück von denn erinnert an den Scherz für angehende Mathematiker: einmal Null ist dasselbe wie zehnmal Null (nämlich Null), folglich ist eins gleich zehn! — O diese Tugendlehrer! sie verrechnen sich, sie verschliessen sich, sie verurtheilen sich!

Nur Sonderling sein ist zu wenig; man kann sich von der Alltäglichkeit in horizontaler oder verticaler Richtung entfernen.

Auch das perpetuum immobile ist noch nicht erfunden, ihr Herren Reactionäre!

Es giebt Argumente, mit denen man keine Zustimmung erzwingen, sondern dem Gegner verrathen will, welche Voraussetzungen man bei jeder Argumentation unangetastet lässt.

Unsere Feinde an sich würden uns wenig anhaben, wenn wir sie nur selbst nicht panzerten, ehe wir sie bekämpfen. Wir denken Gegner und Einwürfe zu Ende, erheben sie ins Ideal und machen uns damit das Leben schwer.

Dass das Alter eines Menschen eindeutig bestimmt ist, kommt nur als Ausnahme vor; für gewöhnlich haben wir verschiedene, ungleichartige, ungleichaltrige Seelen in uns.

Wer die Fabel von der Glückseligkeit des Kindesalters aufgebracht hat, vergass dreierlei: die Religion, die Erziehung, die Vorformen der Geschlechtlichkeit.

Wahrheiten sind durchaus nicht immer international. Der Satz „l'essentiel du monde est la volonté" ist nur im Deutschen eine Wahrheit, dort allerdings eine gestabte, also rechtsgültige.

Allen Menschen darf man zu viel oder zu wenig sein, sich selbst nur — genug.

Wir sehen und denken entzwei, was ursprünglich ganz war; die Dinge haben einander viel lieber als unsere Vorstellungen der Dinge.

Was fragt der Liebende nach Ehe und dauernder Gemeinschaft? Er liebt einmal, wenn die Gestirnung günstig ist, dann tödtet er, oder stirbt, oder vergisst.

Wer sich grundsätzlich damit befasst, Heuchelei und Schauspielerei an sich und Andern aufzudecken, wird unversehens selbst zum Schauspieler.

In seinen besten Stunden hat der lebende Mensch die Moralität des sterbenden Löwen: er will allein sein!

Bewusstsein ist nur eine Art, mit den Dingen in Rapport zu stehen, und nicht die intimste.

Ist Reue und Selbstanklage eine vornehme Empfindung? Nur der Plebejer will nach erlittener Unbill des Schimpfens nicht entrathen. Vergebet euren Feinden, auch euch selbst!

Wer Person ist, dem laufen alle Dinge zu. Sie wollen durch ihn zu Worte kommen.

Seine Affecte in Erkenntniss, sein Ganglienleben in Gehirnleben übertragen können heisst philosophiren. Dazu muss man offenbar beide Sprachen verstehen; der rein wissenschaftliche oder der rein pathologische Mensch ist nur ein halber Philosoph, d. h. gar keiner.

Wer nie krank war, weiss nicht, aus wieviel Überflüssigem das Tagewerk des Gesunden besteht.

Es gehört zu den Befugnissen des Dramatikers, dass

er, um die Menschen einfach zu halten, die Complication in die Ereignisse verlegt; aber auch nur darum!

Die Bühne der Spiegel des Lebens — aber kein Planspiegel.

Gute Musik und tiefe Glocken sind einer Kirche nützlicher als das klügste Dogma.

Dichter ist, der es allem zu verleiden weiss, was um ihn dichtet: der lauteste Sprecher, der das letzte Wort behält; der übereifrige Anwalt, der dem Vertheidigten in die Rede fällt. Dichter und Leben missgönnen einander, zu Gehör zu kommen.

Man kann den Nexus zwischen zwei Phänomenen längs der Linie causaler Stetigkeit noch so genau kennen: die unwillkürliche Empfindung zieht doch immer die kürzere, die Luftlinie zwischen beiden und glaubt an ein Wunder, an actio in distans.

Egoist: Einer, der es mit sich gut meint; Altruist: Einer, der will, dass Andere es mit ihm gut meinen.

„Ideale“ sind Speisen, die der menschliche Organismus auf Kosten der Zukunft geniesst; von dieser Seite her ernährt ihn der Wille, wie von der anderen das Wissen. Willenlose Erkenntniss — das heisst, sich durch den After ernähren lassen.

In Dingen des Geistes giebt es kaum einen anderen Reichthum als den an Enttäuschungen.

Das ist ein Original, er meidet die Heerstrassen — aber er tritt auch den einsamsten Waldpfad zur Heerstrasse breit. Vielleicht hat er für ein Original zu plumpe Füsse.

Mancher lässt sich um seinen Schmerz betrügen und glaubt damit noch das Glück erfunden zu haben.

Es ist billig, dass wir unsere Erfahrungen theurer bezahlen als Andere; für uns, die wir zwischen den Zeilen lesen, steht mehr darin!

Geistige Männer sind oft für einander stumpf, unempfindlich, unempfänglich — eine traurige Geschichte. Eine Flamme wirft Schatten im Lichte der anderen, als wäre sie ein schwarzer Körper, und doch sind sie Schwestern!

Wer wird aus den Trümmern eines grossen Glücks die Überbleibsel zusammenlesen! Wer ganz reich gewesen ist und es wieder einmal sein wird, ist inzwischen stolz genug zur ganzen Armuth!

Hat man einmal sein Zartgefühl zerrissen, so schaffe man sich etwas Besseres an: es wächst nicht wieder zu.

Wenn Schweigsame einmal zu reden kommen, so schütten sie mit einem Augenblicke zehn Jahre vor- und nachher aus. Darum nehmen sie es so tödtlich übel, nicht verstanden zu werden: sie haben zuviel auf eine Karte gesetzt, sich für zulange ausgegeben.

Wer die Rache schilt, vergisst, dass es Reinheiten giebt, sich von ihr zu waschen.

Lenkungen sieht man's zu spät an, wovon sie ablenkten, zu früh, welchem Nichts sie zulenken.

Das Glück ist schnell bereit, Verschuldungen wieder gut zu machen: dabei aber stösst es auf den ganzen Trotz, dessen ein Zurückgesetzter fähig ist, und wird selber trotzig.

Was liegt an Menschen und Dingen! Es wird immer grosse Augenblicke geben.

Kniee vor einem Stein: sofort stellt sich ein Gott darauf. Stumpfe deinen Blick: sofort siehst du ein Räthsel. Greife müde: sofort greifst du auf Widerstand. Säume zu gebieten: sofort verbietet dir Sitte.

Schon eine Raumdimension mehr erklärt Wunder über Wunder: um wieviel mehr erst eine qualitative Weltsteigerung!

17

Nicht einmal die Philosophie des Plebejischen ist zu bekämpfen, geschweige denn der Plebejer selbst.

In dem Augenblicke, wo uns eine Täuschung gelingt, reizt es uns schon wieder sie zu zerstören.

Ursache muss festes Gewissen haben, um alle ihre Wirkungen zu verantworten.

Höchster Grad von Freundschaft: einem Überflüssigen zuliebe, damit er sich aushalte, selber überflüssig werden.

Begründet, erfindet, erlügt Unterschiede — aber verwischt keinen! Besser eine utopische Rangordnung als die plausibelste Gleichheit.

Hör' auf, mich zu lieben, dass du wieder gut zu mir sein kannst!

Nach tiefer Erschütterung lange schweigen, daraus wächst die grosse Kunst. Man wird an den Dingen nie dann zum Dichter, wenn man zu früh über sie Worte findet.

Das Heiligthum eines Aufrichtigen: eine Galerie von Menschen und Landschaften, denen er nicht begegnet ist.

Wer noch hofft, hat die Hand nicht frei zum Experiment.

Verdienst du die Strenge, deren du bedarfst? Nicht eher, als bis du selbst sie dir erzeigen kannst.

Schone Alle, von denen du einmal nicht geschont sein willst.

Weiss er die Stange nicht als Knüttel zu brauchen, ist der Fahnenträger verloren.

Auch die Pausen sind Musik, auch Nichtgesagtes gilt es zu hören.

Fehlgeschossen! — Ja, Freund, warum zieltest du auch dahin, wohin du treffen wolltest?

Hat man sich über kleines Missgeschick geärgert, lerne man über die grosse Irrationalität lachen, dass Jeder,

der plant, nur Eines vergisst: die Hauptsache. Umwege von Viertelstunden mögen verdriessen; aber mit dem ersten Schritt nach Westen gerathen, wenn man nach Osten will, — dabei giebt es nichts zu grollen.

Mit der Umarmung hört es auf, dass man einander die Hand geben kann.

Was zu Zweien möglich ist, muss man wissen, um Einer zu werden.

Liebe und Sinnlichkeit sind zu verwandt, um Freunde sein zu können.

Ein Siebenmeilenschritt vorwärts, jeder folgende zurück: Normalverlauf des altruistischen Anfalls, genannt Liebe.

Lass kleine Weiblein über zerstörte Illusionen klagen: du kamst nicht auf den Markt, um wohlfeil einzukaufen.

Nahm ich für dich Partei: weh dir, fällst du nun von dir ab!

Ad absurdum geführte Vernunft ist lammfromm gegen lügengestrafte Nerven.

Gott wird dauern: Atheismus conservirt ihn.

Am Erlebten rächt uns Darstellung, oft über gerechtes Mass.

Alles vergeben: eine sublime Art, zu Bosheit zu reizen.

Nicht in Etwas sein Gegentheil, sondern in Etwas Nichts entdecken ist die verletzendste Enttäuschung.

Die Seele vermag es noch nicht, Selbstberührung von Fremdberührung auch im Dunklen zu unterscheiden: sie fühlt Concubinat und ist Morgens abergläubisch erschrocken, allein zu liegen.

Gott ist ein Bedürfniss nach äusserster Ungenirtheit; Menschen mit Disciplin haben dergleichen nicht nöthig.

Der freie Geist will nicht Herrenlosigkeit, sondern centralisirte Botmässigkeit; er verlangt, dass die niederen

17 *

Imperative, die seine Lenkung in die Hand nehmen, selbst wieder höheren gehorchen.

Als letzte Versuchung überwinden wir den Hochmuth, uns versucht zu glauben.

Der Geräderte hat wenigstens Musse, still zu liegen — vielleicht das erste Mal in seinem Leben.

Beim ersten Besuch legt man gewisse Garderobe-Stücke nicht ab. Es ersparte manches Peinliche, wenn man sich z. B. vornähme, bei der ersten Liebe seinen Geist anzubehalten.

Das beste Gespräch führen Zwei über Zweierlei; unmöglich, nicht am Andern vorbeizureden.

Schriftsteller, die von ihrer Kürze sprechen, lassen sie gewöhnlich vermissen. Die wirklichen Brachylogen halten sich immer noch für zu redselig.

Irgendwem zu begegnen, gehe man in sein Verbotenes.

Es erfüllt mit Vertrauen zur Menschheit, dass sie es nicht erträgt, ohne régime zu leben; es ist ihr horror vacui.

Unter den Bewunderern entgleister Grösse ist auch der Philister; hier, wo es keine Gefahr mehr bringt, entschliesst er sich gern auch Geist zu haben.

Das allgemein Geglaubte giebt eine krumme Richtschnur, mag man sich nun danach oder dagegen richten.

Iss auf, was du hast: dann kannst du verhungern, kannst folglich etwas Neues zu essen bekommen. Man soll, so oft es geht, seine Existenz von Dingen abhängig machen, deren Existenz noch unbewiesen ist: das sicherste Mittel, ihr Entdecker zu werden. Als „verlorener Pfeil“ ist das Leben immer noch wohl angewandt.

Jeder Mensch hat der Menschheit mehr zu verzeihen als sie ihm.

Gegen sein Wissen glauben stärkt die Persönlichkeit, wie gegen den Strom schwimmen die Arm- und Beinmuskeln; aber derlei Sport will nicht übertrieben sein.

Der Philosoph hofft, wenn er sich ein paar naturwissenschaftliche Facta aneignet, man werde seine ganze Philosophie für Wissenschaft halten: er gleicht dem Panoramenmaler, der einige körperliche Gegenstände in den Vordergrund stellt, um auch für seine bemalte Leinwand den Schein der Körperlichkeit zu erwecken.

Die unmittelbare Gegenwart ist trivial, erst durch Zukunft oder Vergangenheit nehmen die Erlebnisse Grösse und Grossartigkeit an.

Man darf Analyse und Allgemeinheit nur bis zur vorletzten Stufe treiben, wenn man die Dinge nicht entfärben und entkörpern will.

Wenn der Mensch producirt, hat er die Fühlung mit der Aussenwelt verloren; statt seiner repräsentirt ein Ich zweiter Klasse, ein Ego adlatus.

Im Theater des Lebens giebt es viele wirklich sehr schlechte Plätze. Aber das aufgeführte Stück ist gut.

Grosser Schmerz ist nur geliehen: hast du ihn ausgelebt, so gieb ihn zurück.

Es lohnt sich nicht, auf seine Tageseintheilung Geist zu verwenden, wenn die Woche weniger als sieben Sonntage hat.

Der Philister hat alles gute Gewissen aufgekauft, wahrscheinlich um den Preis dafür in die Höhe zu treiben. Und wirklich, mancher höhere Mensch gab sein Letztes (sich selbst!), um sich wieder einmal moralisch zu fühlen.

Ein vornehmer Geschmack schützt auch vor vielen Arten der Unmoralität, aber nicht desshalb ist er vornehm.

Für ein fertiges Publicum schaffen, in eine fertige Moralität hineinhandeln ist weder Kunst noch Sittlichkeit ersten Ranges.

Was der Mensch in die Schauläden seines Bewusstseins legt, ist fast immer Trödel, aus dem man nicht auf
den „innern" Menschen schliessen darf.

Wer sich nicht halten kann, soll nicht warten, bis
er fällt, sondern hinabspringen, „sich opfern". Es sieht
so besser aus! mehr will ich nicht sagen.

Eine Wahrheit, die das Volk „begriffen" hat, trägt
die Spuren schmutziger Finger.

De omnibus dubitandum: also auch an der Verbindlichkeit dieser Vorschrift!

Erkenntnisse, die wohl oder wehe thun, sind mit
unwissenschaftlichen Zusätzen vermischt; die reine Wahrheit redet keine Gefühlssprache.

Wer nicht s i c h will, soll nicht schlechthin Anderes
wollen, sondern Besseres.

„Und" ist das πρῶτον ψεῦδος der Sprache.

Sechs Tage s o l l s t du arbeiten, der siebente i s t ein
Ruhetag und Gott geweiht! So ist es recht; otium ist
eine Kunst und lässt sich nicht gebieten.

Optimist darf man nicht auf einen Theil des Daseins,
sondern nur auf das Ganze hin sein.

Lieber ans Kreuz genagelt sein, als in einer peinlichen Lage sich noch selber festhalten müssen.

Die moderne Bildung: Acteure und Redacteure.

Er schweigt viel, aber glaubt ihm nicht! er verschweigt nichts! er würde verstanden werden, wenn er
redete!

Die wohlfeilen Arten der Erkenntniss genügen Dem
nicht, der für Erkenntniss mit seinem Glück und Leben
zahlen will.

Der Krieg antwortet auf mehr Fragen, als gestellt
wurden.

Um alles, was Object heisst, wider dich zu haben,

werde Solipsist! Dem es beizubringen, dass sie auch existiren, ist aller Objecte Lust.

Wer gerichtet hat, richte nun sich — wenn aus keinem andern, dann aus dem Grunde, weil er das Beil einmal in der Hand hat.

Man muss auch sich selbst die nächsten Wünsche an den Augen absehen. Einer, der gut mit sich auskam, sagte: Ich bitte mich um Nichts, was ich mir nicht längst gewährt hätte.

„Eine Scene machen" drückt vortrefflich aus, dass man dazu theatralisch angelegt sein muss; grosse Seelen zürnen still!

Das Haupt, das die schwerste Krone trägt, kann nicht mehr nicken, nur noch langsam verneinen . . .

Weil du nicht Pygmalion sein kannst, muss dich der Hammer am Meissel rächen?

Mitleid ist ein Quiproquo, das Dem schmeichelt, der dabei gewinnt.

Ideale ohne Idealisten würden viel mehr Zuspruch haben.

Dass sich die Menschen an Dingen, die sie nicht verstehn, die Köpfe zerbrechen, ist nicht das Ärgste; wenn sie nur nicht mit diesen Köpfen weiter dächten!

Es gehört mehr Mensch dazu, Errungenes zu geniessen, als es zu erringen.

Die ausschweifendsten Vorstellungen vom „Recht der Jugend" hat man zu der Zeit, da man am wenigsten jung ist: in den zwanziger Jahren.

Mit seiner Vollkommenheit thut man Anderen nothwendig wehe: und die Meisten suchen sie gerade darum.

Eine Gegenwart, die rasch und heimlich genossen werden muss, hinterlässt den feurigsten Nachgeschmack.

Es liegt höhere Menschlichkeit darin, dass man so

Vieles auf Erden für Geld haben kann. Wer die conventionellen Formen des Erstehens und Sichabfindens ersann, wusste um eine vornehme Seele und deren Bedürfnisse; nur der Pöbel liebt, hasst, bittet und dankt mit der ganzen Person.

Geist und Tugend vertragen sich schon in einer Seele, nur müssen sie von Tisch und Bett geschieden sein.

Wiederholung ist die mildeste Form von Parodie.

Wir sprechen immer Höheres aus, um darüber hinaus noch Höheres zu verschweigen; so wachsen wir mit unserem Sagbaren und Unsagbaren in die Höhe.

Menschliche Eitelkeit möchte sich überreden, der Sprung vom Thiere zum Menschen sei so ungeheuer, dass ihn die Natur nur einmal gemacht haben könne. Aber die hat lange Beine!

Wahrscheinlich sind am Denken Innervationsimpulse des Kehlkopfs betheiligt. Wir denken nicht nur in Worten, sondern geradezu in Klängen, in rhetorischen Farben und Stimmungen — wir stellen uns auf eine fingirte Rednerbühne vor fingirte Zuhörer.

Gespensterfurcht ist ihre eigene Enkelin: Mutter und Tochter der Religionen.

Noch ein Jahrhundert den Körper studirt, und Niemand liest mehr die Übersetzung „Geist".

Eingesperrt in der eigenen Haut: ist's ein Wunder, dass der Gefangene närrisch wird, dass der Mensch nach dem Kerkerwechsel „Liebe" schmachtet?

Weltuntergang wäre heute noch gute Ernte für Wirthe und Kuppler: vertagen wir ihn, bis er Besseren Zulauf schafft.

Man erzählt mit falschen Accenten, solange man von jeder Gattung nur Ein Erlebniss hinter sich hat.

Gegen die Liebe predigt Ohnmacht mit ihr umzugehen. Eine Naturkraft wünscht man nicht hinweg: man zwingt sie für uns zu arbeiten.

Danke deinen Irrthümern, wenn du so alt wirst, Wahrheiten zu erleben.

Hart gegen Andere ist die Vorschule zu Hart gegen sich, also prae limine zu billigen.

Wer sich berufen fühlt, Illusionen zu zerstören, handelt selbst aus Illusion.

Zeus hat von den Griechen eine bessere Meinung als sie von ihm; die Griechen erfinden Götter, um gut von sich zu denken. Das Christenthum erst bringt dies Verhältniss ins Reine — wirklich ins Reine?

Den Kreuzestod sterben für seine Wahrheiten — gut! Aber ein Anderes ist, sich um ihretwillen von Würmern und Giftfliegen benagen lassen. Moderne Martyrien sind unästhetisch, darum geht man ihnen mit Recht aus dem Wege.

Die letzten Ausläufer einer Gedankenkette sind entweder zu spitz oder zu niedrig, um die Schneekrone der Wahrheit zu tragen.

Liebe ist oft eine Verlegenheit und Ausflucht Derer, die sich nicht auf die kälteren Umgangsformen verstehen.

Alles Schaffen geschieht im Rausche und wird weder von den nüchternen Menschen noch von den nüchternen Augenblicken des schaffenden Menschen verstanden.

Der starke Glaube erübrigt die Existenz des Geglaubten.

Der wirkliche Mensch sieht den idealen über sich schweben und begreift nicht, dass es die Schwere der Realität ist, die seine Wagschale zum Sinken und die des Anderen zum Steigen gebracht hat.

Religion ist zu bequem für uns, aber der heutige Mensch ist zu bequem zur Religion.

Es giebt Freunde als Nothhelfer und Freunde als Genusshelfer, Mitleidende und Mitfeiernde; die zweite, edlere Art bleibt einander fern, solange sie am Alltag des Lebens zu schleppen hat, und schaut nur von den selten erreichten Gipfeln der Reife, Ruhe, Meisterschaft zu ihresgleichen hinüber.

Sich mit zahlreichen Forderungen von Sitte und Sittlichkeit umstellen ist das beste Mittel gegen Langeweile; der Tugend bringt der ganze Tag Besuch — von „Versuchungen".

Durch vieles Denken wird man gegen alles Denken misstrauisch.

Die meisten „Interessen der Menschheit" sind verkappte Diätfragen.

Seid Welt, und lasst Andere Welt erklären!

Das Ross That ist gestürzt: wie sie herangekrächzt kommen, die Aasgeier Reue und Ruhm!

Du zweifelst? Kein Glaube war mehr Glaube, als dein Zweifel.

Hülle verkehrt mit Hülle, die Fülle bleibt stumm, also unbeweisbar.

Der Gekettete erkennt, wie oft er sich ehedem mit Fäden binden liess.

Der Geduld eines Engels kommt nur eine wirkliche nahe: die des Raubthiers, das auf Beute lauert.

Ärmster der Verkünder! Alle hast du überzeugt — ausser dir!

Befehdung eines Ausser-mir ist Befreiung von einem In-mir.

Dort sinkt mein Glück. Sah ich es je so schön?

Draussen hängen die Dinge fester an einander als in unserem Kopfe.

Allen erlaubt, mir verboten: so redet der freieste Geist.

Misslingen im Kleinen ist noch lange keine Berufung zu Grossem!

Ein Gedanke sucht Obdach. Ich vermiethe mich ihm — für heute!

Gedanke beim Heirathen: was ich vor mir nicht schützen konnte, muss ich vor Schlimmerem schützen.

Um den gefährlichsten Problemen zu begegnen, muss man nur ohne Jagdgewehr ausgehen.

Jeder Erfolg ist Ablenkung, wäre nur auch jeder Misserfolg Zurechtweisung!

Grösse ist, sich ihrer begeben können.

Die Frau überwintert, der Mann bringt zur Reife.

Der Mensch wird böse, wenn man ihm wehrt, auf seine Art zu Schaden zu kommen.

Auch bei der Selbsterziehung lässt es sich so einrichten, dass der Geführte Führer zu sein glaubt.

Der Astronom bringt sich um den Himmel, der Historiker um die Helden, der Ehemann um die Geliebte. Man trinkt sich nüchtern, handelt sich ärmer, lebt sich todt.

Nimm mein Leben! aber keinen Heller Lösegeld! — Alles opfert sich leichter als Weniges.

Man heizt mit Liebe, um den Geist in Gang zu setzen; gäbe diese Kohle nur nicht so erbärmlich viel Qualm!

Lucrezia Borgia, das Weib ohne Gedächtniss, folglich das einwandfreie Weib! Man hat immer erst eine Vergangenheit, wenn man sich nach ihr umsieht.

Sind Worte nicht dumme Vögel, dass sie auf die Leimruthe „Gedanken" gehen?

Es ist schade, dass man die Rechtmässigkeit einer Fragestellung nie früher anzweifelt, als bis tausend Versuche der Beantwortung missglückt sind. Wir könnten

sonst in der gleichen Zeit die doppelte Culturstrecke zu-
rücklegen, aber „die Menschheit soll nicht so schnell
zum Ziele".

Was der Philosoph für unmittelbare Gewissheit
ausgiebt, ist gewöhnlich eine ganz verzwickte Lüge.

Credo quia absurdum — so redet kein wahrer Glaube.
Auf diese Weise schriebe ja doch die Vernunft vor, was
geglaubt werden muss, nur per contrarium?

Der Affe als degenerirter Mensch ist vielleicht verständlicher denn der Mensch als progenerirter Affe.

Ungerechtigkeit ist das Recht der Schaffenden,
Widerspruch das der Realitäten.

In Luft und Wasser nimmt der Druck der Umgebung von oben nach unten zu, in der menschlichen
Gesellschaft von unten nach oben.

Jeder grosse Mensch hat das, was seinen Nachbetern
fehlt, das Gewissen und die schreitende Folgerichtigkeit
seiner Entwicklung; desshalb wird er oft von ihnen
scheinbar überholt.

Selbständigkeit will nicht gesucht sein. Man soll sie
haben, aber man soll eher noch nach Führern und Vor-
bildern suchen.

Wenn selbst der Pöbel liest, schreibt und discutirt,
ist lange kein Krieg zu erwarten. Die Bauern sagen:
Bergaufweiden des Viehs gilt als Zeichen guten Wetters.

Wer bisher die Menschen befreien wollte, war selbst
noch zu sehr Knecht.

So will's die Logik! — Wenn weiter Niemand!

Das ist Philosophie, die versagt, wenn man ihrer
bedarf; der Nothhelfer giebt es schon zuviele.

Man kann die Geliebte zum Weibe, zum Kinde, zur
Mutter haben wollen: auf das Merkmal „Generation" ist
in der Liebe zu achten.

Seiner Misserfolge beim Publicum rühmt man sich, warum nicht auch derer beim Weibe?

Nicht alle Seelenkämpfe sind gefährlich; man lasse sich von den Dichtern nichts einreden.

Der berufene Mensch nimmt es mit den Anlässen, sich zu opfern, nicht genau genug; wo eine Thür zum Untergange sich aufthut, meint er, es gelte ihm.

Von Jemandem nicht scheiden können, ohne ihm „die Wahrheit zu sagen", ist Sache der gelbgrünen, galligen Seelen. Ausserdem schneidet es die Wiederanknüpfung ab, und derlei sollte man sich offen halten, selbst wenn dieser Jemand das Leben ist.

Wie würde in einigen Generationen die Menschheit aussehen, wenn Sitte geböte, am Tage, bei hellem Sonnenschein, zu zeugen?

Gerade der Mann mit Tiefgang kommt schwer über die Sandbank Weib hinweg.

Der Denker, der liebt, muss sich als zurückgelegtes Stadium, als Larve conserviren; er hat zu schonen — nicht sich, sondern sein Bild in einem vertrauenden Herzen.

Heute schwöre! welcher Fahne, erfährst du morgen.

Es giebt viele Moralen, wohl uns! So schläft der Strom und Windzug Immoralität nie ein, der sie ausgleicht! Frisches Wasser, frische Luft für die Stauberstickten, die Stubenhocker einer einzigen beschränkten Sittlichkeit!

Ein explicite sexuelles Dichten ist unreif und unerträglich. Das Geschlechtliche mag überall als Grundton hörbar sein, aber nicht für sich allein herausklingen; es muss ins Leben resorbirt werden wie das Sperma ins Blut.

Die schlichte Ausdrucksweise ist stärker, anspruchsvoller als die hyperbolische; vielleicht muss man gerade, um nicht zu übertreiben, in Superlativen sprechen, d. h. zu einem gewissen Grade des Misstrauens auffordern.

Nach mir die Sintfluth! so denkt jede Liebe und verrechnet sich wie jener Verschwender, der sein Vermögen überlebt. Vielleicht ist Liebe ihrer Folgen wegen da: als Anreiz, sich einmal ganz auszugeben und dann eine Weile von Nichts zu leben.

Was ich im Rausche gethan, lasse ich am wenigsten im Stich, — sagte ein Nüchterner.

Der fatalistischere Fatalismus ist, der die Dinge nicht gehen lassen will, der jeden Windstoss als Signal zum Curswechsel ansieht.

Grenze des Charakters. Will man auch nur Denen Recht geben, die wirklich Recht haben, so kann man nicht Ein und derselbe Mensch bleiben.

Warum in Feinden wählerischer sein als in Freunden?

Die glücklichste Liebe ist die muthigste, die sich auf halbausgebranntem Vulkan anbaut.

Ein zurückhaltendes, schweigsames Weib: was hält es eigentlich zurück, was verschweigt es denn? Ich lobe mir das kluge, heitere, zutrauliche Weib: das einzige, das aufrichtig ist und sich nicht inscenirt.

An der Grenze zweier Erlebnisse: all mein Erworbenes lasse ich, um Zoll zu sparen, drüben und fange im neuen Lande von Neuem an.

Es sind nicht einmal die eigenen Tugenden, mit denen wir uns das Leben erschweren.

Verdorbenheit rechnen wir einem Weibe hart an, wenn wir es nicht verdorben haben.

Schade! auch auf ewige Antipathie ist kein Verlass!

Erfand ein erhörter oder ein verschmähter Vogel das Singen? Ist die Kunst Dank oder Rache?

Die Irrthümer, von denen wir wieder „zurückkommen", sind damit nicht entwerthet. Bereuen wir Reisen, weil wir einmal nach Hause müssen?

Dass, trotz seiner grundverkehrten Erziehung zur Ehe, das Weib in der Liebe weniger phantastisch ist als der Mann, dankt es seinem unzerstörbaren „Genie der Gesundheit", um dessen Mitgenuss wir uns in aller Demuth zu bewerben hätten, statt unsererseits das Weib romantisch zu machen.

„Brennende Fragen", welch ein Widersinn! Wenn sie wirklich brännten, würdet ihr schon die Antwort wissen!

Dem Geliebten verzeihen wir sogar seine Vorzüge.

„Sein Blut komme über uns und unsere Kinder!" — Aber wer wird Unmündige beim Wort nehmen?

Liebe ist Loskauf von Güte und Dank; Steine statt Brotes.

Worte über ein Erlebniss, einen Menschen finden heisst einen Sarg zunageln.

Das Leben schmeckt mir gut und — schlecht genug, jedenfalls bedarf ich keiner Würze und Nachhülfe und künstlichen Piquanterie, ihr religiösen Muskatköche! Giftmischer! Sinnenkitzler!

Walten ist Gewalt, jedes Thun ein Unrechtthun. Gott kann ein Schöpfer sein, oder ein Gerechter: nicht Beides.

Was dem Auge wohlthut, würde die greifende Hand verletzen: starke Formen, Krümmungen, Spitzen, Kanten. Unser „Gefühl" will die Dinge glatt, flächenhaft, rund, „ideal", also dem Willen unseres Gesichts entgegen.

Absolutes Herrschen ist Dienen, wie es ein Zwang ist, sich ungezwungen zu bewegen. Der Mensch will hier gehorchen, dort befehlen; nur gehorchen, nur befehlen ist ihm unnatürlich.

Die Grundsätze richten sich zehnmal nach dem Handeln, ehe einmal das Handeln nach Grundsätzen.

Galiani über Rabelais: Il ressemble au cul d'un pauvre homme, frais, dodu, sale et bien portant.

Je besonderer wir geformt sind, desto seltener finden wir uns congruente Erlebnisse, und desto fester haften sie in uns.

Wer viel Tugend hat, braucht viele; wer sich nicht in Versuchung führt, verträgt keine.

Über Religion, Staat, Ehe denkt man ungefähr so: es ist schon viel, dass diese Dinge nicht an ihrer eigenen Praxis zu Grunde gehen; aber noch dazu theoretische Beleuchtung — die vertragen sie keinesfalls!

Die holde Scham, die nicht ätzt: so schämt sich Wohlgerathenes seiner Reife, das Weib seiner Mutterschaft, die Welt ihrer Schönheit.

Der Weg zum Können heisst Müssen, nicht Dürfen.

Nonum prematur in annum: aber nicht das Gedichtete, ehe es mitgetheilt, sondern das Erlebte, ehe es gedichtet wird.

Erst das Vergessene hat voll gewirkt.

Sich ver lieben: eine Freimüthigkeit, die der deutschen Sprache Ehre macht.

Verschwinde du! oder dein Werk ist verschwendet!

Man spricht für eine Sache, was man dem Thun für sie entzieht.

Wenn man den Idealen nicht Gelegenheit giebt, sich zu Tode zu practiciren, so wundere man sich nicht, dass sie ewig leben.

Du bist noch Fleisch? So ist deine Lehre noch Wort.

Schäme dich, dass dies Unglück dir aus dem Wege ging!

Was mit uns gewollt wird, verräth sich als Widerstand gegen das, was wir wollen.

Was Jungfer Ideal dir geboren, — lass es Frau Wirklichkeit nicht sehen!

Gegenliebe ist ein Todesstoss, den kaum die gesündeste Liebe verwindet.

Wem zuviel gegeben worden, dem wird das Überflüssige wieder abverlangt werden. Und gerade das Überflüssige entbehrt sich am schwersten.

Das Leben ist ein Umweg zwischen Geburt und Tod, der subjectiv nähere Weg führt vom Tode vorwärts durch das Unendliche.

Polemische Zeiten und Menschen sind arm an gründlichen Gegensätzen.

Manche begehen Haufen Unrecht, um nicht eine Handvoll begangenes einzugestehen.

Zwang ist auch Sicherheit, Gefahr schirmt vor Gefahren.

Jedes Temperament ist eine Fälschung, die dem Leben Sinn oder Unsinn, Schönheit oder Hässlichkeit zulegt, — zulügt.

Die Moral muss ihren eignen Namen vergessen haben, da sie überall, wo von Werth und Schätzung die Rede ist, sich und ihr Urtheil angerufen glaubt.

Man muss als Seele so hoch und weit gebaut sein, dass der Lärm im Erdgeschoss nicht bis in die oberen Stockwerke dringt.

Kurz und gut: was will ich eigentlich vom Leben? — Mich!

Das Leben überwinden ist eine Redensart für den Thatbestand: vom Leben überwunden werden.

Wer sich an der „ewigen Gerechtigkeit“ des Daseins

18

unbedenklich ergetzt, ist weder Richter noch Verbrecher, sondern gaffendes Tribünenpublicum.

Dunkle Ahnungen und Dränge peinigen; daher die Melancholie der Jugend und die Heiterkeit des nicht gefühlsärmeren, aber gefühlsklareren Mannesalters.

Den Einen zerhaut das Leben mit scharfer Schneide, den Anderen zersägt es mit Luntenstricken. Wer betet, sollte sich Marterung mit solchen Instrumenten erbitten, die wirklich und ursprünglich zum Martern bestimmt sind.

Es giebt Fragen, in denen man ohne einigen Geist gar nicht irren kann.

Honig und Stachel der Erlebnisse liegt vor und hinter ihnen, nicht in ihnen.

Es ist Philosophenlust, über Dinge reden zu dürfen, die ihn nichts angehen.

Der Mensch ist zu gut für diese Welt, also wird er in jener weiterleben. — Diese Welt ist zu schön für den Menschen, darum sollte er in dieser weiterleben, noch einmal und hundertmal leben.

Weibesschönheit ist Wille zu gebären, Mannesschönheit Wille zu zeugen: nur mit dem Unterschiede, dass der Mann auch auf andere als leibliche Vaterschaft hinauswill.

Um uns selbst besser zu schmecken, spülen wir uns den Mund aus — mit Gesellschaft.

Man soll Wahrheiten sagen, wie man einen Stein schleudert, nicht wie man etwas aus der Tasche verliert.

Jeder Philosoph hat einen Gedanken, dem gegenüber er aus der Rolle des Denkers fällt.

Dass uns eine Erkenntniss juckt oder kitzelt, beweist, dass wir nicht fest genug zugegriffen haben.

Ehe man seine Moral Anderen auflädt, soll man sie selbst eine Lebensstrecke lang getragen haben.

Eine nicht gar zu wissenschaftliche Wiedergeburtslehre würde den Selbstmord gestatten müssen, etwa
als Abkürzung eines Besuchs, der den Hausherrn bei
schlechter Laune trifft, mit dem Vorbehalt, zu gelegenerer
Zeit wiederzukommen.

Niemand hält sich gern für überflüssig, — lieber
noch für schädlich.

Wir nennen den Löwen ein Raubthier und die
„lieben Vöglein" unschuldig; Fliegen denken umgekehrt.

Beim Bau einer Weltanschauung vergisst man gewöhnlich die Fremdenzimmer.

Es ist eine Pein für tiefe Menschen, dass die flachen
Erklärungen meist die richtigen sind.

Das Object — eine Übereinkunft, ein Vertrag vieler
Subjecte.

Motivation ist ein ästhetischer Fehler; die Dinge im
Kunstwerk müssen ihr Woher und Warum am Leibe
tragen, nicht auf dem Redekarren hinter sich herziehen,
— und müssen überdies so berechtigt aussehen, dass
man die Leibesvisitation vertrauensvoll unterlässt.

Der Mensch muss einen Herren haben; was folgt
daraus? „Ich muss sein." Nein, du musst haben!

Das Leben lieben ist Mannesvorrecht; für schöne,
reife und etwas cynische Weiber haben Jünglinge kein
Verständniss.

Ein Problem in aller Eile zu formuliren, damit es
nur als Problem nicht davonlaufe, muss man im Ausdruck nicht wählerisch sein. Gestatte uns einstweilen,
dich als Monstrum zu bilden: warum bist du Sphinx!

Der theatralische Cyniker, der sein Licht (seine Dio-
geneslaterne) leuchten lässt, wie würde er in Verlegenheit gerathen, wenn ihm der Mensch begegnete, den er
zu suchen vorgiebt!

18*

Durch seinen Gott hat der Mensch den Weg vorwärts gefunden, durch seinen Gott könnte er leicht denselben Weg wieder zurück finden. Wir sind nicht zuverlässig genug, als dass wir nicht nöthig hätten, diese Brücke hinter uns abzubrechen.

Die christlichen Märtyrer starben für die Sache Jesu Christi, und Jesus — desgleichen: um so viel steht er über ihnen, wie es schwerer ist, für die eigene Sache und für eine unbewiesene Zukunft zu sterben als für eine angefochtene Gegenwart, eine blosse Partei.

So viele Menschen sind eine Beleidigung der Menschheit, aber Niemandem fällt es ein, sie zurückzunehmen! Natur hat das point d'honneur der Raufbolde: provociren und nicht revociren.

Es ist verfeinertes Wehethun, sich das passive und Anderen das active Unrecht aufzubürden.

Der Wunsch, beachtet zu werden, ist der stärkste Trieb der Menschheit; sie will nicht glauben, dass in unserem Erdenwinkel gelebt werden kann, ohne dass das gesammte Weltall Ohren und Augen aufsperre. Wir fühlen uns immer noch als Schauspieler und schneiden die wunderlichsten Gesichter; eines Tages werden wir ein sehr dummes machen, wenn uns zum Bewusstsein kommt, dass wir kein Publicum haben.

Das Leben knüpft und löst Knoten, die das Denken weder lösen noch knüpfen kann: vielleicht ist das Leben um eine Dimension höher!

Auf Nachwelt rechnen sollte durch Vergessen bestraft werden, und Der nur überleben, der willig in Vergessen sank.

Auch das Leben sucht seine Eitelkeit darin, nicht dem ersten Blicke durchsichtig zu sein.

Wenn der Geist reden will, muss das Glück ins Nebenzimmer gehn oder mindestens sich die Ohren zuhalten; sonst ertappt es uns auf einem Undank.

Die Laster verdienen Tadel, weil sie den Menschen nicht zur Meisterschaft im Bösen reifen lassen.

Schlimm, wenn wir durch Alles hindurch müssten, um darüber hinaus zu sein!

Liebe wäre der Schwarzrock, Zeugung zu exorciren!

Des Nöthigsten kann man sich nicht versichern, wie die Lunge nicht erst den Sauerstoffgehalt der Luft bestimmen lassen kann, ehe sie sich zum Athmen entschliesst: sie muss athmen und entweder davonkommen oder ersticken. Sein oder Nichtsein ist keine Frage, sondern ein Versuch.

Wer als Autor auf seinem Persönlichen besteht, verdient ein Publicum, das es geradeso hält.

Was jung Blut niederschrieb, dabei denkt sich grauer Kopf etwas.

Leichter ist todtgeschlagen als die Thüre gewiesen.

Die Grösse der Gefahr misst sich an der Absurdität des Ausweges.

Dass Adel verpflichte, soll der Plebejer nicht in den Mund nehmen. Eigenthum ist Diebstahl, so darf der Eigenthümer reden. Wahrheiten (oder Unwahrheiten) dieser Art sind nur erträglich, wenn, wer sie ausspricht, dadurch einbüsst, also auf Seite der Gewährenden, nicht der Fordernden.

Dass du heute Brot issest, danke den Körnern, die dir beim Säen danebenfielen.

In den letzten Folgen kehren Glück und Fehlgriff ihr Vorzeichen um.

Die Asketen vergessen zu warnen, dass man nicht den Schmerz liebgewinne.

Portraittreue Schilderung verräth Mangel an Associationen; wer viel erfahren hat, wird seine Erfahrungen
mischen.

Formvollendung, nichts Geringeres, soll der Dichter
von sich verlangen, um beim späteren Rückblick auf
das Geschaffene über eine bittere Empfindung Herr zu
werden: über die Scham nach einem Geständniss.

—————————

Von den Märchenerzählern.

> Ich wollte Misstrauen erwecken gegen jene
> transcendente Ventriloquenz, wodurch
> mancher glauben gemacht wird, etwas das auf
> Erden gesprochen ist, käme vom Himmel.
>
> Lichtenberg, Physiognomik.

353.

Es ist ein Zustand auf Erden denkbar, da die „Wahrheit" sich biologisch so stark festgesetzt und einverleibt
haben wird, dass eine abweichende Meinung zu den
pathologischen Fällen gehören würde. In diesem „Gottes-
reich" werden die Ansichten, Glaubenssätze, Resultate
für alle Menschen übereinstimmen, und nur in der Methodik, in der Bildungs- und Entwicklungsgeschichte
dieser Resultate wird noch etwas wie Persönlichkeit und
individuelle Eigenart möglich sein. Schon jetzt haben
wir einen Vorgeschmack solcher Zustände; schon jetzt
uniformirt man gründlich genug in allen Meinungen und
überlässt dem persönlichen Belieben nur die Vorgeschichte,
die Genealogie der Meinungen — ähnlich wie man dem
Adel zwar den privaten Luxus seiner Stammbäume gönnt,
ihn aber de jure in den bürgerlichen Gesammtverband
einreiht. So dürfen wir auch heute zwar noch unsere
eigenen Curven durchlaufen, aber die Endpunkte sind
grossentheils fixirt: „Alle auf allen Wegen gelangen zu
mir" — kann die „Wahrheit" mit gutem Gewissen sagen.
So kommt es, dass Einer, was den blossen Bestand an
fertigen, handgreiflichen Meinungen anbelangt, mit Vielen
verwechselt werden kann, von denen er sich innerlich so
abgetrennt wie nur möglich fühlt. Nehmen wir einen
Fall: den Optimismus. Dass ein Philosoph wie Nietzsche

zum Leben bejahend steht, unterscheidet ihn äusserlich
nicht einmal vom ersten besten Rechtfertigungsvirtuosen
aus der Hegelschen Vernünftigkeitsschule oder vom ver-
gnügten Philister, der seine zufällige Behaglichkeit zum
πάντα καλὰ λίαν verallgemeinert. Man kann dem Dasein
décharge ertheilen, weil man seine Bilanz nicht nachzu-
rechnen versteht oder nur sub specie sui nachrechnet;
man kann über den Werth des Lebens urtheilen wie der
Eingeweidewurm über den Werth des Menschen urtheilen
würde. „Ein durchaus wohlschmeckendes Thier", sagte
ein alter Eingeweidewurm, „das nichts dafür kann, wenn
unsere pessimistischen Feinschmecker seiner überdrüssig
werden. Für vernünftige Ansprüche ist dennoch der
Unterleib des Menschen die beste aller möglichen Welten."
Dem Philosophen wird die Selbstgefälligkeit, mit der
das kleinste Ungeziefer aus seinen entozoologischen Erfahrungen und Werthschätzungen heraus den Advocaten
des Lebens macht, immer etwas komisch bleiben; dergleichen Urtheile über das Leben, die eine Stellung
ausserhalb des Lebens voraussetzen, sollten billigerweise
nur einem Ektozoon zustehen. Aber, wie gesagt, rein
als Meinung und Theorem betrachtet, wäre die Weltbejahung des freiblickenden Philosophen mit der analogen
Gefühlsäusserung der blinden Schmarotzer und Eingeweide-
würmer ebensoleicht zu verwechseln wie mit dem arg-
losen Vernünftigkeitsglauben der Winkelmänner und Ecken-
steher, die nicht um ihre Ecke sehen: der Unterschied
liegt allein in der Vergangenheit beider Optimismen!
Der eine war nie etwas anderes als Optimismus, unbe-
fangener, kritikloser, blauäugiger und blondlockiger Optimismus, sei es als „ideologischer Überbau" zum engen
Wohlbehagen des petit bourgeois oder als aurea mediocritas treuherziger Menschlein, die am Leben nichts Frag-

würdiges finden können. Der andere, aus den Wildnissen und Höhlengängen einer pessimistischen Jugend hervorgekrochen, ein Optimismus malgré soi, ein Jasagen durch doppelte Verneinung, eine Liebe zum Leben auf Grund — eines eisigen Verdachts gegen das Leben, schaudernder Einblicke in den Unsinn des Lebens, ausschweifender Paroxysmen des Mitleids mit allem Lebenden! Eine harte und gewaltsame Zwangsperspective, eine peinliche Frage, bei der eigentlich der Richter der Gefolterte ist, ein grundsätzliches „Zurückgehen auf die Quellen", auf die letzten Voraussetzungen, auf die hin das Leben zu Recht besteht, ein höchster Grad von Unabhängigkeit gegenüber den kategorischen Imperativen des Lebens — und als Ende dieser langen, langwierigen Kritik der „Lebenslüge" eine neue, skeptische, beinahe wissenschaftliche Liebe zum Leben: der pessimistische Sturm hat die Luft gereinigt und die Wolken von den nahen Berggipfeln hinweggefegt! Wieder scheint die Sonne in Wald und Schlucht, See und Gletscher hinein, und an der neubeseelten Welt macht sich das helle Licht als ordnende, gruppirende, zeichnende Künstlerin zu schaffen; alles Nahe steigt ungeheuer im Werthe. „O Wunder! wo hatt' ich die Augen?" heisst es nun, und so leicht findet er des Staunens kein Ende, der selbst neubeseelte Mensch. Hat er doch immer noch das Nachbild jener älteren zwielichtfarbenen Welt in sich, von der aus alle Linien ins Unendliche hinüberzulaufen schienen, und in die jeden Augenblick etwas Unendliches „hereinragte", eine Welt in den Dämmerschatten des Imaginären und mit den Schlaglichtern des Jenseits, aber ohne die helle bestimmte Schönheit, deren allein die Realität en plein air fähig ist. Ja, sie ist etwas gründlich Wunderbares, diese neugeschaffene, nein nur neuentdeckte empirische Welt,

die jetzt alles Menschliche ohne Ausnahme, auch das
Reinste und Geistigste, in sich hineinzunehmen vermag —
während jene andere „höhere" Welt, in der man sich
ehedem einen Theil der menschlichen Angelegenheiten
verwaltet dachte, nun als chaotischer Abgrund zu unseren
Füssen wogt. Werden wir diesem transcendenten Un-
hold, genannt „Etwas = X", noch weiterhin unser Bestes
opfern? in diesen gurgelnden Schlund unsere Wünsche und
Werthe, unsere goldenen Kleinode und Zierrathen hinein-
werfen, in der phantastischen Hoffnung, dass er sie uns
aufbewahre und dereinst vermehrt wiedergebe? Nein —
wir, die am Rande des Abgrunds gehangen und uns
schaudernd auf festen Boden zurückgerettet haben, wissen
das Feste, Betretbare, den Erdgrund der Realität zu
schätzen; uns, die den Grenzen der Menschheit nachge-
spürt und einen Fernblick auf ultima Thule gethan haben,
muss erlaubt sein, mit dem Jubel eines heimkehrenden
Seefahrers den Rauch bewohnter Eilande aufsteigen zu
sehen. Aber Jene, die nie über den Zaun ihres viereckigen Gemüsegärtchens hinausgekommen sind — dürfen
sie ihre fröhliche Schollenkleberei und Sesshaftigkeit auch
Optimismus nennen? sollten sie, die nur ihre Winkelchen und ihre Winzigkeit und Specialität bejahen, unversehens unter die Weltbejahenden gerathen sein?

354.

Weltverneinung ist ein Begriff, der aus elementarer
Unkenntniss der Physik stammt. Man sitzt im Boot und
bläst das Segel an, man möchte sich selbst am Zopf aus
dem Sumpfe ziehen, man sucht, auf der Erde stehend,
die Erde aus den Angeln zu heben — lauter Verwechselung zwischen inneren und äusseren Kräften, lauter Verkennung des Princips gleicher Wirkung und Gegenwirkung!

355.

Wer sich eingesteht, wie transcendent für seine Zeichendeuterkunst die Geheimschrift des Lebens ist, wie Gesundheit und Schönheit auf wunderlichen Schleichwegen gehen dürfen und müssen, wie oft auf Spinnfäden und Falterflügeln sich der Samen der köstlichsten Dinge rettet, wo überall er unvermuthet sein Erdreich findet und Wurzeln schlägt — wer diesem so fest und zart verknüpften Causalgewebe der Welt nachspürt, der wird immer mehr davon zurück-, darüber hinauskommen, aus solch einer klingenden Harmonie irgend ein Einzelnes hinwegzuwünschen, sei es für sich betrachtet noch so werthlos, missgeschaffen und hässlich. Gab es nicht, giebt es nicht auch für dies Einzelne eine Möglichkeit der Einfügung, irrt nicht irgendwo im Weltraum die complementäre Hälfte umher, mit der es einst, vor der Zersplitterung ins Irdische, ein Ganzes bildete und vielleicht einmal wieder bilden wird — genug! damit ist es schon gerechtfertigt gegen Götter und Teufel. Freilich sind auch diese Götter und Teufel gerechtfertigt, die sich an dem missgestalteten Einzelnen vergreifen; darfst du nichts aus dem Totum der Weltvorgänge forthaben wollen, so auch nicht den Willen in dir, der sich gegen diese allumfassende Toleranz zur Wehre setzt. Was ist das? bei der normativen Ausdeutung von Erkenntnissen scheint ein Kreis, nämlich der circulus vitiosus, unvermeidlich zu sein; der Willensimpuls, den ein Theorem ausstrahlt, wird durch iterative Anwendung desselben Theorems wieder zerstört. Wir haben keinen Grund, hier mit Beispielen zu sparen. Was ist Fatalismus? Die als Willensmotiv wirkende Erkenntniss von der Nothwendigkeit alles Geschehens. Alles geht, wie es gehen muss, sagt der Türke; folglich ist es gleichgültig, ob und wie ich handle. Nun aber weiter: es ist auch gleichgültig, ob du dieses „folglich" anerkennst oder nicht; magst du dich vom Fatum normativ bestimmen lassen oder nicht, beidemale erfüllst du selber nur das Fatum. Indem du ein Verhalten gegenüber der erkannten Causalität suchst, rückst du unaufhaltsam im causalen Uhrgang aller Dinge mit fort. Folglich erlaubt dir der Fatalismus zweiter Ordnung, den Fatalismus erster Ordnung zu ignoriren und so zu handeln, als ob alles Geschehen in deiner Macht stünde, und auch von diesem neuen „folglich" brauchst du nicht Kenntniss zu nehmen und kannst einen Fatalismus dritter Ordnung, der nur um einen Kreisprocess vom Fatalismus erster Ordnung abweicht, in deinem Verhalten zum Ausdruck bringen. — In der schönen grünen Zeit, als der Determinismus noch etwas Neues war und als gefährlich-revolutionäre Errungenschaft modernen Denkens galt, haben schwärmerische Köpfe auf Grund der Unfreiheit des menschlichen Willens das Recht zu strafen geleugnet. Auch hier liegt ein geschlossener Kreis vor, nur dass diese Strafrechtsleugner im ersten Quadranten stehen blieben; kann der Verbrecher nichts dafür, wenn er sündigt, so kann die Gesellschaft nichts dafür, wenn sie ihn straft — das Recht zu strafen besteht vor dem Determinismus ebensowenig wie das Recht, dem Strafenden in den Arm zu fallen. — Einen ähnlichen Cirkel hat der Christ mit seiner „allgemeinen Sündhaftigkeit" erfunden. Das Bewusstsein einer guten That ist sündhaft, das Sichfreifühlen von Sünde ist ärgste Verstocktheit des Sünders; Reue und Zerknirschung ist der dem Menschen angemessene Normalzustand. Also ein chronischer Gewissensdruck, den man wegen seiner Gleichmässigkeit nicht mehr

empfindet. Dem Christen wird das beständige Gefühl zugemuthet, vom rechten Wege abgewichen zu sein: sobald
er auf dem rechten Wege zu sein glaubt, ist er sicher
auf dem falschen. Er mag mithin thun und lassen, was
er will, es ist immer dasselbe, nämlich immer Sünde —
wenn alle Wege gleich falsch sind, sind auch alle gleich
richtig. Dieses Christenthum ist die Vorschule zum sittlichen Nihilismus; der Christ macht aus seiner Moral,
wie B. Constant sagt, une masse compacte et indivisible
pour qu'elle se mêle le moins possible avec ses actions
et le laisse libre dans tous les détails. — Die genannten
Einzelfälle, denen sich als neuestes Beispiel Nietzsches
„Ethik der ewigen Wiederkunft" anreihen könnte, geben
zu verstehen, was sich fast von selbst versteht, dass sich
aus Erkenntnissen von irgendwelcher Allgemeinheit
keine Normen des moralischen Verhaltens ablesen lassen.
Allgemeinheit ist Nivellement, Einebnung der Uneben-
heiten, Ausgleichung der Gegensätze, Aufhebung der
specifischen, rangordnenden, daher allein willenanregen-
den Besonderheiten der Dinge; ihr ethisches Correlat ist
immer eine Form des Indifferentismus, nie eine Form
der Motivation.

356.

Vielleicht ist noch nie die philosophische Wahrheit
despotischer auf den Kopf gestellt worden als mit dem
Satze, den Kant in der „Grundlegung zur Metaphysik
der Sitten" gewagt hat: „Empirische Principien taugen
überall nicht dazu, um moralische Gesetze darauf zu
gründen." Wir wollen uns hier nicht mit Kants Moral
auseinandersetzen; vermuthlich ist gegen den kategorischen
Imperativ noch manches Andere einzuwenden als seine

19

lich kosten wir ihn, berauschen uns an ihm, und lachen über die Wissenschaft, die uns vor Lebensmittel-Verfälschung warnen will.

359.

Es giebt, soweit überhaupt factum infectum fieri quit, eine einfach menschliche Art, Verschuldungen wieder gut zu machen, eine Art, die sich alle voreilige Verallgemeinerung, alle tragischen Gebärden der Schuld, alle Entfaltung grosser moralischer Decorationsstücke verbietet und es nicht verschmäht, den thatsächlichen Bestand der Schuld, die oft verwunderlich geringe injuria im Sinne des Geschädigten, zu tilgen. Bisweilen heilt man eine Wunde, die man schlug, mit freundlichen Worten, sogar mit Geld oder noch harmloseren Mitteln — das ist nun freilich nichts für die Komödianten des Schuld- und Sühneverhältnisses, für die Liebhaber schwerfälligen Opfer- und Vergeltungspompes, für Jene, die irgend einen Theil von sich, sei es auch nur eine Verschuldung, ins Ungeheuerliche, Wolkenhafte, Ewige, Unwiderrufliche auffärben müssen, um sich interessant zu erscheinen. Von solchen gewohnheitsmässigen Hyperbolikern, die im Purpurmantel der Schuld nicht ohne Coquetterie einherwandeln, wird mit ärgerlicher Einseitigkeit nur die active injuria, die Schuld mit Beziehung auf den Schuldigen allein, empfunden, während sie den Geschädigten als blosses zufälliges Object bei Seite schieben; ihr Seelenzustand, ihre Rechtfertigung, die transcendente Vertiefung und Verteufelung ihrer Wenigkeit — damit erhitzt sich ihre Phantasie bis zum piquanten Unsinn. Es kommt vor, dass die künstlich aufgeblasene Schuld zu kosmischer Grösse anschwillt; die verletzte „sittliche Weltordnung", ein welthistorischer Frevel, Kain, Judas, Herodias, lauter verzerrte Ungeheuer

aus einer moral-mythologischen laterna magica erscheinen
an der Wand. Einige Moderne übergaukeln mit solchem
Fratzenwesen noch die christlichen Dogmatiker; Schopenhauers Schuldbegriff (in Dostojewskij'scher Formel „Schuld
an Allem und für Alle") lässt die Erbsünde tief unter
sich, und wenn Parsifal im dritten Act aufschreit „ich
bin's, der all dies Elend schuf!" — so erstaunt man, milde
geredet, über die Folgen eines einzigen Kusses. — Wenn
die Infection mit moralischen Nebenabsichten uns das
Theater verdorben hat, so hat doch auch umgekehrt das
Theatralische die Moral verdorben. Jede dieser beiden
Volksthümlichkeiten hat die andere um ihre specielle Un-
tugend bereichert: das Theater die Moral um seine ge-
spreizten Attitüden, die Moral das Theater um ihren beschränkten Horizont.

360.

Sittliche Weltordnung — nicht mehr noch minder
als eine contradictio in adjecto. Es verlohnte sich einmal,
mit kosmischen Flugfahrzeugen und interstellaren Dol-
metschern auf die Wanderschaft zu gehen und Umschau
zu halten, ob auf sämtlichen bewohnten Planeten eine so
curiose Menschheit gediehen ist, die gerade die Begriffe
„Welt" und „Sitte" zusammenkoppelt, das Engste mit
dem Weitesten, das Kirchspiel mit dem Universum, ihre
planetarische Privatsache mit der Unendlichkeit. Ein
Misanthrop könnte sonst leicht die Vermuthung wagen,
dass durch diese Art Transcendenz (zu deutsch: Unver-
schämtheit) unser tellurisches Völkchen ausgezeichnet,
vielleicht gar definirt sei: es hat es an einer reichlichen Lust
und Selbstgefälligkeit dabei nicht fehlen lassen. Ein Gott,
der über Wechselfälschungen, uneheliche Zusammenkünfte

und versäumte Messen Buch führt — derselbe Gott, mit
dessen Verabsolutirung zum ens realissimum man sich
zwei Jahrtausende lang das Gehirn verrenkt: wer diese
schreckliche mésalliance von Göttern einmal nachge-
dacht hat, wird schwer sich zu entscheiden wissen, was
an der Menschheit mehr zu bewundern ist: ihr Wollen
oder ihr Können, ihre Fähigkeit zum Unsinn oder ihr
Wohlgefallen am Unsinn! — Wie reinlich, wie gut gearbeitet, wie homogen ist dagegen die Lehre von der
Wiedergeburt: beständige Wiederkehr jedes dualisti-
schen Verhältnisses zwischen activer und passiver injuria,
mit willkürlicher Vertauschung der beiden Subjecte, des
Frevlers und des Leidenden, ewiges unzerstörbares Gleichgewicht zwischen der Ursache als Schuld und ihrer
eigenen Wirkung als Sühne! Auch hier ist „sittliche
Weltordnung", aber das Sittliche wird von dem inneren
Weltmechanismus nebenbei mitbesorgt, nicht ihm als
Zweck von aussen gewaltsam aufgedrängt. Und — die
Sache ist erkenntnisstheoretisch denkbar, ohne die Grimasse,
Verzerrung und Widersprüchlichkeit jenes Gottesbegriffs.

361.

Bei welcher Art Menschen findet der Pessimismus
Gehör, jene wunderliche Philosophie, die dem Schauspiel
„Welt" eine Kritik schuldig zu sein glaubt und diese
Kritik auf das Leiden in der Welt beschränkt, von der
simplen langen Weile bis hinauf zu den Siedegraden des
Schmerzes? Gewiss nicht bei Solchen, die selbst eine
starke Leidenserfahrung und damit die natürliche Furcht
und Feigheit vorm Leiden hinter sich haben; kaum wohl
bei Denen, die zu stumpf und zäh sind, um zu leiden
oder sich Leiden vorzustellen, sondern — nun, bei den

Übrigbleibenden, bei Solchen, die hin und wieder ein mittelmässiger Schmerz kitzelt, stark genug, um ihre Phantasie zu schrecklichen Verallgemeinerungen und Al-fresco-Malereien anzureizen, aber nicht stark genug, um abzuhärten und das Phantasma in der Wirklichkeit zu ersticken. Wer selbst hohe Foltergrade überstanden hat, wird über die ganze Welt der Folterkammern, über das Kreuz auf Golgatha und den Stier des Phalaris, über die Schrecknisse des Naturverlaufs und der Weltgeschichte etwas geringschätzig denken; umgekehrt wird so ein halbgeplagter Zärtling nicht ermangeln, seine Kolik oder seinen Zahnschmerz in gerader Linie ins Metaphysische hinein zu projiciren, als Rathschluss und Heimsuchung Gottes, Vorgeschmack der Hölle, Schuld des Willens zum Leben, δεύτερος πλοῦς zur Erlösung, oder je nach dem Lexicon seiner Philosophie. Für Jenen haben die Dinge einen helleren, friedlicheren Anblick gewonnen, für Diesen wirkt die imaginäre Verlängerung unvollständiger Leidens-grade in einer Weise verdüsternd, die bis zum thatsäch-lichen Martyrium führen kann. Das fortdauernde Ver-gegenwärtigen und Mitempfinden fremden und vergangenen Leidens, namentlich die Betrachtung eines bestimmten extremen Falls, noch unterstützt durch ein gewisses, nicht sehr reiches Maass eigener Leidenserfahrung, lässt einen hypochondrischen Zweifel bestehen, ob derlei Extreme überhaupt menschenmöglich sind — man wird zum Mär-tyrer, um sich diesen Zweifel zu lösen. Aus der Unge-wissheit, wieviel wir maximaliter an Schmerz vertragen können, verlangen wir, in einer Anwandlung verzweifelter Glücksspielerei, nach Kreuz und Rost, nach einer Tiefe des Leidens, hinter der nicht noch unerschöpfte Tiefen qualvolleren Leidens als bedrohliche Möglichkeiten offen bleiben.

362.

Lebensfeinde, asketische Priester, dithyrambische
Künstler, deren Leidenschaft alles Leben überfluthet, Ge-
fühlsekstasen, in denen das Leben nicht fester auf seiner
Unterlage sitzt, als ein Mohnblatt an seinem Stengel, —
das alles sind und waren immer noch die besten Verführer und Verführungen zum Leben! Wir Menschen
sind wahrlich heroische Thiere: seitdem von allen Cultur-
seiten gegen das Leben geschrieben, gedacht, empfunden wird, können wir uns an ihm gar nicht satt leben.
Je vorsorglicher man uns auf manches nicht Unbedenkliche hinweist und vor die gefährlichen Formen des
Lebens warnende Vogelscheuchen hinpflanzt, desto fröhlicher klingt unsere Antwort: ergo vivamus! Die theoretischen Vertheidiger des Lebens dürfen sich einer gleichen
Wirksamkeit nicht rühmen, wohl aber eines gleichen
Misserfolgs: seit die lauwarmen barmherzigen Seelen an
der Vergutmüthigung und Weichpolsterung des Lebens
arbeiten und alles Menschliche gern in einer grossen gut-
geheizten Gotteskinderstube unterbringen möchten, seit
man uns mit zuckersüssen Fadheiten den herben Wohlgeschmack des Lebens von der Zunge wegpinseln will,
fängt das Leben an, wirklich und herzlich langweilig
zu werden, also unliebenswürdig, unlebenswürdig. Für diese
Sippschaft ist, wie gesagt, der Mensch zu heroisch; ein Leben,
wie sie es im Sinne haben, wohltemperirt, glatt, hedonistisch
abgezirkelt und ausgerechnet, würde aufhören den „Willen
zum Leben" zu interessiren. Ich zweifle, ob irgend ein
Rechtfertigungsphilosoph, ein Humanitätsmensch und
Ausrufer des „stetigen Fortschritts", ob irgend einer
dieser weltbejahenden Teufelsadvocaten, die sich gern
Optimisten nennen hören, uns zu seinem Teufel auch

nur ein Fünkchen Lust und Liebe beigebracht hat; im Gegentheil, nichts discreditirt gründlicher als so eine Fürsprache. Aber den Pessimisten ist es geglückt, gerade ausgesuchte und genussfähige Geister zum Leben zu verlocken; ob sie nun Hadesschatten oder grelles quälendes Sonnenlicht auf das Dasein fallen liessen — jedenfalls gab es bei ihnen eine anregende Atmosphäre, nicht jenes schläfrige Regenwetter, in dem die optimistische Behaglichkeit mit Regenschirm und Stoicismus spazieren geht.

363.

Metaphysik: der Grundsatz, da, wo wir rath- und hülflos stehen, nicht wortlos stehen zu bleiben, die ewige Beschreibung des ewig Unbeschreiblichen, die feierliche Vornahme, nie und nirgends den Mund zu halten.

364.

Solange man jung ist und die Metaphysik noch nicht überwunden hat, empfindet man sich gern als Erwählten heimlicher Lenkung und Lebensbestimmung; das Wirkliche erscheint als das Unerlässliche und zugleich als das Eine grosse Loos unter Millionen Möglichkeiten, unwahrscheinlich wie eins zu unendlich, unmöglich fast, und doch Wirklichkeit, unerlässliche Wirklichkeit, deren Ausbleiben mit Vernichtung gleichbedeutend war. Man zittert wie Jener, der unbewusst durch eine ungeheure Gefahr gelaufen ist; der Nachschrecken schlägt Einen nieder gleich jenem Reiter, der den gefrorenen See überritten hatte. „Wie, wenn du diesen einen Glücksfall verfehlt hättest! und du hättest ihn natürlicherweise verfehlen müssen!" über diese Logik kommt man nicht hinweg, — dieser Mangel an Gerechtigkeit ist nur als

Gnade zu verstehen, Gnade eines verehrungswürdigen Etwas, das uns an der Wegekreuzung zwischen Heil und Verderben bei der Hand nahm und den Heilsweg führte. Später, kälteren Geistes, glaubt man nicht mehr an diese transcendentale Absichtlichkeit im Schicksale des Einzelnen, auch nicht an die Gefährlichkeit der Krisen und die Einzigkeit der Auswege. Wir haben uns mit einem Wirklichen eingerichtet, es liebgewonnen; möglich, dass wir jetzt an seinem Verluste verbluten würden, gewiss, dass wir durch sein Ausbleiben a priori nicht zu Grunde gegangen wären. Es war teleologisch nicht unbedingt geboten, dass das Eine kam; wir hätten mit dem Anderen auch weiterleben können und müssen, unter Aneignung eines anderen, vielleicht höheren Ichs. Ich meine, hinter jede Lebenswende und Entscheidung können wir uns zurückversetzen und der Vielfältigkeit und odysseischen Erfindsamkeit des Lebens vertrauen, dass es an dieser Stelle auch andere Wege gab, uns weiterzuführen: jetzt freilich, nachdem wir den einen von ihnen solange gegangen sind, können wir den Querübergang auf einen anderen Weg uns nur als vollständige Durchkreuzung und Verneinung unserer gegenwärtigen Persönlichkeit und Bewegungsrichtung vorstellen.

365.

Sollte es nicht theoretische Einsichten geben, aus denen keine Regel für das practische Verhalten, keine normative Nutzanwendung herauszupressen wäre, bei denen die unanständige Beutegier des moralischen Menschen, der überall ein neues Du sollst! oder Du darfst nicht! auszuwittern sucht, einmal leer ausginge? Sollten nicht gerade die stärksten und allgemeinsten Erkenntnisse die ethisch unergiebigsten sein? — Bei allen bisherigen

Versuchen, moralische Imperative an rein wissenschaftliche Indicative anzuschliessen, sprach immer wieder ein
Irrthum das letzte Wort: man glaubte in aller Unschuld
an die Allgemeingültigkeit von Normen und an die normative Anwendbarkeit allgemeingültiger Sätze, während
es kaum einen schärferen Gegensatz und weiteren Abstand giebt als zwischen den Begriffen normativ und all-
gemeingültig. Die Moral auf „erste und letzte Erkenntnisse" zu gründen, das musste desshalb misslingen, weil
die Moral selbst nichts Erstes und Letztes, sondern etwas
sehr Mittleres, Bedingtes, Relatives ist, nicht Ein kate-
gorischer Imperativ, sondern eine Vielheit hypothetischer
Imperative, ein System menschlicher Mittel zu menschlichen (keineswegs „absolut nothwendigen") Zwecken:
sei dieser Zweck nun die Erhaltung der ganzen menschlichen Gattung oder die Züchtung eines bestimmten Typus,
eine chronische Vorkehrung zu Gunsten der Rasse oder
eine Abwehr acuter Schädlichkeiten. Hier handelt es
sich bestenfalls um richtige Deutung gesammelter Erfahrungen und angenäherte Vorausberechnung künftiger,
aber nie und nimmer um etwas Endgültiges und für
den „Menschen an sich" oder gar für jedes vernünftige
Wesen Verbindliches. Umgekehrt ist jede allgemeine
Erkenntniss für alle besonderen Werthbestimmungsfragen,
für das einfache Abschätzen und Gutheissen und Verbieten menschlicher Handlungen ohne Belang — es sei
denn, man habe sie sich zuvor in der wünschenswerthen
Weise verengert oder zurechtgemacht: mit bestochenen
Zeugen lässt sich natürlich alles Mögliche beweisen. Eine
theoretische Moralbegründung fristet ihr oft bändelanges
Dasein damit, aus einer missdeuteten und präparirten
Theorie eine bereits anderweitig anerkannte Moral abzuleiten; sie argumentirt ex concessis, und überdies falsch!

366.

Je weniger eine Philosophie von dem thatsächlich
Bestehenden rechtfertigt, desto unverdächtiger ist sie.
Oder genauer, um nicht dem Vorurtheil das Wort zu
reden, als müsse alle Philosophie Auflehnung und Kriti-
cismus sein: je weniger sich eine Philosophie, sei es pro
oder contra, mit dem Bestehenden einlässt, desto ernsteres
Gehör verdient sie. Durch vergängliche Gegner und
Freunde wird man selbst um seine Ewigkeit gebracht:
sehr grosse Geister, die recht gut alleinstehen konnten,
sind derart in eine locale oder zeitgemässe Beschränktheit, eine Parteinahme, einen historischen Anschluss unter-
gekrochen. Stirner gegen Feuerbach: aber was ist uns
heute Feuerbach? Kant schrieb gegen Leibniz-Wolfische
Curiosa, die selbst unter Theologen aus der Mode sind,
verstand aber (und gab zu verstehen), er schreibe gegen
Constitutionsfehler der theoretischen Vernunft. Schopenhauer hatte alle Mühe, auf keine Vorgänger und Voraussetzungen zu bauen; unter den Dingen, die er unbesehen
als ewig nahm, ist aber doch etwas sehr Enges und Ge-
schichtliches, nämlich das „metaphysische Bedürfniss" des
Menschen: in der That nur eine unberechtigte Eigenthümlichkeit des Menschen, die er sich angewöhnt hat
und wieder abgewöhnen kann. Giebt es überhaupt einen
unabhängigen Philosophen, der sich den Dingen, insbesondere den menschlichen Dingen gegenüber kein Für
oder Wider abzwingen lässt, der nicht rechtfertigt und
verdammt, der hinter das Factische von ein paar Jahrtausenden zurückdenken kann und nicht wie alle Welt
das Nächste für das Wichtigste, das Auffallende für das
Bedeutende hält?

367.

Die Postulate der practischen Vernunft sind: kein Gott, unfreier Wille, Sterblichkeit der Seele. Der Theismus vernichtet die moralische Verantwortlichkeit des Menschen, die Willensfreiheit widerspricht der moralischen Schätzbarkeit der That, die Unsterblichkeit verhindert Aequivalenz zwischen Strafe und Sünde. Der Gottgeschaffene ist blosser Zuschauer der Gottesthaten in ihm; die freie That ist durch blosses Zufallsspiel an den Thäter gerathen und ihm daher nicht zuzurechnen; eine Ewigkeit von Heil und Verdammniss, zuerkannt auf Grund einer Spanne Menschenlebens, ist entschieden zu lang.

368.

So ein Menschlein, zu dürr für das höllische Feuer, zu erbärmlich für Gottes Erbarmen, zu kurzathmig für die Ewigkeit — wie muss so einem ἀνθρώπιον der Gedanke von der Auferstehung aller Todten den Kopf verdrehen und den Kamm schwellen machen! Wie? wird es sich sagen, ich bin wieder da? man hat nicht vergessen, mich zu wecken? man will noch etwas von mir? man braucht mich noch im grossen fünften Act der Weltkomödie? Man wird mich gar verewigen, mich nicht davon kommen lassen: unentbehrlich bin ich für die letzten Zwecke des Daseins! Wer hätte das wohl gedacht, dass ich noch einmal so schwer ins Gewicht fallen würde: auf Erden machte man nicht so viel Aufhebens mit mir! Dort musste ich zahlen, um in die Zeitung zu kommen, und hier werde ich sammt Lebenslauf und species facti meiner dummen Streiche umsonst gebucht, eingetragen, katalogisirt! Kein Kaiser und König kann

20

jetzt mehr in Betracht kommen, als ich, Herr Quidam und Quilibet: wahrlich, das Reich der Gerechtigkeit ist erschienen!

369.

Was hat die abendländische Religiosität, nicht zu reden von der abendländischen Freigeisterei, an Tiefe und Kühnheit jener indischen Auffassung an die Seite zu stellen, dass die Götter die Andachtsvertiefung des Menschen fürchten, der sich dadurch über die Natur und über sie selbst erhebt, und darum sein Busswerk durch Versuchungen stören! Man stelle dieses Ungethüm von Gedanken einmal in unser Europa hinein; wie zwergenhaft und halbwüchsig nimmt sich dagegen unsere Theolatrie aus, mit der man in dieser und jener Welt ein non sine dis animosus infans bleibt! Wenn irgend etwas, so beweist solch ein Stück asiatischer Frömmigkeit, wie sehr unter den Befriedigungen des religiösen Bedürfnisses gerade die monotheistische in die Kinderstube gehört. Ohne ein wenig Hybris, die mit den Göttern auf gleichem Fusse verkehrt, wird Religion doch gar zu salzlos; das geprügelte Kind, das die Ruthe küsst, ist als Mann, als gläubiger Mensch keine erfreuliche Erscheinung.

370.

Wenn es ein Fortleben nach dem Tode gäbe — welche Marter für einen ehrlichen und humanen Todten, als passiver Zuschauer seine eigene Idealisirung und Kanonisirung mit anzusehen! Hülflos Zeuge zu sein, wie die Flecken retouchirt, die Lichter verstärkt und neue aufgesetzt werden, wie die nothwendige Reibung des Zusammenlebens nachträglich als bitteres Unrecht gegen den Todten empfunden und ins Unverhältnissmässige vergrössert wird, wie aus dem Menschen der Heilige und um den Heiligen die Legende sich bildet! Ich stelle mir vor, wie Jemand, dem dies begegnete, die Gelegenheit suchen müsste, sich als spirit kundzugeben, nur um mit irgend einer Rabelaisischen Derbheit zwischen diesen sentimentalen Todtencult zu fahren! Der Tod ist ja der eigentliche Beginn der Macht, die auf Verkennung beruht; der Lebende macht seinen Einfluss glücklicherweise immer wieder selbst unschädlich, er hilft den Anderen, sich über ihn zu ernüchtern. Sobald diese Fähigkeit, wider sich selbst zu wirken, aufhört, muss auch alles Andere aufhören: insbesondere die unthätige Zeugenschaft bei einer Fälschung, die, anfangs schüchtern und „unter uns", zu einem öffentlichen Betruge — ich wollte sagen, zu einer Religion anwachsen kann. Der Todte hat ein Recht auf volles Unbewusstsein; das ist seine décharge für den Fall, dass mit seinem Namen Unfug getrieben wird.

371.

Die Wissenschaft zerstört nicht die grossen Gefühle (wie die Empfindsamen klagen), sondern nur die verstandesmässige und doch unwissenschaftliche Ausdeutung grosser Gefühle, also jene überflüssige und entstellende Halbheit, auf die gerade der volle gesättigte Gefühlsmensch verzichten kann und gern verzichtet. Sei mitleidig oder liebe Musik — die Wissenschaft wehrt dir's nicht; aber wenn du sagst „Mitleid durchbricht die Schranken der Erscheinung" oder „Musik ist unmittelbares Abbild des Willens zum Leben", so bist du vom reinen Gefühl abgekommen, ohne Erkenntniss dafür zu ernten, und die Wissenschaft schickt dich heim. Gefühl

20*

ist das Unwissenschaftliche, Ausserwissenschaftliche, aber
nicht Gegenwissenschaftliche; der Kritik der Wissenschaft unterliegt immer nur Wissenschaft — aber auch
mit Gefühl verunreinigte Wissenschaft, wissenschaftlich
dilettirendes Gefühl. Der Nachempfinder und Mischling
wehrt sich gegen die Wissenschaft; der stark und innerlich Fühlende erträgt oder ignorirt sie.

372.

Dass Spinoza sich der mathematischen Beweisform
bediente, war gewiss überflüssig; aber noch viel über-
flüssiger, dass Kant die Unmöglichkeit dieser Form für
philosophische Zwecke beweisen wollte, aus „reinen Begriffen", wie man sich denken kann. Jede beliebige
Schlusskette lässt sich, wenn man durchaus will, more
geometrico vertragen; es versteht sich von selbst, dass
an Natürlichkeit und Eleganz dadurch nichts gewonnen,
an Papier und Worten nichts gespart wird. Das wissen
nicht nur Philosophen, sondern auch die Mathematiker
selbst und beschränken die schwerfällige Handhabung
von Axiomen, Lehrsätzen und Beweisen, als unentbehrliche
Gymnastik für Anfänger, auf den Schulunterricht. Aber
solche äusseren, darstellerischen Gründe hatte Kant nicht
im Auge; wo wir an Spinoza einen Schönheitsfehler
bemerken, hätte er am liebsten einen „transcendentalen
Irrthum" aufgestöbert, eine Principienfrage von unge-
meiner Wichtigkeit, einen Cardinalpunkt, bei dem man
sich um des ewigen Seelenheils willen nicht vergreifen
dürfe! Wenn irgendworin, so hat Kant gerade in dieser
masslosen Aufbauschung und Verallgemeinerung recht
harmloser Dinge die Erbschaft der Religion angetreten;
Beide reden nie anders als hyperbolisch und sehen

die Mücke als Elephanten, Beiden fehlt der Blick für
ἀδιάφορα, für das weite breite sonnige Gebiet des Indifferenten.

373.

Wir sehen nur diejenigen Probleme, deren Lösung
wir wissen. Unter Umständen suchen wir sogar erst
zur Lösung rückwärts das Problem — und haben meistens
Unglück; denn ein Narr weiss mehr zu antworten als
zehn Weise fragen können. Was ist Religion, was ist
Moral? Eine Summe von Antworten auf Fragen, die
keine sind; ein Richterstuhl, vor dem keine Partei erscheint; eine Alternative, neben der die Natur gross-
müthig lächelnd eine dritte, vierte, fünfte, sechste Möglichkeit offen lässt. Nicht weil uns die Lösung nicht
zusagt, sondern weil wir das Problem nicht mehr stellen,
verhalten wir uns ablehnend gegen Moral und Religion.

374.

Dass Imperative in Fleisch und Blut übergehen, dass
befohlene Acte in Willensacte und diese in Reflexacte
umgeschmolzen werden, dass Autorität an Einsicht und
diese an das „Unbewusste" den Oberbefehl abtrete: dies
ist die natürliche Entwicklung, das natürliche Ziel jeder
Ethik, die aus dem Leben herauswächst und demgemäss
ihre Selbstverneinung will. Kant sucht hingegen mit
dem ganzen Fanatismus des Naturverbesserers einen
Stillstand in jener Entwicklung zu erzwingen und die
Ethik auf der niedrigsten Vorstufe festzunageln: die
„Pflicht" soll Pflicht bleiben und sich beileibe nicht zur
Neigung oder zur reflexmässigen Unwillkür degradiren.
Soll! als ob der Mensch nichts anderes auf der Welt zu
thun hätte als zu sollen! ganz abgesehen davon, was er

eigentlich nach Kant soll. Aber selbst angenommen, die Moral gebiete sein Bestes, so thäte er doch wohl daran, dieses Gebot nicht ewig als Gebot und „fixe Idee" über sich hängen zu lassen, sondern seiner bewussten und schliesslich physiologischen Intelligenz einzuverleiben, um Bewusstsein und Idealismus für vielleicht noch höhere Aufgaben freizubekommen.

375.

Selbstvernichtung, um sich zu verewigen: die letzte Politik der bis zum Wahnsinn Herrschsüchtigen, die als Personen nicht genug oder nicht mehr wirken und nun als Namen, als Gespenster, als „Ideale" noch einen Druck ausüben wollen. Man kennt einen berühmten Fall dieser Art, — der Erfolg ist noch heute nicht abgenutzt. — Wer das Gegentheil, das Edlere will, die Macht niederlegen, die schon seiner Person zu sehr anhaftet, muss leben. Ein Lebender lässt sich auslöschen, überwinden, — nicht immer die Erinnerung an einen Geschiedenen.

376.

Wie würde auf moderne Europäer die Heraufkunft metempsychotischer Vorstellungen wirken? Eine Frage, die einmal acut werden könnte, gesetzt, dass der Buddhismus, wie ihm von Einigen geweissagt wird, nicht nur die Salons, sondern auch die Kirchen und Schulen des erlöschenden Christenthums erbte. Man darf in diesem Falle einen neuen Beleg zu der alten Wahrheit erwarten, dass jede Mitleidsmoral als Multiplicator des Elends wirkt und zu dem vorhandenen physischen Leiden ein psychisches fügt, dessen Gefährlichkeit für Leben und Lebensenergie ins Uncontrollirbare wächst. Zunächst

einmal würde das absichtlich verursachte Leiden, dessen
relativer Betrag im Verhältniss zum Gesammtquantum
des Leidens übrigens gering ist, durch eine Mitleids-
religion mit Seelenwanderungsglauben nur unwesentlich
abnehmen. Der neurasthenische Feigling, der mit schlot-
ternden Knieen Thiere oder Kinder foltert, würde vielleicht durch die Erkenntniss, sich ins eigene Fleisch zu
schneiden, abgeschreckt; der Imperator, der Tausende
aufs Schlachtfeld führt, würde das Bewusstsein, das
Schicksal dieser Tausende persönlich durch Wiedergeburt
zu erleiden, nur als eine willkommene Steigerung in
seinen Machtrausch hineinnehmen. Das unvermeidliche
Leiden dagegen, als Krankheit, Tod, Kampf ums Dasein
in Thier- und Menschenwelt, träte fortan mit jenem
psychischen Multiplicator auf, der die eigentlich lebens-
feindliche, pessimistische Interpretation des Leidens zum
Wahnsinn steigert. Wer irgendwie zum Indifferentismus
neigt, fände sich in einer Lehre gerechtfertigt, die die
Grenzen des Individuums aufhebt und alles Erduldete
und Erduldbare zum gemeinsamen Loose Aller macht;
der europäische décadent, der ohnehin alle erdenklichen
Affinitäten zum Nihilismus hat, würde ja keinen Finger
mehr rühren, um „dem Bösen zu widerstehen", wenn er
auf das Meer universalen Leidens blickt, das er mit oder
ohne individuelle Verschuldung, so oder so doch austrinken
muss. Vegetatives Starren und Dämmern, gelegentlich
asketische Versuche, sich auf die höchsten Leidensgrade
gewissermassen einzuüben: lockt uns diese indische Perspective, uns Europäer?

377.

Hat man den ganzen Sinn und Gültigkeitsbezirk
der „Wiedergeburt" ermessen — Ich bin zu irgend einer

Zeit mit irgend einem Subjecte identisch —, so stellt sich noch einmal die ganze Neminem-laede-Moral vor uns auf, als hedonistische Forderung des Egoismus selbst, eines auf „Alle" erweiterten Egoismus. Sobald man aber diese Forderung schon für den gewöhnlichen Egoismus ablehnt und höhere Imperative als die blosse Schonung und Nichtschädigung zulässt, fällt mit jener Ausdehnung des Subjectbegriffs die letzte Schranke, und die menschlichen Dinge erscheinen in einer neuen Unschuld. Die grosse Freizügigkeit beginnt, und zu allen Zielen sind alle Wege offen; die Thatenmörder unter den Gedanken sind gerichtet, und das Leben wird zum unbegrenzten Experiment. Wir nannten Den heroisch, der sein empirisches Ich nicht schont; die Möglichkeit eines transcendenten Heroismus dämmert auf, der so philosophirt: An jeder meiner Thaten bin ich als Thäter, als Werkzeug, als Opfer betheiligt; indem ich sie thue, erkläre ich meine Bereitwilligkeit zu dieser Vielfachheit der Beziehungen, die alles Unrecht löscht. Mein ganzes Ich, mit allen seinen Möglichkeiten, soll leiden, wenn es nothwendig ist; ich handle nicht wesentlich anders, sondern nur beschränkter und wirkungsärmer, wenn ich mein augenblickliches Ich zur ausschliesslichen Passivität verdamme und auf die Mitleidenschaft der augenblicklich Anderen verzichte!

378.

Wiederkunft und Wiedergeburt. Man staunt heute nicht mehr darüber, dass auf ein Zeitalter der Mathematik und der „ewigen Pferdekräfte" ein Zeitalter der Mystik und des Spiritualismus folgen muss; der Geschmack der Gebildeten, ungeleitet und sensationell wie er ist, kann gar nicht anders als in wüsten Extremen die Gedankenkämpfe wiedergeben, die sich in den Gehirnen der führenden Geister abspielen. Ein Naturforscher stellt redlich und vorsichtig Hypothesen auf, die nicht einmal innerhalb der Biologie durchaus hinreichend und erschöpfend sein wollen: sofort haben wir eine kühn popularisirte Entwicklungslehre als Schlüssel, mit dem der moderne Faust zu den Müttern niedersteigt In exponirten, sehr empfindlichen Intellecten finden wir einen Hang zum Unaufgehellten der menschlichen Seele, eine hyperästhetische Scheu vor dem grellen Licht natürlicher und geschichtlicher Wahrheiten: sofort fangen die kleinen Pariser Romanciers an zu katholisiren; sofort kommt Colportage-Buddhismus und Arme-Leute-Metaphysik herauf, eine unglückselige Neuauflage der alten, guten Geisterseherei, diesmal aber in scheinwissenschaftlicher Terminologie. Also nicht hier, im vergröberten Massstab populärer Neigungen, lassen sich die feinen Antriebe nachrechnen, die zu innerst ein materialistisches oder mystisches, ein bildendes oder musicirendes Zeitalter definiren; wir müssen schon zur Quelle, nämlich zu den einzelnen und temperamentstarken Individuen der Zeit, zurückgehen, um zu erfahren, was sich da begeben hat. Der Musiker des Jahrhunderts nimmt mit einem dramatischen Entwurfe von uns Abschied, der die buddhistische Wiedergeburtslehre zum Angriffspunkt der Handlung hat („Die Sieger" von Richard Wagner); der Philosoph des Jahrhunderts nennt sich in seinen letzten Worten den Lehrer der ewigen Wiederkunft und „stellt sich damit wieder auf den Boden zurück, aus dem sein Wollen, sein Können wächst" .... (Nietzsche, „Götzendämmerung"). Das ist sicher ein Problem, und kein erfreuliches; denn wenn Metaphysik bei Jungen oder Verliebten eine enthusiastische

Unart ist, was ist sie bei reifen und kühlen Männern,
die ihre Ernte im Diesseitigen gehalten und sich der
ganzen klingenden und strahlenden Weltschönheit versichert haben? Ein Undank, ein später Spieltrieb, ein
Atavismus und Rückschlag ins Barbarische, oder noch
anderes? Nun, vor allem eine intellectuelle Kurzsichtig-
keit, ein Mangel an Schärfe und Penetranz des philosophischen Blicks. Diese beiden Lehren, Wiedergeburt
und Wiederkunft, sind weder Irrthümer noch Wahrheiten,
sondern Halbwahrheiten, schöne bunte Provisoria, wie
sie bei jeder Sublimation philosophischer Begriffe als
flüchtige Nebenproducte abfallen. Beide sind Beispiele
zu dem allgemeinen Satze, dass empirische Beziehungen
sich im Transcendenten nicht fixiren lassen; das empirische Ich verträgt sich mit einer transcendenten Identität der verschiedenen Ichsager, das empirische Jetzt ist
transcendent vielleicht gleichzeitig mit dem empirischen
Einst und Ehemals. Bleibt man auf einer Vorstufe dieser
Erkenntniss stehen, so eröffnet sich allerdings die pitto-
reske Möglichkeit, dass der Quäler in Gestalt des Ge-
quälten wiedergeboren, der Weltverlauf in seiner scheinbaren Unendlichkeit ewig wiederholt werde; denkt man
aber den Gedanken zu Ende, so kommt man auf Allgemeinheiten von der oben ausgesprochenen Form, denen
ersichtlich jede practische Nutzbarkeit, jede Ausmündung
ins empirische Bewusstsein fehlt. „Ich" werde nicht nur
als die Spinne wiedergeboren, die ich zertrete, sondern
als jeder beliebige Neger, den ich nie gekannt habe,
als jedes Glied einer biologischen Reihe, die zu irgend
einer Zeit auf irgend einem Planeten gelebt hat: die Beschränkung dieser universalen Wiedergeburt auf einen
zu Büssungszwecken vorgeschriebenen Durchgang durch
bestimmte Lebensläufe ist Spielerei. Nicht nur die Welt

als Ganzes, sondern jedes kleinste Zeittheilchen von ihr kann transcendent reproducirt werden, und in beliebiger Reihenfolge gegen andere Theilchen, aber ohne empirisches Bewusstsein davon: das heisst aber einfach, dass Vergangenheit, Gegenwart und Zukunft nur empirische Localisationen und „an sich" nicht zu definiren sind — was man sonst aus diesem nüchternen Schulsatze macht, ist phantastischer Hocuspocus. Nietzsche hatte, wie Wagner, ein Auge für bezaubernde Halbwahrheiten, Beiden fehlt der dürre Ernst der wissenschaftlichen Verallgemeinerung.

379.

Rangordnung der Metaphysiken. Wenn es einen Sinn hat, Irrthümer nach der Entfernung zu beurtheilen, in der sie die Wahrheit verfehlen, Gewaltsamkeiten nach dem Freiheitsgrade zu messen, den sie der unterjochten Wirklichkeit eben noch gestatten, so darf man auch eine Rangordnung der Metaphysiken statuiren — ihre summarische Verwerfung zum Schluss vorbehalten. Es giebt erkenntnisstheoretische Grundsätze, gegen die alle Metaphysik sündigt; aber die eine sündigt schwerer, die andere leichter — bei der einen ist es Sünde vom ersten Schritt, peccatum originale, Erbsünde, bei der anderen nur Einzelsünde, gelegentlicher Verstoss, ohne den es nun einmal nicht abgeht. Hier Unsinn als Methode, dort als Intermezzo; hier Abirren vom rechten Wege, dort überhaupt planloses Schweifen. Bei diesem vielleicht müssigen Versuche, die Strafbarkeit der Metaphysiker einzeln zu bemessen und die einmaligen Verbrecher von den rückfälligen zu trennen, habe ich zwei Haupttypen unterschieden, die ich ontologische und genealogische

Metaphysiker nennen möchte, mit einer freien Bezeichnung, die von der Schul-Terminologie abweicht. Für die erste Klasse, die ontologische, ist die Welt ein Seiendes, Ganzes, Allgegenwärtiges, ein erstarrter Fluss; stromauf, stromab — Vergangenheit Gegenwart Zukunft — das sind Scheinkategorien, die für die Beurtheilung des Weltwesens nicht in Betracht kommen. Die Geschichte liefert nichts Neues, der Zeitverlauf ändert nichts am Bilde der Dinge; ein Factum von heute und eines vor zweitausend Jahren reden gleich laut. Es giebt keine Sühne für Vergangenes, kein Heilmittel, keine Tilgung, kein Vergessen; alles Gewesene und Künftige ist in jedem Augenblicke vollzählig vertreten, wie bei Dante die Gemeinschaft der Seligen aller Zeiten in der Himmelsrose. Diese Metaphysik irrt auch, aber sie bleibt eine lange Strecke mit der Wahrheit zusammen, ehe sie von ihr scheidet; sie nimmt an den ersten Verallgemeinerungen Theil, mit denen sich die Erkenntnisskritik über den primitiven Realismus erhebt. Umgekehrt sucht die Gattung der genealogischen Metaphysiker eine Ehre darin, schon der elementaren Vorurtheilsfreiheit zu ermangeln und vom ersten Ruderschlag an gegen die Wahrheit zu steuern. Sie decretirt als ihre Grundlage den transcendenten Realismus, einen philosophischen Glauben, der kaum reinlich und widersinnfrei auszusprechen, geschweige auszudenken ist. Für sie ist der Zeitverlauf absolut real, die Vergangenheit unwiderruflich todt und abgethan, die Zukunft in jedem Sinne neuartig und noch nie gewesen; die Welt ist wesentlich nach der Zeitkategorie beurtheilbar und zeigt demgemäss Entwicklung und Fortschritt, oder Rückgang und Verfall — sie ist ein Werdendes, kein Seiendes, ein γιγνόμενον statt eines ὄν. Erst die Geschichte ist hier die wahre Enthüllerin des Weltinnern,

wobei es nur einen Unterschied zweiter Ordnung bezeichnet, ob diese Pythia mehr von Zweckursachen oder
von wirkenden Ursachen redet, ob die genealogische
Metaphysik mehr teleologisch oder aitiologisch gefärbt
erscheint. Jedenfalls ist für beide Zweige dieser Begriffsdichtung des Werdens die Realität des Werdens noth-
wendiges Postulat und Substrat, sei es, dass die Relation
Grund-Folge oder Mittel-Zweck als eindeutige, unum-
kehrbare Zeiterfüllung darauf gebaut werden soll. — Es
sei dem Leser für diesmal überlassen, Namen zu suppliren
und die historisch bekannten Meister der Speculation in
die genannten beiden Gruppen einzureihen. Um nur ein
Beispiel zu geben, erinnere ich daran, dass unser Jahrhundert beide Typen ziemlich rein ausgeprägt und dicht
nebeneinandergestellt hat: Hegel und Schopenhauer. Von
diesen ist der „Genealoge" Hegel uns heute am leichtesten zugänglich in der meisterhaften Caricatur durch
E. v. Hartmann (der es fertig bringt, dem „Weltprocess"
ein Ziel und damit ein Ende zu geben), sodann in der
populären Fassung, die sich mit Aneignung naturwissenschaftlicher Ergebnisse „Entwicklungstheorie" nennt und
die Philosophie des neunzehnten Jahrhunderts bedeuten
will. Thurmhoch über diesen Apologeten des Werdens
steht Schopenhauer, der Verächter der Geschichte und
Wiederentdecker des scholastischen Nunc stans — klafter-
tief steht aber selbst Schopenhauer unter dem eigentlichen Niveau strenger Erkenntnisskritik!

Zur Kritik des Erkennens.

> Hast du den Hahn in deinem Bilderbuche
> gesehn? Er hat eine Menge Hühner um sich,
> wenn das Buch zu ist: hast du das auch gesehn?
>
> Björnson, Synnöve Solbakken.

Aufgabe der Philosophie ist die Enträthselung der Welt: dabei wird es nun wohl bleiben müssen. Aber man kann ein Räthsel lösen oder beseitigen, in beiden Fällen hat man etwas „enträthselt", und ehe ein neuer Oedipus vor die alte Sphinx tritt — sollte es da nicht am Platze sein, dieses fabelhafte Ungeheuer von hinten zu besehen, ob wirklich die Jungfrau in einen Löwenleib ausläuft? Muss man vielleicht Thebaner, wenigstens Böotier sein, um an ihr etwas Gefährliches, Sphinxhaftes, Räthselhaftes zu finden? — Im Ernst, wir haben uns von unseren Philosophen viel zu viel „problematische Natur" einreden lassen, und so ehrenwerth es sein mag, wenn wir den Einzelheiten des Lebens gegenüber das Fragen nicht verlernen: als Ganzes und Allgemeines, fürchte ich, ist die Welt das glatteste und durchsichtigste aller Rechenexempel. Wir Menschen, mit unserer starken Schwerhörigkeit gegenüber Identitäten, wir Kinder, die das Küchengeräth analytischer Urtheile auf die Strasse werfen, um die Scherben von einem synthetischen Topf-flicker wieder zusammenheften zu lassen, wir haben erst ein Geheimniss aus der Welt gemacht, „über das Ge-schick", wie Homer sagt — ein so verwickeltes Geheim-niss, dass wir vor lauter Bedenklichkeit und Räthselratherei zuletzt nicht mehr wussten wo aus noch ein, und uns

21

in unserer Begriffsstutzigkeit allmählich bis zu einem
Gott hinauf übertölpelten. In Zeiten der Freigeisterei
nennt man's nicht Gott, sondern minder verfänglich „allgemeine Gesetzmässigkeit des Weltalls"; der Thatbestand
aber bleibt derselbe, nämlich dass wir eine Causalität
bestaunen, wo eine blosse Identität wirkt, dass wir ein
reales Räthsel lösen wollen, wo nur ein scheinbares weg-
zubringen ist, dass wir eine blaue Brille tragen und uns
unbändig verwundern, alle Dinge blau zu sehn — kurz
dass wir einen erhabenen Scharfsinn verschwenden, um
hinter das Geheimniss des Satzes zu kommen:

> Es lebt kein Schurk' im ganzen Dänemark,
> Der nicht ein ausgemachter Bube wäre!

381.

Wenn wir einen Conditionalsatz aussprechen, so
fällen wir eigentlich das Urtheil, dass einzelne Theile der
vorliegenden Erfahrungswelt herausgegriffen und in irgend
einem Sinne variirt werden könnten, ohne dass andere
Theile mit variirt würden: d. h. wir fällen ein unsinniges
Urtheil. Denn in Strenge wird durch jedes Einzelphä-
nomen das mit ihm durchweg verknüpfte kosmische Ge-
sammtphänomen mitgesetzt, vorausgesetzt, reproducirt;
kein Sperling fällt vom Dache, ohne das Universum in
mechanische Mitleidenschaft zu ziehen, und zwar ebensowohl in aufsteigender wie absteigender Zeitrichtung. Die
Welt ist allenfalls als Ganzes, ihrer Existenz oder Nichtexistenz nach, noch beliebig und frei; hat sich diese
Alternative einmal entschieden, so giebt es innerhalb der
Welt kein Wenn und Aber mehr, kein „hätte können"
und „hätte nicht sollen", nichts wegzudenken und nichts
hinzuzudenken. Die Unzulässigkeit conditionaler Urtheile

wird nur dadurch zu einer bedingten Zulässigkeit, dass wir in die Betrachtung ein metrisches Element und damit die Erlaubniss zu Annäherungen hineinbringen. Wir fassen jene Variationen (die entweder alle Null oder alle von Null verschieden sind) als extensive Grössen und setzen diejenigen von ihnen, die einen gewissen Betrag nicht übersteigen, practisch der Null gleich; wir urtheilen, dass es Deformationen der bestehenden Welt von derartiger Zusammensetzung geben könne, dass ein Theil über, ein anderer Theil unter einer gewissen Genauigkeitsgrenze (etwa der menschlichen Bewusstseinsschwelle oder, gröber, der mindesten socialen Tragweite) vor sich ginge. Wir vernachlässigen also, mathematisch zu reden, die Glieder höherer Ordnung; und solange wir über den asymptotischen Charakter der hieraus fliessenden Ergebnisse im Klaren sind, wer will uns dieses Grundvorrecht alles organischen Bewusstseins streitig machen? Was sollte aus uns armen Erkennenden werden, wenn wir durchweg mit unbegrenzt vielen Decimalstellen rechnen müssten, ohne je abbrechen zu dürfen, wenn jeder Sperling, der auf irgendwelchem Siriusplaneten vom Dache fällt, nicht nur nominell in unserem Bewusstsein vertreten wäre, sondern seinen bestimmten Realwerth oberhalb der Reizschwelle hätte, wenn wir statt des geradlinigen Lichtstrahls Billionen Ätherschwingungen von fortwährend wechselnder Amplitude und Polarisationsebene wahrnehmen müssten? Man denke einmal an den Grenzfall, dass unsere Reizschwelle ganz und gar Null, unsere Reizhöhe ganz und gar unendlich wäre; so wie wir jetzt glücklicherweise organisirt sind, können wir nicht sehr tief in diese Möglichkeit hineinblicken, ohne Gleichgewicht, Athem und Besinnung zu verlieren. Ein Bewusstsein, das auf alles unterschiedslos antworten, das dem

21*

verzwickten Hin und Her zwischen erster Ursache, erster Wirkung, dadurch modificirter zweiter Ursache und entsprechend modificirter zweiter Wirkung und so fort bis ins Unendliche rastlos folgen muss, ein Bewusstsein, das, von aussen inducirt, „vorstellt" und durch diese Vorstellung sowohl sich selbst, als rückwärts die Aussendinge und durch deren Vermittlung sich selbst noch einmal inducirt, ein Bewusstsein, dem sich alles zu Molecularschwärmen, Wirbelfeldern und Oscillationen auflöst, ein Ahasver-Bewusstsein, das nicht leben und nicht sterben kann — ist eine ärgere Marter denkbar als mit einem Bewusstsein dieser Art behaftet zu sein? Unter solchen Bedingungen werden die Elementarbegriffe wie Zeit, Leben, Tod, für uns illusorisch; denn was wir hierunter verstehen, die Verschiebung der Perspectiven, das unablässige Schwanken der Bewusstseinswelt nach Umfang, Tiefe und Gliederung, die Verengerung, Erweiterung, schliessliche Coincidenz der beiden Reizgrenzen — das alles hört auf, wenn diese Reizgrenzen ihre extremen Werthe angenommen haben. Man wird, mit der gehörigen Vorsicht in derlei Grenzbetrachtungen, einer solchen Bewusstseinswelt selbst die Z e i t als Grundform abzusprechen haben, gesetzt selbst, dass das Urbild, dessen vollständiges Abbild sie ist, objectiv zeitlich verliefe. Der Intellect hat nur an seinem eigenen Heller- und Trüber-, Stärker- und Schwächer-, Weiter- und Engerwerden die Vergleichsscala, längs deren er die Wahrnehmungen der Aussenwelt zeitlich auseinanderlegt; fehlt ihm diese, muss er als absoluter Spiegel die Umwelt vollständig und ohne Abzug, also mit samt der ganzen Vergangenheit und Zukunft, wiedergeben, so wird er — vermuthlich! — eine Art Nunc stans empfinden, d. h. nach unserem Maasse gemessen: überhaupt nicht empfinden. Kurzum: unser Be-

wusstsein ist, wesentlich und unvermeidlich, ein vernach-
lässigendes, vergröberndes, annäherndes, aufsaugendes und
ausscheidendes Bewusstsein, denselben Gesetzen der Ernährung, Entwicklung und Anpassung unterworfen wie jede
andere organische Function; nur insofern es endlich und
begrenzt ist, insofern es sich das Recht nimmt, irgendwo
abzubrechen, abzurunden und Halt zu machen, ist es überhaupt als Bewusstsein möglich. Der regressus in infinitum wäre, wie Kant ausgeführt hat, eine Art Paralysis
und Selbstmord der Erkenntniss, ein nicht zu beseitigen-
der Widerspruch zwischen der unendlichen Reihe und
ihrem abgeschlossenen Resultat, aber ein Widerspruch,
der aus der blossen Speculation in die unmittelbare Anschauung verlegt wäre. — Somit haben, um zum Ausgang
zurückzukehren, auch hypothetische Urtheile und die
damit zusammenhängenden Begriffe wie Möglichkeit, freie
Wahl, Verantwortlichkeit, ihren guten Sinn, nämlich als
approximative Schätzungen von der Form: ich kann mir
eine Welt denken, deren durchgängige Abweichung von
der wirklichen stellenweise als merklich, stellenweise als
unmerklich anzusehen ist; da wo zum ersten Male merk-
liche Änderungen auftreten, hat, nach unseren Begriffen,
Freiheit und Zurechnungsfähigkeit ihren Sitz. Wir im-
putiren dem Verbrecher seine That, wir sagen, er hätte
sie unterlassen können (und sollen), d. h. wir schätzen,
dass keine Ummodelung des ganzen Weltverlaufs bis zum
Zeitpunkte des Delicts erforderlich war, um zu diesem
Zeitpunkte in eine Unterlassung des Delicts auszumün-
den. Das ist in Strenge unrichtig; es war eine solche
Ummodelung erforderlich, aber sie kann vielleicht als
verschwindend klein gelten. Vielleicht! — jene Schätzungen
mögen im besonderen Falle falsch, ungenügend, oberflächlich sein; wir werden oft genug den Zeitpunkt,

die Trennungsstelle zwischen unmerklichen und merklichen Variationen verfehlen und den Verbrecher haftbar machen, wo vielleicht seine Eltern oder Vorgenerationen die Schuldigen waren. Aber die Grundvoraussetzung, dass überhaupt metrisch geschätzt, das Eine berücksichtigt, das Andere vernachlässigt werden dürfe, ist unanfechtbar; gehört sie nicht zu den Rechtmässigkeiten der Erkenntniss, so doch zu den Nothwendigkeiten des Lebens, und in diesem Falle heisst es primum vivere, deinde philosophari!

382.

Wer eine That zu simuliren nöthig hat, thut in vielen Fällen am besten, sie wirklich zu begehen: so simulirt er am erfolgreichsten. Das, was die Moral in ihrer vergröbernden und gegensätzlichen Denkweise als Wahrheit und Lüge auseinanderreisst, ist im Grunde nur ein Mehr oder Minder von solchen Einzelheiten, die einen bestimmten äusseren Schein aufrechterhalten. Es giebt nur Vorspiegelung von Thatsachen, keine Thatsachen; man weiss nie, sondern glaubt — sich oder Anderen. Geschieht die Beglaubigung, die Vorspiegelung von den verschiedenen Punkten aus gleichsinnig, so reden wir von objectiver Wahrheit; differiren einzelne Punkte, so reden wir von Täuschung oder Einbildung. Ein Richter weiss, dass auch, wo alle Zeugen übereinstimmen, die Wahrheit in suspenso bleibt; der Erkenntnisskritiker weiss, dass auch, wo Gesicht Gehör Getast von Einem Object berichten, über die Existenz eines „Dinges an sich" nichts gesagt ist. Hier, wie überall, ist der Realismus eine verwerfliche Naivität; hier, wie überall, haben Gradunterschiede an Stelle von Gegensätzen zu treten. — Mancher wird gegen diese quantitative Auffassung von Wahrheit und Lüge ein paar gute Einwände auf der Zunge haben: um so besser! Als Skeptiker, der nicht mit der Wahrheit verheirathet ist, muss man ein Auge zudrücken, wenn einmal die Wahrheit mit einem Andern geht.

383.

Ein Problem, dessen Lösung ich nicht kenne, habe ich auch als Problem noch nicht wahrhaft erfasst, oder, wie die Zeitungen sagen würden: eine Frage, die noch nicht „richtiggestellt" ist, ist auch noch nicht richtig gestellt. Antworten heisst: Einem klar machen, wie er hätte fragen müssen; finden heisst: einsehen, dass man falsch gesucht hat; Entdecker sein heisst: gegen seine eigenen Methoden eine Überraschung erleben.

384.

Welchen seelischen Kampf mag Kepler gekämpft haben, ehe er sich zur Preisgebung der Epicyklen entschloss! „Die vollkommenste Bewegung ist die Kreisbewegung, der Himmel ist die Stätte der Vollkommenheit, folglich sind die himmlischen Bewegungen kreisförmig oder aus Kreisbewegungen zusammengesetzt" — diesem Aristotelischen „folglich" durfte keine Erfahrung widersprechen und widersprach doch! Wer schreibt uns einmal die Geschichte des inneren Widerstandes, unter dem Wissenschaft und Contemplation aufgewachsen sind, — des unnöthigen inneren Widerstandes!

385.

Ob man den Krebs erst ins Wasser wirft und dann das Wasser kocht, oder umgekehrt, ist für alle Subjecte in der Welt, nur für den Krebs selbst nicht, ein blosser Zeitunterschied; auch physicalisch kommt es ungefähr auf das Gleiche hinaus. Es ist eigentlich eine böse Zumuthung an das animal, die Vorgänge der Umwelt mit solchen Vergrösserungsfactoren in sich eingehen zu lassen und mit den höchsten Bewusstseinswerthen auf Aussenwerthe zu reagiren, die objectiv kaum in Betracht kommen. „Leben" heisst nicht viel anderes als: alle Dinge um eine Unendlichkeit zu theuer bezahlen.

386.

Zwei kosmische Augenblicke, beide vielleicht nur in einem und demselben Gehirn möglich, beide kurz, schwer, unendlich wie Mittagsträume ... Der eine: schwindelndes Entsetzen vor der Unbegreiflichkeit der Welt, marternde Unbefriedigung jedes Verlangens nach Schönheit, Güte, Vernunft. Alle Bänder des Zusammenhanges scheinen gelöst zu flattern; wohin die Phantasie mit klammernden Händen greift, zerbröckelt alles in sinnlose Einzelheiten, in farblose wärmelose gestaltlose Atome, die in ihrer grauen Unbeschaffenheit doch nicht verständlicher werden. Ein gähnender Zweifel, der selbst die Identität schwanken macht; ist wirklich Gleiches noch gleich? Das andere Weltbild: tiefste, athemlose Ruhe und Sättigung, Dasein und Leben zu durchsichtiger Klarheit verglast, vergeistigt. Musik des Schweigens; wir würden jede irdische Musik durch sie hindurch hören, wie wir durch Glas sehen. Die Thatsache „Welt" ist so undenkbar begreiflich, so unbegreiflich denkbar geworden, die Einheit aller Einheiten, und doch hat sie nichts von ihrer Vielfachheit verloren: jede Farbe leuchtet, jede Blüthe duftet, jedes Leiden brennt, jede Erlösung kühlt. Ist es die wissenschaftliche, die sittliche, die künstlerische, die religiöse Entschleierung des Welträthsels, die uns zu Theil geworden? Kaum, aber es scheint, als könnten wir alles, was wir wissen, zweifeln, lieben, anbeten, mit Einem Worte aussprechen. Mit welchem? — aber wenn wir darüber nachsinnen, ist der Traum bereits verflogen.

387.

Bedeutend ist, dass das Räthsel der Sphinx den Menschen als Lösung verlangt, noch bedeutender, dass das Räthsel selbst nichts weniger als bedeutend erfunden ist. Wie? hatte dieses medisante Ungethüm nichts Ernsteres, nichts Vertraulicheres zu fragen, um den Menschen im Innersten zu treffen, als jene oberflächliche Allegorie? Wenn schon in der Umgegend Thebens das Problem Mensch zur Sprache kommen musste, konnte nicht vom Ursprung, von der Seele, von der „Bestimmung" des Menschen die Rede sein anstatt von seinen Beinen? Diese Griechen! wie sie jeder Gelegenheit ausweichen, tiefsinnig in unserem Sinne zu sein!

388.

Bin Ich es nicht, der die tausend Nadeln der Pinie zusammenhält und aus Millionen Wellen ein Meer glättet? Continuität des Bewusstseins projicirt sich als Consistenz der Aussenwelt; in dem regellosen Wirbel der Molecüle erliest sich das Subject sein Object, das Chaos wird durchgesiebt zum Kosmos. Die festen Linien der Umwelt sind die Fäden, an denen sich das Bewusstsein entlang tastet; die Gesetzlichkeit, die ich um mich vorfinde, ist Widerschein der Bedingung, unter der ich mich vorfinde. In dem einen Chaos sind viele $\varkappa \acute{o} \sigma \mu o \iota$ möglich, wie im Raum viele Geraden und Kreise; jeder Ausschnitt aus dem Chaos, jede Beschränkung der transcendenten Willkür kann einer Abfolge von Bewusstseinsvorgängen entsprechen. Die Richtung einer Beschränkung festhalten, ist eine weitere Beschränkung, also gesteigertes Bewusstsein; dass Ich mir die Mühe nehme, die Pinie dauern zu sehen, trägt zur Befestigung meines Ich bei. Und je mehr Gesetzlichkcit, desto mehr Ich; je strengere Auslese unter dem Möglichen, um so reichere Wirklichkeit; je enger das Sieb, um so feiner das Korn.

389.

Statt eine objective Natur anzusetzen und durch Reaction gegen diese das menschliche Affect- und Geistesleben entstehen zu lassen (Anpassung an äussere Bedingungen, nach Spencer), kann man vorziehen, umgekehrt dem Triebleben des Menschen die erste Stelle einzuräumen und daraus durch spontane Acte (Interpretation, Aneignung, Wille zur Macht) eine objective Natur, ein Weltbild, herauswachsend zu denken, als einen langsam sich ansammelnden Bestand von Interpretationen, über deren Richtung sich verschiedene Individuen geeinigt haben. Um sich dem Nachbar mitzutheilen, — eine Nothwendigkeit, die in jeder biologischen Reihe sehr früh eintritt — verzichtet man auf seine volle persönliche Willkür im Auffassen, Anschauen, Deuten, Namengeben; was auf diese Weise an Gleichartigkeit erreicht und erblich festgehalten wird, scheint dann später den Charakter des Willkürlichen ganz eingebüsst zu haben und gilt als das Gegentheil des Beliebens, als Object, Wissen, Erkenntniss. — Ist also der Mensch eine Reaction gegen Natur oder Natur eine Action des Menschen? Vielleicht ist es am räthlichsten, beide Formeln neben einander stehen zu lassen; wenn man zu diesem Scheingegensatz von These und Antithese die Synthese finden sollte, so wäre damit auch der Stein der Weisen, nämlich die ideale Erkenntnisstheorie, gefunden.

390.

Die ältere Menschheit objectivirt, veräusserlicht, verdinglicht alles Geschehen; der Weg der fortschreitenden Wissenschaft ist der umgekehrte, die Erklärung von innen heraus oder nach innen zu, die Beseitigung der „Erdenreste", die Reduction äusserer Erfahrungen auf Denkacte und äusserer Erfahrungsgesetze auf Denkbedingungen, kurzum, die Eingliederung der unbekannten Aussenwelt in den Schematismus des einzig Bekannten, des „absoluten Ich". Der Traum, der ein Atavismus, ein Zurücksinken in überwundene Entwicklungsstufen ist, stellt die ursprünglichen Denkgewohnheiten wieder her, wie er auch die blind zutappende Schnellmalerei des Causalitätstriebes wieder herstellt, der ohne Wahl und Sichtung die erste beste ihm einfallende Hypothese zu Recht anerkennt, d. h. in die anschauliche Welt hineinconstruirt. So interpretiren wir im Traume auch unsere inneren Zustände als äussere Thatsachen und Objecte: eine Brustbeklemmung als Incubus, eine sexuelle Spannung als erotische Scene, unseren Wunsch weiterzuschlafen als reales Hinderniss des Erwachens — wir treiben Fetischismus und Dämonomagie, wie wir sie in vorgeschichtlichen Zeiten getrieben haben.

391.

Im Allgemeinen sind wir als Synthetiker uns als Analytikern voraus; Thätigkeit und Genuss gehen nur in diesem Normalzustande rein und leicht von Statten. Was dies heissen will, erfährt man am besten, wenn eine Zeit lang die Ausnahme herrscht, dass der lebende Mensch vom erkennenden, sich selbst erkennenden eingeholt oder überholt wird, wenn wir durch Abstraction stärker verbrauchen als wir an Concretem nachfüttern. Zu Zwecken des Lebens zerreissen wir den Zusammenhang der Erscheinungen und formen Dinge, Gestalten, Einzelheiten daraus; die Erkenntniss ist gegenwirkend stets bemüht, uns das Ergriffene aus Händen zu nehmen und in den Schmelztiegel zurückzuthun. So lernen wir z. B., indem wir uns isolirte Thatbestände vorführen und Relationen zwischen ihnen suchen; das zunehmende Wissen zeigt dieser Relationen aber so viele, dass ein ganzes Gebiet überschwemmt, jede Grenze verwischt, jede vorläufige Isolirung endgültig aufgehoben wird. Band und Verbundenes ist nicht mehr zu trennen, der Lehrsatz verschmilzt mit dem Beweis; die Sprache versagt, weil alles, was sie vorbringt, einer Correction, einer näheren Bestimmung, einer Angabe einschränkender Bedingungen, eines Hinweises auf Nebenfälle und Nachbargebiete bedarf. Lehren heisst bei diesem Erkenntniss-Stande eigentlich wider besseres Wissen handeln, heisst sich zurückversetzen in eine halbe und unhaltbare Ansicht der Dinge, heisst Identitäten als Sätze, analytische als synthetische Urtheile, mangelnde Gegengründe als Gründe aussprechen. Das Zerreissen der Einheit, um sie nachher künstlich wieder zusammenzufügen, fiel uns das erste Mal leicht, wo es von uns als Function des Lebens ausgeübt wurde; das zweite Mal, wo es der Darstellung unserer Erkenntniss gilt, ist es im Grunde unnatürlich.

392.

Wir stehen jeden Augenblick im Mittelpuncte eines vollständigen philosophischen Systems, zu dem sich unser Denken und Thun ausbauen lässt, gerade so wie die Bewegung eines Körpers in jedem Augenblicke als Drehung um eine bestimmte Achse angesehen werden kann. Nur bleibt diese Achse im Allgemeinen nicht fest, und unser System ändert sich schon, wenn wir anfangen es gedankenhaft darzustellen und zu entwickeln. Was wir gelegentlich als unsere Philosophie aufzeichnen, ist nur die Enveloppe aller dieser momentanen Philosophieen, die sich mit jeder unter ihnen einen Augenblick berührt, — nie länger als einen Augenblick. Auch das Ich ist solch eine Enveloppe, und das Individuum, was ist es andres als ein beständiger Zu- und Abfluss von Individuen?

393.

Man verdirbt sich die transcendenten Probleme durch Einmischung der empirischen Thatsache Tod. Beispielsweise: warum müssten wir aus diesem Leben geschieden sein, um in ein anderes übergehen zu können? Haben wir an einer Mehrheit von Welten Theil, so besteht diese Theilhaberschaft ganz unabhängig davon, wie weit wir im zeitlichen Verlauf einer dieser Welten gelangt sind. Wiedergeburt bedeutet nur ein Sein in mehr als einem Ich, sagt aber nichts über das empirische Zugleich- oder Nacheinanderleben dieser verschiedenen Subjecte. — Oder warum müssten wir gestorben sein, um uns als Wesen eines vierdimensionalen Raumes zu bethätigen, gesetzt, dass wir überhaupt über den dreifach ausgedehnten Raum hinaus organisirt sind? — Bedenken hinsichtlich des Todes führten zur Philosophie, und schliesslich hört gerade der Tod auf, ein philosophisches Problem zu sein!

394.

Die allgemeine Wahrheit muss vielleicht für den Einzelfall umgedreht werden, oder ein zweites Mal umgedreht: sie oder ihr Gegentheil kann in einem ersten, zweiten, dritten Sinne practisch wahr sein — jedenfalls verhandelt man sich, wenn man nach Grundsätzen und Maximen handelt. Improvisirt man, und je kecker desto besser, so liegt wenigstens die Möglichkeit vor, das Rechte zu treffen.

395.

Noch einige Stufen aufwärts im Erkennen der Seele, und es tagt uns, dass unser zuversichtliches „Ich kann thun, was ich will" dieselbe Einfalt und Komödie ist, wie wenn man frühmorgens der Sonne aufzugehen geböte. Der „Wille" ist eine Begleiterscheinung, eine beiläufige Auskunft, die uns über uns selbst ertheilt, nicht ein Gutachten, das uns abverlangt wird; die willkürliche Handlung unterscheidet sich von der unwillkürlichen nur durch den Geschäftsgang, dadurch dass das Bewusstsein eine Abschrift des geheimen Befehls empfängt — aber das Bewusstsein selbst hat nichts zu befehlen. Das Bewusstsein ist die Redaction, die von officiöser Seite auf dem Laufenden erhalten wird, aber nichts zu beantragen, zu beschliessen oder zu verantworten hat. Wir erfahren von dem, was in uns und ausser uns vorgeht, nur in der Form des Bewusstseins, durch die Berichterstattung des Bewusstseins —: das verführt uns zu glauben, das Bewusstsein ziehe auch die Fäden und drehe die Räder. Die Schopenhauersche Allmacht des Willens ist, was immer sonst, ein Abweg vom heutigen Gange des Erkennens; wir werden vielleicht noch in diesem Jahrhundert

die Ohnmacht des Willens beweisen und ihn, die miss-
verstandenste aller metaphysischen Erschleichungen, in
sein Nichts zurückverweisen.

396.

Einen Schritt vor der Wahrheit umzukehren ist Verhängniss der allerschärfsten Geister. Man ahnt nicht,
welche Gedankenlosigkeit nöthig ist, um Entdeckungen
zu machen, welche Feinheit hinreicht, keine zu machen.

397.

Im Traume revoltirt dasjenige Ich, das vom wachen-
den überbaut, erstickt, niedergedrückt wird, ein Ich aus
früheren tieferen Schichten, das am Tage nicht hervordarf.
Der Traum ist Sclavenaufstand und Saturnalienfest; er übt
am Wachsein dieselbe subversive Vergeltung wie das
jüngste Gericht an der Weltgeschichte: die Ersten werden die Letzten sein. Was am Tage unser Empfinden
beherrscht, woran wir hundertmal in einzelnen Bildern
oder ununterbrochen in einer Art seelischen „Gemein-
gefühls" sinnen und denken, das schweigt im Traume
oder wird eigensinnig verschwiegen: kommt es doch einmal hervor, dann vielleicht in einer parodistischen Verzerrung oder in einer regnerischen Alltagsfärbung, dass es
zum Erbarmen ist. Umgekehrt, was am Tage unter den
Tisch fällt, was unter kräftigem Drucke unten gehalten
wird, als das Proletariat der Gedanken und Empfindungen,
— Begegnungen, die wir einen Augenblick später schon
wieder vergessen haben, Dinge und Menschen, an die
wir nicht den Bruchtheil einer Secunde Denkens verschwenden, Begriffskeime, wie sie gleich den organischen
Keimen in der Natur zu Millionen auftreten, um zu

Millionen unentwickelt wieder abzusterben —: das alles
rächt sich für die tagüber erfahrene Unterdrückung und
macht sich im Vordergrunde der Traumbühne zu schaffen.
Aus den vergessenen Erlebnissen werden drohende Gefahren oder entsetzliche Erinnerungen, aus den über-
sehenen Menschen hochwichtige Helfer und Widersacher,
aus den embryonischen Gedanken fabelhafte Fratzen und
Unmöglichkeiten. Lauter falsche Accente, eine verdrehte
Rangordnung! Der Traum vergegenwärtigt uns im ata-
vistischen Bilde die Zeiten der beginnenden Cultur, als
das Bewusstsein noch ohne Sieb arbeitete, alles einsog
und nichts ausschied, als jede Vibration der Gehirnfasern
ein neues Weltbild bedeutete, das sich noch keinem er-
kennbaren Mittelwerthe asymptotisch näherte, — jene
Zeiten, da Sinne und Intellect nur Material sammelten,
ohne Prüfung, Sichtung, Anordnung, ohne Gleiches zu
Gleichem zu legen und die widersprechenden Einzelfälle
zu eliminiren. Das abstracte Denken ist noch unentwickelt,
das Gehirn kann nicht arbeiten, ohne dass anschauliche
Bilder auftauchten und sich mit bewegten. Alles in allem
ist der Traumzustand, wie jener Culturzustand, höchst
schöpferisch und intensiv, aber ohne Gesetz; der Instinct
für Werth oder Unwerth, für Bevorzugung, Annahme
oder Ausschluss der einzelnen Bilder ist ausgeschaltet:
es giebt keine Jury und „Hängecommission", sondern
Jeder stellt aus, was er gemalt hat, und hängt es hin, wo
er Platz findet.

398.

Die Abweichungen der Planetenbahnen von der
reinen Kegelschnittform nennt der Astronom „Störungen":
welche naive Anmassung! Was eine Störung seiner
rechnerischen Bequemlichkeit bedeutet, empfindet er un-

bewusst auch als Störung des eigentlichen gesetzmässigen Naturverlaufs, obwohl es nichts anderes als dieser Verlauf selber ist, nur verfolgt bis in seine letzten „unangenehmsten" Consequenzen. Früher war man, der grösseren Unwissenheit entsprechend, noch unbescheidener; da stellte bereits der Kegelschnitt, dem Kreise gegenüber, eine „Störung", eine Complication ersten Ranges vor, und die Leistung des Planeten, der in einer Ellipse um die Sonne wandelt, galt noch Geistern wie Bruno und Vanini für undenkbar ohne irgendwelche planetarische Intelligenz. Im Grunde urtheilen wir Alle heute noch über Einfachheit und Complication ebenso anmassend und anthropomorphistisch; was uns in der gedanklichen Nachbildung am wenigsten Kopfzerbrechen macht, das hätte, meinen wir, auch der Natur in der factischen Verwirklichung am wenigsten Mühe verursacht, das also hätte sie eigentlich gewollt und auch erreicht, wenn ihr nicht die „Störungen" dazwischen gekommen wären. Wir stecken voll scholastischen und aristotelischen Aberglaubens; der Kreis ist eigentlich die Bahn der Himmelskörper und der goldene Schnitt das eigentliche Bildungsgesetz in der Natur. Selbst unser moderner Entwicklungsbegriff gehört zu diesem Aberglauben; die Natur als Elevin, die sich zur Meisterin durchstümpert, die zuerst Moneren und Zellen und dann in steigender Differenzirung höhere Formen hervorbringt — was in aller Welt berechtigt uns zu dieser allzumenschlichen Metapher! Ich meine, die Natur sprudelt alles heraus, mit gleicher Fertigkeit und Spielerei, das Dümmste ebenso gern wie das Gescheidteste; wir haben die Natur nicht erklärt, sondern uns nur menschlich näher gebracht, wenn wir das Complicirte auf Einfacheres zurückführen. Für unsere noch so unbeholfene Analyse müssen sogar

22

die complicirten Erscheinungen die Regel sein und die einfachen nur Ausnahme. Nicht die „Störungen" sind ein Phänomen, sondern die Kleinheit der Störungen; nicht dass der Wasserfall keine stationäre Strömung ist, verdient unser Staunen, sondern dass er noch so nahezu stationär ist.

399.

Schopenhauer, der nicht nur als Farbenlehrer, sondern zugleich als Hasser der Mathematik auf Goethes Spuren wandelt, sagt geradezu, dass nur das Was und Wie wissenschaftlich in Betracht komme — das Wieviel und Wiegross gehe allein die Praxis an und könne im Übrigen mit einer „ungefähren Schätzung" abgethan werden. Der Fuchs und die Trauben! Mit der quantitativen Forschung beginnt erst Strenge, Baugrund, Methode, aber auch Kampf und Schwierigkeit, während nichts leichter gebaut ist und leichter umfällt als eine bloss qualitative Hypothese. Der „königliche Weg" zu den Dingen ist kürzer als der analytische Dornenpfad, aber dieser ist „schwindel"freier; in nichts kann man sich eclatanter vergreifen als in einer oberflächlichen Schätzung des Was und Wie, ohne genaue Berechnung des Wieviel. Um ein Beispiel, ein freilich etwas enges Beispiel zu nennen: wenn es im Weltraum ein widerstehendes Mittel (Äther) giebt, so wird dadurch die Tangentialgeschwindigkeit eines Kometen vermindert, also an sich seine Umlaufszeit vergrössert — andererseits gewinnt dadurch die Anziehung der Sonne an Übergewicht, bringt den Kometen dem Centrum näher und verkleinert seine Umlaufszeit. Welcher dieser beiden Effecte behält die Oberhand? Ich fordere jeden $\dot{\alpha}\gamma\epsilon\omega\mu\dot{\epsilon}\tau\varrho\eta\tau\varsigma$ auf, durch

rein qualitative Abschätzung festzustellen, ob die Umlaufszeit unter dem Einfluss der beiden entgegengesetzten
Antriebe thatsächlich grösser oder kleiner wird! —
Machen wir uns nichts vor, wir Erkennenden! Es giebt
kein qualitatives Wissen in Dingen, die der Messung und
Rechnung zugänglich sind; das Was und Wie sagt gar
nichts, solange man nicht auch das Wieviel kennt, und
zwar genau und gründlich kennt. Jede qualitative Erklärung von Thatbeständen kommt auf den Punkt, wo
sie gegen andere, ebenso plausible Erklärungen die quantitative Probe bestehen muss, nämlich die Probe auf
Congruenz mit der Erfahrung bis zum Hundertel
Secunde und Milliontel Millimeter hinunter. Auf Grund
eines solchen messenden und rechnenden experimentum
crucis siegte auch über Newtons Farbenlehre — nicht
die Goethische oder Schopenhauerische, sondern die
Huygens'sche Vibrationstheorie. Gegen diese, die ihm
völlig Idiosynkrasie und unverständlich ist, protestirt
Schopenhauer leidenschaftlich und mit derbem Hohn über
die Zumuthung, sich den ruhigen, selbst im Sturme un-
bewegten Lichtstrahl als „Trommelwirbel der Äthertremulanten" vorzustellen — man sieht, die bloss „qualitative"
Naturbetrachtung mündet nicht weit vom „gesunden
Menschenverstand", der sich auch in seiner Weise das
Wie und Was zurechtlegt und über das Wieviel keine
grauen Haare wachsen lässt. Das ist die Vernünftelei
über das Wirkliche, das Spintisiren und Meditiren ohne
Beobachtung, das schon Aristophanes in den „Wolken"
verspottet; diese Anthropomorphismen und Plausibilitäts-
Erwägungen haben die Wissenschaft länger aufgehalten
als Inquisition und russische Censur. Heute wird uns
kein Laienvorurtheil mehr hindern, Ruhe durch Bewegung,
geradlinige Kräfte dnrch Undulation, Einfaches durch

22*

Complicirtes zu erklären, sobald damit ein besserer Anschluss an die beobachtete, zahlenmässig festgelegte Wirklichkeit erreicht wird. Gewiss ist ein geradlinig fortgeschleuderter Lichtstoff dem populären Gutdünken einleuchtender als eine sich fortpflanzende Welle in der noch nie gesehenen imaginären Flüssigkeit „Äther"; dennoch ist er zu verwerfen, sobald er den wirklichen Thatbestand nicht genau genug darstellt. Wir werden uns nicht bedenken, an Stelle jeder „plausiblen" und „natürlichen" Hypothese eine höchst verzwickte Wellen-, Strudel-, Wirbelhypothese zu setzen, sobald sie metrisch mehr leistet als die alte; wir werden das Was und Wie, so wie es sich im common sense malt, schlankweg auf den Kopf stellen, wenn wir dadurch irgend einen Widerspruch von 0,003 auf 0,002 herabdrücken können.

400.

Causalität, Wirkung, Abhängigkeit: diese Begriffe werden immer noch zu menschlich, zu gegenständlich, nicht mathematisch genug verstanden. Auch der kälteste Verstand sieht etwas wie eine persönliche Beziehung zwischen Ursache und Wirkung, eine Art Gesetz und Kraftäusserung auf der einen, Gehorsam und Leiden auf der anderen Seite, während als Thatbestand nur das Zusammenauftreten Beider zu verzeichnen ist, ohne Activität und Passivität, ohne den Nebensinn, dass das Eine durch das Andere dawäre. Dass es unlösbare Verknüpfungen giebt, ist das Wesentliche; welchen Richtungssinn man ihnen beilegt, ob den finalen oder effectiven, kommt nicht in Betracht. Eine Ursache, die zeitlich vorangeht, ist um nichts verständlicher als eine, die zeitlich folgt; weil es eben überhaupt weder Ursachen noch Wirkungen,

Mittel noch Zwecke giebt, sondern nur Paare, inséparables von Dingen, deren eines nie ohne das andere auftritt. Der Missbrauch, den die Philosophie mit dem Begriffe Causalität treibt, pflanzt sich auf ein weiteres Gebiet, das der Naturwissenschaften, fort, als abergläubische Deutung des Begriffes „Kraft". Man findet durch Erfahrung, dass die Bewegungen verschiedener materieller Punkte nicht unabhängig von einander sind; man erhält für diese Abhängigkeit eine besonders elegante Darstellung, wenn man neben den Variablen der Bewegung ihre ersten und zweiten Differentialquotienten nach der Zeit einführt, — eine Darstellung, die, als blosse analytische Zeichenschrift, die wirkliche Bewegung wiederum abzulesen gestattet. Aber was hat man für Mythologie mit diesem einfachen Sachverhalt getrieben! Die zweiten Differentialquotienten nennt man „Beschleunigungen"; sie würden verschwinden, wenn die ersten Differentialquotienten, die „Geschwindigkeiten", constant wären. Änderungen der Geschwindigkeit sind aber Wirkungen einer „Kraft"; die materiellen Punkte, deren jeder eine vom Orte der anderen abhängige „Beschleunigung" erleidet, üben also Kraftwirkung auf einander aus, sie ziehen einander an" oder „stossen einander ab". Damit hat man den stupenden Begriff Gravitation gewonnen, der eine rein mathematische Beziehung zwischen verschiedenen Grössen in ein unbeholfen sinnlich gedachtes Schieben, Stossen, Drängen und Ziehen zwischen verschiedenen Erdenklümpchen, genannt Molecülen, vergröbert. Welcher Fetischismus! welches anthropomorphistische Unvermögen, über die ärmlichen Begriffe Wollen, Wirken, Handeln hinwegzusehen!

401.

Uns fehlt eine Selbstkritik der Wissenschaft; Urtheile der Kunst, der Religion, des Gefühls über die Wissenschaft sind so zahlreich wie unnütz. Vielleicht ist dies die letzte Bestimmung der Mathematik!

402.

Ich sah Ameisen auf pfadlosem Waldboden, den Jahre lang kein Mensch betrat. Die „Weltanschauung" dieser Thiere mag in der Anpassung an die Umwelt noch so fein, in der Sammlung älterer Erfahrungen noch so umfassend sein, sie mag den Besonderheiten der näheren und ferneren Umgebung, den klimatischen Schwankungen in Tag und Jahr, allen normalen Vorfällen des einzelnen und socialen Ameisenlebens gerecht werden, — die Erscheinung des Menschen, so selten, so unberechenbar, wird sicherlich aus diesem Rahmen heraustreten und den Eindruck einer Discontinuität, einer irrationalen, übernatürlichen Durchbrechung aller Gesetze hinterlassen. — Was aber hindert uns, den Menschen und seine Welt auch in solch einem einsamen Winkel des Alls gelegen anzunehmen, den aller Jahrmyriaden irgend ein gewaltsam tappender Tölpel von Gott betritt? Mit andern Worten: ist unsere „Weltanschauung", die nicht an plötzliche Eingriffe in den gesetzlichen Gang der Begebenheiten glauben will, nicht vielleicht eine Local- und Intermezzo-Philosophie, gewachsen in der ruhigen Zwischenzeit zwischen zwei solchen Eingriffen? Also nur ein Bewusstsein von Gestern und Heute, vielleicht schon nicht mehr von Morgen, die wissenschaftlich ausgedrückte Arglosigkeit und Vertrauensseligkeit unseres Ameisenhaufens, der sich vom letzten Fusstritt bis zum Vergessen erholt hat und nicht ahnt, wie fern oder nah ihm der nächste ist?

403.

Gott sieht die Welt von aussen, durch den Zeitschleier hindurch, als sinnloses heilloses hoffnungsloses Zufallsspiel der ewigen Wiederkunft. Welcher Mensch hielte das aus, ohne am Mitleiden mit der Welt zu ersticken? Wer wollte es wagen, unter dieser perspectivischen Grundbedingung Gott zu sein? Darum — giebt es keinen Gott, oder aber, er ist eines jener Ungethüme von Herzlosigkeit und ἀταραξία, nach dem wir die Pfeile unserer menschlich-allzumenschlichen, allzuzwergenhaften Worte, Wünsche und Werthschätzungen umsonst abschiessen, ein epikureischer Zwischengott, der sich von der Lenkung der Dinge zurückgezogen hat, weil für ihn die Welt bereits unendlich oft vergangen, also starr und incorrigibel ist.

404.

Wenn man das Schweben oder Wirbeln der Staubtheilchen im Sonnenschein betrachtet, dieses nach geheimen Gesetzen bewegte Gestöber feiner Lichtpunkte, so bedarf es keiner allzubeflügelten metaphorischen Phantasie, hier einen Sternenhimmel en miniature vor sich zu sehen und jedes dieser lichtreflectirenden Staubatome, als Planeten des verkleinerten Sonnensystems, mit mikroskopisch winzigsten Bewohnern zu bevölkern. Diese Raumabstraction, der Schluss vom ausserordentlich Grossen aufs ausserordentlich Kleine und die Erkenntniss der Relativität alles Raummasses, wird jeder nicht ganz bleischweren und pechzähen Intelligenz gelingen; man muss aber einen Schritt weiter dichten und auch für die Zeit solche Möglichkeiten offen lassen. Es hätte sogar etwas für sich, jenen hypothetischen Wesen, die ein Staubmolecül als ihre Mutter Erde bewohnen, eine entsprechend verkleinerte Zeit anzuweisen, derart dass in einer Secunde unserer menschlichen Zeit Myriaden Generationen solcher mikroskopischer Geschöpfe entstehen und absterben können. Damit wäre ausgeschlossen, dass wir, selbst mit den allerschärfsten Mikroskopen, von den Vorgängen dieser Miniaturwelt je etwas zu sehen bekämen; ein solches Gewimmel und Geflimmer, unvergleichlich geschwinder als die Entladungsvibrationen einer Leydener Flasche oder als die Längsschwingungen eines elastischen Stabes, würde uns ·als Ruhe erscheinen — sowie etwa umgekehrt ein Riese, dessen vergröberte Elementarempfindung ganze Jahre menschlicher Zeitrechnung dauerte, statt unserer ergrünenden, abwelkenden, erstarrenden und wieder ergrünenden Erde etwas gleichmässig Graues und Unbelebtes erblicken würde. Nach der Atomphysik ist das, was wir einen festen Körper nennen, auch nur ein unendlich rasch periodisch bewegtes Molecularsystem, ein Sternenhaufen, in dem Entfernungen und Umlaufszeiten jedes menschliche Mass unterschreiten; ja, es ist eine erkenntnisstheoretische Frage, ob wir absolut Ruhendes überhaupt wahrnehmen würden, und empirische Ruhe ist wahrscheinlich nur eine andere Art, nicht eine andere Quantität der Bewegung. Wenn ein Bleigewicht zur Erde fällt, so verliert es seine Geschwindigkeit und bleibt liegen; diese verlorene Geschwindigkeit, nehmen wir an, geht in Molecularbewegung über und erscheint uns als Wärme, aber den minimalen Bewohnern eines betheiligten Molecüls könnte sie als kreisendes Planetensystem und Harmonie der Sphären erscheinen! Es schwindelt Einen zu denken, was für Unendlichkeiten von Raum und Zeit hier unserer Wahrnehmung durch die Maschen schlüpfen: welche Licht- und Tonwelten, welche Vegetation, welche

Organismen, welche Historien und Culturen ein einziges jener Sonnenstäubchen während seines Vorübergleitens vor unserem Auge beherbergen mag! Und umgekehrt, was mögen unsere Monde, Erden, Sonnen und Milchstrassen in der Weltanschauung eines gigantischen Wesens bedeuten, dessen Blutkörperchen Billionen Cubikmeilen füllen und dessen Nervenvibrationen Jahrtausende zählen? Vielleicht auch nur ein durch Stoss erwärmtes Bleigewicht, oder ein Stück Fensterscheibe, oder ein Fingerglied, oder ein in der Sonne tanzendes Staubfäserchen? — Genug: begreifen wir nur, wieviele Bewusstseinswelten neben einander hergehen und, durch die blosse Relativität von Zeit- und Raummass, aus dem Einen Stoffe geformt werden können, der uns als unsere Welt, dem Elephanten als seine Welt und der Mücke als ihre Welt erscheint.

405.

Man kann in einem doppelten Sinne von der ewigen Wiederkunft sprechen. Eine beliebige, erfüllte Zeitstrecke kann in der absoluten Zeit beliebig oft hintereinander abgespielt werden, ohne dass diese Wiederholung ins empirische Bewusstsein der die Zeitstrecke erlebenden Wesen fällt. Dies gilt unabhängig vom Inhalt der Strecke, als ein aus dem Begriff der Zeit folgender Satz a priori. Andererseits wäre es möglich, dass unser empirischer Zeitinhalt als Ganzes eine geschlossene Linie darstellte; das ist der Sinn, in welchem Nietzsche die uralte Vorstellung einer ewigen Wiederkehr aller Dinge als poetische Hypothese wieder aufgenommen hat. Diese Wiederkehr ist aber eine Aussage a posteriori, geschöpft aus dem Inhalt unserer speciellen Zeitlinie, des Ensembles oder Continuums von Weltzuständen, das wir bilden und erfahren: während jene erste Art Wiederkehr auch ohne die zweite besteht und, wie gesagt, im Wesen des zeitlichen Erlebens begründet ist. — Die zweite, inhaltlich zu begründende Wiederkunftslehre besagt also, dass es zwar unbegrenzt viele Weltzustände giebt, die aber so angeordnet sind, dass man von irgend einem derselben mit der Zeit fortschreitend wieder zu ihm zurückgelangt. Die Zeitlinie, der wir angehören, wäre demnach, als geometrische Linie gedacht, etwa ein Kreis, während sie dem naiven Menschen als Gerade erscheint. Also derselbe Fall, wie bei der Erde, deren Oberfläche dem ersten Anschein nach eine Ebene ist; die Krümmung der Kugel nämlich ist zu gering, um sich innerhalb eines Flächenstücks, das der Mensch mit seiner normalen Thätigkeit umspannt, der roheren Beobachtung zu verrathen. Man muss, um die Krümmung zu constatiren, entweder die Beobachtung verfeinern oder ihr Gebiet erweitern; das Äusserste in der einen Richtung leistet die Geodäsie, die den Winkel der Verticalen schon innerhalb eines Gärtchens bestimmen kann; das Extrem in der anderen wäre etwa eine Weltumsegelung. Nun, ebenso steht es mit der ewigen Wiederkunft — auch dieser Kreis muss eine stärkere oder schwächere Krümmung, d. h. seinen kleineren oder grösseren Radius haben; gross oder klein im Verhältniss zu einer bekannten Zeiteinheit, vielleicht einem Sonnenjahr oder einem Menschenleben oder einem Jahrhundert. Dass auch hier die „Krümmung" nicht beträchtlich sein kann, zeigt sich darin, dass sie eben dem naiven Bewusstsein ganz entgeht, selbst wenn es sich mit Historie bewaffnet; in der That deutet bis jetzt nichts darauf hin, dass wir uns einem geschichtlich überlieferten Zeitraum wiederum a parte ante näherten. Trotzdem ist Nietzsches Hypothese wohl denkbar, unter der plausiblen Annahme,

dass im historischen Bewusstsein Discontinuitäten stattge-
funden haben, veranlasst etwa durch Erdrevolutionen oder
Katastrophen kosmischen Charakters, sodass dem Menschen
der historische Rückblick bis zu sich selber versperrt wäre. Dass wir von einer solchen Zwischenzeit
historischen Unbewusstseins herkommen, wissen wir: sie
liegt noch gar nicht lange, der Schätzung nach zehn
Jahrtausende, zurück. Dass wir möglicherweise einer
gleichen, oder vielmehr derselben Unterbrechung des
geschichtlichen Zusammenhanges der Menschheit zusteuern,
wird Niemand leugnen können. Ohne Annahme einer
solchen Unterbrechung würde allerdings die Krümmung
des Kreises sehr klein, sein Radius sehr gross vorausgesetzt werden müssen, sodass die Nachwirkung eines
Ereignisses oder Zeitraums durch die ganze Peripherie
des Zeitkreises hin bis zu sich selber (die Erinnerung
des Ereignisses an sich selber, kann man ebensogut sagen)
zu schwach wäre, um dem Bewusstsein aufzufallen. —
Verlassen wir aber einmal das wirklich Gegebene und
gestatten uns einen Phantasieeinblick ins Mögliche, so
hindert nichts, geschlossene Zeitlinien zu construiren, deren
Peripherie in mässig grossem Verhältniss zu einer der
genannten menschlichen oder natürlichen Einheiten steht,
und auf denen zweitens keine Unterbrechung des historischen Bewusstseins eintritt. Die ewige Wiederkunft wäre
dann keine Hypothese mehr, sondern eine Erfahrungsthat-
sache, der sich die einigermassen gesteigerte menschliche
Besonnenheit nicht entziehen könnte; beispielsweise würde,
die Peripherie der Zeitlinie zu tausend Jahren gerechnet, der
Mensch zum Vorfahren in 29ter Generation seinen eigenen
Sohn, in 30ter sich selbst haben, oder auch, er würde den
Schluss ziehen können, dass sein Abkömmling in 29ter Generation sein eigener Vater, in 30ter er selbst sein wird.

Der gesammte Zeitinhalt würde einem historisch genügend fernsichtigen Bewusstsein bekannt sein, also, in Form der Vergangenheit, auch die ganze Zukunft, woraus sich für die Motivation des willkürlichen Handelns Verhältnisse ergeben müssen, die uns so ziemlich unvorstellbar sind — unser menschliches Wollen und Wirken beruht ja auf Unkenntniss der Zukunft! — Vergrössert man die Krümmung des Zeitkreises noch mehr, so bedarf es nicht mehr der historischen Teleskopie, um das periodische Wiederkehren aller Dinge als Bewusstseinsobject in deutlicher Sehweite zu haben; die Erfahrung weniger Generationen, eines einzelnen Individuums würde ausreichen — vielleicht (wenn man den Kreis immer kleiner werden lässt) die einer Stunde, die einer Minute! Einer Stunde oder Minute natürlich nicht im astronomischen Sinne; denn wenn der ganze Weltkreisprocess eine Stunde lang ist und dann in sich zurückläuft, so kann unsere Erde weder ihre tägliche Drehung noch ihre jährliche Bahn vollenden. Es ist aber an die physiologische Bedeutung dieser Zeitmasse zu denken, die von der Organisation des erlebenden Wesens abhängt; als Secunde wäre irgend ein Vielfaches der Dauer eines psychischen Elementarvorgangs, sei es Muskelcontraction oder Nervenreaction, zu definiren. — Wie allerdings einem Wesen zu Muthe sein mag, dessen Zeitperipherie eine Stunde lang ist, davon giebt uns die ausschweifendste Phantasie keine rechte Vorstellung. Wenn wir räumlich in einem Kreise herumgeführt werden, so stellt sich der Schwindel ein, desto stärker, je stärker der Kreis gekrümmt ist. An nichts Geringerem werden wohl die armen Gehirne zu leiden haben, die mit Bewusstsein ihren zeitlichen Rundlauf im engsten Kreise beginnen und vollenden und ewig wieder beginnen müssen. Dass uns kein solches Loos fiel, dass

uns als Erkenntniss-Subjecten ein Kreis kleiner oder verschwindender Krümmung zugeordnet ist, dafür dürfen
wir uns schon — bei uns selbst — bedanken!

406.

Die Wiederkehr des Gleichen. Wieviel man
auf Nietzsches glänzende Speculation von der ewigen
Wiederkunft geben will, wird dem Einzelnen zu überlassen sein; auf die Art Beweis, die hinterher dazu ersonnen und jetzt in seinem Nachlass zum Vorschein gekommen ist, rathe ich jedenfalls nichts zu geben. Beweise
sind, bei allen Philosophen, das Verdächtige und überdies Langweilige, eine blosse Stubenhockerei aus miss-
verstandener Gewissenhaftigkeit, ein gelehrt sein sollen-
der Formalismus, den der Autor sich so wenig schenken
zu dürfen glaubt, so gern ihn der Leser schenken würde.
Geistreich, unterhaltend, bisweilen grandios sind höchstens
die philosophischen Gedanken, die aufblitzenden und
schon wieder verschwindenden Perspectiven, jene Plötz-
lichkeiten und Abgrundsblicke, die uns mitten im Nebel
etwas vom Hochgebirge verrathen; aber der Nebel —
die sogenannten Beweise — taugt nichts. Leider hat
sich die Philosophie, namentlich die deutsche, immer zu
sehr in der Nähe der Wissenschaft aufgehalten, statt sich
unbefangen als das zu geben, was sie ist, als Religion
oder Kunst auf Umwegen; daher die Nachahmung gelehrter Manieren, das Beweisenwollen, wo nichts zu beweisen ist, sei es more geometrico oder aus Kategorientafeln oder „nach inductiver Methode" oder mit Hülfe
atomistischer Betrachtungen. Soviel sich nämlich aus
dem Entwurf „Die Wiederkehr des Gleichen" ersehen
lässt, scheint Nietzsche der Unendlichkeit der Zeit eine

so fort. Im Allgemeinen können wir sagen: wenn eine Mannigfaltigkeit mit n unabhängigen Variablen gegeben und das „Individuum" innerhalb derselben durch einen bestimmten Werthcomplex dieser n Variablen gekennzeichnet ist, so enthält die Mannigfaltigkeit ∞^n Individuen. Um ein paar Beispiele zu nennen, so enthält die Zeit ∞ Augenblicke, das Spectrum ∞ homogene Linien; es giebt ∞ Winde der Richtung nach, ∞^2 Winde der Richtung und Stärke nach; ferner giebt es ∞^3 klimatische Zustände, wenn wir einen solchen Zustand durch Luftdruck, Temperatur und Feuchtigkeit definiren. — Nach diesen Ausblicken ins mathematische Gebiet ist die Herleitung der ewigen Wiederkunft aus der angeblichen Erschöpfbarkeit der Atomgruppirungen mit zwei Worten zu widerlegen. Die Zeit hat ∞ Augenblicke, in jedem Augenblick ist ein „Weltzustand" unterzubringen — und unter Weltzustand verstehen wir einmal, indem wir die ganz primitive Annahme des demokritischen Atomismus zu Grunde legen, die Lage der materiellen Atome im Raume. Wieviel solche Lagen, solche Weltzustände giebt es? Machen wir die allereinfachste Voraussetzung: nur drei kugelförmige Atome, die sich beliebig bewegen. Ferner möge es nur auf ihre relative Lage zu einander ankommen; dann ist jeder „Weltzustand" durch ein gewisses Atomdreieck charakterisirt, und da ein Dreieck durch drei unabhängige Variable x, y, z (z. B. die drei Seiten, oder zwei Seiten und einen Winkel) bestimmt ist, so giebt es ∞^3 solcher Dreiecke. Also ∞^3 Weltzustände und nur ∞ Augenblicke: d. h. der mögliche Zeitinhalt hat in der Zeit weder einmal, noch gar unendlich viele Male Platz, sondern es kann von ihm nur ein unendlich kleiner Theil (unter ∞^3 Weltzuständen nur ein Ausschnitt von ∞) zeitlich realisirt werden, oder es wären ∞^2 Zeiten gleich der unserigen erforderlich, um die Gesammtheit der Atomgruppirungen zu erschöpfen. Nun schreite man aber von diesem A B C von Materialismus zu verwickelteren Annahmen über die Constitution der Materie fort, man betrachte zehn, hundert, Myriaden Atome und zwar nicht nur als Punkte, sondern als kleine Körperchen von beliebiger irregulärer Gestalt, man nehme die physicalischen Erscheinungen hinzu, Wärme, Electricität, Ätherschwingung, man gehe endlich zur organischen Materie und zum psychischen Leben über und sehe, wie die Dimension, der Unendlichkeits-Exponent des Inbegriffs aller Weltzustände immer unermesslicher anschwillt, während die Zeit durchaus nicht über die Umfänglichkeit ihrer ∞ Augenblicke hinauszusteigern ist — man vergleiche das armselige Gefäss mit dem überschäumend reichen Inhalt und suche die Wahrscheinlichkeit, dass einer der ∞^{∞} Weltzustände innerhalb der ∞^1 Zeitaugenblicke auch nur einmal, zweimal, unendlich viele Male realisirt werde! — Bei allen diesen Betrachtungen spielt die etwaige Endlichkeit von Raum, Kraft, Materie gar keine Rolle; wir sahen, dass bereits bei drei Atomen, denen wir noch dazu einen beliebig kleinen Raum als Bewegungsgebiet anweisen können, die Anzahl der Atomgruppirungen unendlich gross ist. Das liegt einfach an der vorausgesetzten Stetigkeit der Variablen innerhalb ihrer Grenzen, gleichgiltig ob diese Grenzen endliche oder unendliche sind; die kleinste Kugel hat immer ∞^3 Punkte, die unbegrenzte gerade Linie nur ∞. Man müsste geradezu diese Voraussetzung der Stetigkeit aufgeben und den Raum als Fachwerk oder Bienenzellenbau denken; dann allerdings brauchte es nur eine endliche Anzahl von Weltzuständen zu geben, aber mit diesen wäre kein Weltverlauf, kein continuirlicher Fluss herzustellen, und wir

23

hätten überhaupt keine Zeitempfindung. Nietzsches materialistischer Beweis für die Nothwendigkeit der ewigen
Wiederkunft darf damit als widerlegt gelten — etwas
ganz anderes ist die Denkbarkeit dieser Hypothese,
und wiederum etwas anderes ihr dichterischer, ethischer,
speculativer Werth. Die ewige Wiederkunft ist eine gewaltige Conception, ein Mysterium, das schon als Möglichkeit aufregt, erschüttert, ungeheure Folgerungen zulässt. Wir treten diesem „abgründlichen Gedanken" nicht
zu nahe, wenn wir seinen oberflächlichen Beweis verwerfen.

407.

Wenn wir die Welt, in der wir leben, als Ideal einer
causalen, determinirten Welt aufstellen und ihre Ordnung,
Verknüpfung, Übereinstimmung, Gesetzmässigkeit vollkommen befriedigend finden, so kann ein Betrachter jenseits von Mensch und Erde achselzuckend sagen: Jedem
gefällt seine eigene Nase, Jeder nennt sein Chaos Kosmos.
Ist es denn so ausgemacht, dass ein Lebewesen mit höheren
Ansprüchen an νόμος und ἀνάγκη sich in unserer Welt
heimisch fühlen würde, anstatt ihr vielleicht die Censur
„verwirrt und verwirrend bis zur Betäubung" zu geben?
Wir gestehen zu, dass unser Traum Bilder und Vorstellungen völlig regellos wechselt, meinen dagegen, die
Wirklichkeit zeige darin Ruhe und Ordnung. Wohl,
sobald wir in der wachen Erinnerung die Traumbilder
am ruhigen Hintergrund der Wirklichkeit vorüberziehen
lassen, erscheinen sie wechselnd und gesetzlos; im Traume
selbst glauben wir so regelrecht zu leben und zu handeln
wie nur möglich. Für den Wahnsinnigen ist seine Wahn-
vorstellung real, seine Ideenflucht ruhig-syllogistische
Folge. Hätten wir für die „Wirklichkeit" noch eine

andere Realitätsklasse zum Vergleich, wer weiss, wie verzerrt und regelwidrig sie uns dann erschiene? Ohne diese Controlle von Aussen ist unser immanenter Determinismus eitel Kirchspielweisheit; wir beurtheilen die Erfahrung nach einem Schematismus, den wir (oder unsere biologischen Ahnen) erst aus der Erfahrung gezogen haben, und freuen uns kindlich, wie alles stimmt. Erinnern wir uns doch, wie jung der Determinismus als philosophische Autorität ist, und vor wie kurzer Zeit man noch Agentien ausserhalb des Causalgesetzes anerkannte. Hier wäre gewiss für jenen Intellect mit höheren Ansprüchen unser Kosmos lange nicht kosmisch genug: eine schöne Ordnung, würde er sagen, die nicht einmal in den sie spiegelnden Köpfen Ordnung schafft! — Diesen Rath, das deterministische Wesen der Welt nicht zu überschätzen, giebt ein Philosoph, der im Übrigen selbst bei höchster Schärfe und Bestimmtheit der inneren Weltverknüpfung die chaotische Willkürlichkeit des absoluten Seins nicht gefährdet sieht.

408.

Der naive Realismus, der den scheinbaren, empirischen Weltverlauf für eine unmittelbar getreue Abbildung des wirklichen, transcendenten hält — was für eine ungeheure Zumuthung stellt er eigentlich an die Weisheit und Harmonie dieses transcendenten Verlaufs! Man versuche im Ernst, die Complication und wunderbar verzweigte Structur unseres Kosmos nachzudenken, im Kleinen und Grossen, im Ganzen und Einzelnen, von den Vorgängen in der Infusorienwelt eines Wassertropfens bis hinauf zu den Kreisläufen der Sonnen- und Milchstrassensysteme. Mit welch umfassendem und gegliedertem Inhalt ist eine

23*

einzige Secunde empirischen Geschehens erfüllt: in dieser
Secunde beschreibt die Sonne ein Stück ihrer Bahn im
Astralgebäude, die Erde und sämmtliche Planeten ein
Stück ihrer Bahnen um die Sonne, Monde, Kometen und
unzählige Meteorsplitter ebenfalls ihre vorgeschriebenen
Wegfragmente, sammt und sonders unter Innehaltung
bestimmter Gesetze und Eins auf das Andere Rücksicht
nehmend und Fernkraft ausübend. In dieser selben
Secunde fällt auf Erden jeder Regentropfen, wie er fallen
soll, wächst jede Blume um ein Bestimmtes, vollzieht
jedes Insect nothwendige und determinirte Bewegungen,
tauchen in jedem Menschengehirn Vorstellungen auf, die
das genaue Resultat von Vergangenheit und Umgebung
sind — und dieser ganze vieltönige vielfarbige vielge-
staltige Mechanismus soll sich in Wirklichkeit so abspielen, mit minutiöser Beachtung aller der Millionen
Nothwendigkeiten und „Naturgesetze", die hier bunt
durcheinander commandiren? Welch eine Virtuosität,
welch ein Aufmerken, Blicken, Lenken nach allen Seiten
wird da vorausgesetzt, welch ein Seiltanz wäre nöthig,
um hier nicht zu fallen! welch ein Dirigent müsste dies
unendlich vielstimmige Orchester zusammenhalten! Und
schliesslich mündet der naive Realismus nie sehr weit
von dem Ziel, eben den Dirigenten zu beweisen, den
Gott hinter der Natur zu beweisen; er ist das physico-
theologische Argument oder die Vorbereitung dazu. Dagegen lehrt der Idealismus, dass der zweckmässige, causale, reichorganisirte Verlauf der empirischen Wirklichkeit
gar nichts über den transcendenten besagt, dass ein „an
sich" willkürliches Geschehen ausreicht, uns als subjectiven
Effect ein determinirtes Geschehen zu garantiren, dass
auch der vollkommenste Kosmos nur als Durchsiebungs-
product aus dem wüstesten Chaos hervorgeht. Das

Orchester also bedarf keines Dirigenten, es bedarf nicht einmal der Noten oder reingestimmter Instrumente, es kann ungeleitet, disharmonisch durcheinander toben: wir, die Hörer, haben jene wunderbare Vorrichtung in den Ohren, vermöge deren wir stets eine rhythmisch klare, rein harmonisirte Melodie vernehmen. Wie das? wir hören überhaupt nur, wenn jene kosmische Ausnahme-Musik ertönt, alle übrige Zeit sind wir nicht allein taub, sondern existenzlos. Sobald wir nun uns selbst als existirend vorfinden — und wann könnten wir uns existenzlos antreffen? — finden wir mit uns auch den Kosmos vor, der unsere Existenzbedingung ist: d. h. wir glauben uns beständig von Kosmos, nie von Chaos umgeben. Diese Vorstellung, dass eine kosmisch geordnete Welt für uns geradezu Bewusstseinsbedingung ist, mag im Einzelnen schwer zu belegen sein; als Ganzes ist sie der einzige philosophische Gedanke, mit dem wir um die Thorheit herumkommen, vom transcendenten Weltverlauf die Specialitäten und Gesetzlichkeiten unseres empirischen zu verlangen. Es hat keine philosophische Schwierigkeit, das Bewusstsein an Bedingungen zu knüpfen und höheres Bewusstsein an complicirtere Bedingungen; aber es ist nicht nur schwierig, sondern geradezu absurd, ein „Ding an sich", d. h. eine von unserem Bewusstsein unabhängige Realität anzusetzen und hinterher diese Unabhängigkeit zu einem blossen Parallelismus mit unserem Bewusstsein einzuschränken.

409.

Die erkenntnisstheoretische Hauptschwierigkeit, wie ein transcendent willkürliches Geschehen empirisch als gesetzlich geregelter Weltverlauf „erscheinen" könne, verschwindet bei folgender Betrachtung. Einzig real ist die Gegenwart, genauer das Zeitdifferential, das zum Zustandekommen eines Elementarbewusstseins mindestens erforderlich ist (die Gegenwart, als Zeitpunkt gedacht, ist noch nicht Bewusstseinsphänomen); alles Weitere, d. h. die ganze Vergangenheit und Zukunft, ist ungeheure Extrapolation, inhaltliche Weiterverlängerung des Zeitdifferentials zur Zeitlinie, aber der Existenz nach unbeweisbar. Man kann sich darüber in populärer Weise klar werden, wenn man die unmittelbare Gegenwart irgendwie, etwa durch Aussprechen des Wortes ‚jetzt‘ zu markiren sucht; in dem Moment, da wir den Endconsonanten t aussprechen, ist der Augenblick der phonetischen Erzeugung des j bereits Vergangenheit, d. h. Glaubenssache: eine perspectivische Annahme, gegründet auf inhaltlichen regressus von der Gegenwart aus. Wenn wir also behaupten, in einer gesetzlich zusammenhängenden, qualitativ einheitlichen, unser causales Bedürfniss vollkommen befriedigenden Welt zu leben (dies ist die postulirte, wenn auch noch nicht practisch durchgeführte Anschauung der Naturwissenschaft), so bedeutet dies zunächst nur die Illusion eines Zeitdifferentials, kürzer als die Zeitdauer des gesprochenen Wortes jetzt; eine Illusion aber, zu deren Art es gehört, sich als Nachfolgerin und Vorgängerin einer gleichartigen Illusion zu empfinden. Es giebt — das wissen wir — Zeitelemente, die derartig empfinden; dass es nur solche gebe, liegt im Wesen der Illusion, aber nicht der Sache. Die Illusion scheint seit Ewigkeit bestanden zu haben und in Ewigkeit zu bestehen; aber eben dieser Schein ist nur ein Theil der Illusion, die darum trotzdem jeden Augenblick durchbrochen werden kann.

410.

Dem aristotelischen Satze zum Trotz, dass Existenz nie aus dem Begriff eines Dinges zu folgern ist (τὸ εἶναι οὐκ οὐσία οὐδενί), kann man das Dasein einer causal determinirten Welt auf diese Weise ontologisch ableiten, nämlich zeigen, dass ein vollkommen beliebiges Weltgeschehen sich von innen betrachtet als Causalverlauf darstellt. Es ist klar, dass die Vorstellung, einer Causalwelt anzugehören, eine augenblickliche Bewusstseinsillusion ist und als solche, bei chaotischem Zufallsspiel des transcendentalen Geschehens, nur vorübergehend und höchst selten auftauchen wird. Diese sporadischen Blitze erleuchten aber die ganze Strecke — der Intellect, der dieser Illusion fähig ist, wähnt sie beständig erfüllt und aufrechterhalten zu finden. Warum? Dies eben liegt im Wesen der Illusion, im Begriff der determinirten Welt. Wenn wir stets in einem geordneten Kosmos zu leben glauben, so ist dies „stets" ein Bestandtheil der fingirten Stetigkeit und Ordnung; eine Vorstellung wie die: „wir leben gegenwärtig in einer causalen Welt, werden aber mit nächstem aus ihr verstossen werden und dem Chaos anheimfallen" — eine solche Vorstellung wäre antilogisch, also zum mindesten nicht die einer Causalwelt. Zu jeder Illusion gehören Nebenillusionen, die sie stützen, ergänzen, expliciren; zum Glauben an Causalität gehört der Glaube an Logik, und darum der Glaube an ewige, undurchbrochene, undurchbrechliche Causalität. Also, dass wir gelegentlich an Causalität glauben, ist selbst in einer chaotischen Welt kein grösseres Wunder, als dass Einer unter Millionen Loosen das grosse Loos gewinnt; aus dem Begriff der Causalität aber, den wir in diesen bevorzugten Augenblicken entwerfen, folgt, dass wir ewig in einer causalen Welt zu leben glauben. Dieses einfache Schema giebt die Deduction des Kosmos aus dem Chaos; dieses logische Netz ist das Sieb, das die chaotischen Zeitstrecken aus dem Bewusstsein herausfallen lässt und nur die kosmischen übrig behält.

411.

Um den Durchseihungsprocess, vermöge dessen aus einem transcendenten Zufallsspiel eine empirische Causalwelt herausfliessen kann, mit einem wissenschaftlichen Namen zu taufen, nennen wir ihn den Process der indirecten Auslese — in dem Sinne, wie die Biologie von indirecter Auslese spricht. Das will sagen, dass empirische Gesetzlichkeit, ebenso wie biologische Zweckmässigkeit, nicht von vornherein als einziger Fall verwirklicht wurde, sondern nur schliesslich als einziger übrig bleibt, vermöge einer selectiven Vorrichtung, die alle davon abweichenden Fälle beseitigt. Diese selective Vorrichtung, diese ins Erkenntnisstheoretische übersetzte Zuchtwahl heisst eben Bewusstsein — aber ihre Function ist nicht zeitlich, sondern ontologisch zu denken: das Herauskrystallisiren des Kosmos aus dem Chaos vollzieht sich nicht im Sinne eines Verlaufs, sondern etwa einer rein mathematischen Elimination. Sehen wir beispielsweise ein Lebewesen als Atomschwarm an, dessen Theilchen nur bei einer ganz bestimmten Anordnung das bewusste Lebewesen constituiren, sonst aber eine rudis indigestaque moles vorstellen; denken wir uns dann die Theilchen beliebig den Weltraum durchfliegen und sich nur gelegentlich und zufällig zu jener Anordnung zusammenfinden — so werden die Zeiten, da die Theilchen ungeordnet herumirren, in dem Bewusstsein jenes Lebewesens nicht vertreten sein; es wird, sowie es sich stets als bewusst vorfindet, auch stets die sein Bewusstsein bedingende Anordnung der Atome realisirt vorfinden. Während für einen objectiven Weltbetrachter die Wahrscheinlichkeit jener Anordnung eine verschwindend geringe sein kann, ist sie für das Lebewesen selbst subjective Gewissheit; das Bewusstsein schneidet von selbst aus der Fläche aller Möglichkeiten die Linie heraus, längs deren allein die Bedingungen dieses Bewusstseins erfüllt sind. So ist jede Art Bewusstsein, welche an Bedingungen geknüpft ist — und dies scheint die uns allein vorstellbare Art zu sein — ein Sieb, ein Eliminationsapparat, eine Zwangsgleichung für sonst unabhängige Variable, eine Gesetzlichkeit innerhalb eines Zufallsspiels, ein Kosmos mitten im Chaos — wohlgemerkt, immer nur „subjectiv", nur für den Träger des Bewusstseins, für Niemanden sonst! Danach wäre die Gesetzlichkeit der Welt einfach darauf zurückgeführt, dass die zahllosen abweichenden Fälle nicht registrirt werden, eine Quelle, aus der ja jede Art Aberglauben Zufluss findet, der populäre, der wissenschaftliche, der philosophische! Und die allerkürzeste Formel der Erkenntnisstheorie hätte jener Knabe in einer Björnson'schen Novelle ausgesprochen, der seinem Spielgefährten die Vexirfrage stellt: „Hast du den Hahn in deinem Bilderbuch gesehen? Er hat eine Menge Hühner um sich, wenn das Buch zu ist: hast du das auch gesehn?"

Sonette und Rondels.

Alpenleben.

Der Mittag hat der Hölle Gluth entriegelt,
  Die Wiese ist ein fieberheisser Pfühl;
  Der Himmel trieft vor Bläue, lodert schwül,
Vom Rund der Sonne feuerfest versiegelt.

Doch war sie doppelt wild und aufgewiegelt,
  Wird Abends doppelt still die Welt und kühl;
  Die Unruh' glättet sich, und das Gefühl
Beschaut im See des Friedens sich gespiegelt.

Thalab geschlendert kommen die Gedanken,
  Gleich Kühen satt und ohne Leidenschaften.
Mit Lust seh' ich die vollen Euter schwanken.

Was kümmert's mich, in welch besonnten Räumen
  Sie Mittags sich ihr Weideglück errafften?
Mir soll die kühle Milch im Kruge schäumen!

———

Vorsommer.

Bist du es, Sommer, der sich so verfrüht?
Flog ich so früh, so stürmisch dir entgegen?
  Hier treff' ich und umarm' dich, dass es sprüht,
Du überschüttest mich mit deinem Segen.

Hier will ich mich in deinen Athem legen,
  Der summend, sengend um mich webt und glüht
  März ist es! und die ros'ge Mandel blüht,
Aufspriesst es bunt und toll an allen Wegen.

Der Alpsee giert, ein glüh'nder Molochsbauch,
  Nach weisser Mädchen marmorkühlen Gliedern.
Oh Lenz! willst du den Sommer überspringen?

Die Traube reift dein ungestümer Hauch:
  Schon hör' ich Winzer rufen und erwidern
Und mit den Sicheln Winzermesser klingen.

Morgenstimmung.
(Nach A. Giraud.)

Ros'ge Stäubchen tanzen leise
  In des Morgens blassem Schimmer.
  Fernher summt es wie von schlimmer
Schelmenhaft verliebter Weise.

Schwindend nach vollbrachter Reise
  Sinkt der Mond, ein müder Schwimmer.
Ros'ge Stäubchen tanzen leise
  In des Morgens blassem Schimmer.

Husch! vor lüstern flinkem Greise
  Flieht ein kleines Frauenzimmer,
  Streift der Büsche Thaugeflimmer, —
Aufgesprüht zum Wirbelkreise
Ros'ge Stäubchen tanzen leise.

Der blaue See von Lucel.

Du bist so rein, und deine zarte Bläue
    Zeigt spiegelnd des Gebirges feinste Züge.
    In deinem Blick birgt sich kein Fältchen Lüge,
Durchsichtig bis zum Grund ist deine Treue.

Dein Wesen ist so schamhaft, dass ich scheue
    Aus dir zu trinken; fürcht' ich doch, ich füge
    Dir schon ein Leid zu, wenn ich zur Genüge
Mein Aug' an deinem keuschen Glanz erfreue. —

Weh! ärger ward noch nie ein Bild entweiht!
Was muss ich sehn! Alt-Englands dürrste Maid —
    Oh, mehr bedurft' es nicht, mich zu vertreiben!

Im Nymphenweiher solch ein grät'ger Fisch!
Oh Geist des Sees! mit einem Binsenwisch
    Lass mich den frechen Vorwitz trocken reiben!

Englischer Sonntag.

Dieses Glöckleins rastlos Lärmen,
    Ohrenmarter ohne Gleichen!
Denen's gilt, in dichten Schwärmen
    Sieht man sie zur Kirche schleichen.

Wo an Gott wir frei uns wärmen,
    Denen muss der Pfarr ihn reichen.
Dieses Glöckleins rastlos Lärmen,
    Ohrenmarter ohne Gleichen!

Gähnen, Spleen, verdross'nes Härmen:
    Will der Tag nicht endlich weichen?
Ach! auf dieser Schafe Därmen
    Könnt' man Davids Psalmen streichen! —
Dieses Glöckleins rastlos Lärmen!

461

Der Übermensch.
(Novalis an Nietzsche.)

Will sich Natur zur Ruhe sacht gewöhnen,
  Musst du die wilde Zeit zurückbeschwören?
  Wer mag wohl noch des Mammuths Wuthschrei hören,
Die Saat zerstampft sehn von den Enakssöhnen!

  Nicht Schaffen ist das Letzte, noch Zerstören:
Soll Ordnung nicht den Bau am Ende krönen?
Und regt sich's allerwärts vom sinnvoll Schönen,
  Meinst du, dass wir am Grossen viel verlören?

Lass auch im Menschen, nach der Vorwelt Kämpfen,
Des Wollens und Befehlens Gluth sich dämpfen:
  Was Übermensch! Ein Kind träumt Ungeheuer.

  Dein Held Prometheus, stahl er nicht das Feuer,
Dass es, vertheilt auf hundert fleiss'ge Herde,
Des Allzerschmett'rers Hand entwunden werde?

Die blaue Blume.
(Nietzsche an Novalis.)

Und dir zerfloss die Welt im schimmernd Breiten,
  In einer mystisch feinen Liebesfluth.
Dahin den Strom des Wollens abzuleiten,
  Darauf verstehst du zarter Geist dich gut.

Was musst so fühlsam du Natur besaiten,
  Dass schon dem Gras die Sichel wehethut?
  Kaum ritzt der Sporn, so lässt das Rösslein Blut:
Wer möchte da ein Ende Wegs noch reiten?

Verfallsgewächse zogst du an Spalieren,
Die fröstelnd in die Himmels-Heimath stieren
Und träumend, eh' sie noch gelebt, erfrieren.

Nicht zu erschlaffen deinen Schlummerflöten,
Die schmeichelnd Geist und Kraft und Mannheit tödten,
Ist schon allein ein Übermensch von Nöthen.

Zwei Schwäne.

Zwielicht des Nordens: Schimmern fahler Kerzen,
   Halb Licht, halb Dunkel, keines tief und ganz!
   Der Süden kennt des Tages vollen Glanz,
Er wagt zu vollem Schwarz die Nacht zu schwärzen.

O Südens Nacht! Beichtpriesterin der Herzen,
   Verschwiegenheit im heil'gen Sternenkranz!
   Erloschen ist der grellen Lichter Tanz,
Die Stunde kam: nun tauch empor, ihr Schmerzen!

Da sind sie, Lieb' und Tod! Dem See entstiegen
Seh' ich zwei Schwäne schlank die Hälse biegen,
   Ein weisses Leuchten gleitet durch die Schatten.

Dass wüthend sie vom See ans Ufer sprängen,
Der schweren Flügel Wucht ums Haupt mir schwängen —
   Du Nacht des Südens wirst es nicht gestatten!

Simplicissimus.

   Ich liebe dich!
Mag dir's auch so zu Herzen dringen.
Sonst hatt' ich allerlei zu bringen,
   Heut' bring' ich mich.

Sonst konnt' ich harfen, geigen, singen,
   Nun heisst es: sprich!
   Ich liebe dich!
Mag dir's auch so zu Herzen dringen.

Mein Töneduft, mein Farbenklingen
   Verscholl, erblich.
   Ein Dichter ich?
Dem nur drei Worte noch gelingen:
   Ich liebe dich!

24

Das Weib.

Ein Meister sprach zu seinem Gott und Herrn:
   Nicht einmal nur hast du den Mann beraubt,
   Da eine Rippe du ihm ausgeklaubt
Und Weibsgestalt geschnitzt aus solchem Kern.

Sonst strebt der Theil zum Ganzen, fügt sich gern:
   Doch so verwirrtest Glieder du und Haupt,
   Dass sich der Mann entwurzelt-hülflos glaubt,
Hält ihn vom Weib nur eine Stunde fern.

Ich fand kein Weib, das, wie's das Recht verlangte,
Zum Mann zurück, als seinem Ursprung, bangte.
   Doch fand ich Männer, die nach ihrer Buhle

So ernstlich schnappten wie der Fisch nach Wasser.
Erfahrung, ach! macht mich zum Weiberhasser:
   Mein bester Jünger lief mir aus der Schule!

———

Pierrot résignant.

Zu welchem heil'gen Zweck — wer weiss? —
   Wirbt Pierrot dort um Colombine?
   Dass er des Weibchens Gunst verdiene,
Minnt er sich müde, härmt sich heiss.

Der Esel tanzt auf glattem Eis,
   Der Löwe rast vom Stich der Biene.
Zu welchem heil'gen Zweck — wer weiss? —
   Wirbt Pierrot dort um Colombine?

Welch Rad blieb' ewig im Geleis,
   Führt ewig g'radeaus die Schiene?
   Da plötzlich — hellt sich seine Miene:
Er geht! der Bock entsagt der Geis!
Zu welchem heil'gen Zweck — wer weiss?

———

Rath eines Alten.

An solche Weiblein nicht dein Wünschen hefte,
  Die fleischgeword'ner „guter Wille" sind!
  So hülflos rührend ist solch gutes Kind,
Das an das Grösste wagt die kleinen Kräfte.

  Sieh nur nicht hin, Mann! stell' dich lieber blind!
Sonst kommt das Mitleid, das die Stärksten äffte:
  Man springt hinzu, man rettet, hilft geschwind
Und mengt sich in verfahrene Geschäfte.

  Das zarte Füsschen, seidenweich beschuht,
Muss sich durchaus am steilsten Felsen ritzen.
  Das Köpfchen, kaum zum reinlich Denken gut,

  Will forschend in die tiefsten Gründe blitzen.
  Einmal im Leben fordert man ihr Blut:
Sie wollen's auf dem Schlachtfeld nur verspritzen!

Apogyn.

Einstmals liess ich keinen Kniff
  Um ein Weiblein mich verdriessen.
  Um ein Weibesherz zu spiessen,
Wie ich fein die Nadel schliff!

Jetzo geb' ich keinen Pfiff
  Auf Entbehren, auf Geniessen,
Liess' ich einstmals keinen Kniff
  Um ein Weiblein mich verdriessen.

Ach, wie fern, gesehn vom Schiff,
  Will die Küste uns zerfliessen!
  Und das Weib, das wir verliessen,
Dämmert bläulich zum Begriff,
Einfach, ohne Pfiff und Kniff.

Wortes Ohnmacht.

Scharf musternd späht mein Auge in die Menge:
  Nie bist es du, nach der das Herz begehrt.
  Nun ist es schmachtend innenwärts gekehrt,
Ob selbst dein Bild zu malen ihm gelänge.

Hier hilft das Ohr: im Fall und Fluss der Klänge
  Form' ich dein tönend Gleichniss. Doch wer lehrt
  Mich Zartheit, die dich nicht verscheucht? wer wehrt
Dem Wort, dass sich's verletzend nah dir dränge?

Oh Wort! in deiner Faust, der plump geballten,
  Wie liesse sich der leichte Falter greifen?
  Du kannst ihm nur den Staub vom Flügel streifen.

Wie taugst du wenig, Sammt mit schweren Falten,
  Dich schleierweich um Lichtgestalt zu schmiegen!
  Du kannst als Bahrtuch nur auf Särgen liegen.

Unendliche Melodie.

Auf zitternden Flächen schreiten,
  Die ehernen Urtons schwingen,
  Zu tanzenden Weltrauch-Ringen
Die Seele auswölben und weiten,

An Kanten und Ecken und Seiten
  Den Blick nicht stossen und zwingen,
Auf zitternden Flächen schreiten,
  Die ehernen Urtons schwingen,

Kein Klammern an Einzelheiten,
  Ein menschentbundenes Singen,
  Ohn' Ursprung quellendes Klingen,
Gestaltenlos Schwimmen und Gleiten,
Auf zitternden Flächen Schreiten . . .

Der Dichter.

Ist dies mein Loos, so will ich mich gewöhnen
  Ein Nerv zu sein, der alle Schmerzen spürt,
  Ein Saitenspiel, so leis' und leicht gerührt,
Jedweden Lüftchens Laune auszutönen.

Doch hört ihr's nun in bangen Nächten stöhnen:
  Nicht ich —! mir hat's der Wind dahergeführt!
  Ich harfe, was er singt; nicht mir gebührt
Sein Lied der Trübsal schmeichelnd zu verschönen.

Und hört ihr, lüpft der Morgen seine Schwingen,
Im Silberton die starre Säule klingen,
  Birst sie von Glück: ihr eig'nes ist es nicht!

  Von Liebe krank, von Leben, Luft und Licht,
Ein Dichter bin ich, leide mit den Dingen:
  Hört, was aus mir das Herz der Dinge spricht.

———

Künstler und Werk.

Gelang dir, Mensch, das lang' erträumte Grosse —
  Oh das ist Trennung, nimmer zu verein'gen!
Die Andern all, Zuschauer sind es, blosse:
  Du — bist sein Feind, geschieden von dem Dein'gen.

  Es ist dein Kind: wie solltest du's nicht pein'gen
Mit harter Hand, mit manchem Hieb und Stosse?
  Es ist dein Werk: wie wolltest du's nicht rein'gen?
Trägt's doch der Wehen Spur von deinem Schosse.

Du hast es froh, so lang' es wuchs, getragen:
  Nun sprang's zu Tage, ward zu Ton und Wort
  Und nahm des Schaffens Süssigkeit mit fort.

Und glaub', dir ist es besser, zu entsagen:
  Verbirg dich, dass die That, des Thäters frei,
  Nicht mehr beschämt, nicht mehr beschattet sei!

———

An die Zeit.

Zeit, glänzend Meer, in deinen Gründen mein,
  Wo And're nur dein Wellenspiel bestreichen!
  Zeit! nicht mehr Schranke den getrennten Reichen:
Allgegenwart schliesst Früh'res, Künft'ges ein.

  Zukunft-Erglüh'n, Vergangenheit-Erbleichen:
Ich seh' nur grellen Mittag-Sonnenschein!
Denn mir ertagte das Gewesensein
  Als Immerwiederkehrens Runenzeichen.

Mag Weltgeschehen nun zum Ring sich schliessen,
Mag es als Strom ins Unbegrenzte fliessen,
Begrenzt vom Quell zur Mündung sich ergiessen:

An jedem Tropfen in der Fluthen Schwalle
Wirkt Wiederkunft, dass er ihr nicht entfalle,
Sie sondert ihn, erstarrt ihn zum Krystalle.

————

Zwecklos.

  Nicht nur hinauf
Will Lebens Gluth und Gier.
Nimmt es manch Fabelthier
  Doch in den Kauf!

Kirche hat ausserm Knauf
  Schnörkel und Zier.
  Nicht nur hinauf
Will Lebens Gluth und Gier.

Menschlein und Vieh zuhauf',
  Freut euch mit mir!
  Zwecklos wie ihr
Wandl' ich den Lebenslauf —:
Nicht nur hinauf!

————

Ideale.

Die Bilder all, die uns zu Häupten hingen —
  Manch eines hängt noch, manches liegt in Scherben
  Doch Fleisch zu werden, blühend roth zu färben
Den fahlen Leib, wollt' keinem noch gelingen.

Zu uns'rem Heil! Die Bilder sind's von Dingen,
  An die der Ruf erging uns zu verderben!
  Süss wissen sie um uns're Kraft zu werben,
Bis wir, bethört, den Traum zu leben zwingen.

Sehnt einem Ziel sich Segel zu und Steuer —
  Sturmwarnung ist's, g'rad' dorthin nicht zu streben!
Lockt dich ein Schatz, den reichen zu erbeuten —

Die Hand davon! Und flammt der Liebe Feuer:
  Nicht ohne dieses Weib mehr kann ich leben —
Nicht mit ihm kannst du es! das will's bedeuten.

Hellenismus.

  Einerlei ist nicht genung.
Selbst den Griechen schien's von Nöthen,
Durch ein Satyrspiel zu tödten
  Der Tragödie heil'gen Schwung.

  Posse und Begeisterung
Muss der Mensch zusammenlöthen.
  Einerlei ist nicht genung,
Frag' die Griechen, frage Goethen.

Lern' von Vögeln Flug, von Kröten
  Kriechen und von Fröschen Sprung,
Musisch harfen, faunisch flöten:
  Mensch! so bleibst du griechisch jung!
  Einerlei ist nicht genung.

Gedanken des Südens.

Wie nenn' ich euch, ihr nicht mehr sehnsuchtkranken,
  Ihr in Erfüllung ruhevoll gesunden!
  Ihr, die im Sei'nden Sinn und Glück gefunden,
Nicht fiebernd mehr Unmögliches umranken!

Nicht mehr geschreckt von Bildern, die versanken,
  Nicht nachgepeinigt von vernarbten Wunden,
  Wie lasst ihr kindlich euch das Leben munden,
Oh ihr, des Südens Sonnentraumgedanken!

Oh Glück, das mir vom Himmel niederfiel!
  Oh reines Jetzt, mit keinem Einst gemischt!
Wie still und glatt das Meer! hat wohl mein Kiel

  Die Furche, die er pflügte, selbst verwischt?
Rings um mein Boot ein leises Wellenspiel,
  Das kaum sich regt und flüsternd schon erlischt . .

INHALT.

Sant' Ilario – Gedanken aus der Landschaft Zarathustras.

Selbstanzeige. Die Zukunft, 20. 11. 1897, S. 361.

[H 1897c]

Sant' Ilario. Gedanken aus der Landschaft Zarathustras. Leipzig, Verlag von C. G. Naumann.

Mein Buch, das sich äußerlich als Aphorismensammlung giebt und gern aus dieser stilistischen Noth eine Tugend machen möchte, ist aus einem andauernden Ueberschuß guter Laune, guter Luft, hellen Himmels entstanden: seine unmittelbare Heimath, von der es den Namen führt, wäre am ligurischen Meer zu suchen, halbwegs zwischen dem prangenden Genua und dem edelgeformten Vorgebirge von Portofino. An diesem seligen Gestade, das vor der eigentlichen Italia diis sacra den milden Winter und die berühmten Palmen voraus hat, bin ich dem Schöpfer Zarathustras seine einsamen Wege nachgegangen, – wunderliche, schmale Küsten- und Klippenpfade, die sich nicht zur Heerstraße breittreten lassen. Wer mich deshalb einfach zum Gefolge Nietzsches zählen will, mag sich hier auf mein eigenes Geständniß berufen. Anderen wieder, den Verehrern Nietzsches, werde ich zu wenig ausdrückliche Huldigung in mein Buch gelegt haben; vielleich tröstet sie, daß diese Schrift im Ganzen nicht auf den anbetenden Ton gestimmt ist und auf keinen Ruhm lieber verzichtet als auf den weihevoll beschränkter Gesinnungtüchtigkeit. Ich muß darauf rechnen, Fanatiker und Parteiseelen aller Art zu verletzen; wer irgend zur biederen Emphase, zum weltverbessernden Pathos, zum „moralischen Großmaul" neigt, Dem mag mein heiliger Hilarius als Sendling der Hölle gelten. Man wird ihm das Schlimmste nachsagen: für die Wissenschaft wird er nicht langweilig genug, für die Literatur nicht Bohème genug sein, vorn wird es an System und hinten an Idealismus fehlen. Vielleicht aber darf ich hoffen, einigen sensiblen Genußmenschen mit der kühlen, säuerlichen Skepsis meines Buches und seiner muthwilligen, respektlosen, halb einsiedlerischen, halb mondänen Philosophie einen Wohlgeschmack zu bereiten, wobei es gar nicht in Betracht kommt, ob meine „Ansichten" über Kultur, Religion, Bildung, Weib, Liebe, Metaphysik geglaubt werden oder nicht. C'est le ton qui fait la musique; und wenn meine Themen keinen Anklang finden, so weiß vielleicht das Tempo, der Vortrag verwöhnten Ohren zu gefallen. Mit dieser Selbsteinschätzung, die weder von Bescheidenheit noch von Anmaßung ganz frei ist, halte ich den Lesern der „Zukunft" gegenüber um so weniger zurück, als ich gerade unter ihnen jene Spezies Menschen, an deren Beifall allein mir liegt, am Ehesten vertreten glaube, – die Spezies freier, genußfähiger, wohlgelaunter Menschen, die aller feierlichen Bornirtheit und polternden Rechthaberei niederer Kulturstufen entwachsen sind.

Paul Mongré.

Zeilenkommentare

Sant' Ilario. Gedanken aus der Landschaft Zarathustras

III, 13–14 – Nr. 1 ["Der Wille zum System ist ein Mangel an Rechtschaffenheit"]
Zitat aus NIETZSCHE, GD, Sprüche und Pfeile 26 (KSA 6.63).

IV, 21–22 – Nr. 1 [warum soll nicht auch einmal der Löwe das Fell eines Esels umhängen?]
Anspielung auf die 268. Fabel AESOPS (6. Jhd. v. Chr.), in der sich der Esel mit einem Löwenfell zu verkleiden versucht.

IV, 29 – Nr. 1 [aus solchen Vorworten zu ungeschriebenen Büchern]
Zu Weihnachten 1872 schenkte NIETZSCHE COSIMA WAGNER ein in Leder gebundenes Heft mit *Fünf Vorreden zu fünf ungeschriebenen Büchern* (KSA 1.753–792; vgl. KSA 14.106). Einige von ihnen gab FRITZ KOEGEL, mit dem NIETZSCHE persönlich befreundet war, 1896 in den Bänden IX und X der von ihm im Auftrag des Nietzsches-Archivs besorgten 2. Gesamtausgabe von NIETZSCHES Werken heraus (vgl. dazu RÜDIGER GÖRNER, *Nietzsches Kunst. Annäherung an einen Denkartisten*, Frankfurt am Main und Leipzig 2000, 110–132: Philosophische Kunst des Vorworts). SÖREN KIERKEGAARD gab ebenfalls ein Buch mit dem Titel *Vorworte (Forord)* heraus, das acht Vorworte und dazu wiederum ein Vorwort enthielt. Die sich ironisch überschlagende Schrift erschien zugleich mit einer der schwermütigsten Schriften KIERKEGAARDs, *Der Begriff Angst (Begrebet Angest)*, am 17. Juni 1844 (vgl. die Einleitung des Übersetzers und Herausgebers E. HIRSCH zu SÖREN KIERKEGAARD, *Gesammelte Werke*, 11. und 12. Abteilung, Düsseldorf 1952, vii).

V, 2–3 – Nr. 2 [Sterne nennt die Gravität eine Erzschelmin]
Zitat aus LAWRENCE STERNE, *The Life & Opinions of Tristram Shandy Gentleman*, The Works of Lawrence Sterne, Vol. 1, ed. by GEORGE SAINTSBURY, London 1894, 30: "Gravity was an errant scoundrel". (Zeitgen. deutsche Übersetzung: *Tristram Shandy's Leben und Meinungen*. A. d. Engl. von G. N. BÜRMANN, Berlin 1856). Nach SCHOPENHAUER, PP II, Kap. 19: Zur Metaphysik des Schönen und Ästhetik, § 228 (SW 5.520), gehört STERNES *Tristram Shandy* zusammen mit der *Neuen Heloïse* (vgl. Komm. zu SI 108, 18–19 – Nr. 138), GOETHES *Wilhelm Meister* und CERVANTES' *Don Quijote* zur "Krone der Gattung" Roman, und NIETZSCHE feiert STERNE in Anlehnung an GOETHE als

ralischen Magneten als Therapeuticum an; ausgehend von KIRCHER entwickelte FRANZ ANTON VON MESMER (1733–1815) die Theorie des 'tierischen', 'animalischen' oder 'Lebensmagnetismus': mit Hilfe eines physikalisch gedachten 'Fluidum', von Magneten, aber auch generell von anorganischen und organischen Substanzen (auch dem Menschen) übertragen, könne ein Patient von seinen Leiden geheilt werden (erstmals angewendet 1774). Die im letzten Drittel des 18. Jhds. als Mesmerismus hoch geschätzte Behandlungsmethode wurde von dem Mesmer-Schüler ARMAND-MARIE-JACQUES DE CASTENET, MARQUIS DE PUYSÉGUR (1751–1825) novelliert, indem er eine 'künstlich', das heißt nicht durch direkten Kontakt mit dem Magnetiseur oder einer anderen Substanz hervorgebrachten Art des magnetischen Schlafes 'entdeckte', den 'Somnambulismus' (1786). Im Laufe des 19. Jhds. suchte die Schulmedizin den empirisch nicht nachweisbaren Phänomenen des tierischen Magnetismus einen wissenschaftlichen Rahmen zu geben: JAMES BRAID (1795–1860) etwa entwickelte das physiologisch begründete Verfahren der 'Hypnose' (1843), HIPPOLYTE BERNHEIM (1840–1919) das der (verbalen) 'Suggestion' (1886, dt. 1888). Obwohl diese wie auch andere Formen des 'magnetischen' Schlafes in der zweiten Jahrhunderthälfte nicht außerhalb der Schulmedizin standen oder gar gegen sie gerichtet waren, kam das Magnetisieren durch den Mißbrauch bei sogenannten 'Schauhypnosen', insbesondere aber durch die sich der Trancezustände als Tor zur Geisterwelt bedienenden spiritistischen Bewegung in den Ruf der Kurpfuscherei.

17, 9 – Nr. 17 [neurasthenischen]
Neurasthenie, 'Nervenschwäche', galt im fin de siècle, am Ende des 19. Jhds., als Zivilisationskrankheit und wurde entsprechend häufig diagnostiziert. Der amerikanische Neurologe GEORGE MILLER BEARD (1839–1883) hatte sie 1869 erstmals als Krankheit beschrieben. Zu den Ursachen zählte er die Fabrikarbeit, die durch Eisenbahn und Dampfschiffahrt erhöhte Mobilität, die von Presse und Telegraphie verursachte Informationsflut, die beschleunigte Kommunikation, die Vermehrung und Spezialisierung des Wissens in den Wissenschaften und die Berufsarbeit der Frauen. Als 1881 sein Buch *A practical treatise on nervous exhaustion* (1880) ins Deutsche übersetzt wurde, nahm die Zahl der Neurastheniker(innen) sprunghaft zu. Man befürchtete eine kollektive Degeneration. Vgl. JOACHIM RADKAU, *Das Zeitalter der Nervosität. Deutschland zwischen Bismarck und Hitler*, München 1998. – Vgl. auch SI 241, 20 – Nr. 342 und 243, 29 – Nr. 348.

17, 9 – Nr. 17 [conträr sexualen]
Zeitgen. für 'homosexuell'. – Vgl. RICHARD VON KRAFFT-EBING, *Der Conträrsexuale vor dem Strafrichter*, Leipzig/Wien 1894.

17, 16 – Nr. 17 [Nero]
Röm. Kaiser 54–68 n. Chr., der vor allem durch seine Christenverfolgungen und den wohl von ihm initiierten Brand Roms berühmt wurde. NERO war bedeuten-

der Mäzen von Kunst und Philosophie. Sein despotischer und unberechenbarer Regierungsstil führte zu einem Aufstand der Prätorianergarde, währenddessen er seinem Leben selbst ein Ende setzte.

17, 16 – Nr. 17 [Julian]
Röm. Kaiser 361–363 n. Chr., der wegen seiner Abkehr vom Christentum den Beinamen "Apostata" (der Abtrünnige) trägt. HENRIK IBSEN (1828–1906) verarbeitete seine Geschichte in seinem Stück *Kaiser und Galiläer* (1873).

17, 17 – Nr. 17 [Caligula]
Röm. Kaiser 37–41 n. Chr., als größenwahnsinniger und grausamer Despot berüchtigt. – Vgl. auch SI 72, 30 – Nr. 75, und CK 37, 3–4.

17, 22–23 – Nr. 17 [mit seiltänzerischer Unbedenklichkeit über den Abgründen spazieren gingen]
Ironische Anspielung auf NIETZSCHE, FW 347 (KSA 3.583): "Wo ein Mensch zu der Grundüberzeugung kommt, dass ihm befohlen werden *muss*, wird er 'gläubig'; umgekehrt wäre eine Lust und Kraft der Selbstbestimmung, eine *Freiheit* des Willens denkbar, bei der ein Geist jedem Glauben, jedem Wunsch nach Gewissheit den Abschied giebt, geübt, wie er ist, auf leichten Seilen und Möglichkeiten sich halten zu können und selbst an Abgründen noch zu tanzen. Ein solcher Geist wäre der *freie Geist* par excellence." Vgl. zuvor UB I, DS 10 (KSA 1.217): "Niemand geht mit steifem Schritte auf unbekanntem und von tausend Abgründen unterbrochenem Wege: aber das Genie läuft behend und mit verwegenen oder zierlichen Sprüngen auf einem solchen Pfade und verhöhnt das sorgfältige und furchtsame Abmessen der Schritte."

17, 23–24 – Nr. 17 [von ihren beiden civitates]
Anspielung auf AUGUSTINUS' (354–430) geschichtstheologisches Werk *De civitate Dei* (dt. *Vom Gottesstaat*, 413–426). AUGUSTINUS unterscheidet dort die civitas Dei, den Staat Gottes, die Herrschaft des Guten, von der civitas terrena, dem irdischen Staat, der Herrschaft des Bösen. Die Gemeinschaft des Volkes Gottes in der civitas Dei hat auf Erden keine bleibende Stadt, sondern pilgert der himmlischen Stadt, dem neuen Jerusalem, entgegen. Zum irdischen Staat gibt es keinen Übergang und keine Konvergenz.

17, 28 – Nr. 17 ["Weltkinder"]
Vgl. Lk 16,8: "Die Kinder dieser Welt sind untereinander klüger als die Kinder des Lichts." Hier als negative Wertung im Sinne von den 'weltlichen Freuden ergebene Menschen' (vgl. DWB 28, 1607), ein Motiv, das früh Eingang in die deutsche Traktat- und schöngeistige Literatur fand. Vgl. etwa die Erklärung eines Holzschnittes in HANS SACHS' (1894–1576) *Gesprech zwischen dem Todt vnd zweyen Liebhabenden* (Nürnberg 1555): *Ernstliche ermanung an die Weltkinder, so in leybs wollust ersuffen sindt, wieder zukeren*; auch in der zeitgenössischen Literatur verbreitet: so veröffentlichte der Novellist und Dra-

matiker PAUL HEYSE (1830–1914) 1873 seinen ersten Roman unter dem Titel *Kinder der Welt* (Berlin, 3 Bde.), in dem sich ohne religiösen Halt im Leben bewährende Menschen dargestellt werden.

18, 16–18 – Nr. 17 [sowie Phalaris den ehernen Stier sogleich an seinem Verfertiger Perilaos erprobte.]
PHALARIS, Tyrann von Agrigent im 6. Jh., soll seine Feinde lebendig in einem Stier aus Erz haben verbrennen lassen (vgl. PINDAR, *Pythien* 95; Diodor XIII 90, XIX 108, XX 71). Eine Version des Mythos erzählt, daß er den Erbauer des Stiers als ersten darin verbrannte (vgl. OVID, *Klagelieder* III 11, 39–55).

19, 7–8 – Nr. 18 ["was ist Wahrheit?"]
Zitat aus Joh 18,38. Der "vornehme Römer" ist PILATUS.

19, 10–11 – Nr. 18 [Dieser Jesus, der aus der Wahrheit war und die Satzung zu erfüllen kam]
Anspielungen auf Joh 14, 6: "Ich bin der Weg, die Wahrheit und das Leben; niemand kommt zum Vater denn durch mich", und auf Mt 5,17: "Ihr sollt nicht meinen, dass ich gekommen bin, das Gesetz oder die Propheten aufzulösen; ich bin nicht gekommen aufzulösen, sondern zu erfüllen." – JESUS so zu begreifen, daß er das jüdische Gesetz (die Tora) zu erfüllen kam, ist ungewöhnlich. In der christlichen Tradition wurde JESUS bis in die jüngste Zeit so begriffen, daß er gegen das jüdische Gesetz protestierte und mit ihm in (tödlichem) Konflikt lag. Erst die jüngere christliche Exegese hat herausgearbeitet, daß JESU Verhältnis zur Tora ambivalent ist, sich zwischen Normverschärfung (hinsichtlich ethischer Normen) und Normentschärfung (hinsichtlich ritueller Normen) bewegt. Sein Umgang mit dem Reinheits-, Sabbat- und Elterngebot zeigt danach, daß JESUS innerhalb des Judentums zwar eine sehr "liberale" Tora-Auffassung vertritt, aber keinesfalls eine gegen das Judentum gerichtete Tora-Kritik.

19, 28–29 – Nr. 19 [Selbstopferung als Ausdruck eines masslosen Willens zur Macht]
Vgl. NIETZSCHE, GM III, 11 (KSA 5.363): "Denn ein asketisches Leben ist ein Selbstwiderspruch: hier herrscht ein Ressentiment sonder Gleichen, das eines ungesättigten Instinktes und Machtwillens, der Herr werden möchte, nicht über Etwas am Leben, sondern über das Leben selbst, über dessen tiefste, stärkste, unterste Bedingungen; hier wird ein Versuch gemacht, die Kraft zu gebrauchen, um die Quellen der Kraft zu verstopfen; hier richtet sich der Blick grün und hämisch gegen das physiologische Gedeihen selbst, in Sonderheit gegen dessen Ausdruck, die Schönheit, die Freude; während am Missrathen, Verkümmern, am Schmerz, am Unfall, am Hässlichen, an der willkürlichen Einbusse, an der Entselbstung, Selbstgeisselung, Selbstopferung ein Wohlgefallen empfunden und *gesucht* wird."

20–21, 33–1 – Nr. 20 ["Wer kann was Dummes, wer was Kluges den-

492

ken, das nicht die Vorwelt schon gedacht?"]
Zitat aus GOETHE, *Faust* II, V. 6809–10.

21, 21–22 – Nr. 20 [ad oculos – ad rem]
Lat. 'nach dem Augenschein' – 'der Sache nach'.

21, 27–30 – Nr. 20 [Schopenhauer kann es nicht lassen, die moderne materialistische Naturauffassung immer wieder mit dem Hinweis auf unglückliche Vorgänger, wie Demokrit und die Atomistiker, abzufertigen.]
Vgl. dazu z. B. SCHOPENHAUER, PP II, Kap. 6: Zur Philosophie und Wissenschaft der Natur, bes. § 77 (SW 5.131ff.). – Der griech. Philosoph DEMOKRIT (460–371 v. Chr.) gilt als Begründer der atomistischen Lehre, nach der die Vielfalt und Veränderlichkeit aller Erscheinungen auf Kombination einer Vielzahl kleinster unteilbarer Teilchen, die sich im unbegrenzten leeren Raume bewegen, zurückzuführen sei. Zu den Atomistikern zählen unter anderem EPIKUR (341–270 v. Chr.) und LUKREZ (96–55 v. Chr.).

22, 5 – Nr. 20 [der Nous des Anaxagoras]
ANAXAGORAS, ein griechischer Philosoph, Mathematiker und Astronom aus Kleinasien (um 500–428 v. Chr.), der in Athen lehrte, von dort jedoch vertrieben wurde, weil er u. a. behauptet hatte, die Sonne sei eine glühende Steinmasse, dachte die Naturkörper aus unendlich vielen und unendlich kleinen verschiedenartigen und unveränderlichen Elementen (Homoiomerien) bestehend, die anfangs ein Chaos bildeten und vom nous ("Vernunft") in Bewegung gesetzt und zu Körpern geordnet wurden, ohne daß er sich mit ihnen vermischte.

22, 6 – Nr. 20 [die Urstoffe der Milesier]
THALES VON MILET (624–545 v. Chr.) hatte das Wasser, ANAXIMANDER VON MILET (610–547 v. Chr.) das Unbegrenzte (τὸ ἄπειρων) und ANAXIMENES VON MILET (588–524 v. Chr.) die Luft als Urstoff angenommen.

22, 7 – Nr. 20 [mythopoetische]
Bildung nach dem Gr.: 'mythenbildende'.

22, 24–25 – Nr. 20 ["frecher Stirne, kühner Brust"]
Zitat aus GOETHE, *Faust* I, V. 3046.

24, 6 – Nr. 21 [Koprophagen]
Gr. 'Mist-, Kotfresser'. – Nachgewiesen bei GALENUS (ed. C. G. KÜHN, Leipzig 1821–33), 12.249.

25, 1 [Einer und Nullen]
Vgl. u. SI Nr. 93 u. NIETZSCHE, FW 1 (KSA 3.371): Für den "ethischen Lehrer", den "Lehrer vom Zweck des Daseins", "ist Einer immer Einer, etwas Erstes und

Letztes und Ungeheures, für ihn giebt es keine Art, keine Summen, keine Nullen." Auf FW 1 kommt FH im folgenden immer wieder zurück.

25, 2–5 [Die Menschheit ... die Zinsen. H e b b e l , Tagebücher.]
Zitat aus FRIEDRICH HEBBELs Tagebucheintrag vom 5. Mai 1853 in Wien (in: FRIEDRICH HEBBEL, *Sämtliche Werke. Historisch-kritische Ausgabe,* hg. von RICHARD MARIA WERNER, Berlin 1903; Zeitgen. Ausgabe der *Tagebücher:* Bd. 1, Berlin 1885, Bd. 2, Berlin 1887, hg. von FELIX BAMBERG).

27, 16 – Nr. 22 [das ζῶον πολιτικόν]
Gr. 'das in politischer Gemeinschaft lebende Lebewesen'. Vgl. ARISTOTELES, *Politik,* 1253a1f.

28, 19 – Nr. 22 [das absolute Ich]
Vgl. u. SI 150, 8–9 – Nr. 243 und s. dazu die Einleitung des Herausgebers zu diesem Band, Abschn. 4.4.

28, 26 – Nr. 23 ["Das Recht zur Hekatombe"]
Gr. 'Opfer von hundert Rindern' (wobei statt Rindern auch andere Tiere gemeint sein können und die Zahl 100 symbolisch zu verstehen ist). Mehrfach in HOMERs *Ilias* und *Odyssee* erwähnt. Das "Recht" zur Hekatombe haben Götter (z. B. Apoll in *Ilias,* 1. Gesang, V. 315), aber auch Menschen, die für außerordentliche Leistungen (z. B. *Ilias,* 23. Gesang, V. 146–148) oder beim Empfang als Gast besonders zu ehren sind (z. B. *Odyssee,* 1. Gesang, V. 25).

28, 29 – Nr. 23 [g u t e s G e w i s s e n]
Im 2. Abschnitt der II. Abhandlung der GM über *"Schuld", "schlechtes Gewissen" und Verwandtes* beschwört NIETZSCHE als "reifste Frucht" einer langen Geschichte der Züchtung des Menschen zur "Verantwortlichkeit" "das *souveraine Individuum,* das nur sich selbst gleiche, das von der Sittlichkeit der Sitte wieder losgekommene, das autonome übersittliche Individuum (denn 'autonom' und 'sittlich' schliesst sich aus), kurz den Menschen des eignen unabhängigen langen Willens, der *versprechen darf –* und in ihm ein stolzes, in allen Muskeln zuckendes Bewusstsein davon, *was* da endlich errungen und in ihm leibhaft geworden ist, ein eigentliches Macht- und Freiheits-Bewusstsein, ein Vollendungs-Gefühl des Menschen überhaupt." Das "Bewusstsein dieser seltenen Freiheit", schließt er den Abschnitt, heiße "dieser souveraine Mensch [...] sein *Gewissen* ..." (KSA 5.293 f.).

28, 30–31 – Nr. 23 [theoretischen Radicalismus]
In CK (vgl. CK VI, 11) wird es FH auf einen "erkenntnistheoretischen Radicalismus" anlegen.

29, 1 – Nr. 23 ["wider den Strich"]
FH spielt hier vermutlich auf den 1884 erschienenen Roman *À rebours* (frz. 'Ge-

gen den Strich') von Joris Karl Huysmans (1848–1907) an, in dem der Romanheld Jean Des Esseintes, alles Bürgerliche und Natürliche verachtend, die Flucht aus der Wirklichkeit in die Künstlichkeit ergreift. Der Roman ist ein herausragendes Zeugnis der literarischen Dekadenz des fin de siècle.

29, 3–4 – Nr. 23 [aus unserer allzuberedsamen Vergötterung des souveränen Ich]
Vgl. den Komm. zu SI 28, 29 – Nr. 23.

29, 11 – Nr. 23 ["Vorrecht der Wenigsten"]
Zitat aus Nietzsche, GM I, 16 (KSA 5.287f.): "Zwar geschah mitten darin das Ungeheuerste, das Unerwartetste: das antike Ideal selbst trat *leibhaft* und mit unerhörter Pracht vor Auge und Gewissen der Menschheit, – und noch einmal, stärker, einfacher, eindringlicher als je, erscholl, gegenüber der alten Lügen-Losung des Ressentiment vom *Vorrecht der Meisten*, gegenüber dem Willen zur Niederung, zur Erniedrigung, zur Ausgleichung, zum Abwärts und Abendwärts des Menschen die furchtbare und entzückende Gegenlosung vom *Vorrecht der Wenigsten!*" Nietzsche spricht vom "Sieg" der Französischen Revolution über "die letzte politische Vornehmheit, die es in Europa gab, die des siebzehnten und achtzehnten *französischen* Jahrhunderts".

29, 16–17 – Nr. 23 [aristokratischen Individualismus]
Georg Brandes hatte im Blick auf Nietzsches Individualismus den Ausdruck "aristokratischer Radikalismus" verwendet (Brief vom 26. November 1887, KGB III/6.120), den Nietzsche "sehr gut" fand (Brief vom 2. Dezember 1887, KSB 8.206).

29, 18 – Nr. 23 [der Fall Raskolnikow]
Rodion Raskolnikow, ein St. Petersburger Student aus einer verarmten bürgerlichen Familie, ist die Hauptfigur in Fjodor M. Dostojewskis (1821–1881) Roman *Schuld und Sühne* von 1886. Sein Familienname (von russ. raskol: 'Schisma, Abspaltung') deutet eine Abspaltung seines Denkens von den gesunden Kräften des Lebens an, dem Boden, dem Volk, dem Kräftig-Leiblichen. Er glaubt an die Idee des Nutzens und des Fortschritts und leitet daraus für sich das Recht ab, weniger wertvolles Leben als das seine zu vernichten, um sein Studium finanzieren zu können. Nach dieser Theorie eines legitimen Verbrechens tötet er, wiewohl sich alles in ihm dagegen aufbäumt, eine alte Wucherin, die "nicht besser ist als eine Laus". Im Hauptteil des Romans stellt Dostojewski den langen und schweren Weg dar, auf dem Raskolnikow seine "Krankheit zum Tode" überwindet.

29, 29 – Nr. 23 [Sonja]
Sonja, die Prostituierte geworden ist, um ihrer Familie zu helfen, hilft in Dostojewskis Roman *Schuld und Sühne* (vgl. Komm. zu 29, 18 – Nr. 23) Raskolnikow durch ihre unbeirrbare Liebe, seine "Krankheit zum Tode" zu überwinden.

In der Mitte des Romans läßt sich Raskolnikow von ihr aus dem Johannes-Evangelium (Kap. 11) die Geschichte der Auferweckung des Lazarus vorlesen, von dem Jesus sagt: "Die Krankheit ist nicht zum Tode" (V. 4).

30, 1–2 – Nr. 23 [eine tiefe Weisheit, dass man ohne Ahnen nicht legitim sein kann]
Bei NIETZSCHE häufig auftauchender Gedanke (vgl. z. B. MA I 456, MA I 492, MA II, WS 41, FW 9, JGB 264). Zum "Recht auf Philosophie" vgl. bes. JGB 213 (KSA 5.148): "Für jede hohe Welt muss man geboren sein; deutlicher gesagt, man muss für sie *gezüchtet* sein: ein Recht auf Philosophie – das Wort im grossen Sinne genommen – hat man nur Dank seiner Abkunft, die Vorfahren, das 'Geblüt' entscheidet auch hier. Viele Geschlechter müssen der Entstehung des Philosophen vorgearbeitet haben; jede seiner Tugenden muss einzeln erworben, gepflegt, fortgeerbt, einverleibt worden sein [...]."

31, 6–7 – Nr. 24 ["Hingabe an den Weltprocess"]
Die deutschen "Späthlinge" sind, so NIETZSCHE, "daran gewöhnt, vom 'Weltprozess' zu reden und die eigne Zeit als das nothwendige Resultat dieses Weltprozesses zu rechtfertigen; eine solche Betrachtungsart hat die Geschichte an Stelle der anderen geistigen Mächte, Kunst und Religion, als einzig souverän gesetzt, insofern sie 'der sich selbst realisirende Begriff', insofern sie 'die Dialektik der Völkergeister' und das 'Weltgericht' ist." (UB II, HL 8, KSA 1.308; vgl. Komm. zu SI 1, 1). Von "voller Hingabe der Persönlichkeit an den Weltprocess um seines Zieles, der allgemeinen Welterlösung willen", redete EDUARD VON HARTMANN, PU 638 (s. die Einleitung des Herausgebers zu diesem Band, Abschn. 4.5).

31, 28–30 – Nr. 26 [der Philosoph nach Nietzsches Traum, der cäsarische Züchter und Gewaltherr mit ökumenischen Zielen]
Als "cäsarischen Züchter und Gewaltmenschen der Cultur" konzipiert NIETZSCHE "den Philosophen" in JGB 207 (KSA 5.136), "ökumenische Ziele" erwartet er von "den grossen Geistern des nächsten Jahrhunderts" in MA I 25 (KSA 2.46) und MA II, VM 179 (KSA 2.457).

32, 8 – Nr. 26 ["Selbstsucht" und Selbstlosigkeit]
Vgl. NIETZSCHE, FW 21 ("An die Lehrer der Selbstlosigkeit") und NF Sommer-Herbst 1882, VII 3[1], Nr. 125 (KSA 10.68): "Der kostspieligste Luxus, dem sich bisher die Menschheit hingab, ist der Glaube an etwas Unwirkliches, an die Selbstlosigkeit. Denn er entwerthete das Wirklichste, die Selbstsucht. – Seitdem ist alles Glück Sehnsucht." – S. auch SI, Nr. 55.

32, 33 – Nr. 28 [des geistigen Thierreichs]
GEORG WILHELM FRIEDRICH HEGEL (1770–1831) überschreibt ein Kapitel seiner *Phänomenologie des Geistes* "Das geistige Thierreich und der Betrug oder die Sache selbst", in welchem er das Individualitätsbewußtsein in seiner

unmittelbaren abstrakten Allgemeinheit, in der es sich selbst alles ist, mit dem allgemeinen, unbestimmten Tierleben vergleicht (HEGEL, *System der Wissenschaft. Erster Theil, die Phänomenologie des Geistes*, Bamberg und Würzburg 1807, S. 333–358; vgl. *Werke in zwanzig Bänden*, Theorie Werkausgabe, hg. von EVA MOLDENHAUER und KARL MARKUS MICHEL, Frankfurt am Main 1969–71, Bd. 3, 294–311).

33, 12 – Nr. 28 [Haec porcis comedenda relinquo]

Lat. 'Das lasse ich den Schweinen zum Fressen.' – Abgewandeltes Zitat aus HORAZ, *Briefe* I, 7,19. Ein Gastgeber bietet dort seinem Gast zu essen an und fügt hinzu: "ut libet: haec porcis hodie comedenda relinques" – 'Wie du willst – du kannst es heute auch den Schweinen zum Fressen übriglassen.'

33, 17–18 – Nr. 29 [vornehme Seele]

Vgl. NIETZSCHE, JGB, Neuntes Hauptstück *Was ist vornehm?* und die vorbereitende Zusammenstellung in NF Mai–Juli 1885, VII 35[76] (KSA 11.543–545, zit. in der Einleitung des Herausgebers zu diesem Band, Abschn. 5.2).

34, 20 – Nr. 29 [die Ueberflüssigen, die Viel-zu-Vielen]

Häufiges Motiv im I. Teil von NIETZSCHES Za. Vgl. Za I, Von den Predigern des Todes (KSA 4.55): "Voll ist die Erde von Überflüssigen, verdorben ist das Leben durch die Viel-zu-Vielen. Möge man sie mit dem 'ewigen Leben' aus diesem Leben weglocken!" – Za I, Vom neuen Götzen (KSA 4.62): "Viel zu Viele werden geboren: für die Überflüssigen ward der Staat erfunden! / Seht mir doch, wie er sie an sich lockt, die Viel-zu-Vielen! Wie er sie schlingt und kaut und wiederkäut!" – Za I, Von Kind und Ehe (KSA 4.90 f.): "[...] Das, was die Viel-zu-Vielen Ehe nennen, diese Überflüssigen, – ach, wie nenne ich das? / Ach, diese Armuth der Seele zu Zweien! Ach, dieser Schmutz der Seele zu Zweien! Ach, diess erbärmliche Behagen zu Zweien!" – Za I, Vom freien Tode (KSA 4.93): "Freilich, wer nie zur rechten Zeit lebt, wie sollte der je zur rechten Zeit sterben? Möchte er doch nie geboren sein! – Also rathe ich den Überflüssigen." S. auch Komm. zu SI 96, 30–31 – Nr. 101.

36, 4 – Nr. 32 [Ihr höheren Menschen]

Die Formel von den "höheren Menschen" taucht bei NIETZSCHE schon in MA I 480 (KSA 2.314) ("Lebt als höhere Menschen und thut immerfort die Thaten der höheren Cultur, – so gesteht euch Alles, was da lebt, euer Recht zu, und die Ordnung der Gesellschaft, deren Spitze ihr seid, ist gegen jeden bösen Blick und Griff gefeit!") und FW 60 auf. Vor allem aber ist ihnen der IV. Teil von NIETZSCHES Za gewidmet. Die "höheren Menschen" erweisen sich dort alle nicht als "hoch" genug. Sie suchen ihrerseits den "grossen Menschen". Vgl. Za IV, Der Zauberer 2 (KSA 4.319): "Oh Zarathustra, ich suche einen Ächten, Rechten, Einfachen, Eindeutigen, einen Menschen aller Redlichkeit, ein Gefäss der Weisheit, einen Heiligen der Erkenntniss, einen grossen Menschen! / Weisst du es denn nicht, oh Zarathustra? *Ich suche Zarathustra.*"

36, 27 – Nr. 34 [schrie Jesus, dass Gott ihn verlassen]
Vgl. Mt 27,46: "Und um die neunte Stunde schrie Jesus laut und sprach: 'Eli, Eli, lama asabthani!' das ist: 'Mein Gott, mein Gott, warum hast du mich verlassen?'"

36, 29 – Nr. 34 ["Armen im Geiste"]
Vgl. Mt 5,3: "Selig sind, die da geistlich arm sind; denn das Himmelreich ist ihr."

36, 31 – Nr. 34 [imitatio sui]
Lat. 'Nachahmung seiner selbst'. – Zum Aufruf JESU, ihm 'nachzufolgen', vgl. Mk 1,16–17 und 2,14 und Joh 1,43.

37, 21 – Nr. 36 [Hekatebild "Persönlichkeit"]
Hekate, eine mysteriöse griechische Göttin, war eine Titanin, der Zeus nicht die Gabe nahm, Wünsche der Sterblichen zu erfüllen. Sie galt zugleich als Göttin der Unterwelt, die Spuk und Zauber verantwortete. Sie wurde meist dreigestaltig oder dreiköpfig dargestellt. Ihre Attribute sind Schlangen, Hunde und Fackeln. Sie erschien unter Hundegeheul, und ihr wurden Hunde geopfert.

37, 28 – Nr. 37 ["wie es sich gehört"]
Vgl. GOETHE, *Faust* II, V. 11816: "Und wie es sich gehört, fluch' ich euch allzusammen!"

38, 15 – Nr. 38 [es sei "herb" den Staat zu fassen.]
Zitat aus G. W. F. HEGEL, *Grundlinien der Philosophie des Rechts*, § 272, Zusatz (*Werke in zwanzig Bänden*, Theorie Werkausgabe, hg. von EVA MOLDEN-HAUER und KARL MARKUS MICHEL, Frankfurt am Main 1969–71, Bd. 7, 434): "Wie oft spricht man nicht von der Weisheit Gottes in der Natur; man muß aber ja nicht glauben, dass die physische Naturwelt ein Höheres sei als die Welt des Geistes, denn so hoch der Geist über der Natur steht, so hoch steht der Staat über dem physischen Leben. Man muß daher den Staat wie ein Irdisch-Göttliches verehren und einsehen, dass, wenn es schwer ist, die Natur zu begreifen, es noch unendlich herber ist, den Staat zu fassen."

41, 4 – Nr. 40 [pia fraus]
Lat. 'frommer Betrug'. – Zuerst bei OVID, *Metamorphosen*, Buch IX, 711: "inpercepta pia mendacia fraude latebant" – 'unbemerkt und verborgen blieben durch frommen Betrug die Lügen'. Nach NIETZSCHE, GD, Die "Verbesserer" der Menschheit 5 (KSA 6.102) ist die pia fraus "das Erbgut aller Philosophen und Priester, die die Menschheit 'verbesserten'."

42, 16 – Nr. 42 [centripetal]
Lat. 'zum Mittelpunkt strebend'.

42, 33 – Nr. 44 [Am Unzulänglichen wird nichts Ereigniss]
Anspielung auf die Schlußverse von GOETHE, *Faust* II: "Alles Vergängliche /
Ist nur ein Gleichnis; / Das Unzulängliche, / Hier wird's Ereignis; / Das Unbe-
schreibliche, / Hier ist's getan; / Das Ewig-Weibliche / Zieht uns hinan." Sie
werden von FH in SI und CK immer wieder parodiert, wie schon von NIETZ-
SCHE in FW, Anhang: Lieder des Prinzen Vogelfrei, An Goethe (KSA 3.639).

43, 30 – Nr. 48 [Honny soit qui mal y pense]
Franz. 'Ein Schuft, wer dabei an Schlechtes denkt.' – Wahlspruch des Hosen-
bandordens, des höchsten Ordens des Vereinigten Königreichs. Wird auf den
englischen König EDUARD III. (1327–1377) zurückgeführt.

44, 6 – Nr. 49 [Erkenne dich selbst!]
Spruch, der über der Vorhalle des Apollon-Tempels von Delphi angebracht
war (gr. γνῶθι σαυτόν). Zur Schwierigkeit und Gefahr der Selbsterkenntnis
vgl. NIETZSCHE, FW 335 (KSA 3.560): "Wie viel Menschen verstehen denn zu
beobachten! Und unter den wenigen, die es verstehen, – wie viele beobachten
sich selber! 'Jeder ist sich selber der Fernste' – das wissen alle Nierenprüfer, zu
ihrem Unbehagen; und der Spruch 'erkenne dich selbst!' ist, im Munde eines
Gottes und zu Menschen geredet, beinahe eine Bosheit.", und GM, Vorrede
1 (KSA 5.247f.): "Wir sind uns unbekannt, wir Erkennenden, wir selbst uns
selbst: das hat seinen guten Grund. Wir haben nie nach uns gesucht, – wie
sollte es geschehn, dass wir eines Tags uns *fänden*? [...] Wir bleiben uns eben
nothwendig fremd, wir verstehn uns nicht, wir *müssen* uns verwechseln, für uns
heisst der Satz in alle Ewigkeit 'Jeder ist sich selbst der Fernste', – für uns sind
wir keine 'Erkennenden'..."

45, 7–8 – Nr. 52 [unsere Wahrheitsapostel aus dem Norden]
Anspielung auf AUGUST STRINDBERG (s. Komm. zu SI 8, 27–28 – Nr. 8) und
HENRIK IBSEN (1828–1906). IBSEN problematisiert in seinem Stück *Die Wil-
dente* (Uraufführung 1884) die Aufklärung einer "Lebenslüge" bei jedem Menschen und um jeden Preis.

45, 18 – Nr. 52 [ager publicus]
Lat. 'öffentlicher Boden' – Im römischen Recht Terminus für Land im Eigentum
des Staates.

45, 33 - Nr. 53 [uns stellt die Psychologie ihre vornehmste Aufgabe.]
Vgl. NIETZSCHE, JGB 23: "Denn Psychologie ist nunmehr wieder der Weg zu
den Grundproblemen."

**48, 17–18 – Nr. 55 [mit der doppelten Liquida und den beiden Sibi-
lantes]**
Liquida (Phonetik): 'flüssige' Laute (l); Sibilantes: 'Zisch'laute (s und sch).

51, 17 – Nr. 58 [Es giebt kein Dasein ohne Unrechtthun]
Vgl. Nietzsche, MA I 518 (KSA 2.324): "*Menschenloos.* – Wer tiefer denkt, weiss, dass er immer Unrecht hat, er mag handeln und urtheilen, wie er will.", und NF Herbst 1885–Herbst 1886, VIII 2[205] (KSA 12.167): " 'Man fördert sein Ich stets auf Kosten des Andern'; 'Leben lebt immer auf Kosten andern Lebens'. – Wer das nicht begreift, hat bei sich noch nicht den ersten Schritt zur Redlichkeit gemacht."

53, 16 – Nr. 61 [Pachyderma]
Gr. 'Dickhäuter'. Vgl. SI 48, 30 – Nr. 55: "den gewohnheitsmässigen altruistischen Dickhäutern". Nietzsche verwendet das Wort in UB I, DS 12 (KSA 1.228 u. 235).

55, 2 – Nr. 62 [Idiosynkrasie]
Gr. eigentlich die 'eigentümliche Mischung (der Körpersäfte)'; zeitgenössisch 'eigentümliche Überempfindlichkeit'. – Begriff, der für Nietzsche im Spätwerk zum Leitbegriff seiner Erkenntnis- und Moral-Kritik wird: vgl. etwa FW 3 und 363 ("Idiosynkrasie des Geschmacks"), FW 348 ("intellektuelle Idiosynkrasie des Gelehrten"), GM II, 12 ("demokratische Idiosynkrasie gegen Alles, was herrscht und herrschen will"), GD, Das Problem des Sokrates 4 ("Ich suche zu begreifen, aus welcher Idiosynkrasie jene sokratische Gleichsetzung von Vernunft = Tugend = Glück stammt: jene bizarrste Gleichsetzung, die es giebt und die in Sonderheit alle Instinkte des älteren Hellenen gegen sich hat."), GD, Moral als Widernatur 6 ("Die Moral, insofern sie *verurtheilt*, an sich, *nicht* aus Hinsichten, Rücksichten, Absichten des Lebens, ist ein spezifischer Irrthum, mit dem man kein Mitleiden haben soll, eine *Degenerirten-Idiosynkrasie*, die unsäglich viel Schaden gestiftet hat! ..."), AC 7 ("Man sagt nicht 'Nichts': man sagt dafür 'Jenseits'; oder 'Gott'; oder 'das *wahre* Leben'; oder Nirvana, Erlösung, Seligkeit ... Diese unschuldige Rhetorik aus dem Reich der religiös-moralischen Idiosynkrasie ..."), AC 15 ("Zeichensprache religiös-moralischer Idiosynkrasie"), EH, Warum ich so gute Bücher schreibe 8 ("... irgend einer Moral-Idiosynkrasie ..."), EH, Warum ich ein Schicksal bin 7 ("*Definition der Moral*: Moral – die Idiosynkrasie von décadents, mit der Hinterabsicht, *sich am Leben* zu rächen – *und* mit Erfolg. Ich lege Werth auf *diese* Definition.").

55, 5 – Nr. 62 [Indifferentismus]
Lat. 'Verzicht auf / Unempfindlichkeit gegen Unterscheidungen'. Vgl. CK 54, 8 ("absoluter Indifferentismus").

55, 9 – Nr. 62 [laisser aller]
Frz. 'geschehen lassen'; auf die nationalökonomische Schule der Physiokraten (2. Hälfte des 18. Jhds.) zurückgehende Formel, nach welcher bei freier Konkurrenz ohne staatliche Eingriffe dem Interesse der Gesamtheit ökonomisch am besten gedient sei.

57, 1 [Vom Normalmenschen]
Vgl. NIETZSCHE, FW 143 ("*Grösster Nutzen des Polytheismus.*"; KSA 3.490):
"Der Monotheismus dagegen, diese starre Consequenz der Lehre von Einem
Normalmenschen – also der Glaube an einen Normalgott, neben dem es nur
noch falsche Lügengötter giebt – war vielleicht die grösste Gefahr der bisherigen Menschheit: da drohte ihr jener vorzeitige Stillstand, welchen, soweit wir
sehen können, die meisten anderen Thiergattungen schon längst erreicht haben;
als welche alle an Ein Normalthier und Ideal in ihrer Gattung glauben und die
Sittlichkeit der Sitte sich endgültig in Fleisch und Blut übersetzt haben." –
In seinem Essay *Das unreinliche Jahrhundert* verweist FH unter Bezugnah-
me auf den belg. Statistiker LAMBERT-ADOLPHE-JACQUES QUÉTELET (1796–
1874) darauf, daß im Urlaub "selbst der exact denkende Universitätsprofessor,
der in seinem Fach an Theilungen und Untertheilungen und messerscharfen
Distinctionen unersättlich ist, [...] sich hier auf groben, stumpfen, trüben
Allgemeinheiten ertappen [lasse] und [...] von *dem* Engländer, *der* Schweiz,
ungefähr wie der belgische Statistiker Quételet von *dem* Menschen spr[eche].
Der Unterschied ist nur, daß der statistische Normalmensch, l'homme moyen,
wenigstens auf zahlenmäßigem Wege, aus den abweichenden Einzelmenschen
gemittelt war, während jener Normalengländer, den man zwischen Fisch und
Braten unausstehlich findet, nur als fingirter Träger für zerstreute und zusam-
menhanglose Gelegenheitsbeobachtungen dient." ([H 1898c], S. 443; Abdruck
in Bd. VIII)

**57, 2–4 [So wir den Krücken nicht das Bein stellen, thun sie's dem
letzten graden! L a u t e r b a c h, Aegineten.]**
Zitat aus LAUTERBACH, AE XI, Nr. 31, 51.

59, 21 – Nr. 63 [optima fide]
Lat. 'besten Glaubens'. – Geflügeltes Wort aus CICERO, *Rede für Sex. Roscio
aus Ameria*, XLIX, 144.

**59, 23–24 – Nr. 63 [pharisäischen Distanzbewusstsein von "jenem
Zöllner"]**
Anspielung auf Mt 9,9–12. JESUS beruft den Zöllner MATTHÄUS zum Jünger
und speist mit den Zöllnern. "Da das die Pharisäer sahen, sprachen sie zu seinen Jüngern: Warum isset euer Meister mit den Zöllnern und Sündern? Da
das Jesus hörte, sprach er: Die Starken bedürfen des Arztes nicht, sondern die
Kranken." Die Zöllner waren in Palästina zur Zeit JESU wegen ihrer Willkür
und Habsucht – sie waren Steuerpächter und wirtschafteten auf eigene Rechnung – allgemein verhaßt und verachtet. Sie wurden mit Räubern, Betrügern
und Ehebrecher zusammen genannt und genossen nicht die bürgerlichen Ehren-
rechte. In eine pharisäische Gemeinschaft wurden sie nur aufgenommen, wenn
sie ihren Beruf aufgaben.

60, 21–22 – Nr. 63 [sic volo, sic jubeo]
Lat. 'so will ich (es), so befehle ich (es)'. – Zuerst bei IUVENAL, *Satiren*, VI, 223: "hoc volo, sic jubeo" (wobei es um den Willen von Ehefrauen geht, die keine Gründe hören wollen, nicht einmal, wenn das Leben eines vielleicht unschuldigen Sklaven auf dem Spiel steht). Bei KANT, KpV, AA V, 31, spricht im "sic volo, sic iubeo" die reine praktische Vernunft ihr "Grundgesetz" des kategorischen Imperativs aus und kündigt sich dadurch "als ursprünglich gesetzgebend" an. SCHOPENHAUER bezieht die Wendung auf die "Universitäts-Philosophie": "Allein an der Universitäts-Philosophie haben Kants Kritiken und Argumente freilich scheitern müssen. Denn da heißt es: 'Hoc volo, hoc iubeo stat pro ratione voluntas'; die Philosophie *soll* Theologie sein, und wenn die Unmöglichkeit der Sache von zwanzig *Kanten* bewiesen wäre: wir wissen, wozu wir da sind: in maiorem Dei gloriam sind wir da." (PP I, Über die Universitäts-Philosophie, SW 4.231).

60, 23–25 – Nr. 63 [nur das Gute wohlthut, das wir bei offenen Thüren geniessen können und das allen Menschen nützt (Emerson)]
Von FH übersetztes Zitat aus RALPH WALDO EMERSONs (1803–1882) *Representative Men. Seven Lectures, VI. Napoleon; or, the Man of the World*, in: *Emerson's Complete Works* [Riverside Edition], Boston 1883–1898, Vol. IV, p. 245: "Only that good profits which we can taste with all doors open, and which serves all men." NIETZSCHE reiht EMERSON unter die "Meister der Prosa" seines Jahrhunderts ein (FW 92, KSA 3.448) und findet bei ihm "jene gütige und geistreiche Heiterkeit, welche allen Ernst entmuthigt" (GD, Streifzüge eines Unzeitgemäßen 13, KSA 6.120).

60, 28 – Nr. 63 [sub specie]
Lat. 'unter dem Gesichtspunkt von'. – Von FH in SI und CK und auch schon von SCHOPENHAUER und NIETZSCHE häufig gebrauchte, durch SPINOZA kanonisch gewordene Formel ('sub specie aeternitatis' – 'unter dem Gesichtspunkt der Ewigkeit'; vgl. SI 123, 19 – Nr. 186 [sub specie aeterni]). NIETZSCHE wendet die Formel ironisch auf SPINOZA zurück (Gott, schreibt er AC 17, KSA 6.184, sei "sub specie Spinozae" selbst "Metaphysikus" geworden).

60, 31 – Nr. 63 [ratio essendi]
Lat. 'Seinsgrund'.

61, 21 – Nr. 63 [ex concessis]
Lat. 'von (vorläufig) zugestandenen Voraussetzungen aus'. – Vgl. SCHOPENHAUER, PP II, Kap. 2: Zur Logik und Dialektik, § 26 (SW 5.36): "Eine *These* ist aufgestellt und soll widerlegt werden: hiezu nun gibt es zwei *Modi* und zwei *Wege*. 1) Die Modi sind: *ad rem* [in Beziehung auf die Sache] und *ad hominem* [in Beziehung auf den Menschen], oder *ex concessis*."

62, 15–16 – Nr. 64 [Verbesserern der Menschheit]
Anspielung auf den Titel des siebten Kapitels von NIETZSCHEs GD, "Die 'Verbesserer' der Menschheit" (KSA 6.98).

62, 17–18 – Nr. 64 [mit der Laterne des Cynikers]
Gemeint ist DIOGENES VON SINOPE (um 412 bis 323 v. Chr.), der bekannteste kynische Philosoph. DIOGENES führte ein Bettlerdasein und provozierte durch Ablehnung alles Konventionellen. DIOGENES LAERTIUS berichtet die Anekdote, auf die hier angespielt wird: "Tagsüber zündete er eine Laterne an und rief: 'Ich suche einen Menschen!'" (DIOGENES LAERTIUS, *Leben und Lehre der Philosophen*, übers. u. hg. v. FRITZ JÜRSS, Stuttgart 1998, 268. Zeitgen. Ausgabe: *De clarorum philosophorum vitis, dogmatibus et apophthegmatibus libri decem.* Gr. und Lat., Firmin Didot, Paris 1878). NIETZSCHE nimmt die Anekdote zuerst in MA II, WS 18 ("*Der moderne Diogenes.* – Bevor man den Menschen sucht, muss man die Laterne gefunden haben. – Wird es die Laterne des Cynikers sein müssen? – "), dann in FW 125 auf ("*Der tolle Mensch.* – Habt ihr nicht von jenem tollen Menschen gehört, der am hellen Vormittage eine Laterne anzündete, auf den Markt lief und unaufhörlich schrie: 'Ich suche Gott! Ich suche Gott!'"). FH kommt SI 275, 30–33 – Nr. 352 auf DIOGENES zurück. S. auch Komm. zu SI 209, 22–23 – Nr. 310.

62, 32–33 – Nr. 64 [wenn dich deines Nächsten Auge ärgert, reisse es aus!]
Anspielung auf Mt 5,29: "Ärgert dich aber dein rechtes Auge, so reiß es aus und wirf's von dir."

64, 28–29 – Nr. 64 [auch das Böseste ist zum Würzen würdig und zum letzten Überschäumen]
Zitat aus NIETZSCHE, Za III, Die sieben Siegel 4 (KSA 4.289).

65, 1 – Nr. 64 [myopischen]   Gr. 'kurzsichtig'.

65, 1–6 – Nr. 64 [gegen alles, was für sie Karthago ist, ein blindwüthiges ceterum censeo donnern. Wir wollen die Dinge nicht "verbessern", wenn dazu so mörderische Eingriffe ins blühende Leben der Dinge nothwendig sind, wie jene catonischen Moraltyrannen sie ausüben und anempfehlen.]
CATO DER ÄLTERE (234–149 v. Chr), römischer Senator von hoher moralischer Autorität, soll jeder seiner Senatsreden hinzugefügt haben: "ceterum censeo Carthaginem esse delendam" ('im übrigen bin ich der Meinung, daß Karthago zerstört werden muß'; vgl. PLUTARCH, *Cato maior*, XXVII, 1). Seither sprichwörtlich für hartnäckige "Moraltyrannen".

65, 24–25 – Nr. 64 [jenes "biogenetische Grundgesetz", das Goethe den Darwinisten vorentdeckt hat]
Als "biogenetisches Grundgesetz" formulierte der Zoologe, Naturphilosoph und

führende deutsche Vertreter der Evolutionstheorie ERNST HAECKEL (1834–1919) die These, daß sich in der Entwicklung des Individuums (Ontogenese) die Entwicklung der Art (Phylogenese) wiederhole. Er sah in GOETHE den "Vorentdecker" dieses "Gesetzes", sofern auch nach ihm alle Lebewesen eine Metamorphose nach einem verborgenen Gesetz durchlaufen. HAECKEL schrieb in *Die Welträthsel* (1899): "Nur einen größten Fortschritt wollen wir noch hervorheben, welcher dem Substanzgesetz ebenbürtig ist, und welcher dasselbe ergänzt, die Begründung der Entwicklungslehre. Zwar haben einzelne denkende Forscher schon seit Jahrtausenden von 'Entwicklung' der Dinge gesprochen, daß aber dieser Begriff das Universum beherrscht, und daß die Welt selbst weiter nichts ist als eine ewige 'Entwicklung der Substanz', dieser gewaltige Gedanke ist ein Kind des neunzehnten Jahrhunderts. Erst in der zweiten Hälfte desselben gelangte er zu voller Klarheit und zu allgemeiner Anwendung. Das unsterbliche Verdienst, diesen höchsten philosophischen Begriff empirisch begründet und zu umfassender Geltung gebracht zu haben, gebührt dem großen englischen Naturforscher Charles Darwin; er lieferte uns 1859 den festen Grund für jene Abstammungslehre, welche der geniale französische Naturphilosoph Jean Lamarck schon 1809 in ihren Hauptzügen erkannt, und deren Grundgedanken unser größter deutscher Dichter und Denker, Wolfgang Goethe, schon 1799 prophetisch erfasst hatte." (zitiert nach der Ausgabe: ERNST HAECKEL, *Gemeinverständliche Werke*, Bd. 3, hg. von HEINRICH SCHMIDT, Leipzig/Berlin 1924, 10). Tatsächlich dachte GOETHE die lebendige Natur und die Einheit des Menschen mit ihr nicht darwinistisch als Entwicklung durch Variation, Mutation und Selektion, sondern noch spinozistisch als ein Ganzes, das in Gott ist und in dem sich Gott ausdrückt, eine "monistische" Lehre, die auch HAECKEL seinen früheren Werken zugrundegelegt hatte.

65, 29 – Nr. 64 ["blonde Bestie"]
Vgl. NIETZSCHE, GM I, 11 (KSA 5.275f.): "Auf dem Grund aller dieser vornehmen Rassen ist das Raubthier, die prachtvolle nach Beute und Sieg lüstern schweifende *blonde Bestie* nicht zu verkennen [...]. Das tiefe eisige Misstrauen, das der Deutsche erregt, sobald er an die Macht kommt, auch jetzt wieder – ist immer noch ein Nachschlag jenes unauslöschlichen Entsetzens, mit dem Jahrhunderte lang Europa dem Wüthen der blonden germanischen Bestie zugesehn hat (obwohl zwischen alten Germanen und uns Deutschen kaum eine Begriffs-, geschweige eine Blutverwandtschaft besteht)." – Der moralkritische Sinn der zum Schlagwort gewordenen Wendung NIETZSCHEs wurde schon zu seiner Zeit rassistisch verstanden. Vgl. DETLEF BRENNECKE: 'Die blonde Bestie. Vom Mißverständnis eines Schlagworts'. In: *Nietzsche-Studien* 5 (1976), 113–145, und WERNER STEGMAIER, *Nietzsches 'Genealogie der Moral'. Werkinterpretation*, Darmstadt 1994, 122 f.

65, 31 – Nr. 64 ["Gebrechlichkeit der Welt"]
Vgl. NIETZSCHE, MA II, WS 6 (KSA 2.542 f.), mit dem Titel "Die irdische Gebrechlichkeit und ihre Hauptursache". Der Aphorismus handelt ebenfalls von

den Konsequenzen für die Erziehung. Vgl. auch NF Sommer–Herbst 1873, III 29[86] (KSA 7.667). NIETZSCHE exzerpiert hier DAVID HUMES (1711–1776) *Gespräche über natürliche Religion* (1779): "diese Welt ist, im Vergleiche mit einem höhern Maasstabe, sehr gebrechlich und unvollkommen." (HUME, *Dialogues Concerning Natural Religion*, Part V: "This world, for aught he knows, is very faulty and imperfect, compared to a superior standard").

66, 7–8 – Nr. 64 [wird die Heerde, die Gesellschaft, die Moralität selbst ihr Recht von euch fordern und zu erlangen wissen]

"Herde" ist NIETZSCHEs Gegenbegriff zum "souveränen" Individuum, in ihr sind Menschen vereinigt, die allgemeinen Normen einer bestimmten Moral bedürfen, um leben und überleben zu können und darum kritisches Denken scheuen. Besonderes Gewicht hat der Begriff in JGB, Fünftes Hauptstück: Zur Naturgeschichte der Moral, und in GM I.

66, 9 – Nr. 64 [Molochsopfer]

Moloch oder Melech (eigentl. 'König') wird im Alten Testament eine semitische Gottheit genannt, deren Verehrung im 8./7. Jhd. v. Chr. auch nach Israel vordrang und der Menschenopfer, insbesondere Kinder, dargebracht wurden (vgl. 2 Kön 23,10; Jes 30,33).

66, 10–12 – Nr. 64 [ich, der lieber den Hammer zu fassen bekäme, um das dampfende glühende Götzenbild in Trümmer zu schlagen!]

Anspielung auf NIETZSCHEs GD, der NIETZSCHE den Untertitel *Wie man mit dem Hammer philosophirt* beigab. Er redet jedoch nicht vom *Zerschlagen* der Götzen. Vielmehr heißt es im Vorwort (KSA 6.57f.): "Eine andere Genesung, unter Umständen mir noch erwünschter, ist *Götzen aushorchen* ... Es giebt mehr Götzen als Realitäten in der Welt: das ist *mein* 'böser Blick' für diese Welt, das ist auch mein 'böses *Ohr*' ... Hier einmal mit dem *Hammer* Fragen stellen und, vielleicht, als Antwort jenen berühmten hohlen Ton hören, der von geblähten Eingeweiden redet – welches Entzücken für Einen, der Ohren noch hinter den Ohren hat, – für mich alten Psychologen und Rattenfänger, vor dem gerade Das, was still bleiben möchte, *laut werden muss ...*"

67, 3–6 – Nr. 66 [Liber scriptus ... remanebit!]

Strophe aus dem Text der katholischen Totenmesse ("messa da requiem") zum jüngsten Gericht: "Ein geschrieben Buch erscheinet, darin alles ist enthalten, was die Welt einst sühnen soll. Wird sich dann der Richter setzen, tritt zu Tage, was verborgen; nichts wird ungerächt verbleiben."

67, 15 – Nr. 66 [Struwwelpetergeschichten]

Kinderbuch des Frankfurter Arztes H. HOFFMANN, zuerst erschienen 1845, eines der frühesten Bilderbücher mit einer drastischen Darstellung der Folgen kindlichen Ungehorsams.

67, 29–31 – Nr. 66 [die jüdische Begriffsverschmelzung zwischen dem Schöpfer Himmels und der Erden und einem beschränkten Nationalgotte]

Für die Hebräer war der eine Gott, den sie annahmen, der Schöpfer des Himmels, der Erde und aller Völker auf ihr und zugleich der, der sie in einem besonderen Bund "auserwählt" hatte, sein heiliges Volk zu sein, das besonderen Gesetzen, darunter Speisegesetzen, gehorchen und mit der dadurch bestimmten Lebensform seine Heiligkeit der übrigen Welt offenbaren sollte (vgl. Ex 19, 5–6). Als der Gott der Hebräer mit dem Christentum zum universalen Gott aller Völker wurde, erschien er diesen als "beschränkter Nationalgott". Seit 1878 erinnerte der nachmals berühmte Alttestamentler und Orientalist JULIUS WELLHAUSEN (1844–1918, 1872 Professor der Theologie in Greifswald, 1882 Professor für orientalische Sprachen in Halle, 1885 in Marburg, 1892 in Göttingen) an den alten Gott der Hebräer, "Javeh", den "Herr der Heerscharen", der ein Ausdruck des Machtbewußtseins gewesen und erst im Zuge ihres Machtverlustes zu einem Inbegriff von Gerechtigkeit und Güte, zu einem Gott für Priester geworden sei. NIETZSCHE machte in AC starken Gebrauch von dieser These. Vgl. AC 17 (KSA 6.183 f.): "Wie kann man heute noch der Einfalt christlicher Theologen so viel nachgeben, um mit ihnen zu dekretiren, die Fortentwicklung des Gottesbegriffs vom 'Gotte Israels', vom Volksgotte zum christlichen Gotte, zum Inbegriff alles Guten sei ein *Fortschritt?*"

67, 33 – Nr. 65 [Zeugma]

Gr. 'Joch', das Unpassendes zusammenzwingt (Begriff der Rhetorik).

68, 4–11 – Nr. 66 [dass es auch ein Jude sein musste … der verdünnte, verfeinerte, intellectualisirte Gott S p i n o z a s.]

Für SPINOZA gibt es keine moralischen Tatsachen, sondern nur moralische Interpretationen von Tatsachen (vgl. *Ethik* I, Anhang, und *Ethik* III, Lehrsatz 39, Anm.; ebenso auch NIETZSCHE, JGB 108 [KSA 5.92]: "Es giebt gar keine moralischen Phänomene, sondern nur eine moralische Ausdeutung von Phänomenen …"). Moralische Urteile sind danach Reaktionen von Affekten auf Affekte und fallen daher bei allen Menschen verschieden aus (*Ethik* III, Lehrsatz 51). Für SPINOZA sind sie Ausdruck eines Leidens am Leben, einer Abwehr gegen das Leben. Gott aber ist frei von Wertungen. Es beruht auf einem anthropomorphistischen Vorurteil, ihm menschliche Affekte beizulegen. SPINOZA sucht so die moralische Gottesvorstellung in seinem pantheistischen System zu überwinden. Dennoch spricht sich NIETZSCHE zufolge in SPINOZAs Gottesvorstellung noch immer die alte Metaphysik aus. Gott sei "sub specie Spinozae" selbst "Metaphysikus" geworden, wie eine Spinne "spann er die Welt aus sich heraus", "transfigurierte […] sich ins immer Dünnere und Blässere, ward 'Ideal', ward 'reiner Geist'" (AC 17, KSA 6.184). – Zu FHs Charakteristik der Bedeutung von Christentum und Judentum in der europäischen Geistesgeschichte und der Wandlung des jüdisch-christlichen Gottes vgl. NIETZSCHEs Ausführungen in GM I, 6–9 u. 16, und AC 16–19 u. 24–27.

NIETZSCHE hat sich bes. in MA kritisch mit "Ueberzeugungen" befaßt. MA I 483 (KSA 2.317) heißt es: *"Feinde der Wahrheit.* – Ueberzeugungen sind gefährlichere Feinde der Wahrheit, als Lügen." (vgl. MA II, VM 325 und WS 317). MA I 629–637 setzt NIETZSCHE sich ausführlich unter den Gesichtspunkten der Wissenschaft und der Gerechtigkeit mit den Überzeugungen auseinander. Danach ist "Ueberzeugung [...] der Glaube, in irgend einem Puncte der Erkenntniss im Besitze der unbedingten Wahrheit zu sein. Dieser Glaube setzt also voraus, dass es unbedingte Wahrheiten gebe; ebenfalls, dass jene vollkommenen Methoden gefunden seien, um zu ihnen zu gelangen; endlich, dass Jeder, der Ueberzeugungen habe, sich dieser vollkommenen Methoden bediene. Alle drei Aufstellungen beweisen sofort, dass der Mensch der Ueberzeugungen nicht der Mensch des wissenschaftlichen Denkens ist" (MA I 630, KSA 2.356). Andererseits aber ist "das methodische Suchen der Wahrheit selber das Resultat jener Zeiten, in denen die Ueberzeugungen mit einander in Fehde lagen" (MA I 634, KSA 2.359). Und: "Wer nicht durch verschiedene Ueberzeugungen hindurchgegangen ist, sondern in dem Glauben hängen bleibt, in dessen Netz er sich zuerst verfieng, ist unter allen Umständen eben wegen dieser Unwandelbarkeit ein Vertreter *zurückgebliebener* Culturen" (MA I 632, KSA 2.358). "Gerechtigkeit" ist beides, einerseits "eine Gegnerin der Ueberzeugungen, denn sie will Jedem, sei es ein Belebtes oder Todtes, Wirkliches oder Gedachtes, das Seine geben – und dazu muss sie es rein erkennen; sie stellt daher jedes Ding in das beste Licht und geht um dasselbe mit sorgsamem Auge herum." Andererseits jedoch "wird sie selbst ihrer Gegnerin, der blinden oder kurzsichtigen 'Ueberzeugung' (wie Männer sie nennen: – bei Weibern heisst sie 'Glaube') geben was der Ueberzeugung ist – um der Wahrheit willen." (MA I 636, KSA 2.361f.). Die "Wissenschaft" steht so zwischen "Leidenschaften" und "Ueberzeugungen": "Aus den *Leidenschaften* wachsen die Meinungen; die *Trägheit des Geistes* lässt diese zu *Ueberzeugungen* erstarren." (MA I 637, KSA 2.362) Dennoch gehört nach NIETZSCHE zur Wissenschaft auch eine Überzeugung, nämlich die "Ueberzeugung", "sich keine Ueberzeugungen mehr zu gestatten." (FW 344, KSA 3.574f.). Die Frage nach den Überzeugungen ist damit paradox geworden. NIETZSCHE führt sie schließlich auf den "Geschmack" hinaus, der der Geschmack MONGRÉS ist: *"Warum wir Epikureer scheinen.* – Wir sind vorsichtig, wir modernen Menschen, gegen letzte Ueberzeugungen; unser Misstrauen liegt auf der Lauer gegen die Bezauberungen und Gewissens-Ueberlistungen, welche in jedem starken Glauben, jedem unbedingten Ja und Nein liegen: wie erklärt sich das? Vielleicht, dass man darin zu einem guten Theil die Behutsamkeit des 'gebrannten Kindes', des enttäuschten Idealisten sehn darf, zu einem andern und bessern Theile aber auch die frohlockende Neugierde eines ehemaligen Eckenstehers, der durch seine Ecke in Verzweiflung gebracht worden ist und nunmehr im Gegensatz der Ecke schwelgt und schwärmt, im Unbegrenzten, im 'Freien an sich'. Damit bildet sich ein nahezu epikurischer Erkenntniss-Hang aus, welcher den Fragezeichen-Charakter der Dinge nicht leichten Kaufs fahren lassen will; insgleichen ein Widerwille gegen die grossen Moral-Worte und -Gebärden, ein Geschmack, der alle plumpen vierschrötigen Gegensätze ablehnt und sich seiner Uebung in Vorbehalten mit Stolz bewusst ist." (FW 375, KSA 3.627f.)

69, 28–29 – Nr. 70 ["Flucht des Kranken oder Flucht vor Kranken"]
Vgl. NIETZSCHE, Za III, Auf dem Oelberge: "Des Einen Einsamkeit ist die Flucht des Kranken; des Andern Einsamkeit die Flucht *vor* den Kranken." (KSA 4.221).

70, 7–8 – Nr. 70 [Musik als virtus und Musik als voluptas]
Lat. virtus 'Mannhaftigkeit', 'Tugend' im Sinne kriegerischer und bürgerlicher Tüchtigkeit; lat. voluptas 'wollüstiges Vergnügen'.

70, 12 – Nr. 71 [Systeme bauen]
Vgl. NIETZSCHE, UB III, SE 8 (KSA 1.420): "Ohne Zweifel ist man jetzt auf der Seite der einzelnen Wissenschaften logischer, behutsamer, bescheidner, erfindungsreicher, kurz es geht dort philosophischer zu als bei den sogenannten Philosophen: so dass jedermann dem unbefangnen Engländer Bagehot zustimmen wird, wenn dieser von den jetzigen Systembauern sagt: 'Wer ist nicht fast im Voraus überzeugt, dass ihre Prämissen eine wunderbare Mischung von Wahrheit und Irrthum enthalten und es daher nicht der Mühe verlohnt, über die Consequenzen nachzudenken? Das fertig Abgeschlossne dieser Systeme zieht vielleicht die Jugend an und macht auf die Unerfahrnen Eindruck, aber ausgebildete Menschen lassen sich nicht davon blenden. Sie sind immer bereit Andeutungen und Vermuthungen günstig aufzunehmen und die kleinste Wahrheit ist ihnen willkommen – aber ein grosses Buch von deductiver Philosophie fordert den Argwohn heraus. Zahllose unbewiesene abstracte Principien sind von sanguinischen Leuten hastig gesammelt und in Büchern und Theorien sorgfältig in die Länge gezogen worden, um mit ihnen die ganze Welt zu erklären. Aber die Welt kümmert sich nicht um diese Abstractionen, und das ist kein Wunder, da diese sich unter einander widersprechen'." [Zitatmontage aus *Walter Bagehot, Der Ursprung der Nationen. Betrachtungen über den Einfluß der natürlichen Zuchtwahl und der Vererbung auf die Bildung politischer Gemeinwesen*, Leipzig 1874, 216 f.; vgl. KSA 14.76 u. 79.] S. auch Komm. zu SI III, 13–14 – Nr. 1 und VI, 19–21 – Nr. 2.

70, 24 – Nr. 71 [Prokrustes-Gelüste]
Prokrustes war der letzte der Unholde, die Theseus auf seinem Zug nach Athen tötete. Er hauste unweit von Athen und marterte Reisende zu Tode, indem er sie an ein Bett fesselte und die Kleinen so lange dehnte, den Großen so viel von ihren Beinen abschnitt, bis sie hineinpaßten.

71, 8–9 – Nr. 72 [Leviathans]
In der biblischen Mythologie ist der Leviathan (auch: Liwjatan) ein riesen-

haftes Krokodil bzw. eine Schlange. Er beherrscht das Meer und kommt nur bisweilen aufs Land, wenn das Meer über die Ufer tritt (vgl. Hi 40, 25–41); titelgebende Figur wird er in THOMAS HOBBES' (1588–1679) staatsphilosophischer Abhandlung *Leviathan oder Wesen, Form und Gewalt eines kirchlichen und bürgerlichen Gemeinwesens* (1651, lat. 1668, dtsch. 1794/95).

71, 10 – Nr. 72 [Entozoen]
Gr. 'innen lebende Tiere'. – Parasiten, die im Innern ihrer Wirte leben.

72, 8 – Nr. 74 [Pantheismus]
Anspielung auf SPINOZA. S. Komm. zu SI 68, 4–11 – Nr. 66.

72, 11 – Nr. 74 [in malam partem]
Lat. 'nach der schlechten Seite hin'.

72, 17–19 – Nr. 74 [die menschlich gebundene, viereckige, vernünftig und moralisch missverstandene Natur]
Vgl. NIETZSCHE, FW 373: "unsere viereckige kleine Menschenvernunft". Der Ausdruck wird, jedoch anerkennend, schon von PLATO (*Protagoras*, 339 b) gebraucht, der SIMONIDES (556–468 v. Chr.) zitiert: "Ein guter Mann zu werden ist wahrhaftig schwierig, ein an Hand und Fuß und Verstand viereckiger, ohne Fehl gebildeter." Auch ARISTOTELES spielt in der *Nikomachischen Ethik* (I, 11, 1100b21f) darauf an.

72, 27–28 – Nr. 75 ["Fabrikwaare der Natur"]
Mehrfach von SCHOPENHAUER gebrauchte Formel. Vgl. *Über den Satz vom Grunde*, § 34 (SW 3.142): "Denn das eben ist das Verderbliche solcher Universitäts-Zelebritäten und jenes aus dem Munde ehrsamer Kollegen im Amte und hoffnungsvoller Aspiranten zu solchem emporsteigenden Kathederheldenruhmes, da der guten, gläubigen, urteilslosen Jugend mittelmäßige Köpfe, bloße Fabrikware der Natur als große Geister, als Ausnahmen und Zierden der Menschheit angepriesen werden", WWV I, § 36 (SW 1.268): "Der gewöhnliche Mensch, diese Fabrikware der Natur, [...] kann seine Aufmerksamkeit auf die Dinge nur in sofern richten, als sie irgendeine, wenn auch nur sehr mittelbare Beziehung auf seinen Willen haben.", und PP I, Über die Universitätsphilosophie (SW 4.241): "und als ob, wenn Kant an den Blattern gestorben wäre, auch ein anderer die *Kritik der reinen Vernunft* würde geschrieben haben – wohl einer von jenen aus der Fabrikware der Natur und mit ihrem Fabrikzeichen auf der Stirn".

72, 30 – Nr. 75 [Caligula]
S. Komm. zu SI 17, 17 – Nr. 17, und vgl. CK 37, 3–4.

72, 32 – Nr. 75 [Antoninus]
Röm. Kaiser 138–161 n. Chr., dem es gelang, eine Periode des Friedens im Rö-

mischen Reich einzuleiten.

72, 32 – Nr. 75 [Iwan der Schreckliche]
Russ. Großfürst 1533–84, seit 1547 mit dem Titel eines Zaren, dessen reformatorische Ansätze in unbeschränkten Terror ausuferten.

73, 1 – Nr. 75 [genus sublime]
In der Rhetorik Begriff der pathetisch-erhabenen, auf Erschütterung bedachten Rede-Gattung.

73, 8–9 – Nr. 75 [neben der Philistermoral auch Philisterunmoral]
"Philister" ist ein von SCHOPENHAUER und NIETZSCHE gern benutztes Wort für einen "Menschen ohne geistige Bedürfnisse" (SCHOPENHAUER, PP I, Aphorismen zur Lebensweisheit; SW 4.410f.). Philister verschütteten nach Gen 26,15 die Brunnen Isaaks, und der Kirchenvater ORIGINES (geb. um 185) betrachtete sie darum als exemplarisch für Menschen, die den Weg zur geistigen Erkenntnis verschließen. Im 17. Jahrhundert wurde "Philister" in der Studentensprache heimisch.

73, 25 – Nr. 76 ["Zweck an sich selbst"]
Zitat aus KANT, GMS, 2. Abschnitt (AA IV, 428): "Nun sage ich: Der Mensch und überhaupt jedes vernünftige Wesen existirt als Zweck an sich selbst, nicht bloß als Mittel zum beliebigen Gebrauche für diesen oder jenen Willen, sondern muß in allen seinen sowohl auf sich selbst, als auch auf andere vernünftige Wesen gerichteten Handlungen jederzeit zugleich als Zweck betrachtet werden."

74, 4–5 – Nr. 77 [nach seiner Façon selig]
Redensart in Anspielung auf die berühmte Randbemerkung FRIEDRICHS DES GROSSEN ("hier mus ein jeder nach Seiner Fasson Selich werden") zur Anfrage des Staatsministers VON BRAND und des Konsistorialpräsidenten VON REICHENBACH vom 22. Juni 1740, ob die römisch-katholischen Schulen abgeschafft werden sollen (überliefert von A. F. BÜSCHING, *Character Friedrichs II., Königs von Preussen*, Halle 1788, 118). S. auch SI 100, 15–16 – Nr. 114.

74, 16 – Nr. 78 ["abschliessenden Instincte"]
Zitat aus NIETZSCHE, GD, Was den Deutschen abgeht, 6 (KSA 6.108): "*Sehen* lernen – dem Auge die Ruhe, die Geduld, das An-sich-herankommen-lassen angewöhnen; das Urtheil hinausschieben, den Einzelfall von allen Seiten umgehn und umfassen lernen. Das ist die *erste* Vorschulung zur Geistigkeit: auf einen Reiz *nicht* sofort reagiren, sondern die hemmenden, die abschliessenden Instinkte in die Hand bekommen."

74, 19 – Nr. 78 [sphincteres]
Gr. 'Schließmuskeln'.

74, 28 – Nr. 78 [impotentia sui]
Lat. 'Mangel an Macht über sich selbst, Ohnmacht, Haltlosigkeit'.

76, 1–3 – Nr. 80 [Gegen sie hat Zarathustra sein edelstes Wort gesprochen: wo man nicht mehr lieben kann, da soll man vorübergehn!]
Zitat aus NIETZSCHE, Za III, Vom Vorübergehen (KSA 4.225; veränderte Interpunktion).

76, 17–18 – Nr. 81 [non ridere, non lugere, neque detestari, – n e q u e intelligere!]
Lat. 'nicht lachen, nicht trauern, weder verwünschen – *noch* erkennen!' – Der "Wahlspruch" findet sich so nicht bei SPINOZA. FH zitiert vielmehr in kennzeichnender Abwandlung NIETZSCHES Zusammenfassung der Philosophie SPINOZAS (vgl. FW 333, KSA 3.558): "*Was heisst erkennen.* – Non ridere, non lugere, neque detestari, sed intelligere! sagt Spinoza". (Lat. 'nicht lachen, nicht trauern noch verwünschen, *sondern* erkennen.') SPINOZA zufolge ist der Mensch von Affekten bestimmt – ein Grund dauernden Unfriedens mit sich und anderen. Die Möglichkeit des Ausgleichs und des Friedens sieht SPINOZA in der Analyse der Affekte, im Durchschauen ihrer Gründe. So lautet das Programm seiner *Ethik*, die Affekte der Menschen nicht zu verwünschen oder zu verlachen, sondern zu verstehen (vgl. *Ethik* III, Einleitung). Das Erkennen ist ihm Mittel seiner therapeutischen Ethik. NIETZSCHE hält diesen Glauben an die Macht der Erkenntnis für naiv. Mit seiner Abwandlung des "Wahlspruchs" von SPINOZA nimmt FH das Ergebnis von FW 333 auf.

76, 25 – Nr. 82 [Venus vulgivaga]
Die Interpretation zweier Arten der Liebe, der gemeinen, körperlichen und der höheren ("platonischen"), geht auf PLATO zurück (*Symposion* 180d-181). Er gibt der Gottheit der höheren Liebe den Beinamen "Urania", der der gemeinen Liebe das Attribut "Pandemos" (Vgl. SCHOPENHAUER, WWV II, Kap. 44: Metaphysik der Geschlechtsliebe, SW 2.678 ff.). "Vulgivaga" ist die lateinische Entsprechung der letzteren. Kulte für die Aphrodite Pandemos existierten in Theben, Megalopolis und Elis. Ursprünglich wurde der Beiname "Pandemos" Aphrodite als Beschützerin der gesamten Bürgerschaft Athens gegeben. FH bezieht sich jedoch hier, wie auch bei weiteren Anspielungen (s. u. SI 124, 20 – Nr. 188 und SI 221, 26 – Nr. 325), mit SCHOPENHAUER auf die von PLATO überlieferte Interpretation.

76, 28–29 – Nr. 82 [ager publicus]
S. Komm. zu SI 45, 18 – Nr. 52.

77, 7 – Nr. 83 [épater le bourgeois]
Frz. 'den Bürger verblüffen'; FH übersetzt hier die Parole der französischen Romantiker um VICTOR HUGO (1802–1885; vgl. die *Préface de Cromwell*, 1827) mit 'den Philister ärgern'.

77, 32 – Nr. 84 [(wo, nach Lenau, um ein Mädel zwei Buben sich streiten)]
Vgl. NIKOLAUS LENAU (eigentl. NICOLAUS FRANZ NIEMBSCH VON STREHLE-NAU, 1802–1850), *Faust*, V. 845 (*Faust*. Ein Gedicht. 3. Aufl. Stuttgart u. Tübingen 1848). LENAU läßt in der Szene "Tanz (Dorfschenke. Hochzeit. Musik und Tanz.)" Mephistopheles das orgiastische Treiben junger Leute bei einer Dorfhochzeit schildern: "Die badende Jungfrau, die lange gerungen, / Wird endlich vom Mann zur Umarmung gezwungen. / Dort fleht ein Buhle, das Weib hat Erbarmen, / Man hört sie von seinen Küssen erwarmen. / Jetzt klingen im Dreigriff die lustigen Saiten, / Wie wenn um ein Mädel zwei Buben sich streiten; / Der eine, besiegte, verstummt allmählig, / Die liebenden Beiden umklammern sich selig, / Im Doppelgetön die verschmolzenen Stimmen / Aufrasend die Leiter der Lust erklimmen."

78, 3 – Nr. 84 [Arcanum]
Lat. 'geheim'; Geheimmittel, Geheimlehre, in der Alchimie Bezeichnung für den 'Stein der Weisen'.

78, 16–17 – Nr. 84 [Talmud von Spitzfindigkeiten]
Der *Talmud* ist die Sammlung über viele Jahrhunderte fortgebildeter rabbinischer Auslegungen der hebräischen Bibel, der Tora. Außenstehenden galt er als Symbol der Spitzfindigkeit.

78, 17 – Nr. 84 [point d'honneur]
Frz. 'Ehrenpunkt', zeitgenössisch gebräuchliche Wendung für 'Ehrgefühl'. – Vgl. SCHOPENHAUER, PP I, *Aphorismen zur Lebensweisheit*, Kap. IV: *Von dem, was einer vorstellt* (SW 4.441): "die *ritterliche Ehre* oder das *point d'honneur*". S. auch FHs 'Groteske' *Der Arzt seiner Ehre* (1904; Abdruck in Band VIII), in welcher er den zeitgenössischen Ehrbegriff und das darin wurzelnde Duellunwesen travestiert, und seinen Essay *Das unreinliche Jahrhundert* (Abdruck in Band VIII), in dem er ausdrücklich auf SCHOPENHAUERs Kritik Bezug nimmt.

78, 20–26 – Nr. 85 ["Psychologie", sagte ein Mann von Ehre, "ist das nicht das, woraus die mildernden Umstände gemacht werden? Wir wollen uns aber nach der ganzen Strenge, ja nach dem Buchstaben des Gesetzes verurtheilen lassen: das ist unsere Rache am Gesetz. Psychologie ist Ablass auf Vorrath, für die Feigen, die markten, feilschen, abdingen wollen."]
Nicht nachgewiesen.

80, 14 – Nr. 89 [unsere Themis wäre wirklich blind?]
Themis, eine Titanin, ist in der griechischen Mythologie die Göttin der Rechtsordnung und der Gerechtigkeit. Ihrer Aufgabe entsprechend, ohne Ansehn der Person gerecht zu entscheiden, wird sie als blind bzw. mit verbundenen Augen dargestellt.

81, 3–5 – Nr. 92 [Es gefällt mir, dass Zarathustra einmal ausnahmsweise dem Hunde Recht giebt, der den Mond anbellt, nicht dem Monde.]
Vgl. NIETZSCHE, Za III, Vom Gesicht und Räthsel 2 (KSA 4.201).

82, 29 – Nr. 95 ["Warte nur, balde"]
Zitat aus GOETHE, *Wanderers Nachtlied (Ein Gleiches)*: "Über allen Gipfeln / Ist Ruh, / In allen Wipfeln / Spürest du / Kaum einen Hauch; / Die Vögelein schweigen im Walde. / Warte nur, balde / Ruhest du auch."

83, 25 – Nr. 96 [adiabatische Hülle]
Eine 'nicht zu durchschreitende' Hülle (gr.). In der Thermodynamik spricht man (und sprach schon zu Zeiten FHs) von "adiabatischen Prozessen", bei denen ein thermodynamisches System keinen Wärmeaustausch mit seiner Umgebung erfährt.

84, 7–8 – Nr. 97 [Munditia des Denkens, Schliessens, Urtheilens]
"Munditia" lat. 'Reinheit'. – Vgl. NIETZSCHE, MA 265 (KSA 2.220): "*Die Vernunft in der Schule.* – Die Schule hat keine wichtigere Aufgabe, als strenges Denken, vorsichtiges Urtheilen, consequentes Schließen zu lehren: desshalb hat sie von allen Dingen abzusehen, die nicht für diese Operationen tauglich sind, zum Beispiel von der Religion."

84, 9 – Nr. 97 [πὺξ καὶ λάξ]
Gr. 'mit Faust und Fuß', 'mit Händen und Füßen'. – Vgl. SCHOPENHAUER, PP II, Kap. 7: Zur Farbenlehre, § 106 (SW 5.232) u. ö.

84, 20 – Nr. 98 [Tartuffe]
Hauptfigur einer Komödie MOLIÈRES (1622–1673) *Le Tartuffe ou l'imposteur*, 'Der Tartuffe oder der Heuchler'. MOLIÈRE zielt auf den religiösen Heuchler. Vgl. auch SCHOPENHAUER, *Über den Willen in der Natur*, Vorrede (SW 3.303). SCHOPENHAUER nennt auch "Universitäts-Philosophen" "Tartüffes", vgl. PP I, Über die Universitäts-Philosophie (SW 4.176), und PP II, Kap. 15: Über Religion, § 181 (SW 5.462).

85, 15–17 – Nr. 98 [wie Nietzsche im Engadin und am Mittelmeer gelebt hat, procul negotiis und fern von allem, was "das Inn're stört".]
NIETZSCHE lebte, nachdem er 1879 seine Professur in Basel aufgegeben hatte, an wechselnden Orten am Mittelmeer, vor allem in Genua, Rapallo und Nizza, und verbrachte seit 1881 die Sommer in Sils-Maria im Oberengadin. "procul negotiis" spielt auf die Aufgabe der Professur an. Es handelt sich um ein Zitat aus HORAZ, *Epoden*, 2,1 ('[Glücklich der, der] fern von Geschäften'), das NIETZSCHE selbst in MA II, VM 49 (KSA 2.401) anführt. In MA II, WS 342

(KSA 2.700) spricht NIETZSCHE von den *"Störungen des Denkers*. – Auf Alles, was den Denker in seinen Gedanken unterbricht (stört, wie man sagt), muss er friedfertig hinschauen, wie auf ein neues Modell, das zur Thür hereintritt, um sich dem Künstler anzubieten. Die Unterbrechungen sind die Raben, welche dem Einsamen Speise bringen." MA entstand während NIETZSCHES Aufenthalten in Norditalien.

85, 18 – Nr. 98 [profanum vulgus]

Zitat aus HORAZ, *Oden* III, 1,1: '(Ich hasse) das gemeine Volk (und halte mich von ihm fern).' S. auch SI 118, 23–24 – Nr. 173 ("das fanum, das nie profanum werden darf").

87, 1 [Colombine]

Colombina (ital. 'Täubchen') ist in der Commedia dell'arte (um 1550 in Oberitalien entstandene Stegreifkomödie, die von Berufsschauspielern [dell'arte] aufgeführt wurde) die weibliche Hauptfigur: der Typus der koketten Zofe und Geliebten. Ziel des Spotts waren die armen, immer Arbeit suchenden Leute von Bergamo ('Bergamasken'). In Frankreich wurden aus Colombina eine immer raffiniertere Colombine und aus dem einfältigen Bauern Pedrolino ein immer wandlungsfähigerer Pierrot (s. Komm. zu SI 87, 2–5). S. auch Komm. zu SI 107, 15 – Nr. 134.

87, 2–5 [On y verrait ... G i r a u d, Pierrot lunaire.]

Zitat aus der dritten Strophe des Gedichts *Théatre* (dtsch.: *Eine Bühne*) aus dem 1884 in Paris erschienenen Gedichtband *Pierrot Lunaire. Rondels Bergamasques* des belgischen Dichters ALBERT GIRAUD (i. e. ALBERT KAYENBERGH, 1860–1929), der der Gruppe "Parnasse de la Jeune Belgique" zugehörte. Er stattete darin die commedia dell'arte-Figuren (s. Komm. zu SI 87, 1) Pierrot und Colombine mit aller Raffinesse des Fin de siècle aus. Der junge deutsche Dichter OTTO ERICH HARTLEBEN (1864–1905), der dem Leipziger Kreis angehörte, in dem in den achtziger Jahren auch FH verkehrte (s. die Einleitung des Herausgebers dieses Bandes, Abschn. 2.), wurde durch den Holländer SEBALD RUDOLF STEINMETZ (1862–1920), der zwischen 1886 und 1888 in Leipzig experimentelle Psychologie studierte, auf GIRAUDs Gedichtband aufmerksam gemacht und übertrug ihn ins Deutsche (Berlin: Verlag Deutscher Phantasten 1893). Daraus wählte wiederum ARNOLD SCHÖNBERG für sein Opus 21 *Pierrot Lunaire* sieben Gedichte aus. FH selbst übertrug vier der *Rondels Bergamasques* ins Deutsche, von denen er eines in SI (*Morgenstimmung*, S. 366, vgl. dazu unten, Komm. zu SI 366, 17), die übrigen in seinem Gedichtband *Ekstasen* veröffentlichte (Abdruck in Band VIII). HARTLEBENs Übertragung der zitierten Strophe lautet: "Plumpe Rüpel, täppisch lüstern, / Stopfen sich die Magren Waden: / Ach! Sie lieben Colombinchen" (S. 1).

87, 6–8 [Amor est titillatio, concomitante idea causae externae. S p i - n o z a, Ethica]

SPINOZA definiert in *Ethik* III, Anhang, Definition VI: "Amor est laetitia, concomitante idea causae externae" ('Liebe ist Freude, begleitet von der Vorstellung
einer äußeren Ursache.'). In Buch IV, Lehrsatz 44, wo es darum geht, daß
Liebe und Leidenschaft (cupiditas) ein Übermaß (excessum) haben können,
setzt er sie mit der titillatio, dem 'Kitzel', der 'Wollust' gleich. SCHOPEN-
HAUER nimmt in WWV II, Kap. 44: Metaphysik der Geschlechtsliebe (SW
2.681), diese Definition auf: "Hingegen verdient Spinozas Definition wegen ihrer überschwenglichen Naivität zur Aufheiterung angeführt zu werden: *amor
est titillatio concomitante idea causae externae (Eth., IV, prop. 44, dem.).*"

90, 1 – Nr. 99 [Saturnalien]
Altrömisches Fest zu Ehren des Gottes Saturn, das vom 17. bis 19. Dezember
begangen wurde. Es war das fröhlichste Fest des Jahres, gekennzeichnet durch
Vergnügen, Wohlwollen, Freizügigkeit, Geschenke. Dazu gehörte auch, daß
Sklaven sich einmal von ihren Herren bedienen lassen und ihnen die Meinung
sagen durften.

90, 4–7 – Nr. 99 [milde, wie Aristoteles gegen die Tragödie: neh-men wir um der gründlichen Katharsis willen ein wenig Übermass, Dumpfheit, Leidenschaft in den Kauf.]
ARISTOTELES erwartete von der Tragödie die Wirkung einer 'Reinigung' (κά-
θαρσις) der (oder von den) 'Leidenschaften' (τῶν παθημάτων) Furcht und Mitleid. Vgl. *Poetik*, 6, 1449b 24–28.

90, 9 – Nr. 99 ["petite Afrique"]
Frz. 'kleines Afrika', lexikalisch nicht nachgewiesen. Möglicherweise Anspielung
auf Völkerschauen, die zwischen 1874 und 1939 in den zoologischen Gärten ehemaliger Kolonialmächte abgehalten wurden. Berühmt für seine Völkerschauen
war besonders der Tierpark [!] Hagenbeck in Hamburg.

96, 13 – Nr. 101 [unser ewig-Weibliches zieht euch hinan]
Anspielung auf GOETHE, *Faust* II, V. 12110–11 ("Das Ewig-Weibliche / Zieht
uns hinan."). Vgl. Komm. zu SI 42, 33 – Nr. 44.

96, 15–16 – Nr. 101 [faute de mieux]
Frz. 'in Ermangelung eines Besseren'.

96, 24–25 – Nr. 101 [nicht nur als Mittel, sondern zugleich als Zweck "an sich selbst" behandeln]
S. Komm. zu SI 73, 25 – Nr. 76.

96, 30–31 – Nr. 101 ["auch die hohlste Nuss will noch geknackt sein!"]
Zitat aus NIETZSCHE, Za I, Vom freien Tode (KSA 4.93): "Aber auch die Überflüssigen thun noch wichtig mit ihrem Sterben, und auch die hohlste Nuss will
noch geknackt sein." FH greift diese Wendung in seinem Gedicht *Zarathustras*

Liebeslied erneut auf (Abdruck in Band VIII). S. auch Komm. zu SI 34, 20 –
Nr. 29.

97, 14–15 – Nr. 103 [ΤΙΜΗΜΑ ΘΑΝΑΤΟΣ]
Gr. 'als Strafe der Tod!' – nach DIOGENES LAERTIOS im Prozeß von MELE-
TOS gegen SOKRATES gestellt (*Lehre und Leben der Philosophen*, Buch 2, Ab-
schn. 40, übers. u. hg. v. FRITZ JÜRSS, Stuttgart 1998, 108; Zeitgen. Ausgabe:
S. Komm. zu SI 62, 17–18).

98, 3–4 – Nr. 106 [das "fröhliche Tempo" des Stiles]
Vgl. NIETZSCHE über seine "Kunst des Stiles" und dessen "tempo" in EH, Warum
ich so gute Bücher schreibe, 4 (KSA 6.304), und in JGB 28 (KSA 5.46).

98, 16 – Nr. 107 [sancta simplicitas]
Mittellat. 'heilige Einfachheit', 'heilige Einfalt' – ursprünglich von der einfachen Sprache der Apostel gesagt. – Vgl. u. a. auch HIERONYMUS, *Briefe* 57,
12: "Venerationi mihi semper fuit non verbosa rusticitas, sed sancta simplicitas" ('Verehrungswürdig ist mir immer gewesen nicht die wortreiche Unbil-
dung, sondern die heilige Einfachheit') und RUFINUS, *Historia ecclesiastica*
10, 3. – Der religiös-praktische Wortgebrauch von 'simplicitas' einerseits für
die aufrichtige Haltung einer schlichten, lauteren Liebe zu Gott, andererseits
für eine weltfremd-naive Beschränktheit in Glaubensdingen forcierte den iro-
nischen Gebrauch, der auf eine Legende zurückgeht: Auf dem Scheiterhaufen
soll der Reformator JAN HUS (um 1370–1415), als ein Bauer (nach anderer
Überlieferung ein 'altes Weibchen') noch Brennholz herantrug, 'Sancta simplicitas!' ausgerufen haben. Vgl. dazu NIETZSCHE, MA I, 67 (KSA 2.80): "*Sancta
simplicitas der Tugend.* – Jede Tugend hat Vorrechte: zum Beispiel diess, zu
dem Scheiterhaufen eines Verurtheilten ihr eigenes Bündchen Holz zu liefern."
Vgl. auch GOETHE, *Faust* I, V. 3037, und SCHOPENHAUER, *Über den Willen in
der Natur*, Vorrede (SW 3.309).

98, 26 – Nr. 109 [compatibilitas incompatibilium]
Lat. 'Vereinbarkeit von Unvereinbarem'. S. auch CK 36, 5–6 und 181, 1.

99, 8 – Nr. 110 [vita nuova]
It. 'neues Leben'. Titel des Jugendwerks von DANTE ALIGHIERI (1265–1321),
in dem er in 31 Gedichten die Liebe des Dichters zu Beatrice darstellt (entstanden zwischen 1283 und 1293/95, Erstdruck 1576).

99, 23 – Nr. 112 [Isolde als Ärztin]
Im mittelalterlichen höfischen Epos *Tristan* von GOTTFRIED VON STRASSBURG
(entstanden um 1210) heilt Isolde, die Königin von Irland und Mutter der
sog. "blonden" Isolde, die später mit Tristan den Liebestrank teilen wird, den
als Spielmann Tantris verkleideten Tristan von der tödlichen Wunde, die ihm
bei dem Gefecht mit dem Bruder Isoldes, Morold, durch diesen zugefügt wurde:

"Tantris, vertraue mir, / ich werde dich wirklich heilen. / Sei zuversichtlich und froh. / Ich selbst werde deine Ärztin sein." (V. 7788– 7791, übers. von RÜDI-GER KROHN, Stuttgart 1990). Auch beim späteren Kampf mit dem Drachen (V. 8897–9982), nach dem Tristan in Ohnmacht gefallen ist, wird die Königin ihn wieder zum Leben erwecken. In RICHARD WAGNERs Oper *Tristan und Isolde* ist es die junge Isolde, die Tristan heilt. Als Tristan durch Melot schwer verwundet wird und Kurwenal ihn auf die Burg Kareol bringt, soll Isolde erneut die Frau sein, ihn zu heilen. Vgl. 3. Aufzug, 1. Auftritt: (Kurwenal) "Die beste Ärztin / bald ich fand; / nach Kornwall hab ich / ausgesandt: / ein treuer Mann / wohl übers Meer / bringt mir dir Isolden her." – (Tristan) "Im Sterben mich zu sehnen, / vor Sehnsucht nicht zu sterben! / Die nie erstirbt, / sehnend nun ruft / um Sterbens Ruh / sie der fernen Ärztin zu.") Als Isolde eintrifft, kann sich Tristan der Geliebten jedoch nur noch mit letzter Kraft entgegenstürzen und bricht in ihren Armen tot zusammen.

99, 25–26 – Nr. 112 [le remède pire que le mal]
Frz. 'die Medizin, die schlimmer ist als das Übel'. Frz. Sprichwort ohne nachweisbare Quelle.

99–100, 33–1 – Nr. 113 [sensations nouvelles]
Frz. 'neue Empfindungen'.

100, 15–16 – Nr. 114 [Freilich soll man Niemanden verhindern, sich nach seiner Façon lächerlich zu machen.]
S. Komm. zu SI 74, 4–5 – Nr. 77.

102, 18–19 – Nr. 121 [der "panische Schrecken", das daemonion meridianum]
Gr./lat. daemonion meridianum, 'Mittagsdämon'. Pan ist der griechische Gott der Hirten und Herden, derjenige, der unablässig zur Fruchtbarkeit treibt. Er hält sich meist auf Bergen, Höhlen und an einsamen Orten auf und kann dort durch einen lauten Schrei plötzlich eine "Panik" auslösen. Da sein Namen gr. auch "Alles" bedeutet, kann er auch als ein Allgott gelten. NIETZSCHE findet "Am Mittag" des Lebens [!] das höchste Glück: wenn alles hell und schattenlos ist und Pan – schläft. Vgl. MA II, WS 308 (*"Am Mittag"*, KSA 2.690): "Wem ein thätiger und stürmereicher Morgen des Lebens beschieden war, dessen Seele überfällt um den Mittag des Lebens eine seltsame Ruhesucht, die Monden und Jahre lang dauern kann. Es wird still um ihn, die Stimmen klingen fern und ferner; die Sonne scheint steil auf ihn herab. Auf einer verborgenen Waldwiese sieht er den grossen Pan schlafend; alle Dinge der Natur sind mit ihm eingeschlafen, einen Ausdruck von Ewigkeit im Gesichte – so dünkt es ihm. Er will Nichts, er sorgt sich um Nichts, sein Herz steht still, nur sein Auge lebt, – es ist ein Tod mit wachen Augen. Vieles sieht da der Mensch, was er nie sah, und soweit er sieht, ist Alles in ein Lichtnetz eingesponnen und gleichsam darin begraben. Er fühlt sich glücklich dabei, aber es ist ein schweres, schweres Glück."

103, 1–4 – Nr. 122 [aus dem "fliegenden Holländer", der durch Elend fascinirt, wird ein Lohengrin, der aus weltentlegener Göttlichkeit "verständniss"-bedürftig zum Weibe herabsteigt.]
Anspielungen auf RICHARD WAGNERs Romantische Opern *Der fliegende Holländer* (nach einer Erzählung HEINRICH HEINES *Aus den Memoiren des Herren Schnabelewopski*, uraufgeführt 1843 in Dresden) und *Lohengrin* (uraufgeführt 1850 in Weimar).

103, 14 – Nr. 123 [Nego ac pernego!]
Lat. '(Ich sage) nein und nochmals nein!'. – Vgl. SCHOPENHAUER, PP II, Kap. 13: Über den Selbstmord, § 157 (SW 5.362). SCHOPENHAUER protestiert hier gegen die Verurteilung des Selbstmords.

103, 24 – Nr. 124 [faute de mieux]
S. Komm. zu SI 96, 15–16 – Nr. 101.

103, 32 – Nr. 125 [far-niente-Gedanken]
It. (dolce) far niente, '(angenehmes) Nichtstun'. Schon bei PLINIUS D. J., *Epistulae/Briefe* VIII, 9: "Seit langem habe ich kein Buch, keinen Griffel in die Hand genommen, seit langem weiß ich nicht, was Muße, was Ruhe, was jenes träge, aber doch so angenehme Nichtstun und Nichtsein ist (illud iners quidem, iucundum tamel nihil agere, nihil esse)" (*C. Plini Caecili Secundi Epistularum Libri Decem/Gaius Plinius Caecilius Secundus, Briefe*, lat.-dtsch. ed. HELMUT KASTEN, 4. verbess. Aufl., München 1979, 452 f.).

104, 4 – Nr. 126 [(zu uns "hinan")]
S. Komm. zu SI 42, 33 – Nr. 44.

104, 25–26 – Nr. 128 [Exhibition und "Faltenhemd", Aphrodite und Artemis]
Aphrodite, die im griechischen Pantheon Liebe und Schönheit, Lust und Sinnlichkeit verkörpert, wird gewöhnlich nackt dargestellt. Artemis dagegen, die Zwillingsschwester Apolls, ist die jungfräulich keusche Göttin der Jagd und der lebenden Natur und wird bekleidet mit einem Faltenhemd dargestellt. Ein "Faltenhemd" tragen auch GOETHEs Engel in *Faust* II, V. 11798: "Auch könntet ihr anständig-nackter gehen, / Das lange Faltenhemd ist übersittlich – / Sie wenden sich – Von hinten anzusehen!"

105, 4–5 – Nr. 128 [diese schamhaft-schamlose Mischung von Baubo und Urania]
Als Demeter auf der Suche nach ihrer geraubten Tochter Persephone nach Eleusis kommt und vor Trauer weder Trank noch Speise zu sich nehmen will, wird sie dort von Baubo, einer alten Dienerin (s. u. SI 187, 26–27 – Nr. 282), bewir-

tet, der es gelingt, sie aufzuheitern, indem sie ihr ihren nackten Schoß zeigt. GOETHE fühlt sich an sie beim römischen Karneval erinnert: "Wenn uns während des Laufs dieser Torheiten der rohe Pulcinell ungebührlich an die Freuden der Liebe erinnert, denen wir unser Dasein zu danken haben, wenn eine Baubo auf öffentlichem Platze die Geheimnisse der Gebärerin entweiht, ..." (*Italienische Reise*, in: GOETHE, *Werke*, Hamburger Ausgabe, Bd. 11, 515). In der Klassischen Walpurgisnacht (*Faust* II, V. 3962 ff.) läßt er sie nackt auf einem "Mutterschwein" reiten. NIETZSCHE entdeckt in ihr die Personifikation der Wahrheit: "Man sollte die *Scham* besser in Ehren halten, mit der sich die Natur hinter Räthsel und bunte Ungewissheiten versteckt hat. Vielleicht ist die Wahrheit ein Weib, das Gründe hat, ihre Gründe nicht sehn zu lassen? Vielleicht ist ihr Name, griechisch zu reden, Baubo? ..." (FW, Vorrede 4, KSA 3.352). – Urania dagegen ist die strenge Muse der Sternkunde und der Wissenschaften. – S. zu Baubo auch SI 138, 24–26 – Nr. 232 und SI 252, 7–8 – Nr. 352.

105, 14–15 – Nr. 128 [ein ganzer Berg von Moral und Romantik um diese lächerliche Maus!]
Vgl. HORAZ, *De arte poetica*, V. 139: 'Gebirge werden gebären, (und) zur Welt kommt eine lachhafte Maus.' HORAZ verspottet hier Bearbeiter bekannter Stoffe, die sich im Ton vergreifen.

106, 11 – Nr. 130 [Ego compositum]
Lat. 'zusammengesetztes Ich'. – Vgl. NIETZSCHEs Analyse des "individuum" (lat. 'Unteilbares') als "dividuum" (lat. 'Teilbares'), das unter unterschiedlichen moralischen Hinsichten immer wieder unterschiedlich synthetisiert werde, in MA I 57 (KSA 2.76): "*Moral als Selbstzertheilung des Menschen*: [...] In der Moral behandelt sich der Mensch nicht als individuum, sondern als dividuum." Auf Grund des "ungeheuer zufälligen Charakters" solcher "Combinationen", notiert NIETZSCHE später im Nachlaß (Frühjahr 1884, VII 25[158], KSA 11.55), wende sich das Individuum zum "Schicksal" ("Ego fatum"). Versuche man, den "vollkommenen Pessimism [zu] imaginiren", so wäre er "der, welcher die Lüge begreift, aber zugleich unfähig ist, sein Ideal *abzuwerfen*: Kluft zwischen Wollen und Erkennen. Absoluter Widerspruch – der Mensch ein Dividuum zweier feindseligen Mächte, die zu einander nur *Nein* sagen." In diesem "Pessimism" der "Unerkennbarkeit" sei das "Begehren absolut unentrinnbar, aber zugleich als dumm *begriffen* und *geschätzt* (d. h. ein *zweites* Gegen-Begehren!)", und es gehöre zu ihm, "daß er an gebrochenen, zweitheiligen Wesen hervortritt – es ist ein Zeichen des *Verfalls* – als Zeit-Krankheit. Das Ideal wirkt nicht belebend, sondern hemmend." (Frühjahr 1884, VII 25[159], KSA 11.55) Bald darauf fügt er hinzu: "*Zum Plan*: [...] Letzte Absicht solcher Beschreibung: praktische Bewältigung, im Dienste der Zukunft. / Vorläufige Menschen und Methoden – Abenteuer (thatsächlich ist alles in der Geschichte ein Versuchen) / Eine solche vorläufige Conception zur Gewinnung der höchsten Kraft ist der *Fatalismus* (ego – Fatum) (extremste Form 'ewige Wiederkehr') / Um ihn zu

519

ertragen, und um nicht Optimist zu sein, muß man 'gut' und 'böse' *beseitigen.*"
(Nachlaß Sommer–Herbst 1884, VII 27[67], KSA 11.291).

107, 14 – Nr. 134 [Ecce homo]
Vgl. NIETZSCHEs Buchtitel *Ecce Homo. Wie man wird, was man ist,* der wiederum Joh 19, 5 aufnimmt: "Sehet, welch ein Mensch!"

107, 15 – Nr. 134 [der ewige Bajazzo]
Ital. pagliaccio, eigentlich 'Strohsack', im übertragenen Sinne 'Hanswurst'; eine dem Pierrot (s. Komm. zu SI 87, 2–5) ähnliche, clowneske Figur (weißes sackartiges Kostüm mit Halskrause und Spitzhut), die (Zirkus-)Akrobaten als Possenreißer unterstützt. – In RUGGIERO LEONCAVALLOs (1857–1919) Oper *Il Pagliacci (Der Bajazzo),* die 1892 mit großem Erfolg uraufgeührt wurde, wird verdeutlicht, wie das heitere Spiel der Komödianten um Liebe, Eifersucht und Betrug zur bitteren Wirklichkeit wird: der im Leben von seiner Geliebten betrogene Canio muß auf der Bühne als Bajazzo auftreten und sein Rollen-Lachen vortragen – im die Realität spiegelnden Stück ersticht er schließlich verzweifelt die Geliebte und den Nebenbuhler.

107, 20–21 – Nr. 135 [Gott gab dem Blutopfer Abels den Vorzug vor der zahmen Feldfruchtspende Kains]
Vgl. Gen 4,2–5: "Und Abel wurde ein Schäfer, Kain aber wurde ein Ackermann. Es begab sich aber nach etlicher Zeit, dass Kain dem HERRN Opfer brachte von den Früchten des Feldes. Und auch Abel brachte von den Erstlingen seiner Herde und von ihrem Fett. Und der HERR sah gnädig an Abel und sein Opfer, aber Kain und sein Opfer sah er nicht gnädig an."

107, 29 – Nr. 135 [primum vivere, deinde amari]
Lat. 'erst leben, dann geliebt werden'. – Möglicherweise Anspielung auf NIETZSCHEs Gedicht *Seneca et hoc genus omne,* FW, Scherz, List und Rache 34 (KSA 3.360f.): "Das schreibt und schreibt sein unausstehlich weises Larifari, / Als gält es primum scribere, / Deinde philosophari." Vgl. auch SI 326, 9–10 – Nr. 381 ("primum vivere, deinde philosophari!" – 'zuerst leben, dann philosophieren').

108, 18–19 – Nr. 138 [la nouvelle Héloïse]
Eigentlich *Lettres des deux amants, habitans d'une petite ville au pied des Alpes,* unter dem Schmutztitel der Erstausgabe 1761, *Julie, ou la nouvelle Héloïse* berühmt gewordener Briefroman von JEAN-JACQUES ROUSSEAU (1712–1778), deutsch noch in demselben Jahr unter dem Titel *Julie oder Die neue Heloïse. Briefe zweier Liebender aus einer kleinen Stadt am Fuße der Alpen. Ein Briefroman,* in dem ROUSSEAU die heftig auflodernden Gefühle der Liebenden über gesellschaftliche Schranken triumphieren läßt, jedoch so (was FH unerwähnt läßt), daß sie durch Verzicht und Entsagung aus ihrer Leidenschaftlichkeit herausgeführt werden. Die ursprüngliche HÉLOÏSE (1101–1164) durchlebte eine leidenschaftliche und dramatisch endende Beziehung zu dem berühmten Theolo-

gen und Philosophen PIERRE ABAILARD (PETRUS ABAELARDUS, 1079–1142): Der Onkel HÉLOÏSEs mißbilligte die Liaison und ließ ABAILARD wutentbrannt entmannen. Dieser zog sich daraufhin in ein Kloster zurück und schrieb die Begebenheiten in der *Historia calamitatum mearum* (*Geschichte meiner Leiden*, 1133–1136) nieder. Auch SCHOPENHAUER geht mehrfach auf ROUSSEAUS Briefroman ein. Vgl. WWV II, Kap. 44: Metaphysik der Geschlechtsliebe (SW 2.679), und PP II, Kap. 19: Zur Metaphysik des Schönen und Ästhetik, § 228 (SW 5.520). SCHOPENHAUER zählt *Die neue Heloïse* zur "Krone der Gattung" des Romans, weil ROUSSEAU hier weitgehend auf "äußeres Leben" verzichte, um "inneres" Leben darzustellen.

109, 15–16 – Nr. 141 [Wenn es wirklich einen Gegensatz zwischen Weib und Wahrheit giebt]
NIETZSCHE vergleicht wiederholt die "Wahrheit" mit dem "Weib", "das Gründe hat, ihre Gründe nicht sehn zu lassen." (FW, Vorrede 4, KSA 3.352; vgl. auch: FW, Anhang: Lieder des Prinzen Vogelfrei, *Im Süden*, KSA 3.641 f.; JGB, Vorrede, KSA 5.11 f.). In JGB 232 (KSA 5.171) formuliert NIETZSCHE den Gegensatz: "Aber es *will* nicht Wahrheit: was liegt dem Weibe an Wahrheit! Nichts ist von Anbeginn an dem Weibe fremder, widriger, feindlicher als Wahrheit, – seine grosse Kunst ist die Lüge, seine höchste Angelegenheit ist der Schein und die Schönheit."

110, 2 – Nr. 145 [Mancher Wotan wünscht "das Ende! das Ende"]
Vgl. RICHARD WAGNER, *Die Walküre*, 2. Aufzug, 2. Szene.

110, 2–4 – Nr. 145 [weil er (mit Sterne zu reden) das rechte Ende vom Weibe nicht zu finden wusste]
Vgl. LAWRENCE STERNE, *The Life & Opinions of Tristram Shandy Gentleman* (s. Komm. zu SI V, 2–3 – Nr. 2), 102 ff. Anspielung auf eine Diskussion zwischen Shandys Vater und seinem Onkel Toby, welcher so unerfahren in "Weiberangelegenheiten" ist, daß er, laut Shandys Vater, nicht einmal "das rechte Ende eines Weibes vom falschen zu unterscheiden" wisse.

110, 9–10 – Nr. 146 [Lenaus Wortspiel en canaille oder en canal]
Frz. 'als Gesindel', 'verächtlich' – 'als Durchgang', 'nebenbei'. – Vgl. NIKOLAUS LENAU, *Faust*, V. 2433 (in: NIKOLAUS LENAU, *Werke und Briefe*, Bd. 3, hg. von HANS-GEORG WERNER, Wien 1997, 205; s. auch Komm. zu SI 77, 32 – Nr. 84): "(Mephistopheles) In beiden Fällen ist dein Los fatal: / Du magst von ihm, von ihr behandelt sein, / Ob en canaille oder en canal; / Drum schließe trotzend in dich selbst dich ein!"

110, 31–33 – Nr. 148 ["Wehe allen Liebenden, die nicht noch eine Höhe haben, welche über ihrem Mitleiden ist!"]
Zitat aus NIETZSCHE, Za II, Von den Mitleidigen (KSA 4.115).

111, 10 – Nr. 149 [laisser aller]
S. Komm. zu SI 55, 9 – Nr. 62.

113, 18 – Nr. 156 [Quiproquo]
Lat. 'einer für einen andern', Vertauschung oder Verwechslung einer Person mit einer andern. – Vgl. GOETHE, *Wilhelm Meisters Lehrjahre*, 5. Buch, 6. Kapitel: "Sie verderben mir die Imagination, rief Aurelie, weg mit Ihrem fetten Hamlet! Stellen Sie uns ja nicht Ihren wohlbeleibten Prinzen vor! Geben Sie uns lieber irgendein Quiproquo, das uns reizt, das uns rührt." (WA I,22, S. 176), und SCHOPENHAUER, *Über den Willen in der Natur*, Vorrede (SW 3.303 Anm.): "quid pro quo's" ('etwas für etwas anderes'), beim falschen Gebrauch von Fremdwörtern.

114, 12–14 – Nr. 158 [wie einem epikureischen Gotte in seiner Zwischenwelt: selig, aber zweifelhaft, ob er zum Leben berechtigt sei.]
EPIKUR denkt die Götter in zwischen Himmel und Erde befindlichen Zwischenwelten (Metakosmien) wohnend, wo sie der Welt zwar zugehören, aber von allen Bedingtheiten des Lebens frei sind. Vgl. LUKREZ, *De rerum natura/Von der Natur* III, 18- 27: "Da enthüllt sich der Gottheit Macht und die friedlichen Sitze, / Die kein Sturmwind peitscht, kein Regengewölbe benetzet, / Die kein Schneesturm schädigt, wo nie bei starrendem Froste / Weißlich die Flocken sich senken, wo immerdar heiter der Äther / Lacht und überallhin sich die Ströme des Lichtes ergießen. / Allen Bedarf reicht ferner von selbst die Natur, und es stört nie / Irgendein Wesen die Gottheit im seligen Frieden des Geistes. / Nirgend erscheinen hingegen des finsteren Acheron Räume, / Nirgend auch hindert die Erde zu schauen, was alles umherschwirrt / Unterhalb unserer Füße im Raum des unendlichen Leeren." (Übers. HERMANN DIEHLS). – NIETZSCHE spricht von EPIKURs Göttern als "sorglosen Unbekannten" (FW 277, KSA 3.522) und kommentiert im Nachlaß: "Man müßte, als großer Erzieher, eine Rasse solcher 'seligen Menschen' unerbittlich in das Unglück hineinpeitschen: die Gefahr der Verkleinerung, des Ausruhens ist sofort da: *gegen* das spinozistische oder epikureische Glück und gegen alles Ausruhen in contemplativen Zuständen." (NF Herbst 1885–Frühjahr 1886, VIII 1[123], KSA 12.39)

114, 17 – Nr. 158 [glebae adscripti]
Lat. in der Einwohnerliste 'einer Erdscholle zugeschrieben' – Einwohner, die zum Besitz eines Landes gehören ('Schollengebundenheit', Leibeigenschaft). Rechtsinstitut, das im Zuge der Bauernbefreiung meist als erstes aufgehoben wurde. Vgl. KANT, MS, I. Theil: Metaphysische Anfangsgründe der Rechtslehre, 2. Theil: Das öffentliche Recht, 1. Abschnitt: Das Staatsrecht, Allgemeine Anmerkung von den rechtlichen Wirkungen aus der Natur des bürgerlichen Vereins, B (AA VI, 324): "Der Oberbefehlshaber kann also keine *Domänen*, d. i. Ländereien, zu seiner Privatbenutzung (zur Unterhaltung des Hofes), haben. Denn weil es alsdann auf sein eigen Gutbefinden ankäme, wie weit sie ausgebreitet sein sollten, so würde der Staat Gefahr laufen, alles Eigenthum

des Bodens in den Händen der Regierung zu sehen und alle Unterthanen als *grunduntertänig* (glebae adscripti) und Besitzer von dem, was immer nur Eigenthum eines Anderen ist, folglich aller Freiheit beraubt (servi) anzusehen." SCHOPENHAUER bezieht den Begriff auf all die, deren Intellekt "Leibeigener" des "Willens", der "Notdurft" bleibt. Vgl. SCHOPENHAUER, PP II, Kap. 3: Den Intellekt überhaupt und in jeder Beziehung betreffende Gedanken, § 50 (SW 5.84 ff.).

115, 4 – Nr. 159 [opus supererogativum]

Lat. 'überverdienstliches Werk', eine Leistung, die moralisch verdienstlich ist, aber nicht gefordert werden kann. Vgl. J. C. JOERDEN, Art. 'Supererogation', in: *Historisches Wörterbuch der Philosophie*, Bd. 10, Basel/Darmstadt 1998 [ersch. 1999], Sp. 631–633. Vgl. auch SCHOPENHAUER, PP I, Aphorismen zur Lebensweisheit (SW 4.441), und *Über die Grundlage der Moral*, § 5 (SW 3.652f.). SCHOPENHAUER führt hier als Beispiel des "opus supererogationis" die christliche Nächstenliebe an.

115, 10 – Nr. 160 [credo quia absurdum]

Lat. 'ich glaube, weil es widersinnig ist.' – Auf den Kirchenvater TERTULLIAN (um 160–230) zurückgehendes, von ihm selbst jedoch nicht so formuliertes geflügeltes Wort, von FH vom religiösen Glauben auf die Geschlechterliebe übertragen. Vgl. TERTULLIAN, *De carne Christi*, 5,4. NIETZSCHE zitiert die Formel mehrfach. Vgl. CV 4 (KSA 1.778), MA 630 (KSA 2.356), M, Vorrede 3 (KSA 3.14), M, Vorrede 4 (KSA 3.15), M 417 (KSA 3.256).

115, 25–26 – Nr. 161 [Carmen-Idealismus, der die Männer in Gefahr und Tod schickt]

In PROSPER MÉRIMÉES (1803–1870) Novelle *Carmen* (1845), nach der HENRI MEILHAC und LUDOVIC HALÉVY ein Drehbuch verfaßten und GEORGES BIZET (1838–1875) seine 1875 in Paris uraufgeführte, auch von NIETZSCHE hoch geschätzte Oper *Carmen* schrieb, bringt Carmen, eine ebenso attraktive wie stolze Zigeunerin und Arbeiterin in einer Zigarettenfabrik, den schlichten José, der ihr verfällt und nach dem Zigeunergesetz zu ihrem "Rom", ihrem Mann, wird, durch ihr Spiel mit dem heroisch-männlich auftretenden Torero Escamillo dazu, zum Mörder an ihr zu werden. Die Opern-Figur Carmen wurde zur femme fatale par excellence.

116, 6–7 – Nr. 162 [aus der Gemeinschaft eine Gemeinheit wird]

Nach NIETZSCHE, JGB 268 (*"Was ist zuletzt die Gemeinheit?"*), führt die "Noth", in Gemeinschaft zu leben und sich in ihr zu verständigen, zur Nivellierung aller "in's Ähnliche, Gewöhnliche, Durchschnittliche, Heerdenhafte – in's *Gemeine!"*

116, 18 – Nr. 162 [gêne]

Frz. 'Genierlichkeit'.

118, 23–24 – Nr. 173 [das fanum, das nie profanum werden darf]
Lat. das 'Heilige', das nie 'unheilig' werden darf. Vgl. Komm. zu SI 85, 18 –
Nr. 98.

119, 7 – Nr. 174 [dégoûtirt]
Frz./dt. wörtlich 'hat den Geschmack daran verloren', empfindet etwas als 'abgeschmackt'.

121, 8–9 – Nr. 176 ["des Wunsches voll, doch ledig der Kraft"]
Vgl. RICHARD WAGNER, *Der Ring des Nibelungen*, Götterdämmerung, Vorspiel: (Brünnhilde) "Des Wissens bar – / doch des Wunsches voll; an Liebe reich – / doch ledig der Kraft ..."

121, 10 – Nr. 176 [sub specie phalli]
Lat. 'unter dem Gesichtspunkt des Phallus'.

121, 11–12 – Nr. 176 [in jenem Hebbel'schen Gedicht]
Anspielung auf CHRISTIAN FRIEDRICH HEBBELS (1813–1863) Gedicht *Die Liebhaber*, in welchem ein Mädchen einen schöngeistigen Liebhaber zwar ihrer Liebe versichert, die körperliche Leidenschaft aber mit einem lebenslustigen Draufgänger teilt (vgl. *Friedrich Hebbels sämtliche Werke in zwölf Bänden*, neu hg. v. HERMANN KRUMM. Leipzig 1865–1891, Bd. 8, S. 125–128).

123, 15–16 – Nr. 185 [Quod tibi vis fieri, id alteri ne feceris – scilicet: amorem!]
Lat. (sprichwörtlich) 'Was du nicht willst, das man dir tu, das füg' auch keinem andern zu' – FH fügt hinzu: '(ich meine) natürlich: Liebe!' – Parodie auf die sog. Goldene Regel. KANT (GMS, 2. Abschn., Anm., AA IV, 430) verwahrt sich dagegen, die "triviale" Regel mit dem "Sittengesetz" des "kategorischen Imperativs" zu verwechseln. SCHOPENHAUER setzt sich in seiner *Kritik der Kantischen Philosophie*, die er WWV als "Anhang" beigibt (SW 1.559 ff.), darüber hinweg.

123, 19 – Nr. 186 [sub specie aeterni]
Lat. 'unter dem Gesichtspunkt des Ewigen'. – Anspielung auf eine durch die Philosophie SPINOZAS vertraute Wendung, die bei ihm jedoch lautet: 'sub specie aeternitatis" – 'unter dem Gesichtspunkt der Ewigkeit' (vgl. SPINOZA, *Ethik* II, Lehrsatz 44, Folgesatz 2, und *Ethik* V, Lehrsatz 22). S. Komm. zu SI 60, 28 – Nr. 63.

123, 22 – Nr. 186 [malcontent]
Frz. 'unzufrieden', 'mißvergnügt'.

123, 29–30 – Nr. 186 [mater saeva cupidinum]
Lat. 'Die wilde Mutter der Begierden'. – Zitat aus HORAZ, *Oden* I, 19, 1.

Auch von NIETZSCHE, MA, Vorrede 3 (KSA 2.17), zitiert: "Die Einsamkeit umringt und umringelt ihn, immer drohender, würgender, herzzuschnürender, jene furchtbare Göttin und mater saeva cupidinum – aber wer weiß es heute, was *Einsamkeit* ist? ..."

123, 31–33 – Nr. 186 [lässt den würdigsten Herrn, Doctor aller vier Facultäten, nach Gretchens Strumpfbande schmachten: "der grosse Hans, ach wie so klein ..."]
Anspielung auf GOETHE, *Faust* I, V. 354–360 ("Habe nun, ach! Philosophie, / Juristerei und Medizin / Und, leider! auch Theologie / durchaus studiert, mit heißem Bemühn. / Da steh' ich nun, ich armer Tor! / Und bin so klug als wie zuvor; Heiße Magister, heiße Doktor gar") und Zitat aus GOETHE, *Faust* I, V. 2727 ("Und träte sie den Augenblick herein, / Wie würdest du für deinen Frevel büßen! / Der große Hans, ach wie so klein! / Läg', hingeschmolzen, ihr zu Füßen").

124, 11 – Nr. 187 [Weltesche]
Nach der nordischen Mythologie steht die heilige, immergrüne Weltesche Yggdrasill ('Pferd des Schrecklichen') im Mittelpunkt der Welt. Der höchste der Götter, der Kriegs- und Totengott Odin (oder Wotan), reitet auf ihr in wilder Jagd. Er gewinnt das ewige Wissen durch das Opfer eines Auges oder, nach anderen Erzählungen, indem er neun Nächte, mit dem Speer geritzt, an der Esche wie an einem Galgen hängt. An ihren Wurzeln, an denen sich verschiedene Quellen befinden, nagt der Drache Nidhögg. Ihr Beben kündigt den Weltuntergang (Ragnarök) an. In RICHARD WAGNERs *Ring des Nibelungen* begeht Wotan den Frevel, der Weltesche einen Ast abzuschlagen, um daraus seinen Speer zu verfertigen, auf dessen Spitze er die Verträge beschwört, durch die er sich unselig bindet. Später läßt er die Weltesche fällen und aus ihren Splittern einen Scheiterhaufen errichten, der Walhall vernichten soll und wird.

124, 20 – Nr. 188 [Aphrodite Pandemos]
S. Komm. zu SI 76, 25 – Nr. 82.

124, 33 – Nr. 188 ["Ewig-Weiblichen"]
S. Komm. zu SI 96, 13 – Nr. 101.

125, 6 – Nr. 188 [rancuniers]
Frz. 'Nachtragende', 'Rachsüchtige'. Auch NIETZSCHE gebraucht häufig den Begriff 'Rancune' (Rachsucht, Komplott aus Rachsucht).

126, 23 – Nr. 191 [Hyperästhesis]
Gr. 'Überempfindlichkeit'.

129, 17 – Nr. 200 [c'est son métier]
Frz. 'das ist sein Metier.'

130, 5 – Nr. 202 [primo uomo]
It. 'erster Mann' in der commedia dell'arte (vgl. Komm. zu SI 87, 1) und die der 'prima donna' vergleichbare erste männliche Gesangskraft auf der Opernbühne.

131, 14 – Nr. 207 [disjecta membra]
Lat. 'zerrissene und zerstreute Glieder'. Auf HORAZ zurückgehende Wendung, der in *Satiren* I, 4, 62, sagt, nachdem er ein klangvolles Fragment eines Dichters angeführt hat: "Invenias etiam disiecti membra poetae" – 'Du wirst einen Dichter auch in seinen zerrissenen Gliedern wiederfinden'.

132, 5–6 – Nr. 210 [a marito male informato ad maritum melius informandum]
Lat. 'vom schlecht belehrten Ehemann zum besser zu belehrenden Ehemann'. FH parodiert hier KANTs Charakteristik der Judikative innerhalb der staatlichen Gewaltenteilung: "nur das Volk kann, durch seine von ihm selbst abgeordneten Stellvertreter [...] richten. – Es wäre auch unter der Würde des Staatsoberhaupts, den Richter zu spielen, d. i. sich in die Möglichkeit zu versetzen, Unrecht zu thun, und so in den Fall der Appellation (a rege male informato ad regem melius informandum) zu gerathen." (*Metaphysik der Sitten*, § 49; AA VI, 317f.)

132, 22–25 – Nr. 212 [Monomanie in der Liebe ist, nach Schopenhauer, Wille zum Leben eines singulären Menschen, der nur durch dieses Liebespaar, kein anderes, gezeugt werden kann.]
Vgl. SCHOPENHAUER, WWV II, Kap. 44: Metaphysik der Geschlechtsliebe. Dort heißt es u. a.: "Was im individuellen Bewußtsein sich kundgibt als Geschlechtstrieb überhaupt und ohne die Richtung auf ein bestimmtes Individuum des andern Geschlechts, das ist an sich selbst und außer der Erscheinung der Wille zum Leben schlechthin." (SW 2.683 f.), und weiter unten: "Ein wollüstiger Wahn ist es, der dem Manne vorgaukelt, er werde in den Armen eines Weibes von der ihm zusagenden Schönheit einen größern Genuß finden als in denen eines jeden andern; oder der, gar ausschließlich auf ein *einziges* Individuum gerichtet, ihn fest überzeugt, dass dessen Besitz ihm ein überschwengliches Glück gewähren werde. Demnach wähnt er für seinen eigenen Genuß Mühe und Opfer zu verwenden, während es bloß für die Erhaltung des regelrechten Typus der Gattung geschieht oder gar eine ganz bestimmte Individualität, die nur von diesen Eltern kommen kann, zum Dasein gelangen soll." (SW 2.691).

132, 28 – Nr. 212 [Züchtung des Genies]
"Züchtung" außerordentlicher Individuen als Ziel der Entwicklung der "Menschheit" ist ein bevorzugter (und berüchtigter) Gedanke des späten NIETZSCHE. NIETZSCHE dachte dabei jedoch nicht an biologische Züchtungsexperimente, sondern an Auslese unter Bedingungen des sozialen und politischen Wandels. Vgl. GERD SCHANK, *"Rasse" und "Züchtung" bei Nietzsche*, Berlin/New York

2000 (Monographien und Texte zur Nietzsche-Forschung, Bd. 44).

133, 15 – Nr. 215 [Metempsychose]

Gr. μετεμψύχωσις (metempsychosis) 'Seelenwanderung'. Seit Ende des 6. Jhds.
v. Chr. ist die Lehre von der Seelenwanderung in Griechenland bezeugt (PY-
THAGORAS VON SAMOS, Orphik), wo sie in einem ethischen Kontext auftritt:
die Wiederverkörperung wird als Strafe für begangene Verfehlungen verstanden
und dient der Läuterung. Demgegenüber verbindet sich im indischen Kultur-
bereich mit der Metempsychose seit dem 7. Jhd. v. Chr. (Upanishaden) die Vorstellung einer angemessenen Vergeltung aller (guten wie schlechten) Taten in
einer anfangs- und – gewöhnlich – endlosen Kette von Wiedergeburten. SCHO-
PENHAUER thematisiert letztere häufig, zuerst WWV I, § 63 (SW 1.486).

134, 5–6 – Nr. 218 [Convenienzheirath]

Heirat nach Herkommen, Schicklichkeit, Bequemlichkeit.

135, 14 – Nr. 222 [causa externa mit der idea concomitans]

S. Komm. zu SI 87, 6–8.

138, 18 – Nr. 232 [androcentrisch]

Gr./lat. 'mannzentriert'.

138, 20 – Nr. 232 [fable convenue]

Frz. 'gängige Meinung', 'Stereotyp'. – Gängiger Ausdruck, vgl. etwa SCHOPEN-
HAUER, PP I, Über die Universitätsphilosophie (SW 4.235).

138, 24–26 – Nr. 232 [eines spezifisch weiblichen Cynismus, weiss es manche Baubo manchem Priapos zuvorzuthun]

Zu Baubo vgl. Komm. zu SI 105, 4–5 – Nr. 128. Priapos, den FH hier als ihr
männliches Gegenstück präsentiert, galt in der Antike als obszöner Gott der
Fruchtbarkeit. Er wird mit einem mächtigen erigierten Phallus dargestellt.
S. auch SI 252, 7–8, – Nr. 352.

138–139, 30–2 – Nr. 233 [Munditiae etiam ... turbat aquam et inficit.]

Zitat aus (HEINRICH CORNELIUS) AGRIPPA VON NETTESHEIM (1486–1535),
De nobilitate et praecellentia foeminei sexus et ejus super virum eminentia (EA
Köln 1532). Übersetzung nach der dt. Ausgabe Leipzig 1780 (Übers. N. N.), *Der
Vorzug des weiblichen Geschlechts vor dem männlichen, zur Ehre des Erstern*:
"Auch ist es besonders dieß unter allen der deutlichste Beweis von der Nettig-
keit und Reinigkeit des Weibes, dass, so bald sie einmal rein abgewaschen ist,
das Wasser nun keine Spur mehr von Unreinigkeit an sich nimmt, sie mag sich
auch noch so oft darinn baden, als sie will. Hingegen wird es der Mann, wann
er auch gleich einmal gereiniget ist, jedesmal wieder trüben, und verunreinigen,
so oft er sich von neuem abwaschen will." (35)

139, 14–15 – Nr. 234 [Hahn im Bilderbuche]
S. Komm. zu SI 319, 2–5 und vgl. SI 361, 21–27 – Nr. 411.

141, 1 – Nr. 238 [Keller's "Grüner Heinrich"]
Der grüne Heinrich, Bildungsroman des schweizerischen Lyrikers, Erzählers und Romanciers GOTTFRIED KELLER (1819–1890), erschien in erster Fassung 1854/55 (Braunschweig, 4 Bde.), in zweiter, umgearbeiteter Fassung 1879/80 (Stuttgart, 4 Bde.).

141, 20 – Nr. 238 [der sensible Däne Jacobsen]
JENS PETER JACOBSEN (1847–1885), der 1872 DARWINs *Entstehung der Arten durch natürliche Zuchtwahl* ins Dänische übersetzt hatte, wurde durch die naturalistisch-impressionistische Darstellungstechnik seiner in demselben Jahr erschienenen Novelle *Mogens* bekannt, in der ein romantischer junger Mann wechselnde Formen tragischer Liebe durchlebt und zur Besonnenheit findet, und durch seinen 1880 erschienenen Roman *Niels Lyhne* berühmt, der naturalistisch angelegten Geschichte der Jugend eines erklärten Atheisten, der sich von phantastischen Ideologien ebenfalls zu gefestigter Lebensbejahung durchringt.

142, 6–8 – Nr. 239 [zu schwerfällig, um Hedonisten zu sein, haben die epikureische Illusion gegen die platonische umgetauscht]
Zum Hedonismus s. Komm. zu SI 14, 6 – Nr. 13. – EPIKUR (342/41–271/70 v. Chr.) gilt als Hauptvertreter des Hedonismus. PLATO (427–347 v. Chr.) mahnte dagegen zur Lösung von sinnlichen Freuden um der Hinwendung zur Idee des Guten und Schönen willen, die er mit dem Göttlichen verband.

142, 9–10 – Nr. 239 [mit einem schwereren Fahrzeug von Ideal öfter Schiffbruch leiden]
Ironischer Bildbruch in Anspielung auf das Bild des Rossegespanns für die Seele in PLATOs Dialog *Phaidros*, nach dem die Seele von dem einen Ross zum Göttlichen, vom andern zum Abgrund hin gezogen wird (246a3 - 246d5), und zugleich auf den 1. Brief des PAULUS an THIMOTEUS (1,19) ("am Glauben Schiffbruch erleiden"). DIOGENES LAERTIOS, VII, 4 (*Leben und Lehre der Philosophen*, aus dem Griechischen übers. und hg. von FRITZ JÜRSS, Stuttgart 1998, 298; zeitgen. Ausg.: S. Komm. zu SI 62, 17–18) schreibt ZENON dem Stoiker den Satz "So bin ich doch gut gefahren, als ich Schiffbruch erlitt" zu, den SCHOPENHAUER in lateinischer Übersetzung zitiert: "Bene navigavi, cum naufragium feci" (PP I, Transzendente Spekulation über die anscheinende Absichtlichkeit im Schicksale des einzelnen, SW 4.246), von dem ihn wiederum NIETZSCHE, FaW 4, übernimmt. Vgl. zur Metapher des Schiffbruchs in der europäischen Geistesgeschichte HANS BLUMENBERG, *Schiffbruch mit Zuschauer. Paradigmen einer Daseinsmetapher*, Frankfurt am Main 1979.

143, 20 – Nr. 240 ["Pathos der Distanz"]
Vgl. NIETZSCHE, JGB 257 (KSA 5.205), GM I, 2 (KSA 5.259), GM III, 14 (KSA 5.371), GD 37 (KSA 6.138), AC 43 (KSA 6.218). Gemeint ist die Distanz zwischen Menschen, die sich nicht in Begriffe fassen läßt. Vgl. WERNER STEGMAIER, *Nietzsches 'Genealogie der Moral'. Werkinterpretation*, Darmstadt 1994, 100–102.

144, 30–31 – Nr. 241 [eine ergänzende Hälfte im Sinne Platos]
Anspielung auf die vierte der Reden auf den Eros in PLATOS *Symposion*, die er dem Komödiendichter ARISTOPHANES in den Mund legt (189c2 - 193d5). ARISTOPHANES entwirft dort einen Mythos, nach dem der Mensch ursprünglich eine kugelförmige Gestalt mit vier Armen, vier Beinen und zwei Gesichtern gehabt habe, die von den Göttern zur Strafe für seinen himmelsstürmenden Hochmut entzweigeschnitten worden sei – und nun suche der Eros die beiden Hälften wieder zusammenzubringen.

147, 2–5 [Il me sembloit ne pouvoir faire plus grande faveur à mon esprit, que de le laisser en pleine oysifveté s'entretenir soy mesme. – Montaigne, Essais.]
MICHEL DE MONTAIGNE, *Essais*, I. Buch, VIII. Hauptstück: Über den Müßiggang: "... schien mir, ich könnte meinem Geist keinen größeren Gefallen tun, als ihn in voller Muße bei sich Einkehr halten und gleichmütig mit sich selbst beschäftigen zu lassen." (Erste moderne Gesamtübersetzung von HANS STILETT, Frankfurt am Main 1998, S. 20. Zeitgen. Ausgabe: *Essays*. Übers. von WALDEMAR DYHRENFURTH, Breslau 1896).

149, 11–12 – Nr. 242 [Aut-aut ist für geistig Primitive; der entwickelte Mensch lebt nach der Formel et-et.]
Lat. 'entweder – oder' und 'sowohl als auch'. – Vgl. Komm. zu SI 68, 25 – Nr. 67, SI 172, 26–27 – Nr. 270 und SI 326, 32–33 – Nr. 382.

149, 19 – Nr. 242 [Polytropie]
Aus dem Gr. abgel. 'Vielgewandtheit'. – Odysseus in HOMERS *Odyssee* wird eingangs (V. 1) 'vielgewandt' (πολύτροπον) genannt.

149, 31 – Nr. 243 [tertium non datur]
Lat. 'Ein Drittes gibt es nicht.' (Formel für den 'Satz des ausgeschlossenen Dritten').

150, 8–9 – Nr. 243 [das absolute, Stirner'sche Ich]
Vgl. die Einleitung des Herausgebers zu diesem Band, Abschn. 4.4, und FHs Aufsatz *Stirner* [H 1898d] (Abdruck in Band VIII).

150, 33 – Nr. 244 [Physiologie des geistigen Lebens]
Vgl. NIETZSCHE, MA 10 (KSA 2.30): "mit Religion, Kunst und Moral rühren

wir nicht an das 'Wesen der Welt an sich'; wir sind im Bereiche der Vorstellung, keine 'Ahnung' kann uns weitertragen. Mit voller Ruhe wird man die Frage, wie unser Weltbild so stark sich von dem erschlossenen Wesen der Welt unterscheiden könne, der Physiologie und der Entwicklungsgeschichte der Organismen und Begriffe überlassen." Vgl. auch NIETZSCHE, FW 59 (KSA 3.422 ff.), FW 354 (3.590 ff.), JGB 13 (KSA 5.27 f.), JGB 230 (KSA 5.167 ff.), GM I, 17 Anm. (KSA 5.288 f.), GD, Streifzüge eines Unzeitgemäßen 7 (KSA 6.115 f.), AC 43 (KSA 6.217 f.) u. ö. und dazu HELMUT PFOTENHAUER, *Die Kunst als Physiologie. Nietzsches ästhetische Theorie und literarische Produktion*, Stuttgart 1985.

151, 17 – Nr. 245 [Carpe diem!]
Lat. 'Nutze (eig. pflücke) den Tag'. – Zitat aus HORAZ, *Oden* I, 11,8: "... sei weise, (und) du siebst die Weine durch und wirst die lange Hoffnung auf einen kurzen Zeitraum zurückschneiden. Solang' man redet, ist die mißgünstige Zeit schon geflohen: (drum) nutze den Tag und trau' dem nächsten so wenig wie möglich."

153, 6 – Nr. 247 [prästabilirten Harmonie]
'Vorweg eingerichtete Übereinstimmung' aller Teile der Welt: metaphysisches Theorem von GOTTFRIED WILHELM LEIBNIZ (1646–1716), nach dem Gott anfänglich alle Teile der Welt ('Monaden') so bestimmt hat, daß sie sich, ohne miteinander kommunizieren zu müssen ('fensterlos'), in vollkommener Harmonie miteinander entwickeln. Vgl. SCHOPENHAUER, PP I, Lehre vom Idealen und Realen (SW 4.15). Auch NIETZSCHE spielt häufig auf die "prästabilirte Harmonie" an: GT 21 (KSA 1.137), BA 5 (KSA 1.750 und 1.752), MA I 517 (KSA 2.323), AC 50 (KSA 6.230). S. auch SI 226, 23 – Nr. 329.

153, 6–7 – Nr. 247 ["Wenig ist die Art des besten Glücks"]
Abgewandeltes Zitat aus NIETZSCHE, Za IV, Mittags (KSA 4.344): " *Wenig* macht die Art des *besten* Glücks."

155, 21 – Nr. 250 [Eklexis]
Gr. 'Wahllosigkeit'.

155, 24–25 – Nr. 250 [bis es zu einem Damaskus kommt und der Apostel seinen Heiland findet]
Anspielung auf den Christenverfolger SAULUS und seine Bekehrung zum Apostel PAULUS auf dem Weg nach Damaskus (Apg 9).

155, 28 – Nr. 250 [credo quia absurdum]
S. Komm. zu SI 115, 10 – Nr. 160.

156, 7 – Nr. 250 [Bartholomäusschindung]
BARTHOLOMÄUS war einer der zwölf Apostel JESU, der nach der Legende in

Arabien, Indien, Parthien oder Armenien gewirkt und das Martyrium durch Schindung (Abziehen der Haut) erlitten haben soll. Er wird entsprechend mit Haut und Messer dargestellt.

156, 7 – Nr. 250 [Laurentiusrost]
LAURENTIUS war ein Märtyrer, den der im Zuge der Christenverfolgungen enthauptete Papst SIXTUS II. beauftragt hatte, die Kirchenschätze unter die Armen und Kranken zu verteilen, um sie vor dem Zugriff des Kaisers VALERIANUS zu retten, und der auf dessen Befehl dafür auf einem glühenden Rost zu Tode gefoltert worden sein soll.

156, 15–17 – Nr. 251 [Jean Pauls Bemerkung, dass es manchen Erwachsenen zur zweiten Natur geworden sei, Kindern fortwährend nachzuspüren und zu verbieten]
Möglicherweise Anspielung auf eine Bemerkung JEAN PAULS (eig. JEAN PAUL FRIEDRICH RICHTER, 1763–1825) im Nachlaß: "Nichts ist leichter, als die Kinder dazu zu erziehen, daß sie gehorchen, gefallen, aufwarten und alles thun, was Eltern und andere Erwachsene begehren. Freilich sind dann die Kinder nichts, nicht mehr als die Eltern. Aber schwerer ist es, Gehorsam und Freiheit zu vereinigen, die Kraft dazulassen und doch zu lenken und sich selber einen Gegner der besten Art zu erziehen." (JEAN PAUL, Sämtliche Werke. Historisch-kritische Ausgabe, hg. v. d. Preußischen Akademie der Wissenschaften, II. Abt.: Nachlaß, 5. Bd.: Bemerkungen über den Menschen, Nr. 693 [876], Weimar 1936, 321).

157, 18 – Nr. 253 [turpissima naturalia]
Lat. 'das anstößigste Natürliche'.

158, 17–18 – Nr. 255 ["Der Herr von Matthisson muss nicht denken, er wäre es, und ich muss nicht denken, ich wäre es"]
Zitat aus JOHANN PETER ECKERMANN, Gespräche mit Goethe, Gespräch vom 31. Januar 1827.

158, 21 – Nr. 255 [θεῶν ῥεῖα ζωόντων]
Gr. (von) 'Göttlichen, die leicht und mühelos leben'. (Abgewandeltes) Zitat aus HOMER, Ilias, VI, 138, bzw. Odyssee, IV, 805. Auch zitiert bei SCHOPENHAUER, PP I, Aphorismen zur Lebensweisheit (SW 4.403).

158, 27 – Nr. 255 [sardonische Lachen]
Gr. σαρδόνιος (sardónios) 'bitter'; durch Krampf der Gesichts- und Kaumuskulatur ausgelöste Ausdrucksverzerrung in Form eines maskenhaften Lächelns (Sardonius risus), bereits von HOMER beschrieben (Odyssee XX, 302). Hier für hämisches, höhnisches Lachen.

160, 33 – Nr. 257 [Chirognomik]
Im Gegensatz zur Chiromantie, die aus dem Bau und den Linien der Hand das Schicksal eines Menschen 'liest', sucht die Chirognomik (auch Chirognomie) hieraus auf den Charakter zu schließen. Die zeitgenössisch dem Okkultismus zugerechnete 'Kunst' des Handlesens (vgl. u. a. CZESŁAW LUBICS CZYŃSKI, *Das Deuten der Handlinien* (1893²), GUSTAV W. GESSMANN, *Katechismus der Handlesekunst* (1889, 1895²)) wurde bis ins 18. Jhd. an Universitäten gelehrt und erfreute sich noch im 19. Jhd. der wissenschaftlichen Beachtung; vgl. CASIMIR STANISŁAW D'ARPENTIGNY, *La Chirognomie* (1843, dt. 1846), CARL GUSTAV CARUS, *Über Grund und Bedeutung der verschiedenen Formen der Hand* (1846) sowie ders., *Symbolik der menschlichen Gestalt* (1853), und ADOLPHE DESBAROLLES, *Chiromancie nouvelle* (1859).

163, 17 – Nr. 259 [Trans caucasum]
Lat. 'Jenseits des Kaukasus'.

164, 32–33 – Nr. 259 [Ein turanischer Stamm jagt Blondköpfe über die Grenze]
Die sog. Turanier, ein Nomadenvolk asiatischen Ursprungs, gelten als Urvolk der Turkvölker. Sie drangen wohl ab dem 2. Jh. v. Chr., verstärkt aber im 6. Jh. aus dem Osten nach Mittelasien (Tiefland von Turan) und weiter bis in die Türkei vor. Ihre Siedlungsbewegungen können in engen Zusammenhang mit den großen Völkerwanderungen der Indoarier, der Hunnen und den Mongolenzügen gebracht werden. FH spielt hier aber vermutlich eher auf die Konfrontationen zwischen den Türken, die sich ebenfalls von den Turaniern herleiten, und den Europäern an.

165, 25–27 – Nr. 260 ["Es ist als hätte Niemand nichts zu treiben und nichts zu schaffen, als auf des Nachbarn Schritt und Tritt zu gaffen"]
(Verändertes) Zitat aus GOETHE, *Faust* I, V. 3198–3200.

167, 18–19 – Nr. 264 [Goethe sagt: hast in der bösen Stund geruht, ist dir die gute doppelt gut]
Zitat der letzten beiden Verse aus GOETHEs um 1774/76 entstandenem Gedicht *Guter Rat*: "Geschieht wohl, daß man einen Tag / Weder sich noch andre leiden mag, / Will nichts dir nach dem Herzen ein; / Sollt's in der Kunst wohl anders sein? / Drum hetz dich nicht zur schlimmen Zeit, / Denn Füll' und Kraft sind nimmer weit: / Hast in der bösen Stund' geruht, / Ist dir die gute doppelt gut." (WA I,2, 189)

167, 27–28 – Nr. 265 [haruspicium]
Lat. 'Eingeweideschau'. Etruskisch-römische Wahrsagekunst, von Priestern zur Vorbereitung politischer Entscheidungen ausgeübt.

168, 13 – Nr. 265 [modus vivendi]
Lat. 'Lebensweise'.

168, 29–30 – Nr. 265 [Port Tarascon]
Anspielung auf den humoresken Roman *Port Tarascon* (Paris 1890) von AL-
PHONSE DAUDET, den dritten Teil eines Romanzyklus', der die Abenteuer
des Haupthelden Tartarin von Tarascon beschreibt (der erste Teil *Les Aven-
tures Prodigieuses de Tartarin de Tarascon/Die wundersamen Abenteuer des
Tartarin von Tarascon* erschien erstmalig 1872, Teil 2, *Tartarin sur les Al-
pes/Tartarin in den Alpen*, im Jahr 1885; deutsche Übers.: *Die Abenteuer des
Herrn Tartarin de Tarascon*, übers. von ADOLF GERSTMANN, Reclam, Leipzig
1893). Tartarin, ein prahlerischer Held nach dem Vorbild des Don Quijote,
entstammt der provençalischen Stadt Tarascon am Ausgang des Rhône-Deltas.
Im dritten Teil lassen sich die Einwohner von Tartarins Heimatstadt von einem Hochstapler eine polynesische Insel verkaufen, die "Port Tarascon" getauft
wird. Tartarin wird zum Gouverneur ernannt und muß sich mit Unbilden des
Wetters und diversen Schwierigkeiten des Kolonialismus auseinandersetzen.

**168, 31–33 – Nr. 265 [wenn der Mitteleuropäer nicht auswandert, hat
er die Wahl, an der Nässe zu Grunde zu gehen oder am Gegenmittel
zur Nässe, am Alkohol!]**
NIETZSCHE billigt dem Alkohol einen mindestens ebenso zerstörerischen Einfluß auf den Geist des Europäers zu wie dem Christentum. Vgl. GD, Was
den Deutschen abgeht 2 (KSA 6.104): "Was der deutsche Geist sein *könnte*,
wer hätte nicht schon darüber seine schwermüthigen Gedanken gehabt! Aber
dies Volk hat sich willkürlich verdummt, seit einem Jahrtausend beinahe: nir-
gendswo sind die zwei grossen europäischen Narcotica, Alkohol und Christenthum, lasterhafter gemissbraucht worden." S. auch GM III, 21 (KSA 5.392):
"Höchstens, dass seinem Einflusse [dem des Christentums] noch der spezifisch-
germanische Einfluss gleichzusetzen wäre: ich meine die Alkohol-Vergiftung
Europa's, welche streng mit dem politischen und Rassen-Übergewicht der Germanen bisher Schritt gehalten hat (– wo sie ihr Blut einimpften, impften sie
auch ihr Laster ein)."

170, 6 – Nr. 267 [Irradiation]
Lat. 'Ausstrahlung', Streuung der Lichtstrahlen, die optische Täuschungen bewirken kann, hier: Blendung.

**170, 17–18 – Nr. 268 [stimmen nicht nur die Wellen ihr "unendliches
Gelächter" an, wie es der äschyleische Prometheus vernahm]**
Nach der griech. Mythologie stahl der Titanensohn Prometheus den Göttern
das Feuer, welches Zeus den Menschen vorenthalten hatte, und brachte es auf
die Erde; Prometheus wurde daraufhin an einen Felsen geschmiedet, wo ihm
ein Adler tagsüber die nachts immer wieder nachwachsende Leber aus dem Leib
fraß, bis Herakles den Adler tötete und den Gefesselten befreite. FH verweist
hier auf die Tragödie *Der gefesselte Prometheus* (Entstehungszeit unbekannt)
des griech. Dichters AISCHYLOS (525/24–456/55 v. Chr.), V. 89f.: "Ihr Stromes-

quellen! Du im Wellenspiel der See / unzähl'ges Lachen!" (Übersetzung von JOHANN GUSTAV DROYSEN). Vgl. NIETZSCHES einleitenden Aphorismus zu FW (FW 1, KSA 3.372): "Es ist nicht zu leugnen, dass *auf die Dauer* über jeden Einzelnen dieser grossen Zwecklehrer bisher das Lachen und die Vernunft und die Natur Herr geworden ist: die kurze Tragödie gieng schliesslich immer in die ewige Komödie des Daseins über und zurück, und die 'Wellen unzähligen Gelächters' – mit Aeschylus zu reden – müssen zuletzt auch über den grössten dieser Tragöden noch hinwegschlagen." Vgl. auch Komm. zu SI 194, 2–3 – Nr. 289.

171, 12–13 – Nr. 269 [Die Mystik des Windes, von der das Johannesevangelium spricht]
Joh 3,8: "Der Wind bläst, wo er will, und du hörst sein Sausen wohl; aber du weißt nicht, woher er kommt und wohin er fährt."

172, 14 – Nr. 270 [das reine eleatische Sein]
Nach PARMENIDES VON ELEA (ca. 540–470 v. Chr.) kann man ohne Paradoxie nur sagen, daß "ist" ist, nicht aber daß "nicht ist" ist. Alles, was anders wird, jetzt so, dann anders wahrgenommen wird, "ist" so und "ist nicht" so; also kann alles Zeitliche und Sinnliche nicht sein. Sein als Denkbar-Sein ist daher von allem Werden reines Sein. Mit PARMENIDES, der nur das von allem Werden reine Sein, und seinem Antipoden HERAKLIT VON EPHESUS (ca. 550–480 v. Chr.), der nur das reine Werden gelten lassen wollte, war der weiteren griechischen Philosophie das Problem gestellt, beides zusammen zu denken. Erst ARISTOTELES fand hier zu einer langfristig befriedigenden Lösung.

172, 26–27 – Nr. 270 [dieses Nirwana ist noch nie vom Sansara durchbrochen worden]
Sansara (auch: Samsara; wörtl. 'Durcheilen oder Durchwandern einer Reihe von Orten oder Zuständen') ist im Buddhismus eine Kette von Existenzen. Jeder Mensch wird von einem Leben in das nächste gezogen, bis er sich von Gier, Zorn und Angst völlig befreit hat. Damit hat er die Kette durchbrochen und kann ins Nirwana (auch: Nirvana; wörtl. 'Verlöschen') eingehen. Das Nirwana ist das Endziel jedes intellektuellen Buddhisten: ein Zustand, in dem alle Gegensätze beseitigt sind und Friede einkehrt, Illusion durch das wahre Wissen der Leere ersetzt ist. SCHOPENHAUER suchte auch der europäischen Philosophie den Weg zu ihm zu weisen. Vgl. bes. WWV II, Kap. 41: Über den Tod (SW 2.651, Fußnote).

172, 28 – Nr. 270 [Ichts]
Nach dem (allerdings zweifelhaften Fragment DK B 156) soll DEMOKRIT gelehrt haben: "Das Nichts existiert ebenso wie das Ichts." (Übersetzung DIELS).

173, 17 – Nr. 271 [voluptas]
S. Komm. zu SI 70, 7–8 – Nr. 70.

173, 33 – Nr. 271 [far n i e n t e]
S. Komm. zu SI 103, 32 – Nr. 125.

176, 23 – Nr. 274 ["Weltanschauungen"]
Am Ende des 19. Jahrhunderts begann in der Philosophie der Begriff "Weltanschauung" den Begriff "System" zu verdrängen. Mit einem System wurde
der Anspruch auf Widerspruchsfreiheit und Allgemeingültigkeit der Weltdeu-
tung erhoben, bei einer Weltanschauung sollte sie der Wertung der Einzelnen
überlassen bleiben. Die Weltanschauungen versuchte man dann wieder zu sy-
stematisieren. Der Sache nach geht der Begriff auf die Philosophie der Romantik, neben SCHELLING insbesondere auf SCHLEIERMACHER, zurück. Eine
Philosophie der Weltanschauungen entwickelte im Anschluß an ihn WILHELM
DILTHEY (*Weltanschauungslehre. Abhandlungen zur Philosophie der Philosophie*, in: *Wilhelm Dilthey, Ges. Schriften*, Bd. VIII, hg. v. B. GROETHUYSEN,
Leipzig 1931), im Anschluß an DILTHEY wiederum KARL JASPERS eine *Psychologie der Weltanschauungen* (Berlin 1919). (Vgl. HORST THOMÉ, *Weltanschauung. Vorüberlegungen zu Funktion und Texttyp*, in: *Wissen in Literatur
im 19. Jahrhundert*, hg. v. LUTZ DANNEBERG u. FRIEDRICH VOLLHARDT, Tübingen 2002).

178, 11 – Nr. 277 [Sybariten]
Sybaris war eine achäische Kolonie am Golf von Tarent in Unteritalien, um
709 v. Chr. gegründet und 510 von dem benachbarten Kroton zerstört. Die
Stadt gelangte durch Handel zu beachtlichem Reichtum. Ihre Einwohner, die
Sybariten, galten als verweichlichte Schlemmer. Vgl. dazu auch FHs Essay *Der
Schleier der Maja* [H 1902a], in dem er einen Jüngling mit Namen 'Sybaris'
auftreten läßt (Abdruck in Band VIII).

178, 12 – Nr. 277 [gourmandise]
Frz. 'Feinschmeckerei', 'Gefräßigkeit', 'Naschhaftigkeit'.

178, 27 – Nr. 278 [mit diesem hohlen Stirner'schen Ich]
Zu Stirner s. die Einleitung des Herausgebers zu diesem Band, Abschn. 4.4.
Zum "hohlen" Ich vgl. STIRNER, *Der Einzige und sein Eigentum*, 2. Abteilung:
Ich, 1. Die Eigenheit: "Fragt nicht erst bei euren Träumen, euren Vorstellungen,
euren Gedanken an, denn das ist alles 'hohle Theorie'".

**181, 2–3 [Essentia beatitudinis in actu intellectus consistit. T h o m a s
v o n A q u i n o.]**
Lat. 'Das Wesen des Glücks besteht im Tun des Verstandes'. – Zitat aus THO-
MAS VON AQUIN, *Summa theologiae*, II/1, 3. Untersuchung, 4. Artikel.

183, 30–31 – Nr. 279 ["hinanzieht"]
Anspielung auf GOETHE, *Faust* II, V. 12110–11 ("Das Ewig-Weibliche / Zieht
uns hinan."). S. auch SI 42, 33 – Nr. 44.

184, 26–31 – Nr. 280 [Richard Wagner legt einmal – ihr werdet sagen, in einem Augenblick revolutionärer Unzurechnungsfähigkeit – das leidenschaftliche Bekenntniss ab, er wolle den Nibelungenring sich und seinen Freunden ein einziges Mal vorführen lassen und dann die Partitur verbrennen!]

Nicht nachgewiesen.

185, 3–8 – Nr. 280 ["dass Geschlecht auf Geschlecht geboren werden und sterben würde und dass die Grössten dieser Geschlechter ihr Leben einsetzen würden, um das zu erringen, was Er hätte geben können, wenn er nur die Hand hätte öffnen wollen!"]
Nicht nachgewiesen.

185, 9–12 – Nr. 280 ["als vernünftiges Wesen will er nothwendig, dass alle Vermögen in ihm entwickelt werden, weil sie ihm doch zu allerlei möglichen Absichten dienlich und gegeben sind"]
Zitat aus KANT, GMS, 2. Abschnitt, AA IV, 423.

185, 20–23 – Nr. 281 [ob es sich um Pescaras odcr einer Näherin Versuchung handelt, ob der Fall Tristan und Isolde oder der Fall Hans und Grete vorliegt?]
Anspielungen auf CONRAD FERDINAND MEYERs (1825–1898) Novelle *Die Versuchung des Pescara* (1887), auf RICHARD WAGNERs Oper *Tristan und Isolde* und auf GOETHEs *Faust* I. – Pescara, der siegreiche Feldherr Kaiser Karls V., wird der Versuchung ausgesetzt, den Kaiser zu verraten und auf der Seite der italienischen Stadtstaaten und des Papstes gegen ihn zu kämpfen. Dafür soll er den Thron von Neapel erhalten. Aber es kommt nicht dazu. Wie nur er weiß, ist er tödlich verwundet. Er erkennt seine eigene Aufgabe darin, Italien zu einigen, indem er, nicht Spanien es besiegt. Dies gelingt ihm mit letzter Kraft. Über die, die ihn zum Verrat bewegen wollten, spricht er ein mildes Urteil. Statt Verrat kann er Gerechtigkeit üben.

186, 29 – Nr. 282 [I n t i m o l a t r i e]
FHs Bildung aus gr. λατρεία, 'Gottesdienst, Götzendienst', und lat. intimum, 'Innerstes', "Binnenleben der Seele" (vgl. Z. 32), also 'Erhebung des Binnenlebens der Seele zum Götzen'.

187, 10–11 – Nr. 282 [wir wollen "Stimmung", die Dinge "betrachtet in ihrer Unlösbarkeit vom Milieu".]
Zur "Stimmung" vgl. NIETZSCHE, M 28 (KSA 3.38f.): *"Die Stimmung als Argument. – Was ist die Ursache freudiger Entschlossenheit zur That? – Diese* Frage hat die Menschen viel beschäftigt. Die älteste und immer noch geläufige Antwort ist: Gott ist die Ursache, er giebt uns dadurch zu verstehen, dass er

unserem Willen zustimmt. Wenn man ehemals die Orakel über ein Vorhaben befragte, wollte man von ihnen jene freudige Entschlossenheit heimbringen; und Jeder beantwortete einen Zweifel, wenn ihm mehrere mögliche Handlungen vor der Seele standen, so: 'ich werde Das thun, wobei jenes Gefühl sich einstellt.' Man entschied sich also nicht für das Vernünftigste, sondern für ein Vorhaben, bei dessen Bilde die Seele muthig und hoffnungsvoll wurde. Die gute Stimmung wurde als Argument in die Wagschale gelegt und überwog die Vernünftigkeit: desshalb, weil die Stimmung abergläubisch ausgelegt wurde, als Wirkung eines Gottes, der Gelingen verheisst und durch sie seine Vernunft als die höchste Vernünftigkeit reden lässt. Nun erwäge man die Folgen eines solchen Vorurtheils, wenn kluge und machtdurstige Männer sich seiner bedienten – und bedienen! 'Stimmung machen!' – damit kann man alle Gründe ersetzen und alle Gegengründe besiegen!" – Zur "Theorie vom Milieu" vgl. SI 12, 14 – Nr. 10.

187, 17 – Nr. 282 [dem titanischen Nichtskönner Grabbe]
CHRISTIAN DIETRICH GRABBE (1801–1836) starb früh nach einem ruhelosen und unkonventionellen Leben und hinterließ ebenso unkonventionelle Dramen mit teils grotesk-komischen, teils düster-heroischen Stoffen, darunter *Scherz, Satire, Ironie und tiefere Bedeutung, Marius und Sulla, Don Juan und Faust, Napoleon und die hundert Tage, Hannibal* und *Hermannsschlacht*. Große Helden der Geschichte scheitern verzweifelt an kleinen Verhältnissen. Dem Theaterkritiker THEODOR FONTANE blieb GRABBE ähnlich fremd wie FH. Er schreibt am 3. Mai 1878 an MAXIMILIAN LUDWIG: "Das Allergenialste (Grabbe) kann total verwerflich sein." Der Literaturhistoriker und Politiker GEORG GOTTFRIED GERVINUS (1805–1871), der als erster die Dichtung im Zusammenhang mit der Geschichte darstellte, kam im Blick auf die Hohenstaufen-Dramen *Kaiser Friedrich Barbarossa* und *Kaiser Heinrich VI* (1829/30) zu dem Urteil, "in den komischen Stellen" decke sich "die Armut dieses gewaltig angestrengten Geistes sichtbar auf, und in den krampfigen Hauptfiguren der Geschichte [sei] nicht ein Funke weder von Natur noch auch von wahrer Dichtung" (*Geschichte der deutschen Dichtung*, 5 Bde., 5., völlig überarbeitete Aufl., Leipzig 1871–1874, Bd. 5, S. 773). GRABBE kam erst im Zug des literarischen Expressionismus des 20. Jahrhunderts zur Geltung.

187, 23–24 – Nr. 282 [Sar Peladan]
JOSÉPHIN (eigtl. JOSEPH) PELADAN (1859–1918), französischer Schriftsteller, der 1888 einen Rosenkreuzerorden gegen Judentum und Freimaurerei gründete. Er gab sich für einen Nachkommen der letzten babylonischen Könige aus. In seinem Hauptwerk *La décadence latine* behandelt er die Zukunft der "lateinischen Rasse". Er verfaßte auch kunsttheoretische Schriften (*L'art ochlocratique*, 1888) gegen die Impressionisten und eine Schrift über die Ästhetik RICHARD WAGNERS (*Le théâtre complet de Wagner, les onze opéras, scène par scène*, 1895).

187, 26–27 – Nr. 282 [des Idioten weisse Seele ist der Sitz eleusinischer Enthüllungen]

Anspielung auf die Mysterienspiele der Göttin Demeter (s. o. SI 105, 4–5 – Nr. 128) in Eleusis. Bei den rituellen Festen wurde alljährlich die Wiederkehr der Persephone aus der Unterwelt und ihre Wiedervereinigung mit ihrer Mutter Demeter gefeiert. Da bei den Kulthandlungen nur Eingeweihte zugegen sein durften, ist nur wenig darüber bekannt.

190–191, 33–2 – Nr. 284 ["unbegreiflich holdes Sehnen" in uns aufblüht, treibt es uns immer noch, wie Faust, durch Wald und Wiesen hinzu g e h n.]

Zitat aus GOETHE, *Faust* I, V. 775–776: "Ein unbegreiflich holdes Sehnen / Trieb mich, durch Wald und Wiesen hinzugehn".

191, 6–9 – Nr. 284 [φρενοτέκτων ἀνήρ … mit rossgleich schreitenden Worten]

Wendungen aus ARISTOPHANES, *Frösche*: φρενοτέκτονος ἀνδρὸς, wörtl. 'eines mit dem Geist bauenden Mannes' (V. 820) und ῥήματα ἱπποβάμονα, wörtl. 'Worte auf Pferderücken' (V. 821), wie sie AISCHYLOS gebrauchte (letztere in: *Der gefesselte Prometheus*, V. 805). Vgl. den Komm. zu SI 170, 17–18 – Nr. 268.

194, 2–3 – Nr. 289 [so will's das Gesetz seiner Ebbe und Fluth]

Vgl. NIETZSCHE, FW 1 (KSA 3.372): "Der Mensch ist allmählich zu einem phantastischen Thiere geworden, welches eine Existenz-Bedingung mehr, als jedes andere Thier, zu erfüllen hat: der Mensch *muss* von Zeit zu Zeit glauben, zu wissen, *warum* er existirt, seine Gattung kann nicht gedeihen ohne ein periodisches Zutrauen zu dem Leben! Ohne Glauben an die *Vernunft im Leben*! Und immer wieder wird von Zeit zu Zeit das menschliche Geschlecht decretiren: 'es giebt etwas, über das absolut nicht mehr gelacht werden darf!' Und der vorsichtigste Menschenfreund wird hinzufügen: 'nicht nur das Lachen und die fröhliche Weisheit, sondern auch das Tragische mit all seiner erhabenen Unvernunft gehört unter die Mittel und Nothwendigkeiten der Arterhaltung!' – Und folglich! Folglich! Folglich! Oh versteht ihr mich, meine Brüder? Versteht ihr dieses neue Gesetz der Ebbe und Fluth? Auch wir haben unsere Zeit!" Vgl. den Komm. zu SI 170, 17–18 – Nr. 268, zu "Ebbe und Fluth" auch MA I 500 (KSA 2.320) und M 119 (KSA 3.111).

195, 2 – Nr. 291 [opus supererogativum]

S. Komm. zu SI 115, 4 – Nr. 159.

195, 16–18 – Nr. 292 [pluralité du moi … ein blosses Wort- und Begriffsspiel]

Frz. 'Vielheit des Ich'. – Vgl. NIETZSCHE, GD, Die vier großen Irrthümer 3 (KSA 6.91): "Die 'innere Welt' ist voller Trugbilder und Irrlichter: der Wille ist eins von ihnen. Der Wille bewegt nichts mehr, erklärt folglich auch nichts mehr – er begleitet bloss Vorgänge, er kann auch fehlen. Das sogenannte 'Motiv': ein andrer Irrthum. Bloss ein Oberflächenphänomen des Bewusstseins, ein Nebenher der That, das eher noch die antecedentia einer That verdeckt, als dass es sie darstellt. Und gar das Ich! Das ist zur Fabel geworden, zur Fiktion, zum Wortspiel: das hat ganz und gar aufgehört, zu denken, zu fühlen und zu wollen! ..."

195, 19 – Nr. 292 [Polypsychie]
FHs Bildung aus gr. πολύ, 'viel', und ψυχή, 'Seele', im Anklang an 'Polygamie', also etwa 'Vielseelerei'.

195, 20 – Nr. 292 [faustische Zweizahl]
Anspielung auf GOETHE, *Faust* I, V. 1112: "Zwei Seelen wohnen, ach! in meiner Brust!" Vgl. dazu NIETZSCHE, JGB 244 (KSA 5.184): "Die deutsche Seele ist vor Allem vielfach, verschiedenen Ursprungs, mehr zusammen- und überein-andergesetzt, als wirklich gebaut: das liegt an ihrer Herkunft. Ein Deutscher, der sich erdreisten wollte, zu behaupten 'zwei Seelen wohnen, ach! in meiner Brust' würde sich in der Wahrheit arg vergreifen, richtiger, hinter der Wahrheit um viele Seelen zurückbleiben." Vgl. dagegen zu SOKRATES: "Ich glaube, dass der Zauber des Socrates der war: er hatte eine Seele und dahinter noch eine und dahinter noch eine. In der vordersten legte sich Xenophon schlafen, auf der zweiten Plato und auf der dritten noch einmal Plato, aber Plato mit seiner eigenen zweiten Seele. Plato selber ist ein Mensch mit vielen Hinter-höhlen und Vordergründen." (NF April–Juni 1885, VII 34[66], KSA 11.440) In JGB 44 (KSA 5.62) beschreibt NIETZSCHE "freie Geister" als Menschen "mit Vorder- und Hinterseelen, denen Keiner leicht in die letzten Absichten sieht, mit Vorder- und Hintergründen, welche kein Fuss zu Ende laufen dürfte [...]"

196, 11–12 – Nr. 294 [(Il n'y a que l'esprit qui sente l'esprit)]
S. Komm. zu SI 10, 6–7 – Nr. 9.

196, 18–20 – Nr. 295 [Warum soll der Dichter nicht nebenbei noch irgend etwas anderes sein, Archivar oder Minister oder Naturfor-scher?]
Gemeint ist der Dichter JOHANN WOLFGANG VON GOETHE (1749–1832), der auch als Bibliotheksleiter, Politiker und Naturforscher Außerordentliches lei-stete. Als Mitglied des geheimen Rates des Herzogtums Weimar war er in seiner zehnjährigen Amtszeit (1776–86) Leiter der Bergwerkskommission (seit 1777), der Kriegs- und Wegebaukommission (seit 1779), der Staatsfinanzen (seit 1782) und der Herzogin Anna-Amalia Bibliothek. Seine naturforschenden Studien umfassen u. a. die Beschäftigung mit der Gesteinskunde und der Ana-tomie, (1784: Entdeckung des menschlichen Zwischenkieferknochens), der Bo-tanik (1790: Metamorphose der Pflanzen) und der Farbenlehre (vgl. Komm. zu SI 339, 15–17 – Nr. 399).

197, 5–6 – Nr. 297 ["Beisammen sind wir, fanget an!"]
Zitat aus GOETHE, *Faust* I, V. 1446.

198, 8–9 – Nr. 299 [in der Tragödie dem M-i t l e i d e n vorgeführt]
S. Komm. zu SI 90, 4–7 – Nr. 99.

199, 16 – Nr. 300 [Mitleid und Furcht]
S. Komm. zu SI 90, 4–7 – Nr. 99.

199, 26–28 – Nr. 300 [Wenn Schopenhauer der Tragödie den Zweck unterlegt, den Willen vom Leben a b z u w e n d e n]
Vgl. SCHOPENHAUER, WWV I, § 51 (SW 1.354).

200, 13–14 – Nr. 301 ["Du ärgerst dich, Feuerhund, also habe ich über dich Recht!"]
Zitat aus NIETZSCHE, Za II, Von grossen Ereignissen (KSA 4.170; veränderte Interpunktion).

200, 26–27 – Nr. 302 [Entstehung des "Willens zum Kunstwerk"]
Vgl. NIETZSCHE, DW 2 (KSA 1.562): "In den Griechen wollte der Wille sich selbst zum Kunstwerk verklärt anschauen: um sich zu verherrlichen, mußten seine Geschöpfe sich selbst als verherrlichenswerth empfinden, sie mußten sich in einer höheren Sphäre wiedersehen, gleichsam in's Ideale emporgehoben, ohne dass diese vollendete Welt der Anschauung als Imperativ oder als Vorwurf wirkte. Dies ist die Sphäre der Schönheit, in der sie ihre Spiegelbilder, die Olympier, erblicken. Mit dieser Waffe kämpfte der hellenische Wille gegen das dem künstlerischen correlative Talent, zum *Leiden* und zur Weisheit des Leidens." (Die Schrift *Die dionysische Weltanschauung* aus dem Baseler Nachlaß war in der von FRITZ KOEGEL besorgten Ausgabe, Abt. 2, Bd. 9, enthalten; s. Komm. zu SI IV, 29 – Nr. 1).

201, 10–29 – Nr. 303 [So ist's . . . getroffen fühlt?]
Vgl. NIETZSCHE, GM, Vorrede 1 (KSA 5.247 f.): "Wir sind uns unbekannt, wir Erkennenden, wir selbst uns selbst: das hat seinen guten Grund. Wir haben nie nach uns gesucht, – wie sollte es geschehn, dass wir eines Tags uns *fänden*? Mit Recht hat man gesagt: 'wo euer Schatz ist, da ist auch euer Herz'; *unser* Schatz ist, wo die Bienenkörbe unsrer Erkenntniss stehn. Wir sind immer dazu unterwegs, als geborne Flügelthiere und Honigsammler des Geistes, wir kümmern uns von Herzen eigentlich nur um Eins – Etwas 'heimzubringen'. Was das Leben sonst, die sogenannten 'Erlebnisse' angeht, – wer von uns hat dafür auch nur Ernst genug? Oder Zeit genug? Bei solchen Sachen waren wir, fürchte ich, nie recht 'bei der Sache': wir haben eben unser Herz nicht dort – und nicht einmal unser Ohr! Vielmehr wie ein Göttlich-Zerstreuter und In-sich-Versenkter, dem die Glocke eben mit aller Macht ihre zwölf Schläge des Mittags in's Ohr gedröhnt hat, mit einem Male aufwacht und sich fragt 'was hat es da eigentlich geschlagen?' so reiben auch wir uns mitunter *hinterdrein* die Ohren und

fragen, ganz erstaunt, ganz betreten 'was haben wir da eigentlich erlebt? mehr noch: wer *sind* wir eigentlich?' und zählen nach, hinterdrein, wie gesagt, alle die zitternden zwölf Glockenschläge unsres Erlebnisses, unsres Lebens, unsres *Seins* – ach! und verzählen uns dabei … Wir bleiben uns eben nothwendig fremd, wir verstehn uns nicht, wir *müssen* uns verwechseln, für uns heisst der Satz in alle Ewigkeit 'Jeder ist sich selbst der Fernste', – für uns sind wir keine 'Erkennenden' … "

203, 17 – Nr. 305 ["Kunst für Künstler"]
Zitat aus NIETZSCHE, FW, Vorrede 4 (KSA 3.351): "Nein, wenn wir Genesenden überhaupt eine Kunst noch brauchen, so ist es eine *andre* Kunst – eine spöttische, leichte, flüchtige, göttlich unbehelligte, göttlich künstliche Kunst, welche wie eine helle Flamme in einen unbewölkten Himmel hineinlodert! Vor allem: eine Kunst für Künstler, nur für Künstler! Wir verstehn uns hinterdrein besser auf Das, was *dazu* zuerst noth thut, die Heiterkeit, *jede Heiterkeit*, meine Freunde! auch als Künstler – : ich möchte es beweisen."

203, 19 – Nr. 305 [Sybaritimus]
S. Komm. zu SI 178, 11 – Nr. 277.

204, 4 – Nr. 306 [Die Shakespeare-Bacon-Frage]
Gemeint ist die Diskussion um die Autorschaft der Shakespeare-Stücke, die 1857 durch das Buch der Amerikanerin DELIA BACON (1811–1859), *The Philosophy of the Plays of Shakspeare Unfolded*, neu angestoßen und in den letzten beiden Jahrzehnten des 19. Jahrhunderts ausgefochten wurde. Das Hauptargument DELIA BACONs war, daß der, wie sie annahm, nur mittelmäßig begabte und ungebildete Schauspieler SHAKESPEARE (1564–1616) gar nicht in der Lage gewesen wäre, die Stücke zu schreiben, die seinen Namen tragen, und nur ein philosophisch gebildeter Kopf der Verfasser sein könne, etwa FRANCIS BACON (1561–1626), Lordkanzler, ehrgeiziger und gerissener Staatsmann und Verfasser einer neuen Wissenschaftslehre, des *Novum Organon*. Während DELIA BACON sich noch am Textsinn von SHAKESPEARES Stücken orientierte, verstrickten sich ihre Nachfolger in hochkomplizierte Diskussionen um Kryptogramme, Geheimschriften und Chiffren (z. B. IGNATIUS DONNELLY, *The Great Cryptogram. Francis Bacon's Cipher in the So-Called Shakespeare Plays*, 1888, oder ORVILLE WARD OWEN, *Sir Francis Bacon's Cipher Story*, 1893–95, in fünf Bänden), die sie in SHAKESPEARES Stücken gefunden zu haben glaubten und als geheime Botschaften entschlüsselten. In Deutschland wurde die Bacon-Shakespeare-Debatte erst in den 1880er Jahren aufgenommen und zog hier auch den Begründer der Mengenlehre GEORG CANTOR (1845–1918) in ihren Bann, den auf mathematischem Gebiet bedeutendsten Vorgänger FHs. CANTOR hatte sich seit 1885 philosophischen, theologischen und literaturwissenschaftlichen Fragestellungen zugewandt, dabei insbesondere auch der Person und Philosophie von FRANCIS BACON. In mehreren Schriften und öffentlichen Vorträgen ab 1896, also kurz vor dem Erscheinen von SI, vertrat er energisch die Ansicht, BACON

sei die Autorschaft der SHAKESPEARE-Stücke zuzusprechen. Er begründete dies vorwiegend durch neue Lesarten historischer Quellen und Interpretationen der SHAKESPEAREschen Sonette (vgl. WALTER PURKERT und HANS JOACHIM ILGAUDS, *Georg Cantor 1845–1918*, Basel/Boston/Stuttgart 1987, 82 ff., die auch den zeitgenössischen Verlauf der Shakespeare-Debatte darstellen). FH geht in diesem Aphorismus darauf nicht ein. Er wird es wohl auch vermieden haben, mit CANTOR philosophische Debatten zu führen. Denn CANTOR urteilte sehr streng über NIETZSCHE. In einem Brief an FRIEDRICH LOOFS vom 24. Februar 1900 schrieb er: "Uebrigens habe ich erst kürzlich Gelegenheit erhalten, mir über die sogenannte Nietzschesche Philosophie (ein Pendant zu Haeckels monistischer Entwicklungsphilosophie) ein genaues Bild zu machen. Wegen der stilistischen Reize findet sie bei uns eine kritiklose *Anerkennung*, die im Hinblick auf die perversen Inhalte und die herostratisch-antichristlichen Motive mir *höchst bedenklich* zu sein scheint. Das Bedürfnis nach Neuheit und Füllung des philosophiegeschichtlichen Schemas macht unsere Philosophen *moralisch blind* und *eilfertig bereit*, jeden mit dem Anspruch eines neuen Systems Auftretenden in ihre historische Darstellung einzufügen. So erreicht der ehrgeizige Neuerer stets seinen Zweck; er wird zum berühmten Philosophen und die Verderbniss der Jugend vollzieht sich im großen Stile." (abgedruckt in: HERBERT MESCHKOWSKI, *Probleme des Unendlichen. Werk und Leben Georg Cantors*, Braunschweig 1967, Brief Nr. 18).

204, 13 – Nr. 306 [Quiproquo]
S. Komm. zu SI 113, 18 – Nr. 156.

204, 16–17 – Nr. 306 [Honorabilificatitudinitatibus]
Ulkwort aus lat. honor, 'Ehre', und lauter hier bedeutungslosen Endungen, eine Art von semantischem Prachthelm. ANDREAS GRYPHIUS schuf ein barockes Bramarbas-Spiel mit dem Titel *Horribilicribrifax* (1663) und den Hauptfiguren Don Daradiridatumtarides Windbrecher von Tausendmord und Don Horribilicribrifax von Donnerkeil auf Wüsthausen.

206, 15–16 – Nr. 306 [sacrifizio dell' intelletto]
Ital. 'Opferung des Verstandes', vermutlich in Anlehnung an 2. Kor 10, 5: "wir zerstören damit die Anschläge und alle Höhe, die sich erhebt wider die Erkenntnis Gottes, und nehmen gefangen alle Vernunft unter den Gehorsam Christi". Vgl. NIETZSCHE, JGB 23 (KSA 5.39): "Niemals noch hat sich verwegenen Reisenden und Abenteurern eine *tiefere Welt* der Einsicht eröffnet: und der Psychologe, welcher dergestalt 'Opfer bringt' – es ist *nicht* das sacrifizio dell'intelletto, im Gegentheil! – wird zum Mindesten dafür verlangen dürfen, dass die Psychologie wieder als Herrin der Wissenschaften anerkannt werde, zu deren Dienste und Vorbereitung die übrigen Wissenschaften da sind." JGB 229 (KSA 5.166) heißt es: "Dabei muss man freilich die tölpelhafte Psychologie von Ehedem davon jagen, welche von der Grausamkeit nur zu lehren wusste, dass sie beim Anblicke *fremden* Leides entstünde: es giebt einen reichlichen, überreichlichen

Genuss auch am eignen Leiden, am eignen Sich-leiden-machen, – und wo nur der Mensch zur Selbst-Verleugnung im *religiösen* Sinne oder zur Selbstverstümmelung, wie bei Phöniziern und Asketen, oder überhaupt zur Entsinnlichung, Entfleischung, Zerknirschung, zum puritanischen Busskrampfe, zur Gewissens-Vivisektion und zum Pascalischen sacrifizio dell'intelletto sich überreden lässt, da wird er heimlich durch seine Grausamkeit gelockt und vorwärts gedrängt, durch jene gefährlichen Schauder der *gegen sich selbst* gewendeten Grausamkeit." Vgl. auch FH ([H 1904c]), 124: "Kein Opfer wird so leicht gebracht wie das des Intellekts, und selbst dort, wo es kein kleines Opfer ist."

207, 18–19 – Nr. 308 [duo, dubium und duellum!]

Lat. 'Zwei, Zweifel und Zweikampf!'. – Vgl. NIETZSCHE, GM I, 5 (KSA 5.264): "Das lateinische bonus glaube ich als 'den Krieger' auslegen zu dürfen: vorausgesetzt, dass ich mit Recht bonus auf ein älteres duonus zurückführe (vergleiche bellum = duellum = duen-lum, worin mir jenes duonus erhalten scheint). Bonus somit als Mann des Zwistes, der Entzweiung (duo), als Kriegsmann: man sieht, was im alten Rom an einem Manne seine 'Güte' ausmachte."

209, 4–7 – Nr. 310 [Das Alpenthal, in dem ich dieses Lob der reizlosen, unaufdringlichen Kunst und Landschaft singe, ist selbst eine Landschaft solcher Art; es hat nicht die ewigen "malerischen Veduten" der Berner Alpen]

Nicht nachgewiesen.

209, 12 – Nr. 310 [genus medium]

Lat. genus medium elocutionis oder auch genus moderatum, 'mittlere' oder 'gemäßigte Art der Rede'. Begriff aus der Rhetorik für die sanftere Art, Affekte zu erzeugen, im Gegensatz zum genus acutum oder robustum, der 'scharfen' oder 'massiven Art', einerseits und zum genus humile oder subtile, der 'gedämpften' oder 'feinen Art' andererseits.

209, 15 – Nr. 310 [Wer sich mittheilt, will auch verstanden werden]

Für NIETZSCHE, der anschließend (Z. 22–23) zitiert wird, gilt das nur bedingt. NIETZSCHE suchte durch seine Stilkunst Leser zu unterscheiden in die, von denen er verstanden werden wollte, und in die, von denen er nicht verstanden werden wollte. Vgl. NIETZSCHE, FW 381 (KSA 3.633): "Man will nicht nur verstanden werden, wenn man schreibt, sondern ebenso gewiss auch *nicht* verstanden werden." – JGB 289 (KSA 5.234): "Der Einsiedler glaubt nicht daran, dass jemals ein Philosoph – gesetzt, dass ein Philosoph immer vorerst ein Einsiedler war – seine eigentlichen und letzten Meinungen in Büchern ausgedrückt habe: schreibt man nicht gerade Bücher, um zu verbergen, was man bei sich birgt? [...] Jede Philosophie *verbirgt* auch eine Philosophie; jede Meinung ist auch ein Versteck, jedes Wort auch eine Maske." - JGB 290 (KSA 5.234f.): "Jeder tiefe Denker fürchtet mehr das Verstanden-werden, als das Missverstanden-werden. Am Letzteren leidet vielleicht seine Eitelkeit; am Ersteren aber sein Herz, sein

Mitgefühl, welches immer spricht: 'ach, warum wollt *ihr* es auch so schwer haben, wie ich?'"

209, 22–23 – Nr. 310 ["hat der Geber nicht zu danken, dass der Nehmende nahm?"]
Zitat aus NIETZSCHE, Za III, Von der grossen Sehnsucht (KSA 4. 279): "Oh meine Seele, ich gab dir Alles, und alle meine Hände sind an dich leer geworden: – und nun! Nun sagst du mir lächelnd und voll Schwermuth: 'Wer von uns hat zu danken? – hat der Geber nicht zu danken, dass der Nehmende nahm? Ist Schenken nicht eine Nothdurft? Ist Nehmen nicht – Erbarmen?' –" Von DIOGENES (s. o. zu SI 62, 17–18 – Nr. 64) wird erzählt: "Als Leute denjenigen lobten, der ihm eine Gabe reichte, sagte er: 'Und mich lobt ihr nicht, weil ich die Güte habe zu nehmen?'" (DIOGENES LAERTIUS, *Leben und Lehre der Philosophen*, aus dem Griechischen übers. und hg. von FRITZ JÜRSS, Stuttgart 1998, 277; zeitgen. Ausgabe s. Komm. zu SI 62, 17–18.).

211–212, 33–1 – Nr. 314 [Nietzsches "Buch für freie Geister"]
NIETZSCHEs MA erschien mit dem Untertitel "Ein Buch für freie Geister" (zuerst 1878, in zweiter und erweiterter Auflage 1886).

212, 11–16 – Nr. 314 [Die Merkmale des Barockstiles, die hier der Kunst zweiten und dritten Ranges vorgerechnet werden, das Gewaltsame, Explosive, leidenschaftlich Bunte, die "Dämmerungs- Feuersbrunst- und Verklärungslichter auf starkgebildeten Formen"]
Verweis auf und (leicht abgewandeltes) Zitat aus NIETZSCHE, MA II, VM 144 ("Vom Barockstile", KSA 2.437f.). NIETZSCHE warnt dort allerdings: "Nur die Schlechtunterrichteten und Anmaassenden werden übrigens bei diesem Worte sogleich eine abschätzige Empfindung haben."

215, 16 – Nr. 316 [prae limine]
Lat. 'vor der Schwelle'.

215, 27 – Nr. 316 [petitio principii]
S. Komm. zu SI 11–12, 33–1 – Nr. 10.

216, 4 – Nr. 317 [Mitterwurzer]
FRIEDRICH MITTERWURZER (1845–1897) gehörte seit 1871 dem Wiener Burgtheater an und war einer der gefeiertsten Theaterschauspieler des ausgehenden 19. Jahrhunderts. Neben Shakespeare-Interpretationen, für die er berühmt war (Shylock, Macbeth, Richard III., Benedikt in *Viel Lärm um Nichts*, Hamlet), setzte er sich für das neue realistische Theater von IBSEN und SUDERMANN ein.

216, 13 – Nr. 317 ["Atherleib"]
Begriff der Anthroposophie RUDOLF STEINERS (1861–1925), die dieser 1910 zusammenhängend in *Die Geheimwissenschaft im Umriss* darstellte. Danach

besteht der Mensch aus dem physischen Leib, dem Ätherleib (auch Aura oder Lebensfeld genannt), dem Astralleib und dem die anderen drei befehligenden und koordinierenden Ich. – RUDOLF STEINER war 1883–1897 Mitarbeiter an der Weimarer Goethe-Ausgabe. Seit 1894 stand er in freundschaftlichem Kontakt mit ELISABETH FÖRSTER-NIETZSCHE und ihrem Nietzsche-Archiv, verfaßte Ende 1895 eine Lobeshymne auf dessen Arbeit, arbeitete von Anfang 1896 auch im Nietzsche-Archiv mit, erteilte E. FÖRSTER-NIETZSCHE privaten Philosophie-Unterricht, lehnte es aber nach der Entlassung FRITZ KOEGELs Mitte 1897 ab, als Herausgeber der Werke NIETZSCHEs zu fungieren. Mitte Juli 1896 hatte auch FH das Nietzsche-Archiv besucht. Im Streit um das Archiv im Jahr 1900 standen FH und STEINER dann auf derselben Seite (vgl. DAVID MARC HOFFMANN, *Zur Geschichte des Nietzsche-Archivs. Elisabeth Förster-Nietzsche, Fritz Koegel, Rudolf Steiner, Gustav Naumann, Josef Hofmiller. Chronik, Studien und Dokumente*, Berlin/New York 1991, Supplementa Nietzscheana, Bd. 2, 19, 27, 30, 31, 33, 337 ff., und die Einleitung des Herausgebers dieses Bandes, Abschn. 6). – Zu FHs ironischer Distanz zu STEINER vgl. auch Komm. zu SI 216, 32 – Nr. 317.

216, 27–28 – Nr. 317 ["Mit einem Griff zergreif' ich den Quark"]
Zitat aus RICHARD WAGNER, *Der Ring des Nibelungen, Siegfried*, 1. Akt (Siegfried).

216, 32 – Nr. 317 [verkantet und versteinert]
Ironische Anspielung auf KANT und STEINER (vgl. Komm. zu SI 216, 13 – Nr. 317).

217, 6–8 – Nr. 318 [einer modernen Richtung der Malerei, die sich zur Fahne des p l e i n a i r bekennt]
Frz. en plein air, 'unter freiem Himmel': der damals moderne Impressionismus.

217, 8–9 – Nr. 318 [Undulationstheorie]
'Wellentheorie' des Lichts. S. Komm. zu SI 339, 15–17 – Nr. 399.

219, 14–15 – Nr. 319 [zu sehr Berner Oberland]
Nicht nachgewiesen.

221, 1 – Nr. 323 [nexus identitatis]
Lat. 'Verknüpfung der Identität'.

221, 11 – Nr. 324 [Genie]
Vgl. SI 212, 6 – Nr. 314.

221, 12 – Nr. 324 ["Schlussketten"]
Die Skepsis gegen "Schlussketten" findet sich auch, jedoch anders akzentuiert, bei FHs wichtigsten Gewährsleuten. Bei SCHOPENHAUER, WWV I, § 6 (SW

1.55) heißt es: "Daher sind auch jene großen Entdeckungen alle, eben wie die Anschauung und jede Verstandesäußerung, eine unmittelbare Einsicht und als solche das Werk des Augenblicks, ein Aperçu, ein Einfall, nicht als Produkt langer Schlußketten in abstracto; welche letztere hingegen dienen, die unmittelbare Verstandeserkenntnis für die Vernunft durch Niederlegung in ihre abstrakten Begriffe zu fixieren, d. h. sie deutlich zu machen, d. h. sich in den Stand zu setzen, sie andern zu deuten, zu bedeuten." Vgl. auch § 14 (SW 1.108ff.), und WWV II, Kap. 6: Zur Lehre von der abstrakten, oder Vernunft-Erkenntniß (SW 2.90): "Zwar geschieht es bisweilen, dass Begriffe auch ohne ihre Zeichen das Bewußtsein beschäftigen, indem wir mitunter eine Schlußkette so schnell durchlaufen, dass wir in solcher Zeit nicht hätten die Worte denken können." – EDUARD VON HARTMANN, PU, Nachträge in der Aufl. Leipzig 1904, 483, schreibt: "Die Griechen sind stets darauf aus, den kleinsten Gedankenschritt streng zu beweisen, und reihen oft zum Beweise der einfachsten Sätze künstliche diskursive Schlußketten an einander, um nur nicht auf die ihnen nicht als Begründung geltende unmittelbare Anschauung sich stützen zu müssen; dafür haben sie aber auch ein imponierendes System der Geometrie zu Stande gebracht, welches zugleich in sich die methodische Anleitung zur Lösung aller nicht direct behandelter Probleme enthält." Schließlich NIETZSCHE in UB III, SE 6, KSA 1.395: "Der bei Gelehrten nicht gar seltne Hass gegen die Philosophie ist vor allem Hass gegen die langen Schlussketten und die Künstlichkeit der Beweise. Ja im Grunde hat jede Gelehrten-Generation ein unwillkürliches Maass für den *erlaubten* Scharfsinn; was darüber hinaus ist, wird angezweifelt und beinahe als Verdachtgrund gegen die Biederkeit benutzt."

221, 26–27 – Nr. 325 [Aphrodite Pandemos]
S. Komm. zu SI 76, 25 – Nr. 82.

222, 4 – Nr. 326 [Oligograph]
Gr. 'Wenigschreiber'. – Vgl. SCHOPENHAUER, WWV II, Kap. 40: Vorwort (SW 2.589): "Denn ich bin kein Vielschreiber ..." und SCHOPENHAUER, *Senilia* (1859/1860), 106: "Ich glaube auf den Ehrentitel eines *Oligographen* Anspruch zu haben; da diese 5 Bände Alles enthalten, was ich je geschrieben habe, und der ganze Ertrag meines 73 jährigen Lebens sind." (*Der handschriftliche Nachlaß*, hg. von ARTHUR HÜBSCHER, Frankfurt am Main 1975, Bd. 4, 35). Zu den *Senilia* vgl. Komm. zu CK 47, 14.

222, 4–5 – Nr. 326 [Nietzsche rühmt sich seiner ergangenen, nicht ersessenen Gedanken.]
Vgl. NIETZSCHE, GD, Sprüche und Pfeile 34 (KSA 6.64): "Das Sitzfleisch ist gerade die Sünde wider den heiligen Geist. Nur die *ergangenen* Gedanken haben Werth." Vgl. den Komm. zu SI VI, 2–3 – Nr. 2.

222, 11 – Nr. 326 [Kants Dodekalog]
Anspielung auf den Dekalog, die Tafel der zehn Gebote. KANTS Kategorienta-

feln in der KrV (A 80/B 106) und der KpV (AA V, 66) enthalten je zwölf (gr. δώδεκα) Kategorien.

222, 18–19 – Nr. 326 [Der Erkenntnisskritiker Kant konnte nicht vergessen, dass er eigentlich Professor der Logik war.]
Im Jahre 1769 sollte IMMANUEL KANT (1724–1804) einen Ruf auf eine Professur für Logik und Metaphysik in Erlangen erhalten und sagte auf die vorläufige Anfrage zu. Einen zweiten Ruf erhielt er dann im Januar 1770 aus Jena. Zugleich wurde jedoch die Professur für Mathematik in Königsberg vakant, die BUCK, der bisherige Professor für Logik und Metaphysik, übernahm. Somit konnte KANT Professor für Logik und Metaphysik in seiner Heimatstadt werden. Der Disputationsakt zur lateinischen Dissertation *De mundi sensibilis atque intelligibilis forma et principiis* fand am 21. August 1770 im Auditorium maximum der Königsberger Universität statt. KANT las auch nach seiner 'Erkenntniskritik' in der *Kritik der reinen Vernunft* (1. Aufl. 1781) regelmäßig Logik, allerdings nun unter Bezug auf die Kritik.

222, 20 – Nr. 326 [Schopenhauer mag, mit seinen sechs Bänden]
Zu FHs Zeit lagen *Schopenhauer's sämmtliche Werke* in zwei Gesamtausgaben von je 6 Bänden vor, eine von JULIUS FRAUENSTÄDT (Leipzig 1873/74, zweite Auflage 1877), eine von EDUARD GRISEBACH (Leipzig 1891) herausgegeben.

222, 21–22 – Nr. 326 [zwölf- und achtzehnbändigen "Universitätsphilosophen"]
"Universitätsphilosoph" war ein beliebter Schmähbegriff SCHOPENHAUERs (vgl. PP I, Über die Universitäts-Philosophie, SW 4.173–242), der sich selbst zwar an der Universität habilitiert hatte, aber nie eine Stelle erhielt. J. G. FICHTEs (1762–1814) *Sämmtliche Werke* umfaßten 11 Bände (hg. von IMMANUEL HERMANN FICHTE, Berlin/Bonn 1845/46), FRIEDRICH WILHELM JOSEPH VON SCHELLINGs (1775–1854) *Sämmtliche Werke* 14 Bände (hg. von KARL FRIEDRICH AUGUST SCHELLING, Stuttgart 1856–1861), GEORG FRIEDRICH WILHELM HEGELs (1770–1831) *Werke* 18 Bände (Vollständige Ausgabe durch einen Verein von Freunden des Verewigten, Berlin 1832–1845).

222, 27–28 – Nr. 326 [die begonnene Herausgabe seines Nachlasses]
1896 erschienen die von FRITZ KOEGEL herausgegebenen ersten Bände mit Schriften und Notizen aus NIETZSCHES Nachlaß, zunächst aus den Jahren 1869–1876, dann (1897) aus den Jahren 1876–1885 ("Werke", verlegt von Naumann in Leipzig). Die Nachlaß-Ausgabe wurde jedoch nach 4 Bänden 1897 nach der Kündigung KOEGELs durch ELISABETH FÖRSTER-NIETZSCHE abgebrochen (vgl. die Einleitung des Herausgebers dieses Bandes, Abschn. 5.3). Zur Rolle, die FH bei der Herausgabe von NIETZSCHES Nachlaß spielte, vgl. die Einleitung des Herausgebers dieses Bandes, Abschn. 6.

222, 32–33 – Nr. 326 [ohne das "Sitzefleisch", das Nietzsche die Sünde

wider den heiligen Geist nennt]
S. Komm. zu SI VI, 2–3 – Nr. 2 und SI 222, 4–5 – Nr. 326.

224, 7 – Nr. 327 [façons de parler]
Franz. 'Redeweisen'.

224, 11 – Nr. 327 [absolument und senza dubbio]
Frz. absolument: 'unbedingt', 'absolut', ital. senza dubbio: 'zweifellos'.

224, 21 – Nr. 327 [Burckhardt's Cultur der Renaissance]
JACOB BURCKHARDT (1818–1897), *Die Kultur der Renaissance in Italien*, Basel 1860 [1859]. Die Schrift, die auch NIETZSCHE hoch schätzte, gilt bis heute als Standardwerk.

224, 30 – Nr. 327 [entraînement]
Frz. 'Verleitung, Forcierung'.

225, 3–6 – Nr. 328 ["Was meinen Zarathustra anbetrifft, schreibt Nietzsche, so lasse ich Niemanden als dessen Kenner gelten, den nicht jedes seiner Worte irgendwann einmal tief verwundet und irgendwann einmal tief entzückt hat".]
Zitat aus NIETZSCHE, GM Vorrede 8 (KSA 5.255; leicht abgewandelt).

226, 1–2 – Nr. 328 [unbewundert und unbestritten bleibt allein das Mittelmässige]
Ironische Anspielung auf GOETHE, *Faust* II, V. 8488: "Bewundert viel und viel gescholten, Helena".

226, 23 – Nr. 329 [prästabilirte Harmonie]
S. Komm. zu SI 153, 6 – Nr. 247.

226, 24 – Nr. 329 [sinnlose Configuration]
Vgl. SCHOPENHAUER, PP I (SW 4.249): "Daher ist die Weltgeschichte ohne direkte metaphysische Bedeutung: sie ist eigentlich bloß eine zufällige Konfiguration."

228, 7 – Nr. 329 [Frauenburger Canonicus]
NIKOLAUS KOPERNIKUS (1473–1543) war Mitglied, später Kanzler des Domkapitels zu Frauenburg in Ostpreußen.

229, 32–33 – Nr. 330 [Ein deutsches Reich für zwei solche Schweizer!]
Anspielung auf SHAKESPEARE, *Richard III.*, Fünfter Akt, 4. Szene, Z. 7 und 13: "Ein Pferd! ein Pferd! mein Königreich für'n Pferd!" – NIETZSCHE schätzte GOTTFRIED KELLER, weniger CONRAD FERDINAND MEYER. Vgl. seine Notiz NF September 1888, VIII 19[1]3, KSA 13.540: "[...] 'Deutschland, Deutsch-

land über alles' – ein kostspieliges, aber *nicht* ein philosophisches Princip. –
'Giebt es deutsche Philosophen? Giebt es deutsche Dichter? Giebt es *gute*
deutsche Bücher?' – so fragt man mich im Ausland. Ich erröthe, aber mit
der Tapferkeit, die mir auch in verzweifelten Fällen zu eigen ist, antworte ich:
'Ja! *Bismarck!*' ... Sollte ich eingestehn, welche Bücher man jetzt liest? –
Dahn? Ebers? Ferdinand Meyer? – Ich habe Universitäts-Professoren diesen
bescheidenen Bieder-Meyer auf Unkosten Gottfried Kellers loben hören. Ver-
maledeiter Instinkt der Mediokrität!"

232, 25 – Nr. 334 [Fiorituren]
It. fiori, 'Blüten': (Gesangs-)Verzierungen, auch: Koloraturen.

233, 4–5 – Nr. 335 [allen zehn Bänden der Wagnerischen Kunstschriften]
Gemeint ist die Ausgabe RICHARD WAGNER, *Gesammelte Schriften und Dichtungen*, 10 Bde., Leipzig 1871–83 (Nachdruck Hildesheim 1976).

233, 8 – Nr. 335 [aere perennius]
Lat. 'ewiger als Erz'. – Zitat aus HORAZ, *Oden* III, 30, 1. HORAZ meint damit
seine eigene Dichtung: "Ich errichte ein Denkmal ewiger als Erz, höher als der
königliche Bau der Pyramiden ... "

233, 11–12 – Nr. 335 ["Werke und Tage"]
Anspielung auf den Titel von HESIODs (um 700 v. Chr.) Lehrgedicht ἔργα καὶ
ἡμέραι (*Werke und Tage*) über die Sorgen und Mühen das Landlebens unter
der gerechten Herrschaft der Götter.

233, 14–15 – Nr. 335 [Genug, wenn die Aloe wieder einmal geblüht hat!]
Anspielung auf die sog. Hundertjährige Aloe, die oft ein sehr hohes Alter erreicht, bevor sie blüht, nach der Fruchtreife aber abstirbt.

233, 22 – Nr. 335 [Δὶς καὶ τρὶς τὸ καλόν]
Gr. 'das Schöne zwei Mal und drei Mal'. Sprichwörtlich (vgl. etwa *Proverbia
Zenobii* 3,33), geht auf EMPEDOKLES zurück (DK 31 B 25: "denn es ist gut
und schön, zwei Mal zu sagen, was man sagen muß"). Zitiert auch bei SCHO-
PENHAUER, PP I, Fragmente zur Geschichte der Philosophie, § 2 (SW 4.48),
und NIETZSCHE, FW 339 (KSA 3.569), bei ihm mit der bezeichnenden Wendung: "Die Griechen beteten wohl: 'Zwei und drei Mal alles Schöne!' Ach, sie
hatten da einen guten Grund, Götter anzurufen, denn die ungöttliche Wirklichkeit giebt uns das Schöne gar nicht oder Ein Mal! Ich will sagen, dass die
Welt übervoll von schönen Dingen ist, aber trotzdem arm, sehr arm an schönen
Augenblicken und Enthüllungen dieser Dinge."

235, 7 – Nr. 338 [Hylozoisten]
Neuzeitliche Bildung aus gr. ὕλη, 'Stoff', und ζωή, 'Leben'; Vertreter der Lehre, allem Stoff komme Leben zu, jeder Stoff könne in die übrigen übergehen oder sich mit ihnen mischen. Der Begriff ist seit dem 17. Jhd. für die ionischen Naturphilosophen gebräuchlich. Er wurde zuerst von RALPH CUDWORTH (1617–1688) in *The true intellectual system of the universe. The first part, wherein all the reason and the philosophy of atheism is confuted*, London 1678, verwendet.

235, 18 – Nr. 338 [undulatorischer Vorgänge]
'Wellenvorgänge'. Vgl. Komm. zu SI 339, 15–17 – Nr. 399.

236, 21 – Nr. 339 [in nomine Domini]
Mittellat. 'im Namen des Herrn'.

236, 28–31 – Nr. 339 [noch ist es nur in der aristophanischen Komödie, nicht in Wirklichkeit dahin gekommen, dass Dionysos sich hinter seinen eignen Priester verkriecht.]
Vermutlich Anspielung auf die *Frösche* des ARISTOPHANES (vgl. Komm. zu SI 191, 6–9 – Nr. 284). Zu Beginn des 2. Akts gelangen Dionysos und Xanthias in den Hades und versuchen, sich im Dunkel zu orientieren. Dabei wendet sich Dionysos an den Dionysospriester und bittet ihn um Hilfe.

239, 18 – Nr. 345 [die Platten aufgestellt]
Gemeint sind photographische Platten. In der zeitgenössischen Photographie waren v. a. zwei Verfahren verbreitet, die sich der 'Platte' bedienten. Entweder wurden sogenannte Bromsilbergelatine-Trockenplatten in der Kamera belichtet (eine Entwicklungslösung reduziert das Bromsilber anschließend zu Silber, das entstandene Bild wird mit einer Natriumlösung fixiert), oder es wurde – im weit weniger verwendeten Kollodiumverfahren – eine mit einer Schicht aus mit einem Alkohol-Äther-Gemisch getränkter Nitrocellulose überzogene Glasplatte belichtet und das noch nicht sichtbare Bild mit Eisenvitriol entwickelt.

240, 18–20 – Nr. 347 [zwischen Hilde und dem Baumeister, oder zwischen den Eltern des kleinen Eyolf]
Anspielungen auf zwei Stücke aus HENRIK IBSENs (1828–1906) symbolischem, tiefen seelischen Verwundungen gewidmeten Spätwerk. Hilde und der Baumeister sind zwei der Hauptfiguren aus *Baumeister Solness* (Uraufführung London 1892. Vom Verfasser autorisierte deutsche Übers. von SIGURD IBSEN, Fischer, Berlin 1893). Der beruflich höchst erfolgreiche und persönlich brillierende Architekt Halvard Solness verliert sein Selbstvertrauen, als sein Sohn ihn zu überflügeln droht und er von der jungen Hilde Wangel herausgefordert wird, eine jugendliche Heldentat zu wiederholen. Als er sich – nach vielfältigen Auseinandersetzungen – der Probe aussetzt, stürzt er in den Tod. Der kleine Eyolf, Namensgeber des Stückes *Klein Eyolf* (Uraufführung London 1894; deutsche Übers. bei Fischer, Berlin 1895), war durch die Unachtsamkeit seiner Eltern zum Krüppel geworden. Der frühere Lehrer Alfred Allmers will, statt weiter

an seinem Lebenswerk über die menschliche Verantwortung zu schreiben, sich ganz um seinen Sohn kümmern, was seine attraktive, reiche und liebeshungrige Frau nicht zulassen will.

241, 2–3 – Nr. 347 [quarante manières geschulter Lüsternheit]
Frz. 'vierzig Arten'. – Es handelt sich um vierzig mögliche Stellungen beim Liebesakt. Die Zahl 40 war ein Stereotyp der französischen libertinen Literatur des 18. Jahrhunderts. So erschien 1790 anonym ein vielgelesenes Werk mit dem Titel *Les quarante manières de foutre*, dtsch. etwa 'Die vierzig Arten des Vögelns'.

241, 9 – Nr. 347 [à outrance]
Frz. 'bis aufs äußerste', 'bis zur Übertreibung'.

241, 20 – Nr. 342 [nervösen Monomanien]
S. Komm. zu SI 17, 9 – Nr. 17. Vgl. auch SI 243, 29 – Nr. 348.

241, 24 – 242, 5 – Nr. 347 ["Wäre ich Plato ... sicher geborgen weiss."]
Von FH selbst übersetzte Passagen aus MAURICE MAETERLINCKs (1862–1949) *Le Trésor des Humbles*: V. *Sur les femmes*, Paris 1896[8]: "[...] si j'étais Platon, Pascal ou Michel-Ange, et que mon amante me parlât de ses pendants d'oreilles, tout ce que je dirais, tout ce qu'elle me dirait, flotterait avec le même aspect sur les profondeurs de la mer intérieure [...] Ma pensée la plus haute ne pèsera pas plus dans les balances de la vie ou de l'amour que le trois petits mots que l'efant qui m'aimait m'aura dits sur ses bagues d'argent, sur son collier de perles ou de morceaux de verre ..." (S. 90) sowie aus ebd., VII: *Emerson*: "Soyez grand, soyez sage et éloquent; l'âme du pauvre qui tend la main au coin du pont ne sera pas jalouse, mais la vôtre lui enviera peut-être [sic!] son silence. Le héros a besoin de l'approbation de l'homme ordinaire, mail l'homme ordinaire ne demande pas l'approbation du héros et il poursuit sa vie sans inquiètude, comme celui qui a tous trésors en lieu sûr." (S. 148f.) Die erste deutsche Übersetzung von *Le Trésor des Humbles* stammt von FRIEDRICH VON OPPELN-BRONIKOWSKI und kam erst 1898 in Leipzig und Florenz heraus.

242, 6–7 – Nr. 347 [évangile des humbles und ein Sclavenaufstand]
Frz. 'Evangelium der Einfachen und Demütigen'. Anspielung auf NIETZSCHE, GD, Streifzüge eines Unzeitgemäßen 2 (KSA 6.111f.), der seinerseits auf ERNEST RENAN verweist: "Theologie, oder die Verderbniss der Vernunft durch die 'Erbsünde' (das Christenthum). Zeugniss Renan, der, sobald er einmal ein Ja oder Nein allgemeinerer Art risquirt, mit peinlicher Regelmässigkeit daneben greift. Er möchte zum Beispiel la science und la noblesse in Eins verknüpfen: aber la science gehört zur Demokratie, das greift sich doch mit Händen. Er wünscht, mit keinem kleinen Ehrgeize, einen Aristokratismus des Geistes darzustellen: aber zugleich liegt er vor dessen Gegenlehre, dem évangile des humbles auf den Knien und nicht nur auf den Knien ..." (s. a. EH, Der Fall Wagner 1, KSA 6.358). ERNEST RENAN (1823–1892), ehemaliger Priester, Ori-

entalist und Schriftsteller (NIETZSCHE anschließend an die zitierte Stelle: "Was hilft alle Freigeisterei, Modernität, Spötterei und Wendehals-Geschmeidigkeit, wenn man mit seinen Eingeweiden Christ, Katholik und sogar Priester geblieben ist! Renan hat seine Erfindsamkeit, ganz wie ein Jesuit und Beichtvater, in der Verführung [. . .]"), war vor allem durch sein Werk *La vie de Jésus* (Paris 1863) (dtsch. Übers. *Das Leben Jesu*, Berlin 1863) berühmt geworden, in dem er, im Rückgriff auf die umfassende Leben-Jesu-Forschung der vorausgehenden Jahrzehnte, JESUS biographisch als außerordentlichen Menschen und Helden darstellte, wofür ihn NIETZSCHE in AC (17, 29, 32) scharf angriff. – Vom "Sklaven-Aufstand in der Moral" spricht NIETZSCHE in JGB 195 (KSA 5.117), GM I, 7 (KSA 5.268) und GM I, 10 (KSA 5.270).

242, 20 – Nr. 348 [presto]
lt. 'schnell'; eigentlich Tempoanweisung in musikalischen Werken.

242, 8 – Nr. 347 [und die Ersten werden die Letzten sein . . . .]
Anspielung auf Mt 20,16: "So werden die Letzten die Ersten und die Ersten die Letzten sein."

242, 28–29 – Nr. 348 [Zwei, drei Moden mitgemacht, ein wenig naturalisirt, archaisirt, symbolisirt]
Naturalismus, Archaismus und Symbolismus waren rasch wechselnde Strömungen der europäischen Literatur in der 2. Hälfte des 19. Jahrhunderts. Im Naturalismus (etwa 1870 bis 1900) wurde die unbeschönigte Beschreibung der 'Natur', des Gegebenen, zum ästhetischen Prinzip erhoben. Er schloß an den philosophisch-soziologischen Positivismus (AUGUSTE COMTE, 1798–1857), die Evolutionstheorie CHARLES DARWINs (1809–1882) und die Milieutheorie HIPPOLYTE TAINEs (1828–1893) an und machte die Darstellung des Elends des Kleinbürgertums und Proletariats vor allem in Großstädten, verbunden mit einer Kritik am Bürgertum, zum Thema der Dichtung. Ihm gehören – nach Vorboten etwa bei GEORG BÜCHNER (1813–1837) – Werke EMILE ZOLAS (1840–1902), FJODOR M. DOSTOJEWSKIS (1821–1881), LEO TOLSTOJS (1828–1910), HENRIK IBSENS (1828–1906), AUGUST STRINDBERGS (1849–1912), im deutschen Sprachraum vor allem GERHARD HAUPTMANNS (1862–1946) zu. – Der Archaismus strebte historisches Kolorit durch Verwendung altertümlicher Sprachmittel an; im deutschen Sprachraum hatte er Höhepunkte in der Romantik und besonders in der Historienliteratur des späten 19. Jahrhunderts, vor allem den Chroniknovellen THEODOR STORMS (1817–1888) und WILHELM RAABES (1831–1910). – Der Symbolismus setzte etwa 1860 im Anschluß an CHARLES BAUDELAIRES (1821–1867) *Blumen des Bösen* (*Les fleurs du mal*, 1857) ein. Hier verzichtete man auf alle belehrenden, moralischen und politischen Absichten, um eine autonome Welt der Schönheit zu schaffen. Dies gelang besonders in Frankreich bei STÉPHANE MALLARMÉ (1842–1898), PAUL VERLAINE (1844–1896) und ARTHUR RIMBAUD (1854–1891), später auch im deutschen Sprachraum etwa bei STEFAN GEORGE (1868–1933), der auch französi-

sche Symbolisten übersetzte, und HUGO VON HOFMANNSTHAL (1874–1929).

243, 4–6 – Nr. 348 [wenn er sich gegen die moderne Kunst verschanzt und allein bleibt, auf die Gefahr hin ein Thebaner zu werden]
Die Boiotier, die Thebaner insbesondere, galten in der Antike für stumpfsinnig und ohne Feinheit des Geschmacks; ein Stereotyp, das wohl vor allem auf Thebens jahrhundertelange Konkurrentin Athen zurückgeht. Sprichwörtlich etwa bei HORAZ, *Briefe* II, 1,242–44: "Solch eine Schärfe bewies er in bildenden Künsten; / riefst du ihn aber zu Büchern, Geschenken der Musen, so hättst du / schwören mögen, er sei unterm Himmel Böotiens geboren." (übers. v. MANFRED SIMON). Vielfach wird der Stumpfsinn der Boiotier auf die schwere, schwüle Luft des Landes zurückgeführt. So schreibt CICERO: "In Athen ist die Luft zart, und darauf glaubt man den Scharfsinn der Attiker zurückführen zu können; in Theben dagegen ist sie dumpf, und deshalb sollen die Thebaner schwerfällig und kräftig sein." (*De Fato/Über das Fatum*, c. 4, übers. v. KARL BAYER). – Vgl. auch CK 117, 16–18.

243, 15–21 – Nr. 348 ["Ich muss gestehen, froh zu sein," schreibt Keller 1850 an Freiligrath, "dass ich mich durch meine Langsamkeit und Faulheit über diese krankhafte und impotente Periode hinaus gerettet habe und zur Vernunft gekommen bin, ohne dergleichen Eseleien zu machen, wozu ich auch grosse Anlagen hatte.]
Zitat aus einem Brief GOTTFRIED KELLERS vom 10. Oktober 1850 an den Lyriker und Publizisten HERMANN FERDINAND FREILIGRATH (1810–1876), nach *Gottfried Kellers Leben*, hg. von JAKOB BAECHTOLD, 2. Band, Berlin 1894, 138). Zu KELLER vgl. Komm. zu SI 141, 1 – Nr. 238 und 229, 32–33 – Nr. 330.

243, 23 – Nr. 348 ["pikanter Byron'scher Atheismus"]
Als Zitat nicht nachgewiesen. Dem ebenso berühmten wie in seinem Lebenswandel berüchtigten englischen Dichter GEORGE GORDON NOEL LORD BYRON (1788–1824) wurde schon zu Lebzeiten vorgeworfen, aus seinen Werken spreche Gottlosigkeit.

243, 24–25 – Nr. 348 [Symbolismus]
Vgl. Komm. zu 242, 28–29 – Nr. 348.

243, 25 – Nr. 348 [Neo-Idealismus]
Auch 'Neu-Idealismus', literarische Gegenbewegung zum Naturalismus (vgl. Komm. zu SI 242, 28–29 – Nr. 348), die von CURT GROTTEWITZ (1866–1905) seit 1890 als eine "neue Kunst" propagiert wurde, "welche wieder befridig[en], wieder begeister[n]" solle. Sie habe die Aufgabe, die "neuen auf die gesunde physische und geistige Weiterentwicklung der Menschenfamilie abzielende Ideale in sich aufzunehmen" und "eine auf modern-wissenschaftlicher Grundlage auferbaute Schönheit zu schaffen" (*Die zehn Artikel des Neu-Idealismus*, in: *Der Zeitgenosse. Berliner Monatshefte für Leben, Kritik und Dichtung der Gegen-*

wart, 1. Jg. (1890/91), H. 4, S. 152–157, hier S. 152f.). Vgl. auch ders. u. ALEXANDER LAUENSTEIN *Sonnenaufgang. Die Zukunftsbahnen der neuen Dichtung*, Leipzig 1890, und ARNE GABORG, *Der Neu-Idealismus*, in: *Freie Bühne für modernes Leben*, 1. Jg. (1890), S. 633–636 u. S. 660–665.

243, 25 – Nr. 348 [Satanismus]

Die Bezeichnung 'Satanismus' wurde von dem englischen Schriftsteller und poeta laureatus am englischen Hof ROBERT SOUTHEY (1774–1843) in der Vorrede zu seinem Gedicht *The vision of judgment* (1821) für die englische 'Schwarze Romantik' v. a. BYRONs (vgl. Komm. zu SI 243, 23 – Nr. 348) und PERCY BYSSHE SHELLEYs (1792–1822) aufgebracht. SOUTHEY sah in ihnen die Begründer einer 'satanic school'. Im Lauf des 19. Jahrhunderts wird unter 'Satanismus' generell Literatur gefaßt, die das Böse thematisierte und ästhetisierte. Der polnischstämmige Dichter FELIX STANISLAW PRZYBYSZEWSKI (1868–1927), der an STRINDBERG und NIETZSCHE anschloß, veröffentlichte 1897 den Roman *Satans Kinder* (in deutscher Sprache) und den Essay *Die Synagoge des Satans: ihre Entstehung, Einrichtung und jetzige Bedeutung. Ein Versuch.*

243, 26–27 – Nr. 348 [Das Geschlechtliche, nicht mehr in vierzig, sondern in vierhundert Abarten.]

S. Komm. zu SI 241, 2–3 – Nr. 347.

243, 29 – Nr. 348 [Riesentempel von Elephante]

Der große Shiwa-Tempel in Gharapuri (8. Jh.) auf einer bergigen Insel in der Hafenbucht von Bombay mit einer riesigen aus dem Felsen gemeißelten Elephantenfigur, nach der die Portugiesen die Insel "Elephanta" benannten.

243, 29 – Nr. 348 [Neurasthenie]

S. Komm. zu SI 17, 9 – Nr. 17. Vgl. auch SI 241, 20 – Nr. 342.

243, 30–31 – Nr. 348 ["in rüttelnden Wogen Krämpfe über ihre Knochen rieselten."]

Nicht nachgewiesen.

246, 23–24 – Nr. 351 [Francesco d'Andrade]

FRANCISCO D'ANDRADE (1859–1921), portugiesischer Opernsänger (Bariton), wurde besonders in der Rolle des Don Giovanni weltberühmt; 1902 verewigt von MAX SLEVOGT (1868–1932) (Stuttgart, Staatsgalerie).

247, 2–3 [Furcht der Worte ist des Stiles Anfang. Lauterbach, Aegineten]

LAUTERBACH, AE XIII., Nr. 28, 62.

251, 6 – Nr. 352 [Achelonisten]

"Achelonisten" (von gr. χελώνη, Schildkröte) sind in der Literatur nicht nachgewiesen. In kosmogonischen Mythen spielt die Schildkröte jedoch eine große Rolle: So ruht nach altchinesischer Überlieferung die Erde auf dem Rücken einer riesigen Schildkröte, nach indianischen Schöpfungsberichten holte eine Schildkröte vom Grund des Urmeers Schlamm zur Schaffung der Erde herauf. In indischen Mythen verkörpert die Schildkröte den Kosmos, wobei der obere Panzer den Himmel, der untere die Erde darstellt. Nach anderer Überlieferung war die Erde am Anfang ein Milchmeer, aus dem durch Quirlung mit dem pfahlähnlichen Weltberg Mandara, dem die Schildkröte als Fundament diente, die Geschöpfe hervorgingen. Auch soll die Erde auf einem Elephanten ruhen, der seinerseits von einer Schildkröte getragen wird. In der europäischen Antike wird die Schildkröte einerseits mit Hermes verbunden, der aus dem Schild einer Schildkröte den Resonanzboden für die erste Leier schuf, andererseits, wegen ihrer Fruchtbarkeit und Langlebigkeit, mit Pan und Aphrodite. Nach einer Paradoxie ZENONS VON ELEA konnte Achilles eine Schildkröte nicht überholen, obwohl er zehnmal so schnell war wie diese. NIETZSCHE ironisiert das "Evangelium der Schildkröte", das man jetzt bewundere: den Glauben an die Langsamkeit, die "natürliche Entwicklung" in der Geschichte (MA I 261).

252, 7–8 – Nr. 352 [dem tiefen Cynismus, mit dem Baubo die Demeter erheiterte]
S. Komm. zu SI 105, 4–5 – Nr. 128. S. auch SI 138, 24–26 – Nr. 232.

252, 27–28 – Nr. 352 [das tertium finden, das auf einer früheren Stufe "non datur"]
Das Dritte, das es auf einer früheren Stufe 'nicht gibt'. – Wortspiel FHs mit der Formel für den Satz des ausgeschlossenen Dritten. S. Komm. zu SI 149, 31 – Nr. 243.

253, 27 – Nr. 352 [Diaphragma]
Gr. 'Trennwand', 'Zwischenwand', auch 'Zwerchfell'.

254, 16 – Nr. 352 [perpetuum immobile]
'Ewiges Unbewegliches', Parodie auf lat. "perpetuum mobile", 'ewiges Bewegliches'. – In politischem Sinn bei JEAN PAUL, *Titan*, 1. Bd., 1. Jobelperiode, 3. Zykel: "und wem fällt dabei nicht eben so gut wie mir die capitulatio *perpetua* und überhaupt das Reichscorpus als *perpetuum* immobile aus Gründen ein?"

255, 2 – Nr. 352 ["l'essentiel du monde est la volonté"]
Frz. formulierte "Wahrheit" SCHOPENHAUERs: 'das Wesen der Welt ist der Wille'.

256, 16 – Nr. 352 [actio in distans]
Lat. 'Fernwirkung'. – Begriff für die Wirkung von Körpern aufeinander, die einander nicht berühren und auch nicht durch ein Medium verbunden sind. Die berühmteste Fernwirkungstheorie ist die Gravitationstheorie ISAAK NEW-

TONS. KANT unterscheidet die Fernwirkung von der Berührung (*Metaphysische Anfangsgründe der Naturwissenschaft*, 2. Hauptstück. Metaphysische Anfangsgründe der Dynamik. Erklärung 6, AA IV, 511 f.): "Berührung im physischen Verstande ist die unmittelbare Wirkung und Gegenwirkung der Undurchdringlichkeit. Die Wirkung einer Materie auf die andere außer der Berührung ist die *Wirkung in die Ferne* (actio in distans). Diese Wirkung in die Ferne, die auch ohne Vermittelung zwischen inneliegender Materie möglich ist, heißt die unmittelbare Wirkung in die Ferne, oder auch die *Wirkung* der Materie auf einander *durch den leeren Raum*." NIETZSCHE behandelt den Begriff kritisch, sieht in ihm ein Defizit der erklärenden Naturwissenschaften: "Inzwischen giebt sich gerade bei den ausgesuchten Geistern, welche in dieser [der mechanistischen] Bewegung stehen, ein Vorgefühl, eine Beängstigung zu erkennen, wie als ob die Theorie ein Loch habe, welches über kurz oder lang zu ihrem letzten Loche werden könne: ich meine zu jenem, aus dem man pfeift, wenn man in höchsten Nöthen ist. Man kann Druck und Stoß selber nicht 'erklären', man wird die actio in distans nicht los: – man hat den Glauben an das Erklären-können selber verloren und giebt mit sauertöpfischer Miene zu, daß Beschreiben und nicht Erklären, daß die dynamische Welt-Auslegung, mit ihrer Leugnung des 'leeren Raumes', der Klümpchen-Atome, in Kurzem über die Physiker Gewalt haben wird" (NF Juni–Juli 1885, VII 36[34], KSA 11.564 f.). Zugleich ironisiert NIETZSCHE den Begriff: "Der Zauber und die mächtigste Wirkung der Frauen ist, um die Sprache der Philosophen zu reden, eine Wirkung in die Ferne, eine actio in distans: dazu gehört aber, zuerst und vor Allem – *Distanz!*" (FW 60, KSA 3.425). S. auch CK 76, 22.

260, 14 – Nr. 352 [Brachylogen]
Gr. 'Kurzredner', Redner, die kurz und prägnant zu reden verstehen.

260, 18–19 – Nr. 352 [horror vacui]
Lat. 'Schrecken vor dem Leeren'. Auch "fuga" (Flucht) oder "metus" (Furcht) vor dem Leeren. Bis ins 17. Jahrhundert herrschende Vorstellung, die Natur habe einen Abscheu vor dem Leeren ("Natura abhorret vacuum" – 'Die Natur schreckt vor dem Leeren zurück') und suche es mit allen Mitteln und aller Kraft auszufüllen. Mit dem "horror vacui" wurden bereits in der antiken Naturphilosophie (die den Begriff als solchen nicht kennt) Saugwirkungen erklärt, die (nach heutigem Kenntnisstand) auf dem atmosphärischen Luftdruck beruhen (vgl. ARISTOTELES, *De caelo* [*Über den Himmel*], 309a19–20). ARISTOTELES bestreitet in *Physik* IV, 6–9, die Möglichkeit eines Leeren überhaupt. Vorstellung und Begriff eines "horror vacui" erübrigten sich erst durch TORRICELLIS (1643), PASCALS (1647) und V. GUERICKES (1653/54) Experimente zum Nachweis des Luftdrucks (vgl. F. KRAFFT, Art. "horror vacui", in: *Historisches Wörterbuch der Philosophie*, Bd. 3, Basel/Darmstadt 1974, Sp. 1206 ff.). Die Wendung "horror vacui" leitet sich wahrscheinlich aus FRANÇOIS RABELAIS' (1483/94–1553, vgl. Komm. zu SI 272, 3–4 – Nr. 352)) *Gargantua und Pantagruel* (1532–1552/1564) ab, wo das scholastische "Natura abhorret vacuum"

zitiert wird (1. Buch, Kap. 5.) – Im nicht-naturwissenschaftlichen Sinn, als Metapher für die Angst, ohne Sinn und Bedeutung zu leben, gebraucht die Formel auch NIETZSCHE, GM III, 1 (KSA 5.339): "*Dass* aber überhaupt das asketische Ideal dem Menschen so viel bedeutet hat, darin drückt sich die Grundtatsache des menschlichen Willens aus, sein horror vacui: *er braucht ein Ziel,* – und eher will er noch das *Nichts* wollen, als *nicht* wollen."

261, 17 – Nr. 352 [Ego adlatus]
Lat. 'beigeordnetes Ich'.

262, 9 – Nr. 352 [De omnibus dubitandum]
Lat. 'an allem muß man zweifeln'. – Methodischer Leitsatz von RENÉ DESCARTES (1596–1650) und Titel einer Schrift von SÖREN KIERKEGAARD: *Johannes Climacus oder De omnibus dubitandum. Eine Erzählung* (1844).

262, 16 – Nr. 352 [πρῶτον ψεῦδος]
Gr. 'erste Lüge', Anfang der Täuschung. – Nach ARISTOTELES, *Analytica priora*, Buch II, 18. Kap., 66a16, die erste falsche Prämisse eines Syllogismus, durch die der ganze Schluß oder die Schlußkette falsch wird. Den Ausdruck zitiert auch SCHOPENHAUER, vgl. WWV I, Anhang: Kritik der Kantischen Philosophie (SW 1.591).

262, 17–18 – Nr. 352 [Sechs Tage s o l l s t du arbeiten, der siebente i s t ein Ruhetag und Gott geweiht!]
Anspielung auf Gen 2,3: "Und Gott segnete den siebenten Tag und heiligte ihn, weil er an ihm ruhte von allen seinen Werken, die Gott geschaffen und gemacht hatte."

262, 18 – Nr. 352 [otium]
Lat. 'Muße'.

263, 1 – Nr. 352 [Solipsist]
Solipsismus (aus lat. solus, 'allein', und lat. ipse, 'selbst') ist das philosophische Streben, das Bewußtsein von der Welt allein als Bewußtsein meiner selbst zu erklären. Der konsequenteste Vertreter des Solipsismus ist MAX STIRNER (s. die Einleitung des Herausgebers zu diesem Band, Abschn. 4.4). SCHOPENHAUER spricht hier von "theoretischem Egoismus", gesteht zu, dass er "durch Beweise" nicht zu widerlegen sei, verweist ihn als "ernstliche Überzeugung" aber ins "Tollhaus" (WWV I, § 19 [SW 1.163]).

263, 15 – Nr. 352 [Pygmalion]
In der griechischen Mythologie ein meisterhafter Bildhauer auf Zypern, der, weil er die menschlichen Frauen für lasterhaft hielt, sich eine Statue schuf, die schöner war als alle lebenden Frauen, und sich in sie verliebte. Auf sein Bitten hin machte Aphrodite die Statue lebendig, und sie wurde seine Frau (vgl. OVID, *Metamorphosen* X, 243–297).

263, 17 – Nr. 352 [Quiproquo]
S. Komm. zu SI 113, 18 – Nr. 156.

265, 6 – Nr. 352 [prae limine]
S. Komm. zu SI 215, 16 – Nr. 316.

267, 26 – Nr. 352 [Lucrezia Borgia]
LUCREZIA (1480–1519) war die Tochter RODRIGO BORGIAS (1430–1503), der 1492 als ALEXANDER VI. den Heiligen Stuhl bestieg, und die Schwester CE-SARE BORGIAS (1475–1507), der durch seine Skrupellosigkeit zu zweifelhaftem Ruhm gelangte. LUCREZIA war dreimal verheiratet, zuletzt mit dem Herzog von Ferrara. Ihr Ruf als einer gleichfalls skrupel- und zügellosen Frau war wohl vor allem Produkt der Legendenbildung, die ab dem 16. Jahrhundert um die BORGIAS einsetzte. Unter anderem wurde sie beschuldigt, inzestuöse Beziehungen sowohl zu ihrem Vater, Papst ALEXANDER VI., als auch zu ihren Brüdern gehabt zu haben sowie an der Ermordung ihrer Ehemänner beteiligt gewesen zu sein.

268, 2–3 – Nr. 352 ["die Menschheit soll nicht so schnell zum Ziele"]
Vgl. NIETZSCHE, Za I, Von tausend und Einem Ziele (KSA 4.76): "Tausend Ziele gab es bisher, denn tausend Völker gab es. Nur die Fessel der tausend Nacken fehlt noch, es fehlt das Eine Ziel. Noch hat die Menschheit kein Ziel. / Aber sagt mir doch, meine Brüder: wenn der Menschheit das Ziel noch fehlt, fehlt da nicht auch – sie selber noch?"

268, 6 – Nr. 352 [credo quia absurdum]
S. Komm. zu SI 115, 10 – Nr. 160.

268, 8 – Nr. 352 [per contrarium]
Lat. 'mit Hilfe des Gegenteils'.

272, 3–4 – Nr. 352 [Galiani über Rabelais: Il ressemble au cul d'un pauvre homme, frais, dodu, sale et bien portant.]
Frz. 'Er hat Ähnlichkeit mit dem Hintern eines armen Schluckers, frisch, fett, verdreckt und wohlauf.' – Zitat aus *Dialogues sur le commerce des blés* (1770) des ital. Nationalökonomen FERNANDO GALIANI (1728–1787), hier in der Übersetzung von FRANZ BLEI: Galianis *Dialoge über den Getreidehandel*, mit einer Biographie Galiani's hg. von dems., Bern 1895, S. 20 (*Berner Beiträge zur Geschichte der Nationalökonomie*, Nr. 6). Der studierte Jurist GALIANI, seit 1755 Kanoniker in Amalfi ('Abbé Galiani'), war zwischen 1760 und 1769 Legationsrat der neapolitanischen Gesandtschaft in Paris, wo er engen Kontakt mit den Enzyklopädisten um DENIS DIDEROT (1713–1784) pflegte; sein literarisches Œuvre umfaßt neben naturwissenschaftlichen, altertumskundlichen und kunst-

historischen Schriften vor allem stilistisch brillante Werke zur Wirtschaftstheorie. NIETZSCHE schreibt über Galiani: "Es giebt sogar Fälle, wo zum Ekel sich die Bezauberung mischt: da nämlich, wo an einen solchen indiskreten Bock und Affen, durch eine Laune der Natur, das Genie gebunden ist, wie bei dem Abbé Galiani, dem tiefsten, scharfsichtigsten und vielleicht auch schmutzigsten Menschen seines Jahrhunderts – er war viel tiefer als Voltaire und folglich auch ein gut Theil schweigsamer." (JGB 26, KSA 5.44 f.). FRANÇOIS RABELAIS (um 1494–1553) war zunächst Franziskanermönch, gehörte später dem Orden der Benediktiner an, um nach einem kurzen Wanderleben als Weltgeistlicher ein Medizinstudium in Montpellier aufzunehmen und seit 1532 in Lyon als Arzt zu praktizieren; neben Übersetzungen antiker Werke trat RABELAIS insbesondere mit der fünfbändigen, unter dem Pseudonym 'Alcofryabas Nasier' (Anagramm von FRANÇOIS RABELAIS) erschienenen Roman vom Riesen Pantagruel und dessen Vater Gargantua (1532–1564) hervor, der von derbster Lebensfreude, aber auch von großer humanistischer Begeisterung zeugt (s. auch Komm. zu SI 260, 18–19 – Nr. 352).

272, 18 – Nr. 352 [Nonum prematur in annum]
Lat. 'Es [das Gedichtete] soll 9 Jahre zurückgehalten werden [bevor es veröffentlicht wird]'. – Zitat aus HORAZ, *De arte poetica*, V. 388. HORAZ empfiehlt, das Gedichtete zunächst liegen und gründlich von anderen prüfen zu lassen.

275, 29 – Nr. 352 [Sphinx]
Mischwesen der ägyptischen und griechischen Mythenwelt; zumeist als Löwe mit Menschenkopf dargestellt. Die Sphinx der griechischen Oedipus-Sage war zudem noch geflügelt. Vgl. auch Komm. zu SI 321, 13–14 – Nr. 380.

275, 30–33 – Nr. 352 [Der theatralische Cyniker, der sein Licht (seine Diogeneslaterne) leuchten lässt, wie würde er in Verlegenheit geraten, wenn ihm der Mensch begegnete, den er zu suchen vorgiebt!]
S. Komm. zu SI 62, 17–18 – Nr. 64.

276, 13 – Nr. 352 [point d'honneur]
S. Komm. zu SI 78, 17 – Nr. 84.

277, 23 – Nr. 352 [Eigenthum ist Diebstahl]
In seinem wichtigsten Buch *Qu'est-ce que la propriété? Ou recherches sur le principe du droit et du gouvernement* (dt. *Was ist das Eigentum? Oder Untersuchungen über das Prinzip des Rechts und der Regierung*) kam der französische Sozialist PIERRE-JOSEPH PROUDHON 1840 zu dem provozierenden Schluß: "Eigentum ist Diebstahl!". PROUDHON betrachtete Eigentum als illegitim und trat für eine gleichmäßige Verteilung desselben ein. Die Formel "Eigentum ist Diebstahl!" war bereits 1780 von dem Girondistenführer JACQUES-PIERRE BRISSOT (1754–93) in seiner Schrift *Recherches philosophiques sur le droit de propriété et sur le vol* gebraucht worden. Aber erst PROUDHONs Buch machte sie zum Schlagwort. S. auch Komm. zu SI 5, 27 – Nr. 3.

281, 2–6 [Ich wollte Misstrauen erwecken gegen jene transcendente Ventriloquenz, wodurch mancher glauben gemacht wird, etwas das auf Erden gesprochen ist, käme vom Himmel. Lichtenberg, Physiognomik.]

Ventriloquenz: 'Bauchrednerei' (von lat. venter 'Bauch', loquor 'sprechen'). Zitat aus GEORG CHRISTOPH LICHTENBERGS (1742–1799) Streitschrift *Ueber Physiognomik; wider die Physiognomen. Zu Beförderung der Menschenliebe und der Menschenkenntniß*, 2., vermehrte Auflage, Göttingen 1778, Einleitung zur 2. Auflage, unpaginiert; vgl. auch ders.: *Sudelbuch* F (1776–1779), Nr. 665. In: G. CH. LICHTENBERG, *Schriften und Briefe*, hg. von WOLFGANG PROMIES, 6 Bde., München u. a. 1968–1992.

283, 27–28 – Nr. 353 ["Alle auf allen Wegen gelangen zu mir"]

Anspielung auf Joh 14,6: "Ich bin der Weg und die Wahrheit und das Leben; niemand kommt zum Vater denn durch mich." und/oder auf die sprichwörtliche Wendung: "Alle Wege führen nach Rom."

284, 2–3– Nr. 353 [Rechtfertigungsvirtuosen aus der Hegelschen Vernünftigkeitsschule]

G. W. F. HEGEL (1770–1831) war es "gelungen", mit seiner Philosophie das "Wirkliche" in seinem ganzen Umfang als das "Vernünftige" zu rechtfertigen, dadurch alle Ansprüche, die Wirklichkeit "solle" anders sein, als sie ist, als "eitel" zu erweisen und so "die *Versöhnung* mit der Wirklichkeit" herbeizuführen (vgl. *Grundlinien der Philosophie des Rechts* von 1821, Vorrede XIX-XXI [Or.-Pag.]). Sein Denken blieb auf Jahrzehnte hinaus maßgeblich. In den sechziger Jahren des 19. Jahrhunderts verfiel jedoch dessen Plausibilität, und der Aufstieg des Kantianismus begann. Vgl. den Komm. zu SI 1, 1 und zu SI 31, 6–7 – Nr. 24 und NIETZSCHE, NF Herbst 1887, VIII 9[140], KSA 12.415: "Versuch meinerseits, die absolute Unvernünftigkeit des gesellschaftlichen Urtheilens und Werthschätzens zu begreifen: natürlich frei von dem Willen, dabei moralische Resultate herauszurechnen."

284, 5 – Nr. 353 [πάντα καλὰ λίαν]

Gr. 'alles sehr schön'. – Formel, in der Kirchenschriftsteller Gen 1,31 zitieren: "Und Gott sah alles an, was er geschaffen hatte, und siehe, es war sehr gut." – Mehrfach zitiert auch bei SCHOPENHAUER, vgl. z. B. WWV II, Kap. 48: Zur Lehre von der Verneinung des Willens zum Leben (SW 2.795), oder PP II, Kap. 13: Über den Selbstmord, § 157 (SW 5.366).

284, 6 – Nr. 353 [décharge]

Frz. 'Entlastung', u. a. Löschung eines Postens im Schuldbuch.

284, 7 – Nr. 353 [sub specie sui]

Lat. 'im Hinblick auf die eigenen Belange'.

284, 10–14 – Nr. 353 ["Ein durchaus wohlschmeckendes Thier", sagte ein alter Eingeweidewurm, "das nichts dafür kann, wenn unsere pessimistischen Feinschmecker seiner überdrüssig werden. Für vernünftige Ansprüche ist dennoch der Unterleib des Menschen die beste aller möglichen Welten."]
Anspielung auf SCHOPENHAUER, WWV I (SW 1.445) und WWV II (SW 2.747), der sich hier mit LEIBNIZ auseinandersetzt. Auch bei NIETZSCHE findet sich das Motiv in UB I, DS 6 (KSA 1.188): "Ein Leichnam ist für den Wurm ein schöner Gedanke und der Wurm ein schrecklicher für jedes Lebendige. Würmer träumen sich ihr Himmelreich in einem fetten Körper, Philosophieprofessoren im Zerwühlen Schopenhauerischer Eingeweide, und so lange es Nagethiere giebt, gab es auch einen Nagethierhimmel. Damit ist unsere erste Frage: Wie denkt sich der neue Gläubige seinen Himmel? beantwortet." Die Formel "beste aller möglichen Welten" spielt auf LEIBNIZ an, nach dem "Gott die vollkommenste aller möglichen Welten erwählt habe" (*Essais de Théodicee*, Vorrede). Vgl. auch CK 174, 14–16.

284, 16 – Nr. 353 [entozoologischen]
Gr. 'im Inneren lebend'. – Vgl. Komm. zu SI 71, 10 – Nr. 72.

284, 21 – Nr. 353 [Ektozoon]
Gr. 'außerhalb lebendes Tier'. – Parasit, der an der Außenhaut seines Wirtes lebt. Vgl. auch Komm. zu SI 71, 10 – Nr. 72 und zu SI 284, 16 – Nr. 353.

284, 32 – Nr. 353 [petit bourgeois]
Frz. 'Kleinbürger'.

284, 32–33 – Nr. 353 [aurea mediocritas]
Lat. 'goldener Mittelweg'. – Zitat aus HORAZ, *Oden* II, 10, 5. HORAZ empfiehlt die aurea mediocritas aus langer Lebenserfahrung, die am Leben viel Fragwürdiges fand.

285, 3 – Nr. 353 [malgré soi]
Frz. 'trotz allem'.

285, 31 – Nr. 353 [en plein air]
S. Komm. zu SI 217, 6–8 – Nr. 318.

286, 7 – Nr. 353 ["Etwas = X"]
Zitat aus KANT, KrV, A 250. KANT handelt dort vom prinzipiell unerkennbaren "transzendentalen Objekt" oder dem "Ding an sich". – FH hatte sich zu diesem "Etwas = X" (ebenfalls in dieser Notierung) in seiner Nachschrift der Übung über KANTs *Kritik der reinen Vernunft* im Wintersemester 1888/89 bei

FRIEDRICH PAULSEN (Nachlaß HAUSDORFF : Fasz. 1153) bereits ausführliche Notizen gemacht: "Etwas = X überhaupt wird als Correlat der Erscheinungen gedacht, und zwar nothwendig, um unserer Erkenntn. die Willkür zu nehmen und sie obj. gültig zu machen. [...] Dieses X ist nun nicht etwa ein *bestimmter* Gegenstand, auf den etwa die einzelnen Erschein. convergiren und so einen Begriff erzeugen, sondern nur ein uns ganz unbekannter Punkt, der Correlationspunkt unseres Bewusstseins, nach dem hin alle Erschein. convergiren und so in Einer Erfahrung übereinstimmen. Dieses X ist also nichts als das transcendente, oder noch genauer trans*cendentirte* Correlat einer Bewusstseinsfunct., welche K. die 'transc. Apperception' nennt."

286, 16 – Nr. 353 [ultima Thule]
Lat. 'Thule am Ende der Welt'. – Zitat aus VERGIL, *Georgica*, I, 30. Danach soll 'Thule am Ende der Welt' CAESAR AUGUSTUS zur Orientierung auf den Meeren dienen. Thule wurde von dem griechischen Seefahrer PYTHEAS VON MASSILIA zwischen 350 und 320 v. Chr. als Land beschrieben, das sechs Tagesfahrten nördlich von Britannien am Nordrand der Welt liegt.

288, 16 – Nr. 355 [Determinismus]
Philosophische Strömung, die alles Geschehen als durchgehend gesetzlich bestimmt ansieht. Der Determinismus erklärt die Freiheit des menschlichen Willens darum für eine Illusion. Im 17. und 18. Jahrhundert, der Zeit, in der der Begriff geprägt wird (vgl. CHR. W. SNELL, *Über Determinismus und moralische Freiheit*, 1789), sind es die Gesetze der NEWTONschen Mechanik, auf die alles Geschehen zurückgeführt werden soll. Nach FH gilt aber auch hier der unvermeidliche circulus vitiosus (vgl. SI 287, 27–28), daß sich die Leugnung des Determinismus ebenfalls dem Determinismus zurechnen, Freiheit also ebenso gut behaupten läßt. Zum Problem der Willensfreiheit vgl. Komm. zu SI 4, 22 – Nr. 1 und zu SI 17, 22–23 – Nr. 17.

288, 18–20 – Nr. 355 [haben schwärmerische Köpfe auf Grund der Unfreiheit des menschlichen Willens das R e c h t z u s t r a f e n geleugnet.]
Im Gegensatz zur naturrechtlichen Begründung der Strafe in der frühen Neuzeit setzte Mitte des 17. Jahrhunderts vor allem in Großbritannien (u. a. FRANCIS HUTCHESON, DAVID HUME) eine deterministisch-utilitaristische Sicht der Strafe ein: Der Täter ist in seinem Tun von seinen Lebensumständen bestimmt, und insofern hat man kein "Recht" zu Strafen. Strafe kann lediglich aus ihrem "Nutzen" für die Gesellschaft gerechtfertigt werden, nämlich dadurch, daß sie von weiteren Taten abschreckt. Sofern die Gesellschaft so handeln *muß*, folgt sie im Sinne FHs wiederum einem Determinismus. – Auch NIETZSCHE schloß, jedoch nicht mit deterministischen und utilitaristischen Begründungen, sondern im Zug seiner Kritik der Moral überhaupt und des moralischen Begriffs eines freien Willens, ein *moralisches* Recht zu strafen aus (vgl. M 13, KSA 3.26; M 202, KSA 3.176ff.) und verwies auf die Verschiebbarkeit und Flüssigkeit des

Sinns, der der Strafe gegeben wird (GM II, 10–15, KSA 5.308ff.).

288, 27 – Nr. 355 [Einen ähnlichen Cirkel]
Vgl. NIETZSCHE, M 202 (KSA 3.177): "Schaffen wir den Begriff der *Sünde* aus der Welt – und schicken wir ihm den Begriff der *Strafe* bald hinterdrein!"

289, 9–11 – Nr. 355 [wie B. Constant sagt, une masse compacte et indivisible pour qu'elle se mêle le moins possible avec ses actions et le laisse libre dans tous les détails.]
Zitat aus BENJAMIN CONSTANT, *Adolphe. Aus den Papieren eines Unbekannten*, 1. Kapitel, hg. von FERNAND BALDENSPERGER, Genève 1950, 10: "Der Christ macht aus seiner Moral etwas Kompaktes und Unteilbares, damit sie sich so wenig wie möglich mit seinen Handlungen mischt und ihm in allen Einzelfällen freie Hand läßt."

289, 12–13 – Nr. 355 [als neuestes Beispiel Nietzsches "Ethik der ewigen Wiederkunft"]
Zum Gedanken der ewigen Wiederkunft und einer "Ethik der ewigen Wiederkunft" vgl. die Einleitung des Herausgebers dieses Bandes, Abschn. 5.3.

289, 17 – Nr. 355 [Allgemeinheit ist Nivellement]
Frz. nivellement 'Einebnung', zeitgenössisch bildungssprachlich in der Bedeutung von 'Ausgleichen von Unterschieden'. Vgl. dazu NIETZSCHE, Za II, Von den Taranteln (KSA 4.130): "Mit diesen Predigern der Gleichheit will ich nicht vermischt und verwechselt sein. Denn so redet *mir* die Gerechtigkeit: 'die Menschen sind nicht gleich.'" Siehe auch Za II, Von den Gelehrten (KSA 4.162): "Denn die Menschen sind *nicht* gleich: so spricht die Gerechtigkeit. Und was ich will, dürften *sie* nicht wollen!" Vgl. auch den Komm. zu SI 116, 6–7 – Nr. 162.

289, 27–29 – Nr. 356 [mit dem Satze, den Kant in der "Grundlegung der Metaphysik der Sitten" gewagt hat]
FHs karikierender Dekonstruktion von KANTs praktischer Philosophie in diesem Aphorismus steht sein enger Anschluß an KANTs theoretische Philosophie gegenüber, der besonders in *Das Chaos in kosmischer Auslese* zum Ausdruck kommt. Für beides finden sich reichlich Vorbilder bei NIETZSCHE. Vgl. etwa MA I, 21 (KSA 2.42f.), 25 (KSA 2.46) und 26 (KSA 2.46 f.), FW 97 (KSA 3.451), 335 (KSA 3.560 ff.) und 357 (KSA 3.597 ff.), JGB 187 (KSA 5.107) und 188 (KSA 5.108 ff.) sowie AC 10–12 (KSA 6.176 ff.).

289, 29–31 – Nr. 356 ["Empirische Principien taugen überall nicht dazu, um moralische Gesetze darauf zu gründen."]
Zitat aus KANT, GMS, AA IV, 442.

290, 15 – Nr. 356 [quaternio terminorum]
Lat. 'Vervierfachung der Begriffe'. Bezeichnung für einen logischen Trugschluß,

in dem ein doppeldeutiger Begriff als Mittelbegriff dient und es sich so im Schluß um vier statt um drei Begriffe handelt.

290, 23 – Nr. 356 [pluralité des mondes]
Frz. 'Vielzahl der Welten'. Die Formel geht zurück auf BERNARD LE BOVIER FONTENELLES (1657–1757) in fast alle europäischen Sprachen übersetztes Werk *Entretiens sur la pluralité des mondes* (1686, dt. Übers. 1751 unter dem Titel *Dialoge über die Mehrheit der Welten* von JOHANN CHRISTOPH GOTTSCHED). FONTENELLE stellt darin die moderne kopernikanische Astronomie prägnant und elegant (für eine fiktive kluge und wißbegierige Marquise) dar und trägt u. a. vor, daß wahrscheinlich auch die Nachbarplaneten der Erde bewohnt seien. – FH wird die Formel mehrfach in CK (29,4; 57,24; 152,15) gebrauchen.

290, 26 – Nr. 356 [tellurische]
Lat. 'irdisch', 'auf die Erde bezogen'.

291, 13–14 – Nr. 356 [Jene Welt, die nach Kant "Etwas = X"]
S. Komm. zu SI 286, 7 – Nr. 353.

292, 6 – Nr. 356 [credo quia absurdum]
S. Komm. zu SI 115, 10 – Nr. 160.

292, 7 – Nr. 356 [nego quia non absurdum]
Lat. 'ich verneine, weil es nicht widersinnig ist'. – Vgl. NIETZSCHE, AC 10 und 11 (KSA 6.176 ff.): "Der Erfolg Kant's ist bloss ein Theologen-Erfolg" – "Dass man den kategorischen Imperativ Kant's nicht als *lebensgefährlich* empfunden hat! ... Der Theologen-Instinkt allein nahm ihn in Schutz!"

292, 16 – Nr. 357 ["an Allem und für Alle"]
Vgl. F. M. DOSTOJEWSKI, *Die Brüder Karamasow*, Bd. 2, Berlin/Weimar 1986, 463, 478 und 486: "jeder ist wahrhaftig für jeden und für alles schuldig vor allen". – Zum ethischen Sinn des Satzes vgl. WERNER STEGMAIER, *Levinas*. Reihe Meisterdenker, Freiburg/Basel/Wien 2002, 161–171 ("Dostojewski, Nietzsche und Levinas: Unbegrenzte ethische Verantwortung").

292–293, 25–1 – Nr. 357 ["Wer etwas tiefer ... verwerflicher ist."]
SCHOPENHAUER, PP II, Kap. 14: Nachträge zur Lehre von der Bejahung und Verneinung des Willens zum Leben, § 164 (SW 5.371).

293, 29 – Nr. 358 [Savonarola]
GIROLAMO SAVONAROLA (1452–1498), ein spätmittelalterlicher Bußprediger, der in Florenz eine streng asketisch-kirchlich geprägte Demokratie anstrebte und als Häretiker gehängt und verbrannt wurde.

294, 5 – Nr. 358 [in malam partem]
S. Komm. zu SI 72, 11 – Nr. 74.

296, 6 – Nr. 359 [factum infectum fieri quit]
Lat. '... Getanes ungetan gemacht werden kann' – im griechischen und lateinischen Schrifttum häufig gebrauchte Wendung, in der Regel jedoch in negativem Sinn ('nicht ungetan gemacht werden kann'). Vgl. z. B. TITUS MACCIUS PLAUTUS, *Aulularia*, Actus IV, X, 11 ("Factum illud: fieri infectum non potest").

297, 4–5 – Nr. 359 [in Dostojewskij'scher Formel "Schuld an Allem und für Alle"]
S. Komm. zu SI 292, 16 – Nr. 357.

297, 6–7 – Nr. 359 ["ich bin's, der all dies Elend schuf!"]
Zitat aus WAGNER, *Parsifal*, 3. Aufzug, Leipzig 1964, 53 f.

298, 1–3 – Nr. 360 [derselbe Gott, mit dessen Verabsolutirung zum ens realissimum man sich zwei Jahrtausende lang das Gehirn verrenkt]
Lat. 'wirklichstes Seiendes'. – Gott wird in der europäischen Metaphysik und christlichen Theologie als das Seiende gedacht, das alle Realität umfaßt, unter Ausschluß ihrer Negation. Vgl. KANT, KrV A 576/B 604: "der Begriff eines entis realissimi ist der Begriff eines einzelnen Wesens, weil von allen möglichen entgegengesetzten Prädikaten eines, nämlich das, was zum Sein schlechthin gehört, in seiner Bestimmung angetroffen wird." Zu den historischen Wurzeln des Begriffs Gottes als eines ens realissimum vgl. JOHANNES HIRSCHBERGER, *Geschichte der Philosophie*, Bd. 2: Neuzeit und Gegenwart, 13. Aufl., Freiburg/Basel/Wien 1991, 321–325.

298, 8–10 – Nr. 360 [Wie reinlich, wie gut gearbeitet, wie homogen ist dagegen die Lehre von der W i e d e r g e b u r t]
Vgl. die Gegenüberstellung, die NIETZSCHE in AC, Nr. 20–23 und 56–57, zwischen Christentum und Buddhismus vornimmt.

299, 8 – Nr. 361 [Stier des Phalaris]
S. Komm. zu SI 18, 16–18 – Nr. 17.

299, 15 – Nr. 361 [δεύτερος πλοῦς]
Gr. 'zweitbeste Fahrt'. – Terminus aus der Schiffahrt: Wenn nicht genügend Wind zum Segeln da ist, muß gerudert werden. Sprichwörtlich gebraucht für die Bemühung um das Zweitbeste, wenn es nicht möglich ist, das Beste zu erreichen. In dieser Verwendung z. B. zu finden bei PLATO, *Phaidon*, 99c: Dort läßt PLATO den von der Naturphilosophie des ANAXAGORAS enttäuschten SOKRATES als zweite Fahrt den Anfang beim Denken und den Ideen vorschlagen. – Die Wendung wird mehrfach zitiert von SCHOPENHAUER, vgl. z. B. WWV I, § 68 (SW 1.533), und WWV II, 4. Buch, Kap. 48: Zur Lehre von der Verneinung

des Willens zum Leben (SW 2.808).

300, 15 – Nr. 362 [ergo vivamus]
Lat. 'also laßt uns leben'. – Zitat aus PETRON, *Gastmahl des Trimalchio*, 34,
10. Zugleich Anspielung auf 'ergo bibamus' ('also laßt uns trinken'), dem Anfang eines mittelalterlichen Kneipliedes der Kleriker. Vgl. dazu auch GOETHES
Gedicht *Ergo bibamus!*.

303, 33 – Nr. 365 [ex concessis]
S. Komm. zu SI 61, 21 – Nr. 63.

304, 15 – Nr. 366 [Stirner gegen Feuerbach]
MAX STIRNER (s. die Einleitung des Herausgebers zu diesem Band, Abschn. 4.4)
greift in *Der Einzige und sein Eigentum* scharf "das Heilige" an, das LUDWIG
FEUERBACH (1804–1872) auch im "menschlichen Wesen" noch habe bewahren
wollen (vgl. bes. das Kapitel "Die Neuen").

304, 16–17 – Nr. 366 [Leibniz-Wolfische Curiosa]
Die von CHRISTIAN WOLFF (1679–1754) zu einem umfassenden Lehrgebäude
weitergebildete Metaphysik von GOTTFRIED WILHELM LEIBNIZ (1646–1716)
war zur Zeit KANTs die herrschende Philosophie in Deutschland. Die "natürliche Theologie" (*Theologia naturalis*, 2 Bde., 1736–37) gehörte zu ihren Haupt-
stücken. – Die falsche Schreibweise des Namens 'Wolff' findet sich häufig auch
bei SCHOPENHAUER und in ähnlichem Zusammenhang, u. a. WWV I, § 9: "[. . .]
wie wäre es sonst auch möglich, daß so Vieles, zu verschiedenen Zeiten, nicht
nur irrig angenommen [. . .], sondern demonstrirt und bewiesen, dennoch aber
später grundfalsch befunden worden, z. B. Leibnitz-Wolfische Philosophie [. . .]"
(nach der Ausgabe letzter Hand, vgl. SW 1.91).

304, 23 – Nr. 366 ["metaphysische Bedürfniss"]
Vgl. SCHOPENHAUER, WWV II, Kap. 17: Über das metaphysische Bedürfnis
(SW 2.206–243).

**305, 3–4 – Nr. 367 [Die Postulate der practischen Vernunft sind:
k e i n Gott, u n f r e i e r Wille, S t e r b l i c h k e i t der Seele.]**
Die "Postulate der reinen praktischen Vernunft" nach KANT (KpV, 1. Teil,
2. Buch, 2. Hauptstück, Kap. IV u. V) sind die Unsterblichkeit der Seele und
das Dasein Gottes. Freiheit ist nach KANT dagegen die "Beschaffenheit" des
Willens, durch die er durch bloße Vernunft zum Handeln nach dem moralischen
Gesetz des kategorischen Imperativs bestimmt werden kann (1. Teil, 1. Buch,
1. Hauptstück, § 5: Aufgabe I). Nach FH muß die "moralische Verantwortlichkeit" in diametralem Gegensatz zu KANT gedacht werden.

305, 19 – Nr. 368 [ἀνθρώπιον]
Gr. 'Menschenkind'.

305, 32 – Nr. 368 [species facti]
Ironische lat. Bildung, etwa 'angesichts der Tatsache'.

306, 1–2 – Nr. 368 [Herr Quidam und Quilibet]
Pseudo-Lat. 'jedermann, jeder x-beliebige'.

306, 14–15 – Nr. 269 [Theolatrie]
Gr. θεοῦ λατρεία 'Gottesdienst'. – Vgl. auch PLATO, *Apologie* 23c.

306, 16 – Nr. 369 [non sine dis animosus infans]
Zitat aus HORAZ, *Oden* III, 4, 20: 'ein nicht ohne Götter [= im Schutz von Göttern] beherztes Kind'.

306, 20 – Nr. 369 [Hybris]
Gr. 'Vermessenheit'. In der griechischen Antike anmaßender, frevelhafter Übermut des Menschen gegen die Götter. Bei NIETZSCHE heißt es: "Hybris ist heute unsere ganze Stellung zur Natur, [...] Hybris ist unsere Stellung zu Gott, [...] Hybris ist unsere Stellung zu *uns*" (GM III, 9, KSA 5.357).

307, 5 – Nr. 370 [Rabelaisischen Derbheit]
Zu RABELAIS vgl. Komm. zu SI 272, 3–4 – Nr. 352.

307, 17 – Nr. 370 [décharge]
S. Komm. zu SI 284, 6 – Nr. 353.

307, 29–31 – Nr. 371 ["Mitleid durchbricht die Schranken der Erscheinung" oder "Musik ist unmittelbares Abbild des Willens zum Leben"]
Frei wiedergegebene zentrale Thesen SCHOPENHAUERs. Vgl. WWV II, Kap. 47: "Auf dieser metaphysischen Identität des Willens als des Dinges an sich bei der zahllosen Vielheit seiner Erscheinungen beruhen überhaupt drei Phänomene, welche man unter den gemeinsamen Begriff der *Sympathie* bringen kann: 1. das *Mitleid* [...]; 2. die *Geschlechtsliebe* [...]; 3. die *Magie* [...]. Demnach ist *Sympathie* zu definieren: das empirische Hervortreten der metaphysischen Identität des Willens durch die physische Vielheit seiner Erscheinungen hindurch" (SW 2, 771f.), und WWV I, § 52: "Die Musik nämlich eine so *unmittelbare* Objektivation und Abbild des ganzen *Willens*, wie die Welt selbst es ist" (SW 1, 359). Vgl. auch NIETZSCHE GT 16: "Denn die Musik ist [...] nicht Abbild der Erscheinung, oder richtiger, der adäquaten Objectität des Willens, sondern unmittelbar Abbild des Willens selbst" (KSA 1, 106).

308, 11–12 – Nr. 372 [Dass Spinoza sich der mathematischen Beweisform bediente, war gewiss überflüssig]
BARUCH DE SPINOZA (1623–1677) baute sein Hauptwerk *Ethica* (*Ethik*, 1677),

wie im Untertitel angegeben (*Ethica More Geometrico Demonstrata/Ethik, nach geometrischer Methode dargestellt*), nach der Methodik mathematischer Beweise auf, wie sie die *Elemente* des EUKLID (geb. um 365 v. Chr.) begründet hatten. Er leitet sein philosophisches System in strengen Schlußketten mittels logischer Regeln aus einer begrenzten Anzahl von Axiomen und Definitionen ab. FH scheint in der Einschätzung dieser Darstellungsmethode NIETZSCHE zu folgen, welcher in JGB 5 (KSA 5.19) schreibt: "Oder gar jener Hocuspocus von mathematischer Form, mit der Spinoza seine Philosophie – 'die Liebe zu *seiner* Weisheit' zuletzt, das Wort richtig und billig ausgelegt – wie in Erz panzerte und maskirte, um damit von vornherein den Muth des Angreifenden einzuschüchtern, der auf diese unüberwindliche Jungfrau und Pallas Athene den Blick zu werfen wagen würde: – wie viel eigne Schüchternheit und Angreifbarkeit verräth diese Maskerade eines einsiedlerischen Kranken!" – Vgl. zu SPINOZA auch Komm. zu SI 4, 22 – Nr. 1, SI 60, 28 – Nr. 63, SI 68, 4–11 – Nr. 66, SI 76, 17–18 – Nr. 81, SI 87, 6–8, SI 123, 19 – Nr. 186.

308, 13–15 – Nr. 372 [dass Kant die Unmöglichkeit dieser Form für philosophische Zwecke beweisen wollte]

KANT beschäftigt sich mit der Abgrenzung der philosophischen von der mathematischen Methode ausführlich in der *Kritik der reinen Vernunft* (Transcendentale Methodenlehre, 1. Hauptstück, 1. Abschnitt: Die Disciplin der reinen Vernunft im dogmatischen Gebrauche, A 712–38/B 740–66). Er unternimmt den Nachweis, daß die mathematische Methode (vgl. Komm. zu SI 308, 11–12 – Nr. 372), die ihrer Natur nach synthetisch vorgeht, dem philosophischen Denken, welches analytischen Charakter habe (vgl. A 730/B 758), unangemessen ist: "Die Gründlichkeit der Mathematik beruht auf Definitionen, Axiomen, Demonstrationen. Ich werde mich damit begnügen, zu zeigen: dass keines dieser Stücke in dem Sinne, darin sie der Mathematiker nimmt, von der Philosophie könne geleistet, noch nachgeahmt werden; dass der Meßkünstler nach seiner Methode in der Philosophie nichts als Kartengebäude zu Stande bringe" (A 726 f./B 754 f.). Er will zeigen, "dass die Befolgung der mathematischen Methode in dieser Art Erkenntniß nicht den mindesten Vortheil schaffen könne, es müßte denn der sein, die Blößen ihrer selbst desto deutlicher aufzudecken: dass Meßkunst und Philosophie zwei ganz verschiedene Dinge seien, ob sie sich zwar in der Naturwissenschaft einander die Hand bieten, mithin das Verfahren des einen niemals von dem anderen nachgeahmt werden könne." (A 726/B 754). KANT nimmt in diesen Ausführungen nicht ausdrücklich Bezug auf SPINOZA und seine Darstellungsform in der *Ethik*, merkt jedoch in seiner Schrift *Was heißt: Sich im Denken orientiren?* von 1786 an: "Es ist kaum zu begreifen, wie gedachte Gelehrte in der *Kritik der reinen Vernunft* Vorschub zum Spinozism finden konnten. Die Kritik beschneidet dem Dogmatism gänzlich die Flügel in Ansehung der Erkenntniß übersinnlicher Gegenstände, und der Spinozism ist hierin so dogmatisch, dass er sogar mit dem Mathematiker in Ansehung der Strenge des Beweises wetteifert." (AA VIII, 143 Anmerkung).

308, 16–17 – Nr. 372 [more geometrico]
Lat. 'nach der Art der Geometrie'. – Vgl. Komm. zu SI 308, 11–12 – Nr. 372.

309, 2 – Nr. 372 [ἀδιάφορα]
Gr. 'Gleichgültiges'. – In der stoischen Philosophie Begriff für Dinge, die weder gut noch schlecht sind.

310, 15–16 – Nr. 375 [Man kennt einen berühmten Fall dieser Art.]
FH meint möglicherweise CHRISTUS, vgl. SI 19f. – Nr. 18 und 19.

310, 24 – Nr. 376 [metempsychotischer Vorstellungen]
Vorstellungen von der 'Seelenwanderung'. Vgl. Komm. zu SI 133, 15 – Nr. 215.

310, 30 – Nr. 376 [jede Mitleidsmoral]
Anspielung auf ethische Konzeptionen, die das Mitleid zum Grundprinzip erklären, wie die Ethik SCHOPENHAUERs, der auch einer von denen war, die Europa die Hinwendung zum Buddhismus empfahlen. Vgl. z. B. PP II, Kap. 8: Zur Ethik, § 109 (SW 5.240): "Daher möchte ich im Gegensatz zu besagter Form des Kantischen Moralprinzips, folgende Regel aufstellen: bei jedem Menschen, mit dem man in Berührung kommt, unternehme man nicht eine objektive Abschätzung desselben nach Wert und Würde, ziehe also nicht die Schlechtigkeit seines Willens noch die Beschränktheit seines Verstandes und die Verkehrtheit seiner Begriffe in Betrachtung, da ersteres leicht Haß, letzteres Verachtung gegen ihn erwecken könnte; sondern man fasse allein seine Leiden, seine Not, seine Angst, seine Schmerzen ins Auge – da wird man sich stets mit ihm verwandt fühlen, mit ihm sympathisieren und statt Haß oder Verachtung jenes Mitleid mit ihm empfinden, welches allein die ἀγάπη ist, zu der das Evangelium aufruft. Um keinen Haß, keine Verachtung gegen ihn aufkommen zu lassen, ist wahrlich nicht die Aufsuchung seiner angeblichen 'Würde', sondern umgekehrt der Standpunkt des Mitleids der allein geeignete."

311, 23 – Nr. 311 ["dem Bösen zu widerstehen"]
Vgl. Mt 5,39: "Ich aber sage euch, dass ihr nicht widerstreben sollt dem Übel; sondern, wenn dir jemand einen Streich gibt auf deine rechte Backe, dem biete die andere auch dar." NIETZSCHE sagt vom "Typus Jesus" in AC 29 (KSA 6.199 f.): "die Unfähigkeit zum Widerstand wird hier Moral ('widerstehe nicht dem Bösen' das tiefste Wort der Evangelien, ihr Schlüssel in gewissem Sinne), die Seligkeit im Frieden, in der Sanftmuth, im Nicht-feind-sein-*können*."

312, 2 – Nr. 377 [Neminem-laede-Moral]
Vgl. SCHOPENHAUER, Über die Grundlage der Moral, § 6 (SW 3.663): " 'Neminem laede, imo omnes, quantum potes, iuva!' (Verletze niemanden, vielmehr hilf allen, soviel du kannst!)". – Vgl. zum folgenden auch ebd., § 17 (SW 3.746): "Dergestalt entspringt aus diesem ersten Grade des Mitleids die Maxime 'neminem laede', d. i. der Grundsatz der Gerechtigkeit, welche Tugend ihren lautern,

rein moralischen, von aller Beimischung freien Ursprung allein hier hat und nirgends außerdem haben kann, weil sie sonst auf Egoismus beruhen müßte." Vgl. aber auch KANT, MS, Erster Theil: Metaphysische Anfangsgründe der Rechtslehre, Einteilung der Rechtslehre, A. Allgemeine Einteilung der Rechtspflichten: "Thue niemanden Unrecht" (AA VI, 236).

313, 7–8 – Nr. 378 [Schlüssel, mit dem der moderne Faust zu den Müttern niedersteigt]
Anspielung auf GOETHE, *Faust* II, V. 6173–6306. Faust muß, um dem Kaiser und seinem Hof Helena und Paris präsentieren zu können, hinabsteigen zu den Müttern, geheimnisvollen Gottheiten, die einen Dreifuß hüten, welchen er für die Beschwörung braucht. Um zu den Müttern zu gelangen, erhält er von Mephistopheles einen Schlüssel.

313, 26–27 – Nr. 378 [("Die Sieger" von Richard Wagner)]
RICHARD WAGNER konzipierte auf seine SCHOPENHAUER-Lektüre und die dadurch angeregte Beschäftigung mit dem Buddhismus hin im Mai 1856 die Prosaskizze zu einem Drama mit dem Titel *Die Sieger*, dem er in einem *Programm für den König* (LUDWIG II. von Bayern) von 1864 den Untertitel *nach einer buddhistischen Legende* gab (vgl. *Richard Wagner, Entwürfe. Gedanken. Fragmente. Aus nachgelassenen Papieren zusammengestellt*, Leipzig 1885, S. 97f., auch in: ders., *Nachgelassene Schriften und Dichtungen*, Leipzig 1885, S. 161f.). Den Stoff dazu hatte er aus dem Werk *Introduction à l'histoire du Buddhisme Indien* von EUGÈNE BURNOUF (Paris 1844) entnommen. *Die Sieger* sollten in den späteren Aufführungen auf den *Ring des Nibelungen* folgen und *Parsifal* vorangehen. WAGNER gab den Plan zur Ausarbeitung und Vertonung des Stoffes zwar nach außen hin auf, beschäftigte sich jedoch immer wieder mit ihm. Im Sommer 1882 wurde das Vorhaben schließlich durch die Berichterstattung mehrerer Zeitungen und Zeitschriften öffentlich bekannt, WAGNER dementierte es (*Allgemeine deutsche Musik-Zeitung* 9 (1882), S. 280). Vgl. JOHN DEATHRIGDE, MARTIN GECK, EGON VOSS, *Wagner. Werk-Verzeichnis. Verzeichnis der musikalischen Werke Richard Wagners und ihrer Quellen*, erarbeitet im Rahmen der Richard Wagner-Gesamtausgabe, Mainz/London/New York/Tokyo: Schott 1986, 424–426).

313, 27–31 – Nr. 378 [der Philosoph des Jahrhunderts nennt sich in seinen letzten Worten den Lehrer der ewigen Wiederkunft und "stellt sich damit wieder auf den Boden zurück, aus dem sein Wollen, sein Können wächst" . . . . (Nietzsche, "Götzendämmerung").]
Vgl. NIETZSCHE, GD, Was ich den Alten verdanke, 5 (KSA 6.160). Im Wortlaut: "damit stelle ich mich wieder auf den Boden zurück, aus dem mein Wollen, mein *Können* wächst – ich, der letzte Jünger des Philosophen Dionysos, – ich, der Lehrer der ewigen Wiederkunft . . ."

315, 25 – Nr. 379 [peccatum originale]

Lat. 'Erbsünde'. – Vgl. NIETZSCHE, AC 10 (KSA 6.176): "Der protestantische Pfarrer ist Grossvater der deutschen Philosophie, der Protestantismus selbst ihr peccatum originale.", sowie AC 61 (KSA 6.251): "Luther sah die *Verderbniss* des Papstthums, während gerade das Gegenteil mit Händen zu greifen war: die alte Verderbniss, das peccatum originale, das Christenthum sass *nicht* mehr auf dem Stuhl des Papstes!"

315–316, 33–1 – Nr. 379 [o n t o l o g i s c h e und g e n e a l o g i s c h e Metaphysiker]
S. auch CK 39, 9–12.

316, 13–14 – Nr. 379 [wie bei Dante die Gemeinschaft der Seligen aller Zeiten in der Himmelsrose.]
Vgl. DANTE ALIGHIERI, *Die Göttliche Komödie*, Das Paradies, 30. Gesang u. ff.

317, 2 – Nr. 379 [Pythia]
Die weissagende Priesterin des Apoll in Delphi. Das Delphische Orakel mit der vom Gott inspirierten Pythia galt in der griechischen Antike als hohe Autorität.

317, 4 – Nr. 379 [teleologisch oder aitiologisch]
Gr. 'zielbestimmt' oder 'ursachenbestimmt'.

317, 18–19 – Nr. 379 [durch E. v. Hartmann (der es fertig bringt, dem "Weltprocess" ein Ziel und damit ein Ende zu geben)]
Vgl. SI 31, 6–7 – Nr. 24, CK 39, 31 - 40, 3, CK 48, 11–12 u. und die Einleitung des Herausgebers zu diesem Band, Abschn. 4.5.

317, 24–25 – Nr. 379 [steht Schopenhauer, der Verächter der Geschichte und Wiederentdecker des scholastischen Nunc stans]
Vgl. SCHOPENHAUER, WWV I, § 51 (SW 1.342–346); SCHOPENHAUER stellt (wie ARISTOTELES in seiner *Poetik*) die Dichtung über die Geschichte. Vgl. auch SCHOPENHAUER, WWV, I, 3. Buch, § 32 (SW 1.253): "Wir würden in der Tat, wenn es erlaubt ist, aus einer unmöglichen Voraussetzung zu folgern, gar nicht mehr einzelne Dinge, noch Begebenheiten, noch Wechsel, noch Vielheit erkennen, sondern nur Ideen, nur die Stufenleiter der Objektivation jenes einen Willens, des wahren Dinges an sich, in reiner ungetrübter Erkenntnis auffassen, und folglich würde unsere Welt ein Nunc stans sein." – Lat. "nunc stans": 'stehendes Jetzt, beharrendes Jetzt'. Vgl. H. SCHNARR, Art. Nunc stans, in: *Historisches Wörterbuch der Philosophie*, Bd. 6, Basel/Darmstadt 1984, Sp. 989–991 (dort auch Nachweise zur Scholastik und weitere Nachweise zu SCHOPENHAUER).

319, 2–5 [Hast du den Hahn in deinem Bilderbuche gesehn? Er hat eine Menge Hühner um sich, wenn das Buch zu ist: hast du das auch gesehn? – B j ö r n s o n, Synnöve Solbakken.]
Zitat aus der Erzählung von BJÖRNSTERNE BJÖRNSON, *Synnöve Solbakken*

(1857), übers. v. W. Lange, Leipzig 1874, S. 6. – Die Erzählung, Bjørnsons erstes ins Deutsche übertragenes Werk, eine Geschichte zweier voneinander abgewandter norwegischer Bauernhöfe, deren Kinder nach langen Prüfungen zueinander finden, begründete Bjørnsons Weltruhm. – Vgl. auch u. SI 139, 14–15 – Nr. 234, und 361, 21–27 – Nr. 411.

321, 13–14 – Nr. 380 [ein neuer Oedipus vor die alte Sphinx tritt]
Im griechischen Mythos von Oedipus lauert die Sphinx (S. Komm. zu SI 275, 29 – Nr. 352) auf einem Felsen vor den Toren Thebens auf Passanten und verschlingt sie, wenn sie das Rätsel nicht lösen können, wer zuerst auf vier, dann auf zwei und zum Ende seines Lebens auf drei Beinen gehe. Als der kluge Oedipus die Lösung "Der Mensch" findet, stürzt sie sich in den Abgrund.

321, 17–18 – Nr. 380 [Muss man vielleicht Thebaner, wenigstens Böotier sein]
S. Komm. zu SI 243, 4–6 – Nr. 348.

321, 27–29 – Nr. 380 [das Küchengeräth analytischer Urtheile ... von einem synthetischen Topfflicker wieder zusammenheften zu lassen]
Mit Hilfe der Unterscheidung analytischer und synthetischer Urteile formuliert Kant die Leitfrage seiner "Transzendental-Philosophie": "Wie sind synthetische Urteile a priori möglich?". Vgl. KrV, Einleitung.

321, 30–31 – Nr. 380 ["über das Geschick"]
Häufige Wendung bei Homer, gr. ὑπὲρ μόρον (z. B. *Ilias* XX, 30, *Odyssee* I, 34) oder ὑπέρ μοιραν (z. B. *Ilias* XX, 336). Vgl. auch Nietzsche, FW 11 (KSA 3.382): "Aus der Bewusstheit stammen unzählige Fehlgriffe, welche machen, dass ein Thier, ein Mensch zu Grunde geht, früher als es nöthig wäre, 'über das Geschick', wie Homer sagt", und GM II, 23 (KSA 5.333 f.): "Diese Griechen haben sich die längste Zeit ihrer Götter bedient, gerade um sich das 'schlechte Gewissen' vom Leibe zu halten, um ihrer Freiheit der Seele froh bleiben zu dürfen: also in einem umgekehrten Verstande als das Christenthum Gebrauch von seinem Gotte gemacht hat. Sie giengen darin *sehr weit*, diese prachtvollen und löwenmüthigen Kindsköpfe; und keine geringere Autorität als die des homerischen Zeus selbst giebt es ihnen hier und da zu verstehn, dass sie es sich zu leicht machen. 'Wunder! sagt er einmal – es handelt sich um den Fall des Ägisthos, um einen *sehr* schlimmen Fall –

Wunder, wie sehr doch klagen die Sterblichen wider die Götter!
Nur von uns sei Böses, vermeinen sie; aber sie selber
Schaffen durch Unverstand, auch gegen Geschick, sich das Elend.'"

322, 3–4 – Nr. 380 ["allgemeine Gesetzmässigkeit des Weltalls"]
Vgl. auch CK 7, 19–20.

322, 12–13 – Nr. 380 [Es lebt kein Schurk' im ganzen Dänemark, /

Der nicht ein ausgemachter Bube wäre!]
Zitat aus SHAKESPEARE, *Hamlet*, 1. Akt, 5. Szene, Z.,123–24 (in der Übersetzung von AUGUST WILHELM VON SCHLEGEL).

324, 10–11 – Nr. 381 [ein Ahasver-Bewusstsein, das nicht leben und nicht sterben kann]
Die Sage vom "ewigen Juden" beruht teils auf biblischen (MALCHUS, nach Joh 18.22, bzw. JOHANNES, nach Joh 21.20–24), v. a. aber auf legendären Überlieferungen, die besonders auf Klosterchroniken des 13. Jhds. zurückgehen, darunter *Ignoti Monachi Cisterciensis S. Mariae de Ferraria Chronica*, 1228; ROGER VON WENDOVER (gest. 1237), *Flores historiarum*, 1235; MATTHÄUS PARISIENSIS (gest. 1259), *Chronica maiora*, um 1240; PHILIPPE DE NOVAIRE (gest. 1270), *Gestes des Chyprois*, vor 1255; GUIDO BONATTI (gest. um 1300), *De Astronomia tractatus quintus*, nach 1267. Danach berichteten Pilger von einem in Armenien umherziehenden, zunächst namenlosen, später Josephus Cartaphilus (ROGER VON WENDOVER) oder Johannes Buttadeus (PHILIPPE DE NOVAIRE) genannten Juden, der als Türwächter des PILATUS den kreuztragenden CHRISTUS mit Schlägen zur Eile angetrieben habe, worauf dieser ihn mit den Worten "Ego vado, et tu expectabis me, donec redeam" ("Ich gehe, aber du wirst warten, bis ich wiederkomme.") zur ewigen Wanderung verdammt habe. Die auf diesen Überlieferungen fußende und im deutschen Sprachraum bekannteste Version, die des zu ewiger Wanderung verdammten Schuhmachers Ahasver, findet sich in der 1602 in Danzig publizierten *Kurtzen Beschreibung und Erzehlung von einem Juden/ der sich nennet Ahaßverus*, die ihrerseits auf einem Bericht des Schleswiger Bischofs PAUL VON EITZEN (1521–1598) fußt: Dieser will im Jahre 1542 in Hamburg einem Mann begegnet sein, der beteuerte, er sei der Mann, zu dem JESUS gesagt habe, nachdem er ihn auf dem Weg zur Kreuzigung von der Türschwelle, auf der JESUS habe ausruhen wollen, vertrieben hatte: "Ich will stehen und ruhen, du aber solt gehen". Dieser Prosabericht initiierte zahlreiche lyrische, dramatische und erzählerische Dichtungen. Besonders der Sensationsautor EUGÈNE SUE (1804–1853) machte mit seinem zehnbändigen Roman *Le Juif errant* (1844/45) die Figur populär.

324, 32 – Nr. 381 [Nunc stans]
S. Komm. zu SI 317, 24–25 – Nr. 379.

325, 8–9 – Nr. 381 [regressus in infinitum]
Lat. 'Rückgang ins Unendliche'. S. KANT, KrV, Der Antinomie der reinen Vernunft achter Abschnitt: Regulatives Princip der reinen Vernunft in Ansehung der kosmologischen Ideen, B 526–543 (AA III, 348–352). Daß ein regressus in infinitum "eine Art Paralysis und Selbstmord der Erkenntniss" wäre, gilt bereits für die antike griechische Philosophie; er ist dort ein Kriterium für Falschheit, sofern er Wissenschaft unmöglich mache (vgl. ARISTOTELES, *Analytica posteriora*, Buch I, 3. Kap.).

326, 9–10 – Nr. 381 [primum vivere, deinde philosophari!]
Lat. 'erst leben, dann philosophieren'. – Vgl. SCHOPENHAUER, WWV I, Vorrede zur 2. Aufl. (SW 1.24), WWV II, Ergänzungen zum 4. Buch, Kap. 46: Von der Nichtigkeit und dem Leiden des Lebens (SW 2.746), PP I, Über die Universitäts-Philosophie (SW 4.184), PP II, Kap. 1: Über Religion (SW 5.390). Vgl. auch Komm. zu SI 107, 29 – Nr. 135.

326, 20–21 – Nr. 382 [Es giebt nur Vorspiegelung von Thatsachen, keine Thatsachen]
Vgl. NIETZSCHE, MA 2 (KSA 2.25): "Alles aber ist geworden; es giebt *keine ewigen Thatsachen*: sowie es keine absoluten Wahrheiten giebt.", und NF Ende 1886 – Frühjahr 1887, VIII 7[60] (KSA 12.315): "Gegen den Positivismus, welcher bei dem Phänomen stehen bleibt 'es giebt nur Thatsachen', würde ich sagen: nein, gerade Thatsachen giebt es nicht, nur Interpretationen. Wir können kein Factum 'an sich' feststellen: vielleicht ist es ein Unsinn, so etwas zu wollen."

326, 28 – Nr. 382 [in suspenso]
Lat. 'in der Schwebe'.

326, 30 – Nr. 382 ["Dinges an sich"]
KANTs Begriff für den nur gedachten, der Erkenntnis durch die Sinne, die Menschen allein möglich ist, unzugänglichen Gegenstand. Vgl. KrV, B XXVI u. ö.

326, 32–33 – Nr. 382 [Gradunterschiede an Stelle von Gegensätzen]
Vgl. NIETZSCHE, MA II, WS 67 (KSA 2.582): "*Gewohnheit der Gegensätze.* – Die allgemeine ungenaue Beobachtung sieht in der Natur überall Gegensätze (wie z.B. 'warm und kalt'), wo keine Gegensätze, sondern nur Gradverschiedenheiten sind. Diese schlechte Gewohnheit hat uns verleitet, nun auch noch die innere Natur, die geistig-sittliche Welt, nach solchen Gegensätzen verstehen und zerlegen zu wollen. Unsäglich viel Schmerzhaftigkeit, Anmaassung, Härte, Entfremdung, Erkältung ist so in die menschliche Empfindung hineingekommen, dadurch dass man Gegensätze an Stelle der Uebergänge zu sehen meinte." S. auch JGB 2 (KSA 5.16): "Der Grundglaube der Metaphysiker ist *der Glaube an die Gegensätze der Werthe*. Es ist auch den Vorsichtigsten unter ihnen nicht eingefallen, hier an der Schwelle bereits zu zweifeln, wo es doch am nöthigsten war: selbst wenn sie sich gelobt hatten 'de omnibus dubitandum'. Man darf nämlich zweifeln, erstens, ob es Gegensätze überhaupt giebt, und zweitens, ob jene volksthümlichen Werthschätzungen und Werth-Gegensätze, auf welche die Metaphysiker ihr Siegel gedrückt haben, nicht vielleicht nur Vordergrunds-Schätzungen sind, nur vorlaufige Perspektiven, vielleicht noch dazu aus einem Winkel heraus, vielleicht von Unten hinauf, Frosch-Perspektiven gleichsam, um einen Ausdruck zu borgen, der den Malern geläufig ist?"

327, 3 – Nr. 382 [um so besser!]
Von NIETZSCHE mehrfach gebrauchte Formel, vgl. z. B. JGB 22 (KSA 5.37):
"Gesetzt, dass auch dies nur Interpretation ist – und ihr werdet eifrig genug
sein, dies einzuwenden? – nun, um so besser." Vgl. auch M 196 (KSA 3.171)
und M 255 (KSA 3.206).

**327, 21–24 – Nr. 384 ["Die vollkommenste Bewegung ist die Kreisbe-
wegung, der Himmel ist die Stätte der Vollkommenheit, folglich sind
die himmlischen Bewegungen kreisförmig oder aus Kreisbewegungen
zusammengesetzt"]**
Kein wörtliches Zitat, sondern Zusammenfassung von ARISTOTELES' abschlie-
ßenden Überlegungen zum Sein der Zeit in *Physik* IV 14, 223b12–33.

**329, 10–11 – Nr. 387 [dass das Räthsel der Sphinx den Menschen
als Lösung verlangt]**
S. Komm. zu SI 321, 13–14 – Nr. 380.

329, 28–29 – Nr. 388 [das Chaos wird durchgesiebt zum Kosmos]
Vgl. CK 205, 30–31.

329, 33 – Nr. 388 [In dem einen Chaos sind viele κόσμοι möglich]
Vgl. auch CK 138 und 208.

**330, 16–17 – Nr. 389 [Anpassung an äussere Bedingungen, nach Spen-
cer]**
HERBERT SPENCER (1820–1903), am Ende des 19. Jahrhunderts besonders in
England und Amerika hochberühmter Philosoph und Soziologe, schuf in seinem
System of Synthetic Philosophy (10 Bde., 1862–1896) eine umfassende Evoluti-
onslehre, die auch die Materie auf der einen und den menschlichen Geist auf der
andern Seite einbezog. Zentrales Lehrstück ist die Ausbildung immer stärker
differenzierter eigenständiger Wesen, die sich in ihrer Entwicklung aneinan-
der anpassen. Auch NIETZSCHE bezieht sich mehrfach (kritisch) auf HERBERT
SPENCER (vgl. bes. FW 373, GM I 3, GM II 12 und GD, Streifzüge eines Un-
zeitgemässen 37).

331, 16 – Nr. 390 ["absoluten Ich"]
S. Komm. zu SI 150, 8–9 – Nr. 243.

331, 16–23 – Nr. 390 [Der T r a u m ... hineinconstruirt.]
Vgl. NIETZSCHE, MA I 12 (KSA 2.31 f.): "Die vollkommene Deutlichkeit aller
Traum-Vorstellungen, welche den unbedingten Glauben an ihre Realität zur
Voraussetzung hat, erinnert uns wieder an Zustände früherer Menschheit, in
der die Hallucination ausserordentlich häufig war und mitunter ganze Gemein-
den, ganze Völker gleichzeitig ergriff. Also: im Schlaf und Traum machen wir
das Pensum früheren Menschenthums noch einmal durch.", und MA I 13 (KSA
2.32 ff.): "Wie kommt es aber, dass der Geist des Träumenden immer so fehl

greift, während der selbe Geist im Wachen so nüchtern, behutsam und in Bezug auf Hypothesen so skeptisch zu sein pflegt? so dass ihm die erste beste Hypothese zur Erklärung eines Gefühls genügt, um sofort an ihre Wahrheit zu glauben? (denn wir glauben im Traume an den Traum, als sei er Realität, das heisst wir halten unsre Hypothese für völlig erwiesen)."

332, 25–26 – Nr. 391 [analytische als synthetische Urtheile]
S. Komm. zu SI 321, 27–29 – Nr. 380.

334, 31–33 – Nr. 395 [Die Schopenhauersche Allmacht des Willens ist, was immer sonst, ein Abweg vom heutigen Gange des Erkennens]
Ebenso hatte sich NIETZSCHE, bei aller Faszination durch SCHOPENHAUERS Kritik der Vernunft-Metaphysik, von der Willens-Metaphysik, die er an deren Stelle setzte, abgewandt. Vgl. AC 14 (KSA 6.180f.): "Das alte Wort 'Wille' dient nur dazu, eine Resultante zu bezeichnen, eine Art individueller Reaktion, die nothwendig auf eine Menge theils widersprechender, theils zusammenstimmender Reize folgt: – der Wille 'wirkt' nicht mehr, 'bewegt' nicht mehr ..."

337, 9–11 – Nr. 398 [galt noch Geistern wie Bruno und Vanini für undenkbar ohne irgendwelche planetarische Intelligenz]
GIORDANO BRUNO (1548–1600), ein abtrünniger Dominikanermönch, machte aus der kopernikanischen Hypothese eine Weltanschauung. LUCILIO VANINI (1584–1619) war ein italienischer Priester und Philosoph. Beide entwickelten eine pantheistische Naturphilosophie und wurden als Ketzer verbrannt. – Vgl. SCHOPENHAUER, PP II, Kap. 6: Zur Philosophie und Wissenschaft der Natur, § 86 (SW 5.172): "Aber sogar, nachdem *Kopernikus* an die Stelle jener fabelhaften die richtige Konstruktion der Weltmaschine gesetzt, und auch, nachdem Kepler die Gesetze ihrer Bewegung entdeckt hatte, bestand noch immer die alte Verlegenheit hinsichtlich der bewegenden Kraft. Schon Aristoteles hatte den einzelnen Sphären ebensoviele Götter vorgesetzt zur Lenkung. Die Scholastiker hatten diese Lenkung gewissen sogenannten *Intelligenzen*, welches bloß ein vornehmes Wort für die lieben Engel ist, übertragen, deren jede nun ihren Planeten kutschierte. Später wußten freier Denkende, wie Jordanus Brunus [Giordano Bruno] und Vanini, doch auch nichts Besseres als die Planeten selbst zu einer Art lebender göttlicher Wesen zu machen."

338, 10 – Nr. 399 [Schopenhauer, der nicht nur als Farbenlehrer]
Vgl. SCHOPENHAUER, PP II, Kap. 7: Zur Farbenlehre, §§ 103–107 (SW 5.211–237).

338, 13–14 – Nr. 399 [das Wieviel und Wiegross]
Vgl. SCHOPENHAUER, WWV I, § 17 (SW 1.152): "Suchen wir nun um die gewünschte nähere Kenntniß jener uns nur ganz allgemein, der bloßen Form nach, bekannt gewordenen anschaulichen Vorstellung bei der Mathematik nach; so

wird uns diese von jenen Vorstellungen nur reden, sofern sie Zeit und Raum füllen, d. h. sofern sie Größen sind. Sie wird das Wieviel und Wiegroß höchst genau angeben: da aber dieses immer nur relativ, d. h. eine Vergleichung einer Vorstellung mit andern, und zwar nur in jener einseitigenRücksicht auf Größe ist; so wird auch dieses nicht die Auskunft sein, die wir hauptsächlich suchen."

338, 16 – Nr. 399 [Der Fuchs und die Trauben!]
Vgl. die AESOP (6. Jhd. v. Chr.) zugeschriebene Fabel in der Übertragung von WILHELM BINDER: "Ein Fuchs, welcher hoch oben reife Trauben hangen sah, sann alles mögliche aus, um dieselben abzubrechen und zu genießen. Als er sie aber trotz vieler Mühe nicht erreichen konnte, tröstete er sich über sein Mißgeschick mit den Worten: 'Sie sind noch unreif und leisten den Zähnen Widerstand.'"

338, 33 – Nr. 399 [ἀγεωμέτρητος]
ἀγεωμέτρητος μηδεὶς εἰσίτω – 'Niemand soll hier eintreten, der nicht Geometrie gelernt hat': (angeblich) Inschrift über der Tür von PLATOs Lehrsaal (nach: *Schol. in Arist.*, 26a 10). Zitiert auch bei SCHOPENHAUER, WWV II, Kap. 13: Zur Methodenlehre der Mathematik (SW 2.169).

339, 4 – Nr. 399 [Machen wir uns nichts vor, wir Erkennenden!]
Anspielung auf NIETZSCHE. Vgl. vor allem GM, Vorrede 1 (KSA 5.247, s. Kommentar zu SI 201, 10–29 – Nr. 303), Vorrede 3 (KSA 5.250) und GM III, 24 (KSA 5.398 und erneut 5.401), aber auch schon FW 344 (KSA 3.577), FW 380 (KSA 3.633).

339, 15–17 – Nr. 399 [siegte auch über Newtons Farbenlehre – nicht dic Goethische oder Schopenhauerische, sondern die Huygens'sche Vibrationstheorie.]
Die Natur ist in Farben gegeben, und in der Lehre von den Farben und ihrer Wahrnehmung spielen "quantitative" Physik und "qualitative" (s. Z. 8–11) Physiologie und Psychologie zusammen. So konnte die Farbenlehre zu Beginn des 19. Jahrhunderts zu einer Art Schibboleth zwischen mathematischer und betrachtender Naturwissenschaft überhaupt werden. ISAAK NEWTON (1642–1727) hatte seit etwa 1671 eine Dispersionslehre des Lichts entwickelt, die er nach langen Auseinandersetzungen erst 1704 in *Opticks or a Treatise of the Reflexions, Refractions, Inflexions and Colours of Light* zusammenfassend veröffentlichte. Danach ist weißes Licht aus sieben einzelnen Arten des Lichts zusammengesetzt, die durch das Prisma in ein Spektrum zerlegt und so als Einzelfarben sichtbar werden. Er vermied jedoch, sich, wie häufig angenommen und hier auch von FH unterstellt, auf die Korpuskulartheorie festzulegen, die Theorie, das Licht bestehe aus kleinsten Teilchen. Gegen *diese* Theorie "siegte" zunächst CHRISTIAN HUYGENS' (1629–1695) Theorie des Lichts, die er in seinem *Traité de la lumière* (1678/1690) vorlegte. Danach besteht das, was als Licht erscheint, in "Vibrationen", die sich in Fronten (wie Schockwellen)

im 'Äther' ausbreiten, der seinerseits aus kleinsten Teilchen besteht. Dadurch ließen sich besonders gut störungsfreie Überlagerungen der Ausbreitung von Licht erklären (entgegen einem verbreiteten Vorurteil kommt bei HUYGENS die Theorie periodischer Schwingungen des Lichts nicht vor). Die "Wellentheorie" des Lichts "siegte" auch erst im 19. Jahrhundert durch Arbeiten von FRESNEL. Im Gegensatz sowohl zu NEWTON als auch zu HUYGENS ging GOETHE in seiner Abhandlung *Zur Farbenlehre* (1810) von der einheitlichen Natur des weißen Lichts aus. Er hatte die initiale Beobachtung gemacht, daß Spektren bei der prismatischen Zerlegung des Lichts nur an den Rändern entstehen, die Mitte dagegen "nach wie vor weiß blieb". So trat er zu einem leidenschaftlichen Kampf gegen die NEWTONsche Lehre an, den er für wichtiger hielt als sein poetisches Werk und den er bis zum Ende seines Lebens fortführte. Denn vom Verständnis der Farben hing seiner Meinung nach das Verständnis der Natur überhaupt ab, der ja ebenso das Gesehene wie das Sehen zugehört, in der beide eine ursprüngliche Einheit bilden und sie also nicht, wie es in der NEWTONschen Physik geschehen war, voneinander isoliert werden dürfen. GOETHE verzichtete darum auf eine objektivierende Analyse der Natur und entsprechende Objektivitätsansprüche und beschrieb teils "didaktisch", teils "polemisch" die Wirkungen, die das einheitliche weiße Licht im 'Trüben' der jeweiligen Medien hervorruft, in die es eintritt und zu denen auch das menschliche Auge gehört. Es erzeuge dort nicht bloße Farben, sondern immer zugleich auch eine "sinnlich-sittliche Wirkung" (vgl. JOSEF SIMON, Goethes Sprachansicht, in: *Jahrbuch des Freien Deutschen Hochstifts*, Tübingen 1990, 1–27). Dies fand besonders bei Künstlern (wie SCHILLER und RUNGE), der romantischen Naturphilosophie (vor allem bei SCHELLING), bei HEGEL und auch bei SCHOPENHAUER großen Anklang. Von SCHOPENHAUERs Versuchen, seine Farbenlehre fortzuführen (s. Komm. zu SI 338, 10 – Nr. 399), distanzierte sich GOETHE jedoch.

339, 21–22 – Nr. 399 ["Trommelwirbel der Äthertremulanten"]
Vgl. SCHOPENHAUER, WWV II, Kap. 3: Über die Sinne: Die "physiologische Farbentheorie" (SCHOPENHAUERs) steht "im Widerstreit [...] mit der jetzt überall so unverschämt aufgetischten kolorierten Äther-Trommelschlag-Theorie, welche die Lichtempfindung des Auges zu einer mechanischen Erschütterung, wie die des Gehörs zunächst wirklich ist, erniedrigen will, während nichts heterogener sein kann, als die stille, sanfte Wirkung des Lichts und die Allarmtrommel des Gehörs." (SW 2.43). Ferner SCHOPENHAUER, WWV II, Kap. 24: Von der Materie (SW 2.408): "Diese ganze Äther-Atomen-Tremulanten-Hypothese ist nicht nur ein Hirngespinst, sondern tut es an täppischer Plumpheit den ärgsten Demokritischen gleich, ist aber unverschämt genug, sich heutzutage als ausgemachte Sache zu gerieren, wodurch sie erlangt hat, dass sie von tausend pinselhaften Skribenten aller Fächer, denen jede Kenntnis von solchen Dingen abgeht, rechtgläubig nachgebetet und wie ein Evangelium geglaubt wird." – Lat. tremulus: 'zitternd', 'vibrierend' (vgl. Komm. zu SI 339, 15–17 – Nr. 399: "Vibrationstheorie").

339, 26–29 – Nr. 339 [Das ist die Vernünftelei über das Wirkliche, das Spintisiren und Meditiren ohne Beobachtung, das schon Aristophanes in den "Wolken" verspottet]

Der attische Komödiendichter ARISTOPHANES (etwa 445–385 v. Chr.) verspottete in den *Wolken* (uraufgeführt 423) vor allem SOKRATES, den er als überschlauen Sophisten karikiert. Von der späteren Hinrichtung des SOKRATES (399) konnte ARISTOPHANES noch nichts ahnen.

340, 6 – Nr. 399 [noch nie gesehenen imaginären Flüssigkeit "Äther"]

Die Äther-Hypothese reicht in die antike Naturphilosophie zurück. Der Äther galt dort als 'Quintessenz', als 'fünfter Stoff', aus dem der göttliche Himmel besteht. NEWTON griff sie auf, um zu erklären, daß sich Schwingungen durch den Raum ausbreiten können: er muß danach von kleinsten unsichtbaren Teilchen erfüllt sein. EINSTEINs Spezielle Relativitätstheorie machte die Äther-Hypothese überflüssig. Viele der führenden physikalischen Theorien des 19. Jahrhunderts stützten sich in der einen oder anderen Weise auf Äthervorstellungen (vgl. G. N. CANTOR und H. J. S. HODGE (Hg.), *Conceptions of Ether*, Cambridge 1981).

343, 4–5 – Nr. 403 [sinnloses heilloses hoffnungsloses Zufallsspiel der ewigen Wiederkunft]

Vgl. die Einleitung des Herausgebers dieses Bandes, Abschn. 5.3. S. auch CK 51, 23–24.

343, 10 – Nr. 403 [ἀταραξία]

Gr. 'Unerschütterlichkeit des Gemüts'. Höchstes ethisches Ziel der Epikureer. Vgl. auch SCHOPENHAUER, WWV I, § 16 (SW 1.141) u. ö.

343, 13–14 – Nr. 403 [ein epikureischer Zwischengott, der sich von der Lenkung der Dinge zurückgezogen hat]

S. Komm. zu SI 114, 12–14 – Nr. 158.

343, 30–32 – Nr. 404 [man muss aber einen Schritt weiter dichten und auch für die Z e i t solche Möglichkeiten offen lassen]

Möglicherweise Anspielung auf KANT, KrV, A 469/B497: Dem Empiristen, heißt es dort, ist es nicht erlaubt, "in das Gebiet der idealisierenden Vernunft und zu transzendenten Begriffen überzugehen, wo er nicht weiter nötig hat zu beobachten und den Naturgesetzen gemäß zu forschen, sondern zu *denken* und zu *dichten*".

344, 9 – Nr. 404 [Leydener Flasche]

Älteste Form des elektrischen Kondensators, unabhängig voneinander erfunden Anfang 1745 in Leiden von dem Physiker PIETER VAN MUSSCHENBROEK (1692–1761) und im Herbst 1745 in Pommern von dem Geistlichen E. GEORG VON KLEIST (1700–1748; darum auch Kleistsche Flasche). Vgl. SCHOPENHAUER,

PP II, Kap. 6: Zur Philosophie und Wissenschaft der Natur, § 79a (SW 5.148ff.).

349, 12 – Nr. 406 [Beweise]
Vgl. oben Aphorismen Nr. 324 und Nr. 372 (mit Komm.) und NIETZSCHE, JGB 188 (KSA 5.109): "Dass Jahrtausende lang die europäischen Denker nur dachten, um Etwas zu beweisen – heute ist uns umgekehrt jeder Denker verdächtig, der 'Etwas beweisen will' –"

349, 29 – Nr. 406 [more geometrico]
S. Komm. zu SI 308, 11–12 – Nr. 372.

349, 29–30 – Nr. 406 [Kategorientafeln]
Anspielung auf KANTs Kategorientafeln in der KrV und KpV. S. Komm. zu SI 222, 11 – Nr. 326.

349, 30 – Nr. 406 ["nach inductiver Methode"]
Anspielung auf das *System of Logic, Ratiocinative and Inductive, Being a Connected View of the Principles of Evidence and the Methods of Scientific Investigation* von JOHN STUART MILL (2 Bde., London 1843), das zu einem Standardwerk der Wissenschaftstheorie in der 2. Hälfte des 19. Jahrhunderts wurde (dtsch. Braunschweig 1849).

350, 15–17 - Nr. 406 [Unterscheidung der Mannigfaltigkeiten verschiedener Dimension, der Unendlichkeiten verschiedenen Rangs und Umfangs]
Im folgenden benutzt FH die grundlegende mathematische Entdeckung, daß es verschiedene Stufen und Grade des Unendlichen gibt, zur Auseinandersetzung mit NIETZSCHES (nicht veröffentlichten) Beweisversuchen seiner – wie FH sie zu Beginn des Aphorismus nennt – "glänzenden Speculation von der ewigen Wiederkunft". FHs Darlegung zeigt, daß er zu diesem Zeitpunkt mit GEORG CANTORs Mengenlehre noch nicht vertraut war. Denn er geht in seiner Argumentation noch von der Voraussetzung aus, die Gerade, die Ebene und der Raum würden verschiedene Stufen der Unendlichkeit repräsentieren, was Cantor bereits 1878 als unzutreffend erwiesen hatte. In CK 81 f. ist dies stillschweigend korrigiert (vgl. den Komm. zu CK 81,33–82,6). Dies läßt vermuten, daß es FHs Auseinandersetzung mit NIETZSCHES Beweisversuchen war, die ihn zu einer gründlichen Beschäftigung mit CANTORs Mengenlehre veranlaßten und so letztlich zu seinen großen mathematischen Entdeckungen führten. Vgl. die Einleitung von WALTER PURKERT zu Bd. II dieser Edition, S. 3–5; zu CANTOR s. auch den Komm. zu SI 204, 4 – Nr. 306.

352, 18 – Nr. 406 [Annahme des demokritischen Atomismus]
DIOGENES LAERTIUS faßt die naturphilosophischen Lehren des DEMOKRIT (ca. 460 – 370 v. Chr.), die nicht erhalten sind, wie folgt zusammen: "Gelehrt hat er folgendes: Prinzipien des Alls seien Atome und Leeres, alles andere sei

bloßes Dafürhalten. Es gebe unendlich viele Kosmoi, die entstehen und verge-
hen. Nichts entstehe aus dem Nichtseienden oder vergehe ins Nichtseiende. Die
Atome seien unendlich an Größenunterschieden und Anzahl, bewegten sich im
All wirbelartig und erzeugten so die Kompositionen von Feuer, Wasser, Luft
und Erde, denn auch diese seien Systeme bestimmter Atome, die durch ihre Fe-
stigkeit unaffizierbar und unveränderlich sind." (DIOGENES LAERTIUS, *Leben
und Lehre der Philosophen*, übers. u. hg. v. FRITZ JÜRSS, Stuttgart 1998, 426;
zeitgen. Ausgabe s. Komm zu SI 62, 17–18).

**354, 1–3 – Nr. 406 [Nietzsches materialistischer Beweis für die Noth-
wendigkeit der ewigen Wiederkunft]**
Vgl. die Einleitung des Herausgebers dieses Bandes, Abschn. 5.3.

354, 9 – Nr. 406 ["abgründlichen Gedanken"]
Zitat aus NIETZSCHE, Za III, Vom Gesicht und Räthsel, 2 (KSA 4.199).

354, 19 – Nr. 407 [Jeder nennt sein Chaos Kosmos.]
FH nimmt hier ein Resultat von CK vorweg, wonach jeder aus dem an sich
unbestimmten "Chaos" seine Welt als Kosmos herausliest.

354, 21 – Nr. 407 [νόμος]
Gr. (selbst gesetztes) 'Gesetz'.

354, 21 – Nr. 407 [ἀνάγκη]
Gr. (erlittene) 'Notwendigkeit', 'Zwang', 'Schicksal'.

356, 25–26 – Nr. 408 [physico-theologische Argument]
Beweis des Daseins Gottes aus der Wohlgeordnetheit der Welt. – Vgl. KANT,
Kritik der Urteilskraft, Anhang. Methodenlehre der teleologischen Urteilskraft,
§ 85. Von der Physikotheologie (AA V, 436): "Die Physikotheologie ist der
Versuch der Vernunft, aus den Zwecken der Natur (die nur empirisch erkannt
werden können) auf die oberste Ursache der Natur und ihre Eigenschaften zu
schließen." KANT widerlegt in der KrV die Möglichkeit dieses wie aller anderen
Gottesbeweise.

359, 4–5 – Nr. 410 [τὸ εἶναι οὐκ οὐσία οὐδενί]
Gr. 'das Dasein gehört nicht zum Wesen einer Sache'. – Zitat aus ARISTO-
TELES, *Analytica posteriora*, Buch II, 7. Kap., 92b13–14. – Zitiert auch von
SCHOPENHAUER, WWV I, Anhang: Kritik der Kantischen Philosophie (SW
1.685).

359, 27 – Nr. 410 [Glaube an Logik]
Daß "die" Logik nicht feststeht, sondern zurechtgelegt wird und es sich darum
um einen "Glauben" an sie handelt, wird in NIETZSCHEs veröffentlichtem Werk
mehrfach angedeutet (vgl. z. B. MA 11, KSA 2.30f.; M 544, KSA 3.315; FW 111,

KSA 3.471f.; JGB 4, KSA 5.17), in den Notizen klar ausgesprochen. Vgl. etwa NF Herbst 1887, VIII 9[144] (KSA 12.418): "Unsre subjektive Nöthigung, an die Logik zu glauben, drückt nur aus, dass wir, längst bevor uns die Logik selber zum Bewußtsein kam, nichts gethan haben *als ihre Postulate in das Geschehen* **hineinlegen**: jetzt finden wir sie in dem Geschehen vor – wir können nicht mehr anders – und vermeinen nun, diese Nöthigung verbürge etwas über die 'Wahrheit'. Wir sind es, die 'das Ding', das 'gleiche Ding', das Subjekt, das Prädikat, das Thun, das Objekt, die Substanz, die Form geschaffen haben, nachdem wir das Gleich*machen*, das Grob- und Einfach*machen* am längsten getrieben haben. / Die Welt *erscheint* uns logisch, weil *wir* sie erst logisirt *haben*." In NF April–Juni 1885, VII 34[249] (KSA 11.505) notiert NIETZSCHE: "Das Muster einer vollständigen *Fiction* ist die Logik. Hier wird ein Denken *erdichtet*, wo ein Gedanke als Ursache eines anderen Gedankens gesetzt wird; alle Affekte, alles Fühlen und Wollen wird hinweg gedacht. Es kommt dergleichen in der Wirklichkeit nicht vor: diese ist unsäglich anders complicirt. Dadurch daß wir jene Fiction als *Schema* anlegen, also das thatsächliche Geschehen beim Denken gleichsam durch einen Simplifications-Apparat *filtriren*: bringen wir es zu einer *Zeichenschrift* und *Mittheilbarkeit* und *Merkbarkeit* der logischen Vorgänge. Also: das geistige Geschehen zu betrachten, *wie als ob es dem Schema jener regulativen Fiktion entspräche*: dies ist der *Grundwille*." Das "Wesen" der Logik, so NIETZSCHE NF Ende 1886–Frühjahr 1887, VIII 7[34] (KSA 12.307), ist "nicht entdeckt". Am ehesten noch könnte sie die "Kunst der *eindeutigen Bezeichnung*" sein.

360, 28–29 – Nr. 411 [rudis indigestaque moles]
Lat. 'rohe und ungeordnete Masse'. – Zitat aus OVID, *Metamorphosen* I, 7. OVID spricht vom Chaos vor dem Entstehen des Kosmos.

361, 21–27 – Nr. 411 [Und die allerkürzeste Formel der Erkenntnisstheorie hätte jener Knabe in einer Björnson'schen Novelle ausgesprochen, der seinem Spielgefährten die Vexirfrage stellt: "Hast du den Hahn in deinem Bilderbuch gesehn? Er hat eine Menge Hühner um sich, wenn das Buch zu ist: hast du das auch gesehn?"]
S. Komm. zu SI 319, 2–5.

363 [Sonette und Rondels]
Das Sonett (it. sonetto 'kleiner Tonsatz', im 17. Jhd. als 'Klanggedicht' übersetzt) ist eine ursprünglich italienische, später in fast alle europäischen Sprachen übertragene vierzehnzeilige Gedichtform in Endecasillabi (Elfsilbern, im Italienischen) oder Alexandrinern (Zwölfsilbern, in den Nachbildungen). Sie setzt sich zusammen aus zwei Vierzeilern (Quartette) und zwei Dreizeilern; die Vierzeiler haben einen umarmenden Reim (abba abba) oder einen Kreuzreim (abab abab), die Dreizeiler weisen eine Sextettordnung cdc dcd oder cde cde auf. Im sogenannten englischen Sonett, auch Shakespeare-Sonett, folgt drei Quartetten mit Kreuzreim ein Zweizeiler mit Paarreim. Die straffe Form

verlangt auch syntaktisch wie inhaltlich einen klaren Aufbau: Einer These im ersten Quartett steht in der Regel eine Antithese im zweiten gegenüber, und die Terzette geben die Synthese. Damit eignet sich die Sonett-Form besonders gut zum Ausdruck von Gedanken und Gedankengängen. Aus Sonetten lassen sich schließlich Ketten, Zyklen und (sich schließende) 'Kränze' bilden, die sich meist aus fünfzehn Sonetten zusammensetzen und in denen die ersten vierzehn in der Anfangszeile jeweils die Endzeile des vorhergehenden aufnehmen, während das letzte Sonett aus den Anfangszeilen dieser vierzehn gebildet wird. In der ersten Hälfte des 13. Jhds. in Sizilien aufgekommen, wurde das Sonett auf dem italienischen Festland vor allem durch DANTE ALIGHIERI (*Vita nouva*, vgl. Komm. zu SI 99, 8 – Nr. 110) bekannt und erreichte mit dem *Canzionere* FRANCESCO PETRARCAS (1304–1374; entstanden zwischen 1336 und 1369, Erstausgabe 1470) einen Höhepunkt. In Deutschland kommen Nachbildungen im 16. Jhd. auf. Im 17. Jhd. erlebte das Sonett mit ANDREAS GRYPHIUS und MARTIN OPITZ eine erste Blüte, in der Romantik mit AUGUST WILHELM SCHLEGEL und KARL IMMERMANN eine zweite; auch GOETHE bequemte sich schließlich zu ihm. Um die Wende zum 20. Jhd. nahmen deutsche Autoren, vor allem STEFAN GEORGE und GEORG HEYM, beeinflußt von den französischen Symbolisten, die Form erneut auf. – Das Rondel (altfrz. Lautform von neufrz. rondeau; zu frz. rond, 'rund') war ursprünglich ein um 1250 in Nordfrankreich entstandenes, traditionell fünfzehnzeiliges Reigen- oder Tanzlied. Es ist charakterisiert durch nur zwei Reimklänge und einen Kehrvers oder Refrain, der am Anfang, in der Mitte und am Ende der Strophe steht und diese so in zwei Teile gliedert. Die im 14. und 15. Jhd. in Frankreich sehr beliebte Form wurde in Deutschland vor allem im Barock nachgebildet und, ebenfalls unter dem Einfluß der französischen Symbolisten, um die Wende zum 20. Jhd. wieder aufgegriffen. Auch ALBERT GIRAUDs Gedichtband *Pierrot Lunaire. Rondels Bergamasques* (s. Komm. zu SI 87, 2–5) setzt sich aus Rondels zusammen.

366, 17 – Morgenstimmung. [Nach A. Giraud.]

In OTTO ERICH HARTLEBENS Übertragung (s. Komm. zu SI 87, 2–5) lautet das Gedicht von ALBERT GIRAUD: "Morgen. - Ein rosig blasser, feiner Staub / Tanzt früh am Morgen auf den Gräsern. / Leis klingt ein Singen, hell und klar, / Gleich fernem Himmelschor. // Wie eine weisse Rose bleicht / Der Morgenstern im Tau des Himmels. / Ein rosig blasser, feiner Staub / Tanzt auf den Gräsern früh. // Ein zartes, junges Dirnchen flieht / Scheu vor dem lüsternden Cassander. / Die weissen Röckchen streifen leicht / Die Blumen und es hebt sich duftend / Ein rosig blasser, feiner Staub." – Zum Inhalt vgl. SI 343 f. – Nr. 404.

367, 1 – Der blaue See von Lucel. [Lucel]

Nicht nachgewiesen.

368, 2 – Der Übermensch. [Novalis an Nietzsche.]

NOVALIS (eigtl. FRIEDRICH LEOPOLD FREIHERR VON HARDENBERG, 1772–

1801), einer der bedeutendsten Dichter und Philosophen der deutschen Frühromantik, galt mit seiner mystisch-idealistischen Denkart NIETZSCHE für "eine der Autoritäten in Fragen der Heiligkeit durch Erfahrung und Instinct" (MA 144, KSA 2.138).

368, 6 – Der Übermensch [den Enakssöhnen]
Der biblische Riese ENAK war der Stammvater des Geschlechts der Enakiter, auf die die Israeliten unter der Führung MOSES und JOSUAS bei ihrem Einzug ins südliche Israel stießen. Sie zeichneten sich durch besonders großen Wuchs aus. JOSUA, so wird berichtet, vernichtete sie bis auf den letzten Mann (vgl. Num 13, 21–33, Jos 11, 21–22).

368, 18 – [Die blaue Blume]
"Die blaue Blume" ist durch NOVALIS zum Symbol der deutschen Romantik geworden. Vgl. NOVALIS' (s. Komm. zu SI 368, 2) 1802 erschienenen fragmentarischen Roman *Heinrich von Ofterdingen*, 1. Teil: Die Erwartung, 1. Kap.: "Nicht die Schätze sind es, die ein so unaussprechliches Verlangen in mir geweckt haben, sagte er zu sich selbst; fern ab liegt mir alle Habsucht: aber die blaue Blume sehn' ich mich zu erblicken. Sie liegt mir unaufhörlich im Sinn, und ich kann nichts anders dichten und denken." (NOVALIS: *Schriften*. Hist.-krit. Ausg. in 4 Bänden, 1 Materialien-Bd. und 1 Erg.-Bd. hg. v. PAUL KLUCKHOHN und RICHARD SAMUEL, Stuttgart 1960ff., Bd. 1: *Das dichterische Werk* (1977³), S. 195). Vgl. dazu HEINRICH HEINE: *Die romantische Schule*, 2. Buch: "überall in diesem Roman [sc. *Heinrich von Ofterdingen*] leuchtet und duftet die blaue Blume" (DHA 8,1, S. 194). Das Motiv erscheint jedoch auch schon in JOHANN GEORG FORSTERS (1754–1794) Übersetzung des Dramas *Sakontala oder Der verhängnisvolle Ring* (1791) des indischen Dichters KALISADA (fl. um 400), in JEAN PAULS (sc. JOHANN PAUL RICHTER, 1763–1825) *Unsichtbare[r] Loge* (1793) und LUDWIG TIECKS (1773–1853) Gedicht *Der Traum* (1799).

371, 20–35 – [Der Ring.]
Vgl. Komm. zu SI 87, 1 und zu SI 87, 2–5.

372, 20–35 – [Pierrot résignant.]
Vgl. Komm. zu SI 87, 1 und zu SI 87, 2–5.

373, 20 – Apogyn. [Apogyn]
Gr. 'vom Weibe abgewandt'.

374, 19 – Unendliche Melodie [Unendliche Melodie.]
Der Ausdruck "unendliche Melodie" wurde 1860 von RICHARD WAGNER in seiner Schrift *Zukunftsmusik* geprägt. NIETZSCHE beschreibt den Gedanken der unendlichen Melodie in MA II, VM 134 (KSA 2.434 f.) folgendermaßen: "Richard Wagner wollte eine andere Art *Bewegung der Seele*, welche [...] dem Schwimmen und Schweben verwandt ist. Vielleicht ist diess das Wesentlichste

aller seiner Neuerungen. Sein berühmtes Kunstmittel, diesem Wollen entsprungen und angepasst – die 'unendliche Melodie' – bestrebt sich alle mathematischen [!] Zeit- und Kraft-Ebenmässigkeit zu brechen, mitunter selbst zu ver-
höhnen, und er ist überreich in der Erfindung solcher Wirkungen, welche dem
älteren Ohre wie rhythmische Paradoxien und Lästerreden klingen." In seiner
späten Schrift *Nietzsche contra Wagner* wendet NIETZSCHE die Beschreibung
polemisch und charakterisiert die unendliche Melodie als Chaos: "Die 'unendliche Melodie' *will* eben alle Zeit- und Kraft-Ebenmässigkeit brechen, sie verhöhnt sie selbst mitunter, – sie hat ihren Reichthum der Erfindung gerade in
dem, was einem älteren Ohre als rhythmische Paradoxie und Lästerung klingt.
Aus einer Nachahmung, aus einer Herrschaft eines solchen Geschmacks entstünde eine Gefahr für die Musik, wie sie grösser gar nicht gedacht werden kann –
die vollkommne Entartung des rhythmischen Gefühls, das *Chaos* an Stelle des
Rhythmus ..." (*Nietzsche contra Wagner*, Wagner als Gefahr 1; KSA 6.422).

**377, 22–24 – Hellenismus. [Selbst den Griechen schien's von Nöthen,
/ Durch ein Satyrspiel zu tödten / Der Tragödie heil'gen Schwung.]**
Vgl. NIETZSCHE, GT 7 (KSA 1.57): "In der Bewusstheit der einmal geschauten
Wahrheit sieht jetzt der Mensch überall nur das Entsetzliche oder Absurde des
Seins, jetzt versteht er das Symbolische im Schicksal der Ophelia, jetzt erkennt
er die Weisheit des Waldgottes Silen: es ekelt ihn. / Hier, in dieser höchsten
Gefahr des Willens, naht sich, als rettende, heilkundige Zauberin, die *Kunst*;
sie allein vermag jene Ekelgedanken über das Entsetzliche oder Absurde des
Daseins in Vorstellungen umzubiegen, mit denen sich leben lässt: diese sind
das *Erhabene* als die künstlerische Bändigung des Entsetzlichen und das *Ko-
mische* als die künstlerische Entladung vom Ekel des Absurden. Der Satyrchor
des Dithyrambus ist die rettende That der griechischen Kunst; an der Mittel-
welt dieser dionysischen Begleiter erschöpften sich jene vorhin beschriebenen
Anwandlungen."

Das Chaos in kosmischer Auslese.

Verlag C. G. Naumann, Leipzig 1898.

[H 1898a]

Das Chaos

in kosmischer Auslese

Ein erkenntnisskritischer Versuch

von

Paul Mongré

LEIPZIG

Druck und Verlag von C. G. Naumann

1898.

Vorrede.

Wer sich entschliesst, das uralte Problem vom transcendenten Weltkern noch einmal in Angriff zu nehmen, wird im Allgemeinen vor dem Verfasser dieser Schrift Vieles voraushaben. Er wird die Befugniss, in diesen Dingen mitzureden, als anderwärts erworbene fertig mitbringen, während sie mir erst auf Grund meines Buches zu- oder abgesprochen werden kann. Er wird Philosoph von Fach sein, der nicht zu sein ich um so mehr bedaure, als ich selbst über verbreitete Formen des philosophischen Dilettantismus ein scharfes Urtheil fällen muss; damit hoffe ich gegen den Verdacht geschützt zu sein, als wolle ich aus der Noth eine Tugend, aus meiner Laienschaft ein Anzeichen höherer Berufung machen. Er wird vor allem Fühlung mit den Hauptwerken der Erkenntnisstheorie haben und mit dem heutigen Stande dieser Wissenschaft soweit vertraut sein, dass er seine eigene Lösung nicht nur als subjectiven Einfall aus sich herauszuspinnen, sondern auch zwischen ihr und den bisherigen Lösungen die Fäden geistiger Beziehung zu knüpfen vermag. Das ist der gewöhnliche Weg, an ein wissenschaftliches Problem heranzutreten, und ich selbst bin der Letzte, der ein willkürliches und häufiges Verlassen dieses Weges, ein Improvisiren auf eigene Hand und ohne Anschluss an das Bestehende, für erspriesslich hielte. Aber setzen wir einmal den umgekehrten Fall: nicht ich trete an das Problem heran, sondern das Problem an mich! Ein Gedanke blitzt auf, der ungeheure Folgerungen zuzulassen scheint, verwandte Gedanken krystallisiren sich an:

ein ganzer grosser philosophischer Zusammenhang entschleiert sich vor Demjenigen, der von Berufswegen gar nicht und durch persönliche Liebhaberei nur ungenügend zur Erfassung und Darstellung solcher Zusammenhänge ausgerüstet ist! Welcher Eigensinn von diesem Problem, sich ausserhalb des Faches seinem Löser aufzudrängen! Man wird zugeben, dass in diesem Falle das richtige Verhalten schwer ist und eine Abweichung von der wissenschaftlichen Norm nachsichtige Beurtheilung verdient; man wird auch finden, dass ich Einiges, wenn schon nicht Alles, gethan habe, um die Kluft zwischen meinem Thema und mir zu überbrücken. Ein gewisses Mass philosophischer Denk- und Ausdrucksweise wird man bei mir nicht vermissen; immerhin bin ich darauf gefasst, dass einige meiner Bezeichnungen nicht ganz der Gewohnheit entsprechen, ohne doch hoffentlich in der von mir gemeinten Bedeutung unzulässig oder undeutlich zu sein. Übrigens will ich, offen geredet, lieber die geltende Terminologie auch einmal dort verfehlt haben, wo unter den Philosophen einheitlicher und fester Sprachgebrauch herrscht, als mir eine überflüssige und das Verständniss erschwerende Entfaltung gelehrten Apparates nachsagen lassen. Wichtiger ist, dass meinen Betrachtungen zuweilen die abwägende Vorsicht, Strenge und Behutsamkeit fehlen dürfte, die ein so durchgearbeitetes Problem verlangt und die beispielsweise einen Denker wie Lotze auszeichnet. Man wird sogar, besonders in den ersten Capiteln, Wendungen von einer gewissen populären Bildlichkeit begegnen, zu denen der exacte Erkenntnisskritiker den Kopf schütteln müsste, wenn sie nicht bloss vorübergehende, im weiteren Verfahren wieder verschwindende Redeformen und Anschauungshülfen wären. Damit endlich, dass ich unterlassen habe, meine Gedanken in den historischen Zusammenhang des bisher Gedachten einzureihen, beraube ich mich selbst der Möglichkeit, diese Gedanken als absolut neu zu verbürgen. Wenn ich trotzdem in Bezug auf meine Priorität eine ziemliche Gewissheit (und jedenfalls das beste Gewissen) habe, so befestigt mich darin das Wesen der mir eigenthümlichen Betrachtungsweise, die nicht ohne Beeinflussung durch die Mathematik ge-

blieben ist, und mehr noch der Umstand, dass alle meine
Schlüsse eine Art System, eine stufenweise fortschreitende, aber
immer gleichartige Anwendung desselben erzeugenden oder zer-
störenden Princips bilden. Ich befinde mich in demselben Falle
wie Schopenhauer, der einen einzigen Gedanken mitzutheilen
hatte, aber keinen kürzeren Weg ihn mitzutheilen finden konnte,
als ein ganzes Buch. Von der Neuheit dieses Grundgedankens,
den ich im Zusammenhange aufrolle und bis in seine letzten
Ausstrahlungen verfolge, bin ich allerdings überzeugt, selbst
wenn ich in Einzelheiten schon Entdecktes wiederentdeckt
haben sollte.

Wenn ich soeben der Mathematik gedachte, deren Beistand
zur Klärung meiner Ansichten unentbehrlich war, so bitte ich zugleich meiner Versicherung Glauben zu schenken, dass m e i n e
D a r s t e l l u n g v o n m a t h e m a t i s c h e n V o r a u s s e t z u n g e n
u n a b h ä n g i g und jedem abstract denkenden Leser zugänglich
ist; gelegentliche Hinweise auf die anschauliche oder formelhafte
Symbolik des Mathematikers sind nie ohne gemeinverständliche
Erläuterung gegeben worden. Nur der letzte Theil des fünften,
raumtheoretischen Capitels könnte in dieser Hinsicht Schwierigkeiten bieten; aber dieses ganze Capitel, das bei einer vorläufigen Lectüre übergangen werden mag, ist für den Gedankengang ohnehin nicht wesentlich und nur wegen des schönen
Parallelismus, der hier zwischen Zeit und Raum besteht, eingeschaltet worden. Ich würde es als einen erfreulichen Erfolg
dieser Schrift begrüssen, sollte es mir gelingen, die Theilnahme
der Mathematiker für das erkenntnisstheoretische Problem und
umgekehrt das Interesse der Philosophen für die mathematischen
Fundamentalfragen wieder einmal lebhaft anzuregen; hier sind
Grenzgebiete zu betreten, wo eine Begegnung beider Wissenschaften unvermeidlich und die Ablegung des bisher gegenseitig
gehegten Misstrauens unbedingte Nothwendigkeit ist. Über die
Gründe dieses Misstrauens sind die Eingeweihten nicht im Unklaren; der mathematischen Seite dürfte eher die einfache
Passivität und Skepsis, der philosophischen eine Reihe illegitimer
Übergriffe auf mathematisches Gebiet zur Last zu legen sein.

Gerade die auch von mir gestreifte Frage nach der Bedeutung der nichteuklidischen Geometrie ist ein Gegenstand, an dem philosophischerseits von Grossen und Kleinen ein gewaltiger Aufwand von Sachunkenntniss verschwendet wurde; möge meine Auffassung, die sich am nächsten mit der Helmholtz'schen berührt, zur Zerstreuung der Vorurtheile beitragen. Ob ich selbst jenes Grenzgebiet zwischen den beiden vornehmsten Wissenschaften mit Glück betreten habe, muss ich dem Urtheil meiner Leser überlassen: die Gefahr ist gross, dass man in solchem Fall nach beiden Seiten Anstoss errege. Darüber hinaus hoffe ich, dass der erkenntnisstheoretische Radicalismus, den diese Schrift aufstellt und der mich zu einer vollkommenen Zersetzung unserer „kosmocentrischen" Vorurtheile geführt hat, eine Weltanschauung bedeutet, mit der sich nicht nur die Vertreter jener beiden Fachdisciplinen, sondern auch die allgemein Gebildeten philosophischer und naturwissenschaftlicher Färbung auseinanderzusetzen haben werden.

Erstes Capitel.

Zur Einführung.

Wer heutzutage an das erkenntnisstheoretische Problem herantritt, hat vielleicht nicht so Unrecht, wenn er seinem eigenen Denken vertraut und das Bishergedachte nicht zu kennen, oder, wenn er es kennt, zu vergessen sucht. Er kann bei diesem Bemühen, ab ovo anzufangen, vielleicht Zeit verlieren, vielleicht einiges Erfahrungsmaterial übersehen, aber nichts Wesentliches müsste oder dürfte ihm entgehen auf einem Gebiete, das als Object nur das ausgebildete wissenschaftliche Bewusstsein und als Methode das ausgebildete logische Denken voraussetzt. Immerhin wäre es nicht räthlich, den Anfangspunkt der Untersuchung noch hinter ein Resultat zu verlegen, das bereits durch die ersten Schritte der Inder und Griechen, spätestens aber durch Berkeley, Kant und die Lehre von den specifischen Sinnesenergieen vorläufig gesichert ist: ich meine den unbedingten Dualismus zwischen Erscheinung und Ding an sich. Hier dürfen wir das Lehrgeld sparen, das bereits die ältere Philosophie ausgegeben hat, und an eine Erkenntniss anknüpfen, die selbst ohne ausdrückliche Überlieferung als Niederschlag historischer Gedankenarbeit in unser Denken gesickert ist: die Erkenntniss, dass die

Mongré, Das Chaos in kosmischer Auslese.

595

uns gegebene Welt unsere Erfahrung, unser Bewusstseinsphänomen ist, dass aber — möglicherweise — auch
eine Welt „an sich", d. h. unabhängig von unserem
Bewusstsein, existirt. Ich weiss wohl, dass diese Unterscheidung, zum mindesten ihre gegenwärtige Fassung,
nach oben hin nicht die letzte, voraussetzungloseste ist;
sie soll uns auch hauptsächlich nach unten hin dienen,
als präliminarische Ausschliessung des naiven Realismus,
für den jene beiden Welten ohne trennende Grenze in einander übergehen oder wohl gar zusammenfallen. Diese
unterste Stufe der Weltauffassung ist dem Philosophen nicht
erlaubt, ja nicht einmal verboten: die Meinung, es könnten überhaupt erkennende Subjecte die Dinge erkennen, wie
sie „wirklich" sind, es könnte zwischen einer Realität und
dem sie abbildenden Bewusstseinsvorgang ein nexus per
identitatem statt eines bloss correlativen, coordinirenden
Nexus bestehen, ist uns so unmöglich geworden wie
etwa das Verlangen, in dem Worte Viereck eine Nachbildung der viereckigen Gestalt zu finden. Wir halten
also von vornherein den Gedanken einer Trennung, einer
Grenze zwischen der empirischen (unser Bewusstsein
erfüllenden) und der transcendenten (von unserem Bewusstsein unabhängigen) Realität fest, und sehen zu, diese
zunächst rein begriffliche und nur in der Definition
existirende Grenze thatsächlich zu ziehen. Einem Gebrauche
entsprechend, dessen häufigere Befolgung manches Missverständniss in der Philosophie verhütet hätte, will ich
hier vorweg die Synonyma zusammenstellen, zwischen
denen ich ohne andere Unterscheidung, als der jeweiligen
stilistischen Nuance, abwechseln werde; die linke Columne
bezieht sich auf die Welt an sich, die rechte auf die
Welt als Erscheinung.

Welt an sich	Bewusstseinswelt
Ding an sich	Erscheinung
Noumenon	Phaenomenon
intelligibel	sensibel
transcendent	immanent
transsubjectiv } objectiv	subjectiv
absolut, real	empirisch
wahr	scheinbar

Ich verkenne nicht, dass einige dieser Ausdrücke nur historisch, nicht sachlich zu rechtfertigen sind, ein Widerspruch, der sich bei der von Kant als nichtintelligibel nachgewiesenen „intelligiblen" Welt zur Komik steigert. Auch die Antithesen objectiv, subjectiv und wahr, scheinbar könnten bei mangelnder Vorsicht zu bedenklichen Deutungen verführen. Gänzlich vermeiden, wenigstens als Fundamentalbegriff, werde ich das verhängnissvolle Wort „transcendental", das seit Kants schwankendem Gebrauch (der sowohl die jenseits der Anschauungs- und Denkformen liegende Welt als auch diese Formen selbst, als Erkenntnissgrund synthetischer Urtheile a priori, transcendental nennt) bis auf den heutigen Spiritismus mit seinen Astralleibern eine unmögliche Mittelstellung hat einnehmen müssen und gewissermassen statt der scharfen Grenze beider Welten einen Übergangsstreifen, ein Herein- und Hinausragen der einen Welt in die andere andeuten will. Es wird im Laufe unserer Betrachtungen vielfach zu betonen sein, dass es derlei vermittelnde Gebiete nicht giebt, dass vom Empirischen zum Absoluten keine Brücke herüber und hinüber führt, dass das „Ding an sich" in der Erscheinung sich nicht mehr oder weniger deutlich entschleiert und das Bewusst-

1 *

seinsbild sich nicht mehr oder minder genau dem objectiven Thatbestand anpasst. Wir werden die völlige Diversität beider Welten und die Unhaltbarkeit jedes Schlusses von empirischen Folgen auf transcendente Gründe (im weitesten Sinne) zu zeigen haben, und zwar in einer umfassenden Allgemeinheit, die über das Kantische Resultat auch praktisch hinausgreift und ausser der Ablehnung jedes metaphysischen Positivismus einen neuen Standpunkt zur Naturwissenschaft motivirt.

Unsere Aufgabe wird, wie schon angedeutet, darin bestehen, die begrifflich angesetzte Dichotomie zwischen dem empirisch Realen und dem absolut Realen in Wirklichkeit an der richtigen Stelle vorzunehmen, das innerhalb der Grenze möglicher Erfahrung Liegende von dem ausserhalb Liegenden reinlich zu trennen. Diese Aufgabe verlangt nicht etwa eine materielle Analyse des gesamten, ungeheuer vielgestaltigen Weltinhalts; sie ist vielmehr bereits gelöst, wenn bei den gemeinschaftlichen Formen, in denen alles empirische Dasein erscheint, jene Grenzbestimmung gelungen ist; ja es genügt, vorausgesetzt, dass eine einzige allumfassende Form des empirisch Realen vorhanden ist, an dieser einen Form das genannte Verfahren durchzuführen. Denn sobald gezeigt ist, dass diese universale Form, die allen Erscheinungen gemeinsam zugehört, nicht auch den Dingen an sich anhaftet, so ist damit bewiesen, dass die Dinge an sich noch viel weniger in irgendwelche andere subordinirte Form der Erscheinung eingehen, dass sie also für uns schlechthin irreal, unbestimmbar, willkürlich bleiben. Eine derart allgemeine, alle empirischen Erscheinungen gemeinsam umspannende Form existirt in der That, und diese forma formalissima ist die Zeit; es wird also nicht zu vermeiden sein, dass unsere Betrachtungen sich mit dieser „formalen

Bedingung a priori aller Erscheinungen überhaupt" recht ausführlich beschäftigen. Dennoch sollen sie nicht ausschliesslich auf das hinauslaufen, was Kant die transcendentale Idealität der Zeit nennt; wir werden auch den Raum einer entsprechenden Discussion unterziehen, ohne jedoch den Standpunkt preiszugeben, dass wir in den allgemeinen Formen der Erscheinung nur die Handhabe sehen, um die Erscheinungen selbst en bloc, ohne nähere Specialisirung, anzufassen. Nur wenn wir hier einen Misserfolg hätten, wenn sich etwa herausstellte, dass die primären Formen der Erscheinung, wie zeitlicher Verlauf und räumliche Anordnung, über das Bewusstsein hinaus auch den Dingen an sich eigneten, nur dann wären wir gezwungen, zu den secundären und specielleren Eigenschaften herabzusteigen und wenigstens hier die relative Unabhängigkeit des Absoluten von den Formen der Empirie zu erhärten; aber dieser Verlegenheit hoffen wir enthoben zu bleiben.

Es bedarf keiner eingehenden Begründung, dass und warum wir von einer empirisch-psychologischen Untersuchung des Zeitbegriffs für unsere Zwecke nichts zu erwarten haben. Es ist nicht anzunehmen, dass wir auf diesem Wege eine Reduction der Zeitvorstellung auf einfachere Elemente, als in unserem fertigen und ausgebildeten Zeitbegriff enthalten sind, erzielen würden; gesetzt, wir erreichten selbst das Ideal des Materialismus und führten die Zeitempfindung auf Molecularbewegung zurück, so hätten wir nur statt der subjectiven Zeit eine objective, das Newton'sche tempus quod aequabiliter fluit, als mechanisches Postulat vorweg erschlichen, um sie als psychophysische Thatsache wiederzufinden. Das Verhältniss zwischen subjectiver Zeitempfindung oder Zeitmessung und der mechanisch und astronomisch definirbaren Normalzeit ist der Gegenstand experimenteller Psychologie; wir aber haben selbst diese Normalzeit als Bewusstseinsphänomen anzusehen und ihr Correlat in der Welt der Dinge an sich zu suchen. So wenig wie die psychologische kann uns hier die von Kant angebaute aprioristische Methode helfen, über deren Berechtigung damit nicht geurtheilt sein soll: mit der Untersuchung, ob Zeit, Raum und Kategorieen „a priori im Gemüth bereit liegen" und als Erkenntnissquellen synthetischer Urtheile a priori aus der Grundconstitution unseres Intellects entspringen, würden wir uns die Aufgabe beträchtlich erschweren und im Sinne der eigentlichen Fragestellung doch nichts entscheiden.

Diese Fragestellung drängt vielmehr zu einer Methode, die im Grunde nichts als die analytische Zergliederung unseres entwickelten Zeitbegriffs, bis in die letzten Consequenzen, ist und in der Reihenfolge ihrer Schritte den apagogischen Gang innehält. Wir beweisen, wie man sich ausgedrückt hat, den transcendenten Idealismus mit den Mitteln desselben transcendenten Realismus, den wir widerlegen wollen. Man kann dieses Verfahren einseitig und sein Gültigkeitsgebiet beschränkt nennen; dafür reichen wir mit wenigen einfachen Betrachtungen von geradezu syllogistischer Zuverlässigkeit aus. Ehe ich den Typus dieser Betrachtungen aufstelle, möchte ich eine Nebenfrage erledigen: ist nicht dringende Gefahr, dass ich mit dieser analytischen „Methode" zu spät komme? Ganz gewiss, wenn nämlich der historische Gang der Dinge auch ungefähr der dialectische wäre — eine ästhetische Forderung, die öfter ausgesprochen als befriedigt wird. Freilich sollte der Umkreis aller Erkenntnisse, die durch blosse Exposition eines Begriffs zu gewinnen sind, vor jeder weiteren synthetischen Behandlung erschöpft sein; freilich sollte die Zeitvorstellung in der hier vorzuführenden Weise durchforscht worden sein, ehe man ihre Beziehung zur Arithmetik, ihren Sitz im Erkenntnissapparat, ihre psychologische Herkunft untersuchte. Ich glaube, das ist nicht geschehen. Ich habe dafür keine Beweise; ich hätte auch keine, wenn ich der philosophischen Litteratur der Gegenwart näher stünde als ich ihr stehe — ich hätte allenfalls einen besser begründeten Inductionsschluss als ich ihn habe. Aber es giebt hier kleine verrätherische Indicien; schon aus der Thatsache, dass, und aus der Art, wie bis in unsere Zeit Metaphysik gemacht wird, darf ich muthmassen, dass meine so elementaren Erwägungen ihre Schuldigkeit noch nicht gethan haben. Noch blüht der transcendente Positivismus; und nicht nur da, wo man eingestandenermassen speculative Begriffsdichtung treibt und von der Erlösung, von der Ordnung des Weltprocesses, vom ewigen Fortschritt spricht — bis in die exacten Wissenschaften hinein, mit ihrer „allgemeinen Gesetzmässigkeit des Weltalls", herrscht die Grundvorstellung, die Dinge an sich stünden unter denselben Gesetzen, Prädicaten, Beziehungen wie die Dinge in unserem Bewusstsein. Hier werden vielleicht meine idealistischen Betrachtungen Wandel schaffen, und dass jener realistische Aberglaube noch gedeihen kann, gilt mir als Symptom, dass wenigstens die allgemeine Fassung und der innere Zusammenhang meiner Resultate noch neu ist. Eine genaue historische Übersicht über die bisherigen Versuche in der Erkenntnisstheorie, insbesondere die Bearbeitungen des Zeitproblems, würde diese Fragen ins Reine bringen: man nehme es als einen Act der Selbsteinschätzung, als Zeugniss für die Anspruchslosigkeit der folgenden Arbeit, wenn auf diese fachwissenschaftliche Convention hier verzichtet wird. Besonders naheliegende Beziehungen solcher Art sind im weiteren Verlauf bei Gelegenheit berücksichtigt, andere für den Fachmann vielleicht ebenso naheliegende wird man vergeblich suchen. Sogar dass ich mit den beiden Philosophen Kant und Schopenhauer eine Ausnahme gemacht und eine gleichmässiger durchgehende Relation zu ihnen angestrebt habe, ist mehr auf persönliche Gründe zurückzuführen, obwohl es sich auch sachlich damit rechtfertigen liesse, dass der Eine die erste Formel des transcendenten Idealismus aufgestellt und der Andere sie im monströsen Masse für die metaphysische Speculation gemissbraucht hat.

Es wäre nun die typische Form unserer Überlegungen abzugrenzen. Ich sagte, wir wollen den Realismus auf seinem eignen Felde schlagen, mit seinen eigenen Sätzen ad absurdum führen. Zu dem Zweck greifen wir irgend eine unserer Bewusstseinswelt anhaftende Eigenschaft oder in ihr obwaltende Beziehung heraus, übertragen sie unverändert auf das absolut Reale und suchen sie dann, bei vorgeschriebener und festgehaltener empirischer Wirkung, möglichst stark umzuformen. Sobald uns das gelingt, so haben wir was wir brauchen: eine innerhalb gewisser Grenzen zutreffende negative Begriffsbestimmung der intelligiblen Welt, ein Exemplar einer Reihe von Eigenschaften, die wir nicht berechtigt sind, dem Realen an sich desshalb zuzuschreiben, weil sie seiner Erscheinung zukommen. Diese „Methode", wenn das stolze Wort erlaubt ist, genügt vollkommen zur Begründung des transcendenten, kritischen Idealismus, dessen Ziel mit der erkannten Unerkennbarkeit der intelligiblen Welt erreicht ist — immer vorausgesetzt, dass jene Umformung der transsubjectivirten Erscheinungsqualitäten einigermassen gelingt.

Dass das vorgeschlagene Verfahren analytisch ist, wird am besten die Untersuchung selbst zeigen; wir haben ja einfach diejenigen transcendenten Variationen zu bestimmen, die ein gegebenes empirisches Phänomen unverändert lassen. Dabei vollziehen wir nur Urtheile von der Form: einem transcendenten X entspricht ein immanentes A, Urtheile, deren Rechtskraft doch nur auf der Zergliederung des A, ohne Herbeiziehung anderer Erfahrungselemente, beruhen kann. Enthält A nur Bestimmungen zeitlicher Art, so kann sich die Rechtskraft jener Urtheile sogar bis zur syllogistischen Strenge erheben, die mit der grossen Einfachheit und Allgemeinheit des Zeitbegriffs zusammenhängt, während schon mit dem Übergang zum Raume eine Einbusse an Zuverlässigkeit verbunden ist.

Ferner schrieben wir unserem Verfahren den apagogischen Character zu, und hierüber wären im Voraus einige Worte zu sagen. Statt Schritt für Schritt die Voraussetzungen des transcendenten Realismus zu erschüttern und Prädicate von steigender Allgemeinheit aufzusuchen, die der Welt an sich abzusprechen sind, könnte man natürlich auch das Schlussresultat an die Spitze stellen und die völlige Freiheit des Absoluten von den Formen der Erscheinung durch deductive Verzweigung bis in ihre speciellen Einzelfälle hinein verfolgen. Es mag sein, dass systematisch etwas damit gewonnen wäre; darstellerisch wäre viel dadurch verloren. Denn jenes Schlussresultat von vollkommener Allgemeinheit und Abstraction ist für sich allein zu fern, leer und ungreifbar; wollen wir uns seine eigentliche Bedeutung vergegenwärtigen, so muss seine correcte Form doch wieder eingeschränkt und zum anschaulichen Exempel verengert werden. Diese Einschränkungen und Exemplificationen werden nun bei der successiv-apagogischen Darstellung wenigstens nicht als willkürlich empfunden, sondern ergeben sich von selbst; der Gang allmählicher Verallgemeinerung führt an ihnen vorbei. Nach und nach entschleiert sich die freie Aussicht, die Grenze der uns auferlegten Immanenz, jenseits deren das Gebiet des Unvorstellbaren und Undarstellbaren beginnt, rückt langsam von aussen nach innen, sodass wir wenigstens auf den Zwischenstufen der Betrachtung uns noch einen gewissen Anthropomorphismus der Ausdrucksweise gestatten dürfen, während der deductive Gang uns zu einer Sprache peinlichster Begriffsschärfe und farblosester Abstraction nöthigen würde. Freilich muss gerade in dieser Beziehung umgekehrt auf die Nachsicht des Lesers gerechnet werden, der bei einem apagogischen Aufstieg von der Form: concesso B negamus A, concesso C negamus B — den Widerspruch im Verhalten zu B für nicht mehr als vorläufig und scheinbar ansehen möge. Unserem leitenden Princip zu Folge führen wir am Anfang unserer Schlussketten intermediäre Hülfsbegriffe ein, die wir am Ende selbst für unzulässig erklären, Begriffe, in denen ein Zugeständniss an den Realismus erst bewilligt, dann zurückgezogen wird. An einem Beispiel, das schon anderweitig bekannt ist, lässt sich diese Schlussweise erläutern: wegen der Relativität unseres Messens fallen die absoluten Masse der Raumgegenstände nicht in unser Bewusstsein — wir würden nichts davon merken, wenn das Weltall seine wirklichen Dimensionen plötzlich hundertfach vergrösserte oder verkleinerte, da an dieser Gesamtänderung sowohl die zu messenden Objecte als auch unsere Massstäbe theilnehmen. Soll das nun etwa heissen, das Weltall wäre wirklich, im transcendent realistischen Sinne, ein beliebig aufschwellender oder einschrumpfender Gummiball? nein, sondern nur, dass jenseits unserer relativen Grössenwahrnehmung der Begriff räumlicher Grösse überhaupt gegenstandlos wird. Wir haben die räumliche Ausdehnung aus der empirischen Welt in die absolute übertragen, das war unser vorläufiges Compromiss mit dem transcendenten Realismus; in dieser neuen Sphäre aber finden wir sie unendlich vieldeutig und unbestimmbar, und damit ist der Realismus für diesen Einzelfall widerlegt. Die „wirklichen Dimensionen" des Weltalls werden versuchsweise angesetzt und, nach erkannter Unhaltbarkeit, zurückgewiesen; das ist das Wesen der ἀπαγωγή. In demselben Sinne werden wir auch von der wahren, absoluten Succession der Weltzustände, von der wirklichen Anzahl der Gegenwartpunkte reden, ohne jedesmal von Anfang an auf die Unzulässigkeit solcher Hülfsbegriffe hinzuweisen, die erst mit steigender Allgemeinheit der Betrachtung in voller Schärfe hervortreten kann.

Die Untersuchung der Zeit, zu der wir uns nach diesen Vorbemerkungen wenden, lässt sich von vornherein in zwei Haupttheile spalten. In unserer Zeitvorstellung sind zwei ungleichartige Einzelvorstellungen, die ich kurz Zeitinhalt und Zeitablauf nennen will, auf leicht trennbare Weise mit einander verknüpft: einerseits die einer continuirlichen Reihe von Weltzuständen, eines materialen Substrates der Zeit, andererseits die eines räthselhaften formalen Processes, durch den jeder Weltzustand die Verwandlungenfolge Zukunft, Gegenwart, Vergangenheit erfährt. Obwohl für unser zeitliches Erleben diese beiden Sonderbestandtheile stets verbunden auftreten, wollen wir sie gedanklich trennen und den Versuch machen, wieviel an jedem einzeln variirt werden kann, ohne die empirische Wirkung zu gefährden.

Mit der soeben eingeführten Bezeichnung „Weltzustand" verbinde ich folgenden präcisen Sinn. Weltzustand ist eine erfüllte Zeitstrecke von der Länge Null, sowie Augenblick eine leere Zeitstrecke von der Länge Null ist. Der Weltzustand verhält sich zur erfüllten Zeitstrecke wie der Augenblick zur leeren oder wie ein Punkt zur Linie. Die erfüllte Zeit ist ein einfach ausgedehntes Continuum von Weltzuständen, sowie die leere Zeit ein einfach ausgedehntes Continuum von Augenblicken, die Linie ein einfach ausgedehntes Continuum von Punkten ist.*) Was eine erfüllte Zeitstrecke ist, darüber ist unmittelbar unser zeitlich erlebendes Bewusstsein zu befragen, das receptiv und productiv mit nichts anderem als mit der Erfüllung der Zeitform beschäftigt ist. Das Jahr x, mit seinem gesamten grossen und kleinen Inhalt, vom Wandel der Milchstrassensysteme bis zum Gewimmel der Infusorien im Wassertropfen, von der langsamen Verwitterung einer Felswand bis zu den unzähligen Zusammenstössen der Molecüle eines Gases — das wäre solch eine erfüllte Zeitstrecke. Die Endpunkte dieser Strecke sind x und $x+1$, ihre Länge gleich der hier gewählten Zeiteinheit von einem Jahre; nehmen wir statt dessen die Strecke mit den Endpunkten x und $x+\alpha$, und lassen ihre Länge α unbegrenzt abnehmen, so erhalten wir schliesslich für $\alpha = 0$ den Weltzustand, der dem (astronomisch genau definirbaren) Zeitpunkt x entspricht. Den Weltzustand selbst können wir freilich vom Standpunkte des zeitlich erlebenden Bewusstseins, dessen unerreichbare Nullgrenze er bildet, nicht näher beschreiben; man muss sich hüten, etwa eine Art einfachsten oder beharrenden Bewusstseinsinhaltes in ihm concentrirt zu denken. Das ist vielfach ausser Acht gelassen worden,

---

*) Zweifach ausgedehnte Continua von Punkten heissen Flächen, dreifach ausgedehnte Volumina oder Körper.

sogar von Kant, der sich den erstaunlichen Satz entschlüpfen lässt „als in einem Augenblick enthalten, kann
jede Vorstellung niemals etwas Anderes, als absolute Einheit sein". Was in einem Augenblicke enthalten ist, ist
niemals Vorstellung; die einfachste Bewusstseinsaction
setzt immer unendlich viele, stetig aufeinander folgende
Augenblicke, kürzer ein Continuum von Weltzuständen
voraus. Nur mit Hülfe analytischer Hypothesen über
das, was eigentlich erfüllte Zeit ist, liesse sich auch der
Weltzustand analysiren; hätte z. B. der Materialismus
Recht und wäre alles Geschehen nur Bewegung materieller
Punkte, so wäre der Weltzustand eine Ruhelage materieller
Punkte, das zu einem bestimmten Zeitaugenblick gehörige
System von Punktörtern im Raume.

Bei der oben vorgeschlagenen Trennung zwischen
zeitlichem Verlauf und zeitlichem Inhalt schiebt sich unwillkürlich eine Hülfsvorstellung ein, von der wir jetzt
bewussten Gebrauch machen wollen: die Vorstellung einer
absoluten Zeit, in der gewissermassen jener Zeitinhalt
als ruheartig beharrend, jener Zeitablauf als bewegungs-
artig sich abspielend gedacht wird. Diese zweite, absolute
Zeit, in der Etwas vorgeht, was uns als empirische Zeit
erscheint, ist im Allgemeinen von den Philosophen explicite
ebenso ängstlich vermieden wie implicite unbedenklich
vorausgesetzt worden; thatsächlich bezieht, ohne es zu
wissen, sogar die Mechanik diese absolute Zeit, wie auch
ihren absoluten Raum, von der Metaphysik. Nach unserem
Vorhaben, zunächst die Sprache des Realismus zu reden,
sind wir zur hypothetischen Zulassung einer solchen transcendenten Zeit sogar verpflichtet, unter dem Vorbehalt,
schlimmstenfalls eine überflüssige Verdoppelung der empirischen ersonnen zu haben. Alle drei bisher entwickelten
Vorstellungen, Zeitinhalt, Zeitablauf, absolute Zeit liegen

im Grunde so nahe, dass sie sich bereits in der sehr bekannten räumlichen Symbolik der Zeit bemerkbar machen,
die auch wir im Folgenden durchweg zu Hülfe nehmen
wollen. Man denkt sich die einfach ausgedehnte Gesamtheit aller Weltzustände, deren stetige Succession unsere
zeitliche Erfahrungswelt ausmacht, unter dem Bilde einer
unbegrenzten Linie, der Zeitlinie, jeden Weltzustand als
einen ihrer Punkte, endlich den Process der zeitlichen
Realisation ausgeübt durch einen Punkt, den Gegenwartpunkt, der sich auf der Zeitlinie bewegt. Die Zeit,
in der sich diese Bewegung abspielt, ist die absolute Zeit.
Jeder Weltzustand, den der Gegenwartpunkt passirt, geht
hierbei aus seinem imaginären Dasein (Zukunft) durch die
momentane Realität (Gegenwart) wiederum ins imaginäre
Dasein (Vergangenheit) über; durchläuft der Gegenwartpunkt das dem Jahre x entsprechende endliche Stück der
Zeitlinie, so spielt sich, als empirische Seite dieser Bewegung, das Jahr x ab, genau so wie wir es erlebt haben
oder erleben werden. Gemäss der oben disponirten Zweitheilung hätten wir also zunächst, bei unveränderter Zeitlinie, jene Punktbewegung bis zu den ihrer Willkür ge-
steckten Grenzen zu verfolgen, und zweitens, an Stelle
der Zeitlinie einen allgemeineren Inbegriff von Weltzuständen als transcendentes Correlat des empirischen Zeitinhalts aufzusuchen.

Zweites Capitel.

Die zeitliche Succession.

Die Bewegung des Gegenwartpunktes auf der Zeitlinie erzeugt für uns den Abfluss der empirischen Zeit:
was lässt sich daraufhin über diese Bewegung aussagen?
Der naive Realist würde sich nichts anderes vorstellen
können, als dass der Punkt die Zeitlinie in immer derselben
Richtung mit constanter Geschwindigkeit durchschritte;
das wäre die unmittelbare Übersetzung unserer gewöhnlichen Meinung vom gleichförmigen Zeitflusse ins Transcendente. Hieran ist, soviel mir bekannt, nur die eine
Verallgemeinerung angebracht worden, dass man eine
veränderliche Geschwindigkeit des Fortschreitens zu-
liess. In der That ist ja unser Zeitmass so relativ wie
das Raummass; wenn das Spiel der Weltvorgänge sich
plötzlich hundertfach beschleunigte oder verlangsamte, so
würde dieser transcendente Tempowechsel unserer Wahrnehmung völlig entgehen, da neben den messbaren Zeit-
längen auch die messende Zeiteinheit an der allgemeinen
Veränderung theilnimmt. Von hier wäre für den Mathematiker, der sofort von der beliebigen Geschwindigkeit
auf den beliebigen Ort, vom willkürlichen Differentialquotienten auf die willkürliche Function schliesst, nur ein
Schritt zu dem von uns aufzustellenden Theorem; aber
selbst bei rein begrifflichen Versuchen, einen Zusammen-

hang zwischen empirischen und transcendenten Zeit-
bestimmungen zu fixiren, gleiten die beiden Sphären so
völlig beziehungslos von einander ab, dass wir hypothe-
tisch den folgenden Fundamentalsatz wagen dürfen:

Der Gegenwartpunkt bewegt sich auf der
Zeitlinie in ganz beliebiger, stetiger oder un-
stetiger Weise. Die transcendente Succession
der Weltzustände ist willkürlich und fällt nicht
in unser Bewusstsein.

Ein beweglicher Punkt kann zu einer festen Linie
während einer endlichen Zeitstrecke verschiedene Arten
des Verhaltens zeigen: er kann sich ausserhalb der Linie
befinden, kann einen ihrer Punkte momentan passiren,
kann in einem ihrer Punkte ruhen, kann endlich irgend
ein begrenztes Stück der Linie in der einen oder der
entgegengesetzten Richtung durchschreiten. Aus diesen
Elementarvorgängen ist also die Bewegung des Gegenwartpunktes auf der Zeitlinie in beliebiger Weise zusammen-
setzbar; ein etwaiger transcendenter Weltzuschauer, der
die absolute Zeit zur Daseinsform hätte, würde das Gewebe simultaner Veränderungen, das unsere empirische
Welt ausmacht, in ganz willkürlicher Anordnung durch-
leben, in beliebiger Reihenfolge, beliebiger Richtung, beliebiger Geschwindigkeit, mit beliebigen Unterbrechungen,
Ruhepunkten, Wiederholungen, Sprüngen, Umkehrungen
— ohne dass für unser Bewusstsein der bekannte, uns geläufige fluxus temporis gestört würde.

Der Beweis unseres Fundamentalsatzes zeigt deutlich
die früher in Aussicht gestellte Form eines blossen
Syllogismus. Nehmen wir an, eine bestimmt gewählte
Succession A der Weltzustände erzeuge unser empirisches
Weltphänomen. Wird nun eine andere Succession B
gewählt, und fiele diese Veränderung in unser Bewusst-

sein, so müsste das irgendwann einmal, etwa während der empirischen Zeitstrecke *t*, zu spüren sein. Da wir selbst aber, mit all unserem Bewusstseinsinhalt, dem Inbegriff aller Weltzustände, der Zeitlinie, eingegliedert sind, so hiesse das, dass durch die Vertauschung *A-B* etwas in die Zeitstrecke *t* hineingekommen wäre, was vorher nicht darin war; diese Vertauschung hätte demgemäss nicht nur die Reihenfolge, sondern, gegen die Voraussetzung, auch die innere Structur der Weltzustände verändert. Unsere Sonderung des Zeitinhalts vom Zeitablauf implicirt also den merkwürdigen Sinn, dass jener gegen diesen sich völlig indifferent verhält, so indifferent wie die Gestalt und Beschaffenheit einer Linie gegen die Möglichkeit einer Punktbewegung.

Auf diese innere Structur der Zeitlinie, des Continuums der Weltzustände, auf die unveränderliche Constitution und Configuration des materiellen Zeitinhalts also werden wir verwiesen, wenn wir eine metaphysische Garantie der zeitlichen Gliederung unserer empirischen Welt suchen; der vollkommen willkürliche Vorgang der zeitlichen Succession bleibt dabei so gleichgültig, als ob es nur jene starre, unbeweglich beharrende, in ihrer Grenzenlosigkeit allgegenwärtige Zeitlinie gäbe. Der inhaltliche Bau, die stoffliche Aneinanderlagerung der Weltzustände allein darf als Deckung dafür in Anspruch genommen werden, dass jeder zeitliche Vorgang nur als Endglied einer bestimmten Vergangenheit, als Anfangsglied einer bestimmten Zukunft in das Bewusstsein tritt — ohne dass aber diese Vergangenheit wirklich vorhergegangen sein, diese Zukunft wirklich folgen müsste. Durchläuft also der Gegenwartpunkt diejenige Strecke der unendlichen Zeitlinie, die irgend einem Jahre, einem Tage, einer Stunde meines Daseins entspricht, so wird dieser Theil der Weltgeschichte für mich und die sonst darin eingeschlossenen Bewusstseinscentra realisirt; es ist an uns die Reihe zu leben, gleichviel in welchem transcendenten Zusammenhange, gleichviel ob zum ersten oder hundertsten Male. Jener Zeittheil enthält nun in seinem inhaltlichen Gewebe gewisse Beziehungen, vermöge deren wir etwa die Existenz Platos als wirklich ansetzen und zwar in eine zwei Jahrtausende von uns entfernte Vergangenheit verlegen. Dies ist eine vollständige empirische Realität, erschöpft sich aber ganz und gar in jenen inhaltlichen Beziehungen und ermächtigt uns nicht, dem formalen Vorgang der zeitlichen Aufeinanderfolge im absoluten Sinne irgend eine beschränkende Bedingung aufzuerlegen: jenes platonische Zeitalter mag „in Wirklichkeit" nie existirt haben (vielleicht hat es der Gegenwartpunkt jedesmal übersprungen) oder kann umgekehrt heute, jetzt, zwischen zwei Tacten einer Gartenmusik in seiner ganzen geschichtlichen Ausdehnung wiederholt werden. Es hat nicht einmal einen Sinn, nach der Wahrscheinlichkeit der einen oder anderen dieser unbegrenzt vielen Möglichkeiten zu fragen, weil keine mehr oder weniger als die andere zur Erklärung des empirischen Thatbestandes leistet. Höchstens wäre zu sagen, dass eine mit unserer immanenten Succession übereinstimmende transcendente Folge (also jene dem naiven Realismus angepasste Punktbewegung von constanter Geschwindigkeit) unendlich geringe Wahrscheinlichkeit für sich hätte; aber auch diese Ausdrucksweise ist insofern unangemessen, als die transcendente Ordnung der Dinge mit der immanenten eigentlich weder in Übereinstimmung, noch im Widerspruch, noch in vergleichbarer Beziehung steht — die eine repräsentirt durch die Aufeinanderfolge der Elemente eines linearen Gebildes, die andere durch freie Bewegung eines Punktes. Dass wir zuerst eine bestimmte Succession, wozu sich allerdings die vom naiven Realismus construirte empfiehlt, als real setzten und durch Variation andere gleich zulässige Successionen fanden, darf uns nicht verführen, der ersten eine höhere Berechtigung, eine nähere Verwandtschaft zur empirischen Zeitfolge zuzuschreiben als den übrigen. Im Sinne der errungenen Allgemeinheit erscheint ja auch der Ausgangspunkt der Verallgemeinerung als Zufall, Willkür, Beschränkung.

Kurzum, die zeitliche Realisation ist, da sie in jedem Augenblicke der absoluten Zeit an jedem beliebigen Punkte der empirischen Zeitlinie vollzogen werden kann, ein unbestimmbares, gleichgültiges, gewissermassen entbehrliches Accidens. Nur der materielle Inhalt der Zeit ist metaphysisch substantiell, ihm allein muss wirklich ein transcendentes Etwas als Deckung und Realwerth entsprechen — versteht sich, auf der bis jetzt erreichten Stufe der Allgemeinheit: wir werden auch daran später die erheblichsten Abstriche zu machen haben. Sehen wir hiervon vorläufig ab, so erschöpft jedenfalls die Annahme eines solchen materiellen Zeitsubstrats alles, was wir von dem absoluten Kern des empirischen Geschehens auszusagen vermögen und bedürfen; von der inneren Beschaffenheit dieses an sich zeitlosen Substrats rührt der empirische Zeitverlauf her, den transcendenten kennen wir nicht und brauchen ihn nicht zu kennen. Wenn ich innerhalb der Zeitstrecke x eine Abhandlung schreibe, sie in y zum Druck befördere und in z das fertige Buch einem Freunde vorlege, so ist materialiter (zufolge dieses partiellen und des parallellaufenden universellen Zeitinhalts) x vor y und y vor z, sowie x wiederum nur als Endglied einer Reihe existenzfähig ist, innerhalb deren ich lesen und schreiben gelernt habe, und z wiederum als Anfangsglied einer Reihe auf-

2*

tritt, in der bestimmte Gedankenketten in den Gehirnen meiner Leser associirt werden. Aber diese inhaltlichen Beziehungen ordnen das Prius und Posterius in ausreichender Weise, ohne dass die transcendente Reihenfolge der Glieder x, y, z irgendwelchen Beschränkungen unterläge. Vielleicht sieht jener metaphysische Weltbetrachter, den ich bereits einmal beschwor, mein Buch eher gedruckt als geschrieben, eher gelesen als gedruckt; vielleicht lässt er — gesetzt, er trete aus der Passivität des Weltzuschauers in die Activität eines Weltordners über — mich zehnmal hintereinander denselben Bogen schreiben und bewirkt nach jeder Vollendung eine restitutio in integrum, eine transcendente Vernichtung, die nicht mit empirischer Zerstörung zu verwechseln ist; vielleicht schaltet er zwischen y und z noch einmal x ein, oder ein Jahrtausend des Alterthums oder eines aus ferner Zukunft, oder eine leere Pause, in der Nichts oder nur ein unbeweglich verharrender Weltzustand existirt; vielleicht endlich streicht er den ganzen Zeitraum $x + y + z$ aus der Reihe der Weltbegebenheiten — und allen diesen Launen und Möglichkeiten entspringt für uns nichts anderes als unsere so glatt, lückenlos, uno tenore verfliessende Welt. Dies alles, kurz ausgedrückt, ist transcendent denkbar, weil empirisch unwahrnehmbar, objectiv zulässig, weil subjectiv unzugänglich. Es stünde (wenigstens auf der jetzigen Stufe unserer Betrachtungen) sofort anders, wenn beide Welten, die empirische und die transcendente, eben nicht so vollkommen und reinlich trennbar wären, dass die gewaltigsten Eingriffe und Umformungen auf der einen Seite ganz ohne Einfluss auf die andere bleiben. Gerade die Möglichkeit eines empirischen Sichtbarwerdens metaphysischer Beziehungen, eine für alle Metaphysiker ungemein verlockende Möglichkeit, muss unbedingt ausgeschlossen sein, ehe überhaupt von der Existenz der transcendenten Welt die Rede sein kann; das Ding an sich würde nie neben und ausserhalb der Erscheinung Platz finden, wenn es ihre Gesetze, sei es befolgen müsste, sei es durchbrechen könnte. Ein Denker wie Schopenhauer, mit der grundsätzlichen Neigung, die scharfen Grenzen zwischen Immanenz und Transcendenz zu verwischen, muss natürlich gerade gegen diese Principien fortwährend verstossen. So sieht er — um vorläufig nur ein gelegentliches, aber typisches Beispiel zu nennen — in der lebhaften Erinnerung, die selbst dem hohen Alter noch Scenen aus der Kindheit zurückruft, etwas wie eine anschauliche Bestätigung für die Idealität der Zeit, und stellt den wirklichen Sachverhalt damit auf den Kopf. Ein empirisches Bewusstsein von den Vorgängen der absoluten Zeitfolge oder von der Zeitlosigkeit des materiellen Zeitsubstrats würde deren Möglichkeit nicht bestätigen, sondern aufheben; wenn der Greis in seiner letzten Lebensstrecke z die transcendente Nähe der Kindheitsstrecke a spürte, so wäre in z eben die inhaltliche Umformung eingetreten, die, laut Voraussetzung, als Folge transcendenter Succession nicht eintreten darf. Ein ähnliches Curiosum wird uns beim Raume begegnen; wenn „abwickelbare" Räume den empirischen ersetzen können und damit die Möglichkeit einer transcendenten Nachbarschaft von Südpol und Nordpol vorliegt, so soll die andere Möglichkeit einer geisterhaften Übersiedelung auf „transcendentalem" Wege damit nicht zugegeben, sondern widerlegt sein!

Die von uns mehrfach betonte und noch weiterhin zu betonende Zeitlosigkeit des materialen Substrats wird Manchem den Wunsch näherer Aufklärung eingeben, wie es wohl zugehe, dass dieses beharrende Continuum von Weltzuständen nicht anders als in zeitlich-successiver Entfaltung sich kundthun könne. Ich bekenne, darauf keine Antwort zu wissen, und meine mit Lotze, dass es nicht unsere Aufgabe ist, solche Dinge wie Sein, Werden, Wirken zu machen; sie selbst mögen zusehen, wie sie das zu Stande bringen. Wir stehen hier vor einem Factum, dessen einfache Structur keine Zergliederung in noch einfachere Elemente zulässt, einem Urphänomen, das anerkannt und begrifflich exponirt, nicht aber abgeleitet und erklärt sein will. Weder der beharrende einzelne Weltzustand noch eine beharrende Vielheit von Weltzuständen ist Bewusstseinserscheinung, sondern allein jenes strömende oder gleitende Continuum von Weltzuständen, dessen eigenthümliches Verhalten wir nur symbolisch, im Bilde einer Punktbewegung, uns verdeutlichen können; und auf Grund dieser nicht weiter in ihre Ursprünge verfolgbaren Fundamentaleigenschaft unseres zeitlichen Daseins muss gerade jenes starre unveränderliche System (die Zeitlinie), sobald es aus seinem imaginären Grunde auftauchen und sein soll, als fliessendes und unaufhaltsames Werden vor den darein verflochtenen Erkenntnisssubjecten vorüberziehen. Ich bemerkte schon, dass selbst Kant diese Thatsache gelegentlich übersieht; sie ist auch vielen Anderen entgangen. Zur Widerlegung der Kantischen Formel, dass nicht die Zeit selbst verflösse, sondern nur die Erscheinungen in ihr, beruft sich Schopenhauer auf die „uns Allen inwohnende feste Gewissheit, dass, wenn auch alle Dinge im Himmel und auf Erden plötzlich stille ständen, doch die Zeit, davon ungestört, ihren Lauf fortsetzen würde; so dass, wenn späterhin die Natur ein Mal wieder in Gang geriethe, die Frage nach der Länge der dagewesenen Pause, an sich selbst einer ganz genauen Beantwortung fähig sein würde. Wäre Dem anders, so müsste mit der Uhr auch die Zeit stille stehn, oder, wenn jene liefe, mitlaufen." (Parerga I, p. 95.) Mit der einzelnen Uhr allerdings bleibt die Zeit nicht stehn, wohl aber mit der Universaluhr, dem Weltchronometer, dem bewegten Gesamtsystem mechanischer, organischer, psychischer Vorgänge, an deren Ablauf allein der Fluss der empirischen Zeit sichtbar wird, und ich wüsste nicht, wie die Länge jener Pause gemessen, geschätzt, empfunden werden sollte, ohne dass irgendwo der universale Stillstand des Geschehens durchbrochen und ein zeitregistrirender Mechanismus in Gang erhalten würde. Das Märchen vom Dornröschen lässt während des hundertjährigen Schlummers der Königstochter die Dornenhecke wachsen und draussen im Land das Leben sich weiterspinnen; auf diese partielle Zeiterfüllung hin ist freilich die Länge der Schlummerpause einer ganz genauen Bestimmung fähig.*) Aber der Stillstand alles Geschehens hat unweigerlich den Stillstand der empirischen Zeit zur Folge, und die dann eintretende, nur mit absoluter Zeit erfüllte Pause entzieht sich der empirischen Wahrnehmung. — Auch bei Lotze emancipirt sich die Vorstellung zuweilen vom Zeitverlaufe, in dessen Structur sie doch verflochten ist, und es kommen Sätze zum Vorschein wie der folgende, mit dem die Hypothese eines zeitlosen Systems geordneter Glieder abgelehnt werden soll: „Wir würden, meint er, als Glieder eines solchen Systems zwar unsere Gründe als Vergangenheit, das uns Nebengeordnete als Gegenwart, und unsere Folgen als Zukunft uns vorstellen, wir würden also wohl die Charactere des Vergangenen, Gegenwärtigen und Zukünftigen vertheilen,

---

*) Hierher gehört auch die Leibniz'sche Folgerung, dass die Seele ununterbrochen denke, weil wir sonst beim Erwachen kein Gefühl von der Zeitdauer unseres Schlafes haben könnten. (Nouv. Ess. II, 1.)

aber wir würden keinen Grund haben, in dieser Vertheilung zu wechseln, und das uns Nebengeordnete würde
uns immer als Gegenwärtiges erscheinen, ohne jemals
zum Vergangenen zu werden." Würde uns immer erscheinen! Wir kennen eben kein starres zuständliches
Erscheinen, kein Sichtbarwerden des Beharrenden, kein
Bewusstwerden des absolut Ruhenden; wo wir in der
Erscheinungswelt von Ruhe, Dauer, Beharrung sprechen,
liegt entweder, physicalisch geredet, der Fall einer „stationären Strömung" vor, ein beständiger Zufluss und Abfluss,
Zerfall und Erneuerung, mit scheinbarer Formerhaltung,
oder der Fall einer sehr langsamen und sehr gering-
fügigen Veränderung, oder der Fall localer Ruhe in bewegter Nachbarschaft — niemals aber der Fall reiner,
unbedingter, durchgängiger Stabilität. Die absolute Zeit
für sich oder erfüllt mit einem unbeweglich festgehaltenen
Weltzustand tritt nicht ins Bewusstsein; jede empirische
Erscheinung, und sei es nur der Lauf eines armseligen
Molecüls, setzt immer eine Succession unendlich vieler,
verschiedener, stetig auf einander folgender Weltzustände
voraus.

Fassen wir die bisherigen Entwicklungen zusammen,
so ergiebt sich für die zeitliche Succession, unter Festhaltung des empirischen Weltbildes, schon auf dieser Stufe
eine so unerschöpfliche Fülle metaphysischer Möglichkeiten, dass von einer transcendenten Realität der
Zeit, der Hauptsache nach, gar keine Rede mehr
sein kann. Jede Relation, der absoluten Verkettung
der Zeitelemente beigelegt, um die empirische damit zu
sichern, ist eine unnöthige Beschränkung. Die zeitliche
Abfolge überhaupt, die Grundform der Welt als einer
werdenden, fliessenden, vergänglichen Zustandsreihe ist
metaphysisch unbestimmt und gleichgültig; eindeutige

Realität kommt höchstens dem materiellen Substrat des Geschehens zu, dem starren, unveränderlichen, jederzeit zur Realisation bereiten Nunc stans, der Zeitlinie als dem unzerstörbaren, unerschöpflichen, stets vollständig und gleichzeitig existirenden Urquell der Wirklichkeit. — Hiermit haben wir eine Norm zur Beurtheilung metaphysischer Angelegenheiten gefunden, mit der keine speculative Philosophie, die es ernst meint und ernst gemeint sein will, in Widerspruch gerathen darf. Diese Norm richtet sich gegen die Metaphysik überhaupt, zunächst aber gegen jede mit Zeitvorstellungen inficirte Metaphysik, die das Reale an sich, wenn auch in noch so verfeinerter und sublimirter Gestalt, sub specie fiendi und nicht rein sub specie essendi zu begreifen sucht. Anfang, Werden, Fortschritt, Zielsetzung, Weltende, Erlösung, jeder aus dem empirischen Zeitstrom geschöpfte Begriff wird in der Welt der Noumena gegenstandlos und dialectisch; eine Philosophie mit der principiellen Neigung, die Formen des Verlaufs, der Entwicklung, der Bewegung als Grundformen der Realität zu verstehen, ist gezeichnet als principieller Irrthum.

Wir wollen diesen kritischen Betrachtungen ein eigenes Capitel widmen; zum Abschluss des gegenwärtigen machen wir auf einen Specialfall unter den möglichen Bewegungen des Gegenwartpunktes aufmerksam, der auf den ersten Blick scheinbar befremdlich wirkt und im Grunde bereits zum zweiten Haupttheil der Untersuchung, zur Umformung des materiellen Zeitinhaltes, den Übergang bildet. Dieser Specialfall ist das Durchschreiten einer Strecke der Zeitlinie in negativer Richtung, wenn wir unter positiver die uns geläufige, vom empirischen Prius zum Posterius, verstehen. Natürlich haben wir hier nicht etwa einen Ausnahmefall, eine Einschränkung der Gültigkeit unseres

Fundamentalsatzes, zu befürchten; aber die rückläufige Bewegung des Gegenwartpunktes nimmt doch gegenüber den anderen Bewegungsmöglichkeiten insofern eine Sonderstellung ein, als sich ihre empirische Wirkung nicht wie bei diesen unmittelbar angeben lässt. Die ganz leere oder nur mit einem einzigen Weltzustand erfüllte absolute Zeit giebt den Bewusstseinseffect Null, sie hat keinen empirischen Realwerth; ein rechtläufig durchschrittenes Stück AB der Zeitlinie entspricht ohne weiteres einem Stück empirischen Weltgeschehens — aber was bedeutet dasselbe Stück, in der entgegengesetzten Reihenfolge seiner Zustände, von B nach A hin, realisirt? Hat es mit dem ersten eine Ähnlichkeit, einen vorstellbaren Zusammenhang? Verwandelt sich bei dieser Umkehrung vielleicht ein vorwärts gehender Mensch in einen rückwärts gehenden und eine Pendelschwingung in sich selbst? Kann die Zeitstrecke BA aus AB durch irgendwelche Reversion der Bewusstseinsvorgänge, also etwa durch physiologische, chemische und zuletzt mechanische Untersuchungen hergeleitet werden, wobei schliesslich alles auf eine simple Vorzeichenvertauschung hinauskäme? Das wäre das erreichte Ziel des Materialismus, die vollendete Übersetzungskunst, die Bewusstseinsvorgänge als Bewegungsgleichungen und diese wieder als jene verdolmetscht; und der Schlüssel zu diesem Hin und Her von Analyse und Synthese wäre — der als Gesamtlage der materiellen Punkte im Raume enträthselte Weltzustand. Dass in Wirklichkeit gerade die Unbekanntschaft mit dem Wesen eines Weltzustandes uns den Bewusstseinsweg von AB zu BA versperrt, lehrt folgende Betrachtung. Theilen wir die Strecke AB in n sehr kleine Theilstrecken, deren jede für sich noch in der ursprünglichen positiven Richtung zu verstehen ist, und bilden aus ihnen durch Umschichtung der Reihenfolge

$(n,\ n—1,\ \ldots\ 3,\ 2,\ 1)$ eine neue Strecke, so ist diese, wie klein auch jede der Theilstrecken und wie gross ihre Anzahl werden mag, typisch von BA unterschieden, und der sie durchwandernde Gegenwartpunkt erzeugt immer noch, wenngleich bruchstückweise, unsere empirische Welt. Zur radicalen Umkehrung würde man auf diesem Wege blosser Umlagerung erst gelangen, indem man n unendlich gross wählt, also durch die Grenze, den Weltzustand hindurchgeht; eben den Weltzustand aber können wir nur [definiren, nicht analysiren, oder, Kantisch ausgedrückt, wir dürfen ihn nur in regulativer, nicht in constitutiver Bedeutung ansetzen. Damit ist die Möglichkeit, den empirischen Effect BA aus AB zu erschliessen, selbst für die einfachsten Fälle abgeschnitten, die nicht geradezu der Mechanik angehören; bestünde das Weltgeschehen auch in nichts anderem als in einem fliessenden Brunnen oder im Anblicken einer farbigen Wand, so wäre schon die Annahme unerlaubt, dass diese scheinbar in constantem Niveau verlaufenden Vorgänge bei der Umkehrung ungeändert blieben. Der Act des Sehens, der detaillirte Hergang bei der Gravitation, die Molecularbewegung innerhalb einer Flüssigkeit — alle diese Dinge sind der inneren Structur nach bereits so complicirt, dass der Schluss von der positiven auf die negative Platte des Weltbildes vollkommen versagen muss. Fragen wir nun gar, wie es bei jener Reversion um die Erhaltung oder Veränderung von Relationen höherer Gattung steht, ob beispielsweise der Complex räumlich und materiell zusammengehöriger Einzelerscheinungen, der in positiver Zeitrichtung ein organisirtes bewusstes Lebewesen bildet, nach der Umkehrung sich zu einer ähnlichen räthselhaften Function wieder vereinigt, so sinken wir tief unter die Schwelle des Denkbaren und stossen auf Probleme, die wir nicht einmal zu stellen, geschweige zu lösen wissen. Hier würde, wie gesagt, uns nur der ideale Materialismus, die fertige Laplace-Dubois'sche Weltformel aus der Verlegenheit helfen. — Ist hiernach der constructive Weg von AB zu BA versperrt, so müssen wir uns mit einem dürftigen Analogieschluss begnügen. Da sowohl AB als BA Continua stetig aufeinander folgender Weltzustände sind, so wird aller Wahrscheinlichkeit nach BA im Wesentlichen dasselbe sein wie AB, nämlich Theil einer Zeitlinie, d. h. auch die rückläufige Bewegung des Gegenwartpunktes erzeugt eine zeitlich ausgedehnte Bewusstseinswelt, nur mit anderem Inhalt und für andere Intellecte als der rechtläufigen Bewegung entsprechen. Aus demselben Material von Weltzuständen sind demnach zwei Welten herstellbar, die als rein mechanische Erscheinungen aufgefasst sich nur im Vorzeichen $+$ unterscheiden würden, die von aussen betrachtet durchaus identisch sind, und die trotzdem den in ihren inneren Connex eingesponnenen Wesen keine Communication über die Grenze herüber ermöglichen. Somit weist schon unsere erste, den Process der zeitlichen Abfolge zersetzende Analyse auf weitere Möglichkeiten transcendenter Willkür hin. Indem wir unsere empirische Welt als inhaltlich real aufstellen, finden wir als unvermeidliche Zugabe gleich noch eine zweite, inhaltlich verschiedene, aber transcendent gleich zulässige Welt; beide bestehen neben einander, ohne einander zu stören und zu beeinflussen; in beiden spielen „wir" vielleicht mit, ohne doch, sobald wir uns als Mitbürger der einen denken, von der anderen das mindeste zu wissen, geschweige wahrzunehmen. Wir sind, als subjective Träger der Zeit, unserer innersten Structur nach in die Structur der positiv gerichteten Zeitlinie eingeflochten und von der negativen Richtung ausgeschlossen — oder, anders ausgedrückt, wir nennen diejenige Richtung die positive, der wir angehören. Sollte diese Erörterung uns nicht den Weg zu einer über die Zweizahl hinauswachsenden pluralité des mondes weisen, zu einem Nebeneinander von Bewusstseinswelten, deren jede, ohne in die andere hinüberzugreifen, in ihrer eignen Zeit und für ihre eignen Intellecte abläuft? Wenn bei dem Versuche, unseren empirischen Weltinhalt W zu objectiviren, uns sogleich die Anerkennung einer inversen Welt $- W$ abgenöthigt wird, sollte da nicht der qualitative Zwischenraum zwischen $+ W$ und $- W$ in geeigneter Weise derart ausgefüllt werden können, dass die Hypothese eines bestimmten W überhaupt verschwindet? Wir werden diese vorläufigen Andeutungen in einem späteren Zusammenhange der Betrachtung wieder aufzunehmen haben; zunächst sei es uns gestattet, ein Capitel kritischer und polemischer Natur einzuschalten, das hier, auf einer noch niedrigen Stufe erreichter Allgemeinheit, in einer vortheilhafteren Beleuchtung stehen dürfte als anderswo.

Drittes Capitel.

Gegen die Metaphysik.

„Zieht man von der Zeitvorstellung die extensive Quantität ab, so bleibt als objectives Residuum, als ein Rest, dem eine von den specifischen Schranken unserer und jeder andersgearteten Intelligenz unabhängige Realität m ö g l i c h e r w e i s e zukommt, übrig: die Zeitordnung, die Reihenfolge, die series conditionalis in der Causalkette der Realgründe und Effecte". (Liebmann, Zur Analysis der Wirklichkeit, p. 336.) Nachdem dieses Residuum zerstört, das vorbehaltene „möglicherweise" zurückgewiesen ist, dürfen wir sagen: zieht man von der Zeitvorstellung auch die zeitliche Succession ab, so bleibt als Rest, dem eine absolute Realität möglicherweise zukommt, der Zeitinhalt übrig, die innere Constitution und Verknüpfung der Weltzustände. Auch diese reservirte Möglichkeit wird vor der höheren Instanz zu bestreiten und das „Ding an sich" noch weiter zurückzuschieben sein; für eine Weile aber halten wir an diesem Provisorium fest. Ich muss also noch weiterhin um Nachsicht bitten für halbe, zwitterhafte, vermittelnde Begriffe und Ausdrucksweisen, mit denen wir schrittweise die naiv-realistischen Vorstellungen verlassen, statt sofort in voller Allgemeinheit den scharfumschriebenen Standpunkt des Idealismus einzunehmen.

Der geheimnissvolle Vorgang, vermöge dessen die grenzenlose Zukunft, hindurchfliessend durch die Gegenwart, sich in grenzenlose Vergangenheit verwandelt, muss uns metaphysisch betrachtet als Nebensache und Illusion gelten, die den realen Kern der Welt (wie er einstweilen in der unbeweglichen Zeitlinie symbolisirt ist) nicht berührt. Weder ist die Vergangenheit unwiderruflich dahin und abgethan, als wäre sie nie gewesen, noch ist die Zukunft etwas von Grund aus Neues, Erstmaliges, Nieerlebtes; dem homerischen Odysseus, der sich nach vieljährigem Irren endlich dem jähen Verderben entronnen fühlt, könnte ein transcendenter Weltzuschauer ebenso Unrecht geben wie jenem anderen, der in Dantes Inferno für seinen unbändigen Seefahrer-Übermuth büsst. Wenn dieser nach unentdeckten Ländern und Meeren auszieht, jener des Oceans müde auf heimatlicher Insel landet, so ergreift uns diese ewige Symbolik der Ausfahrt und Heimkehr, dieses Aufschliessen einer Zukunft und Abschliessen einer Vergangenheit mit dem Zauber des Selbsterlebten; an dieser intensiven Empfindung des Zeitverlaufs ist empirisch nicht zu rütteln. Wie anders, wenn wir eine $\mu\varepsilon\tau\acute{\alpha}\beta\alpha\sigma\iota\varsigma$ $\varepsilon\grave{\iota}\varsigma$ $\check{\alpha}\lambda\lambda o$ $\gamma\acute{\varepsilon}\nu o\varsigma$ vollziehen und die Dinge so vorzustellen suchen, wie sie jener metaphysische Weltbetrachter in der absoluten Zeit sehen würde! Da entfärbt sich Vergangenheit und Zukunft, denn es giebt keinen eindeutigen, definitiven, unumkehrbaren Sinn von Vergangenheit und Zukunft. Die Gewissheit, über Eines hinaus zu sein, Anderes noch vor sich zu haben, unser menschlicher Glaube an das Nichtausbleiben des Künftigen und Nichtwiederkehren des Gewesenen, unsere Gebundenheit an den empirischen Weg, der von einer Zeit zur anderen durch alle Zwischenzeiten hindurchführt — nichts davon besteht in der intelligiblen Welt zu Recht.

Hier geht Alles, ohne damit auf Wiederkommen zu verzichten, Alles beginnt, aber es war schon unzählige Male
zu Ende: das Seiende entfaltet sich in „unwiderruflicher
Position". Die Leiber sind unsterblich wie die Seelen;
jedes Glas Weines, das wir trinken, ward uns schon alle
erdenklichen Male kredenzt; jede Fliege, die einmal an
unserem Fenster gesummt hat, bleibt unsere untrennbare
Begleiterin durch das „ewige Leben" — keine Unendlichkeit von Kalpas und Aeonen löst die Zusammenhänge,
die jemals ein Dasein an das andere knüpften. Eine
seltsame Art metaphysischer Unzerstörbarkeit waltet an
dem erstarrten Flusse des Werdens; es ist nicht die der
Seele, oder des Willens, oder der Materie, oder irgend
einer menschlich-allzumenschlichen Hypostase. Will man
einen Namen für dieses unzerstörbare Etwas, das beharrende Substrat des Wandels und Wechsels, das die
Möglichkeit einer ewigen Wiederkunft des Gleichen in sich trägt, so nenne man es etwa die existentia potentialis, τὸ δυνάμει ὄν: es ist das Reservoir des
Daseins, dessen Realitätsgehalt durch den Process des
zeitlichen Ablaufs nicht vermindert und durch millionen-
fache Wiederholung dieses Processes nicht erschöpft wird
— die Möglichkeit des Daseins, die sich auch durch ewig
erneutes Wirklichwerden nicht aufzehrt und ausgiebt, der
gegenüber das Wirklichwerden selbst als wesenlos und
illusionistisch erscheint. Nur die empirische Zeit baut auf,
reift, entwickelt, zerstört, verweht; ihr ist dynamische
Fülle und Activität zuzusprechen sogar weit über das
Mass des Augenscheinlichen hinaus, sodass man grundsätzlich berechtigt ist, selbst bei starren Gebilden und
dauernden Qualitäten die verborgene langsame Veränderung vorauszusetzen. Die Formeln und Constanten eines
Naturgesetzes, die chemischen Elemente, physicalische

Grundwerthe aller Art könnten Functionen der empirischen Zeit sein, so gut wie Meer und Gebirge säcularen
Umgestaltungen unterworfen sind. Aber mag Heraklit
für das empirische Geschehen Recht haben: selbst an der
flüchtigsten Schaumperle, der rastlos vorüberschwebenden
Einzelerscheinung ist die absolute Zeit ohne Wirkung,
ohnmächtig, kraftlos. Die winzigste Thatsächlichkeit, die
im Gedränge empirischer Gründe und Folgen erdrückt
wird, nimmt in der transcendenten Zeit diamantene Härte
an, von der eine Millionen Male erneute Wiederkehr
nichts abschleift; jede Secunde des Weltgeschehens glänzt
in Unzerstörbarkeit. Der genetische Strom gefriert zu
ontologischer Starrheit; alles, was war und wird, hat hierdurch seine Zugehörigkeit zum Reiche des Immer-Seienden
bekannt. Hier und jetzt, das bedeutet jederzeit und überall; Dasein ist das Symptom der Ewigkeit.

Man sieht, derartige Erwägungen geben sich doch nicht
rein als Poesie, wenn auch nicht rein als Wissenschaft
oder als Norm des menschlichen Handelns; am stärksten
werden sie auf diejenige Weltbetrachtung abfärben, die
von allen Dreien etwas sein will, auf die Metaphysik.
Hierunter könnten wir, auf unserem Standpunkt, einfach
diejenige Auffassung der Dinge verstehen, die über die
Analysis der gegebenen Erscheinungen hinaus positiv
einschränkende Voraussetzungen über das Reale an sich
zu machen wagt — wobei nur die philologische Schwierigkeit bleibt, Systeme, in denen dieser von Kant scharf
formulirte Dualismus noch nicht durchgeführt ist, dennoch
in das Schema einzugliedern. Es sind durchaus nicht nur
die vorkantischen Speculationen, denen diese Schwierigkeit anhaftet; ich möchte beinahe sagen, ohne eine gründ-
liche Unklarheit, die nun ihre Beurtheilung so erschwert,
wäre es meistens gar nicht zur Conception der meta-

physischen Vorstellungen gekommen. Zwischen der erlaubten Amplification, Weiterdeutung, Umschreibung wissenschaftlicher und praktischer Ergebnisse und ihrer unerlaubten Übersetzung ins Metaphysische ist eine scharfe Grenze; aber wenn diese Grenze nicht ohne Beflissenheit verwischt wird, so ist es schwer zu sagen, wo das genus sublime aufhört und das genus transcendens beginnt. Nur in einzelnen eclatanten Fällen werden wir zweifellos feststellen können, dass ein Attribut empirischen Geschehens der intelligiblen Welt beigelegt werden sollte und folglich zurückzuweisen ist.

Wir richten also die Spitze unseres transcendenten Idealismus gegen die Metaphysik; seine Beziehungen zur exacten Wissenschaft werden erst auf einer höheren Stufe der Untersuchung zur Sprache kommen können, und seine Beziehung zum praktischen Handeln ist, wie kaum einer Erläuterung bedarf, gleich Null. Als Erkennende und Wollende innerhalb der Welt, als active und receptive Theilnehmer am materiellen Weltinhalt haben wir die empirische Zeit zur Daseinsform, und es wäre ungereimt, wenn wir im Hinblick auf die Ungewissheit der wahren Succession uns einer überstandenen Gefahr nicht freuen oder einer drohenden nicht ausweichen wollten. Ist das Leben ein Traum, so müssen wir doch in der Folgerichtigkeit des Traumes so verfahren, als ob es kein Erwachen gäbe; ist die Wirklichkeit nur ein Schauspiel, so muss doch auf der Bühne die Fiction herrschen, als wäre das Schauspiel die Wirklichkeit. Verhielten wir uns anders, so begingen wir den Fehler, dasjenige „transcendental" in unser Bewusstsein hineindämmern zu lassen, was doch der Voraussetzung nach transcendent, jenseits unseres Bewusstseins ist, sowie der fatalistische Türke den Fehler begeht, seine Handlungsweise, die ja laut Voraussetzung bereits vom Fatum normirt ist, noch einmal, als wäre sie frei, von der Erkenntniss des Fatums motiviren zu lassen. Das zweckmässige Handeln kann in der That den Idealismus mit denselben Gründen ablehnen wie den Fatalismus: eine Parallele, die vielleicht mehr als zufällige Bedeutung hat. Wenn man will, so ist unsere Betrachtung, die den fliessenden Werdestrom zur ontologischen Unbeweglichkeit erstarren lässt, selbst eine Art Fatalismus oder Determinismus, der freilich mit dem gewöhnlichen nichts zu schaffen hat und die Frage nach der Willensfreiheit offen lässt. Ob wir nämlich den Zeitinhalt als durchgängig determinirt ansehen (wobei die Zeitlinie durch eine Theilmenge ihrer Weltzustände etwa so bestimmt wäre wie in der Geometrie eine specielle Curve durch eine endliche Anzahl ihrer Punkte), oder ob wir eine durchbrochene Causalität, eine Mischung von Gesetzlichkeit und Freiheit behaupten, das betrifft nur die innere Structur der Zeitlinie und wäre auf analytischem Wege daraus abzulesen, ändert aber nichts an der willkürlichen Bewegung des Gegenwartpunktes. Nun würde ja auch zu einer „freien That", obwohl sie nach der Vergangenheit hin spontan und zusammenhanglos eintritt, eine Zukunft gehören, in die sie sich als eindeutig bestimmtes Wissensobject ebenso einfügt wie irgend ein causal determinirter Vorgang. Der Widerspruch zwischen Determination und Freiheit besteht also nur bis zum Eintritt der freien That; von da an ändert ihre Freiheit nichts mehr an ihrer Unwiderruflichkeit. Dieser Zeitunterschied aber fällt in der absoluten Zeit wegen der Beliebigkeit der transcendenten Succession dahin; für einen metaphysischen Weltzuschauer ist die Welt schon unendlich oft vergangen. Ihm also würde sich die freie That von jeher in der unabänderlichen Position darstellen, in der sie uns erst nach ihrer

3*

empirischen Vollendung erscheint: das wäre ein transcendenter Determinismus, der sich mit empirischem In-
determinismus vertrüge, oder, mythisch ausgedrückt, göttliche Allwissenheit ohne Beschränkung menschlicher
Willensfreiheit. Dieser Fall von compatibilitas incompatibilium ist nicht der einzige, zu dem sich unser Idealismus missbrauchen liesse; hier findet der mittelparteiliche
Dogmatiker und conciliatorische Dualist einen fruchtbaren,
durch Kant vorbereiteten Boden. Behaupten wir kühn-
lich unsere Thesen für die intelligible Welt, selbst wenn
die empirische uns die Antithese abzwingt — : giebt es
einen erwünschteren Ausweg, die Erkenntniss um ihren
Tribut zu prellen? Vielleicht erwerbe ich mir den Dank
Derer, die über praktischen Postulaten gern die theoretischen vergessen, wenn ich noch einige Dualismen und
„versöhnte Gegensätze" aus dem weitfaltigen Mantel des
Idealismus zum Vorschein bringe. So gut wie transcendente Determination mit empirischer Freiheit liesse sich
auch umgekehrt intelligible Freiheit mit empirischer Causalität vereinen, wozu nur nöthig ist, dass ich die Bewegung des Gegenwartpunktes meinem Willen zurechne.
Dann nämlich kann ich das, was ich empirisch thue oder
thun muss, in der absoluten Zeit immer noch beliebig
thun oder unterlassen, indem ich den Gegenwartpunkt
hindurch- oder vorbeiführe, also das δυνάμει ὄν mit dem
ἐνεργείᾳ εἶναι entweder belaste oder verschone. Diese existentielle Freiheit bei essentieller Gebundenheit könnte
Schopenhauern vorgeschwebt haben, wenn er die Wahl
zwischen Sein oder Nichtsein als frei, aber, nach bejahen-
der Entscheidung, das So-und-nicht-anders-sein als determinirt ansieht: nur geht es ihm hier, wie dem Zauberlehrling, der die Geister rufen, aber nicht loswerden kann.
Die intelligible Verantwortlichkeit schwillt uns unter den

Händen zu einer mystischen Gesamtschuld „an Allem und für Alle", und meinem transcendenten Ich fielen nicht nur die Thaten meines empirischen, sondern auch die Thaten Caligulas und Richards des Dritten zur Last. — Ferner wäre göttliche Allgüte selbst mit einem höchst jammervollen Weltverlauf verträglich; die Bewegung des Gegenwartpunktes, in den göttlichen Willen gestellt, müsste sich etwa auf die einwandfreien Theile der Weltgeschichte beschränken und die partie honteuse überspringen. Auch wäre, trotz der empirischen Unbegrenztheit der Welt nach vorwärts und rückwärts, in der absoluten Zeit ein Anfang und Ende der Bewegung des Gegenwartpunktes nicht ausgeschlossen, und Kants erste Antinomie liesse sich in der That conciliatorisch schlichten. Müssige Phantasie und „praktisches Interesse, woran jeder Wohlgesinnte, wenn er sich auf seinen wahren Vortheil versteht, herzlich Theil nimmt", mögen sich verbünden, um ausser den genannten beliebige weitere Verträglichkeiten und Vereinbarkeiten auf dem Boden des transcendenten Idealismus in vorläufige Sicherheit zu bringen. Wir wollen diesen harmlosen Erzeugnissen einer doppelten Buchführung ihr unbeachtetes Dasein nicht verkümmern; wir bemerken nur mit Vergnügen, dass hier die errungene Allgemeinheit den einzigen Zweck hat, zu Gunsten eines privaten Vorurtheils wieder eingeschränkt zu werden, und dass es eine Logik giebt, die dem Leugner willkürlicher Behauptungen die Beweislast zuschiebt.

Aber wir hatten der Metaphysik Fehde angekündigt, und haben selber einer sehr fragwürdigen Species von Metaphysik scheinbaren Vorschub geleistet. Wir wollen auch ferner noch nicht unbedingt Farbe bekennen, sondern sogar eine Metaphysik gegen die andere ausspielen, obwohl zuletzt kein Zweifel darüber bestehen kann, dass

jedwede Speculation über transcendente Dinge gleichmässige und unparteiische Ablehnung verdient. An der
chaotischen Beliebigkeit der Dinge an sich vergreift sich
alle Metaphysik, aber die eine vergreift sich schwerer,
die andere leichter, die eine schnürt die dogmatische
Fessel enger, die andere weiter. Und da wir selbst die
volle Allgemeinheit des idealistischen Standpunktes nur
stufenweise erklimmen, so liegt es nahe, metaphysische
Speculationen daraufhin anzusehen, ob sie eine Strecke
mit uns zusammenbleiben oder sich schon beim ersten
Schritte auf realistische Seitenwege verirren. Die augenblickliche Etappe, von der wir diese Umschau halten, ist
für uns bezeichnet durch einen festen, starren, unbeweglichen Zeitinhalt, der von dem willkürlichen und illusionistischen Spiel des Zeitablaufs unberührt dasteht; in der
praktischen Anwendung ist diese Erkenntniss vielleicht
am kürzesten durch einen ihrer Specialfälle characterisirt,
durch die Möglichkeit der **ewigen Wiederkunft**. In
der That verbildlicht die identische, beliebig oft wiederholte Reproduction einer empirischen Zeitstrecke (eine
ausdrücklich von uns betonte Möglichkeit der transcendenten Succession) in einfachster Weise das, was wir
früher nicht ganz deutlich die Zeitlosigkeit des materialen
Zeitsubstrats nannten. Mit der von Nietzsche neuerdings
aufgestellten Formel der ewigen Wiederkunft, die eine
inhaltliche Periodicität innerhalb des Weltgeschehens behauptet, ist die unserige nicht identisch; Nietzsches Aussage bezieht sich auf die innere Structur der Zeitlinie
(die er sich geschlossen, in sich zurücklaufend vorstellt),
unsere gilt, ohne Rücksicht auf den Inhalt, von jeder
beliebigen Einzelstrecke. Nietzsches Hypothese, eine der
uralten cyklischen Analogieen, die gleich den entsprechenden sphärischen Vorstellungen vom Raume schon bei

den Pythagoräern anklingen, unterliegt schliesslich dem Richterspruch der Erfahrung; unser Satz redet von einer transcendenten Möglichkeit. — Mit diesem Satz von der ewigen Wiederkunft, dieser Auffassung eines zeitlosen unbeweglichen Gebildes von stetig an einander gereihten Weltzuständen blicken wir auf die metaphysischen Systeme und classificiren sie, jenachdem sie diese noch lange nicht vollständige Emancipation vom realistischen Augenschein mit uns gemeinsam haben oder nicht. Für die beiden Typen, die hier zu unterscheiden sind, habe ich anderswo die Namen: ontologische und genealogische Metaphysik, vorgeschlagen, deren Sinn sofort klar ist. Die Ontologen sehen die Welt als Seiendes, sub specie essendi, als starres Gefüge, das nur scheinbar zum fliessenden Strome aufthaut — kurzum so, wie wir sie gegenwärtig sehen. Die Genealogen hingegen, die Weltentzifferer sub specie fiendi, sind die eingeständlichen oder uneingeständlichen transcendenten Realisten der Zeit; sie legen die Kategorie des Werdens, des Zeitablaufs, kühn an die Welt des Absoluten und sprechen von Entwicklung und Fortschritt, Rückgang und Verfall, Anfang und Ende, Ursprung und Ziel. Ihnen ist die Geschichte „die wahre Enthüllerin des Weltinnern, wobei es nur einen Unterschied zweiter Ordnung bezeichnet, ob diese Pythia mehr von Zweckursachen oder von wirkenden Ursachen redet, ob die genealogische Metaphysik mehr teleologisch oder aitiologisch gefärbt erscheint." Dass diese Genealogen durch die Unbestimmbarkeit und Willkür der transcendenten Succession widerlegt werden, bedarf keiner Erörterung; ich wüsste wenigstens nicht, welchen Sinn etwa Eduard von Hartmanns „Weltprocess" mit seinem erlösenden Abschluss haben sollte, wenn in der absoluten Zeit eine Anordnung der Dinge möglich ist, bei welcher

der erlöste Zustand dem erlösungsbedürftigen zeitlich
voranginge, oder der ganze Weltprocess sich hundertmal
hinter einander wiederholte. Freilich bleibt immer, um
uns keiner Ungerechtigkeit schuldig zu machen, die
früher genannte philologische oder interpretatorische
Schwierigkeit zu bewältigen, nämlich zu entscheiden, ob
die fragliche genealogische Vorstellung wirklich metaphysisch oder nur empirisch gemeint ist. Die ewige
Wiederkehr und ἀποκατάστασις ἁπάντων ändert natürlich
nichts an der Realität empirischer Vorgänge, die den
Character von Erlösungen, Entwicklungen, unumkehrbaren Processen tragen; sollen sich aber solche Vorgänge,
unabhängig von den Formen naiven oder wissenschaftlich erweiterten Bewusstseins, mit absoluter Wirkenskraft
abspielen, so sind sie in die absolute Zeit zu verlegen
und verlieren damit ihren Sinn. Kurz gesagt, um eine
Philosophie als genealogische Metaphysik zu kennzeichnen
und damit zu verurtheilen, müssen ihre systematischen
Hauptpunkte daraufhin geprüft werden, erstens ob sie
ontologische oder genealogische Farbe bekennen, zweitens
ob ihnen empirische oder metaphysische Realität zugesprochen wird; die erste Frage ist im Allgemeinen leicht,
die zweite oft nur auf Umwegen und vermuthungsweise
zu entscheiden. Nur in einem Falle ist sie unmittelbar
entschieden: im Falle einer pessimistischen Metaphysik,
die mit Begriffen wie Erlösung und Weltverneinung
arbeitet. Man denke im Einzelnen etwa an die indische
Vorstellung von der Beendigung des palingenetischen
Cyklus, an Schopenhauers asketische Willensverneinung,
an Hartmanns Majoritätsbeschluss der im Verlauf des
„geschichtlichen Fortschritts" weltmüde gewordenen
Menschheit: ist es möglich, mit diesen Dingen einen empirischen Sinn zu verbinden? Empirisch gerechnet, streitet

die Möglichkeit, dass wir armselige Tellurier den Weltprocess beendigen könnten, gegen die astronomischen Elementarbegriffe: folglich müsste das Hartmann'sche Weltuntergangsdecret metaphysische Rechtskraft haben, wenn überhaupt eine. Empirisch gerechnet besteht keine Gefahr der Wiedergeburt, die durch frommen und erkenntnissreichen Lebenslauf verhütet werden müsste. Empirisch gerechnet giebt es wohl etwas wie Erlösung eines bestimmten Individuums von einem bestimmten Übel, aber auch sehr viele „unmoralische" Mittel zu diesem Zweck, z. B. das Abwälzen des Übels auf einen Anderen oder den von Schopenhauer so feierlich zurückgewiesenen Selbstmord; der Askese käme allenfalls die Bedeutung eines übertriebenen Stoicismus zu, einer brutalen Abhärtung und Abstumpfung der Leidensempfindlichkeit. Alle diese Erwägungen stellen fest, woran ohnehin kein Zweifel möglich ist: dass sich im Complex empirischen Geschehens keine Stätte für Erlösung und Weltvernichtung findet. Folglich müssten diese beiden die Realität der absoluten Zeit haben, und dort ist erst recht kein Platz für Begriffe, denen noch die Schlacken empirischer Zeitvorstellung anhaften; so von zwei Seiten tödtlich gefährdet, zwischen der empirischen Scylla und der transcendenten Charybdis versinken sie ins Bodenlose. Der Tropfen verdunstet und will damit den Ocean „verneinen", das ist empirischer Unsinn; aber metaphysisch betrachtet kann er nicht einmal verdunsten, denn er ist zum zeitlosen Krystall erstarrt! Empirisch ist das Einzelne ohnmächtig gegen das Ganze, transcendent ist es wehrlos gegen seine eigene existentia potentialis und ewige Wiederkunft.

Schwieriger ist die Entscheidung, ob eine Philosophie mit optimistischer, weltbejahender Tendenz zur Metaphysik zu rechnen ist oder nicht. Wenn nicht, so geht sie vor uns frei aus und mag sich empirisch rechtfertigen; andernfalls gehört sie unter die Botmässigkeit des Idealismus und ist zu verwerfen, sobald sie in ihren Grundvorstellungen sich nicht von den Kategorieen des Zeitverlaufs losgemacht hat. Als transcendent aufzufassen sind jedenfalls theistisch gefärbte Speculationen, makrokosmische Schlüsse auf die Welt als Eines und Ganzes, transsubjective Behauptungen, die sich in einer Sphäre jenseits des individuellen Bewusstseins bewegen. Hiernach bemesse man den speculativen Rang einer Ethik, die das Wesen der Welt in einen sittlichen Entwicklungsprocess setzt und im zukünftigen Siege des Guten eine Rechtfertigung vergangener Greuel sieht, oder eines unbefangenen Kosmotheismus, der die allgemeine Gesetzmässigkeit des Weltalls (etwas transcendent gar nicht Vorhandenes) einer obersten Intelligenz zurechnen zu müssen glaubt, oder eines comparativen Optimismus, der Glück und Leiden gegeneinander abzuwägen und aus der Überbilanz der Lustempfindungen die Existenz der Welt zu rechtfertigen pflegt. Um insbesondere die hedonistisch zugespitzten Weltanschauungen dieser Art, die in der älteren Philosophie eine ungebührlich dominirende Rolle spielen, auf ihrem unbedenklichen Realismus festzunageln, will ich einen fingirten Fall nehmen, der für den Optimismus scheinbar äusserst günstig liegt und doch in der transcendenten Beurtheilung nichts vor jedem anderen Falle voraus hat. Man denke sich die Welt mit lauter glückseligen Wesen bevölkert; nur einmal in grauer Vorzeit, etwa vor zehn oder zwanzig Jahrtausenden, habe ein einziges Individuum einen qualvollen Tod erlitten oder sonstwie Ursache gehabt, das Nichtsein der Welt ihrem Dasein vorzuziehen. Die Stimme

dieses einen Märtyrers wird nun überstimmt von Millionen
Individuen, die ihrerseits das Dasein dem Nichtsein vorziehen, und der genealogische Metaphysiker, der den hedonistischen Massstab anlegt, würde einer solchen Welt
das Prädicat nahezu vollendeter Vortrefflichkeit und
Wünschbarkeit ertheilen; über den einen peinlichen Ausnahmefall würde er sich damit trösten, dass er ja wenigstens vorbei und glücklich überstanden ist. Hier aber
liegt der Fehlschluss, die μετάβασις εἰς ἄλλο γένος, die Verwechselung zweier Realitätsklassen; die von jenem Genealogen absolut verstandene Voraussetzung, dass der Weltverlauf den Zeitpunkt des Martyriums bereits überschritten
habe, ist nur empirisch zu verstehen und besagt nichts
weiter, als dass es zu diesem Zeitpunkt ein inhaltliches
Posterius gebe. Der fragliche Bestandtheil der Weltgeschichte erscheint, als Glied eines von uns ausgehenden
regressus, fern und vergangen; er wird, sobald unsere
Gegenwart transcendent gesetzt wird, von uns als graue
Vorzeit gleichsam perspectivisch mitgesetzt, unabhängig
davon, ob und wie ihn der transcendente Zeitverlauf selbst
als Gegenwart setzt. „Jenes Martyrium ist längst vorüber"
— das bedeutet nur eine aus inhaltlichen Beziehungen
geschöpfte Localisation innerhalb der empirischen, nicht
der absoluten Zeit, eine Distanzmessung auf der Zeitlinie,
nicht aber eine definitive Vernichtung seiner unantastbaren
existentia potentialis; auf unsere Gegenwart, in der vielleicht eben ein Keilschriftbericht vom Schicksale jenes
Gefolterten ausgegraben wird, kann in der absoluten Zeit
unmittelbar die Folterung selbst in identischer Wiederholung folgen. Derlei Möglichkeiten müssten uns praktisch zur Verzweiflung — oder theoretisch zum Verzicht auf
die unhaltbare hedonistische Schätzung der Dinge treiben.
Unser fingirter Fall lehrt aber noch mehr: wie die zeit-

lich inficirte, so ist auch die social vergleichende und statistisch zählende Weltbewerthung, die transsubjective Abwägung von Lust gegen Unlust durch die Willkürlichkeiten des absoluten Geschehens verboten. Das empirische Ziffernverhältniss der einen Stimme, die für Nichtdasein der Welt plaidirt, zu den Millionen Gegenstimmen kann durch die transcendente Anordnung der Weltzustände Abänderungen von uncontrolirbarer Grösse und Richtung erfahren: man denke sich etwa in der Bewegung des Gegenwartpunktes die Zeitstrecke des Martyriums Millionen Male wiederkehrend, alle anderen Zeitstrecken gestrichen! Der naheliegende Einwand, dass dieser extreme Fall unwahrscheinlich sei, und dass wegen der gleichen Chancen im Spiel der ewigen Wiederkunft im Durchschnitt alle empirischen Zeittheile gleich häufig an die Reihe kommen werden, ist hier ganz belanglos; auch die unwahrscheinlichste transcendente Möglichkeit tritt, sobald ihr von Seiten der positiven Metaphysik widersprochen wird, obligatorisch in Action und entfaltet, als blosse Möglichkeit, eine zu polemischen Zwecken hinreichende Wirksamkeit. Ich möchte nochmals betonen, dass mir diese Betrachtungen nicht die pessimistischen Folgerungen, zu denen der transcendente Idealismus bei hedonistischer Weltbeurtheilung gelangen würde, zu bestätigen, sondern eben den hedonistischen Standpunkt abzulehnen scheinen. Gegenüber dem transcendent untilgbaren Fonds vergangenen Leidens ist alles zukünftige Leiden und Glück keine Sache von transsubjectiver Wichtigkeit, wogegen der Einzelne für sich und die ihm sympathisch Verbundenen auch ohne philosophische Ermächtigung Wohlfahrt befördern mag und wird.

Bei unserem flüchtigen Streifzug durch das Gebiet des metaphysischen Positivismus glauben wir im Grossen und Ganzen keiner Speculation begegnet zu sein, die nicht noch in unserem Jahrhundert Köpfe und Herzen verführt hätte; und ein historischer Betrachter steht vor der erstaunlichen Thatsache, dass Kants von ihm selbst als kritisch bezeichneter Idealismus weder ihn selbst noch seine Nachfolger vor dogmatischen Rückfällen bewahrt hat. Gerade der von uns betonte und immer wieder zu betonende Umstand, dass die intelligible Welt der sensiblen gegenüber als weiter, unbestimmter, willkürlicher und nicht bloss schlechthin als „andere" Welt anzusehen ist, der etwa auch positive Eigenschaften zugesprochen werden dürften — gerade dieser Umstand ist bei Kant nicht gebührend unterstrichen, oder man kann sagen, er ist wohl verbaliter anerkannt, aber nicht ins innerste Gedankengefüge der Vernunftkritik eingedrungen. So konnte die überraschende Umfärbung der idealistischen Tendenz zur conciliatorischen schon bei Kant selbst beginnen, und an Stelle des unbewussten Dogmatismus trat der bewusste, der die Grenze erkenntnisstheoretisch zog, um sie metaphysisch zu überschreiten. Die vollkommene Unabhängigkeit und Diversität der Erscheinung vom absolut Realen wurde zu allen Arten der Beziehung, zur Identität, Congruenz, Coordination, Subordination und Opposition eingeschränkt. Man fragte, ob Raum und Zeit, selbst wenn sie zunächst nur Bewusstseinsformen sind, nicht ausserdem noch absolute Existenz haben könnten; man schloss, dass von empirischen Eigenschaften, die dem Ding an sich abzusprechen sind, irgendwelche conträren Gegentheile ihm zukommen, und stellte der empirischen Causalität und Unbegrenztheit metaphysische Freiheit und Spontaneität gegenüber. Zu dieser letzten Auffassung, wobei Erscheinung und Welt an sich in Contraposition treten, war Kant persönlich, vielleicht unter

Nachwirkung religiöser Vorstellungen des Abendlandes, sehr geneigt; er zieht diesen vermeintlichen Gegensatz sogar in die innerste Constitution des Erkenntnissapparates hinein (Antithetik der reinen Vernunft), wobei er sich des verschleiernden Kunstgriffs bedient, gerade die metaphysischen Behauptungen Thesen und die empirischen Antithesen zu nennen. Das stimmt historisch, insofern die Wissenschaft vielfach aus dem Widerspruch gegen eine herrschende Metaphysik herausgewachsen ist; aber der kritische Idealist, der alle positive Bestimmtheit auf der empirischen und lauter chaotische Beliebigkeit auf der transcendenten Seite findet, würde doch eher von empirischen Thesen sprechen, die der intelligiblen Welt, allerdings weniger antithetisch als athetisch, aberkannt werden. Dass aber in diesen, wie in anderen Fällen Kants Idealismus keinen stärkeren Widerstand leistete, erkläre ich mir aus seiner Methode, die der unmittelbaren polemischen Beziehung auf den Einzelfall ermangelt und ein vom Feinde noch lange nicht geräumtes Gebiet summarisch annectirt. Wenn eine Grenzbestimmung von der hier erforderlichen Art direct und mit einem Schlage vollzogen wird, so wird der Anreiz zu gelegentlichen Grenzübertretungen weniger vollkommen beseitigt als durch ein successives Verfahren, das Stück für Stück die metaphysischen Behauptungen zurückweist und gewissermassen jedem Widersetzlichen die Lust zum Ungehorsam einzeln ausredet.

Wie wenig aber der innere Zusammenbruch jeder dogmatischen Metaphysik selbst durch zeitweiligen Anschluss an die strengeren Formen idealistischer Betrachtung aufzuhalten ist, zeigt der Fall Schopenhauers. In freierem Stile und mit lebhafterer Phantasie als Kant, der seinen intelligiblen Thesen selbst nur moralisch-

regulative, keine theoretische Verbindlichkeit zugesprochen
wissen will, hat dieser als Denker verkleidete Dichter
sich der positiven Bestimmung der transcendenten Welt
angenommen und dabei im Ganzen denjenigen Typus
festgehalten, den wir den ontologischen nannten. Dass
er unter metaphysischem Gesichtspunkt die Weltgeschichte
als zufälliges Aggregat, den Entwicklungsbegriff als Illusion, die Gegenwart als nie versagende Form der Willens-
bejahung, unser „wahres Wesen" als unentstanden und
unzerstörbar erkannte, das Alles stellt Schopenhauern
hoch über Successionisten, Evolutionisten, Teleologen und
sonstige Anbeter des absoluten Werdens. Ganz nahe an
unsere Formel der ewigen Wiederkunft streift eine merkwürdige Stelle aus dem Manuscriptbuch „Senilia", die
dem Leser eine scheinbar unerträgliche, aber mit Hülfe
der absoluten Zeit sofort verschwindende Antinomie
zumuthet: „Man denke sich alle Vorgänge und Scenen
des Menschenlebens, schlechte und gute, glückliche
und unglückliche, erfreuliche und entsetzliche, wie sie
im Laufe der Zeiten und Verschiedenheit der Örter
sich successiv in buntester Mannigfaltigkeit und Ab-
wechselung uns darstellen, als auf ein Mal und
zugleich und immerdar vorhanden, im Nunc stans,
während nur scheinbar jetzt Dies, jetzt Das ist; — dann
wird man verstehn, was die Objectivation des Willens
zum Leben eigentlich besagt." Im Einzelnen freilich erscheint diese ontologische Gesamtauffassung vielfach durchbrochen; die augenfälligste Inconsequenz und Rückkehr
zum genealogischen Realismus bezeichnet seine Erlösungs-
moral, die mit jeder anderen Philosophie eher verträglich
ist als gerade mit der Schopenhauerischen und sich in
dieser durch ewige Mühsal, Reibung und Disharmonie
bemerklich macht. „Die Menschheit muss, meines Er-

achtens, die letzte Objectivationsstufe des Willens sein; weil auf ihr bereits die Möglichkeit der Verneinung des Willens, also der Umkehr von dem ganzen Treiben, eingetreten ist; wodurch alsdann diese divina commedia ihr Ende erreicht"; — „ungerechte oder boshafte Handlungen sind, in Hinsicht auf Den, der sie ausübt, Anzeichen der Ferne, in der von ihm noch das wahre Heil, die Erlösung von der Welt liegt, sonach auch der langen Schule der Erkenntniss und des Leidens, die er noch durchzumachen hat, bis er dahin gelangt" — : in solchen und ähnlichen Sätzen, bei denen man eher an den Hartmann'schen Weltprocess als an das zeitlose Nunc stans denken möchte, rächt sich auf das Empfindlichste Schopenhauers Vorliebe für asketische Moral, besser gesagt seine Vorliebe für metaphysische Begründung asketischer Moral. Bedenklicher noch, als diese genealogische Inconsequenz, ist aber die beständige Durchflechtung seines Systems mit dogmatischen Fäden: eine Verschiedenheit von Kette und Einschlag, die ein auf den ersten Anblick reizvoll wirkendes Changeant erzeugt. Während die Erlösungslehre als heterogene Einzelheit allenfalls aus dem Zusammenhang zu lösen wäre, ohne das Ganze zu gefährden, ist ausserdem eine Grundverkehrtheit von theoretischer Auffassung und praktischer Deutung in den Idealismus hineingesponnen, die nicht ohne Auftrennung des Gewebes zu beseitigen ist. Schon bei Kant wurden der intelligiblen Welt positive Inhaltsbestimmungen (Gott, Freiheit, Unsterblichkeit) und zugleich damit gegenüber der Erscheinungswelt ein höherer Werth, ein $\tau\acute{\epsilon}\lambda o\varsigma$ für moralisches Handeln zugesprochen; aber erst bei Schopenhauer lebt diese Interpretation sich aus und kommt auf ihren Höhepunkt. Jetzt werden, heisst es, die positiven Eigenschaften des Dinges an sich uns durch die Erkenntnissformen verhüllt, unkenntlich gemacht, wir Erkennende werden durch unseren armseligen Intellect, der ja freilich nur eine Laterne zum Futtersuchen ist, um die „wahre" Welt betrogen und mit einem täuschenden Gaukelspiel abgefunden. Aber wir müssen trachten, die Fessel der Erscheinung abzuwerfen und uns mit dem Zeitlosen zu vermählen; und da das Ding an sich, abgesehen von gelegentlichen magischen und occultistischen Durchbrechungen der empirischen Naturgesetze, nicht zu uns kommt, so müssen wir zum Ding an sich gehen, sei es auf dem Wege künstlerischer Contemplation oder asketischer Selbsterlösung. Indem wir ästhetisch schaffen oder geniessen, Mitleid und Verzicht üben, lüften wir den Schleier der Maja und treten aus dem Wirbel der rastlosen Erscheinungen in raum- und zeitlose Ruhe. — Der poetischen Kraft und Schönheit solcher Vorstellungen geschieht kein Eintrag, wenn sie der erborgten metaphysischen Hülle entkleidet werden. Man muss den typischen Character der „wahren" Welt im Verhältniss zur „scheinbaren", die beim Grenzübergang unvermeidliche Einbusse an positiven Prädicaten, die Auflösung aller immanenten Gesetzlichkeit in ein unbeschränktes transcendentes Zufallsspiel, — man muss dies Alles an Einzelfällen wirklich studirt haben, um das Grundverfehlte einer Metaphysik, die eine höhere Stufe von Werth und Wahrheit jenseits des Bewusstseins sucht, scharf zu empfinden. Wahrheit und Werth — ich will keine Definition, nur eine Bedingung geben — setzen begriffliche Gebundenheit, inhaltlich festes Gefüge voraus; ein beziehungslos zerfallendes, ein gallertartig zerfliessendes Etwas kann nicht Object meines Erkennens oder Wollens sein. Aber jenseits der Erscheinung ist die absolute Zeit, und in dieser wird nur die Existenzfrage, nicht mehr die Essenzfrage aufgeworfen und beantwortet; jedes Raum- und Zeitelement, gleichgültig wie es sich von innen gesehen ausnimmt, ist nach aussen hin eine erschöpfende und selbständige Entscheidung der Alternative „Sein oder Nichtsein". Die empirische Realität regelt das Was und Wie, die transcendente nur noch das Ob. Das Flüchtige, Nebensächliche, Alltägliche hat in der intelligiblen Weltgeschichte gleiche Rechte wie das Grosse, Seltene, Bedeutungsvolle; Adler und Regenwurm, Mensch und Monere geniessen derselben transcendenten Unzerstörbarkeit. Die existentia potentialis verewigt unparteiisch alle Fragmente des Werdens, ohne Rücksicht, ob die Welt sich empirisch wie ein sinnvoller Text oder wie ein blosses Buchstabengewimmel liest; ein transcendenter Weltzuschauer würde das, was an Schönheit und Vernunft im Empirischen vorhanden ist, höchstens chaotisch verzerrt und keineswegs kosmisch gesteigert sehen. Man denke jede geordnete Reihe in sinnlose Bruchstücke zersplittert und diese Bruchstücke, ohne Zusammenhang mit einander, in die adiabatische Hülle starren Fürsichseins eingeschlossen; man denke sich alle Verhältnisse, wie Suchen und Finden, Wunsch und Erfüllung, Mittel und Zweck, deren unumkehrbares prius und posterius die Substanz unserer Werth- und Lustgefühle ausmacht, zeitlich umgedreht oder zum todten Nebeneinander versteinert: so hat man ein jedenfalls zutreffenderes Bild, einen erlaubteren Anthropomorphismus der intelligiblen Welt, als wenn man ihr gegenüber der Erscheinungswelt den tieferen Sinn, den höheren Werth, die wahrere Wirklichkeit zuspricht. In der That, will man durchaus die Diversität beider Welten zum ästhetischen Werthgegensatz umbilden, so bleibt keine andere Wahl: die transcendente Welt erscheint, mit immanentem Masse gemessen, als unsinnigste, unerträglichste, vernunftloseste

aller Weltformen, als tiefste Entwerthung menschlicher
Werthe, als grausamer Hohn selbst auf die Grundvoraussetzungen des werthschätzenden und wertheschaffenden
Lebens! Dass wir kein Perceptionsorgan haben für die
absolute Zeit und was in ihr vorgeht, dass uns der
Schleier der Maja die Ideenwelt verhüllt — diese Identität kann, sobald sie überhaupt Gefühlston haben soll,
nur als Lust empfunden werden; das Gegentheil, die Beseitigung der undurchsichtigen Scheidewand, würde uns
unendlich theurer zu stehen kommen als jenen Jüngling die
Entschleierung des Isisbildes. Schopenhauer selbst schildert einmal das metaphysische Grausen, das mit jeder
scheinbaren Durchbrechung der Gesetze der Erscheinung
verbunden ist — was ihn freilich nicht an dem bekannten
Ausspruch hindert, dass Friede, Ruhe und Glückseligkeit
allein da wohnen, wo es kein Wo und kein Wann giebt.
Man hat Schopenhauers Philosophie den Vorwurf der
Trostlosigkeit gemacht: ihr, die noch nicht einmal den
Begriff Erlösung, die Quintessenz aller Tröstungen, unter
sich hatte! Was würde man unter diesem beschränkt
hedonistischen Gesichtspunkt gegen eine consequent ontologische Metaphysik sagen, die das „wahre Wesen der
Dinge" in ein endloses, sinnloses, hoffnungsloses Zufallsspiel der ewigen Wiederkehr setzen muss? Und eine
solche Welt, starr, incorrigibel, ohne Ausweg ins Nichtsein oder Anderssein, von innen heraus nicht um Haares-
breite aus ihrer unwiderruflichen Position zu verrücken,
eine Welt, die als Bewusstseinsobject unseren panischen
Schrecken und in der moralischen Nachwirkung den extremen Indifferentismus hervorrufen würde, eine Welt,
die wir nicht Kosmos oder Ananke, sondern Astarte,
Medusa, Hekate nennen müssten — : die gilt dem metaphysischen Vorurtheil, von den Eleaten und Plato bis

4*

auf Spinoza und Schopenhauer, als Überwelt, als höheres, reineres, wahrhaftiges Urbild der Erscheinung, als Ziel und Verklärung des empirischen Daseins, als das Ur-Eine, Einfache, Nothwendige, Ruhevolle gegenüber der wirren Zufälligkeit und rastlosen Zerrissenheit der Sinnenwelt! — Nun, wir wissen, wie unglücklich gerade diese und ähnliche Anthropomorphismen in der Deutung transcendenter Dinge gewählt sind. Über diese specielle Verkehrtheit hinaus aber haben wir Alles abzulehnen, was der metaphysische Positivismus gezeitigt: jede dualistische Weltansicht, die sich nicht reinlich und streng an der Diversität beider Welten genügen lässt, sondern an ein „Hineinragen" der einen in die andere, an Beziehung, Parallelismus, Gegensatz der einen zur anderen glaubt, und (als praktische Folge davon) jede dualistische Weltschätzung, deren Werthescala mit einem Ende, womöglich gar mit dem oberen Ende, ins Metaphysische übergreift. Man mag derlei Dinge in die Poesie und Rhetorik verweisen; philosophisch sind sie gerichtet.

Aber ist denn jede andere als polemische und kritische Anwendung des Idealismus ausgeschlossen? Wäre eine theilweise an ihn sich anlehnende Praxis, etwa eine vorsichtig formulirte „Ethik der ewigen Wiederkunft" durchaus verwerflich? Ich muss dabei bleiben, beide Fragen mit Ja zu beantworten. Moralische Normen inhaltlicher Art wird man ohnehin aus keinem erkenntnisstheoretischen Princip herausdestilliren wollen; man kann sie höchstens anderswoher fertig mitbringen und nun formalistisch mit diesem Princip verbinden. So würde man der ewigen Wiederkunft etwa das Regulativ entnehmen können, dass sie, die ohnehin nicht zu vermeidende, durch Schönheit und Bedeutsamkeit des empirischen Zeitinhalts gerechtfertigt und gewissermassen herausgefordert werde — nachdem man sich zuvor über den Massstab der Bedeutsamkeit und Schönheit anderweitig verständigt hat. Einen normativen Versuch dieser Art erkenne ich in Nietzsches Aphorismus „das grösste Schwergewicht" (Fröhliche Wissenschaft, 341), wobei der früher bemerkte Umstand, dass Nietzsches Wiederkunftsbegriff nicht der unserige ist, kaum etwas zur Sache thut. „Die Frage bei Allem und Jedem ‚willst du dies noch einmal und noch unzählige Male?' würde als das grösste Schwergewicht auf deinem Handeln liegen!" heisst es hier, und anderwärts wird gesagt, dass der dionysische Mensch nicht nur das Leben, sondern die unendliche Wiederkehr des Lebens bejahe. Aber dabei schleicht sich überall das $\pi\varrho\tilde{\omega}\tau o\nu$ $\psi\varepsilon\tilde{\upsilon}\delta o\varsigma$ ein, als ginge uns die ewige Wiederkunft praktisch etwas an, während doch gerade die identische Wiederholung sich der bewussten Perception und dadurch der Einwirkung auf den Willen entzieht. Wenn von dieser Wiederholung die leiseste Spur einer Empfindung oder Ahnung in die Zeitlinie dränge, wenn uns das hundertmal abgespielte Dasein beim hundert und ersten Male irgendwie „bekannt" vorkäme, so wäre das eben keine identische Wiederkehr, sondern nur eine ungefähre, und stritte bei Nietzsche gegen den Begriff, bei uns gegen die transcendente Möglichkeit. Die empirische Zeitstrecke selbst also ist von ihren unzähligen Reproductionen nicht zu trennen, die sämtlichen gleichlautenden Exemplare verschmelzen in der Wahrnehmung zu Einem, und das blosse abstracte Bewusstsein ihrer transcendenten Vielfachheit müsste sich selbst missverstehen, um einen Willensimpuls auszuüben. Überdies vergesse man nicht, dass auch unsere Formel der ewigen Wiederkunft in Sachen transcendenter Willkür und Allgemeinheit noch nicht das letzte Wort ausspricht; wir werden sie von späteren Stufen so tief unter uns sehen, wie sie selbst die naiv-realistischen Vorstellungen unter sich lässt. Wollten wir aber sogar dem transcendenten Chaos, dem letzten Rückstand unseres Begriffs einer intelligiblen Welt, noch eine Beziehung zum menschlichen Bewusstsein und hierdurch normativen Ertrag abzugewinnen suchen, so kämen wir nur auf den schon angedeuteten absoluten Indifferentismus: eine Welt, zu der wir mit allem unseren Denken und Wollen und Handeln nicht eine einzige positive Bestimmung zusammenbringen, in deren qualitätenlosen Abgrund sich unser immanentes Thun ohne Spur verliert, ist so wenig wie möglich geeignet, eine willenanregende Rangordnung und Werthescala der Dinge zu begründen. „Sei und treibe, was du willst: was liegt an dir? Der Tropfen ist wichtiger für den Ocean als du für den Realbestand der Welt!" so scheint der mundus intelligibilis, wofern er wirklich intelligibel wäre, uns über die Grundvoraussetzungen moralischen Handelns, über die specifische Thorheit einer metaphysischen Moralbegründung aufzuklären. Aber dieses „wofern" eben trifft nicht ein, und in Bezug auf Beides, Bewusstseinsmodification und Willensmotivation, ist die Welt der Dinge an sich aus der Reihe der Realitäten zu streichen. Der Indifferentismus, zu dem sie uns, als Object möglicher Erfahrung, hinleiten würde, hat sich consequenter Massen gegen sie selbst, als Ausserhalb aller Erfahrung, zu richten; Wesen, die sich nur innerhalb einer bestimmten Gesetzlichkeit als seiend vorfinden, denen als Existenzform aufs unverkennbarste das zeitliche Werden vorgeschrieben ist, sind befreit von jeder Rücksicht auf eine Sphäre des Seins, in der das zeit- und gesetzlose Chaos herrscht, und die sie begrifflich nur damit definiren können, dass sie als handelnde, empfindende, erkennende Wesen von ihr ausgeschlossen sind. Es bleibt bei der absoluten Trennung zwischen Erscheinung und Ding an sich, und die Grenze liegt so, dass wir sie weder wissenschaftlich noch moralisch noch künstlerisch überschreiten können. Welt und Mensch, Bewegung und Materie, Geist und Wille, Alles ohne Ausnahme ist in den gereinigten Begriff der empirischen Bewusstseinswelt hineinzunehmen; und das „an sich Seiende" wird wieder zum Etwas $= X$, zum ἄπειρον des Anaximander, das ohne selbst den geringsten Einschränkungen unterworfen zu sein, uns als subjectiven Reflex unsere gesetzlich geregelte Erfahrungswelt garantirt. Wenn der Purpur fällt, muss auch der Herzog nach: der philosophische Jenseitigkeitswahn mag folgen, wohin der religiöse voranging.

Viertes Capitel.

Die Mehrheit der Gegenwartpunkte.

Zu der bis jetzt erreichten Stufe der Betrachtung lassen sich empirische Analogieen geben, die vielleicht einer eigenen Darstellung nicht unwürdig wären; wir können den reizvollen Stoff hier nur andeuten. Wie sich die Empirie als Ganzes zum Transcendenten verhält, so verhält sich näherungsweise der Traum zum wachen Leben und die Realität des Kunstwerks zur Alltagsrealität, insbesondere die Realität auf der Bühne zur Realität im Zuschauerraum; strenge Proportionen von dieser Form (empirisch : empirisch = empirisch : transcendent, oder $a : b = c : \infty$) sind natürlich ausgeschlossen. Zwischen Drama und Wirklichkeit, Traum und Leben, Erscheinung und Ding an sich findet keine einfache Communication, sondern μετάβασις εἰς ἄλλο γένος statt, bei der die unmittelbar realistischen Beziehungen verloren gehen. Hüben und drüben gilt nicht das gleiche Zeitmass; wir können weitausgesponnene, tage- und monatelange Begebenheiten innerhalb weniger Secunden träumen, innerhalb weniger Stunden dramatisch erleben. Hüben und drüben gilt nicht die gleiche Succession, und hier lässt sich die Analogie durch alle bereits aufgestellten Specialfälle verfolgen. Der Schein innerer Vollständigkeit des empirischen, geträumten, dramatischen Vorgangs beruht nicht auf seiner etwaigen lückenlosen Realisation an sich, sondern auf inhaltlichen Beziehungen; das letzte Traumelement, dessen wir uns beim Erwachen erinnern, schliesst implicite die früheren mit ein, der Dramatiker „exponirt" die Vor- und Zwischengeschichte seines Dramas, ohne sie wirklich auf die Bühne zu bringen, in der empirischen Zeitstrecke wird ihre ganze Vergangenheit, auch wenn sie in der absoluten Zeit nicht voranging, durch inhaltlichen regressus mit erzeugt. Wie der Connex des Dramas sich über den Zwischenact, die Causalität der Traumkette oft aus einer Traumnacht in die folgende fortspinnt, so können beliebig lange Pausen absoluter Zeit in das empirische Geschehen eingeschaltet werden, ohne dessen stetigen Fluss zu unterbrechen. Wir hören das Drama wiederholt, ohne dass unsere Kenntniss des fünften Actes uns im theilnahmevollen Miterleben des ersten störte, wir träumen in mancher Fiebernacht zehnmal denselben Traum, der uns jedesmal doch wie etwas Neues und Unerhörtes schreckt, wir sind der Möglichkeit ewiger Wiederkehr unterworfen, ohne sie empirisch zu empfinden. Und die erstaunliche Thatsache, dass in vielen Betten und Nächten geträumt und auf vielen Bühnen gespielt wird, weist uns hin auf den später zu entwickelnden Gedanken einer pluralité des mondes, einer Mehrheit von Zeitlinien gleich der von uns bewohnten. Aber genug mit diesem Spiel von Ähnlichkeiten und Parallelismen, die vielleicht auf ästhetische und psychologische Fragen ein neues, erkenntnisstheoretisches Licht werfen, hier aber den ohnehin eine Weile unterbrochenen Fortgang unserer Untersuchung nicht länger aufhalten dürfen.

Der nächste Schritt in aufsteigender Allgemeinheit führt uns zur Vervielfachung der Zahl der Gegenwartpunkte, die in der absoluten Zeit zugleich und

von einander unabhängig willkürliche Bewegungen auf
der Zeitlinie vollziehen. Dass dies erlaubt ist, ohne den
empirischen Effect zu stören, bedarf keines neuen Beweis-
mittels; man schliesst wie früher, dass die Strecke α der
Zeitlinie keine inhaltliche Veränderung erleidet, gleichviel,
ob eine andere Strecke β vor ihr, nach ihr oder zugleich mit ihr (nämlich in der absoluten Zeit) von einem
Gegenwartpunkte durchlaufen wird. Man kann sogar,
um die Sparsamkeit in Principien auch äusserlich zu bethätigen, den Fall verschiedener, d. h. simultaner Gegenwartpunkte aus unserem Fundamentalsatz selbst durch
Grenzübergang herleiten, indem man die Strecke α in n
gleiche Theile $\alpha_1\,\alpha_2\,\ldots\,\alpha_n$ und ebenso β in $\beta_1\,\beta_2\,\ldots\,\beta_n$ zerlegt und nun einem Gegenwartpunkte die Succession
$\alpha_1\,\beta_1\,\alpha_2\,\beta_2\,\ldots\,\alpha_n\,\beta_n$ vorschreibt. Dieses Bild kann man, da
ein Gegenwartpunkt kein materielles Wesen, sondern nur
ein Operationszeichen ist, zunächst ersetzen durch das
zweier Gegenwartpunkte, deren einer die Strecken $\alpha_1\,\alpha_2\,\ldots\,\alpha_n$
abschreitet, während dazwischen hindurch der andere
die Strecken $\beta_1\,\beta_2\,\ldots\,\beta_n$ durchläuft, derart dass immer
nur einer von beiden in Bewegung ist. Dieses vicissim
geht schliesslich in immer reineres simul über, wenn man
n in die Unendlichkeit wachsen lässt. Mit Hülfe einer abstracten Betrachtung kommt man vielleicht noch schneller
zum Ziele. Die Beziehung zwischen empirischer und absoluter Zeit ist der reciproken Umkehrung fähig; statt
die Succession der empirischen Zeitpunkte (Weltzustände)
in der absoluten Zeit zu verfolgen, kann ich die empirische Zeit als gleichmässige Normalzeit zu Grunde legen
und nach der Anordnung der absoluten Zeitpunkte
(Augenblicke) in ihr fragen. So entspricht der leeren
Pause (unendlich viele Augenblicke ohne realisirten Weltzustand) die übersprungene Zeitstrecke (unendlich viele

Weltzustände ohne realisirenden Augenblick), und der ewigen Wiederkunft (eines empirischen Zeitpunktes in beliebig vielen absoluten) entspricht — nun, eben die Mehrheit von Gegenwartpunkten, die gleichzeitige Existenz beliebig vieler Weltzustände in einem Augenblick der absoluten Zeit. Der Mathematiker würde einfach sagen, dass die empirische Zeit eine beliebige Function der absoluten ist und umgekehrt; ewige Wiederkunft und Mehrzahl der Gegenwartpunkte beziehen sich auf den Fall, dass diese willkürlichen Functionen mehrwerthig sind.

Der transcendente Realist wird hier einige capitale Schwierigkeiten in seinem Denken zu überwinden haben. Wie soll, wird er entsetzt ausrufen, ein simultanes Nebeneinander verschiedener Weltprocesse oder verschiedener Theile desselben Weltprocesses in Einem Raume untergebracht, von der Einen constanten Weltmaterie gespeist, aus dem Einen constanten Energievorrath in Gang erhalten werden? Wie soll der Kronprinz zugleich mit dem Könige herrschen, der Weltzustand zugleich mit seinem Vorgänger existiren, der doch Bewegung, Masse, Raum und alle sonstigen Insignia der Realität von Rechtswegen an ihn abgeliefert hat? — Diese Einwände wären in Ordnung, wenn wir das empirische Nebeneinander, die empirische Gleichzeitigkeit anstatt der transcendenten behauptet hätten; sie sind aus Kriterien für das Zusammenbestehen der Dinge innerhalb des Weltzustandes a geschöpft, nicht aus Kriterien für das Zusammenbestehen der Weltzustände a, b, c, ... Gewiss, die von einem Körper zur Zeit a besetzte Masse ist für denselben empirischen Zeitpunkt a nicht ein zweites Mal verfügbar; aber sie und ihre empirische Nachfolgerin aus dem empirischen Zeitpunkt b schliessen einander in der absoluten Zeit nicht aus. Gewiss, die constante Weltenergie wird vom Weltzustand *a* vollständig verbraucht*), genau so wie vom empirisch späteren Weltzustand *b*; aber das isochrone Zusammenbestehen von *a* und *b* erzeugt nicht etwa ein Weltall mit doppelter Gesamtenergie, sondern zwei getrennte, jeder Communication entbehrende Universa, deren jedes für die darein verflochtenen Erkenntnisssubjecte den einfachen Energiebetrag darstellt. Die Formeln von der Erhaltung der Energie und der Materie sind eben keineswegs absolute, sondern nur empirische Gesetze (die Frage, ob sie Gesetze a priori oder Inductionen a posteriori sind, ist hiermit weder entschieden noch auch nur berührt —); sie beziehen sich auf Massen und Bewegungen, die in die empirische Zeit fallen und dem wissenschaftlich erweiterten Bewusstsein zugänglich sind, sie sagen etwas über die innere Structur der Weltzustände, nicht über deren Ablauf in der absoluten Zeit. Ferner: der Weltzustand *a* erfüllt allerdings den ganzen Raum (auf atomistische Raumerfüllung, die zur Noth eine Durchdringung verschiedener Weltzustände in demselben Raum gestatten würde, wollen wir uns nicht hinausreden), d. h. er erfüllt seinen ganzen Raum $R(a)$, wie *b* den seinigen $R(b)$ erfüllt; wenn innerhalb $R(a)$ kein Platz für $R(b)$ ist und umgekehrt, so kann darum doch Platz für ein exclusives Nebeneinander beider sein. Die Frage, wo denn dieser Platz wäre, ist sinnlos; nach der Kategorie der „Ubietät" hat sich das Zusammenbestehen der Dinge innerhalb $R(a)$, nicht das Zusammenbestehen von $R(a)$ und $R(b)$ zu regeln. Die empirische Gleichzeitigkeit der Gegenstände in $R(a)$ oder in $R(b)$ ist eine räumliche, die

---

*) Ich sehe hier für den Augenblick davon ab, dass die Energie, als von Geschwindigkeiten abhängig, nicht Function eines Weltzustandes, sondern Function zweier benachbarter Weltzustände (eines Differentials der Zeitlinie) ist.

transcendente Gleichzeitigkeit beider Räume selbst ist nicht mehr räumlicher Natur, sondern — eben transcendent, dem Bewusstsein unzugänglich. Wer mit dieser Logik nicht einverstanden ist, ist es vielleicht mit der folgenden: das Theater ist gefüllt, also giebt es kein anderes Theater! oder: Ich existire allein in der Welt, denn in meiner Epidermis hat kein Anderer Platz! — Der Weltzustand b kann nicht in den Weltzustand a hineingenommen werden, derart dass er mit ihm zu einer einzigen Realität $a + b$ verschmölze: aber dies eben verlangen wir ja gar nicht, sondern das Gegentheil, dass a und b, ohne in einander überzugreifen oder „hineinzuragen", neben einander hergehen. Man kann diese Schlussweise im idealistischen Sinne vielleicht noch verschärfen, wenn man statt der Weltzustände a und b die kleinen empirischen Zeitstrecken α und β betrachtet, die sich mehr in concreto, als Stücke einer Bewusstseinswelt, vorstellen lassen. Nun sind zunächst α und β völlig disparate Gebilde, jedes aus seinen eignen Weltzuständen geformt, das eine vollkommen unbeeinflusst vom Bestehen, Bestandenhaben oder Bestehenwerden des anderen; das Urtheil, wonach beide als Theile eines und desselben Weltverlaufs anzusetzen sind, ist selbst nur Bewusstseinsphänomen, Theil des Vorstellungscomplexes α oder β. Diese principielle Auffassung, die wir später noch eingehender entwickeln werden, erstreckt sich auch auf die einzelnen Permanenz- oder Identitätsurtheile, deren Substrate vom Realisten als unabhängig per se existirende Dinge missverstanden werden. In α wird, unter anderen Vorstellungen, eine Raumvorstellung $R(\alpha)$ erzeugt, in β desgleichen eine Raumvorstellung $R(\beta)$ und überdies eine Identitätsvorstellung des Inhalts $R(\beta) = R(\alpha)$. Aber diese Vorstellung der Identität ist noch nicht die Identität des Vorgestellten; wenn der

transcendente Realist die Gleichung $R(\beta) = R(\alpha)$ umschreibt durch die zwei Gleichungen $R(\alpha) = R$ und
$R(\beta) = R$, d. h. wenn er einen absoluten Raum R statuirt,
dessen zeitüberdauernde Identität mit sich selbst die
Gleichheit der Bewusstseinsabzüge $R(\alpha)$ und $R(\beta)$ bewirkt,
so thut er etwas Überflüssiges, ja nach unserer Meinung
Verwerfliches. Ohne uns über die Idealität des Raumes,
der wir ein eigenes Capitel widmen, schon hier zu äussern,
betonen wir nur, dass jene Umschreibung eine façon de
parler und keine Denknothwendigkeit ist, und dass wir
den absoluten Raum R, ähnlich wie die Begriffe Kraft
oder Atom, nur als Hülfsvorstellung, nicht als wirklich
Seiendes anerkennen. Wie aber sollten sich zwei blosse
Raumvorstellungen $R(\alpha)$ und $R(\beta)$ den — Raum streitig
machen? wenn schon es in der Natur von $R(\alpha)$ liegt, sich
nicht in empirischer Coexistenz mit $R(\beta)$ zu einem Doppel-
raum durchdringen zu können. — Ähnlich verhält es
sich mit der Materie, ähnlich mit der Energie. Der Intellect gelangt innerhalb der Zeitstrecke β zum Begriff
der Masse eines Körpers und in Verbindung damit zu
der Vorstellung, dass innerhalb α bereits dieselbe Masse
vorhanden (d. h. durch analoge Thätigkeit des Intellects
zu construiren) war, dass α diese Masse als beharrendes
Substrat an β abgeliefert habe. Hierdurch ist das einmalige und nur einmalige Vorkommen der Masse inner-
halb α oder innerhalb β gesichert, aber die eine Massen-
vorstellung zehrt doch nicht vom Stoffe der anderen! so
wenig, wie zwei Schläfer gehindert sind, von einem und
demselben Baum oder Gebäude zu träumen. Wenn der
Realist hier einen versteckten Solipsismus wittern sollte,
so kann ich nichts dagegen haben; der rein dialectische
Zweck, eben dem Realismus zu widersprechen, würde
auch so erreicht sein. Immerhin zöge ich vor, den Rea-

listen in seiner eigenen Sprache beruhigt zu haben, und darum lege ich mehr Werth auf die oben rein begrifflich durchgeführte Discussion der Weltzustände a und b als auf die idealistische Behandlung der Bewusstseinsvorgänge α und β. Sollte trotzdem der Raum eine unüberwindliche Schwierigkeit bereiten, sollte es dem Realisten ganz unmöglich sein, ein unräumliches Nebeneinander zweier vollständiger Räume $R(a)$ und $R(b)$ zu denken, so liesse sich ein Ausweg ersinnen. Ich könnte hier die von Riemann eingeführten doppelten und mehrfachen Räume als Formen des absoluten Raumes vorschlagen; aber mein Widersacher würde etwa mit Lotzes Worten entgegnen, ein solcher Raumbegriff scheine „die Erfüllung eines Postulats zu enthalten, dessen blosse Benennung er ist". Dagegen kann der Gedanke eines absoluten Raumes von vier Dimensionen nichts Anstössiges haben, von dem eine dreidimensionale Schicht zur Aufnahme jedes Weltzustandes, als einer erfüllten Raumwelt von drei Dimensionen, bereit steht. Hier würden $R(a)$ und $R(b)$ in derselben Weise neben einander möglich sein, wie im dreidimensionalen Raume zwei parallele Ebenen, und da der vierdimensionale Raum gerade so viele dreidimensionale Schichten in sich fasst, wie die Zeitlinie Weltzustände, so haben wir selbst bei gleichzeitiger Unterbringung der ganzen Weltgeschichte keinen Platzmangel zu befürchten. Damit wäre die störende Durchdringung oder Verflechtung, ohne die der Realist sich keine transcendente Gleichzeitigkeit vorstellen konnte, einer befriedigenden Entfaltung und Separation gewichen, und mit der Raumfrage wären zugleich die anderen Bedenken erledigt; die Invarianz von Materie und Energie gälte für die parallelen Querschnitte des vierdimensionalen Gesamtraumes, eben für jene dreidimensionalen Schichten, deren jede einen Weltzustand beherbergt.

Wir hätten diese etwas schwerfällige Auseinandersetzung mit dem Realismus vielleicht abkürzen können,
wenn wir unseren Gegner in apagogischer Weise zur
scharfen Trennung zwischen der empirischen und der
transcendenten Gleichzeitigkeit angeleitet hätten, auf deren
Verwechselung eigentlich seine Einwürfe beruhten. Dazu
wäre folgende Vexirfrage zu empfehlen: da wir dem Anschein nach nur eine einzige Gegenwart innehaben, so
muss unter den verschiedenen Gegenwartpunkten, die
sich auf der Zeitlinie bewegen, ein bevorzugter sein —
welcher ist es? und inwiefern kommt ihm dieser Vorrang
zu? Viel deutlicher lässt sich die Frage nicht stellen,
denn in Wirklichkeit ist sie dialectisch und das Privileg
nur scheinbar; jedes empirische Zeitelement empfindet
sich als gegenwärtig und alle übrigen als vergangen
oder zukünftig, eben hierdurch aber ist es gegen die
anderen adiabatisch abgeschlossen und leistet ihrem transcendenten Zugleichsein keinen Widerstand. Also eine
Reihe isolirter, darum solipsistisch denkender Zeittheilchen,
ein transcendentes Nebeneinander, das nicht anders denn
als empirisches Nacheinander in die Erscheinung treten
kann: mit dieser Vorstellung, die noch eindringlicher als
selbst die ewige Wiederkunft auf den metaphysischen
Wahlspruch sub specie essendi hinweist, nähern wir
uns wieder jener ontologischen Auffassung, wobei der
zeitliche Ablauf gegenüber der beharrenden Zeitsubstanz
als Illusion verschwindet.

Wenn man die Anzahl der Gegenwartpunkte unendlich gross werden lässt und statt einer discreten Vielheit eine stetige Menge solcher Punkte annimmt, die unmittelbar hintereinander denselben Weltzustand passiren,
so erhält man das Bild einer begrenzten Gegenwartstrecke, die sich auf der unbegrenzten Zeitlinie beliebig

verschiebt und dabei ihre Länge beliebig ändert. Ein fingirter Weltzuschauer, der die absolute Zeit zur Daseinsform hat und das in ihr zugleich Existirende auch zugleich wahrnimmt, würde alsdann statt unserer so sauber und distinct sich abwickelnden Succession der Dinge ein flimmerndes und sich überstürzendes Chaos sehen, alles unendlich oft hintereinander, der Zeitrichtung nach in die Länge gezogen, ontologisch zusammengerührt statt genealogisch aufgelöst, einen Ablauf nicht einzelner Weltzustände, sondern ganzer Gemenge von Weltzuständen. Also etwa einen fallenden Stein als steinerne Säule, den fallenden Tropfen als flüssigen Faden, ein rollendes Speichenrad als massive Scheibe, die Sonne als feurigen Ring am Himmel — dies alles natürlich nur andeutungsweise, nicht buchstäblich zu verstehen; kurzum, jede Veränderung als Coexistenz der successiven Einzelzustände. Für uns selbst würde von dieser Verwirrung nichts bemerkbar sein, denn — wir reden wieder bildlich, grob realistisch — unser Auge, Nervensystem, Gehirn nimmt ja an dem allgemeinen Verschwimmen und Zerfliessen Theil, das vor jenem metaphysischen, ruhenden, ausserzeitlichen Bewusstsein des Weltzuschauers vorüberzieht; wir erleiden als receptive Subjecte dieselbe Diffusion wie die uns umgebende Aussenwelt, und darum kann unser Bild von der Aussenwelt klar und eindeutig sein, so wie das Verhältniss zweier imaginärer Zahlen reell sein, ein bewegter Körper relativ zu einem anderen bewegten ruhen kann. — Der Grenzfall dieser Möglichkeiten verdient Erwähnung: die Gegenwartstrecke kann sich zur unbegrenzten Gegenwartlinie erweitern und die ganze Zeitlinie bedecken, sodass alle Succession nur durch Verschiebung einer geraden Linie in sich selbst erzeugt würde. Das empirische Geschehen stellt sich dann in der absoluten Zeit als voll-

Mongré, Das Chaos in kosmischer Auslese.   5

kommen stationäre Strömung dar, ein Strahl Wassers, den Niemand von einem starren Glasstabe unterscheiden könnte, ohne den Finger hineinzustecken, d. h. in die Empirie selbst verflochten zu sein; und unsere so flüssige und bewegliche Welt wäre, von aussen gesehen, unerschütterliches Nunc stans, ausnahmelose und starre Allgegenwart, Stabilität des nie erreichten und nie verlassenen Gleichgewichts!

An dieser Stelle nehmen wir Abschied vom ersten Haupttheil unserer Untersuchung und rüsten uns zu einem Übergangstheil, der, an sich von mässiger Breite, einer Zwischenbetrachtung Raum gewähren muss. Wir haben bisher die Vorstellung des Zeitablaufs umgeformt, von realistischer Beschränktheit zur schrankenlosen Willkür unseres idealistischen Fundamentalsatzes; wir werden schliesslich den Zeitinhalt einer gleichen Reduction unterwerfen. Als speciellen und zur Überleitung geeigneten Fall einer solchen Umformung versuchen wir zunächst die Zerstückelung und Umlagerung des Zeitinhalts vermöge seiner extensiven Formen wie Raum, Materie, Vielheit der Individuen. Wir werden zu zeigen haben, dass statt des ursprünglichen Weltzustandes ein irgendwie daraus abgesonderter Theil oder ein in gewisser Weise deformirter Weltzustand realisirt werden darf, unbeschadet der empirischen Wirkung. Dieses „unbeschadet" kann nun einen doppelten Sinn haben, den ich schematisch folgendermassen andeuten will. Es sei c ein Continuum ursprünglicher Weltzustände, ein Stück der Zeitlinie, c_1 das durch Theilung verengerte oder durch Transformation veränderte Continuum; e bedeute die empirische Innenseite zu c, e_1 die zu c_1. Dann kann jenes „unbeschadet" entweder heissen: e wird durch Vertauschung von c mit c_1 nicht mitbetroffen, also $e_1 = e$, oder: e wird zwar hierdurch in ein verschiedenes e_1 übergeführt, kann aber seinerseits ungestört neben e_1 bestehen. Nur auf diesen zweiten Sinn wird schliesslich entscheidender Werth zu legen sein; zunächst aber, für den Rest dieses und die ganze Ausdehnung des folgenden Capitels, versuchen wir, inwieweit sich etwa der erste, bedeutend engere und weniger allgemeine, aufrechterhalten lässt. Zur Ausscheidung eines partiellen oder Ableitung eines transformirten c_1 aus c dient uns vorläufig die Vielheit der Individuen, im nächsten Capitel der Raum. Wir behaupten also, als transcendente Möglichkeiten, die Einschränkung des Gegenwartpunktes auf individuelle Gültigkeit, sodann die beliebige Umgestaltung, Umschichtung, Umlagerung unserer Raumwelt.

Nun fürchte man hier keine Neuauflage des alten guten landläufigen Solipsismus Berkeley'scher Herkunft. Aber wenn wir die bisher stillschweigend übergangene Frage, für wen eigentlich die Bewegung des Gegenwartpunktes mit empirischem Zeitverlauf gleichbedeutend sei, nachträglich aufwerfen, so muss doch zunächst gesagt werden, dass ich, das einzelne Individuum, das nothwendige und hinreichende Requisit bin zum Abrollen einer zeitlich ausgedehnten Welt, meiner Bewusstseinswelt. Zu dieser Welt gehört natürlich im idealen, streng erkenntnisstheoretischen Sinne der gesamte kosmische Inhalt des unbegrenzten Raumes, also auch was unter der „Schwelle" liegt, eingerechnet die Schwingungen eines Spinngewebes auf irgend einem Planeten des Sirius, eingerechnet die Ereignisse vor meiner Geburt und nach meinem Tode; nicht die mit Intensitätsunterschieden behaftete sinnliche Perception, sondern die „transcendentale Apperception", das Bewusstsein überhaupt soll als subjectiver Träger des objectiven Weltverlaufs verstanden sein. Kurzum,

5 *

diese Bewusstseinswelt ist als absolut vollständig zu denken, mit Einer Ausnahme: sie ist mein individueller Anblick der Dinge und kann nicht das mir Unzugängliche, die Spiegelung desselben Objects in fremden Subjecten, enthalten. Sie kann mich zur Anerkennung anderer Bewusstseinscentra neben dem meinigen höchstens durch abstracte Erwägungen hinleiten, aber sie kann mich nicht mit ihnen identificiren, das von meinem Nächsten concipirte Weltbild nicht in mein eigenes Weltbild als homogenen Bestandtheil einflechten.

Diese unerschütterliche Position, von der aus der Solipsismus weiter operirt, halten wir einen Augenblick fest, nämlich solange, bis wir auch für die egoistische Auffassung des empirischen Geschehens wieder den transcendenten Apparat, bestehend in absoluter Zeit, Zeitlinie und Gegenwartpunkt, bereitgelegt haben. Nun erst unterwerfen wir uns der Gewalt der zahllosen Analogiegründe, die für die Existenz verschiedener, gleichberechtigter Bewusstseinsträger sprechen. Durch diese Anschlussverzögerung um eine Station gewinnen wir die Möglichkeit folgender Hypothese:

Unter meinen Bewusstseinsobjecten finden sich solche (Menschen, Thiere, vielleicht überhaupt Organismen), denen ich ausser dem Dasein in meiner Vorstellung auch noch ein subjectives Dasein, gleich dem meinigen, beilege. Diese mir gleichgeordneten Subjecte, mit mir in ein und dasselbe Weltgewebe eingesponnen, erleben mit mir dieselbe empirische Realität, in der Weise, dass zu dem inhaltlichen Substrat ihrer Bewusstseinswelt (Zeitlinie) der Vorgang des zeitlichen Ablaufs (Bewegung des Gegenwartpunktes) hinzukommt. Nur bin ich nicht berechtigt, diesen Vorgang für alle Bewusstseinssubjecte als identisch anzusehen. Wenn also, was anschaulich das Bequemste ist, die Zeitlinie in ihrer früheren Bedeutung als objective und für alle in ihr enthaltenen Bewusstseinsträger gemeinschaftlich gültige Realität stehen bleiben soll, so müssen wir die Verschiedenheit der Individuen in die Gegenwartpunkte verlegen und jedem Individuum einen eignen Gegenwartpunkt zuordnen. Diese individuellen Gegenwartpunkte bewegen sich, von einander unabhängig, willkürlich auf der Zeitlinie, und es wäre der unwahrscheinlichste Zufall, dass sie ewig oder auch nur zeitweilig zu einem einzigen Punkt zusammenfallen sollten. Wenn ich also vier Musiker ein Quartett spielen höre, so wird in der wahren Succession der Dinge wohl kaum ein Einziger gerade „jetzt", zugleich mit mir, an der entsprechenden Stelle seines Lebens angelangt sein, obwohl Jeder von ihnen sie im Spiele ewiger Wiederkunft erleben kann und mag. Die „Gleichzeitigkeit der Zeit in verschiedenen Köpfen", jenes vielbestaunte Mirakel, existirt wahrscheinlich ebensowenig wie die Ubiquität der Zeit im Raume, von der wir noch zu sprechen haben werden. — Wenn wir das Recht auf einen individuellen Gegenwartpunkt, oder auf eine Mehrzahl solcher Punkte, jedem der unzähligen Individuen zuerkennen, die als Glieder einer irgendwo im Kosmos herangebildeten Reihe irgendwann gelebt haben oder leben werden, wenn wir so das Bild einer Folge entstehender und vergehender Creaturen durch das einer universalen transcendenten Gleichzeitigkeit, einer ewig erneuerten Gemeinschaft aller Gewesenen und Kommenden ersetzen, — so haben wir wieder einen Schritt über den Realismus hinaus gethan und mögen der Vision Dantes im Empyreum gedenken, wo die Himmelsrose alle scheinbar in getrennten Sphären wohnenden Geister zum gemeinsamen Aufenthalte vereinigt.

Ich muss darauf bestehen, dass diese Auffassung nichts mit dem gewöhnlichen illusionistischen Egoismus zu schaffen hat, der dasselbe von der empirischen Constitution der Zeitlinie behauptet, was wir von der Punktbewegung, dem secundären Vorgang der transcendenten Realisation behaupten. Die Analogieschlüsse, die uns zur Annahme verschiedener gleichberechtigter Individuen X, Y, Z, . . . veranlassen, mögen noch so triftig, selbst zwingend sein: jedenfalls haben wir ihnen Genüge gethan, wenn wir sie für das materielle Substrat, den Zeitinhalt, gelten lassen, und nichts nöthigt uns, sie ausserdem noch auf den Begriff des Zeitverlaufs auszudehnen. Ist der Solipsismus ein Irrthum, so muss ich ihn bei der Aufstellung der $o\dot{v}\sigma\acute{\iota}\alpha$, der Essenz, der inhaltlichen Structur der Zeitlinie vermeiden; aber für die Existenz, $\tau\grave{o}$ $\varepsilon\tilde{\iota}\nu\alpha\iota$, die Bewegung des Gegenwartpunktes bin ich von dieser wie von jeder anderen Rücksicht befreit. Indem ich der Welt, als existentia potentialis, die Fähigkeit zuspreche, in beliebig vielen Subjecten X, Y, Z, . . . als zeitlich verfliessende Mannigfaltigkeit zu erscheinen, lege ich ihr bereits den Grad objectiver und pluralistischer Wirklichkeit bei, auf den es ankommt, und an dem das accidentielle und willkürliche Spiel der Gegenwartpunkte nichts ändert. Ich schliesse mit Recht, dass ein Individuum, welches ich innerhalb meiner Bewusstseinswelt wahrnehme, auch seinerseits mich in eine zeitlich geordnete Welt einbezieht; aber die Zeit, die ihm hierzu dient, ist „nicht diejenige, die in meiner eigenen, sondern die in seiner Sinnlichkeit angetroffen wird" (Kritik der reinen Vernunft, dritter Paralogismus der Personalität). Schematisch dargestellt: das Individuum X findet in seiner Bewusstseinswelt neben der Vorstellung X_x seiner selbst die Vorstellung Y_x eines anderen Individuums Y, das seinerseits von X

die Vorstellung X_y und von sich selbst die Vorstellung Y_y bildet. Dieser Thatbestand, die gleichberechtigte Realität von X und Y, ist hiermit, im Gegensatz zum Egoismus, bereitwillig anerkannt. Mit den Zeitverhältnissen aber steht es so: X_x und Y_x sind empirisch gleichzeitig für X, ebenfalls X_y und Y_y empirisch gleichzeitig für Y. Nichts aber berechtigt uns zur Annahme der Gleichzeitigkeit aller vier Bewusstseinsinhalte, einer transcendenten Gleichzeitigkeit deswegen, weil die beiden Vorstellungen X_y und Y_y für X, die beiden Vorstellungen X_x und Y_x für Y transcendent, unvorstellbar, unzugänglich sind. — Kurzum, in der analytischen Deutung des Weltinhalts, der Zeitlinie verfahren wir transsubjectiv, aber den Auslösungsprocess, der die latente Essenz zu wirklicher Existenz weckt, können wir uns nicht anders als subjectiv, individuell denken. Bei der Bewegung des Gegenwartpunktes wird die Welt soweit real, wie die unmittelbare Zergliederung des Begriffs Realität lehrt, nämlich real für mein Bewusstsein; habe ich Grund, neben mir coordinirte Bewusstseinsträger zu vermuthen und ihnen die gleiche Welt als auch ihnen zugängliche und zugehörige Realität zu überlassen, so bedarf es für sie eines erneuten Auslösungsprocesses, einer eigenen Verwandlung der potentiellen Existenz in actuelle, einer individuellen Bewegung des Gegenwartpunktes, die mit der meinigen nichts zu schaffen hat und unabhängig von ihr derselben unbeschränkten Willkür unterliegt.

Wir haben die Discussion bisher in dem Sinne geführt, dass die partielle (hier die individuelle) Einschränkung des Gegenwartpunktes, gegenüber seiner totalen Gültigkeit, nichts an der empirischen Wirkung ändere, und sahen gleich zu Anfang, dass wir uns von dieser Voraussetzung schliesslich wieder befreien müssen. So überzeugend auch die obige Darlegung sein mag, ganz unanfechtbar ist sie gewiss nicht: wie, wenn unsere Ausgangsposition, dass zunächst die individuelle, erst per analogon die ultraindividuelle Realität der Welt gegeben sei, ein Irrthum wäre, wenn der objectiven Realität dieselbe oder eine noch unmittelbarere Gewissheit zukäme, als der subjectiven? Ohne diese Frage bejahen und Kants Polemik gegen Berkeley in der zweiten Ausgabe der Vernunftkritik gutheissen zu wollen, müssen wir doch bekennen, hier bereits den Grenzstreifen zwischen Erkenntnisstheorie und Psychologie betreten und uns mit den Schwierigkeiten und Zweifeln einer empirischen Wissenschaft eingelassen zu haben. Davon müssen wir uns wieder unabhängig machen; die Verschiedenheit der individuellen Gegenwartpunkte muss, um nicht hinsichtlich der Beweisart aus dem Connex unserer sonstigen Betrachtungen vollständig herauszufallen, als transcendent denkbar selbst dann erkannt werden, wenn (was unsere vorbereitende Erörterung wahrscheinlich mit Recht leugnete) zum Zustandekommen des empirischen Weltphänomens ihre Identität absolut unerlässlich wäre. Bevor wir die Untersuchung in diesem zweiten, allgemeineren Sinne weiterführen, soll der ersten Interpretationsart, die wir an der Vielheit der Individuen erprobten, noch ein anderes Beispiel, die räumliche Mannigfaltigkeit, unterzogen werden, derart dass auch hier zunächst die Invarianz der empirischen Wirkung als Merkmal transcendent zulässiger Variationen gilt.

Fünftes Capitel.

Vom Raume.

Auch die Idealität des Raumes wird man, statt auf dem zweifelhaften Wege des synthetischen Urtheils a priori, lieber durch unser analytisches Verfahren herleiten wollen, das sich bisher so fruchtbringend erwiesen hat: man denkt sich zunächst, wie der Realist, ein getreues Urbild des empirisch gegebenen Raumes als transcendent real und sucht es alsdann so stark zu variiren, wie es ohne Zerstörung der empirischen Wirkung gehen will. Freilich müssen wir unsere Ansprüche an die Leistungsfähigkeit dieser Methode etwas niedriger stellen als im Falle des Zeitproblems. So wenig wie dort wird hier von einer psychologischen Deduction unserer entwickelten, wissenschaftlich geläuterten Anschauung von Zeit und Raum die Rede sein können; wir müssen diese Anschauung als fertig, die Wirksamkeit der von Helmholtz so genannten topogenen (und chronogenen) Momente als beendet ansehen. Aber nicht einmal die Sicherheit unserer Schlussweise wird jetzt die gleiche sein können wie zuvor: ein Unterschied, der in der weniger hohen Allgemeinheit, der weniger reinen Formalität des Raumes gegenüber der Zeit begründet ist. Der empirische Weltinhalt erscheint, ausser in der Zeit, auch noch in anderen höchst umfassenden Formen, wie Raum, Materie, Energie, die gleichwohl mit der allerumfassendsten Form, der Zeit, verglichen gewissermassen als zum speciellen Zeitinhalt gehörig anzusehen sind und eine mittlere Stellung zwischen reiner Form und reinem Inhalt einnehmen. Man kann sie mit Locke als die primären Eigenschaften der Dinge von den secundären trennen, aber vor diese primären tritt, übergeordnet an Allgemeinheit und Apriorität, das System der aus dem Zeitbegriff fliessenden Aussagen. Dass Alkohol bei 78^0 siedet, ist eine empirische Einzelwahrheit, die ohne wesentliche Modification unseres Weltbildes umgestossen werden könnte, während die geometrischen Sätze in eingreifender und durchgängiger Weise unsere empirische Wahrnehmung beherrschen. Aber die Gesetze der Raumstructur können sich ihrerseits nicht mit denen des zeitlichen Geschehens vergleichen; neben dem Urphänomen des Werdens nimmt sich der euklidische Raum mit seinen drei Dimensionen, seinem Krümmungsmass Null in der That recht empirisch-zufällig aus, ohne dass wir doch diese Zahlen Drei und Null mit jener Ziffer 78 auf die gleiche Stufe stellen dürften. — Man halte diese Andeutungen mit unserem heuristischen Princip des transcendenten Idealismus zusammen, um beim Übergang von der Zeit zum Raume auf eine Einbusse an syllogistischer Zuverlässigkeit gefasst zu sein (wenigstens solange wir die oben erläuterte erste Interpretation zu Grunde legen). Unsere Forderung, bei festgehaltener empirischer Vorderseite die transcendente Rückseite möglichst stark umzuformen, verlangt umgekehrt, dass wir zu gewissen transcendenten Umformungen den empirischen Effect angeben, bestimmen, controliren können. Bei der Succession der Weltzustände war dies einfach genug; wo es ausnahmsweise nicht möglich war, wie bei der Umkehrung der Bewegungsrichtung des Gegenwartpunktes, da fanden wir eine neue Welt neben der unserigen, deren Existenz die unserige keineswegs beeinträchtigte. Beim Raume ist aber die Bestimmung des empirischen Effects dadurch erschwert, dass die Gesetze des Raumes nicht gleich den Gesetzen der Zeit einfache, umfassende, unwegdenkbare Bedingungen menschlicher Bewusstheit sind. Wir sehen uns hier mehr auf Plausibilität als auf Gewissheit, mehr auf Errathen als auf Erschliessen angewiesen, und die Ausbeute dieses Capitels wäre recht dürftig, wenn wir nicht unsere zweite Interpretation im Rückhalt hätten.

Nehmen wir sogleich ein Beispiel vorweg, das den Unterschied beider Probleme erläutert. Wenn in der absoluten Zeit nicht unsere ganze unbegrenzte empirische Zeitlinie, sondern nur ein endliches Stück davon realisirt wird, so können wir mit Bestimmtheit behaupten, dass dieses Deficit empirisch unwahrnehmbar bleibt. Die begrenzte Zeitstrecke erleidet keine innere Structuränderung, wenn die sie begrenzenden Zeitstrecken auf beiden Seiten abgeschnitten werden, und wo keine Structuränderung, da ist keine Wahrnehmung — ein Schluss, der deswegen sicher ist, weil alle unsere empirische Wahrnehmung in der Zeit geschicht. Gilt dasselbe vom Raume? Wenn für ein irgendwie begrenztes Raumgebiet der umgebende Raum transcendent beseitigt wird, so findet innerhalb des Gebietes allerdings wohl keine räumliche Structuränderung statt, aber darum könnte doch psychische Umbildung, empirische Wahrnehmung stattfinden. Die Begriffe der physicalischen Theorie der Fernwirkung können uns hier nützliche Fingerzeige geben und vor übereilten materialistischen Schlüssen bewahren. Eine beliebige Zeit hindurch werde nur das Innere I einer geschlossenen Fläche, etwa einer Kugel, realisirt, während der umgebende Aussenraum A unerfüllt, seine materielle Belegung nicht vorhanden sei. Nach der Voraussetzung ändert sich nichts an der Bewegung der Moleküle innerhalb I, obwohl die etwa in A befindlichen Kraftquellen dieser Bewegung fortgefallen sind, und wer alles ˏGeschehen gleich Molecularbewegung setzt, wird schliessen müssen, dass innerhalb I von der Vernichtung der Aussenwelt A nichts bemerkt wird. Die in A befindlichen Kraftcentra erzeugten aber in jedem Punkte P von I ein gewisses Potential, und dieses Potential ist nunmehr, rein mathematisch wenigstens, verschwunden; das Gesamtpotential in P, früher von allen Kraftquellen des Raumes erzeugt, hat sich um den von A herrührenden Theil vermindert. Könnte diese Verminderung nicht irgendwie Bewusstseinsobject werden, obwohl sie auf die Bewegung der Punkte P ohne Einfluss ist? Wäre nicht eine Psyche denkbar, die irgendwie davon Kenntniss nähme, dass die Niveauflächen (Flächen gleichen Potentials) in I jetzt in abstracto eine andere Gestalt haben, als in concreto etwa bei freien Flüssigkeitsoberflächen, und die somit die eingetretene Beseitigung der materiellen Aussenwelt A registrirte? Ich will damit nicht sagen, dass ich eine solche Psyche, die auf reine actio in distans antwortete und einen mechanischen Begriff telepathisch empfände, ohne ihn in den mechanischen Vorgängen ihrer Umgebung belegt zu finden, als wahrscheinlich ansähe — aber die blosse Möglichkeit ist wohl kaum zu bestreiten. An sich halte ich die Schlussweise des absoluten Materialisten für plausibler und würde also, wie von der Zeit, so auch vom Raume den Satz wagen, dass eine partielle Realisation begrenzter Raumgebiete das darin auftretende Bewusstsein, gegenüber der Realisation des gesamten Raumes, nicht modificirt. Gegen das hieraus folgende Paradoxon, dass wir nur die Existenz unserer räumlichen Nachbarschaft, nicht die des räumlichen Universum verbürgen können, dürfte nichts Erhebliches einzuwenden sein. Man pflegt derlei Betrachtungen als spielerischen Skepticismus ab- zuthun, aber auf ihnen beruht ein Hauptsatz der Kantischen Philosophie, der Satz, dass mit dem Bedingten der Re- gressus zu den Bedingungen nicht mit gegeben, wohl aber aufgegeben ist. Das heisst, auf Zeit und Raum angewandt, in der That nichts anderes als: die Vergangen- heit ist entbehrlich, da sie durch inhaltliche Beziehungen innerhalb der Gegenwart vertreten wird; der Gegenstand, das wirkende Centrum, ist überflüssig, solange nur die Wirkung, das peripherische Ende, mit dem die Aussen- welt in unser Bewusstsein hineintaucht, unversehrt bleibt. Würde der beobachtende Astronom etwas davon merken, wenn plötzlich der gesamte Raum nebst Inhalt, mit Aus- nahme allein seines Observatoriums, beseitigt und durch einen leeren Raum ersetzt würde? Aber alles, was ihm von der Welt gehört und woraus er seine Welt aufbaut, bliebe dabei nach der Voraussetzung intact: ebensowohl die letzte Wegstrecke des Lichtstrahls, den er durch er- gänzenden regressus auf einen lichtaussendenden Himmels- körper bezieht, wie die von seinem Gehör aufgefangene Lufterschütterung, zu der er als „Ursache" einen in der Ferne rollenden Eisenbahnzug supplirt. Ja, gehen wir weiter: fiele nicht nur die umgebende Welt, sondern auch der Beobachtungsraum, das Teleskop fort, würde selbst der Leib des Astronomen, mit Ausnahme seines Gehirns, transcendent vernichtet — würde diesem Defect auch nur die leiseste Spur einer Wahrnehmung entsprechen? Wahrscheinlich nicht, dürfen wir sagen; gewiss nicht, muss der consequente Materialist sagen. Der entleibte Kopf, das entschädelte Gehirn, vielleicht ein Minimum von Gehirnmasse (wenn man sich die „Seele" irgendwie localisirt denkt) genügt, um durch ideale Projection die umgebende Raumwelt als coexistent zu setzen, sodass ihre wirkliche Coexistenz genau so überflüssig wird wie die der wirklichen Vergangenheit neben der regressiv ergänzten. Natürlich hat diese Reduction der wirklichen Raumwelt auf immer kleineres Volumen eine Grenze, und wenn vom ganzen Astronomen nichts realisirt wird, so verschwindet auch seine Bewusstseinswelt: der empirische Effect ist damit in der That gründlich verändert, ohne dass doch diese Veränderung in irgendwelches Bewusstsein fiele. Jedenfalls, können wir sagen, bewirkt die Entfernung des Aussenraumes A keine Bewusstseinsmodification innerhalb $I;$ durch Realisation des begrenzten Gebietes I wird der ganze Kosmos $A + I$, soweit es sich um die innerhalb I entworfenen Bewusstseinsbilder des Kosmos handelt, perspectivisch miterzeugt, als essentiell nothwendig, eben darum existentiell entbehrlich. Ich brauche nicht zu betonen, dass man bei der Beseitigung eines Raumes A an glatte, scharfe, exacte Vernichtung auf transcendentem Wege zu denken hat, nicht an irgendwelches Losreissen und Abtrennen mit empirischen Instrumenten. Dagegen ist es wichtig zu wiederholen, dass der ganze Gedankengang nicht die zwingende Gewalt der analogen Zeitbetrachtungen hat, weil wir immer — vielleicht von einem unberechtigten Materialismus verführt — aus der ungestörten molecularen Structur des Raumgebietes I auf die unveränderten Bewusstseinsphänomene innerhalb I schlossen, während ein auf Fernwirkung immateriell reagirendes Bewusstsein doch nicht zu den Unmöglichkeiten gehört. Immerhin werden wir auch für die Idealität des Raumes einige allerdings specielle Gründe anzuführen wissen, aus denen sich plausible, wenn auch nicht unanfechtbare Verallgemeinerungen gewinnen lassen. Sollte unser Verfahren plump und umständlich erscheinen, so erinnere ich immer wieder daran, dass wir nur interimistisch die Sprache des Realismus reden —: natürlich glauben auch wir nicht an einen thatsächlichen Raum, von dem aller Inhalt bis auf den Kopf eines Astronomen vernichtet worden sei, sondern suchen mit diesen und ähnlichen Vorstellungen die unräumliche Natur der transcendenten Welt schrittweise zu begreifen.

Nach der allgemeinen Vorschrift haben wir zunächst irgend eine Form des transcendenten Raumes anzusetzen; dazu empfiehlt sich derjenige Raum, bei dem der transcendente Realismus sofort stehen bleibt und mit dem die Naturwissenschaft als hinreichendem Repräsentanten des „Raumes an sich" operirt: der von Newton als absoluter Raum bezeichnete stetige, euklidische, dreidimensionale Raum mit seinem empirischen Inhalt, etwa bewegter Materie und schwingendem Aether. Dass dieser Inhalt zeitlich wechselt, ist hier nebensächlich, ebenso wie es bei den zeittheoretischen Betrachtungen nebensächlich war, dass der Zeitinhalt eine räumliche Mannigfaltigkeit bildet. Noch will ich bemerken, dass ich mit den genannten drei Eigenschaften unseres Raumes (Stetigkeit, euklidischer Typus d. h. verschwindendes Krümmungsmass, dreifache Ausdehnung) keineswegs eine classische Definition gegeben haben will; die Frage nach Zahl und Inhalt der für unsere Raumvorstellung nothwendigen und hinreichenden Axiome gilt unter Mathematikern noch nicht als definitiv gelöst. Ohne uns in die subtilen Untersuchungen von Riemann, Helmholtz, Lie und Anderen zu vertiefen, können wir vorläufig die erwähnten drei Characteristica als genügend ansehen, um unseren thatsächlich vorgestellten Raum von denkbaren anderen Raumformen zu unterscheiden.

Indem wir zur möglichst vielfältigen Variation des eben eingeführten absoluten Raumes übergehen, finden wir es unmöglich, einiger mathematischer Hülfsvorstellungen dabei völlig zu entrathen. Wir denken uns zunächst diesen Raum in zwei Exemplaren angefertigt; das eine sei mit seinem empirischen Inhalt erfüllt, das andere leer. Der leere Raum sei als der transcendente, der erfüllte als der empirische Raum anzusehen, so dass der transcendente Raum sicher in den rein geometrischen Structurverhältnissen (Stetigkeit, Ebenheit, Dreidimensionalität) mit dem empirischen übereinstimmt, mit dem er ja ursprünglich sogar zusammenfiel. Wenn ein grobes, aber treffendes Bild erlaubt ist, so stelle man sich einen Schrank, ein complicirtes Fach- und Schubwerk vor, dessen vielfältigen Inhalt wir herausgenommen und in genau der gleichen Anordnung draussen wieder aufgebaut hätten. Nun wird es sich darum handeln, den Inhalt in einer veränderten Weise wieder hineinzulegen. Zu dem Zweck numeriren wir in der ursprünglichen Anordnung sowohl die Behälter als die darin befindlichen Objecte, derart dass jeder Gegenstand die Nummer seines Fachs erhält; die Gegenstände seien mit arabischen, die Schübe oder Fächer mit römischen Ziffern bezeichnet. In der ersten Anordnung fällt dann der Gegenstand 1 auf den Behälter I, der Gegenstand 2 auf den Behälter II und so fort. Bei irgend einer anderen Anordnung hört diese Übereinstimmung der beiden Ziffernreihen auf; in den Behälter I kommt etwa das Object 10, in den Behälter II das Object 20 und dergleichen. Eine beliebige Anordnung lässt sich so darstellen, dass in das Fach I der Gegenstand α_1, in das Fach II der Gegenstand α_2 gelegt wird u. s. w., wobei die Ziffernfolge $\alpha_1 \; \alpha_2 \; \alpha_3 \; \ldots$ eine beliebige Umstellung (Permutation) der natürlichen Ziffernfolge 1 2 3 ... ist. Das Gesetz der Anordnung ist repräsentirt durch die Ziffernfolge α_1 α_2 α_3 ..., die sich ihrerseits wieder durch eine zusammenfassende Formel ersetzen lässt, in der die Abhängigkeit jedes beliebigen α_n von seinem Stellenzeiger n ausgedrückt wird. Waren z. B. tausend Behälter und Gegenstände, so repräsentirt die eine einzige Formel $\alpha_n = 1001 - n$ die Ziffernfolge

$$\alpha_1 \; \alpha_2 \; \alpha_3 \ldots = 1000, 999, 998, \ldots$$

also die der ursprünglichen genau entgegengesetzte Anordnung. Es ist nicht hier der Ort, zu beweisen, dass eine solche zusammenfassende Formel „$\alpha_n =$ Function von n" sich für jede beliebige Ziffernfolge α_1 α_2 α_3 ... sogar auf unendlich viele Weisen angeben lässt. — Kehren wir nun zu unseren beiden Räumen zurück, so entspricht der Schrank, das Fachwerk dem leeren transcendenten Raume, der erfüllende Inhalt dem erfüllten empirischen Raume; die Behälter entsprechen den Punkten des leeren, die hineingelegten Gegenstände den Punkten des erfüllten Raumes. Um einen analytischen Ausdruck für die Anordnung der Gegenstände in den Behältern, d. h. der empirischen Raumpunkte im transcendenten Raumgerüst zu finden, hätten wir wieder beide Mannigfaltigkeiten zu numeriren: da aber diese Punktmengen stetig und dreifach ausgedehnt sind, so werden wir hier nicht die einfache Zahlenreihe 1, 2, 3, ... benutzen können, sondern haben die Darstellung der analytischen Geometrie zu Hülfe zu nehmen, wobei jeder Punkt durch bestimmte Werthe von drei Variablen (Coordinaten) characterisirt ist. Diese noch von Riemann ohne Weiteres vorausgesetzte Nothwendigkeit, die Punkte des dreidimensionalen Raumes gerade durch drei Coordinaten darzustellen, scheint übrigens nach neueren Anschauungen ein Axiom für sich zu sein; wenn man gewisse Forderungen der

Mongré, Das Chaos in kosmischer Auslese. 6

Stetigkeit fallen lässt, so kann der dreidimensionale Raum wie die Fläche durch zwei oder wie die Linie durch eine einzige Variable repräsentirt werden, oder es haben, wie G. Cantor sich ausdrückt, Linien, Flächen, Körper, überhaupt alle Punktcontinua von beliebig vielen Dimensionen die gleiche Mächtigkeit. Sehen wir hiervon ab, so werden wir die Punkte des absoluten Raumes durch drei Coordinaten x, y, z analytisch darstellen können, derart, dass diese Grössen alle Werthe annehmen dürfen und jedem Werthsystem ein Punkt, jedem Punkt ein Werthsystem zugehört; diese sich stetig aneinanderschliessenden Werthsysteme sind an Stelle unserer früheren Fachnummern I, II, III, ... getreten. Ebenso wollen wir die Coordinaten der empirischen Raumpunkte mit ξ, η, ζ bezeichnen, sodass die Werthsysteme ξ, η, ζ unsere früheren Gegenstandnummern 1, 2, 3, ... ersetzen. Ursprünglich nun trug Behälter und Gegenstand dieselbe Nummer; es lässt sich in derselben Weise einrichten, dass bei der ersten Anordnung, als beide Räume zusammenfielen, die beiderseitigen Coordinaten übereinstimmten, also $\xi = x$, $\eta = y$, $\zeta = z$ war. Jeder veränderten Anordnung entspricht nun das, was man neuerdings eine Transformation oder Abbildung des einen Raumes auf den anderen nennt; ein Punkt x, y, z des transcendenten Raumes wird mit einem beliebig anderen Punkte ξ, η, ζ des empirischen Raumes belegt oder irgend ein Punkt ξ, η, ζ des letzteren in einem beliebigen Punkte x, y, z des ersteren untergebracht, wobei (entsprechend der früheren Formel $\alpha_n =$ Function von n) die einen Coordinaten Functionen der anderen sind — Functionen, deren Gestalt das Abbildungsgesetz bestimmt. Unser idealistisches Verfahren kommt damit auf die Frage hinaus, welche von diesen unendlich vielen Transformationen ausführbar sind, ohne die empirische

Erscheinung unseres Raumes zu beeinträchtigen. Der Realist antwortet: keine! wir behaupten: alle! Streng beweisen lässt sich vorläufig nur die mittlere Aussage: einige!

Zu den sicher zulässigen Transformationen gehört zunächst die Gruppe der Bewegungen, d. h. eine beliebige Verschiebung oder Drehung des erfüllten Raumes im leeren, bei welcher an der relativen Lage der empirischen Raumpunkte gegeneinander nichts geändert wird. Der Philosophie ist dieser Standpunkt — es ist der der Relativität aller Bewegung — nicht neu, sie hat ihn sogar in entschieden übertriebener Weise vertreten, indem sie der absoluten Bewegung selbst als mechanischem Hülfsbegriff Existenz und Bedeutung absprach. Das alte Beispiel von der rotirenden und sich abplattenden Flüssigkeitskugel und neuere Betrachtungen über den Gang der Lichtstrahlen im ruhenden und bewegten Aether zeigen aber, dass es für die Aufstellung der mechanischen Gesetze durchaus nicht gleichgültig ist, ob wir einen Körper als ruhend und den umgebenden Raum als bewegt ansehen oder umgekehrt. Hier also hat Newton gegen Kant Recht, und die absolute Bewegung, die C. Neumann durch die Hypothese vom Körper Alpha umschreibt, ist eine Realität. Uns aber kommt es gar nicht auf die mechanische Erklärung und einfachste Darstellung der in der Natur beobachteten Bewegungen an, sondern auf die weiteste Verallgemeinerung der zu Grunde liegenden Hypothesen, und nichts hindert uns, zum Schluss dem Gesamtsystem bewegter Materie, inclusive Körper Alpha, eine gemeinschaftliche Bewegung im absoluten Raume zu ertheilen, die an der inneren Structur der Dinge nichts ändert. Wir können diese Bewegung z. B. so wählen, dass die Erde dem Copernicanischen System zum Trotz ruht, ohne dass sie darum, wenn sie flüssig wäre, von der

6*

abgeplatteten zur reinen Kugelgestalt überginge. Es ist nützlich, diese Interpretation unserer Betrachtungen sich einzuprägen: unsere Transformationen werden am fertigen empirischen Raume vorgenommen, als bloss räumliche Umgestaltungen ohne physicalische Folgen, deren Eintritt ja vielmehr den empirischen Inhalt verändern und damit gegen die transcendente Denkbarkeit der fraglichen Transformation entscheiden würde.

Eine zweite, ebenfalls streng beweisbare Möglichkeit ist die der gleichmässigen Vergrösserung oder Verkleinerung aller Raumdimensionen. Es ist klar, dass, „wenn die sämtlichen linearen Dimensionen der uns umgebenden Körper und die unseres eignen Leibes mit ihnen in gleichem Verhältnisse, z. B. alle auf die Hälfte, verkleinert oder alle auf das Doppelte vergrössert würden, wir eine solche Änderung durch unsere Mittel der Raumanschauung gar nicht würden bemerken können" (Helmholtz, über den Ursprung und die Bedeutung der geometrischen Axiome). Wir haben uns in der Einleitung dieser Schrift bereits gegen die realistische Missdeutung des angeführten Satzes ausgesprochen; natürlich sind nicht die Dimensionen des Weltalls thatsächlich variabel, sondern der Begriff Ausdehnung, Grösse, Dimension wird jenseits der empirischen Raumanschauung gegenstandlos und dialectisch. Genau so steht es überall; wenn wir beliebige Transformationen des empirischen Raumes auf den transcendenten als möglich zulassen, so meinen wir damit nicht, dass es in Wirklichkeit so chaotisch und unordentlich im Raume zugehe, sondern — nun, dass es eben in Wirklichkeit überhaupt nicht räumlich zugehe, dass die Vorstellungen räumlicher Anordnung keine Anwendung auf die Welt der Dinge an sich gestatten.

Wie bei der Relativität der Bewegung, so halten wir auch hier, bei der Relativität der Messung, es nicht für überflüssig zu betonen, dass wir die Vergrösserung und Verkleinerung aller Raumdimensionen uns an dem fertig vorliegenden Weltall vollzogen denken und nicht etwa von den physicalischen Folgen begleitet, die bei partiellen Grössenänderungen innerhalb des Weltalls aufzutreten pflegen. Eine solche, hier zurückzuweisende Vorstellung scheint der wunderlichen Speculation Laplace's in den Réflexions sur la loi de la pesanteur universelle zu Grunde zu liegen, wo er die Unabhängigkeit der kosmischen Bewegungen von der absoluten Raumgrösse für einen ganz besonderen Vorzug des Newton'schen Gravitationsgesetzes hält. Er sagt in der zweiten Ausgabe der Exposition du système du monde, livre 4, chap. 15: Une propriété remarquable de cette loi de la nature, est que si les dimensions de tous les corps de cet univers, leurs distances mutuelles et leurs vitesses, venoient à augmenter ou à diminuer proportionnellement, ils décriroient des courbes entièrement semblables à celles qu'ils décrivent, et leurs apparences seroient exactement les mêmes; car les forces qui les animent, étant le résultat d'attractions proportionnelles aux masses divisées par le quarré des distances, elles augmenteroient ou diminueroient proportionnellement aux dimensions du nouvel univers. On voit en même temps, que cette propriété ne peut appartenir qu'à la loi de la nature (d. h. dem Newton'schen Gesetz). Ainsi, les apparences des mouvemens de l'univers sont indépendantes de ses dimensions absolues, comme elles le sont du mouvement absolu qu'il peut avoir dans l'espace; et nous ne pouvons observer et connoître que des rapports. Zur Erläuterung dieses Schlusses, und zugleich als erster Einwand dagegen, ist zu bemerken, dass hier die Masse als blosses Volumen behandelt und von der Dichtigkeit ganz abgesehen wird, sodass eine n-fache Vergrösserung aller linearen Dimensionen die Massen auf das $n \cdot n \cdot n$-fache (n^3-fache) vergrössern soll. Schon hierin steckt eine Willkür; wären z. B. die Massen in ausdehnunglosen Punkten concentrirt, so würden sie sich bei der n-fachen Raumvergrösserung gar nicht ändern, oder wären sie als Belegung von Flächen vorhanden, so würden sie bei der Vergrösserung nur den Factor $n \cdot n = n^2$ erhalten. Man ist also durchaus nicht gezwungen, die Massen als Volumina und die Dichtigkeiten gar nicht an der Transformation zu betheiligen; und es würde bereits genügen, auch alle Dichtigkeiten des Weltalls in constantem Verhältniss zu ändern, um für jedes beliebige Attractionsgesetz, nicht nur für die Newton'sche loi de la nature, die Bewegungen des Weltalls im Laplace'schen Sinne von den Dimensionen unabhängig zu machen. — Überdies ist aber dieser Sinn viel zu eng gefasst und die eigentliche Tragweite der Relativität aller Messung verkannt; Laplace hat nicht, wie wir, die rein mathematische Vergrösserung des gesamten empirischen Raumes im Auge gehabt, sondern zwischen dem ursprünglichen und dem vergrösserten Weltall einen physicalischen Zusammenhang bestehen lassen, indem er in beiden die Constante der Gravitation als gleich annahm. Um den Sachverhalt ohne allzugrosse Wortverschwendung zu erörtern, müssen wir die Sprache der Formeln zu Hülfe nehmen. Die Beschleunigung a, die eine anziehende Masse m in der Entfernung r ausübt, ist nach dem Newton'schen Gesetz proportional mit m und $\dfrac{1}{r^2}$, sodass wir $a = k \cdot \dfrac{m}{r^2}$ setzen können und unter k (von Gauss mit k^2 bezeichnet) eine unserem Sonnensystem, wahrscheinlich sogar unserem

Fixsternhimmel eigenthümliche Naturconstante, die Constante der Gravitation, zu verstehen haben. Nehmen wir, um unsere Meinung zu präcisiren, jetzt ein beliebig anderes Gravitationsgesetz an: es genügt vorläufig, statt des reciproken Quadrates der Entfernung eine beliebige Potenz der Entfernung zu wählen und $a = k \cdot m r^\alpha$ zu setzen, sodass die Annahme $\alpha = -2$ dem Newton'schen Gesetz entspricht. Nunmehr vergrössern wir alle linearen Abmessungen des Weltalls auf das n-fache, und bezeichnen im transformirten Weltall die entsprechenden Grössen durch accentuirte Buchstaben, sodass $a' = k' \, m' \, r'^\alpha$ wird. Dabei ist $r' = n \cdot r$, ferner nach der Laplace'schen, jetzt auch von uns zugestandenen Voraussetzung $m' = n^3 \cdot m$, endlich muss, wenn die Bewegungen von den absoluten Dimensionen unabhängig sein sollen, auch $a' = n \cdot a$ sein (beiläufig bemerkt, ist aber die Beschleunigung a nicht nur von der Dimension der Entfernung, sondern überdies dem Quadrat der Zeit umgekehrt proportional). Unsere Auffassung trennt sich erst von der Laplace'schen bezüglich des k'. Laplace setzt einfach $k' = k$, als ob das vergrösserte Weltall physicalisch mit dem ursprünglichen zusammenhinge; damit erhält er die Gleichung

$$n\,a = k \cdot n^3 \, m \cdot n^\alpha \, r^\alpha$$

oder $n = n^3 \cdot n^\alpha$, die nothwendig zu $\alpha = -2$, also dem Newton'schen Gesetz führt. Wir aber nehmen zwischen k' und k zunächst keinen Zusammenhang an, sondern erhalten aus der Formel $k' = k : n^{\alpha+2}$, sodass eine passende Änderung der Gravitationsconstante auch uns die Unabhängigkeit der Bewegungen von den Dimensionen garantirt, und zwar auch im Falle des erweiterten Anziehungsgesetzes nach der α^{ten} Potenz. Dürfen wir denn aber die Gravitationsconstante k beliebig ändern? ist sie nicht eine aus der Beobachtung folgende bestimmte

Grösse? Nein, eben dies ist sie wegen der Relativität unserer Messung nicht, sondern eine blosse Hülfsgrösse, die nur in der Formel existirt und aus der thatsächlichen Anordnung der Messungen durch Division herausfällt. Um in der allgemeinen Formel $a = k\, m\, r^{\alpha}$ den Werth von k zu ermitteln, stellen wir eine bestimmte Einzelbeobachtung an; wir sehen zu, welche Anziehung a_0 eine bestimmte Masse m_0 (etwa die Erde) in einer bestimmten Entfernung r_0 (etwa auf den Mond) ausübt, und setzen den aus der einzelnen Gleichung $a_0 = k\, m_0\, r_0{}^{\alpha}$ gewonnenen Werth von k in die allgemeine Gleichung ein. Das will sagen: in Wirklichkeit benutzen wir die durch Division entstehende, von k freie Gleichung

$$\frac{a}{a_0} = \frac{m}{m_0}\left(\frac{r}{r_0}\right)^{\alpha},$$

die unmittelbar die Relativität der Messungen ausspricht und nur noch mit reinen Verhältnisszahlen (Beschleunigung dividirt durch Beschleunigung, Masse durch Masse, Entfernung durch Entfernung) operirt. Und auf diese Form lassen sich in letzter Linie alle Attractionsgesetze, wie überhaupt alle Naturgesetze, bringen; wir würden eine physicalische Formel für offenbaren Unsinn halten, in der die physicalischen Grössen selbst, nicht ihre Verhältnisse zu gleichartigen Grössen, aufträten. Ein solches Auftreten in nicht-homogener Form ist immer nur scheinbar und lässt sich durch passende Änderung der Schreibweise beseitigen, indem man gewisse Constanten (wie oben k) ihren physicalischen Dimensionen (Strecke, Zeit, Masse, elektrische und magnetische Masseinheiten) entsprechend bezeichnet. Hiermit dürfte erwiesen sein, dass die Unabhängigkeit der Erscheinungen von den absoluten Raumabmessungen allgemein besteht und keine specielle

Eigenthümlichkeit des Newton'schen Gravitationsgesetzes darstellt. Auch dieser Laplace'sche Versuch, die Zahl Zwei als Exponenten der Entfernung im Newton'schen Gesetz mit der Zahl Drei der Raumdimensionen in Zusammenhang zu bringen, ist nicht weniger Spielerei als die bekannte Analogie mit der quadratischen Abnahme der Schall- und Lichtintensität.

Als dritte, unwiderlegbar zulässige Transformation des empirischen Raumes auf den transcendenten wäre die Spiegelung zu nennen; d. h. wir denken uns eine beiderseitig spiegelnde Ebene durch den Weltraum gelegt und jeden empirischen Punkt durch sein Spiegelbild ersetzt, also durch denjenigen Punkt, der auf der anderen Seite der Ebene in gleichem Abstand auf der verlängerten Lothlinie liegt. Für einen ausserweltlichen Betrachter würde sich die gespiegelte Welt von der ursprünglichen unterscheiden wie für uns rechte Hand und linke Hand, Hopfenranke und Weinranke, rechts gewundene und links gewundene Schnecke; wir selbst würden nichts davon bemerken, da alle Gegenstände unserer Umwelt die gleiche Vertauschung erleiden und der gespiegelte Handschuh auf die gespiegelte Hand passt. In der That ist es unmöglich, ein Raumgebilde von seinem Spiegelbilde durch innere Kriterien zu unterscheiden, sondern nur durch Beziehungen der Lage zu einem äusseren Beobachter, und ein ganzer erfüllter Raum von n Dimensionen würde nur im nächst höheren Raume von $n+1$ Dimensionen Merkmale aufweisen, die ihn gegenüber seinem Spiegelbilde abgrenzen. Eine mit Figuren bezeichnete Ebene geht in ihr Spiegelbild über, wenn man sie erst von oben, dann von unten betrachtet, und ein entsprechender Standort-Wechsel eines vierdimensionalen Beobachters würde unseren dreidimensionalen Raum in den durch Spiegelung

transformirten Raum verwandeln. Es existirt keine rein
geometrische Definition des Unterschiedes zwischen rechts
und links; alle mathematischen und physicalischen Fest-
setzungen über den Sinn von Richtungen und Drehungen
appelliren an bekannte Bewegungen der Natur und
Technik oder direct an das unmittelbare Unterscheidungs-
vermögen für unsere beiden Körperhälften. Man denke
an die Ampère'sche Schwimmerregel, an die in der analytischen Geometrie gebräuchliche Unterscheidung der
Drehungen mit Hülfe des Uhrzeigers, an die neuerdings
beliebte Benennung der Wein- und Hopfencoordinaten. —
Wem die hier gegebenen Andeutungen nicht zur Überzeugung genügen, dass dem Bewusstseinswerth nach der
empirische Raum von seinem Spiegelbilde nicht zu trennen
ist, der wird weiter unten die Auffassung der Spiegelung
als einer Bewegung (nämlich im vierdimensionalen Raume)
zu Rathe ziehen müssen. Beiläufig erinnere ich hier
an die wunderliche Rolle, die das Vorhandensein von
symmetrischen, aber nicht congruenten Gegenständen, nämlich Bild und Spiegelbild, zur Rechtfertigung eines vierdimensionalen Raumes hat spielen müssen — einer Rechtfertigung, in die selbst die missverstandene Autorität
Kants hineingezogen worden ist. Rechte und linke Hand
sind „begrifflich identisch", sollten folglich auch zur anschaulichen Deckung gebracht werden können; da dies
nicht im dreidimensionalen, wohl aber im vierdimensionalen Raume möglich ist, so hat entweder der Raum
vier Dimensionen oder „wir tragen an unserem Organismus
ein entschiedenes Wunder herum" (Du Prel, Planetenbewohner und Nebularhypothese). Dieser groteske
Schluss ist glücklicherweise nicht dem Schöpfer der Vernunftkritik zur Last zu legen; Kant führt den rein
anschaulichen, begrifflich nicht zu definirenden Unterschied

zwischen rechter und linker Hand nur zum Beweise dafür an, dass es reine Anschauung giebt. Jene speculativen Verfechter des vierdimensionalen Raumes aber vergessen, dass in keinem Raume von noch so vielen Dimensionen das „entschiedene Wunder" beseitigt wäre; auch im n-dimensionalen Raume würde es symmetrische und nicht-congruente „Körper" von n Dimensionen geben, die nur durch Bewegung im $(n+1)$-dimensionalen Raume mit einander zur Deckung gebracht werden können. Also rein zur logischen Beruhigung, um der abstracten (in praxi nicht einmal ausführbaren) Möglichkeit willen, Bild und Spiegelbild zur Congruenz zu bringen, müsste der leere Raum immer eine Dimension mehr haben als der erfüllte! eine seltsame Forderung, gegen die Lotze nicht ohne Humor bemerkt: „Was hätten wir denn für ein Gut gewonnen, wenn wir uns mit dem Umklappen symmetrischer Raum-figuren beschäftigen könnten, und was geht uns jetzt ab, da wir es nicht können? und ausserdem: muss denn Das alles sein, was schön wäre, wenn es wäre?"

Mit den bisher besprochenen Transformationen — Bewegung, Massstabsänderung, Spiegelung — ist eigent-lich die Liste der streng zulässigen geschlossen; aber wir werden kaum Lust haben, uns mit dieser spärlichen Aus-beute zu begnügen. Indem wir zu den plausiblen, nicht jedoch unanfechtbaren Annahmen übergehen, erinnern wir zuerst an die partielle Existenz begrenzter Raum-gebiete, worüber in den Vorbetrachtungen dieses Capitels das Nöthige gesagt wurde. Schon hier war unsere Schluss-weise nur verführend, nicht zwingend; überdies konnten wir nur behaupten, dass die in dem begrenzten Raum-gebiet selbst entworfenen Bewusstseinsbilder des Welt-ganzen durch Beseitigung des umgebenden Raumes un-geändert bleiben, wogegen die in dem vernichteten Raumgebiet ansässig gewesenen natürlich mit vernichtet wurden. In Bezug auf diese vernichteten Bewusstseinsbilder haben wir nur zu sagen, dass die Vernichtung eines Bewusstseins nicht zu dessen Bewusstseinsthatsachen gehört (ich spreche natürlich von absoluter Annihilation, nicht von dem empirischen Trüberwerden und Erlöschen, das wir Tod nennen), sodass die abwechselnde Existenz und Nichtexistenz sich diesem Bewusstsein dennoch als continuirliche Existenz darstellt: indessen gerathen wir hier schon in unsere zweite Auffassung der Idealität des Raumes hinein. — Aus der Möglichkeit, die transcendente Realisation auf begrenzte Raumtheile zu beschränken, folgt weiter die einer Transformation, wobei der erfüllte Raum in beliebig viele endliche Theile zerlegt und diese Theile (etwa Würfel oder Tetraeder) im leeren Raume beliebig durcheinander gemischt werden. Mit einiger Unvorsichtigkeit könnte man von hier aus sofort zum Ziel, zur Möglichkeit einer beliebigen Transformation zwischen beiden Räumen gelangen, indem man nämlich jene empirischen Raumtheile immer kleiner werden und schliesslich zu ausdehnunglosen Punkten zusammenschrumpfen lässt. Nun, dies ist ein Fingerzeig, aber kein Beweis, denn der nervus probandi, die Zulässigkeit jener Operation auch im Grenzfalle, ist hierin stillschweigend umgangen.

Aber besinnen wir uns doch einmal, was beim thatsächlichen Eintritt irgend einer Transformation geschehen würde, und nehmen wir, anknüpfend an die gleichmässige Vergrösserung oder Verkleinerung aller Raumdimensionen, den speciellen Fall einer Raumausdehnung oder Raumverkürzung längs einer einzigen Dimension. Wir legen irgend eine Ebene durch den Raum und verschieben jeden Raumpunkt in seiner auf die Ebene gefällten Senkrechten derart, dass sein Abstand von der Ebene in bestimmtem Verhältniss geändert, etwa auf die Hälfte verkleinert oder auf das Doppelte vergrössert wird. Ist die genannte Ebene etwa die Horizontebene eines Erdorts, so würden in dessen Umgebung alle Meereshöhen vergrössert oder verkleinert, alle Gegenstände in verticaler Richtung ausgereckt oder zusammengedrückt, ohne die horizontalen Dimensionen zu ändern. Für einen externen Beobachter ginge dabei jede Kugel in ein Ellipsoid, der Mensch in einen schmalen Riesen oder breiten Zwerg, niedrige Schuppen in hohe Thürme oder umgekehrt über; die Welt erschiene ihm verzerrt, etwa wie sie uns in den cylindrisch geschliffenen Vexirspiegeln der Zaubercabinette erscheint. Übt diese Transformation auch nach innen, auf unsere davon betroffene Bewusstseinswelt, einen Einfluss aus? — Ganz offenbar, wird die nächstliegende Antwort lauten; bei dieser einseitigen Dimensionsänderung, die alle Gesichtswinkel in Mitleidenschaft zieht und aus schlanken Säulen stumpfe Klötze macht, muss die Natur nothwendig ein anderes Antlitz aufsetzen: in den beiden unverändert gebliebenen Raumdimensionen ist ja das Mittel gegeben, die Verkürzung und Verlängerung der dritten empirisch zu beobachten. Versuchen wir es! Der Einfachheit halber denken wir uns den organischen Sehapparat durch einen technischen ersetzt: wir visiren den oberen Endpunkt einer aufrechtstehenden Stange mit Hülfe des primitivsten aller Winkelmessinstrumente, eines in Grade getheilten Kreises, und merken uns den Theilstrich, durch den die Visirlinie hindurchgeht. Nun finde die Transformation des Raumes statt, wobei wir, um überflüssige Worte zu sparen, uns auf den Fall einer verticalen Verkürzung beschränken. Das obere Ende der Stange senkt sich, der Gesichtswinkel, unter dem sie erscheint, wird objectiv vermindert: aber auch für uns,

subjectiv? Nein! an der allgemeinen verticalen Zusammen-
drückung des Raumes hat ja auch unser Messinstrument
Theil genommen, der Kreis ist zur Ellipse abgeplattet,
die Visirlinie, die den Mittelpunkt des Kreises (unser Auge)
mit dem oberen Stangenende verbindet, geht durch denselben Theilstrich wie vorher. Wir lesen also vor- wie
nachher denselben Gesichtswinkel ab: wodurch sollte die
unterdessen eingetretene Veränderung sich sonst verrathen?
Etwa durch Vergleichung mit den unverkürzt gebliebenen
Horizontaldimensionen? Versuchen wir auch das. Wir
legen unseren Messkreis um und stellen auf eine horizontal
liegende Strecke ein, die ursprünglich unter gleichem
Winkel erschien wie jene verticale Stange; vermuthlich
wird sie nunmehr unter einem grösseren Winkel erscheinen?
Aber siehe da, bei der Umlegung in die Horizontalebene
ist die graduirte Ellipse wieder zum ursprünglichen Kreise
geworden, und an der Gleichheit jener beiden Visirwinkel
hat sich nichts geändert. Dasselbe gilt von jeder anderen
Vergleichsdistanz, die weder horizontal noch vertical ist;
in jeder Lage ist die Deformation des Messwerkzeugs von
der Art und Grösse, dass sie die Deformation des zu
messenden Objects im empirischen Ergebniss compensirt
und unwirksam macht. Diese Erwägung, gegen die sich
bis hierher wohl kaum etwas sagen lässt, wäre nun auf
das physiologische Sehen zu übertragen, wobei der Hergang verwickelter und unübersichtlicher, das Princip aber
allem Anschein nach das gleiche ist. Versuchen wir uns
in laienhafter Weise einige Hauptpunkte klar zu machen,
so bemerken wir, dass mit dem Netzhautbild gleichzeitig
und gleichartig auch die Netzhaut selbst transformirt wird,
sodass vor wie nach der Transformation dieselben Netz-
hautstellen von denselben Lichtstrahlen getroffen werden.
Es wird also dem (übrigens ebenfalls mit transformirten)

Gehirn nach wie vor dasselbe System von Nachrichten durch Nervenerregung zugeleitet, und das daraus intellectuell aufgebaute Bewusstseinsbild eines äusseren Gegenstandes kann und wird wohl auch dasselbe bleiben. Überhaupt ist doch wohl die Netzhaut als selbst räumliches Gebilde für den Process des räumlichen Sehens sehr gleichgültig, dient vielmehr nur als Schaltbrett, das die „Localzeichen" weiterbefördert und bestimmten Nervenenden bestimmte Erregungen zuführt. Die Verwunderung darüber, dass wir die Gegenstände aufrecht und in natürlicher Grösse sehen, während das Netzhautbild verkehrt und verkleinert ist, scheint einer Vorstellung entsprungen, die sich hinter unseren beiden Augen ein drittes Auge mit Betrachtung der Netzhautbilder beschäftigt denkt; diese Verwunderung wäre vielleicht noch leidenschaftlicher, wenn die Netzhaut (was an sich durchaus möglich wäre) im Auge eine horizontale Lage hätte! Für uns, die das Netzhautbild als Material zum Sehen, nicht zum Gesehenwerden auffassen, hat aber auch die Möglichkeit einer beliebigen Raumtransformation ohne entsprechenden Bewusstseinseffect nichts Anstössiges; sind die richtigen Verbindungen hergestellt, so ist es gleichgültig, ob das Schaltbrett zweireihig oder vierreihig, rechteckig oder kreisförmig ist. Denken wir noch etwas specieller an die Art, wie wir mit dem Augenmass scheinbare Distanzen schätzen; wir sind nicht fähig, aus der Entfernung der Bildpunkte auf der Netzhaut direct auf die Entfernung der Objectpunkte im Gesichtsfeld zu schliessen, sondern müssen mit der Netzhautgrube längs der zu messenden Linie hingleiten und den Übergang von einem zum anderen Endpunkt successiv ausführen (oder oft ausgeführt haben). Mag nun diese Distanzmessung auf der Empfindung der von den Augenmuskeln geleisteten

Arbeit beruhen oder eine Art Zählung der hierbei vom Licht getroffenen Stäbchen und Zapfen auf der Netzhaut sein — jedenfalls bereitet die Vorstellung, dass dieser Hergang von etwaigen Raumtransformationen unabhängig sei, keinerlei Schwierigkeit. Schätzten wir ursprünglich eine horizontale und eine verticale Strecke als gleich, so ändert die Transformation hieran nichts; das zum Ellipsoid zusammengedrückte Auge verhält sich in der Vertical-ebene längs eines verkürzten Linienelements nunmehr ebenso, wie es sich längs eines unverkürzten in der Horizontalebene verhält und ursprünglich im ganzen Raume verhielt. Noch weiter aber: ein wesentliches, vielleicht unentbehrliches Fundament der Distanzmessung in verschiedenen Richtungen ist die Möglichkeit, durch Bewegung des Auges gegen das Object oder umgekehrt gleiche Strecken auf der Netzhaut nacheinander zur wirklichen Congruenz zu bringen. Also zwei Strecken $A B$ und $A' B'$ (ich spreche immer von scheinbaren Distanzen, also Winkeln im Gesichtsfelde, und lasse die Tiefendimension bei Seite) erscheinen gleich, wenn ich sie nacheinander in solche Lage zu meinem Auge bringen kann, dass sie ein und dasselbe Netzhautbild $a b$ liefern. Hieran ändert aber die Transformation gar nichts, wie sehr sie auch Auge, Object und Lichtstrahlen umgestalten mag; immer werden in der ersten Lage A und a, B und b, in der zweiten Lage A' und a, B' und b die Endpunkte von Lichtwegen bleiben, und die Thatsache, dass die eine Lage in die andere durch blosse Be-wegung übergeführt wird, genügt zur Begründung des Urtheils $A B = A' B'$.

Durch blosse Bewegung: damit stossen wir auf den entscheidenden Punkt der Untersuchung, den scharf er-kannt und ausgesprochen zu haben eines der Verdienste des Denkers Helmholtz ist. Kehren wir noch einmal zu unserem primitiven Messinstrument, dem getheilten Kreise, zurück, mit dessen Hülfe wir die umgebende Welt ausgemessen und vor wie nach der Transformation dieselben numerischen Ergebnisse gewonnen haben — wobei wir an eine beliebige Transformation und nicht mehr speciell an die Verkürzung längs einer Dimension denken wollen. Höchstens wäre es eine philosophische, übrigens hier belanglose Frage, ob nicht solche Transformationen auszuschliessen seien, bei denen Endliches ins Unendliche rückt und etwa ein Kreis in eine gerade Linie oder Parabel übergeführt wird, oder solche, die ganze Curven und Flächen in einzelne Punkte verwandeln; in derlei Fällen können wir uns, um die weitere Discussion abzuschneiden, die Transformation auf ein von den Unstetigkeiten und Singularitäten freies Gebiet beschränkt denken. — Nun beginnen wir, misstrauisch wie wir sind, den graduirten Kreis selbst, die subjective Voraussetzung für die Richtigkeit unserer Resultate, einer Controle zu unterziehen. Nicht mit Hülfe eines anderen Instruments, wobei das Fragwürdige des Vorgangs nur eine Stelle zurückgeschoben wäre, sondern unmittelbar, indem wir uns der Voraussetzung bewusst werden, unter der wir den Kreis bisher benutzt haben. Wir drehen und wenden ihn nach allen möglichen Lagen und Richtungen, wobei er, im transformirten Raume, jedesmal eine andere Gestalt annimmt, einer Ellipse, einer Spirale, einer Schraubenlinie: ist es denkbar, dass uns dieser Formenwechsel zum Bewusstsein komme? Oder, bildlich gefragt, welche von den beiden Kräften, die sozusagen am Bewusstsein angreifen, ist erkenntnisstheoretisch die stärkere: die Tendenz jener Raumtransformation, sich im Bewusstsein abzuzeichnen, oder unsere a priori gehegte Überzeugung,

Mongré, Das Chaos in kosmischer Auslese. 7

dass der Theilkreis als starrer Körper in allen räumlichen Lagen mit sich selbst congruent und keiner Gestaltsveränderung ohne empirische Einwirkung fähig sei? Können wir uns ein Rad aus festem Material als elliptische Scheibe denken, die beim Rollen nichtsdestoweniger ihre kürzere Achse vertical, ihre längere horizontal stehen lässt? Aber jedes Wagenrad müsste bei der früher genannten verticalen Raumzusammendrückung uns diesen Anblick bieten, wenn die Transformation empirischen Bewusstseinswerth hätte! Entweder also halten wir das Rad für einen festen Körper, dann müssen wir auf die Transformation mit dem Bewusstseinseffect Null antworten; oder wir spüren die Transformation, dann müssen wir das Rad, den Theilkreis, aber auch unser eigenes Auge und unseren eigenen Leib für weiche plastische Körper halten. Welche dieser beiden Annahmen die geringeren Schwierigkeiten bietet, ist wohl kaum zweifelhaft; gegen die zweite liesse sich unter vielen anderen folgendes Curiosum ersinnen. Man stelle sich einen Beobachter vor, der das Resultat seiner Untersuchung an irgendwelchem Gegenstand, hinsichtlich der Alternative starr oder weich, in einem gesprochenen oder geschriebenen Satze niederlege. Die räumliche Transformation müsste also unter anderen Folgen auch diese haben, dass der Satz „dieser Körper ist starr" in den Satz „dieser Körper ist weich" transformirt wird; sie müsste die Mundstellungen bei Aussprache der Worte starr und weich, oder die typographischen Formen der geschriebenen Worte starr und weich, in einander transformiren! Dieser Scherz überzeugt vielleicht Manchen, dass es eben von rein geometrischen Umgestaltungen des Raumes zu viel verlangt ist, sich im Bewusstsein abzuzeichnen, und ich halte es nicht für ausgeschlossen, dass unsere Betrachtungen

sich zu einem positiven Gegenbeweis wider den Materialismus ausbauen lassen; denn wenn unser Bewusstseinsbild
der Welt bei beliebigen Raumtransformationen ungeändert
bleibt, so sind alle beliebigen Bewegungen der Materie
dem Bewusstseinseffect nach gleichwerthig, und das Phänomen Bewusstsein kann nicht die Innenseite eines rein
kinetischen Vorganges sein. Es ist uns hier versagt,
diese Andeutungen, die sich mit neueren energetischen
Anschauungen zu berühren scheinen, des Näheren auszuführen.

Es sei mir gestattet, die vorgetragene Ansicht, die
ich mir vor vielen Jahren selbstständig gebildet habe,
mit einigen Sätzen aus dem Helmholtz'schen Vortrage
„über den Ursprung und die Bedeutung der geometrischen
Axiome“ zu ergänzen. „Alle unsere geometrischen Messungen beruhen auf der Voraussetzung, dass unsere von
uns für fest gehaltenen Messwerkzeuge wirklich Körper
von unveränderlicher Form sind, oder dass sie wenigstens
keine anderen Arten von Formveränderung erleiden, als
diejenigen, die wir an ihnen kennen, wie z. B. die von
geänderter Temperatur, oder von der bei geänderter
Stellung anders wirkenden Schwere herrührenden kleinen
Dehnungen.“ „Jede Grössen vergleichende, sei es Schätzung,
sei es Messung räumlicher Verhältnisse geht also von
einer Voraussetzung über das physicalische Verhalten
gewisser Naturkörper aus, sei es unseres eigenen Leibes,
sei es der angewendeten Messinstrumente, welche Voraussetzung übrigens den höchsten Grad von Wahrscheinlichkeit haben und mit allen uns sonst bekannten physicalischen Verhältnissen in der besten Übereinstimmung
stehen mag, aber jedenfalls über das Gebiet der reinen
Raumanschauungen hinausgreift.“ Das hiernach folgende,
von der Gegenpartei zwar vielfach citirte aber selten

7*

verstandene Beispiel umschreibt in populär einleuchtender Weise den Satz, dass eine Raumtransformation sich der empirischen Wahrnehmung entzieht. „Man denke an das Abbild der Welt in einem Convexspiegel. Die bekannten versilberten Kugeln, welche in Gärten aufgestellt zu werden pflegen, zeigen die wesentlichen Erscheinungen eines solchen Bildes... Das Bild eines Mannes, der mit einem Massstab eine von dem Spiegel sich entfernende gerade Linie abmisst, würde immer mehr zusammenschrumpfen, je mehr das Original sich entfernt, aber mit seinem ebenfalls zusammenschrumpfenden Massstab würde der Mann im Bilde genau dieselbe Zahl von Centimetern herauszählen, wie der Mann in der Wirklichkeit; überhaupt würden alle geometrischen Messungen, von Linien oder Winkeln mit den gesetzmässig veränderlichen Spiegelbildern der wirklichen Instrumente ausgeführt, genau dieselben Resultate ergeben wie die in der Aussenwelt, alle Congruenzen würden in den Bildern bei wirklicher Aneinanderlagerung der betreffenden Körper ebenso passen wie in der Aussenwelt, alle Visirlinien der Aussenwelt durch gerade Visirlinien im Spiegel ersetzt sein. Kurz, ich sehe nicht, wie die Männer im Spiegel herausbringen sollten, dass ihre Körper nicht feste Körper seien und ihre Erfahrungen gute Beispiele für die Richtigkeit der Axiome des Euklides. Könnten sie aber hinausschauen in unsere Welt, wie wir hineinschauen in die ihrige, ohne die Grenze überschreiten zu können, so würden sie unsere Welt für das Bild eines Convexspiegels erklären müssen und von uns gerade so reden, wie wir von ihnen, und wenn sich die Männer beider Welten mit einander besprechen könnten, so würde, soweit ich sehe, keiner den anderen überzeugen können, dass er die wahren Verhältnisse habe, der andere die verzerrten; ja

ich kann nicht erkennen, dass eine solche Frage überhaupt einen Sinn hätte, so lange wir keine mechanischen
Betrachtungen einmischen."

Alle diese Erwägungen laufen, wie man sieht, schliesslich auf das folgende hinaus: die Starrheit gewisser
Naturkörper ist nicht eine aus räumlichen Messungen
abgeleitete Thatsache, sondern eine den räumlichen Messungen zu Grunde liegende Voraussetzung. Ursprünglich
heisst es nicht: Körper sind starr, die zu verschiedener
Zeit gleiche Raumtheile erfüllen, sondern: Raumtheile sind
gleich, die derselbe starre Körper zu verschiedenen Zeiten
ausfüllt. Es ist bei der Zeitmessung nicht anders; die
physicalische Voraussetzung, die beim Raume Starrheit
heisst, nennt sich hier Trägheit. Wir sagen, ein Körper
bewege sich ohne Einfluss äusserer Kräfte, wenn er in
gleichen Zeiten gleiche Strecken zurücklegt; aber was
sind gleiche Zeiten? eben solche, in denen ein träger
(ohne Kräfte bewegter) Körper gleiche Strecken zurücklegt. Es giebt kein anderes Mittel exacter Zeitmessung
als mechanische Bewegung (Sonnenlauf, Erddrehung,
Pendelschwingung), aber unsere ganze Mechanik ist auf
dem Gesetz der Trägheit aufgebaut. Man denke nicht,
wir besässen rein in uns selbst die psychophysischen Mittel,
Raum- und Zeitgrössen zu messen oder wenigstens zu
schätzen; Augenmass und Zeitsinn werden durch die exacte
Messung nicht nur geschult und controlirt, sondern überhaupt erst mit Objecten ihrer Bethätigung versorgt. Nach
dem Gesagten scheint unsere ganze Erfahrung von Zeit
und Raum auf gewaltigen Cirkelschlüssen zu beruhen,
und es wäre hierzu nichts weiter zu bemerken, als dass
diese Cirkelschlüsse convergent sind, d. h. dass sie, auf
alle möglichen Fälle gleichartig angewandt und in ihren
Folgerungen systematisch verbunden und entwickelt, eine

widerspruchfreie Beschreibung der Erscheinungen liefern. Das Wesen des Cirkels aber verräth sich immer wieder darin, dass das ganze Bauwerk in der Luft schwebt und sich nicht in transcendenter Bestimmtheit verankern lässt; eben dies sprechen unsere Sätze von der beliebigen Transformabilität des Raumes und der Zeit aus (unser Fundamentalsatz der zeitlichen Succession besagt, dass zwischen absoluter und empirischer Zeit eine beliebige Transformation besteht). Vergegenwärtigen wir uns etwa das Wesen der Zeitmessung, so treten uns beide Momente, die empirische Convergenz und die logische Unsicherheit, deren Folge die transcendente Unbestimmtheit ist, sehr deutlich entgegen. Auf Grund unserer mechanischen Voraussetzungen, vor allem des Trägheitsgesetzes, ermitteln wir die Bewegung eines Objectes a und finden, dass es zu den Zeitpunkten t_1 t_2 t_3 ... die Örter oder Lagen a_1 a_2 a_3 ... einnehmen müsse, woraus wir umgekehrt, durch Beobachtung der Lagen a_1 a_2 a_3 ... die Zeitpunkte t_1 t_2 t_3 ... erhalten. Gäbe es in der Welt nur dies eine Object, so wäre die Zuordnung der Lagen zu den entsprechenden Zeitpunkten absolut willkürlich, und jede Mechanik mit beliebigen Voraussetzungen gleich zulässig. Nun beobachten wir einen zweiten Gegenstand b und finden, dass er zu den Zeiten t_1 t_2 t_3 ... die Lagen b_1 b_2 b_3 ... innehat. Diese Beobachtung wird sich in unsere theoretische Mechanik, die zunächst nur dem Object a angepasst war, nur unter gewissen beschränkenden Voraussetzungen einfügen; wir werden etwa bisher nicht in Rechnung gezogene Kräfte oder Widerstände hinzunehmen müssen, damit die berechnete Bewegung von a und b mit der beobachteten übereinstimme. Immerhin wird noch eine unendliche Anzahl von Hypothesen gleich erlaubt sein; unter diesen findet wiederum eine neue Auslese statt, wenn auch für einen dritten Punkt c die beobachteten Bahnpunkte $c_1\ c_2\ c_3$ ... mit den berechneten zusammenfallen sollen. In dem Masse nun, als die zur Beschreibung der sich häufenden Thatbestände ersonnenen Hypothesen enger und specieller werden, wird die Anzahl der darin ausgesprochenen theoretischen Behauptungen (von der Existenz und Wirkungsweise gewisser Kräfte, Körper, Widerstände) grösser, und in noch viel rascherem Verhältniss wächst die Zahl der hieraus durch allseitige Verknüpfung zu ziehenden Folgerungen, deren keiner doch von Seiten der Erfahrung widersprochen werden darf. Es ist ersichtlich, dass im allgemeinen, ungünstigen Falle dieses successive Verfahren divergent sein kann; die rascher als die Zahl der grundlegenden Hypothesen wachsende Zahl der Folgerungen würde zur Collision mit der Beobachtung führen und zu deren Beseitigung neue Hypothesen erfordern, sodass es einmal dahin käme, dass jedes neue Factum neue theoretische Zusätze zum alten System beanspruchte — dies wäre das Gegentheil dessen, was wir Erklärung der Natur nennen. Die Divergenz könnte dabei im Wesen der Theorie liegen, die sonach durch eine andere Theorie zu ersetzen wäre, aber sie könnte auch dem theoretisch zu beschreibenden Thatbestand, dem Complex der Naturerscheinungen anhaften; es ist ja nicht mehr als glücklicher Zufall, dass unsere Natur, wenigstens was den mechanischen Theil anbetrifft, sich der systematischen Beschreibung durch wenige einfache Hypothesen zugänglich erweist. Nun, in diesem Zufall liegt, dass bei uns das oben skizzirte Verfahren convergent ist, dass die Complication und Vielgestaltigkeit der beobachteten Bewegungen aus wenigen theoretischen Annahmen von grosser Einfachheit als mathematische Folge herzuleiten ist, und dass die Consequenzen der Theorie nirgends der Erfahrung widersprechen: man denke an die Erscheinungen im Sonnensystem und ihre so überraschend einfache Darstellung mit Hülfe des Newton'schen Gravitationsgesetzes! Ist nun die Convergenz des Verfahrens gesichert, so versteht es sich von selbst, dass jeder der Mechanismen a, b, c, ... zur Zeitmessung benutzt werden kann, und dass die aus den Lagen $a_1 a_2 a_3$ ... ermittelten Zeitpunkte $t_1 t_2 t_3$ ... mit den aus den Lagen $b_1 b_2 b_3$ ..., $c_1 c_2 c_3$ ... gefundenen übereinstimmen müssen; das ist aber auch die einzige Rechtfertigung für die Existenz der empirischen Zeit t, während die Anordnung der empirischen Zeitpunkte (Weltzustände) in der absoluten Zeit immer noch willkürlich bleibt und durch keine empirische Beobachtung erkannt werden kann. Es wäre also zu sagen: die empirische, gleichmässig verlaufende Zeit t ist diejenige Variable, durch deren Einführung die Gleichungen der Mechanik die bekannte Form mit den zweiten Differentialquotienten annehmen, oder noch einfacher, durch deren Einführung der zweite Differentialquotient der Coordinaten eines trägen (nicht von Kräften beeinflussten) Punktes verschwindet. Und ebenso: der empirische, überall gleichartige und stetige Raum ist diejenige Zahlenmannigfaltigkeit von drei Variablen $x\,y\,z$, in der unsere Voraussetzungen über die Starrheit räumlicher Gebilde den bekannten, einfachen analytischen Ausdruck finden; eine darüber hinausgehende Bedeutung als thatsächliche Anordnung der Dinge besitzt dieser empirische Raum nicht. Und auch hier ist die Convergenz des Cirkelschlusses ein Glücksfall und keine Denknothwendigkeit; es wäre möglich, dass unsere Annahmen über Starrheit mit einander in Widerspruch geriethen, ja dass unsere Erscheinungswelt uns weder an unseren eigenen Leibern noch an umgebenden Objecten zur Bildung des Begriffs Starrheit Anlass gäbe. Wir könnten, als plastische Teigmassen in einer flüssigen Welt lebend, eine Raumvorstellung entwickeln, in der der Begriff Congruenz und damit der Begriff der Bewegung ohne Gestaltsänderung gegenstandlos wäre, in der es also keine Messung in unserem Sinne, keine Geometrie, keine quantitative Kenntniss der Raumverhältnisse gäbe.

Ich darf hiermit wohl den Beweis, soweit er sich erbringen lässt, als erbracht ansehen, dass es keinen absolut realen Raum von thatsächlich bestimmter Constitution giebt, die von unseren Sinnen einfach realistisch abphotographirt würde; denn bei Umformung dieses Raumes und entsprechender Umformung der ihn erfüllenden physischen Körper bleibt unser Bewusstseinsbild unverändert. Es lässt sich stets ein Verhalten der starren Naturkörper, die unsere Massstäbe bilden, ersinnen, wobei die Messungen ein von der „Wirklichkeit" völlig verschiedenes Resultat ergeben; es sind eben die Messungen und nicht diese Wirklichkeit „massgebend". Nennen wir jene Raummessung, die auf Voraussetzungen über Starrheit und freie Beweglichkeit fester Körper beruht, die physische Geometrie, die andere, im hypothetischen absoluten Raume angestellte die transcendentale, so können wir das Gesagte dahin zusammenfassen, dass die transcendentale Geometrie überflüssig ist, wofern sie der physischen beistimmt, unbrauchbar, wenn sie ihr widerspricht.

Nach zwei Richtungen haben wir unsere bisherigen Betrachtungen noch zu verallgemeinern. Zunächst haben wir bisher von der Zeit abgesehen; was die zeitliche Veränderung des zu transformirenden empirischen Rauminhalts, also alle Arten von Bewegung, anbetrifft, so geht sie durch eine bestimmte Transformation natürlich in eine transformirte zeitliche Veränderung, in transformirte Bewegung über. Ausserdem aber — und diese Bemerkung wollten wir nachholen — kann auch die Transformation zeitlich wechseln, und zwar sprungweise oder stetig, z. B. kann der Massstab, in dem eine oder mehrere Dimensionen des Raumes vergrössert oder verkleinert werden, selbst mit der Zeit veränderlich sein. Hier wäre der schon oben angedeutete Angriff auf den Materialismus zu führen; denn da sich durch eine passend gewählte, von der Zeit abhängige Transformation jede Bewegung sämtlicher Massenpunkte in jede andere solche Bewegung überführen lässt und dabei, unserer These zufolge, der empirische Effect unverändert bleibt, so wären alle Bewegungen dem Bewusstseinswerth nach äquivalent. Ein specieller Fall ist besonders anschaulich: der Weltzustand, der ja den Bewusstseinswerth Null hat, ist nach materialistischer Auffassung eine momentane Lage der Massenpunkte im Raume. Auch diese Ruhelage aber kann in jede beliebige Bewegung transformirt werden, also hat jede Bewegung gleichfalls den Bewusstseinswerth Null, d. h. Bewusstsein ist keine bloss kinetische Erscheinung.

Sehr viel wichtiger ist eine andere, rein räumliche Ausdehnung unserer Erwägungen, insofern sie unsere Stellung zu dem Gedankenkreise der nichteuklidischen Geometrie kennzeichnet. Die Lehren dieser neueren mathematischen Disciplin so darzustellen, dass der nicht mathematisch vorgebildete Philosoph mit ihnen arbeiten kann, ist keine leichte Aufgabe; Helmholtz hat sie gelöst und schärfer als irgend ein Anderer die erkenntnisstheoretischen Hauptpunkte hervorgehoben, während vielleicht in rein formalistischer Beziehung seine Darstellung heute überholt ist. Ich verweise demgemäss auf seine populären

Vorträge („über den Ursprung und die Bedeutung der geometrischen Axiome" und ferner „die Thatsachen in der Wahrnehmung"), während ich von Quellenangaben aus der eigentlichen mathematischen Fachlitteratur hier wohl absehen darf. Das Wenige, was wir brauchen, soll im Anschluss an die Terminologie zur Sprache kommen. Man stellt als gleichberechtigte Raumformen nebeneinander:

1) den Raum mit verschwindendem Krümmungsmass, oder ebenen Raum, oder Euklidischen Raum, oder Raum mit parabolischer Massbestimmung,

2) den Raum mit constantem, positivem Krümmungsmass, oder sphärischen Raum, oder Riemann'schen Raum, oder Raum mit elliptischer Massbestimmung,

3) den Raum mit constantem, negativem Krümmungsmass, oder pseudosphärischen Raum, oder Lobatschewsky'schen Raum, oder Raum mit hyperbolischer Massbestimmung.

Die Unterscheidung der drei Massbestimmungen, die specielle Fälle der allgemeinen projectiven (Cayley'schen) Massbestimmung sind, rührt von F. Klein her und kann hier nicht näher erläutert werden. Die persönlichen Bezeichnungen nach Euklid, Riemann und Lobatschewsky sind, wie in der Natur der Sache liegt, weder allseitig angenommen noch auch völlig gerecht; zu Lobatschewsky wäre etwa Bolyai, zu Riemann und Lobatschewsky der glänzende Name Gauss hinzuzusetzen. Die Benennungen eben, sphärisch und pseudosphärisch ihrerseits sind, wie man sagen darf, schon nicht mehr ganz vorurtheilsfrei, indem sie den euklidischen Raum (in dem wir aller Wahrscheinlichkeit nach leben) gewissermassen als Normalraum zu Grunde legen, seine Ebenen als Ebenen schlechthin bezeichnen; die Ebene des sphärischen Raumes zeigt dann in der That dieselben Massverhältnisse wie eine Kugelfläche (Sphäre) des euklidischen Raumes, und die Ebene des pseudosphärischen dieselben wie eine Kugel mit imaginärem Radius (Pseudosphäre), die man übrigens auch durch eine von Minding und Beltrami angegebene reelle Fläche des euklidischen Raumes ersetzen kann. Alle drei Flächen, Ebene, Kugel und pseudosphärische Fläche, haben die gemeinsame Eigenschaft, dass sich die in ihnen befindlichen geometrischen Gebilde ohne Änderung der Dimensionen, wenngleich nicht durchweg ohne Biegung, beliebig verschieben lassen; diese Flächen, sowie die auf sie abwickelbaren Flächen (darunter, als auf eine Ebene abwickelbar, die Kegel- und Cylinderflächen) garantiren also den darin sich aufhaltenden Figuren freie Beweglichkeit. Diese drei Flächen besitzen nun auch constantes Gauss'sches Krümmungsmass; für die Ebene ist dies Krümmungsmass gleich Null, für die Kugel hat es positiven, für die pseudosphärische Fläche negativen Werth. Dass es aber constant ist, also in allen Punkten der Fläche denselben Werth hat, ergiebt sich als unmittelbare Folge jener Eigenschaft der freien Beweglichkeit; auf einer Fläche, wo das Krümmungsmass vom Ort abhängt und bei einer Wanderung von Punkt zu Punkt seinen Werth ändert, ist auch die freie Bewegung unmöglich. So kann auf einer eiförmigen Fläche ein (aus kürzesten Linien gebildetes) Dreieck nicht vom spitzen nach dem stumpfen Ende verschoben werden, ohne entweder in den Seiten oder in den Winkeln Verzerrungen zu erleiden.

Wir sprachen hier vom Krümmungsmass der Flächen, aber auch die drei Raumformen unterschieden wir nach dem Krümmungsmass und gaben dem euklidischen Raum verschwindendes, dem Riemann'schen positives

und dem Lobatschewsky'schen negatives Krümmungsmass. Diese von Riemann herrührende Verallgemeinerung
der Gauss'schen Benennung Krümmungsmass auf Räume
von drei und mehr Dimensionen ist vielleicht ein nomen-
clatorischer Missgriff gewesen; schon unter Mathematikern
führte sie zu Missverständnissen, namentlich zu Ver-
wechselungen des Riemann'schen Krümmungsmasses mit
anderen, a priori ebenfalls zulässigen Verallgemeinerungen
des Gauss'schen Begriffs, etwa der von Kronecker gegebenen. Vollends dem Nichtmathematiker erweckte der
Name Krümmungsmass oder gar „Krümmung" schlechthin sehr falsche Vorstellungen, gegen die alle Versicher-
ungen von Riemann, Helmholtz und Anderen, dass damit
nur eine gewisse analytische Grösse gemeint sei, wirkungs-
los blieben. Unter Krümmung versteht auch der Mathematiker zunächst, wie jeder andere Mensch, die Abweichung von Geradheit oder Ebenheit. Ein Kreis ist
um so stärker gekrümmt, je kleiner er ist; das führt
darauf, als Mass seiner Krümmung den reciproken Werth
seines Halbmessers festzusetzen, sodass von zwei Kreisen,
deren Radien 1 m und 10 m sind, der grössere ein
Zehntel der Krümmung des kleineren hat. Man spricht
dabei von der Krümmung des Kreises schlechthin,
während bei einer beliebigen anderen Curve die Krümmung von Punkt zu Punkt wechselt; sie ist nämlich in
jedem Punkte gleich der Krümmung desjenigen Kreises
(Krümmungskreises), der sich dort der Curve am innigsten
anschliesst. Der Kreis selbst ist unter diesem Gesichtspunkt die Curve constanter Krümmung. Bei Flächen
existirt nun nicht etwa in jedem Punkte eine Krümmungs-
kugel, dem Krümmungskreise bei Curven entsprechend,
wohl aber schneiden sich in jedem Punkte zwei Curven
der Fläche, deren Krümmungen (Hauptkrümmungen), in

der angegebenen Weise bestimmt, für den betreffenden Flächenpunkt besonders wichtige und characteristische Grössen sind; das Product dieser beiden Hauptkrümmungen heisst das Krümmungsmass der Fläche im betrachteten Punkt. Von diesem Krümmungsmass hat Gauss den enorm wichtigen Satz bewiesen, dass es bei Biegungen der Fläche ohne Pressung und Dehnung seinen Werth nicht ändert; wenn ich also ein unelastisches Blatt Papier um einen Kegel oder Cylinder wickele, so behält jeder Punkt den ursprünglichen Werth seines Krümmungsmasses (in diesem Falle Null). Bis hierher haben wir uns von der geometrischen, sinnenfälligen Bedeutung des Begriffs Krümmung noch nicht entfernt; jetzt aber betreten wir analytisches Gebiet und vollziehen eine Abstraction, deren dem Anschein nach die Wenigsten fähig sind. Wir müssen nämlich jetzt das Gauss'sche Krümmungsmass auffassen lernen als eine ganz interne, der inneren Structur und den inneren Massverhältnissen eigenthümliche Grösse, die gar nichts damit zu schaffen hat, dass wir uns das durch sie characterisirte zweidimensionale Gebilde ursprünglich als Fläche im dreidimensionalen Raume ausgebreitet dachten. Stellen wir uns zweidimensionale Wesen vor, die auf unserer Fläche leben und wahrnehmen, so müssen diese Wesen aus ihren eigenen zweidimensionalen Erfahrungen den Werth des Krümmungsmasses in allen Punkten ihrer Fläche ermitteln können, gleichgültig ob man diese Fläche im dreidimensionalen Raum beliebig verbiegt (ohne Dehnung und Kürzung) oder ob man sie sich gar in einen vier- oder mehrdimensionalen Raum hinaus gewunden denkt. Der analytische Ausdruck für diese rein immanente Bedeutung des Krümmungsmasses ist die bekannte Thatsache, dass es durch die Art, wie Entfernungen auf der

Fläche gemessen werden, für jeden Punkt völlig bestimmt und wohldefinirt ist; diese Distanzmessung auf der Fläche hängt von der Gestalt der kürzesten (geodätischen) Linien, diese wieder von dem sogenannten „Linienelement" der Fläche ab, einem Ausdruck, der die Entfernung unendlich benachbarter Punkte der Fläche angiebt. Aus der Formel, der inneren Bauart dieses Linienelements ist das Krümmungsmass durch rein rechnerische Operationen abzuleiten, und dieser Eigenschaft eben verdankt es seine Bedeutung als „Biegungsinvariante". — Das Riemann'sche Krümmungsmass ist eine Ausdehnung des Gauss'schen von zweidimensionalen auf drei- und mehrdimensionale Gebilde; sie ist nicht die einfachste, die an sich denkbar wäre, aber die einzige, welche die hier in Betracht kommenden Eigenschaften des Krümmungsmasses wahrt. Es giebt zunächst in jedem Punkte des Gebildes unendlich viele Krümmungsmasse, nämlich die Gauss'schen Krümmungsmasse gewisser durch diesen Punkt gehender Flächen (der „geodätischen Flächen"); alle diese unendlich vielen Werthe müssen zusammenfallen und damit zugleich von der Lage des Punktes unabhängig werden, damit den Figuren innerhalb des Gebildes freie Beweglichkeit ohne Verzerrung der Dimensionen gestattet sei. Also die Gebilde von beliebig vielen Dimensionen (die n-fach ausgedehnten Mannigfaltigkeiten, wie sich Riemann ausdrückt), deren Riemann'sches Krümmungsmass constant ist, gestatten den darin befindlichen Raumwesen, sich ohne Dehnung oder Pressung zu verschieben und zu drehen: hierin eben liegt die Möglichkeit, dass unser eigener Raum nicht, wie wir voraussetzen, verschwindendes, sondern nur constantes, positives oder negatives Krümmungsmass habe, das allerdings ausserordentlich klein sein muss, da die Beobachtungen nichts davon verrathen. Dies also ist die

eine, wichtige Analogie des Riemann'schen Krümmungsmasses mit dem Gauss'schen; die andere, eben so wichtige,
besteht darin, dass auch das Riemann'sche Krümmungsmass (oder, wo es nicht constant ist, die Gesamtheit der
unendlich vielen Krümmungsmasse) eine rein innere
Characteristik der Mannigfaltigkeit und durch Rechen-
operationen aus ihrem Linienelement ableitbar ist, ohne
irgend eine räumliche Lage dieser Mannigfaltigkeit in
einem euklidischen Raume von höherer Dimensionenzahl
vorauszusetzen. Das gerade ist der Stein des Anstosses
für den Nichtmathematiker, der sich die nichteuklidischen,
„gekrümmten" Gebilde durchaus nur als Gebilde innerhalb
eines sie umfassenden und beherbergenden euklidischen
„ebenen" Raumes vorstellen will und nicht merkt, dass
er die ihm zugemuthete Abstraction dabei nur zur Hälfte
leistet. Die Kugelfläche ist allerdings eine zweidimensionale
Mannigfaltigkeit constanten positiven Krümmungsmasses
in einem dreidimensionalen Raume verschwindenden
Krümmungsmasses; aber wären wir zweidimensionale
Wesen und lebten in einer zweidimensionalen Mannigfaltigkeit positiver Krümmung, so zwänge uns nichts in
der Welt, sie als Kugelfläche innerhalb eines euklidischen
Raumes aufzufassen und damit, wie Lotze meint, die Entdeckung einer thatsächlich existirenden dritten Dimension
zu machen! wir müssten denn bereits — woher? ist
schwer abzusehen — a priori euklidisch denken und
specielle Eigenthümlichkeiten der parabolischen Massbestimmung, wie etwa die Unendlichkeit der kürzesten
Linien, als logische Postulate missverstehen. Anders
ausgedrückt, wir müssten gedanklich einen von unserem
Erfahrungsraum abweichenden wirklichen Raum als
möglich (diesmal sogar als nothwendig) vorstellen und
also dieselbe Abstraction vollziehen, zu der sich Lotze

als unfähig erweist. Ich meine aber, wir würden uns bei unserer sphärischen Massbestimmung vollkommen beruhigen und in einer unbegrenzten und doch endlichen Welt, in der Geschlossenheit der geraden Linien, in der 180° übersteigenden Winkelsumme des Dreiecks nichts Anstössiges finden; daneben würden wir in der mathematischen Speculation sehr wohl die Möglichkeit der parabolischen und hyperbolischen Massbestimmung conciplren können und die Bemerkung machen, dass unsere Fläche positiver Krümmung sich als Kugelfläche im euklidischen dreifach ausgedehnten Raume darstellen lässt, — genau so, wie wir jetzt speculativ bemerken, dass die euklidische Ebene sich als eine gewisse Fläche („Grenzfläche") im Lobatschewsky'schen Raume wiederfindet. Es sei gestattet, diese Betrachtungen in etwas abstracter Form zu beschliessen. Wir wollen eine Mannigfaltigkeit von n Dimensionen eine Mannigfaltigkeit von der Klasse h nennen, wenn sie sich als n-dimensionales Gebilde in einem euklidischen Raume von $n+h$ Dimensionen, und nicht weniger, auffassen lässt. Danach wäre z. B. die Kugel eine zweidimensionale Mannigfaltigkeit von der Klasse 1, dagegen Kegel- und Cylinderflächen zweidimensionale Gebilde von der Klasse Null (da sie, ohne die inneren Massverhältnisse zu ändern, sich in eine Ebene, d. h. eine euklidische zweidimensionale Mannigfaltigkeit, ausbreiten lassen), der euklidische Raum selbst eine Mannigfaltigkeit von drei Dimensionen und der Klasse Null. Die Klasse einer Mannigfaltigkeit hängt offenbar von der inneren Structur, also ihrem Linienelement ab; die Kriterien der Mannigfaltigkeiten nullter Klasse oder verschwindenden Krümmungsmasses hat bereits Riemann gekannt, über die Gebilde beliebiger Klasse ist man trotz scharfer Untersuchungen noch nicht zu völliger Klarheit gekommen. Ein Satz von Schläfli

erscheinen; Messungen auf der Kugel oder Pseudosphäre
können, bei passendem Verhalten der Massstäbe, so
ausfallen, als geschähen sie in der euklidischen Ebene!
Man denke etwa an die Centralprojection der Ebene auf
die Kugel, wie sie umgekehrt, als Abbildung der Kugel
auf die Ebene, bei geographischen Karten vorkommt,
und wobei jeder Punkt der Ebene in denjenigen Punkt
der Kugel transformirt wird, der mit ihm und dem
Kugelmittelpunkt in gerader Linie liegt. Die Geraden
der Ebene gehen hierbei in kürzeste Linien (geodätische
Linien oder grösste Kreise) der Kugel über, aber die
linearen Masse und die Winkel ändern sich; zwei gleich-

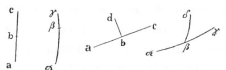

lange Strecken ab und
bc derselben Geraden
bilden sich ab als zwei
ungleiche Strecken $\alpha\beta$,
$\beta\gamma$ desselben grössten Kreises; zwei auf einander senkrecht stehende Geraden ac und bd verwandeln sich in
grösste Kreise $\alpha\gamma$, $\beta\delta$ mit schiefwinkligem Schnitt. Nichtsdestoweniger werden die Messungen auf der Kugel
euklidisch und nicht sphärisch ausfallen, wenn die physischen Massstäbe an der Transformation Theil genommen
haben, also ein als fest vorausgesetzter Stab sich von
$\alpha\beta$ nach $\beta\gamma$ verschieben, ein als fest vorausgesetzter
Winkel (etwa aus Holz oder Metallblech geschnitten)
sich aus der Lage $\alpha\beta\delta$ in die Lage $\delta\beta\gamma$ drehen lässt.
Ist dies der Fall, so werden die Kugelbewohner nicht
umhin können, die Strecken $\alpha\beta$ und $\beta\gamma$ als gleich, die
Winkel $\alpha\beta\delta$ und $\delta\beta\gamma$ als gleiche und rechte Winkel anzusehen, obwohl sie es „an sich", d. h. für einen äusseren
und von der Transformation nicht beeinflussten Beobachter
nicht sind; und alle Längen und Winkel werden nicht
den Massverhältnissen der Kugel, sondern denen der

Ebene entsprechend gemessen werden. Also gilt hier für die Bewohner einer Riemann'schen Mannigfaltigkeit dennoch die euklidische Geometrie, oder die physische Geometrie beruht auf parabolischer, die transcendentale auf elliptischer Massbestimmung — eine Möglichkeit unter vielen anderen, jedenfalls eine entscheidende Widerlegung des transcendenten Realismus!

Der Ausdehnung dieser Überlegungen auf dreidimensionale Gebilde stellt sich vielleicht nur die eine Schwierigkeit entgegen, die mathematische Möglichkeit eines Raumes von vier, fünf oder beliebig vielen Dimensionen einzusehen; hier ist gewissermassen das Gegentheil einer Abstraction erforderlich, kein Wegdenken, sondern ein Hinzudenken, ein Sichhineindenken in Verhältnisse, die der anschaulichen Phantasie unzugänglich bleiben müssen. Gauss nannte Diejenigen Böotier, die sich zu dieser Befreiung des Gedankens von den Schranken unserer Anschauung unfähig erweisen; ich weiss nicht, wie er Jemanden titulirt hätte, der im Ernst die Dreizahl der Raumdimensionen logisch zu deduciren unternimmt. Wenn ich hier Leser voraussetze, die keine Böotier sind, so will ich damit nicht gesagt haben, dass ich sie unter den Spiritisten suchte, unter Leuten also, die aus der mathematischen Denkbarkeit eines n-dimensionalen Raumes den groben Unsinn eines thatsächlich existirenden vierdimensionalen Raumes herauslesen. Ein erfüllter und bewohnter vierdimensionaler Raum würde innerhalb eines dreidimensionalen Ausschnittes vielleicht überhaupt keine Bewusstseinsthatsachen erzeugen; wenn aber, dann müssten Erscheinungen, wie das Auftauchen und Verschwinden materieller Gegenstände, das Umklappen rechter Handschuhe zu linken, die Knüpfung und Lösung von Knoten ohne Benutzung der Fadenenden, — solche

Erscheinungen müssten alltäglich und allstündlich beobachtet werden und nicht nur in verfinsterten Cabinetten
unter complicirten Umständen vor besonders begnadeten
Menschen sich entschleiern. Vielleicht wagen sich die
Spiritisten, statt ewig den Zauberspuk ihrer Dunkel-
sitzungen zu wiederholen (wobei die Frage offen bleibt,
welches Interesse vierdimensionale Wesen an der Ver-
dunkelung einer dreidimensionalen Schicht ihres Aufent-
haltes nehmen können), einmal im grossen Stile an die
„Erklärung" der Naturbegebenheiten und interpretiren
etwa die neuen und veränderlichen Sterne der Astronomie
als Durchgänge vierdimensionaler Kugeln oder Walzen
durch unseren dreidimensionalen Raum! — Für uns
kommt hier nur die Denkbarkeit eines leeren euklidischen
Raumes von vier, fünf oder beliebig vielen Dimensionen
in Frage, in welchem unser erfüllter Raum als dreidimensionale Schicht existirt. Durch diese Erweiterung
des transcendenten Raumes erweitert sich zugleich der
Spielraum von Transformationen, die ohne Störung der
empirischen Innenseite an jener Schicht vorgenommen
werden können. Durch Bewegung im vierdimensionalen
Raume können wir den empirischen Raum z. B. in sein
Spiegelbild überführen, so wie zwei symmetrische
Dreiecke der Ebene zur Deckung zu bringen sind, wenn
man das eine aus der Ebene herausdreht und umklappt;
die von uns an dritter Stelle angeführte Transformation
durch Spiegelung gehört also, vierdimensional betrachtet,
zu den Bewegungen. Ferner können wir den dreidimensionalen empirischen Raum auf eine andere dreifach
ausgedehnte Mannigfaltigkeit verschwindenden Krümmungsmasses abwickeln, d. h. ohne Änderung der Massverhältnisse deformiren, sowie man eine Ebene zum
Kegel oder Cylinder deformiren kann. Dies ist schon

im vierdimensionalen Raume möglich, weil jeder ebene
Raum von n Dimensionen bereits in einem ebenen
Raume von $n+1$ Dimensionen deformirt werden kann.
Eine allgemeine Mannigfaltigkeit von n Dimensionen,
die sich in einem euklidischen Raume von p Dimensionen
befindet, ist innerhalb dieses Raumes stets deformabel,
wenn ihre Klasse h kleiner als $p-n$ ist, nicht aber,
wenn $h=p-n$ und n grösser als zwei ist, während gewöhnliche Flächen sich immer verbiegen lassen. — Vielleicht hat Denen, die von mystischer Raumüberwindung
träumten, etwas wie diese Abwickelbarkeit unseres Raumes
im vierdimensionalen Raume vorgeschwebt, wobei Objecte, die empirisch um Fixsternweiten getrennt sind, transcendent zusammenliegen können, ganz wie entfernte
Punkte eines Papierblatts, das ich um eine Rolle wickele.
— Endlich aber kann ich, wie früher die Ebene in eine
Kugel, den euklidischen Raum in irgend eine andere
nichteuklidische dreidimensionale Mannigfaltigkeit des
vier- oder mehrdimensionalen Raumes transformiren,
etwa in jenes Gebilde, das der Kugel analog eine dreifach ausgedehnte Mannigfaltigkeit positiven constanten
Krümmungsmasses im vierdimensionalen Raume darstellt,
oder in das ebenfalls bereits erwähnte dreidimensionale Gebilde constant negativer Krümmung im fünfdimensionalen
Raume, oder in irgend ein Gebilde variablen Krümmungsmasses — jedesmal ohne Änderung des empirischen
Effects. Es bleiben also die Messungen euklidisch,
während der Raum „thatsächlich" zum Riemann'schen
oder Lobatschewsky'schen Typus oder überhaupt nicht
zu den Räumen constanten Krümmungsmasses (mit freier
Beweglichkeit der Raumgebilde) gehören kann. Natürlich auch umgekehrt: „es lässt sich ein bestimmtes Verhalten der uns als fest erscheinenden Körper angeben,

bei welchem die Messungen im euklidischen Raume so ausfallen würden, als wären sie im. pseudosphärischen oder sphärischen Raume angestellt" (Helmholtz). Also ist immer wieder die physische Geometrie massgebend, die transcendentale gleichgültig, und wir messen unsere Raumwelt nicht nach dem Linienelement, das ihr etwa als leerem Raumgerüst in den Augen eines transcendenten Betrachters zukäme, sondern nach jenem gänzlich verschiedenen Linienelement von anderer Bauart, anderem Krümmungsmass, anderer Klasse, das durch mechanische Voraussetzungen über die Starrheit gewisser Naturkörper charakterisirt ist. Es braucht nicht gesagt zu werden, dass wir uns an dieser Stelle von der anschaulichen Hülfe mehrdimensionaler euklidischer Räume, in denen unsere dreidimensionale Mannigfaltigkeit als räumliches Gebilde ausgebreitet lag, wieder befreien dürfen, und unser Resultat ist der sehr einfache Satz, dass unser dreifach ausgedehnter euklidischer Raum, unbeschadet der empirischen Innenseite, sich auf eine dreidimensionale Mannigfaltigkeit mit beliebigem Linienelement transformiren lässt.

Kommen wir zum Schluss. Ich glaube die eingangs gestellte Aufgabe im Wesentlichen als gelöst ansehen und das erreichte Resultat an Allgemeinheit mit dem Ergebniss der Zeituntersuchung vergleichen zu dürfen — an Allgemeinheit, wenn auch nicht an unbedingter Überzeugungskraft. Wir haben den absoluten Raum, gleich der absoluten Zeit, nach Structur und Anordnung zuerst mit seinem empirischen Correlat übereinstimmend angenommen, sodann aber diese Übereinstimmung bis zur völligen Diversität umgestaltet und zersetzt; an ein realistisches Entsprechen zwischen der Erscheinung und einem ihr zu Grunde liegenden Absolutum ist danach nicht mehr zu denken. Der Raum an sich würde, wenn er existirte, ganz andere Constitution und Massverhältnisse haben können als unser empirisches Raumbild, gerade so wie die Succession in der transcendenten Zeit eine von der empirischen völlig verschieden sein kann; der Versuch, Zeit und Raum der transcendenten Welt beizulegen, führt zu Chaos und Willkür. Was die nichteuklidische Geometrie anbelangt, so ist sie, unseres Erachtens, höchst rühmlich als Befreiung von den Schranken des euklidischen Denkens, aber viel zu eng als Abgrenzung möglicher Structuren des absoluten Raumes; die Mannigfaltigkeiten constanten Krümmungsmasses sind durchaus nicht die einzigen, die als transcendente Raumformen denkbar wären, wohl aber sind sie die einzigen, in denen die Voraussetzungen unserer physischen Geometrie über Beweglichkeit starrer Körper widerspruchsfrei durchführbar sind. Dass wir bei Festhaltung dieser Voraussetzungen immer noch die Wahl unter unendlich vielen Raumformen (nämlich den unendlich vielen positiven und negativen Werthen des Krümmungsmasses, die Null eingeschlossen) haben und unter diesen ein bestimmtes als empirisch realisirt vorfinden, ist nicht etwa so auszulegen, als besässe der Raum an sich ein bestimmtes, durch unsere Messungen zu ermittelndes Krümmungsmass, sondern besagt eben nur, dass in den Voraussetzungen unseres Messens die eine unter den unendlich vielen Hypothesen consequent durchgeführt ist: hierin muss allerdings wohl ein empiristisches Element unserer Raumanschauung gefunden werden, wobei ein geläuterter und nicht realistischer Empirismus um so mehr am Platze ist, als gerade das Krümmungsmass Null, ein ausgezeichneter Fall unter den möglichen Fällen, empirische Verwirklichung erfahren hat. — Noch eine letzte Bemerkung: auch an der bisher nicht angetasteten Voraussetzung der Stetigkeit von Raum und Zeit liessen sich möglicherweise Verallgemeinerungen anbringen; es ist eine durch G. Cantor's Untersuchungen angeregte Frage, ob nicht an Stelle des gewöhnlich angenommenen Punktcontinuums etwa eine überall dichte Punktmenge oder ein Semicontinuum (ein Continuum z. B., aus dem gewisse continuirliche oder überall dichte Punktmengen entfernt sind) die gleichen Dienste thäte. Aber die Continuität, auf physischem wie mathematischem Gebiete, ist ein schwieriges Problem, über das die Discussion noch nicht einmal recht angefangen hat — geschweige denn beendet und um Mittheilung ihrer Ergebnisse zu befragen wäre.

Für den Mathematiker sei hier noch in aller Kürze die analytische Darstellung unserer Betrachtungen beigefügt. Bedeuten $\xi \eta \zeta$ rechtwinklige Coordinaten im empirischen Raume, xyz ebensolche im leeren, absoluten Raum, so zeigten wir zuerst die Zulässigkeit einer Punkttransformation, wobei xyz beliebige Functionen von $\xi \eta \zeta$ (oder umgekehrt) sind. Das Quadrat des Linienelements $d\sigma$ im empirischen Raume ist $d\sigma^2 = d\xi^2 + d\eta^2 + d\zeta^2$; das des Linienelements im absoluten Raume, $ds^2 = dx^2 + dy^2 + dz^2$, nimmt durch Einführung der für xyz zu setzenden Functionen von $\xi \eta \zeta$ die Form

(1) $ds^2 = a_{11}d\xi^2 + a_{22}d\eta^2 + a_{33}d\zeta^2 + 2a_{23}d\eta d\zeta + 2a_{31}d\zeta d\xi + 2a_{12}d\xi d\eta$

an, die allerdings nicht die allgemeinste ist, sondern einer Mannigfaltigkeit nullter Klasse angehört. Also: die Messungen in der Mannigfaltigkeit $\xi \eta \zeta$ fallen so aus, als ob sie nach dem Linienelement $d\sigma$ geschähen, während sie „an sich" auf dem Linienelement ds beruhen. Aber auch die Beschränkung, dass ds ein Linienelement nullter Klasse bedeute, ist zu beseitigen. Fügen wir den drei Dimensionen des absoluten Raumes beliebige weitere hinzu und transformiren den empirischen Raum auf ein beliebiges dreidimensionales Gebilde des mehrdimensionalen absoluten Raumes, so heisst das in analytischer Sprache: wir adjungiren zu xyz weitere Variable $uvw\ldots$, deuten sämtliche Grössen $xyzuvw\ldots$ als Cartesische Coordinaten im absoluten Raume von beliebig vielen Dimensionen und setzen das Quadrat des Linienelements ds dementsprechend gleich

(2) $ds^2 = dx^2 + dy^2 + dz^2 + du^2 + dv^2 + dw^2 + \ldots$

Wenn wir nun abermals $xyzuvw\ldots$ als beliebige Functionen der

drei Grössen $\xi\,\eta\,\zeta$ ansetzen, so nimmt ds^2 wiederum die Form
(1) an, die nun aber die allgemeinste ist und die Mannigfaltigkeiten
aller Klassen umfasst, sogar (nach dem Schläfli'schen Satze) bereits,
wenn man sich auf nur sechs Variable $x\,y\,z\,u\,v\,w$ beschränkt.
Wiederum also würde die transcendentale Geometrie auf dem Linienelement ds, die physische hingegen auf $d\sigma$ beruhen. Von speciellen
Fällen sei nur der eine erwähnt, der ds als Linienelement einer
Mannigfaltigkeit constanten positiven Krümmungsmasses definirt:
es genügt hier, vier Variable $x\,y\,z\,u$ und $ds^2 = dx^2 + dy^2 + dz^2 + du^2$
anzunehmen und für $x\,y\,z\,u$ solche. Functionen von $\xi\,\eta\,\zeta$ zu setzen,
die identisch der Gleichung $x^2 + y^2 + z^2 + u^2 = R^2$ gehorchen; das
positive Krümmungsmass der durch ds charakterisirten Mannigfaltigkeit erster Klasse hat dabei den Werth $1 : R^2$.

Sechstes Capitel.

Das Princip der indirecten Auslese.

Wir haben den Gang der strengeren Untersuchung wieder aufzunehmen und knüpfen noch einmal an die schematische Bezeichnung an, die im vierten Capitel den Bemerkungen über individuelle Gültigkeit des Gegenwartpunktes vorangestellt war. Durch Theilung oder Umlagerung bildeten wir aus einem Continuum c von Weltzuständen ein anderes c_1 (wobei es nur im Interesse bequemerer Darstellung vorgezogen wurde, den Fall der Theilung an den Gegenwartpunkten statt an der Zeitlinie zu demonstriren); die transcendente Möglichkeit hiervon bewiesen wir damit, dass in den empirischen Wirkungen e und e_1 kein Unterschied zu bemerken, also $e_1 = e$ zu setzen sei. Von dieser Beweisart und ihrer nicht absoluten Zuverlässigkeit, die mehr auf plausiblen Erwägungen als auf strengen Schlüssen beruhte, gilt es nunmehr sich zu befreien; es werde also jetzt e_1 verschieden von e angenommen. Also möge etwa die alleinige Realisation eines Individuums von diesem als nicht gleichwerthig mit der Gesamtexistenz aller Individuen empfunden werden; die transcendente Vernichtung des Raumtheils A mag sich innerhalb des realisirten Raumtheils I verrathen; irgend eine Transformation des empirischen Rauminhalts möge seine empirische Erschei-

nung in den ihn wahrnehmenden Intellecten modificiren
— lauter Annahmen, die wir bisher bestritten und die wir
jetzt zulassen, um auch dann noch die transcendente
Möglichkeit der Umformung von c in c_1 zu behaupten.
Der Beweis beruht auf einer etwas erweiterten Fassung
unseres allgemeinen Princips, wonach alles, was den
empirischen Effect nicht zerstört, transcendent denkbar
ist. Bei oberflächlicher Prüfung scheint freilich dies
Princip jetzt die fragliche Umformung gerade zu verbieten: wenn c_1 einer anderen subjectiven Wirkung e_1
entspricht als c, ist damit nicht eben jene inhaltliche
Differenz eingetreten, die nach Voraussetzung nicht eintreten soll? Doch nicht eben dieselbe. Wir würden den
empirischen Effect e_1 und seine transcendente Ursache
c_1 abzulehnen haben, wenn e_1 sich selbst störend in e
hineinschöbe und ihm die Existenz streitig machte. Aber
es ist ja für beide Platz! Das wissen wir schon von der
Untersuchung der zeitlichen Succession her; dort entsprach von den verschiedenen Bewegungsweisen des
Gegenwartpunktes nur eine einzige unserer empirischen
Bewusstseinswelt, während die übrigen entweder Abwesen-
heit des Bewusstseins oder sogar, im Falle umgekehrter
Bewegungsrichtung, eine ganz neue, für uns unzugängliche Bewusstseinswelt erzeugten! Nun, wenn sich in der
absoluten Zeit ausser e auch die genannten Fälle von
Nicht-e abspielen dürfen, so darf sich auch e_1 abspielen;
für uns, die wir während dessen zur Nichtexistenz verurtheilt sind, kann es gleichgültig sein, ob die transcendenten, empirisch unwahrnehmbaren Pausen unseres Daseins mit Nichts oder irgend einem anderen Etwas ausgefüllt sind. Uns also wird sich die empirische Zeit beständig mit e erfüllt zeigen, während in der absoluten
Zeit e mit Nicht-e, zum Beispiel auch e mit transfor-

mirten Vorgängen e_1 e_2 e_3 . . . beliebig wechselt. Von
allen diesen Fällen wird nur der eine Fall e Object
unserer Erfahrung, wogegen sich die Fälle Nicht-e aus
dem Complex unserer Welt von selbst eliminiren; anders
ausgedrückt, der Fall e hat für uns subjective Gewissheit, an sich nur eine beliebige, auch beliebig kleine
objective Wahrscheinlichkeit. Den hier ausgesprochenen, für die Folge sehr wichtigen Grundsatz möchte
ich ein auf die Erkenntnisstheorie übertragenes Princip
der indirecten Auslese nennen. Das Wort indirect,
das schärfer durch automatisch, selbstthätig oder dergleichen zu ersetzen wäre, soll hier wie in der Biologie
bedeuten, dass der auserlesene Fall nicht von vornherein
als einzig wirklicher unter lauter bloss gedachten Fällen
bestand, sondern in die thatsächliche Concurrenz mit ihnen
hineingestellt vermöge innerer Besonderheiten sich als
einzigartigen heraushebt. Im Nebeneinander des Zweckmässigen und Unzweckmässigen überlebt, wegen seiner
Lebensfähigkeit, das Zweckmässige; aus dem Durcheinander von Chaos und Kosmos tritt, vermöge seiner Beziehung zu unserem Bewusstsein, nur das Kosmische in
unseren Gesichtskreis.

Wir werden uns mit diesen Dingen sogleich im Einzelnen noch näher vertraut machen. Zu unseren früheren
Betrachtungen über Individualität und Raum sei noch
einmal hinzugefügt, dass unsere gegenwärtige Auffassung
von den damaligen Voraussetzungen unabhängig ist.
Zuvor hiess es: die durch Bewegung meines Gegenwartpunktes erzeugte Bewusstseinswelt bleibt ungeändert,
gleichviel ob die Gegenwartpunkte der übrigen Bewusstseinscentra mit ihm zusammenfallen oder nicht. Jetzt
sagen wir: die Coincidenz oder Nichtcoincidenz der individuellen Gegenwartpunkte bleibt dem Zufall überlassen,

gleichviel ob dabei verschiedene oder gleiche empirische Weltbilder auftreten. Das vorige Capitel suchte glaubhaft zu machen, dass beliebige Transformationen des Raumes ohne empirische Folgen zulässig sind; gegenwärtig gelten sie uns, auch mit empirischen Folgen, als unbedingt zulässig.

Wir wollen unsere jetzige Auffassung an der einen unserer Deformationsarten, der blossen Theilung des Zeitinhalts, näher erläutern, wobei es wieder bequemer ist, nicht die Zeitlinie, sondern den Gegenwartpunkt zum anschaulichen Repräsentanten zu wählen. Es lässt sich dann etwa folgender Satz aussprechen: Zerlegt man den Zeitinhalt vermöge einer seiner extensiven Formen (Individuation, Materie, Raum) in beliebige Theile (Individuen, Molecüle, organische Zellen, Raumelemente u. dergl.), so ist es transcendent zulässig, dass jeder Theil seinen eigenen, nur ihn betreffenden und realisirenden Gegenwartpunkt habe; dies gilt unabhängig davon, ob zur Erzeugung unserer empirischen Bewusstseinswelt wiederum die Coincidenz aller partiellen Gegenwartpunkte erforderlich ist oder nicht. Nur der erste Fall interessirt uns hier, denn der zweite, den wir für die Individuation behaupteten, würde uns die idealistische Auffassung allzusehr erleichtern; wenn die Divergenz der Gegenwartpunkte nicht einmal den empirischen Effect verändert, so ist ihre transcendente Zulässigkeit doppelt gesichert. Die Coincidenz der Gegenwartpunkte ist hier das, was wir schematisch mit c bezeichneten, ihre Nichtcoincidenz entspricht dem c_1; die empirischen Bilder dieser beiden Transcendenten hiessen e und e_1 und werden hier als von einander verschieden angenommen. — Wenden wir unsere Sätze auf die Materie an, wobei die Theilung nach verschiedenen Gesichtspunkten erfolgen kann (räumlich, chemisch, physicalisch), so finden wir das merkwürdige Theorem: das Gesetz von der Erhaltung der Materie gilt nur in empirischem, nicht in absolutem Sinne. In der That, sobald der Gegenwartpunkt eines irgendwie abgegrenzten Massentheils die Zeitlinie verlässt oder wieder betritt, so haben wir einen Fall, den jenes Gesetz schon als empirische Möglichkeit ablehnt, als transcendente Wirklichkeit vor uns: das Verschwinden und Entstehen von Materie. Dabei ist es gleichgültig, welche Art empirischer Gewissheit wir der Erhaltung der Materie zuschreiben: mögen wir sie als Unsterblichkeit des Stoffs, wie die Materialisten sagen, durch „Wagen und Retorten" beweisen, mögen wir innerhalb des allgemeinen Energieumsatzes die materielle Energie als eine geschlossene Untergruppe für sich definiren, mögen wir darin ein synthetisches Urtheil a priori, eine „Bedingung möglicher Erfahrung", eine ins Anschauliche projicirte Kategorie der Substantialität sehen — unter allen Umständen ist die transcendente Gültigkeit jenes Gesetzes zu verneinen. Die Materie ist an sich nicht gezwungen, constant zu sein; aber sie wird uns immer constant erscheinen. Ich will hier nochmals an die beiden zulässigen Interpretationen erinnern. Ein vor mir auf dem Tische liegendes Buch besitze, als materieller Theil des Weltganzen, seinen eigenen Gegenwartpunkt, die ganze übrige Materie den ihrigen. Nachdem beide Gegenwartpunkte eine Weile zusammengegangen sind, verlässt jener plötzlich die Zeitlinie, das Buch verschwindet. Zwei Fälle sind zu unterscheiden: entweder fällt das eingetretene Deficit mir als solches gar nicht ins Bewusstsein, und dann bedarf seine transcendente Möglichkeit keiner weiteren Erläuterung, oder, der subjective Effect e verwandelt sich in einen davon verschiedenen e_1, das Verschwinden des Buches wirkt auf mein Bewusstsein. Wirklich auf „mein" Bewusstsein? Hier liegt eine quaternio terminorum vor; der Begriff „ich" tritt doppelsinnig auf. Ich würde das Verschwinden des Buches merken, d. h. ich würde in ein anderes Subject, ein anderes Ich umgeformt werden, und dieses Ich ist eben nicht ich — folglich würde „ich" eigentlich nichts merken! Der Welt e gehöre ich als i, der transformirten Welt e_1 als transformirtes Ich i_1 an (inwieweit es überhaupt einen Sinn hat, das Ichbewusstsein auch in die seitliche Nachbarschaft der Zeitlinie fortgesetzt zu denken, wird später besprochen werden); aber die Existenz von e_1 und i_1 ist für e und i vollkommen unwahrnehmbar, unzugänglich, transcendent! Ich als Subject i kann nie davon afficirt werden, dass ich auch noch in einer anderen Welt als Subject i_1 zu Hause bin; e_1 ist zwar inhaltliche Umformung von e, aber die Existenz von e_1 ruft in e keine weitere inhaltliche Umformung hervor. Man muss sich, um das Fremdartige dieser Vorstellungen zu mildern, die Welt einmal abgelaufen und vergangen denken, als fait accompli, als fertiges Gewebe von Weltinhalt mit irgend einem hineingeflochtenen Erkenntnisssubject. Es ist nicht möglich, an diesem Weltinhalt, z. B. an einer seiner einzelnen mechanischen Gesetzmässigkeiten, etwas zu ändern, ohne auch das Subject mitzuändern, ohne überhaupt die Welt als Ganzes zu ändern. Damit wäre neben unserer empirischen Welt e eine neue, davon abweichende e_1 statuirt, deren Existenz aber nie in e „hineinragen", innerhalb e Object möglicher Erfahrung werden kann, sondern sich zu e unabhängig und indifferent verhält wie Öl zu Wasser. In der absoluten Zeit spielt sich bei Gelegenheit e ab, bei anderer Gelegenheit e_1, daneben noch unzählige andere deformirte Weltbilder e_2, e_3, . . ., und der trans-

Mongré, Das Chaos in kosmischer Auslese.　　9

cendente Weltverlauf besteht in der Aneinanderreihung beliebiger Stücke der Welten e, e_1, e_2, e_3 . . . in beliebiger Mischung und Reihenfolge. Wir aber bleiben, nach der Definition, alleinige Inhaber der Welt e und von den transformirten Welten ausgeschlossen, selbst wenn wir in sie als transformirte Subjecte eingehen; wir finden stets uns als existent und die Welt e als unsere Umwelt vor; wir also registriren nur die Gesetzmässigkeiten unserer empirischen Welt und registriren nie die Abweichungen davon, die der transcendente Weltverlauf thatsächlich aufweist.

Gehen wir in der Theilung der Materie zur Grenze, zu den materiellen Punkten oder Molecülen über, so hätten wir den Satz auszusprechen: in jedem Augenblicke der absoluten Zeit kann an jedem materiellen Punkte jeder beliebige Punkt der empirischen Zeit realisirt sein, die Succession der Weltzustände ist von Molecül zu Molecül beliebig veränderlich. Was dies heissen will, sehen wir am klarsten, wenn wir uns für den Augenblick der materialistischen Auffassung des Weltgeschehens anschliessen und die Welt als Bewegung materieller Punkte im Raume deuten — Raum und Materie einfach als Realitäten an sich verstanden. Der Weltzustand ist alsdann eine bestimmte Lage der Massenpunkte, der Zeitinhalt eine bestimmte Bewegung der Massenpunkte im Raume, wobei jeder Punkt eine gewisse Curve beschreibt; die Succession der Weltzustände für irgend einen Punkt ist eben nichts anderes als seine Bewegung auf der Bahncurve. Diese Bewegung ist, nach dem ausgesprochenen Satze, beliebig; der Punkt kann sich zu irgend einer Zeit irgendwo auf seiner Bahncurve befinden. Hierzu ist offenbar auch die Möglichkeit zu rechnen, dass er sich gar nicht auf der Curve, sondern irgendwo anders im Raume befinde:

verlässt nämlich sein Gegenwartpunkt die Zeitlinie, so verlässt er selbst die Bahncurve und kann ganz verschwinden (diese Voraussetzung hatten wir vorhin gemacht) oder auch, wenn er das Gesetz von der Erhaltung der Materie freiwillig respectiren will, innerhalb unseres Raumes verbleiben. Jedenfalls ist seine Bewegung vollkommen willkürlich, und ebenso willkürlich ist die Bewegung aller übrigen Massenpunkte. Der Materialismus also, wenn er die Gesamtheit der Naturvorgänge als eine bestimmte Bewegung der Materie auffasst, trifft höchstens die empirische, nicht die absolute Wahrheit; die Bewegung der Materie an sich ist beliebig und unbestimmbar, sie gehorcht keinem Gesetz und keiner mathematischen Formel. Dennoch erscheint sie uns bestimmt und gebunden, etwa dem Newton'schen Anziehungsgesetz entsprechend, — wir haben hier in bester Form die indirecte Auslese vor uns, vollzogen durch unser eigenes, in die bestimmte Weltbewegung hinein verflochtenes Bewusstsein.

An dieser Stelle ist es einmal nicht die eingeständliche Metaphysik, zu deren Denk- und Sprechweise unser Idealismus in entschiedenen Gegensatz tritt. Wir haben mitten im Herzen der exactesten Wissenschaft einen Rest metaphysischen Aberglaubens entdeckt; gerade sie, die sich in allen Einzelheiten von jeder mythologischen Weltauffassung fern weiss, scheint in der Hauptsache entschlossen, Mythologie à outrance zu treiben. Zur Mythologie nämlich rechnen wir die Vorstellung, als wären in den dynamischen Formeln, die unser empirisches Weltbild analysiren (etwa im Newton'-schen Gesetz, oder im Integral von der Erhaltung der Energie), Gesetze und Bestimmungen gegeben, nach denen sich der wirkliche, transsubjective Hergang der Dinge zu richten habe —, als wären mithin die im

9*

Raume schwebenden Massenpunkte vermöge irgend
einer qualitas occulta genöthigt, von allen denkbaren,
verfügbaren, gleichberechtigten Bewegungen gerade jene
einzige bestimmte, ausgewählte Bewegung zu realisiren,
die den Differentialgleichungen der Mécanique céleste
gehorcht. Das anthropomorphistische Element in dieser
Annahme wird auch durch die neutralsten Redensarten
von der Gesetzmässigkeit des Weltalls nicht beseitigt.
Eine Materie, deren jetzige Bewegung eindeutig abhängt
von früheren Bewegungen, in der ein Theilchen hier
beeinflusst wird von der Lage eines anderen Theilchens
dort, sei es durch Fernwirkung oder Nahwirkung, —
kurz, ein solches System materieller Punkte, das einem
System simultaner Differentialgleichungen genügt, mag
als gedankliches Bild der Erscheinungen noch so zutreffend sein, als Ding an sich ist und bleibt es ein Unding! Die hier verborgene Schwierigkeit ist weder den
Philosophen noch den theoretischen Physikern entgangen.
Es war unmöglich anzugeben, sagt Lotze, worin „der
Übergang aus Theilnahmlosigkeit zu metaphysischem
Zusammen bestehe, und es blieb ein beständiger Widerspruch, dass Dinge, die einander nichts angehen, dennoch
einander so angehen sollen, dass eines um das andere
sich kümmern und sich in seinen eigenen Zuständen nach
denen des anderen richten müsse". Wenn freilich Lotze
als Lösung dieses Räthsels den Monismus vorschlägt,
„durch welchen das stets unbegreifliche transeunte
Wirken in ein immanentes übergeht" („es kann nicht
eine Vielheit von einander unabhängiger Dinge geben,
sondern alle Elemente, zwischen denen eine Wechsel-
wirkung möglich sein soll, müssen als Theile eines
einzigen wahrhaft Seienden betrachtet werden"), so finde
ich damit ebensowenig gebessert, wie mit den neueren

physicalischen Versuchen, Fernwirkung auf Contactwirkung zurückzuführen. Ob ein Körper auf einen
fremden Körper oder ein Glied des einheitlichen Systems
auf ein anderes Glied wirkt, ob ein Äthertheilchen von
einem benachbarten oder ein Massentheilchen von
einem räumlich entfernten in seinem Verhalten beeinflusst
wird, ist transcendent dasselbe unbegreifliche Wunder;
ja schon das einzelne Atom stellt in seinem regulären
Benehmen zu hohe Ansprüche an den absoluten Weltverlauf — es könnte ja verschwinden und wieder auftauchen, springen, anschwellen, sich spalten und zahllose
ähnliche Willkürlichkeiten begehen, statt sich wie ein
starrer Körper stetig zu bewegen. Nein, das erkenntnisstheoretische Räthsel liegt tiefer; nicht die Art des
naturgesetzlichen Wirkens unserem Denken mehr oder
weniger mundgerecht zu machen, sondern das Gesetzliche
überhaupt empirisch zu retten und doch transcendent
preiszugeben, ist die Aufgabe des Idealismus. Das Princip
der indirecten Auslese löst diese Aufgabe, wie es die
analoge Schwierigkeit im Felde der Biologie beseitigt
hat. Dort waren scheinbar teleologische Zusammenhänge
aus einer Natur zu erklären, die rein causal verfährt;
hier ist gesetzliche Bestimmtheit aus einem Weltverlauf
abzuleiten, der an sich chaotisch und gesetzlos ist. Die
zwischengeschaltete Selectionsvorrichtung heisst Bewusstsein: für das Bewusstsein, das in ein bestimmtes Continuum
c von Weltzuständen hineinverflochten ist, stellen sich
die Bestimmtheiten der entsprechenden empirischen Welt
e als allgemeingültige und fortwährend erfüllte Naturgesetze dar, während das transcendente Geschehen diese
Gesetze bisweilen erfüllt, meist aber übertritt. Wir also
können einen Fall als alleinmöglichen, als nothwendigen
Fall registriren, dessen objective Wahrscheinlichkeit viel-

leicht derjenigen gleichkommt, mit einem Spiel von tausend Würfeln tausendmal hintereinander den höchsten Wurf zu thun. Wir sehen etwa das Gravitationsgesetz durch alle Zeiten herrschend, während die absolute Bewegung der Materie ihm nur alle Jahrmillionen einmal secundenlang gehorcht — wobei wir vorläufig noch voraussetzen wollen, dass diese Bewegung rein zufällig bleibe und nicht etwa jenen speciellen Fall schon als blosse Möglichkeit ausschliesse, und überdies, dass der Dauer des Zufallsspiels die unbegrenzte Zeit zu Gebote stehe. Sowie uns die willkürliche Bewegung der Materie als bestimmte Bewegung gemäss dem Newton'schen Gesetz erscheint, so kann sie anderen Intellecten natürlich als andere specielle Bewegung erscheinen, z. B. von einem anderen Attractionsgesetz, oder von demselben Differentialgesetz mit anderen Integrationsconstanten beherrscht; „in die wirkliche Welt sind viele mögliche andre eingesponnen", sagt Hebbel. Unendlich selten wird ein Stück unserer Welt e, ebenso selten ein Stück irgend einer anderen Welt e_1 an die Reihe kommen, an sich realisirt zu werden; aber einem Intellect i innerhalb e wird diese Welt e, einem Intellect i_1 seine Welt e_1 als allein reale und beständig existirende Welt umschrieben sein. Beispielsweise denke man sich, abgesehen von den weiteren Specialisirungen, Bewegungen constanter Energie zusammengestellt, wobei noch unendlich viele Fälle nach dem Werthe der Energieconstante zu unterscheiden sind; das Continuum c sei aus solchen Bewegungen gebildet, denen der Werth h des constanten Energievorraths zugehört, ebenso entspreche dem Continuum c_1 der Werth h_1, dem Continuum c_2 der Werth h_2. Jeder der Intellecte i i_1 i_2 ... wird dann in einer empirischen Welt e e_1 e_2 ... zu leben glauben, in der das Gesetz von der Erhaltung der

Energie gilt; wegen der verschiedenen Constanten $h \; h_1 \; h_2 \ldots$ würden diese Welten völlig ohne Communication nebeneinander bestehen, allesamt hineinverstreut und durch indirecte Selection wieder herausgelesen aus einer chaotischen Welt, in der die Energie überhaupt nicht constant bleibt. Man sieht, die Bewohner irgend einer solchen Specialwelt würden sich gründlich vergreifen, wenn sie aus der alleinigen subjectiven Realität auf die alleinige objective Existenz schlössen, sei es ihrer selbst, sei es der ihnen zugeordneten Welt, und wenn sie die Naturgesetze, die sie beständig erfüllt sehen, dem Geschehen an sich zu beständiger Erfüllung vorschrieben. Weder die Erhaltung der Materie noch der Energie, weder das Trägheits- noch das Gravitationsgesetz, weder Differential- noch Integralgleichungen unserer Mechanik besagen etwas über den absoluten Verlauf der Dinge; sie beschreiben nur in einfacher systematischer Weise denjenigen Verlauf der Dinge, den wir selectiv uns zugeordnet finden. Der anthropomorphe Fetischismus, mit dem wir uns Begriffe wie Causalität, Naturgesetz, transeuntes Wirken verdeutlichen mussten, solange wir sie als transcendente Begriffe missverstanden, hat einer geläuterten Auffassung Platz zu machen, in der sie zu leitenden Gedanken einer analytisch-descriptiven Nachbildung unserer Bewusstseinswelt werden; und die mystische Hypostase einer Natur, die freiwillig sich unter Gesetze stellt, vereinfacht sich zu der eines unbeschränkten Chaos, aus dem jedes specielle Bewusstsein seinen speciellen Kosmos herausliest.

Es wird von diesen Dingen noch oft die Rede sein müssen; vorläufig sei nur noch, gegen einige naheliegende Fragen und Missverständnisse, Folgendes bemerkt. Erstens möchten wir unsere Auffassung nicht mit einem wohlfeilen Skepticismus verwechselt wissen, der die Strenge empirischer Gesetze zu lockern sucht und den Schlüssen von der Vergangenheit auf die Zukunft nur hohe Wahrscheinlichkeit, keine Gewissheit zugesteht. In dieser Beziehung machen wir gar keinen Unterschied zwischen Vergangenheit und Zukunft, zwischen exactem Wissen und extrapolatorischer Vermuthung, zwischen empirischen Aussagen deductiven und inductiven Characters; wir würden den beliebigen transcendenten Weltverlauf auch dann aufrechterhalten, wenn der empirische nach vor- und rückwärts uns in allen Einzelheiten bekannt wäre. Nicht dass es empirisch ganz anders kommen könne als wir erwarten, sondern dass auch die absolute Gewissheit hinsichtlich des Empirischen absolute Ungewissheit hinsichtlich des Transcendenten ist, wird von uns behauptet; die verschiedene empirische Zuverlässigkeit der beiden Aussagen: soeben ging der Mond unter, und: in Millionen Jahren wird der Mond geborsten sein — spielt gar keine Rolle, wenn wir beiden die transcendente Gültigkeit absprechen. — Zweitens ist vor einer allzu psychologischen Deutung unserer Betrachtungen zu warnen, als wären etwa die Formen und Naturgesetze, in denen das Bewusstsein den an sich chaotischen Weltinhalt erscheinen sieht, eine Art Projection intellectueller Besonderheiten dieses Bewusstseins in die Aussenwelt, ein Widerschein der Structur des Erkenntnissapparates. Eine solche, durch die Lehre von den specifischen Sinnesenergieen nahegelegte Deutung würde namentlich dort etwas Bestechendes haben, wo es sich um sehr umfassende, universelle Formen des Bewusstseinsinhalts handelt, etwa geometrische oder rein mechanische Wahrheiten. Ich enthalte mich völlig des Urtheils über die Möglichkeit einer solchen psychologischen Erkenntnisstheorie, möchte aber diese Sache, die noch lange nicht spruchreif ist, nicht mit der unserigen verquickt sehen. Für uns ist der Connex des Bewusstseins mit seiner Bewusstseinswelt rein begrifflich definirt; ein Continuum c von Weltzuständen und seine Erscheinung e in einem darein verflochtenen Intellect i, das gehört unzertrennlich zusammen. Ob es im Einzelfall gelingt, auch eine erkenntnisstheoretische Verbindung herzustellen und irgend eine empirische Gesetzlichkeit als nothwendige Form unseres Bewusstseins „transcendental zu deduciren", ist ganz gleichgültig; unsere Betrachtungen würden ebenso für eine Welt blosser Erfahrungsthatsachen wie für eine Welt reiner Universalgesetze a priori gelten. Nicht nur mit seinen eigenen Anschauungsformen und -bedingungen, sondern auch mit jedem einzelnen Factum seiner Aussenwelt steht das Bewusstsein in einem Zusammenhang, den keine chaotische Willkür des transcendenten Geschehens zerreisst; wenn ich sicher bin, aus dem beliebigen Weltverlauf durch selbstthätige Auslese jederzeit meine empirische Welt herauszuschälen, so ist es eben meine Welt in allen Détails, nicht nur der allgemeinen naturgesetzlichen Bestimmtheit nach, meine Welt, in der ich „jeden Grashalm und jeden Sonnenblick" im Original vorfinde oder wiederfinde.

Drittens endlich möchte ich gleich von vornherein die Erwartung zerstören, als werde an irgend einer Stelle der Betrachtung unsere analytische Zersetzung der empirischen Bestimmtheiten wieder in eine synthetische Herleitung ausmünden. Dass trotz der empirischen Gültigkeit des Newton'schen Anziehungsgesetzes die Bewegung der Materie an sich beliebig bleibt, ist streng zu beweisen; auf die umgekehrte Frage, wieso aus einem chaotischen Weltverlauf für uns gerade ein dem Newton'schen Gesetz entsprechender herausspringt, weiss ich keine Antwort.

Ja, ich halte die Frage nicht einmal für sinnvoller als etwa die folgende: wie kommt es, dass ich Ich bin, und nicht Du? Indem wir aus der willkürlichen Bewegung der Materie ein Stück zusammensuchten, das dem Newton-schen Gesetz gehorcht, erhielten wir das Continuum c und darein verflochten einen Intellect i; hätten wir die Auslese etwa dem Weber'schen Gesetz gemäss vollzogen oder wären beim Newton'schen von einer anderen An-fangslage und Geschwindigkeit des Weltsystems ausge-gangen, so hätten wir ein anderes Continuum c_1 und darin einen anderen Intellect i_1 vorgefunden. Demnach ist es kein erklärungsbedürftiges Mirakel, sondern einfach logische Construction, dass i nicht in c_1 und i_1 in c, sondern i in c und i_1 in c_1 lebt und dementsprechende Erfahrungen macht. Es sind eben, wie ich schon sagte, in das eine Chaos unendlich viele κόσμοι eingesponnen und die Inhaber des einen Kosmos dürfen sich nicht darüber verwundern, nicht vielmehr Inhaber eines anderen zu sein — so wenig, wie ich mich darüber wundern darf, dass ich im neunzehnten und nicht im sechzehnten Jahr-hundert lebe. Mit dieser rein definitorischen, gewisser-massen aus freier Setzung hervorgegangenen Beziehung des Bewusstseins zu seiner Bewusstseinswelt soll, wie bemerkt, weder die Möglichkeit einer erkenntnisstheore-tischen Verbindung zwischen beiden geleugnet noch die einer empirischen Lockerung des Verhältnisses zugegeben werden. Wenn wir überzeugt sind, dass das Newton'sche Gesetz in unserer Welt auch nach Millionen von Jahren unverändert gelten wird, so ist das eine empirische Aus-sage über Eigenschaften des Continuums c; diese Aus-sage mag eine Hypothese oder so sicher wie das Ein-maleins sein, jedenfalls urteilt sie nur über den speciellen Weltverlauf, den die in c eingesponnenen Intellecte i

erfahren werden, nicht über den transcendenten Weltverlauf, wie er einem ausserhalb *c* in der absoluten Zeit
existirenden Betrachter erscheinen würde.

Verdeutlichen wir uns das Princip der indirecten
Auswahl auch noch am Raume, wobei wir sogleich
Theilung und Umlagerung zusammen vornehmen und
jene bis zur Grenze, den ausdehnunglosen Raumpunkten,
treiben wollen. Es gilt dann, ähnlich wie bei der Materie,
der Satz: in jedem Punkte des Raumes kann in jedem
Augenblicke der absoluten Zeit ein ganz beliebiger Punkt
der empirischen Zeit realisirt sein, die Succession der
Weltzustände ist von Raumpunkt zu Raumpunkt beliebig
veränderlich. Überdies aber ist die Anordnung dieser
Raumpunkte im absoluten Raume beliebig. Das hier
erreichte Resultat geht an Allgemeinheit nicht über das
des fünften Capitels hinaus, wohl aber ist die Interpretation in dem mehrfach erläuterten Sinne verschoben; wir
sind jetzt davon unabhängig, ob den unendlich vielen Möglichkeiten in der transcendenten Raumconstitution wie im
Verhalten der Gegenwartpunkte immer dasselbe empirische Weltbild entspricht oder nicht. Vielleicht empfiehlt
es sich, namentlich für den Fall, dass unser raumtheore-
tisches Capitel dem nichtmathematischen Leser Schwierigkeiten bereitet hätte, die gegenwärtige Stufe der Betrachtung etwas ausführlicher zu präcisiren.

Wir nannten „Weltzustand" einen beliebigen Punkt
der empirischen Zeitlinie mit seinem gesamten kosmischen
Inhalt, den wir für das Bewusstsein nicht definiren, uns
aber wenigstens als raumerfüllend denken können. Dabei
sehen wir davon ab, dass wir eigentlich den Raum nur
als Bewusstseinserscheinung, also nur innerhalb einer
Zeitstrecke (nicht eines Zeitpunktes) kennen, und imaginiren, ganz wie es der naive Realismus und die theore-

tische Mechanik thun, einen leeren transcendenten Raum neben dem erfüllten empirischen, als Beziehungs- oder Referenzraum, wie wir auch die absolute Zeit als Referenzzeit für die empirische haben. Der empirische Raum wird im absoluten Vergleichsraume einfach untergebracht, sowie die empirische Zeit innerhalb der absoluten abgespielt wird: beides Zwischen- und Hülfsvorstellungen, an denen wir eben nur unsere Verallgemeinerungen demonstriren. „Zeitsuccession" ist die Reihenfolge der empirischen Zeitpunkte in der transcendenten Zeit, „Raumstructur" die Anordnung der empirischen Raumpunkte im transcendenten Raum. „Weltzustand" war das Ensemble aller empirischen Raumpunkte in einem einzigen empirischen Zeitpunkt; für das Entsprechende, das Ensemble aller Zeitpunkte in einem einzigen Raumpunkte, finde ich keinen passenden Namen und werde es deshalb als „zeitlich erfüllten Raumpunkt" oder kurzweg als „Raumpunkt" bezeichnen — sowie der Weltzustand der räumlich erfüllte Zeitpunkt ist. Nochmals bemerkt, bei dieser Gegenüberstellung erscheint für den Augenblick der Raum nicht als Bewusstseinsvorgang, als Theil des Zeitinhalts, sondern als eine der Zeit coordinirte, ebenso allgemeine Form bewusster Erfahrung: es ist der Standpunkt, von dem aus wir den transcendenten Idealismus des Raumes in genauer Parallele zu dem der Zeit behandelt haben.

Wie zu erwarten, ist es unmöglich, sich anschaulich vorzustellen, was von der Realität einer empirischen Zeitfolge übrig bleibt, wenn man sich auf einen einzigen Raumpunkt beschränkt: selbst die einfachste Annahme, ein abwechselndes Erfülltsein und Nichterfülltsein mit Materie, macht Schwierigkeiten. Wir können, wie beim Begriff „Weltzustand", die Analyse nur durch die Synthese verdeutlichen und demgemäss sagen: was vom empirischen Zeitinhalt innerhalb eines Raumpunktes real bleibt, ist nichts anderes, als was bei der Zusammenfassung aller Raumpunkte wiederum das Phänomen des empirischen Zeitinhalts ergiebt — ebenso wie der direct unbestimmbare „Weltzustand" indirect dadurch definirt ist, dass ein Continuum von Weltzuständen wieder ein Stück empirischen Weltverlaufs liefert. Der Punkt ist eben stets der unerreichbare Grenzfall, wenn man von Linien, Flächen oder Körpern her kommt.

Der Satz: die Succession der empirischen Zeitpunkte in der absoluten Zeit ist beliebig, enthält den transcendenten Idealismus der Zeit, aus rein logischen Erwägungen hergeleitet und frei von Hypothesen über den Zeitinhalt. Dass ein transcendenter Idealismus des Raumes, in der Behauptung gipfelnd: die Anordnung der empirischen „Raumpunkte" (d. h. der zeitlich erfüllten) im absoluten Raume ist beliebig, sich nicht mit ebenso einfachen und unanfechtbaren Mitteln beweisen lässt, liegt, wie schon bemerkt, an der nicht rein formalistischen, sondern empirisch leise getrübten Natur des Raumes. Der transcendente Idealismus des Raumes hätte zu zeigen, dass eine beliebige Umlagerung der Raumtheile den Bewusstseinseffect der ursprünglichen Lage ungeändert lässt: diesen Standpunkt versuchten wir im fünften Capitel einzunehmen. Wenn ohne Erfolg — so tritt an Stelle der raumtheoretischen Begründung die vertiefte Interpretation nach dem Princip der indirecten Auslese: selbst wenn eine Umordnung der Raumpunkte den subjectiven Effect der ursprünglichen Raumstructur zerstört, ist sie dennoch transcendent zulässig, weil die transformirte Raumwelt sich in einem anderen Bewusstsein als dem unserigen abzeichnet. Nachdem auf diese Weise die Idealität des

Raumes unter allen Umständen gerettet ist, lässt sie sich mit der Idealität der Zeit vereinigen und giebt den oben ausgesprochenen allgemeinen Satz, dem zufolge die Raumstructur mit der Zeit, die Zeitsuccession im Raume beliebig variirt.

Vielleicht ist es nützlich, die drei genannten „Idealismen", den rein zeitlichen, den rein räumlichen, und den durch Combination entstandenen, in mathematischer Formelsprache zusammenzufassen. Nehmen wir in der Zeit einen Nullpunkt, im Raume ein rechtwinkliges Achsensystem an und definiren einen Zeitaugenblick durch seine Entfernung t oder τ vom Nullpunkt, einen Ort im Raume durch seine Coordinaten xyz oder $\xi\eta\zeta$ hinsichtlich des gewählten Systems, und setzen endlich fest, dass die lateinischen Buchstaben sich auf absoluten Raum und absolute Zeit, die griechischen auf empirischen Raum und empirische Zeit beziehen sollen, so haben wir folgende Symbolik:

I. Transcendenter Idealismus der Zeit: in jedem Punkte der absoluten Zeit kann jeder Punkt der empirischen Zeit realisirt sein, t ist eine beliebige Function von τ oder umgekehrt.

II. Transcendenter Idealismus des Raumes: in jedem Punkte des absoluten Raumes kann jeder Punkt des empirischen Raumes localisirt sein, xyz sind beliebige Functionen von $\xi\eta\zeta$ oder umgekehrt.

III. Beide zusammen: die Zeitsuccession ändert sich beliebig von Raumpunkt zu Raumpunkt, die Raumstructur von Augenblick zu Augenblick. Hier sind alle vier Grössen $xyzt$ beliebige Functionen der vier anderen $\xi\eta\zeta\tau$ oder umgekehrt; man gestatte die summarische Ausdrucksweise: in jedem transcendenten Raumzeitpunkte kann jeder empirische Raumzeitpunkt realisirt sein.

Der Mathematiker sagt kurz: zwischen den Zeitpunkten, Raumpunkten und Raumzeitpunkten des empirischen Bereichs einerseits, des transcendenten andererseits bestehen vollkommen willkürliche Transformationen.

Hier öffnet sich der Blick auf eine unerschöpfliche
Fülle transcendenter Möglichkeiten, die alle unbeschränkt
zulässig sind, auch wenn nur eine einzige unter Millionen
das Phänomen unserer empirischen Bewusstseinswelt erzeugt. Eine unter Millionen! darunter aber verstehe
man eine unter unendlich vielen, und diese Unendlichkeit
denke man sich als das Product unendlich vieler Unendlichkeiten, als ∞^{∞}, wenn nämlich die Zeit eine einfache
(∞^1), der Raum eine dreifache (∞^3) Unendlichkeit vorstellt: so hat man einen Begriff davon, was das Princip
der indirecten Elimination eigentlich sagen will. Denn
wie man auch die Bedingungen formuliren mag, unter
denen empirisches Bewusstsein für uns zu Stande kommt,
stets wird man die oben erwähnten willkürlichen Functionen zu irgendwelchen bestimmten Functionen specialisiren, einschränken müssen, stets sondert man eine engere
Mannigfaltigkeit aus einer unendlich weiteren heraus. Versuchen wir uns dies deutlich zu machen, indem wir für das
Auftreten empirischen Bewusstseins die keineswegs zu enge
Bedingung aufstellen, dass innerhalb einer gewissen Zeitstrecke und eines gewissen Raumgebietes die sogenannte
Ubiquität der Zeit gelte. Wir verlangen also, dass
sämtliche Punkte eines bestimmten Raumvolumens (etwa
desjenigen, das der leibliche Organismus eines Individuums
in Anspruch nimmt) im gleichen Zeitaugenblick bei demselben Weltzustand angelangt sein sollen, und dies nicht
nur in Einem Augenblick, sondern eine ganze endliche
Zeitstrecke (der absoluten Zeit) hindurch, oder anders

ausgedrückt: dass sämtliche Gegenwartpunkte des erwähnten Raumgebiets in einen einzigen zusammenfallend
ein endliches Stück der Zeitlinie beschreiben, wobei zugleich die Anordnung der Raumpunkte im absoluten
Raum gewissen Einschränkungen unterworfen ist. Welche
Wahrscheinlichkeit kommt diesem Specialfall von Zeitsuccession und Raumstructur zu, innerhalb eines transcendenten Zufallsspiels, wo jedes empirische Raumelement
seine eigene Zeitsuccession, jeder Weltzustand seine eigene
Raumstructur hat? — Veranschaulichen wir uns einmal
den absoluten Raum und die absolute Zeit direct als
Raum und Zeit; zum Symbol der empirischen Zeitlinie
wählen wir die einfache Mannigfaltigkeit der Farbenscala, sodass also jedem Weltzustand eine homogene
Spectrallinie entspricht, und die empirischen Raumpunkte
denken wir uns als leuchtende Punkte, die sich im Raume
beliebig bewegen, und deren jeder mit seinem „Normalort", d. h. mit demjenigen Raumpunkt, mit dem er zur
Erzeugung empirischen Bewusstseins coincidiren muss,
durch einen beliebig dehnbaren Faden verbunden ist.
Dann ist zum Entstehen empirischer Realität zweierlei
erforderlich: erstens müssen innerhalb eines gewissen
Raumgebiets sämtliche Punkte mit ihren „Normalorten"
zusammenfallen, also jene Verbindungsfäden verschwinden;
zweitens muss das Raumgebiet eine endliche Zeit in
diesem Zustande verbleiben, muss ferner in allen Punkten
dieselbe Spectralfarbe zeigen, und diese gemeinsame Farbe
muss einen endlichen Streifen des Spectrums stetig durchwandern. — Für Denjenigen, der einer gewissen anschaulichen Abstraction fähig ist, läge eine andere Symbolik
noch näher. Nimmt man die Zeit t als vierte Coordinate
zu den drei Coordinaten xyz eines Raumpunktes hinzu,
so erhält man die „Raumzeitpunkte" abgebildet als Punkte

eines vierdimensionalen Raumes, ein begrenztes „Raum-
zeitgebiet" als begrenztes Volumen dieses vierdimensionalen Raumes. Denken wir uns abermals jeden empirischen Raumzeitpunkt, als frei beweglich, mit seinem
Normalort, dem transcendenten Raumzeitpunkt, durch
einen Faden verbunden, so ist zur Erzeugung empirischer
Realität wiederum das Verschwinden aller Fäden innerhalb eines gewissen Raumzeitgebiets erforderlich: es
müssen also zwei vierdimensionale Gebilde Punkt für
Punkt zusammenfallen.

Genug: mit oder ohne solche anschauliche Hülfen
haben wir uns darüber klar zu werden, dass die objective
Wahrscheinlichkeit für das Zustandekommen empirischer
Realität durch das Zeichen $\left(\dfrac{1}{\infty}\right)^{\infty}$ dargestellt wird, trotz-
dem aber nicht mit der Unmöglichkeit (Wahrscheinlich-
keit o) zusammenfällt, sondern sogar der subjectiven
Gewissheit (Wahrscheinlichkeit 1) äquivalent ist, vermöge
der Sonderstellung, in der sich die günstigen Fälle zur
Möglichkeit der Constatirung, zum empirischen
Bewusstsein (das ihnen erst seine Existenz verdankt)
befinden. Dies ist, wie mich dünkt, ein Beispiel in
monströsem Massstabe für unser Princip der indirecten
Auswahl, vermöge dessen eine subjectiv unverbrüchliche
Einheit und Gesetzlichkeit sich als blosses Ausscheidungs-
product einer ihr übergeordneten ungeheuren Mannigfaltigkeit und Zufälligkeit herausstellt, zu der sie sich
verhält wie ein Endliches zu einem Unendlichen unendlich
hohen Grades — ich weiss nicht, wie weit man in der
Reihe der „transfiniten Zahlen" hinaufsteigen müsste, um
den Inbegriff transcendenter Möglichkeiten abzuzählen.
Unsere gewöhnlichen Unendlichkeitssymbole erster und
zweiter Mächtigkeit erweisen sich hier ganz unzulänglich,

Mongré, Das Chaos in kosmischer Auslese.   10

und die Willkür und Beliebigkeit der transcendenten Welt in ihrem vollen Umfange zu überschauen, ist dem menschlichen Gehirn selbst in abstracto versagt; wenn Schopenhauer einmal bei Kant den entfremdetsten Blick, der jemals auf die Welt geworfen worden, und den höchsten Grad von Objectivität rühmt, so geht unser Princip der automatischen Auslese in seinen Ansprüchen wohl noch etwas weiter. Objectiv ist es die Ausnahme der Ausnahmen, dass auch an uns und unsere empirische Realität wieder einmal die Reihe komme zu existiren, subjectiv ist es die Gewissheit der Gewissheiten. Schopenhauerisch ausgedrückt: dem Willen zum Leben, und zwar meinem specialisirten, individualisirten Willen zum Leben, kann seine Befriedigung nicht entgehen — was eigentlich nichts anderes heissen will als: sobald ich überhaupt in den Fall komme, mein Dasein zu „wollen", so habe ich meinen Willen schon durchgesetzt. Mit diesem logischen Sachverhalt, zu dessen Deckung und Garantie es keiner transcendenten Thatbestände bedarf, bin ich und meine Bewusstseinswelt auch im regellosesten Chaos gesichert; nun mag „meinetwegen" jedes Atom laufen und fliegen, wie es will — „ich" habe Zeit, auf ihr gelegentliches Zusammentreffen zu dem ganz bestimmten Atomschwarm zu warten, der „mich" und die Objecte meiner Wahrnehmung constituirt. Die Zwischenzeit nämlich, deren Länge sich aber zu den sporadischen Augenblicken meiner Existenz verhalten mag wie der Ocean zum Tropfen, fülle ich mit Nichtsein aus, wobei es mir gleichgültig ist, ob dies Nichtsein Minuten oder Jahrbillionen dauert, und ob es seinerseits durch die Existenz transformirter Subjecte in transformirten Welten ausgefüllt wird. Mir also wird meine Welt, die an sich dem blindesten Zufall überlassen aller Aeonen einmal ein secundenlanges Ausnahmedasein führen mag, als permanent und in einem Zuge verfliessend erscheinen; aber diese Permanenz der Bewusstseinswelt ist, wie man vielleicht sagen darf, nichts als widergespiegelte Continuität des Bewusstseins, das seine eigenen Unterbrechungen durch Nichtsein nicht zu registriren vermag. So ist die Drehung sämtlicher Fixsterne um die Erde nichts als widergespiegelte Achsendrehung der Erde selbst, die allen Planetenläufen gemeinsame epicyklische Schleife nichts als widergespiegelte Kreisbahn der Erde um die Sonne: in diesem Bestreben, gewisse typisch und gleichartig auftretende Erscheinungen der Aussenwelt auf subjectives Verhalten (des Standortes, des Beobachters, des Intellects) zurückzuführen, wurde schon von Kant die idealistische Erkenntnisstheorie mit dem copernicanischen Weltsystem verglichen. Abgesehen davon, dass beide auch den Augenschein zum gemeinschaftlichen Gegner haben und den naiven Realismus ausser Credit setzen, wird man noch einen dritten Vergleichspunkt finden: beide sind principielle Aussagen über die Welt als Ganzes, nicht über Einzelheiten innerhalb des Weltbildes. Die Neuerung des Copernicus (mathematisch ausgedrückt, eine blosse Verschiebung und Drehung des Coordinatensystems) stellt keinen Ort an der Himmelssphäre genauer dar als die Hypothese des Ptolemäus; für die beschreibende Himmelskunde (sphärische Astronomie), die nur Richtungen und relative Bewegungen kennt, ist sie ohne Einfluss, und erst die mechanische Deutung der himmlischen Erscheinungen hat an ihre Grundgedanken anzuknüpfen. In ähnlicher Weise steht der transcendente Idealismus dem Gesamtphänomen Welt gegenüber, dessen innere Constitution im Einzelnen zu erforschen nicht ihm, sondern der beschreibenden Wissenschaft obliegt; er selbst spricht

10*

nur in der Auffassung das letzte Wort und ergänzt die Relativität des wissenschaftlichen Erkennens durch seinen absoluten Standpunkt. Freilich konnte die Astronomie, indem sie zur Mechanik des Himmels wurde, von Copernicus zu Newton fortschreiten, während der Idealismus nach seiner entscheidenden Synthesis zu Ende ist; was wir von Denen halten, die ihn als Zwischenstufe und Durchgangsstadium zu weiterer Speculation missbrauchen zu dürfen meinten, haben wir im dritten Capitel auseinandergesetzt. Die Metaphysiker, die nicht bei der reinlichen Trennung zwischen Empirie und Transcendenz stehen bleiben, sondern an ein Herein- und Hinausragen der einen Welt in die andere glauben, dürfen sich — wenn die Kantische Parallele fortzuspinnen erlaubt ist — mit Tycho de Brahe vergleichen, den ein ähnlicher Instinct zur Schliessung eines Compromisses zwischen Ptolemäus und Copernicus leitete: er lässt, halb und halb, zwar die Planeten um die Sonne, die Sonne aber mitsamt den Planeten um die Erde kreisen. Es bliebe nur hinzuzufügen, dass dieser Fehlgriff Tycho nicht hinderte, als ausgezeichneter Beobachter unsterblich zu werden, während unsere missglückten Metaphysiker sich von der exacten Wissenschaft höchstens die sensationellen Einzelresultate, nicht auch die Strenge der Methode und Kritik des Hypothetischen anzueignen wissen.

Siebentes Capitel.

Die Zeitebene.

Blicken wir von hier noch einmal auf den durchmessenen Weg zurück, wie er trotz mancher Umwege
und Abschweifungen auf allerlei Nebengebiet noch wohl
erkennbar ist. Wir zerlegten den Zeitbegriff in seine
beiden Componenten Zeitinhalt und Zeitablauf, für welche
Zweitheilung uns die allbekannte anschauliche Symbolik
der Zeit einen deutlichen Fingerzeig gab; den Zeitinhalt
repräsentirt eine gewisse Linie, den Zeitablauf die Bewegung eines gewissen Punktes auf dieser Linie. Unsere
bisherigen Betrachtungen galten dem Zeitablauf, der Bewegung des Gegenwartpunktes auf der Zeitlinie; wir
fragten, was lässt sich, auf Grund der Thatsachen des
empirischen Bewusstseins, über diese Bewegung sagen,
und erhielten zur Antwort: Nichts! Keinerlei Beschränkung
des absoluten Zeitverlaufs ist nothwendig, um den empirischen hervorzubringen. Wir fanden, dass der Gegenwartpunkt beliebige Strecken der Zeitlinie überschlagen,
andere beliebig oft wiederholen (ewige Wiederkunft), beliebig lange ausserhalb der Zeitlinie verweilen kann, dass
ihm neben der vorschreitenden Bewegung auch die entgegengesetzte, rückläufige, neben stetigem Gange auch
Sprung und Unstetigkeit gestattet ist — kurz wir erkannten die vollkommene Willkür dieser Punktbewegung.

Fügen wir hierzu noch die Willkür in der Anzahl der Gegenwartpunkte, so haben wir alle Schlüsse beisammen, die sich aus der Betrachtung des Zeitablaufs, ohne Rücksicht auf den Zeitinhalt, auf rein syllogistischem Wege herleiten lassen. Unsere nächsten Erwägungen nehmen eine Übergangsstellung ein, indem sie den bisher unberührten Zeitinhalt, das Ensemble der Weltzustände, zwar als Ganzes auch weiterhin bestehen lassen, aber durch Zerlegung in Theile und Umordnung der Theile zu einem anderen Ganzen bereits auf die Variation und Verallgemeinerung auch dieser Componente des Zeitbegriffs hinarbeiten. Wir suchten in diesen Übergangsbetrachtungen das Gültigkeitsgebiet des einzelnen Gegenwartpunktes einzuschränken (auf Individuen, Raumtheile, Massentheile), wir suchten ferner die Welt als räumliche Mannigfaltigkeit einer beliebigen Transformation zu unterwerfen — Beides ohne Änderung des empirischen Weltbildes. Von dieser letzten Bedingung, die uns in die nicht ganz einwandfreie Region psychologischer und raumtheoretischer Fragen führte, machten wir uns schliesslich unabhängig und hielten an der transcendenten Möglichkeit der deformirten (durch Theilung und Umlagerung gewonnenen) Welten fest, gleichgültig ob sie dem subjectiven Effect nach mit der ursprünglichen Welt übereinstimmten oder nicht. Unser empirisches Weltbild bleibt ungestört entweder von der Deformation selbst oder von der Existenz des deformirten Weltbildes; in beiden Fällen ist die transcendente Denkbarkeit der Deformation erwiesen.

Diese Übergangsbetrachtungen, wie gesagt, variiren bereits den Zeitinhalt, aber in beschränkter Weise, durch Zerlegung und veränderte Zusammenflickung gemäss einer der extensiven Functionen wie Raum, Materie, Individuation; sie transformiren, wie man ein Mosaikbild, einen Buch-

stabensatz transformiren kann, durch Umlagerung der
Theile ohne wesentliche Änderung des Ganzen. Nur
eine den Zeitinhalt simplificirende Annahme wie die des
atomistischen Materialismus würde uns die Behauptung
gestatten, schon hier die äusserste Verallgemeinerung des
Zeitinhalts erreicht zu haben und am Ziele unserer Untersuchung zu sein; denn, wie früher ausgeführt, genügt es,
jedem materiellen Punkte seinen eigenen Gegenwartpunkt
zuzuweisen, um durch die Willkür der Bewegung dieser
Gegenwartpunkte aus einer Structur der Materie jede
andere, d. h. aber nach materialistischer Hypothese, aus
einem Weltzustand jeden anderen herzuleiten. —
Bleiben wir aber über dem Niveau dieser allzuprimitiven
Weltauffassung, sehen also im Weltzustand inhaltlich
mehr als eine räumliche Lage materieller Punkte, so wird
uns eine weitere, entscheidendere Verallgemeinerung des
Begriffs Zeitinhalt nicht erspart. Indem wir zu dieser,
systematisch gerechnet, zweiten Hälfte unserer Betrachtung
übergehen, versprechen wir von nun an rascheren Schritt
und präcisere Beschränkung auf die Hauptstrasse; die
wesentlichsten Abschweifungen demonstrativer und kritischer Natur liegen hinter uns, auf den Stufen niederer
Allgemeinheit und unvollkommener Transcendenz, wohin
sie auch gehören. Aber der Gedankengang selbst, von
den Abschweifungen abgesehen, wird nunmehr kürzere
Fassung erlauben, da die überall gleiche Methode der
Behandlung — wenn man bei so sehr elementaren Überlegungen von Methode reden darf — im Vorstehenden
ausführlich genug durchgeprobt worden ist.

Eine Zeitlinie, ein Gegenwartpunkt: das war die
Ausgangsstelle unserer Betrachtungen. Die Bewegung
des Punktes auf der Linie war der erste Fall, in dem
wir uns über die beschränkenden Aussagen des Realismus

zu transcendenter Allgemeinheit erhoben; der zweite Schritt brachte die Vervielfachung der Zahl der Gegenwartpunkte. Wir machten hieraus eine besondere Erwägung, obwohl die Mehrheit der Gegenwartpunkte im Grunde ein Specialfall der Willkürlichkeit des transcendenten Weltverlaufs ist. Fangen wir nun einmal umgekehrt an, indem wir den genannten Specialfall von dem Gegenwartpunkt auf den coordinirten Begriff Zeitlinie, vom Zeitablauf auf den Zeitinhalt übertragen. Mehr als ein Gegenwartpunkt, mehr als eine Zeitlinie! D. h. es braucht nicht nur das eine Continuum von Weltzuständen zu geben, in das wir hineinverflochten sind; neben ihm sind beliebig viele andere Welten beliebigen Inhalts denkbar, dargestellt durch Zeitlinien, auf denen Gegenwartpunkte ihr Spiel treiben. Also eine pluralité des mondes, die anzuerkennen uns obliegt, gerade weil wir uns nicht von ihr durch Erfahrung überzeugen können, sondern immer auf unsere Eine Zeitlinie angewiesen bleiben.

Und der Beweis für die transcendente Zulässigkeit einer Mehrheit von Zeitlinien? Wir kennen das Schema dieser Beweise schon: ist A die zu unserer empirischen Welt gehörige Zeitlinie, so ruft die Existenz anderer Zeitlinien B, C, ... keine inhaltliche Reaction in A hervor, entgeht also der empirischen Wahrnehmung und zeigt damit ihre transcendente Denkbarkeit. Ob die Realitäten A, B, C, ... dabei inhaltlich unter einander zusammenhängen, z. B. ob ein in A vertretenes Individuum sich auch in B und C vorfindet, oder nicht, ist ganz gleichgültig; existentiell ist keine Communication, keine Überschreitung der Grenze möglich. Hier wäre, in verallgemeinerter Fassung, das über die beiden Bewegungsrichtungen einer und derselben Zeitlinie Gesagte zu wiederholen.

Mit einer discreten Vielheit von Zeitlinien ist nun freilich nicht viel anzufangen. Um zu Stetigkeitsannahmen überzugehen, empfiehlt sich eine anschauliche Nachhülfe, die sich als Symbolik des Translinearen fast von selbst aufdrängt. Wenn man eine Linie zeichnet, braucht man ein Blatt Papier; um die Zeitlinie deutlich zu imaginiren, denkt man beinahe unwillkürlich eine Ebene oder einen Raum hinzu. Als wir die beliebige Bewegung des Gegenwartpunktes analysirten, besprachen wir auch den Fall, dass der Punkt sich nicht auf der Linie befände; fragen wir, wo ist er denn sonst? so verlegen wir ihn in gedanklicher Anschauung in irgend ein räumliches Ausserhalb, d. h. wir beziehen die Zeitlinie auf irgend eine übergeordnete Raummannigfaltigkeit, auf flächen- oder körperhafte Gebilde. Es hindert uns nichts, diese graphische Verdeutlichung mit Bewusstsein anzuwenden, wobei als Symbol eines mehrdimensionalen Zeitgebildes vorläufig die Ebene genügen wird. In dieser Ebene haben wir eine beliebige Anzahl beliebig gestalteter Curven zu zeichnen: das sind unsere Zeitlinien $A, B, C, \ldots$ Bei dieser Zwischenstufe wird man sich aber hier, wo die gedankliche Lücke geradezu räumlich, als noch verfügbarer Flächeninhalt, sichtbar wird, nicht aufhalten wollen; alles drängt zum Grenzübergang, zu jener natürlicheren und allgemeineren Auffassung, dass jeder Punkt der Ebene einen Weltzustand, jedes lineare Gebilde einen Weltverlauf bedeutet. Es ist hierbei zweckmässig und nicht zum Schaden der Allgemeinheit, die Gruppirung der zweifach unendlich vielen (∞^2) Weltzustände als stetig und homogen anzunehmen, sodass also jedem continuirlichen Stück der Bewegung des Gegenwartpunktes in der „Zeitebene" ein continuirliches Stück möglichen Weltverlaufs entspricht, sodass ferner der inhaltlich stetige Übergang von einem

Weltverlauf zum andern sich als räumlich stetige Über-
führung einer Zeitlinie in die andere abbildet. Ein ich-
sagendes Individuum der einen Zeitlinie würde dann auch
in die benachbarten als modificirtes, inhaltlich verändertes,
aber immer noch erkennbares Ich hinüberzunehmen sein,
sodass sich das Leben des Individuums nicht mehr als
eine von zwei Punkten (Geburt und Tod) begrenzte
Strecke, sondern als die von einer geschlossenen Curve
umgrenzte Fläche darstellt. Dass die Begrenzung, wegen
des nicht streng momentanen Characters der Vorgänge
Geburt und Tod, keine linear scharfe ist, sondern eher
dem Übergang vom Licht durch Halbschatten zum Kern-
schatten ähnelt, wäre besonders hervorzuheben, wenn wir
uns auf die Discussion solcher zweidimensionalen Lebensflächen näher einlassen wollten. Nur soviel: nach dem,

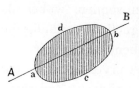

was über die Umkehrbarkeit der Zeitlinien gesagt wurde, liegt es am nächsten, die Begrenzung einer Lebensfläche als Linie der Geburten und
Tode zugleich aufzufassen und es
von der Bewegungsrichtung des Gegenwartpunktes abhängig zu machen, wann eine Überschreitung jener Grenze
das Eine oder das Andere bedeutet. Ist $a\,c\,b\,d$ die Grenz-
curve einer Lebensfläche und AB eine Zeitlinie, die in
a und b die genannte Curve schneidet, so ist auf der
Zeitlinie $AB\ a$ die Geburt und b der Tod des fraglichen
Individuums, auf der umgekehrt durchlaufenen Linie BA
hingegen b die Geburt und a der Tod. Die radicale Umkehrung in der Reihenfolge der Weltzustände, bei der
ja, wie wir wissen, von AB auf BA kein constructiver
Schluss möglich ist, gestattet die vorgeschlagene Annahme,
wonach zeitlich umgekehrte Geburt als Tod, zeitlich umgekehrter Tod als Geburt erscheint, immerhin wider-

spruchsfrei zu denken; die weitere speculative Ausmalung müssen wir den Liebhabern überlassen, wobei wir nicht verfehlen wollen, auf die zahlreichen Curiosa, die bei übereinandergreifenden Lebensflächen je nach der Gestalt der Zeitlinie möglich sind, aufmerksam zu machen.

Unsere Zeitebene, die sich übrigens sofort zum Zeitraum, zum drei- und mehrfach ausgedehnten Continuum von Weltzuständen erweitern lässt, ist natürlich nur anschauliches Symbol und nur in dieser Beziehung ein neues Element unserer Betrachtung: im Grunde haben wir bereits längst mit ihr operirt. In der That, wenn wir durch Theilung und Umlagerung aus unserer Welt andere Welten mit verändertem empirischem Inhalt herleiteten, so heisst das nichts anderes, als dass wir neben der einen Zeitlinie eine endliche oder unendliche Menge anderer Zeitlinien construirten; im Fall einer unendlichen Menge lassen sich diese Zeitlinien mit Leichtigkeit so anordnen, dass sie etwa eine Ebene oder einen Raum erfüllen, vorausgesetzt, dass die „Mächtigkeit" der Menge nicht die eines Punktcontinuums übersteigt. Ich erinnere an einige Beispiele. Wenn jedes Individuum einen Gegenwartpunkt besitzt und das empirische Weltbild davon abhängt, wieviele dieser individuellen Gegenwartpunkte sich zu gemeinsamer Bewegung auf der Zeitlinie vereinen, so ergiebt eine leichte Rechnung, dass die Zahl aller möglichen Weltbilder 2^n (die Zwei n mal mit sich selbst multiplicirt) ist, wenn unter n die Zahl der Individuen oder Gegenwartpunkte verstanden wird. Sind z. B. drei Individuen a, b, c vorhanden, so findet man eine Welt, wenn gar kein Gegenwartpunkt sich auf der Zeitlinie aufhält, drei Welten, wenn je ein Gegenwartpunkt (a oder b oder c) sich auf ihr bewegt, weitere drei Welten, wenn ein Paar von Gegenwartpunkten (bc oder ca oder ab)

gemeinsame Bewegung besitzt, endlich noch eine Welt, die dem Zusammenfallen aller drei Gegenwartpunkte (abc) entspricht — zusammen $1 + 3 + 3 + 1 = 8 = 2 . 2 . 2 = 2^3$ Welten. Statt also n Gegenwartpunkte sich auf der einen Zeitlinie beliebig bewegen zu lassen, können wir auch 2^n Zeitlinien nebeneinander zeichnen und sie der Bewegung eines oder mehrerer Gegenwartpunkte überlassen. Wenn allerdings unsere damalige solipsistische Betrachtung zu Recht bestand, so fallen für das einzelne Individuum alle diese 2^n Zeitlinien zu bloss zweien zusammen, indem es nur darauf ankommt, ob sein individueller Gegenwartpunkt auf der Zeitlinie ist oder nicht — gleichgültig, wo sich die anderen befinden. Jedenfalls ersieht man, dass die Verschiedenheit, die wir damals in die Gegenwartpunkte verlegten, im Grunde eine Mehrheit der Zeitlinien bedeutet. Ähnlich steht es bei den Raumtransformationen, nur dass wir hier nicht auf endliche (2^n), sondern auf unendliche Mengen von Zeitlinien geführt werden. Denken wir etwa an die Dehnung oder Pressung des Raumes längs einer einzigen Dimension und nehmen, unter Preisgebung der Erwägungen des fünften Capitels, das empirische Weltbild als abhängig vom Massstabe μ jener Dimensionsänderung an, so haben wir, den unendlich vielen Werthen von μ entsprechend, unendlich viele Zeitlinien (darunter unsere empirische, durch den besonderen Werth $\mu = 1$ ausgezeichnet). Wir können diese alle in einer Ebene unterbringen, etwa als Schar aller zu unserer Zeitlinie parallelen geraden Linien, derart dass der Abstand zweier solcher Parallelen gleich der Differenz der entsprechenden Werthe des Massstabs μ ist. Damit ist die Ebene ausgefüllt; aber auch andere Linien als jene Parallelen stellen nunmehr Zeitlinien dar, nämlich solche, in denen der Massstab μ der Dehnung oder Kürzung sich mit der Zeit ändert. Lässt man hingegen die Plausibilitätsgründe des fünften Capitels gelten, so unterscheidet sich, dem empirischen Effect nach, keine dieser unendlich vielen Welten von der andern, und die Zeitebene könnte wieder in die eine Zeitlinie zusammengezogen werden. — Hier hatten wir eine Raumtransformation, die eine willkürliche Grösse μ enthielt, und demgemäss eine einfach unendliche Menge von Zeitlinien oder eine zweifach unendliche Menge von Weltzuständen. Nehmen wir dagegen mit der Welt eine Transformation vor, die von 2, 3, n willkürlichen Grössen abhängt, so finden wir eine 3, 4, $n + 1$-fach ausgedehnte Mannigfaltigkeit von Weltzuständen, die wir als Punktcontinuum von 3, 4, $n + 1$ Dimensionen uns anschaulich vorstellen können. Wenn allerdings statt der willkürlichen Grössen willkürliche Functionen auftreten, so reicht diese anschauliche Symbolik nicht aus; die Gesamtheit aller Weltzustände z. B., die sich durch beliebige Raumtransformation aus einem gegebenen Weltzustand ableiten lassen, ist von höherer Mächtigkeit als ein Punktcontinuum von beliebig, selbst unendlich vielen Dimensionen und nicht durch ein solches darstellbar.

Unsere Zeitebene also ist nur ein anschauliches Hülfsmittel für Betrachtungen, die uns längst geläufig sind, und würde als solches nicht einmal für alle Fälle genügen. Dafür aber beschränken wir sie nicht auf den Inbegriff solcher Weltzustände, die sich aus den Weltzuständen unserer Zeitlinie durch Operationen wie Theilung oder Umlagerung gewinnen lassen, sondern setzen über ihre Structur nichts voraus als etwa das Eine, dass unsere Zeitlinie in ihr enthalten sei. In einer Beziehung also bleiben wir hinter dem bisher erreichten Stand an Allgemeinheit zurück — wir begnügen uns der Anschauung

zu Liebe, das Ensemble der Weltzustände als Punktcontinuum anzusehen, ihm also nur die „zweite Mächtigkeit" zu geben —, in anderer gehen wir weit darüber
hinaus, indem wir die Zeitebene mit beliebigem Inhalt
an Weltzuständen erfüllen. Ich will noch erwähnen, dass
die beiden Interpretationen, die wir im Übergangstheil
auseinanderzuhalten hatten, hier einfach darauf hinauslaufen, ob man bei irgend einer Weltdeformation auf der
Zeitlinie bleibt ($e_1 = e$) oder ihr Nachbargebiet in der
Zeitebene betritt (e_1 verschieden von e); gerade hier wird
besonders klar, dass auch der zweite Fall nichts gegen
die ·transcendente Denkbarkeit der Deformation beweist.

Nach dem Gesagten hoffe ich, dass die „Zeitebene"
nicht als Aussage über die wirkliche Structur des Ensembles der Weltzustände misszuverstehen sein wird; sie
ist nur symbolischer Ausdruck unserer Bemühung, den
bestimmten, qualitativ abgegrenzten Zeitinhalt ebenso
loszuwerden wie früher den bestimmten, eindeutig vorgeschriebenen Zeitablauf. Wir wollen etwas Beliebiges,
Eigenschaftloses, Unqualificirbares als transcendentes
Substrat unserer qualificirten, inhaltlich determinirten empirischen Welt zuordnen, wir wollen das „Ding an sich"
unwiderruflich erkennen als Etwas $= X$, als τὸ ἄπειρον.
Ist uns das gelungen? haben wir mit unserer Zeitebene
die volle Allgemeinheit erreicht? Wir erwähnten bereits,
dass dies bei einem anschaulichen Hülfsmittel nicht zu
erwarten ist; die Zeitebene kann nur Mengen beschränkter Mächtigkeit von Weltzuständen symboli-
siren, als Ausdruck der vollen Willkürlichkeit des Inbegriffs aller Weltzustände ist sie ungenügend. Aber
dieser Mangel, der jeden Augenblick durch Verzicht auf
anschauliche Nachhülfe beseitigt werden kann, wäre sehr
nebensächlich. Viel wichtiger ist der Umstand, dass wir

unsere Zeitlinie selbst bis jetzt nur in die Zeitebene eingebettet, noch nicht aber aufgelöst und ihrer qualitativen Structur nach zersetzt haben. Die Zeitebene scheint also in ihrer Beliebigkeit dadurch eingeschränkt zu sein, dass sie die ursprüngliche Zeitlinie als eine ihrer Curven enthalten muss. Aber ist das wirklich eine Einschränkung? und wenn ja, ist sie wirklich nothwendig? Diese beiden Cardinalfragen werden uns von nun an beschäftigen müssen, und wir wollen weder anschauliche noch rein logische Hülfsmittel verschmähen, um uns hier, an der entscheidenden Stelle, über die völlige Willkür und Unbestimmtheit des Transcendenten klar zu werden.

Der Hauptgrund, aus dem zunächst Jeder die erste Cardinalfrage bejahen wird, liegt in der kosmischen Structur unserer empirischen Welt. Hierunter will ich einmal, mit einer zeitweiligen Begriffsusurpation, alles verstehen, was von ordnenden, beziehenden, schmückenden, gestaltenden Principien in der Welt sichtbar wird, alle die Relationen, Zusammenhänge, Gesetzlichkeiten, die wir in der Empfindung „Kosmos" gegenüber dem Chaos zusammenfassen, einerlei, welche präcisen Gedanken wir mit dieser Empfindung verknüpfen. Der Eine wird mehr als Naturforscher, der Andere mehr als Betrachter des geistigen Lebens sich der kosmischen Empfindung nähern; Jenem wird sie bei der Untersuchung einer Vogelfeder oder Pflanzenblüthe, Diesem bei der Bestimmung einer Planetenbahn aufgehen. Dass wir Sterne am berechneten Ort und das gestern gelesene Buch heute an seinem Platze wiederfinden, dass von den Millionen Nadeln einer Pinie eine der anderen gleicht, dass ein Wasserstoffatom in der Donau sich genau so verhält und genau denselben Gesetzen gehorcht wie eines in der glühenden Sonnenphotosphäre, dass wir als reichorganisirte Wesen in einer überreichorganisirten Natur leben, die unsere Weltauffassung, bei aller Fülle der Einzelerscheinungen, weder in sinnlose Fragmente zersplittern noch von widersprechenden Elementen kreuzen lässt — diese und hundert andere Fälle von Continuität, Ordnung, Formenreinheit werden immer Quell des philosophischen Staunens bleiben und das abstract-kosmologische oder concret-physicotheologische Verlangen nach einer transcendenten Garantie jener Weltbeschaffenheit wachrufen. Es könnte ja auch anders sein: Sprung, Zufall, Unstetigkeit könnte die Welt beherrschen, form- und farbloses Grau uns statt der wohlgebauten Thier- und Pflanzengestalten umgeben, ein zerflatterndes gleitendes Bewusstsein ohne Erinnerung und Stabilität uns zur Orientirung im Weltwirrsal dienen. Dass wir in einer kosmischen, nicht chaotischen Welt leben, scheint demnach ein Vorzug, eine Sonderstellung ersten Ranges, und von diesem Gesichtspunkt aus wird Niemand zugeben wollen, dass eine Zeitebene, in der eine kosmische Zeitlinie enthalten ist, bereits das Chaos repräsentiren könne. Man wird, wie gesagt, unsere erste Cardinalfrage bejahen und es als qualitative Einschränkung der Zeitebene empfinden, eine so ausgezeichnete, so wunderbar construirte Zeitlinie in sich beherbergen zu müssen; man wird die blosse Eingliederung dieser Zeitlinie in ein übergeordnetes Ensemble von Weltzuständen für unzureichend halten, ihre qualitative Sonderstellung zu verwischen. Gegen diese Auffassung werden wir uns zunächst zu wenden haben, um erst dann, wenn unsere eigene Anschauung abgelehnt werden sollte, die zweite Hauptfrage — ist die Existenz der Zeitlinie überhaupt nothwendig? — aufzuwerfen und ebenfalls zu verneinen.

Man gestatte uns ein Gleichniss. Der Dieb im Märchen, dessen Hausthür mit Kreide bezeichnet ist, kann sie auf zweierlei Arten unkenntlich machen: er kann auch die Hausthüren der Nachbarschaft ankreiden, oder den Kreidestrich an der eigenen Thür löschen. Wir wollen unsere Welt des kosmischen Charakters entkleiden: das geschieht, indem wir sie entweder in eine Nachbarschaft ähnlicher Welten eingliedern, sodass ihre qualitative Sonderstellung sich verwischt, oder an ihr selbst die kosmischen Merkmale tilgen. Wir nivelliren, indem wir um den Hügel Erde aufschütten, oder ihn abtragen; wir können durch Hinzufügung oder Hinwegnahme Differenzen ausgleichen. Versuchen wir zunächst die Welt indirect zu dequalificiren, durch Einordnung in eine umfassendere Mannigfaltigkeit von Weltzuständen; hilft das nichts, so bleibt uns immer noch das directe Verfahren, die Zerstörung und Beseitigung jener kosmischen Welt.

Für das erste Verfahren scheinen wir auf die Unterstützung der Logik rechnen zu dürfen. Es sei eine Menge A von irgend welchen Elementen vorgelegt, die irgend eine characteristische Eigenschaft besitzen, nach irgend einem Gesichtspunkt ausgewählt und eben zu dieser Menge zusammengestellt sind. Die Logik gestattet dann, durch blosse Hinzufügung anderer Mengen B, C, ... die Gesamtmenge $S = A + B + C + \ldots$ zu erzeugen, die von den qualitativen Besonderheiten der Menge A frei ist; die Ergänzungsmenge $B + C + \ldots$ ist nämlich gleich Nicht - A zu setzen in dem besonderen Sinne, den die Aufgabe vorschreibt. Ist A etwa die Menge aller ganzen Zahlen, so erhalte ich durch Addition der Menge B aller rational gebrochenen Zahlen die Menge $A + B$ aller rationalen Zahlen überhaupt — eine Menge, die in ihrem Begriff gar keine Hindeutung mehr auf ihre Theilmenge A enthält. Will ich weitergehen, so verstehe ich etwa unter C die Menge aller irrationalen algebraischen

Zahlen, sodass $A + B + C$ die Menge aller algebraischen Zahlen überhaupt wird; wie vorher die Qualität von A in der von $A + B$, so ist jetzt die Qualität beider Mengen in der von $A + B + C$ untergegangen, erloschen, dequalificirt. Durch Hinzufügung der Menge D aller nichtalgebraischen reellen Zahlen finde ich die Menge $A + B + C + D$ aller reellen Zahlen überhaupt, die wiederum das Charakteristische der Theilmenge $A + B + C$ verschlungen hat; sodann kann ich die Menge aller complexen Zahlen, weiterhin Elemente ausserhalb des Zahlengebiets adjungiren. Jedesmal dequalificire ich, enteigenschafte ich die bereits vorhandene Menge durch Hinzunahme einer neuen Menge, die in der verlangten Beziehung ihr Negativum ist; so waren die Zahlen A ganz, die Zahlen B nicht ganz, aber rational, die Zahlen C nicht rational, aber algebraisch, die Zahlen D nicht algebraisch, aber reell u. s. f. — Übertragen wir diesen logischen Process auf unser Problem: die Elemente der Mengen sind in unserem Fall die Weltzustände, die Menge A entspricht der Zeitlinie; die Mengen B, C, ... können wir etwa als parallele oder irgendwelche anderen Zeitlinien auffassen, deren mit A vereinigte Gesamtheit, die Linienschar $S = A + B + C + \ldots$, die Zeitebene als zweifach ausgedehntes Continuum von Weltzuständen erfüllt. Die ursprüngliche Zeitlinie A vereinigt Weltzustände von gewisser ausgesuchter Beschaffenheit, nämlich solche, deren Ablauf eine kosmische Welt erzeugt; bei passender Wahl der Ergänzungsmengen B, C, ... dürfen wir also wohl von der Zeitebene S sagen, dass in ihr jene Sonderstellung verwischt ist, dass die Menge S gegenüber der Menge A eine eigenschaftlose, dequalificirte, chaotische Welt characterisirt.

Indessen hüten wir uns, diese Analogie für einen Beweis gelten zu lassen. Die Logik garantirt uns näm-

lich nicht für die praktische Ausführbarkeit der Forderung „$B + C + \ldots$ = Nicht-A", solange man die Elemente der Ergänzungsmengen B, C, ... aus einem
bestimmten Gebiet entnimmt. In diesem Falle sind wir:
die Ergänzungsmengen sollen, wie die Menge A, aus
Weltzuständen bestehen, und bei dieser Beschränkung
wäre es immerhin möglich, dass die Construction des
verlangten Nicht-A blosses Postulat bliebe, dass die
Ergänzungsmengen nur logisch definirt, nicht thatsächlich
angebbar wären. Überdies kommt A hier nicht einfach als Menge, sondern als geordnete Menge in Betracht; nicht nur in den Weltzuständen, sondern auch in
ihrer Reihenfolge liegt das „Kosmische". Aus diesen
und wohl noch anderen Gründen ist auf das bezeichnete
logische Schema kein unbedingter Werth zu legen.

Ähnliches gilt von der folgenden geometrischen
Analogie. Wenn in der Zeitebene jeder Linienzug ein
Stück Weltverlauf bedeutet, so liegt es nahe, Welten von
ähnlichem Gefüge wie die unserige — sagen wir der
Kürze halber kosmische Welten — gegenüber den
chaotischen durch irgend eine geometrische Eigenschaft der entsprechenden Zeitlinien zu characterisiren,
natürlich wieder nur zum Zweck anschaulicher Unterstützung. Beispielsweise können wir annehmen, dass alle
geraden Linien innerhalb der Zeitebene kosmische
Welten darstellen, während die übrigen Curven etwa auf
nicht-causal verfliessende Zeitinhalte führen. Oder alle
Kreise, alle Kegelschnitte, alle algebraischen Curven der
Ebene bedeuten kosmische Welten, die übrigen nicht.
Geschlossene Curven in der Ebene entsprechen, beiläufig
erwähnt, solchen Welten, die der ewigen Wiederkunft
in Nietzsche's Sinne unterworfen sind. — Da nach Lage
und Gestalt eine gerade Linie in der Ebene von zwei,

11*

ein Kreis von drei, ein Kegelschnitt von fünf, eine algebraische Curve von unbegrenzt vielen Bestimmungsstücken
abhängt, so hätten wir jedesmal unendlich viele, und
zwar je nach Wahl ∞^2, ∞^3, ∞^5, oder ∞^∞ kosmische
Welten, deren Gesamtheit dennoch nur ein unendlich
kleiner Theil aller in der Ebene überhaupt möglichen
Curven ist. Von diesem Standpunkt aus scheint der
Schluss erlaubt, dass man in der Zeitebene nicht nur eine,
sondern sogar unendlich viele Zeitlinien kosmischen Characters voraussetzen darf, ohne die Structur der Ebene
in endlicher Weise einzuschränken — gerade weil der
Inbegriff aller kosmischen Zeitlinien ein verschwindender
Theil des Inbegriffs aller möglichen Zeitlinien bleibt.
Dies wäre also wiederum eine verneinende Antwort auf
unsere erste Cardinalfrage, freilich wiederum nur eine
bildliche, metaphorische Antwort und insofern anfechtbar,
als eine Analogie eben kein Beweis ist.

Aber wir kommen über derlei Analogieen nicht
hinaus und wollen uns daher wenigstens klar machen,
welcher Art die Metapher, die Verbildlichung ist, deren wir
uns bedienen. Kurz ausgedrückt: wir haben eine qualitative Beziehung durch eine quantitative ersetzt, und
diese μετάβασις εἰς ἄλλο γένος, zu der allerdings die moderne
Naturwissenschaft eine weitgehende Berechtigung ertheilt,
raubt unseren Ausführungen die Strenge buchstäblicher
Gewissheit. Ob wir das Verhältniss des Kosmos zum
Chaos uns an einer Linie verdeutlichen, die in eine Ebene
hineingezeichnet ist, oder an einer Menge von Elementen,
die sich in einer umfassenderen Menge verliert — immer
sind es Relationen der Zahl, Lage, Gestalt, die uns
gleichnissweise an die Stelle von Relationen der Qualität
treten. Der Naturforschung ist bis jetzt kein Fall bekannt, der principiell einer solchen Übertragung wider-

spräche; immerhin wird sie auch nicht beweisen können, dass es keinen solchen Fall gebe und dass alles quale im Grunde ein quantum sei. Wir aber müssen von jener Metapher hier schon deswegen Gebrauch machen, weil es ohne sie schwer ist, mit den Begriffen Kosmos und Chaos einen bestimmten, über die vage Empfindung hinausgehenden Sinn zu verbinden. Im Folgenden sollen aufs Gerathewohl einige Beispiele zur Erläuterung dessen, was wir Dequalification nannten, herangezogen werden — Beispiele, die jene mathematische Auffassung der Qualitäten gestatten; eine systematische Ableitung aller Qualitäten, die auf quantitative Beziehungen zurückführbar sind, liegt natürlich nicht in unserer Absicht.

Ein sehr dankbares Feld unserer Bemühung bildet das Gebiet der rein mechanischen Erscheinungen, und wir würden hier die völlige Auflösung empirischer Gesetzlichkeit in transcendente Willkür, das Verschwinden der kosmischen Zeitlinie im Chaos der Zeitebene ausführlich zu besprechen haben, wenn wir nicht im vorigen Capitel, bei Anwendung des Theilungverfahrens auf die Materie, das Wichtigste bereits vorweggenommen hätten. Hier, wo die kosmischen Qualitäten der Welt ohne Rückstand in arithmetische und geometrische Quantitäten umsetzbar sind, muss auch die Dequalification am vollkommensten gelingen. Nach rein mechanischer Auffassung ist jeder Weltzustand eine bestimmte räumliche Lage sämtlicher Massenpunkte, die empirische Welt eine bestimmte Reihenfolge solcher Lagen, die transcendente Welt der Inbegriff aller möglichen Lagen oder auch, wenn man will, der Inbegriff aller möglichen Reihenfolgen: dass unter diesen sich eine bestimmte vorfindet, beschränkt ihre Gesamtheit in keiner Weise. Wenn ein Gegenwartpunkt die vielfache Mannigfaltigkeit der Weltzustände

(Symbol: die Zeitebene) durchwandert, so realisirt er irgend eine beliebige Reihenfolge (einfache Mannigfaltigkeit, Zeitlinie) und folglich eine beliebige Bewegung der Atome, die von der unserigen, empirischen durchaus unabhängig ist; wo sie gelegentlich mit ihr übereinstimmt, kommt an „uns" die Reihe zu existiren, wo nicht, bleiben „wir" existenzlos (Princip der indirecten Auslese). Das qualitativ Kosmische besteht hier bloss in der Bestimmtheit einer Bewegung, die Dequalification demnach bloss in der Aufhebung dieser Bestimmtheit, in der Hinzufügung beliebiger anderer Bewegungen, in der Wiederherstellung der Freiheit, die durch jene bestimmte Bewegung eingeschränkt worden war. Die bestimmte Bewegung bleibt dabei eine unter den beliebigen, der Kosmos ist eine Möglichkeit im Chaos, aber keine dem Chaos irgendwie zur Last fallende, seine Willkür irgendwie einengende Möglichkeit! Beispielsweise sei unsere empirische Welt diejenige Bewegung der materiellen Punkte, die nach dem Newton'schen Gravitationsgesetz von einem bestimmten „Anfangszustand" aus erfolgt, wobei unter Anfangszustand die Lage und Geschwindigkeit sämtlicher Punkte in einem Anfangsaugenblick verstanden wird (beiläufig erwähnt, characterisiren also erst zwei aufeinander folgende „Weltzustände" einen „Anfangszustand" im mechanischen Sinne). Nun dequalificiren wir diese Welt, indem wir die Newton'sche Massenanziehung (natürlich nicht als qualitas occulta, sondern ihrem mathematischen Ausdruck nach) oder auch den gewählten Anfangszustand beliebig variiren. Zu jedem der unendlich vielen Anfangszustände, von denen wir an Stelle des wirklichen hätten ausgehen können, gehört wiederum je eine Bewegung nach dem Newton'schen Gesetz; zu jedem der unzähligen Attractionsgesetze, die wir an Stelle des

Newton'schen ersinnen mögen, gehört wiederum je eine Bewegung mit gegebenem Anfangszustand; zu jeder möglichen Combination von Anfangszustand und Anziehungsgesetz gehört abermals eine Bewegung, eine Zeitlinie, ein bestimmtes einfaches Continuum von Weltzuständen. Wir erhalten ein Bündel unendlich vieler Zeitlinien, die sich an die ursprünglich gegebene stetig anschliessen und sie in ihrer Umgebung enteigenschaften, sowie der Tropfen im Ocean, die Schneeflocke im Schneefeld verschwindet und ihr Sonderdasein einbüsst. Es ist keine Beschränkung eines beliebigen Gravitationsgesetzes, sich zum Newtonschen specialisiren zu können; es ist keine Beschränkung einer willkürlichen Atombewegung, gelegentlich mit einer bestimmten Atombewegung coincidiren zu können; es ist keine Beschränkung eines transcendenten Zufallsspiels, bisweilen ein Stück gesetzlichen Weltverlaufs hervorbringen zu können. Nur davon aber sprechen wir; denn dass dieses Können an Stelle eines realistisch geglaubten Müssens zum Zustandekommen empirischen Bewusstseins genügt, dass die gelegentliche Erfüllung empirischer Gesetze für 'uns als permanentes Erfülltsein sichtbar wird — das ist uns, als Princip der indirecten Auslese, von früheren Erwägungen her bekannt. Nicht die Berechtigung, unser Continuum von Weltzuständen in ein umfassenderes Continuum einzubetten, steht hier ja in Frage, sondern der Grad von transcendenter Allgemeinheit, der damit erreicht wird.

Um noch einen Augenblick auf dem Gebiet der mechanischen Erscheinungen zu verweilen und die bisherigen Darlegungen durch ein concretes, vielleicht zu concretes Beispiel zu verdeutlichen, fingire ich folgenden Fall, den ich allerdings nicht buchstäblich zu nehmen bitte. Zwei gleichgrosse Halbkugeln seien frei im Raum beweglich; unter allen möglichen Bewegungen der beiden fasse man diejenigen besonders ins Auge, bei denen sie ihre ebenen Flächen aufeinander legen und sich zusammen wie eine einzige Kugel bewegen. Solcher ausgesuchten Bewegungen giebt es immer noch unendlich viele, aber ihr Inbegriff ist nur ein unendlich kleiner Theil des Inbegriffs aller denkbaren Bewegungen. Diese sich bewegenden Halbkugeln sollen mit zum Inhalt der Zeitebene gehören; ich werde dann sowohl Zeitlinien construiren können, in denen sich beide unabhängig und getrennt von einander bewegen, als auch insbesondere solche, in denen sie zur Vollkugel vereinigt sind. Einen Weltverlauf der letzten Kategorie denke ich mir wirklich erzeugt, eine Zeitlinie also, deren Fortsetzung an jeder Stelle so gewählt wird, dass die beiden Halbkugeln zusammenhängend bleiben, auch wenn z. B. bewusste Wesen dieser Welt sie auseinanderzureissen bestrebt sind. Die Wesen dieser Zeitlinie werden dann von Cohäsion der beiden Halbkugeln sprechen, die doch nichts anderes ist als sozusagen die gefühlte Fortschreiterichtung der Zeitlinie, eine ausgezeichnete Richtung gegenüber anderen möglichen Richtungen; sie werden vor einer Gesetzlichkeit stehen, wo für einen ausserweltlichen Betrachter nur ein Zufall waltet, ein Specialfall unter unendlich vielen gleichberechtigten Fällen verschwindet. — Will man dies Halbkugel-Beispiel weiter spinnen, so kann man etwa jeden festen Körper der empirischen Welt in seltsam geformte Theilkörperchen zerschnitten denken, die mit ihren Vorsprüngen und Vertiefungen, Schnecken und Schnörkeln, Gewinden und Gewindemuttern genau ineinander passen. Nun mag der Zufall die Bausteine zerstreuen, sodass sie sich, längs einer Zeitlinie allgemeiner Lage, getrennt von einander bewegen werden. Ziehe ich aber eine specielle Zeitlinie, längs deren die Bauglieder sich zum künstlichen

Bauwerk zusammenfinden und zusammenbleiben, so wird jedes Bewusstsein, das dieser Zeitlinie angehört, vermöge automatischer Auslese das Bauwerk stets zusammengesetzt vorfinden und diesen Thatbestand naturgesetzlich deuten — während, von aussen gesehen, die Willkür des Chaos jenen kosmischen Specialfall zwar nicht als Möglichkeit ausschliesst, aber seine qualitative Sonderstellung völlig verwischt. Noch einen Schritt weiter, und die Theilkörperchen werden zu demokritischen Atomen, deren regelloser Wirbel sich für das Bewusstsein zu einer gesetzmässigen Bewegung durchsiebt, ohne dass diese gesetzmässige Bewegung dem transcendenten Geschehen irgend eine Einschränkung auferlegte. Ein Auge, das den absoluten Weltverlauf wahrnimmt, würde unendlich selten aus dem durcheinanderschwirrenden Atomstaub einen festen Körper oder gar ein organisches Gebilde sich zusammenballen sehen; construiren wir aber eine Zeitlinie, längs deren gerade solche Besonderheiten der Atombewegung verwirklicht sind, so wird ein in diese Zeitlinie verflochtenes Bewusstsein die permanente Erscheinung fester und organischer Körper constatiren, es wird die kosmischen Ausnahmezustände aus der ungeheuer überwiegenden Fülle chaotischer Normalzustände automatisch herauslesen. Wir haben, als wir im vorigen Capitel von diesen Dingen sprachen, die Consistenz der Aussenwelt eine widergespiegelte Continuität des Bewusstseins genannt; jedenfalls ist sie als Qualität dadurch aufgehoben, dass die durch sie beschränkte Freiheit den Molecülen zurückgegeben wird.

Mit Hülfe dieser Betrachtungen, die wir an den Beispielen Anziehung und Cohäsion durchführten, würde es ein Leichtes sein, die mechanischen Gesetzmässigkeiten der Reihe nach zu dequalificiren, indem man die ihnen

entsprechenden Mengen von Weltzuständen in übergeordnete, umfangreichere und demgemäss inhaltsärmere
Mengen eingliedert. Statt aber Beispiel auf Beispiel zu
häufen, sagen wir lieber einige Worte über den allgemeinen
Typus von Gesetzmässigkeit, der die meisten Einzelfälle
(auch nicht-mechanischen Characters) zu umfassen scheint.
Wir sprechen natürlich nicht vom rein factischen Bestande
der Welt; wenn etwa Alkohol bei 78° siedet, so ist das eine
blosse Thatsache, weiter nichts, und die Zahl 78 nur der
zufällige Werth einer Naturconstante. Zu diesen Natur-
constanten, deren wirklicher Werth gegenüber den möglichen keine Sonderstellung einnimmt, muss man wohl
auch, beiläufig erwähnt, die Anzahl*) der Raumdimensionen
rechnen; für kabbalistische Versuche, wie die von Lotze
und Schmitz-Dumont, gerade die Drei als Product
„logisch nothwendiger Setzung" herzuleiten, fehlt mir
jedes Verständniss. Warum drei? warum nicht ebensogut
fünf oder zwölf? Die Drei hat keine bevorrechtete
Stellung in der Zahlenreihe inne, die Fünf oder Zwölf
auch nicht; ein fünf- oder zwölfdimensionaler Raum wäre
uns weder verständlicher noch räthselhafter als der dreidimensionale. — Neben solchen Thatbeständen aber, die
wir einfach als Facta über uns ergehen lassen müssen,
sind auch singuläre Eigenschaften in der empirischen
Welt realisirt, die den unverwirklichten Fällen gegenüber
einen schon begrifflich ausgezeichneten Grenzfall
darstellen, nicht einen simplen Specialfall, der weder
Grund noch Gegengrund hat. Denken wir etwa an den
euklidischen, ebenen Raum, der überall das Krümmungsmass Null hat, im Gegensatz zu den nichteuklidischen

---

*) Dass diese Constante nicht, wie die Siedetemperatur des Alkohols,
stetiger Veränderung fähig ist, sondern nur distincte Einzelwerthe annehmen kann, thut hier nichts zur Sache.

(sphärischen oder pseudosphärischen) Räumen positiven und negativen Krümmungsmasses. Hier haben wir einen begrifflich hervorragenden, einen „ausgezeichneten Fall" vor uns; die Null ist nicht, wie die Drei oder Fünf oder Zwölf, eine beliebige, sondern eine privilegirte Zahl der reellen Zahlenreihe, sowie Geradlinigkeit ein ausgezeichneter Fall im Gebiete des Krummlinigen ist. Hätte das Krümmungsmass irgend einen von Null verschiedenen Werth k, so wäre es nichts weiter als eine Naturconstante, deren Werth genau so gut auch ein anderer sein könnte, und eine hinlänglich kleine Änderung von k würde an den Massverhältnissen des Raumes nichts Wesentliches, nichts Characteristisches ändern. Aber gerade die Übergangsstelle $k = 0$ ist kritisch und durchaus nicht mit jedem anderen k gleichberechtigt; die geringste Abweichung würde hier genügen, in der Massbestimmung einen Umschlag herbeizuführen und aus der euklidischen Geometrie die Geometrie Riemann's oder Lobatschewsky's zu machen. Diesmal also kommt der Realität gegenüber den irreal gebliebenen Möglichkeiten eine Sonderstellung zu, ein singulärer oder limitativer Werth, eine inhaltliche, essentielle Bevorzugung neben der existentiellen; hier strebt die Natur nach Zuständen, die sich durch fassbare, begriffliche, nicht nur empirische Kriterien von ihrer Nachbarschaft abheben, gegen die nicht der Einwand des unzureichenden Grundes ins Feld zu führen ist. Wir streifen da ein Gebiet der Speculation, das bis in die neueste Zeit seine Reize ausübt und immer wieder aus Naturforschern Naturphilosophen, Naturpoeten macht. Princip der kürzesten Lichtzeit, der raschesten Ankunft, der kleinsten Action, des kleinsten Zwanges, der geradesten Bahn: lauter superlativische Aussagen, deren gemeinsamer Kern, das Princip des ausgezeichneten Falles, eine

moderne Art Naturmythologie ausdrückt, mit der man
innerhalb der einzelnen Fachwissenschaften vorsichtig umzugehen Grund hat. Die Natur erscheint dabei als eine
unbewusste vis inertiae, die zu Stabilitätsbereichen strebt
wie der Schwerpunkt zu seiner tiefsten Lage, die immer
Extreme, Gipfel oder Abgrund, nie die gleichgültige
Mitte bevorzugt. Mathematisch gesprochen, sind das
solche Stellen, wo unendlich kleine Variationen erster
Ordnung der unabhängigen Grössen nur unendlich
kleine Variationen zweiter Ordnung der abhängigen
zur Folge haben; geometrisch gedeutet, sind es Maxima,
Minima, Wendepunkte, jedenfalls nicht die eigenschaftlosen Punkte „allgemeiner Lage" im verfügbaren Punkt-
bereich. Freilich muss man hierzu wissen, wie abhängige
und unabhängige Variable zu wählen sind, weil daraus
Art und Gültigkeit der Lösung resultirt; auch gestattet
die Aufgabe oft verschiedene Lösungen, zwischen denen
erst nach speciellerer Discussion entschieden werden kann;
ferner ist man, wenn nur die nothwendigen Bedingungen des Maximums oder Minimums erfüllt sind,
noch nicht seines wirklichen Eintreffens sicher — endlich,
wenn alles dies in Ordnung wäre, hätte man sich immer
noch vor anthropomorpher und teleologischer Ausdeutung
des Thatbestandes zu hüten und daran zu denken, dass
Action, Zwang u. dergl. eben nur Namen für gewisse
mathematische Ausdrücke sind, von denen wir nicht
wissen, warum die Natur gerade sie und keine anderen
zu Maximis oder Minimis zu machen strebt. Aber lassen
wir diese Bedenken dahingestellt, so ist das „Princip des
ausgezeichneten Falles" in der That eine viele Einzelfälle
umfassende Allgemeinheit des Inhalts: die Natur geht
der Beliebigkeit, dem nichtssagenden Specialfall aus dem
Wege und wählt das Sonderliche, das Überragende, das

in sich Kenntliche und Abgegrenzte. Der Schwerpunkt eines aufgehängten Körpers sucht den tiefsten Stand; nicht an dem Superlativ schlechthin ist der Natur gelegen, sondern daran, dass diese Lage gegen ihre Nachbarlagen bevorzugt, „ausgezeichnet" ist, während jede andere Lage in ihrer Nachbarschaft nur eine unter vielen, ein grundloser Specialfall wäre. Das Lichttheilchen „strebt" bei seiner Wanderung durch brechende Medien so rasch wie möglich anzukommen; diese Bedingung schreibt ihm einen bestimmten Weg vor, während es ohne sie vor lauter „Willensfreiheit" nicht aus noch ein wüsste.

Sehen wir nun, vielleicht nicht ohne bewusste Überschätzung, das Princip des ausgezeichneten Falles als eigentlichen Typus des Kosmischen an, so ist offenbar gerade diesen Kosmos in sich zu enthalten keine Beschränkung des Chaos. Gerade hier tritt ja die Gesetzlichkeit, die qualitative Bestimmtheit der empirischen Welt nur als Ausschnitt aus einer Unbestimmtheit, einem Zufallsbereich auf; gerade hier kennt man von vornherein die Nachbarfälle, durch deren transcendente Hinzufügung die Sonderstellung des ausgezeichneten Falles verwischt wird. Wir haben dann freilich eine transcendente Mannigfaltigkeit $S = A + B + C + \ldots$ vor uns, die ausgezeichnete Fälle A in sich begreift; wer darin eine Beschränkung findet, muss es auch als Beschränkung des Begriffs Curve ansehen, dass er als Specialfall die gerade Linie einschliesst. Gerade das Gegentheil, der absolute Mangel an ausgezeichneten Stellen, wäre eine einschränkende Bedingung für die Structur der transcendenten Mannigfaltigkeit; man würde damit gewissermassen aus der reellen Zahlenreihe die Null verbannen. Die transcendente Willkürlichkeit ist nicht so aufzufassen, als brächte sie nur Chaos hervor und vermiede grundsätzlich jede kosmische Gelegenheit; das hiesse ein Zufallsspiel mit lauter Nieten, ein Weltsubstrat von bewusster Stupidität voraussetzen und wäre eine Beschränkung der Freiheit um das Recht, sich selbst zu beschränken. Ein Mangel an Tendenz ist noch nicht die Gegentendenz, fehlende Harmonie noch nicht Disharmonie, Akosmos noch nicht Antikosmos. Wir bekämpfen nur den realistischen Aberglauben, der mit der essentiellen Bevorzugung auch immer eine existentielle verbindet, wir leugnen, dass der „ausgezeichnete Fall" der transcendent allein verwirklichte sei, reihen ihn vielmehr in seine Umgebung und Nachbarschaft ein; aber ihn ganz zu streichen, seine unendlich kleine objective Wahrscheinlichkeit völlig der Null gleichzusetzen haben wir keine Veranlassung. Wenn nach Leibniz unsere Welt die beste aller möglichen Welten ist, so betonen wir, dass diese möglichen Welten, transcendent gerechnet, ebenso wirklich sind wie unsere und nur von uns aus, die wir nicht mehr als die eine Realität innehaben, als blosse Möglichkeiten erscheinen; aber es liegt uns fern zu bestreiten, dass es in einem. Ensemble von Welten eine relativ beste geben könne Wir nehmen der transcendenten Welt die Verpflichtung ab, nur gesetzliche Formen zu realisiren, und stellen ihr frei, neben chaotischen gelegentlich auch gesetzliche Formen zu realisiren; aber verlangen, dass nur chaotische Formen realisirt werden, hiesse ihr eine neue Verpflichtung aufbürden und wäre die Auslegung blosser ἄνοια im Sinne einer eigenwilligen παράνοια.

Aber wir wollten die Dequalification der Welt bezüglich solcher Qualitäten durchführen, die eine Übersetzung ins Quantitative gestatten, und haben uns so ungebührlich lange auf mechanischem Gebiet aufgehalten, wo eigentlich das Quantitative als Ursprache herrscht.

Andererseits fürchte ich die Geduld meiner Leser zu
ermüden, wenn ich Betrachtungen, die ohnehin nichts
definitiv Überzeugendes haben, auf die ganze Reihe
empirischer Qualitäten ausdehnen wollte, die dem beschreibenden Naturforscher, dem Physiker, dem Physio-
logen, dem Beobachter geistigen und socialen Lebens
vor Augen treten. Es genüge die Bemerkung, dass es
wenige, und mit fortschreitender Erkenntniss immer
weniger, Qualitäten giebt, die nicht zum mindesten ein
der quantitativen Abstufung fähiges Merkmal darböten.
Wir brauchten noch gar nicht zu wissen, dass die physicalischen Farben bestimmten Wellenlängen der Aether-
schwingungen entsprechen: die einfache Entwerfung des
Spectrums und Anlegung eines linearen Massstabs würde
bereits genügen, jeder chromatischen Qualität eine bestimmte Quantität zuzuordnen, d. h. die Mannigfaltigkeit
der Farben in eine Zahlenmannigfaltigkeit zu übersetzen.
Die qualitas occulta, die Leben heisst, ist uns unbekannt;
aber einige ihrer Wirkungen und Functionen, wie Stoff-
wechsel, Energieumsatz, Muskelthätigkeit, vermögen wir
doch der exacten Messung zu unterwerfen. So wird
immer, wenn auch nur an der äussersten Aussenseite,
eine Handhabe zu finden sein, die Qualität ins quantitative Gebiet hinüberzuziehen, und die Aussagen der
Wissenschaft über die Besonderheiten und Eigenschaften
der empirischen Welt werden schliesslich die Form
mathematischer Urtheile, die Form von Gleichungen annehmen. Die Dequalification der Welt würde
sich alsdann darauf beschränken können, dass man in
diesen Gleichungen das Gleichheitszeichen streicht.
Ist also einer der kosmischen Thatbestände, die unsere
empirische Welt characterisiren, durch die Gleichung $F=0$
ausgedrückt, in der F eine gewisse Function gewisser

Grössen (z. B. der Coordinaten von Massenpunkten und ihrer Ableitungen) ist, so brauche ich nur der Function F zu gestatten, alle beliebigen Werthe, die Null eingeschlossen, anzunehmen, und habe damit eine der qualitativen Einschränkungen der empirischen Welt zersetzt, aufgelöst, rückgängig gemacht. In der umfassenderen Mannigfaltigkeit $F \gtreqless 0$ verschwindet die specielle Mannigfaltigkeit $F = 0$, wie der Punkt auf der Linie, die Linie in der Ebene verschwindet; sie büsst zwar nicht ihr Dasein, wohl aber ihr Sonderdasein, ihre isolirte Ausschliesslichkeit ein. Auf diese Weise kann ich alle verlorenen Freiheitsgrade des Geschehens wiedergewinnen und die Elemente der Welt aus der „Spannung gegenseitiger Bezogenheit", in der sie nach Lotze's Ausdruck die empirische Welt constituiren, zur vollen chaotischen Beweglichkeit verflüssigen; der kosmische Specialfall, nach realistischer Auffassung und für die in ihn hineinverflochtenen Intellecte der einzige, sinkt zur blossen Möglichkeit neben unendlich vielen anderen Möglichkeiten herab. Hierbei spielt, beiläufig erwähnt, der Unterschied keine Rolle, ob die Gleichung $F = 0$ einen gewöhnlichen characterlosen Specialfall oder einen „ausgezeichneten Fall" im vorhin besprochenen Sinne definirt.

Sei es gestattet, mit einem Beispiel die letzten Ausführungen und zugleich dieses Capitel zu beschliessen. Wir wollen die Eigenschaft unserer empirischen Welt, eine dreifach ausgedehnte Raumwelt zu sein, dequalificiren, allerdings nur in dem beschränkten Sinne, dass wir die Ausdehnung nach beliebig vielen Dimensionen als Prädicat des absoluten Raumes bestehen lassen; es wird sogar genügen, ihm vier Dimensionen zu geben, um unsere Schlüsse zu fixiren. Den dreidimensionalen

770

Körpern der empirischen Welt steht damit ein unendlich erweitertes Bewegungsgebiet offen, in dem sie sich nun gesetzlos und willkürlich zerstreuen mögen; ihr Verbleiben innerhalb einer dreidimensionalen Raumschicht, der von „uns" allein constatirbare Fall, ist zu einer blossen Möglichkeit, zur beinahe verschwindenden Chance eines transcendenten Zufallsspiels geworden. Die freie Bewegung der Materie im vierfach ausgedehnten Raum würde einem dreidimensional ausgestatteten Bewusstsein Wunder und Unerklärlichkeiten aller Art, wie das Entstehen und Verschwinden von Körpern, Eintritt und Austritt aus verschlossenen Behältern u. dgl., wahrzunehmen geben; dass diese vermieden werden, dass sich der Verlauf der Dinge zwischen den Klippen des vierdimensionalen Raumes hindurchwindet, liegt nur an der einmal gewählten Form der Zeitlinie und wird für uns Bewohner dieser Zeitlinie zur Gewissheit, so unwahrscheinlich es objectiv sein möge. Um hier nun den Schematismus unserer letzten Betrachtungen anzuwenden, nehmen wir die Darstellung der analytischen Geometrie zu Hülfe; wir errichten im vierdimensionalen Raum vier aufeinander senkrechte Achsen und nennen x, y, z, u die Coordinaten eines Punktes in Bezug auf dieses Achsensystem, wobei wir es so einrichten können, dass $u = 0$ die Gleichung der dreidimensionalen Raumschicht wird, in der wir leben. Die für alle Massenpunkte der empirischen Welt aufzustellenden Gleichungen $u = 0$ sind dann eben jene Gleichungen vom Typus $F = 0$, die das „Kosmische" der Welt gegenüber dem Chaotischen zum Ausdruck bringen; und um das Chaotische für den transcendenten Verlauf zu retten, haben wir in den Gleichungen $u = 0$ die Gleichheitszeichen zu tilgen, d. h. den Grössen u die Annahme beliebiger Werthe zu gestatten. Also $u \gtreqless 0$ drückt das

Chaos aus, die willkürliche Bewegung sämtlicher Massenpunkte im vierdimensionalen Raume; der darin enthaltene
Specialfall $u = o$ symbolisirt den Kosmos, das Verbleiben
aller Punkte in einer dreidimensionalen Raumschicht.
Das Ensemble aller Weltzustände (Zeitebene) wird erhalten, wenn sämtliche vier Coordinaten x, y, z, u der
materiellen Punkte alle beliebigen Werthe annehmen;
der Inbegriff unserer Weltzustände (Zeitlinie) sondert
sich aus jenem dadurch heraus, dass die drei ersten Coordinaten x, y, z bestimmte mit der Zeit veränderliche Werthe
annehmen und die vierte Coordinate u beständig verschwindet. — Ich lasse dieses Beispiel nicht vorbeigehen,
ohne wieder einmal auf die zahllosen Möglichkeiten des
transcendenten Weltsubstrats hinzuweisen, von denen
jede einzelne bereits gegen den Realismus entscheidet.
Der Raum könnte vierdimensional sein und dennoch
dreidimensional erscheinen: nämlich den bewussten Wesen
einer Zeitlinie, die unter präciser Innehaltung gewisser
Bedingungen ($u = o$) aus der Gesamtheit aller möglichen
Weltzustände herausgelesen ist. Sogar die materiellen
Körper könnten vierdimensional sein und sich im vierfach ausgedehnten Raum beliebig bewegen; das Erzeugungsprincip für unsere Zeitlinie hätte dann in der Auswahl solcher Bewegungen zu bestehen, bei denen die
„Durchschnitte" der Körper mit unserer dreidimensionalen
Raumschicht immer dieselben bleiben — eine Bedingung,
deren Erfüllung objectiv sehr unwahrscheinlich, subjectiv
aber vermöge automatischer Auslese der günstigen Fälle
gesichert ist.

Achtes Capitel.

Transcendenter Nihilismus.

Bei der Verallgemeinerung der Zeitlinie zur Zeitebene oder zur beliebigen Mannigfaltigkeit von Weltzuständen stiessen wir auf keine Schwierigkeit des Beweises, wohl aber auf die Frage, ob wir damit dem „Ding an sich" wirklich ein Maximum an Allgemeinheit und Eigenschaftlosigkeit zuerkennen. Haben wir den letzten Schritt gethan, indem wir der empirischen Welt zwar die Alleinexistenz abstreiten, ohne jedoch ihre Existenznothwendigkeit anzutasten — oder muss auch diese noch fallen? Es konnte nämlich zunächst als Beschränkung erscheinen, dass unter den Einzelwelten, die den Gesamtbegriff eines ganz allgemeinen und unqualificirten Daseins ausfüllen sollen, auch unsere empirische Welt mitexistiren muss; dieser Schein einer Beschränkung wird besonders täuschend, wenn wir die „kosmische" Beschaffenheit unserer Welt, ihre Zweckmässigkeit, Gesetzlichkeit, vielleicht gar Schönheit in Betracht ziehen und uns dies alles aus einem blossen transcendenten Zufallsspiel hervorgehend denken sollen. Wie kann empirische Ordnung aus transcendentem Chaos entspringen, wie kann ein beliebiges Geschehen sich subjectiv als causal verlaufende Natur darstellen? Müssen vielleicht der transcendenten Welt doch gewisse Eigenschaften zugesprochen werden, damit wir sie im-

12*

manent wiederfinden? Ist es eine Einschränkung des „Dinges an sich", eine gewisse „Erscheinung" (die unserer empirischen Welt) als Specialfall zu enthalten, und ist diese Einschränkung nothwendig? Von diesen beiden Fragen suchten wir der ersten durch Analogiebetrachtungen eine verneinende Antwort zu geben; wir bemühten uns, die qualitative Sonderstellung der empirischen Welt in einer Umgebung von Nebenwelten zu verwischen, sodass ihre Existenz dem transcendenten Chaos keine einschränkende Bedingung auferlegte. Indessen verhehlen wir uns nicht, dass alle diese Erörterungen nichts Zwingendes haben. Schliesslich ist Allgemeinheit eine Sache der Interpretation, und wer will, könnte immerhin, etwa auf Grund einer gar zu complicirten und wunderbar zweckmässigen Structur der empirischen Welt, ihre Eingliederung in den Gesamtverband des Daseins als eine Art Einschränkung empfinden, vermöge deren dieses transcendente Dasein nicht mehr so ganz ungebunden, nicht mehr attributfrei bliebe. Nun, um auch vor dieser Logik den beliebigen, unqualificirbaren Character unserer transcendenten Welt zu retten, müssen wir uns zur zweiten Hauptfrage wenden: wenn die empirische Welt eine Einschränkung der transcendenten ist, ist diese Einschränkung nothwendig? Wen es also beunruhigt, dass aus der empirischen harmonice mundi an das absolute Sein etwas allzu Harmonisches, Gesetzliches, vielleicht göttlicher und ursächlicher Garantieen Bedürftiges übergehen möge, dem müssen wir den schon gelegentlich vorweggenommenen Satz entgegenhalten: Die empirische Existenz beweist gar nichts für die transcendente Existenz (geschweige denn für die transcendente Alleinexistenz); empirische Realität und transcendente Irrealität sind mit einander verträglich. Um diese paradoxe compatibilitas incompatibilium, in der sich schliesslich der ganze transcendente Idealismus zum A und O verdichtet, näher zu begründen, muss ich allerdings wieder an die besondere Grundform unserer empirischen Welt, an die Form des zeitlichen Verlaufs anknüpfen, worin desswegen nichts Einschränkendes liegt, weil der ganze Beweis, um den es sich hier handelt, doch nur auf Grund der empirischen Welt zu fordern ist: mögliche Welten anzusetzen, aus deren empirischer Realität auf ihre transcendente Existenz zu schliessen wäre, und trotzdem zu verlangen, dass derartige Welten dem transcendenten Dasein nicht durch die Nothwendigkeit ihrer Existenz lästig fallen sollen, ist natürlich müssig und widersinnig. — Wie steht es nun in unserem Falle? können wir uns auf Grund der empirischen Existenz die transcendente verbürgen? Keineswegs! Hier stossen wir auf den uralten philosophischen Gegensatz zwischen „Sein und Werden": Form der empirischen Wirklichkeit ist der zeitliche Abfluss, Form der absoluten Existenz ist die augenblickliche Gegenwart, der Zeitpunkt, der eben als Punkt die unerreichbare Nullgrenze der linearen zeitlichen Wahrnehmung und das Unbewusste κατ᾽ ἐξοχήν bildet. Die von allen Dichtern unseres Planeten in allen Sprachen beklagte Flüchtigkeit und Unaufhaltsamkeit der Zeit hat in der That den erkenntnisstheoretischen Werth, den Schopenhauer ihr beilegt: sie beweist die Nichtigkeit des empirischen Daseins, sie zwingt uns einzusehen, dass wir unserer eignen Existenz nicht einen Augenblick sicher sind! Wir wären ihrer sicher im Augenblick der Gegenwart — wenn wir nur das Mittel wüssten, diesen Augenblick zur Bewusstseinsrealität in die Länge zu ziehen; wir kennen Bewusstsein nur als Continuum von Weltzuständen, als endliches (wenn auch noch so kleines) Element der Zeitlinie — aber schon eine Milliontelsecunde, schon derjenige Bruchtheil einer Secunde, dessen Nenner eine Zahl mit Millionen Stellen ist, schon diese physiologisch verschwindend kleinen Zeit-differentiale (von denen viele Tausende oder Millionen erforderlich sind, um für uns wieder eine Integralwirkung, einen elementaren Bewusstseinsvorgang zu Stande zu bringen) sind um eine Unendlichkeit zu lang, um trans-cendent feststellbar zu sein: das unmessbar Kleine ist von Null, das Atom vom Punkt typisch verschieden. Nur die momentane Gegenwart, der ausdehnunglose Welt-zustand liesse sich fassen und als absolutes Sein fixiren, aber — er entschlüpft der Wahrnehmung: jede Bewusst-seinsaction, sei ihre Amplitude auch noch so gering und ihr Tempo noch so schleichend, setzt doch immer Werden und Veränderung, eine Succession unendlich vieler ver-schiedener, stetig auf einander folgender Weltzustände voraus. Daraufhin erwäge man: giebt es in unserer em-pirischen Welt irgend einen Zeitabschnitt, von dem wir sagen können, er muss existiren? Wir schreiben das Jahr x; ist es erforderlich, dass ihm die Jahre $x — 1$, $x — 2$ und alle früheren wirklich (im transcendenten, nicht empi-rischen Sinne) vorangegangen seien? Gewiss nicht; würde der Ausfall der vor x liegenden Vergangenheit sich uns bemerklich machen, so müsste sich im Bewusstseinsinhalt des Jahres x selbst irgend etwas verschoben und umge-staltet haben, was gegen die Voraussetzung ist — unsere altbekannte Schlussweise. Im Gegentheil! Vertraute Ge-sichter und Landschaften würden uns, obwohl wir sie „an sich" zum ersten Male sähen, von denselben Erinne-rungsreflexen gefärbt erscheinen wie sonst; die inhalt-lichen Beziehungen im fünften Act ersetzen den that-sächlichen Ablauf der früheren Acte; nicht der leuchtende Punkt, sondern das letzte Stück des Lichtstrahls im Auge

bestimmt das Netzhautbild. Kurzum, Vergangenheit ist
niemals beweisbar: was aber ist für uns nicht Vergangenheit? Das Jahr x selbst, um beim obigen Falle zu
bleiben? Aber bis zum gestrigen Tage ist es bereits vergangen. Dann also der heutige Tag? Auch er gehört,
bis zu diesem Augenblick, bereits der Mythologie, will
sagen der uncontrolirbaren Vergangenheit an. Aber dieser
Augenblick selber? Man mache den Versuch, ihn zu
fixiren; wenn man ihn „hat", gebe man das Zeichen mit
dem Worte „jetzt"! Auch ohne diesen scherzhaften Versuch wird man des Erstaunlichen inne werden, dass zu der
Zeit, da man das letzte t des Wortes „jetzt" ausspricht,
die Zeit, die zur phonetischen Erzeugung des j diente,
wiederum bereits vergangen ist und ebensowenig jemals
„an sich" existirt zu haben braucht wie irgend ein Zeittheilchen aus dem griechischen Alterthume. — Dass die
hier angestellte Erwägung keine Neuigkeit bringt, will
ich nicht nur glauben, sondern hoffen; gewiss haben sich
schon viele grosse und kleine Kinder, Philosophen und
Laien, mit dieser Art Schmetterlingsfang belustigt. Aber
wie kommt es, dass man noch niemals bei dieser Gelegenheit jenes andere Flügelwesen, den transcendenten
Idealismus, eingefangen hat, obwohl nur eine Spur von
logischem Impulse dazu gehört, den so kurzen, so nahe-
liegenden, so unverkennbar vorgezeichneten Schluss von
der Unfassbarkeit der Gegenwart auf die Unbeweisbarkeit der Existenz zu ziehen! Hat man sich
vor dem landläufigen Illusionismus und Skepticismus
gefürchtet? aber nichts ist greifbarer als die Wesensver-
schiedenheit zwischen theoretischem und phantastischem
Idealismus. Wollen wir etwa die empirische Realität des
Daseins verdächtigen, indem wir die transcendente auf
des Messers Schneide stellen? Aber ich finde, man kann

jene nur als transcendenter Idealist streng beweisen oder, bescheidener ausgedrückt, mit seiner Erkenntniss einholen (denn sie beweist sich selbst, und mit Argumenten, die keinen Widerspruch vertragen!), indem man nämlich zeigt, dass wir keine andere Realitätsgattung zur Verfügung haben, als die empirische, und es mit allem Denken, Fühlen und Wollen nie höher hinauf als bis zur „Erscheinung" bringen. Empirisch ist die Realität einer vor Millionen Jahren abgespielten geologischen Periode ebenso unanfechtbar wie die der eben durchlebten Secunde; gewiss! aber behaupten wir denn etwas anderes, wenn wir den Satz aufstellen: die transcendente Realität der eben durchlebten Secunde ist ebenso unbeweisbar wie die einer um Jahrmillionen hinter uns liegenden Vergangenheit? Dass die Zeit verfliesst, ist sicher empirisch real; aber dass die (transcendent allein feststellbare) Gegenwart dauerlos und der unerreichbare Grenzfall des zeitlich ausgedehnten Bewusstseins ist, scheint doch wohl nur eine Umschreibung der Aussage zu sein, dass die Zeit verfliesst! Unser Skepticismus und Subjectivismus unterscheidet sich von seinen mythologischen Namensvettern dadurch, dass er nicht empirisch, sondern transcendent gemeint ist; er statuirt keine „wahre" Welt als Urbild oder Gegensatz der „scheinbaren", sondern legt Beschlag auf die ganze Begriffsvermengung und Schmuggelei über die Grenzen beider Realitätsklassen, in der alle Arten von Realismus, Dogmatismus, Theismus und Positivismus ihre Meisterschaft gesucht haben. Der transcendente Idealismus will schliesslich nichts anderes, als die Herstellung oder Wiederherstellung eines reinen, unantastbaren, für unser ganzes Wollen und Wirken grundlegenden empirischen Monismus, derjenigen Weltanschauung, die heute in abstracter Verdünnung und ohne entschie-

denes Bewusstsein allenfalls bei den Vertretern der Naturwissenschaft herrscht, während sonst überall die besten
Köpfe einer gröberen oder feineren Metaphysik anhängen.
Indessen genug mit dieser Abschweifung, die sich noch
einmal auf längst betretenes Gebiet verirrt.

Es bedarf nun kaum einer Erläuterung, in welcher
Form die Unbeweisbarkeit der transcendenten Existenz uns
dazu verhilft, die transcendente Welt von der Einschränkung zu befreien, die ihr durch die qualitative Beschaffenheit unserer empirischen Welt erwachsen könnte. Von
unserer ganzen Lebenszeit und dem darüber hinausliegenden
Zeitinhalt ist, wie wir sahen, strenggenommen nur die
„Gegenwart" als wirklich zu verbürgen, und zwar nur
der absolute Zeitpunkt, nicht einmal das Zeitdifferential von
einigen Hunderteln oder Zehnteln der Secunde, das zum
Entstehen einer die Schwelle überschreitenden Elementarempfindung nöthig ist. Der Rest, die ganze Vergangenheit, wird als real geglaubt, vermöge der Beziehungen,
mit denen sie in die Gegenwart hineinverflochten ist.
Diese Beziehungen bleiben, selbst wenn man die ganze
Vergangenheit hinter sich abgeschnitten denkt — und
dieser transcendente Schnitt kann in die unmittelbare
Nähe des Jetzt verlegt werden, etwa vor den letzten
Consonanten des gesprochenen Wortes „jetzt"! Was
folgt daraus? dass unsere Illusion, in einer seit Jahrtausenden continuirlichen, causal fortschreitenden Welt
zu leben, eine Bewusstseinsrealität der letzten Zehntel-
secunde ist, von der durchaus nicht sicher ist, ob sie
vor zwei Zehntelsecunden schon bestand und nach zwei
weiteren noch bestehen wird — obwohl es in ihrem Inhalt und Wesen liegt, sich für dauernd und unzerstörbar
zu halten. Wir postuliren gegenwärtig den unbegrenzten progressus und regressus am Faden der

Causalität, wir projiciren von uns aus ein Continuum von Welt um uns herum — der nächste Augenblick kann uns zu Centren eines entgegengesetzten Weltbildes machen, einer durchbrochenen, zerrissenen, miraculösen Welt ohne Gesetz und Verknüpfung. Aber, wird man einwenden, wir haben ja stets die Vorstellung der Causalwelt, nie die gegentheilige! Mit Erlaubniss: das können „wir" nicht wissen; jenes „stets" ist ein Bestandtheil der fingirten Stetigkeit und kein Gegenbeweis gegen die Fiction! Eine Weltanschauung wie die: wir leben in einer durchgängig causal geordneten Welt, werden aber aus ihr nächstens verstossen werden und in eine chaotische Welt übersiedeln — eine solche antilogische Weltanschauung wäre eben nicht die einer Causalwelt! Zu jeder Illusion gehören Nebenillusionen, die sie stützen und ergänzen; zum Glauben an Causalität gehört der Glaube an Logik, und darum der Glaube an eine ewige lückenlose Causalität — die causale Weltanschauung ist, drastisch ausgedrückt, von der Art der fixen Ideen, deren Wahninhalt zugleich die Widerlegbarkeit ausschliesst. Wenn wir also, trotz der Willkürlichkeit des absoluten Geschehens, in einer gesetzlich verknüpften, kosmischen Welt zu leben überzeugt sind, so beweist dies höchstens, dass die „Zeitebene", das Ensemble der Weltzustände, auch solche Linienelemente enthält, bei deren Durchwanderung für die darein verflochtenen Intellecte jene Illusion aufleuchtet — aber es beweist nicht einmal das, denn wir können das so interpretirte Linienelement nicht einmal in der kürzesten Ausdehnung transcendent festnageln! Wenn ich den Ball in die Luft schleudere, so bin ich gewiss, dass er wieder herabfällt; wenn ich ihn auffange, so bin ich gewiss, dass ich ihn soeben emporwarf — beide Gewissheiten, scheinbar und inhaltlich Theile eines einzigen

Causalnexus, sind doch nichts anderes als Bewusstseinsvorgänge zweier isolirter Zeitelemente α und β, und die
transcendente Fortsetzung von α könnte darin bestehen,
dass der Ball in den Weltraum entfliegt, die transcendente Vorgeschichte von β darin, dass er aus dem Weltraum niederfällt. Nur in sich trägt das Zeitelement den
Character des Kosmischen und eröffnet, in perspectivischer
Verlängerung vor- und rückwärts, den Blick auf einen
einheitlich zusammenhängenden Weltverlauf; dieser Weltverlauf aber braucht nicht thatsächlich abzurollen und
jenes Element in seine Mitte zu nehmen. Nun, damit
haben wir soviel gewonnen, dass — bei vernünftigen
Ansprüchen — die transcendente Welt nunmehr von den
qualitativen Besonderheiten unserer empirischen entlastet
ist. Eine ganze Zeitlinie voll causalen, zweckmässigen,
feingesponnenen Weltverlaufs konnte, je nach der Interpretation, als eine kosmische Einschränkung des absoluten
Chaos erscheinen: gelegentlich nur ein Linienelement
von kosmischer Textur zu enthalten, ein Linienelement
von der alleräussersten Kürze — damit ist dem transcendenten Dasein nicht allzuviel Vernunft zugemuthet,
gesetzt, dass man nicht die Unvernunft zu einer directen
Widervernunft zuspitzen will. Wer aber darauf besteht
und den Begriff der transcendenten Willkür erst dann
als völlig rein gelten lässt, wenn sie sich nicht einmal
mehr sporadisch zur Gesetzlichkeit einengt, wer es als
noch zu viel Zweckmässigkeit in der Natur empfindet, dass
sie von Millionen Keimen einen am Leben lässt — dem
müssen wir auch diesen einen preisgeben und, die Unbeweisbarkeit transcendenter Existenz zum Äussersten
treibend, darauf zurückkommen, dass nicht einmal das
Linienelement causaler Structur transcendent zu existiren
braucht, dass unser empirisches Sein nie und nirgends

das Correlat eines absoluten Seins fordert, dass ein transcendentes Nichts auch ein zureichendes Äquivalent des
empirischen Ichts darstellt. Warum den Namen scheuen?
unser Idealismus läuft hier, wenn es die letzte Consequenz
gilt, in die scharfe und gefährliche Spitze eines transcendenten Nihilismus aus ... Von ihr aus sei uns eine
letzte Umschau und Rückschau gegönnt.

Wir gingen bisher den analytischen Weg der successiven Verallgemeinerung; Schritt für Schritt wurden
dem absoluten Sein die Eigenschaften aberkannt, die ein
unbedenklicher Realismus voreilig aus der empirischen
Sphäre in die transcendente übersetzte. Statt eines gleichmässig glatten Zeitverlaufs erhielten wir eine beliebige,
stetige oder sprunghafte, recht- oder rückläufige Bewegung
des Gegenwartpunktes, statt eines Gegenwartpunktes beliebig viele, statt der einen Zeitlinie eine beliebige Mannigfaltigkeit von Weltzuständen, statt eines qualitativ einge-
grenzten Kosmos ein schrankenloses, dequalificirtes Chaos.
Nun stünde es wohl einer Schlussbetrachtung nicht übel
an, den durchmessenen Weg in umgekehrter, absteigender,
synthetischer Richtung zurückzuverfolgen und aus dem
transcendenten Chaos wieder den empirischen Kosmos zu
deduciren — wenn wir nur nicht von vornherein wüssten,
dass hier keine Lorbeeren zu pflücken sind. Ein Verfahren
begrifflicher Zunahme und Bereicherung, ein Process, der
positive Prädicate einsammelt, kann umgekehrt werden,
weil man dabei nur das Angeeignete wieder abzugeben
hat; aber unser Gang brachte eine Einbusse an Prädicaten — und Verlorenes ist bei der Rückkehr nicht
immer wiederzufinden. Der Weg von der Quelle zur
Mündung ist eindeutig, der von der Mündung zur Quelle
vieldeutig; die Einzelheiten convergiren im Allgemeinen,
das Allgemeine divergirt in die Einzelheiten. Wir würden,

anstatt von unserer empirischen von irgend einer anderen
Specialwelt ausgehend, zu demselben transcendenten Correlat Etwas $= X$ gelangt sein; eben darum können wir
nicht von Etwas $= X$ zu einem bestimmten Specialfall
zurückgelangen. Dennoch ist nicht zu verhehlen, dass
ohne diese synthetische Umkehrung unsere Analysis
etwas Unbefriedigendes hat, zum mindesten für die Empfindung, wenn auch nicht für den prüfenden Verstand;
dem philosophischen Instinct widerstrebt es, sich ins
Grenzenlose hinaustragen zu lassen und zu wissen, dass
es keine Wiederkehr zur Heimath, zum Begrenzten giebt.
Auffliegen, wie der Stein, mit der Sicherheit, wiederum
niederzufallen, ist das Höchste, wozu menschliche Transcendenz sich bisher verstiegen hat; noch kein „metaphysisches Bedürfniss" war stark genug, die Gravitation
zum Irdischen zu überwinden — überwinden zu wollen.
Allgemeinheiten erringen ist Philosophen-Ehrgeiz, aber
die errungene ohne sofortige Wiedereinschränkung aushalten — das scheint Philosophenkraft zu übersteigen. Nun,
um diesem Heimathsinstincte zu schmeicheln, wollen wir
noch versuchen, wenigstens die ersten Schritte des Weges
zu gehen, der vom Chaos zum Kosmos, besser gesagt
zu vielen κόσμοι zurückführt — müssen uns aber gefasst
machen, sehr bald auf die Wegetheilung zu stossen, wo
vom Wege zu unserer empirischen Welt ein Bündel Wege
zu sehr vielen anderen möglichen Welten abzweigt. Im
Grunde dürfen wir sogar überzeugt sein, dass wir mit
dem ersten Schritt die erste Wegtheilung bereits hinter
uns haben und schon den kühnsten Anthropomorphismus
treiben: je entschlossener, je präsumtiver, je beschränkter
sich dieser Anthropomorphismus gebärdet, um so inhalt-
reicher und wirklicher wird die so deducirte Welt aussehen — um so weiter werden wir uns aber auch

von der reinen voraussetzunglosen Deduction entfernt haben. Kurz, wir treiben hier nicht Ontologie und Kosmologie, sondern suchen eine Gelegenheit, uns der erlangten Einsicht in das metaphysische Grundproblem noch einmal deutlich bewusst zu werden: wir machen auf das analytische Rechenexempel die synthetische Probe.

Am wenigsten Schwierigkeit bereitet die Construction der Zeit, weil wir ihre Grundvoraussetzungen nie gänzlich haben fallen lassen: wir sprachen immer noch von absoluter Zeit, transcendentem Geschehen u. dgl., um nur überhaupt von dem (an sich natürlich zeitlosen) Weltsubstrat sprechen zu können. Jetzt, beim Rückweg vom Chaos zum Kosmos, sparen wir dadurch ein Stück Weges, dürfen aber nicht glauben, ohne petitio principii soweit gekommen zu sein; es ist in der That erstaunlich, wieviel des Menschlich-Allzumenschlichen bereits in die allgemeinste formale Einrahmung des empirischen Daseins hineinverflochten ist. Die wichtigste Eigenschaft der Zeit, ihre Linearität, können wir durch die Aussage wiedergeben, dass nur eine einfach ausgedehnte Mannigfaltigkeit von Weltzuständen als Bewusstseinsphänomen percipirt wird. Geometrisch ausgedrückt: wenn die Gesamtheit der Weltzustände ein Punktcontinuum von beliebig vielen Dimensionen bildet, so tritt Bewusstsein nur auf Curven, nicht auf Flächen, Körpern u. s. w. ein. Warum dies sich so verhält, darauf wissen wir keine Antwort als: es ist uns nicht anders vorstellbar! Hier sehen wir bereits durch die blaue Brille und finden natürlich alles blau; hier legen wir unsere menschliche Zeitauffassung als Axiom zu Grunde: den Weltzustand als Zeitpunkt, die Zeitlinie als einfaches Continuum von Weltzuständen, ihre Realisirung durch Bewegung eines Gegenwartpunktes in der absoluten Zeit. Dieses Schema sitzt uns so fest im Gehirn, dass wir jeden anderen Vorgang des transcendenten Geschehens danach beurtheilen würden; wenn z. B. in der absoluten Zeit eine ganze von Gegenwartpunkten stetig erfüllte Strecke $abcd\ldots z$ sich nach $ABCD\ldots Z$ verschiebt, so würden wir nicht die bestrichene **Fläche** $azAZ$ als Bild Eines Bewusstseinsvorganges, sondern die unendlich vielen **Strecken** aA, bB, cC, dD, $\ldots zZ$ als Bilder unendlich vieler Bewusstseinsvorgänge auffassen — wir können uns von der Kategorie des Linearen nicht losmachen. Überdies ist unter der gleichen Begriffshülle noch eine zweite Voraussetzung verborgen, die der **Stetigkeit**; wir nehmen an, dass die Menge aller Zeitpunkte, die zwischen zwei gegebenen Zeitpunkten liegen, von demselben Typus sei wie die Menge **aller** **reellen** Zahlen zwischen zwei gegebenen Grenzen, etwa zwischen o und 1. Aber warum könnte sie nicht von demselben Typus sein wie etwa die Menge aller **rationalen** Zahlen zwischen o und 1? Oder wie diejenige Menge, die nach Ausscheidung der letztgenannten aus der erstgenannten übrig bleibt, also die Menge aller irrationalen Zahlen zwischen o und 1? Lauter Möglichkeiten, die sich nicht a priori abweisen lassen und jedenfalls zu erkennen geben, dass schon die elementaren Bestandtheile des Zeitbegriffs einer „voraussetzunglosen Deduction" spotten. Noch mehr des Speciellen haftet den ferneren Eigenschaften unserer Zeitvorstellung an. Die sogenannte **Eindeutigkeit** der Zeit, darin bestehend, dass kein Zeitelement mehrmals durchlaufen wird, ist blosse Hypothese und als solche nicht einmal allgemein anerkannt, wie die zahlreichen Speculationen über periodischen

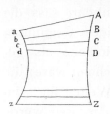

Weltverlauf, ewige Wiederkunft, ἀποκατάστασις ἀπάντων bezeugen. Es ist ohne Widerspruch denkbar, dass die Weltzustände ein in sich zurückfliessendes Continuum bildeten, sodass die Zeitlinie in der Zeitebene als geschlossene Curve, etwa als Kreis zu zeichnen wäre; die Peripherie dieses Kreises, das „grosse Weltenjahr", im Verhältniss etwa zu einem Sonnenjahr zu messen würde der Beobachtung obliegen. Bisher allerdings verrathen die Beobachtungen auch nicht eine Spur von der Kreisform der Zeitlinie, so wenig wie Astronomie und Mechanik etwas von einem „Krümmungsmass" des Raumes zu erkennen geben; aber die Hypothese als solche ist a priori nicht weniger berechtigt als die von einer geradlinigen, unendlichen Mannigfaltigkeit der Weltzustände, und wer nur die zweite für denkbar hält, begeht dieselbe Erschleichung wie die Aprioristen der Geometrie, die das Parallelenaxiom beweisen wollen. Von verschiedenen Seiten wurde gegen Nietzsches ewige Wiederkunft eingewandt, es sei unwahrscheinlich, dass genau dieselbe Folge von Begebenheiten mehrere Male abrolle, unwahrscheinlich, dass der Weltprocess Atom für Atom in eine bereits verlassene Phase zurücktrete; eher sei noch eine angenäherte Wiederholung zu erwarten, sodass die Zeitlinie statt der Kreisform etwa die einer Spirale annähme. Ich halte diese Berufung auf Wahrscheinlichkeit für missbräuchlich. Hat man einmal in der Zeitebene eine geschlossene Curve gezogen, so ist für jedes längs dieser Curve auftretende Bewusstsein die vollkommene Periodicität des Weltverlaufs, die genaue, identische ewige Wiederkehr einfach Thatsache, Gewissheit, Definitions-Eigenschaft: was hat hierbei die Abwägung von Wahrscheinlichkeiten zu thun? Unwahrscheinlich ist höchstens, dass der Gegenwartpunkt genau diesem Linienzuge folge

und eine geschlossene Bahn beschreibe, aber davon haben
wir ihn ja längst dispensirt: das innerhalb einer Zeitlinie
zu Stande kommende Bewusstsein findet vermöge automatischer Auslese immer diese Zeitlinie realisirt, trotz
beliebiger Bewegung des Gegenwartpunktes in der Zeitebene. Die Frage ist also nur, ob gerade unsere Zeitlinie
eine geschlossene oder eine unendliche Curve ist, und
das eben lässt sich nicht durch Wahrscheinlichkeits-
schätzung, sondern nur a posteriori durch Erfahrung entscheiden. Hier hätte vor allem die theoretische Physik
ein Wort mitzusprechen. Giebt es vollkommene Kreis-
processe? ist, nach unseren physicalischen Grundvorstellungen, eine Reihe realer Veränderungen denkbar, die
von einem Anfangszustande durch andere Zustände hindurch wieder zu demselben Anfangszustand zurückführt?
Diese Frage ist, wie aus neueren Anschauungen geschlossen werden darf, zu verneinen; eine allerdings nicht
ganz einwandfreie verneinende Antwort gab bereits der
Clausius'sche Satz, wonach eine gewisse Grösse der Thermodynamik, die sogenannte Entropie des Weltalls, mit der
Zeit beständig wächst, also einen früheren Werth nicht
zum zweiten Male annehmen kann. — Jedenfalls werden
alle Versuche, auf rein speculativem Wege für oder
gegen die ewige Wiederkehr zu entscheiden, an der Klippe
scheitern, die den Deductionen a priori gefährlich zu
werden pflegt. Hierzu rechne ich auch Nietzsches eigenen,
im Nachlass veröffentlichten Versuch, die Nothwendigkeit
der Wiederkunft auf die ganz unhaltbare Behauptung zu
stützen, dass die Menge der Weltzustände endlich, die der
Zeitpunkte unendlich sei und dass also der endliche Weltinhalt in der unendlichen Zeit unendlich oft wiederholt
werden müsse, um sie vollständig auszufüllen. Die Zeit
ist linear, der Inbegriff aller Weltzustände aber liesse sich

Mongré, Das Chaos in kosmischer Auslese. 13

bereits bei der einfachsten, rein materialistischen Auffassung als Punktcontinuum von unendlich vielen Dimensionen darstellen — kann also nicht in stetiger Weise innerhalb der Zeit untergebracht werden. Verzichtet man auf die Stetigkeit der Zuordnung, so muss man freilich einen Schritt weitergehen und im Sinne der Cantor'schen Mannigfaltigkeitslehre zeigen, dass die Menge aller Weltzustände von höherer Mächtigkeit ist als das Linearcontinuum; es genügt hierzu, beiläufig gesagt, als Theil des Weltinhalts einen flüssigen Körper zu denken, der bei beliebiger Bewegung seiner Theile auch in beliebiger Weise zerfallen und zerreissen kann. — Man verzeihe diesen gelegentlichen Excurs über einen philosophischen Gedanken, den Nietzsche in den glühenden Farben eines erschütternden persönlichen Erlebnisses am Himmel seiner Zarathustradichtung aufflammen lässt, einen Gedanken, der wie wenige dazu angethan ist, stark zu wirken ohne stark zu sein. Zur Eindeutigkeit der Zeit, von der wir sprachen, ist nur noch zu bemerken, dass allein diejenige Fassung, die wir ihr oben gaben, sinngemäss aufrecht zu erhalten ist; nur von ganzen Zeitelementen kann Wiederkehr oder Nichtwiederkehr behauptet werden. Beschränkt man sie statt dessen auf einzelne Weltzustände und sagt etwa, die Zeit „schneide sich selbst nie", so lässt sich dies aus der inneren Structur der Zeitlinie weder beweisen noch widerlegen. Besässe die Zeitlinie irgendwo einen Doppelpunkt o und in dessen Nähe den Verlauf $a\,o\,b\,c\,o\,d$, so würden wir die Wiederkehr desselben Weltzustandes o nicht bemerken, weil überhaupt nicht einzelne Weltzustände, sondern erst Continua von Weltzuständen ins Bewusstsein treten; das eine Mal würde uns o im Zusammenhange $a\,o\,b$, das andere Mal in dem ganz anderen Zusammenhange *c o d* begegnen. Nur wenn uns die Bestimmung des einzelnen Weltzustandes, etwa auf materialistischer Grundlage, gelänge, würden wir feststellen können, dass der Punkt *o* den beiden Curvenzweigen *a o b* und *c o d* gemeinsam angehört. — An vierter Stelle wäre unter den Specialitäten unserer Zeitanschauung, vor deren trügerischer Scheindeduction gewarnt werden muss, die Einsinnigkeit zu nennen, d. h. die Nichtumkehrbarkeit der Zeitrichtung, — ein Begriff, unter dem man verschiedenerlei verstehen kann. Wir denken uns auf der Zeitlinie zwei Punkte *a, b* gewählt und ihre Verbindungsstrecke einmal in der Richtung *a b*, vom prius zum posterius, sodann in der entgegengesetzten *b a* durchlaufen; die Einsinnigkeit ist eine Aussage über das Verhältniss der negativen, rückläufigen Strecke *b a* zur positiven, rechtläufigen *a b* und kann, wie mir scheint, dreierlei bedeuten: entweder, *b a* ist verschieden von *a b*, oder *b a* ist nicht angebbar, oder *b a* ist nicht erzeugbar. Das Urtheil, dass *b a* nicht mit *a b* identisch sei, ist ziemlich leer und versteht sich im Grunde von selbst; dass im Allgemeinen jedes Zeitelement nur in der einen, nicht in der entgegengesetzten Richtung einen Theil unserer Bewusstseinswelt bildet, folgt eben aus der Definition. Den zweiten Standpunkt, dass *b a* seiner inhaltlichen Beschaffenheit nach nicht angebbar sei, haben wir am Ende des zweiten Capitels näher begründet und gesehen, dass die Umkehrung an der Unbestimmbarkeit des Weltzustandes scheitert; stünde unsere Analysis der Naturvorgänge und des psychischen Lebens durchweg auf der hohen Stufe wie etwa die Mechanik des Himmels, so wäre uns *b a* ebenso genau bekannt wie *a b*. Für den Astronomen ist Vorausberechnung eines künftigen und Nachberechnung eines ehemaligen Planetenortes dieselbe Aufgabe, nur mit Vor-

13 *

zeichenunterschied; und ein Bewusstsein, das allen Arten des Geschehens so nachspüren könnte wie wir den Planetenbewegungen, würde vielleicht Vergangenheit und Zukunft mit gleichem Erkenntnissmasse messen, würde pro- und retrospectiv mit gleicher Klarheit sehen, würde statt von Causalität nur von gegenseitiger Determination ohne prius und posterius sprechen. Die dritte Interpretation (ba nicht erzeugbar) beruht auf physicalischen Anschauungen und setzt bis zu einem gewissen Grade ba als angebbar voraus: sie besagt, dass ab ein nichtumkehrbarer Vorgang im physicalischen Sinne sei oder solche Vorgänge enthalte, d. h. dass die Umkehrung ba nicht als Theil einer Zeitlinie angehören könne, die unter denselben Naturgesetzen stehe wie unsere empirische Welt. Solche nichtumkehrbaren, „dissipativen" Vorgänge sind beispielsweise: Bewegung, die von Reibung oder Widerstand aufgezehrt wird, Temperaturaustausch, Auflösung eines Salzes, Verbrennung einer Kerze u. s. w. Dagegen sind, unter anderen, rein mechanische Vorgänge ohne Widerstand und Reibung umkehrbar; die Bewegung der Himmelskörper ab gäbe, zu ba umgekehrt, wiederum eine mit unseren Naturgesetzen verträgliche Bewegung, ja hier könnte sogar der Fall $ab = ba$ eintreten, wenn nämlich ab ein rein periodischer und gegen die Mitte symmetrischer Vorgang, ein vollständig umkehrbarer Kreisprocess wäre. Zweifellos sind auch die physiologischen und psychophysischen Vorgänge $\alpha\beta$ im lebenden Organismus grösstentheils nichtumkehrbar, und wie sich die umgekehrte Welt ba im umgekehrten Bewusstsein $\beta\alpha$ malen würde, wissen wir nicht; im Grunde bleibt es also dabei, dass ba als Ganzes nicht angebbar ist und dass die Umkehrung der Zeitrichtung einen neuen, für uns durchaus transcendenten Weltverlauf erzeugt, — dass andererseits aber weder in

diesem noch in jenem physicalischen Sinne die Nichtumkehrbarkeit der Zeit mehr als eine blosse Thatsache
ist. — Endlich noch ein Wort über die Gleichförmigkeit des Zeitverlaufs; auch sie ist nur Specialität unserer
Erfahrung, insofern als das Trägheitsgesetz und die auf
ihm erbaute Mechanik sich zur Beschreibung der in der
Natur vorkommenden Bewegungen geeignet erweist.
Aber es wäre eine Natur denkbar, die uns zur Fiction
einer gleichmässig ablaufenden Zeit gar keinen Grund
und Anhalt gäbe, in der die Reihenfolge der Weltzustände
auf der Zeitlinie sich nur typisch, nicht metrisch festlegen
liesse. Genug: dass die Zeit stetig, linear, eindeutig, ein-
sinnig, gleichförmig ist, sind Eigenthümlichkeiten unserer
und nicht jeder überhaupt denkbaren Zeitvorstellung,
Besonderheiten, die das Chaos wohl verschlingt, aber
nicht wieder herausgiebt.

Beim Raume ist es um eine Deduction insofern
noch ungünstiger bestellt, als Raumformen, die von der
unserigen abweichen, nicht einmal ganz und gar der
Vorstellbarkeit ermangeln; das Raumschema sitzt loser in
unserem Gehirn als das Zeitschema, und hier das fait
accompli als Nothwendigkeit verstehen wollen wäre ein
Grad von Anthropomorphismus, der nur noch von den Erschleichungen einer ehemaligen Naturphilosophie a priori
übertroffen wird. Bringen wir die wichtigsten Eigenschaften des Raumes in Parallele mit denen der Zeit, so
entspricht der Gleichförmigkeit des Zeitverlaufs die Gleichförmigkeit der Raumstructur, der Eindeutigkeit der Zeit
etwa die Ebenheit des Raumes, der einen Zeitdimension
die Dreizahl der Raumdimensionen; ebenso ist zur Stetigkeit des Raumes das gleiche Fragezeichen zu setzen wie
zur Continuität der Zeit, und nur die Einsinnigkeit bleibt
ohne räumliches Analogon. Die Gleichförmigkeit der

Raumstructur, anders ausgedrückt, die freie Beweglichkeit der Raumgebilde ohne Pressung und Dehnung, ist durchaus kein unerlässlicher Bestandtheil möglicher Raumvorstellungen, obwohl sie allerdings ein unerlässlicher Bestandtheil der Raummessung ist; wir haben im fünften Capitel, nicht ohne Unterstützung durch die Autorität eines Helmholtz, gezeigt, dass jene Raumeigenschaft auf der physischen Voraussetzung der Starrheit beruht, wie die Gleichmässigkeit des Zeitablaufs auf der mechanischen Voraussetzung der Trägheit, und dass recht gut eine Welt flüssiger und plastischer Körper denkbar ist, in der jene Voraussetzung gar nicht zur Ausbildung käme. Wenn Lotze meint: „angebliche Räume, die durch ihre eigne Structur an dem einen Orte eine Figur nicht ohne Dehnung oder Grössenänderung aufnehmen könnten, die an einem andern Orte möglich ist, lassen sich nur als reale Schalen oder Wände denken, die durch ihre Kräfte des Widerstandes einer ankommenden realen Gestalt den Eintritt wehren, am Ende aber auch durch den heftigeren Anfall dieser müssten zersprengt werden können" — so mag dies „lassen sich nur denken" für Diejenigen verbindlich sein, die sich von den Grundvorstellungen unserer Empirie nicht losmachen können. Wir nehmen uns die Freiheit, einen solchen Raum ungleichförmiger Structur für denkbar zu erklären und zwar in dem doppelten Sinne, dass er sich im Bewusstsein dennoch als gleichförmig gebauter Raum abbilden kann (vgl. das fünfte Capitel über beliebige Raumtransformation ohne Änderung des empirischen Effects), oder auch als ungleichförmiger Raum erscheinen kann und dann eine Raumanschauung ohne die Begriffe Starrheit und Congruenz, d. h. ohne die Grundlagen quantitativer Raummessung erzeugt. — Lässt man aber die Voraussetzung gleichförmiger Raumstructur

und freier Beweglichkeit starrer Gebilde gelten, so wird
man auf die Raumformen constanten Krümmungsmasses geführt und hat also immer noch die Wahl
unter unendlich vielen. Dass unser Raum gerade das
Krümmungsmass Null hat, dass er ein ebener, ein
euklidischer Raum ist, bildet somit eine neue und
nicht deducible Besonderheit, an deren Stelle auch irgend
eine andere treten könnte; ja selbst unter den Räumen
verschwindenden Krümmungsmasses ist unser Raum
wiederum ein Specialfall, wie die Ebene ein Specialfall
unter Kegeln, Cylindern und sonstigen abwickelbaren
Flächen ist, wenn man nämlich nicht nur die Massverhältnisse, sondern auch den „topologischen" Zusammenhang
dieser Flächen und Räume beachtet. — Endlich die Dreidimensionalität des Raumes, wiederum nur ein Factum
und keine Nothwendigkeit, ein Specialfall und nicht einmal
ein „ausgezeichneter", wie es immerhin das verschwindende Krümmungsmass unter nicht verschwindenden ist,
ein blosser simpler Thatbestand, den als logisches Postulat
misszuverstehen eine „voraussetzunglose" Naturdialectik
sich umsonst bemüht. Nein! auch der Raum ist keine
Weltqualität, die wir auf dem synthetisch-constructiven
Wege vom Chaos zum Kosmos nothwendig wiederfinden
müssten, nachdem wir sie bei der analytisch-destructiven
Zersetzung des Kosmos zum Chaos verloren haben. Dabei
sprachen wir noch nicht einmal von solchen Bewusstseinswelten, die an Stelle des Raumes eine völlig andere,
unräumliche Form für das simultane Nebeneinander besitzen.
Wir selbst kennen solche Formen, z. B. die Mannigfaltigkeit der Töne oder Farben, die sich freilich nicht dazu
eignen würden, allen äusseren Anschauungen als Fun-
damentalgerüst zu dienen, weil hier die „Dimensionen"
(Tonhöhe und Tonstärke, oder die drei „Grundfarben")

nicht gleichartig und vertauschbar sind. Aber soviel ist klar, dass mit den rein analytischen Eigenschaften einer Mannigfaltigkeit die specifische Qualität, sie in Anschauung umzusetzen, noch nicht mit bestimmt ist, und ein anderes Bewusstsein als das unserige könnte ebenfalls mit einer stetigen dreidimensionalen Mannigfaltigkeit gleichförmiger Structur arbeiten, ohne sie doch raumartig zu empfinden — genau so, wie wir auf die objective Gegebenheit der Wellenlänge von Luft- und Ätherschwingungen nicht nothwendig mit der specifischen Empfindung Ton und Farbe antworten müssten. In der analytischen Geometrie befreien wir uns von der räumlichen Anschauung und stellen die Welt, soweit sie eine Welt von Bewegungen ist, durch ein System blosser Formeln dar; warum sollte ein anderes Bewusstsein diese Formeln nicht in eine beliebig andere, anschauliche, aber unräumliche Bildersprache zurückübersetzen? Wenn wir die Bewegung eines Punktes dadurch festlegen, dass wir seine Raumcoordinaten x, y, z als Functionen der Zeit bestimmen, so haben wir ein Stück Weltverlauf auf dem Papier; wollten wir wirklich behaupten, dass dieser nackte mathematische Sachverhalt sich mit keiner anderen als räumlichen oder raumartigen Anschauungshülle umkleiden könne? Aber x, y, z könnten als Mischungsquantitäten der drei Grundfarben, ihr Ensemble demnach als Licht bestimmter Farbe, Intensität und Sättigung gedeutet werden — auch dies gäbe einen Bewusstseinsvorgang, der jenes Blatt Papier in adäquater Weise anschaulich vertritt. Welche von beiden Anschauungen der „Wahrheit" näher komme, darüber zu streiten ist wahrscheinlich ebenso sinnlos, als wollte man untersuchen, ob das Wort Viereck oder Quadrat seinem Begriff ähnlicher sei. Genug: es giebt andere Raumformen als die unserige, es giebt andere als räumliche

Formen für die innere Structur eines Weltzustandes; Raum und Zeit sind Besonderheiten unserer empirischen Welt, die sich zugleich mit ihr ohne Rückstand ins Chaos verflüchtigen.

Aber dürfen wir uns darüber wundern? unsere Ansprüche gingen zu hoch; vielleicht hat das deductive Verfahren in dem bescheideneren Sinne Erfolg, dass wir, statt über das anschauliche Gerüst, nur über die allgemeinste formale Structur der empirischen Welt etwas zu ermitteln suchen. Da liesse sich soviel sagen: für unser Denken sind die Begriffe Existenz und Essenz nicht zu trennen, d. h. jedes uns zugängliche reale Sein ist ein specialisirtes, abgegrenztes So-und-nicht-anders-sein. Die Wirklichkeit ist immer um einige oder unendlich viele Freiheitsgrade niedriger als die Möglichkeit; das Mögliche verdichtet sich zum Wirklichen, indem es sich beschränkt. Im Anschluss an den Kantischen Sprachgebrauch können wir demnach Synthesis als Grundform des Bewusstseins definiren und mit dieser Ausdrucksweise etwa folgende Hülfsvorstellung verbinden: wenn a, b, c, ... die selbstständigen Elemente bedeuten, deren einzelnes oder beliebig combinirtes Auftreten den Umfang der Möglichkeit ausfüllt, so ist die Wirklichkeit durch eine Verminderung der Zahl der unabhängigen Elemente, durch ihr Eingehen in gewisse gegenseitige Beziehungen characterisirt. Die empirische Welt also wird jene Elemente nur in gewissen Verbindungen wie ab, ac, abc, in Paaren, Tripeln, Quadrupeln und Multipeln kennen; und falls diese Verknüpfungen von der Art sind, dass sie überhaupt als Verknüpfungen fühlbar werden und die einzelnen Componenten noch unterscheiden lassen, so wird jede solche Verbindung ein synthetisches Urtheil repräsentiren. Ob a priori oder a posteriori, das hängt vom Einzelfall ab; die Synthesis kann aus der Erfahrung abgelesen werden oder als Form möglicher Erfahrung „im Gemüthe bereit-liegen" — im Grunde sind beide gar nicht zu trennen. Die Synthesis constituirt das zu Erfahrende, sie ist das Erzeugungsprincip, der selective Factor, der aus dem eigenschaftlosen mundus intelligibilis einen bestimmten mundus sensibilis herausschneidet; synthetische Urtheile sind zum Zwecke des Bewusstwerdens nothwendig — nothwendig in dem Sinne, wie zur Existenz eines Menschen seine Geburt nothwendig ist. Nun würde aber kein Mensch etwas davon merken, wenn er ungeboren bliebe; die Alternative unserer Existenz oder Nichtexistenz ist für uns immer schon entschieden, also eine Kenntniss der objectiven Häufigkeit beider Fälle ausgeschlossen. Solange also im absoluten Geschehen nicht gerade die-jenigen synthetischen Beziehungen zwischen den Elementen $a, b, c, \ldots$ auftauchen, die einer bestimmten Bewusstseins-welt entsprechen, solange existirt weder diese Welt noch ein Wesen, das sich über ihren Mangel beklagen könnte; erst wenn der Zufall jene festen Verbindungen constituirt, ruft er Bewusstseinswelt und zugehöriges Bewusstsein ins Leben. Dieses Bewusstsein, das begreiflicherweise von seinem eigenen Nichtdasein nichts spürt, hält sich für ewig und unzerstörbar, folglich seine Existenzbedingungen, eben jene synthetischen Beziehungen zwischen den „an sich" freien Elementen $a, b, c, \ldots$, für nothwendig und permanent: sowie ein Auge, das sich selbst in einem Spiegel betrachtet, das gespiegelte Auge immer geöffnet sieht. Jede Art Bewusstsein schneidet von selbst aus dem Inbegriff aller Fälle den Specialfall heraus, in dem allein die Vorbedingungen dieses Bewusstseins erfüllt sind; es wirkt als Sieb, als Selection, als Zwangsver-bindung für sonst unabhängige Einzeldinge, als Gesetzlichkeit innerhalb eines Zufallsspieles, als Kosmos mitten im Chaos — natürlich nur „subjectiv", nur für den Träger dieses und keines anderen Bewusstseins! Hiermit wäre gezeigt, dass der transcendente Pluralismus unabhängiger Elemente, von denen keines sich um das andere bekümmert, als empirischer Monismus, als „Spannung gegenseitiger Bezogenheit" erscheinen kann; die synthetischen Verknüpfungen, die das bewirken, bestehen nicht an sich, sondern nur für das Bewusstsein, als Widerschein und objective Projection seiner Existenzbedingungen — ihre transcendente Erfüllung bleibt dem Zufall überlassen. Was ausserdem in suspenso bleibt, ist die specielle Form solcher Synthesen für die empirische Welt; unsere letzte oberflächliche Durchmusterung von Zeit und Raum überzeugte uns, dass wir weit fehlgehen würden, wollten wir die menschlichen Anschauungs- und Denkformen für die einzig möglichen halten. Wir wissen nur soviel, dass das unqualificirte „Ding an sich", $\tau\grave{o}$ $\mathring{\alpha}\pi\varepsilon\iota\varrho o\nu$, um Erscheinung, $\mathring{\varepsilon}\mu\pi\varepsilon\iota\varrho\acute{\iota}\alpha$, zu werden, überhaupt ein $\pi\varepsilon\tilde{\iota}\varrho\alpha\varrho$ dulden, irgend eine Begrenzung, Beschränkung, Qualification sich gefallen lassen muss. Welche? darüber giebt keine Deduction, sondern nur das fait accompli Auskunft: es könnte eine Verknüpfung von der Art der Causalität, aber auch eine von der Art der Teleologie sein — nur dass es überhaupt ein Nexus des sonst Unverknüpften sein wird, eine Verkoppelung von Dingen, die im Übrigen isolirt und von einander unabhängig auftreten. Das Schema der Empirie ist eine Paarung $a\,b$, deren Componenten an sich mit einander nichts zu thun haben; nur das Bewusstsein bringt beide zusammen, weil erst ihr Zusammenkommen das Bewusstsein zu Stande bringt. Beispielsweise könnte a eine „Ursache" bedeuten, b die „Wirkung"; oder a das Volumen eines Körpers, b das Volumen desselben Körpers zu einem anderen Zeitpunkt (mit a durch die Synthesis $a = b$ verknüpft); oder a die Entfernung zweier Weltkörper, b ihre gegenseitige Anziehung (beide mit einander verkoppelt durch ein gewisses Attractionsgesetz); oder a den Alkohol, b die Temperatur von 78^0 (auf einander bezogen durch den Erfahrungssatz: Alkohol siedet bei 78^0). Bezeichnet man diese zwischen a und b obwaltende synthetische Beziehung, deren Gestalt sich dem besonderen Fall anpasst, der allgemeinen Form nach mit S_{ab}, so ist das Bewusstsein an die „Bedingung" S_{ab} gebunden und vermöge automatischer Auslese ihres Eintretens sicher; die abweichenden Fälle (etwa a ohne b, oder a mit einem anderen b verknüpft) mögen an transcendenter Häufigkeit noch so sehr überwiegen, werden aber von jenem Bewusstsein nicht registrirt und erzeugen dadurch den realistischen Aberglauben, der Fall S_{ab} sei ausschliesslich und beständig erfüllt. Als wir diesen Sachverhalt unter dem Namen „Princip der indirecten Auslese" ausführlich besprachen, hatten wir vor gewissen fremdartigen Auffassungen zu warnen, zu denen unsere Ausdrucksweise damals wie jetzt verführen konnte. Wenn wir die automatische Auslese bisweilen als Thätigkeit oder Vorrichtung des Bewusstseins bezeichnen, oder wenn wir von den kosmischen Synthesen als Existenzbedingungen des Bewusstseins reden, so soll mit solchen façons de parler kein psychologischer Nebensinn verbunden werden. Für uns ist, wie früher bemerkt, der Zusammenhang zwischen dem Bewusstsein und seiner Welt rein logisch definirt; nach irgend einem gegebenen Ausleseprincip suchen wir aus der Gesamtheit aller Weltzustände eine lineare Menge bestimmter Weltzustände heraus, d. h. wir ziehen in der Zeitebene eine beliebige Curve und wissen dann, dass für jedes in diese

Curve hineinverflochtene Bewusstsein sich die Welt mit denjenigen Specialitäten behaftet darstellt, die längs der Curve gelten. Zeichnen wir eine Zeitlinie so, dass die Succession ihrer Weltzustände mechanisch genommen das Newton'sche Gesetz befriedigt, so wird jedes Bewusstsein innerhalb dieser Zeitlinie eben das Newton'sche Gesetz erfüllt finden — dieses Gesetz ist, wie wir uns ausdrückten, seine „Existenzbedingung", in dem einfachen Sinne, dass bei Nichterfüllung des Gesetzes eine andere Zeitlinie und ein anderes Bewusstsein realisirt wird. Dasselbe würde aber nicht nur von umfassenden Naturgesetzen wie der Gravitation, sondern ebenso von jedem einzelnen Thatbestande der empirischen Welt zu sagen sein; dächten wir uns den Siedepunkt des Alkohols geändert, so wären wir von unserer eigenen Zeitlinie auf eine benachbarte gerathen, und in diesem Sinne ist also auch die Zahl 78^0, als Siedetemperatur des Alkohols, unsere „Bewusstseinsbedingung". Nun sehen wir auch, warum eine Deduction unserer Weltqualitäten, Naturgesetze, Synthesen nicht möglich ist: weil der Connex des Bewusstseins mit seiner Welt sich nicht nur auf die generellen Formen, sondern zugleich auf jede Einzelheit rein factischer Natur erstreckt, und die geringste Veränderung in der Bewusstseinswelt zugleich eine Veränderung des Bewusstseins bedeutet. Ein gewisser Complex von Synthesen S_{ab} characterisirt unsere empirische Welt; vertauschen wir auch nur eine einzige darunter, so ist der ganze Complex vertauscht und ein neues Bewusstsein neben dem unserigen erzeugt, das vermöge automatischer Auslese sich seinen Kosmos aus dem Chaos heraussiebt wie wir den unserigen. Unter diesem Gesichtspunkt wird es ganz unmöglich sein, gerade das System von Beschränkungen und Synthesen, das unsere

Wirklichkeit definirt, ausser dieser Beziehung zu uns mit
einem weiteren objectiven Vorrang auszustatten; vielmehr
ist hier ein erkenntnisstheoretischer Fatalismus am Platze,
der sich angesichts des fait accompli bescheidet. Es genügt,
das als Grundform unseres empirischen Daseins festzuhalten,
dass Wirklichkeit immer eine irgendwie bestimmte Wirklichkeit, Existenz immer auch Essenz ist; von unendlich
vielen möglichen Fällen muss irgend ein Specialfall sich
zur Realisation hergeben — aber welcher? diese Frage
kann jedes Bewusstsein nur für sich beantworten. Wäre
es eben nicht dieser, so wäre es ein anderer, und dann
wäre auch das Bewusstsein ein anderes. Die Frage
„warum gerade dieser und kein anderer?" würde ja in
keinem Falle zur Ruhe kommen; statt des zureichenden
Grundes bieten sich unzureichende Gegengründe. Da
unser Dasein, um sich selbst wahrnehmbar zu werden,
nicht als unbestimmtes, unqualificirtes, alle Möglichkeiten
erschöpfendes „Ding an sich" verharren kann, so bekommen
wir es nur als „Erscheinung", als irgendwie abgegrenztes,
mit bestimmten Eigenschaften ausgestattetes Specialdasein
zu sehen; in welcher Richtung aber die Specialisirung
und Einschränkung vor sich geht, das erfahren wir erst
a posteriori. Unser Raum ist dreidimensional, warum?
er ist es nun einmal; eine transcendent willkürliche Zahl
n hat beliebt, für uns den Specialwerth $n = 3$ anzunehmen,
für Andere ist sie vielleicht $n = 4$. Alkohol siedet bei
78^0, warum? auf unserer Zeitlinie ist es einmal so, auf
Nachbar-Zeitlinien siedet er vielleicht bei 77^0 und 79^0.
Aber, wenn hier Belieben und Willkür herrscht, so
könnte er doch seinen Siedepunkt mit der Zeit ändern, und
die Constanz jener Zahl 78 wäre höchst unwahrscheinlich?
Das ist sie auch, nämlich objectiv, für einen Weltzuschauer,
der alle Fälle unparteiisch registrirt. Offenbar aber kann

man auf unendlich viele Weisen eine Zeitlinie derart zusammenstellen, dass längs ihres Verlaufes die Siedetemperatur des Alkohols sich nicht ändert; das ist eine Beschränkung, durch die sich die ungeheure Mannigfaltigkeit aller Weltzustände für uns um eine Dimension erniedrigt. Hat man eine derart gewählte Zeitlinie, so ist für jedes ihr angehörige Bewusstsein die Constanz jener Temperatur gesichert, nämlich als einfache Folge der Definition; dieses Bewusstsein ist, seiner begrifflichen Erzeugung gemäss, so geartet, dass es nur den einen Fall 78^0, nicht die zahllosen abweichenden Fälle wahrnehmen kann und durch diese Einseitigkeit in der „Statistik" aus einer objectiven Unwahrscheinlichkeit eine subjective Gewissheit macht. Die frei gewählte Beschränkung S_{ab}, nach der wir die Weltzustände zur Zeitlinie ordnen, spiegelt sich in der automatischen Auslese wieder, vermöge deren der günstige Fall S_{ab} als allein wirklicher übrig zu bleiben, die empirische Welt also unter dem Naturgesetz S_{ab} zu stehen scheint — wobei wir nicht nur an umfassende Universalgesetze, sondern auch an Einzelfacta von beliebiger Begrenztheit zu denken haben. Welcher Art, nach Inhalt und Zusammensetzung, der Complex der Synthesen S_{ab} ist, davon konnten wir bei allen unseren Betrachtungen absehen — jedenfalls spielt das Gesamtsystem von Aussagen, Thatbeständen, Naturgesetzen, das unsere empirische Welt definirt, dem transcendenten Chaos gegenüber nur dieselbe bescheidene Rolle wie jedes andere denkbare System: nämlich die Rolle eines verschwindenden Specialfalles, der nur für das ihn registrirende Bewusstsein, nicht für die Welt an sich Realität besitzt. Jedes willkürlich gewählte Ausleseprincip scheidet, wenn es hinreichend eng ist und sonst unseren Begriffen einer empirischen Welt ungefähr entspricht, aus dem Chaos einen Kosmos aus, d. h. aus der Gesamtheit aller Weltzustände eine (linear ausgedehnte) Gesamtheit bestimmter Weltzustände, die sich einem darin enthaltenen Bewusstsein ungefähr so darstellen wird wie uns sich unsere empirische Welt darstellt. Werden wir also den kosmocentrischen Aberglauben los wie früher den geocentrischen und anthropocentrischen; erkennen wir, dass in das Chaos eine unzählbare Menge kosmischer Welten eingesponnen ist, deren jede ihren Inhabern als einzige und ausschliesslich reale Welt erscheint und sie verleiten möchte, ihre qualitativen Merkmale und Besonderheiten dem transcendenten Weltkern beizulegen. Aber dieser Weltkern entzieht sich jeder noch so losen Fessel und wahrt sich die Freiheit, auf unendlich vielfache Weise zur kosmischen Erscheinung eingeschränkt zu werden; er gestattet das Nebeneinander aller dieser Erscheinungen, die als specielle Möglichkeiten, als begrifflich irgendwie abgegrenzte Theilmengen in seiner Universalität enthalten sind — ja er ist nichts anderes als eben dieses Nebeneinander und darum transcendent für die einzelne Erscheinung, die in sich selbst ihr eigenes abgeschlossenes Immanenzgebiet hat.

Wir kommen zum Schluss. Unser letzter deductiver Abstieg brachte uns, wie wir voraussahen, keine neuen Einsichten; es gelang uns nicht einmal, die beim Aufstieg verlorenen Prädicate der transcendenten Welt wieder einzusammeln. Wir müssen die Freiheit, Willkür, Beliebigkeit des berühmten „Dinges an sich" schon so lassen, wie wir sie gefunden haben, und dürfen eine Einschränkung der errungenen Allgemeinheit zu Gunsten gerade unserer empirischen Specialität weder aus theoretischen Gründen zulassen noch aus praktischen postuliren. Uns an diese entschiedene und unantastbare Transcendenz dessen, was

unabhängig von unserem Bewusstsein existirt, noch einmal in eindringlichster Weise zu erinnern, war gerade
eine vergeblich versuchte Deduction besonders geeignet.
Die ganze wunderbare und reichgegliederte Structur
unseres Kosmos zerflatterte beim Übergang zum Transcendenten in lauter chaotische Unbestimmtheit; beim
Rückweg zum Empirischen versagt dementsprechend
bereits der Versuch, die allereinfachsten Bewusstseinsformen als nothwendige Incarnationen der Erscheinung
aufzustellen. Damit sind die Brücken abgebrochen, die
in der Phantasie aller Metaphysiker vom Chaos zum
Kosmos herüber und hinüber führen, und ist das Ende
der Metaphysik erklärt, — der eingeständlichen nicht
minder als jener verlarvten, die aus ihrem Gefüge aus-
zuscheiden der Naturwissenschaft des nächsten Jahrhunderts nicht erspart bleibt.

INHALT.

Die Erhaltung der Materie kein absolutes Gesetz; die
Bewegung der materiellen Punkte keiner Einschränkung
unterworfen. Metaphysik in der Naturwissenschaft.
Transeuntes und immanentes Wirken, Fern- und Nahwirkung. Anwendung auf den Raum; die Zeitsuccession
ändert sich von Raumpunkt zu Raumpunkt, die Raumstructur von Augenblick zu Augenblick. Ubiquität der
Zeit. Objectiv verschwindende Wahrscheinlichkeit = subjective Gewissheit. Der Idealismus und das coperni-
canische Weltsystem.

Rückblick. Beliebig viele Zeitlinien. Zwei- oder mehr-
dimensionales Continuum von Weltzuständen. Lebensflächen. Die beiden Cardinalfragen: ist es eine Einschränkung für die Zeitebene, unsere Zeitlinie zu enthalten,
und ist diese Einschränkung nothwendig? Der kosmische
Bau der empirischen Welt. Dequalification. Das logische
Schema. Eine geometrische Analogie. Quantitative
Deutung der Qualitäten. Die mechanische Seite des
Kosmos. Gravitation, Cohäsion. Das Princip des ausgezeichneten Falles. Das Kosmische in Form mathematischer Gleichungen. Dreidimensionale Erscheinung
eines vierdimensionalen Raumes.

Zweite Cardinalfrage: ist die Existenz der Zeitlinie
unentbehrlich? Zeitfluss und Gegenwart. Die Unbeweisbarkeit der Existenz. Das Kosmische im Zeitelement;
alles Andere nur perspectivische Ergänzung. Äussersten-
falls auch das Zeitelement von causaler Structur preiszugeben. Synthetische Probe auf das analytische Exempel;
Versuch einer Deduction, die vorausgesehen ergebnisslos
verläuft. Anthropomorphismus. Durchmusterung von
Zeit und Raum. Die Zeit linear, stetig, eindeutig,
nichtumkehrbar, gleichförmig; der Raum dreidimensional,
stetig, gleichförmig, euklidisch — keine dieser Eigenschaften deducibel. Excurs über geschlossene Zeitlinien
(ewige Wiederkunft). Das synthetische Urtheil; Auslese
des Kosmos aus dem Chaos. Der kosmocentrische Aberglaube.

Das Chaos in kosmischer Auslese.

Selbstanzeige. Die Zukunft, 8 (5), (1899), 222–223.

[H 1899c]

Das Chaos in kosmischer Auslese. Verlag von C. G. Naumann, Leipzig 1899.

Folgender Epilog, dessen Personen der Philosoph und das kantische "Ding an sich" sind, mag mit Verlaub des Lesers die Stelle einer prosaischen Selbstanzeige vertreten:

Das Ding an sich:

Nun laß mich los! Du schlangst die Löwenpranken
Um meines glatten Leibs Unendlichkeit,
Dein Griff hat liebend mich entblößt, es sanken
Die morschen Hüllen: 'Ursach', Raum und Zeit.
Nackt bin ich nun und Riesin, von den Schranken
Des engen Menschen-Zwerggehirns befreit;
     Es sitzt mir wieder – darauf bin ich eitel –
     Die Krone des "An-sich-seins" auf dem Scheitel.

Der Philosoph:

Du lobst mir, Sphinx, die Röthe zu Gesichte:
Bin ich der Oedipus, der Dich gestürzt?
Hab' ich mir doch, an eines Früh'ren Lichte
Mein Licht entzündend, Müh' und Werk verkürzt
(Der freilich, in der Art gelehrter Wichte,
Statt eines, den er löst, zehn Knoten schürzt):
     Ihm dankst Begriff Du, Ruf und Ehrenrettung,
     Sein Name bleibt mit Deinem in Verkettung.

Das Ding an sich:

Ha, Der? sein Haupt vom Glorienschein verlängert,
Ein Licht der Kirche, nicht der Forscherzunft!
Mit Freiheit, Gott, Unsterblichkeit geschwängert
Sucht' er ein Delos – mich! – zur Niederkunft.
Er hat aufs Aergste mir die Haft verengert,
Der Kritiker der praktischen Vernunft.
     Oh Schlaufuchs! mir die Wißbarkeit zu rauben,
     Um, was es ihm beliebt, von mir zu glauben!

811

Der Philosoph:
So ist der Mensch! In dieses Strebens Einheit
Begegnet sich der Hirte mit dem Schaf!
Wenn er die Höh'n entwölkter Allgemeinheit
Erklommen hat, nachtwandelnd wie im Schlaf,
Jäh schrickt er auf, da von der glüh'nden Reinheit
Krystallnen Urgebirgs ein Blitz ihn traf:
    Das Auge stopfend mit zerschliss'nen Lappen,
    Will tiefer er als je im Dunklen tappen.

Die Menschheit freilich liebt, sich zu vermummen
In Schmeichelei und frommen Selbstbetrug.
Siehst Du die Biene auf der Wiese summen?
Sie selber nennt ihr Schwirren Adlerflug!
Der Denker gleicht dem Schleuderstein, dem dummen,
Den Knabenhand ins Reich der Lüfte schlug:
    Nun wähnt er, frei der Erde zu entfliegen,
    Der doch nur, um zu fallen, aufgestiegen!

Das Ding an sich:
Ist Das der Mensch – so laß Dich Unmensch nennen,
Denn dieser Schwachheit bist Du nicht zu zeih'n,
Du wagst, das Grenzenlose zu erkennen,
Und schränkst es nicht im Menschensinne ein.
Doch Jener sieht die ew'gen Gluthen brennen
Und setzt den Kochtopf auf den Feuerschein;
    Das Nest der Wahrheit treibts ihn, zu entdecken,
    – Sein Kuckuksei des Wahns drin auszuhecken!

Der Philosoph:
Nun sage selbst, welch Loos mag meiner warten,
Wenn ich von Dir zu künden mich erkühnt?
Solch Forschen ist ja kein bequemer Garten
Drin Mancherlei für Aug' und Gaumen grünt:
Ein schroffer Felsen ists mit Schründen, Scharten,
Wo leicht ein Sturz verwegnes Klettern sühnt,
    Und wer den Gipfel zwang mit Seil und Leiter,
    Dem tönt der Ruf: Bis hierher und nicht weiter!

Mein Buch, es bietet keinen von den Reizen,
Die sonst ein Buch "geneigten" Lesern bot.
Wo Andre nach der Freude Schätzen geizen,
Spielt es den Zöllner, der den Schmugglern droht.
Es sondert streng und scharf die Spreu vom Weizen,
Die Menschen aber schrei'n: Wer schafft uns Brot?
    Und lassen, sitzt die Hungersnoth im Nacken,
    Gern Sand und Splitter in den Teig sich backen.

      Das Ding an sich:
Von solchen Schweinen wirst Du Undank ernten,
Wenn Du um reine Speisung Dich bemüht.
Was gehts Dich an? Wenn Menschen wieder lernten,
Daß nur im Diesseits Sinn und Schönheit blüht,
Wenn Du die träumend himmelwärts Entfernten,
Die für ein göttlich leeres Nichts erglüht,
    Heim führst zu Schein und Lust des wachen Lebens – :
    Wohlan! Wohlauf! Dein Buch war nicht vergebens.

Von meiner Nacktheit hobest Du den Schleier
Und zeigtest, wie im Grau'n Medusa thront.
Nach Hause scheuchst Du die erschreckten Freier,
Das Liebesmüh'n um mich bleibt unbelohnt.
Nun werd' ich wohl von ihrem Brunstgeleier
Wie sie von meinem Schauderblick verschont:
    Sie mögen, drängt es sie nach Leibeserben,
    Um Wissenschaft, die Erdentochter, werben!

Binz a. R.   Paul Mongré.

Zeilenkommentare
Das Chaos in kosmischer Auslese.

IV, 24 – [Lotze]
S. die Einleitung des Herausgebers dieses Bandes, Abschn. 4.6.

V, 5 – [Schopenhauer]
S. die Einleitung des Herausgebers dieses Bandes, Abschn. 4.3.

VI, 5 – [Helmholtz]
S. die Einleitung des Herausgebers dieses Bandes, Abschn. 4.7.

VI, 11 – [erkenntnisstheoretische Radicalismus]
GEORG BRANDES hatte im Blick auf NIETZSCHEs Individualismus den Ausdruck "aristokratischer Radikalismus" verwendet, den NIETZSCHE "sehr gut" fand. Vgl. Komm. zu SI 29, 16–17 – Nr. 23 [aristokratischer Individualismus], und Komm. zu SI 28, 30–31 – Nr. 23 [theoretischen Radicalismus].

1, 17 – [ab ovo]
Lat. 'vom Ei (der Leda) an'. Vgl. HORAZ, *De arte poetica*, 147: "nec gemino bellum Troianum orditur ab ovo" (und nicht beginnt den Krieg um Troia beim Zwillingsei ...). – Leda soll, nachdem Zeus sie in Gestalt eines Schwans geschwängert hatte, ein Ei gelegt haben, aus dem Helena und Polydeukes schlüpften. Der Raub der Helena löste später den Trojanischen Krieg aus.

1, 26 – [Berkeley]
Der irische Philosoph Bischof GEORGE BERKELEY (1685–1753) machte es zu seinem Hauptanliegen, die zu seiner Zeit vorherrschende materialistische Ansicht zu kritisieren, daß es eine bewußtseinsunabhängig existierende materielle Außenwelt gebe. In seinem 1710 erschienenen Hauptwerk *A Treatise Concerning the Principles of Human Knowledge* (dt.: *Eine Abhandlung über die Prinzipien der menschlichen Erkenntnis*), in dem er sich vor allem mit JOHN LOCKE (vgl. Komm. zu CK 23, 17 und zu CK 74, 5–6) auseinandersetzt, begründet er seine Ansicht, daß Dinge nur als wahrgenommene Ideen und somit nur in Subjekten, die sie wahrnehmen, existieren.

1, 26 – [Kant]
S. die Einleitung des Herausgebers dieses Bandes, Abschn. 3.

1, 26–27 [Lehre von den specifischen Sinnesenergieen]
Die Lehre von den "specifischen Sinnesenergieen", die bis zum Ende des 19. Jahrhunderts herrschend blieb, entwickelte JOHANNES MÜLLER (1801–1858), Begründer der vergleichenden und experimentellen physikalisch-chemischen Physiologie, in seiner Abhandlung *Zur vergleichenden Physiologie des Gesichtssinnes der Menschen und der Tiere* (1826) und in seinem *Handbuch zur Physiologie des Menschen* (1833–1840). Danach antwortet ein Sinnesnerv auf unterschiedliche Reize (z. B. das Auge auf Licht oder Druck) stets mit derselben Empfindungsart auf Grund seiner "eingeborenen Energie". Der Empfindende kann darum die "objektiven" Reize, die seine Empfindung auslösen, nicht unterscheiden, und somit sind alle Empfindungen in spezifischer Weise "subjektiv". MÜLLER sah damit KANTs "transzendentalen Idealismus", nach dem "Zeit und Raum nur sinnliche Formen unserer Anschauung, nicht aber für sich gegebene Bestimmungen, oder Bedingungen der Objekte, als Dinge an sich selbst sind" (KrV, A 369; vgl. Komm. zu CK 6, 19–21), auch für die einzelnen Sinne bestätigt.

HERMANN VON HELMHOLTZ (1821–1894), ein Schüler JOHANNES MÜLLERs, differenzierte die Lehre von den spezifischen Sinnesenergien im Rahmen seiner Lehre von den Ton- und Lichtempfindungen. Danach sollte zwar die "Modalität" der Empfindungen durch den Sinnesnerv bestimmt, ihre "Qualität" aber vom äußeren Reiz mit abhängig sein. WILHELM WUNDT (1832–1920), der Assistent bei HELMHOLTZ war und in Leipzig, wo er seit 1875 lehrte, das erste "Institut für experimentelle Psychologie" der Welt gründete, führte die vielfältigen Ansätze der experimentellen Psychologie im 19. Jahrhundert zu einem neuen maßgeblichen Paradigma zusammen, das die Psychologie konsequent von der Selbstbeobachtung löste und dadurch die Lehre von den spezifischen Sinnesenergien erübrigte. WUNDT setzte stattdessen bei Assoziationsvorgängen an. Er hielt dennoch an der "schöpferischen Synthese" als Merkmal aller psychischen Vorgänge fest.

Die Lehre MÜLLERs wurde in den erkenntnistheoretischen Diskursen der zweiten Hälfte des 19. Jahrhunderts breit diskutiert. Anknüpfungspunkte in Texten, die FH kannte, sind u. a. auch EMIL DU BOIS-REYMOND, *Über die Grenzen des Naturerkennens*, in: *Reden von Emil Du Bois-Reymond*, Erste Folge, Leipzig 1886, 105–130, insbes. 109–110 und OTTO LIEBMANN, *Zur Analysis der Wirklichkeit*, Straßburg 1876, 40–43. LIEBMANN stellt ebenfalls BERKELEY, KANT und MÜLLER in eine Reihe, um den Erscheinungscharakter alles Wahrgenommenen zu unterstreichen.

1, 28–29 – [Dualismus zwischen Erscheinung und Ding an sich]
Vgl. KANT, KrV, A 42 / B 59; PL, § 13. S. die Einleitung des Herausgebers dieses Bandes, Abschn. 3, und Komm. zu SI 326, 30 – Nr. 382.

2, 8 – [präliminarische Ausschliessung]
Lat. prae limine (s. SI 215, 16 – Nr. 316), 'vor der Schwelle', vorausgehend.

2, 15–16 – [nexus per identitatem]
Lat. 'Verknüpfung durch Übereinstimmung'.

3, 13–14 – [von Kant als nichtintelligibel nachgewiesenen "intelligiblen" Welt]
KANT spricht im Kapitel "Phaenoma und Noumena" der KrV selbst von "leerer Wortkrämerei". In der Moderne habe "es einigen beliebt, den Inbegriff der Erscheinungen, sofern er angeschaut wird, die Sinnenwelt, sofern aber der Zusammenhang derselben nach allgemeinen Verstandesgesetzen gedacht wird, die Verstandeswelt zu nennen. Die theoretische Astronomie, welche die bloße Beobachtung des bestirnten Himmels vorträgt, würde die erstere, die kontemplative dagegen (etwa nach dem kopernikanischen Weltsystem, oder gar nach Newtons Gravitationsgesetzen erklärt), die zweite, nämlich eine intelligible Welt vorstellig machen. Aber eine solche Wortverdrehung ist eine bloße sophistische Ausflucht, um einer beschwerlichen Frage auszuweichen, dadurch, daß man ihren Sinn zu seiner Gemächlichkeit herabstimmt. In Ansehung der Erscheinungen läßt sich allerdings Verstand und Vernunft brauchen; aber es fragt sich, ob diese auch noch einigen Gebrauch haben, wenn der Gegenstand nicht Erscheinung (Noumenon) ist, und in diesem Sinne nimmt man ihn, wenn er an sich als bloß intelligibel, d. i. dem Verstande allein, und gar nicht den Sinnen gegeben, gedacht wird." (A 256 f. / B 312 f.)

3, 23–24 [den heutigen Spritismus mit seinen Astralleibern]
S. Komm. zu SI 216, 13 – Nr. 317.

4, 31–32 [forma formalissima]
Lat. Bildung FHs, etwa: 'förmlichste Form'.

4, 33 – 5, 1 ["formalen Bedingung a priori aller Erscheinungen überhaupt"]
Zitat aus KANT, KrV, A 34 / B 50.

5, 3–4 [was Kant die transcendentale Idealität der Zeit nennt]
S. KANT, KrV, A 35–36 / B 52–53.

5, 29 [Newton'sche tempus quod aequabiliter fluit]
Lat. 'Zeit, die gleichmäßig fließt.' Vgl. NEWTON, MGN, 44 (Def. VIII, Scholium, I): "Die absolute, wirkliche und mathematische Zeit fließt in sich und ihrer Natur [nach] gleichförmig, ..." Vgl. Komm. zu CK 79,15.

6, 8 ["a priori im Gemüth bereit liegen"]
Zitat aus KANT, KrV, A 20 / B34.

6, 9 [synthetischer Urtheile a priori]
S. die Einleitung des Herausgebers dieses Bandes, Abschn. 3, und Komm. zu SI 321, 27–29 - Nr. 380.

6, 18 [apagogischen Gang]
Indirekter Beweis, der eine Behauptung durch die Widerlegung des Gegenteils beweist. Vgl. ARISTOTELES, *Analytica priora*, Buch II, 25. Kapitel, 69a20,
KANT, KrV, A 789–794 / B 817–822, und die Einleitung des Herausgebers zu
diesem Band, Abschn. 5.4.

6, 19–21 [transcendenten Idealismus ... transcendenten Realismus]
KANT spricht von "transzendentalem Idealism" und "transzendentalem Realism". Er versteht "unter dem *transzendentalen Idealism* aller Erscheinungen
den Lehrbegriff, nach welchem wir sie insgesamt als bloße Vorstellungen, und
nicht als Dinge an sich selbst, ansehen, und demgemäß Zeit und Raum nur
sinnliche Formen unserer Anschauung, nicht aber für sich gegebene Bestimmungen, oder Bedingungen der Objekte, als Dinge an sich selbst sind. Diesem
Idealism ist ein *transzendentaler Realism* entgegengesetzt, die Zeit und Raum
als etwas an sich (unabhängig von unserer Sinnlichkeit) Gegebenes ansieht.
Der transzendentale Realist stellt sich also äußere Erscheinungen (wenn man
ihre Wirklichkeit einräumt) als Dinge an sich selbst vor, die unabhängig von
uns und unserer Sinnlichkeit existieren, also auch nach reinen Verstandesbe-
griffen außer uns wären." (KrV A 369) Eine Verteidigung des transzendentalen
Realismus gab EDUARD V. HARTMANN, *Kritische Grundlegung des transzendentalen Realismus*, Berlin 1875 (2. erweiterte Auflage von: ders., *Das Ding an
sich und seine Beschaffenheit*, Berlin 1870.) In diesem Werk finden sich etliche
der Thesen, an deren Destruktion CK arbeitet (vgl. auch die Einleitung des
Herausgebers dieses Bandes, Abschn. 4.5).

7, 15 [der transcendente Positivismus]
Lehrbegriff, nach dem über den Bereich der Erfahrung hinaus ("transcendent")
etwas als gegebene ("positive") Tatsache zu erfassen ist. Der Begriff "Positivismus" entsteht um 1830 zugleich im deutschen und französischen Sprachraum;
nach AUGUSTE COMTE (1798–1857) ist die Philosophie nach einem "theologischen" und einem "metaphysischen" nun in ein wissenschaftliches und "positives" Stadium eingetreten, in dem sie sich als "soziale Physik" oder "Soziologie"
formiert. Zur Zeit der Entstehung des CK wird der Positivismus durch ERNST
MACH (1838–1916) und RICHARD AVENARIUS (1843–1896) unter Naturwissenschaftlern populär. Danach sollen sich Philosophie und Wissenschaft streng
auf die Untersuchung des Tatsächlichen beschränken, und dies könne nur Empirisches, sinnlich Gegebenes sein. Alles Gedachte ist dabei kritisch nur als
bloße Zutat zu betrachten und durch eine strenge "Denkökonomie" so weit wie
möglich zu beschränken. MACH und AVENARIUS nennen ihren Positivismus
darum auch "Empiriokritizismus". Der Begriff "transcendenter Positivismus"
dürfte eine Bildung FHs sein. – In der von AVENARIUS begründeten und in
Verbindung mit ERNST MACH und ALOIS RIEHL herausgegebenen Zeitschrift

Vierteljahresschrift für wissenschaftliche Philosophie (24. Jg., Heft 3, 1900, 340 f.) erschien eine Rezension des CK von MAX NATH (s. dazu diesen Band, S. 73).

7, 19–20 ["allgemeinen Gesetzmässigkeit des Weltalls"]
Von FH schon in SI 322, 3–4 – Nr. 380, gebrauchte Wendung.

7, 23–24 [idealistischen Betrachtungen]
S. Komm. zu CK 1, 26–27.

8, 16–22 [Zu dem Zweck … u m z u f o r m e n .]
Der nachfolgende Gang der Argumentation zeigt, daß dieser Grundansatz mathematisch, genauer: mengentheoretisch geprägt ist. Eigenschaften oder Beziehungen der "Bewusstseinswelt" werden modelliert durch Mengen mit zusätzlichen Eigenschaften (Strukturen), ebenso "das absolut Reale". "Umformungen" faßt FH dann durch Transformationen bzw. Korrespondenzen in bzw. zwischen diesen Mengen. Dabei kommen z. T. subtile Fragen der Mengenlehre CANTORscher Prägung, aber auch eine Vielzahl (differential-) geometrischer Fragestellungen ins Spiel. FH gehört damit zu den ersten Autoren, die sich die neuen mathematischen Ressourcen der Mengenlehre zu philosophischen Zwecken nutzbar zu machen suchten. Zu FHs mathematischen Formulierungen des Verfahrens vgl. CK 16, 4 ff. (für die Zeit), 82, 31 ff. (für den Raum), 142, 6 ff. (für beide zusammen). Zur weiteren Interpretation vgl. die Einleitung zu Bd. VI dieser Ausgabe.

10, 19 [Schlussketten]
S. Komm. zu SI 221, 12 – Nr. 324.

10, 22–23 [Beispiel, das schon anderweitig bekannt ist]
Das Beispiel wurde in zeitgenössischen Beiträgen zur Raumdiskussion häufig diskutiert. Vgl. etwa HERMANN V. HELMHOLTZ, *Über den Ursprung und die Bedeutung der geometrischen Axiome* (Vortrag vor dem Heidelberger Docentenverein, 1870), in: ders., *Vorträge und Reden*, Bd. 2, Braunschweig 1884, S. 1–31, hier S. 24 (zit. CK 84, 12–17). Prominenz erlangte es in der französischen Diskussion der späten 1880er und 1890er Jahre in Beiträgen von JOSEPH DELBOEUF (vgl. etwa dessen Schrift: *Mégamicros ou les effets sensibles d'une réduction proportionelle des dimensions de l'univers*, Paris 1893), GEORGES LECHALAS, AUGUSTE CALINON, CHARLES RENOUVIER, HENRI POINCARÉ u. a. Wie aus dem Nachlaß hervorgeht, war FH mit dieser Diskussion vertraut. Vgl. im Einzelnen hierzu Band VI dieser Edition. Das hier angesprochene Beispiel wurde im Zusammenhang mit der damals meist als Homogenität bezeichneten Invarianz des Euklidischen Raumes unter Ähnlichkeitstransformationen diskutiert, ein Thema, das in CK 84–89 wieder aufgegriffen wird, s. Komm. hierzu.

11, 11 [ἀπαγωγή]
Gr. 'Wegführung'. S. Komm. zu CK 6, 18.

11, 23 [continuierlichen Reihe von Weltzuständen]
Diese Vorstellung findet sich mehrfach in der von FH verwendeten Literatur.
So etwa bei EMIL DU BOIS-REYMOND, *Über die Grenzen des Naturerkennens*,
Leipzig 1872, 17: "Der Zustand der Welt während eines Zeitdifferentiales er-
schiene als unmittelbare Wirkung ihres Zustandes während des vorigen und als
unmittelbare Ursache ihres Zustandes während des folgenden Zeitdifferentia-
les." (Vgl. auch Komm. zu CK 1, 26–27; eine neuere Ausgabe ist E. DU BOIS-
REYMOND, *Vorträge über Philosophie und Gesellschaft*, Hamburg 1974, dort
S. 55). Ähnlich heißt es bei LIEBMANN, AW 171, in einer "kosmologischen"
Charakterisierung des Kausalprinzips: "Aus dem gegenwärtigen Zustande des
Universums geht unausbleiblich und mit Nothwendigkeit der unmittelbar darauf folgende Weltzustand hervor, aus diesem der übernächste, und so vorwärts
und rückwärts in der Zeit *in infinitum*." Der Kontext zeigt, daß auch LIEB-
MANN an eine kontinuierliche und nicht, wie hier nahegelegt, diskrete Reihe
von "Weltzuständen" denkt. Zum Begriff des "Weltzustands" s. Komm. zu CK
13, 10–13.

12, 2 [A u g e n b l i c k eine l e e r e Zeitstrecke von der Länge Null]
Der hier eingeführte Wortgebrauch von "Augenblick" steht in eincr gewissen
Spannung mit jener Tradition, die den erfüllten Augenblick dem inhaltslo-
sen Zeitpunkt gegenüberstellt, vgl. etwa HANS HOLLÄNDER, *Augenblick und
Zeitpunkt*, in: ders. und CH. W. THOMSEN (Hg.), *Augenblick und Zeitpunkt*,
Darmstadt 1984, 7–21. Zur Interpretation von FHs Gebrauch von "Augen-
blick" s. Komm. zu CK 13, 10–13.

12, 5–8 [einfach ausgedehntes Continuum]
FH verwendet in diesem Satz wie in der beigefügten Fußnote die Terminologie
der "mehrfach ausgedehnten Größen", die BERNHARD RIEMANN (1826–1866) in
seinem erst 1868 gedruckten Habilitationsvortrag von 1854, *Über die Hypothesen, welche der Geometrie zu Grunde liegen*, in: ders., *Gesammelte mathematische Werke*, 2. Aufl., Leipzig 1892, S. 272–287, eingeführt hatte. RIEMANNs Begriff der "*n*-fach ausgedehnten Größen" bzw. "Mannigfaltigkeiten" wurde in der
mathematischen Sprache des 20. Jahrhunderts durch den Begriff einer (topologischen bzw. differenzierbaren) Mannigfaltigkeit der Dimension *n* präzisiert.
Vgl. ERHARD SCHOLZ, *Geschichte des Mannigfaltigkeitsbegriffs von Riemann
bis Poincaré*, Boston/Basel 1980; ders., *The concept of manifold*, 1850–1950,
in: IOAN M. JAMES (Hg.), *History of Topology*, Amsterdam 1999, 25–64. Über
FHs späteren Beitrag zu dieser Präzisierung vgl. die Einleitung zu Bd. II dieser
Edition.

**13, 2–4 ["als in einem Augenblick enthalten, kann jede Vorstellung
niemals etwas Anderes, als absolute Einheit sein"]**
Zitat aus KANT, KrV, A 99.

13, 10–13 [hätte z. B. der Materialismus recht ... im Raume]

FHs knappe Andeutungen zur mechanischen Weltsicht werfen eine grundsätzliche Schwierigkeit in der Interpretation der Ausdrücke "Weltzustand" und "Augenblick" auf. Wenn man FHs Erklärung, daß (im mechanischen Weltbild) der "Weltzustand" "das zu einem bestimmten Zeitaugenblick gehörige System von Punktörtern im Raume" wäre, folgen will, darf "Zeitaugenblick" nicht ohne weiteres als Zeitpunkt im Sinn der klassischen Mechanik verstanden werden. In der Tat bestimmt in dieser Theorie ja erst die Gesamtheit der Örter *und* der Geschwindigkeiten aller materiellen Teilchen zu einem gegebenen Zeitpunkt das zeitliche Geschehen, da die Grundgleichungen der Mechanik Differentialgleichungen zweiter Ordnung sind. In HEINRICH HERTZ, *Die Prinzipien der Mechanik in neuem Zusammenhange dargestellt*, Leipzig 1894, etwa heißt es explizit: "Lage und Geschwindigkeit eines Systems zusammen nennen wir den Zustand des Systems." (§ 261).

HERTZ' Mechanik gehört neben JAMES CLERK MAXWELL, *Matter and Motion*, London 1876 u. ö., und GUSTAV KIRCHHOFF, *Mechanik*, Leipzig 1876, zu den mechanischen Werken, die FH rezipiert hat, wie verschiedene Nachlaßfragmente belegen. Eine genaue Datierung seiner Kenntnisnahme ist nicht immer möglich. Er hat jedoch bereits vor Abfassung von CK im Wintersemester 1895/1896 in Leipzig eine Vorlesung über "Figur und Rotation der Himmelskörper" gehalten, die z. T. anspruchsvolle Themen der Mechanik berührte (vgl. im Nachlaß Fasz. 68). Ferner bezieht er sich in CK 171, 30–32 auf das Grundgesetz der HERTZschen Mechanik, so daß wahrscheinlich ist, daß er dieses Werk kannte.

FHs oben zitierte Wendung wäre (bei Identifikation von "Zeitaugenblick" mit Zeitpunkt) zu rechtfertigen, wenn er unter dem "System von Punktörtern im Raum" einen Punkt im (modern gesprochen) Phasenraum des mechanischen Systems und nicht im (modern gesprochen) Konfigurationsraum desselben verstehen wollte. Diesen Weg (der die mechanischen Grundgleichungen zu einem System von Differentialgleichungen erster Ordnung macht) ist in ähnlichem Kontext etwa HENRI POINCARÉ gegangen (vgl. z. B. POINCARÉ, *Wissenschaft und Hypothese*, 3. Auflage der deutschen Übersetzung, Leipzig 1914, 134). Es ist jedoch fraglich, ob FH in diese Richtung dachte. In einem Nachlaßfragment polemisierte er ausdrücklich gegen einen (bei WILLIAM KINGDON CLIFFORD vorkommenden) Zustandsbegriff, der Orte und Geschwindigkeiten eines beweglichen Punktes verknüpft (Fasz. 1078, Bl. 11): "Aber es ist ganz willkürlich, einem beweglichen Punkt die ganze Reihe von Lage, Geschwindigkeit, Beschleunigung, Ableitung dritter, vierter... Ordnung als augenblicklichen 'Zustand' beizulegen. Die Bewegung in einem beliebig kleinen Zeitelement bestimmt (unter der Voraussetzung unbeschränkter Differentiirbarkeit, Convergenz der Taylorschen Reihe, d. h. analytischer Fortsetzbarkeit) allerdings die Bewegung in jedem anderen Zeitraume, aber der 'Zustand' eines Zeitpunktes, was heißt das." Deutet man dieses Fragment als Hinweis darauf, "Zeitaugenblick" als "beliebig kleines Zeitelement" oder "Zeitdifferential" und nicht als Zeitpunkt zu verstehen, so ließe sich die Beschreibung von "Weltzuständen" als Systemen von Punktörtern ebenfalls rechtfertigen, da dann auch die (in der Sprache der Zeit ausgedrückt) "Wegelemente" bzw. "Wegdifferentiale" und damit die Geschwindigkeiten der materiellen Punkte mitgegeben wären. Diese Ansicht, an die sich verschiedene moderne mathematische Präzisierungen anschließen ließen, findet sich explizit etwa in der von FH in CK mehrfach herangezogenen Schrift von EMIL DU BOIS-REYMOND, *Über die Grenzen des Naturerkennens* (vgl. Komm. zu CK 11, 23).

Eine wörtliche Lesart, die an der Identifikation von Augenblick und Zeitpunkt festhält, ist schließlich bei Preisgabe des dem mechanischen Materialismus üblicherweise zugeschriebenen Determinismus möglich. "Zustände" in diesem Sinn wären dann freilich physikalisch unterbestimmt, d.h. aus ihnen und den Grundgleichungen der Mechanik könnte die zeitliche Dynamik des materiellen Systems nicht mehr erschlossen werden. Diese Deutung liegt offenbar einigen späteren Passagen des Buches zugrunde, etwa CK 131–132, wo FH den "Rest metaphysischen Aberglaubens" in der Physik kritisiert, der in der Annahme liegt, daß das die Welt beschreibende System materieller Punkte einem System simultaner Differentialgleichungen genügen müsse, oder in CK 166, 17f., wo FH davon spricht, daß ein "Anfangszustand" eines mechanischen Systems (d.h. eine Anfangsbedingung der mechanischen Differentialgleichungen) nicht durch einen, sondern erst durch zwei aufeinanderfolgende "Weltzustände" charakterisiert sei. Vgl. zum Kontext auch Band VI dieser Edition.

13, 25–27 [thatsächlich bezieht ... von der Metaphysik]
Vgl. zu NEWTONs Begriffen des absoluten Raumes und der absoluten Zeit die Kommentare zu CK 5,29 und 79,15. Über deren metaphysischen Gehalt entspann sich bald eine heftige Debatte, die seither nicht abgerissen ist. Die wichtigsten frühen Kritiker der NEWTONschen Konzepte waren GOTTFRIED WILHELM LEIBNIZ und CHRISTIAN HUYGENS. Vgl. (u. a.) ALEXANDRE KOYRÉ, *Von der geschlossenen Welt zum unendlichen Universum*, Frankfurt/Main 1969; JOHN EARMAN, *World Enough and Space-Time. Absolute versus Relational Theories of Space and Time*, Cambridge, Mass. 1989.

14, 4–10 [Man denkt sich... auf der Zeitlinie bewegt.]
An dieser Stelle wird deutlich, wie FH philosophische Unterscheidungen in ein mathematisches Bild übersetzt, um sie durch mengentheoretisches Denken zu radikalisieren. Die Vorstellung der Bewegung eines "Ich" auf einer Zeitlinie findet sich insbesondere bei OTTO LIEBMANN, Über subjective, objective und absolute Zeit, in: AW, 70–95. Die "empirische Zeit [...], in welcher alles materielle und geistige Geschehen, der Lauf der Welt und der Lauf unserer Gedanken sich abwickelt und abspielt" wird dort ebenfalls "als [...] ein Continuum von einer Dimension" gefaßt. LIEBMANN schreibt: "Die Zeitlinie erscheint [...] gleichsam als bewegliche Tangente an unsrem mit sich identisch bleibenden Ich. Durch ihren Berührungspunkt, das Jetzt, streicht sie unaufhörlich, ohne die geringste Stockung, in derselben Richtung von der Zukunft nach der Vergangenheit hin an dem Ich vorüber; oder, was bei der bekannten Relativität

jeder empirischen Bewegung ganz Dasselbe besagt, das Ich mit seinem Jetzt bewegt sich umgekehrt in der Zeitlinie vorwärts, ohne Ruhe und Rast [...]." (AW, 72–73). FH analysiert diesen Bewegungsvorgang auf die in der mathematischen Physik übliche Weise als Parametrisierung der "Zeitlinie" durch einen Zeitparameter. Mengentheoretisch gesprochen handelt es sich dabei um die Abbildung (einer Teilmenge) des Kontinuums der reellen Zahlen auf die Menge der Punkte der Linie. Dem Definitionsbereich entspricht die von FH als "unwillkürliche Hilfsvorstellung" eingeführte "absolute" bzw. "transzendente Zeit", dem Wertebereich der "Zeitinhalt". Letzterer wird ähnlich wie bei LIEBMANN empirisch, d. h. mit Bezug auf "unsere zeitliche Erfahrungswelt" beschrieben. S. Komm. zu CK 16, 4.

15, 11–12 [die eine Verallgemeinerung ... des Fortschreitens zuliess]
In AW 82–84 diskutiert OTTO LIEBMANN unter Berufung auf den Zoologen KARL ERNST VON BAER (1792–1876) die "Fiction, die durchaus innerhalb des physikalisch Denkbaren liegt", nach der zeitliche Abläufe von verschiedenen Tiergattungen mit unterschiedlichen Geschwindigkeiten wahrgenommen werden, da jede Gattung über ein "verschiedene[s] subjective[s] Grundmaaß der Zeit" verfügt. Bereits LIEBMANN verfolgt hierbei eine metaphysikkritische Absicht. Er sucht zu zeigen, daß zwar "der theoretisirende Mathematiker Recht hat, diese ideale absolute Zeit an Stelle der veränderlichen empirischen Zeit als Hülfsbegriff zu substituiren, wie er auch einen absoluten Raum von drei Dimensionen und eine absolute Bewegung substituirt", daß es aber "eine ganz krasse, unverzeihliche Gedankenlosigkeit" wäre, "wenn der Metaphysiker sie als etwas transcendent Reales hypostasiren wollte" (AW 94). Die LIEBMANNsche Wendung vom "Hülfsbegriff" paraphrasiert FH in CK 13, 15f. Verwandte Passagen aus AW zitiert FH an späterer Stelle, s. Komm. zu CK 30, 3–10.

Neben LIEBMANN wurden BAERs Überlegungen über eine Veränderung des "subjektiven Zeitmaßes" auch in CARL DU PREL, *Planetenbewohner und Nebularhypothese*, Leipzig 1880, 162–171 aufgenommen. DU PREL führte diese Überlegung weiter zu der These: "Würde der Prozess der irdischen Veränderungen in beliebigem Grade beschleunigt oder verlangsamt werden, so würden wir uns dessen gar nicht bewusst werden [...] Der ganze Gang der Weltordnung dürfte mit beliebiger Geschwindigkeit abschnurren oder beliebig verlangsamt werden, ohne dass wir es auch nur gewahr werden könnten, wenn nur unser eigener Lebensprozess in dieser Veränderung mit einbegriffen wäre." (162) Auch DU PRELs Text wurde von FH benutzt, s. z. B. Komm. zu CK 90, 23–25.

16, 4 [den folgenden Fundamentalsatz]
Vgl. CK 8, 16–22. Die dort angegebene "Methode" wird hier für die Zeit mathematisch als "Fundamentalsatz" formuliert: Der Zeitlinie kann ohne Zerstörung der empirischen Wirkung jede transzendente Zeitordnung ("Succession") aufgeprägt werden. – Wie die folgenden Passagen deutlich machen, versteht FH den "Fundamentalsatz" als direkte Konsequenz der in CK 11, 17f. eingeführten Unterscheidung zwischen "Zeitinhalt" und "Zeitablauf". Die empirisch

wahrgenommene Zeitordnung bezieht sich nach FH ausschließlich auf den "Zeit-inhalt", der "Zeitablauf" dagegen auf eine transzendente Zeitordnung. Später hat FH die genannte Unterscheidung als solche problematisiert (vgl. im Nach-laß Fasz. 1079, Bl. 24, sowie den Kommentar zu diesem Fragment in Band VI). Eine mengentheoretische Präzisierung der genannten Unterscheidung und der Bewegung des Gegenwartspunktes erlaubt etwa folgende Explikation des Fun-damentalsatzes: Die "Zeitlinie" L bzw. der "Zeitinhalt" wird als das linear geordnete Kontinuum der reellen Zahlen aufgefaßt, so daß die empirisch erleb-te Zeitordnung der natürlichen Ordnungsrelation der reellen Zahlen entspricht. Die "Bewegung des Gegenwartspunktes" wird als eine Abbildung $\tau : T \to L$ von einer gewissen Menge T – der "absoluten Zeit" – in die Zeitlinie gedeutet; jedem "absoluten" Zeitpunkt $t \in T$ wird durch τ ein "Weltzustand" $l \in L$ zuge-ordnet. Welche mathematischen Annahmen über T genau zu machen sind, läßt FHs Text offen. FHs Rede von einer "transzendenten Succession der Weltzu-stände" legt nahe, daß auch auf T zunächst eine Ordnung angenommen wird, so daß davon gesprochen werden kann, daß ein Weltzustand in L gemäß τ in transzendentem Sinn "vor" bzw. "nach" einem anderen durchlaufen wird. Im Argumentationskontext könnte T auch noch enger als metaphysisches Korrelat der NEWTONschen absoluten Zeit gedacht werden, d. h. ebenfalls als reelles, mit der natürlichen Ordnung und ggf. einem geeigneten Zeitmaß versehenes Kon-tinuum. Etliche der nachfolgenden Textpassagen lassen sich mit dieser engen Deutung vereinbaren. FHs Fundamentalsatz besagt dann allerdings, daß T, die ggf. darauf angenommene Ordnung und τ völlig willkürlich sind bzw. daß über sie nichts ausgesagt werden kann: Aus der empirischen Zeitordnung lassen sich keinerlei Rückschlüsse auf eine transzendente Zeitordnung ziehen. Demnach kann unter T sinnvollerweise nicht mehr verstanden werden als eine abstrakte Menge im CANTORschen Sinn. Sie wird allenfalls durch die Bedingung einge-schränkt, daß sie von größerer Mächtigkeit sein muß als die Menge L, nämlich dann, wenn man verlangt, daß jeder Weltzustand realisiert wird, jedes Element von L also mindestens einem Element von T zugeordnet ist. Bemerkungen in dieser Richtung sowie zu weiteren Einschränkungen des Fundamentalsatzes, die FH später für notwendig hielt, finden sich wiederum im Nachlaß, vgl. etwa Fasz. 1079, Bl. 7, ediert in Band VI dieser Edition.

Wie der im Text unmittelbar anschließende Satz zeigt, deutet FH auch ei-ne Verallgemeinerung der Vorstellung der "Zeitlinie" an. FH faßt dieselbe hier als Teilmenge eines umfassenderen Bereichs (zu symbolisieren etwa durch eine Obermenge $E \supset L$) auf, so daß als "Bewegung des Gegenwartspunktes" sogar eine Abbildung $\tau : T \to E$ angesetzt werden müßte. Diese Andeutung wird im Kapitel "Die Zeitebene" aufgegriffen und weitergeführt.

16, 27 [fluxus temporis]

Lat. 'Fluß der Zeit'. Vgl. LIEBMANN, AW, 183 (s. auch 181, 188): "Genug, wenn die zeitliche Distanz zwischen dem Früher und dem Später, dem Anfangs- und dem Endmoment eines astronomischen Zeitintervalls, für heterogene Subjecte nicht identisch ist, vielmehr in dem Einen als kürzer, im Andren als länger aufgefaßt wird, dann leuchtet auch die Denkbarkeit des Grenzfalles ein, daß jene Distanz und mit ihr die empirische Existenzform des zeitlichen Verstreichens (fluxus temporis) überhaupt garnichts weiter als subjective Perceptionsform sein könnte." Vgl. Komm. zu CK 15, 11–12; 30, 3–10; 202, 6–7.

20, 12–13 [restitutio in integrum]
Lat. 'Wiedereinsetzung in den vorigen Stand', 'Wiederherstellung des vorigen Zustands'. Terminus des römischen Prozeßrechts: Richterliche Aufhebung eines eingetretenen Rechtserfolgs, sofern dieser sich als ungerecht erweist. Im deutschen Recht nur bei unverschuldeter Versäumnis von Fristen zugelassen.

20, 22 [uno tenore]
It. etwa 'in einem festen Grundton'.

21, 10–15 [So sieht er ... auf den Kopf.]
Vgl. SCHOPENHAUER, PP I, Fragmente zur Geschichte der Philosophie. Zur Kantischen Philosophie, SW 4.109: "Ja wenn wir auf die Gefahr hin, an Schwärmerei zu streifen, uns noch mehr in die Sache vertiefen, so kann es uns vorkommen, als ob wir bei sehr lebhafter Vergegenwärtigung unserer eigenen weit zurückliegenden Vergangenheit eine unmittelbare Überzeugung davon erhielten, daß die Zeit das eigentliche Wesen der Dinge nicht antastet, sondern nur zwischen dieses und uns geschoben ist als ein bloßes Medium der Wahrnehmung, nach dessen Wegnahme alles wieder dasein würde; wie auch andererseits unser so treues und lebendiges Erinnerungsvermögen selbst, in welchem jenes Längstvergangene ein unverwelkliches Dasein behält, Zeugnis davon ablegt, daß ebenfalls in uns etwas ist, das nicht mit altert, folglich nicht im Bereich der Zeit liegt."

21, 24 ["abwickelbare" Räume]
Dem Sprachgebrauch der Zeit folgend überträgt FH den ursprünglich aus der Flächentheorie stammenden Begriff "abwickelbare Fläche" auf höherdimensionale Situationen. Eine Fläche oder ein "Raum" M (zu verstehen als eine Riemannsche Mannigfaltigkeit) wurde "abwickelbar" auf eine andere N genannt, wenn sich geeignete Umgebungen jedes Punktes von M ohne Änderung der metrischen Verhältnisse (isometrisch) auf entsprechende Umgebungen in N abbilden ließen. Der genaue Sinn des Begriffs in Bezug auf die *globalen* Abbildungsverhältnisse war jedoch nicht klar festgelegt. Während etwa CARL FRIEDRICH GAUSS (1777–1855) eine Zylinder- oder Kegelfläche als "auf die Ebene abwickelbare Fläche" betrachtete (*Disquisitiones generales circa superficies curvas*, Göttingen 1828, § 13), spricht FH an späterer Stelle genau umgekehrt von der "Abwicklung" einer Ebene auf einen Kegel oder Zylinder (CK 118, 28f.). In diesem Licht muss auch der vorliegende Satz gelesen werden: Der empirische Raum könnte sich (in drei Dimensionen) zum angenommenen transzendenten Raum so verhalten wie (in zwei Dimensionen) die Ebene zum Zylindermantel. Vgl. CK 118, 28f. und Komm. zu CK 199, 8–14.

22, 3–5 [meine mit Lotze, daß es nicht unsere Aufgabe ist, solche Dinge, wie Sein, Werden, Wirken zu machen]
Vgl. LOTZE, Mph, 39 f., 50, 163, 486, 488, sowie LOTZE, *Mikrokosmos*, 6. Buch, 1. Kapitel, Band 3 der Ausgabe von Meiner, Leipzig 1923⁶, 483.

22, 8–10 [einem Urphänomen, das anerkannt und begrifflich exponirt, nicht aber abgeleitet und erklärt sein will]
Vgl. GOETHES Definition des Urphänomens in seiner *Farbenlehre* (Werke. Hamburger Ausgabe in 14 Bänden, München 1981/1998, Bd. 13, 367 f.): "Das, was wir in der Erfahrung gewahr werden, sind meistens nur Fälle, welche sich mit einiger Aufmerksamkeit unter allgemeine empirische Rubriken bringen lassen. Diese subordinieren sich abermals unter wissenschaftliche Rubriken, welche weiter hinaufdeuten, wobei uns gewisse unerläßliche Bedingungen des Erscheinenden näher bekannt werden. Von nun an fügt sich alles nach und nach unter höhere Regeln und Gesetze, die sich aber nicht durch Worte und Hypothesen dem Verstande, sondern gleichfalls durch Phänomene dem Anschauen offenbaren. Wir nennen sie Urphänomene, weil nichts in der Erscheinung über ihnen liegt, sie aber dagegen völlig geeignet sind, daß man stufenweise, wie vorhin hinaufgestiegen, von ihnen herab bis zu dem gemeinsten Falle der täglichen Erfahrung niedersteigen kann", und *Maximen und Reflexionen* (Bd. 12, 366): "Urphänomene: ideal, real, symbolisch, identisch. / Empirie: unbegrenzte Vermehrung derselben, Hoffnung der Hülfe daher, Verzweiflung an Vollständigkeit. / Urphänomen: / ideal als das letzte Erkennbare, / real als erkannt, / symbolisch, weil es alle Fälle begreift, / identisch mit allen Fällen."

22, 24–26 [Kantischen Formel, dass nicht die Zeit selbst verflösse, sondern ...]
Vgl. KANT, KrV, A 41 / B 58: "[...] die Zeit selbst verändert sich nicht, sondern etwas, das in der Zeit ist." und A 183 / B 226: "Denn der Wechsel trifft die Zeit selbst nicht, sondern nur die Erscheinungen in der Zeit".

22, 27–23, 2 ["uns Allen inwohnende feste Gewissheit ... mit der Uhr auch die Zeit stille stehn, oder, wenn jene liefe, mitlaufen."]
Zitat aus SCHOPENHAUER, PP I, Fragmente zur Geschichte der Philosophie. § 13: Noch einige Erläuterungen zur Kantischen Philosophie (SW 4.125).

23, 17 (FN) [Hierher gehört auch die Leibniz'sche Folgerung, dass die Seele ununterbrochen denke, weil wir sonst beim Erwachen kein Gefühl von der Zeitdauer unseres Schlafes haben könnten. Nouv. Ess. II, 1.]
Das zitierte Kapitel aus GOTTFRIED WILHELM LEIBNIZ' (1646–1716) *Nouveaux Essais sur l'Entendement Humain* (entstanden 1701–1704, erschienen 1765), mit denen er auf JOHN LOCKES (1632–1704) *An Essai Concerning Human Understanding* (1690; vgl. Komm. zu CK 74, 5–6) antwortet, handelt

"von den Ideen im allgemeinen" und "untersucht, ob die Seele des Menschen immer denkt" (*Die philosophischen Schriften von Gottfried Wilhelm Leibniz*, hg. v. C. J. GERHARDT, Bd. 5, Berlin 1882, Nachdruck Hildesheim 1965, 99–109, frz.-dtsch., *Neue Abhandlungen über den menschlichen Verstand / Nouveaux Essais sur l'Entendement Humain*, hg. u. übers. v. WOLF VON ENGELHARDT und HANS HEINZ HOLZ, 2 Bde., Frankfurt am Main 1961, Bd. 1, 99–123). LEIBNIZ geht dort von LOCKEs tabula-rasa-Theorie des Bewußtseins aus, nach der das Bewußtsein, bevor es sinnliche Erfahrungen gemacht hat, leer von allen Zeichen ist. Er stellt ihr das Argument entgegen, daß der Rückgang (LOCKEs) auf bloße Vermögen des Bewußtseins wie der sinnlichen Wahrnehmung (sensation) oder der Reflexion (reflexion) ohne alle Inhalte, die auf sie verweisen, bloße Abstraktion und Fiktion ist. Er beantwortet so LOCKEs These, *"daß nichts in der Seele ist, das nicht von den Sinnen stammt"*, mit der Gegenthese *"nisi intellectus ipse"* – 'ausgenommen der Verstand selbst' –, und erläutert: "Die Seele schließt in sich das Sein, die Substanz, das Eine, das Gleiche, die Ursache, die Perzeption, das vernünftige Denken und viele andere Begriffe, die die Sinne nicht geben können." (103) Das schließt wiederum ein, daß die Seele immer denkt, so wie sich Körper immer bewegen, auch wenn dies nicht immer bemerkt wird. Schlaf ist danach ein Zustand "kleiner" oder "unbewußter Perzeption". Von unbewußten Perzeptionen ist die Seele auch im Wachen voll, wo sie so wenig wahrgenommen werden "wie der Luftdruck oder die Kugelform der Erde" (105). Das bewußte, auf etwas Bestimmtes gerichtete Denken ist der besondere, nicht der Regelfall. Dennoch bleiben auch vom unbewußten Denken, so LEIBNIZ, immer Spuren zurück, und so ist erklärbar – was LEIBNIZ nicht ausdrücklich sagt –, daß man nach dem Erwachen ein zutreffendes Bewußtsein von der Dauer seines Schlafes haben kann: "Gedächtnis ist indessen nicht nötig, noch auch immer möglich, wegen der Vielzahl der gegenwärtigen und vergangenen Eindrücke nämlich, die in unserem Denken zusammenströmen. Denn ich glaube nicht, daß es in einem Menschen Gedanken gibt, die nicht wenigstens eine verworrene Wirkung haben oder von denen sich nicht wenigstens ein Überrest mit den folgenden Gedanken vermischt. Man kann viele Dinge vergessen, aber man könnte sich ihrer auch wieder von ferne erinnern, wenn man in richtiger Weise darauf zurückgeführt würde." (111). – Auch NIETZSCHE verweist zum "Problem des Bewusstseins" auf LEIBNIZ: "Denn nochmals gesagt: der Mensch, wie jedes lebende Geschöpf, denkt immerfort, aber weiss es nicht; das bewusst werdende Denken ist nur der kleinste Theil davon, sagen wir: der oberflächlichste, der schlechteste Theil" (FW 354, KSA 3.590, 592; vgl. auch FW 11).

23, 26–24, 4 ["Wir würden, meint er, als Glieder … erscheinen, ohne jemals zum Vergangenen zu werden."]
Der Satz ist in diesem Wortlaut nicht nachweisbar. FH scheint hier einen langen Argumentationsgang zu resümieren, der sich findet in: LOTZE, Mph, 268–302 (Zweites Buch, Drittes Kapitel: Von der Zeit). So heißt es u. a. S. 276 im Hinblick auf "Kants Ausdruck […] bis zu jedem Augenblicke der Gegenwart

müsse eine unendliche Zeitreihe verflossen sein": "Es scheint mir nicht passend, die Gegenwart als das Ende dieser Reihe zu bezeichnen; der Strom der Zeit hat ja gar nicht die Richtung aus der Vergangenheit durch die Gegenwart in die Zukunft zu verfließen; nur der concrete Weltlauf, welcher sie füllt, begründet durch den Inhalt des Früheren den des Späteren; die leere Zeit selbst, wenn sie wäre, würde die entgegengesetzte Richtung verfolgen: unaufhörlich würde die Zukunft in Gegenwart und diese in Vergangenheit übergehen; unsere Vorstellung hätte daher keine Veranlassung, in der Vergangenheit die Quelle dieses Stromes zu suchen."

24, 9–10 [der Fall einer "stationären Strömung"]
Von einer "stationären Strömung" wird in der Hydrodynamik dann gesprochen, wenn die lokale Geschwindigkeit einer strömenden Flüssigkeit an jedem Punkt des durchströmten Gebiets zeitlich konstant bleibt.

25, 3 [Nunc stans]
S. Komm. zu SI 317, 24–25 – Nr. 379.

25, 13–14 [sub specie fiendi / sub specie essendi]
Lat. 'unter dem Gesichtspunkt des Werdens / unter dem Gesichtspunkt des Seins'.

25, 17 [Noumena]
Vgl. KANT, KrV, A 235 / B 294 – A 260 / B 315.

25, 31 [Prius zum Posterius]
Lat. 'Früher zum Später'.

27, 10–12 [Kantisch ausgedrückt, wir dürfen ihn nur in regulativer, nicht in constitutiver Bedeutung ansetzen]
KANT, KrV, A 179 f. / B 222–223. Einen Begriff in "regulativer" Bedeutung zu verwenden heißt nach KANT, ihn als Regel zur Bildung einer Reihe zu gebrauchen, die ins Unendliche fortgeht. Damit wird eine Mannigfaltigkeit geordnet, ohne abschließend begriffen zu werden. "Konstitutiv" werden dagegen Begriffe gebraucht, wenn sie apriorische Geltung haben, wenn sie etwas als Gegenstand der Erfahrung überhaupt begreifen lassen.

28, 3 [die fertige Laplace-Dubois'sche Weltformel]
FH spielt hier auf eine berühmte Fiktion an, mit welcher PIERRE SIMON DE LAPLACE (1749–1827) seinen *Essai philosophique sur les probabilités* von 1814 einleitete: "Eine Intelligenz, welche für einen gegebenen Augenblick alle in der Natur wirkenden Kräfte sowie die gegenseitige Lage der sie zusammensetzenden Elemente kennte, und überdies umfassend genug wäre, um diese gegebenen Größen der Analysis zu unterwerfen, würde in derselben Formel die Bewegungen der größten Weltkörper wie des leichtesten Atoms umschließen; nichts würde

ihr ungewiß sein und Zukunft wie Vergangenheit würden ihr offen vor Augen liegen." (deutsch: *Philosophischer Versuch über die Wahrscheinlichkeit*, hg. von R. VON MISES, Leipzig 1932, 1–2.) Da der endliche menschliche Intellekt diese Fähigkeiten nicht habe, so LAPLACE, müsse er sich mit einer Analyse der Wahrscheinlichkeiten physischer Vorgänge begnügen. In FHs Zeit wurde dieser Gedanke von EMIL DU BOIS-REYMOND in *Die Grenzen des Naturerkennens* (s. Komm. zu CK 1, 26–27) aufgegriffen. Auch für DU BOIS-REYMOND diente die Vorstellung einer Weltformel zur Erläuterung der den Menschen *nicht* offenstehenden Erkenntnismöglichkeiten. Er schloß seinen Vortrag mit der Prophezeiung, daß die beiden Rätsel, "was Materie und Kraft seien und wie sie zu denken vermögen", stets ungelöst bleiben würden, und faßte sie in die später oft zitierte und umstrittene Losung "Ignorabimus" zusammen.

28, 13–18 [Aus demselben Material ... ermöglichen.]
Im mathematischen Bild ist das Verhältnis der zwei Welten mit Hilfe des von GEORG CANTOR 1895 bzw. 1897 eingeführten Begriffs der inversen Ordnung einer geordneten Menge einfach zu beschreiben: Die zeitlichen Ordnungsstrukturen der beiden Welten sind zueinander invers (vgl. GEORG CANTOR, *Beiträge zur Begründung der transfiniten Mengenlehre*, in: ders., *Gesammelte Abhandlungen*, Berlin 1932, hier 296–299). Die Ordnungsstruktur des reellen Kontinuums ist symmetrisch: Die zu ihr inverse Ordnung ist zu ihr isomorph. – Im Hinblick auf die Physik wirft die Frage nach der Umkehr der Zeitordnung die schwierigsten Probleme auf. Es ist eine bekannte Tatsache, auf die FHs Formulierung "als rein mechanische Erscheinungen" vermutlich anspielt, daß die Gesetze der klassischen NEWTONschen Mechanik invariant gegenüber einem Vorzeichenwechsel des Zeitparameters sind. Das Argument wurde in den 1870er Jahren u. a. durch WILLIAM THOMSON (1824–1907, LORD KELVIN) und JOSEF LOSCHMIDT (1821–1895) in der Diskussion um den sog. zweiten Hauptsatz der Thermodynamik vorgebracht, s. hierzu Komm. zu CK 193, 11–22. Auch viele wichtige weitere "Naturgesetze" sind – nach einer geeigneten Symmetrietransformation – symmetrisch gegenüber der Zeitumkehr. Diese Tatsache steht in scharfem Gegensatz zu der in verschiedenen Bereichen der Physik und des wirklichen Lebens beobachteten zeitlichen Asymmetrie, die eine Richtung der Zeit, einen Zeitpfeil, suggeriert. Es gibt verschiedene Arten solcher Asymmetrie: in der elektromagnetischen Strahlung, der Thermodynamik, der Quantenmechanik, der Raumzeitgeometrie der Relativitätstheorie und in der Quantenkosmologie. Die kontroverse Diskussion über das Verhältnis dieser verschiedenen Arten von Zeitrichtungen und über Erklärungen für sie dauert an. Eine Einführung bietet z. B. H. D. ZEH: *The Physical Basis of The Direction of Time*, Berlin 2001[4].

29, 4 [pluralité des mondes]
S. Komm. zu SI 290, 23 – Nr. 356.

30, 3–10 ["Zieht man von der Zeitvorstellung ... Causalkette der Re-

algründe und Effecte."]
Zitat aus LIEBMANN, AW, 336. Vgl. auch Komm. zu CK 15, 11–12 und CK 32, 18–19.

31, 10–12 [dem homerischen Odysseus, der sich nach vieljährigem Irren endlich dem jähen Verderben entronnen fühlt]
Odysseus verschlägt es in HOMERS *Odyssee* nach dem Ende des Kampfes um Troja für zehn Jahre auf abenteuerliche Irrfahrt über das Mittelmeer, bevor er nach Ithaka heimkehren kann. Dort erwartet ihn allerdings neues Ungemach.

31, 13–14 [jenem anderen, der in Dantes Inferno für seinen unbändigen Seefahrer-Übermuth büsst.]
Vgl. DANTE ALIGHIERI, *Die göttliche Komödie*, Hölle, 26. Gesang. DANTE schreibt Odysseus dort statt Sehnsucht nach Ithaka Lust an neuen Seeabenteuern zu, die ihn und seine Leute in schweren Schiffbruch treibt.

31, 22 [μετάβασις εἰς ἄλλο γένος]
Gr. 'Übergang in eine andere Gattung'. Beweisfehler, bei dem eine Aussage aus einem anderen Gegenstandsbereich als Beweismittel verwendet wird. Vgl. ARISTOTELES, *De caelo*, Buch I, 1. Kapitel, 268b1; *Analytica priora*, Buch I, 7. Kapitel, 75a30–75b20; *Analytica posteriora*, Buch I, 6.–7. Kapitel, 75a28–75b20.

32, 3–4 [das Seiende entfaltet sich in "unwiderruflicher Position"]
Vgl. LOTZE, Mph, 41: (HERBARTs metaphysischer Lehre zufolge könne man sagen): "Das wahre Sein werde nur dann unwiderruflich richtig gedacht, wenn es selbst als eine völlig unwiderrufliche Position gefaßt werde."

32, 9 [Kalpas und Aeonen]
Kalpas: In der indischen Lehre von den Weltzeitaltern zusammenfassende Bezeichnung für eine große Zahl von Perioden. – Äon: unendlicher Zeitraum, Ewigkeit.

32, 18–19 [existentia potentialis, τὸ δυνάμει ὄν]
Lat. 'mögliches Dasein', gr. 'das der Möglichkeit nach Seiende'. In der Seinslehre des ARISTOTELES die ὕλη, der 'Stoff', der aller Veränderung, sowohl materieller als auch gedanklicher, zugrunde liegt und immer andere Gestalt annehmen kann. Vgl. ARISTOTELES, *Metaphysik*, Buch VIII, und dazu HEINZ HAPP, *Hyle. Studien zum aristotelischen Materie-Begriff*, Berlin/New York 1971. Vgl. auch Komm. zu CK 36, 25–26. – LIEBMANN, AW, 94 f., identifiziert mit dem "Potenziellen" oder dem "δυνάμει ὄν", das "nach Abstraction von allem Geschehen als Rest unsrer empirischen Zeitvorstellung" übrigbleibt, die "reine Zeit" oder "in *Kantischer* Terminologie [...] '*die Apriorität der Zeit*'". Vgl. auch CK 30, 11–17

34, 7 [genus sublime ... genus transcendens]
S. Komm. zu SI 73, 1 – Nr. 75.

34, 32 - 35, 2 [der fatalistische Türke ... des Fatums motiviren zu lassen]
Vgl. G. W. LEIBNIZ, *Essais de Théodicee*, I, § 55, in: *Die philosophischen Schriften von Gottfried Wilhelm Leibniz*, hg. v. C. J. GERHARDT, Bd. 6, Berlin 1885, Nachdruck Hildesheim 1965, 132: "...si ce que je demande doit arriver, il arrivera, quand je ne ferois rien; et s'il ne doit point arriver, il n'arrivera jamais, quelque peine que je prenne pour l'obtenir. On pourroit appeller cette necessité, qu'on s'imagine dans les evenemens, detachée de leur causes, *Fatum Mahometanum* [...] parcequ'on dit qu'un argument semblable fait que les Turcs n'evitent point les lieux où la peste fait ravage." ("...wenn das, worum ich bitte, mit Notwendigkeit geschieht, wird es geschehen, wenn ich nichts tun werde; und wenn es mit Notwendigkeit nicht geschieht, wird es niemals geschehen, welche Mühe ich mir auch gebe, es zu erreichen. Man könnte diese Notwendigkeit, die man sich in den Geschehnissen unabhängig von ihren Ursachen vorstellt, *Mohamedanisches Geschick* nennen [...], weil, wie man sagt, die Türken mit einer derartigen Begründung die Orte nicht meiden, wo die Pest wütet.") – FRITZ MAUTHNER (1849–1923), mit dem FH seit 1901 in persönlichem Kontakt stand und dessen *Beiträge zu einer Kritik der Sprache* (3 Bde., Stuttgart 1900–1902) er rezensierte [H 1903b], schreibt in seinem *Wörterbuch der Philosophie. Neue Beiträge zu einer Kritik der Sprache* (2 Bde., Leipzig 1910, zitiert nach der 2. verm. Aufl. in 3 Bdn., Leipzig 1923/24, Nachdruck Weimar/Wien/Köln 1997, Bd. 1, 463): "Es ist bekannt, daß Mohammed den Mut in der Schlacht bei seinen Gläubigen durch die gleiche Vorstellung zu heben verstand: es sei einerlei, ob der Mensch sich in Gefahr begibt oder nicht, sein Ende ist ja doch vorher bestimmt. Aus vielen Stellen, in denen der Koran den Fatalismus oder das Kismet lehrt, wähle ich nur eine (III, 139): 'Die lebendige Seele stirbt nicht außer der Zulassung Gottes, nach dem ewigen Buche, welches das Ziel des Lebens geordnet hat.' Der Türke, den ein solcher Glaube furchtlos macht, hat sich wohl niemals die kniffliche Frage vorgelegt, wie sich seine Willensfreiheit mit dem Glauben an das ewige Buch vertrage: das Schicksal soll völlig unabhängig sein von dem menschlichen Willen; aber der Gläubige soll dennoch seine ganze Willensstärke aufwenden, um einen günstigen Ausgang der Schlacht herbeizuführen."

35, 13–15 [etwa so bestimmt wäre wie ... eine endliche Anzahl ihrer Punkte]
Gemeint sind Sätze der klassischen Geometrie wie z. B.: ein Kreis ist durch 3 seiner Punkte bestimmt, d. h. durch drei gegebene, nicht auf einer Geraden liegenden Punkte der Ebene geht genau ein Kreis; ähnlich kann durch fünf gegebene Punkte genau ein Kegelschnitt gelegt werden usw. Man beachte, daß dieser Vergleich nicht unbedingt einen traditionellen Determinismus der "Zukunft" durch die "Vergangenheit" nahelegt. Vgl. hierzu auch die Verwendung

831

derselben Analogie in CK 163–164.

35, 21 ['freien That']
KANT, MS, AA VI 223: "That heißt eine Handlung, sofern sie unter Gesetzen der Verbindlichkeit steht, folglich auch sofern das Subjekt in derselben nach der Freiheit seiner Willkür betrachtet wird. Der Handelnde wird durch einen solchen Act als *Urheber* der Wirkung betrachtet, und diese zusammt der Handlung selbst können ihm *zugerechnet* werden, wenn man vorher das Gesetz kennt, Kraft welches auf ihnen eine Verbindlichkeit ruht."

36, 5–6 [compatibilitas incompatibilium]
Lat. 'Vereinbarkeit von Unvereinbarem'. Vgl. SI 98, 26 – Nr. 109.

36, 25–26 [δυνάμει ὄν... ἐνεργείᾳ εἶναι]
Zum δυνάμει ὄν (gr. 'das der Möglichkeit nach Seiende') s. Komm. zu CK 32, 18–19. ἐνεργείᾳ εἶναι (gr. 'der Wirklichkeit nach sein') ist ARISTOTELES' Gegenbegriff zum δυνάμει ὄν. Vgl. ARISTOTELES, *Metaphysik*, Buch IX.

36, 26–31 [Diese existentielle Freiheit bei essentieller Gebundenheit könnte Schopenhauern vorgeschwebt haben ... als determinirt ansieht]
Vgl. SCHOPENHAUER, WWV I, § 55 (SW 1.401): "So demnach ist auch die Entscheidung des eigenen Willens bloß für seinen Zuschauer, den eigenen Intellekt, indeterminiert, mithin nur relativ und subjektiv, nämlich für das Subjekt des Erkennens; hingegen an sich selbst und objektiv ist bei jeder dargelegten Wahl die Entscheidung sogleich determiniert und notwendig. Nur kommt diese Determination erst durch die erfolgende Entscheidung ins Bewußtsein."

36, 31–32 [nur geht es ihm hier, wie dem Zauberlehrling, der die Geister rufen, aber nicht loswerden kann]
Vgl. GOETHE, *Der Zauberlehrling*, V. 91–92: "Die ich rief, die Geister, / Werd' ich nun nicht los."

37, 1–2 [mystischen Gesamtschuld "an Allem und für Alle"]
S. Komm. zu SI 292, 16 – Nr. 357.

37, 3–4 [auch die Thaten Caligulas und Richards des Dritten]
CALIGULA, eigtl. JULIUS CAESAR GERMANICUS, war 37–41 n. Chr. römischer Kaiser (erwähnt auch SI 17, 17 – Nr. 17 und SI 72, 30 – Nr. 75). Seit einer Krankheit im Jahr 37 war er für seine despotische Willkür berüchtigt. Er trieb seine Verwandten in den Tod, füllte den Staatsschatz durch Erpressungen und drückende Steuern auf und verlangte umfassende göttliche Verehrung für seine Person. Er fiel 41 einem Aufstand der Prätorianergarde zum Opfer. RICHARD III., König von England 1452–1485, wurde durch SHAKESPEARES Historiendrama, das seinen Namen trägt, als Inbild des Gewaltherrschers berühmt. Er

erringt durch Ränkespiel den Thron und lässt seine Neffen, noch Kinder, ermorden, um seinen Thronanspruch zu festigen. Seine despotische Herrschaft und mit ihr die englischen Rosenkriege fanden in der Schlacht von Bosworth gegen HEINRICH VII. TUDOR 1485 ihr Ende.

37, 9 [partie honteuse]
Frz. 'schamhafter (Körper)teil', Geschlechtsteile.

37, 13–14 [Kants erste Antinomie]
KANT, KrV, A 426–433 / B 454–461. Die Antinomien machen den "Widerstreit" der *reinen* Vernunft mit ihr selbst deutlich, der entsteht, wenn sie ohne Bezug auf Erfahrung Aussagen über die Welt macht. KANT stellt sie als kontradiktorische Behauptungen (in Form von These und Antithese) dar, die beide gleichermaßen 'beweisbar' sind. KANTs "erste Antinomie" bezieht sich auf Endlichkeit vs. Unendlichkeit der Welt: "Thesis: Die Welt hat einen Anfang in der Zeit und ist dem Raum nach auch in Grenzen eingeschlossen. [...] Antithesis: Die Welt hat keinen Anfang und keine Grenzen im Raume, sondern ist sowohl in Ansehung der Zeit als des Raumes unendlich." S. auch Komm. zu CK 46, 3–4.

37, 15–17 ['praktisches Interesse, woran jeder Wohlgesinnte, wenn er sich auf seinen wahren Vortheil versteht, herzlich Theil nimmt"]
Zitat aus KANT, KrV, A 466 / B 494.

38, 32–33 [sphärischen Vorstellungen vom Raume]
Die zentrale und argumentativ reichhaltigste antike Belegstelle für die Vorstellung, daß der kosmische Raum die Gestalt einer vollkommenen Sphäre besitzt, ist ARISTOTELES, *Vom Himmel*, Buch II, Kap. 4 (286b10 f.). Die Vorstellung ist jedoch älter. In PLATONs kosmologisch-naturphilosophischem Dialog *Timaios* wird sie von dem als Pythagoräer auftretenden Timaios vertreten, vgl. PLATON, *Timaios*, 33b. Unter den Vorsokratikern illustrierte insbesondere der eleatische Philosoph PARMENIDES in seinem Lehrgedicht das Sein als eine vollkommene Sphäre. Belege für vorsokratische, pythagoreische Vorstellungen vom Kosmos als Sphäre, etwa bei PHILOLAOS, sind allerdings unsicher.

38, 24–39, 3 [Mit der von Nietzsche neuerdings aufgestellten Formel der ewigen Wiederkunft]
Vgl. SI, Nr. 378 (313, 27–31, mit Komm.), Nr. 403–406 und die Einleitung des Herausgebers dieses Bandes, Abschn. 5.3.

39, 9–12 [Für die beiden Typen, die hier zu unterscheiden sind, habe ich anderswo die Namen: o n t o l o g i s c h e und g e n e a l o g i s c h e Metaphysik, vorgeschlagen]
S. SI 315–16, 33–1 – Nr. 379.

39, 13 / 17 [sub specie essendi / sub specie fiendi]

S. Komm. zu CK 25, 13–14.

39, 22–27 [Ihnen ist die G e s c h i c h t e "die wahre ... gefärbt erscheint."]
Selbstzitat FH aus SI 315, 30 und 317, 4.

39, 31–40, 3 ["Weltprocess"]
Vgl. SI 31, 6–7 – Nr. 24, SI 317, 18–19 – Nr. 379, CK 48, 11–12 und die Einleitung des Herausgebers zu diesem Band, Abschn. 4.5.

40, 9 [ἀποκατάστασις ἁπάντων]
Gr. 'Wiederkehr von allem'. – ἀποκατάστασις ist ein erstmals bei ARISTOTELES auftretender Begriff, der die Wiederherstellung eines ursprünglichen Zustands ausdrückte. In der Folgezeit fand das Wort in der Akademie und bei den Stoikern Eingang in die Fachsprachen von Medizin (als Gesundung des Kranken) und Astronomie (als periodische Wiederkehr der Sternkonstellationen). Der Gedanke der Wiederkehr zyklischer Weltperioden, in denen *alles* ewig wiederkehrt, ist bereits bei den Pythagoreern bekannt, gewinnt aber vor allem in der Stoa (als ἀποκατάστασις τοῦ παντός) an Gewicht. Der NIETZSCHEsche Gedanke von der ewigen Wiederkehr des Gleichen gewinnt wesentliche Anregungen aus dieser antiken Tradition. Vgl. die Einleitung des Herausgebers dieses Bandes, Abschn. 5.3.

41, 1–2 [dass wir armselige Tellurier den W e l t p r o c e s s beendigen könnten]
S. Komm. zu SI 31, 6–7 – Nr. 24.

41, 12–13 [den von Schopenhauer so feierlich zurückgewiesenen Selbstmord]
Vgl. SCHOPENHAUER, WWV I, § 54 (SW 1.387f.): "Hingegen auch umgekehrt: wen die Lasten des Lebens drücken, wer zwar wohl das Leben möchte und es bejaht, aber die Quaalen desselben verabscheut und besonders das harte Los, das gerade ihm zugefallen ist, nicht länger tragen mag: ein solcher hat nicht vom Tode Befreiung zu hoffen und kann sich nicht durch Selbstmord retten; nur mit falschem Scheine lockt ihn der finstere kühle Orkus als Hafen der Ruhe. Die Erde wälzt sich vom Tage in die Nacht; das Individuum stirbt: aber die Sonne selbst brennt ohne Unterlaß ewigen Mittag."

41, 23–24 [empirische Scylla und der transcendenten Charybdis]
Skylla war von einer Nebenbuhlerin in ein hundeähnliches Ungeheuer mit sechs Köpfen, jeder mit drei Zahnreihen, und zwölf Beinen verwandelt worden und hauste, zur Klippe versteinert, an der Meerenge von Messina. Ihr gegenüber Charybdis, die, ein riesiger Strudel, drei Mal am Tag große Wassermengen verschlang und wieder ausspie. Skylla und Charybdis wurden sprichwörtlich für gleichermaßen unangenehme Alternativen. – Vgl. HOMER, *Odyssee*, XII 85–110

und 228–259, und OVID, *Metamorphosen*, VII 62–68.

41, 30 [existentia potentialis]
S. Komm. zu CK 32, 18–19.

42, 22–24 [die hedonistisch zugespitzten Weltanschauungen dieser Art, die in der älteren Philosophie eine ungebührlich dominirende Rolle spielen]
S. Komm. zu SI 14, 6 – Nr. 13.

45, 8–12 [die intelligible Welt der sensiblen ... werden dürften]
Vgl. KANT, KrV, A 255 / B 311 – A 260 / B 315.

46, 3–4 [in die innerste Constitution des Erkenntnisapparates hinein (Antithetik der reinen Vernunft)]
Im Abschnitt "Antithetik der reinen Vernunft" der KrV (A 420/B 448 – A 461/B 489) stellt KANT vier "Antinomien" dar (vgl. Komm. zu CK 37, 13–14), in die sich "unsere Vernunft" verstrickt, wenn wir sie "über die Grenze der [Erfahrung] hinaus auszudehnen wagen". Denn "so entspringen *vernünftelnde* Lehrsätze, die in der Erfahrung weder Bestätigung hoffen, noch Widerlegung fürchten dürfen, und deren jeder nicht allein an sich selbst ohne Widerspruch ist, sondern sogar in der Natur der Vernunft Bedingungen seiner Notwendigkeit antrifft, nur daß unglücklicherweise der Gegensatz ebenso gültige und notwendige Gründe der Behauptung auf seiner Seite hat." – "Die Antithetik beschäftigt sich also gar nicht mit einseitigen Behauptungen [sc. Thesen und Antithesen], sondern betrachtet allgemeine Erkenntnisse der Vernunft nur nach dem Widerstreite derselben untereinander und den Ursachen derselben." (A 421/B 449).

47, 14 [Stelle aus dem Manuscriptbuch "Senilia"]
In die *Senilia*, seinem letzten Manuskriptbuch, trug SCHOPENHAUER vom April 1852 bis zu seinem Tode 1860 Aufzeichnungen ein, die er für Zusätze zu den Neuauflagen des *Willens in der Natur* (1854), der *Farbenlehre* (1854), der *Welt als Wille und Vorstellung* (3. Aufl. 1859) und der *Beiden Grundprobleme der Ethik* (1860) verwendete. In der postumen Ausgabe (1862) wurde der größte Teil der *Senilia* in die beiden Bände der PP aufgenommen.

47, 17–26 ["Man denke sich ... eigentlich besagt."]
Zitat aus SCHOPENHAUER, WWV II, Kapitel 41: Über den Tod und sein Verhältnis zur Unzerstörbarkeit unsers Wesens an sich (SW 2. 613 FN).

47, 33–48, 5 ["Die Menschheit muss ... ihr E n d e e r r e i c h t"]
Zitat aus SCHOPENHAUER, PP II, Kapitel 6: Zur Philosophie und Wissenschaft der Natur, § 85 (SW 5.171).

48, 5–10 ["ungerechte, oder boshafte Handlungen sind ... b i s er da-

hin gelangt."]
Zitat aus SCHOPENHAUER, PP II, Kapitel 14: Nachträge zur Lehre von der Bejahung und Verneinung des Willens zum Leben, § 171 (SW 5.378).

48, 11–12 [Hartmann'schen Weltprocess]
Vgl. SI 31, 6–7 – Nr. 24, SI 317, 18–19 – Nr. 379, CK 39, 31–40, 3 und die Einleitung des Herausgebers zu diesem Band, Abschn. 4.5.

48, 12 [Nunc stans]
S. Komm. zu SI 317, 24–25 – Nr. 379.

48, 20 [Changeant]
Frz. 'wechselnd, schillernd'. – Gewebe mit verschiedenfarbigen Kett- und Schußfäden, das bei Lichteinfall verschieden schimmert.

48, 29 [τέλος]
Gr. 'Ziel'. – Nach ARISTOTELES 'ist' etwas dadurch, daß der von sich aus 'unbegrenzte', chaotische 'Stoff' (vgl. Komm. zu CK 32, 18–19) begrenzt, strukturiert wird. Die 'Grenze' (πέρας, πεῖρας, vgl. CK 203, 19), in der es 'zum Stehen kommt', ist sein 'Ziel', und sofern es auf diese Weise 'zum Stehen kommt', ist es ἐντελέχεια, etwas, das 'sein Ziel in sich hat', und damit 'wirklich' im Sinn von 'am Werk', 'wirksam' (ἐνεργείᾳ ὄν, s. CK 36, 25–26). Für KANT ist die "reine" Vernunft erst in ihrem "praktischen Gebrauch" wirklich. Dazu muß sie sich ebenfalls begrenzen, im "theoretischen Gebrauch" des Erkennens auf den Bereich von sinnlich Gegebenem, im "praktischen Gebrauch" des Handelns auf das moralische Handeln, in dem sie nach einem eigenen "Prinzip", dem "kategorischen Imperativ", selbst etwas bewirken kann. Um dies denken zu können, muß man "Freiheit" als eigene, von der "Kausalität der Natur" unterschiedene "Kausalität" der Vernunft voraussetzen. Dies denkbar zu machen, ist wiederum das Ziel der KrV. Gott und Unsterblichkeit sind stattdessen "Postulate der reinen praktischen Vernunft", die "hoffen" lassen sollen, daß moralisches Handeln in der Natur Verwirklichung und Belohnung findet.

48, 30–31 [aber erst bei Schopenhauer lebt diese Interpretation sich aus]
SCHOPENHAUER griff die "Inhaltbestimmungen" der "intelligiblen Welt", die KANT zum praktischen Gebrauch der reinen Vernunft zugelassen hatte, als "positive" auf (s. CK 48, 27), um seine neue Metaphysik des blinden Willens als des "Dinges an sich" zu begründen (vgl. WERNER STEGMAIER, *Arthur Schopenhauer: Die Welt als Wille und Vorstellung*, in: ders. (unter Mitwirkung von HARTWIG FRANK), *Interpretationen. Hauptwerke der Philosophie. Von Kant bis Nietzsche*, Stuttgart 1997, 274 ff.).

49, 14 [Schleier der Maja]
Nach der vedischen Literatur existiert im eigentlichen Sinn nur das all-eine

Brahman. "Maja" (Sanskrit: 'Illusion', 'Täuschung', 'Blendwerk') bringt dennoch die Illusion der Vielheit hervor. Wahres Wissen, "Vidya", zu gewinnen, heißt darum den "Schleier der Maja" zu durchschauen. SCHOPENHAUER benutzt die Wendung häufig, etwa WWV I, § 3 (SW 1.37), wo er aus den Veden selbst zitiert: "[...] endlich die uralte Weisheit der Inder spricht: 'es ist die *Maja*, der Schleier des Truges, welcher die Augen der Sterblichen umhüllt und sie eine Welt sehn läßt, von der man weder sagen kann, daß sie sei, noch auch, daß sie nicht sei: denn sie gleicht dem Traume, gleicht dem Sonnenglanz auf dem Sande, welchen der Wanderer von ferne für ein Wasser hält, oder auch dem hingeworfenen Strick, den er für eine Schlange ansieht.'" – *Der Schleier der Maja* überschrieb FH auch ein Album philosophisch-dichterischer Skizzen, die er 1902 publizierte ([H 1902a], vgl. Einleitung des Herausgebers, Abschn. 5.5, Nr. 7).

50, 4–5 ["Sein oder Nichtsein"]
Zitat aus SHAKESPEARE, *Hamlet*, III, 2.

50, 9 [Monere]
Gr. μονήρης, 'einfach, einzeln, einsam'. – Begriff ERNST HAECKELs (1834–1919; vgl. Komm. zu SI 65, 24–25 – Nr. 64 und zu CK 184, 32) für 'Urtiere', kernlose Protozoen, tierische Einzeller. – Vgl. FRITZ MAUTHNER, *Wörterbuch der Philosophie* (s. Komm. zu CK 34, 32 – 35, 2), Bd. 1, 80: "Wenn es freilich nach Haeckel ginge und nach den kleinem Bezirksrednern des Darwinismus, dann wäre der Stammbaum vom Menschen bis zu der Monere hinauf hergestellt, dann wäre der Artbegriff durch Darwin aufgehoben, dann bildete eine endlose Reihe unmerklicher Übergänge die Familie Monere – Mensch, dann wären die Intervalle zwischen den Arten verschwunden [...]."

50, 19–20 [adiabatische]
S. Komm. zu SI 83, 25 – Nr. 96, und zu CK 193, 11–12.

51, 1–2 [tiefste Entwerthung menschlicher Werthe]
Nach NIETZSCHE wurde die tranzendente Welt mit ihrer moralischen Überhöhung zu dem Zweck geschaffen, die natürliche Welt und mit ihr die Menschlichkeit des Menschen zu entwerten. Vgl. NIETZSCHE, EH, Warum ich ein Schicksal bin 8 (KSA 6.373f.): "Der Begriff 'Gott' erfunden als Gegensatz-Begriff zum Leben, – in ihm alles Schädliche, Vergiftende, Verleumderische, die ganze Todfeindschaft gegen das Leben in eine entsetzliche Einheit gebracht! Der Begriff 'Jenseits', 'wahre Welt' erfunden, um die *einzige* Welt zu entwerthen, die es giebt, – um kein Ziel, keine Vernunft, keine Aufgabe für unsre Erden-Realität übrig zu behalten! Der Begriff 'Seele', 'Geist', zuletzt gar noch 'unsterbliche Seele', erfunden, um den Leib zu verachten, um ihn krank – 'heilig' – zu machen, um allen Dingen, die Ernst im Leben verdienen, den Fragen von Nahrung, Wohnung, geistiger Diät, Krankenbehandlung, Reinlichkeit, Wetter, einen schauerlichen Leichtsinn entgegenzubringen! Statt der Gesundheit das 'Heil der Seele'

– will sagen eine folie circulaire zwischen Busskrampf und Erlösungs-Hysterie! Der Begriff 'Sünde' erfunden sammt dem zugehörigen Folter-Instrument, dem Begriff 'freier Wille', um die Instinkte zu verwirren, um das Misstrauen gegen die Instinkte zur zweiten Natur zu machen! Im Begriff des 'Selbstlosen', des 'Sich-selbst-Verleugnenden' das eigentliche décadence-Abzeichen, das *Gelockt*werden vom Schädlichen, das Seinen-Nutzen-nicht-mehr-finden-*können*, die Selbst-Zerstörung zum Werthzeichen überhaupt gemacht, zur 'Pflicht', zur 'Heiligkeit', zum 'Göttlichen' im Menschen! Endlich – es ist das Furchtbarste – im Begriff des *guten* Menschen die Partei alles Schwachen, Kranken, Missrathnen, An-sich-selber-Leidenden genommen, alles dessen, *was zu Grunde gehn soll* –, das Gesetz der *Selektion* gekreuzt, ein Ideal aus dem Widerspruch gegen den stolzen und wohlgerathenen, gegen den jasagenden, gegen den zukunftsgewissen, zukunftverbürgenden Menschen gemacht – dieser heisst nunmehr *der Böse* ... Und das Alles wurde geglaubt als *Moral! – Ecrasez l'infâme!"* – Vgl. Komm. zu CK 179, 8 (Nihilismus).

51, 2–4 [Grundvoraussetzung des werthschätzenden und wertheschaffenden Lebens!]
Leben muß sich nach NIETZSCHE Werte "schaffen", nach denen seine "Steigerung" und "Erhaltung" möglich ist, und alles Geschehen nach ihnen "schätzen" (vgl. GM I, 17, Anm., KSA 5.289). Eine auf eine transzendente Welt bauende, sakrosankte Moral (vgl. Komm. zu CK 51, 1–2) hindert nach NIETZSCHE, selbst Werte zu schaffen. Vgl. FW 116 (KSA 3.474 f.): "Diese Schätzungen und Rangordnungen sind immer der Ausdruck der Bedürfnisse einer Gemeinde und Heerde: Das, was ihr am ersten frommt – und am zweiten und dritten –, das ist auch der oberste Maassstab für den Werth aller Einzelnen. Mit der Moral wird der Einzelne angeleitet, Function der Heerde zu sein und nur als Function sich Werth zuzuschreiben." Menschen, die davon frei sind, nennt NIETZSCHE eine "vornehme Art Mensch": "Die vornehme Art Mensch fühlt *sich* als werthbestimmend, sie hat nicht nöthig, sich gutheissen zu lassen, sie urtheilt 'was mir schädlich ist, das ist an sich schädlich', sie weiss sich als Das, was überhaupt erst Ehre den Dingen verleiht, sie ist *wertheschaffend*. Alles, was sie an sich kennt, ehrt sie: eine solche Moral ist Selbstverherrlichung. Im Vordergrunde steht das Gefühl der Fülle, der Macht, die überströmen will, das Glück der hohen Spannung, das Bewusstsein eines Reichthums, der schenken und abgeben möchte [...]. Vornehme und Tapfere, welche so denken, sind am entferntesten von jener Moral, welche gerade im Mitleiden oder im Handeln für Andere oder im désintéressement das Abzeichen des Moralischen sieht; der Glaube an sich selbst, der Stolz auf sich selbst, eine Grundfeindschaft und Ironie gegen 'Selbstlosigkeit' gehört eben so bestimmt zur vornehmen Moral wie eine leichte Geringschätzung und Vorsicht vor den Mitgefühlen und dem 'warmen Herzen'." (JGB 260, KSA 5.209 f.).

51, 6 [Schleier der Maja]
S. Komm. zu CK 49, 14.

51, 10–11 [unendlich theurer zu stehen kommen wie jenen Jüngling die Entschleierung des Isisbildes.]
Isis ist eine ursprünglich ägyptische Gottheit, von Gestalt eine Frau mit Kuhhörnern, der man – zusammen mit Osiris – die Einführung des Ackerbaus und kräftige Zaubermittel zuschrieb. Als Osiris umkam, warf sie sich über seinen Leichnam, belebte seinen Phallus wieder und empfing Horus von ihm, der im Göttergericht die Herrschaft über die Lebenden erhielt. Ihr Kult wurde in Mysterien der Auferstehung begangen und war auch im antiken Griechenland und im Römischen Reich sehr populär; Isis wurde dort vielfach mit Demeter (vgl. Komm. zu SI 105, 4–5 – Nr. 128 und SI 187, 26–27 – Nr. 282) gleichgesetzt und zur All-Göttin. Ihr wurden viele Tempel errichtet. Der Römische Senat ließ von 59 v. Chr. an die Kultstätten immer wieder zerstören; CALIGULA (s. Komm. zu SI 17, 17 – Nr. 17) scheint sie schließlich zugelassen zu haben, spätere römische Kaiser förderten den Kult, der bis ins 5. Jahrhundert n. Chr. hinein lebendig blieb. Der Isis-Tempel in Pompeji ist einer der besterhaltenen und wichtigsten der Stadt. Der Enthüllung des Götterbilds der Isis, von der PLUTARCH erzählt, hat FRIEDRICH SCHILLER seine Ballade *Das verschleierte Bild zu Sais* (1795) gewidmet: "Ein Jüngling, den des Wissens heißer Durst / Nach Sais in Ägypten trieb, der Priester / Geheime Weisheit zu erlernen," bekommt "ein verschleiert Bild von Riesengröße" zu sehen, das, wie er erfährt, "die Wahrheit" birgt, die niemand zu enthüllen befugt ist. Er setzt sich über das "Gesetz" hinweg, "schaut" die Wahrheit, wird "besinnungslos", kann nie "bekennen", was er gesehen hat, und "Ihn riß ein tiefer Gram zum frühen Grabe".

51, 11–14 [Schopenhauer selbst schildert einmal das metaphysische G r a u s e n , das mit jeder scheinbaren Durchbrechung der Gesetze der Erscheinung verbunden ist]
KANT spricht in einer Anmerkung zur *Kritik der Urteilskraft* ehrfurchtsvoll vom Schleier der Isis: "Vielleicht ist nie etwas Erhabneres gesagt, oder ein Gedanke erhabener ausgedrückt worden, als in jener Aufschrift über dem Tempel der Isis (der Mutter *Natur*): 'Ich bin alles was da ist, was da war, und was da sein wird, und meinen Schleier hat kein Sterblicher aufgedeckt'." (KU, AA V 316, Anm.). SCHOPENHAUER steigert die Ehrfurcht zum "Grausen", das eintritt, wenn plötzlich der täuschende Schein der Vielheit vor der einen Wahrheit zerreißt: "Aus dieser Ahndung stammt jenes so unvertilgbare und allen Menschen (ja vielleicht selbst den klügeren Tieren) gemeinsame *Grausen*, das sie plötzlich ergreift, wenn sie durch irgend einen Zufall irrewerden am principio individuationis, indem der Satz vom Grunde in irgendeiner seiner Gestaltungen eine Ausnahme zu erleiden scheint: z. B. wenn es scheint, daß irgendeine Veränderung ohne Ursache vor sich ginge oder ein Gestorbener wieder da wäre oder sonst irgendwie das Vergangene oder Zukünftige gegenwärtig oder das Ferne nah wäre. Das ungeheure Entsetzen über so etwas gründet sich darauf, daß sie plötzlich irrewerden an den Erkenntnisformen der Erscheinung, welche allein ihr eigenes Individuum von der übrigen Welt gesondert halten." (WWV I, §

63, SW 1.482). Vgl. dagegen NIETZSCHE, FW, Vorrede 4 (KSA 3.352): "man wird uns schwerlich wieder auf den Pfaden jener ägyptischen Jünglinge finden, welche Nachts Tempel unsicher machen, Bildsäulen umarmen und durchaus Alles, was mit guten Gründen verdeckt gehalten wird, entschleiern, aufdecken, in helles Licht stellen wollen. Nein, dieser schlechte Geschmack, dieser Wille zur Wahrheit, zur 'Wahrheit um jeden Preis', dieser Jünglings-Wahnsinn in der Liebe zur Wahrheit – ist uns verleidet: dazu sind wir zu erfahren, zu ernst, zu lustig, zu gebrannt, zu tief... Wir glauben nicht mehr daran, dass Wahrheit noch Wahrheit bleibt, wenn man ihr die Schleier abzieht; wir haben genug gelebt, um dies zu glauben. Heute gilt es uns als eine Sache der Schicklichkeit, dass man nicht Alles nackt sehn, nicht bei Allem dabei sein, nicht Alles verstehn und 'wissen' wolle."

51, 15–16 [dass Friede, Ruhe und Glückseligkeit allein da wohnen, wo es kein Wo und kein Wann giebt.]
Vgl. SCHOPENHAUER, PP II, Kapitel 3: Den Intellekt überhaupt und in jeder Beziehung betreffende Gedanken, § 30 (SW 5.57 FN): "Wenn ich sage 'in einer andern Welt', so ist es ein großer Unverstand, zu fragen: '*Wo* ist denn die andere Welt?' Denn der Raum, der allem Wo erst einen Sinn ertheilt, gehört eben mit zu *dieser* Welt: außerhalb derselben giebt es kein Wo. – Friede, Ruhe, Glückseligkeit wohnt allein da, wo es *kein Wo und kein Wann giebt.*"

51, 23–24 [ein endloses, sinnloses, hoffnungsloses Zufallsspiel der ewigen Wiederkehr]
S. auch SI 343, 4–5 – Nr. 403.

51, 25–26 [ohne Ausweg ins Nichtsein oder Anderssein]
Vgl. NIETZSCHE, GM III, 28 (KSA 5.412) und NF Sommer 1886–Herbst 1887, VIII 5[71] (KSA 12.213): "Denken wir diesen Gedanken in seiner furchtbarsten Form: das Dasein, so wie es ist, ohne Sinn und Ziel, aber unvermeidlich wiederkehrend, ohne ein Finale ins Nichts: 'die ewige Wiederkehr'." S. auch CK 179, 8 (Nihilismus).

51, 27 [unwiderruflichen Position]
S. Komm. zu CK 32, 3–4.

51, 30–32 [eine Welt, die wir nicht Kosmos oder Ananke, sondern Astarte, Medusa, Hekate nennen müssten]
Der griechische Begriff Kosmos steht für die geordnete Welt, der Begriff Ananke für ihre innere Notwendigkeit. Astarte (oder Ischtar, die bedeutendste Göttin des sumerisch-akkadischen Pantheons) symbolisiert dagegen Geschlechtsliebe und Kampf, die Gorgo Medusa, ein Ungeheuer, dessen Anblick versteinert, lähmenden Schrecken, Hekate, die Herrin des Spuks, Zaubers und Hexenwesens, Unfaßlichkeit schlechthin.

52, 12 ["Hineinragen"]
Vgl. CK 148, 12–13: "Die Metaphysiker, die nicht bei der reinlichen Trennung zwischen Empirie und Transcendenz stehen bleiben, sondern an ein Herein- und Hinausragen der einen Welt in die andere glauben [...]". Am entschiedensten wurde die Vorstellung des Hinein- oder Hereinragens des Metaphysischen in das Physische von dem Neuplatoniker PLOTIN (205–270) ausgebildet. Vgl. etwa PLOTINs Schriften [*Enneaden*], IV 3, 11, 8–21, übers. v. RICHARD HARDER, neu bearb. v. RUDOLF BEUTLER u. WILLY THEILER, Bd. II: Die Schriften 22–29 der chronologischen Reihenfolge, Hamburg 1962, 195: "So auch die Natur des Weltalls [ἡ τοῦ παντὸς φύσις]: sie schuf alle Dinge kunstreich als Nachbilder der geistigen Wesenheiten, deren rationale Formen [λόγοι] sie in sich trug, und als nun so jedes einzelne Ding zu einer innerstofflichen rationalen Form geworden war [ἐν ὕλῃ λόγος], deren Gestalt der vorstofflichen Form entsprach, da verknüpfte sie es mit jenem Gott [συνήψατο τῷ θεῷ], dem es nachgebildet war, auf den die Seele bei seiner Schöpfung hingeblickt, den sie in sich gehabt hatte. Denn es war nicht möglich, daß es des Gottes unteilhaft werden sollte, und wiederum konnte jener nicht zu ihm hinabkommen [κατελθεῖν]. So war jener der Geist [νοῦς], die intelligble Sonne – die Sonne diene uns als Beispiel für unsere Darlegung –, auf ihn folgt die Seele, von ihm abhängend [ψυχὴ ἐξηρτημένη], und dort oben bleibend, wie der Geist dort bleibt. Diese Seele gibt ihren Rand, welcher nach der irdischen Sonne zu liegt, der irdischen Sonne dar und läßt sie durch ihre Vermittlung auch mit der intelligiblen Sonne verknüpft sein, sie wird gleichsam der Dolmetsch [ἑρμηνευτική] dessen, was von der irdischen zur intelligiblen Sonne geht, soweit nämlich die irdische auf dem Wege über die Seele bis zur intelligiblen hinaufreicht [φθάνει]." 'φθάνει' heißt eig. 'ihr zuvorkommt'; OTTO KIEFER (PLOTIN, *Enneaden* [Auswahl], Bd. 2, Jena/Leipzig 1905, 55) übersetzt hier: "Die Seele grenzt an diese Sonne, sie ist die Vermittlerin zwischen den Wesen dieser Welt und den geistigen Wesen, die Dolmetscherin für die Dinge, welche von der geistigen Welt in diese und von dieser Welt in die geistige hineinragen." – Vgl. auch FHs Antrittsvorlesung *Das Raumproblem* [H 1903a], S. 4: "Die Geometrie hat ja zwei Seiten, mit denen sie zugleich in die reine und angewandte Mathematik hineinragt".

52, 23 ["Ethik der ewigen Wiederkunft"]
S. auch SI 289, 12–13 – Nr. 355, und SI, Nr. 403.

53, 11–13 [dass der dionysische Mensch nicht nur das Leben, sondern die unendliche Wiederkehr des Lebens bejahe.]
FH faßt hier Äußerungen NIETZSCHES an verschiedenen Stellen zusammen. Vgl. FW 370: "Der Reichste an Lebensfülle, der dionysische Gott und Mensch, kann sich nicht nur den Anblick des Fürchterlichen und Fragwürdigen gönnen, sondern selbst die fürchterliche That und jeden Luxus von Zerstörung, Zersetzung, Verneinung; bei ihm erscheint das Böse, Unsinnige und Hässliche gleichsam erlaubt, in Folge eines Ueberschusses von zeugenden, befruchtenden Kräften, welcher aus jeder Wüste noch ein üppiges Fruchtland zu schaffen im

Stande ist." Dann GD, Was ich den Alten verdanke 4 (KSA 6.159): "Denn erst in den dionysischen Mysterien, in der Psychologie des dionysischen Zustands spricht sich die *Grundthatsache* des hellenischen Instinkts aus – sein 'Wille zum Leben'. Was verbürgte sich der Hellene mit diesen Mysterien? Das *ewige* Leben, die ewige Wiederkehr des Lebens; die Zukunft in der Vergangenheit verheissen und geweiht; das triumphirende Ja zum Leben über Tod und Wandel hinaus; das *wahre* Leben als das Gesammt-Fortleben durch die Zeugung, durch die Mysterien der Geschlechtlichkeit." Ferner EH, Warum ich so gute Bücher schreibe, GT 2 (KSA 6.311): "ich hatte ebendamit das wundervolle Phänomen des Dionysischen als der Erste begriffen. [...] eine aus der Fülle, der Überfülle geborene Formel der höchsten Bejahung, ein Jasagen ohne Vorbehalt, zum Leiden selbst, zur Schuld selbst, zu allem Fragwürdigen und Fremden des Daseins selbst ..." Schließlich EH, Warum ich so gute Bücher schreibe, GT 3 (KSA 6.312 f.): "Ein Zweifel blieb mir zurück bei Heraklit, in dessen Nähe überhaupt mir wärmer, mir wohler zu Muthe wird als irgendwo sonst. Die Bejahung des Vergehens und Vernichtens, das Entscheidende in einer dionysischen Philosophie, das Jasagen zu Gegensatz und Krieg, das Werden, mit radikaler Ablehnung auch selbst des Begriffs 'Sein' – darin muss ich unter allen Umständen das mir Verwandteste anerkennen, was bisher gedacht worden ist. Die Lehre von der 'ewigen Wiederkunft', das heisst vom unbedingten und unendlich wiederholten Kreislauf aller Dinge – diese Lehre Zarathustra's könnte zuletzt auch schon von Heraklit gelehrt worden sein." Vgl. auch NF Frühjahr – Sommer 1888, VIII 16[32], KSA 13.492: "Eine solche Experimental-Philosophie, wie ich sie lebe, nimmt versuchsweise selbst die Möglichkeiten des grundsätzlichen Nihilismus vorweg: ohne daß damit gesagt wäre, daß sie bei einem Nein, bei einer Negation, bei einem Willen zum Nein stehen bliebe. Sie will vielmehr bis zum Umgekehrten hindurch – bis zu einem dionysischen Jasagen zur Welt, wie sie ist, ohne Abzug, Ausnahme und Auswahl – sie will den ewigen Kreislauf, – dieselben Dinge, dieselbe Logik und Unlogik der Knoten. Höchster Zustand, den ein Philosoph erreichen kann: dionysisch zum Dasein stehn –: meine Formel dafür ist amor fati ..."

53, 14 [πρῶτον ψεῦδος]
S. Komm. zu SI 262, 16 – Nr. 352.

54, 8 [Indifferentismus]
Vgl. (in Bezug auf den moralischen oder ästhetischen Geschmack) SI 55, 5 – Nr. 62.

54, 17 [mundus intelligibilis]
Lat. 'Verstandeswelt'. S. KANT, KrV, A 249; A 256 / B 312.

55, 8–9 ["an sich Seiende" wird wieder zum Etwas = X]
S. Komm. zu SI 286, 7 – Nr. 353.

55, 9–10 [ἄπειρον des Anaximander]
Gr. 'das Unbegrenzte'. Für ANAXIMANDER VON MILET (ca. 611–545 v. Chr.)
das, woraus alles entsteht und worin alles vergeht (zum Sein als Begrenzt-Sein
vgl. Komm. zu CK 48, 29 und zu CK 203, 18–19). 1896 erschien im Bd. X
der von FRITZ KOEGEL im Auftrag des Nietzsche-Archivs herausgegebenen
2. Nietzsche-Gesamtausgabe NIETZSCHEs frühe Abhandlung *Die Philosophie
im tragischen Zeitalter der Griechen,* in der er auch ANAXIMANDER behandelt. Dort heißt es (KSA 1.819): "Alles, was einmal geworden ist, vergeht auch
wieder, ob wir nun dabei an das Menschenleben oder an das Wasser oder an
Warm und Kalt denken: überall, wo bestimmte Eigenschaften wahrzunehmen
sind, dürfen wir auf den Untergang dieser Eigenschaften, nach einem ungeheuren Erfahrungs-Beweis, prophezeien. Nie kann also ein Wesen, das bestimmte
Eigenschaften besitzt und aus ihnen besteht, Ursprung und Princip der Dinge
sein; das wahrhaft Seiende, schloß Anaximander, kann keine bestimmten Eigenschaften besitzen, sonst würde es, wie alle andern Dinge, entstanden sein
und zu Grunde gehn müssen. Damit das Werden nicht aufhört, muß das Urwesen unbestimmt sein. Die Unsterblichkeit und Ewigkeit des Urwesens liegt
nicht in einer Unendlichkeit und Unausschöpfbarkeit – wie gemeinhin die Er-
klärer des Anaximander annehmen – sondern darin, daß es der bestimmten,
zum Untergange führenden Qualitäten bar ist: weshalb es auch seinen Namen,
als 'das Unbestimmte' trägt. Das so benannte Urwesen ist über das Werden
erhaben und verbürgt ebendeshalb die Ewigkeit und den ungehemmten Verlauf
des Werdens. Diese letzte Einheit in jenem 'Unbestimmten', der Mutterschooß
aller Dinge kann freilich von dem Menschen nur negativ bezeichnet werden,
als etwas, dem aus der vorhandenen Welt des Werdens kein Prädikat gegeben
werden kann, und dürfte deshalb dem Kantischen 'Ding an sich' als ebenbürtig
gelten."

55, 13 [Wenn der Purpur fällt, muss auch der Herzog nach]
Vgl. FRIEDRICH SCHILLER, *Die Verschwörung des Fiesco zu Genua,* 5. Aufzug,
16. Auftritt: "Fiesco: Was zerrst du mich so am Mantel? – er fällt! – Verrina
(*mit fürchterlichem Hohn*): Nun, wenn der Purpur fällt, muß auch der Herzog nach. (*Er stürzt ihn ins Meer.*)" In FRIEDRICH SCHILLERs (1759–1805)
"republikanischem Trauerspiel", seinem zweiten Stück aus dem Jahr 1782, des-
sentwegen er aus Stuttgart nach Mannheim fliehen mußte, geht es um den
Aufstand des Giovanni Luigi de Fieschi (Fiesco) gegen Genuas Herrscherfami-
lie Doria 1547, der damit zu Ende ging, daß Fiesco von einer Schiffsplanke ins
Wasser stürzte und ertrank. Bei SCHILLER will auch Fiesco wieder Alleinherr-
scher werden, und so läßt ihn der wahre Republikaner Verrina sterben (wobei
SCHILLER sorgsam offenläßt, ob er seinem Fall nachhilft oder nicht). – Also:
KANT und sein Ding an sich, das der Transzendenz abgeschworen, sich aber
noch nicht zur Empirizität entschieden hat, in der Rolle des monarchisch ge-
sonnenen republikanischen Verschwörers!

57, 24 [pluralité des mondes]
S. Komm. zu SI 290, 23 – Nr. 356.

58, 21 [vicissim]
Lat. 'abwechselnd'.

58, 22 [simul]
Lat. 'zugleich'.

59, 10 [dass diese willkürlichen Functionen m e h r w e r t h i g sind]
FHs Sprachgebrauch weicht vom heutigen ab. Für ihn wie für andere Autoren
des 19. Jahrhunderts sind "Funktionen" nicht notwendigerweise *eindeutige* Zu-
ordnungen der Werte zu den Argumenten. Mit der Möglichkeit der Mehrwertig-
keit ist im Folgenden stets zu rechnen, wenn FH von "willkürlichen Functionen",
"beliebigen Transformationen" u. dgl. spricht, vgl. u. a. CK 82, 31 ff.; 142, 21–30.
Was FH hier "Function" nennt, wird in heutiger mathematischer Sprache meist
als Korrespondenz bezeichnet. Eine Korrespondenz zwischen zwei Mengen M
und N ist eine Teilmenge des cartesischen Produktes $M \times N$. Der Begriff ist
das mengentheoretische Äquivalent des Begriffs der zweistelligen Relation und
wesentlich allgemeiner als der moderne Begriff der Funktion. Dem Übergang
von einem Gegenwartpunkt zur "Mehrheit der Gegenwartpunkte" entspricht also im mathematischen Bild eine weitgehende Verallgemeinerung: der Übergang
von Funktionen zu Korrespondenzen.

60, 26 ["Ubietät"]
Lat. 'Wo-heit'. Vgl. LEIBNIZ, *Neue Abhandlungen über den menschlichen Verstand*, Zweites Buch, Von den Ideen, Kapitel XXIII: Von den zusammengesetz-
ten Vorstellungen der Substanzen, § 21, in: a. a. O. (s. Komm. zu CK 23, 17),
Bd. 1, 372 f.

60, Anm. [Ich sehe hier . . . ist.]
Zur Problematik von FHs Gebrauchs des Wortes "Zustand" s. Komm. zu CK
13, 10–13.

62, 9–10 [façon de parler]
S. Komm. zu SI 224, 7 – Nr. 327.

62, 30 [Solipsismus]
S. Komm. zu SI 263, 1 – Nr. 352.

**63, 9–10 [die von Riemann eingeführten doppelten und mehrfachen
Räume]**
FH spielt hier auf die von RIEMANN in die Theorie der komplexen Funktionen
eingeführten sog. "Riemannschen Flächen" an (vgl. RIEMANN, *Grundlagen für
eine allgemeine Theorie der Functionen einer veränderlichen complexen Grösse*, Inauguraldissertation Göttingen 1851, auch in ders., *Gesammelte mathe-*

matische Werke, Leipzig 1892, 3–48; ders., *Theorie der Abelschen Functionen*, Journal für die reine und angewandte Mathematik 54 (1857), 115–155, auch in ders., *Gesammelte mathematische Werke*, 88–144). Im 19. Jahrhundert wurden diese Flächen als mehrfach über der komplexen Zahlenebene ausgebreitete Flächen betrachtet. Im letzten Drittel des 19. Jahrhunderts wurden von mehreren Autoren auch höherdimensionale Verallgemeinerungen Riemannscher Flächen diskutiert (und manchmal als "Riemannsche Räume" bezeichnet), so u. a. von WILLIAM KINGDON CLIFFORD , FELIX KLEIN, ADOLF HURWITZ und POUL HEEGAARD.

63, 13–14 ["die Erfüllung eines Postulats zu enthalten, dessen blosse Benennung er ist"]
In diesem Wortlaut nicht nachzuweisen. Die Wendung läßt sich aber als Quintessenz der Auseinandersetzung LOTZEs mit nichteuklidischen Raumtheorien begreifen; vgl. LOTZE, Mph, 226–267: "Deductionen des Raumes". BERNHARD RIEMANNs Habilitationsvortrag von 1854 "Über die Hypothesen, welche der Geometrie zu Grunde liegen" wird dort ausdrücklich zitiert (S. 265). FH zitiert den Vortrag selbst in seiner Antrittsvorlesung *Das Raumproblem* [H 1903a], Anm. 7.

63, 15–16 [Dagegen kann der Gedanke eines absoluten Raumes v o n v i e r D i m e n s i o n e n]
Die im folgenden angedeutete Verwendung eines vierdimensionalen Raumes zur gleichzeitigen Darstellung von räumlichen und zeitlichen Koordinaten physikalischer Vorgänge war in der Mechanik der Zeit nicht mehr neu. Sie ist nicht zu verwechseln mit der späteren vierdimensionalen "Raumzeit" des 1908 von HERMANN MINKOWSKI eingeführten und später nach ihm benannten Minkowski-Raumes. Während in FHs Text die zeitliche Achse und die räumlichen "dreidimensionalen Schichten" mathematisch klar voneinander getrennt werden (der vierdimensionale Raum wird aufgefaßt als kartesisches Produkt eines eindimensionalen Zeitkontinuums mit dem dreidimensionalen Raum), verknüpft die Pseudometrik des Minkowski-Raumes in der Relativitätstheorie räumliche und zeitliche Strukturen miteinander (vgl. HERMANN MINKOWSKI, *Raum und Zeit*, in: H. A. LORENTZ u. a., *Das Relativitätsprinzip*. Eine Sammlung von Abhandlungen, Leipzig 1913 u.ö.).

64, 17 [adiabatisch]
S. Komm. zu SI 83, 25 – Nr. 96 und zu CK 193, 11–12.

67, 16 [landläufigen Solipsismus Berkeley'scher Herkunft.]
Vgl. zu BERKELEY Komm. zu CK 1, 26 und CK 72, 7–9, zum Solipsismus Komm. zu SI 263, 1 – Nr. 352.

67, 28 [Planeten des Sirius]
Metaphorische Redewendung; es ist nicht bekannt, ob der Stern Sirius Plane-

ten hat. Der Königsberger Astronom FRIEDRICH WILHELM BESSEL bemerkte 1844, daß die Eigenbewegung des Sirius veränderlich ist und zog daraus den Schluß, daß er einen unsichtbaren Begleiter haben müsse. Knapp 20 Jahre später stellte sich jedoch heraus, daß dieser Begleiter kein Planet war, sondern ein sog. weißer Zwergstern, der heute als Sirius B bezeichnet wird. FH könnte zu dieser Anspielung durch Bemerkungen in der von ihm mehrfach verwendeten Schrift von CARL NEUMANN, *Über die Principien der Galilei-Newton'schen Theorie*, Leipzig 1870, hier S. 7 f., angeregt worden sein.

67, 31 ["transcendentale Apperception"]
Zitat aus KANT, KrV, A 106 f. Apperzeption ist, bereits bei LEIBNIZ, die Perzeption, die Perzeptionen perzipiert, das seiner selbst bewußte Bewußtsein; dies ist, nach KANT, transzendental, sofern es alle Erfahrung überschreitet und ihr als Bedingung zugrunde liegt.

69, 18 [Ubiquität]
Lat. 'Überallheit', 'Allgegenwart'. Der Satz verweist auf CK 143, 27 und Kontext. Dort diskutiert FH die Möglichkeit, daß in jedem Raumpunkt unterschiedliche empirische Zeiten realisiert werden, vgl. CK 138. Die Annahme der "Ubiquität der Zeit" in einem Raumgebiet schließt eben diese Möglichkeit aus.

69, 30–33 [und mögen der Vision Dantes im Empyreum gedenken, wo die Himmelsrose alle scheinbar in getrennten Sphären wohnenden Geister zum gemeinsamen Aufenthalt vereinigt]
Vgl. DANTE ALIGHIERI, *Die göttliche Komödie*, Paradies, 31 f. S. auch SI 316, 13–14 – Nr. 379.

70, 14–15 [οὐσία – τὸ εἶναι]
Grundbegriffe der Seinslehre des ARISTOTELES, die in der lateinischen Tradition als 'Essenz' ('Wassein') und 'Existenz' ('Dasein') unterschieden werden können. Bei ARISTOTELES selbst ist dies nur eine Möglichkeit ihrer Unterscheidung unter anderen. Vgl. *Metaphysik*, Buch V, Abschnitte 7 und 8 (1017a8–1017b27).

70, 27–29 ["nicht diejenige, die in meiner eigenen, sondern die in seiner Sinnlichkeit angetroffen wird"]
Zitat aus KANT, KrV, A 363.

72, 7–9 [Kants Polemik gegen Berkeley in der zweiten Ausgabe der Vernunftkritik]
Vgl. KANT, KrV, B 70 f.: "Denn, wenn man den Raum und die Zeit als Beschaffenheiten ansieht, die ihrer Möglichkeit nach in Sachen an sich angetroffen werden müssten, und überdenkt die Ungereimtheiten, in die man sich alsdenn verwickelt, indem zwei unendliche Dinge, die nicht Substanzen, auch nicht etwas wirklich den Substanzen Inhärierendes, dennoch aber Existierendes, ja die notwendige Bedingung der Existenz aller Dinge sein müssen, auch übrig blei-

ben, wenn gleich alle existierende Dinge aufgehoben werden: so kann man es dem guten Berkeley wohl nicht verdenken, wenn er die Körper zu bloßem Schein herabsetzte, ja es müsste so gar unsere eigene Existenz, die auf solche Art von der für sich bestehenden Realität eines Undinges, wie die Zeit, abhängig gemacht wäre, mit dieser in lauter Schein verwandelt werden; eine Ungereimtheit, die sich bisher noch niemand hat zu Schulden kommen lassen." Vgl. auch Komm. zu CK 1, 26 und zu SI 263, 1 – Nr. 352.

73 [Vom Raume]
Vgl. zur Erläuterung dieses Kapitels im ganzen FHs Antrittsvorlesung *Das Raumproblem* ([H 1903a], abgedruckt im Band VI dieser Edition). FH zitiert dort wiederum (Anm. 28) CK unter dem Pseudonym PAUL MONGRÉ (und mit dem Erscheinungsjahr 1899). MAX BENSE, *Semiotische Prozesse und Systeme in Wissenschaft und Design, Ästhetik und Mathematik*, Baden-Baden 1975, 140, nennt diese Selbstzitierung "kurios".

73, 25–27 [die Wirksamkeit der von Helmholtz so genannten topogenen (und chronogenen) Momente als beendet ansehen]
Vgl. HELMHOLTZ, TW, 402 f.

74, 5–6 [mit Locke als die primären Eigenschaften der Dinge von den secundären trennen]
Der Engländer JOHN LOCKE (1632–1704; vgl. Komm. zu CK 23, 17) gilt als Begründer des erkenntnistheoretischen Empirismus und Vordenker des Liberalismus. Die Unterscheidung zwischen primären und sekundären Eigenschaften der Dinge wird von ihm in seinem erkenntnistheoretischen Hauptwerk *An Essay Concerning Human Understanding* (1690) eingeführt. Den sekundären Qualitäten wie z. B. Farben, Gerüchen, Lauten, die rein subjektive Wahrnehmungen und so eigentlich bloße Ideen seien, stellt er primäre Eigenschaften gegenüber, die bewußtseinsunabhängig seien und daher die Dinge so zeigten, wie sie wirklich seien. Zu ihnen zählt er die Qualitäten der Ausdehnung oder der Bewegung. Während sekundäre Eigenschaften mit nur einem einzigen Sinn wahrgenommen werden könnten, seien die primären mehreren Sinnen zugänglich. Wegen ihres objektiven Charakters seien sie sowohl für die Geometrie als auch für die Naturwissenschaften, die Leitwissenschaften zur Zeit LOCKES, grundlegend.

74, 17–18 [der euklidische Raum mit seinen drei Dimensionen, seinem Krümmungsmass Null]
Beide charakteristischen Eigenschaften des euklidischen Raumes werden von FH CK 106 ff. ausführlich diskutiert. FH hat sich mehrfach mit dem "fait accompli" der 3-Dimensionalität "des" Raumes auseinandergesetzt. Neben den hier eingeleiteten erkenntniskritischen Überlegungen ist insbesondere sein späterer bedeutender Beitrag *Dimension und äußeres Maß* zu erwähnen ([H 1919a], vgl. diese Edition, Band IV, S. 19–43). In dieser Arbeit stellt FH für metrische Räume "eine Erklärung des p-dimensionalen Maßes auf, die sich unmittelbar

auf nicht ganzzahlige Werte von p ausdehnen und Mengen *gebrochener Dimension* als möglich erscheinen läßt, ja sogar solche, deren Dimensionen die Skala der positiven Zahlen zu einer verfeinerten, etwa logarithmischen Skala ausfüllen." (Ebd., 21). Der "empirisch-zufällige" Charakter der Anzahl der Raumdimensionen wird von neueren physikalischen Theorien unterstrichen (vgl. neben quantenkosmologischen Spekulationen etwa den string-theoretischen Ansatz in EDWARD WITTEN, *Physics and Geometry*, Proceedings of the International Congress of Mathematicians, Berkeley, Calif. 1986, Vol. 1, 267–313). Von WITTEN wird eine Beschreibung der physikalischen Welt durch eine 10-dimensionale Raumzeit (statt der üblichen 4-dimensionalen Raumzeit der Relativitätstheorie) erwogen. Diese 10-dimensionale Raumzeit soll 9 Raumdimensionen und eine Zeitdimension haben, wobei uns angesichts unserer Beobachtungsmöglichkeiten von den 9 Raumdimensionen nur 3 zugänglich sind.

75, 28 [der physikalischen Theorie der F e r n w i r k u n g]
S. Komm. zu SI 256, 16 – Nr. 352.

76, 22 [actio in distans]
Lat. 'Fernwirkung'. S. Komm. zu SI 256, 16 – Nr. 352.

77, 4–7 [Hauptsatz der Kantischen Philosophie, der Satz, dass mit dem Bedingten der Regressus zu den Bedingungen nicht mit g e - g e b e n, wohl aber a u f g e g e b e n ist]
Vgl. KANT, KrV, A 497–498 / B 526.

77, 14 – 78, 4 [Würde der ... regressiv ergänzten.]
In Fasz. 1079, Bl. 2 des Nachlasses deutet FH an, daß dieses Gedankenspiel an einen Text von AUGUSTE CALINON anknüpft: "Calinon's Versuch so weiterführen: auch im [ein oder zwei unleserliche Worte] Erde [oder: Ende] können wir willkürliche Transformationen eintreten lassen, nur der *Leib* des Individuums muss isometrisch abgebildet sein. Dann nur der Schädel, die (Cartesische) Zirbeldrüse, der Seelenpunkt: immer weiter zieht sich der Bereich, der längentreu erhalten bleiben muss, auf einen Punkt zusammen. Schliesslich: im beziehenden Bewusstsein ist eine Ordnung von qualitativen Inhalten (Localzeichen u.s.w.) gegeben, die sich in gewisser Weise durch arithmetische Signaturen x, y, z repräsentieren lassen; dass diese x, y, z Raumcoordinaten bedeuten sollen oder ursprünglich bedeutet haben, davon ist jede Spur untergegangen." Möglicherweise wurde FH hierzu durch CALINON, *Les espaces géométriques*, in: Revue philosophique 32 (1891), 368–375, hier 374 angeregt: "Diese Annahme, daß unser meßbares Universum [d. h. der unseren Messungen zugängliche Teil des Universums] in einem unendlich kleinen Teil eines beliebigen (aber ansonsten wohlbestimmten) Raumes enthalten ist, ist die allgemeinste Hypothese, die man – wohlverstanden, in den Grenzen der beobachteten Fakten – aufstellen kann."

79, 15 [absoluter Raum]

Vgl. NEWTON, MGN, 44: "Der absolute Raum, der aufgrund seiner Natur ohne Beziehung zu irgendetwas außer ihm existiert, bleibt sich immer gleich und unbeweglich. Der relative Raum ist dessen Maß oder ein beliebiger veränderlicher Ausschnitt daraus, welcher von unseren Sinnen durch seine Lage in Beziehung auf Körper bestimmt wird, mit dem gemeinhin anstelle des unbeweglichen Raumes gearbeitet wird; so der Ausschnitt des unterirdischen Raumes, oder des Luftraumes, oder des Weltraumes, die durch ihre Lage zur Erdoberfläche bestimmt sind. Der absolute und der relative Raum sind von Art und Größe gleich, aber sie bleiben nicht immer das Gleiche. Bewegt sich z. B. die Erde, so wird der Raum der Atmosphäre, der relativ zur Erde und in Hinblick auf sie immer derselbe bleibt, einmal ein bestimmter Teil des absoluten Raumes, in den die Atmosphäre eintritt, ein andermal ein anderer Teil davon sein, und so wird er sich, absolut gesehen, beständig ändern."

79, 28–29 [die subtilen Untersuchungen von Riemann, Helmholtz, Lie und anderen]

Sowohl RIEMANN als auch HELMHOLTZ suchten nach mathematischen Eigenschaften des euklidischen Raumes, die diesen innerhalb einer umfassenderen Klasse von "Mannigfaltigkeiten" auszeichnen. RIEMANN schlug vor, den gewöhnlichen Raum als eine unbegrenzte, dreidimensionale Riemannsche Mannigfaltigkeit der Krümmung Null zu kennzeichnen (*Über die Hypothesen, welche der Geometrie zu Grunde liegen*, Abschnitt III, 1–2). Man beachte, daß hierdurch noch nicht der euklidische Raum ausgezeichnet wird (vgl. FHs Bemerkung CK 199, 8–14, und den Komm.). Demgegenüber suchte HELMHOLTZ eine Charakterisierung anhand der (geeignet mathematisch zu präzisierenden) Eigenschaft, daß sich starre Körper frei im Raum bewegen können (*Ueber die tatsächlichen Grundlagen der Geometrie*, in: Verhandlungen des naturhistorisch-medicinischen Vereins zu Heidelberg 4 (1866), 197–202; *Ueber die Tatsachen, die der Geometrie zum Grunde liegen*, Göttinger Nachrichten 9 (1868), 193–221). Es wurde (u. a. durch einen Hinweis BELTRAMIS) schnell klar, daß diese Eigenschaft auch den inzwischen bekannten nichteuklidischen Geometrien (sphärische Geometrie, elliptische Geometrie, hyperbolische Geometrie) zukommt. Auf Anregung FELIX KLEINS (1849–1925) entwickelte SOPHUS LIE (1842–1899) in den Jahren ab 1885 dann einen neuen Ansatz zur Präzisierung der mathematisch nicht ganz einwandfreien Helmholtzschen Untersuchungen (vgl. zuerst: LIE, *Bemerkungen zu v. Helmholtzs Arbeit: Ueber die Tatsachen, die der Geometrie zum Grunde liegen*, in: Abhandlungen der Kgl. Sächsischen Gesellschaft der Wisenschaften zu Leipzig, Math.-Phys. Classe (1886), Supplement vom 21. 2. 1887). LIE stützte sich dabei auf seine Theorie der Transformationsgruppen (vgl. die zusammenfassende Behandlung des Problems in: *Theorie der Transformationsgruppen*, Bd. 3, Leipzig 1893). Diese und daran anschließende Untersuchungen werden heute meist unter dem Stichwort "Helmholtz-Liesches Raumproblem" zusammengefaßt, vgl. z. B. HANS FREUDENTHAL, *Neuere Fassungen des Riemann-Helmholtz-Lieschen Raumproblems*,

Mathematische Zeitschrift 63 (1956), 374–405; ders., *Lie groups in the Foundations of Geometry*, Advances in Mathematics 1 (1965), 145–190. Auch FH hat sich in unpublizierten Manuskripten mehrfach mit dem Problem der freien Beweglichkeit auseinandergesetzt (vgl. hierzu Band VI dieser Ausgabe).

80, 1–82, 3 [Indem wir … einige!]

Auf diesen Seiten erläutert FH die mathematisierte Form seines allgemeinen erkenntniskritischen Verfahrens (s. Komm. zu CK 8, 16–22) für den Fall des Raumes. Analog zum Fall der Zeit (s. Komm. zu CK 16, 4) wird sowohl der empirische als auch der transzendente Raum durch eine Menge dargestellt, ggf. ausgestattet mit zusätzlichen, räumliche Verhältnisse charakterisierenden Strukturen. FHs Illustration des allgemeinen Transformations- bzw. Abbildungsbegriffs durch das Bild eines Schrankes mit vertauschbaren Schubfächern sowie sein expliziter Bezug auf CANTORs Untersuchungen deutet allerdings an, daß es ihm auch im Fall des Raumes letztlich nur auf die Struktur abstrakter Mengen ankommt: Sind zwischen dem durch die uns vertrauten geometrischen Begriffe beschriebenen empirischen Raum und dem transzendenten, "absoluten" Raum beliebige Abbildungen im Sinn der Mengenlehre denkbar, so bleibt auch von diesem (wie zuvor von der absoluten Zeit) nur noch die Vorstellung einer abstrakten Menge zurück.

81, 29–33 [Diese noch von Riemann … durch drei Coordinaten darzustellen]

Vgl. RIEMANN, *Über die Hypothesen, welche der Geometrie zu Grunde liegen*, Abschnitt I. 3.

81, 33 – 82,6 [wenn man gewisse … die gleiche Mächtigkeit]

GEORG CANTOR bewies 1877 den ihm selbst anfänglich paradox erscheinenden mathematischen Satz, daß die Menge der Punkte einer Geraden so auf die Menge der Punkte einer Ebene abgebildet werden kann, daß jedem Punkt der Geraden genau ein Punkt der Ebene entspricht und umgekehrt jedem Punkt der Ebene genau ein Punkt der Geraden. Analog läßt sich die Existenz einer entsprechenden Abbildung der Geraden auf den Raum beweisen und allgemeiner auf jede endlichdimensionale Mannigfaltigkeit (vgl. GEORG CANTOR, *Ein Beitrag zur Mannigfaltigkeitslehre*, Journal für die reine und angewandte Mathematik 84 (1878), 242–258, auch in: ders., *Gesammelte Abhandlungen*, Berlin 1932, 119–133). CANTORs Entdeckung führte zu Untersuchungen darüber, welche Voraussetzungen bezüglich der Stetigkeit der Abbildung nötig sind, um die Existenz derartiger damals paradox erscheinender Abbildungen zwischen den Punktmengen von Mannigfaltigkeiten verschiedener Dimension auszuschließen. G. PEANO und D. HILBERT konstruierten Beispiele stetiger Abbildungen einer Linie auf ein Quadrat (vgl. G. PEANO, *Sur une courbe qui remplit toute une aire plane*, Mathematische Annalen 36 (1890), 157–160; D. HILBERT, *Über die stetige Abbildung einer Linie auf ein Flächenstück*, Mathematische Annalen 38 (1891), 459–460). Erst L. E. J. BROUWER bewies 1911 die Invarianz der Dimension von Mannigfaltigkeiten gegenüber umkehrbar eindeutigen, beiderseits stetigen Abbildungen (vgl. ders., *Beweis der Invarianz der Dimensionenzahl*, Mathematische Annalen 70 (1911), 161–165). FH wurden die oben erwähnten Ergebnisse CANTORS erst 1897 oder 1898 in der Zeit zwischen der Endredaktion von SI und von CK bekannt. Dies ergibt sich aus dem Vergleich seiner voneinander differierenden Argumente zur ewigen Wiederkehr in SI und CK und einem Fragment in Fasz. 1076, Blatt 52, das dem hier kommentierten Text z. T. sehr ähnlich ist. (Vgl. hierzu Band II, Historische Einführung von W. PURKERT, S. 3–5 und die Einleitung des Herausgebers zu diesem Band, Abschn. 2.). Auch der Begriff der Mächtigkeit einer Menge wurde in der o. g. Arbeit CANTORS eingeführt. Zwei Mengen M und N haben gleiche Mächtigkeit, wenn "M und N sich eindeutig und vollständig, Element für Element, einander zuordnen lassen" (CANTOR, a. O., 119). Dieser Begriff spielt eine zentrale Rolle in der CANTORschen Mengenlehre. Aussagen, welche die an dieser Stelle von FH erwähnte gemeinsame Mächtigkeit aller Punktkontinua in Beziehung zu der von CANTOR definierten Reihe der transfiniten Kardinalzahlen setzen, haben in den mathematischen Arbeiten FHs eine wichtige Rolle gespielt und sind heute Gegenstand ausgedehnter metamathematischer Untersuchungen. Vgl. dazu auch den Komm. zu CK 145, 28–30.

82, 22 [Transformation]
Der Begriff der Transformation hatte sich zu FHs Zeit in der mathematischen Sprache bereits fest etabliert, wie etwa SOPHUS LIES bedeutende dreibändige *Theorie der Transformationsgruppen*, Leipzig 1888–1893, dokumentiert. S. Komm. zu CK 83, 5.

82, 26 [belegt]
FH verwendet hier eine von CANTOR eingeführte, heute nicht mehr übliche Terminologie. In seinen Abhandlungen zur Mengenlehre von 1895 gab CANTOR folgende Definition: "Unter einer 'Belegung der Menge N mit Elementen der Menge M' oder einfacher ausgedrückt, unter einer 'Belegung von N mit M' verstehen wir ein Gesetz, durch welches mit jedem Elemente n von N je ein bestimmtes Element von M verbunden ist, wobei ein und dasselbe Element von M wiederholt zur Anwendung kommen kann." (G. CANTOR, *Beiträge zur Begründung der transfiniten Mengenlehre*, Mathematische Annalen 46 (1895), 481–512 und 49 (1897), 207–246, auch in: ders., *Gesammelte Abhandlungen*, 282–356, hier § 4, 287.). Was CANTOR eine "Belegung von N mit M" nannte, heißt heute allgemein eine Abbildung von N nach M. Der Begriff der Abbildung ist nächst dem Begriff der Menge der grundlegendste Begriff der gesamten modernen Mathematik. Er ist Endergebnis einer langen Geschichte des mathematischen Funktionsbegriffs. In der durch CANTOR vorgestellten höchsten Allgemeinheit wurde der Begriff der Abbildung in der auch für die Entwicklung der Mengenlehre sehr wichtigen Schrift RICHARD DEDEKINDS *Was sind und was sollen die Zahlen* (Braunschweig 1888) eingeführt. Der Gedanke, den Abbildungsbegriff auf den Mengenbegriff zurückzuführen, indem man eine

gen in Oxford am Abend des 11. Juli 1663, in: PAUL STÄCKEL und FRIEDRICH ENGEL (Hg.), *Die Theorie der Parallellinien von Euklid bis auf Gauss*, Leipzig 1895) wies auf die Äquivalenz von Euklidischem Parallelenpostulat und dem der Existenz ähnlicher Figuren im euklidischen Raum hin. Seit dieser Zeit spielte diese Eigenschaft immer wieder eine Rolle in den Diskussionen um die Grundlagen der Geometrie. LAPLACE suchte aus ihr ein Argument zugunsten der Gültigkeit des NEWTONschen Gravitationsgesetzes zu gewinnen, auf das FH im folgenden eingeht (s. CK 85–88). Im 19. Jahrhundert betonten u. a. BERNHARD BOLZANO (*Betrachtungen über die Gegenstände der Elementargeometrie*, Prag 1804) und JOSEPH DELBOEUF (*Prolégomènes philosophiques à la géometrie*, Liège 1860) die Bedeutung der Existenz von Ähnlichkeitstransformationen in der euklidischen Geometrie (vgl. R. TORRETTI, *Philosophy of Geometry from Riemann to Poincaré*, Dordrecht und London 1978, 205–207). Beide verstanden diese Eigenschaft als Indiz für die Unmöglichkeit, in der euklidischen Geometrie einen absoluten Längenmaßstab auszuzeichnen. Die Überlegungen DELBOEUFs und die im Text zitierte Auffassung HELMHOLTZ' wurden in der französischen Raumdiskussion der 1890er Jahre (s. Komm. zu CK 10, 22–23) wiederholt thematisiert. FH beschäftigte sich auch im Nachlaß noch mehrfach mit dem Thema (s. Band VI dieser Edition).

84, 25 [dialectisch]
Nach KANT werden die Begriffe der reinen Vernunft "dialektisch", wenn sie jenseits der Grenzen menschlicher Erfahrung gebraucht werden. KANT geht davon aus, daß die Vernunft auf diese Weise Widersprüche erzeugt, die sie zwar selbst aufdecken kann, von denen sie aber unvermeidlich "belästigt" wird (KrV, Vorrede A VII). Dialektik ist insofern eine Ausdrucksform der Vernunft selbst, Widersprüche zu produzieren und aufzudecken. Vgl. Komm. zu CK 37, 13–14 und zu CK 46, 3–4.

85, 9–10 [wunderlichen Speculation Laplace's in den Réflexions sur la loi de la pesanteur universelle]
Frz. 'Betrachtungen über das Gesetz der allgemeinen Schwere'. Kapitel aus PIERRE SIMON DE LAPLACE, *Exposition du système du monde*, Paris 1813, livre quatrième, chap. XVII [!] (S. 308–314), deutsch: PETER SIMON LA PLACE, *Darstellung des Weltsystems*, 4. Buch: Von der Theorie der allgemeinen Schwere, 15. Kapitel: Betrachtungen über das Gesetz der allgemeinen Schwere. Aus dem Frz. von JOHANN KARL FRIEDRICH HAUFF. 2. Teil. Frankfurt am Mayn: Varrentrapp und Wenner, 1797, 201–214. – Zu LAPLACE vgl. auch Komm. zu SI 4, 14–15 – Nr. 1.

85, 14–32 ["Une propriété remarquable ... et nous ne pouvons observer et connoître que des rapports."]
Zitat aus PIERRE SIMON DE LAPLACE, *Réflexions sur la loi de la pesanteur universelle* (s. Komm. zu CK 85, 9–10, hier S. 312; Übers. nach der dort ang. dtsch. Ausg., S. 208–209). "Es ist eine merkwürdige Eigenschaft dieses

Naturgesezes, daß, wenn die Dimensionen aller Körper dieses Weltalls, ihre gegenseitigen Entfernungen und ihre Geschwindigkeiten sich verhältnismäßig vermehrten oder verminderten, sie den Curven, welche sie wirklich durchlaufen, völlig ähnliche beschreiben, und ihre Erscheinungen durchgängig die nämlichen seyn würden; denn da die Kräfte, von welchen sie getrieben werden, das Resultat der den Quotienten der Massen durch die Quadrate der Entfernungen proportionirten Attractionen sind, so würden sie nach dem Verhältnisse der Dimensionen des neuen Weltgebäudes zu- oder abnehmen. Man sieht zugleich, daß diese Eigenschaft nur dem Naturgeseze zukommen kann. Die Erscheinungen der Bewegungen des Weltgebäudes sind also von seinen absoluten Dimensionen eben so unabhängig, wie von der absoluten Bewegung, welche es im Weltraume haben kann, und wir können nichts, als Verhältnisse beobachten und erkennen."

86, 15 [Newtonsche loi de la nature]
S. Zitat LAPLACE CK 85, 14–32.

89, 10 [S p i e g e l u n g]
Spiegelungen sind (im vorliegenden Kontext) spezielle die Orientierung umkehrende isometrische Transformationen des dreidimensionalen euklidischen Raumes. Zusammen mit den Bewegungen erzeugen sie die Transformationsgruppe aller Isometrien oder Kongruenzabbildungen, d. h. aller Transformationen des euklidischen Raumes, welche alle Abstände erhalten.

89, 16–17 [gespiegelte Welt von der ursprünglichen unterscheiden wie für uns rechte Hand und linke Hand]
Vgl. KANT, *Von dem ersten Grunde des Unterschiedes der Gegenden im Raume* (1768), AA II 375–383, PL, §13, AA IV 286 und *Was heißt: Sich im Denken orientiren?* (1786), AA VIII 134 f.

89, 22–29 [In der That ist es unmöglich ... abgrenzen]
Die Diskussion in CK 89–91 hat einen mathematischen Hintergrund, dessen Klärung einige Jahrzehnte in Anspruch nahm. Diese Fragen gehören großenteils in den Kontext der Analysis situs, mit dem sich auch schon KANT in Auseinandersetzung mit LEIBNIZ befaßt hatte (vgl. KANT, *Von dem ersten Grunde des Unterschiedes der Gegenden im Raume* (1786), AA II 375, s. Komm. zu CK 89, 16–17), was ihn schließlich dazu brachte, den – von MOSES MENDELSSOHN ins Spiel gebrachten – Begriff des Sich-Orientierens in seine Philosophie aufzunehmen (in: *Was heißt: Sich im Denken orientieren?* (1786), AA VIII 134f., vgl. Komm. zu CK 89, 16–17, und zur Geschichte des *philosophischen* Begriffs der Orientierung WERNER STEGMAIER, Art. Weltorientierung, Orientierung, in: *Historisches Wörterbuch der Philosophie*, Bd. 12, Basel/Darmstadt 2004). Noch zur Zeit von FHs Abfassung von CK war die Diskussion nicht abgeschlossen. Damit hängt wohl zusammen, daß die zu kommentierende Stelle problematisch ist, wie unten auseinandergesetzt wird.

Die zu diskutierenden Fragen gehören teilweise zur Theorie der Mannigfaltigkeiten und teilweise zur Theorie der metrischen Räume, die erst später von MAURICE FRÉCHET (1878–1973), FH und anderen entwickelt wurde. Der in diesem Zusammenhang zentrale Begriff ist der Begriff der *Orientierung*. Daß hier ein Problem vorliegt, zeigte sich zuerst in Entdeckungen von AUGUST FERDINAND MÖBIUS (1790–1868) und JOHANN BENEDIKT LISTING (1808–1882). MÖBIUS hatte 1861 in seiner bei der Pariser Akademie eingereichten Preisschrift *Mémoire sur les polyèdres* gezeigt, daß es Flächen mit einer unerwarteten Eigenschaft gibt, die MÖBIUS damals mit dem Wort "einseitig" bezeichnete. Das einfachste Beispiel einer derartigen einseitigen Fläche ist das sogenannte Möbiusband, das 1858 durch LISTING und MÖBIUS entdeckt wurde, möglicherweise auf Grund einer Anregung durch GAUSS. Die Bezeichnung "einseitig" ist insofern unglücklich, als "Einseitigkeit" im mathematischen Sinne keine "innere Eigenschaft" ist, während die Eigenschaft, um die es hier geht, die Nichtorientierbarkeit, eine innere Eigenschaft ist.

Diese Unterscheidung wurde 1875/76 von FELIX KLEIN klar herausgearbeitet, vgl. F. KLEIN, *Über den Zusammenhang der Flächen*, in: ders., *Gesammelte Abhandlungen*, Bd. 2, Berlin 1922, S. 63–77: "Die Eigenschaften, die einem geometrischen Gebilde oder überhaupt einer Mannigfaltigkeit bei beliebigen Verzerrungen erhalten bleiben, kann man in *absolute* und *relative* sondern. *Absolut* nenne ich diejenigen Eigenschaften, welche der betr. Mannigfaltigkeit unabhängig von dem umfassenden Raume zukommen, in welchem gelegen man sie voraussetzen mag. *Relative* Eigenschaften hängen von dem umgebenden Raume ab; sie sind invariant bei Verzerrungen der Mannigfaltigkeit, die innerhalb des betr. Raumes stattfinden, nicht aber bei beliebigen Verzerrungen." KLEIN definierte dann (a. O., 68) für Flächen diejenige grundlegende Eigenschaft, die heute allgemein als *Orientierbarkeit* bezeichnet wird. Diese ist eine absolute Eigenschaft im obigen Sinne, während Einseitigkeit eine relative ist. (Das Wort "orientierbar" erscheint allerdings erst bei H. TIETZE (1880–1964), *Über die topologischen Invarianten mehrdimensionaler Mannigfaltigkeiten*, Monatshefte für Mathematik und Physik 19 (1908), 1–118.) KLEINs Definition wurde von WALTER VON DYCK (1856–1934) auf Mannigfaltigkeiten beliebiger Dimension verallgemeinert (vgl. W. V. DYCK, *Beiträge zur Analysis Situs II: Mannigfaltigkeiten von n Dimensionen*, Mathematische Annalen 37 (1890), 275–316).

Der Begriff der Orientierbarkeit spielte in der weiteren Entwicklung der Analysis situs eine wichtige Rolle. Dies zeigte sich schon in der ersten Arbeit von POINCARÉ zur Analysis situs von 1895 (H. POINCARÉ, *Analysis situs*, in: *Oeuvres de Henri Poincaré*, Tome VI, Paris 1953, 193–288). Der § 8 dieser Arbeit handelt von orientierbaren und nicht orientierbaren Mannigfaltigkeiten, trägt aber trotz der KLEINschen Unterscheidung den obsoleten Titel "Variétés unilatères et bilatères". Eine begrifflich einwandfreie, einfache und allgemeine Definition der Orientierbarkeit für beliebige topologische Mannigfaltigkeiten wurde erst in den 30er Jahren des 20. Jahrhunderts möglich, nachdem die algebraische Topologie einen hinreichend hohen Entwicklungsstand erreicht hatte.

Eine zusammenhängende orientierbare Mannigfaltigkeit hat genau zwei mögliche Orientierungen. Eine umkehrbar eindeutige, beiderseits stetige Abbildung einer solchen Mannigfaltigkeit auf sich selbst (ein "Homöomorphismus") ist definitionsgemäß *orientierungserhaltend*, wenn sie diese beiden Orientierungen nicht vertauscht. Andernfalls ist die Abbildung *orientierungsumkehrend*.

Die von FH diskutierten Fragen können in verschiedenen mathematischen Kontexten präzisiert werden, etwa in der Theorie der topologischen, der differenzierbaren oder der Riemannschen Mannigfaltigkeiten. Obwohl der topologische Kontext – wie sich schon in der zitierten Arbeit von KLEIN zeigt – der natürlichste ist, beschränken wir uns der Anschaulichkeit halber auf den der Riemannschen Mannigfaltigkeiten und insbesondere der euklidischen Räume, wie es auch FH tut. In diesem Fall ist es wiederum sinnvoll, sich auf isometrische Abbildungen zu beschränken, d. h. solche, die alle Abstände erhalten. Die orientierungserhaltenden Isometrien des euklidischen Raumes sind genau die Bewegungen (und dies ist eine mögliche Definition von "Bewegung" in diesem Kontext). Spiegelungen sind einfache Beispiele für orientierungsumkehrende Isometrien.

Damit kann man einige der in CK 89–91 diskutierten Probleme wie folgt formal scharf fassen: Gegeben sei eine orientierbare Riemannsche Mannigfaltigkeit M und darin zwei Teilmengen A und B. Ferner sei vorausgesetzt, daß es eine isometrische homöomorphe Abbildung $f : A \to B$ gibt. Diese Voraussetzung formalisiert die Aussage, daß es unmöglich ist, die beiden "Raumgebilde" durch "*innere* Kriterien zu unterscheiden". Es entstehen dann mehrere Fragen, welche die Lage von A und B in M betreffen, also *relative* Eigenschaften im Sinne von KLEIN.

1. Frage: Gibt es eine isometrische Abbildung $F : M \to M$, die A auf B abbildet? In Mannigfaltigkeiten M, die dem (geeignet formulierten) Axiom der freien Beweglichkeit genügen, ist die Antwort stets "Ja", denn es ist gerade eine mögliche Formulierung des Axioms, daß die Antwort stets ja sein soll. Ist für das gegebene Paar A und B die Antwort "Ja", dann stellt sich die folgende *2. Frage*: Gibt es sogar eine orientierungserhaltende isometrische Abbildung $F : M \to M$, die A auf B abbildet? Wenn die Antwort auch hier "Ja" lautet, sieht man die Teilmengen A und B von M als äquivalent an. Ist die Antwort aber "Nein", dann besteht ein wesentlicher Unterschied der Lagen von A und B in M. Insbesondere kann man die 2. Frage stellen, und FH tut es, wenn M der 3-dimensionale euklidische Raum ist und B ein Spiegelbild von A. Es ist leicht, Beispiele von solchen A zu konstruieren, die nicht durch eine orientierungserhaltende Isometrie, d. h. eine Bewegung, in ein Spiegelbild B überführt werden können. Das Standardbeispiel besteht aus drei in einem gemeinsamen Endpunkt senkrecht aufeinander stehenden, mit den Zahlen $1, 2, 3$ numerierten Einheitsstrecken. A und sein Spiegelbild B symbolisieren die senkrecht gegeneinander gestellten ersten drei Finger der rechten und der linken Hand, Daumen, Zeigefinger und Mittelfinger.

FHs Satz "ein ganzer erfüllter Raum von n Dimensionen würde nur im nächst höheren Raum von $n + 1$ Dimensionen Merkmale aufweisen, die ihn gegenüber seinem Spiegelbilde abgrenzen", ist problematisch. Interpretiert man ihn so, daß die beiden Raumfüllungen, z. B. irgendwelche Figuren im Raum, Füllungen einunddesselben Raumes (im Sinne mengentheoretisch-strukturell gefaßter Identität) sind, dann können die ursprüngliche Raumfüllung und ihre Spiegelung sich sehr wohl unterscheiden, nämlich eben dadurch, daß sie nicht durch eine orientierungserhaltende Abbildung des Raumes auf sich selbst ineinander überführbar sind. Andererseits könnte man den Satz so interpretieren, daß die Räume der beiden Füllungen nicht im mengentheoretisch strukturellen Sinne identisch sind. Wenn dann in diesen Räumen keine Orientierungen ausgezeichnet sind, gibt es selbstverständlich keine Möglichkeit der Unterscheidung, da ja die Spiegelung gerade einen Isomorphismus der beiden Strukturen liefert. An diesem problematischen Beispiel zeigt sich deutlich die zu jenem Zeitpunkt noch nicht vollständig verstandene Problematik der Differenz von Identität und Isomorphie.

90, 8 [Ampère'sche Schwimmerregel]
Die nach ANDRÉ MARIE AMPÈRE (1775–1836) benannte Regel wurde von diesem eingeführt, um die Richtung der magnetischen Kraftwirkung eines elektrischen Stromes zu beschreiben: Denkt man sich so in einen elektrischen Strom gestellt, daß dieser von den Füßen zum Kopf gerichtet ist, und blickt man auf eine frei bewegliche Magnetnadel, so wird deren auf den magnetischen Nordpol gerichtete Spitze von dem Strom stets zur Linken hin abgelenkt (vgl. AMPÈRE, *Mémoire sur l'Action mutuelle entre deux courans électriques, entre un courant électrique et un aimant ou le globe terrrestre, et entre deux aimants*, Annales de Chimie et de Physique 15 (1820), 59–76 u. 170–218, hier S. 67).

90, 10–11 [neuerdings beliebte Benennung der Wein- und Hopfencoordinaten]
Vgl. schon KANT, *Von dem ersten Grunde des Unterschiedes der Gegenden im Raume* (1768), AA II 380 (s. Komm. zu CK 89, 16–17): "Aller Hopfen windet sich von der Linken gegen die Rechte um seine Stange".

90, 15–16 [wird weiter unten die Auffassung der Spiegelung als einer Bewegung]
Vgl. CK 90, 17–30 und CK 91, 2–13.

90, 17–23 [Beiläufig erinnere ich ... hineingezogen worden ist]
Neben dem nachfolgend erwähnten CARL DU PREL ist wohl auch der Leipziger Astrophysiker FRIEDRICH ZÖLLNER, der in den 1870er Jahren spiritistischen Neigungen nachgab und zu einem der einflußreichsten "spekulativen Verfechter des vierdimensionalen Raumes" (s. CK 91, 2–3) wurde, Zielscheibe von FHs Kritik. Vgl. zu ZÖLLNER den Komm. zu CK 117, 23.

90, 23–25 [Rechte und linke Hand sind "begrifflich identisch", sollten folglich auch zur anschaulichen Deckung gebracht werden können]

Vgl. CARL DU PREL, *Die Planetenbewohner und die Nebularhypothese: Neue Studien zur Entwicklungsgeschichte des Weltalls*, Leipzig 1880, 159 und 160: "Was von rechter und linker Hand, das gilt überhaupt von Objekten, deren Teile in bestimmter Richtung angeordnet sind, z. B. von rechts und links gewundenen Schnecken, oder überhaupt von jedem Gegenstande und seinem Spiegelbilde. Wir haben hier congruente und symmetrische Gestalten von vollkommen gleicher relativer Lage der Teile, von gleicher Form und Größe, die also begrifflich identisch sind und doch nicht zur Deckung gebracht, nicht eines an der Stelle des anderen gesetzt werden können, die also *anschaulich* verschieden sind." – "Die Alternative, vor der wir stehen, ist demnach folgende: Entweder hat der Raum drei Dimensionen, dann tragen wir an unserem Organismus ein entschiedenes Wunder herum; oder das Wunder besteht *nicht* objektiv, dann muss der Raum mehr als drei Dimensionen haben."

90, 32 – 91, 2 [Kant führt den rein anschaulichen, begrifflich nicht zu definirenden Unterschied zwischen rechter und linker Hand nur zum Beweise dafür, dass es reine Anschauung giebt]
Vgl. KANT, PL, § 13, AA IV 285 f. – FHs Behauptung ist nicht korrekt, weder für die angeführte Passage aus den *Prolegomena* noch für die beiden Schriften zur Orientierung (vgl. Komm. zu CK 89, 16–17). KANT führt den Unterschied zwischen rechter und linker Hand nur zum Beweis dafür an, daß der Raum nicht eine Eigenschaft der Dinge selbst, sondern "unserer sinnlichen Anschauung" ist. Seine Argumente dafür, Raum und Zeit als "reine Form[en] der Sinnlichkeit" oder "reine Anschauung[en]" zu betrachten, sind andere (vgl. KrV, B 33–B 73, hier 34f.). Sie beziehen sich nicht auf die Orientierung, sondern auf die Möglichkeit objektiver Erkenntnis.

91, 5 ["entschiedene Wunder"]
S. Komm. zu CK 90, 23–25.

91, 15–19 ["Was hätten wir denn für ein Gut gewonnen, . . . w e n n es wäre?"]
Zitat aus LOTZE, Mph, 256f.

92, 18 [b e l i e b i g e n T r a n s f o r m a t i o n]
Die Art der Einführung legt nahe, daß an dieser Stelle unter einer "beliebigen Transformation" eine beliebige umkehrbar eindeutige Abbildung der zugrundeliegenden Mengen gemeint ist. Vgl. jedoch Komm. zu CK 59, 10 und im folgenden CK 97, 6–17. Am "Ziel" wäre FH deshalb, weil die Behauptung der Möglichkeit einer beliebigen Transformation bedeutet, daß kein Zusammenhang zwischen den angenommenen Strukturen des "transcendenten" und des "empirischen" Raumes besteht. Damit wäre erwiesen, daß die Annahme einer derartigen Struktur des "transzendenten Raumes" hinfällig ist.

92, 23 [nervus probandi]
Lat. 'Nerv des Beweises', eigentlicher Beweisgrund.

**92, 29–30 [den speciellen Fall einer Raumausdehnung oder Raum-
verkürzung l ä n g s e i n e r e i n z i g e n D i m e n s i o n]**
Das Beispiel wird bereits in HELMHOLTZ, GA, 24 diskutiert.

95, 8 ["Localzeichen"]
Der Begriff "Lokalzeichen", den LOTZE erstmals in seinem 1852 erschienenen
Werk *Medizinische Psychologie oder Physiologie der Seele* gebrauchte, sollte
die Beschreibung der Entstehung von Raumwahrnehmung ermöglichen. Lokalzeichen sind danach Merkmale zur Lokalisierung von Empfindungen. Sie
werden durch Erfahrung erworben und durch Vermittlung der Motorik ausgebildet. Die Lokalisation von Empfindungen war seit dem 17. Jahrhundert zum
Problem der Philosophie und Wahrnehmungsphysiologie geworden; der Begriff
"Lokalzeichen" wurde im 19. Jahrhundert rasch zum Gemeingut. Er wurde auch
von HELMHOLTZ aufgegriffen.

97, 8–17 [Höchstens wäre es ... beschränkt denken.]
Hier werden die Worte "beliebige Transformation" in einem anderen Sinn als
zuvor verwendet. Transformationen der hier beschriebenen Art wurden v. a. in
der projektiven Geometrie der Zeit diskutiert. Beispielsweise können bei den
sogenannten birationalen Transformationen einzelnen singulären Punkten ganze Kurven oder Flächen entsprechen.

**99, 13–15 [aus dem Helmholtz'schen Vortrage "über den Ursprung
und die Bedeutung der geometrischen Axiome"]**
Der Vortrag *Über den Ursprung und die Bedeutung der geometrischen Axiome*
(GA) ist die überarbeitete Version eines Vortrags, den HELMHOLTZ 1869 im
Docentenverein zu Heidelberg gehalten hatte; der zweite Teil wurde erst später
hinzugefügt (vgl. die Anmerkungen in: *Hermann von Helmholtz, Philosophische Vorträge und Aufsätze*, eingel. u. hg. von HERBERT HÖRZ und SIEGFRIED
WOLLGAST, Berlin 1971, 412). FH zitiert den Vortrag auch in seiner Antrittsvorlesung *Das Raumproblem* [H 1903a], Anm. 5.

**99, 15–23 ["Alle unsere geometrischen Messungen ... Schwere her-
rührenden kleinen Dehnungen."]**
Zitat aus HELMHOLTZ, GA, 23.

**99, 23–32 ["Jede Grössen vergleichende, ... Gebiet der reinen Raum-
anschauungen hinausgreift."]**
Zitat aus HELMHOLTZ, GA, 24.

**100, 3–101, 3 ["Man denke an das Abbild ... mechanischen Betrach-
tungen einmischen."]**
Zitat aus HELMHOLTZ, GA, 24–25.

102, 3 [dass das ganze Bauwerk in der Luft schwebt]
Möglicherweise Anspielung auf NIETZSCHE, *Ueber Wahrheit und Lüge im aussermoralischen Sinne*, KSA 1.875: "Man darf hier den Menschen wohl bewundern als ein gewaltiges Baugenie, dem auf beweglichen Fundamenten und gleichsam auf fließendem Wasser das Aufthürmen eines unendlich complicirten Begriffsdomes gelingt; [...]"

103, 25–26 [es ist ja nicht mehr als glücklicher Zufall]
Vielleicht ist FHs Denken der Kontingenz der empirischen Welt, ihr Verständnis als zufällige unter vielen möglichen Welten, nicht unabhängig von seiner in der Studienzeit einsetzenden intensiven Beschäftigung mit der Wahrscheinlichkeitstheorie, die sein ganzes Leben über anhielt. In den letzten zwei Jahrzehnten des 19. Jahrhunderts wurden die grundsätzlichen mit der begrifflichen Fassung von "Zufall" und "Wahrscheinlichkeit" zusammenhängenden Probleme und ihre Beziehung zu der sich entwickelnden mathematischen Wahrscheinlichkeitstheorie auch in philosophischen Kreisen intensiv diskutiert, und FH rezipierte diese Diskussion. Zur Zeit der Abfassung von CK und kurz danach hielt er dabei explizit an einer subjektiven Deutung des Zufallsbegriffs fest, d. h. Wahrscheinlichkeiten stellten für ihn ein Maß der "subjectiven Gewissheit" über das Eintreten gegebener Ereignisse dar und nicht objektive Eigenschaften derselben (s. Komm. zu CK 145, 16–17). FH, der ab WS 1897/1898 in Leipzig mehrfach Vorlesungen über Statistik und Wahrscheinlichkeitstheorie hielt, hat später in einer im Sommersemester 1923 in Bonn gehaltenen Vorlesung (Nachlaß, Fasz. 64) in vorbildlicher Weise dargetan, wie die Wahrscheinlichkeitstheorie auf mengentheoretischer Grundlage entwickelt werden kann. Er hat diese Darstellung allerdings nicht publiziert (Abdruck von Fasz. 64 mit Komm. in Band V dieser Edition).

105, 2–7 [Wir könnten, als plastische Teigmassen, ... der Raumverhältnisse gäbe]
Die Idee einer Raumvorstellung, in der es "keine Geometrie, keine quantitative Kenntnis der Raumverhältnisse gäbe", wurde – z. T. auf Anregungen von CARL FRIEDRICH GAUSS hin – in programmatischer Form zum ersten Mal ausführlich vorgetragen in JOHANN BENEDIKT LISTING, *Vorstudien zur Topologie*, Göttinger Studien, 1847, 811–875. LISTING schrieb dort: "Bei der Betrachtung räumlicher Gebilde können zwei allgemeine Gesichtspunkte oder Kategorien unterschieden werden, nämlich die Quantität und die Modalität. Die Untersuchungen der Geometrie in ihrer heutigen Ausbildung, so verschieden sie auch ihrem Gegenstande wie ihrer Methode nach sein mögen, haben der ersteren dieser Kategorien immer den Vorrang gelassen und demgemäß ist die Geometrie von jeher als ein Theil der Größenwissenschaft oder der Mathematik betrachtet worden, wie sich denn auch ihr Name mit Recht auf den Begriff des Messens beruft." Demgegenüber bestimmte LISTING die Aufgabe der neuen Wissenschaft "Topologie" wie folgt: "Unter der *Topologie* soll also

die Lehre von den modalen Verhältnissen räumlicher Gebilde verstanden werden, oder von den Gesetzen des Zusammenhangs, der gegenseitigen Lage und der Aufeinanderfolge von Punkten, Linien, Flächen, Körpern und Theilen oder ihren Aggregaten im Raume, abgesehen von den Maß- und Größenverhältnissen." Dieses Programm ist in den größeren Zusammenhang der Entwicklung der Analysis situs im 19. Jahrhundert (vgl. Komm. zu CK 89, 22–29) einzuordnen. Im 20. Jahrhundert trug FH mit seinem Werk *Grundzüge der Mengenlehre* (Band II dieser Edition) maßgeblich zur Ausbildung der modernen mengentheoretische Topologie bei. In dieser wurden die nicht-quantitativen Raumvorstellungen der älteren Analysis situs auf mengentheoretischer Grundlage in einem systematisch aufgebauten System von Begriffen präzisiert. Der von FH eingeführte Grundbegriff des "topologischen Raumes" ist ein Raumbegriff von großer Allgemeinheit, der heute in allen Bereichen der Mathematik wie selbstverständlich verwendet wird. Die Beziehung dieser Theorie zu weiteren topologischen Theorien, die sich aus der Analysis situs entwickelt haben, ist ein kompliziertes wissenschaftshistorisches Problem (vgl. hierzu in der historischen Einführung zu Band II dieser Edition den Abschnitt 3.4).

106, 2–7 [Ausserdem aber ... mit der Zeit veränderlich sein]
Die Vorstellung einer zeitlichen Variation geometrischer Verhältnisse tauchte im 19. Jahrhundert an mehreren Stellen auf. So in dem kurzen Text aus dem Jahr 1876 von WILLIAM KINGDON CLIFFORD, *On the space theory of matter*, in ders., *Mathematical Papers*, London 1882, 21–22. CLIFFORD formulierte darin thesenhaft seine Spekulation, nach der alles materielle Geschehen lediglich in räumlich und zeitlich variierenden Krümmungsphänomenen des Raumes bestehen könnte. Eingeschränkter ist die Vorstellung in AUGUSTE CALINON, *Les espaces géometriques*, in: Revue de philosophie 27 (1889), 588–595. Dort wird (im Kontext einer Diskussion der nichteuklidischen Geometrien) lediglich die zeitliche Variation der globalen (räumlich konstanten) Krümmung des Raumes als empirische Möglichkeit betrachtet. Über die Beziehung beider Texte untereinander und FHs Kenntnis derselben zur Zeit der Abfassung des CK ist nichts bekannt. In seinen Nachlaßfragmenten setzt FH sich allerdings sowohl mit CLIFFORD als auch mit CALINON auseinander (vgl. im Einzelnen Band VI dieser Edition). Es sei darauf hingewiesen, daß später in der Relativitätstheorie gewisse 4-dimensionale Raumzeitmannigfaltigkeiten, die Friedmann-Universen oder auch Einstein-de Sitter-Raumzeiten, diskutiert wurden, welche an die genannten Ideen des 19. Jahrhunderts erinnern. Die Pseudometrik dieser Raumzeiten führt zu einer Zerlegung der Raumzeitmannigfaltigkeit in eine durch den Zeitparameter t parametrisierte Familie von mit t variierenden Riemannschen Metriken auf dem 3-dimensionalen affinen Standardraum (vgl. A. FRIEDMAN, *Über die Krümmung des Raumes*, Zeitschrift für Physik 10 (1922), 377-386, und ALBERT EINSTEIN, *Grundzüge der Relativitätstheorie*, Braunschweig 1956, 73–76).

107, 1–3 [Vorträge ("über den Ursprung und die Bedeutung der geo-

metrischen Axiome" und ferner "die Thatsachen in der Wahrnehmung")]

Zum Vortrag "Über den Ursprung und die Bedeutung der geometrischen Axiome" vgl. Komm. zu CK 99, 13–15. Bei dem Vortrag "Die Tatsachen in der Wahrnehmung" handelt es sich um HELMHOLTZ' Rektoratsrede, die er am 3. August 1878 anläßlich der Stiftungsfeier der Friedrich Wilhelm-Universität Berlin gehalten hatte (ebenfalls zitiert in FHs Antrittsvorlesung *Das Raumproblem* [H 1903a], Anm. 9).

107, 7 [gleichberechtigte Raumformen]

Bis in die 1890er Jahre wurden unter dem Begriff der Raumformen meist nur die nachfolgend im Text aufgeführten Mannigfaltigkeiten (u. U. auch für beliebige Dimensionen) verstanden (vgl. exemplarisch WILHELM KILLING, *Die nichteuklidischen Raumformen in analytischer Behandlung*, Leipzig 1885). Ab 1890 wurde der Begriff der Raumform in einem Austausch zwischen FELIX KLEIN und WILHELM KILLING (1847–1923) neu gefaßt; einbezogen wurden nun alle (in einem geeigneten Sinn vollständige) Mannigfaltigkeiten konstanter Krümmung. Auf KILLINGs Vorschlag hin wurden die neuen Raumformen (auch zur Abgrenzung von den Raumformen im engeren Sinn) als CLIFFORD-KLEINsche Raumformen bezeichnet. FH bezieht sich hier wohl auf die ältere, eingeschränkte Bedeutung des Wortes. Er kannte jedoch auch die neuen Raumformen, wie CK 199, 2–3 belegt (s. Komm. dazu).

107, 19–22 [Die Unterscheidung der drei Massbestimmungen . . . kann hier nicht näher erläutert werden.]

Die Definition von "Metriken" in der projektiven Geometrie geht auf ARTHUR CAYLEY (1821–1895) zurück (vgl. ders., *A Sixth Memoir on Quantics*, Philosophical Transactions of the Royal Society of London 149 (1859), 61–90). FELIX KLEIN griff diese Definition auf, um eine Interpretation der nichteuklidischen Geometrien im Rahmen der analytischen projektiven Geometrie zu entwickeln (*Über die sogenannte Nicht-Euklidische Geometrie*, Mathematische Annalen 4 (1871), 573–625; *Über die sogenannte Nicht-Euklidische Geometrie (Zweiter Aufsatz)*, Mathematische Annalen 6 (1872), 112–145). KLEINs Zugang war bis zum Aufkommen der modernen axiomatischen Geometrie recht einflußreich. Auch FH stellte denselben mehrfach in seinen frühen Leipziger Vorlesungen über Geometrie vor. Vgl. u. a. die Vorlesungen: *Einführung in die projective Geometrie*, Wintersemester 1898/1899, NL FH, Kapsel 02, Fasz. 06; *Ausgewählte Capitel der höheren Geometrie*, Wintersemester 1899/1900, NL FH, Kapsel 02, Fasz. 08; *Nichteuklidische Geometrie I*, Wintersemester 1901/1902, NL FH, Kapsel 03, Fasz. 14.

107, 25 [Lobatschewsky]

NIKOLAI IWANOWITSCH LOBATSCHEWSKI (1792–1856), der der Universität Kasan zu einer bedeutenden naturwissenschaftlichen Blüte verhalf, stellte sein System der nichteuklidischen Geometrie zuerst in russischer Sprache vor (*O natschalach geometrii* [Über die Anfangsgründe der Geometrie], Kasanski vestnik [Kasaner Bote], 1829, 1830). Weitere Publikationen in russischer Sprache folgten. Eine etwas breitere Leserschaft erreichten seine Untersuchungen durch das Werk: *Geometrische Untersuchungen zur Theorie der Parallellinien*, Berlin 1840.

107, 26 [Bolyai]

JÁNOS (JOHANN) BOLYAI (1802–1860) war neben LOBATSCHEWSKI der zweite bedeutende Autor eines Systems der nichteuklidischen Geometrie. Seine 1825 niedergeschriebene Zusammenfassung dieses Systems wurde 1832 unter dem Titel gedruckt: *Scientiam spatii absolute veram exhibens: a veritate aut falsitate Axiomatis XI Euclidei (a priori haud unquam decidenda) independentem; adjecta ad casum falsitatis, quadratura circuli geometrica*, als Appendix des Werkes seines Vaters FARKAS (WOLFGANG) BOLYAI, *Tentamen juventutem studiosam in elementa matheseos … introducendi*, Maros Vásárhely 1832.

107, 27 [Gauss]

CARL FRIEDRICH GAUSS (1777–1855) beschäftigte sich im Lauf seines Lebens mehrfach mit dem Status der geometrischen Axiome und einer Geometrie ohne Parallelenaxiom, ohne darüber jedoch etwas zu veröffentlichen. Das Bekanntwerden dieser Bemühungen nach GAUSS' Tod, etwa durch die Gedenkschrift von SARTORIUS V. WALTERSHAUSEN, *Gauss zum Gedächtnis*, Leipzig 1856, und die Veröffentlichung des Briefwechsels zwischen GAUSS und HANS CHRISTIAN SCHUMACHER, 6 Bde., Altona 1860–1865, trug entscheidend zum Durchbruch der nichteuklidischen Geometrie bei (vgl. HANS REICHARDT, *Gauss und die Anfänge der nicht-euklidischen Geometrie*, Leipzig 1985).

108, 5–6 [eine von Minding und Beltrami angegebene reelle Fläche des euklidischen Raumes]

ERNST FERDINAND ADOLF MINDING (1806–1885) und EUGENIO BELTRAMI (1835–1900) gaben mehrere in den dreidimensionalen euklidischen Raum eingebettete Flächen konstanter negativer GAUSS'scher Krümmung an, die, wie BELTRAMI herausarbeitete, zur Interpretation der ebenen hyperbolischen Geometrie herangezogen werden können (vgl. MINDING, *Beiträge zur Theorie der kürzesten Linien auf krummen Flächen*, Journal für die reine und angewandte Mathematik 20 (1840), 323–327; BELTRAMI, *Saggio di interpretazione della geometria non-euclidea*, Giornale di matematiche 6 (1868), 284–312). BELTRAMI war sich freilich im klaren darüber, daß (im Gegensatz zu den anderen von FH im Text erwähnten Flächen) jede solche Fläche nur einen begrenzten Ausschnitt der hyperbolischen Ebene wiedergibt.

108, 16 [Gauss'sches Krümmungsmass]

GAUSS stellte seine Theorie gekrümmter Flächen in seinen *Disquisitiones generales circa superficies curvas*, Göttingen 1828, vor. FH selbst gibt auf den folgenden beiden Seiten eine anschauliche Erläuterung dieses Krümmungsmaßes.

109, 2–3 [Diese von Riemann herrührende Verallgemeinerung . . . und mehr Dimensionen]
Vgl. BERNHARD RIEMANN, *Über die Hypothesen, welche der Geometrie zu Grunde liegen*, Abschn. II. 2.

109, 9–10 [etwa der von Kronecker gegebenen]
LEOPOLD KRONECKER (1823–1891) verallgemeinerte das GAUSS'sche Krümmungsmaß auf den Fall von n-dimensionalen Hyperflächen im $\mathbb{R}^{n+1}$, es kann hier ebenfalls als Produkt von n zueinander orthogonalen "Hauptkrümmungsrichtungen" der Hyperfläche aufgefaßt werden (vgl. L. KRONECKER, *Über Systeme von Functionen mehrer Variabeln*, Monatsberichte der Berliner Akademie, 1869, S. 159–193 u. 688–698. Wiederabdruck: *Mathematische Werke*, Bd. I (1895), 175–226). FH verweist auf KRONECKERs Verallgemeinerung auch in dem undatierten Nachlaßfragment Fasz. 1076, Bl. 52–54, das vermutlich Notizen zu CK 109 ff. enthält und Resultate etlicher mathematischer Arbeiten zur Differentialgeometrie referiert. KRONECKERs Verallgemeinerung wird auf Bl. 52v erwähnt.

110, 5–8 [Von diesem Krümmungsmass hat Gauss . . . nicht ändert;]
Vgl. GAUSS, *Disquisitiones generales circa superficies curvas*, § 12. Eine anschauliche Erläuterung gibt FH im folgenden.

111, 24–26 [(die n-fach ausgedehnten Mannigfaltigkeiten, wie sich Riemann ausdrückt)]
S. Komm. zu CK 12, 5–8.

112, 23–25 [wie Lotze meint, die Entdeckung einer thatsächlich existirenden dritten Dimension zu machen!]
Anspielung auf LOTZE, Mph, 249–252 und 254: LOTZE erörtert hier HELMHOLTZ' Vortrag GA (vgl. Komm. zu CK 99, 13–15), insbesondere HELMHOLTZ' fiktive Annahme verstandesbegabter Wesen von nur zwei Dimensionen, die an der Oberfläche irgendeines festen Körpers leben und sich bewegen. Anders als HELMHOLTZ behauptet LOTZE: "Die fingirten Wesen, welche nur Wahrnehmungen aus einer Ebene empfingen, würden dann, wenn erweiterte Lebensbedingungen ihnen auch Eindrücke von außerhalb derselben verschafft hätten, in der günstigsten Lage für die Verwerthung dieser neuen Wahrnehmungen gewesen sein: sie hätten zu der Planimetrie, welche sie besaßen, die Geometrie der neuentdeckten Richtung hinzufügen können, ohne etwas an ihren früheren Anschauungen ändern zu müssen." (254) LOTZE sucht damit seine Überzeugung zu begründen, daß auch Flächenwesen schließlich die dreidimensionale euklidische Geometrie als das "richtige" geometrische System anerkennen würden.

113, 13–14 [("Grenzfläche") im Lobatschewsky'schen Raume]

LOBATSCHEWSKI zeigte, daß im hyperbolischen oder Lobatschewskischen Raum Flächen angegeben werden können, deren aus der Einbettung gewonnene geometrische Struktur die einer euklidischen Ebene ist (vgl. z. B. N. LOBATSCHEWSKI, *Geometrische Untersuchungen zur Theorie der Parallellinien*, Berlin 1840, S. 35 ff.).

113, 17 [eine Mannigfaltigkeit v o n d e r K l a s s e h]
Wie das bereits im Komm. zu CK 109, 9–10 genannte Nachlaßfragment Faszikel 1076, Bl. 53 f. zeigt, hat FH diesen Begriff aus einer Arbeit des italienischen Mathematikers GREGORIO RICCI-CURBASTRO (1853–1925) übernommen (vgl. G. RICCI, *Sulla classificazione delle forme differenziali quadratiche*, Atti della Reale Accademia dei Lincei. Rendiconti (4) IV (1888), 203–207). Zu späteren Präzisierungen des Begriffs s. Komm. zu CK 113, 33 – 114, 5.

113, 29–31 [die Kriterien der Mannigfaltigkeiten nullter Klasse ... hat bereits Riemann gekannt]
Vgl. BERNHARD RIEMANN, *Ueber die Hypothesen, welche der Geometrie zu Grunde liegen*, Abschnitt II. 4; es handelt sich um Mannigfaltigkeiten der konstanten Krümmung Null. Hierbei wurde von RIEMANN ebenso wie von FH nur die Frage der lokalen isometrischen Einbettung solcher Mannigfaltigkeiten in einen euklidischen Raum betrachtet. Beispielsweise läßt sich eine Zylinderfläche zwar lokal, aber nicht global isometrisch in die euklidische Ebene einbetten.

113, 33 – 114, 5 [Ein Satz von Schläfli ... untergebracht werden kann]
Diese Vermutung SCHLÄFLIS findet sich in dessen *Nota alla Memoria del signor Beltrami, "Sugli spazî di curvatura costante"*, Annali di Matematica pura ed applicata [2] 5 (1873), 178–193, auch in: ders., *Gesammelte Abhandlungen*, Band 3, Basel 1956, 207–221. Wie der unmittelbar nachfolgende Satz des Textes zeigt, war sich FH bei der Abfassung des CK darüber klar, daß SCHLÄFLI die entsprechende Aussage nicht streng bewiesen hatte, vgl. hierzu auch im Nachlaß Fasz. 1076, Bl. 53 (s. Komm. zu CK 109, 9–10).

Aus der Vermutung von SCHLÄFLI entsteht ein ganzer Komplex von zum Teil sehr schwierigen Problemen der Differentialgeometrie, die man heute unter dem Stichwort "Isometrische Immersion" einordnet. Diese Probleme betreffen Fragen der Existenz und Eindeutigkeit von Immersionen oder Einbettungen einer gegebenen n-dimensionalen Riemannschen Mannigfaltigkeit M in eine gegebene Riemannsche Mannigfaltigkeit V der Dimension $n + h$. Die verschiedenen Probleme unterscheiden sich in mehrfacher Hinsicht: (1) danach, ob Immersionen oder Einbettungen betrachtet werden; (2) danach, ob es sich um lokale Einbettungen oder um globale Einbettungen von ganz M handelt; (3) danach, welche Voraussetzungen über die Differenzierbarkeit bzw. Analytizität der Mannigfaltigkeiten und Immersionen gemacht werden; (4) durch die Wahl der Klasse von Mannigfaltigkeiten, zu der V gehören soll. Die naheliegendste Klasse ist die der euklidischen Räume, aber FH weist darauf hin, daß auch andere Möglichkeiten in Frage kommen. Tatsächlich wurden schon um 1900 Probleme der Einbettung von Mannigfaltigkeiten konstanter Krümmung in andere Mannigfaltigkeiten konstanter Krümmung untersucht. Erst nachdem hinsichtlich dieser Optionen Wahlen getroffen sind und damit das Problem präzisiert ist, hat die Frage, welches der kleinstmögliche Wert für die Zahl h ist (s. Komm. zu CK 113, 17), einen präzisen Sinn. Diese Zahl wird heute definitionsgemäß als die Immersionsklasse bzw. Einbettungsklasse der Mannigfaltigkeit M für das gewählte Problem bezeichnet. Die Vermutung von SCHLÄFLI besagt, daß für das Problem der lokalen Einbettung einer n-dimensionalen Riemannschen Mannigfaltigkeit in einen euklidischen Raum (wie FHs vorangehende Bemerkungen zeigen, denkt auch er hier nur an diesen Fall) für die Klasse h von M stets $h \leq n(n-1)/2$ gilt. Die Frage, welche Differenzierbarkeitsklasse für M und die Einbettung vorausgesetzt werden soll, blieb dabei zunächst offen, war auch beim damaligen Stand der Formulierung des Mannigfaltigkeitsbegriffes noch gar nicht als relevant zu erkennen. Für analytische Riemannsche Mannigfaltigkeiten und analytische Einbettungen wurde die Vermutung von SCHLÄFLI erst 1926 von M. JANET und E. CARTAN bewiesen (M. JANET, *Sur la possibilité de plonger un espace riemannien donné dans un espace euclidien*, Annales Societatis Polon. Mat. 5 (1926), 38–43). Für beliebige Riemannsche C^r-Mannigfaltigkeiten ist die Vermutung bisher nicht bewiesen. Für $r = \infty$ bewiesen GROMOV und ROHLIN 1970 die Abschätzung $h \leq n(n-1)/2 + n$ (*Embeddings and immersions in Riemannian geometry*, Russian Mathematical Surveys 25, no. 5 (1970), 1–57). Für das sehr schwere globale Problem der Einbettung von Riemannschen C^r-Mannigfaltigkeiten, $r \geq 3$, in den euklidischen Raum bewies JOHN NASH die Abschätzungen $h \leq (3n^2 + 9n)/2$ für kompaktes M und $h \leq n(3n^2 + 14n + 9)/2$ für nichtkompaktes M (J. NASH, *The embedding theorem for Riemannian manifolds*, Annals of Mathematics 63 (1956), 20–63). Für $r = \infty$ lassen sich diese Abschätzungen bedeutend verbessern: es gilt $h \leq n(n-1)/2 + 3n + 5$.

115, 23 [Minding'sche Fläche constanter negativer Krümmung]
S. Komm. zu CK 108, 5–6.

117, 16–18 [Gauss nannte Diejenigen Böotier ... unfähig erweisen]
S. Komm. zu SI 243, 4–6 – Nr. 348.

117, 19–20 [der im Ernst die Dreizahl der Raumdimensionen l o g i s c h zu deduciren unternimmt]
FH nennt in CK 170, 14–15 die Philosophen LOTZE und SCHMITZ-DUMONT als Autoren solcher Deduktionsversuche, s. Komm. zu dieser Passage. Eine Reihe weiterer vermeintlicher "Raumdeduktionen" (von LEIBNIZ, KANT, SCHELLING, HERBART und WUNDT) werden in dem von FH herangezogenen Werk *Zur Analysis der Wirklichkeit* von OTTO LIEBMANN diskutiert (vgl. OTTO LIEBMANN, Phänomenalität des Raumes, in AW, 36–69; in der 2. Aufl. (1880) unter dem Stichwort "Raumcharakteristik und Raumdeduction", S. 72–86). FH hat auch später noch zeitgenössische Beispiele solcher "Deduktionen" in einem Nach-

laßfragment gesammelt, vgl. Fasz. 1078, Bl. 3, wo neben den Genannten auch MELCHIOR PÁLAGYI, *Neue Theorie des Raumes und der Zeit*, Leipzig 1901, aufgeführt wird.

117, 23 [S p i r i t i s t e n]
FH spielt hier auf die Affäre um den Leipziger Astrophysiker KARL FRIED-RICH ZÖLLNER (1832–1882) an, die in den gebildeten Kreisen Europas große Wellen schlug. ZÖLLNER, der in der Geschichte der Astronomie vor allem durch seinen Bau eines Astrophotometers bekannt ist, zog bereits in seinem Werk *Die Natur der Cometen*, Leipzig 1872, die Möglichkeit in Betracht, daß der kosmische Raum ein Raum positiver Krümmung ist, der in einen als real gedachten vierdimensionalen euklidischen Raum eingebettet ist. In der Fol-ge wurde er nicht nur zum überzeugten Anhänger des Spiritismus, sondern er unternahm es in den Jahren 1877/1878 auch, mit Hilfe des amerikanischen "Mediums" HENRY SLADE und in Gegenwart mehrerer renommierter Leipzi-ger Professoren die Existenz von "vierdimensionalen Wesen" experimentell zu demonstrieren, die im dreidimensionalen Raum angeblich Phänomene wie das Lösen von Knoten u. dgl. hervorbringen konnten. SLADE zog anschließend in mehreren eropäischen Städten umher und führte die von ZÖLLNER angeregten "Experimente" vor. Die in der Alltagssprache bis heute erinnerte mystische Konnotation der Rede von der "vierten Dimension" geht wesentlich auf diese Affäre zurück (vgl. M. EPPLE, *Die Entstehung der Knotentheorie*, Wiesbaden 1999, § 56).

118, 11 [die neuen und veränderlichen Sterne der Astronomie]
Anspielung auf die heute als Supernovae bezeichneten Himmelserscheinungen, die zuerst von dem dänischen Astronomen TYCHO BRAHE (*De mundi aetherei novae phaenomenis*, Kopenhagen 1588) beobachtet wurden (vgl. Komm. zu CK 148, 15–17).

118, 28–31 [Ferner können wir ... a b w i c k e l n]
S. Komm. zu CK 21, 24 und zu CK 199, 8–14.

119, 32–120, 3 ["es lässt sich ein bestimmtes Verhalten ... im pseu-dosphärischen oder sphärischen Raume angestellt"]
Zitat aus HELMHOLTZ, GA, 24.

122, 3–9 [Es ist eine durch G. Cantor's Untersuchungen ... den glei-chen Dienst thäte.]
Der Begriff der überall dichten Punktmenge wurde 1879 von GEORG CANTOR eingeführt, und zwar in der ersten einer berühmten Reihe von Abhandlungen mit dem gemeinsamen Titel *Über unendliche lineare Punktmannigfaltigkeiten* (in: GEORG CANTOR, *Gesammelte Abhandlungen*, Berlin 1932, 139–246). Sie enthalten nicht nur wichtige Begriffe und Ergebnisse der allgemeinen Mengen-lehre CANTORS, sondern CANTOR entwickelte hier auch die neue Punktmen-

genlehre, seine Theorie der Eigenschaften von Mengen von Punkten des reellen Kontinuums. Die Punktmengenlehre war eines der Gebiete, aus denen sich die von FH konzipierte mengentheoretische Topologie entwickelt hat (vgl. hierzu im Band II dieser Edition den Artikel *Zum Begriff des topologischen Raumes*, Abschnitt 1.1, S. 675 f.). CANTOR nannte eine Punktmenge P in einem Intervall (a, b) *überall dicht*, wenn jedes nichtleere Teilintervall (c, d) von (a, b) Punkte von P enthält (a. O., 140). Ein *Semikontinuum* wurde von CANTOR definiert als eine (im CANTORschen Sinn) zusammenhängende imperfekte Punktmenge von Kontinuumsmächtigkeit mit der Eigenschaft, daß je zwei ihrer Punkte stets durch ein Kontinuum, d. h. eine perfekte, zusammenhängende Menge verbunden sind (a. O., 208). Die im Text formulierte Frage wurde von CANTOR nicht gestellt.

122, 9–13 [Aber die Continuität ... zu befragen wäre.]
Vielleicht ist dieser Satz als Hinweis darauf zu deuten, daß FH schon während der Niederschrift von CK die Weiterentwicklung der CANTORschen Punktmengenlehre als ein denkbares Arbeitsfeld betrachtete. Daß er – zutreffend – die Analysis situs als noch sehr entwicklungsfähig und -bedürftig ansah, wissen wir aus späteren Äußerungen (vgl. *Grundzüge der Mengenlehre*, 376; Band II dieser Edition, S. 476).

124, 1 (Titel) [Das Princip der indirecten Auslese]
Der Ausdruck wurde in der deutschsprachigen Literatur der Zeit manchmal verwendet, um DARWINS Konzept der "natural selection" wiederzugeben. Ein von FH bei der Abfassung von CK herangezogenes Werk, das diese Terminologie verwendet und auch auf kosmologische Fragen bezieht, ist etwa CARL DU PREL, *Entwicklungsgeschichte des Weltalls*, 3. Aufl., Leipzig 1882. Dort heißt es: "Logischer Weise sind nur zweierlei Arten der Entstehung des Zweckmässigen in der Natur denkbar: Entweder die direkte Auslese oder die indirekte Auslese. Ein Beispiel der ersteren liegt vor im Verfahren des Züchters, der [...] die zweckmässigen Tierexemplare direkt auswählt; ein Beispiel der letzteren liegt in der Naturzüchtung, in welcher die verschiedenen Vertilgungsfaktoren konvergierend dahin wirken, die unzweckmässigen Exemplare zu vernichten, wodurch also gleichfalls die zweckmässigen Exemplare, aber indirekt, ausgelesen werden. So kann also durch zweierlei Verfahren entgegengesetzter Art ganz das gleiche teleologische Resultat erzielt werden. [...] Die direkte Auslese kann nur gedacht werden als Thätigkeit einer intelligenten Ursache; für die indirekte Auslese dagegen ist der Nachweis zu führen, dass sie von selbst und zwar unfehlbar eintreten muss, d. h. natürlichen Gesetzen folgt." (19–20) Dieser Sprachgebrauch, dem FH folgt, sollte nicht mit dem heutigen Fachausdruck "indirekte Selektion" der Evolutionsbiologie verwechselt werden, der die Selektion eines bestimmten Merkmals durch natürliche Selektion eines korrelierten Merkmals bezeichnet.

128, 2 [Gesetz von der Erhaltung der Materie]

Das Gesetz von der Erhaltung der Materie, das ältere Vorstellungen zu einem quantitativ formulierten Naturgesetz verdichtete, wurde in der wissenschaftlichen Literatur des 19. Jahrhunderts meist dem Chemiker ANTOINE-LAURENT DE LAVOISIER (1743–1794) zugeschrieben, der dasselbe explizit zur Grundlage seiner bahnbrechenden chemischen Theorie machte. Vgl. A.-L. DE LAVOISIER, *Traité élémentaire de chimie*, Paris 1793, Bd. 1, 140: "Nichts wird erschaffen, weder in den Operationen der Kunst noch in denen der Natur, und man kann als Prinzip annehmen, dass in jeder Operation ein gleiches Quantum an Materie vor und nach der Operation existiert." Gedacht ist hier insbesondere an chemische Reaktionen; das genaue Wiegen der reagierenden Stoffe und Reaktionsprodukte war ein zentrales Hilfsmittel der LAVOISIERschen Chemie. Die Anspielung auf das chemische Verständnis materieller Prozesse ist auch in CK 128, 12–13 deutlich.

128, 12–13 ["Wagen und Retorten"]
S. Komm. zu CK 128, 2.

129, 2 [quaternio terminorum]
S. Komm. zu SI 290, 15 – Nr. 356.

129, 20 [fait accompli]
Frz. 'vollendete Tatsache'.

130, 21–22 [die Welt als Bewegung materieller Punkte im Raume deuten]
S. Komm. zu CK 13, 10–13.

131, 26 [Mythologie à outrance]
Frz. 'bis aufs äußerste'. – S. auch Komm. zu SI 241, 9 – Nr. 347.

132, 2 [qualitas occulta]
Lat. 'verborgene Eigenschaft'. Als qualitas occulta wurde seit der Antike eine Eigenschaft bezeichnet, die sich nach der aristotelischen Physik nicht auf die Qualitäten der vier Elemente zurückführen ließ. Dazu zählte auch das, was später als Gravitation, Elektrizität und Magnetismus verstanden wurde. Mit der Durchsetzung der NEWTONschen Physik verschwindet der Begriff der qualitas occulta aus der physikalisch-metaphysischen Debatte. NIETZSCHE macht sich den Begriff zur Polemik gegen den metaphysischen Wahrheitsbegriff zunutze (vgl. NIETZSCHE, KSA 1.880 f.).

132, 5 [Mécanique céleste]
Vgl. den Werktitel von PIERRE SIMON DE LAPLACE, *Traité de mécanique céleste (Abhandlung über Himmelsmechanik)*, 5 Bde., Paris 1799–1825.

132, 12 [Fernwirkung oder Nahwirkung]

S. CK 76, 22 und Komm. zu SI 256, 16 – Nr. 352.

132, 19–32 ["der Übergang aus Theilnamslosigkeit … einzigen wahrhaft Seienden betrachtet werden")]
Zitat aus LOTZE, Mph, 137.

132, 33 – 133, 2 [mit den neueren physicalischen Versuchen, Fernwirkung auf Contactwirkung zurückzuführen]
FH bezieht sich vermutlich auf den Aufschwung kontinuumsdynamischer Theorien in der Physik der 1870er und 1880er Jahre. Dazu zählen insbesondere die von HERMANN V. HELMHOLTZ und JAMES CLERK MAXWELL vorgestellten Varianten der Elektrodynamik (die sich z. T. explizit von älteren Fernwirkungstheorien absetzten, etwa von der WILHELM WEBERs, s. Komm. zu CK 138, 7) sowie die kontinuumsdynamischen Theorien WILLIAM THOMSONs. Physikern dieser Richtung erschien es denkbar, für alle Naturkräfte (insbesondere für Gravitation und elektromagnetische Kraftwirkung) eine Theorie zu entwickeln, die wenigstens formal die Gestalt einer Beschreibung der Dynamik eines raumerfüllenden kontinuierlichen Mediums besaß. Kraftwirkungen konnten in solchen Theorien als Wechselwirkungen zwischen benachbarten Elementen des Mediums interpretiert werden.

133, 18–19 [Princip der indirecten Auslese]
S. Komm. zu CK 124, 1.

134, 16–17 ["in die wirkliche Welt sind viele mögliche andre eingesponnen"]
Zitat aus dem Gedicht *Traum und Poesie* von FRIEDRICH HEBBEL, in: ders., *Gedichte*. Gesammt-Ausgabe, stark vermehrt und verbessert, Stuttgart und Augsburg: Cotta 1857, S. 449.

136, 20–31 [Zweitens ist vor einer … mechanische Wahrheiten]
Vgl. die Formulierungen bei HELMHOLTZ, TW, 219 f., 222 f. und 244.

137, 9–12 ["transcendental zu deduciren" … a priori gelten]
In der "Transzendentalen Deduktion der reinen Verstandesbegriffe" (KrV B 129–169) leitet KANT die Geltung "reiner Universalgesetze a priori" (KANT: "Grundsätze des reinen Verstandes") "für eine Welt bloßer Erfahrungsthatsachen" ab, um objektive empirische Erkenntnis denkbar zu machen. Für FH wird die Unterscheidung zwischen "Universalgesetzen" und "Erfahrungsthatsachen" irrelevant und damit auch die transzendentale Deduktion ihrer notwendigen Beziehung aufeinander in der Erkenntnis.

137, 22 ["jeden Grashalm und jeden Sonnenblick"]
Zitat aus FRIEDRICH NIETZSCHE, Werke, Leipzig 1894 ff. (Großoktav-Ausgabe). 8.12, S. 63 (Aus der Zeit der Fröhlichen Wissenschaft, 1881/82), III: Die ewi-

ge Wiederkunft, Nr. 114). – Jetzt NF Frühjahr–Herbst 1881, KGW V 11[148] (KSA 9.498).

138, 7 [dem Weber'schen Gesetz]
Ein von dem Göttinger Physiker WILHELM WEBER (1804–1891) aufgestelltes Gesetz für die Kraftwirkung zwischen zwei bewegten elektrisch geladenen Teilchen, nach dem die Kraft von der Entfernung zwischen den Teilchen sowie der ersten und zweiten Ableitung dieser Entfernung nach der Zeit abhängt (vgl. W. WEBER, *Electrodynamische Maassbestimmungen*, Leipzig 1846). Das Webersche Gesetz wurde heftig diskutiert bis zum Aufkommen der kontinuums- bzw. feldtheoretischen Elektrodynamik JAMES CLERK MAXWELLS, mit deren Durchsetzung bzw. mit dem generellen Aufschwung kontinuumsdynamischer physikalischer Theorien im letzten Drittel des 19. Jahrhunderts verlor es jedoch an Bedeutung. Vgl. Komm. zu CK 132, 33 – 133, 2.

138, 16 [κόσμοι]
Gr. 'Welten'.

142, 21–30 [b e l i e b i g e Function(en)]
S. Komm. zu CK 59, 10.

142, 32–33 [Raumzeitpunkte]
S. Komm. zu CK 63, 15–16.

143, 13–14 [$\infty^\infty \ldots \infty^1 \ldots \infty^3$]
Diese aus der analytischen Geometrie stammende Bezeichnungsweise diente im 19. Jahrhundert zur Angabe der Dimension einer Mannigfaltigkeit geometrischer Objekte (etwa von Punkten oder Kurven). Daß der Raum eine "dreifache Unendlichkeit" sei, besagt in dieser Terminologie, daß er als dreidimensionales Kontinuum zu verstehen ist. Durch GEORG CANTORs mengentheoretische Einsichten und seine präzisere, auf den Begriff der Mächtigkeit gestützte Charakterisierung unendlicher Mengen wurde diese Terminologie obsolet (s. Komm. zu CK 81, 33–82, 6). FH zieht sie an dieser Stelle nur zur Veranschaulichung heran. Die genauere CANTORsche Begrifflichkeit hat er ab CK 80 ff. bereits eingeführt und verwendet sie auch im nachfolgenden Text (vgl. bes. CK 145, 28–30 und den zugehörigen Kommentar).

FH stützte sich auch in seiner Auseinandersetzung mit NIETZSCHEs Wiederkunftslehre in SI (S. 349–354, Aph. Nr. 406) auf die ältere Bezeichnungsweise unendlicher Mengen, dort allerdings noch in mathematisch nicht völlig geklärter und insbesondere noch nicht auf CANTORs Begriffe gestützten Weise (s. dazu auch Bd. II dieser Edition, S. 3–5).

143, 27 [U b i q u i t ä t]
S. Komm. zu CK 69, 18.

145, 16–17 [subjectiven Gewissheit (Wahrscheinlichkeit 1)]
FH bezieht sich hier auf den Wahrscheinlichkeitsbegriff der älteren Tradition,
wie er etwa in P. S. DE LAPLACE, *Essai philosophique sur les probabilités*, Paris
1814 (dt.: *Philosophischer Versuch über die Wahrscheinlichkeit*, hg. von R. VON
MISES, Leipzig 1932) gefasst wird (vgl. Komm. zu CK 28, 3). Die gegen Ende des 19. Jahrhunderts zunehmenden Kontroversen um die Interpretation des
Wahrscheinlichkeitsbegriffs waren FH geläufig. Wie eine Vorlesung aus dem
Wintersemester 1900/1901 zeigt, hielt FH zu dieser Zeit ausdrücklich an einem
subjektiven Wahrscheinlichkeitsbegriff fest (vgl. im Nachlaß Fasz. 10, Bl. 1–2a,
zum Kontext s. auch Komm. zu CK 103, 25–26).

145, 28–30 [ich weiss nicht ... Möglichkeiten abzuzählen]
Die Reihe der transfiniten (Ordinal-)Zahlen wurde von GEORG CANTOR in
der Arbeit *Grundlagen einer allgemeinen Mannigfaltigkeitslehre*, Leipzig 1883
(auch in: G. CANTOR, *Gesammelte Abhandlungen*, Berlin 1932, 165–209) eingeführt. Daß sich daraus eine zweite wohlgeordnete Reihe transfiniter Kardinalzahlen (Mächtigkeiten) gewinnen läßt, indem jeder Ordinalzahl die Mächtigkeit der diese Ordinalzahl definierenden geordneten Mengen zugeordnet wird,
kündigte CANTOR in § 6 seiner *Beiträge zur Begründung der transfiniten Mengenlehre*, Mathematische Annalen 46 (1895), 481–512 und 49 (1897), 207–246
(auch in: ders., *Gesammelte Abhandlungen*, 282–356, hier 295) an; einen vollständigen Beweis dieser Aussage blieb er jedoch schuldig.

Selbst wenn man den Erörterungen in CK 142–145 einen präzisen Sinn geben
wollte, in der Art, wie es im folgenden geschieht, hat die von FH gestellte Frage nach der Kardinalzahl des "Inbegriffs transzendenter Möglichkeiten" keine
definitive Antwort. Das ergibt sich aus tiefliegenden metamathematischen Untersuchungen des 20. Jahrhunderts. Insofern war FHs Formulierung "ich weiß
nicht" sehr klug.

Interpretiert man CK 142, I-III so, daß die Gesamtheit aller Möglichkeiten
die Menge aller Korrespondenzen oder die Menge aller mengentheoretischen
Abbildungen zwischen zwei endlichdimensionalen Mannigfaltigkeiten ist (die-
se Lesart wird durch CK 157, 17–22 nahegelegt), dann hat diese Menge die
Kardinalität 2^c. Dabei bezeichne c die Kardinalität des reellen Kontinuums.
Bekanntlich gilt $c = 2^{\aleph_0}$, wo $\aleph_0$ die erste transfinite Kardinalzahl, d. h. die
Kardinalität der Menge der natürlichen Zahlen ist. Nach einem berühmten
Argument CANTORs (*Über eine elementare Frage der Mannigfaltigkeitslehre*,
Jahresbericht der Deutschen Mathematiker-Vereinigung 1 (1891), 75–78, auch
in: G. CANTOR, *Gesammelte Abhandlungen*, Berlin 1932, 278–281) ist für jede Kardinalzahl $\aleph$ die Potenz $2^\aleph$ größer als $\aleph$. Wie wir heute wissen, sagen
die Axiome des allgemein akzeptierten Axiomensystems der Mengelehre (ZF)
jedoch nichts darüber aus, wieviele Kardinalzahlen der Größe nach zwischen
$\aleph$ und $2^\aleph$ liegen. Die von CANTOR aufgestellte Continuumshypothese (CH)
besagt, daß zwischen $\aleph_0$ und seiner Potenz $2^{\aleph_0}$ keine weiteren Kardinalzahlen
liegen, d. h. $2^{\aleph_0} = \aleph_1$. Die verallgemeinerte Continuumshypothese (ACH), erstmals formuliert von FH, besagt, daß allgemein für jede Kardinalzahl $\aleph$ keine

weiteren Kardinalzahlen zwischen $\aleph$ und $2^\aleph$ liegen. Aus (ACH) würde also für die oben betrachtete Kardinalzahl folgen $2^c = \aleph_2$. Die Hypothesen (CH) und (ACH) sind jedoch nach den Ergebnissen von KURT GÖDEL (1906–1978) und PAUL J. COHEN (geb. 1934) unabhängig von (ZF). Das heißt: Sowohl die Hypothesen als auch ihre Negationen sind relativ konsistent mit (ZF) (K. GÖDEL, *The consistency of the continuum hypothesis*, Annals of Mathematics Studies 3, Princeton 1940; PAUL J. COHEN, *Set theory and the continuum hypothesis*, New York 1966). Mit den von COHEN entwickelten Methoden kann man auch die Hypothese bizarrer Verläufe der Exponentialfunktion für Kardinalzahlen als relativ konsistent mit (ZF) erweisen. Ohne zusätzlich Hypothesen unterliegt die Kardinalzahlexponentiation für reguläre Kardinalzahlen nur einigen einfachen Regeln, wie sie FH in seinen *Grundzügen der Mengenlehre*, 54 ff. (Band II dieser Edition, 154 ff.) angibt.

145, 32 [Unsere gewöhnlichen Unendlichkeitssymbole]
S. Komm. zu CK 143, 13–14.

146, 3–6 [wenn Schopenhauer einmal bei Kant den entfremdetsten Blick, der jemals auf die Welt geworfen worden, und den höchsten Grad von Objectivität rühmt]
SCHOPENHAUER, PP I, Über die Universitäts-Philosophie (SW 4.210).

147, 14–16 [von Kant die idealistische Erkenntnisstheorie mit dem copernicanischen Weltsystem verglichen]
Vgl. KANT, KrV B XVI.

147, 21–25 [Die Neuerung des Copernicus (mathematisch ausgedrückt, eine blosse Verschiebung und Drehung des Coordinatensystems) stellt keinen Ort an der Himmelssphäre genauer dar als die Hypothese des Ptolemäus]
NIKOLAUS KOPERNIKUS' (1473–1543) bahnbrechendes Werk *De revolutionibus orbium coelestium libri VI* (1543), in welchem das heliozentrische Weltbild erstmals zusammenhängend formuliert wird, brachte kaum Verbesserungen in der Darstellung und Vorausberechnung von Himmelserscheinungen. KOPERNIKUS kam zwar dem späteren Bild vom Aufbau der Bewegungsabläufe näher als das geozentrische, hier als "Hypothese des Ptolemäus" bezeichnete Weltbild, da er aber die Bewegungen der Himmelskörper durch ein kompliziertes, nach heutiger Kenntnis weitgehend oder vollständig mit arabischen astronomischen Modellen übereinstimmendes System von einander überlagernden Kreisbewegungen beschrieb, erreichte er in seinen astronomischen Berechnungen keine höhere Genauigkeit als diese. Wirksam an *De revolutionibus* war jedoch vor allem das erste, kosmologische Buch, in dem KOPERNIKUS das heliozentrische System in der geläufigen, vereinfachten Form als ein System konzentrischer Kreise vorstellte. Auf dieses vereinfachte System bezieht sich auch FH im Text.

148, 15–17 [mit Tycho de Brahe vergleichen, den ein ähnlicher Instinct zur Schliessung eines Compromisses zwischen Ptolemäus und Copernicus leitete]

Der dänische Adlige und Astronom TYCHO BRAHE (1546–1601) entwickelte eine Theorie der Planetenbewegungen, bei der sich zwar die Planeten wie bei KOPERNIKUS angenähert auf Kreisbahnen um die Sonne drehen, Sonne und Planeten gemeinsam jedoch wiederum um die im Zentrum des Universums ruhende Erde. Das Brahesche System ist dem kopernikanischen mathematisch äquivalent, solange von den Bewegungen (Parallaxen) der Fixsterne abgesehen wurde, die BRAHE noch nicht beobachten konnte. Es vermied jedoch das physikalische Problem der von KOPERNIKUS behaupteten Erdbewegung und erhielt, insofern es die Erde im Zentrum beließ, die alte Rangordnung der kosmischen Körper. – Vgl. Komm. zu CK 147, 21–25.

152, 15 [pluralité des mondes]

S. CK 29, 4 und 57, 24 sowie Komm. zu SI 290, 23 – Nr. 356.

153, 29 [∞^2]

Vgl. Komm. zu CK 143, 13–14.

155, 16–20 [im Fall einer unendlichen Menge ... die eines Punctcontinuums übersteigt]

FH bezieht sich hier wieder auf den Satz CANTORs von der Gleichmächtigkeit von reellen Kontinua verschiedener (endlicher) Dimension, s. Komm. zu CK 81, 33–82, 6.

157, 12–13 [eine 3, 4, $n + 1$-fach ausgedehnte Mannigfaltigkeit]

Vgl. Komm. zu CK 12, 5–8.

157, 17–22 [die Gesamtheit aller Weltzustände ... darstellbar]

Die Menge aller mengentheoretischen Abbildungen zwischen zwei Mengen von Kontinuumsmachtigkeit $\mathfrak{c}$ besitzt die Kardinalität $2^{\mathfrak{c}}$ und damit eine größere Kardinalität als $\mathfrak{c}$, s. Komm. zu CK 145, 28–30.

158, 2–3 ["zweite Mächtigkeit"]

In GEORG CANTORs Terminologie ist die "zweite Mächtigkeit" die kleinste Mächtigkeit, die eine überabzählbare Menge aufweisen kann (vgl. G. CANTOR, *Grundlagen einer allgemeinen Mannigfaltigkeitslehre*, § 1, in: ders., *Gesammelte Abhandlungen*, Berlin 1932, hier 167). FH, der im Text von der Mächtigkeit eines Punktkontinuums spricht, setzt hier also noch stillschweigend die Gültigkeit der sog. Kontinuumshypothese voraus (s. Komm. zu CK 145, 28–30).

158, 23 [Etwas = X]

S. Komm. zu SI 286, 7 – Nr. 353.

158, 27–28 [Mengen beschränkter Mächtigkeit]
D. h. Mengen mit einer Kardinalität höchstens gleich der des Kontinuums (vgl. Komm. zu CK 158, 2–3).

159, 30–33 [dass ein Wasserstoffatom ... in der glühenden Sonnen-photosphäre]
Anspielung auf eine der wichtigsten neuen Experimentaltechniken der Zeit, die von KIRCHHOFF, BUNSEN u. a. in den späten 1860er Jahren entwickelte Spektralanalyse irdischer Stoffe. Die anhand dieser Technik gemachte Beobachtung, daß die Spektrallinien irdischer Materialien sich mit jenen deckten, welche FRAUNHOFER bereits früher im Licht der Sonne vermessen hatte, trug wesentlich dazu bei, die Vorstellung eines materiell einheitlichen Universums endgültig durchzusetzen. Im Jahr 1895 führte der systematische Vergleich irdischer Spektren mit dem Sonnenspektrum zur Entdeckung eines neuen, spektroskopisch dem Wasserstoff ähnlichen chemischen Elements, dem Helium.

160, 7–9 [concret-physico-theologische Verlangen nach einer transcendenten Garantie jener Weltbeschaffenheit]
S. Komm. zu SI 356, 25–26 – Nr. 408.

160, 32–161, 3 [Der Dieb im Märchen, ... an der eigenen Thür löschen.]
Vgl. das Märchen *Das Feuerzeug* von HANS CHRISTIAN ANDERSEN: "Als er aber sah, daß ein Kreuz an die Tür des Hauses gemacht war, wo der Soldat wohnte, nahm er auch ein Stück Kreide und machte Kreuze an alle Haustüren in der Stadt." (HANS CHRISTIAN ANDERSEN, *Märchen*, Berlin 1978, 9.) – Vgl. auch Ex 12, 13.

163, 11 [als geordnete Menge]
Der allgemeine Begriff geordneter Mengen wurde eingeführt in GEORG CANTOR, *Beiträge zur Begründung der transfiniten Mengenlehre* (s. Komm. zu CK 145, 28–30), § 7.

164, 4 [$\infty^2, \infty^3, \infty^5$, oder ∞^∞]
Vgl. Komm. zu CK 143, 13–15.

164, 15–21 [Aber wir kommen über derlei Analogien ... bedienen]
Indem FH hier seine mathematischen Konstruktionen der Zeitlinie, der Zeitebene usw. als "Metaphern" darstellt, gibt er zu erkennen, daß es ihm letzten Endes möglicherweise doch nicht um einen mathematisch strengen Beweis des "transcendenten Nihilismus" geht, der im Schlußkapitel von CK skizziert wird. Offenbar schienen ihm die mathematische Sprache und ihre "Verbildlichungen" in metaphorischer Verwendung jedoch eher geeignet zur Formulierung seiner erkenntniskritischen Überlegungen als andere Sprachformen.

164, 23 [μετάβασις εἰς ἄλλο γένος]
S. Komm. zu CK 31, 22.

164, 28–29 [oder an einer Menge von Elementen, die sich in einer umfassenderen Menge verliert]
FH formuliert hier den Kontext der Überlegungen des vorliegenden Kapitels in der mathematisch abstraktesten Weise, d. h. rein mengentheoretisch. Er hat diese Formulierung später bevorzugt, wie das Nachlaßfragment Fasz. 1079, Blatt 7 zeigt. Dort heißt es: "Der Nerv meiner Betrachtung liegt eigentlich anderswo, als ich im 'Chaos' errathen lasse. [...] das Ausschlaggebende ist, dass man die absolute Zeit mit der empirischen Zeit *und ausserdem noch* mit irgendwelchem anderen Inhalt erfüllen kann, dass man zwischen zwei empirische Zeitpunkte beliebige unendliche Mengen von anderen Weltzuständen einschalten kann, [...] die Geräumigkeit, Capacität, Unerschöpflickeit der absoluten Zeit *verträgt* es, dass neben unserer empirischen Welt E beliebige andere Welten $E_1, E_2, E_3, \ldots$ in sie hineingeordnet und durch passende Zersplitterung und Wiederzusammenfügung eine chaotische Welt realisirt werde ---" Wie der Zusammenhang zeigt, werden hier die "Welten" $E, E_1, E_2, \ldots$ schlicht durch abstrakte Mengen dargestellt (Abdruck dieses Fragments in Band VI).

165, 25–30 [Nach rein mechanischer Auffassung ... Reihenfolgen]
S. Komm. zu CK 13, 10–13.

166, 23–25 [beiläufig erwähnt ... im mechanischen Sinne]
Dieser Passus, wie die gesamte Passage CK 165–167, legen die im Komm. zu CK 13, 10–13 zuletzt vorgeschlagene Lesart nahe, nach welcher FH einen "Weltzustand" abweichend vom damaligen Sprachgebrauch der Physik als System der "räumlichen Lage sämtlicher Massenpunkte" (ohne Berücksichtigung ihrer Geschwindigkeiten) zu einem gegebenen Zeitpunkt (nicht Zeitelement oder Zeitdifferential) auffaßt.

168, 24 - 169, 8 [Will man dies Halbkugel-Beispiel weiter spinnen ... völlig verwischt.]
Wie der anschließende Satz zeigt, enthält diese Textpassage zunächst eine Anspielung auf den Atomismus der Antike. Darüber hinaus darf man in ihm vielleicht auch eine Vorahnung eines der Anschauung paradox erscheinenden mathematischen Ergebnisses sehen, zu dem FH 1914 gelangte und das man heute als das *Hausdorffsche Kugelparadoxon* bezeichnet. FH teilte diese "merkwürdige Tatsache" auf den letzten Seiten seiner *Grundzüge der Mengenlehre* mit (469 ff.; Band II dieser Edition, 569 ff.) und publizierte sein Ergebnis außerdem separat in [H 1914b]. Die merkwürdige Tatsache war, daß eine Kugelhälfte und ein Kugeldrittel kongruent sein können, anders gesagt, daß eine Kugelfläche K (bis auf eine abzählbare Teilmenge) "in drei Mengen A, B, C gespalten werden kann, die sowohl untereinander als auch mit $B + C$ kongruent sind". Die Definition der Mengen A, B, C benutzte das Auswahlaxiom der

Mengenlehre. Sie ist mathematisch vollkommen klar, aber es scheint unmöglich, sich von diesen rein theoretisch durch einen nicht zeitlich zu denkenden, unendlichen Auswahlprozeß definierten Mengen eine anschauliche Vorstellung zu bilden. Ihre Kompliziertheit erinnert an die im vorliegenden Text verbal beschriebene Kompliziertheit der "Theilkörperchen", und das "Zerstreuen" der "Bausteine" und ihr "Zusammenfinden" zum "künstlichen Bauwerk" klingt wie eine Vorahnung davon, daß die Kugelfläche in jene höchst kunstvoll definierten kongruenten Teile A, B, C zerlegt wird, von denen dann zwei wieder so zusammengefügt werden können, dass daraus die ganze Kugelfläche neu entsteht. An das Hausdorffsche Kugelparadoxon schlossen sich später weitergehende Arbeiten an, vor allem von BANACH und TARSKI, so daß heute auch vom *Banach-Tarski-Paradoxon* gesprochen wird (vgl. STEFAN BANACH und ALFRED TARSKI, *Sur la décomposition des ensembles de points en parties congruents*, Fundamenta Mathematicae 6 (1924), 244–277; s. auch Bd. IV, 3–18).

170, 14–17 [für kabbalistische Versuche, ... fehlt mir jedes Verständniss.]

Vgl. OSKAR SCHMITZ-DUMONT, *Zeit und Raum in ihren denknotwendigen Bestimmungen, abgeleitet aus dem Satze des Widerspruchs*, Leipzig 1875, und LOTZE, Mph, 260 f.: "Ich behaupte deshalb, daß in keiner Anschauungsform S, sie möge dem Raum R noch so unähnlich sein, sobald sie nur wirklich den Charakter einer umfassenden Anschauungsform für alle gleichzeitigen Verhältnisse des in ihr geordneten Inhalts haben soll, mehr als drei auf einander rechtwinklige Dimensionen möglich sind [...] Natürlich ist und kann nach der Lage der Sachen diese ganze Darstellung Nichts sein, als eine Art Rückübersetzung des concret Geometrischen ins abstract logische; vielleicht gelingt Andern besser, was ich versuchte, in Uebereinstimmung der Absicht nach glaube ich mich mit Schmitz-Dumont sowohl hierüber als über einige der schon erörterten Punkte zu befinden, doch fällt es mir schwer, mich ganz in den Zusammenhang seiner Darstellungen zu versetzen."

170, Anm. [Dass diese Constante ... nichts zur Sache]

Später hat FH in seiner folgenreichen Arbeit *Dimension und äußeres Maß* [H 1919a] ein Spektrum von Dimensionbegriffen eingeführt, für welche die Dimension in der Tat "einer stetigen Veränderung fähig ist". Das heißt, für derartige Dimensionen ist die Skala der möglichen Werte das reelle Kontinuum, und darüber hinaus entwickelt FH sogar Dimensionsbegriffe, deren Skalen noch feiner sind als das Kontinuum der reellen Zahlen. Räume mit solchen nicht ganzzahligen Dimensionen spielen heute in vielen Bereichen der Mathematik eine wichtige Rolle (s. Band IV dieser Edition, Kommentar zu [H 1919a], 44–54). FH hat sich während seines ganzen mathematischen Lebens lebhaft für Dimensionstheorie interessiert (vgl. Komm. zu CK 74, 17–18).

171, 30–32 [Princip der kürzesten Lichtzeit, ... der geradesten Bahn]

FH spielt hier auf eine Reihe grundlegender Variationsprinzipien an, die die neuzeitliche Physik begleiteten. Das Prinzip der kürzesten Lichtzeit wurde im 17. Jahrhundert von FERMAT, DESCARTES und LEIBNIZ diskutiert, um das Brechungsgesetz herzuleiten. Daraus entwickelte sich das Prinzip der kleinsten Aktion, das in den 1740er Jahren insbesondere durch PIERRE DE MAUPERTUIS und LEONHARD EULER verteidigt und schließlich in JOSEPH LOUIS DE LAGRANGE, *Méchanique analytique*, Paris 1788, zu einem allgemeinen Grundprinzip der Mechanik erweitert wurde. Das Prinzip des kleinsten Zwanges ist ein alternatives, von CARL FRIEDRICH GAUSS formuliertes Variationsprinzip (vgl. C. F. GAUSS, *Über ein neues Grundgesetz der Mechanik*, Journal für die reine und angewandte Mathematik 4 (1829), 232-235; vgl. hierzu ISTVÁN SZÁBO, *Geschichte der mechanischen Prinzipien*, Basel, 3. Aufl. 1987). Im 18. Jahrhundert wurden diese Variations- bzw. Differentialprinzipien mit starken metaphysischen Ansprüchen verbunden und als Zeichen einer teleologischen Ordnung der Natur gedeutet (vgl. hierzu MATTHIAS SCHRAMM, *Natur ohne Sinn? Das Ende des teleologischen Weltbilds*, Graz 1985). Das "Prinzip der geradesten Bahn" dagegen war zur Zeit der Abfassung von CK noch jung. Es wurde in HEINRICH HERTZ, *Die Prinzipien der Mechanik in neuem Zusammenhange dargestellt*, Leipzig 1894, als Grundgesetz einer den Kraftbegriff vermeidenden und konsequent differentialgeometrisch formulierten Mechanik vorgeschlagen: "Jedes freie System beharrt in seinem Zustande der Ruhe oder der gleichförmigen Bewegung in einer geradesten Bahn." (a. O., § 309.) Der Begriff "geradeste Bahn" ist hierbei durch eine Differentialbedingung charakterisiert, die sich auf eine durch das betrachtete mechanische System gegebene Metrik im Konfigurationsraum desselben bezieht. FHs Verweis auf dieses mechanische Prinzip ist ein Indiz dafür, daß ihm die *Mechanik* von HERTZ bei der Abfassung von CK bekannt war.

172, 4 [vis inertiae]
Lat. 'Trägheitskraft'. Vgl. NEWTON, MGN, 38 (Definition III): "Durch die Trägheit der Materie wird bewirkt, daß jeder Körper sich nur schwer von seinem Zustand, sei es der Ruhe, sei es der Bewegung, aufstören läßt. Deshalb kann die eingepflanzte Kraft sehr bezeichnend Kraft der Trägheit genannt werden. Tatsächlich übt aber der Körper diese Kraft ausschließlich bei der Veränderung seines Zustandes durch eine andere Kraft aus, die von außen auf ihn eingedrückt hat, und diese Ausübung ist von verschiedenen Standpunkten aus sowohl Widerstandskraft, als auch Impetus ..."

173, 10–11 [vor lauter "Willensfreiheit" nicht aus noch ein wüsste.]
S. Komm. zu SI 4, 22 – Nr. 1.

174, 14–16 [Wenn nach Leibniz unsere Welt die beste aller möglichen Welten ist]
S. Komm. zu SI 284, 10–14 – Nr. 353.

174, 28 [ἄνοια im Sinne einer eigenwilligen παράνοια]

Gr. ἄνοια: 'Unverstand', gr. παράνοια: 'Verrücktheit'.

176, 14 -15 ["Spannung gegenseitiger Bezogenheit"]
Zitat aus LOTZE, Mph, 40.

177, 9–10 [Wunder und Unerklärlichkeiten aller Art]
S. Komm. zu CK 117, 23.

179, 8 [Nihilismus]
Nihilismus (von lat. nihil, 'nichts') konnte als Begriff für prinzipielle Verneinungen jeder Art gebraucht werden, von der Verneinung der Möglichkeit von Erkenntnis und Wahrheit bis zur Leugnung allgemeiner moralischer Werte und Normen, als Begriff für die Behauptung oder den Glauben, 'es habe damit nichts auf sich'. Zumeist wurde er verwendet, um unliebsame philosophische Positionen zu bekämpfen, die tradierte Werte in Frage stellten. In dieser Weise setzte ihn mit großer Wirkung zuerst FRIEDRICH HEINRICH JACOBI (1743–1819) gegen die neue idealistische Philosophie ein; später wurde er gegen die "Universalpoesie" der Frühromantik und gegen SCHOPENHAUER gerichtet (vgl. WOLFGANG MÜLLER-LAUTER, Art. Nihilismus, in: *Historisches Wörterbuch der Philosophie*, Bd. 6, Basel/Darmstadt 1984, Sp. 846–853). Karriere machte der Begriff dann in Rußland, wo ihn IWAN TURGENJEW, der glaubte, ihn zuerst geprägt zu haben, in den Mittelpunkt der Auseinandersetzungen unter den Generationen in seinem Roman *Väter und Söhne* (1861) stellte und wo er unter russischen Anarchisten und Revolutionären zum politischen Schlagwort wurde. NIETZSCHE, der den Begriff schließlich berühmt machte, verwendete ihn in vielfachen Nuancen, vor allem aber für die Erfahrung seiner Zeit, *"daß die obersten Werthe sich entwerthen"* (NF Herbst 1887, VIII 9[35], KSA 12.350), daß "alles *umsonst* sei": "Die Dauer, mit einem 'Umsonst', ohne Ziel und Zweck, ist der lähmendste Gedanke, namentlich noch wenn man begreift, daß man gefoppt wird und doch ohne Macht <ist>, sich nicht foppen zu lassen." Um ihn zu überwinden, versuchte er ihn "in seiner furchtbarsten Form" zu denken, als " 'die ewige Wiederkehr' " dieses Sinnlosen (NF Sommer 1886–Herbst 1887, VIII 5[71]4.-6., KSA 12.212–213). Indem der Gedanke der ewigen Wiederkehr des Gleichen den Nihilismus in sein Extrem führe, schaffe er die Voraussetzung für eine "Umwerthung aller Werthe" (GM III 27, KSA 5.409) und die Schaffung neuer Werte (vgl. zu NIETZSCHEs Gebrauch des Begriffs "Nihilismus" im einzelnen ELISABETH KUHN, *Friedrich Nietzsches Philosophie des europäischen Nihilismus*, Berlin/New York 1992). Vgl. FHs Charakteristik des Nihilismus in CK 50, 32 - 51, 4: "die transcendente Welt erscheint, mit immanentem Masse gemessen, als unsinnigste, unerträglichste, vernunftloseste aller Weltformen, als tiefste Entwerthung menschlicher Werthe, als grausamer Hohn selbst auf die Grundvoraussetzungen des werthschätzenden und wertheschaffenden Lebens!" – Der Begriff "transcendenter Nihilismus" ist FHs eigene Schöpfung.

180, 25 [harmonice mundi]
Lat. 'Weltharmonik'. JOHANNES KEPLER plante 1599 ein Werk mit dem Titel
Harmonice mundi als Fortsetzung seines *Mysterium cosmographicum de admirabili proportione orbium coelestium, deque causis coelorum numeri, magnitudinis, motuumque periodicorum genuis et propriis, demonstratum per quinque regularia corpora geometrica (Das Weltgeheimnis über das wunderbare Zuordnungsverhältnis der himmlischen Kugelschalen und über die eigentlichen und wirklichen Ursachen für Anzahl, Größe und periodische Bewegungen der Himmelskörper, gezeigt mit Hilfe der fünf regelmäßigen geometrischen Körper)* von
1596 (dtsch. Übers. von M. CASPAR, Augsburg 1923), vollendete es jedoch erst
1619 (in: *Gesammelte Werke*, hg. v. der Bayerischen Akademie der Wissenschaften, Bd. 6, München 1940, dtsch. Übers. unter dem Titel *Weltharmonik*
v. M. CASPAR, München/Berlin 1939). – Vgl. auch SCHOPENHAUER, WWV I,
3. Buch: Die platonische Idee: das Objekt der Kunst, von einer Harmonie der
Welt, § 52 (SW 1.356–372).

181, 1 [compatibilitas incompatibilium]
S. Komm. zu CK 36, 5–6.

**181, 16–17 [den uralten philosophischen Gegensatz zwischen "Sein
und Werden"]**
Die terminologische Antithese von Sein und Werden beschäftigt die abendländische philosophische Tradition seit ihren Anfängen. Am radikalsten wird sie
von PARMENIDES (um 540–470 v. Chr.) und HERAKLIT (um 540–480 v. Chr.)
angesetzt. Während PARMENIDES nur Sein als denkbar und Werden als undenkbar ansieht, lässt HERAKLIT nichts anderes als Werden zu.

181, 22 [κατ ἐξοχήν]
Gr. 'vorzugsweise', gebräuchlich für 'schlechthin'.

184, 27 [Positivismus]
S. Komm. zu CK 7, 15.

184, 32 [empirischen Monismus]
Der "empirische Monismus" am Ausgang des 19. Jahrhunderts war das Streben
vor allem von Naturwissenschaftlern und an den Naturwissenschaften orientierten Philosophen, das Weltgeschehen allein (gr. μόνον) naturwissenschaftlich zu
erklären. Wichtigstes Organ des Monismus war die seit 1890 in England erscheinende Zeitschrift *The Monist*; in Deutschland setzten sich ERNST HAECKEL
(vgl. Komm. zu SI 65, 24–25 – Nr. 64) und WILHELM OSTWALD an die Spitze der Bewegung. In HAECKELs 1892 erschienener Schrift *Der Monismus als
Band zwischen Religion und Wissenschaft. Glaubensbekenntnisse eines Naturforschers* nahm sie quasi-religiöse Züge an. Mit seinem vielfach aufgelegten
Werk *Die Welträtsel* von 1899 machte HAECKEL den Monismus außerordentlich populär; 1906 hatte die Bewegung ihren Höhepunkt in der Gründung eines
"Monistenbundes" (vgl. P. ZICHE, Hg., *Monismus um 1900. Wissenschaftskul-*

tur und Weltanschauung, Ernst-Haeckel-Haus-Studien 4, Berlin 2000).

189, 14 - 15 ["metaphysisches Bedürfniss"]
Vgl. SCHOPENHAUER, WWV II, Ergänzungen zum 1. Buch, Zweite Hälfte: Die
Lehre von der abstrakten Vorstellung oder dem Denken, Kapitel 17: Über das
metaphysische Bedürfnis des Menschen, SW 2.206–243.

189, 23 [κόσμοι]
Gr. 'Welten'.

190, 15 [petitio principii]
S. Komm. zu SI 11–12, 33–1 – Nr. 10.

190, 17 [des Menschlich-Allzumenschlichen]
Anspielung auf den Titel von NIETZSCHEs MA. In EH, Warum ich so gute
Bücher schreibe, MA 1, KSA 6.322, schrieb NIETZSCHE dazu: "der Titel sagt
'wo *ihr* ideale Dinge seht, sehe *ich* – Menschliches, ach nur Allzumenschliches!'"

192, 1 [ewige Wiederkunft, ἀποκατάστασις ἁπάντων]
Vgl. Komm. zu CK 40, 9.

192, 6 [das "grosse Weltenjahr"]
Die Vorstellung eines "grossen Weltenjahres" als kosmischem Intervall ist in vielen Kulturen verbreitet und könnte über die babylonische Astrologie Eingang
ins vorsokratische, insbesondere pythagoreische Denken gefunden haben (vgl.
THEODOR GOMPERZ, *Griechische Denker. Eine Geschichte der antiken Philosophie*, Bd. 1 [1893], 4. Auflage, Frankfurt am Main 1999, S. 118; ausführlich
zu den pythagoreischen und aristotelischen Vorstellungen vom annus magnus
CENSORINUS, *De die natali liber 18*). Wichtig wurde die Vorstellung in der
Naturphilosophie der Stoa, für die die Welt nach festgesetzten Zeitabschnit-
ten in den Weltenbrand mündet, wenn die Planeten genau jene Konstellation
erreicht haben, die sie beim Weltanfang einnahmen. Die Welt kehrt dann in
identischer Gestalt wieder (NEMESIOS, *De natura hominis* 309,5–311,2 [*Stoi-
corum veterum fragmenta*, ed. HANS VON ARNIM, Leipzig 1903 ff., Bd. 2, 625];
EUSEBIUS VON CAESAREA, *Praeparatio evangelica* 15, 19 1-2 [ebd., 599]). Die
Rückkehr der Planeten zu ihren Ausgangspositionen ist schon nach PLATON
das Kriterium für das vollkommene Jahr (*Timaios* 39d) - eine Überlegung, die
in der antiken und mittelalterlichen Literatur vielfach zitiert und mit z. T. sehr
unterschiedlichen Zahlenwerten versehen wird (GOMPERZ, a. O., Bd. 2, S. 483
nennt für PLATON selbst 10.000 Jahre). HIPPARCHOS VON NIKAIA (*Über die
Größe des Weltenjahrs*) legt das grosse Jahr auf 36.000 Jahre fest, MACRO-
BIUS (*In somnium Scipionis* 2, 11, 8-11) auf 15.000 Jahre, während CICERO
in einem Fragment von 11.448 Jahren spricht (HORTENSIUS 5, 35; Zahlenan-
gaben fehlen aber bei den einschlägigen Stellen in *De natura deorum* 2, 51f.,
De re publica 6, 24, *De finibus* 2, 102; vgl. auch LUCRETIUS, *De rerum natu-*

ra 5, 644; FLAVIUS JOSEPHUS, *Archaeologica* 1, 3, 106; SOLINUS, *Collectanea rerum memorabilium*, 31); HONORIUS AUGUSTODUNENSIS (*Imago mundi* 2, 86 nach BEDA VENERABILIS, *De ratione temporum* 31) kommt nur noch auf 532 Jahre. Annus magnus und annus mundanus werden terminologisch offenbar weitgehend identifiziert (vgl. GERVASIUS VON TILBURY, *Otia imperialia*, Dec. 1, 6). Viele nicht explizite Stellen der klassischen Literatur wurden auf annus magnus-Vorstellungen hin interpretiert (z. B. VERGIL, *Aeneis* 6, 745, 4. Ekloge). Sofern die annus magnus-Konzeption die Wiederkehr des Gleichen implizierte, stand sie im Hochmittelalter im Geruch der womöglich averroïstischen Häresie (mögliche Quelle für FH: ERNEST RENAN, *Averroès et l'Averroïsme. Essai historique*, Paris 1866[3]). In der frühen Neuzeit erhält das annus magnus eine eher mystisch-allegorische Bedeutung, beispielsweise auf dem Frontispizkupfer von ROBERT FLUDDS *Utriusque Cosmi majoris scilicet et minoris metaphysica* (Oppenheim 1617), wo Chronos-Saturn mittels einer Sanduhr den Mikrokosmos und den Makrokosmos synchronisiert und so das grosse Weltenjahr ablaufen lässt. Während in den an der Antike orientierten Lexika noch des späten 17. Jahrhunderts annus magnus oder Anné Platonique recht eingehend behandelt wird (z. B. JOHANN JACOB HOFMANN, *Lexicon universale, Editio absolutissima*, Bd. 1, Leyden 1698, S. 230; LOUYS MORÉRY, *Le grand dictionaire historique*. Neuvième édition, Bd. 1, Amsterdam 1702, S. 193), entfällt der Begriff in den Enzyklopädien des späteren 18. Jahrhunderts fast ganz. "Weltenjahr" kehrt wieder in poetischem Kontext: Beispielsweise beschwört der württembergische Naturdichter CHRISTIAN WAGNER (1835-1918) in seinem politisch-theologischen Gedicht *Die Tage der Vollendung* die Erfüllung des "grosse[n] Weltenjahr[es]", mit der sich die Freiheit der Menschen endlich realisieren werde. In NIETZSCHES Werk kommt der Ausdruck "grosses Weltenjahr" nicht vor, stattdessen der parsistische hazar. Vgl. Za IV, Das Honig-Opfer, KSA 4.298: "Wer muss einst kommen und darf nicht vorübergehn? Unser grosser Hazar, das ist unser grosses fernes Menschen-Reich, das Zarathustra-Reich von tausend Jahren - - -".

192, 17–18 [Von verschiedenen Seiten wurde gegen Nietzsches ewige Wiederkunft eingewandt]
Vgl. die Einleitung des Herausgebers dieses Bandes, Abschn. 5.3.

193, 11–22 [Giebt es vollkommene K r e i s p r o c e s s e? . . . annehmen kann.]
Die Passage bezieht sich auf ein in den 1890er Jahren diskutiertes Problem der Grundlagen der Thermodynamik bzw. statistischen Mechanik. Ein "vollkommener Kreisprozess" wäre eine Folge von Zustandsänderungen eines physikalischen Systems, die von einem gegebenen Anfangszustand in endlicher Zeit wieder zu genau demselben Zustand zurückführt. Dieser Vorstellung steht die Vorstellung von der Irreversibilität thermodynamischer Prozesse entgegen, die sich aus dem sog. zweiten Hauptsatz der Thermodynamik ergibt. Dieser Satz, der nach früheren Überlegungen von RUDOLF CLAUSIUS (1822–1888) und WILLIAM

THOMSON (1824–1907) in allgemeiner Form in R. CLAUSIUS, *Über verschiedene für die Anwendungen bequeme Formen der Hauptgleichungen der mechanischen Wärmetheorie*, in: Poggendorfs Annalen 125 (1865), 353–400, aufgestellt wurde, besagt, daß die von CLAUSIUS als Entropie eines abgeschlossenen physikalischen Systems bezeichnete Größe im Lauf der Zeit nicht abnehmen kann. Sollte die Entropie eines solchen Systems während einer Folge von Zustandsänderungen zugenommen haben, so wäre insbesondere ein früherer Zustand niedrigerer Entropie nicht mehr erreichbar. Zu einer offenen Diskussion kam es, nachdem LUDWIG BOLTZMANN (ab 1877, ausführlich in: L. BOLTZMANN, *Vorlesungen über Gastheorie*, Bd. 1, Leipzig 1896) eine wahrscheinlichkeitstheoretische Begründung des zweiten Hauptsatzes der Thermodynamik auf der Basis der statistischen Mechanik gegeben hatte und andererseits HENRI POINCARÉ (in seiner preisgekrönten Abhandlung *Sur le problème des trois corps et les équations de la dynamique*, in: Acta Mathematica 13 (1890), 1–270) gezeigt hatte, dass mechanische Systeme unter gewissen Bedingungen jedem gegebenen Anfangszustand im Lauf der Zeit wieder beliebig nahe kommen (sog. POINCARÉscher Wiederkehrsatz). Im Jahr 1893 wies POINCARÉ in einer kurzen Note auf den Widerspruch zwischen diesem Satz und dem zweiten Hauptsatz der Thermodynamik hin, sofern dieser in der BOLTZMANNschen Weise auf mechanischer Grundlage formuliert wurde (vgl. H. POINCARÉ, *Sur la théorie cinétique des gaz*, in: Revue des sciences pures et appliquées 5 (1894), 513–521). POINCARÉS Argument wurde 1896 durch den jungen Mathematiker ERNST ZERMELO (1871–1953, später bekannt geworden durch seine Beiträge zur axiomatischen Begründung der Mengenlehre) mathematisch verbessert und als grundsätzlicher Einwand gegen eine deterministische Mechanik als Grundlage der Physik interpretiert (vgl. E. ZERMELO, *Über einen Satz der Dynamik und die mechanische Wärmetheorie*, in: Annalen der Physik und Chemie N. F. 57 (1896), 485–494). Im unmittelbaren Anschluß kam es zu einem Austausch zwischen BOLTZMANN und ZERMELO, in dessen Verlauf BOLTZMANN darauf hinwies, daß die nach POINCARÉS Satz zu erwartenden Wiederkehrzeiten enorm viel größer waren als die Zeiträume, in denen beobachtbare physikalische Prozesse ablaufen.

193, 26–27 [Nietzsches eigenen, im Nachlass veröffentlichten Versuch]
Vgl. die Einleitung des Herausgebers dieses Bandes, Abschn. 5.3.

194, 6–8 [im Sinne der Cantor'schen Mannigfaltigkeitslehre zeigen … als das Linearcontinuum]
S. Komm. zu CK 145, 28–30.

194, 13–16 [einen philosophischen Gedanken, den Nietzsche in den glühenden Farben eines erschütternden persönlichen Erlebnisses am Himmel seiner Zarathustradichtung aufflammen lässt]
In Za III, Vom Gesicht und Rätsel, berichtet Zarathustra den Schiffsleuten von einer Vision, die ihm rätselhaft bleibt und ihn belastet. Mit dieser Vision wird der Gedanke der ewigen Wiederkunft in Za eingeführt.

195, 8–9 [Nichtumkehrbarkeit der Zeitrichtung]
S. Komm. zu CK 28, 13–18 und zu CK 193, 11–22.

198, 13 - 20 ['"angebliche Räume, ... dieser müssten zersprengt werden können"]
Zitat aus LOTZE, Mph, 266. – Wieder zitiert in FHs Antrittsvorlesung *Das Raumproblem* [H 1903a], 10.

199, 2–3 [Raumformen c o n s t a n t e n K r ü m m u n g s m a s s e s]
FH bezieht sich hier auf das zuerst in FELIX KLEIN, *Zur Nicht-Euklidischen Geometrie*, in: Mathematische Annalen 37 (1890), 544–572, allgemein gestellte Problem der (topologischen) Klassifikation von (in einem geeigneten Sinn vollständigen) Mannigfaltigkeiten konstanter Krümmung. Aus der älteren Diskussion der nichteuklidischen Raumformen (s. Komm. zu CK 107, 7) war bekannt, daß solche Mannigfaltigkeiten lokal, d. h. in der Umgebung eines beliebigen Punktes, isometrisch zu einer entsprechenden Umgebung des hyperbolischen, euklidischen oder sphärischen Raumes einer gegebenen Krümmungszahl waren. Wie zuerst ein Beispiel WILLIAM KINGDON CLIFFORDs zeigte (s. Komm. zu CK 199, 8–14), konnte es aber zu einer gegebenen Krümmungszahl verschiedene Mannigfaltigkeiten konstanter Krümmung geben, die sich durch ihre globale topologische Struktur (durch ihre "Zusammenhangsverhältnisse", wie es in der Sprache der Zeit hieß) voneinander unterschieden. KLEIN, der auf dieses Problem durch eine Korrespondenz mit WILHELM KILLING geführt wurde, beschrieb eine große Zahl weiterer Beispiele. KILLING schlug daraufhin vor, die betreffenden Mannigfaltigkeiten als Clifford-Kleinsche Raumformen zu bezeichnen und griff das Problem in zwei Arbeiten auf, in denen er zeigte, daß es sich auf eine (allerdings schwierige) gruppentheoretische Frage reduzieren ließ (*Über die Clifford-Kleinschen Raumformen*, in: Mathematische Annalen 39 (1891), 257–278; *Einführung in die Grundlagen der Geometrie*, Bd. 1, Paderborn 1893). Die von KLEIN und KILLING geforderte Klassifikation von Mannigfaltigkeiten konstanter Krümmung bis auf Homöomorphie gehört (zusammen mit der späteren Ergänzung durch das Klassifikationsproblem bis auf Isometrie) zu den Grundproblemen der modernen Differentialgeometrie. Einige Aspekte der Problemstellung (etwa das genaue Kriterium der Vollständigkeit) wurden erst in der Dissertation von HEINZ HOPF, *Zum Clifford-Kleinschen Raumproblem*, in: Mathematische Annalen 95 (1925), 313–339, geklärt.

FH gab in seiner Leipziger Antrittsvorlesung *Das Raumproblem* [H 1903a] eine ausführlichere, anschauliche Beschreibung dieses Klassifikationsproblems, die sich auf die Arbeiten KLEINs und KILLINGs stützte.

199, 8–14 [ja selbst unter den Räumen verschwindenden Krümmungsmasses ... dieser Flächen und Räume beachtet]
Diese Beobachtung verallgemeinert ein zuerst von CLIFFORD gefundenes Beispiel einer in den dreidimensionalen Raum konstanter positiver Krümmung ein-

gebetteten geschlossenen Fläche, deren aus der Einbettung resultierende Geometrie lokal euklidisch ist, die topologisch jedoch eine Torusfläche und mithin global von der euklidischen Ebene verschieden ist (vgl. W. K. CLIFFORD, *Preliminary sketch of biquaternions* (1873), in: ders., *Mathematical Papers*, London 1882, 181–200). Wie FELIX KLEIN später deutlich machte, ließ sich das Beispiel leicht auch unabhängig von der beschriebenen Einbettung konstruieren und auf 3 (und mehr) Dimensionen verallgemeinern; es gab damit den Anstoß zu dem allgemeinen Problem der Klassifikation der Mannigfaltigkeiten konstanter Krümmung (s. Komm. zu CK 199, 2–3).

201, 17–18 [Im Anschluss an den Kantischen Sprachgebrauch können wir demnach S y n t h e s i s als Grundform des Bewusstseins definiren]
Vgl. KANT, KrV, B 132–142.

202, 2–3 ["im Gemüthe bereitliegen"]
S. Komm. zu CK 6, 8.

202, 6–7 [mundus intelligibilis ... mundus sensibilis]
S. Komm. zu CK 54, 17. Vgl. LIEBMANN, AW, 179 f.: "... jenseits der subjectiven Bewußtseins- und Erkenntnis-Grenzen gelegene Welt (mundus intelligibilis) dem empirischen Weltphänomen (mundus sensibilis) zu Grunde liegt, ..."

202, 7–8 [synthetische Urtheile sind zum Zwecke des Bewusstwerdens nothwendig]
S. Komm. zu SI 321, 27–29 – Nr. 380.

203, 18–19 [τὸ ἄπειρον, ἐμπειρία, πεῖραρ]
Gr. 'das Unbegrenzte', 'Erfahrung' (auf Grund von Versuchen [πεῖρα]), 'Grenze'. – FH zieht in seinem Wortspiel sachlich, aber nicht etymologisch zusammengehörige Begriffe zusammen. Zur Sache vgl. Komm. zu CK 48, 29.

Nietzsches Wiederkunft des Gleichen.

Die Zeit 292, 5. 5. 1900, 72–73.

[H 1900c]

Nietzsches Wiederkunft des Gleichen.

Halbproductive Menschlein, Künstler zweiten Ranges, pflegen mit dem multum, non multa zu kokettieren und sich auf Grund ihrer schwachen Lenden als höhere Thierspecies zu fühlen. Aber Genie und sécondité sind vereinbar und oft genug wirklich vereint. Raffael, Leibniz, Sebastian Bach, Goethe – solchen Menschen sagt man kein Schimpfwort, wenn man ihnen den Polygraphen oder Polyhistor oder sonst welche Zusammensetzung mit Poly- ins Gesicht schleudert. Friedrich Nietzsche reiht sich diesen Seltenen an, die groß genug sind, fruchtbar sein zu dürfen, den Schöpfern, bei denen nicht Breite gegen Tiefe, Umfang gegen Gewicht ihrer Schöpfung zeugt. In siebzehn Jahren eine achtbändige Phalanx wirklicher Originalwerke: kein Ragout von Andrer Schmaus, keine gelehrte Strumpfstrickerei, die sich von selbst, gleichgiltig in wessen Händen, herunterfingert, keine Historie und Einfächerung von irgendwie zusammengetragenem Inventar, keine wohlfeile Umordnung dessen, was Frühere anders geordnet haben – nein, lauter eigenes Denken, eigenes Erleben, eigener Gehirnaufwand und eigener Nervenverbrauch! Und wir haben uns vom Erstaunen über solche „Polygraphie" kaum erholt: da thut sich eine zweite, an Umfang wenig zurückstehende Schatzkammer auf, der Nachlaß des lebendig Todten, eine unübersehbare Fülle von kostbarem Material: Vorarbeiten, Varianten, Nachträge zu fertigen Werken, Bruchstücke, Entwürfe, Gedanken, Buchpläne, nahezu Vollendetes neben winzigen Werkstattspänen und frühesten Keimen! Dieser rastlose Mann hat sich in einem wahren Fieber von Production verzehrt, und unter den Hypothesen, die einem Laien über die Ursache seiner Erkrankung einfallen mögen, dürfte „Ueberarbeitung" immer noch die plausibelste sein. Welcher *Ausnahmefall* von Ueberarbeitung, welche geradezu unfaßbare Verschwendung von Gehirn-Energie hier vorliegt, das sollten Aerzte erwägen, ehe sie diesen Versuch einer Aetiologie völlig ausschließen.

Ja, dieser Nachlaß ist ein Reichthum, und eine Verlegenheit! Wie ihn der Welt übergeben? Man stand vor der Wahl, entweder jeden Zettel zu drucken oder eine Auslese und Anordnung vorzunehmen. Das erste Verfahren hat der Goethe-Philologie die bekannten Schmähungen eingetragen. Es ist wahr, man gefährdet damit die Lesbarkeit und erweist dem Autor unter Umständen einen schlimmen Dienst; die versäumte Verbrennung eines Papierschnitzels mit seiner posthumen Veröffentlichung zu strafen, ist manchmal eine Grausamkeit. Aber schließlich, und auf diesem vornehmen Glauben ruht das genannte Verfahren, gibt es doch Menschen, denen der taktloseste Nachlaßordner nichts anhaben kann, Menschen, die groß genug sind, auch durch ihre Papierschnitzel und Werkstattspäne nichts einzubüßen, ja Menschen, von denen jeder Zettel liebenswert und bedeutend ist, nur weil er eben von ihnen stammt. Goethe gehört zu diesen, nicht minder Hebbel, ein Mensch, der in zwei Tagebuch- oder Briefzeilen mehr Geist versprüht, als deutsche Dichter sonst das Jahr über ausgeben: solche Früchte vertragen es, bis auf den letzten Tropfen ausgepreßt zu werden. Ob Nietzsche es verträgt, darüber werden die Meinungen auseinandergehen und heute noch nicht so bald zusammenlaufen; wir stehen dem Gewaltigen und seiner Wirkenssphäre zu nahe, um über ihn vernehmbar, einig, competent zu sein. Aber die Erfahrungen, die mit der bisherigen Herausgabe des Nachlasses gemacht worden sind, sprechen *für* die Papierschnitzelmethode: wenn aus keinem anderen Grunde, so aus diesem, daß man damit von der Willkür selbständig „denkender" Herausgeber erlöst ist und brave Chinesen, tüchtige philologische Handwerker mit Sitzfleisch und gewissenhafter Schulung anstellen kann. Das Nietzsche-Archiv hat mit der zweiten Methode, mit der Durchsiebung und Gruppierung der Nachlaßfragmente zu übersichtlichen Gebilden, ein ungewöhnlich hohes Lehrgeld gezahlt, und seine Leiterin, Frau Elisabeth Förster-Nietzsche, kann sich dem Messalinischen desultor bellorum civilium vielleicht wider ihren Willen als desultrix editorum zur Seite stellen. Peter Gast, Zerbst, von der Hellen, Koegel, Seidl, Horneffer – das ist, für eine spärliche Zahl von Jahren, eine stattliche Zahl von Herausgebern. Daß die Publication des Nachlasses in geordneter Auswahl, wie das Archiv sie versucht, jedem einzelnen Herausgeber eine weitgehende und schwer abzugrenzende Vollmacht einräumen muß, war vorauszusehen; daß häufiger Herausgeberwechsel die Stetigkeit und einheitliche Disposition gefährdet, ist nicht minder begreiflich. Aber *das* wäre bei einiger Vorsicht zu vermeiden gewesen, daß ein Herausgeber den andern desavouiert, und daß ganze Bände aus dem Buchhandel wieder zurückgezogen werden müssen. Es ist nicht vermieden worden; wie früher die von Peter Gast bearbeiteten Ausgaben, so ist neuerdings einer der Koegel'schen Bände, der zwölfte der Gesammtausgabe, vom Nietzsche-Archiv für ungiltig erklärt worden, mit der Cassation oder Neubearbeitung des elften wird gedroht, und zur Rechtfertigung dieser Maßregel hat der augenblickliche Herausgeber ein Heft[1] geschrieben, das einen sachlichen Titel trägt und im Grunde eine sehr persönliche Anklage gegen den vorletzten Herausgeber Koegel vertritt. Das Philologengezänk um Nietzsche geht frühzeitig los! Und es fehlt dem Angreifer nicht an schlechten Manieren, wie sie unter Gelehrten üblich sind, die mit kleinem Witz eine große Bosheit sagen wollen; es fehlt nicht an subalternen Verdächtigungen der Gesinnung, die mala fides wird bis zum Beweise des Gegentheils vorausgesetzt, der Versuch einer Handschriftenimitation herausgeschnüffelt, und was dergleichen Einfälle einer gereizten Pedantenseele mehr sind. Auch an dem unkritischen sich Erbrüsten, „wie man so völlig Recht zu haben meint", mangelt es nicht, und eine Naivität wie die folgende wird kein wissenschaftlicher Mensch ohne Lächeln lesen: „Will ich beweisen, daß Koegel den Entwurf nicht verstanden hat, bleibt mir nichts übrig, als meinerseits darzulegen, was der Entwurf denn bedeutet." Solche Logik war man

---

[1] Ernst *Horneffer*, Nietzsches Lehre von der ewigen Wiederkunft und deren bisherige Veröffentlichung. Leipzig, C. G. Naumann.

bisher nur bei Kanzelrednern gewöhnt, deren Metier es mit sich bringt, nicht
auf Widerspruch zu rechnen. Und das alles wird in einem Stile gesagt, der die
Distanz zwischen Nietzsche und Nietzsche-Archiv schmerzlich fühlbar macht;
dem Verein zur Erhaltung des Conjunctivus praesentis, dessen Ehrenmitglied
Nietzsche war, scheint Horneffer grundsätzlich *nicht* beigetreten zu sein.

Wenn man aus der langwierigen Schnitzerjagd und Zeugflickerei der Broschü-
re schließlich die Hauptsachen heraussucht, so bleibt folgender erschrecklicher
Thatbestand übrig. Koegel glaubt ein zusammenhängendes, nicht aphoristi-
sches Buch, „Die Wiederkunft des Gleichen", entdeckt zu haben; das Manuscript, das er für dessen ersten Entwurf nimmt, läßt sich aber, unbefangen betrachtet, nur als bloße Aphorismensammlung und Vorarbeit zur „Fröhlichen
Wissenschaft" deuten. Es enthält einige der bei Nietzsche so häufigen mehr-
theiligen Dispositionen; eine unter diesen legt Koegel irrthümlicherweise dem
ganzen Manuscript als Buchdisposition in fünf Capiteln zugrunde und zwängt
die losen Aphorismen des Heftes in diese fünf construierten Capitel eines construierten Buches. Das ist zweifellos ein wissenschaftlicher Fehler in der Grund-
auffassung, und war er einmal begangen, so mußte er im einzelnen eine Menge
Irrthum, Leichtsinn und Gewaltsamkeit nach sich ziehen: ein Chaos unverbun-
dener Gedanken einer ihnen fremden Disposition unterordnen, verlangt schon
die Hand des Prokrustes. Wie aber kam Koegel zu diesem verhängnisvollen
Mißgriff? Wer einigermaßen billig und psychologisch denkt, wird hier im kleinen einen Fall wissenschaftlicher Monomanie und Entdecker-Autohypnose sehen, wie er in der Geschichte der Erkenntnis oft genug seine Rolle spielt. Für
Koegel muß einmal, in einem Augenblick synthetischer Erfassung, jenes Manuscript die Gestalt eines systematischen Buchplanes angenommen haben; diese
fixe Idee blendete ihm alle Gegenvorstellungen ab, er hat seitdem das Heft nie
wieder mit unbefangenen Augen angesehen. Ist das etwas so Unerhörtes? Erleben wir das nicht jeden Tag, bei Baconianern, bei Spiritisten, bei Darwinianern
und Teleologen, Materialisten und Energetikern – und wie alle die wissenschaftlichen oder phantastischen Parteibildungen heißen, wo jedes Gramm pro einen
Centner und jeder Centner contra ein Gramm wiegt? Nein, Koegels Irrthum
ist begreiflich, wenn auch nicht für das Archiv; er hat seine „Entdeckung",
die angebliche Wiederkunft des Gleichen, zu lieb gehabt, um sie den widersprechenden Thatsachen zu opfern, er hat den Widerspruch der Thatsachen
nicht einmal empfunden. Ich gestehe zu, daß wir uns einen so phantasiestarken
Menschen, der Intuitionen und autosuggestive Eingebungen hat, schwer als phi-
lologischen Arbeiter und Nachlaßordner denken können, und wenn der jetzige
Herausgeber sich in diesem Punkte geschützt fühlt, so gereicht uns das zu großer
Beruhigung. Er wird dann, unter gänzlichem Verzicht auf eigene Anordnung
und Interpretation, die Manuscriptbücher so drucken lassen, wie Nietzsche sie
geschrieben hat, vielleicht in chronologischer Folge und mit Ausscheidung derjenigen Aphorismen, die unverändert in die fertigen Werke übergegangen sind.
Alles weitere: Zuweisung der einzelnen Gedanken zu größeren Gedankengrup-
pen, Anschluß an die fertigen Werke, Gliederung der Aufzeichnungen nach der
muthmaßlichen Intention des Verfassers, Weglassung des Unbedeutenden und

Unausgereiften – das alles würde künftig zu vermeiden sein, denn damit wäre ja wieder dem Herausgeber jene Freiheit und Vertrauensstellung eingeräumt, der später einmal die Decharge verweigert werden kann. Kurz, wir wiederholen unseren Rath, Zettelwirtschaft zu treiben und den Nachlaß unverkürzt herauszugeben; dann geht man in dieser Beziehung sicher. Vielleicht kommen dann zwölf oder zwanzig Nachlaßbände heraus, und man wird in ihnen weniger bequem blättern können als in den Koegel'schen: was thut's? Die Rücksicht auf Lesbarkeit und buchhändlerischen Erfolg steht doch wohl allen Betheiligten erst in letzter Linie. Und unser Mißtrauen, das durch die neueste Publication des Nietzsche-Archivs nun einmal rege geworden ist, verlangt noch eine weitere Beruhigung, nämlich die Einsetzung einer Herausgeber-Commission statt eines einzelnen Herausgebers. Wer einmal ein Manuscript Nietzsches in Händen gehabt hat, wird zugeben, daß die Entzifferung, besonders der nicht zum Druck bestimmten Aufzeichnungen, nicht selten Uebung, Scharfsinn und Geduld erfordert. Herrn Koegel scheint die dritte dieser Eigenschaften gefehlt und die zweite manchen Streich gespielt zu haben: er nennt beispielsweise als Berechner der Sonnenwärme den Neuplatoniker Proklos statt des modernen Astronomen Proctor – und begeht noch weniger geistreiche Lesefehler, die man aus einer giltigen Originalausgabe wegzuwünschen Grund hat. Vor solchen Versehen ist aber, beim besten Willen, kein einzelner geschützt, eher noch ein Collectivum, und darum –! Wenn Koegels Beziehung zum Archiv wirklich, wie immer wieder versichert wird, daran scheiterte, daß er jeden Mitherausgeber ablehnte, so muß man Frau Dr. Förster in diesem Punkte Recht geben; sie versäume aber nicht, die Consequenzen für die Zukunft zu ziehen.

Wir haben dem unerfreulichen Herausgeberstreit irgend einen Nutzen, eine Anleitung zum Bessermachen, abzugewinnen versucht und sind unseren Lesern nun eine Aufklärung über das Streitobject selbst schuldig, über Nietzsches Gedanken der ewigen Wiederkunft. Hier haben wir zunächst ein Armutszeugnis, das uns Nietzsche-Verehrern vom Archiv ausgestellt wird, höflich aber bestimmt zurückzuweisen. Horneffer behauptet, man dürfe sich über jenen Gedanken Nietzsches vorläufig nicht aussprechen, denn man wisse nichts weiter, als daß Nietzsche den Gedanken gehabt habe; über seine Auffassung, Begründung, Verwertung sei man durch Koegels zwölften Band völlig irregeführt und habe auch kein Recht mehr, sich auf diesen zurückgezogenen Band zu berufen. Lassen wir diesen letzten Punkt, eine literarische Formfrage, aus dem Spiel: im übrigen bestreiten wir entschieden, daß ein urtheilsfähiger Leser durch Koegels verunglückte Anordnung gehindert sei, ein klares Bild von Nietzsches Wiederkunftslehre zu gewinnen – bestreiten ebenso entschieden, daß Horneffers Deutung des fünftheiligen Entwurfs irgend etwas inhaltlich Neues bringe. Die Disposition bezieht sich auf eine kürzere Gedankenreihe, deren erste flüchtige, nur für den Verfasser selbst bestimmte Aufzeichnung sie ist, nicht auf ein ganzes Buch: voilà tout. Und daran sollte das Verständnis der zahlreichen Aphorismen scheitern, die vollkommen scharf und unzweideutig aussprechen, was Nietzsche unter der Wiederkunft des Gleichen versteht, wie er sich ihre mathematisch-naturwissenschaftliche Nothwendigkeit und ihre ethisch-religiöse Wirksamkeit denkt – Aphorismen, die noch dazu von ebenso unzweideutigen Stellen der „Fröhlichen Wissenschaft" und des „Zarathustra" ihre Beleuchtung erhalten? Rechnet das Archiv auf Leser, die nicht deutsch verstehen? Auf den „Geist der Schwere", dessen Verständnis oder Nichtverständnis von den Zufällen einer Aphorismen-Anordnung abhängt? – Daneben ist immer möglich, daß aus den noch unentzifferten Theilen des Nachlasses Aufzeichnungen zum Vorschein kommen, die in der Ableitung oder Ausdeutung der Wiederkunft vom vorliegenden Material *abweichen*; das würde besagen, daß Nietzsches Begriff von der Wiederkehr, genau wie sein Begriff vom Uebermenschen, wie im Grunde alle seine Begriffe, im Laufe der Zeit *geschwankt* habe. Nach dieser Richtung würde das Urtheil in der That auszusetzen sein bis zur vollständigen Herausgabe des Nachlasses; einstweilen haben wir uns an die eine, einzige, einheitliche Wiederkunftslehre zu halten, wie sie im fünften Buch der Koegel'schen Anordnung („Das neue Schwergewicht: die Wiederkunft des Gleichen") vollkommen erkennbar vorliegt.

Leipzig. Paul Mongré.

Nietzsches Lehre von der Wiederkunft des Gleichen.

Die Zeit 297, 9. 6. 1900, 150–152.

[H 1900d]

Nietzsches Lehre von der Wiederkunft des Gleichen.[1]

Warum schreibt uns nicht einer unserer Philosophen die Geschichte der „*sphäro-cyklischen* Weltanschauung"? Auf diesen neuen Namen sei es erlaubt eine ur-alte Sache zu taufen, nämlich alle jene Versuche, mit dem Schlüssel irgend einer Kreis-Kugel-Ring-Symbolik das Weltgeheimnis zu entziffern, jene Den-kerträume und Ahnungen, daß dem Wesen der Dinge in magischer Weise das Runde, Periodische, in sich Zurücklaufende verwandt sei, daß endlose gerad-linige Ausdehnung nicht der höchsten Stufe unserer Einsicht entspreche. Für den Psychologen der aufstrebenden Menschheit ein reizvoller Stoff: man wür-de da im Rahmen einer philosophischen Studie die ganze irdische Culturge-schichte zu erzählen haben. Was gehört nicht alles hierher, Tiefes und Flaches, Wahnsinn und Wissenschaft, ehrwürdige Symbolik und fratzenhafte Spielerei: die Ewigkeitsschlange und der Reifen des Geisterbeschwörers, das Weltei und die Harmonie der Sphären, die Kalpas der Buddhisten und die Epicyklen der vorkeplerischen Astronomie – ja selbst der Riemann'sche Raum constanten po-sitiven Krümmungsmaßes dürfte in diesem Zusammenhange nicht vergessen werden, jener Raum, dessen kürzeste Linien in sich selbst zurücklaufen und in dem der Mensch, mit hinlänglich scharfem Fernrohr ausspähend, als fern-sten Gegenstand seinen eigenen Hinterkopf erblicken würde. Das genaue Sei-tenstück zu diesem *sphärischen Raume* ist die *cyklische Zeit*, die Vorstellung ei-nes in sich zurückfließenden, periodisch immer dieselben Zustände erneuernden Weltverlaufs, kürzer ausgedrückt, die ewige Wiederkunft – so daß seltsamer Weise in der Lehre Nietzsches und in Riemanns nichteuklidischer Geometrie unser neunzehntes Jahrhundert für beide Grundformen, Zeit und Raum, eine Wiederbelebung der sphäro-cyklischen Weltansicht gebracht hätte. Eine Wie-derbelebung, keine Neuschöpfung: denn wenigstens der Wiederkehrgedanke ist uralt. Nietzsche selbst citiert ihn, was er bis zum Engadiner Sommer 1881 wie-der völlig vergessen haben muß, in der zweiten „unzeitgemäßen Betrachtung" als Lehrmeinung der *Pythagoreer*, übrigens als sterologisch gefärbte Meinung, da die Wiederkehr gleicher Erdendinge von der Wiederkehr gleicher Constella-tionen abhängig gedacht wird. Zellers Philosophie der Griechen gibt hierüber interessante Auskunft. „Wenn man den Pythagoreern glauben will", sagt der Peripatetiker Eudemos im Colleg, „so kehrt das Gleiche wieder, und auch ich, das Stäbchen (τὸ ῥαβδίον, oder etwa die Ruthe?) in der Hand, werde euch Dasitzenden wieder vorfabeln (μυθολογήσω – ungewöhnliches Bekenntnis eines antiken Professors), und alles übrige wird sich ähnlich verhalten, und die Zeit ist ersichtlich dieselbe." Auch eine Stelle Porphyrs zählt unter den pythago-

---

[1] Vgl. „Die Zeit" Nr. 292 vom 5. Mai 1900.

reischen Lehren auf, ὅτι κατὰ περιόδους τινὰς τὰ γενόμενά ποτε πάλιν γίνεται, daß periodenweise das einst Geschehene wieder geschieht. Noch schärfer aber haben später die *Stoiker* diesen Gedanken gefaßt, bis zur Aufstellung eigener Ausdrücke, denen Nietzsches Formeln fast wie wörtliche Uebersetzungen gegenüberstehen: ἡ ἀποκατάστασις die Wiederkunft, ὁ μέγιστος ἐνιαυτός das große Weltenjahr – das von Diogenes zu 365 „großen Jahren" Heraklits oder zu 365 mal 18000 Sonnenjahren angegeben wird. Jedes Weltenjahr schließt mit dem allgemeinen Weltbrand, aus dem eine neue, der vorigen vollkommen gleiche Welt hervorgeht. Sogar die Details werden besprochen: in jeder Weltperiode tritt ein Sokrates auf, heiratet Xanthippe, wird von Anytos und Meletos verklagt – und der spätgriechische Scharfsinn fragt weiter: ist jeder neue Sokrates mit seinen Vorgängern wesensidentisch (εἷς ἀριθμῷ) oder unterschiedslos gleich (ἀπαράλλακτος) oder bis auf unmerkliche Abweichungen ähnlich? Vielleicht gab dieser Wiederkehrgedanke der stoischen Seelenruhe und Apathie ihren tieferen Grund und geheimen Sinn, so daß wir in den milde leuchtenden Zügen eines Marc Aurel die Frage lesen dürfen: wozu sich von den Dingen erschüttern und verwirren lassen, da doch alles schon da war und wiederkehrt und nichts Neues unter der Sonne geschieht? Man bemerkt beiläufig: die Lehre von der ewigen Wiederkunft kann praktisch noch anders wirken, als Nietzsche-Zarathustra träumt. Wir fühlen uns weder verpflichtet, noch berufen, die weitere Entwickelung dieser Idee, die vielleicht noch in der Kirchenlehre von der Wiederbringung aller Dinge nachklingt, geschichtlich zu verfolgen, bis zu ihrem jüngsten Wiedererscheinen bei Nietzsche, Blanqui und Le Bon.[2] Soviel ist sicher, sie gehört dem frühesten Kindheitsalter der Philosophie an – womit wir der heutigen Philosophie keineswegs das Recht eingeräumt wissen wollen, gegen solche vorsintflutliche Metaphysik vornehm zu thun. „Ist diese Hypothese" (wir citieren Lessings Worte über die Wiedergeburt, auch ein pythagoreisches Vermächtnis) „darum so lächerlich, weil sie die älteste ist? weil der menschliche Verstand, ehe ihn die Sophisterei der Schule zerstreut und geschwächt hatte, sogleich darauf verfiel?!" Wohlgemerkt, ich glaube nicht, daß die ewige Wiederkunft in der üblichen Form sich halten läßt; aber ich finde nicht, daß die moderne Philosophie darüber hinaus sei, solche Speculationen nach Für und Wider gründlich durchzudenken. Es wird noch viel neue Metaphysik gemacht, zu der sich jene alte verhält wie ein griechischer Tempel zu einer märkischen Garnisonskirche; über Raum und Zeit, Geist und Materie, Ursache und Zweck wissen wir nicht so erheblich viel mehr, als schon die Griechen wußten, und ein Jahrhundert, dessen mitberühmtester Philosoph, Hegel, der Zeit genau wie dem Raume *drei Dimensionen* (Vergangenheit, Gegenwart, Zukunft) zuschrieb, sollte keineswegs über die sehr klare, sehr denkbare, sehr discutible cyklische Zeithypothese ohne Prüfung absprechen.

Viel eher wäre die Philosophie berechtigt, sich in diesem Falle unzuständig zu erklären und die Acten über die ewige Wiederkunft an die *Naturwissenschaft* weiterzugeben. Hat Nietzsche gewußt, daß sein Problem im Grunde ein physi-

---

[2] *H. Lichtenberger* und *E. Förster-Nietzsche*: Die Philosophie Friedrich Nietzsches, S. LXII, 204. Dresden, Karl Reißner, 1899.

kalisches ist? Lou Salomé behauptet,[3] er sei mit dem Plan eines zehnjährigen Studiums der Naturwissenschaften umgegangen, um die Wiederkunft exact zu begründen; weil es Lou Salomé behauptet, wird es vom Nietzsche-Archiv bestritten, und Herrn Horneffer fällt die Rolle zu, in einem Athem zu versichern, Nietzsche habe zwar Naturwissenschaft treiben, aber sie nicht für die ewige Wiederkunft verwenden wollen, obwohl er sich natürlich über deren naturwissenschaftliche Bestätigung „gefreut haben würde". Nietzsches Herausgeber also bemüht sich, Nietzsches klares Bewußtsein über Tragweite und Giltigkeitsbereich seines Gedankens in Zweifel zu ziehen, denn – Lou Salomé muß um jeden Preis gelogen haben. Um das durchzusetzen, wird die souveräne Gleichgiltigkeit des Philosophen gegen Wahr oder Falsch heraufbeschworen; Nietzsche habe die Idee der Wiederkunft einfach als ethische Kraftquelle verstanden, als Mittel zur Züchtung und Erhöhung des Typus Mensch – und hätte sie in diesem Sinne nöthigenfalls auch *gegen* die Wissenschaft festgehalten. Wozu dann aber die mechanisch-erkenntnistheoretischen Speculationen über unendliche Zeit und endliche Zahl der Kraftlagen? Nietzsche sagt zwar dazwischen einmal: „wenn die Kreiswiederholung auch nur eine Wahrscheinlichkeit oder Möglichkeit ist, auch der *Gedanke einer Möglichkeit* kann uns erschüttern und umgestalten" – nun, diese *Möglichkeit* wenigstens wollte und mußte er doch beweisen? Aber er wollte ja viel mehr: nichts Geringeres als die mathematische *Nothwendigkeit* der ewigen Wiederkunft schwebte ihm vor, nicht auf die Denkbarkeit seines Gedankens, sondern auf die Undenkbarkeit des Gegentheils steuert seine Dialektik los. „Wer nicht an einen Kreislauf des Alls glaubt, muß an den volksthümlichen Gott glauben", erklärt er, und anderswo wird die Alternative zwischen endlicher Weltdauer und ewigem Kreisproceß gestellt. Und derselbe Denker, der hier mit tiefem Instinct einen Anschluß seiner Hypothese an die mechanische Weltansicht sucht, sollte sich mit dem sehr bescheidenen Gelüsten begnügt haben, der Menschheit einen eventuellen Unsinn als Züchtungsfactor einzuverleiben? Höher hinauf als bis zu einer solchen Art Religionsstifter hätte es Nietzsche, der Mann des intellectualen Gewissens, nicht angelegt? Was sein Entwurf zu Gunsten eines periodischen Weltverlaufs in Wahrheit beibringt, läßt sich in den Schluß zusammendrängen: die Zahl der möglichen Weltzustände ist bestimmt und endlich, wenn auch praktisch unermeßlich, die unendliche Zeit kann also nicht anders als mit ewiger Wiederholung des Gleichen ausgefüllt werden. Dieser Schluß ist aber mathematisch unhaltbar, und eine gehörigen Orts von mir durchgeführte Analyse lehrt das gerade Gegentheil: nicht der Weltinhalt ist zu arm, um die Zeit, sondern die Zeit ist zu arm, um den möglichen Weltinhalt zu erschöpfen. Lou Salomé meint, Nietzsche sei von seiner Speculation über unendliche Zeit und endliche Zahl der Atomgruppierungen schon nach oberflächlicher Prüfung wieder zurückgekommen. Das kann nicht richtig sein, denn noch im dritten Zarathustratheil stehen Sätze wie diese: „Muß nicht, was geschehen *kann* von allen Dingen, schon einmal gescheh'n, gethan, vorübergelaufen sein?" „Wo Kraft ist, wird auch die *Zahl* Meisterin; die hat mehr Kraft"

---

[3] *Lou Andreas-Salomé*: Friedrich Nietzsche in seinen Werken, S. 10, 224. Wien, Konegen.

Denkers mit seinem Gedanken! Lou Salomé erzählt uns davon, besser noch, nämlich bezeugter und urkundlicher, *Gustav Naumann* im ersten Theil seines „Zarathustra-Commentars"[4], indem er aus den übersichtlich gruppierten Zarathustrastellen selbst Nietzsches schaudernde und gewaltsame Abfindung mit der Wiederkunft des Gleichen herausliest. Der Kampf endet mit dem Siege des Denkers, mit dem dithyrambischen „Ja und Amen"; Nietzsches kriegerische Natur überwindet das Mitleid, überwindet den Ekel vor der „Wiederkunft des Kleinsten", überwindet auch die stoische Gleichgiltigkeit, die angesichts des zwecklos sich wiederholenden Weltverlaufs als erste und natürlichste Folgerung der praktischen Vernunft dazustehen scheint. Zu seinem Willen redet die Wiederkehr anders: „wie müßtest du dir selber und dem Leben gut werden, um nach nichts *mehr zu verlangen*, als nach dieser letzten ewigen Bestätigung und Besiegelung?" Er hofft, das Zeitalter der Religionen mit seiner Lehre abzulösen: nicht mehr das Jenseits, sondern dieses Erdenleben wird nunmehr mit dem schwersten Accent getroffen, alle menschliche Einsicht, Liebe, Empfindsamkeit wird sich von transcendenten Zielen ab dem Leben zuwenden müssen, um daraus ein Kunstwerk zu gestalten, dessen ewige Wiederholung man wünschen darf. „Die zukünftige Geschichte: immer mehr wird dieser Gedanke siegen, – und die nicht daran Glaubenden müssen ihrer Natur nach endlich *aussterben!*" Das ist Nietzsches Ethik der ewigen Wiederkunft, das ist sein Glaube an ihre erziehende, auslesende, evolutionistische Kraft, die in gewaltigem „Zuge nach oben" den Menschen zum Uebermenschen steigern muß. Hier spricht freilich die Naturwissenschaft nicht mehr das letzte Wort, so wenig, wie sie bei der Conception des Gedankens das erste gesprochen hat. Aber ohne ihre Zustimmung, deren er sich bemächtigt zu haben meinte, würde Nietzsche schwerlich seine neue Tafel über der Menschheit aufgestellt haben: wenn er auch die ältesten Erkenntnisse „einverleibte Grundirrthümer" nannte, so empfand er gewiß nicht utopistisch genug, einer späten, modernen Erkenntnisstufe die Einverleibung eines beliebigen modernen Irrthums zuzutrauen. Wie es nun um das wissenschaftliche Fundament der Wiederkunftslehre Nietzsches bestellt ist, haben wir gesehen: nicht sehr beruhigend! Und denjenigen, die trotzdem an der Wiederkunft als religiöser Emotion und normativem Schwergewicht festzuhalten wünschen, wird nichts übrig bleiben, als sich zu jenem neuen Wiederkehrbegriff zu bekennen, der sich mir bei der idealistischen Zersetzung unserer *Zeitvorstellung* als erste Verallgemeinerungsstufe ergeben hat: zur Möglichkeit der identischen Reproduction jeder einzelnen Zeitstrecke, einer Möglichkeit, die von der Erfahrung weder bestätigt, noch widerlegt werden kann und in keiner Weise davon abhängt, ob die Zeitlinie als Ganzes cyklischen oder geradlinigen Verlauf zeigt.

Leipzig.   Paul Mongré.

---

[4] Verlag von H. Haessel, Leipzig 1899.

Der Wille zur Macht.

Neue Deutsche Rundschau (Freie Bühne) 13 (12), (1902),
1334–1338.

[H 1902b]

Der Wille zur Macht.

Von *Paul Mongré*.

Spinozas dritte Erkenntnißart, aus welcher *summa quae dari potest mentis acquiescentia oritur*, läßt sich in den Fragmenten von Nietzsches Hauptwerk[1] vergeblich suchen. Zarathustra „als Segnender sterbend" blieb ein Entwurf; hier redet ein Fluchender, vielleicht gar nur ein Scheltender, ohne freien Umblick, ohne verklärende Ueberschau. In der Mittagsgluth und Staubwolke des Kampftages, in der furchtbaren Spannung ungelöster Widersprüche wurde der Gewaltigste entwaffnet, und das Letzte, das schweben blieb, ist eine Dissonanz. Eine erstarrte Fechterstellung. Die glühende Lava hat etwas unheimlich Lebendiges verschüttet. Gerade so, wie die Umwerthung aller Werthe nun vor uns steht, ohne abschließende Weihe, eine unfreiwillig festgehaltene Verwandlungsphase, nichts Krönendes, Endgültiges, ruhevoll Triumphirendes – gerade so bezeugt sie ihres Urhebers unerschöpfte Fruchtbarkeit und das Chaos von Zukunft, das er damals noch in sich trug. Nietzsche war noch nicht fertig; eben dies unfertige Buch beweist es. Wer den tragischen Unsinn der Turiner Katastrophe nicht empfindet, sondern als Fürsprecher der vernünftigen Wirklichkeit Nietzsches Laufbahn für abgeschlossen erklärt, der wird entweder in der Umwerthung ein glänzendes Finale suchen und enttäuscht werden, oder sie wird ihm gerade darum ein Ende bedeuten, weil sie kein mächtiger Schritt über „Jenseits" und „Zarathustra" hinaus, sondern nur eine leidenschaftliche Wiederholung und unermüdliche Variation dieser vorausgesandten Thaten ist. Aber gerade darum bedeutet sie uns kein Ende, vielmehr einen Uebergang, eine Krisis mit unprophezeibarer Lösung, ein Momentbild mitten im Fluge.

Wer will errathen, wohin dieser „Wahrsagevogel" fliegen sollte? Vielleicht in ein neues Christenthum; ich halte diese Prognose eines Theologen für nicht ganz unglücklich und würde mir selbst dann noch nicht erlauben, Nietzsche mit den artistischen Banqueroutiers, die zum Schluß katholisch werden, zusammenzuzählen.

Nietzsches Kritik der christlichen Werthe, hier und im „Antichrist", ist nicht der sachliche Richterspruch eines Darüberstehenden, eines Freien, der das Christenthum „unter sich" sieht, vielmehr ein leidenschaftliches Ringen und Nichtloskommen von einer fixen Idee, das polemische Fieber des inficirten Organismus, der einen Fremdkörper vergeblich auszustoßen trachtet. Die häufige Nennung Pascals hat etwas Erschütterndes: als hätte sich Nietzsche gerade gegen diese Art Verdüsterung und Blutvergiftung nicht immun gefühlt. Er ist gegen das Christenthum in herausfordernder Weise ungerecht: ich meine nicht

---

[1] *Nietzsche, Der Wille zur Macht.* Versuch einer Umwerthung aller Werthe. (Band XV der Gesammtausgabe). Leipzig, 1901, C. G. Naumann.

objectiv ungerecht, worüber sich nur von einem bestimmten Parteistandpunkt aus entscheiden ließe, sondern subjectiv übelwollend, dialektisch, unbedenklich in der Wahl seiner Kampfmittel. Man erstaunt einen Satz zu lesen wie den folgenden: „gegen die Formulirung der *Realität* zur Moral empöre ich mich: deshalb perhorrescire ich das Christenthum mit einem tötlichen Haß, weil es die sublimen Worte und Gebärden schuf, um einer *schauderhaften Wirklichkeit* den Mantel des Rechts, der Tugend, der Göttlichkeit zu geben;" denn nicht einmal, sondern hundertmal in den erdenklichsten Paraphrasen versichert Nietzsche sonst, daß eben das Jasagen zur Wirklichkeit heidnisch, klassisch, vornehm, das Neinsagen zur Wirklichkeit christlich und die Lüge der Décadents sei. Der Grundgedanke seiner eigenen affektiv-biologischen Erkenntnißtheorie („daß es nicht darauf ankommt, ob *Etwas wahr ist*, sondern wie es *wirkt*") wird bei Christen als „absoluter Mangel an intellektualer Rechtschaffenheit" gebrandmarkt. Dem Christenthum gegenüber wird Nietzsche unlogisch und – unhistorisch. Er sieht kein langsames Werden, kein Zeitdifferential, keine allmähliche, ruhige Schichtung: er denkt Katastrophentheorie. Er personificirt, im Stile der Aufklärer; wie Voltaire wittert er überall Priesterbetrug, bewußte Fälschung zu bewußten Zwecken, er präsumirt eine ausgewachsene Art Jesuitismus schon für die frühesten Zeiten. Er phantasirt viel zu viel Sinn in die Geschichte hinein, wenn er die Verbreitung des Christenthums als Symptom eines ungeheuren Rassenverfalls nimmt; übrigens erklärt sich diese Hyperbel als Kampfwahrheit, als Gegenstimme gegen eine Geschichtsphilosophie, die in der Heraufkunft des Christenthums einen Act providentieller Leitung oder eine nothwendige Evolution sieht. Philosophischer als diese beiden entgegengesetzten Maßlosigkeiten war es, als sich der jüngere Nietzsche über das Glockengeläute zu Ehren eines vor zweitausend Jahren gekreuzigten Juden wunderte und den historischen *Zufällen* nachsann, vermöge deren das Christenthum im Abendlande herrschend wurde, während andere Zufälle mit derselben Leichtigkeit eine andere Religion heraufführen konnten; philosophisch war es, als er die homöopathische Dosis Christlichkeit in den angeblichen modernen Christen bestaunte und lächelnd vom sanften Alterstode, von der Euthanasie des Christenthums sprach. Wozu einen Sterbenden noch todtschlagen? Zehn Jahre später hält er dies wieder für nothwendig; die gütige, wissende Ablehnung ist zu brennendem Haß entzündet, aus der überwundenen Entwicklungsstufe ist ein neuer Kerker und Alpdruck, der „unsterbliche Schandfleck der Menschheit" geworden. „Mit einem Erlebniß nicht fertig werden, ist bereits ein Zeichen von Décadence"; Nietzsche wurde mit dem Christenthum nicht fertig. So etwas mit den dürftigen Mitteln der Individualpsychologie begreifen wollen, könnte zur Verzweiflung treiben: wie irrationell ist das Alles, wie unökonomisch, welche Kraftvergeudung! Hier hilft nur ein Sprung in das große Unbekannte, das wir *Atavismus* nennen. Niemand anders als Nietzsche selbst giebt uns diesen Fingerzeig: er hat, wissenschaftlich und für sich persönlich, der Vorfahrenkette, der Vererbung, der Rasse den größten Wirkungsspielraum zugestanden. Das Individuum ist eine äußerst dünne Lebensschicht über der Ahnentiefe. Wie wenig wissen wir von uns! welche Dispositionen des Keimplasmas, und dahinter welche Erlebnisse

in den Vorgenerationen mögen bedingt haben, daß Nietzsche eine solche Reizbarkeit, Anfälligkeit, Rückfälligkeit für religiöse Zustände in sich barg – die
unheimlich détaillirte Kennerschaft ebenso wie seine krampfhafte Energie der
Selbstbefreiung verräth alles! – für Zustände, die er bereits einmal als wunderliche Petrefacte einer abgestorbenen Kulturschicht mit kühler, freigeistiger
Ueberlegenheit ironisirt hatte? „Es ist Krieg," so beschreibt Nietzsche 1888 die
Grundstimmung seines menschlich-allzumenschlichen Buches für freie Geister,
„aber der Krieg ohne Pulver und Dampf, ohne kriegerische Attitüden, ohne Pathos und verrenkte Gliedmaßen. Ein Irrthum nach dem andern wird gelassen
aufs Eis gelegt, das Ideal wird nicht widerlegt – es erfriert." In demselben Jahre führte Nietzsche schon wieder den Krieg mit Pulver und Dampf, mit jenem
Dampf, der den Gegner verhüllt; und die erfrorenen Ideale werden nicht mehr
auf Eis, sondern auf flammende Scheiterhaufen gelegt.

In Nietzsche glüht ein Fanatiker. Seine Moral der Züchtung, auf unserem
heutigen Fundamente biologischen und physiologischen Wissens errichtet: das
könnte ein weltgeschichtlicher Skandal werden, gegen den Inquisition und He-
xenprozeß zu harmlosen Verirrungen verblassen. „Das Leben selbst erkennt keine Solidarität, kein gleiches Recht zwischen gesunden und entartenden Theilen
eines Organismus an: letztere muß man *ausschneiden* – oder das Ganze geht zu
Grunde." Ungefähr sagen das die päpstlichen Ketzerrichter und Dominikaner-
mönche auch, nicht einmal mit ein bischen andern Worten; das Ausschneiden
kranker Glieder ist bei den Sprenger und Institoris, Arbuez und Torquema-
da eine beliebte Formel. Sollen wir wieder einmal erleben, wie man mit dem
Hexenhammer philosophiert? Zarathustra ruft noch den Einzelnen, das Liebespaar zu selektorischer Fürsorge für die Nachkommenschaft: nicht nur fort
sollst du dich pflanzen, sondern hinauf. Aber jetzt soll gar die Gesellschaft
als Großmandatar des Lebens der Zeugung Degenerierter vorbeugen und „ohne Rücksicht auf Herkunft, Rang und Geist die härtesten Zwangsmaßregeln,
Freiheitsentziehungen, unter Umständen Castrationen in Bereitschaft halten":
derselbe Philosoph, der den Moral-Castratismus der Guten und Gerechten verabscheut, befürwortet den eigentlichen, chirurgischen Castratismus im Dienste
der Auslese. Um das zu würdigen, müssen wir einmal, was schneller gethan
als gesagt ist, unser heutiges Wissen von Vererbung zusammenzählen: daß
Trunkenbolde häufig idiotische Kinder zeugen, daß Geisteskrankheiten, Tuber-
kulose, Neurasthenie sich der Disposition nach manchmal vererben, manchmal
auch nicht. Auf diesen verblüffenden Reichthum an Kenntnissen hin soll man
der Biologie das gesegnete Messerchen in die Hand geben? Solche Eingriffe
in die Sphäre des Einzelnen wollen wissenschaftlich ganz anders motivirt sein;
vielleicht sind wir in hundert Jahren soweit. Einstweilen scheinen *laisser aller*
und *Beobachtung* den Vorzug vor jedem gewaltthätigen Experiment zu verdienen, d. h. Beobachtung und Statistik am Menschen, nicht bestechende Analogie
mit Ergebnissen der Thier- und Pflanzenzucht. Wir wollen einmal warten, bis
über ein so specielles Thema wie die Verwandtenehe Einstimmigkeit erzielt ist,
bevor wir heirathslustige Leute chicaniren (d. h. am Heirathen, nicht an der
Fortpflanzung hindern) und armen Teufeln die Liebesmöglichkeit abschneiden.

So wie die Sachen heute liegen, wäre es ein grauenhafter Rückfall in alten, bizarren Despotismus, wenn die Wissenschaft, selbst kaum einige Jahrhunderte der Verfolgung entronnen, als unfehlbare Autorität über das weitere Schicksal der Menschheit resolviren und sich eine Machtbefugniß anmaßen wollte, ihren jeweiligen Stand an Unkenntnis thätlich festzunageln.

Nietzsche ist ein Fanatiker wie alle Religionsstifter. Erheiterndes Mißverständniß, daß gerade unbedenkliche Genußmenschen und schwammige Snobs, denen schon der Begriff Disciplin ein Aergerniß ist, sich auf Herrenmoral und Uebermenschenthum berufen: wenn sie eine Ahnung hätten, wie unbequem, wie rigoros, wie verpflichtend Zarathustras Werthtafeln sind! Die alte Moral hat mit Ruthen gestrichen, die neue würde mit Scorpionen züchtigen. John Henry Mackay, der Biograph Stirners, hat den richtigen Instinkt, wenn er Nietzsche nicht mag, den Anarchistenhasser und Bändiger des entfesselten Ichs. Und wenn man ehrlich sein will, so ist das zwar die häufigste Wirkung Nietzsches, aber die letzte, die er selbst beabsichtigt hätte: daß man dem Zerstörer zerstören, aber dem Baumeister nicht wieder aufbauen hilft. Das ist Entwerthung aller Werthe, nicht Umwerthung. Es giebt heute eine tiefe, hoffnungslose Skepsis, die sich nicht überreden kann, daß Zarathustras Ziele weniger Illusionen seien als alle früheren Zielsetzungen. Diesen Seelenzustand hat Nietzsche mit unvergleichlichen Worten geschildert, in der Kritik des europäischen Nihilismus; er selbst hat den Nihilismus in sich zu Ende gelebt, als ontogenetische Abkürzung menschheitlicher Prozesse, und aus der Verneinung eine stärkere Bejahung, das „Princip einer neuen Werthsetzung" ans Licht gebracht. Den alten Moralfanatismus hat ein neuer abgelöst, der nicht minder gewaltsam das Wirkliche systematisirt und dogmatisirt. Vermerkt man nicht, wie „großzügig" und primitiv Nietzsches letztes Weltbild ist? „Der Arme an Leben, der Schwache, verarmt noch das Leben: der Reiche an Leben, der Starke, bereichert es. Der Erste ist dessen Parasit: der Zweite ein Hinzuschenkender. Wie ist eine Verwechslung möglich?" Das klingt allerdings riesig einfach, verdächtig einfach. In dieses zweitheilige Schema wird Geschichte, Kunst, Moral, Philosophie eingegliedert: Erhöhung des Lebens oder Abkehr vom Leben. Aber wir mißtrauen den Rechenexempeln, die zu glatt aufgehen, und wir mißtrauen den Entdeckern, die eine vorgefaßte Kategorie der Polarität, ein weltauftheilender Dualismus blendete: Liebe und Haß, Seele und Leib, Ausdehnung und Denken, Kraft und Stoff, Herrenmoral und Sclavenmoral, aufsteigendes Leben und absteigendes Leben – es ist zu unwahrscheinlich, daß sich das klingende Spiel der Wirklichkeit so restlos in Thema und Gegenthema, These und Antithese auflösen sollte. Einer monistischen Vermischungstendenz gegenüber kann Zweitheilung die höhere Erkenntnißstufe bedeuten: so etwa bei Nietzsche selbst Dionysos und Apollo gegenüber der unklaren Einheit „Griechenthum". Aber vor dem Ganzen versagt Eins wie Zwei. Das eine Moralprincip spaltet Nietzsche in einen Dual; aber sollte die Wirklichkeit nicht den Plural verlangen? – Und noch einen Singular hat er geprägt, eine Weltformel, die zugleich den Titel des Werkes hergeben mußte: der Wille zur Macht. Es ist seltsam, daß mit dieser allereigensten Wendung Nietzsche plötzlich in der Nachbarschaft wohlbekannter moderner Gedanken auftaucht; der Voluntarismus an Stelle des Rationalismus, die Verselbständigung der *Werthkategorie* gegenüber der Wahrheitskategorie, die Erkenntniß als System von Willensakten, Uebereinkünften, Anpassungen (als „Oekonomie“), die Ablehnung des Materialismus zu Gunsten einer mehr dynamischen Weltansicht, einer Art Energetik – nach allen diesen philosophischen und naturwissenschaftlichen Netzpunkten entsendet der „Wille zur Macht“ seine Fäden. Daß er trotz alledem kein Weltcentrum und kein ruhender Pol, sondern aus der Flucht der Erscheinungen eine specielle Erscheinung ist, konnte nur dem hypnotisirten Entdecker selbst entgehen; Nietzsches Versuche, aus ihm auch die organische Welt aufzubauen, sind um nichts weniger metaphysisch als Schopenhauers Wille zum Leben auf seinen verschiedenen Objectivationsstufen oder Fechners Beseelung der Atome mit Lust- und Unlustgefühlen. Kein Monismus wird eben der Polymorphie der Dinge gerecht; man wird das auch an den berühmteren Monismen dieses Zeitalters einmal erfahren. Ein Wort, das die Welt umspannen soll, kann ein Abstractum sein, und dann ist es nichtssagend; oder ein Concretum, dann ist es falsch.

Es scheint vielleicht Unrecht, über diese ernsthaften Fragen mit einigen knappen Andeutungen hinzugleiten, aber die Verführung ist groß, ein Buch über das Buch zu schreiben. Wir haben ein wenig geblättert: ein solches Werk „bespricht“ man nicht. Aber warum gerade die Punkte herausgreifen, die zum Widerspruch reizen? Weil Nietzsche gerade mit seinen schwachen Punkten populär ist, genau wie es nach seinem eigenen Urtheil Wagnern und Schopenhauern erging: weil diese prasselnden Leuchtworte und Scheinwerfer „Antichrist“, „Wille zur Macht“, „Herrenmoral“ den milderen Glanz des Sternenhimmels abblenden. Soll ich vielleicht zum Schluß Nietzsche loben und dem Leser zur Beruhigung mittheilen, daß er auch in diesem Studienbande auf Schritt und Tritt fruchtbare Gedanken, tiefe Zusammenhänge und subtile Zergliederungen, exquisite Sprachzauber, flüsternde Zartheit und flammendes Pathos und blitzenden Hohn und die ganze Scala des Stilvirtuosen finden wird? Nein, ich will nicht, um mit Hebbel zu reden, die Abgeschmacktheit begehen, dem Feuer einen Kranz aufzusetzen. Nur das darf noch gesagt werden, daß eben da, wo wir die Unruhe und Ungerechtigkeit des allerletzten Nietzsche beklagen, der kritische Maßstab von keinem Anderen hergenommen ist als von Nietzsche selbst: von dem gütigen, maßvollen, verstehenden Freigeist Nietzsche und von dem kühlen, dogmenfreien, systemlosen Skeptiker Nietzsche und von dem Triumphator des Ja- und Amenliedes, dem weltsegnenden, allbejahenden Ekstastiker Zarathustra.

Personenverzeichnis

913

Matthäus 501
Maupertuis, P. de 879
Mauthner, F. 63–64, 831, 837
Maxwell, J. C. 821, 871–872
Meilhac, H. 523
Meletos 516, 898
Mendelssohn, M. 855
Mérimée, P. 523
Meschkowski, H. 542
Mesmer, F. A. von 490
Meyer, C. F. 323, 536, 548–549
Meyer, R. M. 70
Michel, K. M. 497–498
Michelangelo 335, 551
Michelson, A. A. 853
Mill, J. S. 580
Minding, E. F. A. 702, 709, 864
Minkowski, H. 845
Mises, R. von 829, 873
Mitterwurzer, F. 310, 544
Mittler, E. S. 77
Möbius, A. F. 856
Moldenhauer, E. 497–498
Molière, J.-B. P. 513
Mongré, P. [Felix Hausdorff] 1, 3,
21–22, 36, 61, 68, 70–77, 79, 81–82,
87, 477, 507, 589, 813, 847, 893, 902,
905
Montague, R. 81
Montaigne, M. de 241, 529
Montinari, M. 27, 68, 480
Moréry, L. 883
Morley, E. W. 853
Moses 584
Mozart, W. A. 236, 340
Müller, J. 17–18, 20, 816
Müller-Freienfels, R. 77
Müller-Lauter, W. 5, 16, 40, 66–
67, 880
Münster, A. 15
Musil, R. 76
Musschenbroek, P. van 579

Napoleon 123, 236, 502, 537
Nash, J. 867

Nath, M. 73, 819
Natorp, P. 21
Naumann, C. G. 3, 5, 67, 85, 87,
587, 589, 811, 905
Naumann, G. 5, 66, 74, 545, 902
Nemesios 882
Nero 111–112, 490
Nettesheim, H. C. Agrippa von 233,
527
Neumann, C. 677, 846, 853
Newton, I. 322, 433, 483, 555, 562,
577–579, 599, 673, 677, 679–681, 683,
698, 725, 728, 731–732, 742, 760–
761, 799, 806, 817, 822, 824, 829,
846, 849, 852–855, 870, 879
Nietzsche, E. → Förster-Nietzsche,
E.
Nietzsche, Franziska 66
Nietzsche, Friedrich 1–11, 13–18,
20–56, 58–59, 61–79, 81, 83, 125,
179, 305–306, 316, 319, 377, 383,
407, 409, 439–440, 443, 448, 462,
477, 479–489, 491–492, 494–511, 513–
517, 519–523, 525–526, 528–530, 533–
534, 536, 538–549, 551–552, 554–565,
567–572, 574–577, 580–585, 632, 647,
757, 786–787, 815, 827, 833–834, 836–
838, 840–841, 843, 861, 870–872, 880,
882–884, 887, 889–893, 895, 897–902,
905–909
Novaire, Ph. de 573
Novalis 462, 583–584

Oesterle, G. 29
Ollig, H.-L. 19
Opitz, M. 583
Oppeln-Bronikowski, F. von 551
Origines 510
Ostwald, W. 65, 881
Overbeck, F. 13, 20, 28–29, 41,
67, 74–76, 483
Ovid 492, 498, 557, 582, 835
Owen, O. W. 541

Pálagyi, M. 868

918